D1377316

THE ASTRONOMICAL ALMANAC

FOR THE YEAR

1995

Data for Astronomy, Space Sciences, Geodesy, Surveying, Navigation and other applications

WASHINGTON

Issued by the
Nautical Almanac Office
United States
Naval Observatory
by direction of the
Secretary of the Navy
and under the
authority of Congress

LONDON

Issued by
Her Majesty's
Nautical Almanac Office
Royal Greenwich Observatory
on behalf of the
Science and Engineering
Research
Council

WASHINGTON: U.S. GOVERNMENT PRINTING OFFICE
LONDON: HMSO

ISBN 0 11 886949 3

ISSN 0737-6421

UNITED STATES

For sale by the
Superintendent of Documents
U.S. Government Printing Office
Washington, D.C., 20402

UNITED KINGDOM

For sale by

HMSO

HMSO publications are available from:

HMSO Publications Centre
(Mail, fax and telephone orders only)
PO Box 276, London, SW8 5DT
Telephone orders 071-873 9090
General enquiries 071-873 0011
(queuing system in operation for both numbers)
Fax orders 071-873 8200

HMSO Bookshops
49 High Holborn, London, WC1V 6HB
(Counter service only)
071-873 0011 Fax 071-873 8200
258 Broad Street, Birmingham, B1 2HE
021-643 3740 Fax 021-643 6510
Southey House, 33 Wine Street, Bristol BS1 2BQ
0272 264306 Fax 0272 294515
9–21 Princess Street, Manchester, M60 8AS
061-834 7201 Fax 061-833 0634
16 Arthur Street, Belfast, BT1 4GD
0232 238451 Fax 0232 235401
71 Lothian Road, Edinburgh, EH3 9AZ
031-228 4181 Fax 031-229 2734

HMSO's Accredited Agents
(see Yellow Pages)

And through good booksellers

Overseas Orders to:
The Government Bookshop
PO Box 276, London SW8 5DT

NOTE

Every care is taken to prevent errors in the production of this publication. As a final precaution it is recommended that the sequence of pages in this copy be examined on receipt. If faulty it should be returned for replacement.

Printed in the United States of America
by the U. S. Government Printing Office

Beginning with the edition for 1981, the title *The Astronomical Almanac* replaced both the title *The American Ephemeris and Nautical Almanac* and the title *The Astronomical Ephemeris.* The changes in title symbolise the unification of the two series, which until 1980 were published separately in the United States of America since 1855 and in the United Kingdom since 1767. *The Astronomical Almanac* is prepared jointly by the Nautical Almanac Office, United States Naval Observatory, and H.M. Nautical Almanac Office, Royal Greenwich Observatory, and is published jointly by the United States Government Printing Office and Her Majesty's Stationery Office; it is printed only in the United States of America but some of the reproducible material that is used is prepared in the United Kingdom.

The principal ephemerides in this Almanac have been computed from fundamental ephemerides of the planets and the Moon prepared at the Jet Propulsion Laboratory, California, in cooperation with the U.S. Naval Observatory. They are in general accord with the recommendations of the International Astronomical Union and are consistent with the IAU (1976) system of astronomical constants, apart from minor modifications introduced to permit a better fit to observations; in particular, dynamical time-scales and the standard reference system of J2000·0 are used where appropriate. A brief description of the use of each ephemeris is given with it, and the bases and additional notes are given in the Explanation at the end of the volume. Additional information about the IAU recommendations and the ephemerides is given in the *Supplement to the Astronomical Almanac for 1984.* More detailed information is available in the *Explanatory Supplement to The Astronomical Almanac* edited by P. Kenneth Seidelmann, U.S. Naval Observatory, published in 1992.

By international agreement the tasks of computation and publication of astronomical ephemerides are shared between the ephemeris offices of a number of countries. The sources of the basic data for this Almanac are indicated in the list of contributors on page vii. This volume was designed in consultation with other astronomers of many countries, and is intended to provide current, accurate astronomical data for use in the making and reduction of observations and for general purposes. (The other publications listed on pages viii–ix give astronomical data for particular applications, such as navigation and surveying.) Any changes introduced since the previous volume are listed on page iv. Suggestions for further improvement of this Almanac would be welcomed; they should be sent to the Chief, Nautical Almanac Office, United States Naval Observatory or to the Superintendent, H.M. Nautical Almanac Office, Royal Greenwich Observatory.

RICHARD E. BLUMBERG
Captain, U.S. Navy,
Superintendent, U.S. Naval Observatory,
Washington, D.C. 20392,
U.S.A.

ALEXANDER BOKSENBERG,
Director of Observatories,
Royal Greenwich Observatory,
Madingley Road,
Cambridge, CB3 0EZ, England

July 1993

CORRECTIONS TO RECENT VOLUMES

Astronomical Almanac 1993, 1994

Page H31, for H.R. 9045, 6th line from the bottom of the table:

for 71 η Cas *read* 71 ρ Cas

PRELIMINARIES

	PAGE		PAGE
Preface	iii	Staff Lists	vi
Corrections to recent volumes	iv	List of contributors	vii
Contents	v	Related publications	viii

Section A PHENOMENA
Seasons: Moon's phases; principal occultations; planetary phenomena; elongations and magnitudes of planets; visibility of planets; diary of phenomena; times of sunrise, sunset, twilight, moonrise and moonset; eclipses.

Section B TIME-SCALES AND COORDINATE SYSTEMS
Calendar; chronological cycles and eras; religious calendars; relationships between time scales; universal and sidereal times; reduction of celestial coordinates; proper motion, annual parallax, aberration, light-deflection, precession and nutation; Besselian day numbers; second-order day numbers; rigorous formulae for apparent place reduction; position and velocity of the Earth; mean place conversion from B1950·0 to J2000·0 and from J2000·0 to B1950·0; matrix elements for precession and nutation; polar motion; diurnal parallax and aberration; altitude, azimuth; refraction; pole star formulae and table.

Section C SUN
Mean orbital elements, elements of rotation; ecliptic and equatorial coordinates; heliographic coordinates, horizontal parallax, semi-diameter and time of transit; geocentric rectangular coordinates; low-precision formulae for coordinates of the Sun and the equation of time.

Section D MOON
Phases; perigee and apogee; mean elements of orbit and rotation; lengths of mean months; geocentric, topocentric and selenographic coordinates; formulae for libration; ecliptic and equatorial coordinates, distance, horizontal parallax, semi-diameter and time of transit; physical ephemeris; daily polynomial coefficients; low-precision formulae for geocentric and topocentric coordinates.

Section E MAJOR PLANETS
Osculating orbital elements for Mercury, Venus, Earth, Mars, Jupiter, Saturn, Uranus, Neptune and Pluto; heliocentric ecliptic coordinates; geocentric equatorial coordinates; times of transit; rotation elements; physical ephemerides.

Section F SATELLITES OF THE PLANETS
Ephemerides and phenomena of the satellites of Mars, Jupiter, Saturn (including the rings), Uranus, Neptune and Pluto.

Section G MINOR PLANETS AND COMETS
Osculating elements for periodic comets; geocentric equatorial coordinates and time of transit for Ceres, Pallas, Juno and Vesta; orbital elements, magnitudes and dates of opposition of the larger minor planets.

Section H STARS AND STELLAR SYSTEMS
Lists of bright stars, *UBVRI* standard stars, *uvby* and Hβ standard stars, radial velocity standard stars, bright galaxies, open clusters, globular clusters, astrometric radio source positions, radio telescope flux calibrators, X-ray sources, variable stars, quasars and pulsars.

Section J OBSERVATORIES
Index of observatory name and place; lists of optical and radio observatories.

Section K TABLES AND DATA
Julian dates of Gregorian calendar dates; IAU system of astronomical constants; reduction of time scales; reduction of terrestrial coordinates; interpolation methods.

Section L EXPLANATION   Section M GLOSSARY   Section N INDEX

The pagination within each section is given in full on the first page of each section.

U. S. NAVAL OBSERVATORY

Captain Richard E. Blumberg, *U.S.N., Superintendent*

ASTRONOMICAL COUNCIL

Captain Richard E. Blumberg, *U.S.N., Superintendent*
Commander Terry A. Howell, *U.S.N., Deputy Superintendent*
Gart Westerhout, *Scientific Director*
Gernot M. R. Winkler, *Director, Time Service Department*
P. Kenneth Seidelmann, *Director, Orbital Mechanics Department*
Paul M. Janiczek, *Director, Astronomical Applications Department*
F. Stephen Gauss, *Director, Astrometry Department*

ASTRONOMICAL APPLICATIONS DEPARTMENT

Paul M. Janiczek, *Director*
George H. Kaplan, *Deputy Director*

LeRoy E. Doggett, *Chief, Nautical Almanac Office*
John A. Bangert, *Chief, Product Development*
F. Neville Withington, *Head, Distributed Systems*
David A. Nutile, *Head, Integrated Systems*

Marie R. Lukac
Jennifer J. Weeks
William T. Harris
Stephen P. Panossian
William J. Tangren
Candice P. Baines

Yvette Holley
QMC (SW) Michael D. Fortier, *U.S.N.*
QM2 (SS) David J. Deandrea, *U.S.N.*
ETC Timothy A. Ladd, *U.S.N.*
ET2 David J. Papp, *U.S.N.*
QM2 (SW) Roger D. Rippy, *U.S.N.*

OBSERVATORIES

Royal Greenwich Observatory, Cambridge
Royal Observatory, Edinburgh
Isaac Newton Group, La Palma
Joint Astronomy Centre, Hawaii
Alexander Boksenberg, Ph.D., F.R.S., *Director*

ROYAL GREENWICH OBSERVATORY
ASTRONOMY DIVISION

J. V. Wall, M.A.Sc., Ph.D., *Division Head*

HER MAJESTY'S NAUTICAL ALMANAC OFFICE

B. D. Yallop, B.Sc., Ph.D., *Superintendent*

Miss C. Y. Hohenkerk, B.Sc.
S. A. Bell, B.Sc., Ph.D.
D. B. Taylor, B.Sc., Ph.D.

In addition, the following persons have assisted in the preparation and proofreading of the publications of the Office:

Mrs. D. E. Oliver, Mrs. P. V. Long and Mrs. R. A. Yallop.

July 1993

The data in this volume have been prepared as follows:-

By H.M. Nautical Almanac Office, Royal Greenwich Observatory:

Section A—phenomena, rising and setting of Sun and Moon; B—ephemerides and tables relating to time-scales and coordinate reference frames; D—physical ephemerides, geocentric coordinates and daily polynomial coefficients of the Moon; G—geocentric positions of minor planets; K—tables and data.

By the Nautical Almanac Office, United States Naval Observatory:

Section A—eclipses of Sun and Moon; C—physical ephemerides, geocentric and rectangular coordinates of the Sun; E—physical ephemerides, geocentric coordinates and transit times of the major planets; F—ephemerides of satellites, except Jupiter I–IV; H—data for lists of bright stars, lists of photometric standard stars, bright galaxies, radio source positions, radio flux calibrators, X-ray sources, radial velocity standard stars, variable stars, quasars and pulsars; J—information on observatories; L—explanation; M—glossary; N—index.

By the Service des Calculs, Bureau des Longitudes, Paris:

Section F—ephemerides of satellites I–IV of Jupiter.

By the Institute of Theoretical Astronomy, St. Petersburg:

Section G—orbital elements of minor planets.

In general the Office responsible for the preparation of the data has drafted the related explanatory notes and auxiliary material, but both have contributed to the final form of the material. The preliminaries, part of Section A and Sections B, D, G and K have been composed in the United Kingdom, while the rest of the material has been composed in the United States. The work of proofreading has been shared, but no attempt has been made to eliminate the differences in spelling and style between the contributions of the two Offices.

Except as noted otherwise, these publications are available from H.M. Stationery Office and from the U.S. Government Printing Office at the addresses listed on the back of the title page of this volume.

Joint publications of the Royal Greenwich Observatory and the United States Naval Observatory

The Nautical Almanac. This annual volume contains astronomical data required for marine navigation.

The Air Almanac. This annual volume contains astronomical data required for air navigation.

Astronomical Phenomena contains extracts from *The Astronomical Almanac* and is published annually in advance of the main volume. Included are dates and times of planetary and lunar phenomena and other astronomical data of general interest.

Planetary and Lunar Coordinates 1984–2000 provides low precision astronomical data for planning purposes in advance of the annual ephemerides. Included are heliocentric and geocentric ephemerides of the Sun, Moon and planets, information on the observability of the Moon and planets, eclipse data, and auxiliary data, such as orbital elements and precessional constants.

Explanatory Supplement to The Astronomical Ephemeris and The American Ephemeris and Nautical Almanac was published by Her Majesty's Stationery Office but is now out of print. A new *Explanatory Supplement to The Astronomical Almanac* has been preapred, see below.

Other publications of the Royal Greenwich Observatory

The Star Almanac for Land Surveyors contains the Greenwich hour angle of Aries and the position of the Sun, tabulated for every six hours, and represented by monthly polynomial coefficients. Positions of all stars brighter than magnitude 4·0 are tabulated monthly to a precision of $0^{s}.1$ in right ascension and $1''$ in declination. This publication is available from H.M. Stationery Office or, in the United States, from Bernan-UNIPUB, 4611/F Assembly Drive, Lanham, MD 20706–4391.

Compact Data for Navigation and Astronomy for 1991 to 1995 contains data, which are mainly in the form of polynomial coefficients, for use by navigators and astronomers to calculate the positions of the Sun, Moon, navigational planets and bright stars using a small programmable calculator or personal computer. This volume is available from Cambridge University Press, The Edinburgh Building, Shaftesbury Road, Cambridge, CB2 2RU.

Other publications of the United States Naval Observatory

Astronomical Papers of the American Ephemeris contain reports of research in celestial mechanics with particular relevance to ephemerides. They are issued irregularly. Current information about this series may be obtained from the Nautical Almanac Office, U.S. Naval Observatory.

U.S. Naval Observatory Circulars are issued irregularly to disseminate astronomical data concerning ephemerides or astronomical phenomena. Current information about this series may be obtained from the Nautical Almanac Office, U.S. Naval Observatory.

Explanatory Supplement to The Astronomical Almanac, edited by P. Kenneth Seidelmann of the U.S. Naval Observatory. This book is an authoritative source on the basis and derivation of information contained in *The Astronomical Almanac*. It also contains material that is relevant to positional and dynamical astronomy and to chronology. It includes details of the FK5 J2000·0 reference system and transformation. The publication is a collaborative work with authors from the U.S. Naval Observatory, H.M. Nautical Almanac Office, the Jet Propulsion Laboratory and the Bureau des Longitudes. It is published by, and available from, University Science Books, 20 Edgehill Road, Mill Valley, CA 94941. The UK distributor is W. H. Freeman, 20 Beaumont Street, Oxford OX1 2NQ.

MICA is an interactive computerized almanac for the years 1990–1999. Versions are available for Apple Macintosh and IBM PCs and compatibles. With *MICA* a user can compute, to full precision and for specified times and locations, much of the tabular data contained in *The Astronomical Almanac*. A User's Guide provides basic information on modern time scales and astronomical reference systems. *MICA* is distributed by the National Technical Information Service (NTIS) of the U. S. Department of Commerce, Springfield, VA 22161. The UK distributor for NTIS is microinfo Ltd, PO Box 3, Omega Park, Alton, Hampshire GU34 2PG.

Relevant publications of other countries

Apparent Places of Fundamental Stars is prepared annually by the Astronomisches Rechen-Institut in Heidelberg. It contains mean and apparent coordinates of 1535 stars of the *Fifth Fundamental Catalogue* (FK5). This volume is available from Verlag G. Braun, Karl-Friedrich-Strasse, 14–18, Karlsruhe, Germany.

Ephemerides of Minor Planets is prepared annually by the Institute for Theoretical Astronomy, and published by the Russian Academy of Sciences. Included in this volume are elements, opposition dates and opposition ephemerides of all numbered minor planets. This volume is available from the Institute for Theoretical Astronomy, Naberezhuaga Kutozova 10, 191187 St. Petersburg, Russia.

CONTENTS OF SECTION A

NOTE: All the times in this section are expressed in universal time (UT).

THE SUN

		d h			d h m		d h m
Perigee	... Jan.	4 11	Equinoxes	... Mar.	21 02 14	... ... Sept.	23 12 13
Apogee	... July	4 02	Solstices	... June	21 20 34	... ... Dec.	22 08 17

PHASES OF THE MOON

Lunation	New Moon		First Quarter		Full Moon		Last Quarter	
		d h m		d h m		d h m		d h m
891	Jan.	1 10 56	Jan.	8 15 46	Jan.	16 20 26	Jan.	24 04 58
892	Jan.	30 22 48	Feb.	7 12 54	Feb.	15 12 15	Feb.	22 13 04
893	Mar.	1 11 48	Mar.	9 10 14	Mar.	17 01 26	Mar.	23 20 10
894	Mar.	31 02 09	Apr.	8 05 35	Apr.	15 12 08	Apr.	22 03 18
895	Apr.	29 17 36	May	7 21 44	May	14 20 48	May	21 11 36
896	May	29 09 27	June	6 10 26	June	13 04 03	June	19 22 01
897	June	28 00 50	July	5 20 02	July	12 10 49	July	19 11 10
898	July	27 15 13	Aug.	4 03 16	Aug.	10 18 15	Aug.	18 03 04
899	Aug.	26 04 31	Sept.	2 09 03	Sept.	9 03 37	Sept.	16 21 09
900	Sept.	24 16 55	Oct.	1 14 36	Oct.	8 15 52	Oct.	16 16 26
901	Oct.	24 04 36	Oct.	30 21 17	Nov.	7 07 20	Nov.	15 11 40
902	Nov.	22 15 43	Nov.	29 06 28	Dec.	7 01 27	Dec.	15 05 31
903	Dec.	22 02 22	Dec.	28 19 06				

ECLIPSES

Partial eclipse of the Moon	April 15	Part of Antarctica, Mexico, W. half of N. America, Pacific Ocean, Australasia, E. part of Asia
Annular eclipse of the Sun	April 29	Pacific Ocean, Central America, S. America except extreme S. tip, Atlantic Ocean, W. Africa
Total eclipse of the Sun	October 24	Extreme N.E. Africa, Central and E. Asia except N.E. part, N. Indian Ocean, N. half of Australia, W. Pacific Ocean

MOON AT PERIGEE

	d h		d h		d h
Jan.	27 23	June	13 01	Oct.	26 21
Feb.	23 02	July	11 10	Nov.	23 23
Mar.	20 13	Aug.	8 14	Dec.	22 10
Apr.	17 08	Sept.	5 01		
May	15 15	Sept.	30 04		

MOON AT APOGEE

	d h		d h		d h
Jan.	11 22	May	30 08	Oct.	15 02
Feb.	8 18	June	26 11	Nov.	11 21
Mar.	8 15	July	23 20	Dec.	9 10
Apr.	5 10	Aug.	20 12		
May	3 01	Sept.	17 06		

OCCULTATIONS OF PLANETS AND BRIGHT STARS BY THE MOON

Date		Body	Areas of Visibility
	d h		
Jan.	23 11	*Spica*	North America except Alaska and N. Canada, West Indies, N. tip of S. America, Atlantic Ocean
Jan.	27 12	Venus	S. Mexico except extreme E., Central America, N. of S. America except extreme N., central Atlantic
Feb.	19 17	*Spica*	Eastern tip of Russia, China, northern Japan, Alaska, North Pacific Ocean including Hawaii
Mar.	19 00	*Spica*	Iceland, Europe except the S.W., but including the British Isles, Middle East, central Russia
Apr.	15 09	*Spica*	Eastern tip of Russia, North America except extreme N.E. and S. of central Mexico
May	12 20	*Spica*	Iceland, Europe except the S.W., but including most of the British Isles, Middle East and central Russia
May	27 07	Venus	N. Atlantic, Europe except S.E. but including British Isles, Iceland, Greenland, Arctic Regions, N. of Russia except extreme E.
June	9 06	*Spica*	Extreme eastern tip of Russia, northern half of North America except the east coast
June	26 02	Mercury	N. Asia except extreme W., N. Island Japan, N. Pacific, N.W. of N. America
Aug.	30 04	Mars	E. Indonesia, Borneo, Philippines, N. Australia, N. tip of New Zealand, Pacific

OCCULTATIONS OF X-RAY SOURCES BY THE MOON

Occultations occur at intervals of a lunar month between the dates given below:

Source	Dates	Source	Dates
H2252 − 035	Jan. 5–Dec. 27	NGC6440	Jan. 27–Aug. 7
3U1237 − 07	Jan. 22–July 5	GX9+1	Jan. 28–Feb. 24
4U1240 − 05	Jan. 22–Dec. 16	A1805 − 18	Jan. 28–Dec. 22
H1648 − 185	Jan. 27–Dec. 21	4U0015 + 02	July 17–Dec. 28

AVAILABILITY OF PREDICTIONS OF LUNAR OCCULTATIONS

The International Lunar Occultation Centre, Astronomical Division, Hydrographic Department, Tsukiji-5, Chuo-ku, Tokyo, 104 JAPAN is responsible for the predictions and for the reductions of timings of occultations of stars by the Moon

GEOCENTRIC PHENOMENA

MERCURY

	d h	d h	d h
Greatest elongation East	Jan. 19 08 (19°)	May 12 02 (22°)	Sept. 9 04 (27°)
Stationary	Jan. 25 12	May 24 16	Sept. 22 06
Inferior conjunction ...	Feb. 3 23	June 5 06	Oct. 5 01
Stationary	Feb. 15 19	June 17 06	Oct. 13 09
Greatest elongation West	Mar. 1 11 (27°)	June 29 16 (22°)	Oct. 20 14 (18°)
Superior conjunction ...	Apr. 14 13	July 28 02	Nov. 23 05

VENUS

	d h		d h
Greatest elongation West	Jan. 13 12 (47°)	Superior conjunction ...	Aug. 21 00

SUPERIOR PLANETS

	Conjunction	Stationary	Opposition	Stationary
	d h	d h	d h	d h
Mars	—	Jan. 4 01	Feb. 12 03	Mar. 25 17
Jupiter	Dec. 18 22 |	Apr. 1 13	June 1 11	Aug. 2 22
Saturn	Mar. 6 02	July 7 11	Sept. 14 15	Nov. 22 14
Uranus	Jan. 17 00	May 5 11	July 21 18	Oct. 6 15
Neptune	Jan. 13 17	Apr. 27 21	July 17 05	Oct. 5 00
Pluto	Nov. 23 07 |	Mar. 6 10	May 20 17	Aug. 12 04

OCCULTATIONS BY PLANETS AND SATELLITES

Details of predictions of occultations of stars by planets, minor planets and satellites are given in *The Handbook of the British Astronomical Association.*

HELIOCENTRIC PHENOMENA

	Perihelion	Aphelion	Greatest Lat. South	Ascending Node	Greatest Lat. North	Descending Node
Mercury	Jan. 25	Mar. 10	Jan. 1	Jan. 20	Feb. 4	Feb. 28
	Apr. 23	June 6	Mar. 30	Apr. 18	May 3	May 27
	July 20	Sept. 2	June 26	July 15	July 30	Aug. 22
	Oct. 16	Nov. 29	Sept. 22	Oct. 11	Oct. 26	Nov. 18
	—	—	Dec. 19	—	—	—
Venus	—	Apr. 20	May 12	July 8 |	Jan. 20	Mar. 17
	Aug. 11	Dec. 1	Dec. 23	— |	Sept. 1	Oct. 27
Mars	—	Mar. 14	—	—	Feb. 4	Aug. 21

Jupiter, Saturn, Uranus, Neptune, Pluto: None in 1995

ELONGATIONS AND MAGNITUDES OF PLANETS AT 0^h UT

Date	Mercury Elong.	Mercury Mag.	Venus Elong.	Venus Mag.	Date	Mercury Elong.	Mercury Mag.	Venus Elong.	Venus Mag.
	°		°			°		°	
Jan. −2	E. 9	−0·9	W. 46	−4·6	**July 2**	W. 22	+0·2	W. 14	−3·9
3	12	0·9	47	4·5	**7**	20	−0·3	12	3·9
8	15	0·8	47	4·5	**12**	17	0·7	11	3·9
13	17	0·8	47	4·4	**17**	13	1·2	10	3·9
18	19	0·7	47	4·4	**22**	7	1·6	8	3·9
23	E. 18	−0·1	W. 47	−4·4	**27**	W. 2	−2·0	W. 7	−3·9
28	13	+1·3	46	4·3	**Aug. 1**	E. 5	1·6	6	3·9
Feb. 2	E. 5	3·9	46	4·3	**6**	10	1·1	4	3·9
7	W. 8	3·4	45	4·3	**11**	14	0·7	3	3·9
12	16	1·6	45	4·2	**16**	18	0·4	2	3·9
17	W. 22	+0·7	W. 44	−4·2	**21**	E. 21	−0·2	W. 1	−3·9
22	26	0·3	43	4·2	**26**	23	0·0	E. 2	3·9
27	27	0·2	43	4·1	**31**	25	+0·1	3	3·9
Mar. 4	27	+0·1	42	4·1	**Sept. 5**	27	0·1	4	3·9
9	26	0·0	41	4·1	**10**	27	0·2	6	3·9
14	W. 24	−0·1	W. 40	−4·1	**15**	E. 26	+0·4	E. 7	−3·9
19	22	0·2	39	4·0	**20**	24	0·7	8	3·9
24	19	0·3	38	4·0	**25**	19	1·3	10	3·9
29	16	0·5	37	4·0	**30**	11	2·8	11	3·9
Apr. 3	12	0·9	36	4·0	**Oct. 5**	E. 2	5·2	12	3·9
8	W. 7	−1·3	W. 35	−4·0	**10**	W. 10	+2·5	E. 13	−3·9
13	W. 2	1·9	34	4·0	**15**	16	+0·5	15	3·9
18	E. 4	1·9	33	3·9	**20**	18	−0·5	16	3·9
23	10	1·5	31	3·9	**25**	17	0·8	17	3·9
28	15	1·0	30	3·9	**30**	15	0·9	18	3·9
May 3	E. 19	−0·6	W. 29	−3·9	**Nov. 4**	W. 12	−0·9	E. 20	−3·9
8	21	0·0	28	3·9	**9**	9	1·0	21	3·9
13	22	+0·5	27	3·9	**14**	5	1·0	22	3·9
18	20	1·2	25	3·9	**19**	W. 2	1·2	23	3·9
23	17	2·1	24	3·9	**24**	E. 1	1·2	24	3·9
28	E. 12	+3·3	W. 23	−3·9	**29**	E. 3	−1·0	E. 26	−3·9
June 2	E. 5	4·9	22	3·9	**Dec. 4**	6	0·9	27	3·9
7	W. 4	5·2	20	3·9	**9**	9	0·7	28	3·9
12	11	3·6	19	3·9	**14**	12	0·7	29	3·9
17	16	2·4	18	3·9	**19**	14	0·7	30	4·0
22	W. 20	+1·5	W. 16	−3·9	**24**	E. 17	−0·7	E. 31	−4·0
27	22	0·8	15	3·9	**29**	19	0·7	32	4·0
July 2	W. 22	+0·2	W. 14	−3·9	**34**	E. 19	−0·5	E. 33	−4·0

MINOR PLANETS

	Stationary	Conjunction	Stationary	Opposition
Ceres	Mar. 23	Oct. 9	—	Feb. 3
Pallas	Jan. 2	Aug. 23	—	—
Juno	Aug. 15	—	Apr. 24	June 18
Vesta	Feb. 11	Aug. 26	—	—

ELONGATIONS AND MAGNITUDES OF PLANETS AT 0^h UT

Date		Mars		Jupiter		Saturn		Uranus	Neptune	Pluto
		Elong.	Mag.	Elong.	Mag.	Elong.	Mag.	Elong.	Elong.	Elong.
		°		°		°		°	°	°
Jan.	**−7**	W. 120	−0·2	W. 29	−1·7	E. 65	+1·0	E. 23	E. 20	W. 35
	3	129	0·4	37	1·8	56	1·0	13	11	44
	13	140	0·6	45	1·8	47	1·0	E. 4	E. 1	54
	23	152	0·9	54	1·9	38	1·0	W. 6	W. 9	63
Feb.	**2**	165	1·1	62	1·9	29	1·0	15	19	73
	12	W. 175	−1·2	W. 71	−2·0	E. 20	+1·0	W. 25	W. 29	W. 83
	22	E. 166	1·1	80	2·0	11	1·0	34	38	92
Mar.	**4**	153	0·9	89	2·1	E. 3	1·0	44	48	102
	14	141	0·6	98	2·1	W. 7	1·1	54	58	112
	24	130	0·4	108	2·2	16	1·1	63	68	121
Apr.	**3**	E. 121	−0·1	W. 117	−2·3	W. 24	+1·2	W. 73	W. 77	W. 131
	13	113	+0·1	127	2·4	33	1·2	82	87	140
	23	105	0·3	138	2·4	42	1·2	92	97	149
May	**3**	99	0·5	148	2·5	51	1·2	102	107	158
	13	93	0·7	159	2·5	59	1·3	111	116	W. 164
	23	E. 87	+0·8	W. 170	−2·6	W. 68	+1·2	W. 121	W. 126	E. 166
June	**2**	82	0·9	E. 179	2·6	77	1·2	131	136	162
	12	78	1·0	169	2·6	86	1·2	141	146	154
	22	73	1·1	158	2·5	96	1·1	151	155	146
July	**2**	69	1·2	147	2·5	105	1·1	160	165	137
	12	E. 65	+1·3	E. 137	−2·4	W. 114	+1·0	W. 170	W. 175	E. 128
	22	62	1·3	127	2·4	124	1·0	E. 179	E. 175	118
Aug.	**1**	58	1·3	117	2·3	134	0·9	170	165	109
	11	55	1·4	108	2·3	144	0·9	160	156	100
	21	51	1·4	99	2·2	154	0·8	150	146	90
	31	E. 48	+1·4	E. 90	−2·1	W. 165	+0·8	E. 140	E. 136	E. 81
Sept.	**10**	45	1·4	81	2·1	W. 175	0·7	130	126	72
	20	42	1·4	72	2·0	E. 174	0·7	120	116	63
	30	39	1·4	64	2·0	164	0·7	110	106	53
Oct.	**10**	36	1·4	56	1·9	153	0·7	100	97	44
	20	E. 33	+1·4	E. 48	−1·9	E. 143	+0·8	E. 90	E. 87	E. 35
	30	30	1·4	40	1·9	132	0·8	81	77	27
Nov.	**9**	28	1·3	32	1·8	122	0·9	71	67	19
	19	25	1·3	24	1·8	112	0·9	61	57	E. 13
	29	23	1·3	16	1·8	102	1·0	51	47	W. 14
Dec.	**9**	E. 20	+1·3	E. 8	−1·8	E. 92	+1·0	E. 42	E. 37	W. 20
	19	18	1·2	0	1·8	82	1·1	32	28	28
	29	15	1·2	W. 8	1·8	72	1·1	22	18	37
	39	E. 13	+1·2	W. 16	−1·8	E. 63	+1·2	E. 13	E. 8	W. 46

Magnitudes at opposition: Uranus 5·6 Neptune 7·9 Pluto 13·7

VISUAL MAGNITUDES OF MINOR PLANETS

	Jan. 3	Feb. 12	Mar. 24	May 3	June 12	July 22	Aug. 31	Oct. 10	Nov. 19	Dec. 29
Ceres	7·4	6·9	7·7	8·4	8·7	8·8	8·7	8·5	8·8	8·9
Pallas	8·4	8·7	8·9	8·9	8·9	8·8	8·7	9·0	9·2	9·1
Juno	11·5	11·5	11·2	10·6	10·0	10·3	10·7	11·0	11·1	10·9
Vesta	6·5	7·3	7·9	8·2	8·3	8·1	7·9	8·0	8·0	7·8

VISIBILITY OF PLANETS

The planet diagram on page A7 shows, in graphical form for any date during the year, the local mean times of meridian passage of the Sun, of the five planets, Mercury, Venus, Mars, Jupiter and Saturn, and of every 2^h of right ascension. Intermediate lines, corresponding to particular stars, may be drawn in by the user if desired. The diagram is intended to provide a general picture of the availability of planets and stars for observation during the year.

On each side of the line marking the time of meridian passage of the Sun, a band 45^m wide is shaded to indicate that planets and most stars crossing the meridian within 45^m of the Sun are generally too close to the Sun for observation.

For any date the diagram provides immediately the local mean time of meridian passage of the Sun, planets and stars, and thus the following information:

a) whether a planet or star is too close to the Sun for observation;
b) visibility of a planet or star in the morning or evening;
c) location of a planet or star during twilight;
d) proximity of planets to stars or other planets.

When the meridian passage of a body occurs at midnight, it is close to opposition to the Sun and is visible all night, and may be observed in both morning and evening twilights. As the time of meridian passage decreases, the body ceases to be observable in the morning, but its altitude above the eastern horizon during evening twilight gradually increases until it is on the meridian at evening twilight. From then onwards the body is observable above the western horizon, its altitude at evening twilight gradually decreasing, until it becomes too close to the Sun for observation. When it again becomes visible, it is seen in the morning twilight, low in the east. Its altitude at morning twilight gradually increases until meridian passage occurs at the time of morning twilight, then as the time of meridian passage decreases to 0^h, the body is observable in the west in the morning twilight with a gradually decreasing altitude, until it once again reaches opposition.

Notes on the visibility of the principal planets, except Pluto, are given on page A8. Further information on the visibility of planets may be obtained from the diagram below which shows, in graphical form for any date during the year, the declinations of the bodies plotted on the planet diagram on page A7.

DECLINATIONS OF SUN AND PLANETS, 1995

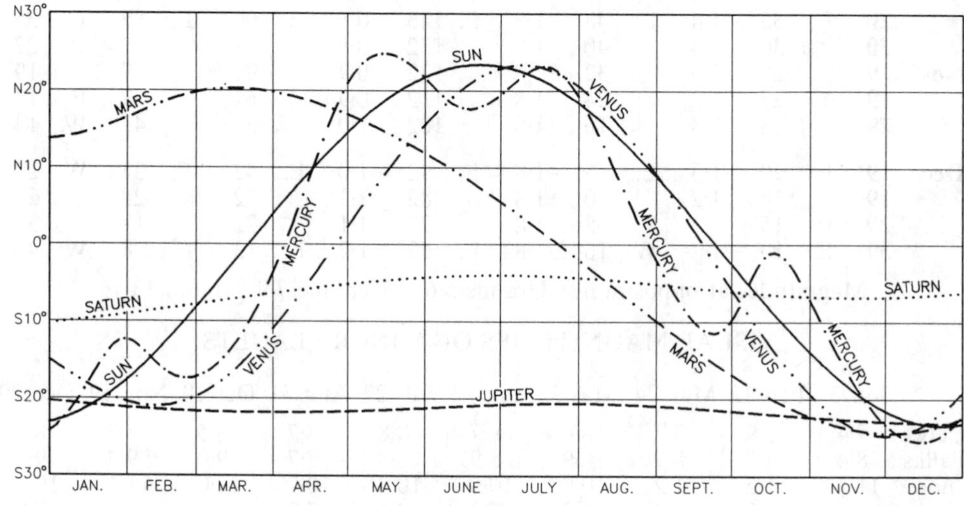

LOCAL MEAN TIME OF MERIDIAN PASSAGE

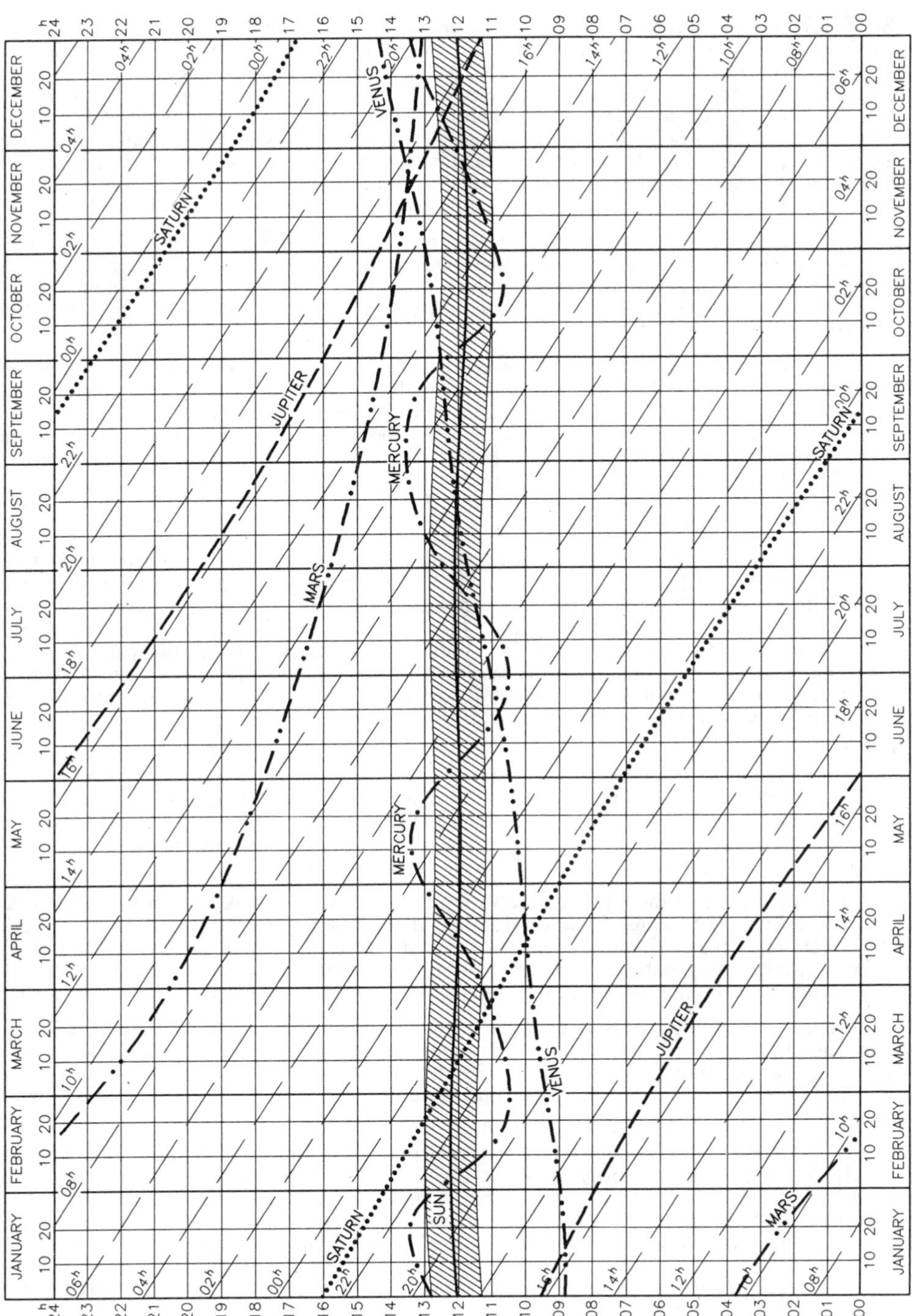

LOCAL MEAN TIME OF MERIDIAN PASSAGE

VISIBILITY OF PLANETS

MERCURY can only be seen low in the east before sunrise, or low in the west after sunset (about the time of the beginning or end of civil twilight). It is visible in the mornings between the following approximate dates: February 10 to April 6, June 15 to July 20, and October 12 to November 8. The planet is brighter at the end of each period, (the best conditions in northern latitudes occur from mid-October to just a few days before the end of that month, and in southern latitudes from the third week of February until the third week of March). It is visible in the evenings between the following approximate dates: January 1 to January 29, April 22 to May 26, August 6 to September 29 and December 10 to December 31. The planet is brighter at the beginning of each period, (the best conditions in northern latitudes occur during the first half of May and in southern latitudes from the third week of August until the third week in September).

VENUS is a brilliant object in the morning sky from the beginning of the year until mid-July when it becomes too close to the Sun for observation. During the last week in September it reappears in the evening sky where it stays until the end of the year. Venus is in conjunction with Jupiter on January 14 and November 19, with Saturn on April 13, with Mercury on June 19 and September 28 and with Mars on November 22.

MARS rises well before midnight at the beginning of the year in Leo (passing 4°N of *Regulus* on January 28) and is at opposition on February 12, when it is visible throughout the night as a bright, reddish object. Its eastward elongation gradually decreases and from late May it is visible only in the evening until late December when it becomes too close to the Sun for observation. It passes from Leo into Cancer, back into Leo (passing 1·1°N of *Regulus* on May 24), then moves through Virgo (passing 2°N of *Spica* on August 27), Libra, Scorpius, Ophiuchus (passing 4°N of *Antares* on November 2) and into Sagittarius at the end of November. Mars is in conjunction with Jupiter on November 16, with Venus on November 22 and with Mercury on December 23.

JUPITER rises well before sunrise at the beginning of the year in Scorpius, moving into Ophiuchus by mid-January (passing 5°N of *Antares* on January 23) and by early March can be seen for more than half the night. Its westward elongation gradually increases until on June 1 it is at opposition when it is visible throughout the night. Its eastward elongation then decreases as it passes from Ophiuchus (passing 5°N of *Antares* on June 14), into Scorpius by early July and returning to Ophiuchus (passing 5°N of *Antares* on September 20 by which time it can be seen only in the evening sky) in late August where it remains until early December when it becomes too close to the Sun for observation. Jupiter is in conjunction with Venus on January 14 and November 19, and with Mars on November 16.

SATURN can be seen in the evening sky in Aquarius until mid-February then it becomes too close to the Sun for observation. It reappears in the morning sky during the second half of March still in Aquarius, in which constellation it remains throughout the year. Its westward elongation gradually increases until it is at opposition on September 14 when it is visible throughout the night. Its eastward elongation then gradually decreases until mid-December when it can only be seen in the evening sky. Saturn is in conjunction with Mercury on March 26 and with Venus on April 13.

URANUS is too close to the Sun for observation until the second week in February when it appears in the morning sky in Sagittarius. Its westward elongation gradually increases passing into Capricornus in early March, returning to Sagittarius during the first half of July, until on July 21 it is at opposition, when it is visible throughout the night. Its eastward elongation gradually decreases and from the second half of October it can only be seen in the evening sky, passing back into Capricornus in late December.

NEPTUNE is too close to the Sun for observation until early February when it appears in the morning sky in Sagittarius, in which constellation it remains throughout the year. It is at opposition on July 17 when it can be seen throughout the night, after which its eastward elongation gradually decreases and from mid-October it can be seen in the evening sky until late December when it again becomes too close to the Sun for observation.

DO NOT CONFUSE (1) Venus with Jupiter in mid-January and mid-November and with Mercury in mid-July; Venus is always the brighter object. (2) Venus with Saturn in mid-April and with Mars in the second half of November and early December; Venus is always the brighter object. (3) Mercury with Saturn in late March and with Mars in the second half of December; Mercury is always the brighter object. (4) Jupiter with Mars in around mid-November when Jupiter is the brighter object.

VISIBILITY OF PLANETS IN MORNING AND EVENING TWILIGHT

	Morning	Evening
Venus	January 1 – July 15	September 27 – December 31
Mars	January 1 – February 12	February 12 – December 29
Jupiter	January 1 – June 1	June 1 – December 6
Saturn	March 24 – September 14	January 1 – February 17 September 14 – December 31

CONFIGURATIONS OF SUN, MOON AND PLANETS

	d h		
Jan.	1 11	NEW MOON	
	2 02	Mercury 3° S. of Neptune	
	2 19	Pallas stationary	
	4 01	Mercury 1°7 S. of Uranus	
	4 01	Mars stationary	
	4 11	Earth at perihelion	
	5 17	Saturn 7° S. of Moon	
	8 16	FIRST QUARTER	
	11 22	Moon at apogee	
	13 12	Venus greatest elong. W. (47°)	
	13 17	Neptune in conjunction with Sun	
	14 09	Venus 3° N. of Jupiter	
	15 22	Venus 8° N. of Antares	
	16 20	FULL MOON	
	17 00	Uranus in conjunction with Sun	
	19 08	Mercury greatest elong. E. (19°)	
	19 19	Mars 9° N. of Moon	
	23 01	Jupiter 5° N. of Antares	
	23 11	Spica 0°6 S. of Moon	Occn.
	24 05	LAST QUARTER	
	25 12	Mercury stationary	
	26 17	Jupiter 1°7 S. of Moon	
	27 12	Venus 0°2 S. of Moon	Occn.
	27 23	Moon at perigee	
	28 18	Mars 4° N. of Regulus	
	29 20	Neptune 4° S. of Moon	
	30 23	NEW MOON	
Feb.	2 08	Saturn 6° S. of Moon	
	3 01	Ceres at opposition	
	3 23	Mercury in inferior conjunction	
	7 13	FIRST QUARTER	
	8 18	Moon at apogee	
	11 14	Mars closest approach	
	11 20	Vesta stationary	
	12 03	Mars at opposition	
	15 10	Mars 10° N. of Moon	
	15 12	FULL MOON	
	15 19	Mercury stationary	
	19 17	Spica 0°9 S. of Moon	Occn.
	22 13	LAST QUARTER	
	23 02	Moon at perigee	
	23 05	Jupiter 2° S. of Moon	
	26 05	Neptune 4° S. of Moon	
	26 05	Venus 4° S. of Moon	
	26 10	Venus 0°7 N. of Neptune	
	26 13	Uranus 6° S. of Moon	
	27 11	Mercury 5° S. of Moon	
Mar.	1 11	Mercury greatest elong. W. (27°)	
	1 12	NEW MOON	
	2 05	Venus 1°5 N. of Uranus	
	6 02	Saturn in conjunction with Sun	
Mar.	6 10	Pluto stationary	
	8 15	Moon at apogee	
	9 10	FIRST QUARTER	
	14 04	Mars 9° N. of Moon	
	17 01	FULL MOON	
	19 00	Spica 1°0 S. of Moon	Occn.
	20 13	Moon at perigee	
	21 02	Equinox	
	22 14	Jupiter 2° S. of Moon	
	23 13	Ceres stationary	
	23 20	LAST QUARTER	
	25 12	Neptune 5° S. of Moon	
	25 17	Mars stationary	
	25 21	Uranus 6° S. of Moon	
	26 00	Mercury 0°6 S. of Saturn	
	28 04	Venus 6° S. of Moon	
	29 13	Saturn 6° S. of Moon	
	30 01	Mercury 6° S. of Moon	
	31 02	NEW MOON	
Apr.	1 13	Jupiter stationary	
	5 10	Moon at apogee	
	8 06	FIRST QUARTER	
	10 14	Mars 8° N. of Moon	
	13 17	Venus 0°6 N. of Saturn	
	14 13	Mercury in superior conjunction	
	15 09	Spica 1°0 S. of Moon	Occn.
	15 12	FULL MOON	Eclipse
	17 08	Moon at perigee	
	18 21	Jupiter 3° S. of Moon	
	21 18	Neptune 5° S. of Moon	
	22 03	LAST QUARTER	
	22 04	Uranus 6° S. of Moon	
	24 09	Juno stationary	
	26 01	Saturn 6° S. of Moon	
	27 05	Venus 4° S. of Moon	
	27 21	Neptune stationary	
	29 18	NEW MOON	Eclipse
May	1 05	Mercury 4° N. of Moon	
	3 01	Moon at apogee	
	5 11	Uranus stationary	
	7 22	FIRST QUARTER	
	8 14	Mars 7° N. of Moon	
	10 16	Mercury 8° N. of Aldebaran	
	12 02	Mercury greatest elong. E. (22°)	
	12 20	Spica 1°0 S. of Moon	Occn.
	14 21	FULL MOON	
	15 15	Moon at perigee	
	16 02	Jupiter 2° S. of Moon	

CONFIGURATIONS OF SUN, MOON AND PLANETS

	d h		
May	19 01	Neptune 5° S. of Moon	
	19 10	Uranus 6° S. of Moon	
	20 17	Pluto at opposition	
	21 12	LAST QUARTER	
	22 08	Passage of the Earth through the ring-plane of Saturn from N to S	
	23 11	Saturn 6° S. of Moon	
	24 07	Mars 1°1 N. of Regulus	
	24 16	Mercury stationary	
	27 07	Venus 0°8 S. of Moon	Occn.
	29 09	NEW MOON	
	30 08	Moon at apogee	
June	1 11	Jupiter at opposition	
	5 06	Mercury in inferior conjunction	
	5 20	Mars 6° N. of Moon	
	6 10	FIRST QUARTER	
	9 06	Spica 1°1 S. of Moon	Occn.
	12 08	Jupiter 2° S. of Moon	
	13 01	Moon at perigee	
	13 04	FULL MOON	
	14 14	Jupiter 5° N. of Antares	
	15 10	Neptune 5° S. of Moon	
	15 19	Uranus 6° S. of Moon	
	15 21	Mercury 1°2 N. of Aldebaran	
	17 06	Mercury stationary	
	18 14	Mercury 1°1 N. of Aldebaran	
	18 15	Juno at opposition	
	19 05	Venus 5° N. of Aldebaran	
	19 07	Mercury 4° S. of Venus	
	19 19	Saturn 6° S. of Moon	
	19 22	LAST QUARTER	
	21 21	Solstice	
	26 02	Mercury 0°6 S. of Moon	Occn.
	26 11	Moon at apogee	
	26 15	Venus 3° N. of Moon	
	28 01	NEW MOON	
	29 16	Mercury greatest elong. W. (22°)	
July	4 02	Earth at aphelion	
	4 05	Mars 4° N. of Moon	
	5 20	FIRST QUARTER	
	7 11	Saturn stationary	
	9 13	Jupiter 2° S. of Moon	
	11 10	Moon at perigee	
	12 11	FULL MOON	
	12 19	Neptune 4° S. of Moon	
	13 03	Uranus 6° S. of Moon	
	17 04	Saturn 6° S. of Moon	
	17 05	Neptune at opposition	
	19 11	LAST QUARTER	
	21 18	Uranus at opposition	

	d h		
July	23 20	Moon at apogee	
	27 15	NEW MOON	
	28 02	Mercury in superior conjunction	
Aug.	1 15	Mars 2° N. of Moon	
	2 22	Jupiter stationary	
	4 03	FIRST QUARTER	
	5 20	Jupiter 2° S. of Moon	
	8 14	Moon at perigee	
	9 04	Neptune 5° S. of Moon	
	9 12	Uranus 6° S. of Moon	
	9 16	Mercury 1°1 N. of Regulus	
	10 18	FULL MOON	
	10 21	Passage of the Earth through the ring-plane of Saturn from S to N	
	12 04	Pluto stationary	
	13 11	Saturn 5° S. of Moon	
	15 06	Juno stationary	
	18 03	LAST QUARTER	
	20 12	Moon at apogee	
	21 00	Venus in superior conjunction	
	23 15	Pallas in conjunction with Sun	
	26 01	Vesta in conjunction with Sun	
	26 05	NEW MOON	
	27 13	Mars 2° N. of Spica	
	28 07	Mercury 1°8 N. of Moon	
	30 04	Mars 0°2 N. of Moon	Occn.
Sept.	2 04	Jupiter 3° S. of Moon	
	2 09	FIRST QUARTER	
	5 01	Moon at perigee	
	5 11	Neptune 5° S. of Moon	
	5 19	Uranus 6° S. of Moon	
	9 04	FULL MOON	
	9 04	Mercury greatest elong. E. (27°)	
	9 17	Saturn 6° S. of Moon	
	14 15	Saturn at opposition	
	16 21	LAST QUARTER	
	17 06	Moon at apogee	
	20 07	Jupiter 5° N. of Antares	
	22 06	Mercury stationary	
	23 12	Equinox	
	24 17	NEW MOON	
	25 23	Mercury 3° S. of Moon	
	27 18	Mars 2° S. of Moon	
	28 21	Mercury 5° S. of Venus	
	29 15	Jupiter 3° S. of Moon	
	30 04	Moon at perigee	
Oct.	1 15	FIRST QUARTER	
	2 17	Neptune 5° S. of Moon	

CONFIGURATIONS OF SUN, MOON AND PLANETS

	d h	
Oct.	3 00	Uranus 6° S. of Moon
	4 09	Venus 3° N. of Spica
	5 00	Neptune stationary
	5 01	Mercury in inferior conjunction
	6 15	Uranus stationary
	6 22	Saturn 6° S. of Moon
	8 16	FULL MOON Penumbral Eclipse
	9 23	Ceres in conjunction with Sun
	13 09	Mercury stationary
	15 02	Moon at apogee
	16 16	LAST QUARTER
	20 14	Mercury greatest elong. W. (18°)
	21 22	Pallas 0°.9 S. of Moon Occn.
	22 22	Mercury 4° N. of Moon
	24 05	NEW MOON Eclipse
	25 11	Venus 1°.9 S. of Moon
	26 11	Mars 4° S. of Moon
	26 21	Moon at perigee
	27 06	Jupiter 4° S. of Moon
	29 23	Neptune 5° S. of Moon
	30 06	Uranus 6° S. of Moon
	30 13	Mercury 4° N. of Spica
	30 21	FIRST QUARTER
Nov.	2 12	Mars 4° N. of Antares
	3 02	Saturn 6° S. of Moon
	7 07	FULL MOON
	10 18	Venus 4° N. of Antares
	11 21	Moon at apogee
	15 12	LAST QUARTER
	16 08	Mars 1°.2 S. of Jupiter
	19 12	Venus 1°.3 S. of Jupiter
Nov.	22 14	Saturn stationary
	22 16	NEW MOON
	22 22	Venus 0°.2 S. of Mars
	23 05	Mercury in superior conjunction
	23 07	Pluto in conjunction with Sun
	23 23	Moon at perigee
	24 01	Jupiter 4° S. of Moon
	24 08	Mars 5° S. of Moon
	24 09	Venus 6° S. of Moon
	26 07	Neptune 5° S. of Moon
	26 14	Uranus 6° S. of Moon
	29 06	FIRST QUARTER
	30 07	Saturn 6° S. of Moon
Dec.	7 01	FULL MOON
	9 10	Moon at apogee
	15 06	LAST QUARTER
	16 17	Venus 2° S. of Neptune
	18 22	Jupiter in conjunction with Sun
	20 13	Venus 1°.3 S. of Uranus
	22 02	NEW MOON
	22 08	Solstice
	22 10	Moon at perigee
	23 07	Mercury 7° S. of Moon
	23 07	Mars 6° S. of Moon
	23 09	Mercury 1°.1 S. of Mars
	23 18	Neptune 5° S. of Moon
	24 02	Uranus 6° S. of Moon
	24 10	Venus 7° S. of Moon
	27 15	Saturn 5° S. of Moon
	28 02	Mercury 2° S. of Neptune
	28 19	FIRST QUARTER

Arrangement and basis of the tabulations

The tabulations of risings, settings and twilights on pages A14–A77 refer to the instants when the true geocentric zenith distance of the central point of the disk of the Sun or Moon takes the value indicated in the following table. The tabular times are in universal time (UT) for selected latitudes on the meridian of Greenwich; the times for other latitudes and longitudes may be obtained by interpolation as described below and as exemplified on page A13.

	Phenomena	*Zenith distance*	*Pages*
SUN (interval 4 days):	sunrise and sunset	90° 50′	A14–A21
	civil twilight	96°	A22–A29
	nautical twilight	102°	A30–A37
	astronomical twilight	108°	A38–A45
MOON (interval 1 day):	moonrise and moonset	$90° \ 34' + s - \pi$	A46–A77
(s = semidiameter, π = horizontal parallax)			

The zenith distance at the times for rising and setting is such that under normal conditions the upper limb of the Sun and Moon appears to be on the horizon of an observer at sea-level. The parallax of the Sun is ignored. The observed time may differ from the tabular time because of a variation of the atmospheric refraction from the adopted value (34′) and because of a difference in height of the observer and the actual horizon.

Use of tabulations

The following procedure may be used to obtain times of the phenomena for a non-tabular place and date.

Step 1: Interpolate linearly for latitude. The differences between adjacent values are usually small and so the required interpolates can often be obtained by inspection.

Step 2: Interpolate linearly for date and longitude in order to obtain the local mean times of the phenomena at the longitude concerned. For the Sun the variations with longitude of the local mean times of the phenomena are small, but to obtain better precision the interpolation factor for date should be increased by

west longitude in degrees /1440

since the interval of tabulation is 4 days. For the Moon, the interpolating factor to be used is simply

west longitude in degrees /360

since the interval of tabulation is 1 day; backward interpolation should be carried out for east longitudes.

Step 3: Convert the times so obtained (which are on the scale of local mean time for the local meridian) to universal time (UT) or to the appropriate clock time, which may differ from the time of the nearest standard meridian according to the customs of the country concerned. The UT of the phenomenon is obtained from the local mean time by applying the longitude expressed in time measure (1 hour for each 15° of longitude), adding for west longitudes and subtracting for east longitudes. The times so obtained may require adjustment by 24^h; if so, the corresponding date must be changed accordingly.

Approximate formulae for direct calculation

The approximate UT of rising or setting of a body with right ascension α and declination δ at latitude ϕ and *east* longitude λ may be calculated from

$$\mathrm{UT} = 0{\cdot}997\,27\,\{\alpha - \lambda \pm \cos^{-1}(-\tan\phi\tan\delta) - (\mathrm{GMST\ at\ 0^h\ UT})\}$$

where each term is expressed in time measure and the GMST at 0^h UT is given in the tabulations on pages B8–B15. The negative sign corresponds to rising and the positive sign to setting. The formula ignores refraction, semi-diameter and any changes in α and δ during the day. If $\tan\phi\tan\delta$ is numerically greater than 1, there is no phenomenon.

Examples

The following examples of the calculations of the times of rising and setting phenomena use the procedure described on page A12.

1. To find the times of sunrise and sunset for Paris on 1995 July 20. Paris is at latitude N 48° 52′ (= +48°87), longitude E 2° 20′ (= E 2°33 = E 0^h 09^m), and in the summer the clocks are kept two hours in advance of UT. The relevant portions of the tabulation on page A19 and the results of the interpolation for latitude are as follows, where the interpolation factor is (48·87 − 48)/2 = 0·44:

	Sunrise			Sunset		
	+48°	+50°	+48°87	+48°	+50°	+48°87
	h m	h m	h m	h m	h m	h m
July 17	04 18	04 09	04 14	19 54	20 02	19 58
July 21	04 22	04 14	04 18	19 50	19 58	19 54

The interpolation factor for date and longitude is (20 − 17)/4 − 2·33/1440 = 0·75

	Sunrise	Sunset
	d h m	d h m
Interpolate to obtain local mean time:	20 04 17	20 19 55
Subtract 0^h 09^m to obtain universal time:	20 04 08	20 19 46
Add 2^h to obtain clock time:	20 06 08	20 21 46

2. To find the times of beginning and end of astronomical twilight for Canberra, Australia on 1995 November 15. Canberra is at latitude S 35° 18′ (= −35°30), longitude E 149° 08′(= E 149°13 = E 9^h 57^m), and in the summer the clocks are kept eleven hours in advance of UT. The relevant portions of the tabulation on page A44 and the results of the interpolation for latitude are as follows, where the interpolation factor is (−35·30 − (−40))/5 = 0·94:

	Astronomical Twilight					
	beginning			end		
	−40°	−35°	−35°30	−40°	−35°	−35°30
	h m	h m	h m	h m	h m	h m
Nov. 14	02 47	03 09	03 08	20 43	20 20	20 21
Nov. 18	02 42	03 05	03 04	20 50	20 26	20 27

The interpolation factor for date and longitude is (15 − 14)/4 − 149·13/1440 = 0·15

	Astronomical Twilight	
	beginning	end
	d h m	d h m
Interpolation to obtain local mean time:	15 03 07	15 20 22
Subtract 9^h 57^m to obtain universal time:	14 17 10	15 10 25
Add 11^h to obtain clock time:	15 04 10	15 21 25

3. To find the times of moonrise and moonset for Washington, D.C. on 1995 February 25. Washington is at latitude N 38° 55′ (= +38°92), longitude W 77° 00′ (= W 77°00 = W 5^h 08^m), and in the winter the clocks are kept five hours behind UT. The relevant portions of the tabulation on page A50 and the results of the interpolation for latitude are as follows, where the interpolation factor is (38·92 − 35)/5 = 0·78:

	Moonrise			Moonset		
	+35°	+40°	+38°92	+35°	+40°	+38°92
	h m	h m	h m	h m	h m	h m
Feb. 25	03 20	03 31	03 29	13 56	13 45	13 47
Feb. 26	04 09	04 19	04 17	15 01	14 51	14 53

The interpolation factor for longitude is 77·0/360 = 0·21

	Moonrise	Moonset
	d h m	d h m
Interpolate to obtain local mean time:	25 03 39	25 14 01
Add 5^h 08^m to obtain universal time:	25 08 47	25 19 09
Subtract 5^h to obtain clock time:	25 03 47	25 14 09

UNIVERSAL TIME FOR MERIDIAN OF GREENWICH

SUNRISE

Lat.	−55°	−50°	−45°	−40°	−35°	−30°	−20°	−10°	0°	+10°	+20°	+30°	+35°	+40°
	h m	h m	h m	h m	h m	h m	h m	h m	h m	h m	h m	h m	h m	h m
Jan. −2	3 22	3 52	4 14	4 32	4 47	5 00	5 22	5 41	5 58	6 16	6 34	6 55	7 07	7 21
2	3 27	3 56	4 18	4 35	4 50	5 03	5 24	5 43	6 00	6 17	6 35	6 56	7 08	7 22
6	3 32	4 00	4 22	4 39	4 53	5 06	5 27	5 45	6 02	6 19	6 37	6 57	7 09	7 22
10	3 38	4 06	4 26	4 43	4 57	5 09	5 30	5 47	6 04	6 20	6 37	6 57	7 09	7 22
14	3 45	4 11	4 31	4 47	5 01	5 12	5 32	5 49	6 05	6 21	6 38	6 57	7 08	7 21
18	3 53	4 17	4 36	4 52	5 05	5 16	5 35	5 51	6 07	6 22	6 38	6 56	7 07	7 19
22	4 00	4 24	4 42	4 56	5 09	5 19	5 38	5 53	6 08	6 22	6 38	6 55	7 05	7 17
26	4 09	4 30	4 47	5 01	5 13	5 23	5 40	5 55	6 09	6 23	6 37	6 54	7 03	7 14
30	4 17	4 37	4 53	5 06	5 17	5 26	5 43	5 57	6 10	6 23	6 36	6 52	7 01	7 11
Feb. 3	4 26	4 44	4 59	5 11	5 21	5 30	5 45	5 58	6 10	6 22	6 35	6 49	6 58	7 07
7	4 34	4 51	5 05	5 16	5 25	5 33	5 47	5 59	6 11	6 22	6 34	6 47	6 54	7 03
11	4 43	4 59	5 11	5 21	5 29	5 37	5 50	6 01	6 11	6 21	6 32	6 44	6 51	6 59
15	4 52	5 06	5 17	5 26	5 33	5 40	5 52	6 02	6 11	6 20	6 30	6 40	6 47	6 54
19	5 00	5 13	5 22	5 30	5 37	5 43	5 53	6 02	6 11	6 19	6 27	6 37	6 42	6 48
23	5 09	5 20	5 28	5 35	5 41	5 46	5 55	6 03	6 10	6 17	6 25	6 33	6 38	6 43
27	5 17	5 26	5 34	5 40	5 45	5 49	5 57	6 03	6 09	6 15	6 22	6 29	6 33	6 37
Mar. 3	5 26	5 33	5 39	5 44	5 48	5 52	5 58	6 04	6 09	6 14	6 19	6 24	6 28	6 31
7	5 34	5 40	5 45	5 48	5 52	5 55	6 00	6 04	6 08	6 12	6 16	6 20	6 22	6 25
11	5 42	5 46	5 50	5 53	5 55	5 57	6 01	6 04	6 07	6 10	6 12	6 15	6 17	6 19
15	5 50	5 53	5 55	5 57	5 59	6 00	6 02	6 04	6 06	6 07	6 09	6 11	6 12	6 13
19	5 58	5 59	6 00	6 01	6 02	6 02	6 03	6 04	6 05	6 05	6 06	6 06	6 06	6 06
23	6 06	6 06	6 06	6 05	6 05	6 05	6 05	6 04	6 03	6 03	6 02	6 01	6 00	6 00
27	6 14	6 12	6 11	6 09	6 08	6 07	6 06	6 04	6 02	6 01	5 59	5 56	5 55	5 53
31	6 21	6 18	6 16	6 13	6 12	6 10	6 07	6 04	6 01	5 58	5 55	5 51	5 49	5 47
Apr. 4	6 29	6 24	6 21	6 17	6 15	6 12	6 08	6 04	6 00	5 56	5 52	5 47	5 44	5 40

SUNSET

Lat.	−55°	−50°	−45°	−40°	−35°	−30°	−20°	−10°	0°	+10°	+20°	+30°	+35°	+40°
	h m	h m	h m	h m	h m	h m	h m	h m	h m	h m	h m	h m	h m	h m
Jan. −2	20 41	20 12	19 49	19 32	19 17	19 04	18 42	18 23	18 06	17 48	17 30	17 09	16 57	16 43
2	20 40	20 12	19 50	19 32	19 18	19 05	18 43	18 25	18 08	17 51	17 33	17 12	17 00	16 46
6	20 39	20 11	19 49	19 32	19 18	19 05	18 44	18 26	18 09	17 53	17 35	17 15	17 03	16 50
10	20 36	20 09	19 48	19 32	19 18	19 06	18 45	18 27	18 11	17 55	17 38	17 18	17 07	16 53
14	20 32	20 06	19 46	19 30	19 17	19 05	18 46	18 28	18 13	17 57	17 40	17 21	17 10	16 58
18	20 27	20 03	19 44	19 29	19 16	19 05	18 46	18 29	18 14	17 59	17 43	17 25	17 14	17 02
22	20 21	19 58	19 41	19 26	19 14	19 03	18 45	18 30	18 15	18 01	17 45	17 28	17 18	17 07
26	20 15	19 54	19 37	19 23	19 12	19 02	18 45	18 30	18 16	18 02	17 48	17 32	17 22	17 11
30	20 08	19 48	19 33	19 20	19 09	19 00	18 44	18 30	18 17	18 04	17 50	17 35	17 26	17 16
Feb. 3	20 01	19 42	19 28	19 16	19 06	18 57	18 42	18 29	18 17	18 05	17 53	17 39	17 30	17 21
7	19 52	19 36	19 23	19 12	19 03	18 54	18 41	18 29	18 18	18 07	17 55	17 42	17 34	17 26
11	19 44	19 29	19 17	19 07	18 59	18 51	18 39	18 28	18 18	18 08	17 57	17 45	17 38	17 31
15	19 35	19 22	19 11	19 02	18 55	18 48	18 37	18 27	18 18	18 09	17 59	17 48	17 42	17 35
19	19 26	19 14	19 05	18 57	18 50	18 44	18 34	18 25	18 17	18 09	18 01	17 51	17 46	17 40
23	19 17	19 06	18 58	18 51	18 45	18 40	18 31	18 24	18 17	18 10	18 03	17 54	17 50	17 45
27	19 07	18 58	18 51	18 45	18 40	18 36	18 29	18 22	18 16	18 10	18 04	17 57	17 53	17 49
Mar. 3	18 57	18 50	18 44	18 39	18 35	18 32	18 26	18 20	18 15	18 11	18 06	18 00	17 57	17 53
7	18 47	18 41	18 37	18 33	18 30	18 27	18 22	18 18	18 14	18 11	18 07	18 03	18 00	17 58
11	18 37	18 33	18 30	18 27	18 25	18 22	18 19	18 16	18 13	18 11	18 08	18 05	18 04	18 02
15	18 27	18 24	18 22	18 20	18 19	18 18	18 16	18 14	18 12	18 11	18 09	18 08	18 07	18 06
19	18 17	18 16	18 15	18 14	18 13	18 13	18 12	18 12	18 11	18 11	18 11	18 10	18 10	18 10
23	18 06	18 07	18 07	18 07	18 08	18 08	18 09	18 09	18 10	18 11	18 12	18 13	18 14	18 15
27	17 56	17 58	18 00	18 01	18 02	18 03	18 05	18 07	18 09	18 11	18 13	18 15	18 17	18 19
31	17 46	17 49	17 52	17 55	17 57	17 58	18 02	18 05	18 08	18 11	18 14	18 18	18 20	18 23
Apr. 4	17 36	17 41	17 45	17 48	17 51	17 54	17 58	18 02	18 06	18 11	18 15	18 20	18 23	18 27

UNIVERSAL TIME FOR MERIDIAN OF GREENWICH

SUNRISE

Lat.	+40°	+42°	+44°	+46°	+48°	+50°	+52°	+54°	+56°	+58°	+60°	+62°	+64°	+66°
	h m	h m	h m	h m	h m	h m	h m	h m	h m	h m	h m	h m	h m	h m
Jan. −2	7 21	7 28	7 34	7 42	7 50	7 58	8 08	8 19	8 32	8 46	9 03	9 25	9 52	10 33
2	7 22	7 28	7 35	7 42	7 50	7 59	8 08	8 19	8 31	8 45	9 02	9 23	9 49	10 27
6	7 22	7 28	7 35	7 42	7 49	7 58	8 07	8 18	8 29	8 43	8 59	9 19	9 44	10 19
10	7 22	7 28	7 34	7 41	7 48	7 56	8 05	8 15	8 27	8 40	8 55	9 14	9 37	10 09
14	7 21	7 26	7 32	7 39	7 46	7 54	8 02	8 12	8 23	8 35	8 50	9 07	9 29	9 57
18	7 19	7 24	7 30	7 36	7 43	7 51	7 59	8 08	8 18	8 30	8 44	9 00	9 20	9 45
22	7 17	7 22	7 27	7 33	7 40	7 47	7 54	8 03	8 13	8 24	8 36	8 51	9 09	9 32
26	7 14	7 19	7 24	7 30	7 36	7 42	7 49	7 57	8 06	8 17	8 28	8 42	8 58	9 19
30	7 11	7 15	7 20	7 25	7 31	7 37	7 44	7 51	8 00	8 09	8 20	8 32	8 47	9 05
Feb. 3	7 07	7 11	7 16	7 21	7 26	7 31	7 38	7 44	7 52	8 01	8 10	8 22	8 35	8 51
7	7 03	7 07	7 11	7 15	7 20	7 25	7 31	7 37	7 44	7 52	8 00	8 11	8 22	8 36
11	6 59	7 02	7 06	7 10	7 14	7 19	7 24	7 29	7 35	7 42	7 50	7 59	8 10	8 22
15	6 54	6 57	7 00	7 04	7 07	7 12	7 16	7 21	7 26	7 33	7 39	7 47	7 56	8 07
19	6 48	6 51	6 54	6 57	7 01	7 04	7 08	7 12	7 17	7 23	7 29	7 35	7 43	7 52
23	6 43	6 45	6 48	6 50	6 53	6 56	7 00	7 04	7 08	7 12	7 17	7 23	7 30	7 37
27	6 37	6 39	6 41	6 44	6 46	6 49	6 51	6 54	6 58	7 02	7 06	7 11	7 16	7 22
Mar. 3	6 31	6 33	6 35	6 36	6 38	6 40	6 43	6 45	6 48	6 51	6 54	6 58	7 02	7 07
7	6 25	6 26	6 28	6 29	6 30	6 32	6 34	6 36	6 38	6 40	6 42	6 45	6 48	6 52
11	6 19	6 20	6 21	6 22	6 22	6 24	6 25	6 26	6 27	6 29	6 30	6 32	6 34	6 37
15	6 13	6 13	6 13	6 14	6 14	6 15	6 16	6 16	6 17	6 18	6 18	6 19	6 20	6 22
19	6 06	6 06	6 06	6 06	6 06	6 06	6 06	6 06	6 06	6 06	6 06	6 06	6 06	6 06
23	6 00	5 59	5 59	5 58	5 58	5 58	5 57	5 56	5 56	5 55	5 54	5 53	5 52	5 51
27	5 53	5 52	5 52	5 51	5 50	5 49	5 48	5 47	5 45	5 44	5 42	5 40	5 38	5 36
31	5 47	5 46	5 44	5 43	5 42	5 40	5 39	5 37	5 35	5 32	5 30	5 27	5 24	5 20
Apr. 4	5 40	5 39	5 37	5 35	5 34	5 32	5 29	5 27	5 24	5 21	5 18	5 14	5 10	5 05

SUNSET

Lat.	+40°	+42°	+44°	+46°	+48°	+50°	+52°	+54°	+56°	+58°	+60°	+62°	+64°	+66°
	h m	h m	h m	h m	h m	h m	h m	h m	h m	h m	h m	h m	h m	h m
Jan. −2	16 43	16 36	16 30	16 22	16 14	16 06	15 56	15 45	15 32	15 18	15 01	14 40	14 12	13 32
2	16 46	16 40	16 33	16 26	16 18	16 09	16 00	15 49	15 37	15 23	15 06	14 46	14 19	13 41
6	16 50	16 43	16 37	16 30	16 22	16 14	16 05	15 54	15 42	15 29	15 13	14 53	14 28	13 53
10	16 53	16 48	16 41	16 34	16 27	16 19	16 10	16 00	15 49	15 35	15 20	15 02	14 38	14 07
14	16 58	16 52	16 46	16 39	16 32	16 25	16 16	16 06	15 55	15 43	15 29	15 11	14 50	14 21
18	17 02	16 57	16 51	16 45	16 38	16 30	16 22	16 13	16 03	15 51	15 38	15 22	15 02	14 36
22	17 07	17 01	16 56	16 50	16 44	16 37	16 29	16 21	16 11	16 00	15 47	15 32	15 14	14 52
26	17 11	17 07	17 01	16 56	16 50	16 43	16 36	16 28	16 19	16 09	15 57	15 44	15 27	15 07
30	17 16	17 12	17 07	17 02	16 56	16 50	16 43	16 36	16 28	16 18	16 08	15 55	15 41	15 23
Feb. 3	17 21	17 17	17 12	17 08	17 02	16 57	16 51	16 44	16 36	16 28	16 18	16 07	15 54	15 38
7	17 26	17 22	17 18	17 14	17 09	17 04	16 58	16 52	16 45	16 38	16 29	16 19	16 07	15 53
11	17 31	17 27	17 23	17 19	17 15	17 11	17 06	17 00	16 54	16 47	16 39	16 30	16 20	16 08
15	17 35	17 32	17 29	17 25	17 22	17 18	17 13	17 08	17 03	16 57	16 50	16 42	16 33	16 22
19	17 40	17 37	17 34	17 31	17 28	17 24	17 21	17 16	17 12	17 06	17 00	16 54	16 46	16 37
23	17 45	17 42	17 40	17 37	17 34	17 31	17 28	17 24	17 20	17 16	17 11	17 05	16 58	16 51
27	17 49	17 47	17 45	17 43	17 40	17 38	17 35	17 32	17 29	17 25	17 21	17 16	17 11	17 05
Mar. 3	17 53	17 52	17 50	17 49	17 47	17 45	17 42	17 40	17 37	17 34	17 31	17 27	17 23	17 18
7	17 58	17 57	17 55	17 54	17 53	17 51	17 50	17 48	17 46	17 44	17 41	17 38	17 35	17 32
11	18 02	18 01	18 00	18 00	17 59	17 58	17 57	17 55	17 54	17 53	17 51	17 49	17 47	17 45
15	18 06	18 06	18 05	18 05	18 05	18 04	18 04	18 03	18 02	18 02	18 01	18 00	17 59	17 58
19	18 10	18 10	18 10	18 10	18 10	18 11	18 11	18 11	18 11	18 11	18 11	18 11	18 11	18 11
23	18 15	18 15	18 15	18 16	18 16	18 17	18 17	18 18	18 19	18 20	18 21	18 22	18 23	18 24
27	18 19	18 19	18 20	18 21	18 22	18 23	18 24	18 26	18 27	18 29	18 30	18 32	18 35	18 37
31	18 23	18 24	18 25	18 26	18 28	18 29	18 31	18 33	18 35	18 38	18 40	18 43	18 47	18 50
Apr. 4	18 27	18 28	18 30	18 32	18 34	18 36	18 38	18 41	18 43	18 46	18 50	18 54	18 58	19 04

SUNRISE AND SUNSET, 1995

UNIVERSAL TIME FOR MERIDIAN OF GREENWICH

SUNRISE

Lat.	−55°	−50°	−45°	−40°	−35°	−30°	−20°	−10°	0°	+10°	+20°	+30°	+35°	+40°
	h m	h m	h m	h m	h m	h m	h m	h m	h m	h m	h m	h m	h m	h m
Mar. 31	6 21	6 18	6 16	6 13	6 12	6 10	6 07	6 04	6 01	5 58	5 55	5 51	5 49	5 47
Apr. 4	6 29	6 24	6 21	6 17	6 15	6 12	6 08	6 04	6 00	5 56	5 52	5 47	5 44	5 40
8	6 37	6 31	6 26	6 21	6 18	6 15	6 09	6 04	5 59	5 54	5 48	5 42	5 38	5 34
12	6 44	6 37	6 31	6 25	6 21	6 17	6 10	6 04	5 58	5 52	5 45	5 37	5 33	5 28
16	6 52	6 43	6 36	6 29	6 24	6 19	6 11	6 04	5 57	5 49	5 42	5 33	5 28	5 22
20	7 00	6 49	6 41	6 33	6 27	6 22	6 12	6 04	5 56	5 47	5 39	5 28	5 23	5 16
24	7 07	6 55	6 46	6 37	6 30	6 24	6 13	6 04	5 55	5 46	5 36	5 24	5 18	5 10
28	7 15	7 01	6 50	6 41	6 34	6 27	6 15	6 04	5 54	5 44	5 33	5 20	5 13	5 05
May 2	7 22	7 07	6 55	6 45	6 37	6 29	6 16	6 05	5 54	5 43	5 31	5 17	5 09	5 00
6	7 30	7 13	7 00	6 49	6 40	6 32	6 18	6 05	5 53	5 41	5 28	5 13	5 05	4 55
10	7 37	7 19	7 05	6 53	6 43	6 34	6 19	6 06	5 53	5 40	5 26	5 10	5 01	4 50
14	7 44	7 25	7 09	6 57	6 46	6 37	6 21	6 06	5 53	5 39	5 25	5 08	4 58	4 46
18	7 51	7 30	7 14	7 01	6 49	6 39	6 22	6 07	5 53	5 39	5 23	5 05	4 55	4 43
22	7 57	7 35	7 18	7 04	6 52	6 42	6 24	6 08	5 53	5 38	5 22	5 03	4 52	4 39
26	8 03	7 40	7 22	7 07	6 55	6 44	6 25	6 09	5 53	5 38	5 21	5 01	4 50	4 37
30	8 09	7 44	7 26	7 11	6 58	6 46	6 27	6 10	5 54	5 38	5 20	5 00	4 48	4 34
June 3	8 14	7 48	7 29	7 13	7 00	6 48	6 28	6 11	5 54	5 38	5 20	4 59	4 47	4 33
7	8 18	7 52	7 32	7 16	7 02	6 50	6 30	6 12	5 55	5 38	5 20	4 58	4 46	4 31
11	8 21	7 55	7 35	7 18	7 04	6 52	6 31	6 13	5 56	5 39	5 20	4 58	4 45	4 31
15	8 24	7 57	7 37	7 20	7 06	6 54	6 32	6 14	5 57	5 39	5 20	4 58	4 45	4 31
19	8 26	7 59	7 38	7 21	7 07	6 55	6 34	6 15	5 58	5 40	5 21	4 59	4 46	4 31
23	8 27	8 00	7 39	7 22	7 08	6 56	6 34	6 16	5 58	5 41	5 22	5 00	4 47	4 32
27	8 27	8 00	7 39	7 23	7 09	6 56	6 35	6 17	5 59	5 42	5 23	5 01	4 48	4 33
July 1	8 26	8 00	7 39	7 23	7 09	6 57	6 36	6 17	6 00	5 43	5 24	5 02	4 49	4 35
5	8 24	7 58	7 38	7 22	7 08	6 56	6 36	6 18	6 01	5 44	5 25	5 04	4 51	4 37

SUNSET

Lat.	−55°	−50°	−45°	−40°	−35°	−30°	−20°	−10°	0°	+10°	+20°	+30°	+35°	+40°
	h m	h m	h m	h m	h m	h m	h m	h m	h m	h m	h m	h m	h m	h m
Mar. 31	17 46	17 49	17 52	17 55	17 57	17 58	18 02	18 05	18 08	18 11	18 14	18 18	18 20	18 23
Apr. 4	17 36	17 41	17 45	17 48	17 51	17 54	17 58	18 02	18 06	18 11	18 15	18 20	18 23	18 27
8	17 26	17 32	17 38	17 42	17 46	17 49	17 55	18 00	18 05	18 10	18 16	18 23	18 26	18 31
12	17 16	17 24	17 30	17 36	17 40	17 44	17 52	17 58	18 04	18 10	18 17	18 25	18 30	18 35
16	17 07	17 16	17 24	17 30	17 35	17 40	17 49	17 56	18 03	18 11	18 18	18 28	18 33	18 39
20	16 57	17 08	17 17	17 24	17 30	17 36	17 46	17 54	18 02	18 11	18 20	18 30	18 36	18 43
24	16 48	17 00	17 10	17 18	17 26	17 32	17 43	17 52	18 02	18 11	18 21	18 33	18 39	18 47
28	16 39	16 53	17 04	17 13	17 21	17 28	17 40	17 51	18 01	18 11	18 22	18 35	18 43	18 51
May 2	16 31	16 46	16 58	17 08	17 17	17 24	17 38	17 49	18 00	18 12	18 24	18 38	18 46	18 55
6	16 23	16 40	16 53	17 04	17 13	17 21	17 36	17 48	18 00	18 12	18 25	18 40	18 49	18 59
10	16 15	16 33	16 48	16 59	17 09	17 18	17 34	17 47	18 00	18 13	18 27	18 43	18 52	19 03
14	16 08	16 28	16 43	16 55	17 06	17 16	17 32	17 46	18 00	18 14	18 28	18 45	18 55	19 07
18	16 02	16 22	16 39	16 52	17 03	17 13	17 30	17 46	18 00	18 14	18 30	18 48	18 59	19 11
22	15 56	16 18	16 35	16 49	17 01	17 11	17 29	17 45	18 00	18 15	18 32	18 50	19 02	19 14
26	15 50	16 14	16 32	16 46	16 59	17 10	17 28	17 45	18 01	18 16	18 33	18 53	19 04	19 18
30	15 46	16 10	16 29	16 44	16 57	17 08	17 28	17 45	18 01	18 17	18 35	18 55	19 07	19 21
June 3	15 42	16 07	16 27	16 43	16 56	17 08	17 28	17 45	18 02	18 18	18 36	18 57	19 10	19 24
7	15 39	16 05	16 25	16 41	16 55	17 07	17 28	17 46	18 02	18 19	18 38	18 59	19 12	19 26
11	15 37	16 04	16 24	16 41	16 55	17 07	17 28	17 46	18 03	18 21	18 39	19 01	19 14	19 29
15	15 36	16 03	16 24	16 41	16 55	17 07	17 28	17 47	18 04	18 22	18 40	19 02	19 15	19 30
19	15 36	16 03	16 24	16 41	16 55	17 08	17 29	17 47	18 05	18 22	18 41	19 04	19 17	19 32
23	15 37	16 04	16 25	16 42	16 56	17 09	17 30	17 48	18 06	18 23	18 42	19 04	19 17	19 33
27	15 39	16 06	16 26	16 43	16 57	17 10	17 31	17 49	18 07	18 24	18 43	19 05	19 18	19 33
July 1	15 41	16 08	16 28	16 45	16 59	17 11	17 32	17 50	18 07	18 25	18 43	19 05	19 18	19 33
5	15 45	16 11	16 31	16 47	17 01	17 13	17 33	17 51	18 08	18 25	18 44	19 05	19 18	19 32

UNIVERSAL TIME FOR MERIDIAN OF GREENWICH

SUNRISE

Lat.	+40°	+42°	+44°	+46°	+48°	+50°	+52°	+54°	+56°	+58°	+60°	+62°	+64°	+66°
	h m	h m	h m	h m	h m	h m	h m	h m	h m	h m	h m	h m	h m	h m
Mar. 31	5 47	5 46	5 44	5 43	5 42	5 40	5 39	5 37	5 35	5 32	5 30	5 27	5 24	5 20
Apr. 4	5 40	5 39	5 37	5 35	5 34	5 32	5 29	5 27	5 24	5 21	5 18	5 14	5 10	5 05
8	5 34	5 32	5 30	5 28	5 26	5 23	5 20	5 17	5 14	5 10	5 06	5 01	4 56	4 49
12	5 28	5 25	5 23	5 20	5 18	5 15	5 11	5 08	5 04	4 59	4 54	4 48	4 41	4 34
16	5 22	5 19	5 16	5 13	5 10	5 06	5 02	4 58	4 53	4 48	4 42	4 35	4 27	4 18
20	5 16	5 13	5 10	5 06	5 02	4 58	4 54	4 49	4 43	4 37	4 30	4 23	4 13	4 03
24	5 10	5 07	5 03	4 59	4 55	4 50	4 45	4 40	4 34	4 27	4 19	4 10	3 59	3 47
28	5 05	5 01	4 57	4 53	4 48	4 43	4 37	4 31	4 24	4 16	4 08	3 58	3 46	3 31
May 2	5 00	4 55	4 51	4 46	4 41	4 36	4 29	4 23	4 15	4 07	3 57	3 45	3 32	3 16
6	4 55	4 50	4 46	4 40	4 35	4 29	4 22	4 15	4 06	3 57	3 46	3 33	3 18	3 00
10	4 50	4 46	4 40	4 35	4 29	4 22	4 15	4 07	3 58	3 48	3 36	3 22	3 05	2 44
14	4 46	4 41	4 36	4 30	4 23	4 16	4 09	4 00	3 50	3 39	3 26	3 11	2 52	2 28
18	4 43	4 37	4 31	4 25	4 18	4 11	4 03	3 53	3 43	3 31	3 17	3 00	2 39	2 12
22	4 39	4 34	4 28	4 21	4 14	4 06	3 57	3 47	3 36	3 23	3 08	2 50	2 27	1 56
26	4 37	4 31	4 24	4 17	4 10	4 02	3 52	3 42	3 30	3 16	3 00	2 40	2 15	1 40
30	4 34	4 28	4 22	4 14	4 07	3 58	3 48	3 37	3 25	3 10	2 53	2 32	2 04	1 23
June 3	4 33	4 26	4 19	4 12	4 04	3 55	3 45	3 33	3 21	3 05	2 47	2 25	1 54	1 06
7	4 31	4 25	4 18	4 10	4 02	3 53	3 42	3 31	3 17	3 01	2 42	2 18	1 46	0 47
11	4 31	4 24	4 17	4 09	4 00	3 51	3 40	3 28	3 15	2 58	2 39	2 14	1 39	0 25
15	4 31	4 24	4 16	4 09	4 00	3 50	3 39	3 27	3 13	2 57	2 36	2 10	1 34	▭
19	4 31	4 24	4 17	4 09	4 00	3 50	3 39	3 27	3 13	2 56	2 35	2 09	1 31	▭
23	4 32	4 25	4 17	4 09	4 01	3 51	3 40	3 28	3 13	2 57	2 36	2 10	1 31	▭
27	4 33	4 26	4 19	4 11	4 02	3 52	3 42	3 29	3 15	2 58	2 38	2 12	1 35	▭
July 1	4 35	4 28	4 21	4 13	4 04	3 55	3 44	3 32	3 18	3 01	2 42	2 16	1 40	0 13
5	4 37	4 30	4 23	4 15	4 07	3 57	3 47	3 35	3 22	3 06	2 46	2 22	1 48	0 44

SUNSET

Lat.	+40°	+42°	+44°	+46°	+48°	+50°	+52°	+54°	+56°	+58°	+60°	+62°	+64°	+66°
	h m	h m	h m	h m	h m	h m	h m	h m	h m	h m	h m	h m	h m	h m
Mar. 31	18 23	18 24	18 25	18 26	18 28	18 29	18 31	18 33	18 35	18 38	18 40	18 43	18 47	18 50
Apr. 4	18 27	18 28	18 30	18 32	18 34	18 36	18 38	18 41	18 43	18 46	18 50	18 54	18 58	19 04
8	18 31	18 33	18 35	18 37	18 39	18 42	18 45	18 48	18 51	18 55	19 00	19 05	19 10	19 17
12	18 35	18 37	18 40	18 42	18 45	18 48	18 52	18 55	19 00	19 04	19 10	19 15	19 22	19 30
16	18 39	18 42	18 44	18 48	18 51	18 55	18 59	19 03	19 08	19 13	19 19	19 26	19 34	19 44
20	18 43	18 46	18 49	18 53	18 57	19 01	19 05	19 10	19 16	19 22	19 29	19 37	19 47	19 58
24	18 47	18 50	18 54	18 58	19 02	19 07	19 12	19 18	19 24	19 31	19 39	19 48	19 59	20 12
28	18 51	18 55	18 59	19 03	19 08	19 13	19 19	19 25	19 32	19 40	19 49	20 00	20 12	20 27
May 2	18 55	18 59	19 04	19 09	19 14	19 19	19 26	19 33	19 40	19 49	19 59	20 11	20 25	20 41
6	18 59	19 04	19 08	19 14	19 19	19 26	19 32	19 40	19 48	19 58	20 09	20 22	20 37	20 56
10	19 03	19 08	19 13	19 19	19 25	19 31	19 39	19 47	19 56	20 07	20 19	20 33	20 50	21 12
14	19 07	19 12	19 18	19 24	19 30	19 37	19 45	19 54	20 04	20 15	20 28	20 44	21 03	21 28
18	19 11	19 16	19 22	19 28	19 35	19 43	19 51	20 01	20 11	20 23	20 38	20 55	21 16	21 44
22	19 14	19 20	19 26	19 33	19 40	19 48	19 57	20 07	20 18	20 31	20 47	21 05	21 29	22 01
26	19 18	19 24	19 30	19 37	19 45	19 53	20 02	20 13	20 25	20 39	20 55	21 15	21 41	22 18
30	19 21	19 27	19 34	19 41	19 49	19 58	20 07	20 18	20 31	20 46	21 03	21 25	21 53	22 36
June 3	19 24	19 30	19 37	19 45	19 53	20 02	20 12	20 23	20 36	20 52	21 10	21 33	22 04	22 55
7	19 26	19 33	19 40	19 48	19 56	20 05	20 16	20 28	20 41	20 57	21 16	21 40	22 14	23 15
11	19 29	19 35	19 42	19 50	19 59	20 08	20 19	20 31	20 45	21 01	21 21	21 46	22 22	23 42
15	19 30	19 37	19 44	19 52	20 01	20 11	20 21	20 34	20 48	21 05	21 25	21 51	22 28	▭
19	19 32	19 38	19 46	19 54	20 03	20 12	20 23	20 36	20 50	21 07	21 27	21 54	22 32	▭
23	19 33	19 39	19 47	19 55	20 03	20 13	20 24	20 36	20 51	21 07	21 28	21 54	22 32	▭
27	19 33	19 40	19 47	19 55	20 04	20 13	20 24	20 36	20 50	21 07	21 27	21 53	22 30	▭
July 1	19 33	19 39	19 47	19 54	20 03	20 13	20 23	20 35	20 49	21 05	21 25	21 51	22 26	23 44
5	19 32	19 39	19 46	19 53	20 02	20 11	20 22	20 33	20 47	21 03	21 22	21 46	22 19	23 20

▭ indicates Sun continuously above horizon.

UNIVERSAL TIME FOR MERIDIAN OF GREENWICH

SUNRISE

Lat.	−55°	−50°	−45°	−40°	−35°	−30°	−20°	−10°	0°	+10°	+20°	+30°	+35°	+40°
	h m	h m	h m	h m	h m	h m	h m	h m	h m	h m	h m	h m	h m	h m
July 1	8 26	8 00	7 39	7 23	7 09	6 57	6 36	6 17	6 00	5 43	5 24	5 02	4 49	4 35
5	8 24	7 58	7 38	7 22	7 08	6 56	6 36	6 18	6 01	5 44	5 25	5 04	4 51	4 37
9	8 22	7 56	7 37	7 21	7 08	6 56	6 36	6 18	6 01	5 45	5 27	5 06	4 53	4 39
13	8 18	7 54	7 35	7 19	7 06	6 55	6 35	6 18	6 02	5 46	5 28	5 08	4 56	4 42
17	8 14	7 50	7 32	7 17	7 05	6 54	6 35	6 18	6 02	5 47	5 30	5 10	4 58	4 45
21	8 08	7 46	7 29	7 15	7 03	6 52	6 34	6 18	6 03	5 48	5 31	5 12	5 01	4 48
25	8 03	7 42	7 25	7 12	7 00	6 50	6 33	6 17	6 03	5 48	5 33	5 14	5 04	4 51
29	7 56	7 36	7 21	7 08	6 57	6 48	6 31	6 17	6 03	5 49	5 34	5 17	5 07	4 55
Aug. 2	7 49	7 31	7 16	7 04	6 54	6 45	6 29	6 16	6 03	5 50	5 36	5 19	5 10	4 59
6	7 41	7 25	7 11	7 00	6 50	6 42	6 27	6 15	6 02	5 50	5 37	5 22	5 13	5 02
10	7 33	7 18	7 06	6 55	6 46	6 39	6 25	6 13	6 02	5 51	5 38	5 24	5 16	5 06
14	7 25	7 11	7 00	6 50	6 42	6 35	6 23	6 12	6 01	5 51	5 39	5 26	5 19	5 10
18	7 16	7 03	6 53	6 45	6 38	6 31	6 20	6 10	6 01	5 51	5 41	5 29	5 22	5 14
22	7 07	6 56	6 47	6 39	6 33	6 27	6 17	6 08	6 00	5 51	5 42	5 31	5 25	5 18
26	6 58	6 48	6 40	6 33	6 28	6 23	6 14	6 06	5 59	5 51	5 43	5 33	5 28	5 21
30	6 48	6 40	6 33	6 27	6 23	6 18	6 11	6 04	5 57	5 51	5 44	5 36	5 31	5 25
Sept. 3	6 38	6 31	6 26	6 21	6 17	6 14	6 07	6 02	5 56	5 51	5 45	5 38	5 34	5 29
7	6 28	6 23	6 19	6 15	6 12	6 09	6 04	5 59	5 55	5 50	5 46	5 40	5 37	5 33
11	6 18	6 14	6 11	6 08	6 06	6 04	6 00	5 57	5 54	5 50	5 46	5 42	5 39	5 37
15	6 08	6 05	6 04	6 02	6 00	5 59	5 57	5 54	5 52	5 50	5 47	5 44	5 42	5 40
19	5 58	5 57	5 56	5 55	5 55	5 54	5 53	5 52	5 51	5 49	5 48	5 46	5 45	5 44
23	5 47	5 48	5 48	5 49	5 49	5 49	5 49	5 49	5 49	5 49	5 49	5 48	5 48	5 48
27	5 37	5 39	5 41	5 42	5 43	5 44	5 46	5 47	5 48	5 49	5 50	5 51	5 51	5 52
Oct. 1	5 27	5 30	5 33	5 35	5 37	5 39	5 42	5 44	5 47	5 49	5 51	5 53	5 54	5 56
5	5 17	5 22	5 26	5 29	5 32	5 34	5 38	5 42	5 45	5 48	5 52	5 55	5 57	6 00

SUNSET

Lat.	−55°	−50°	−45°	−40°	−35°	−30°	−20°	−10°	0°	+10°	+20°	+30°	+35°	+40°
	h m	h m	h m	h m	h m	h m	h m	h m	h m	h m	h m	h m	h m	h m
July 1	15 41	16 08	16 28	16 45	16 59	17 11	17 32	17 50	18 07	18 25	18 43	19 05	19 18	19 33
5	15 45	16 11	16 31	16 47	17 01	17 13	17 33	17 51	18 08	18 25	18 44	19 05	19 18	19 32
9	15 49	16 14	16 34	16 49	17 03	17 15	17 35	17 52	18 09	18 25	18 43	19 04	19 17	19 31
13	15 54	16 18	16 37	16 52	17 05	17 16	17 36	17 53	18 09	18 26	18 43	19 03	19 15	19 29
17	15 59	16 22	16 40	16 55	17 08	17 19	17 37	17 54	18 10	18 25	18 42	19 02	19 14	19 27
21	16 05	16 27	16 44	16 58	17 10	17 21	17 39	17 55	18 10	18 25	18 41	19 00	19 11	19 24
25	16 11	16 32	16 48	17 02	17 13	17 23	17 40	17 56	18 10	18 25	18 40	18 58	19 09	19 21
29	16 17	16 37	16 52	17 05	17 16	17 25	17 42	17 56	18 10	18 24	18 39	18 56	19 06	19 17
Aug. 2	16 24	16 42	16 57	17 09	17 19	17 28	17 43	17 57	18 10	18 23	18 37	18 53	19 02	19 13
6	16 31	16 48	17 01	17 12	17 22	17 30	17 45	17 57	18 09	18 22	18 35	18 50	18 59	19 09
10	16 38	16 54	17 06	17 16	17 25	17 32	17 46	17 58	18 09	18 20	18 32	18 46	18 55	19 04
14	16 45	16 59	17 10	17 20	17 28	17 35	17 47	17 58	18 08	18 19	18 30	18 43	18 50	18 59
18	16 53	17 05	17 15	17 23	17 31	17 37	17 48	17 58	18 07	18 17	18 27	18 39	18 46	18 53
22	17 00	17 11	17 20	17 27	17 34	17 39	17 49	17 58	18 06	18 15	18 24	18 34	18 41	18 48
26	17 07	17 17	17 24	17 31	17 36	17 41	17 50	17 58	18 05	18 13	18 21	18 30	18 35	18 42
30	17 14	17 23	17 29	17 35	17 39	17 44	17 51	17 58	18 04	18 10	18 17	18 25	18 30	18 36
Sept. 3	17 22	17 28	17 34	17 38	17 42	17 46	17 52	17 57	18 03	18 08	18 14	18 21	18 25	18 29
7	17 29	17 34	17 38	17 42	17 45	17 48	17 53	17 57	18 01	18 06	18 10	18 16	18 19	18 23
11	17 36	17 40	17 43	17 46	17 48	17 50	17 54	17 57	18 00	18 03	18 07	18 11	18 13	18 16
15	17 44	17 46	17 48	17 49	17 51	17 52	17 54	17 57	17 59	18 01	18 03	18 06	18 08	18 10
19	17 51	17 52	17 53	17 53	17 54	17 54	17 55	17 56	17 57	17 58	17 59	18 01	18 02	18 03
23	17 59	17 58	17 57	17 57	17 57	17 56	17 56	17 56	17 56	17 56	17 56	17 56	17 56	17 56
27	18 06	18 04	18 02	18 01	18 00	17 59	17 57	17 56	17 54	17 53	17 52	17 51	17 50	17 50
Oct. 1	18 14	18 10	18 07	18 05	18 03	18 01	17 58	17 55	17 53	17 51	17 49	17 46	17 45	17 43
5	18 22	18 16	18 12	18 09	18 06	18 03	17 59	17 55	17 52	17 49	17 45	17 41	17 39	17 37

UNIVERSAL TIME FOR MERIDIAN OF GREENWICH

SUNRISE

Lat.	+40°	+42°	+44°	+46°	+48°	+50°	+52°	+54°	+56°	+58°	+60°	+62°	+64°	+66°
	h m	h m	h m	h m	h m	h m	h m	h m	h m	h m	h m	h m	h m	h m
July 1	4 35	4 28	4 21	4 13	4 04	3 55	3 44	3 32	3 18	3 01	2 42	2 16	1 40	0 13
5	4 37	4 30	4 23	4 15	4 07	3 57	3 47	3 35	3 22	3 06	2 46	2 22	1 48	0 44
9	4 39	4 33	4 26	4 18	4 10	4 01	3 51	3 39	3 26	3 11	2 52	2 29	1 57	1 05
13	4 42	4 36	4 29	4 22	4 14	4 05	3 55	3 44	3 31	3 16	2 59	2 37	2 08	1 24
17	4 45	4 39	4 32	4 25	4 18	4 09	4 00	3 49	3 37	3 23	3 06	2 46	2 20	1 42
21	4 48	4 42	4 36	4 29	4 22	4 14	4 05	3 55	3 43	3 30	3 15	2 56	2 32	1 59
25	4 51	4 46	4 40	4 34	4 27	4 19	4 10	4 01	3 50	3 38	3 23	3 06	2 44	2 15
29	4 55	4 50	4 44	4 38	4 32	4 24	4 16	4 07	3 57	3 46	3 32	3 16	2 57	2 32
Aug. 2	4 59	4 54	4 49	4 43	4 37	4 30	4 22	4 14	4 05	3 54	3 42	3 27	3 09	2 47
6	5 02	4 58	4 53	4 48	4 42	4 36	4 29	4 21	4 12	4 02	3 51	3 38	3 22	3 02
10	5 06	5 02	4 57	4 52	4 47	4 41	4 35	4 28	4 20	4 11	4 01	3 49	3 35	3 17
14	5 10	5 06	5 02	4 57	4 53	4 47	4 41	4 35	4 28	4 20	4 10	4 00	3 47	3 32
18	5 14	5 10	5 06	5 02	4 58	4 53	4 48	4 42	4 36	4 28	4 20	4 10	3 59	3 46
22	5 18	5 14	5 11	5 07	5 03	4 59	4 54	4 49	4 43	4 37	4 30	4 21	4 11	4 00
26	5 21	5 19	5 16	5 12	5 09	5 05	5 01	4 56	4 51	4 46	4 39	4 32	4 23	4 13
30	5 25	5 23	5 20	5 17	5 14	5 11	5 08	5 04	4 59	4 54	4 49	4 42	4 35	4 27
Sept. 3	5 29	5 27	5 25	5 22	5 20	5 17	5 14	5 11	5 07	5 03	4 58	4 53	4 47	4 40
7	5 33	5 31	5 29	5 27	5 25	5 23	5 21	5 18	5 15	5 11	5 08	5 03	4 58	4 53
11	5 37	5 35	5 34	5 32	5 31	5 29	5 27	5 25	5 23	5 20	5 17	5 14	5 10	5 06
15	5 40	5 39	5 38	5 37	5 36	5 35	5 34	5 32	5 30	5 29	5 26	5 24	5 21	5 18
19	5 44	5 44	5 43	5 42	5 42	5 41	5 40	5 39	5 38	5 37	5 36	5 34	5 33	5 31
23	5 48	5 48	5 48	5 47	5 47	5 47	5 47	5 46	5 46	5 46	5 45	5 45	5 44	5 43
27	5 52	5 52	5 52	5 52	5 53	5 53	5 53	5 54	5 54	5 54	5 55	5 55	5 56	5 56
Oct. 1	5 56	5 56	5 57	5 58	5 58	5 59	6 00	6 01	6 02	6 03	6 04	6 05	6 07	6 09
5	6 00	6 01	6 02	6 03	6 04	6 05	6 07	6 08	6 10	6 12	6 14	6 16	6 19	6 22

SUNSET

Lat.	+40°	+42°	+44°	+46°	+48°	+50°	+52°	+54°	+56°	+58°	+60°	+62°	+64°	+66°
	h m	h m	h m	h m	h m	h m	h m	h m	h m	h m	h m	h m	h m	h m
July 1	19 33	19 39	19 47	19 54	20 03	20 13	20 23	20 35	20 49	21 05	21 25	21 51	22 26	23 44
5	19 32	19 39	19 46	19 53	20 02	20 11	20 22	20 33	20 47	21 03	21 22	21 46	22 19	23 20
9	19 31	19 37	19 44	19 52	20 00	20 09	20 19	20 30	20 44	20 59	21 17	21 40	22 11	23 01
13	19 29	19 35	19 42	19 49	19 57	20 06	20 16	20 27	20 39	20 54	21 11	21 33	22 01	22 43
17	19 27	19 33	19 39	19 46	19 54	20 02	20 12	20 22	20 34	20 48	21 04	21 24	21 50	22 27
21	19 24	19 30	19 36	19 43	19 50	19 58	20 07	20 17	20 28	20 41	20 57	21 15	21 39	22 10
25	19 21	19 26	19 32	19 39	19 46	19 53	20 02	20 11	20 22	20 34	20 48	21 05	21 26	21 54
29	19 17	19 23	19 28	19 34	19 41	19 48	19 56	20 04	20 14	20 26	20 39	20 55	21 14	21 38
Aug. 2	19 13	19 18	19 23	19 29	19 35	19 42	19 49	19 57	20 07	20 17	20 29	20 43	21 01	21 22
6	19 09	19 13	19 18	19 23	19 29	19 35	19 42	19 50	19 58	20 08	20 19	20 32	20 47	21 06
10	19 04	19 08	19 13	19 17	19 23	19 28	19 35	19 42	19 49	19 58	20 08	20 20	20 34	20 51
14	18 59	19 03	19 07	19 11	19 16	19 21	19 27	19 33	19 40	19 48	19 57	20 08	20 20	20 35
18	18 53	18 57	19 01	19 05	19 09	19 14	19 19	19 24	19 31	19 38	19 46	19 55	20 06	20 19
22	18 48	18 51	18 54	18 58	19 02	19 06	19 10	19 15	19 21	19 27	19 35	19 43	19 52	20 04
26	18 42	18 44	18 47	18 51	18 54	18 58	19 02	19 06	19 11	19 17	19 23	19 30	19 38	19 48
30	18 36	18 38	18 40	18 43	18 46	18 49	18 53	18 57	19 01	19 06	19 11	19 17	19 24	19 33
Sept. 3	18 29	18 31	18 33	18 36	18 38	18 41	18 44	18 47	18 51	18 55	18 59	19 04	19 10	19 17
7	18 23	18 24	18 26	18 28	18 30	18 32	18 35	18 37	18 40	18 43	18 47	18 51	18 56	19 01
11	18 16	18 18	18 19	18 20	18 22	18 24	18 25	18 27	18 30	18 32	18 35	18 38	18 42	18 46
15	18 10	18 11	18 12	18 13	18 14	18 15	18 16	18 17	18 19	18 21	18 23	18 25	18 28	18 31
19	18 03	18 04	18 04	18 05	18 05	18 06	18 07	18 08	18 08	18 09	18 11	18 12	18 13	18 15
23	17 56	17 57	17 57	17 57	17 57	17 57	17 57	17 58	17 58	17 58	17 58	17 59	17 59	18 00
27	17 50	17 50	17 49	17 49	17 49	17 48	17 48	17 48	17 47	17 47	17 46	17 46	17 45	17 44
Oct. 1	17 43	17 43	17 42	17 41	17 40	17 40	17 39	17 38	17 37	17 36	17 34	17 33	17 31	17 29
5	17 37	17 36	17 35	17 34	17 32	17 31	17 30	17 28	17 26	17 24	17 22	17 20	17 17	17 14

SUNRISE AND SUNSET, 1995

UNIVERSAL TIME FOR MERIDIAN OF GREENWICH

SUNRISE

Lat.	−55°	−50°	−45°	−40°	−35°	−30°	−20°	−10°	0°	+10°	+20°	+30°	+35°	+40°
	h m	h m	h m	h m	h m	h m	h m	h m	h m	h m	h m	h m	h m	h m
Oct. 1	5 27	5 30	5 33	5 35	5 37	5 39	5 42	5 44	5 47	5 49	5 51	5 53	5 54	5 56
5	5 17	5 22	5 26	5 29	5 32	5 34	5 38	5 42	5 45	5 48	5 52	5 55	5 57	6 00
9	5 07	5 13	5 18	5 23	5 26	5 29	5 35	5 40	5 44	5 48	5 53	5 58	6 00	6 04
13	4 57	5 05	5 11	5 16	5 21	5 25	5 32	5 38	5 43	5 48	5 54	6 00	6 04	6 08
17	4 47	4 56	5 04	5 10	5 16	5 20	5 29	5 36	5 42	5 49	5 55	6 03	6 07	6 12
21	4 37	4 48	4 57	5 04	5 11	5 16	5 26	5 34	5 41	5 49	5 57	6 05	6 10	6 16
25	4 28	4 40	4 50	4 59	5 06	5 12	5 23	5 32	5 41	5 49	5 58	6 08	6 14	6 21
29	4 19	4 33	4 44	4 53	5 01	5 08	5 20	5 31	5 40	5 50	6 00	6 11	6 18	6 25
Nov. 2	4 10	4 26	4 38	4 49	4 57	5 05	5 18	5 30	5 40	5 51	6 02	6 14	6 21	6 30
6	4 01	4 19	4 33	4 44	4 53	5 02	5 16	5 29	5 40	5 52	6 04	6 17	6 25	6 34
10	3 54	4 13	4 27	4 40	4 50	4 59	5 15	5 28	5 40	5 53	6 06	6 20	6 29	6 39
14	3 46	4 07	4 23	4 36	4 47	4 57	5 13	5 28	5 41	5 54	6 08	6 24	6 33	6 43
18	3 39	4 01	4 19	4 33	4 44	4 55	5 12	5 27	5 41	5 55	6 10	6 27	6 37	6 48
22	3 33	3 57	4 15	4 30	4 42	4 53	5 12	5 28	5 42	5 57	6 13	6 30	6 41	6 52
26	3 28	3 53	4 12	4 28	4 41	4 52	5 11	5 28	5 44	5 59	6 15	6 34	6 44	6 57
30	3 23	3 50	4 10	4 26	4 40	4 51	5 11	5 29	5 45	6 01	6 18	6 37	6 48	7 01
Dec. 4	3 20	3 47	4 08	4 25	4 39	4 51	5 12	5 30	5 46	6 03	6 20	6 40	6 52	7 05
8	3 17	3 46	4 07	4 25	4 39	4 51	5 13	5 31	5 48	6 05	6 23	6 43	6 55	7 09
12	3 16	3 45	4 07	4 25	4 39	4 52	5 14	5 33	5 50	6 07	6 25	6 46	6 58	7 12
16	3 15	3 45	4 08	4 25	4 40	4 53	5 15	5 34	5 52	6 09	6 27	6 49	7 01	7 15
20	3 16	3 46	4 09	4 27	4 42	4 55	5 17	5 36	5 54	6 11	6 30	6 51	7 03	7 17
24	3 18	3 48	4 11	4 29	4 44	4 57	5 19	5 38	5 56	6 13	6 32	6 53	7 05	7 19
28	3 21	3 51	4 13	4 31	4 46	4 59	5 21	5 40	5 58	6 15	6 33	6 55	7 07	7 21
32	3 25	3 55	4 17	4 34	4 49	5 02	5 24	5 42	6 00	6 17	6 35	6 56	7 08	7 22
36	3 30	3 59	4 20	4 38	4 52	5 05	5 26	5 44	6 01	6 18	6 36	6 57	7 09	7 22

SUNSET

Lat.	−55°	−50°	−45°	−40°	−35°	−30°	−20°	−10°	0°	+10°	+20°	+30°	+35°	+40°
	h m	h m	h m	h m	h m	h m	h m	h m	h m	h m	h m	h m	h m	h m
Oct. 1	18 14	18 10	18 07	18 05	18 03	18 01	17 58	17 55	17 53	17 51	17 49	17 46	17 45	17 43
5	18 22	18 16	18 12	18 09	18 06	18 03	17 59	17 55	17 52	17 49	17 45	17 41	17 39	17 37
9	18 29	18 23	18 17	18 13	18 09	18 06	18 00	17 55	17 51	17 46	17 42	17 37	17 34	17 31
13	18 37	18 29	18 23	18 17	18 12	18 08	18 01	17 55	17 50	17 44	17 38	17 32	17 28	17 24
17	18 45	18 36	18 28	18 21	18 16	18 11	18 03	17 55	17 49	17 42	17 35	17 28	17 23	17 18
21	18 54	18 42	18 33	18 26	18 19	18 14	18 04	17 56	17 48	17 40	17 32	17 24	17 18	17 13
25	19 02	18 49	18 39	18 30	18 23	18 17	18 06	17 56	17 48	17 39	17 30	17 20	17 14	17 07
29	19 10	18 56	18 44	18 35	18 27	18 20	18 07	17 57	17 47	17 38	17 27	17 16	17 09	17 02
Nov. 2	19 19	19 03	18 50	18 39	18 30	18 23	18 09	17 58	17 47	17 36	17 25	17 13	17 05	16 57
6	19 27	19 09	18 55	18 44	18 34	18 26	18 11	17 59	17 47	17 36	17 23	17 10	17 02	16 53
10	19 35	19 16	19 01	18 49	18 38	18 29	18 13	18 00	17 47	17 35	17 22	17 07	16 58	16 49
14	19 44	19 23	19 07	18 53	18 42	18 32	18 16	18 01	17 48	17 35	17 21	17 05	16 55	16 45
18	19 52	19 30	19 12	18 58	18 46	18 36	18 18	18 03	17 49	17 35	17 20	17 03	16 53	16 42
22	20 00	19 36	19 18	19 03	18 50	18 39	18 21	18 05	17 50	17 35	17 19	17 01	16 51	16 39
26	20 07	19 42	19 23	19 07	18 54	18 43	18 23	18 06	17 51	17 35	17 19	17 00	16 50	16 37
30	20 15	19 48	19 28	19 11	18 58	18 46	18 26	18 08	17 52	17 36	17 19	17 00	16 49	16 36
Dec. 4	20 21	19 53	19 32	19 15	19 01	18 49	18 28	18 10	17 54	17 37	17 20	17 00	16 48	16 35
8	20 27	19 58	19 37	19 19	19 05	18 52	18 31	18 12	17 55	17 39	17 21	17 00	16 48	16 35
12	20 32	20 02	19 40	19 23	19 08	18 55	18 33	18 15	17 57	17 40	17 22	17 01	16 49	16 35
16	20 36	20 06	19 43	19 25	19 10	18 58	18 36	18 17	17 59	17 42	17 23	17 02	16 50	16 36
20	20 39	20 09	19 46	19 28	19 13	19 00	18 38	18 19	18 01	17 44	17 25	17 04	16 51	16 37
24	20 41	20 10	19 48	19 30	19 15	19 02	18 40	18 21	18 03	17 46	17 27	17 06	16 54	16 39
28	20 41	20 12	19 49	19 31	19 16	19 03	18 41	18 23	18 05	17 48	17 29	17 08	16 56	16 42
32	20 41	20 12	19 50	19 32	19 17	19 05	18 43	18 24	18 07	17 50	17 32	17 11	16 59	16 45
36	20 39	20 11	19 49	19 32	19 18	19 05	18 44	18 26	18 09	17 52	17 34	17 14	17 02	16 48

UNIVERSAL TIME FOR MERIDIAN OF GREENWICH

SUNRISE

Lat.	+40°	+42°	+44°	+46°	+48°	+50°	+52°	+54°	+56°	+58°	+60°	+62°	+64°	+66°
	h m	h m	h m	h m	h m	h m	h m	h m	h m	h m	h m	h m	h m	h m
Oct. 1	5 56	5 56	5 57	5 58	5 58	5 59	6 00	6 01	6 02	6 03	6 04	6 05	6 07	6 09
5	6 00	6 01	6 02	6 03	6 04	6 05	6 07	6 08	6 10	6 12	6 14	6 16	6 19	6 22
9	6 04	6 05	6 06	6 08	6 10	6 11	6 13	6 15	6 18	6 20	6 23	6 27	6 30	6 35
13	6 08	6 09	6 11	6 13	6 15	6 18	6 20	6 23	6 26	6 29	6 33	6 37	6 42	6 48
17	6 12	6 14	6 16	6 19	6 21	6 24	6 27	6 31	6 34	6 38	6 43	6 48	6 54	7 01
21	6 16	6 19	6 21	6 24	6 27	6 31	6 34	6 38	6 43	6 47	6 53	6 59	7 06	7 15
25	6 21	6 23	6 26	6 30	6 33	6 37	6 41	6 46	6 51	6 57	7 03	7 10	7 19	7 28
29	6 25	6 28	6 32	6 35	6 39	6 44	6 48	6 54	6 59	7 06	7 13	7 21	7 31	7 43
Nov. 2	6 30	6 33	6 37	6 41	6 46	6 50	6 56	7 01	7 08	7 15	7 23	7 33	7 44	7 57
6	6 34	6 38	6 42	6 47	6 52	6 57	7 03	7 09	7 16	7 25	7 34	7 44	7 57	8 11
10	6 39	6 43	6 48	6 53	6 58	7 04	7 10	7 17	7 25	7 34	7 44	7 56	8 10	8 26
14	6 43	6 48	6 53	6 58	7 04	7 10	7 17	7 25	7 33	7 43	7 54	8 07	8 22	8 41
18	6 48	6 53	6 58	7 04	7 10	7 17	7 24	7 32	7 42	7 52	8 04	8 18	8 35	8 57
22	6 52	6 58	7 03	7 09	7 16	7 23	7 31	7 40	7 50	8 01	8 14	8 29	8 48	9 12
26	6 57	7 02	7 08	7 15	7 21	7 29	7 37	7 47	7 57	8 09	8 23	8 40	9 00	9 27
30	7 01	7 07	7 13	7 20	7 27	7 35	7 43	7 53	8 04	8 17	8 32	8 50	9 12	9 42
Dec. 4	7 05	7 11	7 17	7 24	7 32	7 40	7 49	7 59	8 11	8 24	8 40	8 59	9 23	9 56
8	7 09	7 15	7 21	7 28	7 36	7 45	7 54	8 05	8 17	8 31	8 47	9 07	9 32	10 08
12	7 12	7 18	7 25	7 32	7 40	7 49	7 58	8 09	8 22	8 36	8 53	9 14	9 41	10 19
16	7 15	7 21	7 28	7 35	7 43	7 52	8 02	8 13	8 26	8 40	8 58	9 19	9 47	10 28
20	7 17	7 24	7 31	7 38	7 46	7 55	8 05	8 16	8 29	8 44	9 01	9 23	9 51	10 34
24	7 19	7 26	7 33	7 40	7 48	7 57	8 07	8 18	8 31	8 46	9 03	9 25	9 53	10 36
28	7 21	7 27	7 34	7 41	7 49	7 58	8 08	8 19	8 32	8 46	9 04	9 25	9 53	10 34
32	7 22	7 28	7 35	7 42	7 50	7 59	8 08	8 19	8 31	8 46	9 03	9 23	9 50	10 29
36	7 22	7 28	7 35	7 42	7 50	7 58	8 08	8 18	8 30	8 44	9 00	9 20	9 46	10 21

SUNSET

Lat.	+40°	+42°	+44°	+46°	+48°	+50°	+52°	+54°	+56°	+58°	+60°	+62°	+64°	+66°
	h m	h m	h m	h m	h m	h m	h m	h m	h m	h m	h m	h m	h m	h m
Oct. 1	17 43	17 43	17 42	17 41	17 40	17 40	17 39	17 38	17 37	17 36	17 34	17 33	17 31	17 29
5	17 37	17 36	17 35	17 34	17 32	17 31	17 30	17 28	17 26	17 24	17 22	17 20	17 17	17 14
9	17 31	17 29	17 28	17 26	17 24	17 22	17 20	17 18	17 16	17 13	17 10	17 07	17 03	16 59
13	17 24	17 23	17 21	17 19	17 16	17 14	17 12	17 09	17 06	17 02	16 58	16 54	16 49	16 44
17	17 18	17 16	17 14	17 11	17 09	17 06	17 03	16 59	16 56	16 52	16 47	16 42	16 36	16 28
21	17 13	17 10	17 07	17 04	17 01	16 58	16 54	16 50	16 46	16 41	16 35	16 29	16 22	16 13
25	17 07	17 04	17 01	16 58	16 54	16 50	16 46	16 42	16 36	16 31	16 24	16 17	16 09	15 59
29	17 02	16 59	16 55	16 51	16 47	16 43	16 38	16 33	16 27	16 21	16 13	16 05	15 55	15 44
Nov. 2	16 57	16 54	16 50	16 45	16 41	16 36	16 31	16 25	16 18	16 11	16 03	15 53	15 42	15 29
6	16 53	16 49	16 44	16 40	16 35	16 30	16 24	16 17	16 10	16 02	15 53	15 42	15 30	15 15
10	16 49	16 44	16 40	16 35	16 29	16 23	16 17	16 10	16 02	15 53	15 43	15 31	15 17	15 00
14	16 45	16 40	16 35	16 30	16 24	16 18	16 11	16 03	15 55	15 45	15 34	15 21	15 05	14 46
18	16 42	16 37	16 32	16 26	16 20	16 13	16 06	15 57	15 48	15 37	15 25	15 11	14 54	14 33
22	16 39	16 34	16 28	16 22	16 16	16 09	16 01	15 52	15 42	15 31	15 18	15 02	14 43	14 19
26	16 37	16 32	16 26	16 19	16 13	16 05	15 57	15 47	15 37	15 25	15 11	14 54	14 33	14 07
30	16 36	16 30	16 24	16 17	16 10	16 02	15 53	15 43	15 32	15 20	15 05	14 47	14 25	13 55
Dec. 4	16 35	16 29	16 23	16 16	16 08	16 00	15 51	15 41	15 29	15 16	15 00	14 41	14 17	13 44
8	16 35	16 28	16 22	16 15	16 07	15 59	15 49	15 39	15 27	15 13	14 56	14 36	14 11	13 35
12	16 35	16 29	16 22	16 15	16 07	15 58	15 48	15 38	15 25	15 11	14 54	14 33	14 06	13 27
16	16 36	16 29	16 23	16 15	16 07	15 58	15 49	15 38	15 25	15 10	14 53	14 32	14 04	13 23
20	16 37	16 31	16 24	16 17	16 09	16 00	15 50	15 39	15 26	15 11	14 54	14 32	14 04	13 21
24	16 39	16 33	16 26	16 19	16 11	16 02	15 52	15 41	15 28	15 13	14 56	14 34	14 06	13 23
28	16 42	16 36	16 29	16 21	16 13	16 05	15 55	15 44	15 31	15 17	14 59	14 38	14 10	13 29
32	16 45	16 39	16 32	16 25	16 17	16 08	15 59	15 48	15 35	15 21	15 04	14 44	14 17	13 38
36	16 48	16 42	16 36	16 29	16 21	16 12	16 03	15 53	15 41	15 27	15 10	14 51	14 25	13 49

CIVIL TWILIGHT, 1995

UNIVERSAL TIME FOR MERIDIAN OF GREENWICH

BEGINNING OF MORNING CIVIL TWILIGHT

Lat.	−55°	−50°	−45°	−40°	−35°	−30°	−20°	−10°	0°	+10°	+20°	+30°	+35°	+40°
	h m	h m	h m	h m	h m	h m	h m	h m	h m	h m	h m	h m	h m	h m
Jan. −2	2 25	3 08	3 37	3 59	4 18	4 33	4 57	5 18	5 36	5 53	6 10	6 29	6 39	6 51
2	2 30	3 12	3 41	4 03	4 21	4 36	5 00	5 20	5 38	5 54	6 11	6 30	6 40	6 52
6	2 37	3 17	3 45	4 07	4 24	4 39	5 03	5 22	5 40	5 56	6 13	6 31	6 41	6 52
10	2 44	3 23	3 50	4 11	4 28	4 42	5 05	5 24	5 41	5 57	6 14	6 31	6 41	6 52
14	2 53	3 29	3 55	4 15	4 32	4 46	5 08	5 27	5 43	5 59	6 14	6 31	6 40	6 51
18	3 02	3 36	4 01	4 20	4 36	4 49	5 11	5 29	5 45	5 59	6 14	6 31	6 39	6 49
22	3 11	3 43	4 07	4 25	4 40	4 53	5 14	5 31	5 46	6 00	6 14	6 30	6 38	6 47
26	3 21	3 51	4 13	4 30	4 45	4 57	5 17	5 33	5 47	6 01	6 14	6 28	6 36	6 45
30	3 31	3 59	4 19	4 36	4 49	5 01	5 19	5 35	5 48	6 01	6 13	6 27	6 34	6 42
Feb. 3	3 41	4 07	4 26	4 41	4 54	5 04	5 22	5 36	5 49	6 00	6 12	6 24	6 31	6 39
7	3 51	4 15	4 32	4 46	4 58	5 08	5 24	5 38	5 49	6 00	6 11	6 22	6 28	6 35
11	4 01	4 22	4 39	4 52	5 02	5 12	5 27	5 39	5 50	5 59	6 09	6 19	6 25	6 31
15	4 11	4 30	4 45	4 57	5 07	5 15	5 29	5 40	5 50	5 58	6 07	6 16	6 21	6 26
19	4 20	4 38	4 51	5 02	5 11	5 18	5 31	5 41	5 49	5 57	6 05	6 12	6 17	6 21
23	4 30	4 45	4 57	5 07	5 15	5 22	5 33	5 42	5 49	5 56	6 02	6 09	6 12	6 16
27	4 39	4 53	5 03	5 12	5 19	5 25	5 34	5 42	5 49	5 54	6 00	6 05	6 07	6 10
Mar. 3	4 48	5 00	5 09	5 16	5 23	5 28	5 36	5 43	5 48	5 53	5 57	6 00	6 02	6 04
7	4 57	5 07	5 15	5 21	5 26	5 31	5 38	5 43	5 47	5 51	5 54	5 56	5 57	5 58
11	5 05	5 14	5 20	5 26	5 30	5 33	5 39	5 43	5 46	5 49	5 50	5 51	5 52	5 52
15	5 14	5 20	5 26	5 30	5 33	5 36	5 40	5 43	5 45	5 46	5 47	5 47	5 46	5 46
19	5 22	5 27	5 31	5 34	5 37	5 39	5 41	5 43	5 44	5 44	5 44	5 42	5 41	5 39
23	5 30	5 33	5 36	5 38	5 40	5 41	5 43	5 43	5 43	5 42	5 40	5 37	5 35	5 33
27	5 38	5 40	5 41	5 42	5 43	5 43	5 44	5 43	5 42	5 39	5 36	5 32	5 29	5 26
31	5 45	5 46	5 46	5 46	5 46	5 46	5 45	5 43	5 40	5 37	5 33	5 27	5 24	5 19
Apr. 4	5 53	5 52	5 51	5 50	5 49	5 48	5 46	5 43	5 39	5 35	5 29	5 22	5 18	5 13

END OF EVENING CIVIL TWILIGHT

Lat.	−55°	−50°	−45°	−40°	−35°	−30°	−20°	−10°	0°	+10°	+20°	+30°	+35°	+40°
	h m	h m	h m	h m	h m	h m	h m	h m	h m	h m	h m	h m	h m	h m
Jan. −2	21 39	20 56	20 27	20 04	19 46	19 31	19 06	18 46	18 28	18 11	17 54	17 35	17 25	17 13
2	21 37	20 55	20 27	20 05	19 47	19 32	19 08	18 48	18 30	18 13	17 56	17 38	17 28	17 16
6	21 34	20 54	20 26	20 04	19 47	19 33	19 09	18 49	18 32	18 15	17 59	17 41	17 31	17 20
10	21 29	20 51	20 24	20 04	19 47	19 33	19 09	18 50	18 33	18 17	18 01	17 44	17 34	17 23
14	21 24	20 48	20 22	20 02	19 46	19 32	19 10	18 51	18 35	18 19	18 04	17 47	17 38	17 27
18	21 17	20 43	20 19	20 00	19 44	19 31	19 10	18 52	18 36	18 21	18 06	17 50	17 41	17 32
22	21 10	20 38	20 15	19 57	19 42	19 30	19 09	18 52	18 37	18 23	18 09	17 54	17 45	17 36
26	21 02	20 33	20 11	19 54	19 40	19 28	19 08	18 52	18 38	18 25	18 11	17 57	17 49	17 40
30	20 54	20 26	20 06	19 50	19 37	19 26	19 07	18 52	18 39	18 26	18 14	18 00	17 53	17 45
Feb. 3	20 45	20 20	20 01	19 46	19 33	19 23	19 06	18 51	18 39	18 27	18 16	18 04	17 57	17 49
7	20 35	20 12	19 55	19 41	19 30	19 20	19 04	18 51	18 39	18 28	18 18	18 07	18 01	17 54
11	20 26	20 05	19 49	19 36	19 26	19 16	19 02	18 50	18 39	18 29	18 20	18 10	18 04	17 59
15	20 16	19 57	19 42	19 31	19 21	19 13	18 59	18 48	18 39	18 30	18 22	18 13	18 08	18 03
19	20 06	19 49	19 36	19 25	19 16	19 09	18 57	18 47	18 38	18 31	18 23	18 16	18 12	18 08
23	19 56	19 40	19 29	19 19	19 11	19 05	18 54	18 45	18 38	18 31	18 25	18 19	18 15	18 12
27	19 45	19 32	19 21	19 13	19 06	19 00	18 51	18 43	18 37	18 31	18 26	18 21	18 19	18 16
Mar. 3	19 35	19 23	19 14	19 07	19 01	18 56	18 48	18 41	18 36	18 32	18 28	18 24	18 22	18 21
7	19 24	19 14	19 07	19 01	18 55	18 51	18 44	18 39	18 35	18 32	18 29	18 27	18 26	18 25
11	19 14	19 05	18 59	18 54	18 50	18 46	18 41	18 37	18 34	18 32	18 30	18 29	18 29	18 29
15	19 03	18 57	18 52	18 48	18 44	18 42	18 38	18 35	18 33	18 32	18 31	18 32	18 32	18 33
19	18 53	18 48	18 44	18 41	18 39	18 37	18 34	18 33	18 32	18 32	18 33	18 34	18 36	18 37
23	18 43	18 39	18 36	18 34	18 33	18 32	18 31	18 30	18 31	18 32	18 34	18 37	18 39	18 42
27	18 32	18 30	18 29	18 28	18 27	18 27	18 27	18 28	18 29	18 32	18 35	18 39	18 42	18 46
31	18 22	18 22	18 21	18 22	18 22	18 22	18 24	18 26	18 28	18 32	18 36	18 42	18 46	18 50
Apr. 4	18 12	18 13	18 14	18 15	18 16	18 18	18 20	18 23	18 27	18 32	18 37	18 44	18 49	18 54

UNIVERSAL TIME FOR MERIDIAN OF GREENWICH
BEGINNING OF MORNING CIVIL TWILIGHT

Lat.	+40°	+42°	+44°	+46°	+48°	+50°	+52°	+54°	+56°	+58°	+60°	+62°	+64°	+66°
	h m	h m	h m	h m	h m	h m	h m	h m	h m	h m	h m	h m	h m	h m
Jan. −2	6 51	6 56	7 01	7 07	7 13	7 20	7 27	7 36	7 45	7 55	8 06	8 20	8 35	8 55
2	6 52	6 57	7 02	7 08	7 14	7 20	7 28	7 36	7 44	7 54	8 05	8 18	8 34	8 53
6	6 52	6 57	7 02	7 08	7 13	7 20	7 27	7 35	7 43	7 53	8 04	8 16	8 31	8 49
10	6 52	6 56	7 01	7 07	7 12	7 19	7 25	7 33	7 41	7 50	8 01	8 13	8 27	8 44
14	6 51	6 55	7 00	7 05	7 11	7 17	7 23	7 30	7 38	7 47	7 57	8 08	8 21	8 37
18	6 49	6 54	6 58	7 03	7 08	7 14	7 20	7 27	7 34	7 42	7 52	8 02	8 15	8 29
22	6 47	6 52	6 56	7 00	7 05	7 11	7 16	7 23	7 29	7 37	7 46	7 56	8 07	8 20
26	6 45	6 49	6 53	6 57	7 02	7 07	7 12	7 18	7 24	7 31	7 39	7 48	7 58	8 11
30	6 42	6 46	6 49	6 53	6 57	7 02	7 07	7 12	7 18	7 24	7 32	7 40	7 49	8 00
Feb. 3	6 39	6 42	6 45	6 49	6 53	6 57	7 01	7 06	7 11	7 17	7 23	7 31	7 39	7 49
7	6 35	6 38	6 41	6 44	6 47	6 51	6 55	6 59	7 04	7 09	7 15	7 21	7 28	7 37
11	6 31	6 33	6 36	6 39	6 42	6 45	6 48	6 52	6 56	7 00	7 05	7 11	7 17	7 24
15	6 26	6 28	6 30	6 33	6 35	6 38	6 41	6 44	6 48	6 51	6 56	7 00	7 05	7 11
19	6 21	6 23	6 25	6 27	6 29	6 31	6 34	6 36	6 39	6 42	6 45	6 49	6 53	6 58
23	6 16	6 17	6 19	6 20	6 22	6 24	6 26	6 28	6 30	6 32	6 35	6 38	6 41	6 44
27	6 10	6 11	6 12	6 13	6 15	6 16	6 17	6 19	6 20	6 22	6 24	6 26	6 28	6 30
Mar. 3	6 04	6 05	6 06	6 06	6 07	6 08	6 09	6 10	6 11	6 11	6 12	6 14	6 15	6 16
7	5 58	5 59	5 59	5 59	6 00	6 00	6 00	6 00	6 01	6 01	6 01	6 01	6 01	6 01
11	5 52	5 52	5 52	5 52	5 52	5 51	5 51	5 51	5 50	5 50	5 49	5 48	5 47	5 46
15	5 46	5 45	5 45	5 44	5 44	5 43	5 42	5 41	5 40	5 39	5 37	5 35	5 33	5 31
19	5 39	5 38	5 37	5 36	5 35	5 34	5 33	5 31	5 29	5 27	5 25	5 22	5 19	5 15
23	5 33	5 31	5 30	5 29	5 27	5 25	5 23	5 21	5 19	5 16	5 13	5 09	5 05	4 59
27	5 26	5 24	5 23	5 21	5 19	5 16	5 14	5 11	5 08	5 04	5 00	4 55	4 50	4 43
31	5 19	5 17	5 15	5 13	5 10	5 08	5 04	5 01	4 57	4 52	4 47	4 42	4 35	4 27
Apr. 4	5 13	5 10	5 08	5 05	5 02	4 59	4 55	4 51	4 46	4 41	4 35	4 28	4 20	4 10

END OF EVENING CIVIL TWILIGHT

Lat.	+40°	+42°	+44°	+46°	+48°	+50°	+52°	+54°	+56°	+58°	+60°	+62°	+64°	+66°
	h m	h m	h m	h m	h m	h m	h m	h m	h m	h m	h m	h m	h m	h m
Jan. −2	17 13	17 08	17 03	16 57	16 51	16 44	16 37	16 29	16 20	16 09	15 58	15 45	15 29	15 10
2	17 16	17 11	17 06	17 00	16 54	16 48	16 40	16 32	16 24	16 14	16 03	15 50	15 34	15 16
6	17 20	17 15	17 10	17 04	16 58	16 52	16 45	16 37	16 29	16 19	16 08	15 56	15 41	15 23
10	17 23	17 19	17 14	17 08	17 03	16 56	16 50	16 42	16 34	16 25	16 15	16 03	15 49	15 32
14	17 27	17 23	17 18	17 13	17 08	17 02	16 55	16 48	16 40	16 32	16 22	16 11	15 57	15 42
18	17 32	17 27	17 23	17 18	17 13	17 07	17 01	16 54	16 47	16 39	16 30	16 19	16 07	15 52
22	17 36	17 32	17 28	17 23	17 18	17 13	17 07	17 01	16 54	16 47	16 38	16 28	16 17	16 03
26	17 40	17 37	17 33	17 28	17 24	17 19	17 14	17 08	17 02	16 55	16 47	16 38	16 27	16 15
30	17 45	17 41	17 38	17 34	17 30	17 25	17 20	17 15	17 09	17 03	16 56	16 48	16 38	16 28
Feb. 3	17 49	17 46	17 43	17 39	17 36	17 32	17 27	17 22	17 17	17 12	17 05	16 58	16 50	16 40
7	17 54	17 51	17 48	17 45	17 42	17 38	17 34	17 30	17 25	17 20	17 15	17 08	17 01	16 53
11	17 59	17 56	17 53	17 51	17 48	17 44	17 41	17 37	17 33	17 29	17 24	17 19	17 13	17 06
15	18 03	18 01	17 59	17 56	17 54	17 51	17 48	17 45	17 42	17 38	17 34	17 29	17 24	17 18
19	18 08	18 06	18 04	18 02	18 00	17 58	17 55	17 53	17 50	17 47	17 44	17 40	17 36	17 31
23	18 12	18 10	18 09	18 07	18 06	18 04	18 02	18 00	17 58	17 56	17 53	17 51	17 48	17 44
27	18 16	18 15	18 14	18 13	18 12	18 11	18 09	18 08	18 06	18 05	18 03	18 01	17 59	17 57
Mar. 3	18 21	18 20	18 19	18 18	18 18	18 17	18 16	18 15	18 15	18 14	18 13	18 12	18 11	18 10
7	18 25	18 25	18 24	18 24	18 24	18 23	18 23	18 23	18 23	18 23	18 23	18 23	18 23	18 23
11	18 29	18 29	18 29	18 29	18 30	18 30	18 30	18 31	18 31	18 32	18 33	18 34	18 35	18 36
15	18 33	18 34	18 34	18 35	18 36	18 36	18 37	18 38	18 39	18 41	18 43	18 44	18 47	18 49
19	18 37	18 38	18 39	18 40	18 41	18 43	18 44	18 46	18 48	18 50	18 52	18 55	18 59	19 03
23	18 42	18 43	18 44	18 46	18 47	18 49	18 51	18 54	18 56	18 59	19 02	19 06	19 11	19 16
27	18 46	18 47	18 49	18 51	18 53	18 56	18 58	19 01	19 05	19 08	19 13	19 18	19 23	19 30
31	18 50	18 52	18 54	18 57	18 59	19 02	19 05	19 09	19 13	19 18	19 23	19 29	19 36	19 44
Apr. 4	18 54	18 57	18 59	19 02	19 05	19 09	19 13	19 17	19 22	19 27	19 33	19 41	19 49	19 59

UNIVERSAL TIME FOR MERIDIAN OF GREENWICH

BEGINNING OF MORNING CIVIL TWILIGHT

Lat.	−55°	−50°	−45°	−40°	−35°	−30°	−20°	−10°	0°	+10°	+20°	+30°	+35°	+40°
	h m	h m	h m	h m	h m	h m	h m	h m	h m	h m	h m	h m	h m	h m
Mar. 31	5 45	5 46	5 46	5 46	5 46	5 46	5 45	5 43	5 40	5 37	5 33	5 27	5 24	5 19
Apr. 4	5 53	5 52	5 51	5 50	5 49	5 48	5 46	5 43	5 39	5 35	5 29	5 22	5 18	5 13
8	6 00	5 58	5 56	5 54	5 52	5 51	5 47	5 43	5 38	5 32	5 26	5 18	5 12	5 06
12	6 08	6 04	6 01	5 58	5 55	5 53	5 48	5 42	5 37	5 30	5 23	5 13	5 07	5 00
16	6 15	6 10	6 06	6 02	5 58	5 55	5 49	5 42	5 36	5 28	5 19	5 08	5 02	4 54
20	6 22	6 16	6 11	6 06	6 01	5 57	5 50	5 42	5 35	5 26	5 16	5 04	4 56	4 47
24	6 29	6 22	6 15	6 10	6 04	6 00	5 51	5 42	5 34	5 24	5 13	4 59	4 51	4 41
28	6 36	6 27	6 20	6 13	6 08	6 02	5 52	5 43	5 33	5 22	5 10	4 55	4 46	4 36
May 2	6 43	6 33	6 24	6 17	6 10	6 04	5 53	5 43	5 32	5 21	5 08	4 51	4 42	4 30
6	6 50	6 39	6 29	6 21	6 13	6 07	5 55	5 43	5 32	5 19	5 05	4 48	4 37	4 25
10	6 57	6 44	6 33	6 24	6 16	6 09	5 56	5 44	5 31	5 18	5 03	4 45	4 33	4 20
14	7 03	6 49	6 38	6 28	6 19	6 11	5 57	5 44	5 31	5 17	5 01	4 42	4 30	4 16
18	7 09	6 54	6 42	6 31	6 22	6 14	5 59	5 45	5 31	5 16	4 59	4 39	4 26	4 12
22	7 15	6 59	6 46	6 35	6 25	6 16	6 00	5 46	5 31	5 15	4 58	4 37	4 24	4 08
26	7 20	7 03	6 49	6 38	6 27	6 18	6 02	5 46	5 31	5 15	4 57	4 35	4 21	4 05
30	7 25	7 07	6 53	6 41	6 30	6 20	6 03	5 47	5 32	5 15	4 56	4 33	4 19	4 03
June 3	7 29	7 11	6 56	6 43	6 32	6 22	6 05	5 48	5 32	5 15	4 56	4 32	4 18	4 00
7	7 33	7 14	6 59	6 46	6 34	6 24	6 06	5 49	5 33	5 15	4 55	4 31	4 17	3 59
11	7 36	7 17	7 01	6 48	6 36	6 26	6 07	5 50	5 33	5 16	4 55	4 31	4 16	3 58
15	7 39	7 19	7 03	6 49	6 38	6 27	6 08	5 51	5 34	5 16	4 56	4 31	4 16	3 58
19	7 40	7 20	7 04	6 51	6 39	6 28	6 10	5 52	5 35	5 17	4 56	4 31	4 16	3 58
23	7 41	7 21	7 05	6 52	6 40	6 29	6 10	5 53	5 36	5 18	4 57	4 32	4 17	3 59
27	7 42	7 22	7 06	6 52	6 40	6 30	6 11	5 54	5 37	5 19	4 58	4 33	4 18	4 00
July 1	7 41	7 21	7 06	6 52	6 41	6 30	6 12	5 55	5 38	5 20	4 59	4 35	4 20	4 02
5	7 40	7 20	7 05	6 52	6 40	6 30	6 12	5 55	5 38	5 21	5 01	4 37	4 22	4 04

END OF EVENING CIVIL TWILIGHT

Lat.	−55°	−50°	−45°	−40°	−35°	−30°	−20°	−10°	0°	+10°	+20°	+30°	+35°	+40°
	h m	h m	h m	h m	h m	h m	h m	h m	h m	h m	h m	h m	h m	h m
Mar. 31	18 22	18 22	18 21	18 22	18 22	18 22	18 24	18 26	18 28	18 32	18 36	18 42	18 46	18 50
Apr. 4	18 12	18 13	18 14	18 15	18 16	18 18	18 20	18 23	18 27	18 32	18 37	18 44	18 49	18 54
8	18 03	18 05	18 07	18 09	18 11	18 13	18 17	18 21	18 26	18 32	18 38	18 47	18 52	18 58
12	17 53	17 57	18 00	18 03	18 06	18 09	18 14	18 19	18 25	18 32	18 40	18 49	18 56	19 03
16	17 44	17 49	17 53	17 57	18 01	18 04	18 11	18 17	18 24	18 32	18 41	18 52	18 59	19 07
20	17 35	17 41	17 47	17 52	17 56	18 00	18 08	18 16	18 23	18 32	18 42	18 55	19 02	19 11
24	17 26	17 34	17 41	17 46	17 51	17 56	18 05	18 14	18 23	18 32	18 44	18 57	19 06	19 16
28	17 18	17 27	17 35	17 41	17 47	17 53	18 03	18 12	18 22	18 33	18 45	19 00	19 09	19 20
May 2	17 10	17 20	17 29	17 36	17 43	17 49	18 00	18 11	18 22	18 34	18 47	19 03	19 13	19 25
6	17 02	17 14	17 24	17 32	17 39	17 46	17 58	18 10	18 22	18 34	18 48	19 06	19 16	19 29
10	16 56	17 08	17 19	17 28	17 36	17 43	17 57	18 09	18 22	18 35	18 50	19 09	19 20	19 33
14	16 49	17 03	17 15	17 24	17 33	17 41	17 55	18 08	18 22	18 36	18 52	19 12	19 23	19 38
18	16 43	16 58	17 11	17 21	17 30	17 39	17 54	18 08	18 22	18 37	18 54	19 14	19 27	19 42
22	16 38	16 54	17 07	17 18	17 28	17 37	17 53	18 08	18 22	18 38	18 55	19 17	19 30	19 46
26	16 33	16 50	17 04	17 16	17 26	17 35	17 52	18 07	18 23	18 39	18 57	19 20	19 33	19 49
30	16 30	16 47	17 02	17 14	17 25	17 34	17 52	18 08	18 23	18 40	18 59	19 22	19 36	19 53
June 3	16 27	16 45	17 00	17 13	17 24	17 34	17 51	18 08	18 24	18 41	19 01	19 24	19 39	19 56
7	16 24	16 43	16 59	17 12	17 23	17 33	17 51	18 08	18 25	18 42	19 02	19 26	19 41	19 59
11	16 23	16 42	16 58	17 11	17 23	17 33	17 52	18 09	18 26	18 44	19 04	19 28	19 43	20 01
15	16 22	16 42	16 58	17 11	17 23	17 33	17 52	18 09	18 27	18 45	19 05	19 30	19 45	20 03
19	16 22	16 42	16 58	17 12	17 23	17 34	17 53	18 10	18 27	18 46	19 06	19 31	19 46	20 05
23	16 23	16 43	16 59	17 13	17 24	17 35	17 54	18 11	18 28	18 46	19 07	19 32	19 47	20 05
27	16 24	16 44	17 00	17 14	17 25	17 36	17 55	18 12	18 29	18 47	19 08	19 32	19 48	20 06
July 1	16 27	16 46	17 02	17 15	17 27	17 37	17 56	18 13	18 30	18 48	19 08	19 33	19 48	20 05
5	16 30	16 49	17 04	17 17	17 29	17 39	17 57	18 14	18 31	18 48	19 08	19 32	19 47	20 05

UNIVERSAL TIME FOR MERIDIAN OF GREENWICH

BEGINNING OF MORNING CIVIL TWILIGHT

Lat.	+40°	+42°	+44°	+46°	+48°	+50°	+52°	+54°	+56°	+58°	+60°	+62°	+64°	+66°
	h m	h m	h m	h m	h m	h m	h m	h m	h m	h m	h m	h m	h m	h m
Mar. 31	5 19	5 17	5 15	5 13	5 10	5 08	5 04	5 01	4 57	4 52	4 47	4 42	4 35	4 27
Apr. 4	5 13	5 10	5 08	5 05	5 02	4 59	4 55	4 51	4 46	4 41	4 35	4 28	4 20	4 10
8	5 06	5 04	5 01	4 57	4 54	4 50	4 45	4 40	4 35	4 29	4 22	4 14	4 04	3 53
12	5 00	4 57	4 53	4 49	4 45	4 41	4 36	4 30	4 24	4 17	4 09	3 59	3 48	3 35
16	4 54	4 50	4 46	4 42	4 37	4 32	4 26	4 20	4 13	4 05	3 56	3 45	3 32	3 17
20	4 47	4 43	4 39	4 34	4 29	4 24	4 17	4 10	4 02	3 53	3 43	3 30	3 16	2 58
24	4 41	4 37	4 32	4 27	4 21	4 15	4 08	4 00	3 52	3 41	3 30	3 16	2 59	2 37
28	4 36	4 31	4 26	4 20	4 14	4 07	3 59	3 51	3 41	3 30	3 16	3 01	2 41	2 16
May 2	4 30	4 25	4 19	4 13	4 06	3 59	3 51	3 41	3 30	3 18	3 03	2 46	2 23	1 52
6	4 25	4 19	4 13	4 07	3 59	3 51	3 42	3 32	3 20	3 07	2 50	2 30	2 04	1 25
10	4 20	4 14	4 08	4 01	3 53	3 44	3 34	3 23	3 10	2 55	2 37	2 14	1 43	0 47
14	4 16	4 09	4 03	3 55	3 47	3 37	3 27	3 15	3 01	2 44	2 24	1 58	1 19	// //
18	4 12	4 05	3 58	3 50	3 41	3 31	3 20	3 07	2 52	2 34	2 11	1 40	0 48	// //
22	4 08	4 01	3 53	3 45	3 36	3 25	3 13	3 00	2 43	2 24	1 58	1 22	// //	// //
26	4 05	3 58	3 50	3 41	3 31	3 20	3 07	2 53	2 36	2 14	1 46	1 01	// //	// //
30	4 03	3 55	3 47	3 37	3 27	3 16	3 02	2 47	2 28	2 05	1 34	0 35	// //	// //
June 3	4 00	3 53	3 44	3 34	3 24	3 12	2 58	2 42	2 22	1 57	1 22	// //	// //	// //
7	3 59	3 51	3 42	3 32	3 21	3 09	2 55	2 38	2 17	1 51	1 11	// //	// //	// //
11	3 58	3 50	3 41	3 31	3 20	3 07	2 52	2 35	2 14	1 45	1 01	// //	// //	// //
15	3 58	3 49	3 40	3 30	3 19	3 06	2 51	2 33	2 11	1 42	0 54	// //	// //	▭
19	3 58	3 50	3 40	3 30	3 19	3 06	2 50	2 32	2 10	1 40	0 50	// //	// //	▭
23	3 59	3 50	3 41	3 31	3 19	3 06	2 51	2 33	2 11	1 41	0 50	// //	// //	▭
27	4 00	3 52	3 42	3 32	3 21	3 08	2 53	2 35	2 13	1 43	0 54	// //	// //	▭
July 1	4 02	3 54	3 44	3 34	3 23	3 10	2 56	2 38	2 16	1 48	1 02	// //	// //	// //
5	4 04	3 56	3 47	3 37	3 26	3 14	2 59	2 42	2 21	1 54	1 12	// //	// //	// //

END OF EVENING CIVIL TWILIGHT

Lat.	+40°	+42°	+44°	+46°	+48°	+50°	+52°	+54°	+56°	+58°	+60°	+62°	+64°	+66°
	h m	h m	h m	h m	h m	h m	h m	h m	h m	h m	h m	h m	h m	h m
Mar. 31	18 50	18 52	18 54	18 57	18 59	19 02	19 05	19 09	19 13	19 18	19 23	19 29	19 36	19 44
Apr. 4	18 54	18 57	18 59	19 02	19 05	19 09	19 13	19 17	19 22	19 27	19 33	19 41	19 49	19 59
8	18 58	19 01	19 04	19 08	19 11	19 15	19 20	19 25	19 31	19 37	19 44	19 52	20 02	20 14
12	19 03	19 06	19 10	19 13	19 18	19 22	19 27	19 33	19 39	19 47	19 55	20 05	20 16	20 30
16	19 07	19 11	19 15	19 19	19 24	19 29	19 35	19 41	19 48	19 57	20 06	20 17	20 30	20 46
20	19 11	19 15	19 20	19 25	19 30	19 36	19 42	19 49	19 57	20 07	20 17	20 30	20 45	21 04
24	19 16	19 20	19 25	19 30	19 36	19 43	19 50	19 58	20 07	20 17	20 29	20 43	21 01	21 23
28	19 20	19 25	19 30	19 36	19 42	19 49	19 57	20 06	20 16	20 27	20 41	20 57	21 17	21 44
May 2	19 25	19 30	19 36	19 42	19 49	19 56	20 05	20 14	20 25	20 38	20 53	21 11	21 35	22 07
6	19 29	19 35	19 41	19 48	19 55	20 03	20 12	20 23	20 35	20 49	21 06	21 26	21 54	22 35
10	19 33	19 39	19 46	19 53	20 01	20 10	20 20	20 31	20 44	21 00	21 18	21 42	22 15	23 18
14	19 38	19 44	19 51	19 59	20 07	20 16	20 27	20 39	20 53	21 10	21 31	21 59	22 40	// //
18	19 42	19 48	19 56	20 04	20 13	20 23	20 34	20 47	21 03	21 21	21 44	22 16	23 15	// //
22	19 46	19 53	20 00	20 09	20 18	20 29	20 41	20 55	21 11	21 32	21 58	22 36	// //	// //
26	19 49	19 57	20 05	20 14	20 24	20 35	20 48	21 02	21 20	21 42	22 11	22 58	// //	// //
30	19 53	20 01	20 09	20 18	20 29	20 40	20 53	21 09	21 28	21 51	22 24	23 29	// //	// //
June 3	19 56	20 04	20 13	20 22	20 33	20 45	20 59	21 15	21 35	22 00	22 37	// //	// //	// //
7	19 59	20 07	20 16	20 26	20 37	20 49	21 03	21 20	21 41	22 08	22 49	// //	// //	// //
11	20 01	20 09	20 19	20 29	20 40	20 53	21 07	21 25	21 46	22 15	23 00	// //	// //	// //
15	20 03	20 11	20 21	20 31	20 42	20 55	21 10	21 28	21 50	22 20	23 08	// //	// //	▭
19	20 05	20 13	20 22	20 32	20 44	20 57	21 12	21 30	21 52	22 22	23 13	// //	// //	▭
23	20 05	20 14	20 23	20 33	20 45	20 58	21 13	21 31	21 53	22 23	23 14	// //	// //	▭
27	20 06	20 14	20 23	20 33	20 45	20 58	21 13	21 31	21 53	22 22	23 11	// //	// //	▭
July 1	20 05	20 14	20 23	20 33	20 44	20 57	21 11	21 29	21 50	22 19	23 04	// //	// //	// //
5	20 05	20 13	20 22	20 31	20 42	20 55	21 09	21 26	21 47	22 14	22 54	// //	// //	// //

▭ indicates Sun continuously above horizon.
// // indicates continuous twilight.

CIVIL TWILIGHT, 1995

UNIVERSAL TIME FOR MERIDIAN OF GREENWICH

BEGINNING OF MORNING CIVIL TWILIGHT

Lat.	−55°	−50°	−45°	−40°	−35°	−30°	−20°	−10°	0°	+10°	+20°	+30°	+35°	+40°
	h m	h m	h m	h m	h m	h m	h m	h m	h m	h m	h m	h m	h m	h m
July 1	7 41	7 21	7 06	6 52	6 41	6 30	6 12	5 55	5 38	5 20	4 59	4 35	4 20	4 02
5	7 40	7 20	7 05	6 52	6 40	6 30	6 12	5 55	5 38	5 21	5 01	4 37	4 22	4 04
9	7 37	7 19	7 04	6 51	6 40	6 30	6 12	5 55	5 39	5 22	5 02	4 39	4 24	4 07
13	7 34	7 16	7 02	6 49	6 39	6 29	6 12	5 56	5 40	5 23	5 04	4 41	4 27	4 10
17	7 30	7 13	6 59	6 48	6 37	6 28	6 11	5 56	5 40	5 24	5 06	4 43	4 29	4 13
21	7 26	7 10	6 56	6 45	6 35	6 26	6 10	5 56	5 41	5 25	5 07	4 45	4 32	4 17
25	7 21	7 06	6 53	6 42	6 33	6 25	6 09	5 55	5 41	5 26	5 09	4 48	4 35	4 20
29	7 15	7 01	6 49	6 39	6 30	6 22	6 08	5 55	5 41	5 27	5 10	4 51	4 39	4 24
Aug. 2	7 09	6 56	6 45	6 35	6 27	6 20	6 06	5 54	5 41	5 28	5 12	4 53	4 42	4 28
6	7 02	6 50	6 40	6 31	6 24	6 17	6 05	5 53	5 41	5 28	5 14	4 56	4 45	4 33
10	6 54	6 44	6 35	6 27	6 20	6 14	6 02	5 52	5 41	5 29	5 15	4 59	4 48	4 37
14	6 46	6 37	6 29	6 22	6 16	6 10	6 00	5 50	5 40	5 29	5 17	5 01	4 52	4 41
18	6 38	6 30	6 23	6 17	6 12	6 07	5 57	5 48	5 39	5 29	5 18	5 04	4 55	4 45
22	6 29	6 23	6 17	6 12	6 07	6 03	5 55	5 47	5 39	5 30	5 19	5 06	4 58	4 49
26	6 21	6 15	6 10	6 06	6 02	5 59	5 52	5 45	5 38	5 30	5 20	5 09	5 02	4 53
30	6 11	6 07	6 03	6 00	5 57	5 54	5 48	5 43	5 37	5 30	5 21	5 11	5 05	4 57
Sept. 3	6 02	5 59	5 56	5 54	5 52	5 50	5 45	5 40	5 35	5 29	5 22	5 13	5 08	5 01
7	5 52	5 51	5 49	5 48	5 46	5 45	5 42	5 38	5 34	5 29	5 23	5 16	5 11	5 05
11	5 42	5 42	5 42	5 41	5 41	5 40	5 38	5 36	5 33	5 29	5 24	5 18	5 14	5 09
15	5 32	5 33	5 34	5 35	5 35	5 35	5 35	5 33	5 31	5 29	5 25	5 20	5 17	5 13
19	5 22	5 25	5 27	5 28	5 29	5 30	5 31	5 31	5 30	5 28	5 26	5 22	5 20	5 17
23	5 11	5 16	5 19	5 22	5 24	5 25	5 27	5 28	5 29	5 28	5 27	5 25	5 23	5 21
27	5 01	5 07	5 11	5 15	5 18	5 20	5 24	5 26	5 27	5 28	5 28	5 27	5 26	5 25
Oct. 1	4 50	4 58	5 04	5 08	5 12	5 15	5 20	5 23	5 26	5 28	5 29	5 29	5 29	5 29
5	4 40	4 49	4 56	5 02	5 06	5 10	5 16	5 21	5 25	5 27	5 30	5 31	5 32	5 33

END OF EVENING CIVIL TWILIGHT

Lat.	−55°	−50°	−45°	−40°	−35°	−30°	−20°	−10°	0°	+10°	+20°	+30°	+35°	+40°
	h m	h m	h m	h m	h m	h m	h m	h m	h m	h m	h m	h m	h m	h m
July 1	16 27	16 46	17 02	17 15	17 27	17 37	17 56	18 13	18 30	18 48	19 08	19 33	19 48	20 05
5	16 30	16 49	17 04	17 17	17 29	17 39	17 57	18 14	18 31	18 48	19 08	19 32	19 47	20 05
9	16 33	16 52	17 07	17 20	17 31	17 41	17 58	18 15	18 31	18 48	19 08	19 31	19 46	20 03
13	16 37	16 55	17 10	17 22	17 33	17 42	18 00	18 16	18 32	18 48	19 07	19 30	19 44	20 01
17	16 42	16 59	17 13	17 25	17 35	17 44	18 01	18 17	18 32	18 48	19 06	19 29	19 42	19 59
21	16 47	17 03	17 17	17 28	17 38	17 47	18 02	18 17	18 32	18 48	19 05	19 27	19 40	19 56
25	16 53	17 08	17 20	17 31	17 40	17 49	18 04	18 18	18 32	18 47	19 04	19 25	19 37	19 52
29	16 59	17 13	17 24	17 34	17 43	17 51	18 05	18 18	18 32	18 46	19 02	19 22	19 34	19 48
Aug. 2	17 05	17 18	17 28	17 37	17 46	17 53	18 06	18 19	18 31	18 45	19 00	19 19	19 30	19 43
6	17 11	17 23	17 32	17 41	17 48	17 55	18 08	18 19	18 31	18 44	18 58	19 15	19 26	19 39
10	17 17	17 28	17 37	17 44	17 51	17 57	18 09	18 19	18 30	18 42	18 55	19 12	19 22	19 33
14	17 24	17 33	17 41	17 48	17 54	17 59	18 10	18 19	18 29	18 40	18 53	19 08	19 17	19 28
18	17 31	17 39	17 45	17 51	17 57	18 02	18 11	18 19	18 28	18 38	18 50	19 04	19 12	19 22
22	17 37	17 44	17 50	17 55	17 59	18 04	18 12	18 19	18 27	18 36	18 47	18 59	19 07	19 16
26	17 44	17 50	17 54	17 58	18 02	18 06	18 12	18 19	18 26	18 34	18 43	18 55	19 02	19 10
30	17 51	17 55	17 59	18 02	18 05	18 08	18 13	18 19	18 25	18 32	18 40	18 50	18 56	19 03
Sept. 3	17 58	18 01	18 03	18 06	18 08	18 10	18 14	18 19	18 24	18 29	18 36	18 45	18 50	18 57
7	18 05	18 07	18 08	18 09	18 10	18 12	18 15	18 18	18 22	18 27	18 33	18 40	18 45	18 50
11	18 13	18 12	18 12	18 13	18 13	18 14	18 16	18 18	18 21	18 24	18 29	18 35	18 39	18 44
15	18 20	18 18	18 17	18 17	18 16	18 16	18 16	18 18	18 19	18 22	18 25	18 30	18 33	18 37
19	18 27	18 24	18 22	18 20	18 19	18 18	18 17	18 17	18 18	18 19	18 22	18 25	18 27	18 30
23	18 35	18 30	18 27	18 24	18 22	18 20	18 18	18 17	18 16	18 17	18 18	18 20	18 21	18 23
27	18 43	18 37	18 32	18 28	18 25	18 23	18 19	18 17	18 15	18 14	18 14	18 15	18 16	18 17
Oct. 1	18 51	18 43	18 37	18 32	18 28	18 25	18 20	18 16	18 14	18 12	18 11	18 10	18 10	18 10
5	18 59	18 49	18 42	18 36	18 31	18 27	18 21	18 16	18 13	18 10	18 07	18 05	18 04	18 04

UNIVERSAL TIME FOR MERIDIAN OF GREENWICH
BEGINNING OF MORNING CIVIL TWILIGHT

Lat.	+40°	+42°	+44°	+46°	+48°	+50°	+52°	+54°	+56°	+58°	+60°	+62°	+64°	+66°
	h m	h m	h m	h m	h m	h m	h m	h m	h m	h m	h m	h m	h m	h m
July 1	4 02	3 54	3 44	3 34	3 23	3 10	2 56	2 38	2 16	1 48	1 02	// //	// //	// //
5	4 04	3 56	3 47	3 37	3 26	3 14	2 59	2 42	2 21	1 54	1 12	// //	// //	// //
9	4 07	3 59	3 50	3 40	3 30	3 18	3 04	2 47	2 27	2 01	1 24	// //	// //	// //
13	4 10	4 02	3 54	3 44	3 34	3 22	3 09	2 53	2 34	2 10	1 37	0 24	// //	// //
17	4 13	4 06	3 57	3 48	3 38	3 27	3 14	2 59	2 42	2 19	1 50	1 00	// //	// //
21	4 17	4 09	4 02	3 53	3 43	3 33	3 21	3 06	2 50	2 29	2 03	1 23	// //	// //
25	4 20	4 14	4 06	3 58	3 49	3 39	3 27	3 14	2 58	2 40	2 16	1 43	0 37	// //
29	4 24	4 18	4 11	4 03	3 54	3 45	3 34	3 22	3 07	2 50	2 29	2 00	1 16	// //
Aug. 2	4 28	4 22	4 16	4 08	4 00	3 51	3 41	3 30	3 16	3 01	2 41	2 17	1 42	0 24
6	4 33	4 27	4 20	4 14	4 06	3 58	3 48	3 38	3 26	3 11	2 54	2 32	2 04	1 19
10	4 37	4 31	4 25	4 19	4 12	4 04	3 56	3 46	3 35	3 22	3 06	2 47	2 23	1 49
14	4 41	4 36	4 30	4 25	4 18	4 11	4 03	3 54	3 44	3 32	3 18	3 01	2 40	2 13
18	4 45	4 40	4 35	4 30	4 24	4 18	4 10	4 02	3 53	3 42	3 30	3 15	2 57	2 34
22	4 49	4 45	4 40	4 35	4 30	4 24	4 17	4 10	4 02	3 52	3 41	3 28	3 12	2 52
26	4 53	4 49	4 45	4 41	4 36	4 31	4 25	4 18	4 11	4 02	3 52	3 41	3 27	3 10
30	4 57	4 54	4 50	4 46	4 42	4 37	4 32	4 26	4 19	4 12	4 03	3 53	3 41	3 26
Sept. 3	5 01	4 58	4 55	4 52	4 48	4 43	4 39	4 34	4 28	4 21	4 14	4 05	3 54	3 42
7	5 05	5 03	5 00	4 57	4 53	4 50	4 46	4 41	4 36	4 30	4 24	4 16	4 07	3 57
11	5 09	5 07	5 05	5 02	4 59	4 56	4 53	4 49	4 44	4 40	4 34	4 28	4 20	4 11
15	5 13	5 11	5 09	5 07	5 05	5 02	4 59	4 56	4 53	4 49	4 44	4 39	4 32	4 25
19	5 17	5 16	5 14	5 12	5 11	5 08	5 06	5 04	5 01	4 58	4 54	4 50	4 45	4 39
23	5 21	5 20	5 19	5 18	5 16	5 15	5 13	5 11	5 09	5 06	5 04	5 00	4 56	4 52
27	5 25	5 24	5 23	5 23	5 22	5 21	5 20	5 18	5 17	5 15	5 13	5 11	5 08	5 05
Oct. 1	5 29	5 28	5 28	5 28	5 27	5 27	5 26	5 26	5 25	5 24	5 23	5 21	5 20	5 18
5	5 33	5 33	5 33	5 33	5 33	5 33	5 33	5 33	5 33	5 32	5 32	5 32	5 31	5 31

END OF EVENING CIVIL TWILIGHT

Lat.	+40°	+42°	+44°	+46°	+48°	+50°	+52°	+54°	+56°	+58°	+60°	+62°	+64°	+66°
	h m	h m	h m	h m	h m	h m	h m	h m	h m	h m	h m	h m	h m	h m
July 1	20 05	20 14	20 23	20 33	20 44	20 57	21 11	21 29	21 50	22 19	23 04	// //	// //	// //
5	20 05	20 13	20 22	20 31	20 42	20 55	21 09	21 26	21 47	22 14	22 54	// //	// //	// //
9	20 03	20 11	20 20	20 29	20 40	20 52	21 06	21 22	21 42	22 07	22 44	// //	// //	// //
13	20 01	20 09	20 17	20 26	20 37	20 48	21 02	21 17	21 36	22 00	22 32	23 36	// //	// //
17	19 59	20 06	20 14	20 23	20 33	20 44	20 57	21 11	21 29	21 51	22 20	23 06	// //	// //
21	19 56	20 03	20 10	20 19	20 28	20 39	20 51	21 05	21 21	21 41	22 07	22 45	// //	// //
25	19 52	19 59	20 06	20 14	20 23	20 33	20 45	20 58	21 13	21 31	21 55	22 26	23 24	// //
29	19 48	19 54	20 01	20 09	20 17	20 27	20 38	20 50	21 04	21 21	21 42	22 09	22 50	// //
Aug. 2	19 43	19 50	19 56	20 03	20 11	20 20	20 30	20 41	20 54	21 10	21 29	21 52	22 25	23 28
6	19 39	19 44	19 50	19 57	20 05	20 13	20 22	20 33	20 45	20 59	21 15	21 36	22 04	22 45
10	19 33	19 39	19 44	19 51	19 58	20 05	20 14	20 23	20 34	20 47	21 02	21 21	21 44	22 16
14	19 28	19 33	19 38	19 44	19 50	19 57	20 05	20 14	20 24	20 36	20 49	21 05	21 26	21 52
18	19 22	19 27	19 31	19 37	19 43	19 49	19 56	20 04	20 13	20 24	20 36	20 50	21 08	21 30
22	19 16	19 20	19 25	19 29	19 35	19 41	19 47	19 54	20 03	20 12	20 23	20 35	20 51	21 10
26	19 10	19 14	19 18	19 22	19 27	19 32	19 38	19 44	19 52	20 00	20 10	20 21	20 34	20 51
30	19 03	19 07	19 10	19 14	19 19	19 23	19 28	19 34	19 41	19 48	19 57	20 06	20 18	20 32
Sept. 3	18 57	19 00	19 03	19 06	19 10	19 14	19 19	19 24	19 30	19 36	19 44	19 52	20 02	20 14
7	18 50	18 53	18 56	18 58	19 02	19 05	19 09	19 14	19 19	19 24	19 31	19 38	19 47	19 57
11	18 44	18 46	18 48	18 51	18 53	18 56	19 00	19 03	19 08	19 12	19 18	19 24	19 31	19 40
15	18 37	18 39	18 40	18 43	18 45	18 47	18 50	18 53	18 57	19 01	19 05	19 10	19 16	19 23
19	18 30	18 31	18 33	18 35	18 36	18 38	18 40	18 43	18 46	18 49	18 52	18 57	19 01	19 07
23	18 23	18 24	18 25	18 27	18 28	18 29	18 31	18 33	18 35	18 37	18 40	18 43	18 47	18 51
27	18 17	18 17	18 18	18 19	18 20	18 20	18 22	18 23	18 24	18 26	18 28	18 30	18 32	18 35
Oct. 1	18 10	18 10	18 11	18 11	18 11	18 12	18 12	18 13	18 14	18 14	18 15	18 17	18 18	18 20
5	18 04	18 04	18 03	18 03	18 03	18 03	18 03	18 03	18 03	18 03	18 04	18 04	18 04	18 05

// // indicates continuous twilight.

CIVIL TWILIGHT, 1995

UNIVERSAL TIME FOR MERIDIAN OF GREENWICH

BEGINNING OF MORNING CIVIL TWILIGHT

Lat.	−55°	−50°	−45°	−40°	−35°	−30°	−20°	−10°	0°	+10°	+20°	+30°	+35°	+40°
	h m	h m	h m	h m	h m	h m	h m	h m	h m	h m	h m	h m	h m	h m
Oct. 1	4 50	4 58	5 04	5 08	5 12	5 15	5 20	5 23	5 26	5 28	5 29	5 29	5 29	5 29
5	4 40	4 49	4 56	5 02	5 06	5 10	5 16	5 21	5 25	5 27	5 30	5 31	5 32	5 33
9	4 29	4 40	4 48	4 55	5 01	5 05	5 13	5 19	5 23	5 27	5 31	5 34	5 35	5 36
13	4 19	4 31	4 41	4 49	4 55	5 01	5 09	5 16	5 22	5 27	5 32	5 36	5 38	5 40
17	4 08	4 22	4 33	4 42	4 50	4 56	5 06	5 14	5 21	5 27	5 33	5 39	5 42	5 45
21	3 58	4 14	4 26	4 36	4 45	4 52	5 03	5 12	5 20	5 27	5 34	5 41	5 45	5 49
25	3 47	4 05	4 19	4 30	4 40	4 47	5 00	5 11	5 20	5 28	5 36	5 44	5 48	5 53
29	3 37	3 57	4 13	4 25	4 35	4 43	4 58	5 09	5 19	5 28	5 37	5 47	5 52	5 57
Nov. 2	3 28	3 49	4 06	4 19	4 30	4 40	4 55	5 08	5 19	5 29	5 39	5 49	5 55	6 01
6	3 18	3 42	4 00	4 14	4 26	4 36	4 53	5 07	5 19	5 30	5 41	5 52	5 59	6 06
10	3 09	3 35	3 54	4 10	4 23	4 33	4 51	5 06	5 19	5 31	5 43	5 55	6 02	6 10
14	3 00	3 28	3 49	4 06	4 19	4 31	4 50	5 05	5 19	5 32	5 45	5 58	6 06	6 14
18	2 51	3 22	3 44	4 02	4 16	4 29	4 49	5 05	5 20	5 33	5 47	6 02	6 10	6 19
22	2 44	3 16	3 40	3 59	4 14	4 27	4 48	5 05	5 20	5 35	5 49	6 05	6 13	6 23
26	2 37	3 12	3 37	3 56	4 12	4 25	4 47	5 05	5 21	5 36	5 52	6 08	6 17	6 27
30	2 31	3 08	3 34	3 54	4 11	4 25	4 47	5 06	5 23	5 38	5 54	6 11	6 21	6 31
Dec. 4	2 25	3 04	3 32	3 53	4 10	4 24	4 48	5 07	5 24	5 40	5 56	6 14	6 24	6 35
8	2 22	3 02	3 30	3 52	4 10	4 24	4 48	5 08	5 26	5 42	5 59	6 17	6 27	6 38
12	2 19	3 01	3 30	3 52	4 10	4 25	4 49	5 10	5 27	5 44	6 01	6 20	6 30	6 42
16	2 18	3 01	3 30	3 53	4 11	4 26	4 51	5 11	5 29	5 46	6 03	6 22	6 33	6 44
20	2 18	3 02	3 31	3 54	4 12	4 28	4 52	5 13	5 31	5 48	6 06	6 25	6 35	6 47
24	2 20	3 04	3 33	3 56	4 14	4 29	4 54	5 15	5 33	5 50	6 08	6 27	6 37	6 49
28	2 23	3 07	3 36	3 59	4 17	4 32	4 57	5 17	5 35	5 52	6 09	6 28	6 39	6 50
32	2 28	3 10	3 40	4 02	4 20	4 35	4 59	5 19	5 37	5 54	6 11	6 29	6 40	6 51
36	2 34	3 15	3 44	4 05	4 23	4 38	5 02	5 22	5 39	5 56	6 12	6 30	6 41	6 52

END OF EVENING CIVIL TWILIGHT

Lat.	−55°	−50°	−45°	−40°	−35°	−30°	−20°	−10°	0°	+10°	+20°	+30°	+35°	+40°
	h m	h m	h m	h m	h m	h m	h m	h m	h m	h m	h m	h m	h m	h m
Oct. 1	18 51	18 43	18 37	18 32	18 28	18 25	18 20	18 16	18 14	18 12	18 11	18 10	18 10	18 10
5	18 59	18 49	18 42	18 36	18 31	18 27	18 21	18 16	18 13	18 10	18 07	18 05	18 04	18 04
9	19 07	18 56	18 47	18 40	18 35	18 30	18 22	18 16	18 11	18 07	18 04	18 01	17 59	17 58
13	19 16	19 03	18 53	18 45	18 38	18 33	18 24	18 16	18 10	18 05	18 01	17 56	17 54	17 52
17	19 24	19 10	18 58	18 49	18 42	18 35	18 25	18 17	18 10	18 03	17 58	17 52	17 49	17 46
21	19 33	19 17	19 04	18 54	18 46	18 38	18 27	18 17	18 09	18 02	17 55	17 48	17 44	17 40
25	19 42	19 24	19 10	18 59	18 49	18 41	18 28	18 18	18 09	18 00	17 52	17 44	17 40	17 35
29	19 52	19 32	19 16	19 04	18 53	18 45	18 30	18 19	18 08	17 59	17 50	17 41	17 35	17 30
Nov. 2	20 01	19 39	19 22	19 09	18 57	18 48	18 32	18 20	18 08	17 58	17 48	17 37	17 32	17 25
6	20 11	19 47	19 28	19 14	19 02	18 51	18 34	18 21	18 09	17 57	17 46	17 34	17 28	17 21
10	20 21	19 54	19 34	19 19	19 06	18 55	18 37	18 22	18 09	17 57	17 45	17 32	17 25	17 17
14	20 31	20 02	19 41	19 24	19 10	18 58	18 39	18 24	18 10	17 57	17 44	17 30	17 22	17 14
18	20 40	20 09	19 47	19 29	19 14	19 02	18 42	18 25	18 11	17 57	17 43	17 28	17 20	17 11
22	20 50	20 17	19 53	19 34	19 19	19 06	18 44	18 27	18 12	17 57	17 43	17 27	17 18	17 09
26	20 59	20 24	19 58	19 39	19 23	19 09	18 47	18 29	18 13	17 58	17 43	17 26	17 17	17 07
30	21 08	20 30	20 04	19 43	19 27	19 13	18 50	18 31	18 14	17 59	17 43	17 26	17 16	17 06
Dec. 4	21 16	20 36	20 09	19 48	19 31	19 16	18 53	18 33	18 16	18 00	17 44	17 26	17 16	17 05
8	21 23	20 42	20 13	19 52	19 34	19 19	18 55	18 35	18 18	18 01	17 45	17 26	17 16	17 05
12	21 29	20 47	20 17	19 55	19 37	19 22	18 58	18 38	18 20	18 03	17 46	17 27	17 17	17 05
16	21 34	20 50	20 21	19 58	19 40	19 25	19 00	18 40	18 22	18 05	17 47	17 29	17 18	17 06
20	21 37	20 53	20 23	20 01	19 43	19 27	19 02	18 42	18 24	18 07	17 49	17 30	17 20	17 08
24	21 39	20 55	20 25	20 03	19 45	19 29	19 04	18 44	18 26	18 09	17 51	17 32	17 22	17 10
28	21 39	20 56	20 26	20 04	19 46	19 31	19 06	18 46	18 28	18 11	17 53	17 35	17 24	17 12
32	21 38	20 56	20 27	20 05	19 47	19 32	19 07	18 47	18 30	18 13	17 56	17 37	17 27	17 15
36	21 35	20 54	20 26	20 05	19 47	19 32	19 08	18 49	18 31	18 15	17 58	17 40	17 30	17 19

UNIVERSAL TIME FOR MERIDIAN OF GREENWICH

BEGINNING OF MORNING CIVIL TWILIGHT

Lat.	+40°	+42°	+44°	+46°	+48°	+50°	+52°	+54°	+56°	+58°	+60°	+62°	+64°	+66°
	h m	h m	h m	h m	h m	h m	h m	h m	h m	h m	h m	h m	h m	h m
Oct. 1	5 29	5 28	5 28	5 28	5 27	5 27	5 26	5 26	5 25	5 24	5 23	5 21	5 20	5 18
5	5 33	5 33	5 33	5 33	5 33	5 33	5 33	5 33	5 33	5 32	5 32	5 32	5 31	5 31
9	5 36	5 37	5 38	5 38	5 39	5 39	5 40	5 40	5 41	5 41	5 42	5 42	5 43	5 43
13	5 40	5 41	5 42	5 43	5 44	5 45	5 46	5 47	5 49	5 50	5 51	5 52	5 54	5 56
17	5 45	5 46	5 47	5 49	5 50	5 51	5 53	5 55	5 56	5 58	6 00	6 03	6 05	6 08
21	5 49	5 50	5 52	5 54	5 56	5 58	6 00	6 02	6 04	6 07	6 10	6 13	6 17	6 21
25	5 53	5 55	5 57	5 59	6 01	6 04	6 06	6 09	6 12	6 16	6 19	6 23	6 28	6 33
29	5 57	5 59	6 02	6 04	6 07	6 10	6 13	6 17	6 20	6 24	6 29	6 34	6 39	6 46
Nov. 2	6 01	6 04	6 07	6 10	6 13	6 16	6 20	6 24	6 28	6 33	6 38	6 44	6 51	6 58
6	6 06	6 09	6 12	6 15	6 19	6 23	6 27	6 31	6 36	6 41	6 47	6 54	7 02	7 11
10	6 10	6 13	6 17	6 21	6 25	6 29	6 33	6 38	6 44	6 50	6 57	7 04	7 13	7 23
14	6 14	6 18	6 22	6 26	6 30	6 35	6 40	6 45	6 51	6 58	7 05	7 14	7 24	7 35
18	6 19	6 23	6 27	6 31	6 36	6 41	6 46	6 52	6 59	7 06	7 14	7 24	7 34	7 47
22	6 23	6 27	6 32	6 36	6 41	6 47	6 52	6 59	7 06	7 14	7 23	7 33	7 44	7 58
26	6 27	6 32	6 36	6 41	6 46	6 52	6 58	7 05	7 13	7 21	7 31	7 41	7 54	8 09
30	6 31	6 36	6 41	6 46	6 51	6 57	7 04	7 11	7 19	7 28	7 38	7 50	8 03	8 19
Dec. 4	6 35	6 40	6 45	6 50	6 56	7 02	7 09	7 17	7 25	7 34	7 45	7 57	8 11	8 29
8	6 38	6 43	6 49	6 54	7 00	7 07	7 14	7 22	7 30	7 40	7 51	8 04	8 19	8 37
12	6 42	6 47	6 52	6 58	7 04	7 11	7 18	7 26	7 35	7 45	7 56	8 09	8 25	8 44
16	6 44	6 50	6 55	7 01	7 07	7 14	7 21	7 29	7 38	7 49	8 00	8 14	8 30	8 49
20	6 47	6 52	6 58	7 03	7 10	7 17	7 24	7 32	7 41	7 52	8 03	8 17	8 33	8 53
24	6 49	6 54	7 00	7 05	7 12	7 19	7 26	7 34	7 43	7 54	8 05	8 19	8 35	8 55
28	6 50	6 56	7 01	7 07	7 13	7 20	7 27	7 35	7 44	7 55	8 06	8 20	8 35	8 55
32	6 51	6 56	7 02	7 08	7 14	7 20	7 28	7 36	7 44	7 54	8 06	8 19	8 34	8 53
36	6 52	6 57	7 02	7 08	7 14	7 20	7 27	7 35	7 44	7 53	8 04	8 17	8 32	8 50

END OF EVENING CIVIL TWILIGHT

Lat.	+40°	+42°	+44°	+46°	+48°	+50°	+52°	+54°	+56°	+58°	+60°	+62°	+64°	+66°
	h m	h m	h m	h m	h m	h m	h m	h m	h m	h m	h m	h m	h m	h m
Oct. 1	18 10	18 10	18 11	18 11	18 11	18 12	18 12	18 13	18 14	18 14	18 15	18 17	18 18	18 20
5	18 04	18 04	18 03	18 03	18 03	18 03	18 03	18 03	18 03	18 03	18 04	18 04	18 04	18 05
9	17 58	17 57	17 56	17 56	17 55	17 55	17 54	17 54	17 53	17 52	17 52	17 51	17 51	17 50
13	17 52	17 51	17 50	17 49	17 48	17 47	17 45	17 44	17 43	17 42	17 40	17 39	17 37	17 35
17	17 46	17 44	17 43	17 42	17 40	17 39	17 37	17 35	17 33	17 31	17 29	17 27	17 24	17 21
21	17 40	17 38	17 37	17 35	17 33	17 31	17 29	17 26	17 24	17 21	17 18	17 15	17 11	17 07
25	17 35	17 33	17 31	17 28	17 26	17 24	17 21	17 18	17 15	17 12	17 08	17 04	16 59	16 54
29	17 30	17 27	17 25	17 22	17 20	17 17	17 13	17 10	17 06	17 02	16 58	16 53	16 47	16 40
Nov. 2	17 25	17 23	17 20	17 17	17 13	17 10	17 06	17 02	16 58	16 53	16 48	16 42	16 35	16 28
6	17 21	17 18	17 15	17 11	17 08	17 04	17 00	16 55	16 50	16 45	16 39	16 32	16 24	16 15
10	17 17	17 14	17 10	17 07	17 03	16 58	16 54	16 49	16 43	16 37	16 30	16 23	16 14	16 04
14	17 14	17 10	17 06	17 02	16 58	16 53	16 48	16 43	16 37	16 30	16 22	16 14	16 04	15 53
18	17 11	17 07	17 03	16 59	16 54	16 49	16 43	16 37	16 31	16 23	16 15	16 06	15 55	15 42
22	17 09	17 05	17 00	16 55	16 50	16 45	16 39	16 33	16 26	16 18	16 09	15 59	15 47	15 33
26	17 07	17 03	16 58	16 53	16 48	16 42	16 36	16 29	16 21	16 13	16 03	15 52	15 40	15 24
30	17 06	17 01	16 56	16 51	16 45	16 39	16 33	16 25	16 18	16 09	15 58	15 47	15 33	15 17
Dec. 4	17 05	17 00	16 55	16 50	16 44	16 38	16 31	16 23	16 15	16 05	15 55	15 43	15 28	15 11
8	17 05	17 00	16 55	16 49	16 43	16 37	16 29	16 22	16 13	16 03	15 52	15 39	15 24	15 06
12	17 05	17 00	16 55	16 49	16 43	16 36	16 29	16 21	16 12	16 02	15 51	15 38	15 22	15 03
16	17 06	17 01	16 56	16 50	16 44	16 37	16 29	16 21	16 12	16 02	15 51	15 37	15 21	15 02
20	17 08	17 03	16 57	16 51	16 45	16 38	16 31	16 23	16 13	16 03	15 51	15 38	15 22	15 02
24	17 10	17 05	16 59	16 53	16 47	16 40	16 33	16 25	16 15	16 05	15 54	15 40	15 24	15 04
28	17 12	17 07	17 02	16 56	16 50	16 43	16 36	16 28	16 18	16 08	15 57	15 43	15 27	15 08
32	17 15	17 10	17 05	16 59	16 53	16 46	16 39	16 31	16 22	16 12	16 01	15 48	15 32	15 13
36	17 19	17 14	17 08	17 03	16 57	16 50	16 43	16 36	16 27	16 17	16 06	15 54	15 39	15 21

NAUTICAL TWILIGHT, 1995

UNIVERSAL TIME FOR MERIDIAN OF GREENWICH

BEGINNING OF MORNING NAUTICAL TWILIGHT

Lat.	−55°	−50°	−45°	−40°	−35°	−30°	−20°	−10°	0°	+10°	+20°	+30°	+35°	+40°
	h m	h m	h m	h m	h m	h m	h m	h m	h m	h m	h m	h m	h m	h m
Jan. −2	// //	2 03	2 48	3 18	3 41	3 59	4 28	4 51	5 10	5 26	5 42	5 59	6 07	6 17
2	0 13	2 08	2 52	3 21	3 44	4 02	4 31	4 53	5 12	5 28	5 44	6 00	6 09	6 18
6	0 44	2 15	2 57	3 26	3 48	4 06	4 34	4 55	5 14	5 30	5 45	6 01	6 09	6 18
10	1 04	2 22	3 02	3 30	3 52	4 09	4 36	4 58	5 15	5 31	5 46	6 01	6 09	6 18
14	1 22	2 31	3 09	3 36	3 56	4 13	4 39	5 00	5 17	5 33	5 47	6 02	6 09	6 17
18	1 39	2 40	3 15	3 41	4 01	4 17	4 43	5 02	5 19	5 34	5 47	6 01	6 09	6 16
22	1 55	2 49	3 22	3 47	4 06	4 21	4 46	5 05	5 20	5 34	5 48	6 01	6 07	6 14
26	2 10	2 59	3 30	3 53	4 11	4 25	4 49	5 07	5 22	5 35	5 47	5 59	6 06	6 12
30	2 25	3 08	3 37	3 59	4 16	4 29	4 51	5 09	5 23	5 35	5 47	5 58	6 04	6 10
Feb. 3	2 39	3 18	3 44	4 05	4 20	4 34	4 54	5 10	5 24	5 35	5 46	5 56	6 01	6 06
7	2 52	3 27	3 52	4 10	4 25	4 38	4 57	5 12	5 24	5 35	5 44	5 54	5 58	6 03
11	3 05	3 37	3 59	4 16	4 30	4 42	5 00	5 13	5 25	5 34	5 43	5 51	5 55	5 59
15	3 17	3 46	4 06	4 22	4 35	4 45	5 02	5 15	5 25	5 34	5 41	5 48	5 51	5 54
19	3 29	3 54	4 13	4 28	4 39	4 49	5 04	5 16	5 25	5 33	5 39	5 44	5 47	5 49
23	3 40	4 03	4 20	4 33	4 44	4 53	5 06	5 17	5 25	5 31	5 37	5 41	5 43	5 44
27	3 51	4 11	4 27	4 39	4 48	4 56	5 08	5 17	5 24	5 30	5 34	5 37	5 38	5 39
Mar. 3	4 01	4 19	4 33	4 44	4 52	4 59	5 10	5 18	5 24	5 28	5 31	5 33	5 33	5 33
7	4 11	4 27	4 39	4 49	4 56	5 02	5 12	5 18	5 23	5 26	5 28	5 28	5 28	5 27
11	4 20	4 35	4 45	4 53	5 00	5 05	5 13	5 19	5 22	5 24	5 25	5 24	5 23	5 21
15	4 30	4 42	4 51	4 58	5 04	5 08	5 15	5 19	5 21	5 22	5 21	5 19	5 17	5 14
19	4 38	4 49	4 56	5 02	5 07	5 11	5 16	5 19	5 20	5 20	5 18	5 14	5 11	5 08
23	4 47	4 56	5 02	5 07	5 10	5 13	5 17	5 19	5 19	5 17	5 14	5 09	5 06	5 01
27	4 55	5 02	5 07	5 11	5 14	5 16	5 18	5 19	5 18	5 15	5 11	5 04	5 00	4 54
31	5 03	5 09	5 12	5 15	5 17	5 18	5 19	5 18	5 16	5 13	5 07	4 59	4 54	4 47
Apr. 4	5 11	5 15	5 17	5 19	5 20	5 20	5 20	5 18	5 15	5 10	5 04	4 54	4 48	4 40

END OF EVENING NAUTICAL TWILIGHT

Lat.	−55°	−50°	−45°	−40°	−35°	−30°	−20°	−10°	0°	+10°	+20°	+30°	+35°	+40°
	h m	h m	h m	h m	h m	h m	h m	h m	h m	h m	h m	h m	h m	h m
Jan. −2	// //	22 01	21 16	20 46	20 23	20 04	19 36	19 13	18 54	18 38	18 22	18 05	17 57	17 47
2	23 44	21 59	21 16	20 46	20 23	20 05	19 37	19 15	18 56	18 40	18 24	18 08	17 59	17 50
6	23 23	21 56	21 14	20 45	20 23	20 06	19 38	19 16	18 58	18 42	18 26	18 11	18 02	17 54
10	23 07	21 51	21 12	20 44	20 23	20 05	19 38	19 17	18 59	18 44	18 29	18 14	18 06	17 57
14	22 52	21 46	21 08	20 42	20 21	20 04	19 38	19 18	19 01	18 45	18 31	18 17	18 09	18 01
18	22 38	21 39	21 04	20 39	20 19	20 03	19 38	19 18	19 02	18 47	18 33	18 20	18 12	18 05
22	22 25	21 32	21 00	20 36	20 17	20 01	19 37	19 18	19 03	18 49	18 36	18 23	18 16	18 09
26	22 12	21 25	20 54	20 32	20 14	19 59	19 36	19 18	19 03	18 50	18 38	18 26	18 20	18 13
30	21 59	21 17	20 48	20 27	20 10	19 57	19 35	19 18	19 04	18 51	18 40	18 29	18 23	18 17
Feb. 3	21 46	21 08	20 42	20 22	20 06	19 53	19 33	19 17	19 04	18 53	18 42	18 32	18 27	18 22
7	21 34	20 59	20 35	20 17	20 02	19 50	19 31	19 16	19 04	18 53	18 44	18 35	18 31	18 26
11	21 21	20 50	20 28	20 11	19 58	19 46	19 29	19 15	19 04	18 54	18 46	18 38	18 34	18 30
15	21 09	20 41	20 21	20 05	19 53	19 42	19 26	19 13	19 03	18 55	18 48	18 41	18 38	18 35
19	20 57	20 32	20 13	19 59	19 48	19 38	19 23	19 12	19 03	18 55	18 49	18 44	18 41	18 39
23	20 45	20 22	20 06	19 53	19 42	19 34	19 20	19 10	19 02	18 56	18 51	18 47	18 45	18 43
27	20 33	20 13	19 58	19 46	19 37	19 29	19 17	19 08	19 01	18 56	18 52	18 49	18 48	18 48
Mar. 3	20 21	20 03	19 50	19 40	19 31	19 24	19 14	19 06	19 00	18 56	18 53	18 52	18 52	18 52
7	20 10	19 54	19 42	19 33	19 25	19 19	19 10	19 04	18 59	18 56	18 55	18 54	18 55	18 56
11	19 58	19 44	19 34	19 26	19 20	19 15	19 07	19 02	18 58	18 56	18 56	18 57	18 58	19 00
15	19 47	19 35	19 26	19 19	19 14	19 10	19 03	18 59	18 57	18 56	18 57	19 00	19 02	19 05
19	19 36	19 26	19 18	19 13	19 08	19 05	19 00	18 57	18 56	18 56	18 58	19 02	19 05	19 09
23	19 25	19 17	19 11	19 06	19 02	19 00	18 56	18 55	18 55	18 56	18 59	19 05	19 09	19 13
27	19 15	19 08	19 03	18 59	18 57	18 55	18 53	18 52	18 53	18 56	19 01	19 07	19 12	19 18
31	19 04	18 59	18 55	18 53	18 51	18 50	18 49	18 50	18 52	18 56	19 02	19 10	19 15	19 22
Apr. 4	18 54	18 50	18 48	18 47	18 46	18 45	18 46	18 48	18 51	18 56	19 03	19 13	19 19	19 27

// // indicates continuous twilight.

UNIVERSAL TIME FOR MERIDIAN OF GREENWICH
BEGINNING OF MORNING NAUTICAL TWILIGHT

Lat.	+40°	+42°	+44°	+46°	+48°	+50°	+52°	+54°	+56°	+58°	+60°	+62°	+64°	+66°
	h m	h m	h m	h m	h m	h m	h m	h m	h m	h m	h m	h m	h m	h m
Jan. −2	6 17	6 21	6 25	6 29	6 34	6 39	6 44	6 49	6 56	7 02	7 10	7 18	7 27	7 38
2	6 18	6 22	6 26	6 30	6 34	6 39	6 44	6 50	6 56	7 02	7 09	7 17	7 26	7 37
6	6 18	6 22	6 26	6 30	6 34	6 39	6 44	6 49	6 55	7 01	7 08	7 16	7 24	7 35
10	6 18	6 22	6 25	6 29	6 33	6 38	6 43	6 48	6 53	6 59	7 06	7 13	7 21	7 31
14	6 17	6 21	6 24	6 28	6 32	6 36	6 41	6 45	6 51	6 56	7 02	7 09	7 17	7 26
18	6 16	6 19	6 23	6 26	6 30	6 34	6 38	6 42	6 47	6 52	6 58	7 04	7 12	7 20
22	6 14	6 17	6 21	6 24	6 27	6 31	6 35	6 39	6 43	6 48	6 53	6 59	7 05	7 13
26	6 12	6 15	6 18	6 21	6 24	6 27	6 31	6 34	6 38	6 42	6 47	6 52	6 58	7 04
30	6 10	6 12	6 15	6 17	6 20	6 23	6 26	6 29	6 33	6 36	6 40	6 45	6 50	6 55
Feb. 3	6 06	6 09	6 11	6 13	6 16	6 18	6 21	6 23	6 26	6 30	6 33	6 37	6 41	6 45
7	6 03	6 05	6 07	6 09	6 11	6 13	6 15	6 17	6 20	6 22	6 25	6 28	6 31	6 35
11	5 59	6 00	6 02	6 03	6 05	6 07	6 08	6 10	6 12	6 14	6 16	6 18	6 21	6 23
15	5 54	5 55	5 57	5 58	5 59	6 00	6 02	6 03	6 04	6 05	6 07	6 08	6 10	6 11
19	5 49	5 50	5 51	5 52	5 53	5 53	5 54	5 55	5 56	5 56	5 57	5 58	5 58	5 58
23	5 44	5 45	5 45	5 46	5 46	5 46	5 46	5 47	5 47	5 47	5 47	5 46	5 46	5 45
27	5 39	5 39	5 39	5 39	5 39	5 39	5 38	5 38	5 37	5 37	5 36	5 35	5 33	5 31
Mar. 3	5 33	5 33	5 32	5 32	5 31	5 31	5 30	5 29	5 28	5 26	5 24	5 22	5 20	5 17
7	5 27	5 26	5 26	5 25	5 24	5 22	5 21	5 19	5 18	5 15	5 13	5 10	5 06	5 02
11	5 21	5 20	5 18	5 17	5 16	5 14	5 12	5 10	5 07	5 04	5 01	4 57	4 52	4 46
15	5 14	5 13	5 11	5 09	5 07	5 05	5 03	5 00	4 56	4 53	4 48	4 43	4 37	4 30
19	5 08	5 06	5 04	5 02	4 59	4 56	4 53	4 50	4 45	4 41	4 35	4 29	4 22	4 13
23	5 01	4 59	4 56	4 54	4 51	4 47	4 43	4 39	4 34	4 29	4 22	4 15	4 06	3 55
27	4 54	4 51	4 49	4 45	4 42	4 38	4 33	4 28	4 23	4 16	4 09	4 00	3 49	3 37
31	4 47	4 44	4 41	4 37	4 33	4 28	4 23	4 17	4 11	4 03	3 55	3 44	3 32	3 17
Apr. 4	4 40	4 37	4 33	4 29	4 24	4 19	4 13	4 06	3 59	3 50	3 40	3 28	3 14	2 56

END OF EVENING NAUTICAL TWILIGHT

Lat.	+40°	+42°	+44°	+46°	+48°	+50°	+52°	+54°	+56°	+58°	+60°	+62°	+64°	+66°
	h m	h m	h m	h m	h m	h m	h m	h m	h m	h m	h m	h m	h m	h m
Jan. −2	17 47	17 43	17 39	17 35	17 30	17 25	17 20	17 15	17 09	17 02	16 55	16 46	16 37	16 26
2	17 50	17 46	17 42	17 38	17 34	17 29	17 24	17 18	17 12	17 06	16 59	16 51	16 42	16 31
6	17 54	17 50	17 46	17 42	17 37	17 33	17 28	17 23	17 17	17 11	17 04	16 56	16 47	16 37
10	17 57	17 53	17 50	17 46	17 42	17 37	17 33	17 28	17 22	17 16	17 10	17 02	16 54	16 45
14	18 01	17 57	17 54	17 50	17 46	17 42	17 38	17 33	17 28	17 22	17 16	17 09	17 02	16 53
18	18 05	18 02	17 58	17 55	17 51	17 47	17 43	17 39	17 34	17 29	17 23	17 17	17 10	17 02
22	18 09	18 06	18 03	18 00	17 56	17 53	17 49	17 45	17 41	17 36	17 31	17 25	17 19	17 11
26	18 13	18 10	18 08	18 05	18 02	17 58	17 55	17 51	17 47	17 43	17 39	17 34	17 28	17 22
30	18 17	18 15	18 12	18 10	18 07	18 04	18 01	17 58	17 55	17 51	17 47	17 43	17 38	17 32
Feb. 3	18 22	18 20	18 17	18 15	18 13	18 10	18 08	18 05	18 02	17 59	17 56	17 52	17 48	17 43
7	18 26	18 24	18 22	18 20	18 18	18 16	18 14	18 12	18 10	18 07	18 05	18 02	17 58	17 55
11	18 30	18 29	18 27	18 26	18 24	18 23	18 21	18 19	18 17	18 16	18 14	18 11	18 09	18 07
15	18 35	18 34	18 32	18 31	18 30	18 29	18 28	18 26	18 25	18 24	18 23	18 21	18 20	18 19
19	18 39	18 38	18 37	18 37	18 36	18 35	18 35	18 34	18 33	18 33	18 32	18 32	18 31	18 31
23	18 43	18 43	18 42	18 42	18 42	18 42	18 41	18 41	18 41	18 41	18 42	18 42	18 43	18 44
27	18 48	18 48	18 48	18 48	18 48	18 48	18 48	18 49	18 49	18 50	18 51	18 53	18 54	18 56
Mar. 3	18 52	18 52	18 53	18 53	18 54	18 54	18 55	18 56	18 58	18 59	19 01	19 03	19 06	19 09
7	18 56	18 57	18 58	18 59	19 00	19 01	19 02	19 04	19 06	19 08	19 11	19 14	19 18	19 23
11	19 00	19 02	19 03	19 04	19 06	19 07	19 10	19 12	19 15	19 18	19 21	19 26	19 31	19 37
15	19 05	19 06	19 08	19 10	19 12	19 14	19 17	19 20	19 23	19 27	19 32	19 37	19 43	19 51
19	19 09	19 11	19 13	19 15	19 18	19 21	19 24	19 28	19 32	19 37	19 42	19 49	19 56	20 06
23	19 13	19 16	19 18	19 21	19 24	19 28	19 31	19 36	19 41	19 47	19 53	20 01	20 10	20 21
27	19 18	19 20	19 23	19 27	19 30	19 34	19 39	19 44	19 50	19 57	20 05	20 14	20 24	20 38
31	19 22	19 25	19 29	19 33	19 37	19 42	19 47	19 53	19 59	20 07	20 16	20 27	20 40	20 55
Apr. 4	19 27	19 30	19 34	19 39	19 43	19 49	19 55	20 01	20 09	20 18	20 28	20 41	20 56	21 14

NAUTICAL TWILIGHT, 1995

UNIVERSAL TIME FOR MERIDIAN OF GREENWICH
BEGINNING OF MORNING NAUTICAL TWILIGHT

Lat.	−55°	−50°	−45°	−40°	−35°	−30°	−20°	−10°	0°	+10°	+20°	+30°	+35°	+40°
	h m	h m	h m	h m	h m	h m	h m	h m	h m	h m	h m	h m	h m	h m
Mar. 31	5 03	5 09	5 12	5 15	5 17	5 18	5 19	5 18	5 16	5 13	5 07	4 59	4 54	4 47
Apr. 4	5 11	5 15	5 17	5 19	5 20	5 20	5 20	5 18	5 15	5 10	5 04	4 54	4 48	4 40
8	5 18	5 21	5 22	5 23	5 23	5 23	5 21	5 18	5 14	5 08	5 00	4 49	4 42	4 34
12	5 26	5 27	5 27	5 27	5 26	5 25	5 22	5 18	5 12	5 05	4 56	4 44	4 36	4 27
16	5 33	5 33	5 32	5 31	5 29	5 27	5 23	5 18	5 11	5 03	4 53	4 39	4 31	4 20
20	5 40	5 38	5 36	5 34	5 32	5 29	5 24	5 18	5 10	5 01	4 50	4 34	4 25	4 13
24	5 47	5 44	5 41	5 38	5 35	5 32	5 25	5 18	5 09	4 59	4 46	4 30	4 19	4 07
28	5 54	5 49	5 45	5 41	5 38	5 34	5 26	5 18	5 08	4 57	4 43	4 25	4 14	4 01
May 2	6 00	5 55	5 50	5 45	5 40	5 36	5 27	5 18	5 07	4 55	4 40	4 21	4 09	3 55
6	6 06	6 00	5 54	5 48	5 43	5 38	5 28	5 18	5 07	4 54	4 38	4 17	4 04	3 49
10	6 13	6 05	5 58	5 52	5 46	5 40	5 29	5 18	5 06	4 52	4 35	4 14	4 00	3 43
14	6 18	6 10	6 02	5 55	5 49	5 43	5 31	5 19	5 06	4 51	4 33	4 10	3 56	3 38
18	6 24	6 14	6 06	5 58	5 51	5 45	5 32	5 19	5 05	4 50	4 31	4 07	3 52	3 34
22	6 29	6 19	6 10	6 01	5 54	5 47	5 33	5 20	5 05	4 49	4 30	4 05	3 49	3 29
26	6 34	6 23	6 13	6 04	5 56	5 49	5 35	5 20	5 05	4 49	4 28	4 02	3 46	3 26
30	6 39	6 26	6 16	6 07	5 59	5 51	5 36	5 21	5 06	4 48	4 27	4 01	3 43	3 22
June 3	6 43	6 30	6 19	6 10	6 01	5 53	5 37	5 22	5 06	4 48	4 27	3 59	3 42	3 20
7	6 46	6 33	6 22	6 12	6 03	5 54	5 39	5 23	5 07	4 48	4 26	3 58	3 40	3 18
11	6 49	6 35	6 24	6 14	6 05	5 56	5 40	5 24	5 07	4 49	4 26	3 58	3 39	3 17
15	6 51	6 37	6 26	6 15	6 06	5 57	5 41	5 25	5 08	4 49	4 27	3 58	3 39	3 16
19	6 53	6 39	6 27	6 17	6 07	5 58	5 42	5 26	5 09	4 50	4 27	3 58	3 39	3 16
23	6 54	6 40	6 28	6 18	6 08	5 59	5 43	5 27	5 10	4 51	4 28	3 59	3 40	3 17
27	6 54	6 40	6 28	6 18	6 09	6 00	5 44	5 27	5 11	4 52	4 29	4 00	3 41	3 18
July 1	6 54	6 40	6 28	6 18	6 09	6 00	5 44	5 28	5 11	4 53	4 30	4 02	3 43	3 20
5	6 52	6 39	6 28	6 18	6 09	6 00	5 45	5 29	5 12	4 54	4 32	4 03	3 45	3 23

END OF EVENING NAUTICAL TWILIGHT

Lat.	−55°	−50°	−45°	−40°	−35°	−30°	−20°	−10°	0°	+10°	+20°	+30°	+35°	+40°
	h m	h m	h m	h m	h m	h m	h m	h m	h m	h m	h m	h m	h m	h m
Mar. 31	19 04	18 59	18 55	18 53	18 51	18 50	18 49	18 50	18 52	18 56	19 02	19 10	19 15	19 22
Apr. 4	18 54	18 50	18 48	18 47	18 46	18 45	18 46	18 48	18 51	18 56	19 03	19 13	19 19	19 27
8	18 44	18 42	18 41	18 40	18 40	18 41	18 43	18 46	18 50	18 56	19 04	19 15	19 23	19 31
12	18 35	18 34	18 34	18 34	18 35	18 36	18 40	18 44	18 49	18 57	19 06	19 18	19 26	19 36
16	18 26	18 26	18 27	18 29	18 30	18 32	18 37	18 42	18 49	18 57	19 07	19 21	19 30	19 41
20	18 17	18 19	18 21	18 23	18 26	18 28	18 34	18 40	18 48	18 57	19 09	19 24	19 34	19 46
24	18 09	18 12	18 15	18 18	18 21	18 24	18 31	18 39	18 47	18 58	19 10	19 27	19 38	19 50
28	18 01	18 05	18 09	18 13	18 17	18 21	18 29	18 37	18 47	18 58	19 12	19 30	19 42	19 55
May 2	17 53	17 59	18 04	18 09	18 13	18 18	18 27	18 36	18 47	18 59	19 14	19 33	19 46	20 00
6	17 46	17 53	17 59	18 04	18 10	18 15	18 25	18 35	18 47	19 00	19 16	19 37	19 50	20 05
10	17 40	17 47	17 54	18 01	18 06	18 12	18 23	18 34	18 47	19 01	19 18	19 40	19 54	20 10
14	17 34	17 42	17 50	17 57	18 04	18 10	18 22	18 34	18 47	19 02	19 20	19 43	19 57	20 15
18	17 28	17 38	17 46	17 54	18 01	18 08	18 21	18 34	18 47	19 03	19 22	19 46	20 01	20 20
22	17 23	17 34	17 43	17 51	17 59	18 06	18 20	18 33	18 48	19 04	19 24	19 49	20 05	20 25
26	17 19	17 31	17 41	17 49	17 57	18 05	18 19	18 33	18 49	19 06	19 26	19 52	20 09	20 29
30	17 16	17 28	17 38	17 48	17 56	18 04	18 19	18 34	18 49	19 07	19 28	19 55	20 12	20 33
June 3	17 13	17 26	17 37	17 46	17 55	18 03	18 19	18 34	18 50	19 08	19 30	19 57	20 15	20 37
7	17 11	17 25	17 36	17 46	17 55	18 03	18 19	18 34	18 51	19 09	19 31	20 00	20 18	20 40
11	17 10	17 24	17 35	17 45	17 54	18 03	18 19	18 35	18 52	19 11	19 33	20 01	20 20	20 43
15	17 09	17 23	17 35	17 45	17 55	18 03	18 20	18 36	18 53	19 12	19 34	20 03	20 22	20 45
19	17 10	17 24	17 35	17 46	17 55	18 04	18 20	18 37	18 54	19 13	19 35	20 04	20 23	20 46
23	17 10	17 24	17 36	17 47	17 56	18 05	18 21	18 38	18 55	19 14	19 36	20 05	20 24	20 47
27	17 12	17 26	17 38	17 48	17 57	18 06	18 22	18 38	18 55	19 14	19 37	20 06	20 24	20 47
July 1	17 14	17 28	17 39	17 49	17 59	18 07	18 23	18 39	18 56	19 15	19 37	20 06	20 24	20 47
5	17 17	17 30	17 41	17 51	18 00	18 09	18 25	18 40	18 57	19 15	19 37	20 05	20 23	20 46

UNIVERSAL TIME FOR MERIDIAN OF GREENWICH

BEGINNING OF MORNING NAUTICAL TWILIGHT

Lat.	+40°	+42°	+44°	+46°	+48°	+50°	+52°	+54°	+56°	+58°	+60°	+62°	+64°	+66°
	h m	h m	h m	h m	h m	h m	h m	h m	h m	h m	h m	h m	h m	h m
Mar. 31	4 47	4 44	4 41	4 37	4 33	4 28	4 23	4 17	4 11	4 03	3 55	3 44	3 32	3 17
Apr. 4	4 40	4 37	4 33	4 29	4 24	4 19	4 13	4 06	3 59	3 50	3 40	3 28	3 14	2 56
8	4 34	4 30	4 25	4 20	4 15	4 09	4 03	3 55	3 47	3 37	3 25	3 12	2 55	2 33
12	4 27	4 22	4 17	4 12	4 06	4 00	3 52	3 44	3 34	3 23	3 10	2 54	2 34	2 08
16	4 20	4 15	4 10	4 04	3 57	3 50	3 42	3 33	3 22	3 09	2 54	2 36	2 12	1 37
20	4 13	4 08	4 02	3 56	3 48	3 40	3 31	3 21	3 09	2 55	2 37	2 16	1 46	0 56
24	4 07	4 01	3 55	3 48	3 40	3 31	3 21	3 09	2 56	2 40	2 20	1 53	1 14	// //
28	4 01	3 54	3 47	3 40	3 31	3 21	3 10	2 58	2 43	2 24	2 01	1 28	0 14	// //
May 2	3 55	3 48	3 40	3 32	3 23	3 12	3 00	2 46	2 29	2 08	1 40	0 54	// //	// //
6	3 49	3 41	3 33	3 24	3 14	3 03	2 50	2 34	2 15	1 51	1 15	// //	// //	// //
10	3 43	3 36	3 27	3 17	3 07	2 54	2 40	2 22	2 01	1 32	0 42	// //	// //	// //
14	3 38	3 30	3 21	3 11	2 59	2 46	2 30	2 11	1 46	1 10	// //	// //	// //	// //
18	3 34	3 25	3 15	3 04	2 52	2 37	2 20	1 59	1 31	0 43	// //	// //	// //	// //
22	3 29	3 20	3 10	2 58	2 45	2 30	2 11	1 48	1 14	// //	// //	// //	// //	// //
26	3 26	3 16	3 05	2 53	2 39	2 23	2 03	1 36	0 55	// //	// //	// //	// //	// //
30	3 22	3 12	3 01	2 49	2 34	2 16	1 55	1 25	0 31	// //	// //	// //	// //	// //
June 3	3 20	3 10	2 58	2 45	2 29	2 11	1 47	1 15	// //	// //	// //	// //	// //	// //
7	3 18	3 07	2 55	2 42	2 26	2 06	1 41	1 05	// //	// //	// //	// //	// //	// //
11	3 17	3 06	2 54	2 40	2 23	2 03	1 37	0 56	// //	// //	// //	// //	// //	// //
15	3 16	3 05	2 53	2 38	2 21	2 01	1 34	0 49	// //	// //	// //	// //	// //	▭
19	3 16	3 05	2 53	2 38	2 21	2 00	1 32	0 45	// //	// //	// //	// //	// //	▭
23	3 17	3 06	2 53	2 39	2 22	2 01	1 33	0 45	// //	// //	// //	// //	// //	▭
27	3 18	3 07	2 55	2 40	2 23	2 03	1 35	0 50	// //	// //	// //	// //	// //	▭
July 1	3 20	3 09	2 57	2 43	2 26	2 06	1 39	0 57	// //	// //	// //	// //	// //	// //
5	3 23	3 12	3 00	2 46	2 30	2 10	1 45	1 06	// //	// //	// //	// //	// //	// //

END OF EVENING NAUTICAL TWILIGHT

Lat.	+40°	+42°	+44°	+46°	+48°	+50°	+52°	+54°	+56°	+58°	+60°	+62°	+64°	+66°
	h m	h m	h m	h m	h m	h m	h m	h m	h m	h m	h m	h m	h m	h m
Mar. 31	19 22	19 25	19 29	19 33	19 37	19 42	19 47	19 53	19 59	20 07	20 16	20 27	20 40	20 55
Apr. 4	19 27	19 30	19 34	19 39	19 43	19 49	19 55	20 01	20 09	20 18	20 28	20 41	20 56	21 14
8	19 31	19 35	19 40	19 45	19 50	19 56	20 03	20 10	20 19	20 29	20 41	20 55	21 13	21 35
12	19 36	19 41	19 45	19 51	19 57	20 04	20 11	20 20	20 29	20 41	20 54	21 11	21 32	22 00
16	19 41	19 46	19 51	19 57	20 04	20 11	20 20	20 29	20 40	20 53	21 09	21 28	21 53	22 30
20	19 46	19 51	19 57	20 04	20 11	20 19	20 28	20 39	20 51	21 06	21 24	21 47	22 18	23 17
24	19 50	19 56	20 03	20 10	20 18	20 27	20 37	20 49	21 03	21 20	21 40	22 08	22 52	// //
28	19 55	20 02	20 09	20 17	20 25	20 35	20 47	21 00	21 15	21 34	21 58	22 34	// //	// //
May 2	20 00	20 07	20 15	20 23	20 33	20 44	20 56	21 10	21 28	21 49	22 19	23 11	// //	// //
6	20 05	20 13	20 21	20 30	20 40	20 52	21 05	21 21	21 41	22 06	22 44	// //	// //	// //
10	20 10	20 18	20 27	20 37	20 48	21 00	21 15	21 33	21 55	22 25	23 22	// //	// //	// //
14	20 15	20 24	20 33	20 43	20 55	21 09	21 25	21 44	22 10	22 48	// //	// //	// //	// //
18	20 20	20 29	20 39	20 50	21 02	21 17	21 34	21 56	22 26	23 19	// //	// //	// //	// //
22	20 25	20 34	20 44	20 56	21 09	21 25	21 44	22 08	22 43	// //	// //	// //	// //	// //
26	20 29	20 39	20 50	21 02	21 16	21 33	21 53	22 20	23 04	// //	// //	// //	// //	// //
30	20 33	20 43	20 54	21 07	21 22	21 40	22 02	22 32	23 32	// //	// //	// //	// //	// //
June 3	20 37	20 47	20 59	21 12	21 28	21 46	22 10	22 44	// //	// //	// //	// //	// //	// //
7	20 40	20 51	21 03	21 16	21 33	21 52	22 17	22 55	// //	// //	// //	// //	// //	// //
11	20 43	20 54	21 06	21 20	21 37	21 57	22 23	23 05	// //	// //	// //	// //	// //	// //
15	20 45	20 56	21 08	21 23	21 40	22 00	22 28	23 13	// //	// //	// //	// //	// //	▭
19	20 46	20 57	21 10	21 24	21 42	22 03	22 31	23 18	// //	// //	// //	// //	// //	▭
23	20 47	20 58	21 11	21 25	21 42	22 03	22 31	23 18	// //	// //	// //	// //	// //	▭
27	20 47	20 58	21 11	21 25	21 42	22 03	22 30	23 15	// //	// //	// //	// //	// //	▭
July 1	20 47	20 58	21 10	21 24	21 41	22 01	22 27	23 09	// //	// //	// //	// //	// //	// //
5	20 46	20 56	21 08	21 22	21 38	21 58	22 23	23 00	// //	// //	// //	// //	// //	// //

▭ indicates Sun continuously above horizon.
// // indicates continuous twilight.

UNIVERSAL TIME FOR MERIDIAN OF GREENWICH

BEGINNING OF MORNING NAUTICAL TWILIGHT

Lat.	−55°	−50°	−45°	−40°	−35°	−30°	−20°	−10°	0°	+10°	+20°	+30°	+35°	+40°
	h m	h m	h m	h m	h m	h m	h m	h m	h m	h m	h m	h m	h m	h m
July 1	6 54	6 40	6 28	6 18	6 09	6 00	5 44	5 28	5 11	4 53	4 30	4 02	3 43	3 20
5	6 52	6 39	6 28	6 18	6 09	6 00	5 45	5 29	5 12	4 54	4 32	4 03	3 45	3 23
9	6 50	6 38	6 27	6 17	6 08	6 00	5 45	5 29	5 13	4 55	4 33	4 06	3 48	3 26
13	6 48	6 36	6 25	6 16	6 07	6 00	5 44	5 30	5 14	4 56	4 35	4 08	3 51	3 29
17	6 44	6 33	6 23	6 14	6 06	5 59	5 44	5 30	5 14	4 57	4 37	4 11	3 54	3 33
21	6 40	6 30	6 20	6 12	6 04	5 57	5 43	5 30	5 15	4 59	4 39	4 13	3 57	3 37
25	6 36	6 26	6 17	6 09	6 02	5 56	5 43	5 29	5 15	5 00	4 41	4 16	4 01	3 42
29	6 30	6 21	6 14	6 06	6 00	5 53	5 41	5 29	5 16	5 01	4 43	4 19	4 04	3 46
Aug. 2	6 25	6 16	6 09	6 03	5 57	5 51	5 40	5 28	5 16	5 02	4 44	4 22	4 08	3 51
6	6 18	6 11	6 05	5 59	5 54	5 48	5 38	5 27	5 16	5 02	4 46	4 25	4 12	3 56
10	6 11	6 05	6 00	5 55	5 50	5 45	5 36	5 26	5 16	5 03	4 48	4 28	4 16	4 01
14	6 04	5 59	5 54	5 50	5 46	5 42	5 34	5 25	5 15	5 04	4 49	4 31	4 19	4 05
18	5 56	5 52	5 49	5 45	5 42	5 39	5 31	5 24	5 15	5 04	4 51	4 34	4 23	4 10
22	5 47	5 45	5 43	5 40	5 37	5 35	5 29	5 22	5 14	5 04	4 52	4 37	4 27	4 15
26	5 39	5 37	5 36	5 35	5 33	5 31	5 26	5 20	5 13	5 05	4 54	4 40	4 30	4 19
30	5 29	5 30	5 29	5 29	5 28	5 26	5 23	5 18	5 12	5 05	4 55	4 42	4 34	4 24
Sept. 3	5 20	5 22	5 22	5 23	5 22	5 22	5 20	5 16	5 11	5 05	4 56	4 45	4 37	4 28
7	5 10	5 13	5 15	5 16	5 17	5 17	5 16	5 14	5 10	5 05	4 57	4 47	4 41	4 33
11	5 00	5 05	5 08	5 10	5 11	5 12	5 13	5 11	5 09	5 05	4 58	4 50	4 44	4 37
15	4 50	4 56	5 00	5 03	5 06	5 07	5 09	5 09	5 07	5 04	4 59	4 52	4 47	4 41
19	4 39	4 47	4 53	4 57	5 00	5 02	5 05	5 06	5 06	5 04	5 00	4 54	4 50	4 45
23	4 28	4 38	4 45	4 50	4 54	4 57	5 02	5 04	5 05	5 04	5 01	4 57	4 53	4 49
27	4 17	4 28	4 37	4 43	4 48	4 52	4 58	5 01	5 03	5 03	5 02	4 59	4 57	4 53
Oct. 1	4 06	4 19	4 29	4 36	4 42	4 47	4 54	4 59	5 02	5 03	5 03	5 01	5 00	4 57
5	3 55	4 10	4 21	4 29	4 36	4 42	4 51	4 56	5 00	5 03	5 04	5 04	5 03	5 01

END OF EVENING NAUTICAL TWILIGHT

Lat.	−55°	−50°	−45°	−40°	−35°	−30°	−20°	−10°	0°	+10°	+20°	+30°	+35°	+40°
	h m	h m	h m	h m	h m	h m	h m	h m	h m	h m	h m	h m	h m	h m
July 1	17 14	17 28	17 39	17 49	17 59	18 07	18 23	18 39	18 56	19 15	19 37	20 06	20 24	20 47
5	17 17	17 30	17 41	17 51	18 00	18 09	18 25	18 40	18 57	19 15	19 37	20 05	20 23	20 46
9	17 20	17 33	17 44	17 53	18 02	18 10	18 26	18 41	18 57	19 15	19 37	20 04	20 22	20 44
13	17 24	17 36	17 47	17 56	18 04	18 12	18 27	18 42	18 57	19 15	19 36	20 03	20 20	20 41
17	17 28	17 40	17 50	17 58	18 06	18 14	18 28	18 42	18 58	19 15	19 35	20 01	20 18	20 38
21	17 33	17 44	17 53	18 01	18 09	18 16	18 29	18 43	18 58	19 14	19 34	19 59	20 15	20 35
25	17 38	17 48	17 56	18 04	18 11	18 18	18 31	18 44	18 58	19 13	19 32	19 56	20 12	20 30
29	17 43	17 52	18 00	18 07	18 13	18 20	18 32	18 44	18 57	19 12	19 30	19 53	20 08	20 26
Aug. 2	17 49	17 57	18 04	18 10	18 16	18 22	18 33	18 44	18 57	19 11	19 28	19 50	20 04	20 21
6	17 55	18 01	18 08	18 13	18 19	18 24	18 34	18 44	18 56	19 09	19 25	19 46	19 59	20 15
10	18 01	18 06	18 12	18 16	18 21	18 26	18 35	18 45	18 55	19 08	19 23	19 42	19 54	20 09
14	18 07	18 11	18 16	18 20	18 24	18 28	18 36	18 44	18 54	19 06	19 20	19 38	19 49	20 03
18	18 13	18 17	18 20	18 23	18 26	18 30	18 37	18 44	18 53	19 04	19 16	19 33	19 44	19 57
22	18 20	18 22	18 24	18 26	18 29	18 32	18 37	18 44	18 52	19 01	19 13	19 29	19 38	19 50
26	18 26	18 27	18 28	18 30	18 32	18 34	18 38	18 44	18 51	18 59	19 10	19 24	19 33	19 44
30	18 33	18 33	18 33	18 33	18 34	18 36	18 39	18 44	18 49	18 57	19 06	19 19	19 27	19 37
Sept. 3	18 40	18 38	18 37	18 37	18 37	18 38	18 40	18 43	18 48	18 54	19 02	19 14	19 21	19 30
7	18 47	18 44	18 42	18 41	18 40	18 40	18 40	18 43	18 46	18 51	18 59	19 08	19 15	19 23
11	18 55	18 50	18 47	18 44	18 43	18 42	18 41	18 42	18 45	18 49	18 55	19 03	19 09	19 16
15	19 02	18 56	18 51	18 48	18 45	18 44	18 42	18 42	18 43	18 46	18 51	18 58	19 03	19 09
19	19 10	19 02	18 56	18 52	18 48	18 46	18 43	18 42	18 42	18 44	18 47	18 53	18 57	19 02
23	19 18	19 08	19 01	18 56	18 52	18 48	18 44	18 41	18 40	18 41	18 43	18 48	18 51	18 55
27	19 26	19 15	19 06	19 00	18 55	18 51	18 45	18 41	18 39	18 39	18 40	18 43	18 45	18 48
Oct. 1	19 35	19 22	19 12	19 04	18 58	18 53	18 46	18 41	18 38	18 36	18 36	18 38	18 39	18 42
5	19 44	19 29	19 17	19 09	19 01	18 56	18 47	18 41	18 37	18 34	18 33	18 33	18 34	18 35

UNIVERSAL TIME FOR MERIDIAN OF GREENWICH

BEGINNING OF MORNING NAUTICAL TWILIGHT

Lat.	+40°	+42°	+44°	+46°	+48°	+50°	+52°	+54°	+56°	+58°	+60°	+62°	+64°	+66°
	h m	h m	h m	h m	h m	h m	h m	h m	h m	h m	h m	h m	h m	h m
July 1	3 20	3 09	2 57	2 43	2 26	2 06	1 39	0 57	// //	// //	// //	// //	// //	// //
5	3 23	3 12	3 00	2 46	2 30	2 10	1 45	1 06	// //	// //	// //	// //	// //	// //
9	3 26	3 16	3 04	2 50	2 35	2 16	1 52	1 17	// //	// //	// //	// //	// //	// //
13	3 29	3 19	3 08	2 55	2 40	2 22	2 00	1 29	0 22	// //	// //	// //	// //	// //
17	3 33	3 24	3 13	3 00	2 46	2 29	2 08	1 40	0 55	// //	// //	// //	// //	// //
21	3 37	3 28	3 18	3 06	2 52	2 36	2 17	1 52	1 16	// //	// //	// //	// //	// //
25	3 42	3 33	3 23	3 12	2 59	2 44	2 26	2 04	1 34	0 34	// //	// //	// //	// //
29	3 46	3 38	3 29	3 18	3 06	2 52	2 36	2 16	1 50	1 09	// //	// //	// //	// //
Aug. 2	3 51	3 43	3 34	3 24	3 13	3 00	2 45	2 27	2 04	1 33	0 22	// //	// //	// //
6	3 56	3 48	3 40	3 31	3 20	3 09	2 55	2 38	2 18	1 52	1 11	// //	// //	// //
10	4 01	3 54	3 46	3 37	3 28	3 17	3 04	2 49	2 31	2 09	1 38	0 37	// //	// //
14	4 05	3 59	3 52	3 44	3 35	3 25	3 13	3 00	2 44	2 24	1 59	1 21	// //	// //
18	4 10	4 04	3 57	3 50	3 42	3 33	3 22	3 10	2 56	2 39	2 17	1 48	0 58	// //
22	4 15	4 09	4 03	3 56	3 49	3 40	3 31	3 20	3 07	2 52	2 33	2 09	1 35	// //
26	4 19	4 14	4 09	4 02	3 56	3 48	3 39	3 29	3 18	3 05	2 48	2 28	2 02	1 21
30	4 24	4 19	4 14	4 09	4 02	3 55	3 48	3 39	3 29	3 17	3 03	2 45	2 23	1 53
Sept. 3	4 28	4 24	4 20	4 14	4 09	4 03	3 56	3 48	3 39	3 28	3 16	3 01	2 42	2 18
7	4 33	4 29	4 25	4 20	4 15	4 10	4 03	3 56	3 48	3 39	3 28	3 15	3 00	2 40
11	4 37	4 34	4 30	4 26	4 22	4 17	4 11	4 05	3 58	3 50	3 40	3 29	3 16	2 59
15	4 41	4 38	4 35	4 32	4 28	4 23	4 19	4 13	4 07	4 00	3 52	3 42	3 31	3 17
19	4 45	4 43	4 40	4 37	4 34	4 30	4 26	4 21	4 16	4 10	4 03	3 54	3 45	3 33
23	4 49	4 47	4 45	4 42	4 40	4 36	4 33	4 29	4 24	4 19	4 13	4 06	3 58	3 48
27	4 53	4 52	4 50	4 48	4 45	4 43	4 40	4 37	4 33	4 29	4 24	4 18	4 11	4 03
Oct. 1	4 57	4 56	4 55	4 53	4 51	4 49	4 47	4 44	4 41	4 38	4 34	4 29	4 24	4 17
5	5 01	5 00	4 59	4 58	4 57	4 55	4 54	4 52	4 49	4 47	4 44	4 40	4 36	4 30

END OF EVENING NAUTICAL TWILIGHT

Lat.	+40°	+42°	+44°	+46°	+48°	+50°	+52°	+54°	+56°	+58°	+60°	+62°	+64°	+66°
	h m	h m	h m	h m	h m	h m	h m	h m	h m	h m	h m	h m	h m	h m
July 1	20 47	20 58	21 10	21 24	21 41	22 01	22 27	23 09	// //	// //	// //	// //	// //	// //
5	20 46	20 56	21 08	21 22	21 38	21 58	22 23	23 00	// //	// //	// //	// //	// //	// //
9	20 44	20 54	21 06	21 19	21 35	21 53	22 17	22 51	// //	// //	// //	// //	// //	// //
13	20 41	20 51	21 03	21 15	21 30	21 48	22 10	22 40	23 38	// //	// //	// //	// //	// //
17	20 38	20 48	20 59	21 11	21 25	21 42	22 02	22 29	23 12	// //	// //	// //	// //	// //
21	20 35	20 44	20 54	21 06	21 19	21 35	21 54	22 18	22 53	// //	// //	// //	// //	// //
25	20 30	20 39	20 49	21 00	21 13	21 27	21 45	22 06	22 36	23 28	// //	// //	// //	// //
29	20 26	20 34	20 43	20 54	21 05	21 19	21 35	21 55	22 20	22 58	// //	// //	// //	// //
Aug. 2	20 21	20 28	20 37	20 47	20 58	21 11	21 25	21 43	22 05	22 35	23 32	// //	// //	// //
6	20 15	20 22	20 31	20 40	20 50	21 02	21 15	21 31	21 51	22 16	22 54	// //	// //	// //
10	20 09	20 16	20 24	20 32	20 42	20 52	21 05	21 19	21 37	21 59	22 28	23 20	// //	// //
14	20 03	20 10	20 17	20 25	20 33	20 43	20 54	21 08	21 23	21 42	22 07	22 42	// //	// //
18	19 57	20 03	20 09	20 17	20 25	20 34	20 44	20 56	21 10	21 26	21 47	22 15	22 59	// //
22	19 50	19 56	20 02	20 08	20 16	20 24	20 33	20 44	20 57	21 11	21 29	21 52	22 24	23 25
26	19 44	19 49	19 54	20 00	20 07	20 14	20 23	20 32	20 44	20 57	21 12	21 32	21 57	22 35
30	19 37	19 41	19 46	19 52	19 58	20 05	20 12	20 21	20 31	20 42	20 56	21 13	21 34	22 02
Sept. 3	19 30	19 34	19 38	19 43	19 49	19 55	20 02	20 10	20 18	20 29	20 41	20 55	21 13	21 36
7	19 23	19 26	19 30	19 35	19 40	19 45	19 51	19 58	20 06	20 15	20 26	20 38	20 53	21 12
11	19 16	19 19	19 23	19 26	19 31	19 36	19 41	19 47	19 54	20 02	20 11	20 22	20 35	20 51
15	19 09	19 12	19 15	19 18	19 22	19 26	19 31	19 36	19 42	19 49	19 57	20 06	20 17	20 31
19	19 02	19 04	19 07	19 10	19 13	19 17	19 21	19 25	19 30	19 36	19 43	19 51	20 01	20 12
23	18 55	18 57	18 59	19 02	19 04	19 07	19 11	19 15	19 19	19 24	19 30	19 37	19 44	19 54
27	18 48	18 50	18 52	18 54	18 56	18 58	19 01	19 04	19 08	19 12	19 17	19 22	19 29	19 37
Oct. 1	18 42	18 43	18 44	18 46	18 47	18 49	18 51	18 54	18 57	19 00	19 04	19 09	19 14	19 20
5	18 35	18 36	18 37	18 38	18 39	18 41	18 42	18 44	18 46	18 49	18 52	18 55	18 59	19 04

// // indicates continuous twilight.

UNIVERSAL TIME FOR MERIDIAN OF GREENWICH

BEGINNING OF MORNING NAUTICAL TWILIGHT

Lat.	−55°	−50°	−45°	−40°	−35°	−30°	−20°	−10°	0°	+10°	+20°	+30°	+35°	+40°
	h m	h m	h m	h m	h m	h m	h m	h m	h m	h m	h m	h m	h m	h m
Oct. 1	4 06	4 19	4 29	4 36	4 42	4 47	4 54	4 59	5 02	5 03	5 03	5 01	5 00	4 57
5	3 55	4 10	4 21	4 29	4 36	4 42	4 51	4 56	5 00	5 03	5 04	5 04	5 03	5 01
9	3 43	4 00	4 13	4 23	4 30	4 37	4 47	4 54	4 59	5 03	5 05	5 06	5 06	5 05
13	3 31	3 50	4 05	4 16	4 25	4 32	4 43	4 52	4 58	5 03	5 06	5 08	5 09	5 09
17	3 20	3 41	3 57	4 09	4 19	4 27	4 40	4 49	4 57	5 03	5 07	5 11	5 12	5 13
21	3 08	3 31	3 49	4 02	4 13	4 22	4 37	4 47	4 56	5 03	5 09	5 13	5 15	5 17
25	2 55	3 22	3 41	3 56	4 08	4 18	4 34	4 46	4 55	5 03	5 10	5 16	5 19	5 21
29	2 43	3 12	3 34	3 50	4 03	4 14	4 31	4 44	4 54	5 03	5 11	5 18	5 22	5 25
Nov. 2	2 31	3 03	3 26	3 44	3 58	4 10	4 28	4 42	4 54	5 04	5 13	5 21	5 25	5 29
6	2 18	2 54	3 19	3 38	3 54	4 06	4 26	4 41	4 54	5 05	5 14	5 24	5 29	5 34
10	2 06	2 45	3 13	3 33	3 49	4 03	4 24	4 40	4 54	5 05	5 16	5 27	5 32	5 38
14	1 53	2 37	3 06	3 28	3 45	4 00	4 22	4 39	4 54	5 06	5 18	5 30	5 36	5 42
18	1 40	2 29	3 01	3 24	3 42	3 57	4 21	4 39	4 54	5 08	5 20	5 33	5 39	5 46
22	1 26	2 22	2 56	3 20	3 39	3 55	4 20	4 39	4 55	5 09	5 22	5 36	5 43	5 50
26	1 13	2 15	2 51	3 17	3 37	3 53	4 19	4 39	4 56	5 11	5 25	5 39	5 46	5 54
30	0 59	2 09	2 47	3 14	3 35	3 52	4 19	4 39	4 57	5 12	5 27	5 42	5 49	5 58
Dec. 4	0 44	2 04	2 44	3 12	3 34	3 51	4 19	4 40	4 58	5 14	5 29	5 44	5 53	6 01
8	0 26	2 00	2 42	3 11	3 33	3 51	4 19	4 41	5 00	5 16	5 31	5 47	5 56	6 05
12	// //	1 57	2 41	3 11	3 33	3 52	4 20	4 42	5 01	5 18	5 34	5 50	5 58	6 08
16	// //	1 56	2 41	3 11	3 34	3 53	4 22	4 44	5 03	5 20	5 36	5 52	6 01	6 10
20	// //	1 56	2 42	3 12	3 35	3 54	4 23	4 46	5 05	5 22	5 38	5 55	6 03	6 13
24	// //	1 58	2 44	3 14	3 37	3 56	4 25	4 48	5 07	5 24	5 40	5 57	6 05	6 15
28	// //	2 01	2 46	3 17	3 40	3 59	4 27	4 50	5 09	5 26	5 42	5 58	6 07	6 16
32	// //	2 06	2 50	3 20	3 43	4 01	4 30	4 52	5 11	5 28	5 44	6 00	6 08	6 17
36	0 36	2 12	2 55	3 24	3 47	4 05	4 33	4 55	5 13	5 29	5 45	6 01	6 09	6 18

END OF EVENING NAUTICAL TWILIGHT

Lat.	−55°	−50°	−45°	−40°	−35°	−30°	−20°	−10°	0°	+10°	+20°	+30°	+35°	+40°
	h m	h m	h m	h m	h m	h m	h m	h m	h m	h m	h m	h m	h m	h m
Oct. 1	19 35	19 22	19 12	19 04	18 58	18 53	18 46	18 41	18 38	18 36	18 36	18 38	18 39	18 42
5	19 44	19 29	19 17	19 09	19 01	18 56	18 47	18 41	18 37	18 34	18 33	18 33	18 34	18 35
9	19 53	19 36	19 23	19 13	19 05	18 58	18 48	18 41	18 36	18 32	18 29	18 28	18 28	18 29
13	20 03	19 44	19 29	19 18	19 09	19 01	18 50	18 41	18 35	18 30	18 26	18 24	18 23	18 23
17	20 13	19 51	19 35	19 23	19 13	19 04	18 51	18 42	18 34	18 28	18 23	18 20	18 18	18 17
21	20 24	20 00	19 42	19 28	19 17	19 08	18 53	18 42	18 34	18 26	18 21	18 16	18 14	18 12
25	20 35	20 08	19 48	19 33	19 21	19 11	18 55	18 43	18 33	18 25	18 18	18 12	18 09	18 06
29	20 47	20 17	19 55	19 39	19 25	19 14	18 57	18 44	18 33	18 24	18 16	18 09	18 05	18 02
Nov. 2	20 59	20 26	20 02	19 44	19 30	19 18	18 59	18 45	18 33	18 23	18 14	18 06	18 01	17 57
6	21 11	20 35	20 09	19 50	19 34	19 22	19 02	18 46	18 34	18 23	18 13	18 03	17 58	17 53
10	21 25	20 44	20 16	19 56	19 39	19 26	19 04	18 48	18 34	18 22	18 11	18 01	17 55	17 50
14	21 39	20 53	20 23	20 01	19 44	19 30	19 07	18 50	18 35	18 22	18 10	17 59	17 53	17 47
18	21 53	21 03	20 31	20 07	19 49	19 34	19 10	18 51	18 36	18 22	18 10	17 57	17 51	17 44
22	22 09	21 12	20 38	20 13	19 53	19 38	19 13	18 53	18 37	18 23	18 10	17 56	17 49	17 42
26	22 25	21 21	20 44	20 18	19 58	19 42	19 16	18 56	18 39	18 24	18 10	17 56	17 48	17 40
30	22 42	21 30	20 51	20 23	20 02	19 45	19 19	18 58	18 40	18 25	18 10	17 55	17 48	17 39
Dec. 4	23 00	21 38	20 57	20 28	20 07	19 49	19 21	19 00	18 42	18 26	18 11	17 55	17 47	17 39
8	23 22	21 45	21 02	20 33	20 10	19 52	19 24	19 02	18 44	18 28	18 12	17 56	17 48	17 39
12	// //	21 51	21 07	20 37	20 14	19 56	19 27	19 05	18 46	18 29	18 13	17 57	17 48	17 39
16	// //	21 56	21 10	20 40	20 17	19 58	19 29	19 07	18 48	18 31	18 15	17 58	17 50	17 40
20	// //	21 59	21 13	20 43	20 19	20 01	19 32	19 09	18 50	18 33	18 17	18 00	17 51	17 42
24	// //	22 01	21 15	20 44	20 21	20 03	19 34	19 11	18 52	18 35	18 19	18 02	17 53	17 44
28	// //	22 01	21 16	20 46	20 23	20 04	19 35	19 13	18 54	18 37	18 21	18 04	17 56	17 46
32	23 59	22 00	21 16	20 46	20 23	20 05	19 37	19 14	18 56	18 39	18 23	18 07	17 58	17 49
36	23 29	21 57	21 15	20 46	20 23	20 05	19 37	19 16	18 57	18 41	18 25	18 10	18 01	17 52

// // indicates continuous twilight.

UNIVERSAL TIME FOR MERIDIAN OF GREENWICH

BEGINNING OF MORNING NAUTICAL TWILIGHT

Lat.	+40°	+42°	+44°	+46°	+48°	+50°	+52°	+54°	+56°	+58°	+60°	+62°	+64°	+66°
	h m	h m	h m	h m	h m	h m	h m	h m	h m	h m	h m	h m	h m	h m
Oct. 1	4 57	4 56	4 55	4 53	4 51	4 49	4 47	4 44	4 41	4 38	4 34	4 29	4 24	4 17
5	5 01	5 00	4 59	4 58	4 57	4 55	4 54	4 52	4 49	4 47	4 44	4 40	4 36	4 30
9	5 05	5 05	5 04	5 03	5 03	5 02	5 01	4 59	4 58	4 56	4 53	4 51	4 47	4 44
13	5 09	5 09	5 09	5 09	5 08	5 08	5 07	5 06	5 05	5 04	5 03	5 01	4 59	4 56
17	5 13	5 13	5 14	5 14	5 14	5 14	5 14	5 14	5 13	5 13	5 12	5 11	5 10	5 09
21	5 17	5 18	5 18	5 19	5 20	5 20	5 20	5 21	5 21	5 21	5 22	5 22	5 21	5 21
25	5 21	5 22	5 23	5 24	5 25	5 26	5 27	5 28	5 29	5 30	5 31	5 32	5 32	5 33
29	5 25	5 27	5 28	5 29	5 31	5 32	5 34	5 35	5 37	5 38	5 40	5 41	5 43	5 45
Nov. 2	5 29	5 31	5 33	5 35	5 36	5 38	5 40	5 42	5 44	5 46	5 49	5 51	5 54	5 57
6	5 34	5 36	5 38	5 40	5 42	5 44	5 46	5 49	5 51	5 54	5 57	6 00	6 04	6 08
10	5 38	5 40	5 42	5 45	5 47	5 50	5 53	5 56	5 59	6 02	6 06	6 10	6 14	6 19
14	5 42	5 44	5 47	5 50	5 53	5 56	5 59	6 02	6 06	6 10	6 14	6 19	6 24	6 30
18	5 46	5 49	5 52	5 55	5 58	6 01	6 05	6 09	6 13	6 17	6 22	6 27	6 33	6 40
22	5 50	5 53	5 56	5 59	6 03	6 07	6 11	6 15	6 19	6 24	6 30	6 36	6 42	6 50
26	5 54	5 57	6 01	6 04	6 08	6 12	6 16	6 21	6 26	6 31	6 37	6 43	6 51	6 59
30	5 58	6 01	6 05	6 09	6 13	6 17	6 21	6 26	6 31	6 37	6 43	6 50	6 58	7 08
Dec. 4	6 01	6 05	6 09	6 13	6 17	6 21	6 26	6 31	6 37	6 43	6 50	6 57	7 06	7 15
8	6 05	6 08	6 12	6 16	6 21	6 25	6 30	6 36	6 42	6 48	6 55	7 03	7 12	7 22
12	6 08	6 12	6 16	6 20	6 24	6 29	6 34	6 40	6 46	6 52	7 00	7 08	7 17	7 28
16	6 10	6 14	6 19	6 23	6 27	6 32	6 38	6 43	6 49	6 56	7 03	7 12	7 21	7 32
20	6 13	6 17	6 21	6 25	6 30	6 35	6 40	6 46	6 52	6 59	7 06	7 15	7 24	7 36
24	6 15	6 19	6 23	6 27	6 32	6 37	6 42	6 48	6 54	7 01	7 08	7 17	7 26	7 38
28	6 16	6 20	6 24	6 29	6 33	6 38	6 44	6 49	6 55	7 02	7 09	7 18	7 27	7 38
32	6 17	6 21	6 25	6 30	6 34	6 39	6 44	6 50	6 56	7 02	7 09	7 18	7 27	7 38
36	6 18	6 22	6 26	6 30	6 34	6 39	6 44	6 49	6 55	7 01	7 08	7 16	7 25	7 36

END OF EVENING NAUTICAL TWILIGHT

Lat.	+40°	+42°	+44°	+46°	+48°	+50°	+52°	+54°	+56°	+58°	+60°	+62°	+64°	+66°
	h m	h m	h m	h m	h m	h m	h m	h m	h m	h m	h m	h m	h m	h m
Oct. 1	18 42	18 43	18 44	18 46	18 47	18 49	18 51	18 54	18 57	19 00	19 04	19 09	19 14	19 20
5	18 35	18 36	18 37	18 38	18 39	18 41	18 42	18 44	18 46	18 49	18 52	18 55	18 59	19 04
9	18 29	18 29	18 30	18 30	18 31	18 32	18 33	18 34	18 36	18 38	18 40	18 42	18 45	18 49
13	18 23	18 23	18 23	18 23	18 23	18 24	18 24	18 25	18 26	18 27	18 28	18 30	18 32	18 34
17	18 17	18 17	18 16	18 16	18 16	18 16	18 16	18 16	18 16	18 17	18 17	18 18	18 19	18 20
21	18 12	18 11	18 10	18 10	18 09	18 08	18 08	18 08	18 07	18 07	18 07	18 06	18 06	18 07
25	18 06	18 05	18 04	18 03	18 02	18 01	18 00	17 59	17 58	17 57	17 56	17 55	17 54	17 53
29	18 02	18 00	17 59	17 57	17 56	17 55	17 53	17 52	17 50	17 48	17 47	17 45	17 43	17 41
Nov. 2	17 57	17 56	17 54	17 52	17 50	17 48	17 46	17 44	17 42	17 40	17 38	17 35	17 32	17 29
6	17 53	17 51	17 49	17 47	17 45	17 42	17 40	17 38	17 35	17 32	17 29	17 26	17 22	17 18
10	17 50	17 47	17 45	17 42	17 40	17 37	17 34	17 31	17 28	17 25	17 21	17 17	17 13	17 08
14	17 47	17 44	17 41	17 38	17 36	17 32	17 29	17 26	17 22	17 18	17 14	17 09	17 04	16 58
18	17 44	17 41	17 38	17 35	17 32	17 28	17 25	17 21	17 17	17 12	17 07	17 02	16 56	16 49
22	17 42	17 39	17 35	17 32	17 29	17 25	17 21	17 17	17 12	17 07	17 02	16 56	16 49	16 41
26	17 40	17 37	17 33	17 30	17 26	17 22	17 18	17 13	17 08	17 03	16 57	16 50	16 43	16 35
30	17 39	17 36	17 32	17 28	17 24	17 20	17 15	17 10	17 05	16 59	16 53	16 46	16 38	16 29
Dec. 4	17 39	17 35	17 31	17 27	17 23	17 18	17 14	17 09	17 03	16 57	16 50	16 43	16 34	16 24
8	17 39	17 35	17 31	17 27	17 22	17 18	17 13	17 07	17 02	16 55	16 48	16 40	16 31	16 21
12	17 39	17 35	17 31	17 27	17 22	17 18	17 13	17 07	17 01	16 54	16 47	16 39	16 30	16 19
16	17 40	17 36	17 32	17 28	17 23	17 18	17 13	17 08	17 01	16 55	16 47	16 39	16 29	16 18
20	17 42	17 38	17 34	17 29	17 25	17 20	17 14	17 09	17 03	16 56	16 48	16 40	16 30	16 19
24	17 44	17 40	17 36	17 31	17 27	17 22	17 17	17 11	17 05	16 58	16 50	16 42	16 32	16 21
28	17 46	17 42	17 38	17 34	17 29	17 25	17 19	17 14	17 08	17 01	16 53	16 45	16 36	16 25
32	17 49	17 45	17 41	17 37	17 33	17 28	17 23	17 17	17 11	17 05	16 57	16 49	16 40	16 29
36	17 52	17 49	17 45	17 41	17 36	17 32	17 27	17 21	17 16	17 09	17 02	16 54	16 45	16 35

UNIVERSAL TIME FOR MERIDIAN OF GREENWICH
BEGINNING OF MORNING ASTRONOMICAL TWILIGHT

Lat.	−55°	−50°	−45°	−40°	−35°	−30°	−20°	−10°	0°	+10°	+20°	+30°	+35°	+40°
	h m	h m	h m	h m	h m	h m	h m	h m	h m	h m	h m	h m	h m	h m
Jan. −2	// //	// //	1 42	2 29	3 00	3 24	3 58	4 23	4 43	5 00	5 15	5 30	5 37	5 44
2	// //	// //	1 48	2 34	3 04	3 27	4 01	4 26	4 45	5 02	5 17	5 31	5 38	5 45
6	// //	// //	1 55	2 39	3 08	3 30	4 04	4 28	4 47	5 04	5 18	5 32	5 39	5 45
10	// //	// //	2 02	2 44	3 13	3 34	4 07	4 31	4 49	5 05	5 19	5 32	5 39	5 45
14	// //	0 50	2 11	2 50	3 18	3 39	4 10	4 33	4 51	5 07	5 20	5 33	5 39	5 45
18	// //	1 12	2 20	2 57	3 23	3 43	4 13	4 35	4 53	5 08	5 21	5 33	5 38	5 44
22	// //	1 31	2 29	3 04	3 28	3 48	4 17	4 38	4 55	5 09	5 21	5 32	5 37	5 42
26	// //	1 47	2 39	3 11	3 34	3 52	4 20	4 40	4 56	5 09	5 21	5 31	5 36	5 40
30	// //	2 03	2 48	3 18	3 40	3 57	4 23	4 42	4 57	5 10	5 20	5 30	5 34	5 38
Feb. 3	0 44	2 17	2 57	3 25	3 45	4 02	4 26	4 44	4 59	5 10	5 20	5 28	5 31	5 35
7	1 23	2 30	3 06	3 32	3 51	4 06	4 29	4 46	4 59	5 10	5 18	5 25	5 28	5 31
11	1 48	2 43	3 15	3 39	3 56	4 11	4 32	4 48	5 00	5 09	5 17	5 23	5 25	5 27
15	2 08	2 54	3 24	3 45	4 02	4 15	4 35	4 49	5 00	5 09	5 15	5 20	5 22	5 23
19	2 25	3 06	3 32	3 52	4 07	4 19	4 37	4 51	5 00	5 08	5 13	5 17	5 18	5 18
23	2 41	3 16	3 40	3 58	4 12	4 23	4 40	4 52	5 00	5 07	5 11	5 13	5 13	5 13
27	2 55	3 26	3 48	4 04	4 16	4 27	4 42	4 52	5 00	5 05	5 08	5 09	5 09	5 07
Mar. 3	3 08	3 36	3 55	4 10	4 21	4 30	4 44	4 53	5 00	5 04	5 05	5 05	5 04	5 01
7	3 20	3 45	4 02	4 15	4 25	4 33	4 46	4 54	4 59	5 02	5 02	5 01	4 59	4 55
11	3 32	3 53	4 09	4 20	4 29	4 37	4 47	4 54	4 58	5 00	4 59	4 56	4 53	4 49
15	3 42	4 01	4 15	4 25	4 33	4 40	4 49	4 54	4 57	4 58	4 56	4 51	4 47	4 42
19	3 52	4 09	4 21	4 30	4 37	4 43	4 50	4 54	4 56	4 55	4 52	4 46	4 42	4 36
23	4 02	4 16	4 27	4 35	4 41	4 45	4 51	4 54	4 55	4 53	4 49	4 41	4 36	4 29
27	4 11	4 23	4 32	4 39	4 44	4 48	4 52	4 54	4 54	4 51	4 45	4 36	4 30	4 21
31	4 20	4 30	4 38	4 43	4 47	4 50	4 54	4 54	4 52	4 48	4 41	4 31	4 23	4 14
Apr. 4	4 28	4 37	4 43	4 48	4 51	4 53	4 55	4 54	4 51	4 46	4 37	4 25	4 17	4 07

END OF EVENING ASTRONOMICAL TWILIGHT

Lat.	−55°	−50°	−45°	−40°	−35°	−30°	−20°	−10°	0°	+10°	+20°	+30°	+35°	+40°
	h m	h m	h m	h m	h m	h m	h m	h m	h m	h m	h m	h m	h m	h m
Jan. −2	// //	// //	22 21	21 34	21 03	20 40	20 06	19 41	19 21	19 04	18 49	18 34	18 27	18 20
2	// //	// //	22 19	21 34	21 03	20 41	20 07	19 42	19 22	19 06	18 51	18 37	18 30	18 23
6	// //	// //	22 16	21 32	21 03	20 41	20 08	19 43	19 24	19 08	18 53	18 40	18 33	18 26
10	// //	23 51	22 11	21 30	21 02	20 40	20 08	19 44	19 25	19 10	18 56	18 43	18 36	18 30
14	// //	23 22	22 05	21 27	21 00	20 39	20 08	19 45	19 27	19 11	18 58	18 45	18 39	18 33
18	// //	23 04	21 59	21 23	20 57	20 37	20 07	19 45	19 27	19 13	19 00	18 48	18 43	18 37
22	// //	22 49	21 52	21 18	20 54	20 35	20 06	19 45	19 28	19 14	19 02	18 51	18 46	18 41
26	// //	22 34	21 45	21 13	20 50	20 32	20 05	19 45	19 29	19 16	19 04	18 54	18 50	18 45
30	// //	22 21	21 37	21 08	20 46	20 29	20 03	19 44	19 29	19 17	19 06	18 57	18 53	18 49
Feb. 3	23 31	22 08	21 29	21 02	20 41	20 25	20 01	19 43	19 29	19 18	19 08	19 00	18 57	18 54
7	22 59	21 56	21 20	20 55	20 37	20 21	19 59	19 42	19 29	19 19	19 10	19 03	19 00	18 58
11	22 36	21 44	21 12	20 49	20 31	20 17	19 56	19 40	19 29	19 19	19 12	19 06	19 04	19 02
15	22 16	21 32	21 03	20 42	20 26	20 13	19 53	19 39	19 28	19 20	19 13	19 09	19 07	19 06
19	21 59	21 20	20 54	20 35	20 20	20 08	19 50	19 37	19 27	19 20	19 15	19 12	19 11	19 11
23	21 43	21 09	20 45	20 28	20 14	20 03	19 47	19 35	19 26	19 20	19 16	19 14	19 14	19 15
27	21 28	20 58	20 37	20 21	20 08	19 58	19 43	19 33	19 26	19 21	19 18	19 17	19 18	19 19
Mar. 3	21 13	20 47	20 28	20 13	20 02	19 53	19 40	19 31	19 25	19 21	19 19	19 20	19 21	19 23
7	21 00	20 36	20 19	20 06	19 56	19 48	19 36	19 28	19 23	19 21	19 20	19 22	19 24	19 28
11	20 46	20 26	20 11	19 59	19 50	19 43	19 33	19 26	19 22	19 21	19 21	19 25	19 28	19 32
15	20 34	20 15	20 02	19 52	19 44	19 38	19 29	19 24	19 21	19 21	19 23	19 28	19 31	19 37
19	20 22	20 05	19 54	19 45	19 38	19 33	19 25	19 21	19 20	19 21	19 24	19 30	19 35	19 41
23	20 10	19 56	19 46	19 38	19 32	19 28	19 22	19 19	19 19	19 21	19 25	19 33	19 39	19 46
27	19 58	19 46	19 38	19 31	19 26	19 23	19 18	19 17	19 18	19 21	19 26	19 36	19 42	19 51
31	19 47	19 37	19 30	19 24	19 21	19 18	19 15	19 14	19 16	19 21	19 28	19 39	19 46	19 55
Apr. 4	19 37	19 28	19 22	19 18	19 15	19 13	19 11	19 12	19 15	19 21	19 29	19 42	19 50	20 00

// // indicates continuous twilight.

UNIVERSAL TIME FOR MERIDIAN OF GREENWICH

BEGINNING OF MORNING ASTRONOMICAL TWILIGHT

Lat.	+40°	+42°	+44°	+46°	+48°	+50°	+52°	+54°	+56°	+58°	+60°	+62°	+64°	+66°
	h m	h m	h m	h m	h m	h m	h m	h m	h m	h m	h m	h m	h m	h m
Jan. −2	5 44	5 47	5 50	5 53	5 56	5 59	6 03	6 06	6 10	6 14	6 18	6 23	6 28	6 33
2	5 45	5 48	5 51	5 54	5 57	6 00	6 03	6 07	6 10	6 14	6 18	6 23	6 27	6 33
6	5 45	5 48	5 51	5 54	5 57	6 00	6 03	6 06	6 10	6 13	6 17	6 21	6 26	6 31
10	5 45	5 48	5 51	5 53	5 56	5 59	6 02	6 05	6 08	6 11	6 15	6 19	6 23	6 28
14	5 45	5 47	5 50	5 52	5 55	5 57	6 00	6 03	6 06	6 09	6 12	6 16	6 19	6 23
18	5 44	5 46	5 48	5 51	5 53	5 55	5 58	6 00	6 03	6 06	6 08	6 11	6 14	6 18
22	5 42	5 44	5 46	5 48	5 50	5 53	5 55	5 57	5 59	6 01	6 04	6 06	6 09	6 11
26	5 40	5 42	5 44	5 46	5 47	5 49	5 51	5 53	5 54	5 56	5 58	6 00	6 02	6 04
30	5 38	5 39	5 41	5 42	5 44	5 45	5 46	5 48	5 49	5 50	5 52	5 53	5 54	5 55
Feb. 3	5 35	5 36	5 37	5 38	5 39	5 40	5 41	5 42	5 43	5 44	5 45	5 45	5 46	5 46
7	5 31	5 32	5 33	5 34	5 34	5 35	5 36	5 36	5 36	5 37	5 37	5 37	5 36	5 36
11	5 27	5 28	5 28	5 29	5 29	5 29	5 29	5 29	5 29	5 29	5 28	5 27	5 26	5 24
15	5 23	5 23	5 23	5 23	5 23	5 23	5 23	5 22	5 21	5 20	5 19	5 17	5 15	5 12
19	5 18	5 18	5 18	5 17	5 17	5 16	5 15	5 14	5 13	5 11	5 09	5 06	5 03	4 59
23	5 13	5 12	5 12	5 11	5 10	5 09	5 07	5 06	5 04	5 01	4 58	4 55	4 51	4 45
27	5 07	5 06	5 06	5 04	5 03	5 01	4 59	4 57	4 54	4 51	4 47	4 43	4 37	4 31
Mar. 3	5 01	5 00	4 59	4 57	4 55	4 53	4 51	4 48	4 44	4 40	4 35	4 30	4 23	4 15
7	4 55	4 54	4 52	4 50	4 47	4 45	4 41	4 38	4 34	4 29	4 23	4 16	4 08	3 58
11	4 49	4 47	4 45	4 42	4 39	4 36	4 32	4 28	4 23	4 17	4 10	4 02	3 52	3 41
15	4 42	4 40	4 37	4 34	4 31	4 27	4 22	4 17	4 11	4 04	3 56	3 47	3 35	3 21
19	4 36	4 33	4 29	4 26	4 22	4 17	4 12	4 06	3 59	3 51	3 42	3 31	3 17	3 01
23	4 29	4 25	4 22	4 17	4 13	4 07	4 01	3 55	3 47	3 38	3 27	3 14	2 58	2 38
27	4 21	4 18	4 13	4 09	4 03	3 57	3 51	3 43	3 34	3 23	3 11	2 56	2 37	2 11
31	4 14	4 10	4 05	4 00	3 54	3 47	3 39	3 31	3 20	3 08	2 54	2 36	2 13	1 39
Apr. 4	4 07	4 02	3 57	3 51	3 44	3 36	3 28	3 18	3 06	2 53	2 36	2 14	1 45	0 52

END OF EVENING ASTRONOMICAL TWILIGHT

Lat.	+40°	+42°	+44°	+46°	+48°	+50°	+52°	+54°	+56°	+58°	+60°	+62°	+64°	+66°
	h m	h m	h m	h m	h m	h m	h m	h m	h m	h m	h m	h m	h m	h m
Jan. −2	18 20	18 17	18 14	18 11	18 08	18 05	18 01	17 58	17 54	17 50	17 46	17 41	17 36	17 31
2	18 23	18 20	18 17	18 14	18 11	18 08	18 05	18 02	17 58	17 54	17 50	17 46	17 41	17 35
6	18 26	18 24	18 21	18 18	18 15	18 12	18 09	18 06	18 02	17 59	17 55	17 51	17 46	17 41
10	18 30	18 27	18 25	18 22	18 19	18 16	18 13	18 10	18 07	18 04	18 00	17 56	17 52	17 48
14	18 33	18 31	18 29	18 26	18 23	18 21	18 18	18 15	18 13	18 10	18 06	18 03	17 59	17 55
18	18 37	18 35	18 33	18 30	18 28	18 26	18 23	18 21	18 18	18 16	18 13	18 10	18 07	18 04
22	18 41	18 39	18 37	18 35	18 33	18 31	18 29	18 27	18 25	18 23	18 20	18 18	18 15	18 13
26	18 45	18 43	18 42	18 40	18 38	18 37	18 35	18 33	18 31	18 30	18 28	18 26	18 24	18 22
30	18 49	18 48	18 46	18 45	18 44	18 42	18 41	18 40	18 38	18 37	18 36	18 35	18 34	18 32
Feb. 3	18 54	18 52	18 51	18 50	18 49	18 48	18 47	18 46	18 45	18 45	18 44	18 44	18 43	18 43
7	18 58	18 57	18 56	18 55	18 55	18 54	18 54	18 53	18 53	18 53	18 53	18 53	18 54	18 54
11	19 02	19 01	19 01	19 01	19 00	19 00	19 00	19 00	19 00	19 01	19 02	19 03	19 04	19 06
15	19 06	19 06	19 06	19 06	19 06	19 06	19 07	19 07	19 08	19 09	19 11	19 13	19 15	19 18
19	19 11	19 11	19 11	19 11	19 12	19 13	19 14	19 15	19 16	19 18	19 20	19 23	19 26	19 31
23	19 15	19 15	19 16	19 17	19 18	19 19	19 21	19 22	19 24	19 27	19 30	19 34	19 38	19 44
27	19 19	19 20	19 21	19 22	19 24	19 26	19 28	19 30	19 33	19 36	19 40	19 45	19 51	19 57
Mar. 3	19 23	19 25	19 26	19 28	19 30	19 32	19 35	19 38	19 41	19 46	19 51	19 56	20 03	20 12
7	19 28	19 29	19 31	19 34	19 36	19 39	19 42	19 46	19 50	19 55	20 01	20 08	20 17	20 27
11	19 32	19 34	19 37	19 39	19 42	19 46	19 50	19 54	19 59	20 05	20 12	20 21	20 31	20 43
15	19 37	19 39	19 42	19 45	19 49	19 53	19 57	20 03	20 09	20 16	20 24	20 34	20 46	21 00
19	19 41	19 44	19 47	19 51	19 55	20 00	20 05	20 12	20 19	20 27	20 36	20 48	21 02	21 19
23	19 46	19 49	19 53	19 57	20 02	20 08	20 14	20 21	20 29	20 38	20 49	21 03	21 19	21 40
27	19 51	19 54	19 59	20 04	20 09	20 15	20 22	20 30	20 39	20 50	21 03	21 19	21 39	22 05
31	19 55	20 00	20 05	20 10	20 16	20 23	20 31	20 40	20 51	21 03	21 18	21 36	22 01	22 37
Apr. 4	20 00	20 05	20 11	20 17	20 24	20 31	20 40	20 50	21 02	21 17	21 34	21 57	22 29	23 34

UNIVERSAL TIME FOR MERIDIAN OF GREENWICH
BEGINNING OF MORNING ASTRONOMICAL TWILIGHT

Lat.	−55°	−50°	−45°	−40°	−35°	−30°	−20°	−10°	0°	+10°	+20°	+30°	+35°	+40°
	h m	h m	h m	h m	h m	h m	h m	h m	h m	h m	h m	h m	h m	h m
Mar. 31	4 20	4 30	4 38	4 43	4 47	4 50	4 54	4 54	4 52	4 48	4 41	4 31	4 23	4 14
Apr. 4	4 28	4 37	4 43	4 48	4 51	4 53	4 55	4 54	4 51	4 46	4 37	4 25	4 17	4 07
8	4 36	4 43	4 48	4 52	4 54	4 55	4 55	4 54	4 50	4 43	4 34	4 20	4 11	4 00
12	4 44	4 49	4 53	4 55	4 57	4 57	4 56	4 53	4 48	4 41	4 30	4 15	4 05	3 52
16	4 51	4 55	4 58	4 59	5 00	4 59	4 57	4 53	4 47	4 38	4 26	4 10	3 58	3 45
20	4 58	5 01	5 02	5 03	5 03	5 02	4 58	4 53	4 46	4 36	4 23	4 04	3 52	3 37
24	5 05	5 06	5 07	5 06	5 05	5 04	4 59	4 53	4 44	4 34	4 19	3 59	3 46	3 30
28	5 12	5 12	5 11	5 10	5 08	5 06	5 00	4 53	4 43	4 31	4 16	3 55	3 41	3 23
May 2	5 18	5 17	5 15	5 13	5 11	5 08	5 01	4 53	4 42	4 29	4 13	3 50	3 35	3 16
6	5 24	5 22	5 20	5 17	5 14	5 10	5 02	4 53	4 42	4 28	4 10	3 45	3 29	3 09
10	5 30	5 27	5 24	5 20	5 16	5 12	5 03	4 53	4 41	4 26	4 07	3 41	3 24	3 03
14	5 36	5 32	5 27	5 23	5 19	5 14	5 04	4 53	4 40	4 25	4 05	3 37	3 20	2 57
18	5 41	5 36	5 31	5 26	5 21	5 16	5 05	4 54	4 40	4 23	4 02	3 34	3 15	2 51
22	5 46	5 40	5 35	5 29	5 24	5 18	5 07	4 54	4 40	4 22	4 01	3 31	3 11	2 46
26	5 51	5 44	5 38	5 32	5 26	5 20	5 08	4 55	4 40	4 22	3 59	3 28	3 08	2 41
30	5 55	5 48	5 41	5 34	5 28	5 22	5 09	4 55	4 40	4 21	3 58	3 26	3 05	2 37
June 3	5 59	5 51	5 44	5 37	5 30	5 24	5 10	4 56	4 40	4 21	3 57	3 24	3 02	2 33
7	6 02	5 54	5 46	5 39	5 32	5 25	5 12	4 57	4 40	4 21	3 56	3 23	3 00	2 31
11	6 05	5 56	5 48	5 41	5 34	5 27	5 13	4 58	4 41	4 21	3 56	3 22	2 59	2 29
15	6 07	5 58	5 50	5 42	5 35	5 28	5 14	4 59	4 42	4 22	3 56	3 22	2 59	2 28
19	6 08	5 59	5 51	5 44	5 36	5 29	5 15	5 00	4 42	4 22	3 57	3 22	2 59	2 27
23	6 09	6 00	5 52	5 45	5 37	5 30	5 16	5 00	4 43	4 23	3 58	3 23	3 00	2 28
27	6 10	6 01	5 53	5 45	5 38	5 31	5 16	5 01	4 44	4 24	3 59	3 24	3 01	2 30
July 1	6 09	6 01	5 53	5 45	5 38	5 31	5 17	5 02	4 45	4 25	4 00	3 26	3 03	2 32
5	6 08	6 00	5 52	5 45	5 38	5 31	5 17	5 03	4 46	4 26	4 02	3 28	3 05	2 35

END OF EVENING ASTRONOMICAL TWILIGHT

Lat.	−55°	−50°	−45°	−40°	−35°	−30°	−20°	−10°	0°	+10°	+20°	+30°	+35°	+40°
	h m	h m	h m	h m	h m	h m	h m	h m	h m	h m	h m	h m	h m	h m
Mar. 31	19 47	19 37	19 30	19 24	19 21	19 18	19 15	19 14	19 16	19 21	19 28	19 39	19 46	19 55
Apr. 4	19 37	19 28	19 22	19 18	19 15	19 13	19 11	19 12	19 15	19 21	19 29	19 42	19 50	20 00
8	19 27	19 20	19 15	19 12	19 10	19 08	19 08	19 10	19 15	19 21	19 31	19 45	19 54	20 06
12	19 17	19 12	19 08	19 06	19 05	19 04	19 05	19 08	19 14	19 21	19 32	19 48	19 58	20 11
16	19 08	19 04	19 01	19 00	19 00	19 00	19 02	19 07	19 13	19 22	19 34	19 51	20 02	20 16
20	18 59	18 56	18 55	18 55	18 55	18 56	19 00	19 05	19 12	19 22	19 36	19 54	20 07	20 22
24	18 50	18 49	18 49	18 49	18 51	18 52	18 57	19 04	19 12	19 23	19 38	19 58	20 11	20 27
28	18 42	18 42	18 43	18 45	18 47	18 49	18 55	19 02	19 12	19 24	19 40	20 01	20 15	20 33
May 2	18 35	18 36	18 38	18 40	18 43	18 46	18 53	19 01	19 12	19 25	19 42	20 05	20 20	20 39
6	18 28	18 30	18 33	18 36	18 39	18 43	18 51	19 00	19 12	19 26	19 44	20 08	20 25	20 45
10	18 22	18 25	18 29	18 32	18 36	18 40	18 49	19 00	19 12	19 27	19 46	20 12	20 29	20 51
14	18 16	18 20	18 25	18 29	18 34	18 38	18 48	18 59	19 12	19 28	19 48	20 16	20 34	20 57
18	18 11	18 16	18 21	18 26	18 31	18 36	18 47	18 59	19 13	19 30	19 51	20 19	20 38	21 03
22	18 07	18 13	18 18	18 24	18 29	18 35	18 46	18 59	19 14	19 31	19 53	20 23	20 43	21 09
26	18 03	18 10	18 16	18 22	18 28	18 34	18 46	18 59	19 14	19 32	19 55	20 26	20 47	21 14
30	18 00	18 07	18 14	18 20	18 27	18 33	18 46	19 00	19 15	19 34	19 57	20 29	20 51	21 19
June 3	17 57	18 05	18 12	18 19	18 26	18 32	18 46	19 00	19 16	19 35	19 59	20 32	20 54	21 23
7	17 55	18 04	18 11	18 18	18 25	18 32	18 46	19 01	19 17	19 37	20 01	20 35	20 57	21 27
11	17 54	18 03	18 11	18 18	18 25	18 32	18 46	19 01	19 18	19 38	20 03	20 37	21 00	21 31
15	17 54	18 03	18 11	18 18	18 25	18 33	18 47	19 02	19 19	19 39	20 04	20 39	21 02	21 33
19	17 54	18 03	18 11	18 19	18 26	18 33	18 48	19 03	19 20	19 40	20 06	20 40	21 04	21 35
23	17 55	18 04	18 12	18 20	18 27	18 34	18 48	19 04	19 21	19 41	20 06	20 41	21 05	21 36
27	17 56	18 05	18 13	18 21	18 28	18 35	18 49	19 05	19 22	19 42	20 07	20 41	21 05	21 36
July 1	17 58	18 07	18 15	18 22	18 29	18 36	18 50	19 05	19 22	19 42	20 07	20 41	21 04	21 35
5	18 01	18 09	18 17	18 24	18 31	18 38	18 52	19 06	19 23	19 42	20 07	20 41	21 03	21 33

UNIVERSAL TIME FOR MERIDIAN OF GREENWICH
BEGINNING OF MORNING ASTRONOMICAL TWILIGHT

Lat.	+40°	+42°	+44°	+46°	+48°	+50°	+52°	+54°	+56°	+58°	+60°	+62°	+64°	+66°
	h m	h m	h m	h m	h m	h m	h m	h m	h m	h m	h m	h m	h m	h m
Mar. 31	4 14	4 10	4 05	4 00	3 54	3 47	3 39	3 31	3 20	3 08	2 54	2 36	2 13	1 39
Apr. 4	4 07	4 02	3 57	3 51	3 44	3 36	3 28	3 18	3 06	2 53	2 36	2 14	1 45	0 52
8	4 00	3 54	3 48	3 42	3 34	3 26	3 16	3 05	2 52	2 36	2 16	1 49	1 07	// //
12	3 52	3 46	3 40	3 32	3 24	3 15	3 04	2 51	2 36	2 18	1 53	1 18	// //	// //
16	3 45	3 38	3 31	3 23	3 14	3 03	2 51	2 37	2 20	1 58	1 27	0 21	// //	// //
20	3 37	3 30	3 22	3 14	3 03	2 52	2 38	2 22	2 02	1 35	0 49	// //	// //	// //
24	3 30	3 22	3 14	3 04	2 53	2 40	2 25	2 06	1 42	1 06	// //	// //	// //	// //
28	3 23	3 15	3 05	2 55	2 43	2 28	2 11	1 49	1 19	0 12	// //	// //	// //	// //
May 2	3 16	3 07	2 57	2 45	2 32	2 16	1 56	1 30	0 49	// //	// //	// //	// //	// //
6	3 09	3 00	2 49	2 36	2 21	2 03	1 41	1 08	// //	// //	// //	// //	// //	// //
10	3 03	2 52	2 41	2 27	2 11	1 50	1 24	0 38	// //	// //	// //	// //	// //	// //
14	2 57	2 46	2 33	2 18	2 00	1 37	1 04	// //	// //	// //	// //	// //	// //	// //
18	2 51	2 39	2 25	2 09	1 49	1 23	0 39	// //	// //	// //	// //	// //	// //	// //
22	2 46	2 33	2 18	2 01	1 39	1 08	// //	// //	// //	// //	// //	// //	// //	// //
26	2 41	2 28	2 12	1 53	1 28	0 51	// //	// //	// //	// //	// //	// //	// //	// //
30	2 37	2 23	2 06	1 46	1 18	0 29	// //	// //	// //	// //	// //	// //	// //	// //
June 3	2 33	2 19	2 01	1 39	1 09	// //	// //	// //	// //	// //	// //	// //	// //	// //
7	2 31	2 15	1 57	1 34	1 00	// //	// //	// //	// //	// //	// //	// //	// //	// //
11	2 29	2 13	1 54	1 30	0 52	// //	// //	// //	// //	// //	// //	// //	// //	// //
15	2 28	2 12	1 52	1 27	0 46	// //	// //	// //	// //	// //	// //	// //	// //	▭
19	2 27	2 11	1 52	1 25	0 42	// //	// //	// //	// //	// //	// //	// //	// //	▭
23	2 28	2 12	1 52	1 26	0 42	// //	// //	// //	// //	// //	// //	// //	// //	▭
27	2 30	2 14	1 54	1 28	0 46	// //	// //	// //	// //	// //	// //	// //	// //	▭
July 1	2 32	2 16	1 57	1 32	0 53	// //	// //	// //	// //	// //	// //	// //	// //	// //
5	2 35	2 20	2 01	1 37	1 02	// //	// //	// //	// //	// //	// //	// //	// //	// //

END OF EVENING ASTRONOMICAL TWILIGHT

Lat.	+40°	+42°	+44°	+46°	+48°	+50°	+52°	+54°	+56°	+58°	+60°	+62°	+64°	+66°
	h m	h m	h m	h m	h m	h m	h m	h m	h m	h m	h m	h m	h m	h m
Mar. 31	19 55	20 00	20 05	20 10	20 16	20 23	20 31	20 40	20 51	21 03	21 18	21 36	22 01	22 37
Apr. 4	20 00	20 05	20 11	20 17	20 24	20 31	20 40	20 50	21 02	21 17	21 34	21 57	22 29	23 34
8	20 06	20 11	20 17	20 24	20 31	20 40	20 50	21 01	21 15	21 32	21 52	22 21	23 09	// //
12	20 11	20 17	20 24	20 31	20 39	20 49	21 00	21 13	21 29	21 48	22 14	22 53	// //	// //
16	20 16	20 23	20 30	20 38	20 48	20 58	21 11	21 25	21 43	22 07	22 40	// //	// //	// //
20	20 22	20 29	20 37	20 46	20 56	21 08	21 22	21 39	22 00	22 29	23 22	// //	// //	// //
24	20 27	20 35	20 44	20 54	21 05	21 18	21 34	21 53	22 19	22 59	// //	// //	// //	// //
28	20 33	20 42	20 51	21 02	21 15	21 29	21 47	22 10	22 42	// //	// //	// //	// //	// //
May 2	20 39	20 48	20 59	21 10	21 24	21 41	22 01	22 28	23 15	// //	// //	// //	// //	// //
6	20 45	20 55	21 06	21 19	21 34	21 52	22 16	22 51	// //	// //	// //	// //	// //	// //
10	20 51	21 02	21 14	21 28	21 44	22 05	22 33	23 26	// //	// //	// //	// //	// //	// //
14	20 57	21 08	21 21	21 37	21 55	22 19	22 54	// //	// //	// //	// //	// //	// //	// //
18	21 03	21 15	21 29	21 45	22 06	22 33	23 22	// //	// //	// //	// //	// //	// //	// //
22	21 09	21 21	21 36	21 54	22 17	22 49	// //	// //	// //	// //	// //	// //	// //	// //
26	21 14	21 27	21 43	22 03	22 28	23 08	// //	// //	// //	// //	// //	// //	// //	// //
30	21 19	21 33	21 50	22 11	22 39	23 34	// //	// //	// //	// //	// //	// //	// //	// //
June 3	21 23	21 38	21 56	22 18	22 50	// //	// //	// //	// //	// //	// //	// //	// //	// //
7	21 27	21 43	22 01	22 25	23 00	// //	// //	// //	// //	// //	// //	// //	// //	// //
11	21 31	21 47	22 06	22 30	23 09	// //	// //	// //	// //	// //	// //	// //	// //	// //
15	21 33	21 49	22 09	22 35	23 16	// //	// //	// //	// //	// //	// //	// //	// //	▭
19	21 35	21 51	22 11	22 37	23 21	// //	// //	// //	// //	// //	// //	// //	// //	▭
23	21 36	21 52	22 12	22 38	23 22	// //	// //	// //	// //	// //	// //	// //	// //	▭
27	21 36	21 52	22 11	22 37	23 19	// //	// //	// //	// //	// //	// //	// //	// //	▭
July 1	21 35	21 51	22 10	22 35	23 13	// //	// //	// //	// //	// //	// //	// //	// //	// //
5	21 33	21 48	22 07	22 30	23 05	// //	// //	// //	// //	// //	// //	// //	// //	// //

▭ indicates Sun continuously above horizon.
// // indicates continuous twilight.

UNIVERSAL TIME FOR MERIDIAN OF GREENWICH

BEGINNING OF MORNING ASTRONOMICAL TWILIGHT

Lat.	−55°	−50°	−45°	−40°	−35°	−30°	−20°	−10°	0°	+10°	+20°	+30°	+35°	+40°
	h m	h m	h m	h m	h m	h m	h m	h m	h m	h m	h m	h m	h m	h m
July 1	6 09	6 01	5 53	5 45	5 38	5 31	5 17	5 02	4 45	4 25	4 00	3 26	3 03	2 32
5	6 08	6 00	5 52	5 45	5 38	5 31	5 17	5 03	4 46	4 26	4 02	3 28	3 05	2 35
9	6 07	5 59	5 51	5 44	5 38	5 31	5 18	5 03	4 47	4 28	4 04	3 31	3 08	2 39
13	6 04	5 57	5 50	5 43	5 37	5 31	5 18	5 04	4 48	4 29	4 05	3 33	3 12	2 43
17	6 01	5 54	5 48	5 42	5 36	5 30	5 17	5 04	4 49	4 30	4 07	3 36	3 15	2 48
21	5 57	5 51	5 45	5 40	5 34	5 28	5 17	5 04	4 49	4 32	4 10	3 39	3 19	2 53
25	5 53	5 47	5 42	5 37	5 32	5 27	5 16	5 04	4 50	4 33	4 12	3 43	3 24	2 59
29	5 48	5 43	5 39	5 34	5 30	5 25	5 15	5 03	4 50	4 34	4 14	3 46	3 28	3 04
Aug. 2	5 42	5 39	5 35	5 31	5 27	5 23	5 14	5 03	4 50	4 35	4 16	3 50	3 32	3 10
6	5 36	5 33	5 30	5 27	5 24	5 20	5 12	5 02	4 51	4 36	4 18	3 53	3 37	3 16
10	5 29	5 28	5 26	5 23	5 20	5 17	5 10	5 01	4 51	4 37	4 20	3 57	3 41	3 22
14	5 22	5 21	5 20	5 19	5 17	5 14	5 08	5 00	4 50	4 38	4 22	4 00	3 45	3 27
18	5 14	5 15	5 15	5 14	5 13	5 11	5 06	4 59	4 50	4 39	4 24	4 03	3 50	3 33
22	5 05	5 08	5 09	5 09	5 08	5 07	5 03	4 57	4 49	4 39	4 25	4 06	3 54	3 38
26	4 57	5 00	5 02	5 03	5 03	5 03	5 00	4 55	4 49	4 40	4 27	4 10	3 58	3 44
30	4 47	4 52	4 56	4 57	4 58	4 59	4 57	4 54	4 48	4 40	4 29	4 13	4 02	3 49
Sept. 3	4 38	4 44	4 48	4 51	4 53	4 54	4 54	4 51	4 47	4 40	4 30	4 16	4 06	3 54
7	4 28	4 36	4 41	4 45	4 48	4 49	4 51	4 49	4 46	4 40	4 31	4 18	4 10	3 59
11	4 17	4 27	4 34	4 39	4 42	4 45	4 47	4 47	4 45	4 40	4 32	4 21	4 13	4 04
15	4 06	4 18	4 26	4 32	4 36	4 40	4 43	4 45	4 43	4 40	4 34	4 24	4 17	4 08
19	3 55	4 08	4 18	4 25	4 30	4 34	4 40	4 42	4 42	4 40	4 35	4 26	4 20	4 13
23	3 43	3 58	4 10	4 18	4 24	4 29	4 36	4 40	4 41	4 39	4 36	4 29	4 24	4 17
27	3 31	3 48	4 01	4 11	4 18	4 24	4 32	4 37	4 39	4 39	4 37	4 31	4 27	4 21
Oct. 1	3 19	3 38	3 53	4 04	4 12	4 19	4 28	4 34	4 38	4 39	4 38	4 34	4 30	4 25
5	3 06	3 28	3 44	3 56	4 06	4 13	4 25	4 32	4 36	4 39	4 39	4 36	4 33	4 30

END OF EVENING ASTRONOMICAL TWILIGHT

Lat.	−55°	−50°	−45°	−40°	−35°	−30°	−20°	−10°	0°	+10°	+20°	+30°	+35°	+40°
	h m	h m	h m	h m	h m	h m	h m	h m	h m	h m	h m	h m	h m	h m
July 1	17 58	18 07	18 15	18 22	18 29	18 36	18 50	19 05	19 22	19 42	20 07	20 41	21 04	21 35
5	18 01	18 09	18 17	18 24	18 31	18 38	18 52	19 06	19 23	19 42	20 07	20 41	21 03	21 33
9	18 04	18 12	18 19	18 26	18 33	18 39	18 53	19 07	19 23	19 42	20 07	20 39	21 01	21 31
13	18 08	18 15	18 22	18 28	18 35	18 41	18 54	19 08	19 23	19 42	20 06	20 38	20 59	21 27
17	18 12	18 18	18 25	18 31	18 37	18 43	18 55	19 08	19 24	19 42	20 04	20 35	20 56	21 23
21	18 16	18 22	18 28	18 33	18 39	18 44	18 56	19 09	19 23	19 41	20 03	20 33	20 53	21 18
25	18 21	18 26	18 31	18 36	18 41	18 46	18 57	19 09	19 23	19 40	20 01	20 30	20 49	21 13
29	18 26	18 30	18 35	18 39	18 44	18 48	18 58	19 09	19 23	19 39	19 59	20 26	20 44	21 07
Aug. 2	18 31	18 35	18 38	18 42	18 46	18 50	18 59	19 10	19 22	19 37	19 56	20 22	20 39	21 01
6	18 37	18 39	18 42	18 45	18 48	18 52	19 00	19 10	19 21	19 35	19 53	20 18	20 34	20 55
10	18 43	18 44	18 46	18 48	18 51	18 54	19 01	19 10	19 20	19 33	19 50	20 14	20 29	20 48
14	18 49	18 49	18 50	18 51	18 53	18 56	19 02	19 09	19 19	19 31	19 47	20 09	20 23	20 41
18	18 55	18 54	18 54	18 55	18 56	18 58	19 02	19 09	19 18	19 29	19 44	20 04	20 17	20 34
22	19 02	18 59	18 58	18 58	18 58	18 59	19 03	19 09	19 16	19 27	19 40	19 59	20 11	20 26
26	19 08	19 05	19 02	19 01	19 01	19 01	19 04	19 08	19 15	19 24	19 36	19 54	20 05	20 19
30	19 15	19 10	19 07	19 05	19 04	19 03	19 05	19 08	19 14	19 21	19 33	19 48	19 59	20 11
Sept. 3	19 23	19 16	19 11	19 08	19 06	19 05	19 05	19 08	19 12	19 19	19 29	19 43	19 52	20 04
7	19 30	19 22	19 16	19 12	19 09	19 07	19 06	19 07	19 10	19 16	19 25	19 37	19 46	19 56
11	19 38	19 28	19 21	19 16	19 12	19 09	19 07	19 07	19 09	19 13	19 21	19 32	19 39	19 49
15	19 46	19 34	19 26	19 20	19 15	19 12	19 08	19 06	19 07	19 11	19 17	19 26	19 33	19 42
19	19 55	19 41	19 31	19 24	19 18	19 14	19 08	19 06	19 06	19 08	19 13	19 21	19 27	19 34
23	20 04	19 48	19 37	19 28	19 21	19 16	19 09	19 06	19 04	19 05	19 09	19 16	19 21	19 27
27	20 13	19 55	19 42	19 32	19 25	19 19	19 10	19 05	19 03	19 03	19 05	19 11	19 15	19 20
Oct. 1	20 23	20 03	19 48	19 37	19 28	19 22	19 12	19 05	19 02	19 01	19 02	19 06	19 09	19 13
5	20 34	20 11	19 54	19 42	19 32	19 24	19 13	19 05	19 01	18 58	18 58	19 01	19 03	19 07

UNIVERSAL TIME FOR MERIDIAN OF GREENWICH

BEGINNING OF MORNING ASTRONOMICAL TWILIGHT

Lat.	+40°	+42°	+44°	+46°	+48°	+50°	+52°	+54°	+56°	+58°	+60°	+62°	+64°	+66°
	h m	h m	h m	h m	h m	h m	h m	h m	h m	h m	h m	h m	h m	h m
July 1	2 32	2 16	1 57	1 32	0 53	// //	// //	// //	// //	// //	// //	// //	// //	// //
5	2 35	2 20	2 01	1 37	1 02	// //	// //	// //	// //	// //	// //	// //	// //	// //
9	2 39	2 24	2 06	1 44	1 12	// //	// //	// //	// //	// //	// //	// //	// //	// //
13	2 43	2 29	2 12	1 51	1 22	0 21	// //	// //	// //	// //	// //	// //	// //	// //
17	2 48	2 35	2 19	1 59	1 33	0 51	// //	// //	// //	// //	// //	// //	// //	// //
21	2 53	2 40	2 25	2 07	1 44	1 10	// //	// //	// //	// //	// //	// //	// //	// //
25	2 59	2 47	2 33	2 16	1 55	1 27	0 31	// //	// //	// //	// //	// //	// //	// //
29	3 04	2 53	2 40	2 24	2 06	1 41	1 04	// //	// //	// //	// //	// //	// //	// //
Aug. 2	3 10	2 59	2 47	2 33	2 16	1 55	1 25	0 21	// //	// //	// //	// //	// //	// //
6	3 16	3 06	2 55	2 41	2 26	2 07	1 43	1 05	// //	// //	// //	// //	// //	// //
10	3 22	3 12	3 02	2 50	2 36	2 19	1 58	1 29	0 34	// //	// //	// //	// //	// //
14	3 27	3 19	3 09	2 58	2 45	2 30	2 12	1 48	1 13	// //	// //	// //	// //	// //
18	3 33	3 25	3 16	3 06	2 54	2 41	2 24	2 04	1 37	0 52	// //	// //	// //	// //
22	3 38	3 31	3 23	3 13	3 03	2 51	2 36	2 19	1 57	1 25	// //	// //	// //	// //
26	3 44	3 37	3 29	3 21	3 11	3 00	2 47	2 32	2 13	1 49	1 12	// //	// //	// //
30	3 49	3 43	3 36	3 28	3 19	3 09	2 58	2 45	2 28	2 08	1 40	0 55	// //	// //
Sept. 3	3 54	3 48	3 42	3 35	3 27	3 18	3 08	2 56	2 42	2 24	2 02	1 31	0 28	// //
7	3 59	3 54	3 48	3 42	3 35	3 27	3 17	3 07	2 54	2 39	2 21	1 57	1 21	// //
11	4 04	3 59	3 54	3 48	3 42	3 35	3 26	3 17	3 06	2 53	2 37	2 17	1 51	1 09
15	4 08	4 04	3 59	3 54	3 49	3 42	3 35	3 27	3 17	3 06	2 52	2 35	2 14	1 44
19	4 13	4 09	4 05	4 00	3 55	3 50	3 43	3 36	3 27	3 18	3 06	2 52	2 34	2 11
23	4 17	4 14	4 10	4 06	4 02	3 57	3 51	3 45	3 37	3 29	3 19	3 06	2 52	2 33
27	4 21	4 19	4 16	4 12	4 08	4 04	3 59	3 53	3 47	3 40	3 31	3 20	3 08	2 52
Oct. 1	4 25	4 23	4 21	4 18	4 14	4 11	4 07	4 02	3 56	3 50	3 42	3 33	3 23	3 09
5	4 30	4 28	4 26	4 23	4 20	4 17	4 14	4 10	4 05	4 00	3 53	3 46	3 37	3 26

END OF EVENING ASTRONOMICAL TWILIGHT

Lat.	+40°	+42°	+44°	+46°	+48°	+50°	+52°	+54°	+56°	+58°	+60°	+62°	+64°	+66°
	h m	h m	h m	h m	h m	h m	h m	h m	h m	h m	h m	h m	h m	h m
July 1	21 35	21 51	22 10	22 35	23 13	// //	// //	// //	// //	// //	// //	// //	// //	// //
5	21 33	21 48	22 07	22 30	23 05	// //	// //	// //	// //	// //	// //	// //	// //	// //
9	21 31	21 45	22 03	22 25	22 56	// //	// //	// //	// //	// //	// //	// //	// //	// //
13	21 27	21 41	21 58	22 19	22 47	23 41	// //	// //	// //	// //	// //	// //	// //	// //
17	21 23	21 37	21 52	22 12	22 37	23 16	// //	// //	// //	// //	// //	// //	// //	// //
21	21 18	21 31	21 46	22 04	22 26	22 59	// //	// //	// //	// //	// //	// //	// //	// //
25	21 13	21 25	21 39	21 55	22 16	22 43	23 31	// //	// //	// //	// //	// //	// //	// //
29	21 07	21 19	21 32	21 47	22 05	22 29	23 04	// //	// //	// //	// //	// //	// //	// //
Aug. 2	21 01	21 12	21 24	21 38	21 55	22 15	22 43	23 35	// //	// //	// //	// //	// //	// //
6	20 55	21 05	21 16	21 29	21 44	22 02	22 26	23 00	// //	// //	// //	// //	// //	// //
10	20 48	20 57	21 08	21 19	21 33	21 49	22 10	22 37	23 24	// //	// //	// //	// //	// //
14	20 41	20 49	20 59	21 10	21 22	21 37	21 55	22 18	22 50	// //	// //	// //	// //	// //
18	20 34	20 42	20 50	21 00	21 12	21 25	21 41	22 00	22 26	23 06	// //	// //	// //	// //
22	20 26	20 34	20 42	20 51	21 01	21 13	21 27	21 44	22 05	22 35	23 29	// //	// //	// //
26	20 19	20 26	20 33	20 41	20 51	21 02	21 14	21 29	21 47	22 11	22 45	// //	// //	// //
30	20 11	20 18	20 24	20 32	20 40	20 50	21 01	21 14	21 30	21 50	22 16	22 56	// //	// //
Sept. 3	20 04	20 10	20 16	20 23	20 30	20 39	20 49	21 01	21 14	21 31	21 52	22 21	23 12	// //
7	19 56	20 01	20 07	20 13	20 20	20 28	20 37	20 47	20 59	21 14	21 32	21 55	22 28	23 44
11	19 49	19 54	19 59	20 04	20 10	20 17	20 25	20 34	20 45	20 58	21 13	21 32	21 57	22 35
15	19 42	19 46	19 50	19 55	20 01	20 07	20 14	20 22	20 31	20 42	20 56	21 12	21 32	22 00
19	19 34	19 38	19 42	19 46	19 51	19 57	20 03	20 10	20 18	20 28	20 39	20 53	21 10	21 32
23	19 27	19 30	19 34	19 37	19 42	19 47	19 52	19 58	20 06	20 14	20 24	20 36	20 50	21 08
27	19 20	19 23	19 26	19 29	19 33	19 37	19 42	19 47	19 53	20 01	20 09	20 19	20 32	20 47
Oct. 1	19 13	19 16	19 18	19 21	19 24	19 28	19 32	19 36	19 42	19 48	19 55	20 04	20 14	20 27
5	19 07	19 08	19 11	19 13	19 15	19 18	19 22	19 26	19 30	19 36	19 42	19 49	19 58	20 09

// // indicates continuous twilight.

UNIVERSAL TIME FOR MERIDIAN OF GREENWICH

BEGINNING OF MORNING ASTRONOMICAL TWILIGHT

Lat.	−55°	−50°	−45°	−40°	−35°	−30°	−20°	−10°	0°	+10°	+20°	+30°	+35°	+40°
	h m	h m	h m	h m	h m	h m	h m	h m	h m	h m	h m	h m	h m	h m
Oct. 1	3 19	3 38	3 53	4 04	4 12	4 19	4 28	4 34	4 38	4 39	4 38	4 34	4 30	4 25
5	3 06	3 28	3 44	3 56	4 06	4 13	4 25	4 32	4 36	4 39	4 39	4 36	4 33	4 30
9	2 52	3 17	3 35	3 49	4 00	4 08	4 21	4 29	4 35	4 38	4 40	4 38	4 36	4 34
13	2 38	3 06	3 26	3 42	3 53	4 03	4 17	4 27	4 34	4 38	4 41	4 41	4 40	4 38
17	2 23	2 55	3 18	3 34	3 47	3 58	4 13	4 25	4 33	4 38	4 42	4 43	4 43	4 42
21	2 08	2 44	3 09	3 27	3 41	3 53	4 10	4 22	4 31	4 38	4 43	4 45	4 46	4 46
25	1 51	2 32	3 00	3 20	3 35	3 48	4 07	4 20	4 31	4 38	4 44	4 48	4 49	4 50
29	1 33	2 21	2 51	3 13	3 30	3 43	4 03	4 18	4 30	4 39	4 45	4 51	4 52	4 54
Nov. 2	1 12	2 09	2 42	3 06	3 24	3 39	4 01	4 17	4 29	4 39	4 47	4 53	4 56	4 58
6	0 46	1 56	2 34	2 59	3 19	3 34	3 58	4 15	4 29	4 39	4 48	4 56	4 59	5 02
10	// //	1 44	2 25	2 53	3 14	3 31	3 56	4 14	4 28	4 40	4 50	4 58	5 02	5 06
14	// //	1 31	2 17	2 47	3 09	3 27	3 54	4 13	4 28	4 41	4 52	5 01	5 06	5 10
18	// //	1 17	2 09	2 42	3 05	3 24	3 52	4 12	4 29	4 42	4 54	5 04	5 09	5 14
22	// //	1 02	2 02	2 37	3 02	3 21	3 51	4 12	4 29	4 43	4 56	5 07	5 12	5 18
26	// //	0 46	1 55	2 32	2 59	3 19	3 50	4 12	4 30	4 45	4 58	5 10	5 16	5 21
30	// //	0 25	1 49	2 29	2 56	3 18	3 49	4 12	4 31	4 46	5 00	5 13	5 19	5 25
Dec. 4	// //	// //	1 44	2 26	2 55	3 17	3 49	4 13	4 32	4 48	5 02	5 15	5 22	5 28
8	// //	// //	1 40	2 24	2 54	3 16	3 49	4 14	4 33	4 50	5 04	5 18	5 25	5 32
12	// //	// //	1 37	2 23	2 53	3 16	3 50	4 15	4 35	4 52	5 07	5 21	5 28	5 35
16	// //	// //	1 35	2 23	2 54	3 17	3 51	4 17	4 37	4 54	5 09	5 23	5 30	5 37
20	// //	// //	1 36	2 24	2 55	3 18	3 53	4 18	4 39	4 56	5 11	5 25	5 32	5 40
24	// //	// //	1 37	2 25	2 57	3 20	3 55	4 20	4 41	4 58	5 13	5 27	5 35	5 42
28	// //	// //	1 41	2 28	2 59	3 23	3 57	4 22	4 43	5 00	5 15	5 29	5 36	5 43
32	// //	// //	1 46	2 32	3 03	3 26	4 00	4 25	4 45	5 01	5 16	5 31	5 37	5 45
36	// //	// //	1 52	2 37	3 07	3 29	4 03	4 27	4 47	5 03	5 18	5 32	5 38	5 45

END OF EVENING ASTRONOMICAL TWILIGHT

Lat.	−55°	−50°	−45°	−40°	−35°	−30°	−20°	−10°	0°	+10°	+20°	+30°	+35°	+40°
	h m	h m	h m	h m	h m	h m	h m	h m	h m	h m	h m	h m	h m	h m
Oct. 1	20 23	20 03	19 48	19 37	19 28	19 22	19 12	19 05	19 02	19 01	19 02	19 06	19 09	19 13
5	20 34	20 11	19 54	19 42	19 32	19 24	19 13	19 05	19 01	18 58	18 58	19 01	19 03	19 07
9	20 45	20 19	20 01	19 47	19 36	19 27	19 14	19 06	19 00	18 56	18 55	18 56	18 58	19 00
13	20 57	20 28	20 08	19 52	19 40	19 31	19 16	19 06	18 59	18 54	18 52	18 52	18 52	18 54
17	21 10	20 38	20 15	19 58	19 45	19 34	19 18	19 07	18 58	18 53	18 49	18 47	18 48	18 48
21	21 25	20 47	20 22	20 04	19 49	19 37	19 20	19 07	18 58	18 51	18 46	18 43	18 43	18 43
25	21 41	20 58	20 30	20 10	19 54	19 41	19 22	19 08	18 58	18 50	18 44	18 40	18 39	18 38
29	21 59	21 09	20 38	20 16	19 59	19 45	19 24	19 09	18 58	18 49	18 42	18 37	18 35	18 33
Nov. 2	22 21	21 21	20 47	20 22	20 04	19 49	19 27	19 11	18 58	18 48	18 40	18 34	18 31	18 29
6	22 49	21 33	20 55	20 29	20 09	19 54	19 30	19 12	18 59	18 48	18 39	18 31	18 28	18 25
10	// //	21 47	21 04	20 36	20 15	19 58	19 33	19 14	18 59	18 48	18 38	18 29	18 25	18 21
14	// //	22 01	21 13	20 43	20 20	20 02	19 36	19 16	19 00	18 48	18 37	18 27	18 23	18 18
18	// //	22 17	21 23	20 50	20 26	20 07	19 39	19 18	19 02	18 48	18 36	18 26	18 21	18 16
22	// //	22 34	21 32	20 56	20 31	20 11	19 42	19 20	19 03	18 49	18 36	18 25	18 19	18 14
26	// //	22 53	21 41	21 03	20 36	20 16	19 45	19 22	19 05	18 50	18 36	18 24	18 18	18 13
30	// //	23 18	21 49	21 09	20 41	20 20	19 48	19 25	19 06	18 51	18 37	18 24	18 18	18 12
Dec. 4	// //	// //	21 58	21 15	20 46	20 24	19 51	19 27	19 08	18 52	18 38	18 25	18 18	18 11
8	// //	// //	22 05	21 20	20 50	20 28	19 54	19 30	19 10	18 54	18 39	18 25	18 18	18 12
12	// //	// //	22 11	21 25	20 54	20 31	19 57	19 32	19 12	18 55	18 40	18 26	18 19	18 12
16	// //	// //	22 16	21 29	20 57	20 34	20 00	19 34	19 14	18 57	18 42	18 28	18 21	18 13
20	// //	// //	22 19	21 31	21 00	20 36	20 02	19 36	19 16	18 59	18 44	18 29	18 22	18 15
24	// //	// //	22 21	21 33	21 02	20 38	20 04	19 38	19 18	19 01	18 46	18 31	18 24	18 17
28	// //	// //	22 21	21 34	21 03	20 40	20 05	19 40	19 20	19 03	18 48	18 34	18 27	18 19
32	// //	// //	22 20	21 34	21 03	20 40	20 07	19 42	19 22	19 05	18 50	18 36	18 29	18 22
36	// //	// //	22 17	21 33	21 03	20 41	20 07	19 43	19 24	19 07	18 52	18 39	18 32	18 25

// // indicates continuous twilight.

UNIVERSAL TIME FOR MERIDIAN OF GREENWICH
BEGINNING OF MORNING ASTRONOMICAL TWILIGHT

Lat.	+40°	+42°	+44°	+46°	+48°	+50°	+52°	+54°	+56°	+58°	+60°	+62°	+64°	+66°
	h m	h m	h m	h m	h m	h m	h m	h m	h m	h m	h m	h m	h m	h m
Oct. 1	4 25	4 23	4 21	4 18	4 14	4 11	4 07	4 02	3 56	3 50	3 42	3 33	3 23	3 09
5	4 30	4 28	4 26	4 23	4 20	4 17	4 14	4 10	4 05	4 00	3 53	3 46	3 37	3 26
9	4 34	4 32	4 31	4 29	4 26	4 24	4 21	4 18	4 14	4 09	4 04	3 57	3 50	3 41
13	4 38	4 37	4 35	4 34	4 32	4 30	4 28	4 25	4 22	4 18	4 14	4 09	4 02	3 55
17	4 42	4 41	4 40	4 39	4 38	4 36	4 35	4 33	4 30	4 27	4 24	4 19	4 14	4 08
21	4 46	4 45	4 45	4 44	4 44	4 43	4 41	4 40	4 38	4 36	4 33	4 30	4 26	4 21
25	4 50	4 50	4 50	4 50	4 49	4 49	4 48	4 47	4 46	4 44	4 42	4 40	4 37	4 34
29	4 54	4 54	4 54	4 55	4 55	4 55	4 54	4 54	4 53	4 53	4 52	4 50	4 48	4 46
Nov. 2	4 58	4 59	4 59	5 00	5 00	5 01	5 01	5 01	5 01	5 01	5 00	5 00	4 59	4 57
6	5 02	5 03	5 04	5 05	5 06	5 06	5 07	5 08	5 08	5 09	5 09	5 09	5 09	5 08
10	5 06	5 07	5 08	5 10	5 11	5 12	5 13	5 14	5 15	5 16	5 17	5 18	5 19	5 19
14	5 10	5 11	5 13	5 15	5 16	5 18	5 19	5 21	5 22	5 24	5 25	5 26	5 28	5 29
18	5 14	5 16	5 17	5 19	5 21	5 23	5 25	5 27	5 29	5 31	5 33	5 35	5 37	5 39
22	5 18	5 20	5 22	5 24	5 26	5 28	5 30	5 33	5 35	5 37	5 40	5 43	5 45	5 48
26	5 21	5 24	5 26	5 28	5 31	5 33	5 36	5 38	5 41	5 44	5 47	5 50	5 53	5 57
30	5 25	5 27	5 30	5 33	5 35	5 38	5 41	5 44	5 47	5 50	5 53	5 57	6 00	6 05
Dec. 4	5 28	5 31	5 34	5 37	5 39	5 42	5 45	5 48	5 52	5 55	5 59	6 03	6 07	6 12
8	5 32	5 34	5 37	5 40	5 43	5 46	5 49	5 53	5 56	6 00	6 04	6 08	6 13	6 18
12	5 35	5 38	5 41	5 44	5 47	5 50	5 53	5 57	6 00	6 04	6 08	6 13	6 18	6 23
16	5 37	5 40	5 43	5 46	5 50	5 53	5 56	6 00	6 04	6 08	6 12	6 17	6 22	6 27
20	5 40	5 43	5 46	5 49	5 52	5 56	5 59	6 03	6 06	6 11	6 15	6 20	6 25	6 31
24	5 42	5 45	5 48	5 51	5 54	5 58	6 01	6 05	6 08	6 13	6 17	6 22	6 27	6 33
28	5 43	5 46	5 49	5 52	5 56	5 59	6 02	6 06	6 10	6 14	6 18	6 23	6 28	6 33
32	5 45	5 47	5 50	5 53	5 56	6 00	6 03	6 06	6 10	6 14	6 18	6 23	6 28	6 33
36	5 45	5 48	5 51	5 54	5 57	6 00	6 03	6 06	6 10	6 13	6 17	6 22	6 26	6 32

END OF EVENING ASTRONOMICAL TWILIGHT

Lat.	+40°	+42°	+44°	+46°	+48°	+50°	+52°	+54°	+56°	+58°	+60°	+62°	+64°	+66°
	h m	h m	h m	h m	h m	h m	h m	h m	h m	h m	h m	h m	h m	h m
Oct. 1	19 13	19 16	19 18	19 21	19 24	19 28	19 32	19 36	19 42	19 48	19 55	20 04	20 14	20 27
5	19 07	19 08	19 11	19 13	19 15	19 18	19 22	19 26	19 30	19 36	19 42	19 49	19 58	20 09
9	19 00	19 02	19 03	19 05	19 07	19 10	19 13	19 16	19 20	19 24	19 29	19 35	19 43	19 52
13	18 54	18 55	18 56	18 58	18 59	19 01	19 04	19 06	19 09	19 13	19 17	19 22	19 28	19 35
17	18 48	18 49	18 50	18 51	18 52	18 53	18 55	18 57	18 59	19 02	19 06	19 10	19 14	19 20
21	18 43	18 43	18 44	18 44	18 45	18 46	18 47	18 48	18 50	18 52	18 55	18 58	19 01	19 06
25	18 38	18 38	18 38	18 38	18 38	18 39	18 39	18 40	18 41	18 43	18 44	18 47	18 49	18 53
29	18 33	18 33	18 32	18 32	18 32	18 32	18 32	18 32	18 33	18 34	18 35	18 36	18 38	18 40
Nov. 2	18 29	18 28	18 27	18 27	18 26	18 26	18 25	18 25	18 25	18 25	18 26	18 26	18 27	18 28
6	18 25	18 24	18 23	18 22	18 21	18 20	18 19	18 19	18 18	18 18	18 17	18 17	18 17	18 17
10	18 21	18 20	18 19	18 17	18 16	18 15	18 14	18 13	18 12	18 11	18 10	18 09	18 08	18 07
14	18 18	18 17	18 15	18 14	18 12	18 10	18 09	18 07	18 06	18 04	18 03	18 01	18 00	17 58
18	18 16	18 14	18 12	18 10	18 08	18 07	18 05	18 03	18 01	17 59	17 57	17 55	17 52	17 50
22	18 14	18 12	18 10	18 08	18 05	18 03	18 01	17 59	17 56	17 54	17 51	17 49	17 46	17 43
26	18 13	18 10	18 08	18 06	18 03	18 01	17 58	17 56	17 53	17 50	17 47	17 44	17 40	17 37
30	18 12	18 09	18 07	18 04	18 01	17 59	17 56	17 53	17 50	17 47	17 43	17 40	17 36	17 32
Dec. 4	18 11	18 09	18 06	18 03	18 00	17 57	17 54	17 51	17 48	17 45	17 41	17 37	17 33	17 28
8	18 12	18 09	18 06	18 03	18 00	17 57	17 54	17 50	17 47	17 43	17 39	17 35	17 30	17 25
12	18 12	18 09	18 06	18 03	18 00	17 57	17 54	17 50	17 47	17 43	17 38	17 34	17 29	17 23
16	18 13	18 10	18 07	18 04	18 01	17 58	17 54	17 51	17 47	17 43	17 39	17 34	17 29	17 23
20	18 15	18 12	18 09	18 06	18 03	17 59	17 56	17 52	17 48	17 44	17 40	17 35	17 30	17 24
24	18 17	18 14	18 11	18 08	18 05	18 01	17 58	17 54	17 50	17 46	17 42	17 37	17 32	17 26
28	18 19	18 16	18 13	18 10	18 07	18 04	18 01	17 57	17 53	17 49	17 45	17 40	17 35	17 29
32	18 22	18 19	18 16	18 13	18 10	18 07	18 04	18 00	17 57	17 53	17 49	17 44	17 39	17 34
36	18 25	18 23	18 20	18 17	18 14	18 11	18 08	18 04	18 01	17 57	17 53	17 49	17 44	17 39

UNIVERSAL TIME FOR MERIDIAN OF GREENWICH

MOONRISE

Lat.	−55°	−50°	−45°	−40°	−35°	−30°	−20°	−10°	0°	+10°	+20°	+30°	+35°	+40°
	h m	h m	h m	h m	h m	h m	h m	h m	h m	h m	h m	h m	h m	h m
Jan. 0	2 38	3 01	3 19	3 34	3 47	3 58	4 17	4 33	4 48	5 04	5 20	5 39	5 50	6 03
1	3 46	4 08	4 26	4 40	4 52	5 02	5 20	5 36	5 50	6 05	6 20	6 38	6 49	7 01
2	5 03	5 22	5 37	5 49	5 59	6 08	6 24	6 37	6 50	7 03	7 16	7 32	7 41	7 51
3	6 23	6 38	6 49	6 58	7 07	7 14	7 26	7 37	7 47	7 57	8 07	8 19	8 26	8 34
4	7 43	7 52	8 00	8 07	8 12	8 17	8 25	8 33	8 39	8 46	8 53	9 02	9 06	9 12
5	9 00	9 05	9 09	9 12	9 15	9 17	9 22	9 25	9 29	9 32	9 36	9 40	9 43	9 45
6	10 15	10 15	10 15	10 15	10 15	10 15	10 15	10 15	10 16	10 16	10 16	10 16	10 16	10 16
7	11 27	11 22	11 19	11 16	11 13	11 11	11 07	11 04	11 01	10 58	10 54	10 51	10 49	10 46
8	12 36	12 27	12 20	12 15	12 10	12 05	11 58	11 51	11 45	11 39	11 33	11 25	11 21	11 16
9	13 44	13 31	13 21	13 12	13 05	12 59	12 48	12 38	12 29	12 20	12 11	12 00	11 54	11 47
10	14 49	14 33	14 20	14 09	14 00	13 51	13 38	13 25	13 14	13 03	12 51	12 37	12 29	12 21
11	15 52	15 32	15 17	15 04	14 53	14 44	14 27	14 13	14 00	13 47	13 33	13 17	13 07	12 57
12	16 51	16 29	16 12	15 57	15 45	15 35	15 17	15 01	14 47	14 32	14 17	13 59	13 49	13 37
13	17 45	17 21	17 03	16 48	16 36	16 25	16 06	15 50	15 35	15 20	15 04	14 45	14 34	14 22
14	18 31	18 08	17 51	17 36	17 24	17 13	16 55	16 39	16 24	16 09	15 53	15 34	15 24	15 11
15	19 11	18 50	18 34	18 20	18 09	17 59	17 42	17 27	17 13	16 59	16 44	16 27	16 17	16 05
16	19 44	19 26	19 12	19 01	18 51	18 42	18 27	18 14	18 02	17 49	17 36	17 21	17 12	17 02
17	20 12	19 58	19 47	19 38	19 30	19 23	19 11	19 00	18 50	18 40	18 29	18 17	18 10	18 02
18	20 36	20 26	20 18	20 12	20 06	20 01	19 53	19 45	19 38	19 31	19 23	19 14	19 09	19 04
19	20 58	20 52	20 48	20 44	20 41	20 38	20 34	20 29	20 25	20 21	20 17	20 12	20 09	20 06
20	21 18	21 17	21 17	21 16	21 15	21 15	21 14	21 13	21 13	21 12	21 11	21 11	21 10	21 10
21	21 39	21 43	21 46	21 48	21 50	21 52	21 55	21 58	22 01	22 04	22 07	22 10	22 12	22 14
22	22 02	22 10	22 16	22 22	22 26	22 31	22 38	22 44	22 50	22 57	23 03	23 11	23 15	23 20
23	22 27	22 40	22 50	22 58	23 05	23 12	23 23	23 33	23 42	23 52	.. ..	.. ..	.. ..	.. ..
24	22 58	23 15	23 28	23 39	23 49	23 57	.. ..	.. ..	.. ..	.. ..	0 02	0 13	0 20	0 27

MOONSET

Lat.	−55°	−50°	−45°	−40°	−35°	−30°	−20°	−10°	0°	+10°	+20°	+30°	+35°	+40°
	h m	h m	h m	h m	h m	h m	h m	h m	h m	h m	h m	h m	h m	h m
Jan. 0	19 25	19 03	18 45	18 31	18 18	18 08	17 49	17 33	17 18	17 03	16 47	16 28	16 17	16 04
1	20 13	19 53	19 38	19 25	19 14	19 04	18 47	18 33	18 19	18 05	17 51	17 33	17 23	17 12
2	20 50	20 35	20 22	20 12	20 03	19 55	19 41	19 29	19 17	19 06	18 54	18 40	18 31	18 22
3	21 20	21 09	21 00	20 52	20 45	20 40	20 30	20 21	20 12	20 04	19 55	19 44	19 38	19 31
4	21 44	21 38	21 32	21 28	21 24	21 20	21 14	21 08	21 03	20 58	20 53	20 46	20 42	20 38
5	22 06	22 03	22 01	22 00	21 58	21 57	21 55	21 53	21 51	21 50	21 48	21 45	21 44	21 43
6	22 25	22 27	22 29	22 30	22 31	22 33	22 34	22 36	22 37	22 39	22 40	22 42	22 43	22 44
7	22 45	22 51	22 56	23 00	23 04	23 07	23 13	23 17	23 22	23 27	23 32	23 37	23 41	23 44
8	23 05	23 15	23 24	23 31	23 36	23 42	23 51	23 59	.. ..	.. ..	.. ..	.. ..	.. ..	.. ..
9	23 28	23 42	23 53	.. ..	.. ..	.. ..	.. ..	.. ..	0 06	0 14	0 22	0 31	0 36	0 43
10	23 54	.. ..	.. ..	0 03	0 11	0 18	0 30	0 41	0 51	1 01	1 12	1 24	1 31	1 40
11	.. ..	0 12	0 26	0 37	0 47	0 56	1 11	1 24	1 36	1 48	2 02	2 17	2 25	2 36
12	0 25	0 46	1 02	1 15	1 27	1 37	1 54	2 09	2 22	2 36	2 51	3 08	3 18	3 30
13	1 03	1 26	1 43	1 58	2 10	2 21	2 39	2 55	3 10	3 25	3 41	3 59	4 10	4 22
14	1 49	2 12	2 30	2 45	2 57	3 08	3 27	3 43	3 58	4 14	4 30	4 48	4 59	5 12
15	2 42	3 05	3 22	3 37	3 49	3 59	4 17	4 33	4 47	5 02	5 18	5 35	5 46	5 58
16	3 44	4 04	4 19	4 32	4 43	4 53	5 09	5 23	5 36	5 50	6 04	6 20	6 29	6 40
17	4 50	5 07	5 20	5 31	5 40	5 48	6 02	6 14	6 25	6 36	6 48	7 02	7 09	7 18
18	6 01	6 13	6 23	6 31	6 38	6 45	6 55	7 04	7 13	7 22	7 31	7 41	7 47	7 54
19	7 14	7 22	7 28	7 33	7 38	7 42	7 49	7 55	8 01	8 06	8 12	8 19	8 23	8 27
20	8 28	8 32	8 34	8 36	8 38	8 40	8 43	8 46	8 48	8 50	8 53	8 55	8 57	8 59
21	9 44	9 43	9 41	9 40	9 40	9 39	9 38	9 37	9 36	9 34	9 33	9 32	9 31	9 30
22	11 01	10 55	10 50	10 46	10 42	10 39	10 34	10 29	10 24	10 20	10 15	10 10	10 07	10 03
23	12 19	12 08	11 59	11 52	11 46	11 40	11 31	11 23	11 15	11 07	10 59	10 49	10 44	10 38
24	13 38	13 22	13 10	13 00	12 51	12 43	12 30	12 19	12 08	11 57	11 46	11 33	11 25	11 16

.. .. indicates phenomenon will occur the next day.

UNIVERSAL TIME FOR MERIDIAN OF GREENWICH

MOONRISE

Lat.	+40°	+42°	+44°	+46°	+48°	+50°	+52°	+54°	+56°	+58°	+60°	+62°	+64°	+66°
	h m	h m	h m	h m	h m	h m	h m	h m	h m	h m	h m	h m	h m	h m
Jan. 0	6 03	6 08	6 15	6 21	6 28	6 36	6 45	6 54	7 05	7 18	7 32	7 50	8 11	8 39
1	7 01	7 06	7 12	7 18	7 24	7 32	7 40	7 49	7 59	8 10	8 23	8 39	8 58	9 21
2	7 51	7 56	8 00	8 06	8 11	8 17	8 24	8 32	8 40	8 49	9 00	9 12	9 27	9 45
3	8 34	8 38	8 41	8 46	8 50	8 55	9 00	9 05	9 12	9 19	9 26	9 35	9 46	9 58
4	9 12	9 14	9 17	9 19	9 22	9 25	9 29	9 33	9 37	9 41	9 47	9 52	9 59	10 07
5	9 45	9 47	9 48	9 49	9 51	9 52	9 54	9 56	9 58	10 00	10 03	10 06	10 09	10 13
6	10 16	10 17	10 17	10 17	10 17	10 17	10 17	10 17	10 17	10 17	10 18	10 18	10 18	10 18
7	10 46	10 45	10 44	10 43	10 42	10 40	10 39	10 37	10 36	10 34	10 32	10 29	10 26	10 23
8	11 16	11 14	11 12	11 10	11 07	11 04	11 01	10 58	10 54	10 50	10 46	10 41	10 35	10 28
9	11 47	11 44	11 41	11 37	11 34	11 30	11 25	11 20	11 15	11 09	11 02	10 54	10 45	10 35
10	12 21	12 17	12 12	12 08	12 03	11 58	11 52	11 45	11 38	11 30	11 21	11 11	10 59	10 44
11	12 57	12 52	12 47	12 42	12 36	12 29	12 22	12 15	12 06	11 56	11 45	11 32	11 16	10 58
12	13 37	13 32	13 26	13 20	13 14	13 06	12 58	12 50	12 40	12 29	12 16	12 00	11 42	11 18
13	14 22	14 16	14 10	14 04	13 57	13 49	13 41	13 32	13 21	13 09	12 55	12 38	12 18	11 52
14	15 11	15 06	15 00	14 54	14 47	14 39	14 31	14 21	14 11	13 59	13 45	13 28	13 08	12 41
15	16 05	16 00	15 54	15 49	15 42	15 35	15 27	15 19	15 09	14 58	14 45	14 30	14 12	13 48
16	17 02	16 58	16 53	16 48	16 42	16 36	16 30	16 22	16 14	16 04	15 54	15 41	15 26	15 08
17	18 02	17 59	17 55	17 51	17 46	17 41	17 36	17 30	17 24	17 16	17 08	16 58	16 47	16 34
18	19 04	19 01	18 58	18 55	18 52	18 49	18 45	18 41	18 36	18 31	18 26	18 19	18 12	18 03
19	20 06	20 05	20 03	20 02	20 00	19 58	19 56	19 54	19 51	19 49	19 45	19 42	19 38	19 33
20	21 10	21 10	21 09	21 09	21 09	21 09	21 08	21 08	21 08	21 07	21 07	21 06	21 06	21 05
21	22 14	22 15	22 17	22 18	22 19	22 20	22 22	22 23	22 25	22 27	22 29	22 32	22 35	22 38
22	23 20	23 23	23 25	23 28	23 30	23 33	23 37	23 40	23 44	23 49	23 54	23 59	.. ..	.. ..
23	.. ..	.. ..	.. ..	.. ..	.. ..	.. ..	.. ..	.. ..	.. ..	.. ..	.. ..	.. ..	0 06	0 14
24	0 27	0 31	0 35	0 38	0 43	0 47	0 52	0 58	1 04	1 11	1 19	1 28	1 39	1 51

MOONSET

Lat.	+40°	+42°	+44°	+46°	+48°	+50°	+52°	+54°	+56°	+58°	+60°	+62°	+64°	+66°
	h m	h m	h m	h m	h m	h m	h m	h m	h m	h m	h m	h m	h m	h m
Jan. 0	16 04	15 59	15 53	15 46	15 39	15 31	15 23	15 13	15 02	14 50	14 35	14 18	13 57	13 29
1	17 12	17 07	17 01	16 56	16 49	16 42	16 34	16 26	16 16	16 05	15 52	15 37	15 19	14 55
2	18 22	18 18	18 13	18 08	18 03	17 57	17 51	17 44	17 36	17 27	17 17	17 06	16 52	16 35
3	19 31	19 28	19 25	19 21	19 17	19 13	19 09	19 04	18 58	18 52	18 45	18 37	18 27	18 16
4	20 38	20 36	20 34	20 32	20 30	20 27	20 25	20 22	20 18	20 14	20 10	20 05	20 00	19 53
5	21 43	21 42	21 41	21 40	21 40	21 39	21 38	21 37	21 35	21 34	21 33	21 31	21 29	21 27
6	22 44	22 45	22 45	22 46	22 47	22 47	22 48	22 49	22 50	22 51	22 52	22 53	22 54	22 56
7	23 44	23 46	23 48	23 49	23 51	23 54	23 56	23 59	.. ..	.. ..	.. ..	.. ..	.. ..	.. ..
8	.. ..	.. ..	.. ..	.. ..	.. ..	.. ..	.. ..	.. ..	0 01	0 05	0 08	0 12	0 17	0 23
9	0 43	0 45	0 48	0 51	0 54	0 58	1 02	1 06	1 11	1 17	1 23	1 30	1 38	1 47
10	1 40	1 43	1 47	1 51	1 56	2 01	2 06	2 12	2 19	2 26	2 35	2 45	2 56	3 10
11	2 36	2 40	2 45	2 50	2 56	3 02	3 08	3 16	3 24	3 34	3 44	3 57	4 12	4 30
12	3 30	3 35	3 40	3 46	3 53	4 00	4 08	4 16	4 26	4 37	4 50	5 05	5 23	5 46
13	4 22	4 28	4 34	4 40	4 47	4 54	5 03	5 12	5 22	5 34	5 48	6 05	6 25	6 51
14	5 12	5 17	5 23	5 29	5 36	5 44	5 52	6 02	6 12	6 25	6 39	6 55	7 16	7 42
15	5 58	6 03	6 08	6 15	6 21	6 28	6 36	6 45	6 55	7 06	7 20	7 35	7 54	8 17
16	6 40	6 44	6 49	6 55	7 01	7 07	7 14	7 22	7 31	7 40	7 52	8 05	8 20	8 39
17	7 18	7 22	7 26	7 31	7 36	7 41	7 47	7 53	8 00	8 08	8 17	8 27	8 39	8 53
18	7 54	7 57	8 00	8 03	8 07	8 11	8 15	8 20	8 25	8 31	8 37	8 45	8 53	9 03
19	8 27	8 29	8 31	8 33	8 35	8 38	8 41	8 44	8 47	8 50	8 54	8 59	9 04	9 10
20	8 59	9 00	9 00	9 01	9 02	9 03	9 04	9 06	9 07	9 08	9 10	9 12	9 14	9 16
21	9 30	9 30	9 30	9 29	9 29	9 28	9 28	9 27	9 26	9 26	9 25	9 24	9 23	9 22
22	10 03	10 01	10 00	9 58	9 56	9 54	9 52	9 49	9 47	9 44	9 40	9 37	9 32	9 27
23	10 38	10 35	10 32	10 29	10 26	10 22	10 18	10 14	10 09	10 04	9 58	9 51	9 44	9 35
24	11 16	11 13	11 09	11 04	11 00	10 54	10 49	10 43	10 36	10 28	10 20	10 10	9 58	9 45

.. .. indicates phenomenon will occur the next day.

UNIVERSAL TIME FOR MERIDIAN OF GREENWICH

MOONRISE

Lat.	−55°	−50°	−45°	−40°	−35°	−30°	−20°	−10°	0°	+10°	+20°	+30°	+35°	+40°
	h m	h m	h m	h m	h m	h m	h m	h m	h m	h m	h m	h m	h m	h m
Jan. 23	22 27	22 40	22 50	22 58	23 05	23 12	23 23	23 33	23 42	23 52	.. ..	.. ..	.. ..	.. ..
24	22 58	23 15	23 28	23 39	23 49	23 57	.. ..	.. ..	.. ..	.. ..	0 02	0 13	0 20	0 27
25	23 37	23 57	.. ..	.. ..	.. ..	.. ..	0 12	0 25	0 37	0 49	1 02	1 17	1 25	1 35
26	.. ..	.. ..	0 13	0 26	0 38	0 48	1 05	1 20	1 34	1 48	2 03	2 20	2 31	2 42
27	0 25	0 48	1 06	1 20	1 33	1 43	2 02	2 18	2 33	2 48	3 04	3 23	3 34	3 47
28	1 26	1 49	2 06	2 21	2 33	2 44	3 02	3 18	3 33	3 48	4 04	4 23	4 34	4 46
29	2 37	2 57	3 13	3 26	3 38	3 48	4 04	4 19	4 33	4 46	5 01	5 18	5 28	5 39
30	3 54	4 11	4 24	4 35	4 44	4 52	5 06	5 19	5 30	5 42	5 54	6 08	6 16	6 25
31	5 14	5 26	5 36	5 44	5 51	5 57	6 07	6 16	6 25	6 33	6 42	6 53	6 59	7 05
Feb. 1	6 33	6 40	6 46	6 51	6 55	6 59	7 05	7 11	7 16	7 22	7 27	7 34	7 37	7 41
2	7 50	7 53	7 55	7 56	7 58	7 59	8 01	8 03	8 05	8 07	8 09	8 12	8 13	8 14
3	9 05	9 02	9 01	8 59	8 58	8 57	8 55	8 54	8 52	8 51	8 49	8 48	8 47	8 46
4	10 17	10 10	10 05	10 00	9 57	9 53	9 48	9 43	9 38	9 33	9 29	9 23	9 20	9 16
5	11 26	11 16	11 07	11 00	10 54	10 48	10 39	10 31	10 23	10 16	10 08	9 59	9 53	9 47
6	12 34	12 19	12 07	11 57	11 49	11 42	11 29	11 18	11 08	10 58	10 47	10 35	10 28	10 20
7	13 38	13 20	13 05	12 54	12 44	12 35	12 20	12 06	11 54	11 42	11 29	11 14	11 05	10 55
8	14 39	14 18	14 01	13 48	13 36	13 26	13 09	12 54	12 41	12 27	12 12	11 55	11 45	11 34
9	15 35	15 12	14 54	14 40	14 28	14 17	13 59	13 43	13 28	13 13	12 57	12 39	12 29	12 17
10	16 24	16 01	15 43	15 29	15 16	15 06	14 47	14 31	14 16	14 01	13 45	13 27	13 16	13 04
11	17 06	16 45	16 28	16 14	16 03	15 52	15 35	15 19	15 05	14 51	14 35	14 18	14 07	13 56
12	17 42	17 24	17 09	16 56	16 46	16 37	16 21	16 07	15 54	15 41	15 27	15 11	15 02	14 51
13	18 13	17 58	17 45	17 35	17 26	17 19	17 05	16 54	16 43	16 32	16 20	16 07	15 59	15 50
14	18 39	18 28	18 19	18 11	18 05	17 59	17 49	17 40	17 32	17 23	17 14	17 04	16 58	16 52
15	19 03	18 55	18 50	18 45	18 41	18 37	18 31	18 25	18 20	18 15	18 09	18 03	17 59	17 55
16	19 24	19 22	19 20	19 18	19 16	19 15	19 13	19 10	19 09	19 07	19 05	19 02	19 01	18 59

MOONSET

Lat.	−55°	−50°	−45°	−40°	−35°	−30°	−20°	−10°	0°	+10°	+20°	+30°	+35°	+40°
	h m	h m	h m	h m	h m	h m	h m	h m	h m	h m	h m	h m	h m	h m
Jan. 23	12 19	12 08	11 59	11 52	11 46	11 40	11 31	11 23	11 15	11 07	10 59	10 49	10 44	10 38
24	13 38	13 22	13 10	13 00	12 51	12 43	12 30	12 19	12 08	11 57	11 46	11 33	11 25	11 16
25	14 55	14 35	14 20	14 07	13 56	13 47	13 31	13 17	13 04	12 50	12 36	12 20	12 11	12 00
26	16 07	15 45	15 27	15 13	15 01	14 50	14 32	14 17	14 02	13 47	13 31	13 13	13 03	12 51
27	17 10	16 47	16 30	16 15	16 03	15 52	15 33	15 17	15 02	14 46	14 30	14 11	14 00	13 48
28	18 03	17 42	17 25	17 11	17 00	16 49	16 32	16 16	16 02	15 47	15 32	15 14	15 03	14 51
29	18 45	18 27	18 13	18 01	17 51	17 42	17 27	17 13	17 00	16 48	16 34	16 18	16 09	15 59
30	19 18	19 04	18 53	18 44	18 36	18 29	18 17	18 07	17 57	17 46	17 36	17 23	17 16	17 08
31	19 45	19 36	19 29	19 22	19 17	19 12	19 04	18 57	18 50	18 43	18 35	18 27	18 22	18 16
Feb. 1	20 08	20 04	20 00	19 57	19 54	19 52	19 47	19 44	19 40	19 36	19 33	19 28	19 25	19 22
2	20 29	20 29	20 29	20 29	20 29	20 29	20 28	20 28	20 28	20 28	20 27	20 27	20 27	20 27
3	20 50	20 54	20 57	21 00	21 02	21 04	21 08	21 11	21 14	21 17	21 21	21 24	21 26	21 29
4	21 10	21 18	21 25	21 31	21 35	21 40	21 47	21 54	22 00	22 06	22 12	22 20	22 24	22 29
5	21 32	21 45	21 54	22 02	22 10	22 16	22 26	22 36	22 45	22 54	23 03	23 14	23 20	23 28
6	21 57	22 13	22 26	22 36	22 45	22 53	23 07	23 19	23 30	23 42	23 54	.. ..	.. ..	.. ..
7	22 26	22 46	23 01	23 13	23 24	23 33	23 49	.. ..	.. ..	.. ..	.. ..	0 07	0 15	0 25
8	23 01	23 23	23 40	23 54	.. ..	.. ..	.. ..	0 03	0 16	0 30	0 44	1 00	1 09	1 20
9	23 43	.. ..	.. ..	.. ..	0 06	0 16	0 33	0 49	1 03	1 18	1 33	1 51	2 01	2 13
10	.. ..	0 06	0 24	0 39	0 51	1 02	1 20	1 36	1 51	2 06	2 22	2 41	2 51	3 04
11	0 33	0 56	1 14	1 28	1 40	1 51	2 09	2 25	2 40	2 55	3 10	3 28	3 39	3 51
12	1 31	1 52	2 08	2 22	2 33	2 43	3 00	3 15	3 29	3 42	3 57	4 14	4 24	4 35
13	2 35	2 53	3 07	3 19	3 29	3 38	3 53	4 05	4 18	4 30	4 42	4 57	5 05	5 15
14	3 45	3 59	4 10	4 19	4 27	4 34	4 46	4 57	5 06	5 16	5 26	5 38	5 45	5 52
15	4 57	5 07	5 15	5 22	5 27	5 32	5 41	5 48	5 55	6 02	6 09	6 17	6 22	6 27
16	6 13	6 18	6 22	6 25	6 28	6 31	6 36	6 39	6 43	6 47	6 51	6 55	6 57	7 00

.. .. indicates phenomenon will occur the next day.

UNIVERSAL TIME FOR MERIDIAN OF GREENWICH

MOONRISE

Lat.	+40°	+42°	+44°	+46°	+48°	+50°	+52°	+54°	+56°	+58°	+60°	+62°	+64°	+66°
	h m	h m	h m	h m	h m	h m	h m	h m	h m	h m	h m	h m	h m	h m
Jan. 23	.. ..	.. ..	.. ..	.. ..	.. ..	.. ..	.. ..	.. ..	.. ..	.. ..	.. ..	.. ..	0 06	0 14
24	0 27	0 31	0 35	0 38	0 43	0 47	0 52	0 58	1 04	1 11	1 19	1 28	1 39	1 51
25	1 35	1 40	1 44	1 50	1 55	2 01	2 08	2 15	2 24	2 33	2 44	2 56	3 11	3 30
26	2 42	2 48	2 53	2 59	3 06	3 13	3 21	3 30	3 40	3 51	4 04	4 20	4 39	5 03
27	3 47	3 52	3 58	4 05	4 12	4 19	4 28	4 38	4 48	5 01	5 15	5 32	5 54	6 21
28	4 46	4 51	4 57	5 04	5 11	5 18	5 26	5 36	5 46	5 58	6 12	6 29	6 49	7 15
29	5 39	5 44	5 49	5 55	6 01	6 08	6 15	6 23	6 32	6 43	6 55	7 09	7 26	7 46
30	6 25	6 29	6 33	6 38	6 43	6 49	6 55	7 01	7 08	7 17	7 26	7 37	7 49	8 04
31	7 05	7 08	7 12	7 15	7 19	7 23	7 27	7 32	7 37	7 43	7 50	7 57	8 06	8 16
Feb. 1	7 41	7 43	7 45	7 47	7 50	7 52	7 55	7 58	8 01	8 04	8 08	8 13	8 18	8 24
2	8 14	8 15	8 16	8 17	8 17	8 18	8 19	8 20	8 21	8 23	8 24	8 26	8 28	8 30
3	8 46	8 45	8 45	8 44	8 44	8 43	8 42	8 42	8 41	8 40	8 39	8 38	8 37	8 35
4	9 16	9 15	9 13	9 11	9 09	9 07	9 05	9 03	9 00	8 57	8 54	8 50	8 46	8 41
5	9 47	9 45	9 42	9 39	9 36	9 33	9 29	9 25	9 20	9 15	9 10	9 03	8 56	8 47
6	10 20	10 17	10 13	10 09	10 04	10 00	9 55	9 49	9 43	9 36	9 28	9 19	9 08	8 56
7	10 55	10 51	10 46	10 41	10 36	10 30	10 24	10 17	10 09	10 00	9 50	9 38	9 24	9 07
8	11 34	11 29	11 24	11 18	11 12	11 05	10 57	10 49	10 40	10 29	10 17	10 03	9 46	9 25
9	12 17	12 11	12 06	11 59	11 53	11 45	11 37	11 28	11 18	11 06	10 53	10 37	10 17	9 53
10	13 04	12 58	12 53	12 46	12 39	12 32	12 23	12 14	12 04	11 52	11 38	11 21	11 01	10 35
11	13 56	13 50	13 45	13 39	13 32	13 25	13 17	13 08	12 58	12 46	12 33	12 17	11 58	11 34
12	14 51	14 46	14 41	14 36	14 30	14 23	14 16	14 08	14 00	13 49	13 38	13 24	13 08	12 48
13	15 50	15 46	15 42	15 37	15 33	15 27	15 21	15 15	15 07	14 59	14 50	14 39	14 26	14 11
14	16 52	16 49	16 45	16 42	16 38	16 34	16 30	16 25	16 20	16 14	16 07	15 59	15 50	15 40
15	17 55	17 53	17 51	17 49	17 47	17 44	17 41	17 38	17 35	17 31	17 27	17 23	17 17	17 11
16	18 59	18 59	18 58	18 57	18 56	18 55	18 55	18 53	18 52	18 51	18 50	18 48	18 46	18 44

MOONSET

Lat.	+40°	+42°	+44°	+46°	+48°	+50°	+52°	+54°	+56°	+58°	+60°	+62°	+64°	+66°
	h m	h m	h m	h m	h m	h m	h m	h m	h m	h m	h m	h m	h m	h m
Jan. 23	10 38	10 35	10 32	10 29	10 26	10 22	10 18	10 14	10 09	10 04	9 58	9 51	9 44	9 35
24	11 16	11 13	11 09	11 04	11 00	10 54	10 49	10 43	10 36	10 28	10 20	10 10	9 58	9 45
25	12 00	11 56	11 50	11 45	11 39	11 33	11 26	11 18	11 09	10 59	10 48	10 35	10 19	10 00
26	12 51	12 45	12 39	12 33	12 26	12 19	12 11	12 02	11 52	11 40	11 26	11 11	10 51	10 27
27	13 48	13 42	13 36	13 30	13 23	13 15	13 06	12 57	12 46	12 33	12 19	12 02	11 41	11 13
28	14 51	14 46	14 40	14 34	14 27	14 20	14 11	14 02	13 52	13 40	13 27	13 10	12 50	12 25
29	15 59	15 54	15 49	15 44	15 38	15 31	15 24	15 16	15 07	14 57	14 46	14 32	14 16	13 56
30	17 08	17 04	17 00	16 56	16 51	16 46	16 41	16 35	16 28	16 20	16 12	16 01	15 50	15 36
31	18 16	18 13	18 11	18 08	18 05	18 01	17 58	17 54	17 49	17 44	17 38	17 32	17 24	17 15
Feb. 1	19 22	19 21	19 20	19 18	19 17	19 15	19 13	19 11	19 09	19 06	19 03	19 00	18 56	18 52
2	20 27	20 27	20 27	20 26	20 26	20 26	20 26	20 26	20 26	20 25	20 25	20 25	20 25	20 24
3	21 29	21 30	21 31	21 32	21 34	21 35	21 37	21 38	21 40	21 42	21 45	21 47	21 50	21 54
4	22 29	22 31	22 34	22 36	22 39	22 42	22 45	22 48	22 52	22 56	23 01	23 07	23 13	23 21
5	23 28	23 31	23 34	23 38	23 42	23 46	23 51	23 56	.. ..	.. ..	.. ..	.. ..	.. ..	.. ..
6	.. ..	.. ..	.. ..	.. ..	.. ..	.. ..	.. ..	.. ..	0 02	0 08	0 16	0 24	0 34	0 45
7	0 25	0 29	0 33	0 38	0 43	0 48	0 54	1 01	1 09	1 17	1 27	1 38	1 51	2 07
8	1 20	1 25	1 30	1 35	1 41	1 48	1 55	2 03	2 12	2 23	2 34	2 48	3 05	3 25
9	2 13	2 18	2 24	2 30	2 37	2 44	2 52	3 01	3 11	3 23	3 36	3 52	4 11	4 35
10	3 04	3 09	3 15	3 21	3 28	3 36	3 44	3 53	4 04	4 16	4 30	4 46	5 07	5 33
11	3 51	3 56	4 02	4 08	4 15	4 22	4 30	4 39	4 50	5 01	5 15	5 30	5 50	6 14
12	4 35	4 40	4 45	4 51	4 57	5 03	5 11	5 19	5 28	5 39	5 51	6 05	6 21	6 42
13	5 15	5 19	5 24	5 29	5 34	5 40	5 46	5 53	6 00	6 09	6 19	6 30	6 44	7 00
14	5 52	5 55	5 59	6 03	6 07	6 12	6 16	6 22	6 28	6 34	6 42	6 50	7 00	7 12
15	6 27	6 29	6 32	6 34	6 37	6 40	6 44	6 47	6 51	6 56	7 01	7 07	7 13	7 21
16	7 00	7 01	7 03	7 04	7 05	7 07	7 09	7 11	7 13	7 15	7 18	7 21	7 24	7 28

.. .. indicates phenomenon will occur the next day.

UNIVERSAL TIME FOR MERIDIAN OF GREENWICH

MOONRISE

Lat.	−55°	−50°	−45°	−40°	−35°	−30°	−20°	−10°	0°	+10°	+20°	+30°	+35°	+40°
	h m	h m	h m	h m	h m	h m	h m	h m	h m	h m	h m	h m	h m	h m
Feb. 15	19 03	18 55	18 50	18 45	18 41	18 37	18 31	18 25	18 20	18 15	18 09	18 03	17 59	17 55
16	19 24	19 22	19 20	19 18	19 16	19 15	19 13	19 10	19 09	19 07	19 05	19 02	19 01	18 59
17	19 46	19 48	19 49	19 51	19 52	19 53	19 54	19 56	19 58	19 59	20 01	20 03	20 04	20 05
18	20 08	20 15	20 20	20 24	20 28	20 32	20 38	20 43	20 48	20 53	20 58	21 04	21 08	21 12
19	20 34	20 44	20 53	21 01	21 07	21 13	21 23	21 31	21 39	21 48	21 57	22 07	22 13	22 19
20	21 03	21 18	21 30	21 41	21 49	21 57	22 10	22 22	22 33	22 44	22 56	23 10	23 18	23 27
21	21 39	21 58	22 13	22 25	22 36	22 45	23 02	23 16	23 29	23 42	23 57	.. ..	.. ..	.. ..
22	22 23	22 45	23 02	23 16	23 28	23 38	23 56	.. ..	.. ..	.. ..	.. ..	0 13	0 23	0 34
23	23 18	23 41	23 58	.. ..	.. ..	.. ..	.. ..	0 12	0 27	0 41	0 57	1 15	1 26	1 38
24	.. ..	.. ..	.. ..	0 13	0 25	0 36	0 54	1 10	1 25	1 40	1 56	2 14	2 25	2 38
25	0 23	0 44	1 01	1 14	1 26	1 36	1 54	2 09	2 23	2 37	2 52	3 10	3 20	3 31
26	1 35	1 54	2 08	2 20	2 30	2 39	2 54	3 07	3 19	3 32	3 45	4 00	4 09	4 19
27	2 52	3 06	3 17	3 26	3 34	3 41	3 53	4 04	4 14	4 23	4 34	4 46	4 53	5 00
28	4 10	4 19	4 27	4 33	4 38	4 43	4 51	4 59	5 05	5 12	5 19	5 28	5 32	5 38
Mar. 1	5 26	5 31	5 35	5 38	5 41	5 44	5 48	5 52	5 55	5 59	6 02	6 07	6 09	6 12
2	6 42	6 42	6 42	6 42	6 42	6 42	6 43	6 43	6 43	6 43	6 43	6 43	6 44	6 44
3	7 55	7 51	7 47	7 44	7 42	7 40	7 36	7 32	7 29	7 26	7 23	7 19	7 17	7 15
4	9 07	8 58	8 51	8 45	8 40	8 36	8 28	8 21	8 15	8 09	8 03	7 55	7 51	7 46
5	10 16	10 03	9 53	9 44	9 37	9 30	9 19	9 10	9 01	8 52	8 43	8 32	8 26	8 19
6	11 22	11 05	10 52	10 42	10 32	10 24	10 10	9 58	9 47	9 36	9 24	9 10	9 02	8 53
7	12 25	12 05	11 50	11 37	11 26	11 17	11 01	10 47	10 33	10 20	10 06	9 51	9 41	9 31
8	13 23	13 01	12 44	12 30	12 18	12 08	11 50	11 35	11 21	11 06	10 51	10 34	10 23	10 12
9	14 15	13 52	13 34	13 20	13 08	12 57	12 39	12 23	12 08	11 53	11 38	11 20	11 09	10 57
10	15 00	14 38	14 21	14 07	13 55	13 44	13 26	13 11	12 56	12 42	12 26	12 08	11 58	11 46
11	15 38	15 18	15 03	14 50	14 39	14 29	14 13	13 58	13 45	13 31	13 17	13 00	12 50	12 39

MOONSET

Lat.	−55°	−50°	−45°	−40°	−35°	−30°	−20°	−10°	0°	+10°	+20°	+30°	+35°	+40°
	h m	h m	h m	h m	h m	h m	h m	h m	h m	h m	h m	h m	h m	h m
Feb. 15	4 57	5 07	5 15	5 22	5 27	5 32	5 41	5 48	5 55	6 02	6 09	6 17	6 22	6 27
16	6 13	6 18	6 22	6 25	6 28	6 31	6 36	6 39	6 43	6 47	6 51	6 55	6 57	7 00
17	7 30	7 30	7 30	7 31	7 31	7 31	7 31	7 32	7 32	7 32	7 32	7 32	7 33	7 33
18	8 48	8 43	8 40	8 37	8 34	8 32	8 28	8 25	8 21	8 18	8 15	8 11	8 08	8 06
19	10 07	9 58	9 50	9 44	9 39	9 34	9 26	9 19	9 12	9 05	8 58	8 50	8 46	8 41
20	11 26	11 12	11 01	10 52	10 44	10 37	10 25	10 15	10 05	9 55	9 45	9 33	9 26	9 18
21	12 43	12 25	12 11	11 59	11 49	11 40	11 25	11 12	11 00	10 47	10 34	10 19	10 10	10 01
22	13 56	13 35	13 18	13 05	12 53	12 43	12 26	12 10	11 56	11 42	11 27	11 10	11 00	10 48
23	15 01	14 39	14 21	14 07	13 54	13 44	13 25	13 09	12 54	12 39	12 23	12 05	11 54	11 42
24	15 56	15 34	15 17	15 03	14 51	14 41	14 23	14 07	13 53	13 38	13 22	13 04	12 53	12 41
25	16 41	16 22	16 06	15 54	15 43	15 34	15 18	15 03	14 50	14 37	14 22	14 06	13 56	13 45
26	17 16	17 01	16 49	16 38	16 30	16 22	16 09	15 57	15 46	15 34	15 22	15 09	15 01	14 51
27	17 46	17 34	17 26	17 18	17 12	17 06	16 56	16 47	16 39	16 30	16 21	16 11	16 05	15 58
28	18 10	18 04	17 58	17 54	17 50	17 46	17 40	17 35	17 29	17 24	17 19	17 12	17 09	17 04
Mar. 1	18 32	18 30	18 28	18 27	18 25	18 24	18 22	18 20	18 18	18 16	18 14	18 12	18 11	18 09
2	18 53	18 55	18 57	18 58	18 59	19 00	19 02	19 04	19 05	19 07	19 08	19 10	19 11	19 12
3	19 14	19 20	19 25	19 29	19 33	19 36	19 42	19 47	19 51	19 56	20 01	20 07	20 10	20 14
4	19 36	19 46	19 54	20 01	20 07	20 12	20 22	20 30	20 37	20 45	20 53	21 02	21 07	21 14
5	20 00	20 14	20 25	20 35	20 43	20 50	21 02	21 13	21 23	21 33	21 44	21 56	22 04	22 12
6	20 28	20 45	20 59	21 11	21 20	21 29	21 44	21 57	22 09	22 22	22 35	22 50	22 58	23 08
7	21 00	21 21	21 37	21 50	22 01	22 11	22 28	22 42	22 56	23 10	23 25	23 42	23 51	.. ..
8	21 39	22 01	22 19	22 33	22 45	22 55	23 13	23 29	23 44	23 58	.. ..	.. ..	.. ..	0 03
9	22 25	22 48	23 06	23 20	23 32	23 43	.. ..	.. ..	.. ..	.. ..	0 14	0 32	0 42	0 54
10	23 19	23 41	23 57	.. ..	.. ..	.. ..	0 01	0 17	0 31	0 46	1 02	1 20	1 31	1 43
11	.. ..	.. ..	.. ..	0 11	0 23	0 33	0 50	1 06	1 20	1 34	1 49	2 06	2 16	2 27

.. .. indicates phenomenon will occur the next day.

UNIVERSAL TIME FOR MERIDIAN OF GREENWICH

MOONRISE

Lat.	+40°	+42°	+44°	+46°	+48°	+50°	+52°	+54°	+56°	+58°	+60°	+62°	+64°	+66°
	h m	h m	h m	h m	h m	h m	h m	h m	h m	h m	h m	h m	h m	h m
Feb. 15	17 55	17 53	17 51	17 49	17 47	17 44	17 41	17 38	17 35	17 31	17 27	17 23	17 17	17 11
16	18 59	18 59	18 58	18 57	18 56	18 55	18 55	18 53	18 52	18 51	18 50	18 48	18 46	18 44
17	20 05	20 06	20 06	20 07	20 08	20 08	20 09	20 10	20 11	20 12	20 13	20 15	20 16	20 18
18	21 12	21 14	21 16	21 18	21 20	21 22	21 25	21 28	21 31	21 35	21 39	21 43	21 48	21 55
19	22 19	22 22	22 26	22 29	22 33	22 37	22 41	22 46	22 52	22 58	23 04	23 12	23 22	23 32
20	23 27	23 31	23 36	23 40	23 45	23 51	23 57	.. ..	.. ..	.. ..	.. ..	.. ..	.. ..	.. ..
21	.. ..	.. ..	.. ..	.. ..	.. ..	.. ..	.. ..	0 04	0 11	0 20	0 30	0 41	0 54	1 10
22	0 34	0 39	0 44	0 50	0 56	1 03	1 10	1 19	1 28	1 39	1 51	2 05	2 23	2 44
23	1 38	1 43	1 49	1 56	2 02	2 10	2 18	2 28	2 38	2 50	3 04	3 20	3 40	4 06
24	2 38	2 43	2 49	2 55	3 02	3 10	3 18	3 28	3 38	3 50	4 04	4 21	4 41	5 07
25	3 31	3 36	3 42	3 48	3 54	4 01	4 09	4 18	4 27	4 38	4 51	5 06	5 23	5 46
26	4 19	4 23	4 28	4 33	4 38	4 44	4 51	4 58	5 06	5 15	5 25	5 37	5 52	6 09
27	5 00	5 04	5 08	5 11	5 16	5 20	5 25	5 31	5 37	5 44	5 52	6 00	6 11	6 23
28	5 38	5 40	5 43	5 45	5 48	5 51	5 55	5 58	6 02	6 07	6 12	6 18	6 25	6 32
Mar. 1	6 12	6 13	6 14	6 16	6 17	6 19	6 21	6 22	6 25	6 27	6 29	6 32	6 36	6 40
2	6 44	6 44	6 44	6 44	6 44	6 44	6 44	6 45	6 45	6 45	6 45	6 45	6 45	6 46
3	7 15	7 14	7 13	7 12	7 10	7 09	7 08	7 06	7 04	7 02	7 00	6 58	6 55	6 52
4	7 46	7 44	7 42	7 40	7 37	7 34	7 31	7 28	7 24	7 20	7 16	7 11	7 05	6 58
5	8 19	8 16	8 12	8 09	8 05	8 01	7 57	7 52	7 46	7 40	7 33	7 26	7 17	7 06
6	8 53	8 49	8 45	8 41	8 36	8 30	8 25	8 18	8 11	8 03	7 54	7 44	7 32	7 17
7	9 31	9 26	9 21	9 16	9 10	9 04	8 57	8 49	8 40	8 31	8 20	8 07	7 51	7 33
8	10 12	10 07	10 01	9 55	9 49	9 42	9 34	9 25	9 16	9 04	8 52	8 37	8 19	7 56
9	10 57	10 51	10 46	10 39	10 33	10 25	10 17	10 08	9 58	9 46	9 32	9 16	8 57	8 32
10	11 46	11 41	11 35	11 29	11 22	11 15	11 07	10 58	10 48	10 36	10 23	10 07	9 48	9 23
11	12 39	12 34	12 29	12 23	12 17	12 10	12 03	11 55	11 45	11 35	11 23	11 08	10 51	10 29

MOONSET

Lat.	+40°	+42°	+44°	+46°	+48°	+50°	+52°	+54°	+56°	+58°	+60°	+62°	+64°	+66°
	h m	h m	h m	h m	h m	h m	h m	h m	h m	h m	h m	h m	h m	h m
Feb. 15	6 27	6 29	6 32	6 34	6 37	6 40	6 44	6 47	6 51	6 56	7 01	7 07	7 13	7 21
16	7 00	7 01	7 03	7 04	7 05	7 07	7 09	7 11	7 13	7 15	7 18	7 21	7 24	7 28
17	7 33	7 33	7 33	7 33	7 33	7 33	7 33	7 33	7 33	7 33	7 33	7 34	7 34	7 34
18	8 06	8 05	8 03	8 02	8 01	7 59	7 58	7 56	7 54	7 52	7 49	7 47	7 44	7 40
19	8 41	8 38	8 36	8 33	8 30	8 27	8 24	8 20	8 16	8 12	8 07	8 01	7 55	7 47
20	9 18	9 15	9 11	9 07	9 03	8 59	8 54	8 48	8 42	8 35	8 28	8 19	8 09	7 57
21	10 01	9 56	9 51	9 46	9 41	9 35	9 28	9 21	9 13	9 04	8 54	8 42	8 28	8 11
22	10 48	10 43	10 38	10 32	10 25	10 18	10 10	10 02	9 52	9 41	9 29	9 14	8 56	8 34
23	11 42	11 36	11 30	11 24	11 17	11 09	11 01	10 52	10 41	10 29	10 15	9 59	9 38	9 12
24	12 41	12 36	12 30	12 24	12 17	12 09	12 01	11 52	11 41	11 29	11 15	10 59	10 39	10 13
25	13 45	13 40	13 35	13 29	13 23	13 16	13 09	13 00	12 51	12 40	12 28	12 14	11 56	11 34
26	14 51	14 47	14 43	14 38	14 33	14 27	14 21	14 15	14 07	13 58	13 49	13 37	13 24	13 08
27	15 58	15 55	15 52	15 48	15 45	15 41	15 36	15 31	15 26	15 20	15 13	15 05	14 55	14 44
28	17 04	17 03	17 01	16 58	16 56	16 54	16 51	16 48	16 44	16 41	16 37	16 32	16 26	16 20
Mar. 1	18 09	18 08	18 08	18 07	18 06	18 05	18 04	18 03	18 02	18 01	17 59	17 57	17 55	17 53
2	19 12	19 13	19 13	19 14	19 14	19 15	19 16	19 17	19 17	19 18	19 20	19 21	19 22	19 24
3	20 14	20 15	20 17	20 19	20 21	20 23	20 25	20 28	20 31	20 34	20 38	20 42	20 47	20 52
4	21 14	21 16	21 19	21 22	21 26	21 29	21 33	21 38	21 42	21 48	21 54	22 01	22 09	22 18
5	22 12	22 16	22 19	22 24	22 28	22 33	22 39	22 45	22 51	22 59	23 07	23 17	23 29	23 42
6	23 08	23 13	23 18	23 23	23 28	23 34	23 41	23 48	23 57	.. ..	.. ..	.. ..	.. ..	.. ..
7	.. ..	.. ..	.. ..	.. ..	.. ..	.. ..	.. ..	.. ..	.. ..	0 06	0 17	0 29	0 44	1 02
8	0 03	0 08	0 13	0 19	0 25	0 32	0 40	0 48	0 58	1 09	1 21	1 36	1 54	2 16
9	0 54	1 00	1 05	1 12	1 18	1 26	1 34	1 43	1 53	2 05	2 18	2 34	2 54	3 19
10	1 43	1 48	1 54	2 00	2 07	2 14	2 22	2 31	2 42	2 53	3 07	3 23	3 42	4 07
11	2 27	2 33	2 38	2 44	2 50	2 57	3 05	3 13	3 23	3 34	3 46	4 01	4 18	4 40

.. .. indicates phenomenon will occur the next day.

UNIVERSAL TIME FOR MERIDIAN OF GREENWICH

MOONRISE

Lat.	−55°	−50°	−45°	−40°	−35°	−30°	−20°	−10°	0°	+10°	+20°	+30°	+35°	+40°
	h m	h m	h m	h m	h m	h m	h m	h m	h m	h m	h m	h m	h m	h m
Mar. 9	14 15	13 52	13 34	13 20	13 08	12 57	12 39	12 23	12 08	11 53	11 38	11 20	11 09	10 57
10	15 00	14 38	14 21	14 07	13 55	13 44	13 26	13 11	12 56	12 42	12 26	12 08	11 58	11 46
11	15 38	15 18	15 03	14 50	14 39	14 29	14 13	13 58	13 45	13 31	13 17	13 00	12 50	12 39
12	16 11	15 54	15 41	15 30	15 20	15 12	14 57	14 45	14 33	14 21	14 09	13 54	13 46	13 36
13	16 39	16 26	16 15	16 07	15 59	15 52	15 41	15 31	15 21	15 12	15 02	14 50	14 44	14 36
14	17 04	16 55	16 48	16 42	16 36	16 32	16 24	16 17	16 10	16 03	15 56	15 48	15 43	15 38
15	17 27	17 22	17 18	17 15	17 13	17 10	17 06	17 02	16 59	16 55	16 52	16 48	16 45	16 42
16	17 49	17 49	17 49	17 49	17 49	17 49	17 49	17 48	17 48	17 48	17 48	17 49	17 49	17 49
17	18 12	18 16	18 20	18 23	18 26	18 28	18 32	18 36	18 39	18 43	18 47	18 51	18 54	18 56
18	18 37	18 46	18 53	18 59	19 05	19 10	19 18	19 25	19 32	19 39	19 46	19 55	20 00	20 06
19	19 06	19 19	19 30	19 39	19 47	19 54	20 06	20 17	20 27	20 37	20 48	21 00	21 07	21 15
20	19 40	19 58	20 12	20 24	20 34	20 42	20 58	21 11	21 23	21 36	21 49	22 05	22 14	22 24
21	20 23	20 44	21 00	21 13	21 25	21 35	21 52	22 07	22 22	22 36	22 51	23 09	23 19	23 31
22	21 15	21 37	21 55	22 09	22 21	22 31	22 50	23 05	23 20	23 35	23 51	.. ..	.. ..	.. ..
23	22 17	22 38	22 55	23 09	23 21	23 31	23 49	.. ..	.. ..	.. ..	.. ..	0 09	0 20	0 32
24	23 26	23 45	.. ..	.. ..	.. ..	.. ..	.. ..	0 04	0 18	0 33	0 48	1 06	1 16	1 28
25	.. ..	.. ..	0 00	0 13	0 23	0 32	0 48	1 02	1 15	1 27	1 41	1 57	2 06	2 16
26	0 40	0 55	1 07	1 18	1 26	1 34	1 47	1 58	2 09	2 19	2 30	2 43	2 51	2 59
27	1 55	2 06	2 15	2 23	2 29	2 34	2 44	2 52	3 00	3 08	3 16	3 25	3 31	3 37
28	3 11	3 17	3 22	3 27	3 31	3 34	3 39	3 44	3 49	3 54	3 59	4 04	4 08	4 11
29	4 25	4 27	4 29	4 30	4 31	4 32	4 34	4 35	4 37	4 38	4 40	4 41	4 42	4 44
30	5 38	5 35	5 33	5 32	5 30	5 29	5 27	5 25	5 23	5 21	5 19	5 17	5 16	5 15
31	6 49	6 42	6 37	6 32	6 28	6 25	6 19	6 14	6 09	6 04	5 59	5 53	5 49	5 46
Apr. 1	7 59	7 48	7 39	7 32	7 26	7 20	7 10	7 02	6 54	6 47	6 38	6 29	6 24	6 18
2	9 07	8 52	8 40	8 30	8 22	8 14	8 02	7 51	7 40	7 30	7 19	7 07	7 00	6 52

MOONSET

Lat.	−55°	−50°	−45°	−40°	−35°	−30°	−20°	−10°	0°	+10°	+20°	+30°	+35°	+40°
	h m	h m	h m	h m	h m	h m	h m	h m	h m	h m	h m	h m	h m	h m
Mar. 9	22 25	22 48	23 06	23 20	23 32	23 43	.. ..	.. ..	.. ..	.. ..	0 14	0 32	0 42	0 54
10	23 19	23 41	23 57	.. ..	.. ..	.. ..	0 01	0 17	0 31	0 46	1 02	1 20	1 31	1 43
11	.. ..	.. ..	.. ..	0 11	0 23	0 33	0 50	1 06	1 20	1 34	1 49	2 06	2 16	2 27
12	0 20	0 39	0 54	1 06	1 17	1 26	1 42	1 55	2 08	2 21	2 34	2 50	2 59	3 09
13	1 26	1 42	1 54	2 04	2 13	2 21	2 34	2 46	2 56	3 07	3 18	3 31	3 39	3 47
14	2 37	2 48	2 58	3 05	3 12	3 18	3 28	3 37	3 45	3 53	4 01	4 11	4 17	4 23
15	3 51	3 58	4 04	4 09	4 13	4 16	4 23	4 28	4 33	4 38	4 44	4 50	4 53	4 57
16	5 08	5 10	5 12	5 14	5 15	5 17	5 19	5 21	5 22	5 24	5 26	5 28	5 29	5 30
17	6 27	6 24	6 22	6 21	6 19	6 18	6 16	6 14	6 13	6 11	6 09	6 07	6 05	6 04
18	7 47	7 40	7 34	7 29	7 25	7 21	7 15	7 09	7 04	6 59	6 53	6 47	6 43	6 39
19	9 09	8 57	8 47	8 39	8 32	8 26	8 15	8 06	7 58	7 49	7 40	7 30	7 24	7 17
20	10 29	10 12	9 59	9 48	9 39	9 31	9 17	9 05	8 53	8 42	8 30	8 16	8 08	7 59
21	11 45	11 25	11 09	10 56	10 45	10 36	10 19	10 04	9 51	9 37	9 23	9 06	8 57	8 46
22	12 54	12 32	12 14	12 00	11 48	11 38	11 20	11 04	10 50	10 35	10 19	10 01	9 51	9 39
23	13 52	13 30	13 13	12 59	12 47	12 37	12 19	12 03	11 48	11 33	11 18	10 59	10 49	10 37
24	14 39	14 20	14 04	13 51	13 40	13 30	13 14	12 59	12 45	12 32	12 17	12 00	11 50	11 39
25	15 17	15 01	14 48	14 37	14 27	14 19	14 05	13 52	13 41	13 29	13 16	13 02	12 53	12 43
26	15 48	15 35	15 25	15 17	15 10	15 03	14 52	14 43	14 33	14 24	14 14	14 03	13 56	13 49
27	16 14	16 05	15 59	15 53	15 48	15 44	15 37	15 30	15 24	15 17	15 11	15 03	14 58	14 53
28	16 36	16 32	16 29	16 26	16 24	16 22	16 18	16 15	16 12	16 09	16 06	16 02	16 00	15 57
29	16 57	16 57	16 58	16 58	16 58	16 58	16 59	16 59	16 59	16 59	16 59	16 59	16 59	17 00
30	17 18	17 22	17 26	17 29	17 32	17 34	17 38	17 42	17 45	17 48	17 52	17 56	17 58	18 01
31	17 39	17 48	17 55	18 00	18 05	18 10	18 17	18 24	18 31	18 37	18 44	18 51	18 56	19 01
Apr. 1	18 02	18 15	18 25	18 33	18 40	18 47	18 58	19 07	19 16	19 25	19 35	19 46	19 53	20 00
2	18 29	18 45	18 58	19 08	19 17	19 25	19 39	19 51	20 03	20 14	20 26	20 40	20 48	20 57

.. .. indicates phenomenon will occur the next day.

UNIVERSAL TIME FOR MERIDIAN OF GREENWICH

MOONRISE

Lat.	+40°	+42°	+44°	+46°	+48°	+50°	+52°	+54°	+56°	+58°	+60°	+62°	+64°	+66°
	h m	h m	h m	h m	h m	h m	h m	h m	h m	h m	h m	h m	h m	h m
Mar. 9	10 57	10 51	10 46	10 39	10 33	10 25	10 17	10 08	9 58	9 46	9 32	9 16	8 57	8 32
10	11 46	11 41	11 35	11 29	11 22	11 15	11 07	10 58	10 48	10 36	10 23	10 07	9 48	9 23
11	12 39	12 34	12 29	12 23	12 17	12 10	12 03	11 55	11 45	11 35	11 23	11 08	10 51	10 29
12	13 36	13 32	13 27	13 22	13 17	13 11	13 05	12 58	12 50	12 41	12 31	12 19	12 05	11 47
13	14 36	14 32	14 29	14 25	14 21	14 16	14 11	14 06	13 59	13 52	13 45	13 36	13 25	13 12
14	15 38	15 36	15 33	15 31	15 28	15 24	15 21	15 17	15 13	15 08	15 03	14 57	14 50	14 42
15	16 42	16 41	16 40	16 39	16 37	16 36	16 34	16 32	16 30	16 27	16 25	16 22	16 18	16 14
16	17 49	17 49	17 49	17 49	17 49	17 49	17 49	17 49	17 49	17 49	17 49	17 49	17 49	17 49
17	18 56	18 58	18 59	19 01	19 02	19 04	19 06	19 08	19 10	19 13	19 15	19 19	19 22	19 27
18	20 06	20 08	20 11	20 14	20 17	20 20	20 24	20 28	20 33	20 38	20 43	20 50	20 58	21 06
19	21 15	21 19	21 23	21 27	21 32	21 37	21 42	21 48	21 55	22 03	22 11	22 21	22 33	22 47
20	22 24	22 29	22 34	22 39	22 45	22 52	22 59	23 06	23 15	23 25	23 36	23 49	.. ..	.. ..
21	23 31	23 36	23 42	23 48	23 54	.. ..	.. ..	.. ..	.. ..	.. ..	.. ..	.. ..	0 05	0 25
22	.. ..	.. ..	.. ..	.. ..	.. ..	0 02	0 10	0 19	0 29	0 40	0 53	1 09	1 28	1 53
23	0 32	0 38	0 44	0 50	0 57	1 04	1 13	1 22	1 32	1 44	1 58	2 15	2 35	3 01
24	1 28	1 33	1 38	1 44	1 51	1 58	2 06	2 15	2 25	2 36	2 49	3 04	3 23	3 46
25	2 16	2 21	2 26	2 31	2 37	2 43	2 50	2 58	3 06	3 16	3 27	3 39	3 54	4 13
26	2 59	3 03	3 07	3 11	3 16	3 21	3 26	3 32	3 39	3 46	3 55	4 05	4 16	4 29
27	3 37	3 40	3 43	3 46	3 49	3 53	3 57	4 01	4 06	4 11	4 17	4 24	4 31	4 40
28	4 11	4 13	4 15	4 17	4 19	4 21	4 23	4 26	4 28	4 32	4 35	4 39	4 43	4 49
29	4 44	4 44	4 45	4 45	4 46	4 47	4 47	4 48	4 49	4 50	4 51	4 52	4 54	4 55
30	5 15	5 14	5 13	5 13	5 12	5 11	5 10	5 10	5 09	5 07	5 06	5 05	5 03	5 01
31	5 46	5 44	5 42	5 40	5 38	5 36	5 34	5 31	5 28	5 25	5 22	5 18	5 13	5 08
Apr. 1	6 18	6 15	6 12	6 09	6 06	6 02	5 59	5 54	5 50	5 45	5 39	5 32	5 25	5 16
2	6 52	6 48	6 44	6 40	6 36	6 31	6 26	6 20	6 13	6 06	5 58	5 49	5 38	5 26

MOONSET

Lat.	+40°	+42°	+44°	+46°	+48°	+50°	+52°	+54°	+56°	+58°	+60°	+62°	+64°	+66°
	h m	h m	h m	h m	h m	h m	h m	h m	h m	h m	h m	h m	h m	h m
Mar. 9	0 54	1 00	1 05	1 12	1 18	1 26	1 34	1 43	1 53	2 05	2 18	2 34	2 54	3 19
10	1 43	1 48	1 54	2 00	2 07	2 14	2 22	2 31	2 42	2 53	3 07	3 23	3 42	4 07
11	2 27	2 33	2 38	2 44	2 50	2 57	3 05	3 13	3 23	3 34	3 46	4 01	4 18	4 40
12	3 09	3 13	3 18	3 23	3 29	3 35	3 42	3 49	3 58	4 07	4 18	4 30	4 45	5 02
13	3 47	3 51	3 55	3 59	4 04	4 09	4 14	4 20	4 27	4 34	4 43	4 53	5 04	5 17
14	4 23	4 26	4 29	4 32	4 35	4 39	4 43	4 47	4 52	4 58	5 04	5 11	5 19	5 28
15	4 57	4 59	5 01	5 03	5 05	5 07	5 09	5 12	5 15	5 18	5 22	5 26	5 31	5 36
16	5 30	5 31	5 32	5 32	5 33	5 34	5 34	5 35	5 36	5 37	5 39	5 40	5 41	5 43
17	6 04	6 03	6 03	6 02	6 01	6 01	6 00	5 59	5 58	5 56	5 55	5 54	5 52	5 50
18	6 39	6 37	6 35	6 33	6 31	6 29	6 26	6 23	6 20	6 17	6 13	6 08	6 03	5 57
19	7 17	7 14	7 11	7 08	7 04	7 00	6 56	6 51	6 46	6 40	6 33	6 26	6 17	6 07
20	7 59	7 55	7 51	7 46	7 41	7 36	7 30	7 23	7 16	7 08	6 58	6 48	6 35	6 20
21	8 46	8 41	8 36	8 30	8 24	8 17	8 10	8 02	7 53	7 43	7 31	7 17	7 01	6 41
22	9 39	9 33	9 27	9 21	9 14	9 07	8 59	8 50	8 40	8 28	8 14	7 59	7 39	7 15
23	10 37	10 31	10 25	10 19	10 12	10 05	9 56	9 47	9 37	9 25	9 11	8 54	8 34	8 09
24	11 39	11 34	11 28	11 22	11 16	11 09	11 01	10 53	10 43	10 32	10 19	10 05	9 46	9 24
25	12 43	12 39	12 34	12 29	12 24	12 18	12 11	12 04	11 56	11 47	11 37	11 24	11 10	10 52
26	13 49	13 45	13 42	13 38	13 34	13 29	13 24	13 18	13 12	13 05	12 58	12 49	12 38	12 26
27	14 53	14 51	14 49	14 46	14 43	14 40	14 37	14 33	14 29	14 25	14 20	14 14	14 07	13 59
28	15 57	15 56	15 55	15 54	15 52	15 51	15 49	15 47	15 45	15 43	15 41	15 38	15 35	15 31
29	17 00	17 00	17 00	17 00	17 00	17 00	17 00	17 00	17 00	17 00	17 00	17 00	17 00	17 00
30	18 01	18 02	18 03	18 05	18 06	18 08	18 09	18 11	18 13	18 16	18 18	18 21	18 24	18 28
31	19 01	19 03	19 06	19 08	19 11	19 14	19 17	19 21	19 25	19 29	19 35	19 40	19 47	19 55
Apr. 1	20 00	20 03	20 07	20 10	20 14	20 19	20 24	20 29	20 35	20 41	20 49	20 57	21 07	21 19
2	20 57	21 02	21 06	21 11	21 16	21 21	21 28	21 34	21 42	21 50	22 00	22 12	22 25	22 41

.. .. indicates phenomenon will occur the next day.

UNIVERSAL TIME FOR MERIDIAN OF GREENWICH

MOONRISE

Lat.	−55°	−50°	−45°	−40°	−35°	−30°	−20°	−10°	0°	+10°	+20°	+30°	+35°	+40°
	h m	h m	h m	h m	h m	h m	h m	h m	h m	h m	h m	h m	h m	h m
Apr. 1	7 59	7 48	7 39	7 32	7 26	7 20	7 10	7 02	6 54	6 47	6 38	6 29	6 24	6 18
2	9 07	8 52	8 40	8 30	8 22	8 14	8 02	7 51	7 40	7 30	7 19	7 07	7 00	6 52
3	10 11	9 53	9 38	9 27	9 16	9 08	8 52	8 39	8 27	8 14	8 01	7 46	7 38	7 28
4	11 11	10 50	10 34	10 21	10 09	9 59	9 42	9 28	9 14	9 00	8 45	8 29	8 19	8 08
5	12 06	11 43	11 26	11 12	11 00	10 49	10 32	10 16	10 01	9 47	9 31	9 13	9 03	8 51
6	12 53	12 31	12 14	12 00	11 48	11 37	11 19	11 04	10 49	10 34	10 19	10 01	9 50	9 38
7	13 34	13 13	12 57	12 44	12 32	12 23	12 06	11 51	11 37	11 23	11 08	10 51	10 41	10 30
8	14 08	13 50	13 36	13 24	13 14	13 05	12 50	12 37	12 24	12 12	11 58	11 43	11 34	11 24
9	14 38	14 23	14 12	14 02	13 53	13 46	13 33	13 22	13 12	13 01	12 50	12 37	12 30	12 21
10	15 04	14 53	14 44	14 37	14 31	14 25	14 16	14 07	13 59	13 51	13 43	13 33	13 28	13 21
11	15 27	15 20	15 15	15 11	15 07	15 03	14 57	14 52	14 47	14 42	14 37	14 31	14 27	14 23
12	15 49	15 47	15 45	15 44	15 42	15 41	15 39	15 37	15 36	15 34	15 32	15 30	15 29	15 28
13	16 12	16 14	16 16	16 18	16 19	16 20	16 22	16 24	16 26	16 28	16 30	16 32	16 33	16 35
14	16 36	16 43	16 49	16 53	16 57	17 01	17 07	17 13	17 18	17 23	17 29	17 36	17 40	17 44
15	17 04	17 15	17 25	17 32	17 39	17 45	17 55	18 04	18 13	18 22	18 31	18 42	18 48	18 55
16	17 37	17 53	18 05	18 16	18 25	18 33	18 47	18 59	19 11	19 22	19 34	19 49	19 57	20 07
17	18 17	18 37	18 52	19 05	19 16	19 26	19 42	19 57	20 10	20 24	20 39	20 55	21 05	21 17
18	19 07	19 29	19 46	20 00	20 12	20 23	20 41	20 56	21 11	21 26	21 41	22 00	22 10	22 22
19	20 08	20 30	20 47	21 01	21 13	21 23	21 41	21 57	22 11	22 26	22 41	22 59	23 10	23 22
20	21 17	21 37	21 52	22 05	22 16	22 26	22 42	22 56	23 10	23 23	23 37	23 54	.. ..	.. ..
21	22 30	22 47	23 00	23 11	23 20	23 28	23 42	23 54	.. ..	.. ..	.. ..	.. ..	0 03	0 14
22	23 46	23 58	.. ..	.. ..	.. ..	.. ..	.. ..	.. ..	0 05	0 16	0 28	0 42	0 50	0 59
23	.. ..	.. ..	0 08	0 16	0 23	0 29	0 40	0 49	0 57	1 06	1 15	1 26	1 32	1 38
24	1 01	1 09	1 15	1 20	1 25	1 29	1 35	1 41	1 47	1 53	1 59	2 05	2 09	2 14
25	2 15	2 18	2 21	2 23	2 25	2 26	2 29	2 32	2 34	2 37	2 39	2 42	2 44	2 46

MOONSET

Lat.	−55°	−50°	−45°	−40°	−35°	−30°	−20°	−10°	0°	+10°	+20°	+30°	+35°	+40°
	h m	h m	h m	h m	h m	h m	h m	h m	h m	h m	h m	h m	h m	h m
Apr. 1	18 02	18 15	18 25	18 33	18 40	18 47	18 58	19 07	19 16	19 25	19 35	19 46	19 53	20 00
2	18 29	18 45	18 58	19 08	19 17	19 25	19 39	19 51	20 03	20 14	20 26	20 40	20 48	20 57
3	19 00	19 19	19 34	19 46	19 57	20 06	20 22	20 36	20 49	21 03	21 17	21 33	21 42	21 53
4	19 36	19 58	20 14	20 28	20 40	20 50	21 07	21 22	21 37	21 51	22 06	22 24	22 34	22 46
5	20 19	20 42	20 59	21 13	21 25	21 36	21 54	22 10	22 24	22 39	22 55	23 13	23 23	23 35
6	21 10	21 31	21 49	22 02	22 14	22 25	22 42	22 58	23 12	23 26	23 42	23 59	.. ..	.. ..
7	22 07	22 27	22 42	22 55	23 06	23 16	23 32	23 46	.. ..	.. ..	.. ..	.. ..	0 09	0 21
8	23 09	23 26	23 40	23 51	.. ..	.. ..	.. ..	.. ..	0 00	0 13	0 27	0 43	0 53	1 03
9	.. ..	.. ..	.. ..	.. ..	0 01	0 09	0 23	0 36	0 47	0 59	1 11	1 25	1 33	1 42
10	0 17	0 30	0 41	0 50	0 57	1 04	1 15	1 25	1 35	1 44	1 54	2 05	2 11	2 18
11	1 28	1 37	1 44	1 51	1 56	2 01	2 09	2 16	2 22	2 29	2 35	2 43	2 48	2 53
12	2 42	2 47	2 51	2 54	2 57	2 59	3 03	3 07	3 10	3 13	3 17	3 21	3 23	3 26
13	3 59	3 59	3 59	3 59	3 59	3 59	3 59	3 59	3 59	3 59	3 59	3 59	3 59	3 59
14	5 19	5 15	5 11	5 07	5 05	5 02	4 58	4 54	4 50	4 47	4 43	4 39	4 36	4 34
15	6 42	6 32	6 24	6 17	6 12	6 07	5 58	5 51	5 44	5 37	5 29	5 21	5 16	5 11
16	8 05	7 50	7 39	7 29	7 21	7 13	7 01	6 50	6 40	6 30	6 19	6 07	6 00	5 52
17	9 26	9 07	8 52	8 40	8 30	8 21	8 05	7 51	7 39	7 26	7 12	6 57	6 48	6 38
18	10 40	10 19	10 02	9 48	9 36	9 26	9 09	8 53	8 39	8 25	8 09	7 52	7 42	7 30
19	11 45	11 22	11 05	10 51	10 39	10 28	10 10	9 55	9 40	9 25	9 09	8 51	8 40	8 28
20	12 37	12 16	12 00	11 47	11 36	11 26	11 08	10 53	10 39	10 25	10 10	9 53	9 42	9 31
21	13 18	13 01	12 47	12 36	12 26	12 17	12 02	11 49	11 36	11 24	11 11	10 55	10 46	10 36
22	13 51	13 38	13 27	13 18	13 10	13 03	12 51	12 40	12 30	12 20	12 10	11 57	11 50	11 42
23	14 18	14 09	14 01	13 55	13 49	13 45	13 36	13 29	13 21	13 14	13 07	12 58	12 53	12 47
24	14 42	14 36	14 32	14 29	14 26	14 23	14 18	14 14	14 10	14 06	14 01	13 56	13 54	13 50
25	15 03	15 02	15 01	15 00	15 00	14 59	14 58	14 57	14 56	14 56	14 55	14 54	14 53	14 52

.. .. indicates phenomenon will occur the next day.

UNIVERSAL TIME FOR MERIDIAN OF GREENWICH

MOONRISE

Lat.	+40°	+42°	+44°	+46°	+48°	+50°	+52°	+54°	+56°	+58°	+60°	+62°	+64°	+66°
	h m	h m	h m	h m	h m	h m	h m	h m	h m	h m	h m	h m	h m	h m
Apr. 1	6 18	6 15	6 12	6 09	6 06	6 02	5 59	5 54	5 50	5 45	5 39	5 32	5 25	5 16
2	6 52	6 48	6 44	6 40	6 36	6 31	6 26	6 20	6 13	6 06	5 58	5 49	5 38	5 26
3	7 28	7 24	7 19	7 14	7 09	7 03	6 56	6 49	6 41	6 32	6 22	6 10	5 56	5 39
4	8 08	8 03	7 57	7 52	7 46	7 39	7 31	7 23	7 14	7 04	6 52	6 37	6 21	6 00
5	8 51	8 46	8 40	8 34	8 27	8 20	8 12	8 03	7 53	7 42	7 29	7 13	6 54	6 30
6	9 38	9 33	9 27	9 21	9 15	9 07	8 59	8 50	8 40	8 28	8 15	7 59	7 40	7 15
7	10 30	10 24	10 19	10 13	10 07	10 00	9 52	9 44	9 34	9 23	9 10	8 55	8 37	8 15
8	11 24	11 19	11 15	11 09	11 04	10 57	10 51	10 43	10 35	10 25	10 14	10 01	9 46	9 27
9	12 21	12 18	12 13	12 09	12 04	11 59	11 54	11 47	11 41	11 33	11 24	11 14	11 02	10 47
10	13 21	13 18	13 15	13 12	13 09	13 05	13 01	12 56	12 51	12 45	12 39	12 31	12 23	12 13
11	14 23	14 22	14 20	14 18	14 16	14 13	14 11	14 08	14 05	14 01	13 57	13 53	13 48	13 42
12	15 28	15 27	15 27	15 26	15 25	15 25	15 24	15 23	15 22	15 21	15 19	15 18	15 16	15 15
13	16 35	16 35	16 36	16 37	16 38	16 39	16 40	16 41	16 42	16 43	16 45	16 46	16 48	16 50
14	17 44	17 46	17 48	17 50	17 53	17 55	17 58	18 01	18 04	18 08	18 13	18 18	18 23	18 30
15	18 55	18 58	19 01	19 05	19 09	19 13	19 18	19 23	19 29	19 35	19 43	19 51	20 01	20 12
16	20 07	20 11	20 15	20 20	20 26	20 31	20 38	20 45	20 53	21 01	21 12	21 24	21 38	21 55
17	21 17	21 22	21 27	21 33	21 39	21 46	21 54	22 02	22 12	22 23	22 35	22 50	23 08	23 31
18	22 22	22 28	22 34	22 40	22 47	22 54	23 03	23 12	23 22	23 34	23 48	.. ..	.. ..	.. ..
19	23 22	23 27	23 33	23 39	23 46	23 53	.. ..	.. ..	.. ..	.. ..	.. ..	0 04	0 24	0 50
20	.. ..	.. ..	.. ..	.. ..	.. ..	.. ..	0 01	0 10	0 20	0 32	0 45	1 01	1 20	1 44
21	0 14	0 19	0 24	0 29	0 35	0 42	0 49	0 57	1 06	1 16	1 28	1 41	1 57	2 17
22	0 59	1 03	1 07	1 12	1 17	1 22	1 28	1 35	1 42	1 50	1 59	2 10	2 22	2 37
23	1 38	1 41	1 45	1 48	1 52	1 56	2 00	2 05	2 10	2 16	2 23	2 30	2 39	2 49
24	2 14	2 16	2 18	2 20	2 22	2 25	2 28	2 31	2 34	2 38	2 42	2 47	2 52	2 58
25	2 46	2 47	2 48	2 49	2 50	2 51	2 52	2 53	2 55	2 56	2 58	3 00	3 03	3 05

MOONSET

Lat.	+40°	+42°	+44°	+46°	+48°	+50°	+52°	+54°	+56°	+58°	+60°	+62°	+64°	+66°
	h m	h m	h m	h m	h m	h m	h m	h m	h m	h m	h m	h m	h m	h m
Apr. 1	20 00	20 03	20 07	20 10	20 14	20 19	20 24	20 29	20 35	20 41	20 49	20 57	21 07	21 19
2	20 57	21 02	21 06	21 11	21 16	21 21	21 28	21 34	21 42	21 50	22 00	22 12	22 25	22 41
3	21 53	21 58	22 03	22 08	22 14	22 21	22 28	22 36	22 45	22 55	23 07	23 21	23 37	23 58
4	22 46	22 51	22 56	23 03	23 09	23 16	23 24	23 33	23 43	23 54	.. ..	.. ..	.. ..	.. ..
5	23 35	23 41	23 46	23 52	23 59	.. ..	.. ..	.. ..	.. ..	.. ..	0 07	0 23	0 41	1 05
6	.. ..	.. ..	.. ..	.. ..	.. ..	0 07	0 15	0 24	0 34	0 46	0 59	1 15	1 34	1 59
7	0 21	0 26	0 32	0 38	0 44	0 51	0 59	1 08	1 18	1 29	1 42	1 57	2 15	2 38
8	1 03	1 08	1 13	1 19	1 25	1 31	1 38	1 46	1 55	2 05	2 16	2 29	2 45	3 04
9	1 42	1 46	1 51	1 55	2 00	2 06	2 12	2 18	2 26	2 34	2 43	2 54	3 07	3 22
10	2 18	2 22	2 25	2 29	2 33	2 37	2 42	2 47	2 52	2 59	3 06	3 14	3 23	3 34
11	2 53	2 55	2 57	3 00	3 02	3 05	3 08	3 12	3 16	3 20	3 25	3 30	3 36	3 44
12	3 26	3 27	3 28	3 29	3 31	3 32	3 34	3 36	3 37	3 40	3 42	3 45	3 48	3 51
13	3 59	3 59	3 59	3 59	3 59	3 59	3 59	3 59	3 59	3 59	3 58	3 58	3 58	3 58
14	4 34	4 32	4 31	4 30	4 28	4 26	4 25	4 23	4 21	4 18	4 16	4 13	4 09	4 05
15	5 11	5 08	5 06	5 03	5 00	4 57	4 53	4 49	4 45	4 40	4 35	4 29	4 22	4 14
16	5 52	5 48	5 44	5 40	5 36	5 31	5 26	5 20	5 14	5 06	4 58	4 49	4 38	4 26
17	6 38	6 33	6 28	6 23	6 17	6 11	6 05	5 57	5 49	5 39	5 29	5 16	5 01	4 44
18	7 30	7 25	7 19	7 13	7 07	6 59	6 52	6 43	6 33	6 22	6 09	5 54	5 36	5 13
19	8 28	8 23	8 17	8 10	8 04	7 56	7 48	7 39	7 28	7 16	7 02	6 46	6 26	6 00
20	9 31	9 26	9 20	9 14	9 07	9 00	8 52	8 43	8 34	8 22	8 09	7 54	7 35	7 11
21	10 36	10 32	10 27	10 21	10 16	10 09	10 02	9 55	9 46	9 37	9 25	9 12	8 57	8 38
22	11 42	11 38	11 34	11 30	11 26	11 21	11 15	11 09	11 02	10 55	10 46	10 36	10 25	10 11
23	12 47	12 44	12 41	12 38	12 35	12 32	12 28	12 24	12 19	12 14	12 08	12 01	11 54	11 44
24	13 50	13 49	13 47	13 46	13 44	13 42	13 40	13 37	13 35	13 32	13 29	13 25	13 21	13 16
25	14 52	14 52	14 52	14 51	14 51	14 50	14 50	14 49	14 49	14 48	14 48	14 47	14 46	14 45

.. .. indicates phenomenon will occur the next day.

UNIVERSAL TIME FOR MERIDIAN OF GREENWICH

MOONRISE

Lat.	−55°	−50°	−45°	−40°	−35°	−30°	−20°	−10°	0°	+10°	+20°	+30°	+35°	+40°
	h m	h m	h m	h m	h m	h m	h m	h m	h m	h m	h m	h m	h m	h m
Apr. 24	1 01	1 09	1 15	1 20	1 25	1 29	1 35	1 41	1 47	1 53	1 59	2 05	2 09	2 14
25	2 15	2 18	2 21	2 23	2 25	2 26	2 29	2 32	2 34	2 37	2 39	2 42	2 44	2 46
26	3 27	3 26	3 25	3 24	3 23	3 23	3 22	3 21	3 20	3 19	3 19	3 18	3 17	3 17
27	4 38	4 32	4 28	4 24	4 21	4 18	4 13	4 09	4 05	4 02	3 58	3 53	3 50	3 47
28	5 47	5 37	5 30	5 23	5 18	5 13	5 05	4 57	4 50	4 44	4 37	4 28	4 24	4 19
29	6 55	6 41	6 30	6 21	6 14	6 07	5 55	5 45	5 36	5 27	5 17	5 05	4 59	4 51
30	8 00	7 43	7 30	7 18	7 09	7 00	6 46	6 34	6 22	6 10	5 58	5 44	5 36	5 27
May 1	9 02	8 42	8 26	8 13	8 02	7 53	7 36	7 22	7 09	6 56	6 41	6 25	6 16	6 05
2	9 59	9 37	9 20	9 06	8 54	8 44	8 26	8 11	7 56	7 42	7 27	7 09	6 59	6 47
3	10 49	10 26	10 09	9 55	9 43	9 32	9 14	8 59	8 44	8 29	8 13	7 56	7 45	7 33
4	11 32	11 10	10 54	10 40	10 29	10 18	10 01	9 46	9 31	9 17	9 02	8 44	8 34	8 23
5	12 08	11 49	11 34	11 22	11 11	11 02	10 46	10 32	10 19	10 06	9 52	9 35	9 26	9 15
6	12 39	12 23	12 10	12 00	11 51	11 43	11 29	11 17	11 05	10 54	10 42	10 28	10 20	10 11
7	13 05	12 53	12 43	12 35	12 28	12 21	12 10	12 01	11 52	11 43	11 33	11 22	11 16	11 08
8	13 29	13 21	13 14	13 08	13 03	12 59	12 51	12 45	12 38	12 32	12 25	12 18	12 13	12 08
9	13 51	13 47	13 43	13 40	13 38	13 36	13 32	13 28	13 25	13 22	13 18	13 15	13 12	13 10
10	14 13	14 13	14 13	14 13	14 13	14 13	14 13	14 13	14 13	14 13	14 13	14 14	14 14	14 14
11	14 36	14 40	14 44	14 47	14 49	14 52	14 56	15 00	15 03	15 07	15 11	15 15	15 18	15 20
12	15 01	15 10	15 17	15 23	15 29	15 34	15 42	15 49	15 56	16 03	16 11	16 19	16 24	16 30
13	15 31	15 44	15 55	16 04	16 12	16 19	16 31	16 42	16 52	17 02	17 13	17 26	17 33	17 41
14	16 07	16 25	16 39	16 51	17 01	17 10	17 25	17 39	17 52	18 04	18 18	18 34	18 43	18 53
15	16 54	17 15	17 31	17 45	17 56	18 06	18 24	18 39	18 53	19 08	19 23	19 41	19 51	20 03
16	17 51	18 13	18 31	18 45	18 57	19 07	19 26	19 41	19 56	20 11	20 27	20 45	20 56	21 08
17	18 59	19 20	19 37	19 50	20 02	20 12	20 29	20 44	20 58	21 12	21 27	21 44	21 54	22 06
18	20 14	20 32	20 46	20 58	21 08	21 17	21 31	21 45	21 57	22 09	22 22	22 37	22 45	22 55

MOONSET

Lat.	−55°	−50°	−45°	−40°	−35°	−30°	−20°	−10°	0°	+10°	+20°	+30°	+35°	+40°
	h m	h m	h m	h m	h m	h m	h m	h m	h m	h m	h m	h m	h m	h m
Apr. 24	14 42	14 36	14 32	14 29	14 26	14 23	14 18	14 14	14 10	14 06	14 01	13 56	13 54	13 50
25	15 03	15 02	15 01	15 00	15 00	14 59	14 58	14 57	14 56	14 56	14 55	14 54	14 53	14 52
26	15 23	15 26	15 29	15 31	15 33	15 34	15 37	15 40	15 42	15 44	15 47	15 50	15 51	15 53
27	15 44	15 51	15 57	16 02	16 06	16 10	16 16	16 22	16 27	16 32	16 38	16 45	16 48	16 53
28	16 06	16 17	16 26	16 34	16 40	16 46	16 56	17 04	17 12	17 20	17 29	17 39	17 45	17 51
29	16 31	16 46	16 58	17 08	17 16	17 23	17 36	17 47	17 58	18 09	18 20	18 33	18 40	18 49
30	17 00	17 18	17 33	17 44	17 54	18 03	18 19	18 32	18 45	18 57	19 11	19 26	19 35	19 45
May 1	17 35	17 55	18 11	18 25	18 36	18 46	19 03	19 18	19 32	19 46	20 00	20 18	20 28	20 39
2	18 15	18 37	18 55	19 09	19 21	19 31	19 49	20 05	20 19	20 34	20 49	21 07	21 18	21 30
3	19 03	19 25	19 42	19 56	20 08	20 19	20 37	20 52	21 07	21 21	21 37	21 55	22 05	22 17
4	19 57	20 18	20 34	20 48	20 59	21 09	21 26	21 41	21 54	22 08	22 23	22 39	22 49	23 00
5	20 57	21 15	21 30	21 42	21 52	22 01	22 16	22 29	22 41	22 54	23 07	23 22	23 30	23 40
6	22 02	22 17	22 28	22 38	22 47	22 54	23 07	23 18	23 28	23 38	23 49	.. ..	.. ..	.. ..
7	23 10	23 21	23 29	23 37	23 43	23 49	23 58	.. ..	.. ..	.. ..	.. ..	0 01	0 08	0 16
8	.. ..	.. ..	.. ..	.. ..	.. ..	.. ..	.. ..	0 06	0 14	0 22	0 30	0 39	0 44	0 50
9	0 21	0 27	0 33	0 37	0 41	0 45	0 51	0 56	1 01	1 05	1 10	1 16	1 19	1 23
10	1 34	1 37	1 39	1 40	1 41	1 43	1 45	1 46	1 48	1 49	1 51	1 53	1 54	1 55
11	2 51	2 49	2 47	2 45	2 44	2 43	2 40	2 39	2 37	2 35	2 33	2 31	2 30	2 28
12	4 11	4 04	3 58	3 53	3 49	3 45	3 39	3 33	3 28	3 23	3 17	3 11	3 07	3 03
13	5 33	5 21	5 12	5 03	4 57	4 51	4 40	4 31	4 22	4 14	4 05	3 54	3 48	3 41
14	6 56	6 40	6 26	6 15	6 06	5 58	5 44	5 32	5 20	5 09	4 56	4 42	4 34	4 25
15	8 16	7 56	7 40	7 27	7 16	7 06	6 49	6 34	6 21	6 07	5 52	5 36	5 26	5 15
16	9 28	9 06	8 49	8 34	8 22	8 12	7 54	7 38	7 23	7 09	6 53	6 35	6 24	6 12
17	10 28	10 06	9 50	9 36	9 24	9 14	8 56	8 40	8 26	8 11	7 56	7 38	7 27	7 15
18	11 16	10 57	10 42	10 29	10 19	10 10	9 54	9 40	9 26	9 13	8 59	8 42	8 33	8 22

.. .. indicates phenomenon will occur the next day.

UNIVERSAL TIME FOR MERIDIAN OF GREENWICH

MOONRISE

Lat.	+40°	+42°	+44°	+46°	+48°	+50°	+52°	+54°	+56°	+58°	+60°	+62°	+64°	+66°
	h m	h m	h m	h m	h m	h m	h m	h m	h m	h m	h m	h m	h m	h m
Apr. 24	2 14	2 16	2 18	2 20	2 22	2 25	2 28	2 31	2 34	2 38	2 42	2 47	2 52	2 58
25	2 46	2 47	2 48	2 49	2 50	2 51	2 52	2 53	2 55	2 56	2 58	3 00	3 03	3 05
26	3 17	3 17	3 16	3 16	3 16	3 15	3 15	3 15	3 14	3 14	3 13	3 13	3 12	3 12
27	3 47	3 46	3 45	3 43	3 42	3 40	3 38	3 36	3 34	3 31	3 29	3 25	3 22	3 18
28	4 19	4 16	4 14	4 11	4 08	4 05	4 02	3 58	3 54	3 50	3 45	3 39	3 33	3 25
29	4 51	4 48	4 45	4 41	4 37	4 33	4 28	4 23	4 17	4 10	4 03	3 55	3 45	3 34
30	5 27	5 23	5 18	5 14	5 08	5 03	4 57	4 50	4 43	4 35	4 25	4 14	4 01	3 46
May 1	6 05	6 00	5 55	5 50	5 44	5 37	5 30	5 22	5 14	5 04	4 52	4 39	4 23	4 04
2	6 47	6 42	6 36	6 30	6 24	6 17	6 09	6 00	5 51	5 39	5 27	5 11	4 53	4 30
3	7 33	7 28	7 22	7 16	7 09	7 02	6 54	6 45	6 34	6 23	6 09	5 54	5 34	5 10
4	8 23	8 17	8 12	8 06	7 59	7 52	7 44	7 35	7 26	7 14	7 01	6 46	6 27	6 04
5	9 15	9 11	9 05	9 00	8 54	8 47	8 40	8 32	8 23	8 13	8 02	7 48	7 31	7 11
6	10 11	10 07	10 02	9 58	9 52	9 47	9 41	9 34	9 27	9 18	9 08	8 57	8 44	8 28
7	11 08	11 05	11 02	10 58	10 54	10 50	10 45	10 40	10 34	10 27	10 20	10 11	10 01	9 50
8	12 08	12 06	12 03	12 01	11 58	11 55	11 52	11 48	11 44	11 40	11 35	11 29	11 23	11 15
9	13 10	13 09	13 07	13 06	13 05	13 03	13 02	13 00	12 58	12 56	12 53	12 50	12 47	12 44
10	14 14	14 14	14 14	14 14	14 14	14 14	14 14	14 14	14 14	14 15	14 15	14 15	14 15	14 15
11	15 20	15 22	15 23	15 25	15 26	15 28	15 30	15 32	15 34	15 37	15 40	15 43	15 46	15 51
12	16 30	16 32	16 35	16 38	16 41	16 44	16 48	16 52	16 57	17 02	17 08	17 14	17 22	17 31
13	17 41	17 45	17 49	17 53	17 58	18 03	18 08	18 14	18 21	18 29	18 38	18 48	19 00	19 14
14	18 53	18 58	19 03	19 08	19 14	19 21	19 28	19 36	19 45	19 55	20 06	20 20	20 36	20 56
15	20 03	20 09	20 14	20 20	20 27	20 35	20 43	20 52	21 02	21 13	21 27	21 43	22 02	22 27
16	21 08	21 14	21 19	21 26	21 33	21 40	21 48	21 58	22 08	22 20	22 34	22 50	23 10	23 36
17	22 06	22 11	22 16	22 22	22 28	22 35	22 43	22 52	23 01	23 12	23 24	23 39	23 57	.. ..
18	22 55	23 00	23 04	23 09	23 15	23 21	23 27	23 34	23 42	23 51	.. ..	.. ..	.. ..	0 18

MOONSET

Lat.	+40°	+42°	+44°	+46°	+48°	+50°	+52°	+54°	+56°	+58°	+60°	+62°	+64°	+66°
	h m	h m	h m	h m	h m	h m	h m	h m	h m	h m	h m	h m	h m	h m
Apr. 24	13 50	13 49	13 47	13 46	13 44	13 42	13 40	13 37	13 35	13 32	13 29	13 25	13 21	13 16
25	14 52	14 52	14 52	14 51	14 51	14 50	14 50	14 49	14 49	14 48	14 48	14 47	14 46	14 45
26	15 53	15 54	15 55	15 56	15 57	15 58	15 59	16 00	16 01	16 03	16 05	16 07	16 09	16 12
27	16 53	16 55	16 57	16 59	17 01	17 04	17 06	17 09	17 13	17 16	17 21	17 25	17 31	17 37
28	17 51	17 54	17 57	18 01	18 04	18 08	18 12	18 17	18 22	18 28	18 35	18 42	18 51	19 02
29	18 49	18 53	18 57	19 01	19 06	19 11	19 17	19 23	19 30	19 38	19 47	19 57	20 09	20 24
30	19 45	19 50	19 55	20 00	20 05	20 12	20 19	20 26	20 35	20 44	20 55	21 08	21 24	21 42
May 1	20 39	20 44	20 49	20 55	21 02	21 09	21 16	21 25	21 35	21 45	21 58	22 13	22 31	22 54
2	21 30	21 35	21 41	21 47	21 54	22 01	22 09	22 18	22 28	22 40	22 53	23 09	23 28	23 53
3	22 17	22 22	22 28	22 34	22 41	22 48	22 56	23 05	23 15	23 26	23 39	23 55	.. ..	.. ..
4	23 00	23 05	23 10	23 16	23 22	23 29	23 36	23 45	23 54	.. ..	.. ..	.. ..	0 14	0 37
5	23 40	23 44	23 49	23 54	23 59	.. ..	.. ..	.. ..	.. ..	0 04	0 16	0 30	0 47	1 08
6	.. ..	.. ..	.. ..	.. ..	.. ..	0 05	0 12	0 19	0 27	0 36	0 46	0 58	1 11	1 28
7	0 16	0 20	0 24	0 28	0 32	0 37	0 42	0 48	0 54	1 01	1 09	1 19	1 29	1 42
8	0 50	0 53	0 56	0 59	1 02	1 06	1 10	1 14	1 18	1 23	1 29	1 36	1 43	1 52
9	1 23	1 25	1 26	1 28	1 30	1 32	1 35	1 37	1 40	1 43	1 46	1 50	1 55	2 00
10	1 55	1 56	1 56	1 57	1 57	1 58	1 59	2 00	2 01	2 02	2 03	2 04	2 05	2 07
11	2 28	2 27	2 27	2 26	2 25	2 24	2 24	2 23	2 21	2 20	2 19	2 17	2 16	2 14
12	3 03	3 01	2 59	2 57	2 55	2 53	2 50	2 47	2 44	2 40	2 37	2 32	2 27	2 21
13	3 41	3 38	3 35	3 32	3 28	3 24	3 20	3 15	3 10	3 04	2 57	2 50	2 41	2 31
14	4 25	4 21	4 17	4 12	4 07	4 01	3 55	3 49	3 41	3 33	3 24	3 13	3 00	2 45
15	5 15	5 10	5 05	4 59	4 53	4 46	4 39	4 31	4 21	4 11	3 59	3 45	3 28	3 08
16	6 12	6 07	6 01	5 54	5 48	5 40	5 32	5 23	5 13	5 01	4 47	4 31	4 11	3 46
17	7 15	7 10	7 04	6 58	6 51	6 43	6 35	6 26	6 16	6 04	5 50	5 34	5 14	4 49
18	8 22	8 17	8 12	8 06	8 00	7 53	7 46	7 38	7 28	7 18	7 06	6 52	6 34	6 13

.. .. indicates phenomenon will occur the next day.

UNIVERSAL TIME FOR MERIDIAN OF GREENWICH

MOONRISE

Lat.	−55°	−50°	−45°	−40°	−35°	−30°	−20°	−10°	0°	+10°	+20°	+30°	+35°	+40°
	h m	h m	h m	h m	h m	h m	h m	h m	h m	h m	h m	h m	h m	h m
May 17	18 59	19 20	19 37	19 50	20 02	20 12	20 29	20 44	20 58	21 12	21 27	21 44	21 54	22 06
18	20 14	20 32	20 46	20 58	21 08	21 17	21 31	21 45	21 57	22 09	22 22	22 37	22 45	22 55
19	21 32	21 46	21 57	22 06	22 13	22 20	22 32	22 42	22 52	23 02	23 12	23 24	23 30	23 38
20	22 49	22 58	23 06	23 12	23 17	23 22	23 30	23 37	23 44	23 50	23 57	.. ..	.. ..	.. ..
21	.. ..	.. ..	.. ..	.. ..	.. ..	.. ..	.. ..	.. ..	.. ..	.. ..	.. ..	0 06	0 10	0 15
22	0 04	0 09	0 13	0 16	0 19	0 21	0 25	0 29	0 33	0 36	0 40	0 44	0 46	0 49
23	1 17	1 18	1 18	1 18	1 18	1 18	1 19	1 19	1 19	1 19	1 20	1 20	1 20	1 20
24	2 29	2 24	2 21	2 18	2 16	2 14	2 10	2 07	2 04	2 01	1 58	1 55	1 53	1 51
25	3 38	3 30	3 23	3 17	3 13	3 08	3 01	2 55	2 49	2 43	2 37	2 30	2 26	2 21
26	4 46	4 34	4 24	4 15	4 09	4 02	3 52	3 43	3 34	3 25	3 16	3 06	3 00	2 53
27	5 52	5 36	5 23	5 12	5 03	4 56	4 42	4 30	4 19	4 08	3 57	3 44	3 36	3 27
28	6 55	6 35	6 20	6 08	5 57	5 48	5 32	5 19	5 06	4 53	4 39	4 24	4 15	4 04
29	7 53	7 32	7 15	7 01	6 50	6 39	6 22	6 07	5 53	5 39	5 24	5 06	4 56	4 45
30	8 46	8 23	8 06	7 51	7 39	7 29	7 11	6 55	6 40	6 26	6 10	5 52	5 42	5 30
31	9 31	9 09	8 52	8 38	8 26	8 16	7 58	7 43	7 28	7 14	6 58	6 40	6 30	6 18
June 1	10 10	9 50	9 34	9 21	9 10	9 00	8 44	8 29	8 15	8 02	7 47	7 31	7 21	7 10
2	10 42	10 25	10 11	10 00	9 50	9 42	9 27	9 14	9 02	8 50	8 37	8 22	8 14	8 04
3	11 10	10 56	10 45	10 36	10 28	10 21	10 09	9 58	9 48	9 38	9 28	9 16	9 09	9 01
4	11 34	11 24	11 16	11 09	11 03	10 58	10 49	10 41	10 34	10 27	10 19	10 10	10 05	9 59
5	11 56	11 50	11 45	11 41	11 38	11 34	11 29	11 24	11 20	11 15	11 10	11 05	11 02	10 58
6	12 17	12 15	12 14	12 12	12 11	12 10	12 09	12 07	12 06	12 04	12 03	12 01	12 00	11 59
7	12 38	12 41	12 43	12 44	12 46	12 47	12 49	12 51	12 53	12 55	12 57	13 00	13 01	13 03
8	13 01	13 08	13 14	13 18	13 22	13 26	13 32	13 38	13 43	13 48	13 54	14 01	14 04	14 09
9	13 28	13 39	13 48	13 56	14 02	14 08	14 18	14 27	14 36	14 44	14 54	15 04	15 10	15 17
10	14 00	14 15	14 28	14 38	14 47	14 55	15 09	15 21	15 32	15 44	15 56	16 10	16 18	16 28

MOONSET

Lat.	−55°	−50°	−45°	−40°	−35°	−30°	−20°	−10°	0°	+10°	+20°	+30°	+35°	+40°
	h m	h m	h m	h m	h m	h m	h m	h m	h m	h m	h m	h m	h m	h m
May 17	10 28	10 06	9 50	9 36	9 24	9 14	8 56	8 40	8 26	8 11	7 56	7 38	7 27	7 15
18	11 16	10 57	10 42	10 29	10 19	10 10	9 54	9 40	9 26	9 13	8 59	8 42	8 33	8 22
19	11 53	11 38	11 26	11 16	11 07	10 59	10 46	10 35	10 24	10 13	10 01	9 47	9 39	9 30
20	12 23	12 12	12 03	11 56	11 49	11 44	11 34	11 25	11 17	11 09	11 00	10 50	10 44	10 37
21	12 48	12 41	12 36	12 31	12 27	12 24	12 18	12 12	12 07	12 02	11 57	11 51	11 47	11 43
22	13 09	13 07	13 05	13 04	13 02	13 01	12 59	12 57	12 55	12 53	12 51	12 49	12 47	12 46
23	13 30	13 32	13 33	13 34	13 36	13 36	13 38	13 40	13 41	13 42	13 44	13 45	13 46	13 47
24	13 50	13 56	14 01	14 05	14 08	14 11	14 17	14 21	14 26	14 30	14 35	14 40	14 43	14 47
25	14 12	14 22	14 29	14 36	14 42	14 47	14 56	15 03	15 11	15 18	15 26	15 35	15 40	15 45
26	14 35	14 49	15 00	15 09	15 17	15 24	15 36	15 46	15 56	16 06	16 16	16 28	16 35	16 43
27	15 03	15 20	15 33	15 44	15 54	16 02	16 17	16 30	16 42	16 54	17 06	17 21	17 30	17 39
28	15 35	15 55	16 10	16 23	16 34	16 44	17 00	17 15	17 28	17 42	17 56	18 13	18 23	18 34
29	16 13	16 35	16 52	17 06	17 18	17 28	17 46	18 01	18 16	18 30	18 46	19 03	19 14	19 26
30	16 58	17 21	17 38	17 52	18 04	18 15	18 33	18 49	19 03	19 18	19 34	19 52	20 02	20 14
31	17 50	18 12	18 29	18 42	18 54	19 04	19 22	19 37	19 51	20 05	20 20	20 38	20 48	20 59
June 1	18 48	19 08	19 23	19 35	19 46	19 55	20 11	20 25	20 38	20 51	21 05	21 20	21 30	21 40
2	19 51	20 07	20 20	20 31	20 40	20 48	21 02	21 14	21 25	21 36	21 47	22 01	22 09	22 17
3	20 57	21 10	21 20	21 28	21 35	21 42	21 52	22 02	22 10	22 19	22 28	22 39	22 45	22 52
4	22 06	22 14	22 21	22 27	22 32	22 36	22 43	22 50	22 56	23 02	23 08	23 15	23 19	23 24
5	23 17	23 21	23 24	23 27	23 30	23 32	23 35	23 39	23 42	23 45	23 48	23 51	23 53	23 55
6	.. ..	.. ..	.. ..	.. ..	.. ..	.. ..	.. ..	.. ..	.. ..	.. ..	.. ..	.. ..	.. ..	.. ..
7	0 30	0 30	0 30	0 29	0 29	0 29	0 29	0 29	0 28	0 28	0 28	0 27	0 27	0 27
8	1 46	1 41	1 37	1 34	1 31	1 29	1 24	1 20	1 17	1 13	1 09	1 05	1 02	0 59
9	3 05	2 55	2 47	2 41	2 35	2 31	2 22	2 15	2 08	2 01	1 53	1 45	1 40	1 35
10	4 26	4 11	4 00	3 50	3 42	3 35	3 23	3 12	3 02	2 52	2 42	2 29	2 22	2 14

.. .. indicates phenomenon will occur the next day.

UNIVERSAL TIME FOR MERIDIAN OF GREENWICH

MOONRISE

Lat.	+40°	+42°	+44°	+46°	+48°	+50°	+52°	+54°	+56°	+58°	+60°	+62°	+64°	+66°
	h m	h m	h m	h m	h m	h m	h m	h m	h m	h m	h m	h m	h m	h m
May 17	22 06	22 11	22 16	22 22	22 28	22 35	22 43	22 52	23 01	23 12	23 24	23 39	23 57	.. ..
18	22 55	23 00	23 04	23 09	23 15	23 21	23 27	23 34	23 42	23 51	.. ..	.. ..	.. ..	0 18
19	23 38	23 41	23 45	23 49	23 53	23 58	.. ..	.. ..	.. ..	.. ..	0 01	0 13	0 27	0 43
20	.. ..	.. ..	.. ..	.. ..	.. ..	.. ..	0 02	0 08	0 14	0 21	0 28	0 37	0 47	0 59
21	0 15	0 18	0 20	0 23	0 26	0 29	0 32	0 36	0 40	0 44	0 49	0 55	1 01	1 09
22	0 49	0 50	0 51	0 53	0 54	0 56	0 58	1 00	1 02	1 04	1 06	1 09	1 13	1 16
23	1 20	1 20	1 21	1 21	1 21	1 21	1 21	1 21	1 21	1 22	1 22	1 22	1 22	1 23
24	1 51	1 50	1 49	1 48	1 47	1 45	1 44	1 42	1 41	1 39	1 37	1 35	1 32	1 29
25	2 21	2 19	2 17	2 15	2 13	2 10	2 07	2 04	2 01	1 57	1 52	1 48	1 42	1 36
26	2 53	2 50	2 47	2 44	2 40	2 36	2 32	2 27	2 22	2 16	2 10	2 02	1 54	1 44
27	3 27	3 24	3 19	3 15	3 10	3 05	3 00	2 53	2 46	2 39	2 30	2 20	2 08	1 54
28	4 04	4 00	3 55	3 50	3 44	3 38	3 31	3 24	3 15	3 06	2 55	2 42	2 28	2 10
29	4 45	4 40	4 35	4 29	4 22	4 15	4 08	3 59	3 50	3 39	3 26	3 12	2 54	2 32
30	5 30	5 24	5 19	5 12	5 06	4 58	4 50	4 41	4 31	4 19	4 06	3 50	3 31	3 07
31	6 18	6 13	6 07	6 01	5 54	5 47	5 39	5 30	5 20	5 08	4 55	4 39	4 20	3 55
June 1	7 10	7 05	6 59	6 54	6 47	6 41	6 33	6 25	6 15	6 05	5 52	5 38	5 20	4 59
2	8 04	8 00	7 55	7 50	7 44	7 39	7 32	7 25	7 17	7 07	6 57	6 45	6 30	6 12
3	9 01	8 57	8 53	8 49	8 45	8 40	8 34	8 29	8 22	8 15	8 06	7 57	7 46	7 32
4	9 59	9 56	9 53	9 50	9 47	9 43	9 39	9 35	9 31	9 25	9 19	9 12	9 05	8 55
5	10 58	10 57	10 55	10 53	10 51	10 49	10 47	10 44	10 41	10 38	10 35	10 31	10 26	10 21
6	11 59	11 59	11 58	11 58	11 57	11 57	11 56	11 55	11 55	11 54	11 53	11 52	11 50	11 49
7	13 03	13 04	13 04	13 05	13 06	13 07	13 08	13 09	13 10	13 12	13 13	13 15	13 17	13 20
8	14 09	14 11	14 13	14 15	14 17	14 20	14 23	14 26	14 29	14 33	14 37	14 42	14 48	14 54
9	15 17	15 20	15 24	15 27	15 31	15 35	15 40	15 45	15 51	15 57	16 04	16 12	16 22	16 33
10	16 28	16 32	16 36	16 41	16 47	16 52	16 59	17 06	17 13	17 22	17 32	17 44	17 58	18 15

MOONSET

Lat.	+40°	+42°	+44°	+46°	+48°	+50°	+52°	+54°	+56°	+58°	+60°	+62°	+64°	+66°
	h m	h m	h m	h m	h m	h m	h m	h m	h m	h m	h m	h m	h m	h m
May 17	7 15	7 10	7 04	6 58	6 51	6 43	6 35	6 26	6 16	6 04	5 50	5 34	5 14	4 49
18	8 22	8 17	8 12	8 06	8 00	7 53	7 46	7 38	7 28	7 18	7 06	6 52	6 34	6 13
19	9 30	9 26	9 22	9 17	9 12	9 07	9 01	8 54	8 46	8 38	8 28	8 17	8 04	7 48
20	10 37	10 34	10 31	10 28	10 24	10 20	10 16	10 11	10 06	10 00	9 53	9 45	9 36	9 25
21	11 43	11 41	11 39	11 37	11 35	11 32	11 29	11 27	11 23	11 20	11 16	11 11	11 05	10 59
22	12 46	12 45	12 45	12 44	12 43	12 42	12 41	12 40	12 39	12 37	12 36	12 34	12 32	12 30
23	13 47	13 48	13 48	13 49	13 49	13 50	13 50	13 51	13 52	13 53	13 54	13 55	13 56	13 58
24	14 47	14 48	14 50	14 52	14 54	14 56	14 58	15 01	15 03	15 06	15 10	15 14	15 18	15 23
25	15 45	15 48	15 51	15 54	15 57	16 00	16 04	16 08	16 13	16 18	16 24	16 31	16 38	16 47
26	16 43	16 47	16 50	16 54	16 59	17 04	17 09	17 15	17 21	17 28	17 36	17 46	17 57	18 10
27	17 39	17 44	17 48	17 53	17 59	18 05	18 11	18 18	18 26	18 35	18 46	18 58	19 12	19 30
28	18 34	18 39	18 44	18 50	18 56	19 03	19 10	19 18	19 28	19 38	19 51	20 05	20 22	20 44
29	19 26	19 31	19 37	19 43	19 49	19 57	20 05	20 14	20 24	20 35	20 49	21 04	21 23	21 48
30	20 14	20 20	20 25	20 32	20 38	20 46	20 54	21 03	21 13	21 24	21 38	21 54	22 13	22 38
31	20 59	21 04	21 10	21 15	21 22	21 29	21 37	21 45	21 55	22 06	22 18	22 33	22 51	23 13
June 1	21 40	21 45	21 49	21 55	22 00	22 07	22 14	22 21	22 30	22 39	22 50	23 03	23 18	23 36
2	22 17	22 21	22 25	22 30	22 35	22 40	22 45	22 52	22 59	23 07	23 15	23 26	23 37	23 52
3	22 52	22 55	22 58	23 01	23 05	23 09	23 13	23 18	23 24	23 29	23 36	23 44	23 52	.. ..
4	23 24	23 26	23 28	23 31	23 33	23 36	23 39	23 42	23 45	23 49	23 54	23 59	.. ..	0 03
5	23 55	23 56	23 57	23 59	.. ..	.. ..	.. ..	.. ..	.. ..	.. ..	.. ..	.. ..	0 04	0 11
6	.. ..	.. ..	.. ..	.. ..	0 00	0 01	0 03	0 04	0 06	0 08	0 10	0 12	0 15	0 18
7	0 27	0 27	0 27	0 26	0 26	0 26	0 26	0 26	0 26	0 25	0 25	0 25	0 25	0 24
8	0 59	0 58	0 57	0 55	0 54	0 52	0 50	0 49	0 46	0 44	0 41	0 38	0 35	0 31
9	1 35	1 32	1 30	1 27	1 24	1 21	1 17	1 14	1 09	1 05	1 00	0 54	0 47	0 39
10	2 14	2 11	2 07	2 03	1 59	1 54	1 49	1 43	1 37	1 30	1 22	1 13	1 02	0 50

.. .. indicates phenomenon will occur the next day.

UNIVERSAL TIME FOR MERIDIAN OF GREENWICH

MOONRISE

Lat.	−55°	−50°	−45°	−40°	−35°	−30°	−20°	−10°	0°	+10°	+20°	+30°	+35°	+40°
	h m	h m	h m	h m	h m	h m	h m	h m	h m	h m	h m	h m	h m	h m
June 8	13 01	13 08	13 14	13 18	13 22	13 26	13 32	13 38	13 43	13 48	13 54	14 01	14 04	14 09
9	13 28	13 39	13 48	13 56	14 02	14 08	14 18	14 27	14 36	14 44	14 54	15 04	15 10	15 17
10	14 00	14 15	14 28	14 38	14 47	14 55	15 09	15 21	15 32	15 44	15 56	16 10	16 18	16 28
11	14 40	14 59	15 15	15 27	15 38	15 48	16 04	16 19	16 32	16 46	17 01	17 18	17 27	17 39
12	15 31	15 53	16 10	16 24	16 36	16 47	17 05	17 20	17 35	17 50	18 06	18 24	18 35	18 47
13	16 35	16 57	17 14	17 28	17 40	17 50	18 08	18 24	18 39	18 53	19 09	19 27	19 37	19 49
14	17 48	18 08	18 24	18 36	18 47	18 57	19 13	19 27	19 41	19 54	20 08	20 24	20 34	20 45
15	19 08	19 24	19 36	19 47	19 56	20 03	20 17	20 29	20 40	20 51	21 02	21 16	21 23	21 32
16	20 28	20 40	20 49	20 56	21 03	21 08	21 18	21 27	21 35	21 43	21 52	22 01	22 07	22 13
17	21 47	21 54	21 59	22 04	22 07	22 11	22 17	22 22	22 27	22 31	22 37	22 42	22 46	22 50
18	23 03	23 05	23 07	23 08	23 09	23 10	23 12	23 14	23 15	23 17	23 18	23 20	23 21	23 23
19	.. ..	.. ..	.. ..	.. ..	.. ..	.. ..	.. ..	.. ..	.. ..	.. ..	23 58	23 56	23 55	23 54
20	0 17	0 14	0 12	0 11	0 09	0 08	0 06	0 04	0 02	0 00	.. ..	.. ..	.. ..	.. ..
21	1 28	1 21	1 15	1 11	1 07	1 03	0 57	0 52	0 47	0 43	0 38	0 32	0 29	0 25
22	2 37	2 26	2 17	2 10	2 03	1 58	1 48	1 40	1 32	1 25	1 17	1 08	1 02	0 56
23	3 43	3 28	3 17	3 07	2 59	2 51	2 39	2 28	2 18	2 08	1 57	1 45	1 37	1 29
24	4 47	4 29	4 15	4 03	3 53	3 44	3 29	3 16	3 04	2 51	2 38	2 24	2 15	2 05
25	5 47	5 26	5 10	4 57	4 45	4 36	4 19	4 04	3 50	3 36	3 22	3 05	2 55	2 44
26	6 42	6 20	6 02	5 48	5 36	5 26	5 08	4 52	4 37	4 23	4 07	3 50	3 39	3 27
27	7 30	7 08	6 50	6 36	6 24	6 14	5 56	5 40	5 25	5 11	4 55	4 37	4 26	4 14
28	8 11	7 50	7 34	7 21	7 09	6 59	6 42	6 27	6 13	5 59	5 44	5 27	5 17	5 05
29	8 46	8 28	8 13	8 01	7 51	7 42	7 26	7 13	7 00	6 47	6 34	6 18	6 09	5 59
30	9 15	9 00	8 48	8 38	8 30	8 22	8 09	7 58	7 47	7 36	7 24	7 11	7 04	6 55
July 1	9 41	9 29	9 20	9 12	9 06	9 00	8 50	8 41	8 33	8 24	8 15	8 05	7 59	7 53
2	10 03	9 56	9 50	9 45	9 40	9 36	9 30	9 24	9 18	9 12	9 07	9 00	8 56	8 51

MOONSET

Lat.	−55°	−50°	−45°	−40°	−35°	−30°	−20°	−10°	0°	+10°	+20°	+30°	+35°	+40°
	h m	h m	h m	h m	h m	h m	h m	h m	h m	h m	h m	h m	h m	h m
June 8	1 46	1 41	1 37	1 34	1 31	1 29	1 24	1 20	1 17	1 13	1 09	1 05	1 02	0 59
9	3 05	2 55	2 47	2 41	2 35	2 31	2 22	2 15	2 08	2 01	1 53	1 45	1 40	1 35
10	4 26	4 11	4 00	3 50	3 42	3 35	3 23	3 12	3 02	2 52	2 42	2 29	2 22	2 14
11	5 47	5 28	5 13	5 01	4 51	4 42	4 27	4 13	4 00	3 48	3 34	3 19	3 10	3 00
12	7 03	6 42	6 25	6 11	5 59	5 49	5 32	5 16	5 02	4 48	4 32	4 15	4 04	3 53
13	8 11	7 48	7 31	7 17	7 05	6 54	6 36	6 20	6 05	5 50	5 34	5 16	5 05	4 53
14	9 06	8 45	8 29	8 16	8 05	7 55	7 37	7 22	7 08	6 54	6 39	6 22	6 11	6 00
15	9 49	9 32	9 19	9 07	8 58	8 49	8 34	8 21	8 09	7 57	7 44	7 29	7 20	7 10
16	10 24	10 11	10 00	9 52	9 44	9 38	9 26	9 16	9 06	8 57	8 47	8 35	8 28	8 20
17	10 51	10 43	10 36	10 30	10 25	10 21	10 13	10 06	10 00	9 54	9 47	9 39	9 34	9 29
18	11 15	11 11	11 08	11 05	11 03	11 00	10 57	10 53	10 50	10 47	10 44	10 40	10 37	10 35
19	11 36	11 37	11 37	11 37	11 37	11 37	11 38	11 38	11 38	11 38	11 38	11 38	11 38	11 38
20	11 57	12 02	12 05	12 08	12 11	12 13	12 17	12 21	12 24	12 27	12 31	12 35	12 37	12 40
21	12 18	12 27	12 34	12 39	12 44	12 49	12 56	13 03	13 09	13 15	13 22	13 30	13 34	13 39
22	12 41	12 53	13 03	13 12	13 19	13 25	13 36	13 45	13 54	14 03	14 13	14 24	14 30	14 37
23	13 07	13 23	13 35	13 46	13 55	14 03	14 16	14 28	14 40	14 51	15 03	15 17	15 25	15 34
24	13 37	13 56	14 11	14 23	14 34	14 43	14 59	15 13	15 26	15 39	15 53	16 09	16 18	16 29
25	14 13	14 34	14 51	15 04	15 16	15 26	15 44	15 59	16 13	16 27	16 42	17 00	17 10	17 22
26	14 55	15 18	15 35	15 49	16 01	16 12	16 30	16 46	17 01	17 15	17 31	17 49	18 00	18 12
27	15 45	16 07	16 24	16 38	16 50	17 01	17 18	17 34	17 48	18 03	18 18	18 36	18 46	18 58
28	16 41	17 02	17 18	17 31	17 42	17 51	18 08	18 22	18 36	18 49	19 04	19 20	19 29	19 40
29	17 43	18 00	18 14	18 26	18 35	18 44	18 58	19 11	19 23	19 35	19 47	20 01	20 10	20 19
30	18 48	19 02	19 13	19 22	19 30	19 37	19 49	19 59	20 09	20 19	20 29	20 40	20 47	20 55
July 1	19 56	20 06	20 14	20 21	20 26	20 31	20 40	20 48	20 55	21 02	21 09	21 17	21 22	21 28
2	21 06	21 11	21 16	21 20	21 23	21 26	21 31	21 36	21 40	21 44	21 48	21 53	21 56	21 59

.. .. indicates phenomenon will occur the next day.

UNIVERSAL TIME FOR MERIDIAN OF GREENWICH

MOONRISE

Lat.	+40°	+42°	+44°	+46°	+48°	+50°	+52°	+54°	+56°	+58°	+60°	+62°	+64°	+66°
	h m	h m	h m	h m	h m	h m	h m	h m	h m	h m	h m	h m	h m	h m
June 8	14 09	14 11	14 13	14 15	14 17	14 20	14 23	14 26	14 29	14 33	14 37	14 42	14 48	14 54
9	15 17	15 20	15 24	15 27	15 31	15 35	15 40	15 45	15 51	15 57	16 04	16 12	16 22	16 33
10	16 28	16 32	16 36	16 41	16 47	16 52	16 59	17 06	17 13	17 22	17 32	17 44	17 58	18 15
11	17 39	17 44	17 49	17 55	18 01	18 08	18 16	18 24	18 34	18 45	18 57	19 12	19 30	19 52
12	18 47	18 52	18 58	19 04	19 11	19 19	19 27	19 36	19 47	19 59	20 13	20 29	20 49	21 15
13	19 49	19 55	20 00	20 07	20 13	20 21	20 29	20 38	20 48	21 00	21 13	21 29	21 48	22 12
14	20 45	20 49	20 54	21 00	21 06	21 12	21 20	21 28	21 36	21 46	21 58	22 11	22 27	22 46
15	21 32	21 36	21 40	21 45	21 49	21 55	22 00	22 07	22 14	22 21	22 30	22 40	22 52	23 06
16	22 13	22 16	22 19	22 22	22 26	22 29	22 33	22 38	22 43	22 48	22 55	23 02	23 10	23 19
17	22 50	22 51	22 53	22 55	22 57	22 59	23 02	23 04	23 07	23 10	23 14	23 18	23 22	23 28
18	23 23	23 23	23 24	23 24	23 25	23 26	23 26	23 27	23 28	23 29	23 30	23 32	23 33	23 35
19	23 54	23 53	23 53	23 52	23 51	23 51	23 50	23 49	23 48	23 47	23 46	23 44	23 43	23 41
20	.. ..	.. ..	.. ..	.. ..	.. ..	.. ..	.. ..	.. ..	.. ..	.. ..	.. ..	23 57	23 53	23 48
21	0 25	0 23	0 21	0 20	0 18	0 15	0 13	0 11	0 08	0 05	0 01	.. ..	.. ..	23 55
22	0 56	0 54	0 51	0 48	0 45	0 41	0 37	0 33	0 29	0 23	0 18	0 11	0 04	.. ..
23	1 29	1 26	1 22	1 18	1 14	1 09	1 04	0 58	0 52	0 45	0 37	0 28	0 17	0 05
24	2 05	2 01	1 56	1 51	1 46	1 40	1 34	1 27	1 19	1 10	1 00	0 48	0 34	0 18
25	2 44	2 39	2 34	2 29	2 22	2 16	2 08	2 00	1 51	1 41	1 29	1 15	0 58	0 37
26	3 27	3 22	3 16	3 10	3 04	2 56	2 49	2 40	2 30	2 18	2 05	1 50	1 31	1 07
27	4 14	4 09	4 03	3 57	3 50	3 43	3 35	3 26	3 16	3 04	2 51	2 35	2 15	1 50
28	5 05	5 00	4 54	4 49	4 42	4 35	4 27	4 19	4 09	3 58	3 45	3 30	3 12	2 49
29	5 59	5 54	5 49	5 44	5 38	5 32	5 25	5 17	5 09	4 59	4 48	4 34	4 19	3 59
30	6 55	6 51	6 47	6 42	6 38	6 32	6 26	6 20	6 13	6 05	5 56	5 45	5 33	5 18
July 1	7 53	7 50	7 46	7 43	7 39	7 35	7 31	7 26	7 21	7 15	7 08	7 00	6 51	6 40
2	8 51	8 49	8 47	8 45	8 43	8 40	8 37	8 34	8 30	8 27	8 22	8 17	8 11	8 05

MOONSET

Lat.	+40°	+42°	+44°	+46°	+48°	+50°	+52°	+54°	+56°	+58°	+60°	+62°	+64°	+66°
	h m	h m	h m	h m	h m	h m	h m	h m	h m	h m	h m	h m	h m	h m
June 8	0 59	0 58	0 57	0 55	0 54	0 52	0 50	0 49	0 46	0 44	0 41	0 38	0 35	0 31
9	1 35	1 32	1 30	1 27	1 24	1 21	1 17	1 14	1 09	1 05	1 00	0 54	0 47	0 39
10	2 14	2 11	2 07	2 03	1 59	1 54	1 49	1 43	1 37	1 30	1 22	1 13	1 02	0 50
11	3 00	2 55	2 51	2 45	2 40	2 34	2 27	2 20	2 11	2 02	1 51	1 39	1 25	1 07
12	3 53	3 48	3 42	3 36	3 29	3 22	3 14	3 06	2 56	2 45	2 32	2 17	1 58	1 35
13	4 53	4 48	4 42	4 35	4 28	4 21	4 13	4 03	3 53	3 41	3 27	3 10	2 50	2 24
14	6 00	5 54	5 49	5 43	5 36	5 29	5 21	5 12	5 02	4 51	4 38	4 22	4 03	3 39
15	7 10	7 05	7 00	6 55	6 49	6 43	6 36	6 29	6 20	6 11	6 00	5 47	5 32	5 13
16	8 20	8 16	8 13	8 09	8 04	8 00	7 54	7 49	7 42	7 35	7 27	7 17	7 06	6 53
17	9 29	9 26	9 24	9 21	9 18	9 15	9 12	9 08	9 04	8 59	8 54	8 48	8 41	8 32
18	10 35	10 34	10 32	10 31	10 30	10 28	10 26	10 25	10 23	10 20	10 18	10 15	10 12	10 08
19	11 38	11 38	11 38	11 38	11 38	11 38	11 39	11 39	11 39	11 39	11 39	11 39	11 39	11 39
20	12 40	12 41	12 42	12 43	12 45	12 46	12 48	12 50	12 52	12 54	12 57	13 00	13 03	13 07
21	13 39	13 41	13 44	13 46	13 49	13 52	13 55	13 59	14 03	14 07	14 12	14 18	14 24	14 32
22	14 37	14 40	14 44	14 48	14 52	14 56	15 01	15 06	15 12	15 18	15 26	15 34	15 44	15 55
23	15 34	15 38	15 42	15 47	15 52	15 58	16 04	16 10	16 18	16 26	16 36	16 47	17 00	17 16
24	16 29	16 34	16 39	16 44	16 50	16 57	17 04	17 12	17 21	17 31	17 42	17 56	18 12	18 33
25	17 22	17 27	17 32	17 39	17 45	17 52	18 00	18 09	18 19	18 30	18 43	18 58	19 17	19 41
26	18 12	18 17	18 23	18 29	18 36	18 43	18 51	19 00	19 10	19 22	19 36	19 52	20 11	20 36
27	18 58	19 03	19 09	19 15	19 21	19 28	19 36	19 45	19 55	20 06	20 19	20 34	20 53	21 16
28	19 40	19 45	19 50	19 56	20 02	20 08	20 15	20 23	20 32	20 42	20 54	21 08	21 24	21 43
29	20 19	20 23	20 28	20 32	20 38	20 43	20 49	20 56	21 04	21 12	21 22	21 33	21 46	22 01
30	20 55	20 58	21 01	21 05	21 09	21 14	21 19	21 24	21 30	21 37	21 44	21 52	22 02	22 14
July 1	21 28	21 30	21 32	21 35	21 38	21 41	21 45	21 49	21 53	21 57	22 03	22 08	22 15	22 23
2	21 59	22 00	22 02	22 03	22 05	22 07	22 09	22 11	22 13	22 16	22 19	22 22	22 26	22 30

.. .. indicates phenomenon will occur the next day.

UNIVERSAL TIME FOR MERIDIAN OF GREENWICH

MOONRISE

Lat.	−55°	−50°	−45°	−40°	−35°	−30°	−20°	−10°	0°	+10°	+20°	+30°	+35°	+40°
	h m	h m	h m	h m	h m	h m	h m	h m	h m	h m	h m	h m	h m	h m
July 1	9 41	9 29	9 20	9 12	9 06	9 00	8 50	8 41	8 33	8 24	8 15	8 05	7 59	7 53
2	10 03	9 56	9 50	9 45	9 40	9 36	9 30	9 24	9 18	9 12	9 07	9 00	8 56	8 51
3	10 24	10 21	10 18	10 16	10 14	10 12	10 09	10 06	10 03	10 01	9 58	9 55	9 53	9 51
4	10 45	10 45	10 46	10 47	10 47	10 47	10 48	10 49	10 49	10 50	10 51	10 52	10 52	10 53
5	11 06	11 11	11 15	11 19	11 22	11 24	11 29	11 33	11 37	11 41	11 45	11 50	11 53	11 56
6	11 30	11 40	11 47	11 53	11 59	12 04	12 12	12 20	12 27	12 34	12 42	12 50	12 55	13 01
7	11 58	12 12	12 23	12 32	12 40	12 47	12 59	13 10	13 20	13 30	13 41	13 53	14 00	14 09
8	12 33	12 51	13 05	13 16	13 26	13 35	13 50	14 03	14 16	14 29	14 42	14 58	15 07	15 17
9	13 17	13 38	13 54	14 08	14 19	14 29	14 46	15 02	15 16	15 30	15 45	16 03	16 13	16 25
10	14 13	14 35	14 52	15 06	15 18	15 29	15 47	16 03	16 18	16 33	16 49	17 07	17 17	17 30
11	15 21	15 42	15 58	16 12	16 24	16 34	16 51	17 06	17 20	17 35	17 50	18 07	18 17	18 29
12	16 38	16 56	17 10	17 22	17 32	17 41	17 56	18 09	18 21	18 34	18 47	19 02	19 11	19 21
13	17 59	18 13	18 24	18 33	18 41	18 48	19 00	19 10	19 20	19 29	19 40	19 51	19 58	20 06
14	19 21	19 30	19 37	19 44	19 49	19 53	20 01	20 08	20 15	20 21	20 28	20 36	20 40	20 46
15	20 41	20 45	20 49	20 51	20 54	20 56	21 00	21 03	21 06	21 09	21 13	21 17	21 19	21 21
16	21 58	21 57	21 57	21 57	21 56	21 56	21 56	21 56	21 55	21 55	21 55	21 55	21 54	21 54
17	23 12	23 07	23 03	22 59	22 57	22 54	22 50	22 46	22 43	22 39	22 35	22 31	22 29	22 26
18	.. ..	.. ..	.. ..	.. ..	23 55	23 50	23 42	23 35	23 29	23 22	23 15	23 08	23 03	22 58
19	0 23	0 14	0 06	0 00	.. ..	.. ..	.. ..	.. ..	.. ..	.. ..	23 56	23 45	23 38	23 31
20	1 31	1 18	1 08	0 59	0 51	0 45	0 34	0 24	0 14	0 05	.. ..	.. ..	.. ..	.. ..
21	2 37	2 20	2 07	1 56	1 46	1 38	1 24	1 12	1 00	0 49	0 37	0 23	0 15	0 06
22	3 39	3 19	3 03	2 51	2 40	2 30	2 14	2 00	1 47	1 34	1 20	1 04	0 55	0 44
23	4 35	4 14	3 57	3 43	3 31	3 21	3 04	2 48	2 34	2 20	2 05	1 47	1 37	1 26
24	5 26	5 04	4 47	4 32	4 20	4 10	3 52	3 36	3 22	3 07	2 51	2 33	2 23	2 11
25	6 10	5 49	5 32	5 18	5 07	4 56	4 39	4 24	4 09	3 55	3 40	3 22	3 12	3 00

MOONSET

Lat.	−55°	−50°	−45°	−40°	−35°	−30°	−20°	−10°	0°	+10°	+20°	+30°	+35°	+40°
	h m	h m	h m	h m	h m	h m	h m	h m	h m	h m	h m	h m	h m	h m
July 1	19 56	20 06	20 14	20 21	20 26	20 31	20 40	20 48	20 55	21 02	21 09	21 17	21 22	21 28
2	21 06	21 11	21 16	21 20	21 23	21 26	21 31	21 36	21 40	21 44	21 48	21 53	21 56	21 59
3	22 17	22 18	22 20	22 21	22 21	22 22	22 23	22 24	22 25	22 26	22 27	22 28	22 29	22 30
4	23 30	23 27	23 25	23 23	23 21	23 19	23 17	23 14	23 12	23 10	23 07	23 05	23 03	23 01
5	.. ..	.. ..	.. ..	.. ..	.. ..	.. ..	.. ..	.. ..	.. ..	23 55	23 49	23 42	23 39	23 34
6	0 46	0 38	0 32	0 27	0 22	0 18	0 12	0 06	0 00	.. ..	.. ..	.. ..	.. ..	.. ..
7	2 03	1 51	1 41	1 33	1 26	1 20	1 09	1 00	0 52	0 43	0 34	0 23	0 17	0 11
8	3 22	3 05	2 52	2 41	2 32	2 24	2 10	1 57	1 46	1 35	1 23	1 09	1 01	0 52
9	4 38	4 18	4 02	3 49	3 38	3 29	3 12	2 58	2 44	2 31	2 16	2 00	1 50	1 39
10	5 49	5 27	5 10	4 56	4 44	4 33	4 15	4 00	3 45	3 30	3 15	2 57	2 46	2 34
11	6 50	6 29	6 12	5 58	5 46	5 36	5 18	5 02	4 48	4 33	4 17	3 59	3 49	3 36
12	7 40	7 21	7 06	6 53	6 43	6 33	6 17	6 03	5 50	5 36	5 22	5 05	4 56	4 45
13	8 20	8 04	7 52	7 42	7 33	7 26	7 12	7 01	6 50	6 38	6 27	6 13	6 05	5 56
14	8 51	8 41	8 32	8 25	8 18	8 13	8 03	7 54	7 46	7 38	7 29	7 19	7 14	7 07
15	9 18	9 12	9 06	9 02	8 59	8 55	8 50	8 44	8 40	8 35	8 30	8 24	8 20	8 16
16	9 41	9 39	9 38	9 37	9 35	9 35	9 33	9 31	9 30	9 29	9 27	9 25	9 24	9 23
17	10 03	10 05	10 07	10 09	10 11	10 12	10 14	10 16	10 18	10 20	10 22	10 24	10 26	10 27
18	10 24	10 31	10 36	10 41	10 45	10 48	10 54	11 00	11 05	11 10	11 15	11 21	11 25	11 29
19	10 47	10 57	11 06	11 13	11 19	11 25	11 34	11 43	11 51	11 59	12 07	12 17	12 22	12 29
20	11 12	11 26	11 38	11 47	11 55	12 03	12 15	12 26	12 37	12 47	12 58	13 11	13 18	13 26
21	11 40	11 58	12 12	12 24	12 34	12 42	12 57	13 10	13 23	13 35	13 48	14 04	14 12	14 22
22	12 14	12 34	12 50	13 03	13 14	13 24	13 41	13 56	14 10	14 23	14 38	14 55	15 05	15 16
23	12 54	13 16	13 33	13 47	13 59	14 09	14 27	14 42	14 57	15 12	15 27	15 45	15 55	16 07
24	13 41	14 03	14 20	14 34	14 46	14 57	15 15	15 30	15 45	15 59	16 15	16 33	16 43	16 55
25	14 34	14 55	15 12	15 25	15 37	15 47	16 04	16 19	16 32	16 46	17 01	17 18	17 28	17 39

.. .. indicates phenomenon will occur the next day.

UNIVERSAL TIME FOR MERIDIAN OF GREENWICH

MOONRISE

Lat.	+40°	+42°	+44°	+46°	+48°	+50°	+52°	+54°	+56°	+58°	+60°	+62°	+64°	+66°
	h m	h m	h m	h m	h m	h m	h m	h m	h m	h m	h m	h m	h m	h m
July 1	7 53	7 50	7 46	7 43	7 39	7 35	7 31	7 26	7 21	7 15	7 08	7 00	6 51	6 40
2	8 51	8 49	8 47	8 45	8 43	8 40	8 37	8 34	8 30	8 27	8 22	8 17	8 11	8 05
3	9 51	9 50	9 50	9 49	9 47	9 46	9 45	9 44	9 42	9 40	9 38	9 36	9 34	9 31
4	10 53	10 53	10 53	10 54	10 54	10 54	10 55	10 55	10 55	10 56	10 56	10 57	10 58	10 59
5	11 56	11 57	11 59	12 00	12 02	12 04	12 06	12 08	12 11	12 14	12 17	12 20	12 25	12 29
6	13 01	13 04	13 07	13 09	13 13	13 16	13 20	13 24	13 29	13 34	13 40	13 46	13 54	14 03
7	14 09	14 12	14 16	14 20	14 25	14 30	14 35	14 41	14 48	14 56	15 04	15 14	15 26	15 40
8	15 17	15 22	15 27	15 32	15 38	15 44	15 51	15 59	16 08	16 17	16 29	16 42	16 58	17 17
9	16 25	16 30	16 36	16 42	16 49	16 56	17 04	17 13	17 23	17 34	17 48	18 03	18 23	18 47
10	17 30	17 35	17 41	17 47	17 54	18 02	18 10	18 19	18 30	18 42	18 55	19 12	19 32	19 57
11	18 29	18 34	18 39	18 45	18 52	18 59	19 06	19 15	19 25	19 36	19 48	20 03	20 21	20 43
12	19 21	19 25	19 30	19 35	19 40	19 46	19 53	20 00	20 08	20 17	20 27	20 39	20 53	21 10
13	20 06	20 09	20 13	20 17	20 21	20 26	20 30	20 36	20 42	20 49	20 56	21 05	21 15	21 27
14	20 46	20 48	20 50	20 53	20 56	20 59	21 02	21 05	21 09	21 14	21 19	21 24	21 30	21 38
15	21 21	21 22	21 23	21 25	21 26	21 27	21 29	21 31	21 33	21 35	21 37	21 40	21 43	21 46
16	21 54	21 54	21 54	21 54	21 54	21 54	21 54	21 54	21 54	21 54	21 53	21 53	21 53	21 53
17	22 26	22 25	22 24	22 22	22 21	22 20	22 18	22 16	22 14	22 12	22 09	22 07	22 03	22 00
18	22 58	22 56	22 54	22 51	22 48	22 45	22 42	22 39	22 35	22 31	22 26	22 20	22 14	22 07
19	23 31	23 28	23 25	23 21	23 17	23 13	23 08	23 03	22 58	22 51	22 44	22 36	22 27	22 16
20	.. ..	.. ..	23 58	23 53	23 48	23 43	23 37	23 30	23 23	23 15	23 06	22 55	22 43	22 28
21	0 06	0 02	.. ..	.. ..	.. ..	.. ..	.. ..	.. ..	23 53	23 44	23 32	23 19	23 04	22 45
22	0 44	0 39	0 34	0 29	0 23	0 17	0 10	0 02	.. ..	.. ..	.. ..	23 51	23 33	23 11
23	1 26	1 20	1 15	1 09	1 03	0 56	0 48	0 39	0 30	0 19	0 06	.. ..	.. ..	23 48
24	2 11	2 06	2 00	1 54	1 47	1 40	1 32	1 23	1 13	1 01	0 48	0 32	0 13	.. ..
25	3 00	2 55	2 50	2 44	2 37	2 30	2 22	2 13	2 03	1 52	1 39	1 23	1 05	0 41

MOONSET

Lat.	+40°	+42°	+44°	+46°	+48°	+50°	+52°	+54°	+56°	+58°	+60°	+62°	+64°	+66°
	h m	h m	h m	h m	h m	h m	h m	h m	h m	h m	h m	h m	h m	h m
July 1	21 28	21 30	21 32	21 35	21 38	21 41	21 45	21 49	21 53	21 57	22 03	22 08	22 15	22 23
2	21 59	22 00	22 02	22 03	22 05	22 07	22 09	22 11	22 13	22 16	22 19	22 22	22 26	22 30
3	22 30	22 30	22 30	22 31	22 31	22 32	22 32	22 32	22 33	22 34	22 34	22 35	22 36	22 37
4	23 01	23 00	22 59	22 59	22 58	22 57	22 55	22 54	22 53	22 51	22 50	22 48	22 46	22 43
5	23 34	23 32	23 30	23 28	23 26	23 23	23 20	23 17	23 14	23 10	23 06	23 02	22 56	22 50
6	.. ..	.. ..	.. ..	.. ..	23 57	23 53	23 49	23 44	23 39	23 33	23 26	23 18	23 10	23 00
7	0 11	0 07	0 04	0 01	.. ..	.. ..	.. ..	.. ..	.. ..	.. ..	23 51	23 40	23 28	23 13
8	0 52	0 48	0 43	0 39	0 34	0 28	0 22	0 16	0 08	0 00	.. ..	.. ..	23 54	23 34
9	1 39	1 34	1 29	1 23	1 17	1 11	1 03	0 55	0 46	0 36	0 24	0 10	.. ..	.. ..
10	2 34	2 29	2 23	2 17	2 10	2 02	1 54	1 45	1 35	1 23	1 10	0 54	0 34	0 10
11	3 36	3 31	3 25	3 19	3 12	3 05	2 56	2 47	2 37	2 25	2 11	1 55	1 35	1 09
12	4 45	4 40	4 34	4 29	4 22	4 16	4 08	4 00	3 50	3 40	3 27	3 13	2 56	2 34
13	5 56	5 52	5 47	5 43	5 37	5 32	5 26	5 19	5 12	5 03	4 53	4 42	4 29	4 12
14	7 07	7 04	7 01	6 57	6 54	6 50	6 45	6 40	6 35	6 29	6 22	6 14	6 05	5 55
15	8 16	8 14	8 13	8 11	8 08	8 06	8 03	8 01	7 58	7 54	7 50	7 46	7 41	7 35
16	9 23	9 22	9 22	9 21	9 21	9 20	9 19	9 18	9 17	9 16	9 15	9 14	9 12	9 10
17	10 27	10 28	10 28	10 29	10 30	10 31	10 32	10 33	10 34	10 35	10 37	10 38	10 40	10 42
18	11 29	11 31	11 32	11 34	11 37	11 39	11 42	11 44	11 48	11 51	11 55	11 59	12 05	12 11
19	12 29	12 31	12 34	12 38	12 41	12 45	12 49	12 53	12 58	13 04	13 10	13 18	13 26	13 36
20	13 26	13 30	13 34	13 38	13 43	13 48	13 54	14 00	14 07	14 14	14 23	14 33	14 45	14 59
21	14 22	14 27	14 32	14 37	14 42	14 49	14 55	15 03	15 11	15 21	15 31	15 44	15 59	16 17
22	15 16	15 21	15 27	15 32	15 39	15 46	15 53	16 02	16 11	16 22	16 34	16 49	17 07	17 29
23	16 07	16 12	16 18	16 24	16 31	16 38	16 46	16 55	17 05	17 17	17 30	17 46	18 05	18 29
24	16 55	17 00	17 06	17 12	17 18	17 26	17 34	17 43	17 53	18 04	18 17	18 33	18 52	19 15
25	17 39	17 44	17 49	17 55	18 01	18 08	18 15	18 24	18 33	18 43	18 55	19 10	19 26	19 47

.. .. indicates phenomenon will occur the next day.

MOONRISE AND MOONSET, 1995

UNIVERSAL TIME FOR MERIDIAN OF GREENWICH

MOONRISE

Lat.	−55°	−50°	−45°	−40°	−35°	−30°	−20°	−10°	0°	+10°	+20°	+30°	+35°	+40°
	h m	h m	h m	h m	h m	h m	h m	h m	h m	h m	h m	h m	h m	h m
July 24	5 26	5 04	4 47	4 32	4 20	4 10	3 52	3 36	3 22	3 07	2 51	2 33	2 23	2 11
25	6 10	5 49	5 32	5 18	5 07	4 56	4 39	4 24	4 09	3 55	3 40	3 22	3 12	3 00
26	6 47	6 28	6 13	6 00	5 50	5 40	5 24	5 10	4 57	4 44	4 30	4 13	4 04	3 53
27	7 19	7 03	6 50	6 39	6 30	6 22	6 08	5 56	5 44	5 33	5 20	5 06	4 58	4 49
28	7 46	7 33	7 23	7 15	7 07	7 01	6 50	6 40	6 31	6 21	6 12	6 00	5 54	5 46
29	8 10	8 01	7 54	7 48	7 43	7 38	7 30	7 23	7 17	7 10	7 03	6 55	6 51	6 45
30	8 32	8 27	8 23	8 20	8 17	8 14	8 10	8 06	8 03	7 59	7 55	7 51	7 48	7 45
31	8 53	8 52	8 51	8 51	8 50	8 50	8 50	8 49	8 49	8 48	8 48	8 47	8 47	8 46
Aug. 1	9 14	9 17	9 20	9 23	9 25	9 26	9 30	9 33	9 35	9 38	9 41	9 44	9 46	9 49
2	9 37	9 44	9 51	9 56	10 00	10 05	10 12	10 18	10 24	10 30	10 36	10 43	10 48	10 52
3	10 03	10 15	10 24	10 32	10 39	10 45	10 56	11 05	11 14	11 23	11 33	11 44	11 50	11 58
4	10 34	10 50	11 02	11 13	11 22	11 30	11 44	11 56	12 08	12 19	12 32	12 46	12 54	13 04
5	11 12	11 32	11 47	12 00	12 11	12 20	12 36	12 51	13 04	13 18	13 32	13 49	13 59	14 10
6	12 01	12 23	12 39	12 53	13 05	13 15	13 33	13 49	14 03	14 18	14 33	14 51	15 02	15 14
7	13 01	13 23	13 40	13 54	14 06	14 16	14 34	14 49	15 04	15 18	15 34	15 52	16 02	16 14
8	14 12	14 32	14 47	15 00	15 11	15 20	15 37	15 51	16 04	16 17	16 32	16 48	16 57	17 08
9	15 30	15 46	15 59	16 10	16 19	16 27	16 40	16 52	17 03	17 14	17 26	17 39	17 47	17 56
10	16 52	17 03	17 13	17 20	17 27	17 33	17 43	17 51	17 59	18 08	18 16	18 26	18 32	18 38
11	18 13	18 20	18 25	18 30	18 34	18 37	18 43	18 48	18 53	18 58	19 03	19 09	19 13	19 16
12	19 33	19 34	19 36	19 37	19 38	19 39	19 41	19 43	19 44	19 46	19 47	19 49	19 50	19 51
13	20 49	20 47	20 44	20 43	20 41	20 40	20 37	20 35	20 33	20 32	20 30	20 27	20 26	20 25
14	22 03	21 56	21 50	21 46	21 42	21 38	21 32	21 26	21 21	21 16	21 11	21 05	21 01	20 57
15	23 15	23 03	22 54	22 46	22 40	22 34	22 25	22 16	22 08	22 00	21 52	21 42	21 37	21 31
16	.. ..	.. ..	23 55	23 45	23 37	23 29	23 16	23 05	22 55	22 44	22 33	22 21	22 14	22 05
17	0 22	0 07	.. ..	.. ..	.. ..	.. ..	.. ..	23 54	23 42	23 29	23 16	23 01	22 53	22 43

MOONSET

Lat.	−55°	−50°	−45°	−40°	−35°	−30°	−20°	−10°	0°	+10°	+20°	+30°	+35°	+40°
	h m	h m	h m	h m	h m	h m	h m	h m	h m	h m	h m	h m	h m	h m
July 24	13 41	14 03	14 20	14 34	14 46	14 57	15 15	15 30	15 45	15 59	16 15	16 33	16 43	16 55
25	14 34	14 55	15 12	15 25	15 37	15 47	16 04	16 19	16 32	16 46	17 01	17 18	17 28	17 39
26	15 34	15 53	16 08	16 20	16 30	16 39	16 54	17 07	17 20	17 32	17 45	18 00	18 09	18 19
27	16 39	16 54	17 06	17 16	17 25	17 32	17 45	17 56	18 07	18 17	18 28	18 41	18 48	18 56
28	17 46	17 58	18 07	18 14	18 21	18 27	18 36	18 45	18 53	19 01	19 09	19 19	19 24	19 30
29	18 56	19 03	19 09	19 14	19 18	19 22	19 28	19 34	19 39	19 44	19 49	19 55	19 59	20 03
30	20 07	20 10	20 12	20 14	20 16	20 18	20 20	20 22	20 24	20 27	20 29	20 31	20 32	20 34
31	21 20	21 18	21 17	21 16	21 15	21 14	21 13	21 12	21 11	21 10	21 08	21 07	21 06	21 05
Aug. 1	22 34	22 28	22 23	22 19	22 16	22 12	22 07	22 03	21 58	21 54	21 49	21 44	21 41	21 38
2	23 49	23 39	23 30	23 23	23 17	23 12	23 03	22 55	22 48	22 40	22 32	22 23	22 18	22 12
3	.. ..	.. ..	.. ..	.. ..	.. ..	.. ..	.. ..	23 50	23 40	23 29	23 18	23 06	22 59	22 50
4	1 05	0 51	0 39	0 29	0 21	0 13	0 01	.. ..	.. ..	.. ..	.. ..	23 53	23 44	23 34
5	2 21	2 02	1 47	1 35	1 25	1 16	1 00	0 47	0 34	0 22	0 08	.. ..	.. ..	.. ..
6	3 32	3 11	2 54	2 40	2 29	2 19	2 01	1 46	1 32	1 18	1 03	0 45	0 35	0 24
7	4 36	4 14	3 57	3 43	3 31	3 20	3 02	2 47	2 32	2 17	2 02	1 43	1 33	1 21
8	5 29	5 09	4 53	4 40	4 28	4 19	4 02	3 47	3 33	3 19	3 03	2 46	2 36	2 24
9	6 13	5 56	5 42	5 31	5 21	5 13	4 58	4 45	4 32	4 20	4 07	3 52	3 43	3 33
10	6 48	6 35	6 25	6 16	6 08	6 02	5 50	5 40	5 30	5 20	5 10	4 58	4 51	4 43
11	7 18	7 09	7 02	6 56	6 51	6 47	6 39	6 32	6 25	6 19	6 12	6 04	5 59	5 53
12	7 43	7 39	7 35	7 33	7 30	7 28	7 24	7 21	7 18	7 15	7 11	7 07	7 05	7 02
13	8 06	8 06	8 06	8 07	8 07	8 07	8 07	8 08	8 08	8 08	8 08	8 09	8 09	8 09
14	8 28	8 33	8 36	8 40	8 42	8 45	8 49	8 53	8 56	9 00	9 04	9 08	9 10	9 13
15	8 51	9 00	9 07	9 13	9 18	9 22	9 30	9 37	9 44	9 50	9 57	10 05	10 10	10 15
16	9 15	9 28	9 38	9 47	9 54	10 00	10 12	10 21	10 31	10 40	10 50	11 01	11 07	11 15
17	9 43	9 59	10 12	10 23	10 32	10 40	10 54	11 06	11 17	11 29	11 41	11 55	12 03	12 13

.. .. indicates phenomenon will occur the next day.

UNIVERSAL TIME FOR MERIDIAN OF GREENWICH

MOONRISE

Lat.	+40°	+42°	+44°	+46°	+48°	+50°	+52°	+54°	+56°	+58°	+60°	+62°	+64°	+66°
	h m	h m	h m	h m	h m	h m	h m	h m	h m	h m	h m	h m	h m	h m
July 24	2 11	2 06	2 00	1 54	1 47	1 40	1 32	1 23	1 13	1 01	0 48	0 32	0 13	.. ..
25	3 00	2 55	2 50	2 44	2 37	2 30	2 22	2 13	2 03	1 52	1 39	1 23	1 05	0 41
26	3 53	3 48	3 43	3 38	3 32	3 25	3 18	3 10	3 01	2 50	2 39	2 25	2 08	1 47
27	4 49	4 45	4 40	4 35	4 30	4 24	4 18	4 11	4 04	3 55	3 45	3 34	3 20	3 04
28	5 46	5 43	5 39	5 36	5 32	5 27	5 22	5 17	5 11	5 04	4 56	4 48	4 37	4 25
29	6 45	6 43	6 40	6 38	6 35	6 32	6 28	6 25	6 20	6 16	6 11	6 05	5 58	5 50
30	7 45	7 44	7 43	7 41	7 40	7 38	7 36	7 34	7 32	7 29	7 27	7 24	7 20	7 16
31	8 46	8 46	8 46	8 46	8 46	8 46	8 45	8 45	8 45	8 45	8 44	8 44	8 44	8 43
Aug. 1	9 49	9 50	9 51	9 52	9 53	9 55	9 56	9 58	9 59	10 01	10 04	10 06	10 09	10 12
2	10 52	10 55	10 57	10 59	11 02	11 05	11 08	11 11	11 15	11 20	11 24	11 30	11 36	11 44
3	11 58	12 01	12 04	12 08	12 12	12 17	12 21	12 27	12 33	12 39	12 47	12 55	13 05	13 17
4	13 04	13 08	13 13	13 17	13 23	13 29	13 35	13 42	13 50	13 59	14 09	14 21	14 35	14 52
5	14 10	14 15	14 20	14 26	14 32	14 39	14 47	14 55	15 04	15 15	15 28	15 42	16 00	16 22
6	15 14	15 19	15 25	15 31	15 38	15 45	15 54	16 03	16 13	16 25	16 38	16 54	17 14	17 39
7	16 14	16 19	16 25	16 31	16 38	16 45	16 53	17 02	17 12	17 23	17 37	17 52	18 11	18 35
8	17 08	17 13	17 18	17 23	17 29	17 36	17 43	17 51	18 00	18 10	18 21	18 35	18 51	19 10
9	17 56	18 00	18 04	18 09	18 13	18 19	18 24	18 31	18 38	18 46	18 55	19 05	19 17	19 31
10	18 38	18 41	18 44	18 48	18 51	18 55	18 59	19 04	19 09	19 14	19 20	19 28	19 36	19 45
11	19 16	19 18	19 20	19 22	19 24	19 26	19 29	19 31	19 34	19 37	19 41	19 45	19 50	19 55
12	19 51	19 52	19 52	19 53	19 54	19 54	19 55	19 56	19 57	19 58	19 59	20 00	20 02	20 03
13	20 25	20 24	20 23	20 23	20 22	20 21	20 20	20 19	20 18	20 17	20 16	20 14	20 13	20 11
14	20 57	20 56	20 54	20 52	20 50	20 48	20 45	20 42	20 39	20 36	20 33	20 28	20 24	20 18
15	21 31	21 28	21 25	21 22	21 19	21 15	21 11	21 07	21 02	20 57	20 51	20 44	20 36	20 27
16	22 05	22 02	21 58	21 54	21 49	21 44	21 39	21 33	21 27	21 20	21 11	21 02	20 51	20 38
17	22 43	22 38	22 34	22 29	22 23	22 17	22 11	22 04	21 56	21 47	21 36	21 24	21 10	20 54

MOONSET

Lat.	+40°	+42°	+44°	+46°	+48°	+50°	+52°	+54°	+56°	+58°	+60°	+62°	+64°	+66°
	h m	h m	h m	h m	h m	h m	h m	h m	h m	h m	h m	h m	h m	h m
July 24	16 55	17 00	17 06	17 12	17 18	17 26	17 34	17 43	17 53	18 04	18 17	18 33	18 52	19 15
25	17 39	17 44	17 49	17 55	18 01	18 08	18 15	18 24	18 33	18 43	18 55	19 10	19 26	19 47
26	18 19	18 24	18 28	18 33	18 39	18 45	18 51	18 58	19 07	19 16	19 26	19 38	19 52	20 09
27	18 56	19 00	19 04	19 08	19 12	19 17	19 23	19 28	19 35	19 42	19 50	20 00	20 11	20 24
28	19 30	19 33	19 36	19 39	19 43	19 46	19 50	19 54	19 59	20 05	20 11	20 17	20 25	20 34
29	20 03	20 05	20 06	20 08	20 10	20 13	20 15	20 18	20 21	20 24	20 28	20 32	20 37	20 42
30	20 34	20 35	20 35	20 36	20 37	20 38	20 39	20 40	20 41	20 42	20 44	20 45	20 47	20 49
31	21 05	21 05	21 04	21 04	21 03	21 03	21 02	21 02	21 01	21 00	20 59	20 58	20 57	20 56
Aug. 1	21 38	21 36	21 34	21 33	21 31	21 29	21 27	21 24	21 22	21 19	21 16	21 12	21 08	21 03
2	22 12	22 10	22 07	22 04	22 01	21 57	21 53	21 49	21 45	21 40	21 34	21 28	21 20	21 12
3	22 50	22 47	22 43	22 39	22 34	22 29	22 24	22 18	22 12	22 05	21 56	21 47	21 36	21 23
4	23 34	23 29	23 25	23 19	23 14	23 08	23 01	22 53	22 45	22 36	22 25	22 13	21 58	21 41
5	.. ..	.. ..	.. ..	.. ..	.. ..	23 54	23 46	23 37	23 28	23 17	23 04	22 49	22 31	22 09
6	0 24	0 19	0 13	0 07	0 01	.. ..	.. ..	.. ..	.. ..	.. ..	23 56	23 40	23 20	22 55
7	1 21	1 15	1 10	1 03	0 57	0 49	0 41	0 32	0 21	0 10	.. ..	.. ..	.. ..	.. ..
8	2 24	2 19	2 14	2 08	2 01	1 54	1 46	1 37	1 27	1 16	1 03	0 48	0 29	0 06
9	3 33	3 28	3 23	3 18	3 12	3 06	2 59	2 52	2 43	2 34	2 23	2 10	1 54	1 36
10	4 43	4 40	4 36	4 32	4 27	4 22	4 17	4 11	4 05	3 58	3 49	3 40	3 28	3 15
11	5 53	5 51	5 49	5 46	5 43	5 40	5 36	5 32	5 28	5 23	5 18	5 12	5 04	4 56
12	7 02	7 01	7 00	6 58	6 57	6 55	6 54	6 52	6 50	6 48	6 45	6 42	6 39	6 35
13	8 09	8 09	8 09	8 09	8 09	8 09	8 09	8 09	8 09	8 09	8 10	8 10	8 10	8 10
14	9 13	9 14	9 16	9 17	9 18	9 20	9 22	9 24	9 26	9 28	9 31	9 34	9 38	9 42
15	10 15	10 17	10 20	10 22	10 25	10 28	10 32	10 36	10 40	10 44	10 49	10 55	11 02	11 10
16	11 15	11 18	11 22	11 26	11 30	11 34	11 39	11 44	11 50	11 57	12 05	12 13	12 24	12 36
17	12 13	12 17	12 21	12 26	12 31	12 37	12 43	12 50	12 57	13 06	13 16	13 27	13 41	13 57

.. .. indicates phenomenon will occur the next day.

MOONRISE AND MOONSET, 1995

UNIVERSAL TIME FOR MERIDIAN OF GREENWICH

MOONRISE

Lat.	−55°	−50°	−45°	−40°	−35°	−30°	−20°	−10°	0°	+10°	+20°	+30°	+35°	+40°
	h m	h m	h m	h m	h m	h m	h m	h m	h m	h m	h m	h m	h m	h m
Aug. 16	.. ..	.. ..	23 55	23 45	23 37	23 29	23 16	23 05	22 55	22 44	22 33	22 21	22 14	22 05
17	0 22	0 07	.. ..	.. ..	.. ..	.. ..	.. ..	23 54	23 42	23 29	23 16	23 01	22 53	22 43
18	1 26	1 08	0 54	0 42	0 31	0 23	0 07	.. ..	.. ..	.. ..	.. ..	23 44	23 34	23 23
19	2 26	2 05	1 49	1 35	1 24	1 14	0 57	0 43	0 29	0 15	0 00	.. ..	.. ..	.. ..
20	3 19	2 57	2 40	2 26	2 14	2 04	1 46	1 31	1 16	1 02	0 47	0 29	0 19	0 07
21	4 06	3 44	3 27	3 13	3 02	2 51	2 34	2 18	2 04	1 50	1 34	1 17	1 06	0 55
22	4 46	4 26	4 10	3 57	3 46	3 36	3 20	3 05	2 52	2 38	2 23	2 07	1 57	1 46
23	5 20	5 02	4 49	4 37	4 27	4 19	4 04	3 51	3 39	3 27	3 14	2 59	2 50	2 40
24	5 49	5 35	5 23	5 14	5 06	4 59	4 47	4 36	4 26	4 16	4 05	3 53	3 46	3 37
25	6 14	6 04	5 56	5 49	5 43	5 37	5 28	5 20	5 13	5 05	4 57	4 48	4 42	4 36
26	6 37	6 31	6 26	6 21	6 18	6 15	6 09	6 04	5 59	5 54	5 49	5 44	5 40	5 37
27	6 59	6 57	6 55	6 53	6 52	6 51	6 49	6 47	6 46	6 44	6 43	6 41	6 40	6 38
28	7 21	7 23	7 24	7 26	7 27	7 28	7 30	7 32	7 33	7 35	7 37	7 39	7 40	7 41
29	7 43	7 50	7 55	7 59	8 03	8 06	8 12	8 17	8 22	8 27	8 32	8 38	8 41	8 45
30	8 09	8 19	8 28	8 35	8 41	8 46	8 56	9 04	9 12	9 20	9 28	9 38	9 44	9 50
31	8 38	8 53	9 04	9 14	9 22	9 30	9 43	9 54	10 04	10 15	10 27	10 40	10 47	10 56
Sept. 1	9 14	9 32	9 46	9 58	10 09	10 18	10 33	10 47	10 59	11 12	11 26	11 42	11 51	12 02
2	9 58	10 19	10 35	10 49	11 00	11 10	11 27	11 42	11 56	12 11	12 26	12 43	12 53	13 05
3	10 53	11 14	11 31	11 45	11 57	12 07	12 25	12 40	12 55	13 09	13 25	13 43	13 53	14 05
4	11 57	12 18	12 34	12 47	12 58	13 08	13 25	13 40	13 53	14 07	14 22	14 39	14 48	14 59
5	13 10	13 28	13 42	13 53	14 03	14 12	14 26	14 39	14 51	15 03	15 16	15 30	15 39	15 48
6	14 28	14 42	14 53	15 01	15 09	15 16	15 27	15 37	15 47	15 56	16 06	16 18	16 25	16 32
7	15 48	15 57	16 04	16 10	16 15	16 20	16 27	16 34	16 41	16 47	16 54	17 02	17 06	17 11
8	17 07	17 11	17 15	17 18	17 20	17 22	17 26	17 29	17 32	17 36	17 39	17 43	17 45	17 47
9	18 25	18 24	18 24	18 24	18 24	18 23	18 23	18 23	18 22	18 22	18 22	18 22	18 22	18 21

MOONSET

Lat.	−55°	−50°	−45°	−40°	−35°	−30°	−20°	−10°	0°	+10°	+20°	+30°	+35°	+40°
	h m	h m	h m	h m	h m	h m	h m	h m	h m	h m	h m	h m	h m	h m
Aug. 16	9 15	9 28	9 38	9 47	9 54	10 00	10 12	10 21	10 31	10 40	10 50	11 01	11 07	11 15
17	9 43	9 59	10 12	10 23	10 32	10 40	10 54	11 06	11 17	11 29	11 41	11 55	12 03	12 13
18	10 15	10 34	10 49	11 01	11 12	11 21	11 37	11 51	12 04	12 18	12 32	12 48	12 57	13 08
19	10 52	11 13	11 30	11 43	11 55	12 05	12 22	12 38	12 52	13 06	13 21	13 38	13 48	14 00
20	11 36	11 58	12 15	12 29	12 41	12 52	13 09	13 25	13 39	13 54	14 09	14 27	14 37	14 49
21	12 27	12 49	13 05	13 19	13 30	13 41	13 58	14 13	14 27	14 41	14 56	15 13	15 23	15 35
22	13 25	13 44	13 59	14 12	14 22	14 32	14 48	15 02	15 15	15 27	15 41	15 57	16 06	16 16
23	14 27	14 44	14 57	15 08	15 17	15 25	15 38	15 50	16 02	16 13	16 25	16 38	16 46	16 55
24	15 34	15 47	15 57	16 05	16 13	16 19	16 30	16 40	16 48	16 57	17 07	17 17	17 24	17 31
25	16 43	16 52	16 59	17 05	17 10	17 15	17 22	17 29	17 35	17 41	17 48	17 55	17 59	18 04
26	17 55	17 59	18 03	18 06	18 09	18 11	18 15	18 18	18 21	18 25	18 28	18 32	18 34	18 36
27	19 08	19 08	19 08	19 08	19 08	19 08	19 08	19 08	19 08	19 08	19 08	19 08	19 08	19 08
28	20 23	20 18	20 15	20 12	20 09	20 07	20 03	19 59	19 56	19 53	19 49	19 45	19 43	19 41
29	21 38	21 29	21 22	21 16	21 11	21 06	20 59	20 52	20 45	20 39	20 32	20 24	20 20	20 15
30	22 54	22 41	22 30	22 22	22 14	22 07	21 56	21 46	21 37	21 27	21 17	21 06	21 00	20 52
31	.. ..	23 52	23 38	23 27	23 18	23 09	22 55	22 42	22 30	22 19	22 06	21 52	21 43	21 34
Sept. 1	0 09	.. ..	.. ..	.. ..	.. ..	.. ..	23 54	23 40	23 26	23 13	22 58	22 42	22 32	22 21
2	1 21	1 01	0 45	0 32	0 21	0 11	.. ..	.. ..	.. ..	.. ..	23 54	23 36	23 26	23 14
3	2 26	2 04	1 47	1 34	1 22	1 12	0 54	0 39	0 24	0 10	.. ..	.. ..	.. ..	.. ..
4	3 22	3 01	2 44	2 31	2 19	2 09	1 52	1 37	1 23	1 08	0 53	0 36	0 25	0 14
5	4 08	3 50	3 35	3 23	3 12	3 03	2 48	2 34	2 21	2 08	1 54	1 38	1 29	1 18
6	4 46	4 31	4 19	4 09	4 01	3 53	3 40	3 29	3 18	3 07	2 55	2 42	2 34	2 25
7	5 17	5 06	4 58	4 50	4 44	4 39	4 29	4 21	4 13	4 05	3 56	3 46	3 41	3 34
8	5 43	5 37	5 32	5 28	5 24	5 21	5 15	5 10	5 06	5 01	4 56	4 50	4 46	4 42
9	6 07	6 06	6 04	6 03	6 02	6 01	5 59	5 58	5 56	5 55	5 53	5 52	5 51	5 49

.. .. indicates phenomenon will occur the next day.

UNIVERSAL TIME FOR MERIDIAN OF GREENWICH

MOONRISE

Lat.	+40°	+42°	+44°	+46°	+48°	+50°	+52°	+54°	+56°	+58°	+60°	+62°	+64°	+66°
	h m	h m	h m	h m	h m	h m	h m	h m	h m	h m	h m	h m	h m	h m
Aug. 16	22 05	22 02	21 58	21 54	21 49	21 44	21 39	21 33	21 27	21 20	21 11	21 02	20 51	20 38
17	22 43	22 38	22 34	22 29	22 23	22 17	22 11	22 04	21 56	21 47	21 36	21 24	21 10	20 54
18	23 23	23 18	23 13	23 07	23 01	22 54	22 47	22 39	22 30	22 19	22 07	21 53	21 36	21 16
19	.. ..	.. ..	23 56	23 50	23 44	23 36	23 29	23 20	23 10	22 59	22 46	22 30	22 12	21 48
20	0 07	0 02	.. ..	.. ..	.. ..	.. ..	.. ..	.. ..	23 57	23 46	23 33	23 17	22 59	22 35
21	0 55	0 49	0 44	0 38	0 31	0 24	0 16	0 07	.. ..	.. ..	.. ..	.. ..	23 57	23 36
22	1 46	1 41	1 36	1 30	1 24	1 17	1 10	1 01	0 52	0 41	0 29	0 15	.. ..	.. ..
23	2 40	2 36	2 31	2 26	2 21	2 15	2 08	2 01	1 53	1 44	1 33	1 21	1 06	0 48
24	3 37	3 34	3 30	3 26	3 21	3 16	3 11	3 05	2 58	2 51	2 43	2 33	2 21	2 08
25	4 36	4 34	4 31	4 28	4 24	4 21	4 17	4 12	4 08	4 02	3 56	3 49	3 41	3 31
26	5 37	5 35	5 33	5 31	5 29	5 27	5 25	5 22	5 19	5 16	5 12	5 08	5 03	4 58
27	6 38	6 38	6 37	6 37	6 36	6 35	6 34	6 33	6 33	6 31	6 30	6 29	6 27	6 26
28	7 41	7 42	7 42	7 43	7 44	7 45	7 45	7 46	7 47	7 49	7 50	7 52	7 53	7 55
29	8 45	8 47	8 49	8 51	8 53	8 55	8 58	9 01	9 04	9 07	9 11	9 16	9 21	9 27
30	9 50	9 53	9 56	10 00	10 03	10 07	10 11	10 16	10 21	10 27	10 33	10 41	10 50	11 00
31	10 56	11 00	11 04	11 09	11 13	11 19	11 25	11 31	11 38	11 46	11 55	12 06	12 19	12 34
Sept. 1	12 02	12 06	12 11	12 17	12 23	12 29	12 36	12 44	12 53	13 03	13 14	13 28	13 44	14 04
2	13 05	13 10	13 16	13 22	13 28	13 36	13 43	13 52	14 02	14 14	14 27	14 42	15 01	15 25
3	14 05	14 10	14 16	14 22	14 29	14 36	14 44	14 53	15 03	15 14	15 28	15 43	16 03	16 27
4	14 59	15 04	15 10	15 15	15 22	15 28	15 36	15 44	15 53	16 04	16 16	16 30	16 47	17 08
5	15 48	15 53	15 57	16 02	16 07	16 13	16 20	16 27	16 34	16 43	16 53	17 04	17 18	17 34
6	16 32	16 35	16 39	16 43	16 47	16 51	16 56	17 01	17 07	17 14	17 21	17 30	17 40	17 51
7	17 11	17 13	17 16	17 18	17 21	17 24	17 27	17 31	17 35	17 39	17 44	17 49	17 56	18 03
8	17 47	17 48	17 50	17 51	17 52	17 54	17 55	17 57	17 59	18 01	18 03	18 06	18 09	18 12
9	18 21	18 21	18 21	18 21	18 21	18 21	18 21	18 21	18 21	18 21	18 20	18 20	18 20	18 20

MOONSET

Lat.	+40°	+42°	+44°	+46°	+48°	+50°	+52°	+54°	+56°	+58°	+60°	+62°	+64°	+66°
	h m	h m	h m	h m	h m	h m	h m	h m	h m	h m	h m	h m	h m	h m
Aug. 16	11 15	11 18	11 22	11 26	11 30	11 34	11 39	11 44	11 50	11 57	12 05	12 13	12 24	12 36
17	12 13	12 17	12 21	12 26	12 31	12 37	12 43	12 50	12 57	13 06	13 16	13 27	13 41	13 57
18	13 08	13 13	13 18	13 23	13 29	13 36	13 43	13 51	14 00	14 10	14 22	14 35	14 52	15 12
19	14 00	14 05	14 11	14 17	14 23	14 30	14 38	14 47	14 57	15 08	15 21	15 36	15 54	16 17
20	14 49	14 54	15 00	15 06	15 13	15 20	15 28	15 37	15 47	15 58	16 11	16 27	16 46	17 09
21	15 35	15 40	15 45	15 51	15 57	16 04	16 12	16 20	16 30	16 41	16 53	17 08	17 25	17 47
22	16 16	16 21	16 26	16 31	16 37	16 43	16 50	16 58	17 06	17 16	17 27	17 39	17 54	18 13
23	16 55	16 59	17 03	17 07	17 12	17 18	17 23	17 30	17 37	17 45	17 54	18 04	18 16	18 30
24	17 31	17 34	17 37	17 40	17 44	17 48	17 53	17 58	18 03	18 09	18 16	18 24	18 32	18 43
25	18 04	18 06	18 08	18 11	18 13	18 16	18 19	18 22	18 26	18 30	18 35	18 40	18 46	18 52
26	18 36	18 37	18 38	18 40	18 41	18 42	18 44	18 46	18 47	18 49	18 52	18 54	18 57	19 00
27	19 08	19 08	19 08	19 08	19 08	19 08	19 08	19 08	19 08	19 08	19 08	19 08	19 08	19 08
28	19 41	19 40	19 38	19 37	19 36	19 34	19 33	19 31	19 29	19 27	19 24	19 22	19 19	19 15
29	20 15	20 13	20 10	20 08	20 05	20 02	19 59	19 55	19 52	19 47	19 42	19 37	19 31	19 23
30	20 52	20 49	20 46	20 42	20 38	20 33	20 29	20 23	20 18	20 11	20 04	19 55	19 46	19 35
31	21 34	21 30	21 25	21 20	21 15	21 09	21 03	20 56	20 49	20 40	20 30	20 19	20 06	19 50
Sept. 1	22 21	22 16	22 11	22 05	21 59	21 52	21 45	21 37	21 28	21 17	21 05	20 51	20 35	20 14
2	23 14	23 09	23 03	22 57	22 50	22 43	22 35	22 26	22 16	22 05	21 52	21 36	21 17	20 53
3	.. ..	.. ..	.. ..	23 57	23 50	23 43	23 35	23 26	23 16	23 05	22 51	22 36	22 17	21 53
4	0 14	0 08	0 03	.. ..	.. ..	.. ..	.. ..	.. ..	.. ..	.. ..	.. ..	23 50	23 33	23 13
5	1 18	1 13	1 08	1 03	0 57	0 50	0 43	0 35	0 26	0 16	0 04	.. ..	.. ..	.. ..
6	2 25	2 21	2 17	2 13	2 08	2 02	1 56	1 50	1 43	1 34	1 25	1 14	1 01	0 46
7	3 34	3 31	3 28	3 25	3 21	3 17	3 13	3 08	3 03	2 57	2 50	2 43	2 34	2 23
8	4 42	4 41	4 39	4 37	4 35	4 32	4 30	4 27	4 24	4 20	4 17	4 12	4 07	4 01
9	5 49	5 49	5 48	5 48	5 47	5 46	5 46	5 45	5 44	5 43	5 41	5 40	5 39	5 37

.. .. indicates phenomenon will occur the next day.

UNIVERSAL TIME FOR MERIDIAN OF GREENWICH

MOONRISE

Lat.	−55°	−50°	−45°	−40°	−35°	−30°	−20°	−10°	0°	+10°	+20°	+30°	+35°	+40°
	h m	h m	h m	h m	h m	h m	h m	h m	h m	h m	h m	h m	h m	h m
Sept. 8	17 07	17 11	17 15	17 18	17 20	17 22	17 26	17 29	17 32	17 36	17 39	17 43	17 45	17 47
9	18 25	18 24	18 24	18 24	18 24	18 23	18 23	18 23	18 22	18 22	18 22	18 22	18 22	18 21
10	19 41	19 36	19 32	19 28	19 25	19 23	19 18	19 15	19 11	19 08	19 04	19 00	18 57	18 55
11	20 54	20 44	20 37	20 31	20 25	20 21	20 13	20 06	19 59	19 52	19 46	19 38	19 33	19 28
12	22 04	21 51	21 40	21 31	21 24	21 17	21 06	20 56	20 47	20 37	20 28	20 16	20 10	20 03
13	23 11	22 54	22 41	22 30	22 20	22 12	21 58	21 46	21 34	21 23	21 10	20 57	20 49	20 40
14	.. ..	23 53	23 38	23 25	23 14	23 05	22 49	22 35	22 22	22 09	21 55	21 39	21 30	21 19
15	0 13	.. ..	.. ..	.. ..	.. ..	23 56	23 39	23 23	23 09	22 55	22 40	22 23	22 13	22 02
16	1 09	0 48	0 31	0 17	0 06	.. ..	.. ..	.. ..	23 57	23 43	23 27	23 10	23 00	22 48
17	1 59	1 37	1 20	1 06	0 55	0 44	0 27	0 11	.. ..	.. ..	.. ..	23 59	23 49	23 38
18	2 41	2 21	2 05	1 51	1 40	1 30	1 13	0 58	0 45	0 31	0 16	.. ..	.. ..	.. ..
19	3 17	2 59	2 45	2 33	2 22	2 13	1 58	1 44	1 32	1 19	1 06	0 50	0 41	0 31
20	3 48	3 33	3 21	3 11	3 02	2 54	2 41	2 30	2 19	2 08	1 56	1 43	1 35	1 26
21	4 15	4 04	3 54	3 46	3 39	3 33	3 23	3 14	3 05	2 57	2 48	2 37	2 31	2 24
22	4 40	4 32	4 25	4 20	4 15	4 11	4 04	3 58	3 52	3 46	3 40	3 33	3 28	3 24
23	5 02	4 58	4 55	4 53	4 50	4 48	4 45	4 42	4 39	4 36	4 33	4 29	4 27	4 25
24	5 24	5 25	5 25	5 25	5 25	5 26	5 26	5 26	5 27	5 27	5 27	5 28	5 28	5 28
25	5 47	5 52	5 56	5 59	6 01	6 04	6 08	6 12	6 16	6 19	6 23	6 28	6 30	6 33
26	6 12	6 21	6 28	6 34	6 40	6 44	6 52	7 00	7 06	7 13	7 21	7 29	7 34	7 39
27	6 41	6 54	7 05	7 14	7 21	7 28	7 39	7 50	7 59	8 09	8 20	8 32	8 39	8 47
28	7 15	7 32	7 46	7 57	8 07	8 15	8 30	8 43	8 55	9 07	9 20	9 35	9 43	9 53
29	7 58	8 17	8 33	8 46	8 57	9 07	9 23	9 38	9 52	10 06	10 20	10 37	10 47	10 58
30	8 49	9 10	9 27	9 41	9 53	10 03	10 20	10 36	10 50	11 04	11 20	11 37	11 48	12 00
Oct. 1	9 50	10 11	10 28	10 41	10 52	11 02	11 19	11 34	11 48	12 02	12 17	12 34	12 44	12 55
2	11 00	11 18	11 33	11 45	11 55	12 04	12 19	12 33	12 45	12 58	13 11	13 26	13 35	13 45

MOONSET

Lat.	−55°	−50°	−45°	−40°	−35°	−30°	−20°	−10°	0°	+10°	+20°	+30°	+35°	+40°
	h m	h m	h m	h m	h m	h m	h m	h m	h m	h m	h m	h m	h m	h m
Sept. 8	5 43	5 37	5 32	5 28	5 24	5 21	5 15	5 10	5 06	5 01	4 56	4 50	4 46	4 42
9	6 07	6 06	6 04	6 03	6 02	6 01	5 59	5 58	5 56	5 55	5 53	5 52	5 51	5 49
10	6 30	6 33	6 35	6 37	6 38	6 39	6 42	6 44	6 46	6 48	6 50	6 52	6 53	6 55
11	6 53	7 00	7 05	7 10	7 14	7 17	7 24	7 29	7 34	7 39	7 45	7 51	7 54	7 58
12	7 17	7 28	7 37	7 44	7 50	7 56	8 05	8 14	8 22	8 30	8 38	8 48	8 54	9 00
13	7 44	7 58	8 10	8 20	8 28	8 35	8 48	8 59	9 09	9 20	9 31	9 44	9 51	10 00
14	8 14	8 32	8 46	8 58	9 08	9 16	9 32	9 45	9 57	10 09	10 23	10 38	10 47	10 57
15	8 50	9 10	9 26	9 39	9 50	10 00	10 16	10 31	10 45	10 58	11 13	11 30	11 39	11 51
16	9 31	9 53	10 10	10 23	10 35	10 45	11 03	11 18	11 32	11 47	12 02	12 19	12 30	12 41
17	10 20	10 41	10 58	11 11	11 23	11 33	11 51	12 06	12 20	12 34	12 49	13 07	13 17	13 28
18	11 14	11 34	11 50	12 03	12 14	12 23	12 40	12 54	13 07	13 21	13 35	13 51	14 01	14 11
19	12 14	12 32	12 46	12 57	13 07	13 15	13 30	13 43	13 54	14 06	14 19	14 33	14 42	14 51
20	13 19	13 33	13 44	13 54	14 02	14 09	14 21	14 31	14 41	14 51	15 01	15 13	15 20	15 28
21	14 27	14 37	14 45	14 52	14 58	15 04	15 13	15 20	15 28	15 35	15 43	15 51	15 56	16 02
22	15 37	15 44	15 49	15 53	15 57	16 00	16 05	16 10	16 14	16 19	16 23	16 29	16 32	16 35
23	16 51	16 52	16 54	16 55	16 56	16 57	16 59	17 00	17 02	17 03	17 04	17 06	17 07	17 07
24	18 06	18 03	18 01	17 59	17 58	17 56	17 54	17 52	17 50	17 48	17 46	17 43	17 42	17 40
25	19 22	19 15	19 09	19 05	19 00	18 57	18 50	18 45	18 40	18 34	18 29	18 22	18 19	18 15
26	20 40	20 28	20 19	20 11	20 05	19 59	19 49	19 40	19 31	19 23	19 14	19 04	18 58	18 52
27	21 57	21 41	21 29	21 18	21 09	21 02	20 48	20 36	20 25	20 15	20 03	19 49	19 42	19 33
28	23 11	22 52	22 37	22 24	22 14	22 05	21 49	21 35	21 22	21 09	20 55	20 39	20 30	20 19
29	.. ..	23 58	23 41	23 28	23 16	23 06	22 49	22 34	22 19	22 05	21 50	21 33	21 23	21 11
30	0 19	.. ..	.. ..	.. ..	.. ..	.. ..	23 47	23 32	23 18	23 03	22 48	22 30	22 20	22 08
Oct. 1	1 18	0 57	0 40	0 26	0 15	0 05	.. ..	.. ..	.. ..	.. ..	23 48	23 31	23 22	23 11
2	2 06	1 47	1 32	1 19	1 09	0 59	0 43	0 29	0 16	0 02	.. ..	.. ..	.. ..	.. ..

.. .. indicates phenomenon will occur the next day.

UNIVERSAL TIME FOR MERIDIAN OF GREENWICH

MOONRISE

Lat.	+40°	+42°	+44°	+46°	+48°	+50°	+52°	+54°	+56°	+58°	+60°	+62°	+64°	+66°
	h m	h m	h m	h m	h m	h m	h m	h m	h m	h m	h m	h m	h m	h m
Sept. 8	17 47	17 48	17 50	17 51	17 52	17 54	17 55	17 57	17 59	18 01	18 03	18 06	18 09	18 12
9	18 21	18 21	18 21	18 21	18 21	18 21	18 21	18 21	18 21	18 21	18 20	18 20	18 20	18 20
10	18 55	18 53	18 52	18 51	18 49	18 48	18 46	18 44	18 42	18 40	18 38	18 35	18 32	18 28
11	19 28	19 26	19 23	19 21	19 18	19 15	19 12	19 09	19 05	19 00	18 56	18 50	18 44	18 37
12	20 03	20 00	19 56	19 53	19 49	19 44	19 40	19 35	19 29	19 23	19 16	19 07	18 58	18 47
13	20 40	20 36	20 31	20 27	20 22	20 16	20 10	20 04	19 57	19 48	19 39	19 28	19 16	19 01
14	21 19	21 14	21 09	21 04	20 58	20 52	20 45	20 37	20 29	20 19	20 08	19 55	19 39	19 21
15	22 02	21 57	21 51	21 45	21 39	21 32	21 25	21 16	21 07	20 56	20 43	20 29	20 11	19 49
16	22 48	22 43	22 37	22 31	22 25	22 18	22 10	22 01	21 51	21 40	21 27	21 12	20 53	20 30
17	23 38	23 33	23 27	23 22	23 15	23 08	23 01	22 52	22 43	22 32	22 19	22 05	21 47	21 25
18	.. ..	.. ..	.. ..	.. ..	.. ..	.. ..	23 57	23 49	23 41	23 31	23 20	23 07	22 51	22 32
19	0 31	0 26	0 21	0 16	0 10	0 04	.. ..	.. ..	.. ..	.. ..	.. ..	.. ..	.. ..	23 48
20	1 26	1 22	1 18	1 14	1 09	1 03	0 57	0 51	0 44	0 36	0 26	0 16	0 03	.. ..
21	2 24	2 21	2 18	2 14	2 10	2 06	2 02	1 57	1 51	1 45	1 38	1 30	1 20	1 09
22	3 24	3 22	3 19	3 17	3 14	3 12	3 09	3 05	3 02	2 57	2 53	2 48	2 41	2 34
23	4 25	4 24	4 23	4 22	4 21	4 19	4 18	4 16	4 15	4 13	4 10	4 08	4 05	4 02
24	5 28	5 28	5 29	5 29	5 29	5 29	5 29	5 30	5 30	5 30	5 30	5 31	5 31	5 32
25	6 33	6 34	6 36	6 37	6 39	6 41	6 43	6 45	6 47	6 50	6 53	6 56	7 00	7 04
26	7 39	7 42	7 44	7 47	7 50	7 54	7 57	8 01	8 06	8 11	8 16	8 23	8 30	8 39
27	8 47	8 50	8 54	8 58	9 02	9 07	9 12	9 18	9 25	9 32	9 40	9 50	10 01	10 14
28	9 53	9 58	10 03	10 08	10 13	10 19	10 26	10 33	10 42	10 51	11 02	11 14	11 29	11 48
29	10 58	11 03	11 09	11 15	11 21	11 28	11 36	11 44	11 54	12 05	12 17	12 32	12 50	13 13
30	12 00	12 05	12 10	12 17	12 23	12 30	12 38	12 47	12 57	13 09	13 22	13 38	13 57	14 21
Oct. 1	12 55	13 00	13 06	13 12	13 18	13 25	13 33	13 41	13 51	14 01	14 14	14 28	14 46	15 08
2	13 45	13 50	13 55	14 00	14 05	14 11	14 18	14 25	14 34	14 43	14 54	15 06	15 20	15 38

MOONSET

Lat.	+40°	+42°	+44°	+46°	+48°	+50°	+52°	+54°	+56°	+58°	+60°	+62°	+64°	+66°
	h m	h m	h m	h m	h m	h m	h m	h m	h m	h m	h m	h m	h m	h m
Sept. 8	4 42	4 41	4 39	4 37	4 35	4 32	4 30	4 27	4 24	4 20	4 17	4 12	4 07	4 01
9	5 49	5 49	5 48	5 48	5 47	5 46	5 46	5 45	5 44	5 43	5 41	5 40	5 39	5 37
10	6 55	6 55	6 56	6 57	6 58	6 59	7 00	7 01	7 02	7 03	7 04	7 06	7 08	7 10
11	7 58	8 00	8 02	8 04	8 06	8 09	8 11	8 14	8 17	8 21	8 25	8 29	8 35	8 41
12	9 00	9 03	9 06	9 09	9 13	9 16	9 21	9 25	9 30	9 36	9 42	9 50	9 58	10 08
13	10 00	10 03	10 07	10 12	10 16	10 21	10 27	10 33	10 40	10 48	10 56	11 06	11 18	11 33
14	10 57	11 01	11 06	11 11	11 17	11 23	11 29	11 37	11 45	11 55	12 05	12 18	12 33	12 51
15	11 51	11 56	12 01	12 07	12 13	12 20	12 27	12 36	12 45	12 56	13 08	13 22	13 40	14 01
16	12 41	12 46	12 52	12 58	13 05	13 12	13 20	13 28	13 38	13 49	14 02	14 17	14 36	14 59
17	13 28	13 33	13 39	13 45	13 51	13 58	14 06	14 14	14 24	14 35	14 48	15 02	15 20	15 43
18	14 11	14 16	14 21	14 27	14 33	14 39	14 46	14 54	15 03	15 13	15 25	15 38	15 54	16 13
19	14 51	14 55	15 00	15 04	15 10	15 15	15 21	15 28	15 36	15 44	15 54	16 05	16 19	16 34
20	15 28	15 31	15 35	15 39	15 43	15 47	15 52	15 58	16 04	16 11	16 18	16 27	16 37	16 49
21	16 02	16 05	16 07	16 10	16 13	16 16	16 20	16 24	16 28	16 33	16 39	16 45	16 52	17 00
22	16 35	16 37	16 38	16 40	16 42	16 44	16 46	16 48	16 51	16 53	16 57	17 00	17 04	17 09
23	17 07	17 08	17 08	17 09	17 09	17 10	17 10	17 11	17 12	17 13	17 13	17 14	17 16	17 17
24	17 40	17 40	17 39	17 38	17 37	17 36	17 35	17 34	17 33	17 32	17 30	17 29	17 27	17 25
25	18 15	18 13	18 11	18 09	18 07	18 04	18 02	17 59	17 56	17 52	17 48	17 44	17 39	17 33
26	18 52	18 49	18 46	18 43	18 39	18 35	18 31	18 26	18 21	18 16	18 09	18 02	17 54	17 44
27	19 33	19 29	19 25	19 20	19 16	19 10	19 05	18 58	18 51	18 44	18 35	18 24	18 13	17 58
28	20 19	20 14	20 09	20 04	19 58	19 52	19 45	19 37	19 28	19 19	19 07	18 54	18 39	18 20
29	21 11	21 06	21 00	20 54	20 48	20 41	20 33	20 24	20 14	20 03	19 51	19 36	19 17	18 55
30	22 08	22 03	21 58	21 51	21 45	21 38	21 30	21 21	21 11	20 59	20 46	20 31	20 12	19 48
Oct. 1	23 11	23 06	23 00	22 55	22 49	22 42	22 34	22 26	22 17	22 06	21 54	21 40	21 23	21 01
2	.. ..	.. ..	.. ..	.. ..	23 57	23 51	23 45	23 38	23 30	23 21	23 11	22 59	22 45	22 29

.. .. indicates phenomenon will occur the next day.

UNIVERSAL TIME FOR MERIDIAN OF GREENWICH

MOONRISE

Lat.	−55°	−50°	−45°	−40°	−35°	−30°	−20°	−10°	0°	+10°	+20°	+30°	+35°	+40°
	h m	h m	h m	h m	h m	h m	h m	h m	h m	h m	h m	h m	h m	h m
Oct. 1	9 50	10 11	10 28	10 41	10 52	11 02	11 19	11 34	11 48	12 02	12 17	12 34	12 44	12 55
2	11 00	11 18	11 33	11 45	11 55	12 04	12 19	12 33	12 45	12 58	13 11	13 26	13 35	13 45
3	12 14	12 29	12 41	12 51	12 59	13 06	13 19	13 30	13 40	13 51	14 02	14 14	14 21	14 30
4	13 31	13 42	13 50	13 57	14 03	14 09	14 18	14 26	14 33	14 41	14 49	14 58	15 03	15 09
5	14 49	14 55	15 00	15 04	15 07	15 10	15 15	15 20	15 25	15 29	15 34	15 39	15 42	15 45
6	16 05	16 07	16 08	16 09	16 10	16 10	16 12	16 13	16 14	16 15	16 16	16 18	16 19	16 19
7	17 20	17 17	17 15	17 13	17 11	17 10	17 07	17 05	17 02	17 00	16 58	16 56	16 54	16 52
8	18 34	18 27	18 21	18 16	18 11	18 08	18 01	17 56	17 50	17 45	17 39	17 33	17 30	17 26
9	19 46	19 34	19 25	19 17	19 10	19 05	18 55	18 46	18 38	18 30	18 21	18 12	18 06	18 00
10	20 54	20 39	20 27	20 17	20 08	20 00	19 47	19 36	19 26	19 15	19 04	18 51	18 44	18 36
11	21 59	21 40	21 26	21 14	21 04	20 55	20 39	20 26	20 14	20 01	19 48	19 33	19 24	19 14
12	22 58	22 37	22 21	22 08	21 57	21 47	21 30	21 15	21 02	20 48	20 33	20 17	20 07	19 56
13	23 51	23 29	23 12	22 58	22 47	22 37	22 19	22 04	21 50	21 35	21 20	21 03	20 53	20 41
14	.. ..	.. ..	23 59	23 45	23 34	23 24	23 06	22 51	22 37	22 23	22 08	21 51	21 41	21 30
15	0 36	0 15	.. ..	.. ..	.. ..	.. ..	23 52	23 38	23 24	23 11	22 57	22 41	22 32	22 21
16	1 15	0 55	0 40	0 28	0 17	0 08	.. ..	.. ..	.. ..	23 59	23 47	23 33	23 24	23 15
17	1 47	1 31	1 18	1 07	0 57	0 49	0 35	0 23	0 11	.. ..	.. ..	.. ..	.. ..	.. ..
18	2 16	2 02	1 52	1 43	1 35	1 29	1 17	1 07	0 57	0 47	0 37	0 25	0 19	0 11
19	2 41	2 31	2 23	2 17	2 11	2 06	1 58	1 50	1 43	1 36	1 28	1 20	1 15	1 09
20	3 04	2 58	2 53	2 49	2 46	2 43	2 38	2 33	2 29	2 25	2 20	2 15	2 12	2 09
21	3 26	3 24	3 23	3 22	3 21	3 20	3 18	3 17	3 16	3 15	3 14	3 12	3 12	3 11
22	3 48	3 51	3 53	3 55	3 56	3 58	4 00	4 02	4 04	4 07	4 09	4 11	4 13	4 15
23	4 12	4 19	4 25	4 30	4 34	4 38	4 44	4 50	4 55	5 00	5 06	5 13	5 17	5 21
24	4 40	4 51	5 00	5 08	5 15	5 20	5 31	5 40	5 48	5 57	6 06	6 16	6 22	6 29
25	5 13	5 28	5 41	5 51	6 00	6 07	6 21	6 33	6 44	6 55	7 07	7 21	7 29	7 38

MOONSET

Lat.	−55°	−50°	−45°	−40°	−35°	−30°	−20°	−10°	0°	+10°	+20°	+30°	+35°	+40°
	h m	h m	h m	h m	h m	h m	h m	h m	h m	h m	h m	h m	h m	h m
Oct. 1	1 18	0 57	0 40	0 26	0 15	0 05	.. ..	.. ..	.. ..	.. ..	23 48	23 31	23 22	23 11
2	2 06	1 47	1 32	1 19	1 09	0 59	0 43	0 29	0 16	0 02	.. ..	.. ..	.. ..	.. ..
3	2 46	2 30	2 17	2 06	1 57	1 49	1 35	1 23	1 12	1 00	0 48	0 34	0 25	0 16
4	3 18	3 06	2 56	2 48	2 41	2 35	2 24	2 15	2 06	1 57	1 47	1 36	1 30	1 22
5	3 46	3 38	3 31	3 26	3 22	3 17	3 10	3 04	2 58	2 52	2 46	2 38	2 34	2 29
6	4 10	4 06	4 04	4 01	3 59	3 57	3 54	3 51	3 48	3 46	3 43	3 39	3 37	3 35
7	4 33	4 33	4 34	4 35	4 35	4 35	4 36	4 37	4 37	4 38	4 38	4 39	4 39	4 40
8	4 55	5 00	5 04	5 08	5 11	5 13	5 18	5 22	5 25	5 29	5 33	5 38	5 40	5 43
9	5 19	5 28	5 35	5 41	5 46	5 51	5 59	6 06	6 13	6 20	6 27	6 35	6 40	6 45
10	5 44	5 57	6 08	6 16	6 24	6 30	6 42	6 51	7 01	7 10	7 20	7 32	7 38	7 46
11	6 13	6 30	6 43	6 54	7 03	7 11	7 25	7 37	7 49	8 00	8 13	8 27	8 35	8 44
12	6 47	7 06	7 21	7 34	7 44	7 54	8 10	8 24	8 37	8 50	9 04	9 20	9 29	9 40
13	7 26	7 47	8 04	8 17	8 29	8 39	8 56	9 11	9 25	9 39	9 54	10 11	10 21	10 33
14	8 12	8 33	8 50	9 04	9 16	9 26	9 43	9 58	10 13	10 27	10 42	11 00	11 10	11 21
15	9 04	9 24	9 41	9 54	10 05	10 15	10 32	10 46	11 00	11 14	11 28	11 45	11 55	12 06
16	10 01	10 20	10 34	10 46	10 57	11 06	11 21	11 34	11 47	11 59	12 13	12 28	12 37	12 47
17	11 03	11 19	11 31	11 41	11 50	11 58	12 11	12 23	12 33	12 44	12 55	13 08	13 16	13 24
18	12 09	12 21	12 30	12 38	12 45	12 51	13 02	13 11	13 19	13 28	13 36	13 47	13 52	13 59
19	13 17	13 25	13 32	13 37	13 42	13 46	13 53	13 59	14 05	14 11	14 17	14 24	14 28	14 32
20	14 28	14 32	14 35	14 38	14 40	14 42	14 46	14 49	14 51	14 54	14 57	15 00	15 02	15 04
21	15 42	15 42	15 41	15 41	15 41	15 40	15 40	15 39	15 39	15 39	15 38	15 37	15 37	15 37
22	16 59	16 54	16 49	16 46	16 43	16 40	16 36	16 32	16 28	16 25	16 21	16 16	16 13	16 10
23	18 17	18 08	18 00	17 53	17 48	17 43	17 34	17 27	17 20	17 13	17 06	16 57	16 52	16 47
24	19 37	19 23	19 11	19 02	18 54	18 47	18 35	18 24	18 14	18 04	17 54	17 42	17 35	17 27
25	20 55	20 37	20 22	20 11	20 01	19 52	19 37	19 24	19 11	18 59	18 46	18 31	18 22	18 12

.. .. indicates phenomenon will occur the next day.

UNIVERSAL TIME FOR MERIDIAN OF GREENWICH

MOONRISE

Lat.	+40°	+42°	+44°	+46°	+48°	+50°	+52°	+54°	+56°	+58°	+60°	+62°	+64°	+66°
	h m	h m	h m	h m	h m	h m	h m	h m	h m	h m	h m	h m	h m	h m
Oct. 1	12 55	13 00	13 06	13 12	13 18	13 25	13 33	13 41	13 51	14 01	14 14	14 28	14 46	15 08
2	13 45	13 50	13 55	14 00	14 05	14 11	14 18	14 25	14 34	14 43	14 54	15 06	15 20	15 38
3	14 30	14 33	14 37	14 41	14 46	14 51	14 56	15 02	15 08	15 16	15 24	15 33	15 44	15 57
4	15 09	15 12	15 15	15 18	15 21	15 24	15 28	15 32	15 37	15 42	15 48	15 54	16 02	16 10
5	15 45	15 47	15 49	15 50	15 52	15 54	15 56	15 59	16 01	16 04	16 08	16 11	16 15	16 20
6	16 19	16 20	16 20	16 21	16 21	16 22	16 22	16 23	16 24	16 24	16 25	16 26	16 27	16 29
7	16 52	16 52	16 51	16 50	16 49	16 48	16 47	16 46	16 45	16 44	16 42	16 41	16 39	16 37
8	17 26	17 24	17 22	17 20	17 18	17 15	17 13	17 10	17 07	17 04	17 00	16 56	16 51	16 45
9	18 00	17 57	17 54	17 51	17 47	17 44	17 40	17 35	17 30	17 25	17 19	17 12	17 04	16 55
10	18 36	18 32	18 28	18 24	18 19	18 15	18 09	18 03	17 57	17 49	17 41	17 32	17 20	17 07
11	19 14	19 10	19 05	19 00	18 55	18 49	18 42	18 35	18 27	18 18	18 08	17 56	17 42	17 25
12	19 56	19 51	19 46	19 40	19 34	19 27	19 20	19 12	19 03	18 52	18 41	18 27	18 10	17 49
13	20 41	20 36	20 31	20 25	20 18	20 11	20 03	19 55	19 45	19 34	19 21	19 06	18 48	18 25
14	21 30	21 24	21 19	21 13	21 07	21 00	20 52	20 43	20 34	20 23	20 10	19 55	19 37	19 14
15	22 21	22 16	22 11	22 05	21 59	21 53	21 46	21 38	21 29	21 19	21 07	20 53	20 37	20 16
16	23 15	23 11	23 06	23 01	22 56	22 50	22 44	22 37	22 29	22 20	22 10	21 59	21 45	21 28
17	.. ..	.. ..	.. ..	.. ..	23 55	23 51	23 46	23 40	23 34	23 27	23 19	23 10	22 59	22 46
18	0 11	0 07	0 04	0 00	.. ..	.. ..	.. ..	.. ..	.. ..	.. ..	.. ..	.. ..	.. ..	.. ..
19	1 09	1 06	1 04	1 01	0 58	0 54	0 51	0 46	0 42	0 37	0 31	0 25	0 17	0 08
20	2 09	2 07	2 06	2 04	2 02	2 00	1 58	1 56	1 53	1 50	1 47	1 43	1 39	1 34
21	3 11	3 10	3 10	3 09	3 09	3 08	3 08	3 07	3 07	3 06	3 05	3 04	3 03	3 02
22	4 15	4 15	4 16	4 17	4 18	4 19	4 20	4 21	4 23	4 24	4 26	4 28	4 30	4 33
23	5 21	5 23	5 25	5 27	5 30	5 32	5 35	5 38	5 42	5 46	5 50	5 55	6 01	6 07
24	6 29	6 32	6 36	6 39	6 43	6 47	6 52	6 57	7 02	7 09	7 16	7 24	7 33	7 45
25	7 38	7 42	7 47	7 51	7 57	8 02	8 08	8 15	8 23	8 31	8 41	8 52	9 06	9 22

MOONSET

Lat.	+40°	+42°	+44°	+46°	+48°	+50°	+52°	+54°	+56°	+58°	+60°	+62°	+64°	+66°
	h m	h m	h m	h m	h m	h m	h m	h m	h m	h m	h m	h m	h m	h m
Oct. 1	23 11	23 06	23 00	22 55	22 49	22 42	22 34	22 26	22 17	22 06	21 54	21 40	21 23	21 01
2	.. ..	.. ..	.. ..	.. ..	23 57	23 51	23 45	23 38	23 30	23 21	23 11	22 59	22 45	22 29
3	0 16	0 12	0 07	0 02	.. ..	.. ..	.. ..	.. ..	.. ..	.. ..	.. ..	.. ..	.. ..	.. ..
4	1 22	1 19	1 16	1 12	1 08	1 03	0 59	0 53	0 47	0 41	0 33	0 24	0 14	0 02
5	2 29	2 27	2 25	2 22	2 19	2 16	2 13	2 10	2 06	2 02	1 57	1 51	1 45	1 37
6	3 35	3 34	3 33	3 32	3 30	3 29	3 28	3 26	3 24	3 22	3 20	3 17	3 14	3 11
7	4 40	4 40	4 40	4 40	4 40	4 40	4 41	4 41	4 41	4 42	4 42	4 42	4 43	4 43
8	5 43	5 44	5 46	5 47	5 49	5 51	5 52	5 55	5 57	5 59	6 02	6 06	6 09	6 14
9	6 45	6 48	6 50	6 53	6 56	6 59	7 03	7 06	7 11	7 15	7 21	7 27	7 34	7 42
10	7 46	7 49	7 53	7 57	8 01	8 05	8 10	8 16	8 22	8 29	8 36	8 45	8 56	9 08
11	8 44	8 48	8 53	8 58	9 03	9 09	9 15	9 22	9 29	9 38	9 48	10 00	10 13	10 30
12	9 40	9 45	9 50	9 56	10 01	10 08	10 15	10 23	10 32	10 42	10 54	11 08	11 24	11 44
13	10 33	10 38	10 43	10 49	10 55	11 02	11 10	11 19	11 28	11 39	11 52	12 07	12 25	12 48
14	11 21	11 26	11 32	11 38	11 44	11 51	11 59	12 08	12 18	12 29	12 41	12 56	13 15	13 37
15	12 06	12 11	12 16	12 22	12 28	12 35	12 42	12 50	12 59	13 10	13 22	13 36	13 52	14 13
16	12 47	12 51	12 56	13 01	13 06	13 12	13 19	13 26	13 34	13 43	13 54	14 06	14 20	14 38
17	13 24	13 28	13 32	13 36	13 41	13 46	13 51	13 57	14 04	14 11	14 20	14 30	14 41	14 55
18	13 59	14 02	14 05	14 08	14 12	14 16	14 20	14 24	14 30	14 35	14 42	14 49	14 57	15 07
19	14 32	14 34	14 36	14 38	14 41	14 43	14 46	14 49	14 52	14 56	15 00	15 05	15 10	15 17
20	15 04	15 05	15 06	15 07	15 08	15 09	15 11	15 12	15 14	15 15	15 17	15 20	15 22	15 25
21	15 37	15 37	15 36	15 36	15 36	15 36	15 35	15 35	15 35	15 34	15 34	15 34	15 33	15 33
22	16 10	16 09	16 08	16 06	16 05	16 03	16 01	15 59	15 57	15 54	15 52	15 49	15 45	15 41
23	16 47	16 44	16 42	16 39	16 36	16 33	16 29	16 26	16 21	16 17	16 11	16 05	15 59	15 51
24	17 27	17 24	17 20	17 16	17 12	17 07	17 02	16 56	16 50	16 43	16 35	16 26	16 16	16 04
25	18 12	18 08	18 03	17 58	17 53	17 47	17 40	17 33	17 25	17 16	17 06	16 54	16 40	16 23

.. .. indicates phenomenon will occur the next day.

UNIVERSAL TIME FOR MERIDIAN OF GREENWICH

MOONRISE

Lat.	−55°	−50°	−45°	−40°	−35°	−30°	−20°	−10°	0°	+10°	+20°	+30°	+35°	+40°
	h m	h m	h m	h m	h m	h m	h m	h m	h m	h m	h m	h m	h m	h m
Oct. 24	4 40	4 51	5 00	5 08	5 15	5 20	5 31	5 40	5 48	5 57	6 06	6 16	6 22	6 29
25	5 13	5 28	5 41	5 51	6 00	6 07	6 21	6 33	6 44	6 55	7 07	7 21	7 29	7 38
26	5 53	6 12	6 27	6 39	6 50	6 59	7 15	7 29	7 42	7 55	8 10	8 26	8 35	8 46
27	6 42	7 03	7 20	7 34	7 45	7 55	8 13	8 28	8 42	8 56	9 12	9 29	9 39	9 51
28	7 42	8 03	8 20	8 33	8 45	8 55	9 12	9 28	9 42	9 56	10 11	10 29	10 39	10 50
29	8 51	9 10	9 25	9 38	9 48	9 57	10 13	10 27	10 40	10 53	11 07	11 23	11 33	11 43
30	10 04	10 20	10 33	10 44	10 53	11 00	11 14	11 26	11 37	11 48	11 59	12 13	12 21	12 29
31	11 21	11 33	11 42	11 50	11 57	12 03	12 13	12 22	12 30	12 39	12 48	12 58	13 04	13 10
Nov. 1	12 37	12 45	12 51	12 56	13 00	13 04	13 10	13 16	13 21	13 27	13 32	13 39	13 43	13 47
2	13 53	13 56	13 58	14 00	14 02	14 03	14 06	14 08	14 10	14 13	14 15	14 18	14 19	14 21
3	15 07	15 05	15 04	15 03	15 02	15 02	15 00	14 59	14 58	14 57	14 56	14 55	14 54	14 53
4	16 20	16 14	16 09	16 05	16 02	15 59	15 54	15 49	15 45	15 41	15 37	15 32	15 29	15 26
5	17 31	17 21	17 13	17 06	17 00	16 55	16 47	16 39	16 32	16 25	16 18	16 09	16 04	15 59
6	18 40	18 26	18 15	18 06	17 58	17 51	17 39	17 29	17 19	17 10	16 59	16 48	16 41	16 34
7	19 46	19 29	19 15	19 04	18 54	18 46	18 31	18 19	18 07	17 55	17 43	17 28	17 20	17 11
8	20 48	20 28	20 12	19 59	19 48	19 39	19 22	19 08	18 55	18 42	18 27	18 11	18 02	17 51
9	21 43	21 22	21 05	20 51	20 40	20 30	20 12	19 57	19 43	19 29	19 14	18 57	18 47	18 35
10	22 32	22 10	21 53	21 40	21 28	21 18	21 00	20 45	20 31	20 17	20 02	19 44	19 34	19 22
11	23 13	22 53	22 37	22 24	22 13	22 03	21 47	21 32	21 18	21 05	20 50	20 33	20 24	20 13
12	23 48	23 30	23 16	23 04	22 54	22 46	22 30	22 17	22 05	21 53	21 39	21 24	21 15	21 05
13	.. ..	.. ..	23 51	23 41	23 33	23 25	23 12	23 01	22 51	22 40	22 29	22 16	22 08	22 00
14	0 17	0 03	.. ..	.. ..	.. ..	.. ..	23 53	23 44	23 36	23 28	23 19	23 09	23 03	22 56
15	0 43	0 32	0 23	0 15	0 09	0 03	.. ..	.. ..	.. ..	.. ..	.. ..	.. ..	23 58	23 54
16	1 06	0 59	0 53	0 47	0 43	0 39	0 32	0 26	0 21	0 15	0 09	0 02	.. ..	.. ..
17	1 28	1 24	1 21	1 19	1 17	1 15	1 12	1 09	1 06	1 04	1 01	0 57	0 56	0 53

MOONSET

Lat.	−55°	−50°	−45°	−40°	−35°	−30°	−20°	−10°	0°	+10°	+20°	+30°	+35°	+40°
	h m	h m	h m	h m	h m	h m	h m	h m	h m	h m	h m	h m	h m	h m
Oct. 24	19 37	19 23	19 11	19 02	18 54	18 47	18 35	18 24	18 14	18 04	17 54	17 42	17 35	17 27
25	20 55	20 37	20 22	20 11	20 01	19 52	19 37	19 24	19 11	18 59	18 46	18 31	18 22	18 12
26	22 07	21 47	21 31	21 17	21 06	20 56	20 39	20 24	20 11	19 57	19 42	19 25	19 15	19 04
27	23 11	22 50	22 33	22 20	22 08	21 58	21 40	21 25	21 11	20 56	20 41	20 23	20 13	20 01
28	.. ..	23 44	23 29	23 16	23 05	22 55	22 38	22 24	22 10	21 56	21 41	21 24	21 15	21 03
29	0 04	.. ..	.. ..	.. ..	23 56	23 47	23 33	23 20	23 08	22 55	22 42	22 27	22 19	22 09
30	0 47	0 30	0 17	0 05	.. ..	.. ..	.. ..	.. ..	.. ..	23 53	23 42	23 30	23 23	23 15
31	1 22	1 08	0 58	0 49	0 41	0 34	0 23	0 12	0 03	.. ..	.. ..	.. ..	.. ..	.. ..
Nov. 1	1 50	1 41	1 34	1 27	1 22	1 17	1 09	1 02	0 55	0 48	0 41	0 32	0 27	0 21
2	2 15	2 10	2 06	2 03	2 00	1 57	1 53	1 49	1 45	1 41	1 37	1 32	1 30	1 27
3	2 38	2 37	2 36	2 36	2 36	2 35	2 34	2 34	2 33	2 33	2 32	2 31	2 31	2 30
4	3 00	3 03	3 06	3 08	3 10	3 12	3 15	3 18	3 21	3 23	3 26	3 29	3 31	3 33
5	3 22	3 30	3 36	3 41	3 45	3 49	3 56	4 02	4 08	4 13	4 19	4 26	4 30	4 34
6	3 46	3 58	4 07	4 15	4 21	4 27	4 37	4 46	4 55	5 03	5 12	5 22	5 28	5 35
7	4 14	4 29	4 41	4 51	4 59	5 07	5 20	5 31	5 42	5 53	6 04	6 17	6 25	6 34
8	4 45	5 03	5 18	5 30	5 40	5 49	6 04	6 17	6 30	6 43	6 56	7 11	7 20	7 31
9	5 22	5 42	5 59	6 12	6 23	6 33	6 50	7 04	7 18	7 32	7 47	8 04	8 13	8 25
10	6 05	6 27	6 43	6 57	7 09	7 19	7 37	7 52	8 06	8 21	8 36	8 53	9 03	9 15
11	6 55	7 16	7 32	7 46	7 58	8 08	8 25	8 40	8 54	9 08	9 23	9 40	9 50	10 01
12	7 50	8 10	8 25	8 38	8 48	8 58	9 14	9 28	9 41	9 54	10 08	10 24	10 33	10 44
13	8 50	9 07	9 20	9 31	9 41	9 49	10 03	10 16	10 27	10 39	10 51	11 05	11 13	11 22
14	9 53	10 07	10 18	10 27	10 35	10 41	10 53	11 03	11 13	11 22	11 32	11 43	11 50	11 57
15	10 59	11 09	11 17	11 24	11 29	11 34	11 43	11 50	11 57	12 04	12 12	12 20	12 25	12 30
16	12 08	12 14	12 18	12 22	12 26	12 29	12 34	12 38	12 42	12 47	12 51	12 56	12 59	13 02
17	13 19	13 20	13 22	13 23	13 24	13 24	13 26	13 27	13 28	13 29	13 31	13 32	13 33	13 33

.. .. indicates phenomenon will occur the next day.

UNIVERSAL TIME FOR MERIDIAN OF GREENWICH

MOONRISE

Lat.	+40°	+42°	+44°	+46°	+48°	+50°	+52°	+54°	+56°	+58°	+60°	+62°	+64°	+66°
	h m	h m	h m	h m	h m	h m	h m	h m	h m	h m	h m	h m	h m	h m
Oct. 24	6 29	6 32	6 36	6 39	6 43	6 47	6 52	6 57	7 02	7 09	7 16	7 24	7 33	7 45
25	7 38	7 42	7 47	7 51	7 57	8 02	8 08	8 15	8 23	8 31	8 41	8 52	9 06	9 22
26	8 46	8 51	8 56	9 02	9 08	9 15	9 22	9 30	9 40	9 50	10 02	10 16	10 33	10 54
27	9 51	9 56	10 02	10 08	10 15	10 22	10 30	10 39	10 49	11 00	11 13	11 29	11 48	12 12
28	10 50	10 56	11 01	11 07	11 14	11 21	11 29	11 37	11 47	11 58	12 11	12 26	12 44	13 07
29	11 43	11 48	11 53	11 58	12 04	12 11	12 18	12 25	12 34	12 44	12 55	13 08	13 24	13 42
30	12 29	12 33	12 38	12 42	12 47	12 52	12 58	13 04	13 11	13 19	13 28	13 38	13 50	14 05
31	13 10	13 13	13 16	13 20	13 23	13 27	13 31	13 36	13 41	13 47	13 53	14 01	14 09	14 19
Nov. 1	13 47	13 49	13 51	13 53	13 55	13 58	14 00	14 03	14 07	14 10	14 14	14 19	14 24	14 30
2	14 21	14 22	14 22	14 23	14 24	14 25	14 26	14 28	14 29	14 30	14 32	14 34	14 36	14 38
3	14 53	14 53	14 53	14 52	14 52	14 52	14 51	14 51	14 50	14 49	14 49	14 48	14 47	14 46
4	15 26	15 24	15 23	15 21	15 20	15 18	15 16	15 14	15 11	15 09	15 06	15 02	14 58	14 54
5	15 59	15 56	15 54	15 51	15 48	15 45	15 41	15 38	15 33	15 29	15 24	15 18	15 11	15 03
6	16 34	16 30	16 27	16 23	16 19	16 14	16 09	16 04	15 58	15 52	15 44	15 36	15 26	15 14
7	17 11	17 07	17 02	16 58	16 52	16 47	16 41	16 34	16 27	16 18	16 09	15 58	15 45	15 29
8	17 51	17 47	17 41	17 36	17 30	17 24	17 17	17 09	17 00	16 50	16 39	16 25	16 10	15 50
9	18 35	18 30	18 25	18 19	18 12	18 05	17 58	17 49	17 39	17 29	17 16	17 01	16 43	16 21
10	19 22	19 17	19 12	19 06	18 59	18 52	18 44	18 35	18 26	18 15	18 02	17 46	17 28	17 05
11	20 13	20 08	20 02	19 57	19 50	19 44	19 36	19 28	19 18	19 08	18 56	18 41	18 24	18 02
12	21 05	21 01	20 56	20 51	20 45	20 39	20 32	20 25	20 17	20 07	19 56	19 44	19 29	19 10
13	22 00	21 56	21 52	21 48	21 43	21 38	21 32	21 26	21 19	21 11	21 02	20 52	20 40	20 26
14	22 56	22 53	22 50	22 47	22 43	22 39	22 35	22 30	22 25	22 19	22 12	22 04	21 56	21 45
15	23 54	23 52	23 50	23 48	23 45	23 43	23 40	23 37	23 33	23 29	23 25	23 20	23 14	23 07
16	.. ..	.. ..	.. ..	.. ..	.. ..	.. ..	.. ..	.. ..	.. ..	.. ..	.. ..	.. ..	.. ..	.. ..
17	0 53	0 53	0 52	0 51	0 49	0 48	0 47	0 45	0 44	0 42	0 40	0 38	0 35	0 32

MOONSET

Lat.	+40°	+42°	+44°	+46°	+48°	+50°	+52°	+54°	+56°	+58°	+60°	+62°	+64°	+66°
	h m	h m	h m	h m	h m	h m	h m	h m	h m	h m	h m	h m	h m	h m
Oct. 24	17 27	17 24	17 20	17 16	17 12	17 07	17 02	16 56	16 50	16 43	16 35	16 26	16 16	16 04
25	18 12	18 08	18 03	17 58	17 53	17 47	17 40	17 33	17 25	17 16	17 06	16 54	16 40	16 23
26	19 04	18 59	18 53	18 47	18 41	18 34	18 27	18 18	18 09	17 58	17 46	17 31	17 14	16 53
27	20 01	19 56	19 50	19 44	19 37	19 30	19 22	19 13	19 03	18 52	18 38	18 23	18 04	17 40
28	21 03	20 58	20 53	20 47	20 41	20 34	20 26	20 17	20 08	19 57	19 44	19 29	19 11	18 49
29	22 09	22 04	21 59	21 54	21 49	21 43	21 36	21 28	21 20	21 11	21 00	20 47	20 32	20 14
30	23 15	23 12	23 08	23 04	22 59	22 54	22 49	22 43	22 37	22 29	22 21	22 12	22 00	21 47
31	.. ..	.. ..	.. ..	.. ..	.. ..	.. ..	.. ..	23 59	23 55	23 50	23 44	23 37	23 30	23 21
Nov. 1	0 21	0 19	0 16	0 13	0 10	0 07	0 03	.. ..	.. ..	.. ..	.. ..	.. ..	.. ..	.. ..
2	1 27	1 25	1 24	1 22	1 20	1 19	1 17	1 14	1 12	1 09	1 06	1 03	0 59	0 54
3	2 30	2 30	2 30	2 30	2 29	2 29	2 29	2 28	2 28	2 27	2 27	2 26	2 26	2 25
4	3 33	3 34	3 35	3 36	3 37	3 38	3 39	3 41	3 42	3 44	3 46	3 48	3 51	3 54
5	4 34	4 36	4 39	4 41	4 43	4 46	4 49	4 52	4 56	5 00	5 04	5 09	5 15	5 22
6	5 35	5 38	5 41	5 45	5 48	5 52	5 57	6 01	6 07	6 13	6 20	6 28	6 37	6 47
7	6 34	6 38	6 42	6 46	6 51	6 56	7 02	7 08	7 16	7 24	7 33	7 43	7 56	8 10
8	7 31	7 35	7 40	7 45	7 51	7 57	8 04	8 12	8 20	8 30	8 41	8 54	9 09	9 28
9	8 25	8 30	8 35	8 41	8 47	8 54	9 02	9 10	9 19	9 30	9 43	9 57	10 15	10 37
10	9 15	9 20	9 26	9 32	9 38	9 45	9 53	10 02	10 12	10 23	10 36	10 51	11 09	11 33
11	10 01	10 06	10 12	10 18	10 24	10 31	10 38	10 47	10 56	11 07	11 20	11 34	11 52	12 14
12	10 44	10 48	10 53	10 59	11 04	11 11	11 18	11 25	11 34	11 44	11 55	12 08	12 23	12 42
13	11 22	11 26	11 30	11 35	11 40	11 45	11 51	11 58	12 05	12 14	12 23	12 34	12 46	13 01
14	11 57	12 01	12 04	12 08	12 12	12 16	12 21	12 26	12 32	12 39	12 46	12 54	13 04	13 15
15	12 30	12 33	12 35	12 38	12 41	12 44	12 47	12 51	12 55	13 00	13 05	13 11	13 18	13 26
16	13 02	13 03	13 05	13 07	13 08	13 10	13 12	13 14	13 17	13 19	13 22	13 26	13 30	13 34
17	13 33	13 34	13 34	13 35	13 35	13 35	13 36	13 37	13 37	13 38	13 39	13 39	13 40	13 42

.. .. indicates phenomenon will occur the next day.

UNIVERSAL TIME FOR MERIDIAN OF GREENWICH

MOONRISE

Lat.	−55°	−50°	−45°	−40°	−35°	−30°	−20°	−10°	0°	+10°	+20°	+30°	+35°	+40°
	h m	h m	h m	h m	h m	h m	h m	h m	h m	h m	h m	h m	h m	h m
Nov. 16	1 06	0 59	0 53	0 47	0 43	0 39	0 32	0 26	0 21	0 15	0 09	0 02	.. ..	.. ..
17	1 28	1 24	1 21	1 19	1 17	1 15	1 12	1 09	1 06	1 04	1 01	0 57	0 56	0 53
18	1 49	1 50	1 50	1 51	1 51	1 51	1 52	1 52	1 53	1 53	1 54	1 54	1 55	1 55
19	2 12	2 17	2 21	2 24	2 27	2 29	2 34	2 37	2 41	2 45	2 49	2 53	2 56	2 59
20	2 37	2 46	2 54	3 00	3 05	3 10	3 18	3 25	3 32	3 39	3 47	3 55	4 00	4 06
21	3 07	3 20	3 31	3 40	3 48	3 55	4 06	4 17	4 27	4 37	4 47	4 59	5 07	5 15
22	3 43	4 01	4 15	4 26	4 36	4 44	4 59	5 12	5 25	5 37	5 50	6 05	6 14	6 25
23	4 29	4 49	5 05	5 19	5 30	5 40	5 57	6 11	6 25	6 39	6 54	7 12	7 22	7 33
24	5 26	5 47	6 04	6 18	6 30	6 40	6 58	7 13	7 27	7 42	7 57	8 15	8 26	8 37
25	6 33	6 54	7 10	7 23	7 34	7 44	8 01	8 15	8 29	8 43	8 58	9 14	9 24	9 35
26	7 48	8 06	8 20	8 31	8 41	8 49	9 04	9 17	9 29	9 41	9 53	10 08	10 16	10 26
27	9 07	9 20	9 31	9 40	9 47	9 54	10 06	10 16	10 25	10 35	10 45	10 56	11 03	11 10
28	10 25	10 34	10 41	10 47	10 53	10 57	11 05	11 12	11 18	11 25	11 32	11 39	11 44	11 49
29	11 42	11 46	11 50	11 53	11 56	11 58	12 02	12 05	12 08	12 12	12 15	12 19	12 21	12 24
30	12 57	12 57	12 57	12 57	12 57	12 57	12 57	12 57	12 57	12 57	12 57	12 57	12 57	12 57
Dec. 1	14 10	14 05	14 02	13 59	13 56	13 54	13 50	13 47	13 43	13 40	13 37	13 33	13 31	13 29
2	15 21	15 12	15 05	14 59	14 54	14 50	14 42	14 36	14 30	14 24	14 17	14 10	14 06	14 01
3	16 30	16 17	16 07	15 59	15 51	15 45	15 34	15 25	15 16	15 07	14 58	14 48	14 41	14 35
4	17 36	17 20	17 07	16 56	16 47	16 40	16 26	16 14	16 03	15 52	15 40	15 27	15 19	15 10
5	18 39	18 20	18 05	17 52	17 42	17 33	17 17	17 03	16 50	16 38	16 24	16 08	15 59	15 49
6	19 37	19 16	18 59	18 46	18 34	18 24	18 07	17 52	17 38	17 24	17 09	16 52	16 43	16 31
7	20 28	20 06	19 49	19 36	19 24	19 14	18 56	18 41	18 26	18 12	17 57	17 39	17 29	17 17
8	21 12	20 51	20 35	20 21	20 10	20 00	19 43	19 28	19 14	19 00	18 45	18 28	18 18	18 06
9	21 49	21 31	21 16	21 03	20 53	20 44	20 28	20 14	20 01	19 48	19 34	19 18	19 09	18 58
10	22 21	22 05	21 52	21 41	21 32	21 24	21 10	20 58	20 47	20 36	20 23	20 10	20 01	19 52

MOONSET

Lat.	−55°	−50°	−45°	−40°	−35°	−30°	−20°	−10°	0°	+10°	+20°	+30°	+35°	+40°
	h m	h m	h m	h m	h m	h m	h m	h m	h m	h m	h m	h m	h m	h m
Nov. 16	12 08	12 14	12 18	12 22	12 26	12 29	12 34	12 38	12 42	12 47	12 51	12 56	12 59	13 02
17	13 19	13 20	13 22	13 23	13 24	13 24	13 26	13 27	13 28	13 29	13 31	13 32	13 33	13 33
18	14 32	14 29	14 27	14 25	14 24	14 22	14 20	14 18	14 16	14 13	14 11	14 09	14 07	14 06
19	15 49	15 41	15 35	15 30	15 26	15 23	15 16	15 10	15 05	15 00	14 54	14 48	14 44	14 40
20	17 08	16 56	16 46	16 38	16 31	16 25	16 15	16 06	15 58	15 49	15 40	15 30	15 24	15 18
21	18 27	18 11	17 58	17 48	17 39	17 31	17 17	17 05	16 54	16 43	16 31	16 17	16 09	16 00
22	19 45	19 25	19 10	18 57	18 46	18 37	18 21	18 06	17 53	17 40	17 26	17 10	17 00	16 49
23	20 56	20 34	20 18	20 04	19 52	19 42	19 24	19 09	18 55	18 40	18 25	18 07	17 57	17 45
24	21 56	21 35	21 19	21 05	20 54	20 44	20 26	20 11	19 57	19 43	19 27	19 10	19 00	18 48
25	22 45	22 26	22 12	22 00	21 49	21 40	21 25	21 11	20 58	20 45	20 31	20 15	20 06	19 55
26	23 23	23 09	22 57	22 47	22 39	22 31	22 18	22 07	21 56	21 45	21 34	21 20	21 13	21 04
27	23 55	23 44	23 36	23 28	23 22	23 17	23 07	22 59	22 51	22 43	22 34	22 24	22 19	22 12
28	.. ..	.. ..	.. ..	.. ..	.. ..	23 58	23 52	23 47	23 43	23 38	23 32	23 26	23 23	23 19
29	0 21	0 15	0 10	0 05	0 02	.. ..	.. ..	.. ..	.. ..	.. ..	.. ..	.. ..	.. ..	.. ..
30	0 44	0 42	0 41	0 39	0 38	0 37	0 35	0 33	0 32	0 30	0 28	0 26	0 25	0 24
Dec. 1	1 06	1 08	1 10	1 12	1 13	1 14	1 16	1 18	1 19	1 21	1 22	1 24	1 25	1 27
2	1 28	1 34	1 39	1 44	1 47	1 51	1 56	2 01	2 06	2 10	2 15	2 21	2 24	2 28
3	1 51	2 01	2 10	2 16	2 22	2 28	2 37	2 45	2 52	2 59	3 07	3 17	3 22	3 28
4	2 17	2 31	2 42	2 51	2 59	3 06	3 18	3 29	3 39	3 49	3 59	4 11	4 19	4 27
5	2 46	3 03	3 17	3 28	3 38	3 46	4 01	4 14	4 26	4 38	4 51	5 05	5 14	5 24
6	3 21	3 40	3 56	4 09	4 20	4 29	4 46	5 00	5 13	5 27	5 41	5 58	6 07	6 18
7	4 01	4 22	4 39	4 53	5 04	5 15	5 32	5 47	6 01	6 16	6 31	6 48	6 58	7 10
8	4 48	5 10	5 27	5 40	5 52	6 02	6 20	6 35	6 49	7 04	7 19	7 36	7 46	7 58
9	5 41	6 02	6 18	6 31	6 42	6 52	7 09	7 23	7 37	7 50	8 05	8 21	8 31	8 42
10	6 40	6 58	7 12	7 24	7 34	7 43	7 58	8 11	8 23	8 36	8 49	9 03	9 12	9 22

.. .. indicates phenomenon will occur the next day.

UNIVERSAL TIME FOR MERIDIAN OF GREENWICH

MOONRISE

Lat.	+40°	+42°	+44°	+46°	+48°	+50°	+52°	+54°	+56°	+58°	+60°	+62°	+64°	+66°
	h m	h m	h m	h m	h m	h m	h m	h m	h m	h m	h m	h m	h m	h m
Nov. 16	.. ..	.. ..	.. ..	.. ..	.. ..	.. ..	.. ..	.. ..	.. ..	.. ..	.. ..	.. ..	.. ..	.. ..
17	0 53	0 53	0 52	0 51	0 49	0 48	0 47	0 45	0 44	0 42	0 40	0 38	0 35	0 32
18	1 55	1 55	1 55	1 56	1 56	1 56	1 56	1 57	1 57	1 57	1 58	1 58	1 59	1 59
19	2 59	3 00	3 02	3 03	3 05	3 07	3 09	3 11	3 13	3 16	3 19	3 22	3 26	3 31
20	4 06	4 08	4 11	4 14	4 17	4 20	4 24	4 28	4 32	4 37	4 43	4 50	4 57	5 06
21	5 15	5 18	5 22	5 26	5 31	5 36	5 41	5 47	5 53	6 01	6 09	6 19	6 31	6 44
22	6 25	6 29	6 34	6 39	6 45	6 51	6 58	7 05	7 14	7 24	7 35	7 48	8 03	8 22
23	7 33	7 38	7 44	7 50	7 56	8 03	8 11	8 20	8 29	8 41	8 53	9 09	9 27	9 50
24	8 37	8 43	8 48	8 55	9 01	9 08	9 16	9 25	9 35	9 47	10 00	10 16	10 35	10 59
25	9 35	9 40	9 46	9 51	9 58	10 04	10 12	10 20	10 29	10 40	10 52	11 06	11 23	11 44
26	10 26	10 30	10 35	10 40	10 45	10 51	10 57	11 04	11 12	11 21	11 30	11 42	11 55	12 12
27	11 10	11 13	11 17	11 21	11 25	11 29	11 34	11 39	11 45	11 52	11 59	12 08	12 17	12 29
28	11 49	11 51	11 54	11 56	11 59	12 02	12 05	12 09	12 12	12 17	12 22	12 27	12 33	12 41
29	12 24	12 25	12 26	12 28	12 29	12 30	12 32	12 34	12 36	12 38	12 40	12 43	12 46	12 50
30	12 57	12 57	12 57	12 57	12 57	12 57	12 57	12 57	12 57	12 57	12 57	12 57	12 58	12 58
Dec. 1	13 29	13 28	13 27	13 25	13 24	13 23	13 21	13 20	13 18	13 16	13 14	13 11	13 08	13 05
2	14 01	13 59	13 57	13 54	13 52	13 49	13 46	13 43	13 39	13 35	13 31	13 26	13 20	13 13
3	14 35	14 32	14 28	14 25	14 21	14 17	14 13	14 08	14 03	13 57	13 50	13 42	13 34	13 23
4	15 10	15 07	15 02	14 58	14 53	14 48	14 42	14 36	14 29	14 21	14 12	14 02	13 50	13 36
5	15 49	15 45	15 40	15 35	15 29	15 23	15 16	15 08	15 00	14 51	14 40	14 27	14 12	13 54
6	16 31	16 26	16 21	16 15	16 09	16 02	15 55	15 46	15 37	15 26	15 14	15 00	14 42	14 21
7	17 17	17 12	17 06	17 00	16 54	16 47	16 39	16 30	16 20	16 09	15 56	15 41	15 22	14 59
8	18 06	18 01	17 56	17 50	17 43	17 36	17 29	17 20	17 11	17 00	16 47	16 32	16 14	15 51
9	18 58	18 54	18 48	18 43	18 37	18 31	18 24	18 16	18 07	17 57	17 45	17 32	17 16	16 56
10	19 52	19 48	19 44	19 39	19 34	19 28	19 22	19 15	19 08	18 59	18 50	18 38	18 25	18 09

MOONSET

Lat.	+40°	+42°	+44°	+46°	+48°	+50°	+52°	+54°	+56°	+58°	+60°	+62°	+64°	+66°
	h m	h m	h m	h m	h m	h m	h m	h m	h m	h m	h m	h m	h m	h m
Nov. 16	13 02	13 03	13 05	13 07	13 08	13 10	13 12	13 14	13 17	13 19	13 22	13 26	13 30	13 34
17	13 33	13 34	13 34	13 35	13 35	13 35	13 36	13 37	13 37	13 38	13 39	13 39	13 40	13 42
18	14 06	14 05	14 04	14 03	14 02	14 01	14 00	13 59	13 58	13 57	13 55	13 53	13 51	13 49
19	14 40	14 38	14 36	14 34	14 32	14 29	14 27	14 24	14 21	14 17	14 13	14 09	14 04	13 58
20	15 18	15 15	15 12	15 08	15 05	15 01	14 56	14 52	14 47	14 41	14 34	14 27	14 18	14 08
21	16 00	15 56	15 52	15 48	15 43	15 37	15 32	15 25	15 18	15 10	15 01	14 50	14 38	14 24
22	16 49	16 45	16 40	16 34	16 28	16 22	16 14	16 06	15 58	15 48	15 36	15 23	15 07	14 47
23	17 45	17 40	17 35	17 29	17 22	17 15	17 07	16 58	16 48	16 37	16 24	16 08	15 50	15 26
24	18 48	18 43	18 37	18 31	18 24	18 17	18 09	18 00	17 50	17 39	17 26	17 10	16 51	16 27
25	19 55	19 50	19 45	19 39	19 33	19 27	19 20	19 12	19 03	18 52	18 41	18 27	18 10	17 50
26	21 04	21 00	20 55	20 51	20 46	20 41	20 35	20 28	20 21	20 13	20 03	19 53	19 40	19 24
27	22 12	22 09	22 06	22 03	21 59	21 55	21 51	21 46	21 41	21 35	21 28	21 21	21 12	21 02
28	23 19	23 17	23 15	23 13	23 11	23 09	23 06	23 03	23 00	22 57	22 53	22 48	22 43	22 37
29	.. ..	.. ..	.. ..	.. ..	.. ..	.. ..	.. ..	.. ..	.. ..	.. ..	.. ..	.. ..	.. ..	.. ..
30	0 24	0 23	0 22	0 22	0 21	0 20	0 19	0 18	0 17	0 16	0 15	0 13	0 11	0 09
Dec. 1	1 27	1 27	1 28	1 28	1 29	1 30	1 30	1 31	1 32	1 33	1 34	1 36	1 37	1 39
2	2 28	2 29	2 31	2 33	2 35	2 37	2 40	2 42	2 45	2 48	2 52	2 56	3 01	3 06
3	3 28	3 31	3 33	3 36	3 40	3 43	3 47	3 51	3 56	4 02	4 08	4 14	4 22	4 32
4	4 27	4 30	4 34	4 38	4 43	4 47	4 53	4 59	5 05	5 12	5 21	5 30	5 42	5 55
5	5 24	5 28	5 33	5 38	5 43	5 49	5 55	6 03	6 11	6 20	6 30	6 42	6 57	7 14
6	6 18	6 23	6 28	6 34	6 40	6 47	6 54	7 03	7 12	7 22	7 34	7 48	8 05	8 27
7	7 10	7 15	7 21	7 27	7 33	7 40	7 48	7 57	8 07	8 18	8 31	8 46	9 04	9 28
8	7 58	8 03	8 09	8 15	8 21	8 28	8 36	8 45	8 54	9 05	9 18	9 33	9 52	10 14
9	8 42	8 47	8 52	8 58	9 04	9 10	9 18	9 26	9 35	9 45	9 57	10 11	10 27	10 47
10	9 22	9 26	9 31	9 36	9 41	9 47	9 53	10 00	10 08	10 17	10 27	10 39	10 53	11 10

.. .. indicates phenomenon will occur the next day.

MOONRISE AND MOONSET, 1995

UNIVERSAL TIME FOR MERIDIAN OF GREENWICH

MOONRISE

Lat.	−55°	−50°	−45°	−40°	−35°	−30°	−20°	−10°	0°	+10°	+20°	+30°	+35°	+40°
	h m	h m	h m	h m	h m	h m	h m	h m	h m	h m	h m	h m	h m	h m
Dec. 9	21 49	21 31	21 16	21 03	20 53	20 44	20 28	20 14	20 01	19 48	19 34	19 18	19 09	18 58
10	22 21	22 05	21 52	21 41	21 32	21 24	21 10	20 58	20 47	20 36	20 23	20 10	20 01	19 52
11	22 48	22 35	22 25	22 16	22 09	22 02	21 51	21 41	21 32	21 23	21 13	21 02	20 55	20 48
12	23 11	23 02	22 55	22 49	22 43	22 39	22 30	22 23	22 17	22 10	22 03	21 54	21 50	21 44
13	23 33	23 28	23 23	23 20	23 17	23 14	23 09	23 05	23 01	22 57	22 53	22 48	22 45	22 42
14	23 54	23 52	23 51	23 50	23 49	23 49	23 47	23 46	23 45	23 44	23 43	23 42	23 41	23 41
15	.. ..	.. ..	.. ..	.. ..	.. ..	.. ..	.. ..	.. ..	.. ..	.. ..	.. ..	.. ..	.. ..	.. ..
16	0 15	0 18	0 20	0 22	0 23	0 25	0 27	0 29	0 31	0 33	0 36	0 38	0 40	0 42
17	0 38	0 45	0 50	0 55	0 59	1 02	1 09	1 14	1 19	1 25	1 30	1 37	1 41	1 45
18	1 04	1 15	1 24	1 31	1 38	1 44	1 53	2 02	2 10	2 19	2 28	2 38	2 44	2 51
19	1 36	1 51	2 03	2 13	2 22	2 29	2 42	2 54	3 05	3 16	3 28	3 42	3 50	3 59
20	2 15	2 34	2 49	3 01	3 11	3 21	3 37	3 51	4 04	4 17	4 31	4 47	4 57	5 08
21	3 05	3 26	3 43	3 57	4 08	4 18	4 36	4 51	5 05	5 20	5 35	5 53	6 03	6 15
22	4 08	4 29	4 46	5 00	5 11	5 21	5 39	5 54	6 09	6 23	6 38	6 56	7 06	7 18
23	5 21	5 40	5 56	6 08	6 19	6 28	6 44	6 58	7 11	7 24	7 38	7 54	8 03	8 14
24	6 41	6 57	7 09	7 19	7 28	7 36	7 49	8 01	8 12	8 22	8 34	8 47	8 55	9 03
25	8 03	8 14	8 23	8 31	8 37	8 42	8 52	9 01	9 08	9 16	9 25	9 34	9 40	9 46
26	9 24	9 30	9 35	9 40	9 43	9 47	9 52	9 57	10 02	10 07	10 12	10 17	10 21	10 24
27	10 42	10 44	10 45	10 46	10 47	10 48	10 50	10 51	10 53	10 54	10 55	10 57	10 58	10 59
28	11 57	11 55	11 52	11 51	11 49	11 47	11 45	11 43	11 41	11 39	11 37	11 35	11 33	11 32
29	13 10	13 03	12 57	12 52	12 48	12 45	12 39	12 33	12 28	12 23	12 18	12 12	12 08	12 04
30	14 20	14 09	14 00	13 52	13 46	13 41	13 31	13 22	13 15	13 07	12 58	12 49	12 44	12 38
31	15 28	15 13	15 01	14 51	14 42	14 35	14 22	14 11	14 01	13 51	13 40	13 28	13 20	13 12
32	16 31	16 13	15 59	15 47	15 37	15 28	15 13	15 00	14 48	14 36	14 23	14 08	13 59	13 50
33	17 31	17 10	16 54	16 41	16 30	16 20	16 03	15 49	15 35	15 22	15 07	14 51	14 41	14 30

MOONSET

Lat.	−55°	−50°	−45°	−40°	−35°	−30°	−20°	−10°	0°	+10°	+20°	+30°	+35°	+40°
	h m	h m	h m	h m	h m	h m	h m	h m	h m	h m	h m	h m	h m	h m
Dec. 9	5 41	6 02	6 18	6 31	6 42	6 52	7 09	7 23	7 37	7 50	8 05	8 21	8 31	8 42
10	6 40	6 58	7 12	7 24	7 34	7 43	7 58	8 11	8 23	8 36	8 49	9 03	9 12	9 22
11	7 42	7 57	8 09	8 19	8 27	8 35	8 47	8 58	9 09	9 19	9 30	9 43	9 50	9 58
12	8 46	8 58	9 07	9 15	9 21	9 27	9 37	9 45	9 54	10 02	10 10	10 20	10 25	10 32
13	9 53	10 00	10 07	10 12	10 16	10 20	10 27	10 32	10 38	10 43	10 49	10 55	10 59	11 03
14	11 01	11 05	11 07	11 10	11 12	11 14	11 17	11 20	11 22	11 25	11 27	11 30	11 32	11 34
15	12 11	12 11	12 10	12 10	12 09	12 09	12 08	12 08	12 07	12 07	12 06	12 05	12 05	12 05
16	13 24	13 19	13 15	13 11	13 09	13 06	13 02	12 58	12 54	12 50	12 46	12 42	12 39	12 36
17	14 39	14 30	14 22	14 16	14 10	14 06	13 57	13 50	13 43	13 37	13 29	13 21	13 16	13 11
18	15 57	15 43	15 32	15 23	15 15	15 08	14 56	14 46	14 36	14 26	14 16	14 04	13 57	13 50
19	17 15	16 57	16 43	16 31	16 21	16 13	15 58	15 45	15 33	15 20	15 07	14 53	14 44	14 34
20	18 30	18 09	17 53	17 40	17 28	17 18	17 01	16 47	16 33	16 19	16 04	15 47	15 37	15 26
21	19 37	19 15	18 59	18 45	18 33	18 23	18 05	17 50	17 35	17 21	17 05	16 47	16 37	16 25
22	20 33	20 13	19 58	19 45	19 34	19 24	19 07	18 52	18 38	18 25	18 10	17 53	17 43	17 31
23	21 19	21 02	20 49	20 37	20 28	20 20	20 05	19 52	19 40	19 28	19 15	19 00	18 52	18 42
24	21 55	21 42	21 32	21 24	21 16	21 10	20 58	20 48	20 39	20 30	20 19	20 08	20 01	19 53
25	22 24	22 16	22 10	22 04	21 59	21 55	21 47	21 41	21 34	21 28	21 21	21 13	21 09	21 04
26	22 50	22 46	22 43	22 40	22 38	22 36	22 33	22 29	22 26	22 23	22 20	22 16	22 14	22 12
27	23 13	23 13	23 14	23 14	23 14	23 15	23 15	23 16	23 16	23 16	23 17	23 17	23 17	23 17
28	23 35	23 40	23 44	23 47	23 50	23 52	23 56	.. ..	.. ..	.. ..	.. ..	.. ..	.. ..	.. ..
29	23 58	.. ..	.. ..	.. ..	.. ..	.. ..	.. ..	0 00	0 04	0 07	0 11	0 15	0 18	0 20
30	.. ..	0 07	0 14	0 20	0 25	0 29	0 37	0 44	0 50	0 57	1 04	1 12	1 16	1 21
31	0 23	0 35	0 45	0 54	1 01	1 07	1 18	1 28	1 37	1 46	1 56	2 07	2 13	2 21
32	0 50	1 06	1 19	1 30	1 39	1 47	2 00	2 12	2 24	2 35	2 47	3 01	3 09	3 18
33	1 22	1 41	1 56	2 08	2 19	2 28	2 44	2 58	3 11	3 24	3 38	3 54	4 03	4 13

.. .. indicates phenomenon will occur the next day.

UNIVERSAL TIME FOR MERIDIAN OF GREENWICH

MOONRISE

Lat.	+40°	+42°	+44°	+46°	+48°	+50°	+52°	+54°	+56°	+58°	+60°	+62°	+64°	+66°
	h m	h m	h m	h m	h m	h m	h m	h m	h m	h m	h m	h m	h m	h m
Dec. 9	18 58	18 54	18 48	18 43	18 37	18 31	18 24	18 16	18 07	17 57	17 45	17 32	17 16	16 56
10	19 52	19 48	19 44	19 39	19 34	19 28	19 22	19 15	19 08	18 59	18 50	18 38	18 25	18 09
11	20 48	20 44	20 41	20 37	20 33	20 28	20 23	20 18	20 12	20 05	19 58	19 49	19 39	19 27
12	21 44	21 42	21 39	21 36	21 33	21 30	21 27	21 23	21 19	21 14	21 08	21 02	20 55	20 47
13	22 42	22 40	22 39	22 37	22 36	22 34	22 32	22 29	22 27	22 24	22 21	22 18	22 14	22 09
14	23 41	23 40	23 40	23 40	23 39	23 39	23 38	23 38	23 37	23 37	23 36	23 35	23 34	23 33
15	.. ..	.. ..	.. ..	.. ..	.. ..	.. ..	.. ..	.. ..	.. ..	.. ..	.. ..	.. ..	.. ..	.. ..
16	0 42	0 42	0 43	0 44	0 45	0 46	0 47	0 48	0 50	0 51	0 53	0 55	0 57	1 00
17	1 45	1 47	1 49	1 51	1 53	1 56	1 59	2 02	2 05	2 09	2 13	2 18	2 23	2 30
18	2 51	2 54	2 57	3 00	3 04	3 08	3 13	3 17	3 23	3 29	3 36	3 44	3 53	4 04
19	3 59	4 03	4 07	4 12	4 17	4 22	4 28	4 35	4 42	4 51	5 00	5 12	5 25	5 41
20	5 08	5 12	5 18	5 23	5 29	5 36	5 43	5 51	6 01	6 11	6 23	6 37	6 54	7 15
21	6 15	6 20	6 26	6 32	6 39	6 46	6 54	7 03	7 13	7 24	7 38	7 53	8 12	8 37
22	7 18	7 23	7 29	7 35	7 41	7 48	7 56	8 05	8 15	8 26	8 39	8 54	9 13	9 36
23	8 14	8 19	8 24	8 29	8 35	8 41	8 48	8 56	9 05	9 15	9 26	9 39	9 54	10 13
24	9 03	9 07	9 11	9 16	9 20	9 25	9 31	9 37	9 44	9 52	10 00	10 11	10 22	10 36
25	9 46	9 49	9 52	9 55	9 58	10 02	10 06	10 10	10 15	10 21	10 27	10 34	10 41	10 51
26	10 24	10 26	10 28	10 29	10 31	10 33	10 36	10 38	10 41	10 44	10 48	10 52	10 56	11 01
27	10 59	10 59	11 00	11 00	11 01	11 02	11 02	11 03	11 04	11 05	11 06	11 07	11 08	11 10
28	11 32	11 31	11 31	11 30	11 29	11 28	11 27	11 26	11 25	11 24	11 23	11 21	11 20	11 18
29	12 04	12 03	12 01	11 59	11 57	11 55	11 52	11 50	11 47	11 43	11 40	11 36	11 31	11 26
30	12 38	12 35	12 32	12 29	12 26	12 22	12 18	12 14	12 09	12 04	11 58	11 51	11 44	11 35
31	13 12	13 09	13 05	13 01	12 56	12 52	12 46	12 41	12 34	12 27	12 19	12 10	11 59	11 46
32	13 50	13 45	13 41	13 36	13 30	13 25	13 18	13 11	13 03	12 54	12 44	12 33	12 19	12 02
33	14 30	14 25	14 20	14 15	14 09	14 02	13 55	13 47	13 37	13 27	13 15	13 02	12 45	12 25

MOONSET

Lat.	+40°	+42°	+44°	+46°	+48°	+50°	+52°	+54°	+56°	+58°	+60°	+62°	+64°	+66°
	h m	h m	h m	h m	h m	h m	h m	h m	h m	h m	h m	h m	h m	h m
Dec. 9	8 42	8 47	8 52	8 58	9 04	9 10	9 18	9 26	9 35	9 45	9 57	10 11	10 27	10 47
10	9 22	9 26	9 31	9 36	9 41	9 47	9 53	10 00	10 08	10 17	10 27	10 39	10 53	11 10
11	9 58	10 02	10 06	10 10	10 14	10 19	10 24	10 30	10 37	10 44	10 52	11 01	11 12	11 25
12	10 32	10 34	10 37	10 40	10 44	10 48	10 52	10 56	11 01	11 06	11 12	11 19	11 27	11 36
13	11 03	11 05	11 07	11 09	11 11	11 14	11 16	11 19	11 22	11 26	11 30	11 34	11 39	11 45
14	11 34	11 35	11 36	11 36	11 38	11 39	11 40	11 41	11 43	11 44	11 46	11 48	11 50	11 53
15	12 05	12 04	12 04	12 04	12 04	12 03	12 03	12 03	12 02	12 02	12 02	12 01	12 01	12 00
16	12 36	12 35	12 34	12 32	12 31	12 29	12 27	12 25	12 23	12 21	12 18	12 15	12 11	12 07
17	13 11	13 09	13 06	13 03	13 01	12 57	12 54	12 50	12 46	12 42	12 37	12 31	12 24	12 16
18	13 50	13 46	13 43	13 39	13 35	13 30	13 25	13 20	13 14	13 07	12 59	12 50	12 40	12 28
19	14 34	14 30	14 25	14 20	14 15	14 09	14 02	13 55	13 47	13 39	13 28	13 17	13 03	12 46
20	15 26	15 21	15 15	15 10	15 03	14 56	14 49	14 40	14 31	14 20	14 08	13 54	13 36	13 15
21	16 25	16 20	16 14	16 08	16 01	15 54	15 46	15 37	15 27	15 15	15 02	14 46	14 27	14 03
22	17 31	17 26	17 21	17 15	17 08	17 01	16 54	16 45	16 35	16 24	16 11	15 56	15 38	15 15
23	18 42	18 37	18 32	18 27	18 22	18 16	18 09	18 02	17 53	17 44	17 33	17 21	17 06	16 47
24	19 53	19 50	19 46	19 42	19 38	19 33	19 28	19 22	19 16	19 09	19 01	18 52	18 41	18 28
25	21 04	21 01	20 59	20 56	20 53	20 50	20 47	20 43	20 39	20 35	20 29	20 24	20 17	20 09
26	22 12	22 11	22 10	22 08	22 07	22 05	22 04	22 02	22 00	21 58	21 56	21 53	21 50	21 46
27	23 17	23 17	23 17	23 18	23 18	23 18	23 18	23 18	23 18	23 18	23 19	23 19	23 19	23 19
28	.. ..	.. ..	.. ..	.. ..	.. ..	.. ..	.. ..	.. ..	.. ..	.. ..	.. ..	.. ..	.. ..	.. ..
29	0 20	0 22	0 23	0 24	0 26	0 27	0 29	0 31	0 33	0 36	0 38	0 42	0 45	0 49
30	1 21	1 24	1 26	1 29	1 32	1 35	1 38	1 42	1 46	1 50	1 56	2 01	2 08	2 16
31	2 21	2 24	2 27	2 31	2 35	2 40	2 44	2 50	2 56	3 02	3 10	3 18	3 28	3 40
32	3 18	3 22	3 27	3 31	3 36	3 42	3 48	3 55	4 02	4 11	4 20	4 32	4 45	5 01
33	4 13	4 18	4 23	4 29	4 34	4 41	4 48	4 56	5 05	5 15	5 26	5 40	5 56	6 16

.. .. indicates phenomenon will occur the next day.

There are four eclipses, two of the Sun and two of the Moon.

I	April 15	Partial eclipse of the Moon
II	April 29	Annular eclipse of the Sun
III	October 8	Penumbral eclipse of the Moon
IV	October 24	Total eclipse of the Sun

Standard corrections of $+0''.5$ and $-0''.25$ have been applied to the tabular longitude and latitude of the Moon, respectively, to help correct for the difference between the center of figure and the center of mass.

All time arguments are given provisionally in Universal Time, using $\Delta T(A) = +61^s$. Once the value of ΔT is known, the data on these pages may be expressed in Universal Time as follows:

Define $\delta T = \Delta T - \Delta T(A)$, in units of seconds of time.

Change the time arguments of the tables and the times of circumstances given in provisional Universal Time by subtracting δT. Then apply the correction $0.00417807\,\delta T$ degrees to μ and the longitudes in such a way that if δT is positive, μ decreases and the longitudes shift to the east.

Leave all other quantities unchanged.

This correction procedure is included in the polynomial representation of the Besselian elements.

Longitude is positive to the east, and negative to the west.

I.—*Partial Eclipse of the Moon*, April 15; the beginning of the umbral phase visible in the western half of North America, Alaska, Hawaii, the southwestern tip of South America, Australia, New Zealand, eastern Asia, Antarctica (except for coastal regions of Queen Maud Land), the Pacific Ocean, and the extreme eastern Indian Ocean; the end visible in the western United States and Canada, Baja California, Alaska, Hawaii, Australia, New Zealand, the eastern half of Asia, Antarctica (except for coastal regions of Queen Maud Land and the Palmer Peninsula), most of the Pacific Ocean, and the eastern half of the Indian Ocean.

ELEMENTS OF THE ECLIPSE

U.T. of geocentric opposition in right ascension, April $15^d\ 12^h\ 46^m\ 44^s.598$

Julian Date = 2449823.0324606267

	h m s		s
R.A. of Sun	1 32 59.344	Hourly motion	9.242
R.A. of Moon	13 32 59.344	Hourly motion	143.606
	° ′ ″		′ ″
Declination of Sun	+ 9 42 35.87	Hourly motion	+ 0 53.65
Declination of Moon	−10 42 37.37	Hourly motion	−10 16.40
Equatorial hor. par. of Sun	8.77	True semidiameter of Sun	15 56.5
Equatorial hor. par. of Moon	60 11.40	True semidiameter of Moon	16 24.1

I.—*Partial Eclipse of the Moon*, April 15 (continued)

CIRCUMSTANCES OF THE ECLIPSE

		d	h m	
Moon enters penumbra	April	15	10 08.0	
Moon enters umbra		15	11 40.7	
Middle of eclipse		15	12 18.0	U.T.
Moon leaves umbra		15	12 55.5	
Moon leaves penumbra		15	14 28.1	

Contacts of Umbra with Limb of Moon	Position Angles from the North Point	The Moon being in the Zenith in Longitude	Latitude
	°	° ′	° ′
First	36.2 to East	−175 44.8	−10 31.3
Last	4.5 to West	+166 14.2	−10 44.1

Magnitude of the eclipse: 0.117

II.—*Annular Eclipse of the Sun*, April 29.

ELEMENTS OF THE ECLIPSE

U.T. of geocentric conjunction in right ascension, April $29^d\ 17^h\ 23^m\ 13^s.986$

Julian Date = 2449837.2244674326

	h m s		s	s
R.A. of Sun and Moon	2 26 10.397	Hourly motions	9.512	and 121.483
	° ′ ″			′ ″
Declination of Sun	+14 28 26.20	Hourly motion		+ 0 46.58
Declination of Moon	+14 09 33.18	Hourly motion		+ 6 59.40
Equatorial hor. par. of Sun	8.73	True semidiameter of Sun		15 52.8
Equatorial hor. par. of Moon	54 34.01	True semidiameter of Moon		14 52.2

CIRCUMSTANCES OF THE ECLIPSE

		U.T. d	h m	Longitude ° ′	Latitude ° ′
Eclipse begins	April	29	14 33.2	−122 09.6	−24 40.5
Central eclipse begins		29	15 42.1	−137 00.8	−31 41.3
Central eclipse at local apparent noon		29	17 23.2	− 81 27.8	− 5 52.1
Central eclipse ends		29	19 22.7	− 23 04.3	− 6 43.5
Eclipse ends		29	20 31.5	− 38 26.9	+ 0 22.0

BESSELIAN ELEMENTS, POLYNOMIAL FORM

The equations below represent simple least-squares fits to the tabular Besselian elements.

Let t = (U.T. − 14^h) + $\delta T/3600$, in units of hours.

These equations are valid over the range $0^h.467 \le t \le 6^h.692$. Do not use t outside the given range, and do not omit any terms in the series.

$$x = -1.68910233 + 0.49850396\,t + 0.00006846\,t^2 - 0.00000579\,t^3$$
$$y = -0.73426205 + 0.11454675\,t - 0.00005986\,t^2 - 0.00000126\,t^3$$
$$\sin d = 0.24922834 + 0.00021443\,t - 0.00000006\,t^2$$
$$\cos d = 0.96844475 - 0.00005519\,t - 0.00000001\,t^2$$
$$\mu = 30.64598664 + 15.00269553\,t - 0.00000162\,t^2 - 0.00000002\,t^3 - 0.00417807\,\delta T$$

Radius of:

$$\text{penumbra} = 0.56470527 + 0.00013543\,t - 0.00001003\,t^2$$
$$\text{umbra} = 0.01822863 + 0.00013458\,t - 0.00000993\,t^2$$

III.—*Penumbral Eclipse of the Moon*, October 8; the beginning of the penumbral phase visible in northwestern United States, western Canada, Alaska, Hawaii, Australia, New Zealand, Asia (except for the extreme west), eastern Antarctica, the North Pacific Ocean, the western half of the South Pacific Ocean, and the Indian Ocean (except for the extreme west); the end visible in Europe, Asia, Africa (except for the extreme west), Australia, eastern Antarctica, the western Pacific Ocean, and the Indian Ocean.

ELEMENTS OF THE ECLIPSE

U.T. of geocentric opposition in right ascension, October 8^d 16^h 43^m $00\overset{s}{.}264$
Julian Date = 2449999.1965308322

	h m s		s
R.A. of Sun	12 54 58.929	Hourly motion	9.150
R.A. of Moon	0 54 58.929	Hourly motion	125.321
	° ′ ″		′ ″
Declination of Sun	− 5 52 52.57	Hourly motion	− 0 57.19
Declination of Moon	+ 6 59 09.90	Hourly motion	+ 9 50.34
Equatorial hor. par. of Sun	8.80	True semidiameter of Sun	16 00.5
Equatorial hor. par. of Moon	56 39.25	True semidiameter of Moon	15 26.3

CIRCUMSTANCES OF THE ECLIPSE

		d	h m	
Moon enters penumbra	October	8	13 58.0	
Middle of eclipse		8	16 04.2	U.T.
Moon leaves penumbra		8	18 10.2	

Contacts of Penumbra with Limb of Moon	Position Angles from the North Point	The Moon being in the Zenith in Longitude	Latitude
	°	° ′	° ′
First	117.8 to East	+146 04.6	+ 6 31.9
Last	152.1 to West	+ 85 03.0	+ 7 13.4

Penumbral magnitude of the eclipse: 0.851

IV.—*Total Eclipse of the Sun*, October 24.

ELEMENTS OF THE ECLIPSE

U.T. of geocentric conjunction in right ascension, October 24^d 4^h 22^m $30\overset{s}{.}380$
Julian Date = 2450014.6822960654

	h m s		s	s
R.A. of Sun and Moon	13 52 43.813	Hourly motions	9.525	and 140.582

	° ′ ″		′ ″
Declination of Sun	−11 34 15.75	Hourly motion	− 0 52.39
Declination of Moon	−11 12 43.61	Hourly motion	− 9 23.86
Equatorial hor. par. of Sun	8.84	True semidiameter of Sun	16 04.7
Equatorial hor. par. of Moon	59 20.16	True semidiameter of Moon	16 10.1

IV.—*Total Eclipse of the Sun*, October 24 (continued).

CIRCUMSTANCES OF THE ECLIPSE

		U.T.			Longitude	Latitude
		d	h	m	° ′	° ′
Eclipse begins	October	24	1	51.9	+ 64 14.0	+27 34.8
Central eclipse begins		24	2	52.6	+ 51 05.9	+34 50.2
Central eclipse at local apparent noon		24	4	22.5	+110 26.8	+ 9 49.9
Central eclipse ends		24	6	12.4	+171 47.8	+ 5 39.1
Eclipse ends		24	7	13.1	+158 08.4	− 1 40.0

BESSELIAN ELEMENTS, POLYNOMIAL FORM

The equations below represent simple least–squares fits to the tabular Besselian ealements.

Let t = (U.T. − 1^{h}) + $\delta T/3600$, in units of hours.

These equations are valid over the range $0^{h}.800 \leq t \leq 6^{h}.392$. Do not use t outside the given range, and do not omit any terms in the series.

$$x = -1.83205553 + 0.54251366\,t + 0.00011701\,t^2 - 0.00000828\,t^3$$
$$y = 0.85092850 - 0.14442717\,t + 0.00002716\,t^2 + 0.00000212\,t^3$$
$$\sin d = -0.19977821 - 0.00024306\,t + 0.00000004\,t^2$$
$$\cos d = 0.97984117 - 0.00004958\,t - 0.00000001\,t^2$$
$$\mu = 198.91674313 + 15.00275729\,t - 0.00000204\,t^2 - 0.00000003\,t^3 - 0.00417807\,\delta T$$

Radius of:

$$\text{penumbra} = 0.54503935 - 0.00001884\,t - 0.00001200\,t^2 - 0.00000001\,t^3$$
$$\text{umbra} = -0.00133982 - 0.00001859\,t - 0.00001199\,t^2$$

BESSELIAN ELEMENTS: ANNULAR SOLAR ECLIPSE OF APRIL 29

UT	Intersection of Axis of Shadow with Fundamental Plane		Direction of Axis of Shadow			Radius of Shadow on Fundamental Plane	
	x	*y*	sin *d*	cos *d*	μ	Penumbra	Umbra
h m					°		
14 10	−1.606017	−0.715172	+0.249264	0.968436	33.14644	0.564728	+0.018251
20	1.522927	0.696086	.249300	.968426	35.64688	.564749	.018272
30	1.439834	0.677004	.249336	.968417	38.14733	.564771	.018293
40	1.356738	0.657924	.249371	.968408	40.64778	.564791	.018314
50	1.273638	0.638849	.249407	.968399	43.14823	.564811	.018334
15 00	−1.190536	−0.619776	+0.249443	0.968390	45.64868	0.564831	+0.018353
10	1.107430	0.600708	.249478	.968380	48.14913	.564850	.018372
20	1.024322	0.581642	.249514	.968371	50.64958	.564868	.018390
30	0.941212	0.562581	.249550	.968362	53.15003	.564886	.018408
40	0.858099	0.543523	.249586	.968353	55.65047	.564903	.018425
50	0.774984	0.524469	.249621	.968344	58.15092	.564920	.018442
16 00	−0.691867	−0.505418	+0.249657	0.968334	60.65137	0.564936	+0.018458
10	0.608748	0.486371	.249693	.968325	63.15182	.564952	.018474
20	0.525627	0.467328	.249728	.968316	65.65227	.564967	.018489
30	0.442505	0.448289	.249764	.968307	68.15272	.564981	.018503
40	0.359381	0.429254	.249800	.968298	70.65316	.564995	.018517
50	0.276256	0.410222	.249835	.968288	73.15361	.565009	.018530
17 00	−0.193131	−0.391195	+0.249871	0.968279	75.65406	0.565021	+0.018543
10	0.110004	0.372171	.249907	.968270	78.15451	.565034	.018555
20	−0.026876	0.353151	.249942	.968261	80.65495	.565045	.018567
30	+0.056252	0.334136	.249978	.968252	83.15540	.565057	.018578
40	0.139381	0.315124	.250014	.968242	85.65585	.565067	.018589
50	0.222509	0.296117	.250049	.968233	88.15629	.565077	.018599
18 00	+0.305638	−0.277113	+0.250085	0.968224	90.65674	0.565087	+0.018608
10	0.388767	0.258114	.250121	.968215	93.15719	.565096	.018617
20	0.471896	0.239119	.250156	.968205	95.65764	.565104	.018625
30	0.555024	0.220128	.250192	.968196	98.15808	.565112	.018633
40	0.638152	0.201142	.250228	.968187	100.65853	.565119	.018640
50	0.721279	0.182160	.250263	.968178	103.15898	.565126	.018647
19 00	+0.804405	−0.163182	+0.250299	0.968169	105.65942	0.565132	+0.018653
10	0.887531	0.144209	.250335	.968159	108.15987	.565138	.018659
20	0.970655	0.125240	.250370	.968150	110.66031	.565143	.018664
30	1.053777	0.106275	.250406	.968141	113.16076	.565148	.018669
40	1.136898	0.087315	.250441	.968132	115.66121	.565152	.018673
50	1.220018	0.068359	.250477	.968123	118.16165	.565155	.018676
20 00	+1.303136	−0.049408	+0.250513	0.968113	120.66210	0.565158	+0.018679
10	1.386251	0.030462	.250548	.968104	123.16254	.565160	.018681
20	1.469365	−0.011520	.250584	.968095	125.66299	.565162	.018683
30	1.552476	+0.007417	.250619	.968086	128.16343	.565163	.018684
40	1.635585	0.026350	.250655	.968076	130.66388	.565164	.018685
50	1.718691	0.045278	.250691	.968067	133.16432	.565164	.018685
21 00	+1.801794	+0.064201	+0.250726	0.968058	135.66477	0.565163	+0.018684

$\tan f_1$	0.004643
$\tan f_2$	0.004620
μ'	0.261846 radians per hour
d'	+0.000221 radians per hour

BESSELIAN ELEMENTS: TOTAL SOLAR ECLIPSE OF OCTOBER 24

U.T.	Intersection of Axis of Shadow with Fundamental Plane		Direction of Axis of Shadow			Radius of Shadow on Fundamental Plane	
	x	*y*	sin *d*	cos *d*	μ	Penumbra	Umbra
h m					°		
1 30	−1.560771	+0.778722	−0.199900	0.979816	206.41812	0.545027	−0.001352
40	1.470330	0.754657	.199940	.979808	208.91858	.545021	.001358
50	1.379884	0.730593	.199981	.979800	211.41904	.545015	.001364
2 00	−1.289433	+0.706531	−0.200021	0.979792	213.91950	0.545008	−0.001370
10	1.198977	0.682470	.200062	.979783	216.41996	.545001	.001378
20	1.108516	0.658412	.200102	.979775	218.92042	.544993	.001386
30	1.018050	0.634356	.200143	.979767	221.42087	.544984	.001395
40	0.927579	0.610302	.200183	.979758	223.92133	.544975	.001404
50	0.837105	0.586250	.200224	.979750	226.42179	.544964	.001414
3 00	−0.746626	+0.562200	−0.200264	0.979742	228.92225	0.544954	−0.001425
10	0.656144	0.538152	.200305	.979734	231.42271	.544942	.001436
20	0.565658	0.514107	.200345	.979725	233.92317	.544930	.001449
30	0.475169	0.490063	.200386	.979717	236.42362	.544917	.001461
40	0.384677	0.466023	.200426	.979709	238.92408	.544904	.001475
50	0.294182	0.441984	.200467	.979701	241.42454	.544889	.001489
4 00	−0.203685	+0.417949	−0.200507	0.979692	243.92500	0.544875	−0.001504
10	0.113185	0.393915	.200547	.979684	246.42545	.544859	.001519
20	−0.022683	0.369885	.200588	.979676	248.92591	.544843	.001535
30	+0.067821	0.345857	.200628	.979667	251.42637	.544826	.001552
40	0.158326	0.321832	.200669	.979659	253.92682	.544808	.001569
50	0.248833	0.297809	.200709	.979651	256.42728	.544790	.001587
5 00	+0.339342	+0.273790	−0.200750	0.979643	258.92774	0.544771	−0.001606
10	0.429851	0.249773	.200790	.979634	261.42819	.544752	.001626
20	0.520361	0.225760	.200831	.979626	263.92865	.544732	.001646
30	0.610871	0.201749	.200871	.979618	266.42911	.544711	.001667
40	0.701382	0.177742	.200912	.979609	268.92956	.544689	.001688
50	0.791893	0.153737	.200952	.979601	271.43002	.544667	.001710
6 00	+0.882404	+0.129736	−0.200992	0.979593	273.93048	0.544644	−0.001733
10	0.972914	0.105738	.201033	.979584	276.43093	.544620	.001756
20	1.063424	0.081744	.201073	.979576	278.93139	.544596	.001781
30	1.153932	0.057753	.201114	.979568	281.43184	.544571	.001805
40	1.244440	0.033765	.201154	.979560	283.93230	.544546	.001831
50	1.334946	+0.009781	.201195	.979551	286.43275	.544519	.001857
7 00	+1.425451	−0.014199	−0.201235	0.979543	288.93321	0.544492	−0.001884
10	1.515954	0.038176	.201275	.979535	291.43366	.544465	.001911
20	1.606455	0.062150	.201316	.979526	293.93412	.544436	.001940
30	1.696954	0.086119	.201356	.979518	296.43457	.544408	.001968
7 40	+1.787450	−0.110085	−0.201397	0.979510	298.93503	0.544378	−0.001998

tan f_1	0.004700
tan f_2	0.004677
μ′	0.261847 radians per hour
d′	−0.000248 radians per hour

PATH OF CENTRAL PHASE: ANNULAR SOLAR ECLIPSE OF APRIL 29

U.T.	Northern Limit Latitude	Northern Limit Longitude	Central Line Latitude	Central Line Longitude	Southern Limit Latitude	Southern Limit Longitude	Central Line Duration	Central Line Alt.
	° ′	° ′	° ′	° ′	° ′	° ′	m s	°
Limits	−30 37.4	−137 16.3	−31 41.3	−137 00.8	−32 45.7	−136 45.3	4 29.0	–
h m								
15 45	−26 32.5	−123 45.3	−27 46.3	−124 08.8	−29 04.4	−124 42.8	4 44.0	12
50	23 57.1	116 54.1	25 00.9	116 52.6	26 06.5	116 54.2	4 55.3	20
55	22 00.1	112 20.7	22 59.4	112 10.7	23 59.9	112 02.6	5 04.1	26
16 00	−20 21.4	−108 48.7	−21 17.7	−108 34.4	−22 15.0	−108 21.4	5 11.9	31
05	18 54.1	105 53.1	19 48.3	105 36.3	20 43.3	105 20.3	5 19.0	35
10	17 34.9	103 22.1	18 27.5	103 03.5	19 20.8	102 45.6	5 25.6	39
15	16 22.1	101 08.8	17 13.3	100 49.0	18 05.2	100 29.8	5 31.8	42
20	15 14.3	99 08.9	16 04.4	98 48.3	16 55.2	98 28.1	5 37.7	45
25	14 10.7	97 19.4	14 60.0	96 58.2	15 49.8	96 37.4	5 43.4	48
16 30	−13 10.7	− 95 38.3	−13 59.3	− 95 16.7	−14 48.5	− 94 55.4	5 48.7	51
35	12 14.0	94 03.9	13 02.0	93 42.0	13 50.5	93 20.4	5 53.8	53
40	11 20.1	92 35.0	12 07.6	92 13.0	12 55.7	91 51.2	5 58.7	56
45	10 28.7	91 10.7	11 15.9	90 48.6	12 03.7	90 26.6	6 03.3	58
50	9 39.8	89 50.2	10 26.7	89 28.0	11 14.2	89 06.0	6 07.6	60
55	8 53.0	88 32.7	9 39.8	88 10.5	10 27.1	87 48.5	6 11.6	62
17 00	− 8 08.3	− 87 17.7	− 8 55.0	− 86 55.6	− 9 42.2	− 86 33.6	6 15.3	64
05	7 25.5	86 04.7	8 12.2	85 42.7	8 59.4	85 20.9	6 18.7	66
10	6 44.7	84 53.3	7 31.4	84 31.5	8 18.6	84 09.7	6 21.7	67
15	6 05.6	83 43.1	6 52.4	83 21.4	7 39.8	82 59.9	6 24.4	68
20	5 28.3	82 33.7	6 15.2	82 12.3	7 02.8	81 50.9	6 26.6	69
25	4 52.6	81 24.8	5 39.8	81 03.6	6 27.6	80 42.4	6 28.5	70
17 30	− 4 18.7	− 80 16.1	− 5 06.1	− 79 55.1	− 5 54.1	− 79 34.2	6 29.9	70
35	3 46.4	79 07.2	4 34.2	78 46.5	5 22.5	78 25.8	6 30.9	70
40	3 15.8	77 57.8	4 03.9	77 37.4	4 52.6	77 17.1	6 31.4	70
45	2 46.8	76 47.7	3 35.4	76 27.6	4 24.4	76 07.6	6 31.4	69
50	2 19.6	75 36.5	3 08.5	75 16.8	3 58.0	74 57.1	6 31.0	68
55	1 54.0	74 24.0	2 43.5	74 04.6	3 33.5	73 45.2	6 30.0	67
18 00	− 1 30.3	− 73 09.7	− 2 20.2	− 72 50.7	− 3 10.7	− 72 31.7	6 28.5	66
05	1 08.3	71 53.3	1 58.8	71 34.7	2 49.8	71 16.0	6 26.5	64
10	0 48.3	70 34.4	1 39.3	70 16.2	2 30.9	69 57.8	6 23.9	62
15	0 30.2	69 12.5	1 21.9	68 54.7	2 14.1	68 36.7	6 20.9	60
20	0 14.2	67 47.2	1 06.6	67 29.7	1 59.4	67 12.0	6 17.3	58
25	− 0 00.5	66 17.7	0 53.6	66 00.5	1 47.1	65 43.2	6 13.2	56
18 30	+ 0 10.7	− 64 43.4	− 0 43.0	− 64 26.6	− 1 37.3	− 64 09.5	6 08.6	53
35	0 19.3	63 03.3	0 35.2	62 46.8	1 30.3	62 30.0	6 03.6	51
40	0 25.0	61 16.4	0 30.4	61 00.2	1 26.3	60 43.5	5 58.0	48
45	0 27.3	59 21.3	0 29.0	59 05.1	1 25.9	58 48.5	5 51.9	45
50	0 25.7	57 15.9	0 31.6	56 59.8	1 29.5	56 43.0	5 45.4	42
55	0 19.6	54 57.8	0 38.8	54 41.4	1 38.0	54 24.2	5 38.3	39
19 00	+ 0 07.9	− 52 22.9	− 0 51.9	− 52 05.9	− 1 52.5	− 51 47.9	5 30.7	35
05	− 0 11.2	49 25.2	1 12.6	49 06.8	2 15.0	48 47.2	5 22.4	31
10	0 40.4	45 53.7	1 44.1	45 32.7	2 48.8	45 09.9	5 13.2	26
15	1 26.0	41 25.4	2 33.0	40 58.4	3 41.5	40 28.4	5 02.7	20
20	2 46.8	34 47.8	4 02.0	33 59.6	5 20.7	33 01.1	4 49.0	12
Limits	− 5 37.8	− 22 54.4	− 6 43.5	− 23 04.3	− 7 49.6	− 23 13.7	4 32.5	–

ANNULAR SOLAR ECLIPSE OF 1995 APRIL 29

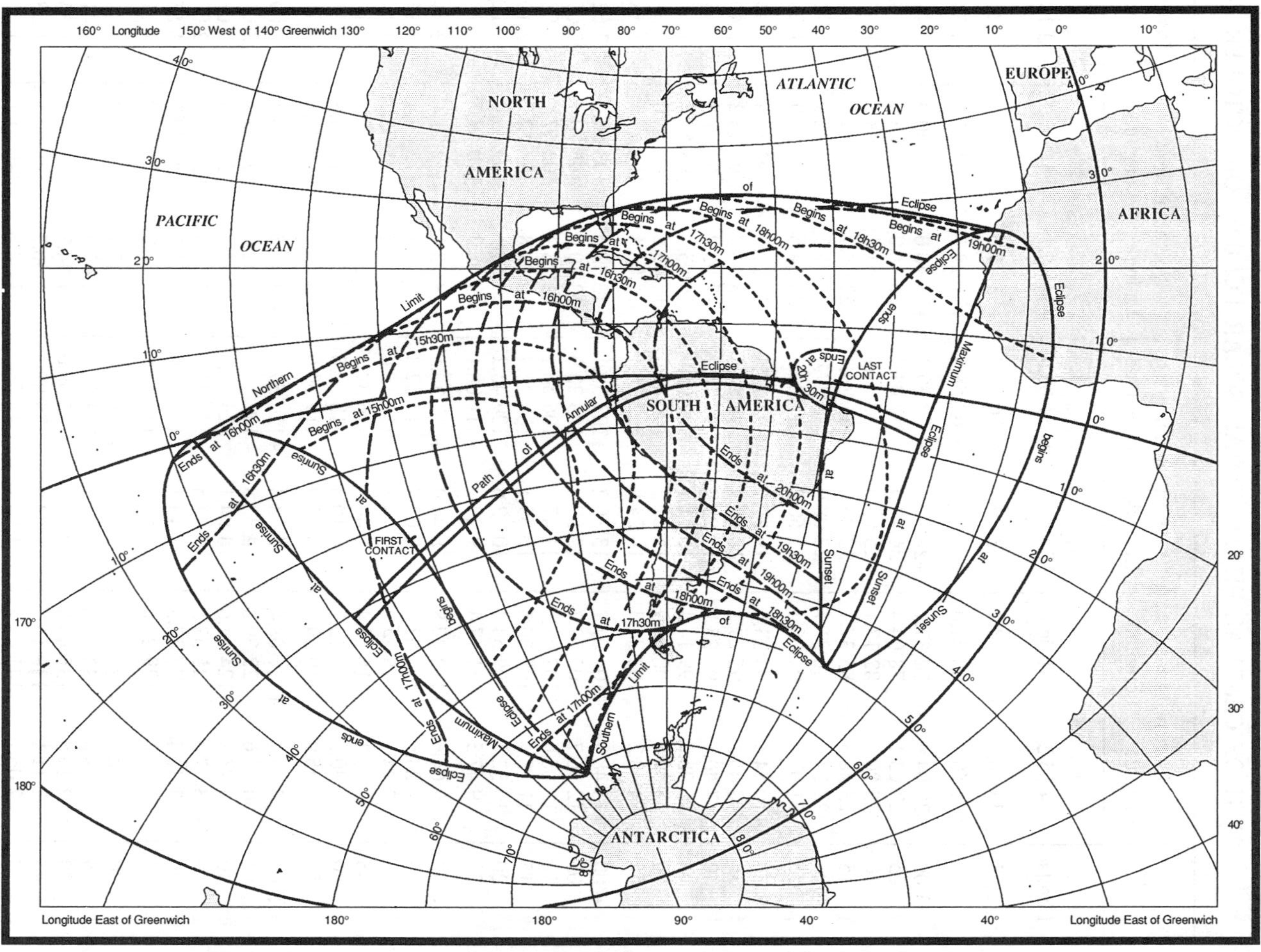

PATH OF CENTRAL PHASE: TOTAL SOLAR ECLIPSE OF OCTOBER 24

U.T.	Northern Limit		Central Line		Southern Limit		Central Line	
	Latitude	Longitude	Latitude	Longitude	Latitude	Longitude	Duration	Alt.
	° ′	° ′	° ′	° ′	° ′	° ′	m s	°
Limits	+34 55.2	+ 51 06.8	+34 50.2	+ 51 05.9	+34 45.1	+ 51 05.0	0 18.8	–
h m								
2 53	+33 50.8	+ 56 03.4	+33 39.1	+ 56 24.9	+33 27.6	+ 56 44.6	0 24.6	5
2 55	+31 50.7	+ 63 51.0	+31 39.7	+ 63 58.5	+31 28.7	+ 64 05.6	0 34.4	12
3 00	+29 04.9	+ 72 37.1	+28 52.4	+ 72 39.2	+28 40.0	+ 72 40.9	0 48.1	21
05	27 03.1	78 04.4	26 49.5	78 04.0	26 36.0	78 03.4	0 58.3	27
10	25 20.0	82 13.1	25 05.6	82 11.1	24 51.2	82 08.8	1 07.1	32
15	23 48.3	85 37.1	23 33.2	85 33.8	23 18.1	85 30.3	1 14.9	36
20	22 24.6	88 31.7	22 08.9	88 27.4	21 53.2	88 22.9	1 22.0	40
25	21 07.0	91 05.4	20 50.8	91 00.2	20 34.6	90 54.9	1 28.6	44
3 30	+19 54.4	+ 93 23.4	+19 37.7	+ 93 17.5	+19 21.0	+ 93 11.5	1 34.7	47
35	18 45.8	95 29.3	18 28.7	95 22.8	18 11.7	95 16.2	1 40.3	50
40	17 40.8	97 25.7	17 23.3	97 18.7	17 05.9	97 11.5	1 45.5	53
45	16 38.9	99 14.4	16 21.1	99 06.9	16 03.3	98 59.3	1 50.3	55
50	15 39.8	100 56.9	15 21.7	100 49.0	15 03.6	100 41.0	1 54.7	58
55	14 43.2	102 34.3	14 24.8	102 26.1	14 06.4	102 17.8	1 58.7	60
4 00	+13 48.9	+104 07.7	+13 30.2	+103 59.1	+13 11.6	+103 50.5	2 02.2	62
05	12 56.7	105 37.7	12 37.8	105 28.9	12 19.0	105 20.1	2 05.4	64
10	12 06.6	107 05.1	11 47.5	106 56.1	11 28.4	106 47.1	2 08.1	66
15	11 18.4	108 30.5	10 59.1	108 21.4	10 39.8	108 12.2	2 10.3	67
20	10 32.1	109 54.4	10 12.6	109 45.2	9 53.1	109 35.9	2 12.1	68
25	9 47.5	111 17.4	9 27.9	111 08.1	9 08.2	110 58.7	2 13.5	69
4 30	+ 9 04.6	+112 39.8	+ 8 44.9	+112 30.5	+ 8 25.1	+112 21.1	2 14.3	69
35	8 23.5	114 02.2	8 03.7	113 52.8	7 43.8	113 43.4	2 14.7	69
40	7 44.1	115 24.9	7 24.1	115 15.6	7 04.2	115 06.2	2 14.7	69
45	7 06.3	116 48.4	6 46.3	116 39.1	6 26.3	116 29.8	2 14.1	68
50	6 30.2	118 13.2	6 10.3	118 04.0	5 50.2	117 54.8	2 13.0	67
55	5 55.9	119 39.7	5 35.9	119 30.6	5 15.9	119 21.5	2 11.5	66
5 00	+ 5 23.4	+121 08.4	+ 5 03.4	+120 59.4	+ 4 43.5	+120 50.4	2 09.4	64
05	4 52.6	122 39.8	4 32.8	122 30.9	4 12.9	122 22.1	2 06.8	62
10	4 23.8	124 14.6	4 04.1	124 05.9	3 44.3	123 57.3	2 03.8	60
15	3 57.0	125 53.5	3 37.5	125 45.0	3 17.9	125 36.5	2 00.2	58
20	3 32.4	127 37.3	3 13.1	127 29.0	2 53.7	127 20.7	1 56.2	55
25	3 10.2	129 27.0	2 51.1	129 18.9	2 32.0	129 10.9	1 51.7	53
5 30	+ 2 50.5	+131 23.9	+ 2 31.8	+131 16.0	+ 2 13.1	+131 08.2	1 46.6	50
35	2 33.8	133 29.6	2 15.5	133 21.9	1 57.2	133 14.3	1 41.1	47
40	2 20.5	135 46.2	2 02.7	135 38.6	1 44.8	135 31.3	1 35.0	44
45	2 11.1	138 16.7	1 53.9	138 09.3	1 36.7	138 02.1	1 28.4	40
50	2 06.7	141 05.5	1 50.2	140 58.2	1 33.7	140 51.1	1 21.2	36
55	2 08.8	144 19.7	1 53.1	144 12.4	1 37.4	144 05.3	1 13.2	32
6 00	+ 2 19.9	+148 11.9	+ 2 05.3	+148 04.5	+ 1 50.6	+147 57.2	1 04.2	27
05	2 46.0	153 10.1	2 32.7	153 01.9	2 19.3	152 54.0	0 53.7	21
10	3 47.3	160 52.3	3 35.6	160 41.0	3 23.9	160 30.1	0 39.6	12
6 12	+ 4 53.7	+167 20.2	+ 4 41.6	+166 57.8	+ 4 29.7	+166 37.1	0 29.9	5
Limits	+ 5 45.5	+171 47.3	+ 5 39.1	+171 47.8	+ 5 32.8	+171 48.3	0 23.3	–

TOTAL SOLAR ECLIPSE OF 1995 OCTOBER 24

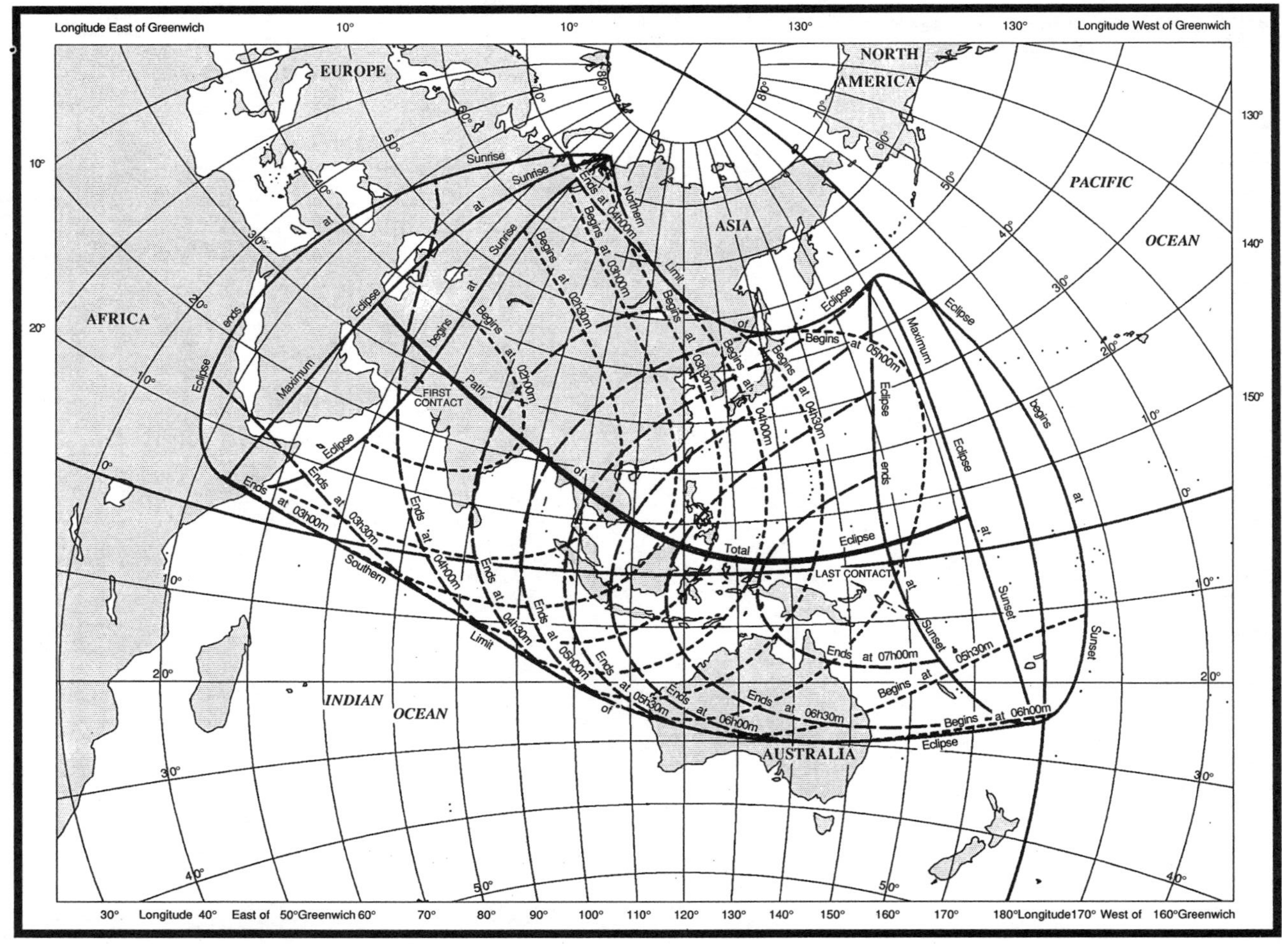

CONTENTS OF SECTION B

NOTE

The tables and formulae in this section were revised in 1984 to bring them into accordance with the recommendations of the International Astronomical Union at its General Assemblies in 1976, 1979 and 1982. They are intended for use with the new dynamical time-scales, the new FK5 celestial reference system and the new standard epoch of J2000·0, and formulae are given for the computation of relativistic effects in the reduction from mean to apparent place. Except when the highest precision is required it is possible, however, to continue to use the classical methods (e.g. to use day numbers), but the catalogue position should be reduced to the FK5 system and to the standard equinox of J2000·0 as explained in the Supplement to the Almanac for 1984, and precession should be applied to give the mean place for the *middle* of the year as the starting point for the reduction from mean to apparent place when day numbers are to be used.

Background information about the new time and coordinate reference systems, and about the changes in the procedures, are given in the Explanation and in the Supplement to the Almanac for 1984.

Day of Month	JANUARY Day of Week	JANUARY Day of Year	FEBRUARY Day of Week	FEBRUARY Day of Year	MARCH Day of Week	MARCH Day of Year	APRIL Day of Week	APRIL Day of Year	MAY Day of Week	MAY Day of Year	JUNE Day of Week	JUNE Day of Year
1	Sun.	1	Wed.	32	Wed.	60	Sat.	91	Mon.	121	Thu.	152
2	Mon.	2	Thu.	33	Thu.	61	Sun.	92	Tue.	122	Fri.	153
3	Tue.	3	Fri.	34	Fri.	62	Mon.	93	Wed.	123	Sat.	154
4	Wed.	4	Sat.	35	Sat.	63	Tue.	94	Thu.	124	Sun.	155
5	Thu.	5	Sun.	36	Sun.	64	Wed.	95	Fri.	125	Mon.	156
6	Fri.	6	Mon.	37	Mon.	65	Thu.	96	Sat.	126	Tue.	157
7	Sat.	7	Tue.	38	Tue.	66	Fri.	97	Sun.	127	Wed.	158
8	Sun.	8	Wed.	39	Wed.	67	Sat.	98	Mon.	128	Thu.	159
9	Mon.	9	Thu.	40	Thu.	68	Sun.	99	Tue.	129	Fri.	160
10	Tue.	10	Fri.	41	Fri.	69	Mon.	100	Wed.	130	Sat.	161
11	Wed.	11	Sat.	42	Sat.	70	Tue.	101	Thu.	131	Sun.	162
12	Thu.	12	Sun.	43	Sun.	71	Wed.	102	Fri.	132	Mon.	163
13	Fri.	13	Mon.	44	Mon.	72	Thu.	103	Sat.	133	Tue.	164
14	Sat.	14	Tue.	45	Tue.	73	Fri.	104	Sun.	134	Wed.	165
15	Sun.	15	Wed.	46	Wed.	74	Sat.	105	Mon.	135	Thu.	166
16	Mon.	16	Thu.	47	Thu.	75	Sun.	106	Tue.	136	Fri.	167
17	Tue.	17	Fri.	48	Fri.	76	Mon.	107	Wed.	137	Sat.	168
18	Wed.	18	Sat.	49	Sat.	77	Tue.	108	Thu.	138	Sun.	169
19	Thu.	19	Sun.	50	Sun.	78	Wed.	109	Fri.	139	Mon.	170
20	Fri.	20	Mon.	51	Mon.	79	Thu.	110	Sat.	140	Tue.	171
21	Sat.	21	Tue.	52	Tue.	80	Fri.	111	Sun.	141	Wed.	172
22	Sun.	22	Wed.	53	Wed.	81	Sat.	112	Mon.	142	Thu.	173
23	Mon.	23	Thu.	54	Thu.	82	Sun.	113	Tue.	143	Fri.	174
24	Tue.	24	Fri.	55	Fri.	83	Mon.	114	Wed.	144	Sat.	175
25	Wed.	25	Sat.	56	Sat.	84	Tue.	115	Thu.	145	Sun.	176
26	Thu.	26	Sun.	57	Sun.	85	Wed.	116	Fri.	146	Mon.	177
27	Fri.	27	Mon.	58	Mon.	86	Thu.	117	Sat.	147	Tue.	178
28	Sat.	28	Tue.	59	Tue.	87	Fri.	118	Sun.	148	Wed.	179
29	Sun.	29			Wed.	88	Sat.	119	Mon.	149	Thu.	180
30	Mon.	30			Thu.	89	Sun.	120	Tue.	150	Fri.	181
31	Tue.	31			Fri.	90			Wed.	151		

CHRONOLOGICAL CYCLES AND ERAS

Dominical Letter	A	Julian Period (year of)	6708
Epact	29	Roman Indiction	3
Golden Number (Lunar Cycle) ...	I	Solar Cycle	16

All dates are given in terms of the Gregorian calendar in which 1995 January 14 corresponds to 1995 January 1 of the Julian calendar.

ERA	YEAR	BEGINS	ERA	YEAR	BEGINS
Byzantine	7504	Sept. 14	Japanese	2655	Jan. 1
Jewish (A.M.)*	5756	Sept. 24	Grecian (Seleucidæ) ...	2307	Sept. 14 (or Oct. 14)
Chinese (Yi-hai)	(4632)	Jan. 31			
Roman (A.U.C.)	2748	Jan. 14	Indian (Saka)	1917	Mar. 22
Nabonassar	2744	Apr. 25	Diocletian	1712	Sept. 12
			Islamic (Hegira)*	1416	May 30

* Year begins at sunset

Day of Month	JULY Day of Week	JULY Day of Year	AUGUST Day of Week	AUGUST Day of Year	SEPTEMBER Day of Week	SEPTEMBER Day of Year	OCTOBER Day of Week	OCTOBER Day of Year	NOVEMBER Day of Week	NOVEMBER Day of Year	DECEMBER Day of Week	DECEMBER Day of Year
1	Sat.	182	Tue.	213	Fri.	244	Sun.	274	Wed.	305	Fri.	335
2	Sun.	183	Wed.	214	Sat.	245	Mon.	275	Thu.	306	Sat.	336
3	Mon.	184	Thu.	215	Sun.	246	Tue.	276	Fri.	307	Sun.	337
4	Tue.	185	Fri.	216	Mon.	247	Wed.	277	Sat.	308	Mon.	338
5	Wed.	186	Sat.	217	Tue.	248	Thu.	278	Sun.	309	Tue.	339
6	Thu.	187	Sun.	218	Wed.	249	Fri.	279	Mon.	310	Wed.	340
7	Fri.	188	Mon.	219	Thu.	250	Sat.	280	Tue.	311	Thu.	341
8	Sat.	189	Tue.	220	Fri.	251	Sun.	281	Wed.	312	Fri.	342
9	Sun.	190	Wed.	221	Sat.	252	Mon.	282	Thu.	313	Sat.	343
10	Mon.	191	Thu.	222	Sun.	253	Tue.	283	Fri.	314	Sun.	344
11	Tue.	192	Fri.	223	Mon.	254	Wed.	284	Sat.	315	Mon.	345
12	Wed.	193	Sat.	224	Tue.	255	Thu.	285	Sun.	316	Tue.	346
13	Thu.	194	Sun.	225	Wed.	256	Fri.	286	Mon.	317	Wed.	347
14	Fri.	195	Mon.	226	Thu.	257	Sat.	287	Tue.	318	Thu.	348
15	Sat.	196	Tue.	227	Fri.	258	Sun.	288	Wed.	319	Fri.	349
16	Sun.	197	Wed.	228	Sat.	259	Mon.	289	Thu.	320	Sat.	350
17	Mon.	198	Thu.	229	Sun.	260	Tue.	290	Fri.	321	Sun.	351
18	Tue.	199	Fri.	230	Mon.	261	Wed.	291	Sat.	322	Mon.	352
19	Wed.	200	Sat.	231	Tue.	262	Thu.	292	Sun.	323	Tue.	353
20	Thu.	201	Sun.	232	Wed.	263	Fri.	293	Mon.	324	Wed.	354
21	Fri.	202	Mon.	233	Thu.	264	Sat.	294	Tue.	325	Thu.	355
22	Sat.	203	Tue.	234	Fri.	265	Sun.	295	Wed.	326	Fri.	356
23	Sun.	204	Wed.	235	Sat.	266	Mon.	296	Thu.	327	Sat.	357
24	Mon.	205	Thu.	236	Sun.	267	Tue.	297	Fri.	328	Sun.	358
25	Tue.	206	Fri.	237	Mon.	268	Wed.	298	Sat.	329	Mon.	359
26	Wed.	207	Sat.	238	Tue.	269	Thu.	299	Sun.	330	Tue.	360
27	Thu.	208	Sun.	239	Wed.	270	Fri.	300	Mon.	331	Wed.	361
28	Fri.	209	Mon.	240	Thu.	271	Sat.	301	Tue.	332	Thu.	362
29	Sat.	210	Tue.	241	Fri.	272	Sun.	302	Wed.	333	Fri.	363
30	Sun.	211	Wed.	242	Sat.	273	Mon.	303	Thu.	334	Sat.	364
31	Mon.	212	Thu.	243			Tue.	304			Sun.	365

RELIGIOUS CALENDARS

Epiphany	Jan. 6	Ascension Day	May 25
Ash Wednesday	Mar. 1	Whit Sunday—Pentecost	June 4
Palm Sunday	Apr. 9	Trinity Sunday	June 11
Good Friday	Apr. 14	First Sunday in Advent	Dec. 3
Easter Day	Apr. 16	Christmas Day (Monday)	Dec. 25
First Day of Passover (Pesach)	Apr. 15	Day of Atonement (Yom Kippur)	Oct. 4
Feast of Weeks (Shavuot)	June 4	First day of Tabernacles (Succoth)	Oct. 9
Jewish New Year (tabular) (Rosh Hashanah)	Sept. 25		
First day of Ramadân (tabular)	Feb. 1	Islamic New Year (tabular)	May 31

The Jewish and Islamic dates above are tabular dates, which begin at sunset on the previous evening and end at sunset on the date tabulated. In practice, the dates of Islamic fasts and festivals are determined by an actual sighting of the appropriate new moon.

Julian date

A tabulation of Julian date (JD) at 0^h UT against calendar date is given with the ephemeris of universal and sidereal times on pages B8–B15. The following relationship holds during 1995:

Julian date = 244 9717·5 + day of year + fraction of day from 0^h UT

where the day of the year for the current year of the Gregorian calendar is given on pages B2–B3. The following table gives the Julian dates at day 0 of each month of 1995:

0^h UT	JD	0^h UT	JD	0^h UT	JD
Jan. 0	244 9717·5	May 0	244 9837·5	Sept. 0	244 9960·5
Feb. 0	244 9748·5	June 0	244 9868·5	Oct. 0	244 9990·5
Mar. 0	244 9776·5	July 0	244 9898·5	Nov. 0	245 0021·5
Apr. 0	244 9807·5	Aug. 0	244 9929·5	Dec. 0	245 0051·5

Tabulations of Julian date against calendar date for other years are given on pages K2–K4. Other relevant dates are:

400-day date, JD 245 0000·5 = 1995 October 10·0
Standard epoch, 1900 January 0, 12^h UT = JD241 5020·0
Standard epoch, B1950·0 = 1950 Jan. 0·923 = JD243 3282·423
B1995·0 = 1995 Jan. 0·822 = JD244 9718·322
J1995·5 = 1995 July 2·875 = JD244 9901·375
Standard epoch, J2000·0 = 2000 Jan. 1·5 = JD245 1545·0

The fraction of the year from 1995·5 is tabulated with the Besselian day numbers on pages B24–B31.

The "*modified Julian date*" (MJD) is the Julian date minus 240 0000·5 and in 1995 is given by: MJD = 49717·0 + day of year + fraction of day from 0^h UT.

A date may also be expressed in years as a Julian epoch, or for some purposes as a Besselian epoch, using:

Julian epoch = J[2000·0 + (JD − 245 1545·0)/365·25]
Besselian epoch = B[1900·0 + (JD − 241 5020·313 52)/365·242 198 781]

where JD is the Julian date; the prefixes J and B may be omitted only where the context, or precision, make them superfluous.

Notation for time-scales

A summary of the notation for time-scales and related quantities used in this Almanac is given below. Additional information is given in the Glossary, in the Explanation and in the Supplement to the Almanac for 1984.

UT = UT1; universal time; counted from 0^h at midnight; unit is mean solar day
UT0 local approximation to universal time; not corrected for polar motion
GMST Greenwich mean sidereal time; GHA of mean equinox of date
GAST Greenwich apparent sidereal time; GHA of true equinox of date
TAI international atomic time; unit is the SI second

Notation for time-scales (continued)

UTC coordinated universal time; differs from TAI by an integral number of seconds, and is the basis of most radio time signals and legal time systems

ΔUT = UT–UTC; increment to be applied to UTC to give UT

DUT = predicted value of ΔUT, rounded to 0^s1, given in some radio time signals

ET ephemeris time; was used in dynamical theories and in the Almanac from 1960–1983; but is now replaced by TDT and TDB

TDT terrestrial dynamical time; used as time-scale of ephemerides for observations from the Earth's surface. TDT = TAI + 32^s184

TDB barycentric dynamical time; used as time-scale of ephemerides referred to the barycentre of the solar system

ΔT = ET – UT (prior to 1984); increment to be applied to UT to give ET

ΔT = TDT – UT (1984 onwards); increment to be applied to UT to give TDT

ΔT = TAI + 32^s184 – UT

ΔAT = TAI – UTC; increment to be applied to UTC to give TAI

ΔET = ET – UTC; increment to be applied to UTC to give ET

ΔTT = TDT – UTC; increment to be applied to UTC to give TDT

For most purposes, ET up to 1983 December 31 and TDT from 1984 January 1 can be regarded as a continuous time-scale. Values of ΔT for the years 1620 onwards are given on pages K8–K9.

The name Greenwich mean time (GMT) is not used in this Almanac since it is ambiguous and is now used, although not in astronomy, in the sense of UTC in addition to the earlier sense of UT; prior to 1925 it was reckoned for astronomical purposes from Greenwich mean noon (12^h UT).

Relationships between time-scales

The relationships between universal and sidereal times are described on page B6 and a daily ephemeris is given on pages B8–B15; examples of the use of the ephemeris are given on page B7.

The scale of coordinated universal time (UTC) contains step adjustments of exactly one second (leap seconds) so that universal time (UT) may be obtained directly from it with an accuracy of 1 second or better and so that international atomic time (TAI) may be obtained by the addition of an integral number of seconds. The step adjustments are usually inserted after the 60th second of the last minute of December 31 or June 30. Values of the differences ΔAT for 1972 onwards are given on page K9. Accurate values of the increment ΔUT to be applied to UTC to give UT are derived from observations, but predicted values are transmitted in code in some time signals.

The differences between the terrestrial and barycentric dynamical time-scales (due to the variations in gravitational potential around the Earth's orbit) are given by:

$$\mathrm{TDB} = \mathrm{TDT} + 0^s001\,658 \sin g + 0^s000\,014 \sin 2g$$
$$g = 357^\circ53 + 0^\circ985\,600\,28(\mathrm{JD} - 245\,1545{\cdot}0)$$

where higher-order terms are neglected and g is the mean anomaly of the Earth in its orbit around the Sun. For the current year

$$g = 356^\circ34 + 0^\circ985\,600\,28\,d$$

where d is the day of the year tabulated on pages B2–B3.

Relationships between universal and sidereal time

The ephemeris of universal and sidereal times on pages B8–B15 is primarily intended to facilitate the conversion of universal time to local apparent sidereal time, and vice versa, for use in the computation and reduction of quantities dependent on local hour angle. Numerical examples of such conversions using the ephemeris and other tables are given opposite on page B7. Alternatively, such conversions may be carried out using the basic formulae and numerical coefficients given below.

Universal time is defined in terms of Greenwich mean sidereal time, (i.e. the Greenwich hour angle (GHA) of the mean equinox of date), by:

$$\text{GMST at } 0^{\text{h}} \text{ UT} = 24\,110^{\text{s}}.548\,41 + 8640\,184^{\text{s}}.812\,866\, T_{\text{U}} + 0^{\text{s}}.093\,104\, T_{\text{U}}^2 - 6^{\text{s}}.2 \times 10^{-6}\, T_{\text{U}}^3$$

where $T_{\text{U}} = (\text{JD} - 245\,1545{\cdot}0)/36\,525$

T_{U} is the interval of time, measured in Julian centuries of 36 525 days of universal time (mean solar days), elapsed since the epoch 2000 January $1^{\text{d}}\ 12^{\text{h}}$ UT.

The following relationship holds during 1995:

on day of year d at t^{h} UT, $\text{GMST} = 6^{\text{h}}.612\,6705 + 0^{\text{h}}.065\,709\,8243\, d + 1^{\text{h}}.002\,737\,91\, t$

where the day of year d is tabulated on pages B2–B3. Add or subtract multiples of 24^{h} as necessary.

In 1995:

1 mean solar day	=	1·002 737 909 35	mean sidereal days
	=	$24^{\text{h}}\ 03^{\text{m}}\ 56^{\text{s}}.555\ 37$	of mean sidereal time
1 mean sidereal day	=	0·997 269 566 33	mean solar days
	=	$23^{\text{h}}\ 56^{\text{m}}\ 04^{\text{s}}.090\ 53$	of mean solar time

Greenwich apparent sidereal time (i.e. the Greenwich hour angle of the true equinox of date) is given by:

$$\text{GAST} = \text{GMST} + \text{equation of equinoxes}$$

The equation of the equinoxes is tabulated on pages B8–B15 at 0^{h} UT for each day and should be interpolated to the required time if full precision is required; it is equal to the total nutation in longitude multiplied by the cosine of the true obliquity of the ecliptic.

Relationships with local time and hour angle

The following general relationships are used:

local mean solar time = universal time + east longitude
local mean sidereal time = Greenwich mean sidereal time + east longitude
local apparent sidereal time = local mean sidereal time + equation of equinoxes
= Greenwich apparent sidereal time + east longitude
local hour angle = local apparent sidereal time − apparent right ascension
= local mean sidereal time
− (apparent right ascension − equation of equinoxes)

A further small correction for the effect of polar motion is required in the reduction of very precise observations; for details see page B60.

Examples of the use of the ephemeris of universal and sidereal times

1. *Conversion of universal time to local sidereal time*

To find the local apparent sidereal time at $09^h\ 44^m\ 30^s$ UT on 1995 July 8 in longitude 80° 22′ 55″.79 west.

	h m s
Greenwich mean sidereal time on July 8 at 0^h UT is (page B12)	19 01 54·5783
Add the equivalent mean sidereal time interval from 0^h to $09^h\ 44^m\ 30^s$ UT (multiply UT interval by 1·002 737 9093)	9 46 06·0185
Greenwich mean sidereal time at required UT:	4 48 00·5968
Add equation of equinoxes, interpolated using second-order differences to approximate UT = $0^d.41$	+0·5908
Greenwich apparent sidereal time:	4 48 01·1876
Subtract west longitude (add east longitude)	5 21 31·7193
Local apparent sidereal time:	23 26 29·4683

The calculation for local mean sidereal time is similar, but omit the step which allows for the equation of the equinoxes.

2. *Conversion of local sidereal time to universal time*

To find the universal time at $23^h\ 26^m\ 29^s.4683$ local apparent sidereal time on 1995 July 8 in longitude 80° 22′ 55″.79 west.

	h m s
Local apparent sidereal time:	23 26 29·4683
Add west longitude (subtract east longitude)	5 21 31·7193
Greenwich apparent sidereal time:	4 48 01·1876
Subtract equation of equinoxes, interpolated using second-order differences to approximate UT = $0^d.41$	+0·5908
Greenwich mean sidereal time:	4 48 00·5968
Subtract Greenwich mean sidereal time at 0^h UT	19 01 54·5783
Mean sidereal time interval from 0^h UT:	9 46 06·0185
Equivalent UT interval (multiply mean sidereal time interval by 0·997 269 5663)	9 44 30·0000

The conversion of mean sidereal time to universal time is carried out by a similar procedure; omit the step which allows for the equation of the equinoxes.

Date 0h UT		Julian Date	G. SIDEREAL TIME (GHA of the Equinox) Apparent	Mean	Equation of Equinoxes at 0h UT	GSD at 0h GMST	UT at 0h GMST (Greenwich Transit of the Mean Equinox)	
		244	h m s	s	s	245		h m s
Jan.	0	**9717·5**	6 36 46·3495	45·6138	+0·7357	**6426·0**	Jan. 0	17 20 23·4764
	1	**9718·5**	6 40 42·9151	42·1692	·7459	**6427·0**	1	17 16 27·5669
	2	**9719·5**	6 44 39·4794	38·7245	·7549	**6428·0**	2	17 12 31·6575
	3	**9720·5**	6 48 36·0410	35·2799	·7611	**6429·0**	3	17 08 35·7480
	4	**9721·5**	6 52 32·5991	31·8353	·7639	**6430·0**	4	17 04 39·8385
	5	**9722·5**	6 56 29·1541	28·3906	+0·7635	**6431·0**	5	17 00 43·9290
	6	**9723·5**	7 00 25·7069	24·9460	·7609	**6432·0**	6	16 56 48·0196
	7	**9724·5**	7 04 22·2586	21·5014	·7573	**6433·0**	7	16 52 52·1101
	8	**9725·5**	7 08 18·8105	18·0567	·7537	**6434·0**	8	16 48 56·2006
	9	**9726·5**	7 12 15·3632	14·6121	·7511	**6435·0**	9	16 45 00·2912
	10	**9727·5**	7 16 11·9175	11·1675	+0·7501	**6436·0**	10	16 41 04·3817
	11	**9728·5**	7 20 08·4736	07·7228	·7508	**6437·0**	11	16 37 08·4722
	12	**9729·5**	7 24 05·0316	04·2782	·7534	**6438·0**	12	16 33 12·5628
	13	**9730·5**	7 28 01·5911	00·8336	·7576	**6439·0**	13	16 29 16·6533
	14	**9731·5**	7 31 58·1518	57·3889	·7628	**6440·0**	14	16 25 20·7438
	15	**9732·5**	7 35 54·7128	53·9443	+0·7685	**6441·0**	15	16 21 24·8344
	16	**9733·5**	7 39 51·2733	50·4997	·7737	**6442·0**	16	16 17 28·9249
	17	**9734·5**	7 43 47·8326	47·0550	·7776	**6443·0**	17	16 13 33·0154
	18	**9735·5**	7 47 44·3900	43·6104	·7796	**6444·0**	18	16 09 37·1059
	19	**9736·5**	7 51 40·9450	40·1658	·7793	**6445·0**	19	16 05 41·1965
	20	**9737·5**	7 55 37·4979	36·7211	+0·7767	**6446·0**	20	16 01 45·2870
	21	**9738·5**	7 59 34·0490	33·2765	·7725	**6447·0**	21	15 57 49·3775
	22	**9739·5**	8 03 30·5995	29·8319	·7677	**6448·0**	22	15 53 53·4681
	23	**9740·5**	8 07 27·1506	26·3872	·7634	**6449·0**	23	15 49 57·5586
	24	**9741·5**	8 11 23·7035	22·9426	·7609	**6450·0**	24	15 46 01·6491
	25	**9742·5**	8 15 20·2592	19·4980	+0·7613	**6451·0**	25	15 42 05·7397
	26	**9743·5**	8 19 16·8180	16·0533	·7647	**6452·0**	26	15 38 09·8302
	27	**9744·5**	8 23 13·3795	12·6087	·7708	**6453·0**	27	15 34 13·9207
	28	**9745·5**	8 27 09·9423	09·1641	·7783	**6454·0**	28	15 30 18·0113
	29	**9746·5**	8 31 06·5048	05·7195	·7854	**6455·0**	29	15 26 22·1018
	30	**9747·5**	8 35 03·0654	02·2748	+0·7905	**6456·0**	30	15 22 26·1923
	31	**9748·5**	8 38 59·6228	58·8302	·7926	**6457·0**	31	15 18 30·2829
Feb.	1	**9749·5**	8 42 56·1769	55·3856	·7913	**6458·0**	Feb. 1	15 14 34·3734
	2	**9750·5**	8 46 52·7282	51·9409	·7873	**6459·0**	2	15 10 38·4639
	3	**9751·5**	8 50 49·2779	48·4963	·7816	**6460·0**	3	15 06 42·5544
	4	**9752·5**	8 54 45·8272	45·0517	+0·7755	**6461·0**	4	15 02 46·6450
	5	**9753·5**	8 58 42·3770	41·6070	·7700	**6462·0**	5	14 58 50·7355
	6	**9754·5**	9 02 38·9283	38·1624	·7659	**6463·0**	6	14 54 54·8260
	7	**9755·5**	9 06 35·4813	34·7178	·7635	**6464·0**	7	14 50 58·9166
	8	**9756·5**	9 10 32·0361	31·2731	·7630	**6465·0**	8	14 47 03·0071
	9	**9757·5**	9 14 28·5925	27·8285	+0·7640	**6466·0**	9	14 43 07·0976
	10	**9758·5**	9 18 25·1502	24·3839	·7663	**6467·0**	10	14 39 11·1882
	11	**9759·5**	9 22 21·7084	20·9392	·7692	**6468·0**	11	14 35 15·2787
	12	**9760·5**	9 26 18·2665	17·4946	·7719	**6469·0**	12	14 31 19·3692
	13	**9761·5**	9 30 14·8237	14·0500	·7737	**6470·0**	13	14 27 23·4598
	14	**9762·5**	9 34 11·3791	10·6053	+0·7738	**6471·0**	14	14 23 27·5503
	15	**9763·5**	9 38 07·9323	07·1607	+0·7716	**6472·0**	15	14 19 31·6408

Date 0h UT		Julian Date	G. SIDEREAL TIME (GHA of the Equinox) Apparent	Mean	Equation of Equinoxes at 0h UT	GSD at 0h GMST	UT at 0h GMST (Greenwich Transit of the Mean Equinox)	
		244	h m s	s	s	245		h m s
Feb.	15	**9763·5**	9 38 07·9323	07·1607	+0·7716	**6472·0**	Feb. 15	14 19 31·6408
	16	**9764·5**	9 42 04·4831	03·7161	·7670	**6473·0**	16	14 15 35·7313
	17	**9765·5**	9 46 01·0320	00·2714	·7605	**6474·0**	17	14 11 39·8219
	18	**9766·5**	9 49 57·5798	56·8268	·7530	**6475·0**	18	14 07 43·9124
	19	**9767·5**	9 53 54·1279	53·3822	·7457	**6476·0**	19	14 03 48·0029
	20	**9768·5**	9 57 50·6776	49·9375	+0·7400	**6477·0**	20	13 59 52·0935
	21	**9769·5**	10 01 47·2299	46·4929	·7369	**6478·0**	21	13 55 56·1840
	22	**9770·5**	10 05 43·7851	43·0483	·7368	**6479·0**	22	13 52 00·2745
	23	**9771·5**	10 09 40·3430	39·6036	·7393	**6480·0**	23	13 48 04·3651
	24	**9772·5**	10 13 36·9025	36·1590	·7434	**6481·0**	24	13 44 08·4556
	25	**9773·5**	10 17 33·4620	32·7144	+0·7476	**6482·0**	25	13 40 12·5461
	26	**9774·5**	10 21 30·0202	29·2697	·7504	**6483·0**	26	13 36 16·6367
	27	**9775·5**	10 25 26·5758	25·8251	·7507	**6484·0**	27	13 32 20·7272
	28	**9776·5**	10 29 23·1283	22·3805	·7478	**6485·0**	28	13 28 24·8177
Mar.	1	**9777·5**	10 33 19·6780	18·9358	·7422	**6486·0**	Mar. 1	13 24 28·9083
	2	**9778·5**	10 37 16·2258	15·4912	+0·7345	**6487·0**	2	13 20 32·9988
	3	**9779·5**	10 41 12·7726	12·0466	·7260	**6488·0**	3	13 16 37·0893
	4	**9780·5**	10 45 09·3197	08·6020	·7178	**6489·0**	4	13 12 41·1798
	5	**9781·5**	10 49 05·8680	05·1573	·7107	**6490·0**	5	13 08 45·2704
	6	**9782·5**	10 53 02·4181	01·7127	·7054	**6491·0**	6	13 04 49·3609
	7	**9783·5**	10 56 58·9700	58·2681	+0·7020	**6492·0**	7	13 00 53·4514
	8	**9784·5**	11 00 55·5237	54·8234	·7003	**6493·0**	8	12 56 57·5420
	9	**9785·5**	11 04 52·0788	51·3788	·7000	**6494·0**	9	12 53 01·6325
	10	**9786·5**	11 08 48·6347	47·9342	·7005	**6495·0**	10	12 49 05·7230
	11	**9787·5**	11 12 45·1908	44·4895	·7012	**6496·0**	11	12 45 09·8136
	12	**9788·5**	11 16 41·7462	41·0449	+0·7014	**6497·0**	12	12 41 13·9041
	13	**9789·5**	11 20 38·3004	37·6003	·7001	**6498·0**	13	12 37 17·9946
	14	**9790·5**	11 24 34·8526	34·1556	·6970	**6499·0**	14	12 33 22·0852
	15	**9791·5**	11 28 31·4026	30·7110	·6916	**6500·0**	15	12 29 26·1757
	16	**9792·5**	11 32 27·9505	27·2664	·6841	**6501·0**	16	12 25 30·2662
	17	**9793·5**	11 36 24·4970	23·8217	+0·6752	**6502·0**	17	12 21 34·3568
	18	**9794·5**	11 40 21·0433	20·3771	·6662	**6503·0**	18	12 17 38·4473
	19	**9795·5**	11 44 17·5909	16·9325	·6585	**6504·0**	19	12 13 42·5378
	20	**9796·5**	11 48 14·1411	13·4878	·6533	**6505·0**	20	12 09 46·6283
	21	**9797·5**	11 52 10·6945	10·0432	·6513	**6506·0**	21	12 05 50·7189
	22	**9798·5**	11 56 07·2508	06·5986	+0·6523	**6507·0**	22	12 01 54·8094
	23	**9799·5**	12 00 03·8090	03·1539	·6551	**6508·0**	23	11 57 58·8999
	24	**9800·5**	12 03 60·3676	59·7093	·6583	**6509·0**	24	11 54 02·9905
	25	**9801·5**	12 07 56·9251	56·2647	·6604	**6510·0**	25	11 50 07·0810
	26	**9802·5**	12 11 53·4803	52·8200	·6602	**6511·0**	26	11 46 11·1715
	27	**9803·5**	12 15 50·0327	49·3754	+0·6572	**6512·0**	27	11 42 15·2621
	28	**9804·5**	12 19 46·5823	45·9308	·6516	**6513·0**	28	11 38 19·3526
	29	**9805·5**	12 23 43·1299	42·4861	·6438	**6514·0**	29	11 34 23·4431
	30	**9806·5**	12 27 39·6765	39·0415	·6349	**6515·0**	30	11 30 27·5337
	31	**9807·5**	12 31 36·2230	35·5969	·6261	**6516·0**	31	11 26 31·6242
Apr.	1	**9808·5**	12 35 32·7705	32·1522	+0·6183	**6517·0**	Apr. 1	11 22 35·7147
	2	**9809·5**	12 39 29·3197	28·7076	+0·6120	**6518·0**	2	11 18 39·8052

Date 0ʰ UT	Julian Date	G. SIDEREAL TIME (GHA of the Equinox) Apparent	Mean	Equation of Equinoxes at 0ʰ UT	GSD at 0ʰ GMST	UT at 0ʰ GMST (Greenwich Transit of the Mean Equinox)	
	244	h m s	s	s	245		h m s
Apr. 1	**9808·5**	12 35 32·7705	32·1522	+0·6183	**6517·0**	Apr. 1	11 22 35·7147
2	**9809·5**	12 39 29·3197	28·7076	·6120	**6518·0**	2	11 18 39·8052
3	**9810·5**	12 43 25·8708	25·2630	·6078	**6519·0**	3	11 14 43·8958
4	**9811·5**	12 47 22·4239	21·8183	·6055	**6520·0**	4	11 10 47·9863
5	**9812·5**	12 51 18·9785	18·3737	·6048	**6521·0**	5	11 06 52·0768
6	**9813·5**	12 55 15·5343	14·9291	+0·6052	**6522·0**	6	11 02 56·1674
7	**9814·5**	12 59 12·0904	11·4845	·6060	**6523·0**	7	10 59 00·2579
8	**9815·5**	13 03 08·6463	08·0398	·6065	**6524·0**	8	10 55 04·3484
9	**9816·5**	13 07 05·2012	04·5952	·6060	**6525·0**	9	10 51 08·4390
10	**9817·5**	13 11 01·7545	01·1506	·6039	**6526·0**	10	10 47 12·5295
11	**9818·5**	13 14 58·3058	57·7059	+0·5999	**6527·0**	11	10 43 16·6200
12	**9819·5**	13 18 54·8551	54·2613	·5938	**6528·0**	12	10 39 20·7106
13	**9820·5**	13 22 51·4028	50·8167	·5861	**6529·0**	13	10 35 24·8011
14	**9821·5**	13 26 47·9498	47·3720	·5778	**6530·0**	14	10 31 28·8916
15	**9822·5**	13 30 44·4976	43·9274	·5702	**6531·0**	15	10 27 32·9822
16	**9823·5**	13 34 41·0477	40·4828	+0·5650	**6532·0**	16	10 23 37·0727
17	**9824·5**	13 38 37·6012	37·0381	·5631	**6533·0**	17	10 19 41·1632
18	**9825·5**	13 42 34·1581	33·5935	·5646	**6534·0**	18	10 15 45·2537
19	**9826·5**	13 46 30·7175	30·1489	·5686	**6535·0**	19	10 11 49·3443
20	**9827·5**	13 50 27·2779	26·7042	·5736	**6536·0**	20	10 07 53·4348
21	**9828·5**	13 54 23·8374	23·2596	+0·5778	**6537·0**	21	10 03 57·5253
22	**9829·5**	13 58 20·3948	19·8150	·5798	**6538·0**	22	10 00 01·6159
23	**9830·5**	14 02 16·9493	16·3703	·5790	**6539·0**	23	9 56 05·7064
24	**9831·5**	14 06 13·5011	12·9257	·5754	**6540·0**	24	9 52 09·7969
25	**9832·5**	14 10 10·0507	09·4811	·5696	**6541·0**	25	9 48 13·8875
26	**9833·5**	14 14 06·5990	06·0364	+0·5626	**6542·0**	26	9 44 17·9780
27	**9834·5**	14 18 03·1471	02·5918	·5553	**6543·0**	27	9 40 22·0685
28	**9835·5**	14 21 59·6961	59·1472	·5489	**6544·0**	28	9 36 26·1591
29	**9836·5**	14 25 56·2465	55·7025	·5440	**6545·0**	29	9 32 30·2496
30	**9837·5**	14 29 52·7989	52·2579	·5410	**6546·0**	30	9 28 34·3401
May 1	**9838·5**	14 33 49·3533	48·8133	+0·5401	**6547·0**	May 1	9 24 38·4307
2	**9839·5**	14 37 45·9095	45·3686	·5409	**6548·0**	2	9 20 42·5212
3	**9840·5**	14 41 42·4669	41·9240	·5429	**6549·0**	3	9 16 46·6117
4	**9841·5**	14 45 39·0250	38·4794	·5456	**6550·0**	4	9 12 50·7022
5	**9842·5**	14 49 35·5830	35·0347	·5483	**6551·0**	5	9 08 54·7928
6	**9843·5**	14 53 32·1403	31·5901	+0·5502	**6552·0**	6	9 04 58·8833
7	**9844·5**	14 57 28·6961	28·1455	·5506	**6553·0**	7	9 01 02·9738
8	**9845·5**	15 01 25·2502	24·7009	·5493	**6554·0**	8	8 57 07·0644
9	**9846·5**	15 05 21·8023	21·2562	·5461	**6555·0**	9	8 53 11·1549
10	**9847·5**	15 09 18·3527	17·8116	·5411	**6556·0**	10	8 49 15·2454
11	**9848·5**	15 13 14·9022	14·3670	+0·5352	**6557·0**	11	8 45 19·3360
12	**9849·5**	15 17 11·4518	10·9223	·5295	**6558·0**	12	8 41 23·4265
13	**9850·5**	15 21 08·0030	07·4777	·5253	**6559·0**	13	8 37 27·5170
14	**9851·5**	15 25 04·5572	04·0331	·5242	**6560·0**	14	8 33 31·6076
15	**9852·5**	15 29 01·1152	00·5884	·5268	**6561·0**	15	8 29 35·6981
16	**9853·5**	15 32 57·6765	57·1438	+0·5327	**6562·0**	16	8 25 39·7886
17	**9854·5**	15 36 54·2396	53·6992	+0·5404	**6563·0**	17	8 21 43·8791

Date 0h UT		Julian Date	G. SIDEREAL TIME (GHA of the Equinox) Apparent			Mean	Equation of Equinoxes at 0h UT	GSD at 0h GMST	UT at 0h GMST (Greenwich Transit of the Mean Equinox)				
		244	h	m	s	s	s	245			h	m	s
May	17	**9854·5**	15	36	54·2396	53·6992	+0·5404	**6563·0**	May	17	8	21	43·8791
	18	**9855·5**	15	40	50·8025	50·2545	·5480	**6564·0**		18	8	17	47·9697
	19	**9856·5**	15	44	47·3636	46·8099	·5537	**6565·0**		19	8	13	52·0602
	20	**9857·5**	15	48	43·9216	43·3653	·5564	**6566·0**		20	8	09	56·1507
	21	**9858·5**	15	52	40·4766	39·9206	·5560	**6567·0**		21	8	06	00·2413
	22	**9859·5**	15	56	37·0291	36·4760	+0·5531	**6568·0**		22	8	02	04·3318
	23	**9860·5**	16	00	33·5799	33·0314	·5486	**6569·0**		23	7	58	08·4223
	24	**9861·5**	16	04	30·1303	29·5867	·5436	**6570·0**		24	7	54	12·5129
	25	**9862·5**	16	08	26·6813	26·1421	·5392	**6571·0**		25	7	50	16·6034
	26	**9863·5**	16	12	23·2336	22·6975	·5361	**6572·0**		26	7	46	20·6939
	27	**9864·5**	16	16	19·7877	19·2528	+0·5349	**6573·0**		27	7	42	24·7845
	28	**9865·5**	16	20	16·3439	15·8082	·5356	**6574·0**		28	7	38	28·8750
	29	**9866·5**	16	24	12·9018	12·3636	·5382	**6575·0**		29	7	34	32·9655
	30	**9867·5**	16	28	09·4611	08·9189	·5422	**6576·0**		30	7	30	37·0561
	31	**9868·5**	16	32	06·0212	05·4743	·5469	**6577·0**		31	7	26	41·1466
June	1	**9869·5**	16	36	02·5814	02·0297	+0·5517	**6578·0**	June	1	7	22	45·2371
	2	**9870·5**	16	39	59·1409	58·5850	·5559	**6579·0**		2	7	18	49·3276
	3	**9871·5**	16	43	55·6992	55·1404	·5588	**6580·0**		3	7	14	53·4182
	4	**9872·5**	16	47	52·2557	51·6958	·5599	**6581·0**		4	7	10	57·5087
	5	**9873·5**	16	51	48·8103	48·2511	·5591	**6582·0**		5	7	07	01·5992
	6	**9874·5**	16	55	45·3631	44·8065	+0·5566	**6583·0**		6	7	03	05·6898
	7	**9875·5**	16	59	41·9146	41·3619	·5528	**6584·0**		7	6	59	09·7803
	8	**9876·5**	17	03	38·4659	37·9172	·5486	**6585·0**		8	6	55	13·8708
	9	**9877·5**	17	07	35·0181	34·4726	·5455	**6586·0**		9	6	51	17·9614
	10	**9878·5**	17	11	31·5726	31·0280	·5446	**6587·0**		10	6	47	22·0519
	11	**9879·5**	17	15	28·1304	27·5834	+0·5471	**6588·0**		11	6	43	26·1424
	12	**9880·5**	17	19	24·6918	24·1387	·5531	**6589·0**		12	6	39	30·2330
	13	**9881·5**	17	23	21·2560	20·6941	·5619	**6590·0**		13	6	35	34·3235
	14	**9882·5**	17	27	17·8212	17·2495	·5717	**6591·0**		14	6	31	38·4140
	15	**9883·5**	17	31	14·3851	13·8048	·5803	**6592·0**		15	6	27	42·5045
	16	**9884·5**	17	35	10·9463	10·3602	+0·5861	**6593·0**		16	6	23	46·5951
	17	**9885·5**	17	39	07·5039	06·9156	·5884	**6594·0**		17	6	19	50·6856
	18	**9886·5**	17	43	04·0585	03·4709	·5876	**6595·0**		18	6	15	54·7761
	19	**9887·5**	17	47	00·6110	00·0263	·5847	**6596·0**		19	6	11	58·8667
	20	**9888·5**	17	50	57·1626	56·5817	·5810	**6597·0**		20	6	08	02·9572
	21	**9889·5**	17	54	53·7144	53·1370	+0·5774	**6598·0**		21	6	04	07·0477
	22	**9890·5**	17	58	50·2673	49·6924	·5749	**6599·0**		22	6	00	11·1383
	23	**9891·5**	18	02	46·8219	46·2478	·5741	**6600·0**		23	5	56	15·2288
	24	**9892·5**	18	06	43·3784	42·8031	·5753	**6601·0**		24	5	52	19·3193
	25	**9893·5**	18	10	39·9367	39·3585	·5782	**6602·0**		25	5	48	23·4099
	26	**9894·5**	18	14	36·4964	35·9139	+0·5826	**6603·0**		26	5	44	27·5004
	27	**9895·5**	18	18	33·0571	32·4692	·5878	**6604·0**		27	5	40	31·5909
	28	**9896·5**	18	22	29·6179	29·0246	·5933	**6605·0**		28	5	36	35·6815
	29	**9897·5**	18	26	26·1781	25·5800	·5982	**6606·0**		29	5	32	39·7720
	30	**9898·5**	18	30	22·7372	22·1353	·6019	**6607·0**		30	5	28	43·8625
July	1	**9899·5**	18	34	19·2946	18·6907	+0·6039	**6608·0**	July	1	5	24	47·9530
	2	**9900·5**	18	38	15·8499	15·2461	+0·6038	**6609·0**		2	5	20	52·0436

Date 0h UT	Julian Date	G. SIDEREAL TIME (GHA of the Equinox) Apparent	Mean	Equation of Equinoxes at 0h UT	GSD at 0h GMST	UT at 0h GMST (Greenwich Transit of the Mean Equinox)
	244	h m s	s	s	**245**	h m s
July 2	**9900·5**	18 38 15·8499	15·2461	+0·6038	**6609·0**	July 2 5 20 52·0436
3	**9901·5**	18 42 12·4033	11·8014	·6019	**6610·0**	3 5 16 56·1341
4	**9902·5**	18 46 08·9553	08·3568	·5985	**6611·0**	4 5 13 00·2246
5	**9903·5**	18 50 05·5065	04·9122	·5944	**6612·0**	5 5 09 04·3152
6	**9904·5**	18 54 02·0583	01·4675	·5907	**6613·0**	6 5 05 08·4057
7	**9905·5**	18 57 58·6117	58·0229	+0·5887	**6614·0**	7 5 01 12·4962
8	**9906·5**	19 01 55·1678	54·5783	·5895	**6615·0**	8 4 57 16·5868
9	**9907·5**	19 05 51·7272	51·1336	·5935	**6616·0**	9 4 53 20·6773
10	**9908·5**	19 09 48·2896	47·6890	·6006	**6617·0**	10 4 49 24·7678
11	**9909·5**	19 13 44·8539	44·2444	·6095	**6618·0**	11 4 45 28·8584
12	**9910·5**	19 17 41·4181	40·7997	+0·6183	**6619·0**	12 4 41 32·9489
13	**9911·5**	19 21 37·9802	37·3551	·6251	**6620·0**	13 4 37 37·0394
14	**9912·5**	19 25 34·5390	33·9105	·6285	**6621·0**	14 4 33 41·1299
15	**9913·5**	19 29 31·0943	30·4659	·6284	**6622·0**	15 4 29 45·2205
16	**9914·5**	19 33 27·6467	27·0212	·6255	**6623·0**	16 4 25 49·3110
17	**9915·5**	19 37 24·1977	23·5766	+0·6211	**6624·0**	17 4 21 53·4015
18	**9916·5**	19 41 20·7484	20·1320	·6165	**6625·0**	18 4 17 57·4921
19	**9917·5**	19 45 17·2999	16·6873	·6126	**6626·0**	19 4 14 01·5826
20	**9918·5**	19 49 13·8530	13·2427	·6103	**6627·0**	20 4 10 05·6731
21	**9919·5**	19 53 10·4078	09·7981	·6098	**6628·0**	21 4 06 09·7637
22	**9920·5**	19 57 06·9645	06·3534	+0·6111	**6629·0**	22 4 02 13·8542
23	**9921·5**	20 01 03·5227	02·9088	·6139	**6630·0**	23 3 58 17·9447
24	**9922·5**	20 04 60·0819	59·4642	·6177	**6631·0**	24 3 54 22·0353
25	**9923·5**	20 08 56·6414	56·0195	·6218	**6632·0**	25 3 50 26·1258
26	**9924·5**	20 12 53·2005	52·5749	·6256	**6633·0**	26 3 46 30·2163
27	**9925·5**	20 16 49·7585	49·1303	+0·6282	**6634·0**	27 3 42 34·3069
28	**9926·5**	20 20 46·3148	45·6856	·6292	**6635·0**	28 3 38 38·3974
29	**9927·5**	20 24 42·8692	42·2410	·6282	**6636·0**	29 3 34 42·4879
30	**9928·5**	20 28 39·4214	38·7964	·6250	**6637·0**	30 3 30 46·5784
31	**9929·5**	20 32 35·9720	35·3517	·6203	**6638·0**	31 3 26 50·6690
Aug. 1	**9930·5**	20 36 32·5216	31·9071	+0·6145	**6639·0**	Aug. 1 3 22 54·7595
2	**9931·5**	20 40 29·0713	28·4625	·6089	**6640·0**	2 3 18 58·8500
3	**9932·5**	20 44 25·6223	25·0178	·6044	**6641·0**	3 3 15 02·9406
4	**9933·5**	20 48 22·1755	21·5732	·6023	**6642·0**	4 3 11 07·0311
5	**9934·5**	20 52 18·7317	18·1286	·6031	**6643·0**	5 3 07 11·1216
6	**9935·5**	20 56 15·2907	14·6839	+0·6068	**6644·0**	6 3 03 15·2122
7	**9936·5**	21 00 11·8519	11·2393	·6126	**6645·0**	7 2 59 19·3027
8	**9937·5**	21 04 08·4137	07·7947	·6191	**6646·0**	8 2 55 23·3932
9	**9938·5**	21 08 04·9744	04·3500	·6244	**6647·0**	9 2 51 27·4838
10	**9939·5**	21 12 01·5324	00·9054	·6270	**6648·0**	10 2 47 31·5743
11	**9940·5**	21 15 58·0870	57·4608	+0·6262	**6649·0**	11 2 43 35·6648
12	**9941·5**	21 19 54·6384	54·0161	·6223	**6650·0**	12 2 39 39·7554
13	**9942·5**	21 23 51·1876	50·5715	·6161	**6651·0**	13 2 35 43·8459
14	**9943·5**	21 27 47·7361	47·1269	·6092	**6652·0**	14 2 31 47·9364
15	**9944·5**	21 31 44·2850	43·6823	·6027	**6653·0**	15 2 27 52·0269
16	**9945·5**	21 35 40·8352	40·2376	+0·5976	**6654·0**	16 2 23 56·1175
17	**9946·5**	21 39 37·3872	36·7930	+0·5942	**6655·0**	17 2 20 00·2080

Date 0^h UT	Julian Date	G. SIDEREAL TIME (GHA of the Equinox) Apparent	Mean	Equation of Equinoxes at 0^h UT	GSD at 0^h GMST	UT at 0^h GMST (Greenwich Transit of the Mean Equinox)
	244	h m s	s	s	**245**	h m s
Aug. 17	**9946·5**	21 39 37·3872	36·7930	+0·5942	**6655·0**	Aug. 17 2 20 00·2080
18	**9947·5**	21 43 33·9411	33·3484	·5927	**6656·0**	18 2 16 04·2985
19	**9948·5**	21 47 30·4966	29·9037	·5929	**6657·0**	19 2 12 08·3891
20	**9949·5**	21 51 27·0532	26·4591	·5941	**6658·0**	20 2 08 12·4796
21	**9950·5**	21 55 23·6104	23·0145	·5959	**6659·0**	21 2 04 16·5701
22	**9951·5**	21 59 20·1674	19·5698	+0·5975	**6660·0**	22 2 00 20·6607
23	**9952·5**	22 03 16·7235	16·1252	·5983	**6661·0**	23 1 56 24·7512
24	**9953·5**	22 07 13·2781	12·6806	·5975	**6662·0**	24 1 52 28·8417
25	**9954·5**	22 11 09·8308	09·2359	·5948	**6663·0**	25 1 48 32·9323
26	**9955·5**	22 15 06·3813	05·7913	·5900	**6664·0**	26 1 44 37·0228
27	**9956·5**	22 19 02·9300	02·3467	+0·5834	**6665·0**	27 1 40 41·1133
28	**9957·5**	22 22 59·4776	58·9020	·5755	**6666·0**	28 1 36 45·2038
29	**9958·5**	22 26 56·0249	55·4574	·5675	**6667·0**	29 1 32 49·2944
30	**9959·5**	22 30 52·5732	52·0128	·5605	**6668·0**	30 1 28 53·3849
31	**9960·5**	22 34 49·1236	48·5681	·5555	**6669·0**	31 1 24 57·4754
Sept. 1	**9961·5**	22 38 45·6767	45·1235	+0·5532	**6670·0**	Sept. 1 1 21 01·5660
2	**9962·5**	22 42 42·2327	41·6789	·5538	**6671·0**	2 1 17 05·6565
3	**9963·5**	22 46 38·7908	38·2342	·5566	**6672·0**	3 1 13 09·7470
4	**9964·5**	22 50 35·3499	34·7896	·5603	**6673·0**	4 1 09 13·8376
5	**9965·5**	22 54 31·9085	31·3450	·5635	**6674·0**	5 1 05 17·9281
6	**9966·5**	22 58 28·4650	27·9003	+0·5647	**6675·0**	6 1 01 22·0186
7	**9967·5**	23 02 25·0186	24·4557	·5629	**6676·0**	7 0 57 26·1092
8	**9968·5**	23 06 21·5690	21·0111	·5580	**6677·0**	8 0 53 30·1997
9	**9969·5**	23 10 18·1170	17·5664	·5506	**6678·0**	9 0 49 34·2902
10	**9970·5**	23 14 14·6637	14·1218	·5419	**6679·0**	10 0 45 38·3808
11	**9971·5**	23 18 11·2104	10·6772	+0·5332	**6680·0**	11 0 41 42·4713
12	**9972·5**	23 22 07·7582	07·2325	·5257	**6681·0**	12 0 37 46·5618
13	**9973·5**	23 26 04·3078	03·7879	·5199	**6682·0**	13 0 33 50·6523
14	**9974·5**	23 30 00·8594	00·3433	·5161	**6683·0**	14 0 29 54·7429
15	**9975·5**	23 33 57·4128	56·8986	·5141	**6684·0**	15 0 25 58·8334
16	**9976·5**	23 37 53·9675	53·4540	+0·5135	**6685·0**	16 0 22 02·9239
17	**9977·5**	23 41 50·5230	50·0094	·5136	**6686·0**	17 0 18 07·0145
18	**9978·5**	23 45 47·0786	46·5648	·5138	**6687·0**	18 0 14 11·1050
19	**9979·5**	23 49 43·6336	43·1201	·5135	**6688·0**	19 0 10 15·1955
20	**9980·5**	23 53 40·1874	39·6755	·5119	**6689·0**	20 0 06 19·2861
21	**9981·5**	23 57 36·7394	36·2309	+0·5086	**6690·0**	21 0 02 23·3766
					6691·0	21 23 58 27·4671
22	**9982·5**	0 01 33·2895	32·7862	+0·5033	**6692·0**	22 23 54 31·5577
23	**9983·5**	0 05 29·8377	29·3416	·4961	**6693·0**	23 23 50 35·6482
24	**9984·5**	0 09 26·3844	25·8970	·4875	**6694·0**	24 23 46 39·7387
25	**9985·5**	0 13 22·9307	22·4523	+0·4784	**6695·0**	25 23 42 43·8292
26	**9986·5**	0 17 19·4777	19·0077	·4700	**6696·0**	26 23 38 47·9198
27	**9987·5**	0 21 16·0267	15·5631	·4636	**6697·0**	27 23 34 52·0103
28	**9988·5**	0 25 12·5784	12·1184	·4600	**6698·0**	28 23 30 56·1008
29	**9989·5**	0 29 09·1331	08·6738	·4593	**6699·0**	29 23 27 00·1914
30	**9990·5**	0 33 05·6902	05·2292	+0·4611	**6700·0**	30 23 23 04·2819
Oct. 1	**9991·5**	0 37 02·2486	01·7845	+0·4641	**6701·0**	Oct. 1 23 19 08·3724

Date 0h UT	Julian Date	G. SIDEREAL TIME (GHA of the Equinox) Apparent	Mean	Equation of Equinoxes at 0^h UT	GSD at 0^h GMST	UT at 0^h GMST (Greenwich Transit of the Mean Equinox)
	244/5	h m s	s	s	**245**	h m s
Oct. 1	**9991·5**	0 37 02·2486	01·7845	+0·4641	**6701·0**	Oct. 1 23 19 08·3724
2	**9992·5**	0 40 58·8067	58·3399	·4668	**6702·0**	2 23 15 12·4630
3	**9993·5**	0 44 55·3632	54·8953	·4679	**6703·0**	3 23 11 16·5535
4	**9994·5**	0 48 51·9170	51·4506	·4664	**6704·0**	4 23 07 20·6440
5	**9995·5**	0 52 48·4680	48·0060	·4620	**6705·0**	5 23 03 24·7346
6	**9996·5**	0 56 45·0164	44·5614	+0·4551	**6706·0**	6 22 59 28·8251
7	**9997·5**	1 00 41·5634	41·1167	·4466	**6707·0**	7 22 55 32·9156
8	**9998·5**	1 04 38·1100	37·6721	·4379	**6708·0**	8 22 51 37·0061
9	**9999·5**	1 08 34·6574	34·2275	·4299	**6709·0**	9 22 47 41·0967
10	**0000·5**	1 12 31·2065	30·7828	·4237	**6710·0**	10 22 43 45·1872
11	**0001·5**	1 16 27·7577	27·3382	+0·4194	**6711·0**	11 22 39 49·2777
12	**0002·5**	1 20 24·3108	23·8936	·4172	**6712·0**	12 22 35 53·3683
13	**0003·5**	1 24 20·8656	20·4489	·4167	**6713·0**	13 22 31 57·4588
14	**0004·5**	1 28 17·4215	17·0043	·4172	**6714·0**	14 22 28 01·5493
15	**0005·5**	1 32 13·9777	13·5597	·4180	**6715·0**	15 22 24 05·6399
16	**0006·5**	1 36 10·5336	10·1150	+0·4185	**6716·0**	16 22 20 09·7304
17	**0007·5**	1 40 07·0886	06·6704	·4181	**6717·0**	17 22 16 13·8209
18	**0008·5**	1 44 03·6421	03·2258	·4163	**6718·0**	18 22 12 17·9115
19	**0009·5**	1 47 60·1938	59·7812	·4126	**6719·0**	19 22 08 22·0020
20	**0010·5**	1 51 56·7437	56·3365	·4071	**6720·0**	20 22 04 26·0925
21	**0011·5**	1 55 53·2920	52·8919	+0·4001	**6721·0**	21 22 00 30·1831
22	**0012·5**	1 59 49·8395	49·4473	·3923	**6722·0**	22 21 56 34·2736
23	**0013·5**	2 03 46·3874	46·0026	·3848	**6723·0**	23 21 52 38·3641
24	**0014·5**	2 07 42·9369	42·5580	·3789	**6724·0**	24 21 48 42·4546
25	**0015·5**	2 11 39·4891	39·1134	·3757	**6725·0**	25 21 44 46·5452
26	**0016·5**	2 15 36·0446	35·6687	+0·3759	**6726·0**	26 21 40 50·6357
27	**0017·5**	2 19 32·6032	32·2241	·3791	**6727·0**	27 21 36 54·7262
28	**0018·5**	2 23 29·1634	28·7795	·3840	**6728·0**	28 21 32 58·8168
29	**0019·5**	2 27 25·7238	25·3348	·3890	**6729·0**	29 21 29 02·9073
30	**0020·5**	2 31 22·2827	21·8902	·3926	**6730·0**	30 21 25 06·9978
31	**0021·5**	2 35 18·8391	18·4456	+0·3936	**6731·0**	31 21 21 11·0884
Nov. 1	**0022·5**	2 39 15·3926	15·0009	·3917	**6732·0**	Nov. 1 21 17 15·1789
2	**0023·5**	2 43 11·9435	11·5563	·3872	**6733·0**	2 21 13 19·2694
3	**0024·5**	2 47 08·4928	08·1117	·3811	**6734·0**	3 21 09 23·3600
4	**0025·5**	2 51 05·0415	04·6670	·3745	**6735·0**	4 21 05 27·4505
5	**0026·5**	2 55 01·5908	01·2224	+0·3684	**6736·0**	5 21 01 31·5410
6	**0027·5**	2 58 58·1415	57·7778	·3637	**6737·0**	6 20 57 35·6315
7	**0028·5**	3 02 54·6942	54·3331	·3610	**6738·0**	7 20 53 39·7221
8	**0029·5**	3 06 51·2490	50·8885	·3605	**6739·0**	8 20 49 43·8126
9	**0030·5**	3 10 47·8056	47·4439	·3618	**6740·0**	9 20 45 47·9031
10	**0031·5**	3 14 44·3636	43·9992	+0·3644	**6741·0**	10 20 41 51·9937
11	**0032·5**	3 18 40·9222	40·5546	·3676	**6742·0**	11 20 37 56·0842
12	**0033·5**	3 22 37·4807	37·1100	·3708	**6743·0**	12 20 34 00·1747
13	**0034·5**	3 26 34·0385	33·6653	·3732	**6744·0**	13 20 30 04·2653
14	**0035·5**	3 30 30·5950	30·2207	·3743	**6745·0**	14 20 26 08·3558
15	**0036·5**	3 34 27·1498	26·7761	+0·3737	**6746·0**	15 20 22 12·4463
16	**0037·5**	3 38 23·7029	23·3314	+0·3714	**6747·0**	16 20 18 16·5369

Date 0^h UT	Julian Date	G. SIDEREAL TIME (GHA of the Equinox) Apparent	 Mean	Equation of Equinoxes at 0^h UT	GSD at 0^h GMST	UT at 0^h GMST (Greenwich Transit of the Mean Equinox)
	245	h m s	s	s	**245**	h m s
Nov. 16	**0037·5**	3 38 23·7029	23·3314	+0·3714	**6747·0**	Nov. 16 20 18 16·5369
17	**0038·5**	3 42 20·2543	19·8868	·3675	**6748·0**	17 20 14 20·6274
18	**0039·5**	3 46 16·8048	16·4422	·3626	**6749·0**	18 20 10 24·7179
19	**0040·5**	3 50 13·3550	12·9975	·3575	**6750·0**	19 20 06 28·8085
20	**0041·5**	3 54 09·9063	09·5529	·3534	**6751·0**	20 20 02 32·8990
21	**0042·5**	3 58 06·4599	06·1083	+0·3516	**6752·0**	21 19 58 36·9895
22	**0043·5**	4 02 03·0167	02·6637	·3531	**6753·0**	22 19 54 41·0800
23	**0044·5**	4 05 59·5770	59·2190	·3580	**6754·0**	23 19 50 45·1706
24	**0045·5**	4 09 56·1400	55·7744	·3656	**6755·0**	24 19 46 49·2611
25	**0046·5**	4 13 52·7039	52·3298	·3742	**6756·0**	25 19 42 53·3516
26	**0047·5**	4 17 49·2668	48·8851	+0·3817	**6757·0**	26 19 38 57·4422
27	**0048·5**	4 21 45·8271	45·4405	·3866	**6758·0**	27 19 35 01·5327
28	**0049·5**	4 25 42·3842	41·9959	·3884	**6759·0**	28 19 31 05·6232
29	**0050·5**	4 29 38·9384	38·5512	·3872	**6760·0**	29 19 27 09·7138
30	**0051·5**	4 33 35·4906	35·1066	·3840	**6761·0**	30 19 23 13·8043
Dec. 1	**0052·5**	4 37 32·0419	31·6620	+0·3800	**6762·0**	Dec. 1 19 19 17·8948
2	**0053·5**	4 41 28·5935	28·2173	·3762	**6763·0**	2 19 15 21·9854
3	**0054·5**	4 45 25·1463	24·7727	·3736	**6764·0**	3 19 11 26·0759
4	**0055·5**	4 49 21·7009	21·3281	·3729	**6765·0**	4 19 07 30·1664
5	**0056·5**	4 53 18·2576	17·8834	·3741	**6766·0**	5 19 03 34·2569
6	**0057·5**	4 57 14·8161	14·4388	+0·3773	**6767·0**	6 18 59 38·3475
7	**0058·5**	5 01 11·3761	10·9942	·3819	**6768·0**	7 18 55 42·4380
8	**0059·5**	5 05 07·9369	07·5495	·3874	**6769·0**	8 18 51 46·5285
9	**0060·5**	5 09 04·4978	04·1049	·3929	**6770·0**	9 18 47 50·6191
10	**0061·5**	5 13 01·0580	00·6603	·3978	**6771·0**	10 18 43 54·7096
11	**0062·5**	5 16 57·6171	57·2156	+0·4014	**6772·0**	11 18 39 58·8001
12	**0063·5**	5 20 54·1745	53·7710	·4035	**6773·0**	12 18 36 02·8907
13	**0064·5**	5 24 50·7301	50·3264	·4037	**6774·0**	13 18 32 06·9812
14	**0065·5**	5 28 47·2840	46·8817	·4022	**6775·0**	14 18 28 11·0717
15	**0066·5**	5 32 43·8366	43·4371	·3995	**6776·0**	15 18 24 15·1623
16	**0067·5**	5 36 40·3886	39·9925	+0·3961	**6777·0**	16 18 20 19·2528
17	**0068·5**	5 40 36·9411	36·5478	·3933	**6778·0**	17 18 16 23·3433
18	**0069·5**	5 44 33·4952	33·1032	·3920	**6779·0**	18 18 12 27·4339
19	**0070·5**	5 48 30·0520	29·6586	·3935	**6780·0**	19 18 08 31·5244
20	**0071·5**	5 52 26·6122	26·2139	·3982	**6781·0**	20 18 04 35·6149
21	**0072·5**	5 56 23·1755	22·7693	+0·4062	**6782·0**	21 18 00 39·7054
22	**0073·5**	6 00 19·7409	19·3247	·4162	**6783·0**	22 17 56 43·7960
23	**0074·5**	6 04 16·3062	15·8801	·4261	**6784·0**	23 17 52 47·8865
24	**0075·5**	6 08 12·8695	12·4354	·4341	**6785·0**	24 17 48 51·9770
25	**0076·5**	6 12 09·4294	08·9908	·4387	**6786·0**	25 17 44 56·0676
26	**0077·5**	6 16 05·9859	05·5462	+0·4397	**6787·0**	26 17 41 00·1581
27	**0078·5**	6 20 02·5396	02·1015	·4381	**6788·0**	27 17 37 04·2486
28	**0079·5**	6 23 59·0919	58·6569	·4350	**6789·0**	28 17 33 08·3392
29	**0080·5**	6 27 55·6441	55·2123	·4318	**6790·0**	29 17 29 12·4297
30	**0081·5**	6 31 52·1972	51·7676	·4296	**6791·0**	30 17 25 16·5202
31	**0082·5**	6 35 48·7519	48·3230	+0·4289	**6792·0**	31 17 21 20·6108
32	**0083·5**	6 39 45·3085	44·8784	+0·4301	**6793·0**	32 17 17 24·7013

Purpose and arrangement

The formulae, tables and ephemerides in the remainder of this section are mainly intended to provide for the reduction of celestial coordinates (especially of right ascension and declination) from one reference system to another (especially for stars from catalogue (barycentric) place to apparent (geocentric) place) but some of the data may be used for other purposes. Formulae and numerical values are given on pages B16–B21 for the separate steps in such reductions (i.e. for proper motion, aberration, light-deflection, parallax, precession and nutation). Formulae, examples and ephemerides are given for approximate reductions using the day-number technique on pages B22–B35 and for full-precision reductions using vectors and the rotation-matrix technique on pages B36–B59. Finally, formulae and numerical values are given for the reduction from geocentric to topocentric place on pages B60 and B61. Background information is given in the Glossary and the Explanation.

Notation and units

t an epoch expressed in terms of the Julian year (see page B4); the difference between two epochs represents a time-interval expressed in Julian years; subscripts zero and one are used to indicate the epoch of a catalogue place, usually the standard epoch of J2000·0, and the epoch of the middle of a Julian year (here shortened to "epoch of year"), respectively.

τ fraction of year measured from the epoch of year; $\tau = t - t_1$.

T an interval of time expressed in Julian centuries of 36 525 days; usually measured from J2000·0, i.e. from JD 245 1545·0.

α, δ, π right ascension, declination and annual parallax; in the formulae for computation, right ascension and related quantities are expressed in time-measure ($1^h = 15°$, etc.), while declination and related quantities, including annual parallax, are expressed in sexagesimal angular measure, unless the contrary is indicated.

μ_α, μ_δ components of *centennial* proper motion in right ascension and declination.

λ, β ecliptic longitude and latitude.

Ω, i, ω orbital elements referred to the ecliptic; longitude of ascending node, inclination, argument of perihelion.

X, Y, Z rectangular coordinates of the Earth with respect to the barycentre of the solar system, referred to the mean equinox and equator of J2000·0, and expressed in astronomical units (au).

$\dot{X}, \dot{Y}, \dot{Z}$ first derivatives of X, Y, Z with respect to time expressed in days.

Approximate reduction for proper motion

In its simplest form the reduction for the proper motion is given by:

$$\alpha = \alpha_0 + (t - t_0)\mu_\alpha/100 \qquad \delta = \delta_0 + (t - t_0)\mu_\delta/100$$

In some cases it is necessary to allow also for second-order terms, radial velocity and orbital motion, but appropriate formulae are usually given in the catalogue.

Approximate reduction for annual parallax

The reduction for annual parallax from the catalogue place (α_0, δ_0) to the geocentric place (α, δ) is given by:

$$\alpha = \alpha_0 + (\pi/15 \cos\delta_0)(X \sin\alpha_0 - Y \cos\alpha_0)$$

$$\delta = \delta_0 + \pi(X \cos\alpha_0 \sin\delta_0 + Y \sin\alpha_0 \sin\delta_0 - Z \cos\delta_0)$$

where X, Y, Z are the coordinates of the Earth tabulated on pages B44 onwards. Expressions for X, Y, Z may be obtained from page C24, since $X = -x$, $Y = -y$, $Z = -z$. The correction may be applied with the correction for annual aberration using the C and D day numbers, (see page B22).

The times of reception of periodic phenomena, such as pulsar signals, may be reduced to a common origin at the barycentre by adding the light-time corresponding to the component of the Earth's position vector along the direction to the object; that is by adding to the observed times $(X \cos\alpha \cos\delta + Y \sin\alpha \cos\delta + Z \sin\delta)/c$, where the velocity of light, $c = 173{\cdot}14$ au/d, and the light time for 1 au, $1/c = 0^{d}{\cdot}005\,7755$.

Approximate reduction for annual aberration

The reduction for annual aberration from a geometric geocentric place (α_0, δ_0) to an apparent geocentric place (α, δ) is given by:

$$\alpha = \alpha_0 + (-\dot{X} \sin \alpha_0 + \dot{Y} \cos \alpha_0)/(c \cos \delta_0)$$

$$\delta = \delta_0 + (-\dot{X} \cos \alpha_0 \sin \delta_0 - \dot{Y} \sin \alpha_0 \sin \delta_0 + \dot{Z} \cos \delta_0)/c$$

where $c = 173{\cdot}14$ au/d, and $\dot{X}$, $\dot{Y}$, $\dot{Z}$ are the velocity components of the Earth given on pages B44 onwards. Alternatively, but to lower precision, it is possible to use the expressions

$$\dot{X} = +0{\cdot}0172 \sin \lambda \qquad \dot{Y} = -0{\cdot}0158 \cos \lambda \qquad \dot{Z} = -0{\cdot}0068 \cos \lambda$$

where the apparent longitude of the Sun λ is given by the expression on page C24. The reduction may also be carried out by using the day-number technique (see page B22) or the rotation-matrix technique (see page B39) when full precision is required.

Measurements of radial velocity may be reduced to a common origin at the barycentre by adding the component of the Earth's velocity in the direction of the object; that is by adding

$$\dot{X} \cos \alpha_0 \cos \delta_0 + \dot{Y} \sin \alpha_0 \cos \delta_0 + \dot{Z} \sin \delta_0$$

Classical reduction for planetary aberration

In the case of a body in the solar system the apparent direction at the instant of observation (t) differs from the geometric direction at that instant because of (a) the motion of the body during the light-time and (b) the relative motion of the Earth and the light. The reduction may be carried out in two stages: (*i*) by combining the barycentric position of the body at time $t - \Delta t$, where Δt is the light-time, with the barycentric position of the Earth at time t, and then (*ii*) by applying the correction for annual aberration as described above. Alternatively it is possible to interpolate the geometric (geocentric) ephemeris of the body to the time $t - \Delta t$; it is usually sufficient to subtract the product of the light-time and the first derivative of the coordinate. The light-time Δt in days is given by the distance in au between the body and the Earth, multiplied by 0·005 7755; strictly, the light-time corresponds to the distance from the position of the Earth at time t to the position of the body at time $t - \Delta t$, but it is usually sufficient to use the geocentric distance at time t.

Approximate reduction for light-deflection

The apparent direction of a star or of a body in the solar system may be significantly affected by the deflection of light in the gravitational field of the Sun. The elongation (E) from the centre of the Sun is increased by an amount (ΔE) that, for a star, depends on the elongation in the following manner:

$$\Delta E = 0''.004\ 07/\tan (E/2)$$

E	0°25	0°5	1°	2°	5°	10°	20°	50°	90°
ΔE	1''866	0''933	0''466	0''233	0''093	0''047	0''023	0''009	0''004

The body disappears behind the Sun when E is less than the limiting grazing value of about 0°25. The effects in right ascension and declination may be calculated approximately from:

$$\cos E = \sin \delta \sin \delta_0 + \cos \delta \cos \delta_0 \cos (\alpha - \alpha_0)$$

$$\Delta\alpha = 0^s.000\ 271 \cos \delta_0 \sin (\alpha - \alpha_0)/(1 - \cos E) \cos \delta$$

$$\Delta\delta = 0''.004\ 07[\sin \delta \cos \delta_0 \cos (\alpha - \alpha_0) - \cos \delta \sin \delta_0]/(1 - \cos E)$$

where α, δ refer to the star, and α_0, δ_0 to the Sun. See also page B39.

Reduction for precession—rigorous formulae

Rigorous formulae for the reduction of mean equatorial positions from an initial epoch t_0 to epoch of date t, and vice versa, are as follows:

For right ascension and declination:

$$\begin{aligned}
\sin(\alpha - z_A)\cos\delta &= \sin(\alpha_0 + \zeta_A)\cos\delta_0 \\
\cos(\alpha - z_A)\cos\delta &= \cos(\alpha_0 + \zeta_A)\cos\theta_A\cos\delta_0 - \sin\theta_A\sin\delta_0 \\
\sin\delta &= \cos(\alpha_0 + \zeta_A)\sin\theta_A\cos\delta_0 + \cos\theta_A\sin\delta_0 \\
\sin(\alpha_0 + \zeta_A)\cos\delta_0 &= \sin(\alpha - z_A)\cos\delta \\
\cos(\alpha_0 + \zeta_A)\cos\delta_0 &= \cos(\alpha - z_A)\cos\theta_A\cos\delta + \sin\theta_A\sin\delta \\
\sin\delta_0 &= -\cos(\alpha - z_A)\sin\theta_A\cos\delta + \cos\theta_A\sin\delta
\end{aligned}$$

where ζ_A, z_A, θ_A are angles that serve to specify the position of the mean equinox and equator of date with respect to the mean equinox and equator of the initial epoch.

For reduction with respect to the standard epoch t_0 = J2000·0

$$\begin{aligned}
\zeta_A &= 0^\circ\!.640\,6161\,T + 0^\circ\!.000\,0839\,T^2 + 0^\circ\!.000\,0050\,T^3 \\
z_A &= 0^\circ\!.640\,6161\,T + 0^\circ\!.000\,3041\,T^2 + 0^\circ\!.000\,0051\,T^3 \\
\theta_A &= 0^\circ\!.556\,7530\,T - 0^\circ\!.000\,1185\,T^2 - 0^\circ\!.000\,0116\,T^3
\end{aligned}$$

where $T = (t - 2000{\cdot}0)/100 = (\text{JD} - 245\,1545{\cdot}0)/36\,525$

For equatorial rectangular coordinates (or direction cosines):

$\mathbf{r} = \mathbf{P}\,\mathbf{r}_0$ $\qquad \mathbf{r}_0 = \mathbf{P}^{-1}\,\mathbf{r} = \mathbf{P}'\mathbf{r}$ $\qquad$ where $\mathbf{r}$ is the position vector (x, y, z).

The inverse of the rotation matrix $\mathbf{P}$ is equal to its transpose, i.e. $\mathbf{P}^{-1} = \mathbf{P}'$. The elements of $\mathbf{P}$ may be expressed in terms of ζ_A, z_A, θ_A as follows:

$$\begin{matrix}
\cos\zeta_A\cos\theta_A\cos z_A - \sin\zeta_A\sin z_A & -\sin\zeta_A\cos\theta_A\cos z_A - \cos\zeta_A\sin z_A & -\sin\theta_A\cos z_A \\
\cos\zeta_A\cos\theta_A\sin z_A + \sin\zeta_A\cos z_A & -\sin\zeta_A\cos\theta_A\sin z_A + \cos\zeta_A\cos z_A & -\sin\theta_A\sin z_A \\
\cos\zeta_A\sin\theta_A & -\sin\zeta_A\sin\theta_A & \cos\theta_A
\end{matrix}$$

Values of the angles ζ_A, z_A, θ_A and of the elements of $\mathbf{P}$ for reduction from the standard epoch J2000·0 to epoch of year are as follows:

Epoch J1995·5	Rotation matrix P for reduction to epoch J1995·5		
$\zeta_A = -103''\!.78 = -0^\circ\!.028\,828$	+0·999 999 40	+0·001 006 26	+0·000 437 28
$z_A = -103''\!.78 = -0^\circ\!.028\,827$	−0·001 006 26	+0·999 999 49	−0·000 000 22
$\theta_A = -90''\!.19 = -0^\circ\!.025\,054$	−0·000 437 28	−0·000 000 22	+0·999 999 90

The obliquity of the ecliptic of date (with respect to the mean equator of date) is given by:

$$\begin{aligned}
\varepsilon &= 23^\circ\,26'\,21''\!.45 - 46''\!.815\,T - 0''\!.0006\,T^2 + 0''\!.001\,81\,T^3 \\
\varepsilon &= 23^\circ\!.439\,291 - 0^\circ\!.013\,0042\,T - 0^\circ\!.000\,000\,16\,T^2 + 0^\circ\!.000\,000\,504\,T^3
\end{aligned}$$

The precessional motion of the ecliptic is specified by the inclination (π_A) and longitude of the node (Π_A) of the ecliptic of date with respect to the ecliptic and equinox of J2000·0; they are given by:

$$\begin{aligned}
\pi_A\sin\Pi_A &= +\;4''\!.198\,T + 0''\!.1945\,T^2 - 0''\!.000\,18\,T^3 \\
\pi_A\cos\Pi_A &= -46''\!.815\,T + 0''\!.0506\,T^2 + 0''\!.000\,34\,T^3
\end{aligned}$$

For epoch J1995·5

$$\begin{aligned}
\varepsilon &= 23^\circ\,26'\,23''\!.55 = 23^\circ\!.439\,876 \\
\pi_A &= -2''\!.115 = -0^\circ\!.000\,5876 \\
\Pi_A &= 174^\circ\,53'\!.2 = 174^\circ\!.887
\end{aligned}$$

Reduction for precession—approximate formulae

Approximate formulae for the reduction of coordinates and orbital elements referred to the mean equinox and equator or ecliptic of date (t) are as follows:

For reduction to J2000·0	For reduction from J2000·0
$\alpha_0 = \alpha - M - N \sin \alpha_m \tan \delta_m$	$\alpha = \alpha_0 + M + N \sin \alpha_m \tan \delta_m$
$\delta_0 = \delta - N \cos \alpha_m$	$\delta = \delta_0 + N \cos \alpha_m$
$\lambda_0 = \lambda - a + b \cos (\lambda + c') \tan \beta_0$	$\lambda = \lambda_0 + a - b \cos (\lambda_0 + c) \tan \beta$
$\beta_0 = \beta - b \sin (\lambda + c')$	$\beta = \beta_0 + b \sin (\lambda_0 + c)$
$\Omega_0 = \Omega - a + b \sin (\Omega + c') \cot i_0$	$\Omega = \Omega_0 + a - b \sin (\Omega_0 + c) \cot i$
$i_0 = i - b \cos (\Omega + c')$	$i = i_0 + b \cos (\Omega_0 + c)$
$\omega_0 = \omega - b \sin (\Omega + c') \operatorname{cosec} i_0$	$\omega = \omega_0 + b \sin (\Omega_0 + c) \operatorname{cosec} i$

where the subscript zero refers to epoch J2000·0 and α_m, δ_m refer to the mean epoch; with sufficient accuracy:

$$\alpha_m = \alpha - \tfrac{1}{2}(M + N \sin \alpha \tan \delta)$$
$$\delta_m = \delta - \tfrac{1}{2} N \cos \alpha_m$$

or

$$\alpha_m = \alpha_0 + \tfrac{1}{2}(M + N \sin \alpha_0 \tan \delta_0)$$
$$\delta_m = \delta_0 + \tfrac{1}{2} N \cos \alpha_m$$

The precessional constants M, N, etc., are given by:

$$M = 1^\circ\!.281\,2323\, T + 0^\circ\!.000\,3879\, T^2 + 0^\circ\!.000\,0101\, T^3$$
$$N = 0^\circ\!.556\,7530\, T - 0^\circ\!.000\,1185\, T^2 - 0^\circ\!.000\,0116\, T^3$$
$$a = 1^\circ\!.396\,971\, T + 0^\circ\!.000\,3086\, T^2$$
$$b = 0^\circ\!.013\,056\, T - 0^\circ\!.000\,0092\, T^2$$
$$c = 5^\circ\!.123\,62 + 0^\circ\!.241\,614\, T + 0^\circ\!.000\,1122\, T^2$$
$$c' = 5^\circ\!.123\,62 - 1^\circ\!.155\,358\, T - 0^\circ\!.000\,1964\, T^2$$

where $T = (t - 2000{\cdot}0)/100 = (\text{JD} - 245\,1545{\cdot}0)/36\,525$

Formulae for the reduction from the mean equinox and equator or ecliptic of the middle of year (t_1) to date (t) are as follows:

$\alpha = \alpha_1 + \tau(m + n \sin \alpha_1 \tan \delta_1)$	$\delta = \delta_1 + \tau n \cos \alpha_1$
$\lambda = \lambda_1 + \tau(p - \pi \cos (\lambda_1 + 6^\circ) \tan \beta)$	$\beta = \beta_1 + \tau \pi \sin (\lambda_1 + 6^\circ)$
$\Omega = \Omega_1 + \tau(p - \pi \sin (\Omega_1 + 6^\circ) \cot i)$	$i = i_1 + \tau \pi \cos (\Omega_1 + 6^\circ)$
$\omega = \omega_1 + \tau \pi \sin (\Omega_1 + 6^\circ) \operatorname{cosec} i$	

where $\tau = t - t_1$ and π is the annual rate of rotation of the ecliptic. The precessional constants p, m, etc. are as follows:

	Epoch J1995·5
Annual general precession	$p = +0^\circ\!.013\,9694$
Annual precession in R.A.	$m = +0^\circ\!.012\,8120$
Annual precession in Dec.	$n = +0^\circ\!.005\,5676$
Annual rate of rotation	$\pi = +0^\circ\!.000\,1306$
Longitude of axis	$\Pi = +174^\circ\!.8353$
$\gamma = 180^\circ - \Pi$	$= +5^\circ\!.1647$

where Π is the longitude of the instantaneous rotation axis of the ecliptic, measured from the mean equinox of date.

Approximate reduction for nutation

To first order, the contributions of the nutations in longitude ($\Delta\psi$) and in obliquity ($\Delta\varepsilon$) to the reduction from mean place to true place are given by:

$$\Delta\alpha = (\cos\varepsilon + \sin\varepsilon \sin\alpha \tan\delta)\,\Delta\psi - \cos\alpha \tan\delta\,\Delta\varepsilon \qquad \Delta\lambda = \Delta\psi$$
$$\Delta\delta = \sin\varepsilon \cos\alpha\,\Delta\psi + \sin\alpha\,\Delta\varepsilon \qquad \Delta\beta = 0$$

Daily values of $\Delta\psi$ and $\Delta\varepsilon$ during 1995 are tabulated on pages B24–B31. The following formulae may be used to compute $\Delta\psi$ and $\Delta\varepsilon$ to a precision of about 0°0002 (1″) during 1995.

$$\Delta\psi = -\,0^\circ\!.0048 \sin(221^\circ\!.8 - 0{\cdot}053\,d) - 0^\circ\!.0004 \sin(198^\circ\!.4 + 1{\cdot}971\,d)$$
$$\Delta\varepsilon = +\,0^\circ\!.0026 \cos(221^\circ\!.8 - 0{\cdot}053\,d) + 0^\circ\!.0002 \cos(198^\circ\!.4 + 1{\cdot}971\,d)$$

where d = JD − 244 9717·5; for this precision

$$\varepsilon = 23^\circ\!.44 \qquad \cos\varepsilon = 0{\cdot}917 \qquad \sin\varepsilon = 0{\cdot}398$$

The corrections to be added to the mean rectangular coordinates (x, y, z) to produce the true rectangular coordinates are given by:

$$\Delta x = -(y\cos\varepsilon + z\sin\varepsilon)\,\Delta\psi \qquad \Delta y = +x\cos\varepsilon\,\Delta\psi - z\,\Delta\varepsilon \qquad \Delta z = +x\sin\varepsilon\,\Delta\psi + y\,\Delta\varepsilon$$

where $\Delta\psi$ and $\Delta\varepsilon$ are expressed in radians.

The elements of the corresponding rotation matrix are:

$$\begin{matrix} 1 & -\Delta\psi\cos\varepsilon & -\Delta\psi\sin\varepsilon \\ +\Delta\psi\cos\varepsilon & 1 & -\Delta\varepsilon \\ +\Delta\psi\sin\varepsilon & +\Delta\varepsilon & 1 \end{matrix}$$

The full series for nutation in $\Delta\psi$ and $\Delta\varepsilon$ are given in *The Astronomical Almanac 1984* on pages S23–S26.

Approximate reduction for precession and nutation

The following formulae and table may be used for the approximate reduction from the standard equinox and equator of J2000·0 to the true equinox and equator of date during 1995:

$$\alpha = \alpha_0 + f + g\sin(G + \alpha_0)\tan\delta_0$$
$$\delta = \delta_0 + g\cos(G + \alpha_0)$$

where the units of the correction to α_0 and δ_0 are seconds of time and minutes of arc, respectively.

Date 1995	f (s)	g (s)	g (′)	G (h m)	Date 1995	f (s)	g (s)	g (′)	G (h m)
Jan. −7	−14·7	6·4	1·60	11 42	**July 2**	−13·2	5·8	1·45	11 38
3*	14·6	6·4	1·59	11 42	**12**	13·1	5·7	1·43	11 37
13	14·5	6·3	1·58	11 42	**22***	13·1	5·7	1·43	11 38
23	14·4	6·3	1·57	11 42	**Aug. 1**	13·0	5·7	1·42	11 38
Feb. 2	14·3	6·2	1·56	11 43	**11**	12·9	5·6	1·41	11 38
12*	−14·3	6·2	1·55	11 43	**21**	−12·8	5·6	1·40	11 38
22	14·2	6·2	1·55	11 43	**31***	12·8	5·6	1·39	11 39
Mar. 4	14·1	6·2	1·54	11 43	**Sept. 10**	12·7	5·5	1·39	11 39
14	14·1	6·1	1·53	11 43	**20**	12·7	5·5	1·38	11 39
24*	14·0	6·1	1·53	11 43	**30**	12·6	5·5	1·38	11 38
Apr. 3	−14·0	6·1	1·52	11 43	**Oct. 10*†**	−12·6	5·5	1·37	11 38
13	13·9	6·1	1·52	11 42	**20**	12·5	5·5	1·37	11 38
23	13·9	6·0	1·51	11 42	**30**	12·4	5·4	1·36	11 37
May 3*	13·8	6·0	1·51	11 41	**Nov. 9**	12·4	5·4	1·35	11 36
13	13·7	6·0	1·50	11 40	**19***	12·3	5·4	1·34	11 36
23	−13·6	5·9	1·49	11 40	**29**	−12·2	5·3	1·33	11 35
June 2	13·5	5·9	1·48	11 39	**Dec. 9**	12·1	5·3	1·32	11 34
12*	13·5	5·9	1·47	11 38	**19**	12·0	5·3	1·31	11 33
22	13·4	5·8	1·46	11 38	**29***	11·9	5·2	1·30	11 33
July 2	13·2	5·8	1·45	11 38	**39**	11·8	5·2	1·29	11 33

* 40-day date † 400-day date for osculation epoch

Differential precession and nutation

The corrections for differential precession and nutation are given below. These are to be added to the observed differences of the right ascension and declination, $\Delta\alpha$ and $\Delta\delta$, of an object relative to a comparison star to obtain the differences in the mean place for a standard epoch (e.g. J2000·0 or the beginning of the year). The differences $\Delta\alpha$ and $\Delta\delta$ are measured in the sense "object – comparison star", and the corrections are in the same units as $\Delta\alpha$ and $\Delta\delta$. In the correction to right ascension the same units must be used for $\Delta\alpha$ and $\Delta\delta$.

correction to right ascension	$e \tan\delta\, \Delta\alpha - f \sec^2\delta\, \Delta\delta$
correction to declination	$f\, \Delta\alpha$

where $e = -\cos\alpha\,(nt + \sin\varepsilon\,\Delta\psi) - \sin\alpha\,\Delta\varepsilon$

$f = +\sin\alpha\,(nt + \sin\varepsilon\,\Delta\psi) - \cos\alpha\,\Delta\varepsilon$

and $\varepsilon = 23^\circ\!.44$, $\sin\varepsilon = 0{\cdot}3978$

$n = 0{\cdot}000\,0972$ radians for epoch J1995·5

t is the time in years *from* the standard epoch *to* the time of observation.

$\Delta\psi$, $\Delta\varepsilon$ are nutations in longitude and obliquity at the time of observation, *expressed in radians.* ($1'' = 0{\cdot}000\,004\,8481$ rad).

The errors in arc units caused by using these formulae are of order $10^{-8}\,t^2 \sec^2\delta$ multiplied by the displacement in arc from the comparison star.

Differential aberration

The corrections for differential annual aberration to be added to the observed differences (in the sense moving object minus star) of right ascension and declination to give the true differences are:

in right ascension	$a\,\Delta\alpha + b\,\Delta\delta$	in units of $0^{s}\!.001$
in declination	$c\,\Delta\alpha + d\,\Delta\delta$	in units of $0''\!.01$

where $\Delta\alpha$, $\Delta\delta$ are the observed differences in units of 1^{m} and $1'$ respectively, and where a, b, c, d are coefficients defined by:

$a = -5{\cdot}701 \cos(H + \alpha) \sec\delta$ $b = -0{\cdot}380 \sin(H + \alpha) \sec\delta \tan\delta$

$c = +8{\cdot}552 \sin(H + \alpha) \sin\delta$ $d = -0{\cdot}570 \cos(H + \alpha) \cos\delta$

$H^{h} = 23{\cdot}4 - (\text{day of year}/15{\cdot}2)$

The day of year is tabulated on pages B2–B3.

Astrometric positions

An astrometric position of a body in the solar system is formed by applying the correction for the barycentric motion of the body during the light-time to the geometric geocentric position referred to the equator and equinox of the standard epoch of J2000·0. Such a position is then directly comparable with the astrometric positions of stars formed by applying the corrections for proper motion and annual parallax to the catalogue positions for the standard epoch of J2000·0. The deflection of light has been ignored.

Formulae using day numbers

For stars and other objects outside the solar system the usual procedure for the computation of apparent positions from catalogue data is as follows, but the techniques described on pages B39–B41 should be used if full precision is required.

From	To	Step	Correction
catalogue epoch	current epoch	*i*	proper motion
catalogue equinox	mean equinox of year	*ii*	precession
mean equinox of year	mean equinox of date	*iii*	precession
mean equinox of date	true equinox of date	*iv*	nutation
true (heliocentric) position	apparent (geocentric) position	*v*	aberration (annual)
		vi	parallax (annual)

Star catalogues usually provide coefficients for steps *i* and *ii* for the reduction from catalogue position (α_0, δ_0) to the position for the mean equinox of another epoch. Besselian day numbers (*A* to *E*), which provide for steps *iii* to *v* for the reductions from the position (α_1, δ_1) for the mean equinox of the middle of the year to the apparent geocentric position (α, δ), are given on pages B24–B31; for high declinations, the second-order day numbers (J, J') given on pages B32–B35 may be required. The formulae to be used are:

$$\alpha = \alpha_1 + Aa + Bb + Cc + Dd + E + J\tan^2\delta_1$$
$$\delta = \delta_1 + Aa' + Bb' + Cc' + Dd' + J'\tan\delta_1$$

where the Besselian star constants are given by:

$$a = (m/n) + \sin\alpha_1 \tan\delta_1 \qquad a' = \cos\alpha_1$$
$$b = \cos\alpha_1 \tan\delta_1 \qquad b' = -\sin\alpha_1$$
$$c = \cos\alpha_1 \sec\delta_1 \qquad c' = \tan\varepsilon\cos\delta_1 - \sin\alpha_1 \sin\delta_1$$
$$d = \sin\alpha_1 \sec\delta_1 \qquad d' = \cos\alpha_1 \sin\delta_1$$

where α and δ are in arc units. For 1995·5, $m/n = 2{\cdot}301\,15$ and $\tan\varepsilon = 0{\cdot}433\,57$.

The additional corrections for the proper motion (centennial components μ_α, μ_δ) during the fraction of year (τ) and for annual parallax (π) are given by:

$$\Delta\alpha = \tau\mu_\alpha/100 + \pi\,(dX - cY) \qquad \Delta\delta = \tau\mu_\delta/100 + \pi\,(d'X - c'Y)$$

where *X*, *Y* are the coordinates of the Earth with respect to the solar-system barycentre given on pages B44–B59. Strictly, this parallax correction should be computed using the coordinates of the Earth referred to the mean equinox of the middle of the year, or using star constants computed for the standard epoch of J2000·0.

The corrections for annual parallax may be included with the corrections for annual aberration by substituting $C - \pi Y$ for C and $D + \pi X$ for D in the formulae given above. Alternatively if the annual parallax is small enough it is possible to make the substitutions

$$c + 0{\cdot}0532\,d\pi \text{ for } c \qquad d - 0{\cdot}0448\,c\pi \text{ for } d$$
$$c' + 0{\cdot}0532\,d'\pi \text{ for } c' \qquad d' - 0{\cdot}0448\,c'\pi \text{ for } d'$$

The error in this approximate method is negligible if the parallax of the star is less than about 0″2.

A further correction to allow for the deflection of the light in the gravitational field of the Sun may also be required—appropriate formulae are given on page B17.

The day-number technique may also be used for objects within the solar system but steps *i* and *vi* are omitted and step *v* is replaced by forming the geocentric position by combining the barycentric position of the body at time $t - \Delta t$, where Δt is the light-time, with the barycentric position of the Earth at time t.

Example of day-number technique

To calculate the apparent place of a star at 0^h TDT at Greenwich on 1995 January 1 from the mean place for J1995·5 using day numbers.

Step 1. From a fundamental star catalogue, such as the FK5, calculate for epoch and equinox J1995·5 the mean right ascension and declination (α_1, δ_1), the centennial proper motion (μ_α, μ_δ) and the parallax (π).

Assume the following fictitious values for the calculation:

$$\alpha_1 = 14^h\ 39^m\ 17^s\!.573 \qquad \delta_1 = -60°\ 49'\ 01''\!.04 \qquad \pi = 0''\!.752$$
$$\mu_\alpha = -49^s\!.446 \text{ per century} \qquad \mu_\delta = +69''\!.75 \text{ per century}$$

Step 2. Form the star constants as follows:

$$a = \tfrac{1}{15}((m/n) + \sin\alpha_1 \tan\delta_1) = +0{\cdot}229\ 86 \qquad a' = \cos\alpha_1 = -0{\cdot}768\ 02$$
$$b = \tfrac{1}{15}\cos\alpha_1 \tan\delta_1 = +0{\cdot}091\ 68 \qquad b' = -\sin\alpha_1 = +0{\cdot}640\ 42$$
$$c = \tfrac{1}{15}\cos\alpha_1 \sec\delta_1 = -0{\cdot}105\ 01 \qquad c' = \tan\varepsilon\cos\delta_1 - \sin\alpha_1\sin\delta_1 = -0{\cdot}347\ 72$$
$$d = \tfrac{1}{15}\sin\alpha_1 \sec\delta_1 = -0{\cdot}087\ 56 \qquad d' = \cos\alpha_1 \sin\delta_1 = +0{\cdot}670\ 54$$

Step 3. Extract the day numbers from pages B24, B34 and B35. In general, linear interpolation is required and second differences may be significant for A and B. The values for 1995 January 1 at 0^h TDT are:

$$A = -5''\!.185 \qquad C = -3''\!.365 \qquad E = +0^s\!.0017 \qquad J = +0^s\!.000\ 07$$
$$B = +7''\!.519 \qquad D = +20''\!.529 \qquad \tau = -0{\cdot}5007 \qquad J' = -0''\!.0002$$

Step 4. Extract the values of the Earth's rectangular coordinates from page B44 (the values for J2000·0 are of sufficient accuracy for computing the parallax correction). The values are:

$$X = -0{\cdot}174 \qquad Y = +0{\cdot}895$$

Step 5. Calculate the corrections for light-deflection, $\Delta\alpha$ and $\Delta\delta$.

For the Sun for 1995 January 1 at 0^h TDT, $\alpha_0 = 18^h\ 43^m\!.9$, $\delta_0 = -23°\ 03'$. Using the formulae on page B17, cos (elongation) = +0·5584 and the corrections for light-deflection are $\Delta\alpha = -0^s\!.001$ and $\Delta\delta = 0''\!.00$.

Step 6. Compute the apparent position as follows:

Mean position 1995·5, α_1	$= 14^h\ 39^m\ 17^s\!.573$	δ_1	$= -60°\ 49'\ 01''\!.04$
$Aa + Bb + Cc + Dd + E$	$= -1^s\!.945$	$Aa' + Bb' + Cc' + Dd'$	$= +23''\!.73$
$J \tan^2\delta_1$	$= 0^s\!.000$	$J' \tan\delta_1$	$= 0''\!.00$
$\tau\mu_\alpha/100$	$= +0^s\!.248$	$\tau\mu_\delta/100$	$= -\ 0''\!.35$
$\pi(dX - cY)$	$= +0^s\!.082$	$\pi(d'X - c'Y)$	$= +\ 0''\!.15$
$\Delta\alpha$	$= -0^s\!.001$	$\Delta\delta$	$= 0''\!.00$
Apparent position	$\alpha = 14^h\ 39^m\ 15^s\!.957$		$\delta = -60°\ 48'\ 37''\!.51$

FOR 0ʰ DYNAMICAL TIME

Date		Nutation in Long.	Nutation in Obl.	Obl. of Ecliptic	Besselian Day Numbers for Mean Equinox J1995·5 *A*	*B*	*C*	*D*	*E*	Fraction of Year τ
0ʰ TDT				23° 26′						
		″	″	″	″	″	″	″	(0ˢ0001)	
Jan.	**0**	+12·028	−7·520	16·270	− 5·306	+7·520	− 3·033	+20·590	+17	−0·5034
	1	12·195	7·519	16·270	5·185	7·519	3·365	20·529	17	·5007
	2	12·342	7·494	16·294	5·071	7·494	3·696	20·462	17	·4979
	3	12·443	7·453	16·334	4·976	7·453	4·026	20·387	18	·4952
	4	12·489	7·407	16·378	4·903	7·407	4·354	20·306	18	·4925
	5	+12·482	−7·367	16·417	− 4·851	+7·367	− 4·680	+20·218	+18	−0·4897
	6	12·440	7·340	16·443	4·813	7·340	5·004	20·124	18	·4870
	7	12·381	7·329	16·453	4·781	7·329	5·327	20·023	17	·4843
	8	12·323	7·333	16·447	4·750	7·333	5·647	19·917	17	·4815
	9	12·280	7·349	16·430	4·712	7·349	5·965	19·804	17	·4788
	10	+12·263	−7·372	16·406	− 4·664	+7·372	− 6·281	+19·685	+17	−0·4760
	11	12·275	7·396	16·380	4·604	7·396	6·595	19·560	17	·4733
	12	12·317	7·418	16·357	4·532	7·418	6·906	19·430	17	·4706
	13	12·385	7·432	16·342	4·450	7·432	7·215	19·293	17	·4678
	14	12·471	7·433	16·339	4·361	7·433	7·521	19·151	18	·4651
	15	+12·563	−7·421	16·350	− 4·270	+7·421	− 7·825	+19·004	+18	−0·4624
	16	12·648	7·394	16·376	4·181	7·394	8·127	18·851	18	·4596
	17	12·713	7·355	16·414	4·101	7·355	8·426	18·693	18	·4569
	18	12·745	7·308	16·459	4·033	7·308	8·723	18·529	18	·4541
	19	12·740	7·260	16·506	3·980	7·260	9·017	18·360	18	·4514
	20	+12·699	−7·219	16·546	− 3·941	+7·219	− 9·308	+18·185	+18	−0·4487
	21	12·630	7·191	16·573	3·914	7·191	9·597	18·005	18	·4459
	22	12·550	7·180	16·582	3·891	7·180	9·883	17·820	18	·4432
	23	12·480	7·187	16·574	3·864	7·187	10·167	17·629	18	·4405
	24	12·440	7·210	16·550	3·825	7·210	10·447	17·433	18	·4377
	25	+12·446	−7·239	16·519	− 3·768	+7·239	−10·725	+17·231	+18	−0·4350
	26	12·502	7·267	16·490	3·690	7·267	11·000	17·023	18	·4322
	27	12·601	7·281	16·475	3·596	7·281	11·271	16·810	18	·4295
	28	12·723	7·275	16·479	3·493	7·275	11·539	16·591	18	·4268
	29	12·840	7·247	16·507	3·391	7·247	11·804	16·367	18	·4240
	30	+12·925	−7·200	16·552	− 3·303	+7·200	−12·064	+16·137	+18	−0·4213
	31	12·958	7·144	16·607	3·235	7·144	12·321	15·901	18	·4185
Feb.	**1**	12·937	7·089	16·661	3·188	7·089	12·573	15·661	18	·4158
	2	12·871	7·044	16·704	3·159	7·044	12·821	15·415	18	·4131
	3	12·779	7·015	16·731	3·141	7·015	13·064	15·165	18	·4103
	4	+12·679	−7·004	16·742	− 3·126	+7·004	−13·303	+14·910	+18	−0·4076
	5	12·589	7·007	16·738	3·107	7·007	13·537	14·651	18	·4049
	6	12·522	7·020	16·723	3·079	7·020	13·767	14·387	18	·4021
	7	12·483	7·037	16·705	3·040	7·037	13·992	14·120	18	·3994
	8	12·474	7·053	16·687	2·988	7·053	14·212	13·848	18	·3966
	9	+12·491	−7·063	16·676	− 2·926	+7·063	−14·427	+13·573	+18	−0·3939
	10	12·529	7·064	16·674	2·857	7·064	14·638	13·294	18	·3912
	11	12·576	7·051	16·685	2·783	7·051	14·844	13·011	18	·3884
	12	12·620	7·025	16·710	2·711	7·025	15·045	12·725	18	·3857
	13	12·649	6·986	16·748	2·644	6·986	15·242	12·435	18	·3830
	14	+12·650	−6·938	16·794	− 2·589	+6·938	−15·434	+12·143	+18	−0·3802
	15	+12·615	−6·887	16·844	− 2·548	+6·887	−15·621	+11·847	+18	−0·3775

FOR 0h DYNAMICAL TIME

Date 0h TDT		Nutation in Long.	Nutation in Obl.	Obl. of Ecliptic 23° 26′	Besselian Day Numbers for Mean Equinox J1995·5 A	B	C	D	E	Fraction of Year τ
		″	″	″	″	″	″	″	(0s.0001)	
Feb.	15	+12·615	−6·887	16·844	− 2·548	+6·887	−15·621	+11·847	+18	−0·3775
	16	12·540	6·841	16·889	2·523	6·841	15·804	11·547	18	·3747
	17	12·434	6·807	16·922	2·510	6·807	15·982	11·245	18	·3720
	18	12·311	6·790	16·937	2·504	6·790	16·156	10·940	17	·3693
	19	12·192	6·794	16·932	2·497	6·794	16·325	10·631	17	·3665
	20	+12·099	−6·814	16·911	− 2·479	+6·814	−16·489	+10·320	+17	−0·3638
	21	12·048	6·844	16·880	2·444	6·844	16·648	10·005	17	·3611
	22	12·046	6·874	16·848	2·390	6·874	16·803	9·687	17	·3583
	23	12·088	6·895	16·826	2·319	6·895	16·953	9·366	17	·3556
	24	12·154	6·898	16·822	2·237	6·898	17·098	9·041	17	·3528
	25	+12·223	−6·880	16·839	− 2·155	+6·880	−17·237	+ 8·714	+17	−0·3501
	26	12·269	6·844	16·873	2·082	6·844	17·371	8·384	17	·3474
	27	12·273	6·797	16·919	2·026	6·797	17·499	8·051	17	·3446
	28	12·226	6·749	16·966	1·989	6·749	17·622	7·715	17	·3419
Mar.	1	12·134	6·707	17·006	1·971	6·707	17·739	7·377	17	·3392
	2	+12·009	−6·680	17·032	− 1·966	+6·680	−17·850	+ 7·037	+17	−0·3364
	3	11·870	6·670	17·041	1·966	6·670	17·955	6·695	17	·3337
	4	11·735	6·676	17·034	1·965	6·676	18·054	6·351	17	·3309
	5	11·620	6·695	17·013	1·956	6·695	18·147	6·006	16	·3282
	6	11·532	6·722	16·986	1·936	6·722	18·234	5·659	16	·3255
	7	+11·476	−6·749	16·956	− 1·903	+6·749	−18·316	+ 5·311	+16	−0·3227
	8	11·449	6·773	16·932	1·859	6·773	18·391	4·962	16	·3200
	9	11·444	6·788	16·915	1·806	6·788	18·461	4·612	16	·3172
	10	11·453	6·792	16·910	1·748	6·792	18·525	4·261	16	·3145
	11	11·465	6·784	16·917	1·689	6·784	18·583	3·910	16	·3118
	12	+11·466	−6·763	16·937	− 1·633	+6·763	−18·636	+ 3·558	+16	−0·3090
	13	11·447	6·732	16·966	1·586	6·732	18·683	3·206	16	·3063
	14	11·395	6·696	17·001	1·551	6·696	18·725	2·853	16	·3036
	15	11·307	6·661	17·035	1·532	6·661	18·761	2·501	16	·3008
	16	11·185	6·636	17·058	1·525	6·636	18·792	2·148	16	·2981
	17	+11·040	−6·628	17·065	− 1·528	+6·628	−18·817	+ 1·794	+16	−0·2953
	18	10·892	6·640	17·051	1·532	6·640	18·838	1·441	15	·2926
	19	10·765	6·673	17·018	1·528	6·673	18·853	1·088	15	·2899
	20	10·681	6·718	16·971	1·506	6·718	18·863	0·734	15	·2871
	21	10·649	6·767	16·921	1·464	6·767	18·868	0·380	15	·2844
	22	+10·664	−6·807	16·879	− 1·403	+6·807	−18·867	+ 0·026	+15	−0·2817
	23	10·710	6·832	16·853	1·330	6·832	18·861	− 0·328	15	·2789
	24	10·762	6·836	16·848	1·255	6·836	18·849	0·683	15	·2762
	25	10·797	6·822	16·861	1·186	6·822	18·832	1·037	15	·2734
	26	10·794	6·795	16·886	1·132	6·795	18·809	1·392	15	·2707
	27	+10·745	−6·765	16·916	− 1·097	+6·765	−18·780	− 1·746	+15	−0·2680
	28	10·652	6·739	16·940	1·079	6·739	18·745	2·099	15	·2652
	29	10·525	6·726	16·952	1·074	6·726	18·705	2·452	15	·2625
	30	10·381	6·729	16·948	1·077	6·729	18·658	2·804	15	·2598
	31	10·236	6·748	16·927	1·080	6·748	18·605	3·154	14	·2570
Apr.	1	+10·108	−6·781	16·893	− 1·076	+6·781	−18·547	− 3·503	+14	−0·2543
	2	+10·006	−6·823	16·849	− 1·061	+6·823	−18·483	− 3·851	+14	−0·2515

FOR 0ʰ DYNAMICAL TIME

Date 0ʰ TDT		Nutation in Long.	Nutation in Obl.	Obl. of Ecliptic 23° 26′	Besselian Day Numbers for Mean Equinox J1995·5 A	B	C	D	E	Fraction of Year τ
		″	″	″	″	″	″	″	(0ˢ.0001)	
Apr.	**1**	+10·108	−6·781	16·893	− 1·076	+6·781	−18·547	− 3·503	+14	−0·2543
	2	10·006	6·823	16·849	1·061	6·823	18·483	3·851	14	·2515
	3	9·937	6·869	16·802	1·034	6·869	18·413	4·197	14	·2488
	4	9·900	6·913	16·757	0·994	6·913	18·337	4·542	14	·2461
	5	9·888	6·949	16·719	0·944	6·949	18·256	4·884	14	·2433
	6	+ 9·894	−6·975	16·692	− 0·886	+6·975	−18·170	− 5·224	+14	−0·2406
	7	9·907	6·988	16·678	0·826	6·988	18·078	5·562	14	·2379
	8	9·916	6·989	16·675	0·768	6·989	17·980	5·898	14	·2351
	9	9·908	6·980	16·683	0·716	6·980	17·878	6·231	14	·2324
	10	9·874	6·964	16·698	0·675	6·964	17·771	6·562	14	·2296
	11	+ 9·808	−6·946	16·714	− 0·646	+6·946	−17·658	− 6·891	+14	−0·2269
	12	9·709	6·935	16·725	0·631	6·935	17·541	7·216	14	·2242
	13	9·583	6·936	16·723	0·626	6·936	17·419	7·539	14	·2214
	14	9·446	6·956	16·701	0·626	6·956	17·293	7·860	13	·2187
	15	9·323	6·998	16·657	0·620	6·998	17·162	8·178	13	·2159
	16	+ 9·237	−7·057	16·597	− 0·599	+7·057	−17·027	− 8·493	+13	−0·2132
	17	9·205	7·124	16·529	0·557	7·124	16·887	8·806	13	·2105
	18	9·230	7·186	16·466	0·492	7·186	16·743	9·116	13	·2077
	19	9·297	7·233	16·418	0·411	7·233	16·594	9·424	13	·2050
	20	9·378	7·258	16·391	0·323	7·258	16·441	9·729	13	·2023
	21	+ 9·446	−7·262	16·386	− 0·242	+7·262	−16·283	−10·032	+13	−0·1995
	22	9·479	7·252	16·395	0·174	7·252	16·120	10·333	13	·1968
	23	9·466	7·235	16·411	0·124	7·235	15·953	10·630	13	·1940
	24	9·407	7·221	16·423	0·093	7·221	15·781	10·924	13	·1913
	25	9·312	7·218	16·425	0·075	7·218	15·603	11·216	13	·1886
	26	+ 9·197	−7·229	16·412	− 0·066	+7·229	−15·421	−11·503	+13	−0·1858
	27	9·079	7·257	16·384	0·058	7·257	15·235	11·788	13	·1831
	28	8·974	7·298	16·341	0·045	7·298	15·043	12·068	13	·1804
	29	8·894	7·350	16·288	− 0·022	7·350	14·847	12·345	13	·1776
	30	8·845	7·405	16·231	+ 0·013	7·405	14·647	12·617	12	·1749
May	**1**	+ 8·829	−7·460	16·175	+ 0·062	+7·460	−14·442	−12·886	+12	−0·1721
	2	8·842	7·509	16·125	0·122	7·509	14·233	13·150	12	·1694
	3	8·876	7·547	16·086	0·190	7·547	14·020	13·410	13	·1667
	4	8·921	7·573	16·059	0·263	7·573	13·803	13·666	13	·1639
	5	8·964	7·585	16·045	0·335	7·585	13·582	13·917	13	·1612
	6	+ 8·994	−7·587	16·042	+ 0·402	+7·587	−13·357	−14·163	+13	−0·1585
	7	9·002	7·580	16·047	0·460	7·580	13·129	14·405	13	·1557
	8	8·981	7·570	16·056	0·506	7·570	12·898	14·642	13	·1530
	9	8·928	7·563	16·062	0·540	7·563	12·663	14·875	13	·1502
	10	8·847	7·564	16·060	0·563	7·564	12·425	15·102	12	·1475
	11	+ 8·750	−7·581	16·041	+ 0·579	+7·581	−12·183	−15·325	+12	−0·1448
	12	8·656	7·618	16·003	0·597	7·618	11·939	15·544	12	·1420
	13	8·589	7·674	15·946	0·625	7·674	11·693	15·758	12	·1393
	14	8·570	7·743	15·876	0·672	7·743	11·443	15·967	12	·1366
	15	8·612	7·812	15·805	0·744	7·812	11·191	16·172	12	·1338
	16	+ 8·708	−7·870	15·746	+ 0·837	+7·870	−10·936	−16·373	+12	−0·1311
	17	+ 8·835	−7·906	15·709	+ 0·942	+7·906	−10·679	−16·569	+12	−0·1283

FOR 0^h DYNAMICAL TIME

Date 0^h TDT		Nutation in Long.	Nutation in Obl.	Obl. of Ecliptic 23° 26′	Besselian Day Numbers for Mean Equinox J1995·5 A	B	C	D	E	Fraction of Year τ
		″	″	″	″	″	″	″	(0ˢ0001)	
May	**17**	+ 8·835	−7·906	15·709	+ 0·942	+7·906	−10·679	−16·569	+12	−0·1283
	18	8·959	7·918	15·696	1·046	7·918	10·418	16·762	13	·1256
	19	9·052	7·910	15·702	1·138	7·910	10·155	16·949	13	·1229
	20	9·096	7·892	15·719	1·211	7·892	9·889	17·133	13	·1201
	21	9·090	7·875	15·735	1·263	7·875	9·619	17·312	13	·1174
	22	+ 9·042	−7·866	15·742	+ 1·299	+7·866	− 9·347	−17·485	+13	−0·1146
	23	8·968	7·872	15·735	1·324	7·872	9·071	17·654	13	·1119
	24	8·887	7·893	15·713	1·347	7·893	8·793	17·818	13	·1092
	25	8·815	7·928	15·677	1·373	7·928	8·512	17·977	12	·1064
	26	8·765	7·974	15·630	1·408	7·974	8·229	18·130	12	·1037
	27	+ 8·745	−8·024	15·577	+ 1·455	+8·024	− 7·943	−18·278	+12	−0·1010
	28	8·757	8·075	15·526	1·515	8·075	7·655	18·420	12	·0982
	29	8·799	8·120	15·479	1·586	8·120	7·364	18·557	12	·0955
	30	8·864	8·155	15·443	1·667	8·155	7·071	18·688	13	·0927
	31	8·941	8·178	15·419	1·753	8·178	6·777	18·813	13	·0900
June	**1**	+ 9·020	−8·187	15·408	+ 1·839	+8·187	− 6·480	−18·933	+13	−0·0873
	2	9·088	8·184	15·410	1·921	8·184	6·182	19·046	13	·0845
	3	9·135	8·172	15·421	1·995	8·172	5·882	19·154	13	·0818
	4	9·154	8·154	15·438	2·057	8·154	5·581	19·256	13	·0791
	5	9·141	8·137	15·454	2·107	8·137	5·279	19·353	13	·0763
	6	+ 9·099	−8·126	15·463	+ 2·145	+8·126	− 4·976	−19·443	+13	−0·0736
	7	9·037	8·127	15·460	2·175	8·127	4·671	19·528	13	·0708
	8	8·970	8·146	15·441	2·203	8·146	4·366	19·607	13	·0681
	9	8·918	8·183	15·403	2·237	8·183	4·060	19·680	13	·0654
	10	8·904	8·234	15·350	2·286	8·234	3·754	19·749	13	·0626
	11	+ 8·944	−8·293	15·290	+ 2·357	+8·293	− 3·447	−19·811	+13	−0·0599
	12	9·043	8·345	15·236	2·452	8·345	3·140	19·869	13	·0572
	13	9·187	8·380	15·201	2·564	8·380	2·832	19·921	13	·0544
	14	9·346	8·390	15·189	2·682	8·390	2·524	19·968	13	·0517
	15	9·487	8·375	15·202	2·793	8·375	2·215	20·010	13	·0489
	16	+ 9·581	−8·345	15·231	+ 2·885	+8·345	− 1·905	−20·048	+14	−0·0462
	17	9·619	8·311	15·264	2·955	8·311	1·594	20·079	14	·0435
	18	9·607	8·283	15·291	3·005	8·283	1·283	20·106	14	·0407
	19	9·560	8·268	15·304	3·041	8·268	0·971	20·127	13	·0380
	20	9·498	8·270	15·301	3·072	8·270	0·658	20·142	13	·0352
	21	+ 9·440	−8·287	15·283	+ 3·103	+8·287	− 0·345	−20·152	+13	−0·0325
	22	9·399	8·316	15·253	3·142	8·316	− 0·031	20·155	13	·0298
	23	9·386	8·351	15·217	3·192	8·351	+ 0·283	20·153	13	·0270
	24	9·405	8·386	15·180	3·254	8·386	0·597	20·145	13	·0243
	25	9·453	8·418	15·147	3·328	8·418	0·911	20·131	13	·0216
	26	+ 9·524	−8·440	15·124	+ 3·411	+8·440	+ 1·225	−20·111	+13	−0·0188
	27	9·610	8·450	15·112	3·500	8·450	1·538	20·085	14	·0161
	28	9·699	8·447	15·114	3·591	8·447	1·851	20·053	14	·0133
	29	9·779	8·431	15·129	3·677	8·431	2·164	20·015	14	·0106
	30	9·840	8·404	15·155	3·756	8·404	2·476	19·971	14	·0079
July	**1**	+ 9·872	−8·370	15·187	+ 3·824	+8·370	+ 2·787	−19·921	+14	−0·0051
	2	+ 9·872	−8·335	15·221	+ 3·879	+8·335	+ 3·097	−19·865	+14	−0·0024

FOR 0ʰ DYNAMICAL TIME

Date 0ʰ TDT	Nutation in Long.	Nutation in Obl.	Obl. of Ecliptic 23° 26′	Besselian Day Numbers for Mean Equinox J1995·5 *A*	*B*	*C*	*D*	*E*	Fraction of Year *τ*
	″	″	″	″	″	″	″	(0ˢ0001)	
July 1	+ 9·872	−8·370	15·187	+ 3·824	+8·370	+ 2·787	−19·921	+14	−0·0051
2	9·872	8·335	15·221	3·879	8·335	3·097	19·865	14	− ·0024
3	9·840	8·305	15·249	3·921	8·305	3·406	19·804	14	+ ·0003
4	9·784	8·287	15·267	3·954	8·287	3·713	19·736	14	·0031
5	9·717	8·283	15·269	3·982	8·283	4·020	19·663	14	·0058
6	+ 9·658	−8·296	15·255	+ 4·013	+8·296	+ 4·324	−19·584	+14	+0·0086
7	9·625	8·324	15·225	4·055	8·324	4·627	19·500	14	·0113
8	9·637	8·362	15·186	4·115	8·362	4·928	19·410	14	·0140
9	9·704	8·399	15·147	4·196	8·399	5·227	19·316	14	·0168
10	9·819	8·425	15·121	4·297	8·425	5·525	19·216	14	·0195
11	+ 9·965	−8·429	15·115	+ 4·410	+8·429	+ 5·821	−19·112	+14	+0·0222
12	10·109	8·409	15·134	4·522	8·409	6·115	19·002	14	·0250
13	10·220	8·368	15·173	4·621	8·368	6·408	18·888	14	·0277
14	10·276	8·317	15·223	4·698	8·317	6·699	18·769	14	·0305
15	10·274	8·268	15·271	4·752	8·268	6·989	18·645	14	·0332
16	+10·226	−8·231	15·307	+ 4·788	+8·231	+ 7·277	−18·516	+14	+0·0359
17	10·154	8·210	15·326	4·814	8·210	7·563	18·382	14	·0387
18	10·078	8·207	15·328	4·839	8·207	7·848	18·243	14	·0414
19	10·016	8·218	15·316	4·869	8·218	8·132	18·098	14	·0441
20	9·978	8·237	15·296	4·909	8·237	8·413	17·948	14	·0469
21	+ 9·969	−8·258	15·273	+ 4·960	+8·258	+ 8·692	−17·793	+14	+0·0496
22	9·991	8·277	15·253	5·024	8·277	8·970	17·633	14	·0524
23	10·037	8·288	15·241	5·097	8·288	9·244	17·467	14	·0551
24	10·099	8·288	15·239	5·176	8·288	9·517	17·295	14	·0578
25	10·167	8·275	15·251	5·258	8·275	9·787	17·119	14	·0606
26	+10·228	−8·249	15·276	+ 5·337	+8·249	+10·054	−16·937	+14	+0·0633
27	10·271	8·212	15·312	5·410	8·212	10·318	16·750	14	·0661
28	10·287	8·167	15·356	5·471	8·167	10·580	16·558	15	·0688
29	10·270	8·119	15·402	5·519	8·119	10·838	16·361	14	·0715
30	10·219	8·076	15·444	5·553	8·076	11·093	16·159	14	·0743
31	+10·141	−8·042	15·476	+ 5·577	+8·042	+11·345	−15·952	+14	+0·0770
Aug. 1	10·047	8·023	15·494	5·595	8·023	11·593	15·740	14	·0797
2	9·954	8·021	15·495	5·613	8·021	11·837	15·524	14	·0825
3	9·882	8·034	15·481	5·639	8·034	12·078	15·303	14	·0852
4	9·847	8·058	15·455	5·680	8·058	12·315	15·078	14	·0880
5	+ 9·860	−8·085	15·427	+ 5·740	+8·085	+12·549	−14·849	+14	+0·0907
6	9·920	8·105	15·406	5·819	8·105	12·778	14·616	14	·0934
7	10·015	8·108	15·402	5·911	8·108	13·004	14·379	14	·0962
8	10·121	8·089	15·419	6·008	8·089	13·226	14·139	14	·0989
9	10·208	8·049	15·458	6·098	8·049	13·444	13·895	14	·1016
10	+10·251	−7·995	15·511	+ 6·170	+7·995	+13·659	−13·648	+14	+0·1044
11	10·238	7·938	15·567	6·220	7·938	13·871	13·397	14	·1071
12	10·173	7·888	15·615	6·249	7·888	14·079	13·142	14	·1099
13	10·073	7·855	15·647	6·264	7·855	14·284	12·884	14	·1126
14	9·959	7·839	15·661	6·273	7·839	14·485	12·621	14	·1153
15	+ 9·854	−7·841	15·658	+ 6·286	+7·841	+14·682	−12·355	+14	+0·1181
16	+ 9·770	−7·854	15·644	+ 6·308	+7·854	+14·876	−12·086	+14	+0·1208

FOR 0^h DYNAMICAL TIME

Date 0^h TDT		Nutation in Long.	Nutation in Obl.	Obl. of Ecliptic 23° 26′	Besselian Day Numbers for Mean Equinox J1995·5 *A*	*B*	*C*	*D*	*E*	Fraction of Year *τ*
		″	″	″	″	″	″	″	(0.ˢ0001)	
Aug.	**16**	+ 9·770	−7·854	15·644	+ 6·308	+7·854	+14·876	−12·086	+14	+0·1208
	17	9·715	7·873	15·624	6·341	7·873	15·066	11·812	14	·1235
	18	9·691	7·891	15·604	6·386	7·891	15·253	11·535	14	·1263
	19	9·693	7·903	15·591	6·442	7·903	15·435	11·254	14	·1290
	20	9·713	7·905	15·588	6·505	7·905	15·613	10·969	14	·1318
	21	+ 9·743	−7·895	15·596	+ 6·571	+7·895	+15·786	−10·680	+14	+0·1345
	22	9·769	7·873	15·618	6·637	7·873	15·956	10·388	14	·1372
	23	9·781	7·839	15·650	6·696	7·839	16·120	10·092	14	·1400
	24	9·769	7·796	15·692	6·746	7·796	16·280	9·793	14	·1427
	25	9·725	7·750	15·737	6·784	7·750	16·436	9·491	14	·1454
	26	+ 9·646	−7·706	15·779	+ 6·807	+7·706	+16·586	− 9·185	+14	+0·1482
	27	9·538	7·671	15·813	6·819	7·671	16·732	8·877	13	·1509
	28	9·409	7·651	15·832	6·823	7·651	16·872	8·565	13	·1537
	29	9·278	7·648	15·834	6·826	7·648	17·008	8·251	13	·1564
	30	9·163	7·661	15·819	6·835	7·661	17·138	7·934	13	·1591
	31	+ 9·082	−7·688	15·791	+ 6·857	+7·688	+17·262	− 7·615	+13	+0·1619
Sept.	**1**	9·045	7·719	15·759	6·897	7·719	17·382	7·293	13	·1646
	2	9·054	7·745	15·731	6·956	7·745	17·496	6·970	13	·1674
	3	9·100	7·758	15·717	7·029	7·758	17·605	6·645	13	·1701
	4	9·161	7·752	15·721	7·108	7·752	17·709	6·318	13	·1728
	5	+ 9·213	−7·726	15·746	+ 7·184	+7·726	+17·808	− 5·990	+13	+0·1756
	6	9·232	7·685	15·786	7·246	7·685	17·902	5·660	13	·1783
	7	9·203	7·638	15·832	7·289	7·638	17·991	5·329	13	·1810
	8	9·122	7·594	15·875	7·312	7·594	18·076	4·996	13	·1838
	9	9·001	7·563	15·904	7·319	7·563	18·155	4·662	13	·1865
	10	+ 8·859	−7·550	15·916	+ 7·317	+7·550	+18·230	− 4·326	+12	+0·1893
	11	8·718	7·556	15·909	7·316	7·556	18·300	3·989	12	·1920
	12	8·595	7·576	15·888	7·322	7·576	18·366	3·650	12	·1947
	13	8·500	7·604	15·858	7·339	7·604	18·426	3·310	12	·1975
	14	8·438	7·635	15·826	7·369	7·635	18·481	2·968	12	·2002
	15	+ 8·406	−7·662	15·798	+ 7·411	+7·662	+18·532	− 2·625	+12	+0·2029
	16	8·395	7·680	15·778	7·462	7·680	18·577	2·280	12	·2057
	17	8·397	7·687	15·770	7·518	7·687	18·616	1·934	12	·2084
	18	8·401	7·682	15·774	7·574	7·682	18·651	1·587	12	·2112
	19	8·395	7·665	15·790	7·627	7·665	18·680	1·239	12	·2139
	20	+ 8·369	−7·639	15·814	+ 7·671	+7·639	+18·703	− 0·890	+12	+0·2166
	21	8·315	7·608	15·844	7·704	7·608	18·721	0·540	12	·2194
	22	8·228	7·577	15·874	7·725	7·577	18·733	− 0·189	12	·2221
	23	8·111	7·553	15·896	7·733	7·553	18·740	+ 0·163	11	·2248
	24	7·970	7·543	15·905	7·732	7·543	18·740	0·515	11	·2276
	25	+ 7·821	−7·550	15·897	+ 7·728	+7·550	+18·735	+ 0·867	+11	+0·2303
	26	7·684	7·575	15·870	7·728	7·575	18·724	1·219	11	·2331
	27	7·579	7·616	15·829	7·741	7·616	18·706	1·571	11	·2358
	28	7·520	7·663	15·780	7·772	7·663	18·683	1·923	11	·2385
	29	7·509	7·708	15·733	7·823	7·708	18·654	2·274	11	·2413
	30	+ 7·538	−7·742	15·699	+ 7·889	+7·742	+18·619	+ 2·624	+11	+0·2440
Oct.	**1**	+ 7·587	−7·757	15·682	+ 7·964	+7·757	+18·579	+ 2·973	+11	+0·2467

FOR 0ʰ DYNAMICAL TIME

Date 0ʰ TDT		Nutation in Long.	Nutation in Obl.	Obl. of Ecliptic 23° 26′	Besselian Day Numbers for Mean Equinox J1995·5 *A*	*B*	*C*	*D*	*E*	Fraction of Year τ
		″	″	″	″	″	″	″	(0ˢ.0001)	
Oct.	**1**	+ 7·587	−7·757	15·682	+ 7·964	+7·757	+18·579	+ 2·973	+11	+0·2467
	2	7·632	7·753	15·685	8·036	7·753	18·533	3·321	11	·2495
	3	7·650	7·733	15·704	8·098	7·733	18·481	3·668	11	·2522
	4	7·625	7·704	15·731	8·143	7·704	18·425	4·014	11	·2550
	5	7·553	7·677	15·757	8·170	7·677	18·363	4·359	11	·2577
	6	+ 7·440	−7·660	15·773	+ 8·180	+7·660	+18·296	+ 4·702	+10	+0·2604
	7	7·302	7·659	15·773	8·180	7·659	18·224	5·044	10	·2632
	8	7·159	7·676	15·755	8·178	7·676	18·147	5·385	10	·2659
	9	7·029	7·708	15·721	8·181	7·708	18·065	5·724	10	·2687
	10	6·927	7·752	15·676	8·195	7·752	17·978	6·063	10	·2714
	11	+ 6·858	−7·800	15·626	+ 8·222	+7·800	+17·886	+ 6·400	+10	+0·2741
	12	6·822	7·846	15·579	8·263	7·846	17·788	6·736	10	·2769
	13	6·812	7·885	15·538	8·314	7·885	17·686	7·070	10	·2796
	14	6·820	7·914	15·509	8·372	7·914	17·578	7·403	10	·2823
	15	6·834	7·930	15·491	8·432	7·930	17·465	7·734	10	·2851
	16	+ 6·843	−7·934	15·486	+ 8·491	+7·934	+17·347	+ 8·064	+10	+0·2878
	17	6·836	7·928	15·491	8·543	7·928	17·223	8·392	10	·2906
	18	6·806	7·915	15·502	8·586	7·915	17·094	8·718	10	·2933
	19	6·746	7·901	15·515	8·617	7·901	16·959	9·042	10	·2960
	20	6·656	7·891	15·524	8·636	7·891	16·819	9·364	9	·2988
	21	+ 6·542	−7·891	15·523	+ 8·645	+7·891	+16·674	+ 9·684	+ 9	+0·3015
	22	6·414	7·907	15·505	8·649	7·907	16·523	10·001	9	·3042
	23	6·291	7·941	15·470	8·655	7·941	16·366	10·316	9	·3070
	24	6·194	7·993	15·417	8·672	7·993	16·204	10·627	9	·3097
	25	6·143	8·056	15·352	8·706	8·056	16·036	10·936	9	·3125
	26	+ 6·146	−8·120	15·288	+ 8·762	+8·120	+15·864	+11·241	+ 9	+0·3152
	27	6·197	8·173	15·233	8·838	8·173	15·685	11·542	9	·3179
	28	6·277	8·208	15·196	8·924	8·208	15·502	11·840	9	·3207
	29	6·360	8·223	15·181	9·012	8·223	15·314	12·134	9	·3234
	30	6·418	8·218	15·184	9·090	8·218	15·121	12·424	9	·3261
	31	+ 6·434	−8·204	15·197	+ 9·151	+8·204	+14·924	+12·710	+ 9	+0·3289
Nov.	**1**	6·403	8·188	15·212	9·194	8·188	14·723	12·992	9	·3316
	2	6·331	8·180	15·218	9·220	8·180	14·517	13·270	9	·3344
	3	6·231	8·186	15·211	9·235	8·186	14·307	13·544	9	·3371
	4	6·122	8·209	15·187	9·247	8·209	14·093	13·814	9	·3398
	5	+ 6·023	−8·248	15·147	+ 9·262	+8·248	+13·875	+14·080	+ 8	+0·3426
	6	5·946	8·298	15·095	9·287	8·298	13·653	14·342	8	·3453
	7	5·903	8·355	15·037	9·324	8·355	13·427	14·600	8	·3480
	8	5·893	8·411	14·980	9·375	8·411	13·197	14·855	8	·3508
	9	5·915	8·461	14·928	9·439	8·461	12·963	15·105	8	·3535
	10	+ 5·957	−8·501	14·887	+ 9·510	+8·501	+12·725	+15·351	+ 8	+0·3563
	11	6·010	8·528	14·858	9·586	8·528	12·483	15·594	8	·3590
	12	6·062	8·543	14·843	9·662	8·543	12·237	15·832	9	·3617
	13	6·101	8·546	14·838	9·732	8·546	11·987	16·065	9	·3645
	14	6·119	8·541	14·842	9·794	8·541	11·733	16·294	9	·3672
	15	+ 6·110	−8·532	14·850	+ 9·846	+8·532	+11·476	+16·519	+ 9	+0·3700
	16	+ 6·072	−8·525	14·856	+ 9·886	+8·525	+11·214	+16·739	+ 9	+0·3727

FOR 0^h DYNAMICAL TIME

Date 0^h TDT		Nutation in Long.	Nutation in Obl.	Obl. of Ecliptic 23° 26′	Besselian Day Numbers for Mean Equinox J1995·5 *A*	*B*	*C*	*D*	*E*	Fraction of Year τ
		″	″	″	″	″	″	″	(0ˢ0001)	
Nov.	**16**	+ 6·072	−8·525	14·856	+ 9·886	+8·525	+11·214	+16·739	+ 9	+0·3727
	17	6·009	8·524	14·855	9·915	8·524	10·948	16·955	8	·3754
	18	5·928	8·536	14·842	9·938	8·536	10·679	17·165	8	·3782
	19	5·844	8·564	14·812	9·959	8·564	10·405	17·371	8	·3809
	20	5·777	8·610	14·765	9·988	8·610	10·128	17·571	8	·3836
	21	+ 5·748	−8·671	14·703	+10·031	+8·671	+ 9·847	+17·766	+ 8	+0·3864
	22	5·772	8·737	14·636	10·095	8·737	9·563	17·955	8	·3891
	23	5·853	8·797	14·574	10·182	8·797	9·275	18·139	8	·3919
	24	5·977	8·840	14·530	10·287	8·840	8·984	18·316	8	·3946
	25	6·117	8·861	14·508	10·397	8·861	8·689	18·487	9	·3973
	26	+ 6·240	−8·859	14·509	+10·501	+8·859	+ 8·392	+18·653	+ 9	+0·4001
	27	6·321	8·841	14·525	10·588	8·841	8·092	18·812	9	·4028
	28	6·349	8·820	14·545	10·654	8·820	7·790	18·965	9	·4055
	29	6·331	8·804	14·560	10·702	8·804	7·486	19·112	9	·4083
	30	6·279	8·800	14·562	10·736	8·800	7·180	19·253	9	·4110
Dec.	**1**	+ 6·212	−8·814	14·547	+10·764	+8·814	+ 6·872	+19·388	+ 9	+0·4138
	2	6·151	8·842	14·518	10·795	8·842	6·562	19·517	9	·4165
	3	6·109	8·883	14·476	10·833	8·883	6·250	19·640	9	·4192
	4	6·096	8·930	14·427	10·883	8·930	5·937	19·758	9	·4220
	5	6·117	8·979	14·377	10·946	8·979	5·621	19·869	9	·4247
	6	+ 6·169	−9·022	14·332	+11·021	+9·022	+ 5·304	+19·975	+ 9	+0·4274
	7	6·244	9·056	14·297	11·106	9·056	4·986	20·075	9	·4302
	8	6·333	9·077	14·275	11·196	9·077	4·666	20·170	9	·4329
	9	6·423	9·085	14·266	11·287	9·085	4·344	20·258	9	·4357
	10	6·503	9·080	14·269	11·374	9·080	4·021	20·341	9	·4384
	11	+ 6·563	−9·065	14·283	+11·453	+9·065	+ 3·696	+20·417	+ 9	+0·4411
	12	6·596	9·045	14·302	11·521	9·045	3·370	20·488	9	·4439
	13	6·600	9·024	14·321	11·577	9·024	3·043	20·553	9	·4466
	14	6·576	9·008	14·336	11·622	9·008	2·714	20·611	9	·4493
	15	6·531	9·002	14·341	11·659	9·002	2·384	20·664	9	·4521
	16	+ 6·477	−9·009	14·333	+11·693	+9·009	+ 2·053	+20·710	+ 9	+0·4548
	17	6·430	9·032	14·308	11·729	9·032	1·720	20·750	9	·4576
	18	6·409	9·070	14·269	11·776	9·070	1·387	20·783	9	·4603
	19	6·433	9·118	14·220	11·840	9·118	1·052	20·809	9	·4630
	20	6·511	9·166	14·171	11·926	9·166	0·717	20·829	9	·4658
	21	+ 6·641	−9·202	14·133	+12·032	+9·202	+ 0·381	+20·842	+ 9	+0·4685
	22	6·804	9·217	14·117	12·152	9·217	+ 0·045	20·848	10	·4713
	23	6·967	9·207	14·125	12·272	9·207	− 0·292	20·847	10	·4740
	24	7·096	9·177	14·155	12·378	9·177	0·628	20·838	10	·4767
	25	7·171	9·135	14·195	12·463	9·135	0·964	20·823	10	·4795
	26	+ 7·189	−9·096	14·233	+12·525	+9·096	− 1·299	+20·801	+10	+0·4822
	27	7·163	9·068	14·259	12·569	9·068	1·633	20·772	10	·4849
	28	7·112	9·057	14·269	12·604	9·057	1·967	20·737	10	·4877
	29	7·060	9·063	14·262	12·638	9·063	2·299	20·695	10	·4904
	30	7·023	9·083	14·241	12·678	9·083	2·630	20·647	10	·4932
	31	+ 7·012	−9·110	14·212	+12·729	+9·110	− 2·961	+20·593	+10	+0·4959
	32	+ 7·032	−9·139	14·182	+12·791	+9·139	− 3·290	+20·532	+10	+0·4986

J for NORTHERN DECLINATIONS
FOR 0^h TDT AND EQUINOX J1995·5

Right Ascension

Date	0^h 12^h	1^h 13^h	2^h 14^h	3^h 15^h	4^h 16^h	5^h 17^h	6^h 18^h	7^h 19^h	8^h 20^h	9^h 21^h	10^h 22^h	11^h 23^h	12^h 24^h
Jan. −7	+ 3	+ 4	+ 4	+ 3	+ 1	− 1	− 3	− 4	− 4	− 3	− 1	+ 1	+ 3
3	+ 2	+ 3	+ 4	+ 4	+ 2	0	− 2	− 3	− 4	− 4	− 2	0	+ 2
13	0	+ 2	+ 3	+ 4	+ 3	+ 2	0	− 2	− 3	− 4	− 3	− 2	0
23	− 1	0	+ 2	+ 3	+ 3	+ 3	+ 1	0	− 2	− 3	− 3	− 3	− 1
Feb. 2	− 2	− 1	0	+ 2	+ 3	+ 3	+ 2	+ 1	0	− 2	− 3	− 3	− 2
12	− 3	− 2	− 1	+ 1	+ 2	+ 3	+ 3	+ 2	+ 1	− 1	− 2	− 3	− 3
22	− 2	− 2	− 2	− 1	+ 1	+ 2	+ 2	+ 2	+ 2	+ 1	− 1	− 2	− 2
Mar. 4	− 2	− 2	− 2	− 2	− 1	+ 1	+ 2	+ 2	+ 2	+ 2	+ 1	− 1	− 2
14	− 1	− 2	− 2	− 2	− 2	− 1	+ 1	+ 2	+ 2	+ 2	+ 2	+ 1	− 1
24	+ 1	0	− 2	− 2	− 2	− 2	− 1	0	+ 2	+ 2	+ 2	+ 2	+ 1
Apr. 3	+ 2	+ 1	− 1	− 2	− 2	− 3	− 2	− 1	+ 1	+ 2	+ 2	+ 3	+ 2
13	+ 3	+ 2	+ 1	− 1	− 2	− 3	− 3	− 2	− 1	+ 1	+ 2	+ 3	+ 3
23	+ 3	+ 3	+ 2	+ 1	− 1	− 2	− 3	− 3	− 2	− 1	+ 1	+ 2	+ 3
May 3	+ 3	+ 3	+ 3	+ 2	0	− 1	− 3	− 3	− 3	− 2	0	+ 1	+ 3
13	+ 2	+ 3	+ 4	+ 3	+ 2	0	− 2	− 3	− 4	− 3	− 2	0	+ 2
23	+ 1	+ 3	+ 4	+ 4	+ 3	+ 2	− 1	− 3	− 4	− 4	− 3	− 2	+ 1
June 2	− 1	+ 1	+ 3	+ 5	+ 5	+ 3	+ 1	− 1	− 3	− 5	− 5	− 3	− 1
12	− 3	0	+ 2	+ 4	+ 5	+ 5	+ 3	0	− 2	− 4	− 5	− 5	− 3
22	− 5	− 2	+ 1	+ 4	+ 5	+ 6	+ 5	+ 2	− 1	− 4	− 5	− 6	− 5
July 2	− 6	− 4	− 1	+ 2	+ 5	+ 6	+ 6	+ 4	+ 1	− 2	− 5	− 6	− 6
12	− 7	− 6	− 3	0	+ 3	+ 6	+ 7	+ 6	+ 3	0	− 3	− 6	− 7
22	− 7	− 7	− 5	− 2	+ 2	+ 5	+ 7	+ 7	+ 5	+ 2	− 2	− 5	− 7
Aug. 1	− 6	− 8	− 7	− 5	− 1	+ 3	+ 6	+ 8	+ 7	+ 5	+ 1	− 3	− 6
11	− 5	− 8	− 8	− 7	− 3	+ 1	+ 5	+ 8	+ 8	+ 7	+ 3	− 1	− 5
21	− 3	− 7	− 9	− 9	− 6	− 2	+ 3	+ 7	+ 9	+ 9	+ 6	+ 2	− 3
31	− 1	− 6	− 9	−10	− 8	− 4	+ 1	+ 6	+ 9	+10	+ 8	+ 4	− 1
Sept. 10	+ 2	− 3	− 8	−11	−10	− 7	− 2	+ 3	+ 8	+11	+10	+ 7	+ 2
20	+ 6	0	− 6	−10	−12	−10	− 6	0	+ 6	+10	+12	+10	+ 6
30	+ 9	+ 3	− 4	− 9	−13	−12	− 9	− 3	+ 4	+ 9	+13	+12	+ 9
Oct. 10	+12	+ 7	0	− 7	−12	−14	−12	− 7	0	+ 7	+12	+14	+12
20	+14	+10	+ 3	− 5	−11	−15	−14	−10	− 3	+ 5	+11	+15	+14
30	+16	+13	+ 7	− 1	− 9	−15	−16	−13	− 7	+ 1	+ 9	+15	+16
Nov. 9	+17	+16	+11	+ 2	− 6	−14	−17	−16	−11	− 2	+ 6	+14	+17
19	+17	+18	+14	+ 6	− 3	−11	−17	−18	−14	− 6	+ 3	+11	+17
29	+16	+19	+17	+10	+ 1	− 9	−16	−19	−17	−10	− 1	+ 9	+16
Dec. 9	+14	+18	+18	+13	+ 5	− 5	−14	−18	−18	−13	− 5	+ 5	+14
19	+11	+17	+19	+16	+ 8	− 2	−11	−17	−19	−16	− 8	+ 2	+11
29	+ 7	+15	+19	+17	+11	+ 2	− 7	−15	−19	−17	−11	− 2	+ 7
39	+ 4	+12	+17	+18	+13	+ 6	− 4	−12	−17	−18	−13	− 6	+ 4

The second-order day number J is given in this table in units of $0\overset{s}{.}000\,01$. The apparent right ascension of a star is given by:

$$\alpha = \alpha_1 + \tau\mu_\alpha / 100 + Aa + Bb + Cc + Dd + E + J \tan^2 \delta_1$$

where the position (α_1, δ_1) and centennial proper motion in right ascension (μ_α) are referred to the mean equator and equinox of J1995·5

J' for NORTHERN DECLINATIONS FOR 0^h TDT AND EQUINOX J1995·5

Right Ascension

Date	0^h 12^h	1^h 13^h	2^h 14^h	3^h 15^h	4^h 16^h	5^h 17^h	6^h 18^h	7^h 19^h	8^h 20^h	9^h 21^h	10^h 22^h	11^h 23^h	12^h 24^h
Jan. −7	−1	−3	−4	−6	−6	−6	−5	−4	−2	−1	0	0	−1
3	0	−1	−3	−4	−5	−6	−6	−5	−3	−2	−1	0	0
13	0	0	−1	−3	−4	−5	−5	−5	−4	−3	−1	0	0
23	0	0	0	−1	−3	−4	−5	−5	−4	−3	−2	−1	0
Feb. 2	−1	0	0	−1	−1	−3	−4	−4	−4	−4	−3	−2	−1
12	−2	−1	0	0	−1	−1	−2	−3	−4	−4	−3	−3	−2
22	−2	−1	−1	0	0	0	−1	−2	−3	−4	−4	−3	−2
Mar. 4	−3	−2	−1	−1	0	0	0	−1	−2	−3	−4	−4	−3
14	−4	−3	−2	−1	−1	0	0	0	−1	−2	−3	−3	−4
24	−3	−4	−3	−2	−1	−1	0	0	0	−1	−2	−3	−3
Apr. 3	−3	−4	−4	−3	−3	−2	−1	0	0	0	−1	−2	−3
13	−3	−4	−4	−4	−4	−3	−2	−1	0	0	−1	−2	−3
23	−2	−3	−4	−5	−5	−4	−3	−2	−1	0	0	−1	−2
May 3	−1	−2	−4	−5	−5	−5	−4	−3	−2	−1	0	0	−1
13	0	−1	−3	−4	−6	−6	−6	−4	−3	−1	0	0	0
23	0	−1	−2	−4	−5	−6	−6	−6	−4	−3	−1	0	0
June 2	0	0	−1	−3	−5	−6	−7	−7	−6	−4	−3	−1	0
12	−1	0	0	−2	−4	−6	−7	−8	−8	−6	−4	−2	−1
22	−2	0	0	−1	−3	−5	−7	−8	−9	−8	−6	−4	−2
July 2	−3	−1	0	0	−2	−4	−6	−8	−9	−9	−8	−6	−3
12	−5	−3	−1	0	−1	−3	−5	−8	−10	−10	−10	−8	−5
22	−7	−4	−2	0	0	−1	−4	−7	−9	−11	−11	−10	−7
Aug. 1	−9	−6	−3	−1	0	−1	−2	−5	−8	−11	−12	−11	−9
11	−12	−9	−6	−3	−1	0	−1	−4	−7	−10	−12	−13	−12
21	−14	−12	−8	−5	−2	0	0	−2	−6	−9	−12	−14	−14
31	−15	−14	−11	−7	−3	−1	0	−1	−4	−8	−12	−14	−15
Sept. 10	−16	−16	−14	−10	−6	−2	0	0	−3	−6	−11	−14	−16
20	−17	−18	−17	−13	−9	−4	−1	0	−1	−5	−9	−14	−17
30	−17	−19	−19	−16	−12	−7	−3	0	0	−3	−7	−13	−17
Oct. 10	−16	−20	−21	−19	−15	−10	−5	−1	0	−2	−6	−11	−16
20	−15	−20	−22	−22	−19	−14	−8	−3	0	−1	−4	−9	−15
30	−13	−19	−23	−24	−22	−17	−11	−5	−1	0	−2	−7	−13
Nov. 9	−11	−18	−23	−26	−25	−21	−15	−8	−3	0	−1	−5	−11
19	−9	−16	−22	−26	−27	−24	−18	−11	−5	−1	0	−3	−9
29	−6	−13	−20	−26	−28	−26	−22	−15	−8	−2	0	−2	−6
Dec. 9	−4	−11	−18	−25	−28	−28	−24	−18	−10	−4	0	−1	−4
19	−3	−8	−15	−22	−27	−28	−26	−20	−13	−6	−1	0	−3
29	−1	−6	−12	−19	−25	−28	−27	−22	−16	−9	−3	0	−1
39	0	−4	−9	−16	−23	−27	−27	−24	−18	−11	−4	−1	0

The second-order day number J' is given in this table in units of $0\overset{''}{.}0001$.
The apparent declination of a star is given by:

$$\delta = \delta_1 + \tau\mu_\delta / 100 + Aa' + Bb' + Cc' + J' \tan \delta_1$$

where the declination (δ_1) and centennial proper motion in declination (μ_δ) are referred to the mean equator and equinox of J1995·5

J for SOUTHERN DECLINATIONS FOR 0^h TDT AND EQUINOX J1995·5

Right Ascension

Date		0^h 12^h	1^h 13^h	2^h 14^h	3^h 15^h	4^h 16^h	5^h 17^h	6^h 18^h	7^h 19^h	8^h 20^h	9^h 21^h	10^h 22^h	11^h 23^h	12^h 24^h
Jan.	**−7**	− 7	− 1	+ 6	+10	+12	+11	+ 7	+ 1	− 6	−10	−12	−11	− 7
	3	− 9	− 4	+ 2	+ 8	+12	+12	+ 9	+ 4	− 2	− 8	−12	−12	− 9
	13	−11	− 7	− 1	+ 6	+11	+13	+11	+ 7	+ 1	− 6	−11	−13	−11
	23	−12	− 9	− 4	+ 3	+ 8	+12	+12	+ 9	+ 4	− 3	− 8	−12	−12
Feb.	**2**	−12	−11	− 7	− 1	+ 5	+10	+12	+11	+ 7	+ 1	− 5	−10	−12
	12	−11	−12	− 9	− 4	+ 2	+ 8	+11	+12	+ 9	+ 4	− 2	− 8	−11
	22	− 9	−11	−10	− 7	− 1	+ 5	+ 9	+11	+10	+ 7	+ 1	− 5	− 9
Mar.	**4**	− 7	−10	−11	− 9	− 4	+ 1	+ 7	+10	+11	+ 9	+ 4	− 1	− 7
	14	− 4	− 8	−11	−10	− 7	− 2	+ 4	+ 8	+11	+10	+ 7	+ 2	− 4
	24	0	− 6	− 9	−11	− 9	− 5	0	+ 6	+ 9	+11	+ 9	+ 5	0
Apr.	**3**	+ 3	− 3	− 8	−10	−10	− 7	− 3	+ 3	+ 8	+10	+10	+ 7	+ 3
	13	+ 5	0	− 5	− 9	−10	− 9	− 5	0	+ 5	+ 9	+10	+ 9	+ 5
	23	+ 8	+ 3	− 2	− 7	−10	−10	− 8	− 3	+ 2	+ 7	+10	+10	+ 8
May	**3**	+ 9	+ 6	+ 1	− 5	− 9	−10	− 9	− 6	− 1	+ 5	+ 9	+10	+ 9
	13	+10	+ 8	+ 4	− 2	− 7	−10	−10	− 8	− 4	+ 2	+ 7	+10	+10
	23	+10	+10	+ 6	+ 1	− 4	− 8	−10	−10	− 6	− 1	+ 4	+ 8	+10
June	**2**	+10	+10	+ 8	+ 4	− 2	− 7	−10	−10	− 8	− 4	+ 2	+ 7	+10
	12	+ 8	+10	+ 9	+ 6	+ 1	− 4	− 8	−10	− 9	− 6	− 1	+ 4	+ 8
	22	+ 6	+ 9	+10	+ 8	+ 3	− 2	− 6	− 9	−10	− 8	− 3	+ 2	+ 6
July	**2**	+ 4	+ 8	+10	+ 9	+ 5	+ 1	− 4	− 8	−10	− 9	− 5	− 1	+ 4
	12	+ 2	+ 6	+ 9	+ 9	+ 7	+ 3	− 2	− 6	− 9	− 9	− 7	− 3	+ 2
	22	− 1	+ 4	+ 7	+ 8	+ 7	+ 5	+ 1	− 4	− 7	− 8	− 7	− 5	− 1
Aug.	**1**	− 2	+ 1	+ 5	+ 7	+ 7	+ 6	+ 2	− 1	− 5	− 7	− 7	− 6	− 2
	11	− 4	0	+ 3	+ 6	+ 7	+ 6	+ 4	0	− 3	− 6	− 7	− 6	− 4
	21	− 4	− 2	+ 1	+ 4	+ 5	+ 6	+ 4	+ 2	− 1	− 4	− 5	− 6	− 4
	31	− 4	− 3	− 1	+ 2	+ 4	+ 5	+ 4	+ 3	+ 1	− 2	− 4	− 5	− 4
Sept.	**10**	− 4	− 3	− 2	0	+ 2	+ 4	+ 4	+ 3	+ 2	0	− 2	− 4	− 4
	20	− 3	− 3	− 2	− 1	+ 1	+ 2	+ 3	+ 3	+ 2	+ 1	− 1	− 2	− 3
	30	− 2	− 2	− 2	− 1	0	+ 1	+ 2	+ 2	+ 2	+ 1	0	− 1	− 2
Oct.	**10**	− 1	− 1	− 2	− 2	− 1	0	+ 1	+ 1	+ 2	+ 2	+ 1	0	− 1
	20	0	0	− 1	− 1	− 1	− 1	0	0	+ 1	+ 1	+ 1	+ 1	0
	30	+ 1	0	0	− 1	− 1	− 1	− 1	0	0	+ 1	+ 1	+ 1	+ 1
Nov.	**9**	+ 1	+ 1	+ 1	0	0	− 1	− 1	− 1	− 1	0	0	+ 1	+ 1
	19	0	+ 1	+ 1	+ 1	+ 1	0	0	− 1	− 1	− 1	− 1	0	0
	29	0	0	+ 1	+ 1	+ 1	+ 1	0	0	− 1	− 1	− 1	− 1	0
Dec.	**9**	− 1	− 1	0	+ 1	+ 1	+ 2	+ 1	+ 1	0	− 1	− 1	− 2	− 1
	19	− 2	− 2	− 1	0	+ 1	+ 2	+ 2	+ 2	+ 1	0	− 1	− 2	− 2
	29	− 3	− 3	− 2	− 1	+ 1	+ 2	+ 3	+ 3	+ 2	+ 1	− 1	− 2	− 3
	39	− 3	− 4	− 4	− 3	− 1	+ 1	+ 3	+ 4	+ 4	+ 3	+ 1	− 1	− 3

The second-order day number J is given in this table in units of $0\overset{s}{.}000\,01$. The apparent right ascension of a star is given by:

$$\alpha = \alpha_1 + \tau\mu_\alpha / 100 + Aa + Bb + Cc + Dd + E + J \tan^2 \delta_1$$

where the position (α_1, δ_1) and centennial proper motion in right ascension (μ_α) are referred to the mean equator and equinox of J1995·5

J' for SOUTHERN DECLINATIONS FOR 0^h TDT AND EQUINOX J1995·5

Right Ascension

Date	0^h 12^h	1^h 13^h	2^h 14^h	3^h 15^h	4^h 16^h	5^h 17^h	6^h 18^h	7^h 19^h	8^h 20^h	9^h 21^h	10^h 22^h	11^h 23^h	12^h 24^h
Jan. −7	− 2	0	− 1	− 4	− 9	−13	−17	−19	−18	−15	−10	− 5	− 2
3	− 3	0	0	− 2	− 6	−11	−16	−18	−19	−16	−12	− 8	− 3
13	− 5	− 2	0	− 1	− 4	− 9	−14	−17	−19	−18	−15	−10	− 5
23	− 7	− 3	0	0	− 2	− 6	−11	−15	−18	−18	−16	−12	− 7
Feb. 2	−10	− 5	− 2	0	− 1	− 4	− 8	−13	−16	−18	−17	−14	−10
12	−12	− 7	− 3	− 1	0	− 2	− 6	−10	−14	−17	−17	−16	−12
22	−14	− 9	− 5	− 2	0	− 1	− 4	− 8	−12	−15	−17	−16	−14
Mar. 4	−15	−11	− 7	− 3	− 1	0	− 2	− 5	− 9	−13	−16	−16	−15
14	−16	−13	−10	− 5	− 2	0	0	− 3	− 7	−11	−14	−16	−16
24	−16	−15	−12	− 8	− 4	− 1	0	− 1	− 4	− 8	−12	−15	−16
Apr. 3	−15	−15	−13	−10	− 6	− 2	0	0	− 2	− 6	−10	−14	−15
13	−14	−16	−15	−12	− 8	− 4	− 1	0	− 1	− 4	− 8	−11	−14
23	−13	−15	−16	−14	−10	− 6	− 3	0	0	− 2	− 5	− 9	−13
May 3	−11	−14	−16	−15	−12	− 8	− 4	− 1	0	− 1	− 3	− 7	−11
13	− 9	−13	−15	−15	−14	−11	− 7	− 3	0	0	− 2	− 5	− 9
23	− 7	−11	−14	−16	−15	−13	− 9	− 5	− 2	0	− 1	− 3	− 7
June 2	− 5	− 9	−13	−15	−16	−14	−11	− 7	− 3	− 1	0	− 2	− 5
12	− 3	− 7	−11	−14	−15	−15	−12	− 8	− 4	− 1	0	− 1	− 3
22	− 2	− 5	− 9	−12	−14	−15	−13	−10	− 6	− 3	0	0	− 2
July 2	− 1	− 3	− 7	−10	−13	−14	−14	−11	− 8	− 4	− 1	0	− 1
12	0	− 2	− 5	− 8	−11	−13	−13	−12	− 9	− 5	− 2	0	0
22	0	− 1	− 3	− 6	− 9	−11	−12	−12	−10	− 7	− 3	− 1	0
Aug. 1	0	0	− 1	− 4	− 7	− 9	−11	−11	−10	− 8	− 5	− 2	0
11	− 1	0	− 1	− 2	− 5	− 7	− 9	−10	−10	− 8	− 5	− 3	− 1
21	− 2	0	0	− 1	− 3	− 5	− 7	− 8	− 9	− 8	− 6	− 4	− 2
31	− 2	− 1	0	0	− 1	− 3	− 5	− 7	− 7	− 7	− 6	− 4	− 2
Sept. 10	− 3	− 1	0	0	− 1	− 2	− 3	− 5	− 6	− 6	− 6	− 4	− 3
20	− 3	− 2	− 1	0	0	− 1	− 2	− 3	− 4	− 5	− 5	− 4	− 3
30	− 3	− 2	− 1	0	0	0	− 1	− 2	− 2	− 3	− 4	− 3	− 3
Oct. 10	− 3	− 2	− 1	− 1	0	0	0	− 1	− 1	− 2	− 2	− 3	− 3
20	− 2	− 2	− 2	− 1	− 1	0	0	0	0	− 1	− 1	− 2	− 2
30	− 1	− 1	− 1	− 1	− 1	− 1	0	0	0	0	0	− 1	− 1
Nov. 9	0	− 1	− 1	− 1	− 1	− 1	− 1	0	0	0	0	0	0
19	0	0	− 1	− 1	− 1	− 1	− 1	− 1	− 1	0	0	0	0
29	0	0	0	− 1	− 1	− 1	− 2	− 2	− 2	− 1	− 1	0	0
Dec. 9	− 1	0	0	0	− 1	− 1	− 2	− 2	− 2	− 2	− 2	− 1	− 1
19	− 2	− 1	0	0	0	− 1	− 2	− 3	− 3	− 4	− 3	− 2	− 2
29	− 3	− 2	− 1	0	0	− 1	− 2	− 3	− 4	− 5	− 5	− 4	− 3
39	− 5	− 4	− 2	− 1	0	0	− 1	− 2	− 4	− 5	− 6	− 6	− 5

The second-order day number J' is given in this table in units of 0″0001. The apparent declination of a star is given by:

$$\delta = \delta_1 + \tau\mu_\delta / 100 + Aa' + Bb' + Cc' + J' \tan \delta_1$$

where the declination (δ_1) and centennial proper motion in declination (μ_δ) are referred to the mean equator and equinox of J1995·5

Planetary reduction

Data and formulae are provided for the precise computation for an object within the solar system of apparent geocentric right ascension and declination at an epoch in terrestrial dynamical time, from a barycentric ephemeris in rectangular coordinates and barycentric dynamical time referred to the standard equator and equinox of J2000·0. The stages in the reduction may be summarised as follows:

1. Convert from terrestrial dynamical time TDT (proper time) to barycentric dynamical time TDB (coordinate time).
2. Calculate the geocentric rectangular coordinates of the planet from barycentric ephemerides of the planet and the Earth for the standard equator and equinox of J2000·0 and coordinate time argument TDB, allowing for light time calculated from heliocentric coordinates.
3. Calculate the direction of the planet relative to the natural frame (i.e. the geocentric inertial frame that is instantaneously stationary in the space time reference frame of the solar system), allowing for light deflection due to solar gravitation.
4. Calculate the direction of the planet relative to the geocentric proper frame by applying the correction for the Earth's orbital velocity about the barycentre (i.e. annual aberration). The resulting direction is for the standard equator and equinox of J2000·0.
5. Apply precession and nutation to convert to the true equator and equinox of date.
6. Convert to spherical coordinates.

Formulae and method for planetary reduction

Step 1. The apparent place is required for a time in TDT whilst the barycentric ephemeris is referred to TDB. For calculating an apparent place the following approximate formulae are sufficient for converting from TDT to TDB:

$$\text{TDB} = \text{TDT} + 0\overset{s}{.}001\,658 \sin g + 0\overset{s}{.}000\,014 \sin 2g$$

where $g = 357\overset{\circ}{.}53 + 0\overset{\circ}{.}985\,6003\,(\text{JD} - 245\,1545{\cdot}0)$
and JD = Julian date to two decimals of a day.

Step 2. Obtain the Earth's barycentric position $\mathbf{E}_B(t)$ in au and velocity $\dot{\mathbf{E}}_B(t)$ in au/d, at coordinate time t = TDB referred to the equator and equinox of J2000·0.

Using an ephemeris, obtain the barycentric position of the planet $\mathbf{Q}_B$ in au at time $(t - \tau)$ for the equator and equinox of J2000·0 where τ is the light time, so that light emitted by the planet at the event $\mathbf{Q}_B(t - \tau)$ arrives at the Earth at the event $\mathbf{E}_B(t)$.

The light time equation is solved iteratively using the heliocentric position of the Earth (**E**) and the planet (**Q**), starting with the approximation $\tau = 0$, as follows:

Form **P**, the vector from the Earth to the planet from the equation:

$$\mathbf{P} = \mathbf{Q}_B(t - \tau) - \mathbf{E}_B(t)$$

Form **E** and **Q** from the equations:

$$\mathbf{E} = \mathbf{E}_B(t) - \mathbf{S}_B(t)$$
$$\mathbf{Q} = \mathbf{Q}_B(t - \tau) - \mathbf{S}_B(t - \tau)$$

where $\mathbf{S}_B$ is the barycentric position of the Sun.

Calculate τ from: $c\tau = P + (2\mu/c^2)\ln[(E + P + Q)/(E - P + Q)]$

where the light time (τ) includes the effect of gravitational retardation due to the Sun, and

$\mu = GM_0$ | c = velocity of light = 173·1446 au/d
G = the gravitational constant | $\mu/c^2 = 9{\cdot}87 \times 10^{-9}$ au
M_0 = mass of Sun | $P = |\mathbf{P}|$, $Q = |\mathbf{Q}|$, $E = |\mathbf{E}|$

where | | means calculate the square root of the sum of the squares of the components.

Formulae and method for planetary reduction (continued)

After convergence, form unit vectors **p**, **q**, **e** by dividing **P**, **Q**, **E** by P, Q, E respectively.

Step 3. Calculate the geocentric direction ($\mathbf{p}_1$) of the planet, corrected for light deflection in the natural frame, from:

$$\mathbf{p}_1 = \mathbf{p} + (2\mu/c^2E)((\mathbf{p}\cdot\mathbf{q})\,\mathbf{e} - (\mathbf{e}\cdot\mathbf{p})\,\mathbf{q})/(1+\mathbf{q}\cdot\mathbf{e})$$

where the dot indicates a scalar product. (The scalar product of two vectors is the sum of the products of their corresponding components in the same reference frame.)

The vector $\mathbf{p}_1$ is a unit vector to order μ/c^2.

Step 4. Calculate the proper direction of the planet ($\mathbf{p}_2$) in the geocentric inertial frame that is moving with the instantaneous velocity (**V**) of the Earth relative to the natural frame from:

$$\mathbf{p}_2 = (\beta^{-1}\mathbf{p}_1 + (1 + (\mathbf{p}_1\cdot\mathbf{V})/(1+\beta^{-1}))\,\mathbf{V})/(1+\mathbf{p}_1\cdot\mathbf{V})$$

where $\mathbf{V} = \dot{\mathbf{E}}_B/c = 0{\cdot}005\ 7755\,\dot{\mathbf{E}}_B$ and $\beta = (1 - V^2)^{-1/2}$; the velocity (**V**) is expressed in units of the velocity of light and is equal to the Earth's velocity in the barycentric frame to order V^2.

Step 5. Apply precession and nutation to the proper direction ($\mathbf{p}_2$) by multiplying by the rotation matrix **R** given on the odd pages B45 to B59 to obtain the apparent direction $\mathbf{p}_3$ from:

$$\mathbf{p}_3 = \mathbf{R}\,\mathbf{p}_2$$

using row by column multiplication.

Step 6. Convert to spherical coordinates α, δ using: $\alpha = \tan^{-1}(\eta/\xi), \delta = \sin^{-1}\zeta$ where $\mathbf{p}_3 = (\xi, \eta, \zeta)$ and the quadrant of α is determined by the signs of ξ and η.

Example of planetary reduction

Calculate the apparent place of Venus on 1995 September 15 at 0^h TDT:

Step 1. From page B13, JD = 244 9975·5,
hence $g = 250^\circ\!.63$ and TDB − TDT = $-18{\cdot}0 \times 10^{-9}$ days.
The difference between TDB and TDT may be neglected in this example.

Step 2. Tabular values, taken from the JPL DE200/LE200 barycentric ephemeris, referred to J2000·0, which are required for the calculation, are as follows:

Vector	Julian date (TDB)	Rectangular components x	y	z
$\mathbf{E}_B$	244 9975·5	+0·992 589 327	−0·125 463 958	−0·054 335 439
$\dot{\mathbf{E}}_B$	244 9975·5	+0·002 184 913	+0·015 558 176	+0·006 746 247
$\mathbf{Q}_B$	244 9973·5	−0·719 447 135	−0·065 354 413	+0·015 902 408
	244 9974·5	−0·717 574 057	−0·083 749 049	+0·007 508 384
	244 9975·5	−0·715 135 551	−0·102 071 987	−0·000 889 173
	244 9976·5	−0·712 133 815	−0·120 308 773	−0·009 283 622
	244 9977·5	−0·708 571 496	−0·138 445 035	−0·017 668 329
$\mathbf{S}_B$	244 9974·5	−0·002 800 720	+0·006 901 568	+0·003 048 855
	244 9975·5	−0·002 808 162	+0·006 900 880	+0·003 048 767
	244 9976·5	−0·002 815 606	+0·006 900 182	+0·003 048 675

Example of planetary reduction (continued)

Hence on JD 244 9975·5

$\mathbf{E} = (+0{\cdot}995\ 397\ 489, \quad -0{\cdot}132\ 364\ 838, \quad -0{\cdot}057\ 384\ 206) \qquad E = 1{\cdot}005\ 797\ 971$

The first iteration, with $\tau = 0$, gives:

$\mathbf{P} = (-1{\cdot}707\ 724\ 878, \quad +0{\cdot}023\ 391\ 972, \quad +0{\cdot}053\ 446\ 266) \qquad P = 1{\cdot}708\ 721\ 144$

$\mathbf{Q} = (-0{\cdot}712\ 327\ 389, \quad -0{\cdot}108\ 972\ 867, \quad -0{\cdot}003\ 937\ 940) \qquad Q = 0{\cdot}720\ 625\ 355$

$\tau = 0^{\rm d}{\cdot}009\ 868\ 75$

The second iteration, with $\tau = 0^{\rm d}{\cdot}009\ 868\ 75$ using Stirling's central-difference formula up to δ^4 to interpolate $\mathbf{Q}_{\rm B}$, and up to δ^2 to interpolate $\mathbf{S}_{\rm B}$, gives:

$\mathbf{P} = (-1{\cdot}707\ 751\ 699, \quad +0{\cdot}023\ 572\ 399, \quad +0{\cdot}053\ 529\ 135) \qquad P = 1{\cdot}708\ 753\ 022$

$\mathbf{Q} = (-0{\cdot}712\ 354\ 283, \quad -0{\cdot}108\ 792\ 446, \quad -0{\cdot}003\ 855\ 072) \qquad Q = 0{\cdot}720\ 624\ 231$

$\tau = 0^{\rm d}{\cdot}009\ 868\ 94$

Iterate until P changes by less than 10^{-9}.

Hence the unit vectors are:

$$\mathbf{p} = (-0{\cdot}999\ 414\ 003, \quad +0{\cdot}013\ 795\ 090, \quad +0{\cdot}031\ 326\ 433)$$
$$\mathbf{q} = (-0{\cdot}988\ 523\ 911, \quad -0{\cdot}150\ 969\ 726, \quad -0{\cdot}005\ 349\ 626)$$
$$\mathbf{e} = (+0{\cdot}989\ 659\ 472, \quad -0{\cdot}131\ 601\ 815, \quad -0{\cdot}057\ 053\ 412)$$

Step 3. Calculate the scalar products:

$\mathbf{p}\cdot\mathbf{q} = +0{\cdot}985\ 694\ 414 \quad \mathbf{e}\cdot\mathbf{p} = -0{\cdot}992\ 682\ 274 \quad \mathbf{q}\cdot\mathbf{e} = -0{\cdot}958\ 128\ 948$ then

$$(2\mu/c^2E)((\mathbf{p}\cdot\mathbf{q})\mathbf{e} - (\mathbf{e}\cdot\mathbf{p})\mathbf{q})/(1+\mathbf{q}\cdot\mathbf{e}) = (-0{\cdot}000\ 000\ 003, -0{\cdot}000\ 000\ 131, -0{\cdot}000\ 000\ 029)$$

and $\mathbf{p}_1 = (-0{\cdot}999\ 414\ 006, +0{\cdot}013\ 794\ 959, +0{\cdot}031\ 326\ 404)$

Step 4. Take $\dot{\mathbf{E}}_{\rm B}$ from the table in *Step* 2 and calculate:

$$\mathbf{V} = 0{\cdot}005\ 7755\,\dot{\mathbf{E}}_{\rm B} = (+0{\cdot}000\ 012\ 619, \quad +0{\cdot}000\ 089\ 857, \quad +0{\cdot}000\ 038\ 963)$$

Then $V = 0{\cdot}000\ 098\ 750$, $\beta = 1{\cdot}000\ 000\ 005$ and $\beta^{-1} = 0{\cdot}999\ 999\ 995$

Calculate the scalar product $\mathbf{p}_1\cdot\mathbf{V} = -0{\cdot}000\ 010\ 151$

Then $1 + (\mathbf{p}_1\cdot\mathbf{V})/(1+\beta^{-1}) = 0{\cdot}999\ 994\ 924$

Hence $\mathbf{p}_2 = (-0{\cdot}999\ 411\ 528, \quad +0{\cdot}013\ 884\ 956, \quad +0{\cdot}031\ 365\ 685)$

Step 5. From page B55, the precession and nutation matrix $\mathbf{R}$ is given by:

$$\mathbf{R} = \begin{bmatrix} +0{\cdot}999\ 999\ 49 & +0{\cdot}000\ 923\ 49 & +0{\cdot}000\ 401\ 35 \\ -0{\cdot}000\ 923\ 51 & +0{\cdot}999\ 999\ 57 & +0{\cdot}000\ 036\ 96 \\ -0{\cdot}000\ 401\ 31 & -0{\cdot}000\ 037\ 33 & +0{\cdot}999\ 999\ 92 \end{bmatrix}$$

Hence $\quad \mathbf{p}_3 = \mathbf{R}\,\mathbf{p}_2 = (-0{\cdot}999\ 385\ 61, +0{\cdot}014\ 809\ 08, +0{\cdot}031\ 766\ 24)$

Step 6. Converting to spherical coordinates

$$\alpha = 11^{\rm h}\ 56^{\rm m}\ 36^{\rm s}{\cdot}25 \qquad \delta = +1^\circ\ 49'\ 13''{\cdot}4$$

The geometric distance between the Earth and Venus at time t = JD 244 9975·5 is the value of $P = 1{\cdot}708\ 721\ 144$ au in the first iteration in *Step* 2, where $\tau = 0$. The light path distance between the Earth at time t and Venus at time $(t - \tau)$ is the value of $P = 1{\cdot}708\ 753\ 023$ au in the final iteration in *Step* 2, where $\tau = 0^{\rm d}{\cdot}009\ 868\ 94$.

Solar reduction

The method for solar reduction is identical to the method for planetary reduction, except for the following differences:

In *Step* 2 set $\mathbf{Q}_B = \mathbf{S}_B$ and hence $\mathbf{P} = \mathbf{S}_B(t-\tau) - \mathbf{E}_B(t)$. Calculate the light time (τ) by iteration from $\tau = P/c$ and form the unit vector $\mathbf{p}$ only.

In *Step* 3 set $\mathbf{p}_1 = \mathbf{p}$ since there is no light deflection from the centre of the Sun's disk.

Stellar reduction

The method for planetary reduction may be applied with some modification to the calculation of the apparent places of stars.

The barycentric direction of a star at epoch TDB is calculated from its right ascension, declination and space motion for the standard equator and equinox of J2000·0 on the FK5 system. A concise method of conversion from B1950·0 on the FK4 system to J2000·0 on the FK5 system is given on page B42.

The main modifications to the planetary reduction in the stellar case are: in *Step* 1, the distinction between TDB and TDT is not significant; in *Step* 2, the space motion of the star is included but light time is ignored; in *Step* 3, the relativity term for light deflection is modified to the asymptotic case where the star is assumed to be at infinity.

Formulae and method for stellar reduction

The steps in the stellar reduction are as follows:

Step 1. Set TDB = TDT

Step 2. Obtain the Earth's barycentric position $\mathbf{E}_B$ in au and velocity $\dot{\mathbf{E}}_B$ in au/d, at coordinate time t = TDB referred to the equator and equinox of J2000·0.

The barycentric direction ($\mathbf{q}$) of a star at epoch J2000·0, referred to the standard equator and equinox of J2000·0, is given by:

$$\mathbf{q} = (\cos\alpha_0 \cos\delta_0,\ \sin\alpha_0 \cos\delta_0,\ \sin\delta_0)$$

where α_0 and δ_0 are the right ascension and declination for the equator, equinox and epoch of J2000·0.

The space motion vector $\mathbf{m} = (m_x, m_y, m_z)$ of the star expressed in radians per century, is given by:

$$\begin{aligned} m_x &= -\mu_\alpha \cos\delta_0 \sin\alpha_0 - \mu_\delta \sin\delta_0 \cos\alpha_0 + v\,\pi \cos\delta_0 \cos\alpha_0 \\ m_y &= \mu_\alpha \cos\delta_0 \cos\alpha_0 - \mu_\delta \sin\delta_0 \sin\alpha_0 + v\,\pi \cos\delta_0 \sin\alpha_0 \\ m_z &= \mu_\delta \cos\delta_0 + v\,\pi \sin\delta_0 \end{aligned}$$

where these expressions take into account radial velocity (v) in au/century (1 km/s = 21·095 au/century), measured positively away from the Earth, as well as proper motion (μ_α, μ_δ) in right ascension and declination in radians/century, and π is the parallax in radians.

Calculate $\mathbf{P}$, the geocentric vector of the star at the required epoch, from:

$$\mathbf{P} = \mathbf{q} + T\,\mathbf{m} - \pi\,\mathbf{E}_B$$

where T = (JD − 245 1545·0)/36 525, which is the interval in Julian centuries from J2000·0, and JD is the Julian date to one decimal of a day.

Formulae and method for stellar reduction (continued)

Form the heliocentric position of the Earth (**E**) from:

$$\mathbf{E} = \mathbf{E}_B - \mathbf{S}_B$$

where $\mathbf{S}_B$ is the barycentric position of the Sun at time *t*.

Form the geocentric direction (**p**) of the star and the unit vector (**e**) from $\mathbf{p} = \mathbf{P}/|\mathbf{P}|$ and $\mathbf{e} = \mathbf{E}/|\mathbf{E}|$.

Step 3. Calculate the geocentric direction ($\mathbf{p}_1$) of the star, corrected for light deflection in the natural frame, from:

$$\mathbf{p}_1 = \mathbf{p} + (2\mu/c^2 E)(\mathbf{e} - (\mathbf{p}\cdot\mathbf{e})\mathbf{p})/(1 + \mathbf{p}\cdot\mathbf{e})$$

where the dot indicates a scalar product, $\mu/c^2 = 9{\cdot}87 \times 10^{-9}$ au and $E = |\mathbf{E}|$. Note that the expression is derived from the planetary case by substituting $\mathbf{q} = \mathbf{p}$ in the small term which allows for light deflection.

The vector $\mathbf{p}_1$ is a unit vector to order μ/c^2.

Step 4. Calculate the proper direction ($\mathbf{p}_2$) in the geocentric inertial frame, that is moving with the instantaneous velocity (**V**) of the Earth relative to the natural frame, from:

$$\mathbf{p}_2 = (\beta^{-1}\mathbf{p}_1 + (1 + (\mathbf{p}_1\cdot\mathbf{V})/(1+\beta^{-1}))\mathbf{V})/(1 + \mathbf{p}_1\cdot\mathbf{V})$$

where $\mathbf{V} = \dot{\mathbf{E}}_B/c = 0{\cdot}005\,7755\,\dot{\mathbf{E}}_B$ and $\beta = (1 - V^2)^{-1/2}$; the velocity (**V**) is expressed in units of velocity of light and is equal to the Earth's velocity in the barycentric frame to order V^2.

Step 5. Apply precession and nutation to the proper direction ($\mathbf{p}_2$) by multiplying by the rotation matrix (**R**), given on the odd pages B45 to B59, to obtain the apparent direction ($\mathbf{p}_3$) from:

$$\mathbf{p}_3 = \mathbf{R}\,\mathbf{p}_2$$

using row by column multiplication.

Step 6. Convert to spherical coordinates (α, δ) using: $\alpha = \tan^{-1}(\eta/\xi)$, $\delta = \sin^{-1}\zeta$ where $\mathbf{p}_3 = (\xi, \eta, \zeta)$ and the quadrant of α is determined by the signs of ξ and η.

Example of stellar reduction

Calculate the apparent position of a fictitious star on 1995 January 1 at 0^h TDT. The mean right ascension (α_0), declination (δ_0), centennial proper motions (μ_α, μ_δ), parallax (π) and radial velocity (v) of the star at the standard equator and equinox of J2000·0 are given by:

$\alpha_0 = 14^h\ 39^m\ 36^s\!.087$ $\quad\delta_0 = -60°\ 50'\ 07''\!.14$ $\quad\pi = 0''\!.752 = 3{\cdot}6458 \times 10^{-6}$ rad
$\mu_\alpha = -49{\cdot}486$ s/cy $\quad\mu_\delta = +69{\cdot}60''$/cy $\quad v = -22{\cdot}2$ km/s
$= -0{\cdot}003\,598\,723$ rad/cy, $\quad= +0{\cdot}000\,337\,430$ rad/cy, $v\pi = -0{\cdot}001\,707\,357$ rad/cy

Step 1. TDB = TDT = JD 244 9718·5

Step 2. Tabular values of $\mathbf{E}_B$, $\dot{\mathbf{E}}_B$ and $\mathbf{S}_B$, taken from the JPL DE200/LE200 barycentric ephemeris referred to J2000·0, are:

Vector	Julian date (TDB)	Rectangular components *x*	*y*	*z*
$\mathbf{E}_B$	244 9718·5	−0·174 447 981	+0·894 808 769	+0·387 960 276
$\dot{\mathbf{E}}_B$	244 9718·5	−0·017 229 478	−0·002 842 347	−0·001 232 671
$\mathbf{S}_B$	244 9718·5	−0·000 967 433	+0·006 779 525	+0·002 945 108

Example of stellar reduction (continued)

From the positional data, calculate:

$$\mathbf{q} = (-0{\cdot}373\ 854\ 098,\ -0{\cdot}312\ 594\ 565,\ -0{\cdot}873\ 222\ 624)$$
$$\mathbf{m} = (-0{\cdot}000\ 712\ 685,\ +0{\cdot}001\ 690\ 102,\ +0{\cdot}001\ 655\ 339)$$

Form $\mathbf{P} = \mathbf{q} + T\,\mathbf{m} - \pi\,\mathbf{E}_B = (-0{\cdot}373\ 817\ 823,\ -0{\cdot}312\ 682\ 344,\ -0{\cdot}873\ 306\ 817)$

where $T = (244\ 9718{\cdot}5 - 245\ 1545{\cdot}0)/36\ 525 = -0{\cdot}050\ 006\ 845,$

and form $\mathbf{E} = \mathbf{E}_B - \mathbf{S}_B = (-0{\cdot}173\ 480\ 548,\ +0{\cdot}888\ 029\ 244,\ +0{\cdot}385\ 015\ 168),$
$E = 0{\cdot}983\ 325\ 032$

Hence the unit vectors are:

$$\mathbf{p} = (-0{\cdot}373\ 785\ 154,\ -0{\cdot}312\ 655\ 017,\ -0{\cdot}873\ 230\ 496)$$
$$\mathbf{e} = (-0{\cdot}176\ 422\ 386,\ +0{\cdot}903\ 088\ 211,\ +0{\cdot}391\ 544\ 154)$$

Step 3. Calculate the scalar product $\mathbf{p}\cdot\mathbf{e} = -0{\cdot}558\ 319\ 288$, then

$(2\mu/c^2E)(\mathbf{e} - (\mathbf{p}\cdot\mathbf{e})\mathbf{p})/(1 + \mathbf{p}\cdot\mathbf{e}) = (-0{\cdot}000\ 000\ 018,\ +0{\cdot}000\ 000\ 033,\ -0{\cdot}000\ 000\ 004)$

and $\mathbf{p}_1 = (-0{\cdot}373\ 785\ 171,\ -0{\cdot}312\ 654\ 984,\ -0{\cdot}873\ 230\ 500)$

Step 4.

Calculate $\mathbf{V} = 0{\cdot}005\ 7755\,\dot{\mathbf{E}}_B = (-0{\cdot}000\ 099\ 509,\ -0{\cdot}000\ 016\ 416,\ -0{\cdot}000\ 007\ 119)$ where $\dot{\mathbf{E}}_B$ is taken from the table in *Step* 2.

Then $V = 0{\cdot}000\ 101\ 105$, $\beta = 1{\cdot}000\ 000\ 005$ and $\beta^{-1} = 0{\cdot}999\ 999\ 995$

Calculate the scalar product $\mathbf{p}_1\cdot\mathbf{V} = +0{\cdot}000\ 048\ 544$

Then $1 + (\mathbf{p}_1\cdot\mathbf{V})/(1+\beta^{-1}) = 1{\cdot}000\ 024\ 272$

Hence $\mathbf{p}_2 = (-0{\cdot}373\ 866\ 532,\ -0{\cdot}312\ 656\ 221,\ -0{\cdot}873\ 195\ 227)$

Step 5. From page B45, the precession and nutation matrix $\mathbf{R}$ is given by:

$$\mathbf{R} = \begin{bmatrix} +0{\cdot}999\ 999\ 33 & +0{\cdot}001\ 063\ 98 & +0{\cdot}000\ 462\ 41 \\ -0{\cdot}001\ 064\ 00 & +0{\cdot}999\ 999\ 43 & +0{\cdot}000\ 036\ 21 \\ -0{\cdot}000\ 462\ 37 & -0{\cdot}000\ 036\ 70 & +0{\cdot}999\ 999\ 89 \end{bmatrix}$$

Hence $\mathbf{p}_3 = \mathbf{R}\,\mathbf{p}_2 = (-0{\cdot}374\ 602\ 72,\ -0{\cdot}312\ 289\ 87,\ -0{\cdot}873\ 010\ 79)$

Step 6. Converting to spherical coordinates:

$$\alpha = 14^{h}\ 39^{m}\ 15^{s}{\cdot}957 \qquad \delta = -60°\ 48'\ 37''{\cdot}51$$

Conversion of stellar positions and proper motions from the standard epoch B1950·0 to the standard epoch J2000·0

A matrix method for calculating the mean place of a star at J2000·0 on the FK5 system from the mean place at B1950·0 on the FK4 system, ignoring the systematic corrections FK5–FK4 and individual star corrections to the FK5, is as follows:

1. From a star catalogue obtain the FK4 position (α_0, δ_0), in degrees, proper motion ($\mu_{\alpha 0}, \mu_{\delta 0}$) in seconds of arc per tropical century, parallax (π_0) in seconds of arc and radial velocity (v_0) in km/s for B1950·0. If π_0 or v_0 are unspecified, set them both equal to zero.

2. Calculate the rectangular components of the position vector $\mathbf{r}_0$ and velocity vector $\dot{\mathbf{r}}_0$ from:

$$\mathbf{r}_0 = \begin{bmatrix} \cos\alpha_0 \cos\delta_0 \\ \sin\alpha_0 \cos\delta_0 \\ \sin\delta_0 \end{bmatrix} \qquad \dot{\mathbf{r}}_0 = \begin{bmatrix} -\mu_{\alpha 0} \sin\alpha_0 \cos\delta_0 - \mu_{\delta 0} \cos\alpha_0 \sin\delta_0 \\ \mu_{\alpha 0} \cos\alpha_0 \cos\delta_0 - \mu_{\delta 0} \sin\alpha_0 \sin\delta_0 \\ \mu_{\delta 0} \cos\delta_0 \end{bmatrix} + 21{\cdot}095\, v_0\, \pi_0\, \mathbf{r}_0$$

3. Remove the effects of the E-terms of aberration to form $\mathbf{r}_1$ and $\dot{\mathbf{r}}_1$ from:

$$\mathbf{r}_1 = \mathbf{r}_0 - \mathbf{A} + (\mathbf{r}_0 \cdot \mathbf{A})\, \mathbf{r}_0$$

$$\dot{\mathbf{r}}_1 = \dot{\mathbf{r}}_0 - \dot{\mathbf{A}} + (\mathbf{r}_0 \cdot \dot{\mathbf{A}})\, \mathbf{r}_0$$

where $\mathbf{A} = \begin{bmatrix} -1{\cdot}625\,57 \\ -0{\cdot}319\,19 \\ -0{\cdot}138\,43 \end{bmatrix} \times 10^{-6}$ radians, $\dot{\mathbf{A}} = \begin{bmatrix} +1''{\cdot}245 \\ -1''{\cdot}580 \\ -0''{\cdot}659 \end{bmatrix} \times 10^{-3}$ per tropical cy.

The terms $(\mathbf{r}_0 \cdot \mathbf{A})$ and $(\mathbf{r}_0 \cdot \dot{\mathbf{A}})$ are scalar products.

4. Form the vector $\mathbf{R}_1 = \begin{bmatrix} \mathbf{r}_1 \\ \dot{\mathbf{r}}_1 \end{bmatrix}$ and calculate the vector $\mathbf{R} = \begin{bmatrix} \mathbf{r} \\ \dot{\mathbf{r}} \end{bmatrix}$ from:

$$\mathbf{R} = \mathbf{M}\mathbf{R}_1$$

where $\mathbf{M}$ is a constant 6×6 matrix given by:

$$\begin{bmatrix}
+0{\cdot}999\,925\,6782 & -0{\cdot}011\,182\,0611 & -0{\cdot}004\,857\,9477 & +0{\cdot}000\,002\,423\,950\,18 & -0{\cdot}000\,000\,027\,106\,63 & -0{\cdot}000\,000\,011\,776\,56 \\
+0{\cdot}011\,182\,0610 & +0{\cdot}999\,937\,4784 & -0{\cdot}000\,027\,1765 & +0{\cdot}000\,000\,027\,106\,63 & +0{\cdot}000\,002\,423\,978\,78 & -0{\cdot}000\,000\,000\,065\,87 \\
+0{\cdot}004\,857\,9479 & -0{\cdot}000\,027\,1474 & +0{\cdot}999\,988\,1997 & +0{\cdot}000\,000\,011\,776\,56 & -0{\cdot}000\,000\,000\,065\,82 & +0{\cdot}000\,002\,424\,101\,73 \\
-0{\cdot}000\,551 & -0{\cdot}238\,565 & +0{\cdot}435\,739 & +0{\cdot}999\,947\,04 & -0{\cdot}011\,182\,51 & -0{\cdot}004\,857\,67 \\
+0{\cdot}238\,514 & -0{\cdot}002\,667 & -0{\cdot}008\,541 & +0{\cdot}011\,182\,51 & +0{\cdot}999\,958\,83 & -0{\cdot}000\,027\,18 \\
-0{\cdot}435\,623 & +0{\cdot}012\,254 & +0{\cdot}002\,117 & +0{\cdot}004\,857\,67 & -0{\cdot}000\,027\,14 & +1{\cdot}000\,009\,56
\end{bmatrix}$$

and set $(x, y, z, \dot{x}, \dot{y}, \dot{z}) = \mathbf{R}'$.

5. Calculate the FK5 mean position (α_1, δ_1), proper motion ($\mu_{\alpha 1}, \mu_{\delta 1}$) in seconds of arc per Julian century, parallax (π_1) in seconds of arc and radial velocity (v_1) in km/s for J2000·0 from:

$$\cos\alpha_1 \cos\delta_1 = x/r \qquad \sin\alpha_1 \cos\delta_1 = y/r \qquad \sin\delta_1 = z/r$$

$$\mu_{\alpha 1} = (x\dot{y} - y\dot{x})/(x^2 + y^2) \qquad \mu_{\delta 1} = [\dot{z}(x^2 + y^2) - z(x\dot{x} + y\dot{y})]/[r^2(x^2 + y^2)^{1/2}]$$

$$v_1 = (x\dot{x} + y\dot{y} + z\dot{z})/(21{\cdot}095\pi_0 r) \qquad \pi_1 = \pi_0/r$$

where $r = (x^2 + y^2 + z^2)^{1/2}$.

If π_0 is zero set $v_1 = v_0$.

References

Standish, E.M., (1982) *Astron. Astrophys.*, **115**, 20–22.

Aoki, S., Sôma, M., Kinoshita, H., Inoue, K., (1983) *Astron. Astrophys.*, **128**, 263–267.

Conversion of stellar positions and proper motions from the standard epoch J2000·0 to the standard epoch B1950·0

A matrix method for calculating the mean place of a star at B1950·0 on the FK4 system from the mean place at J2000·0 on the FK5 system, ignoring the systematic corrections FK4–FK5 and individual star corrections to the FK4, is as follows:

1. From a star catalogue obtain the FK5 position (α_0, δ_0), in degrees, proper motion ($\mu_{\alpha 0}, \mu_{\delta 0}$) in seconds of arc per Julian century, parallax (π_0) in seconds of arc and radial velocity (v_0) in km/s for J2000·0. If π_0 or v_0 are unspecified, set them both equal to zero.

2. Calculate the rectangular components of the position vector $\mathbf{r}_0$ and velocity vector $\dot{\mathbf{r}}_0$ from:

$$\mathbf{r}_0 = \begin{bmatrix} \cos\alpha_0 \cos\delta_0 \\ \sin\alpha_0 \cos\delta_0 \\ \sin\delta_0 \end{bmatrix} \qquad \dot{\mathbf{r}}_0 = \begin{bmatrix} -\mu_{\alpha 0} \sin\alpha_0 \cos\delta_0 - \mu_{\delta 0} \cos\alpha_0 \sin\delta_0 \\ \mu_{\alpha 0} \cos\alpha_0 \cos\delta_0 - \mu_{\delta 0} \sin\alpha_0 \sin\delta_0 \\ \mu_{\delta 0} \cos\delta_0 \end{bmatrix} + 21{\cdot}095\, v_0\, \pi_0\, \mathbf{r}_0$$

3. Form the vector $\mathbf{R}_0 = \begin{bmatrix} \mathbf{r}_0 \\ \dot{\mathbf{r}}_0 \end{bmatrix}$ and calculate the vector $\mathbf{R}_1 = \begin{bmatrix} \mathbf{r}_1 \\ \dot{\mathbf{r}}_1 \end{bmatrix}$ from:

$$\mathbf{R}_1 = \mathbf{M}^{-1}\, \mathbf{R}_0$$

where $\mathbf{M}^{-1}$ is a constant 6×6 matrix given by:

$$\begin{bmatrix} +0{\cdot}999\,925\,6795 & +0{\cdot}011\,181\,4828 & +0{\cdot}004\,859\,0039 & -0{\cdot}000\,002\,423\,898\,40 & -0{\cdot}000\,000\,027\,105\,44 & -0{\cdot}000\,000\,011\,777\,42 \\ -0{\cdot}011\,181\,4828 & +0{\cdot}999\,937\,4849 & -0{\cdot}000\,027\,1771 & +0{\cdot}000\,000\,027\,105\,44 & -0{\cdot}000\,002\,423\,927\,02 & +0{\cdot}000\,000\,000\,065\,85 \\ -0{\cdot}004\,859\,0040 & -0{\cdot}000\,027\,1557 & +0{\cdot}999\,988\,1946 & +0{\cdot}000\,000\,011\,777\,42 & +0{\cdot}000\,000\,000\,065\,85 & -0{\cdot}000\,002\,424\,049\,95 \\ -0{\cdot}000\,551 & +0{\cdot}238\,509 & -0{\cdot}435\,614 & +0{\cdot}999\,904\,32 & +0{\cdot}011\,181\,45 & +0{\cdot}004\,858\,52 \\ -0{\cdot}238\,560 & -0{\cdot}002\,667 & +0{\cdot}012\,254 & -0{\cdot}011\,181\,45 & +0{\cdot}999\,916\,13 & -0{\cdot}000\,027\,17 \\ +0{\cdot}435\,730 & -0{\cdot}008\,541 & +0{\cdot}002\,117 & -0{\cdot}004\,858\,52 & -0{\cdot}000\,027\,16 & +0{\cdot}999\,966\,84 \end{bmatrix}$$

4. Include the effects of the E-terms of aberration as follows: Form $\mathbf{s}_1 = \mathbf{r}_1/r_1$ and $\dot{\mathbf{s}}_1 = \dot{\mathbf{r}}_1/r_1$ where $r_1 = (x_1^2 + y_1^2 + z_1^2)^{1/2}$.

Set $\mathbf{s} = \mathbf{s}_1$ and calculate $\mathbf{r}$ from $\mathbf{r} = \mathbf{s}_1 + \mathbf{A} - (\mathbf{s} \cdot \mathbf{A})\,\mathbf{s}$, where

$$\mathbf{A} = \begin{bmatrix} -1{\cdot}625\,57 \\ -0{\cdot}319\,19 \\ -0{\cdot}138\,43 \end{bmatrix} \times 10^{-6} \text{ radians,}$$

and $(\mathbf{s} \cdot \mathbf{A})$ is a scalar product.

Set $\mathbf{s} = \mathbf{r}/r$ and iterate the expression for $\mathbf{r}$ once or twice until a consistent value for $\mathbf{r}$ is obtained, then calculate:

$$\dot{\mathbf{r}} = \dot{\mathbf{s}}_1 + \dot{\mathbf{A}} - (\mathbf{s} \cdot \dot{\mathbf{A}})\,\mathbf{s} \qquad \text{where} \qquad \dot{\mathbf{A}} = \begin{bmatrix} +1''245 \\ -1''580 \\ -0''659 \end{bmatrix} \times 10^{-3} \text{ per tropical cy}$$

5. Calculate the FK4 mean position (α_1, δ_1), proper motion ($\mu_{\alpha 1}, \mu_{\delta 1}$) in seconds of arc per tropical century, parallax (π_1) in seconds of arc and radial velocity (v_1) in km/s for B1950·0, as follows:

Set $$(x, y, z) = \mathbf{r}' \quad (\dot{x}, \dot{y}, \dot{z}) = \dot{\mathbf{r}}' \quad \text{and} \quad r = (x^2 + y^2 + z^2)^{1/2}$$

Then $$\cos\alpha_1 \cos\delta_1 = x/r \qquad \sin\alpha_1 \cos\delta_1 = y/r \qquad \sin\delta_1 = z/r$$

$$\mu_{\alpha 1} = (x\dot{y} - y\dot{x})/(x^2 + y^2) \qquad \mu_{\delta 1} = [\dot{z}(x^2 + y^2) - z(x\dot{x} + y\dot{y})]/[r^2(x^2 + y^2)^{1/2}]$$

In step 4 set

$$(x_1, y_1, z_1) = \mathbf{r}_1' \quad (\dot{x}_1, \dot{y}_1, \dot{z}_1) = \dot{\mathbf{r}}_1' \quad \text{and} \quad r_1 = (x_1^2 + y_1^2 + z_1^2)^{1/2}$$

then $$v_1 = (x_1\dot{x}_1 + y_1\dot{y}_1 + z_1\dot{z}_1)/(21{\cdot}095\pi_0 r_1) \qquad \pi_1 = \pi_0/r_1$$

If π_0 is zero set $v_1 = v_0$.

ORIGIN AT SOLAR SYSTEM BARYCENTRE

MEAN EQUATOR AND EQUINOX J2000·0

Date 0^h TDB		X	Y	Z	$\dot{X}$	$\dot{Y}$	$\dot{Z}$
Jan.	**0**	−0·157 192 423	+0·897 511 901	+0·389 132 653	−1728 0662	− 256 3784	− 111 2020
	1	·174 447 981	·894 808 769	·387 960 276	1722 9478	284 2347	123 2671
	2	·191 649 430	·891 827 510	·386 667 453	1717 2451	311 9999	135 2897
	3	·208 790 957	·888 569 146	·385 254 649	1710 9646	339 6525	147 2620
	4	·225 866 831	·885 034 898	·383 722 404	1704 1166	367 1739	159 1770
	5	−0·242 871 438	+0·881 226 157	+0·382 071 319	−1696 7133	− 394 5488	− 171 0294
	6	·259 799 289	·877 144 449	·380 302 040	1688 7676	421 7657	182 8149
	7	·276 645 021	·872 791 399	·378 415 254	1680 2913	448 8157	194 5304
	8	·293 403 382	·868 168 714	·376 411 674	1671 2951	475 6917	206 1732
	9	·310 069 222	·863 278 166	·374 292 040	1661 7886	502 3875	217 7408
	10	−0·326 637 482	+0·858 121 582	+0·372 057 116	−1651 7802	− 528 8979	− 229 2310
	11	·343 103 179	·852 700 844	·369 707 686	1641 2776	555 2175	240 6416
	12	·359 461 411	·847 017 883	·367 244 557	1630 2881	581 3417	251 9703
	13	·375 707 342	·841 074 677	·364 668 558	1618 8187	607 2658	263 2153
	14	·391 836 208	·834 873 246	·361 980 537	1606 8761	632 9862	274 3746
	15	−0·407 843 308	+0·828 415 645	+0·359 181 359	−1594 4667	− 658 4993	− 285 4464
	16	·423 724 004	·821 703 959	·356 271 904	1581 5959	683 8027	296 4295
	17	·439 473 704	·814 740 296	·353 253 070	1568 2685	708 8945	307 3223
	18	·455 087 863	·807 526 780	·350 125 763	1554 4879	733 7731	318 1238
	19	·470 561 958	·800 065 548	·346 890 903	1540 2559	758 4373	328 8325
	20	−0·485 891 478	+0·792 358 754	+0·343 549 426	−1525 5730	− 782 8854	− 339 4471
	21	·501 071 909	·784 408 569	·340 102 282	1510 4377	807 1150	349 9656
	22	·516 098 715	·776 217 195	·336 550 442	1494 8475	831 1225	360 3857
	23	·530 967 330	·767 786 877	·332 894 906	1478 7986	854 9026	370 7043
	24	·545 673 144	·759 119 925	·329 136 708	1462 2867	878 4481	380 9176
	25	−0·560 211 505	+0·750 218 729	+0·325 276 921	−1445 3074	− 901 7494	− 391 0211
	26	·574 577 719	·741 085 791	·321 316 671	1427 8566	924 7945	401 0092
	27	·588 767 059	·731 723 743	·317 257 143	1409 9322	947 5685	410 8756
	28	·602 774 784	·722 135 381	·313 099 587	1391 5342	970 0544	420 6134
	29	·616 596 176	·712 323 676	·308 845 327	1372 6664	992 2337	430 2153
	30	−0·630 226 573	+0·702 291 791	+0·304 495 758	−1353 3368	−1014 0876	− 439 6741
	31	·643 661 413	·692 043 069	·300 052 344	1333 5574	1035 5984	448 9834
Feb.	**1**	·656 896 271	·681 581 017	·295 516 606	1313 3431	1056 7512	458 1379
	2	·669 926 882	·670 909 278	·290 890 115	1292 7109	1077 5343	467 1335
	3	·682 749 154	·660 031 592	·286 174 475	1271 6780	1097 9394	475 9675
	4	−0·695 359 160	+0·648 951 770	+0·281 371 312	−1250 2606	−1117 9608	− 484 6378
	5	·707 753 135	·637 673 668	·276 482 269	1228 4739	1137 5948	493 1432
	6	·719 927 453	·626 201 173	·271 509 001	1206 3315	1156 8390	501 4827
	7	·731 878 620	·614 538 193	·266 453 170	1183 8457	1175 6916	509 6556
	8	·743 603 259	·602 688 652	·261 316 448	1161 0279	1194 1509	517 6610
	9	−0·755 098 107	+0·590 656 490	+0·256 100 512	−1137 8890	−1212 2157	− 525 4982
	10	·766 360 003	·578 445 656	·250 807 047	1114 4393	1229 8850	533 1666
	11	·777 385 891	·566 060 110	·245 437 744	1090 6890	1247 1583	540 6657
	12	·788 172 813	·553 503 810	·239 994 298	1066 6477	1264 0357	547 9954
	13	·798 717 906	·540 780 713	·234 478 403	1042 3244	1280 5181	555 1554
	14	−0·809 018 389	+0·527 894 759	+0·228 891 754	−1017 7271	−1296 6073	− 562 1461
	15	−0·819 071 555	+0·514 849 869	+0·223 236 044	− 992 8619	−1312 3057	− 568 9677

$\dot{X}$, $\dot{Y}$, $\dot{Z}$ are in units of 10^{-9} au / d.

MATRIX ELEMENTS FOR CONVERSION FROM MEAN EQUINOX OF J2000·0 TO TRUE EQUINOX OF DATE

Julian Date	$R_{11}-1$	R_{12}	R_{13}	R_{21}	$R_{22}-1$	R_{23}	R_{31}	R_{32}	$R_{33}-1$
244									
9717·5	− 67	+106 533	+ 46 300	−106 535	− 57	+3621	− 46 296	−3670	− 11
9718·5	67	106 398	46 241	106 400	57	3621	46 237	3670	11
9719·5	67	106 271	46 186	106 273	57	3609	46 182	3658	11
9720·5	67	106 165	46 140	106 167	56	3589	46 136	3638	11
9721·5	67	106 083	46 105	106 085	56	3567	46 101	3615	11
9722·5	− 67	+106 025	+ 46 079	−106 027	− 56	+3547	− 46 076	−3596	− 11
9723·5	67	105 983	46 061	105 984	56	3534	46 057	3583	11
9724·5	67	105 948	46 046	105 949	56	3529	46 042	3577	11
9725·5	67	105 912	46 030	105 914	56	3531	46 027	3579	11
9726·5	67	105 870	46 012	105 872	56	3538	46 008	3587	11
9727·5	− 67	+105 817	+ 45 989	−105 818	− 56	+3550	− 45 985	−3598	− 11
9728·5	66	105 750	45 960	105 752	56	3562	45 956	3610	11
9729·5	66	105 670	45 925	105 672	56	3572	45 921	3621	11
9730·5	66	105 578	45 885	105 580	56	3579	45 881	3627	11
9731·5	66	105 479	45 842	105 481	56	3580	45 838	3628	11
9732·5	− 66	+105 377	+ 45 798	−105 379	− 56	+3574	− 45 794	−3622	− 11
9733·5	66	105 278	45 755	105 279	55	3561	45 751	3609	11
9734·5	66	105 188	45 716	105 190	55	3542	45 712	3590	11
9735·5	66	105 112	45 683	105 114	55	3519	45 679	3567	11
9736·5	66	105 053	45 657	105 055	55	3496	45 653	3544	10
9737·5	− 66	+105 011	+ 45 639	−105 012	− 55	+3476	− 45 635	−3524	− 10
9738·5	66	104 980	45 625	104 981	55	3462	45 622	3510	10
9739·5	65	104 954	45 614	104 956	55	3457	45 610	3505	10
9740·5	65	104 924	45 601	104 926	55	3460	45 597	3508	10
9741·5	65	104 881	45 582	104 882	55	3471	45 578	3519	10
9742·5	− 65	+104 817	+ 45 554	−104 819	− 55	+3486	− 45 551	−3534	− 10
9743·5	65	104 731	45 517	104 732	55	3499	45 513	3547	10
9744·5	65	104 625	45 471	104 627	55	3506	45 467	3554	10
9745·5	65	104 510	45 421	104 511	55	3503	45 417	3551	10
9746·5	65	104 397	45 372	104 398	55	3490	45 368	3537	10
9747·5	− 65	+104 298	+ 45 329	−104 299	− 54	+3467	− 45 325	−3514	− 10
9748·5	65	104 222	45 296	104 223	54	3440	45 292	3487	10
9749·5	65	104 170	45 273	104 171	54	3413	45 270	3460	10
9750·5	64	104 138	45 259	104 139	54	3391	45 256	3439	10
9751·5	64	104 118	45 251	104 119	54	3378	45 247	3425	10
9752·5	− 64	+104 101	+ 45 243	−104 103	− 54	+3372	− 45 240	−3419	− 10
9753·5	64	104 080	45 234	104 081	54	3373	45 230	3420	10
9754·5	64	104 049	45 220	104 050	54	3380	45 217	3427	10
9755·5	64	104 005	45 201	104 006	54	3388	45 198	3435	10
9756·5	64	103 947	45 176	103 949	54	3396	45 173	3443	10
9757·5	− 64	+103 878	+ 45 146	−103 880	− 54	+3401	− 45 143	−3448	− 10
9758·5	64	103 801	45 113	103 802	54	3401	45 109	3448	10
9759·5	64	103 718	45 077	103 720	54	3395	45 073	3442	10
9760·5	64	103 637	45 042	103 639	54	3382	45 038	3429	10
9761·5	64	103 563	45 010	103 565	54	3364	45 006	3410	10
9762·5	− 64	+103 501	+ 44 983	−103 503	− 54	+3340	− 44 979	−3387	− 10
9763·5	− 64	+103 456	+ 44 963	−103 458	− 54	+3316	− 44 960	−3362	− 10

Values are in units of 10^{-8}.

ORIGIN AT SOLAR SYSTEM BARYCENTRE
MEAN EQUATOR AND EQUINOX J2000·0

Date 0ʰ TDB		X	Y	Z	$\dot{X}$	$\dot{Y}$	$\dot{Z}$
Feb.	**15**	−0·819 071 555	+0·514 849 869	+0·223 236 044	− 992 8619	−1312 3057	− 568 9677
	16	·828 874 750	·501 649 938	·217 512 962	967 7335	1327 6159	575 6207
	17	·838 425 356	·488 298 839	·211 724 194	942 3442	1342 5398	582 1049
	18	·847 720 765	·474 800 427	·205 871 429	916 6943	1357 0783	588 4198
	19	·856 758 368	·461 158 561	·199 956 365	890 7825	1371 2303	594 5642
	20	−0·865 535 537	+0·447 377 121	+0·193 980 720	− 864 6070	−1384 9922	− 600 5358
	21	·874 049 623	·433 460 038	·187 946 235	838 1660	1398 3578	606 3315
	22	·882 297 968	·419 411 317	·181 854 689	811 4587	1411 3181	611 9473
	23	·890 277 912	·405 235 062	·175 707 904	784 4862	1423 8624	617 3787
	24	·897 986 820	·390 935 498	·169 507 747	757 2521	1435 9780	622 6206
	25	−0·905 422 104	+0·376 516 976	+0·163 256 141	− 729 7629	−1447 6514	− 627 6678
	26	·912 581 259	·361 983 989	·156 955 056	702 0281	1458 8690	632 5155
	27	·919 461 889	·347 341 159	·150 606 511	674 0604	1469 6179	637 1590
	28	·926 061 740	·332 593 230	·144 212 569	645 8751	1479 8870	641 5946
Mar.	**1**	·932 378 724	·317 745 048	·137 775 322	617 4898	1489 6674	645 8194
	2	−0·938 410 930	+0·302 801 532	+0·131 296 889	− 588 9228	−1498 9530	− 649 8317
	3	·944 156 637	·287 767 648	·124 779 399	560 1928	1507 7406	653 6307
	4	·949 614 303	·272 648 382	·118 224 986	531 3176	1516 0294	657 2165
	5	·954 782 560	·257 448 720	·111 635 779	502 3137	1523 8202	660 5896
	6	·959 660 198	·242 173 630	·105 013 899	473 1962	1531 1155	663 7511
	7	−0·964 246 151	+0·226 828 054	+0·098 361 458	− 443 9788	−1537 9179	− 666 7021
	8	·968 539 483	·211 416 904	·091 680 554	414 6741	1544 2308	669 4439
	9	·972 539 380	·195 945 058	·084 973 273	385 2939	1550 0576	671 9777
	10	·976 245 146	·180 417 359	·078 241 690	355 8494	1555 4020	674 3047
	11	·979 656 191	·164 838 612	·071 487 863	326 3515	1560 2680	676 4265
	12	−0·982 772 032	+0·149 213 578	+0·064 713 838	− 296 8103	−1564 6603	− 678 3447
	13	·985 592 285	·133 546 967	·057 921 642	267 2355	1568 5842	680 0610
	14	·988 116 657	·117 843 435	·051 113 284	237 6353	1572 0458	681 5775
	15	·990 344 929	·102 107 568	·044 290 751	208 0165	1575 0521	682 8965
	16	·992 276 941	·086 343 886	·037 456 006	178 3837	1577 6102	684 0201
	17	−0·993 912 564	+0·070 556 837	+0·030 610 993	− 148 7388	−1579 7265	− 684 9503
	18	·995 251 675	·054 750 812	·023 757 641	119 0813	1581 4060	685 6881
	19	·996 294 140	·038 930 166	·016 897 871	89 4089	1582 6507	686 2337
	20	·997 039 795	·023 099 249	·010 033 611	59 7189	1583 4597	686 5860
	21	·997 488 452	+ ·007 262 440	+ ·003 166 802	30 0092	1583 8282	686 7429
	22	−0·997 639 916	−0·008 575 823	−0·003 700 585	− 2804	−1583 7490	− 686 7013
	23	·997 494 008	·024 411 016	·010 566 551	+ 29 4641	1583 2127	686 4578
	24	·997 050 605	·040 238 521	·017 429 056	59 2174	1582 2096	686 0089
	25	·996 309 663	·056 053 620	·024 286 033	88 9697	1580 7302	685 3514
	26	·995 271 257	·071 851 510	·031 135 381	118 7081	1578 7663	684 4829
	27	−0·993 935 597	−0·087 627 310	−0·037 974 981	+ 148 4180	−1576 3114	− 683 4015
	28	·992 303 047	·103 376 085	·044 802 698	178 0831	1573 3608	682 1062
	29	·990 374 142	·119 092 867	·051 616 392	207 6863	1569 9124	680 5968
	30	·988 149 586	·134 772 673	·058 413 924	237 2103	1565 9659	678 8740
	31	·985 630 257	·150 410 532	·065 193 165	266 6380	1561 5236	676 9391
Apr.	**1**	−0·982 817 201	−0·166 001 505	−0·071 952 006	+ 295 9532	−1556 5894	− 674 7942
	2	−0·979 711 618	−0·181 540 698	−0·078 688 358	+ 325 1409	−1551 1686	− 672 4417

$\dot{X}$, $\dot{Y}$, $\dot{Z}$ are in units of 10^{-9} au / d.

MATRIX ELEMENTS FOR CONVERSION FROM MEAN EQUINOX OF J2000·0 TO TRUE EQUINOX OF DATE

Julian Date	$R_{11}-1$	R_{12}	R_{13}	R_{21}	$R_{22}-1$	R_{23}	R_{31}	R_{32}	$R_{33}-1$
244									
9763·5	− 64	+103 456	+ 44 963	−103 458	− 54	+3316	− 44 960	−3362	− 10
9764·5	64	103 428	44 951	103 429	54	3293	44 947	3340	10
9765·5	64	103 414	44 945	103 416	54	3277	44 941	3323	10
9766·5	64	103 408	44 942	103 409	54	3269	44 938	3315	10
9767·5	64	103 399	44 938	103 401	54	3271	44 935	3317	10
9768·5	− 64	+103 379	+ 44 929	−103 381	− 53	+3280	− 44 926	−3327	− 10
9769·5	63	103 341	44 913	103 342	53	3295	44 909	3341	10
9770·5	63	103 280	44 886	103 282	53	3310	44 883	3356	10
9771·5	63	103 201	44 852	103 202	53	3320	44 848	3366	10
9772·5	63	103 110	44 812	103 111	53	3321	44 809	3367	10
9773·5	− 63	+103 018	+ 44 773	−103 020	− 53	+3312	− 44 769	−3359	− 10
9774·5	63	102 937	44 737	102 938	53	3295	44 734	3341	10
9775·5	63	102 874	44 710	102 875	53	3272	44 706	3318	10
9776·5	63	102 833	44 692	102 834	53	3249	44 689	3295	10
9777·5	63	102 813	44 683	102 814	53	3229	44 680	3275	10
9778·5	− 63	+102 807	+ 44 681	−102 809	− 53	+3216	− 44 677	−3261	− 10
9779·5	63	102 808	44 681	102 809	53	3211	44 678	3257	10
9780·5	63	102 807	44 680	102 808	53	3214	44 677	3260	10
9781·5	63	102 797	44 676	102 798	53	3223	44 673	3269	10
9782·5	63	102 774	44 666	102 776	53	3236	44 663	3282	10
9783·5	− 63	+102 738	+ 44 650	−102 740	− 53	+3249	− 44 647	−3295	− 10
9784·5	63	102 689	44 629	102 690	53	3261	44 626	3307	10
9785·5	63	102 630	44 603	102 631	53	3268	44 600	3314	10
9786·5	63	102 565	44 575	102 566	53	3270	44 572	3316	10
9787·5	62	102 498	44 546	102 500	53	3266	44 543	3312	10
9788·5	− 62	+102 436	+ 44 519	−102 438	− 53	+3256	− 44 516	−3301	− 10
9789·5	62	102 384	44 497	102 385	52	3241	44 493	3286	10
9790·5	62	102 346	44 480	102 347	52	3223	44 477	3269	10
9791·5	62	102 323	44 470	102 325	52	3207	44 467	3252	10
9792·5	62	102 317	44 467	102 318	52	3194	44 464	3240	10
9793·5	− 62	+102 320	+ 44 469	−102 322	− 52	+3191	− 44 465	−3236	− 10
9794·5	62	102 325	44 471	102 326	52	3197	44 467	3242	10
9795·5	62	102 320	44 468	102 321	52	3212	44 465	3258	10
9796·5	62	102 296	44 458	102 297	52	3234	44 455	3280	10
9797·5	62	102 249	44 438	102 251	52	3258	44 434	3303	10
9798·5	− 62	+102 181	+ 44 408	−102 183	− 52	+3278	− 44 405	−3323	− 10
9799·5	62	102 100	44 373	102 101	52	3289	44 369	3335	10
9800·5	62	102 015	44 336	102 016	52	3292	44 333	3337	10
9801·5	62	101 938	44 303	101 940	52	3285	44 299	3330	10
9802·5	62	101 878	44 277	101 880	52	3272	44 273	3317	10
9803·5	− 62	+101 839	+ 44 259	−101 840	− 52	+3257	− 44 256	−3302	− 10
9804·5	62	101 819	44 251	101 820	52	3245	44 247	3290	10
9805·5	62	101 814	44 249	101 816	52	3238	44 245	3283	10
9806·5	62	101 817	44 250	101 819	52	3240	44 247	3285	10
9807·5	62	101 820	44 251	101 822	52	3249	44 248	3294	10
9808·5	− 62	+101 816	+ 44 249	−101 818	− 52	+3265	− 44 246	−3310	− 10
9809·5	− 62	+101 800	+ 44 242	−101 802	− 52	+3286	− 44 239	−3331	− 10

Values are in units of 10^{-8}.

ORIGIN AT SOLAR SYSTEM BARYCENTRE
MEAN EQUATOR AND EQUINOX J2000·0

Date 0h TDB		X	Y	Z	$\dot{X}$	$\dot{Y}$	$\dot{Z}$
Apr.	**1**	−0·982 817 201	−0·166 001 505	−0·071 952 006	+ 295 9532	−1556 5894	− 674 7942
	2	·979 711 618	·181 540 698	·078 688 358	325 1409	1551 1686	672 4417
	3	·976 314 853	·197 023 277	·085 400 158	354 1875	1545 2679	669 8844
	4	·972 628 381	·212 444 481	·092 085 372	383 0804	1538 8945	667 1252
	5	·968 653 794	·227 799 617	·098 741 998	411 8085	1532 0558	664 1672
	6	−0·964 392 794	−0·243 084 072	−0·105 368 063	+ 440 3616	−1524 7597	− 661 0133
	7	·959 847 178	·258 293 312	·111 961 623	468 7300	1517 0140	657 6668
	8	·955 018 838	·273 422 880	·118 520 767	496 9050	1508 8269	654 1307
	9	·949 909 750	·288 468 406	·125 043 616	524 8783	1500 2069	650 4083
	10	·944 521 970	·303 425 606	·131 528 323	552 6424	1491 1633	646 5030
	11	−0·938 857 621	−0·318 290 293	−0·137 973 078	+ 580 1911	−1481 7058	− 642 4184
	12	·932 918 883	·333 058 378	·144 376 107	607 5197	1471 8449	638 1583
	13	·926 707 969	·347 725 880	·150 735 671	634 6259	1461 5910	633 7263
	14	·920 227 105	·362 288 921	·157 050 070	661 5101	1450 9541	629 1256
	15	·913 478 496	·376 743 712	·163 317 631	688 1755	1439 9422	624 3589
	16	−0·906 464 308	−0·391 086 531	−0·169 536 700	+ 714 6269	−1428 5602	− 619 4275
	17	·899 186 652	·405 313 686	·175 705 631	740 8701	1416 8090	614 3311
	18	·891 647 588	·419 421 471	·181 822 768	766 9089	1404 6853	609 0685
	19	·883 849 153	·433 406 129	·187 886 439	792 7440	1392 1825	603 6373
	20	·875 793 399	·447 263 831	·193 894 944	818 3718	1379 2928	598 0348
	21	−0·867 482 434	−0·460 990 669	−0·199 846 558	+ 843 7845	−1366 0084	− 592 2589
	22	·858 918 464	·474 582 662	·205 739 539	868 9708	1352 3232	586 3081
	23	·850 103 818	·488 035 783	·211 572 135	893 9173	1338 2334	580 1818
	24	·841 040 966	·501 345 977	·217 342 592	918 6094	1323 7378	573 8805
	25	·831 732 527	·514 509 189	·223 049 165	943 0321	1308 8373	567 4054
	26	−0·822 181 272	−0·527 521 385	−0·228 690 126	+ 967 1704	−1293 5351	− 560 7584
	27	·812 390 114	·540 378 569	·234 263 769	991 0101	1277 8361	553 9422
	28	·802 362 111	·553 076 804	·239 768 417	1014 5374	1261 7466	546 9599
	29	·792 100 450	·565 612 224	·245 202 425	1037 7397	1245 2743	539 8149
	30	·781 608 439	·577 981 044	·250 564 185	1060 6054	1228 4280	532 5110
May	**1**	−0·770 889 499	−0·590 179 570	−0·255 852 129	+1083 1241	−1211 2174	− 525 0523
	2	·759 947 145	·602 204 211	·261 064 730	1105 2864	1193 6525	517 4430
	3	·748 784 985	·614 051 474	·266 200 502	1127 0843	1175 7438	509 6873
	4	·737 406 698	·625 717 975	·271 258 002	1148 5106	1157 5020	501 7894
	5	·725 816 032	·637 200 439	·276 235 830	1169 5591	1138 9379	493 7537
	6	−0·714 016 793	−0·648 495 695	−0·281 132 630	+1190 2244	−1120 0625	− 485 5844
	7	·702 012 837	·659 600 688	·285 947 087	1210 5018	1100 8870	477 2859
	8	·689 808 063	·670 512 472	·290 677 931	1230 3876	1081 4228	468 8625
	9	·677 406 399	·681 228 221	·295 323 936	1249 8793	1061 6819	460 3188
	10	·664 811 794	·691 745 228	·299 883 921	1268 9759	1041 6764	451 6592
	11	−0·652 028 195	−0·702 060 908	−0·304 356 749	+1287 6786	−1021 4186	− 442 8883
	12	·639 059 523	·712 172 796	·308 741 328	1305 9912	1000 9196	434 0098
	13	·625 909 650	·722 078 528	·313 036 598	1323 9200	980 1890	425 0271
	14	·612 582 374	·731 775 823	·317 241 528	1341 4733	959 2327	415 9419
	15	·599 081 407	·741 262 436	·321 355 097	1358 6597	938 0526	406 7548
	16	−0·585 410 380	−0·750 536 119	−0·325 376 281	+1375 4860	− 916 6458	− 397 4647
	17	−0·571 572 878	−0·759 594 577	−0·329 304 040	+1391 9548	− 895 0062	− 388 0695

$\dot{X}$, $\dot{Y}$, $\dot{Z}$ are in units of 10^{-9} au / d.

MATRIX ELEMENTS FOR CONVERSION FROM MEAN EQUINOX OF J2000·0 TO TRUE EQUINOX OF DATE

Julian Date	$R_{11}-1$	R_{12}	R_{13}	R_{21}	$R_{22}-1$	R_{23}	R_{31}	R_{32}	$R_{33}-1$
244									
9808·5	− 62	+101 816	+ 44 249	−101 818	− 52	+3265	− 44 246	−3310	− 10
9809·5	62	101 800	44 242	101 802	52	3286	44 239	3331	10
9810·5	62	101 770	44 229	101 771	52	3308	44 226	3353	10
9811·5	62	101 725	44 210	101 727	52	3329	44 206	3374	10
9812·5	61	101 669	44 185	101 671	52	3347	44 182	3391	10
9813·5	− 61	+101 605	+ 44 157	−101 607	− 52	+3359	− 44 154	−3404	− 10
9814·5	61	101 538	44 128	101 540	52	3366	44 125	3410	10
9815·5	61	101 473	44 100	101 475	52	3366	44 097	3411	10
9816·5	61	101 416	44 075	101 417	51	3362	44 072	3406	10
9817·5	61	101 369	44 055	101 371	51	3354	44 052	3399	10
9818·5	− 61	+101 338	+ 44 041	−101 339	− 51	+3345	− 44 038	−3390	− 10
9819·5	61	101 320	44 034	101 322	51	3340	44 030	3384	10
9820·5	61	101 315	44 031	101 317	51	3340	44 028	3385	10
9821·5	61	101 315	44 031	101 316	51	3350	44 028	3395	10
9822·5	61	101 308	44 028	101 310	51	3371	44 025	3415	10
9823·5	− 61	+101 285	+ 44 018	−101 287	− 51	+3399	− 44 015	−3444	− 10
9824·5	61	101 238	43 998	101 240	51	3432	43 994	3476	10
9825·5	61	101 166	43 966	101 167	51	3462	43 963	3506	10
9826·5	61	101 075	43 927	101 077	51	3484	43 923	3529	10
9827·5	61	100 978	43 885	100 979	51	3497	43 881	3541	10
9828·5	− 61	+100 886	+ 43 845	−100 888	− 51	+3499	− 43 841	−3543	− 10
9829·5	60	100 810	43 812	100 812	51	3494	43 808	3538	10
9830·5	60	100 755	43 788	100 757	51	3486	43 784	3530	10
9831·5	60	100 720	43 773	100 722	51	3479	43 769	3523	10
9832·5	60	100 701	43 764	100 702	51	3477	43 761	3521	10
9833·5	− 60	+100 691	+ 43 760	−100 692	− 51	+3483	− 43 756	−3527	− 10
9834·5	60	100 682	43 756	100 684	51	3496	43 752	3540	10
9835·5	60	100 668	43 750	100 669	51	3516	43 746	3560	10
9836·5	60	100 642	43 738	100 644	51	3541	43 735	3585	10
9837·5	60	100 602	43 721	100 604	51	3568	43 718	3612	10
9838·5	− 60	+100 548	+ 43 698	−100 550	− 51	+3595	− 43 694	−3639	− 10
9839·5	60	100 481	43 669	100 483	51	3618	43 665	3662	10
9840·5	60	100 405	43 635	100 407	50	3637	43 632	3681	10
9841·5	60	100 324	43 600	100 326	50	3649	43 597	3693	10
9842·5	60	100 244	43 565	100 245	50	3656	43 562	3699	10
9843·5	− 60	+100 169	+ 43 533	−100 170	− 50	+3656	− 43 529	−3700	− 10
9844·5	60	100 104	43 505	100 106	50	3653	43 501	3697	10
9845·5	60	100 052	43 482	100 054	50	3648	43 479	3692	10
9846·5	59	100 015	43 466	100 016	50	3645	43 462	3688	10
9847·5	59	99 989	43 455	99 991	50	3645	43 451	3689	10
9848·5	− 59	+ 99 971	+ 43 447	− 99 973	− 50	+3654	− 43 443	−3697	− 10
9849·5	59	99 952	43 438	99 953	50	3672	43 435	3715	10
9850·5	59	99 921	43 425	99 922	50	3699	43 421	3742	10
9851·5	59	99 868	43 402	99 869	50	3732	43 398	3775	9
9852·5	59	99 788	43 367	99 790	50	3766	43 363	3809	9
9853·5	− 59	+ 99 684	+ 43 322	− 99 685	− 50	+3794	− 43 318	−3837	− 9
9854·5	− 59	+ 99 566	+ 43 271	− 99 568	− 50	+3811	− 43 267	−3855	− 9

Values are in units of 10^{-8}.

ORIGIN AT SOLAR SYSTEM BARYCENTRE
MEAN EQUATOR AND EQUINOX J2000·0

Date 0^h TDB		X	Y	Z	$\dot{X}$	$\dot{Y}$	$\dot{Z}$
May	**17**	−0·571 572 878	−0·759 594 577	−0·329 304 040	+1391 9548	− 895 0062	− 388 0695
	18	·557 572 483	·768 435 443	·333 137 314	1408 0638	873 1263	378 5673
	19	·543 412 825	·777 056 280	·336 875 023	1423 8058	850 9995	368 9563
	20	·529 097 627	·785 454 597	·340 516 077	1439 1697	828 6219	359 2362
	21	·514 630 734	·793 627 879	·344 059 387	1454 1427	805 9927	349 4079
	22	−0·500 016 119	−0·801 573 619	−0·347 503 880	+1468 7118	− 783 1142	− 339 4733
	23	·485 257 888	·809 289 349	·350 848 507	1482 8641	759 9915	329 4351
	24	·470 360 266	·816 772 658	·354 092 248	1496 5879	736 6315	319 2968
	25	·455 327 593	·824 021 214	·357 234 122	1509 8727	713 0423	309 0622
	26	·440 164 308	·831 032 771	·360 273 186	1522 7089	689 2332	298 7356
	27	−0·424 874 939	−0·837 805 180	−0·363 208 541	+1535 0881	− 665 2144	− 288 3212
	28	·409 464 095	·844 336 395	·366 039 333	1547 0028	640 9964	277 8236
	29	·393 936 452	·850 624 482	·368 764 753	1558 4468	616 5906	267 2476
	30	·378 296 747	·856 667 620	·371 384 039	1569 4144	592 0086	256 5978
	31	·362 549 766	·862 464 105	·373 896 478	1579 9015	567 2623	245 8791
June	**1**	−0·346 700 331	−0·868 012 358	−0·376 301 407	+1589 9045	− 542 3639	− 235 0964
	2	·330 753 297	·873 310 917	·378 598 209	1599 4212	517 3257	224 2545
	3	·314 713 533	·878 358 446	·380 786 316	1608 4502	492 1600	213 3583
	4	·298 585 921	·883 153 733	·382 865 209	1616 9910	466 8792	202 4125
	5	·282 375 339	·887 695 688	·384 834 417	1625 0443	441 4958	191 4220
	6	−0·266 086 654	−0·891 983 348	−0·386 693 516	+1632 6119	− 416 0221	− 180 3914
	7	·249 724 708	·896 015 871	·388 442 127	1639 6974	390 4706	169 3253
	8	·233 294 297	·899 792 539	·390 079 919	1646 3058	364 8530	158 2282
	9	·216 800 158	·903 312 748	·391 606 600	1652 4446	339 1802	147 1038
	10	·200 246 938	·906 575 989	·393 021 915	1658 1234	313 4609	135 9553
	11	−0·183 639 187	−0·909 581 830	−0·394 325 631	+1663 3530	− 287 7007	− 124 7844
	12	·166 981 338	·912 329 872	·395 517 530	1668 1446	261 9009	113 5917
	13	·150 277 725	·914 819 707	·396 597 389	1672 5070	236 0586	102 3761
	14	·133 532 611	·917 050 881	·397 564 970	1676 4452	210 1675	91 1359
	15	·116 750 237	·919 022 870	·398 420 017	1679 9583	184 2203	79 8690
	16	−0·099 934 881	−0·920 735 080	−0·399 162 257	+1683 0405	− 158 2109	− 68 5742
	17	·083 090 895	·922 186 871	·399 791 409	1685 6823	132 1363	57 2517
	18	·066 222 740	·923 377 592	·400 307 203	1687 8723	105 9976	45 9029
	19	·049 334 991	·924 306 624	·400 709 389	1689 5995	79 7993	34 5307
	20	·032 432 327	·924 973 403	·400 997 750	1690 8538	53 5486	23 1386
	21	−0·015 519 519	−0·925 377 451	−0·401 172 109	+1691 6270	− 27 2546	− 11 7310
	22	+ ·001 398 587	·925 518 385	·401 232 332	1691 9123	− 9275	− 3122
	23	·018 317 083	·925 395 927	·401 178 332	1691 7044	+ 25 4219	+ 11 1130
	24	·035 231 016	·925 009 910	·401 010 066	1690 9990	51 7825	22 5400
	25	·052 135 394	·924 360 277	·400 727 542	1689 7930	78 1430	33 9640
	26	+0·069 025 200	−0·923 447 089	−0·400 330 813	+1688 0841	+ 104 4916	+ 45 3802
	27	·085 895 394	·922 270 525	·399 819 981	1685 8707	130 8163	56 7837
	28	·102 740 930	·920 830 883	·399 195 198	1683 1523	157 1049	68 1696
	29	·119 556 758	·919 128 588	·398 456 664	1679 9293	183 3450	79 5330
	30	·136 337 839	·917 164 187	·397 604 629	1676 2033	209 5240	90 8690
July	**1**	+0·153 079 157	−0·914 938 354	−0·396 639 392	+1671 9770	+ 235 6293	+ 102 1727
	2	+0·169 775 725	−0·912 451 889	−0·395 561 299	+1667 2542	+ 261 6485	+ 113 4393

$\dot{X}$, $\dot{Y}$, $\dot{Z}$ are in units of 10^{-9} au / d.

MATRIX ELEMENTS FOR CONVERSION FROM MEAN EQUINOX OF J2000·0 TO TRUE EQUINOX OF DATE

Julian Date	$R_{11}-1$	R_{12}	R_{13}	R_{21}	$R_{22}-1$	R_{23}	R_{31}	R_{32}	$R_{33}-1$
244									
9854·5	− 59	+ 99 566	+ 43 271	− 99 568	− 50	+3811	− 43 267	−3855	− 9
9855·5	59	99 450	43 220	99 451	50	3817	43 217	3860	9
9856·5	59	99 347	43 176	99 349	49	3814	43 172	3856	9
9857·5	59	99 266	43 141	99 268	49	3805	43 137	3848	9
9858·5	59	99 208	43 115	99 210	49	3796	43 112	3839	9
9859·5	− 58	+ 99 168	+ 43 098	− 99 170	− 49	+3792	− 43 094	−3835	− 9
9860·5	58	99 140	43 086	99 141	49	3795	43 082	3838	9
9861·5	58	99 114	43 075	99 116	49	3805	43 071	3848	9
9862·5	58	99 085	43 062	99 087	49	3822	43 058	3865	9
9863·5	58	99 046	43 045	99 048	49	3844	43 041	3887	9
9864·5	− 58	+ 98 994	+ 43 022	− 98 996	− 49	+3869	− 43 018	−3912	− 9
9865·5	58	98 927	42 993	98 929	49	3894	42 989	3936	9
9866·5	58	98 848	42 959	98 849	49	3915	42 955	3958	9
9867·5	58	98 758	42 920	98 759	49	3933	42 916	3975	9
9868·5	58	98 662	42 878	98 664	49	3944	42 874	3986	9
9869·5	− 58	+ 98 566	+ 42 836	− 98 567	− 49	+3948	− 42 832	−3991	− 9
9870·5	58	98 474	42 796	98 476	49	3947	42 793	3989	9
9871·5	58	98 392	42 761	98 394	48	3941	42 757	3983	9
9872·5	57	98 322	42 730	98 324	48	3932	42 727	3974	9
9873·5	57	98 267	42 706	98 268	48	3924	42 702	3966	9
9874·5	− 57	+ 98 224	+ 42 688	− 98 226	− 48	+3919	− 42 684	−3960	− 9
9875·5	57	98 191	42 673	98 192	48	3919	42 669	3961	9
9876·5	57	98 159	42 660	98 161	48	3928	42 656	3970	9
9877·5	57	98 121	42 643	98 123	48	3946	42 639	3988	9
9878·5	57	98 066	42 619	98 068	48	3971	42 615	4013	9
9879·5	− 57	+ 97 987	+ 42 585	− 97 989	− 48	+3999	− 42 581	−4041	− 9
9880·5	57	97 882	42 539	97 884	48	4025	42 535	4067	9
9881·5	57	97 757	42 485	97 759	48	4042	42 481	4083	9
9882·5	57	97 625	42 427	97 626	48	4047	42 423	4088	9
9883·5	57	97 501	42 374	97 503	48	4040	42 370	4081	9
9884·5	− 56	+ 97 398	+ 42 329	− 97 399	− 48	+4025	− 42 325	−4067	− 9
9885·5	56	97 319	42 295	97 321	47	4009	42 291	4050	9
9886·5	56	97 264	42 271	97 266	47	3995	42 267	4036	9
9887·5	56	97 224	42 253	97 225	47	3988	42 249	4029	9
9888·5	56	97 190	42 239	97 192	47	3989	42 235	4030	9
9889·5	− 56	+ 97 155	+ 42 223	− 97 156	− 47	+3997	− 42 219	−4038	− 9
9890·5	56	97 111	42 204	97 113	47	4011	42 200	4052	9
9891·5	56	97 056	42 180	97 057	47	4028	42 176	4069	9
9892·5	56	96 986	42 150	96 988	47	4045	42 146	4086	9
9893·5	56	96 904	42 114	96 906	47	4061	42 110	4101	9
9894·5	− 56	+ 96 811	+ 42 074	− 96 813	− 47	+4071	− 42 070	−4112	− 9
9895·5	56	96 711	42 031	96 713	47	4076	42 027	4117	9
9896·5	55	96 611	41 987	96 612	47	4075	41 983	4115	9
9897·5	55	96 514	41 945	96 515	47	4067	41 941	4107	9
9898·5	55	96 425	41 907	96 427	47	4054	41 903	4094	9
9899·5	− 55	+ 96 350	+ 41 874	− 96 352	− 47	+4038	− 41 870	−4078	− 9
9900·5	− 55	+ 96 289	+ 41 847	− 96 290	− 46	+4021	− 41 843	−4061	− 9

Values are in units of 10^{-8}.

ORIGIN AT SOLAR SYSTEM BARYCENTRE
MEAN EQUATOR AND EQUINOX J2000·0

Date 0h TDB		X	Y	Z	$\dot{X}$	$\dot{Y}$	$\dot{Z}$
July	**1**	+0·153 079 157	−0·914 938 354	−0·396 639 392	+1671 9770	+ 235 6293	+ 102 1727
	2	·169 775 725	·912 451 889	·395 561 299	1667 2542	261 6485	113 4393
	3	·186 422 603	·909 705 712	·394 370 745	1662 0400	287 5694	124 6642
	4	·203 014 908	·906 700 867	·393 068 168	1656 3408	313 3803	135 8430
	5	·219 547 829	·903 438 510	·391 654 052	1650 1646	339 0701	146 9716
	6	+0·236 016 640	−0·899 919 902	−0·390 128 916	+1643 5205	+ 364 6287	+ 158 0462
	7	·252 416 717	·896 146 402	·388 493 317	1636 4196	390 0474	169 0638
	8	·268 743 551	·892 119 443	·386 747 837	1628 8742	415 3198	180 0221
	9	·284 992 761	·887 840 506	·384 893 078	1620 8970	440 4424	190 9198
	10	·301 160 094	·883 311 093	·382 929 644	1612 5006	465 4155	201 7568
	11	+0·317 241 410	−0·878 532 682	−0·380 858 139	+1603 6950	+ 490 2429	+ 212 5345
	12	·333 232 652	·873 506 699	·378 679 147	1594 4864	514 9310	223 2545
	13	·349 129 797	·868 234 501	·376 393 235	1584 8756	539 4872	233 9188
	14	·364 928 809	·862 717 376	·374 000 953	1574 8586	563 9170	244 5284
	15	·380 625 592	·856 956 572	·371 502 849	1564 4281	588 2232	255 0832
	16	+0·396 215 964	−0·850 953 330	−0·368 899 477	+1553 5751	+ 612 4040	+ 265 5814
	17	·411 695 656	·844 708 926	·366 191 419	1542 2908	636 4543	276 0200
	18	·427 060 320	·838 224 707	·363 379 288	1530 5684	660 3657	286 3952
	19	·442 305 547	·831 502 107	·360 463 741	1518 4028	684 1286	296 7025
	20	·457 426 888	·824 542 666	·357 445 480	1505 7910	707 7321	306 9374
	21	+0·472 419 874	−0·817 348 033	−0·354 325 250	+1492 7314	+ 731 1653	+ 317 0953
	22	·487 280 024	·809 919 966	·351 103 846	1479 2240	754 4170	327 1715
	23	·502 002 863	·802 260 335	·347 782 106	1465 2694	777 4761	337 1617
	24	·516 583 926	·794 371 122	·344 360 915	1450 8691	800 3316	347 0612
	25	·531 018 767	·786 254 420	·340 841 200	1436 0255	822 9721	356 8656
	26	+0·545 302 968	−0·777 912 436	−0·337 223 936	+1420 7415	+ 845 3861	+ 366 5703
	27	·559 432 142	·769 347 492	·333 510 142	1405 0212	867 5619	376 1707
	28	·573 401 954	·760 562 031	·329 700 884	1388 8698	889 4877	385 6624
	29	·587 208 123	·751 558 611	·325 797 272	1372 2938	911 1516	395 0407
	30	·600 846 442	·742 339 910	·321 800 461	1355 3013	932 5422	404 3015
	31	+0·614 312 791	−0·732 908 715	−0·317 711 647	+1337 9015	+ 953 6484	+ 413 4406
Aug.	**1**	·627 603 150	·723 267 922	·313 532 066	1320 1053	974 4605	422 4545
	2	·640 713 617	·713 420 516	·309 262 986	1301 9250	994 9695	431 3399
	3	·653 640 414	·703 369 566	·304 905 705	1283 3738	1015 1684	440 0943
	4	·666 379 903	·693 118 199	·300 461 543	1264 4657	1035 0522	448 7159
	5	+0·678 928 587	−0·682 669 583	−0·295 931 834	+1245 2152	+1054 6179	+ 457 2037
	6	·691 283 112	·672 026 900	·291 317 916	1225 6364	1073 8657	465 5576
	7	·703 440 262	·661 193 319	·286 621 124	1205 7419	1092 7984	473 7785
	8	·715 396 933	·650 171 965	·281 842 783	1185 5421	1111 4213	481 8680
	9	·727 150 108	·638 965 903	·276 984 195	1165 0433	1129 7414	489 8281
	10	+0·738 696 810	−0·627 578 122	−0·272 046 646	+1144 2476	+1147 7661	+ 497 6606
	11	·750 034 065	·616 011 548	·267 031 405	1123 1531	1165 5007	505 3666
	12	·761 158 861	·604 269 066	·261 939 735	1101 7549	1182 9478	512 9460
	13	·772 068 130	·592 353 555	·256 772 910	1080 0468	1200 1061	520 3974
	14	·782 758 744	·580 267 923	·251 532 222	1058 0232	1216 9707	527 7182
	15	+0·793 227 528	−0·568 015 144	−0·246 218 994	+1035 6801	+1233 5341	+ 534 9047
	16	+0·803 471 275	−0·555 598 275	−0·240 834 588	+1013 0158	+1249 7872	+ 541 9531

$\dot{X}$, $\dot{Y}$, $\dot{Z}$ are in units of 10^{-9} au / d.

MATRIX ELEMENTS FOR CONVERSION FROM MEAN EQUINOX OF J2000·0 TO TRUE EQUINOX OF DATE

Julian Date	$R_{11}-1$	R_{12}	R_{13}	R_{21}	$R_{22}-1$	R_{23}	R_{31}	R_{32}	$R_{33}-1$
244									
9899·5	− 55	+ 96 350	+ 41 874	− 96 352	− 47	+4038	− 41 870	−4078	− 9
9900·5	55	96 289	41 847	96 290	46	4021	41 843	4061	9
9901·5	55	96 242	41 827	96 243	46	4006	41 823	4047	9
9902·5	55	96 205	41 811	96 207	46	3997	41 807	4038	9
9903·5	55	96 174	41 797	96 176	46	3996	41 793	4036	9
9904·5	− 55	+ 96 139	+ 41 782	− 96 141	− 46	+4002	− 41 778	−4042	− 9
9905·5	55	96 092	41 762	96 094	46	4016	41 758	4056	9
9906·5	55	96 026	41 733	96 027	46	4034	41 729	4074	9
9907·5	55	95 935	41 693	95 937	46	4052	41 689	4092	9
9908·5	55	95 822	41 644	95 824	46	4065	41 641	4104	9
9909·5	− 54	+ 95 696	+ 41 590	− 95 698	− 46	+4067	− 41 586	−4107	− 9
9910·5	54	95 571	41 535	95 573	46	4057	41 531	4097	9
9911·5	54	95 461	41 487	95 462	46	4037	41 484	4077	9
9912·5	54	95 375	41 450	95 376	46	4013	41 446	4052	9
9913·5	54	95 314	41 424	95 316	46	3989	41 420	4028	9
9914·5	− 54	+ 95 274	+ 41 406	− 95 276	− 45	+3971	− 41 403	−4010	− 9
9915·5	54	95 245	41 394	95 247	45	3961	41 390	4000	9
9916·5	54	95 217	41 382	95 219	45	3959	41 378	3999	9
9917·5	54	95 184	41 367	95 186	45	3964	41 363	4004	9
9918·5	54	95 140	41 348	95 141	45	3974	41 344	4013	9
9919·5	− 54	+ 95 082	+ 41 323	− 95 084	− 45	+3984	− 41 319	−4023	− 9
9920·5	54	95 012	41 292	95 013	45	3993	41 288	4032	9
9921·5	54	94 930	41 257	94 932	45	3999	41 253	4038	9
9922·5	53	94 841	41 218	94 843	45	3999	41 214	4038	9
9923·5	53	94 750	41 178	94 751	45	3992	41 175	4031	9
9924·5	− 53	+ 94 661	+ 41 140	− 94 663	− 45	+3980	− 41 136	−4019	− 9
9925·5	53	94 581	41 105	94 582	45	3962	41 101	4001	9
9926·5	53	94 513	41 075	94 514	45	3940	41 072	3979	9
9927·5	53	94 459	41 052	94 461	45	3917	41 048	3956	8
9928·5	53	94 420	41 035	94 422	45	3896	41 032	3935	8
9929·5	− 53	+ 94 394	+ 41 024	− 94 396	− 45	+3880	− 41 020	−3918	− 8
9930·5	53	94 374	41 015	94 376	45	3870	41 012	3909	8
9931·5	53	94 354	41 007	94 356	45	3869	41 003	3908	8
9932·5	53	94 325	40 994	94 327	45	3876	40 990	3914	8
9933·5	53	94 280	40 974	94 281	45	3888	40 970	3926	8
9934·5	− 53	+ 94 213	+ 40 945	− 94 214	− 44	+3901	− 40 941	−3939	− 8
9935·5	53	94 125	40 907	94 126	44	3910	40 903	3949	8
9936·5	53	94 021	40 862	94 023	44	3912	40 858	3950	8
9937·5	52	93 913	40 815	93 915	44	3903	40 811	3941	8
9938·5	52	93 813	40 771	93 815	44	3883	40 768	3922	8
9939·5	− 52	+ 93 733	+ 40 736	− 93 734	− 44	+3857	− 40 733	−3895	− 8
9940·5	52	93 677	40 712	93 679	44	3829	40 709	3868	8
9941·5	52	93 645	40 698	93 646	44	3805	40 695	3843	8
9942·5	52	93 628	40 691	93 630	44	3789	40 687	3827	8
9943·5	52	93 617	40 686	93 619	44	3782	40 683	3820	8
9944·5	− 52	+ 93 603	+ 40 680	− 93 605	− 44	+3782	− 40 677	−3820	− 8
9945·5	− 52	+ 93 579	+ 40 670	− 93 581	− 44	+3789	− 40 666	−3827	− 8

Values are in units of 10^{-8}.

ORIGIN AT SOLAR SYSTEM BARYCENTRE
MEAN EQUATOR AND EQUINOX J2000·0

Date 0^h TDB		X	Y	Z	$\dot{X}$	$\dot{Y}$	$\dot{Z}$
Aug.	16	+0·803 471 275	−0·555 598 275	−0·240 834 588	+1013 0158	+1249 7872	+ 541 9531
	17	·813 486 773	·543 020 468	·235 380 406	990 0304	1265 7200	548 8593
	18	·823 270 819	·530 284 977	·229 857 889	966 7260	1281 3223	555 6192
	19	·832 820 240	·517 395 155	·224 268 523	943 1058	1296 5844	562 2288
	20	·842 131 897	·504 354 455	·218 613 828	919 1742	1311 4965	568 6842
	21	+0·851 202 702	−0·491 166 424	−0·212 895 364	+ 894 9361	+1326 0490	+ 574 9819
	22	·860 029 616	·477 834 705	·207 114 729	870 3970	1340 2324	581 1179
	23	·868 609 661	·464 363 038	·201 273 556	845 5634	1354 0370	587 0887
	24	·876 939 926	·450 755 261	·195 373 518	820 4424	1367 4528	592 8905
	25	·885 017 579	·437 015 313	·189 416 323	795 0425	1380 4697	598 5194
	26	+0·892 839 878	−0·423 147 231	−0·183 403 718	+ 769 3735	+1393 0777	+ 603 9720
	27	·900 404 190	·409 155 153	·177 337 483	743 4471	1405 2673	609 2447
	28	·907 708 006	·395 043 308	·171 219 434	717 2765	1417 0298	614 3345
	29	·914 748 956	·380 816 005	·165 051 411	690 8767	1428 3579	619 2390
	30	·921 524 829	·366 477 615	·158 835 277	664 2637	1439 2466	623 9566
	31	+0·928 033 576	−0·352 032 548	−0·152 572 906	+ 637 4543	+1449 6930	+ 628 4862
Sept.	1	·934 273 315	·337 485 232	·146 266 178	610 4649	1459 6966	632 8280
	2	·940 242 327	·322 840 085	·139 916 969	583 3115	1469 2597	636 9827
	3	·945 939 046	·308 101 491	·133 527 142	556 0083	1478 3868	640 9519
	4	·951 362 035	·293 273 780	·127 098 542	528 5674	1487 0844	644 7377
	5	+0·956 509 966	−0·278 361 209	−0·120 632 991	+ 500 9980	+1495 3601	+ 648 3426
	6	·961 381 586	·263 367 956	·114 132 285	473 3060	1503 2223	651 7689
	7	·965 975 686	·248 298 117	·107 598 200	445 4939	1510 6784	655 0188
	8	·970 291 062	·233 155 722	·101 032 493	417 5612	1517 7341	658 0936
	9	·974 326 500	·217 944 758	·094 436 911	389 5056	1524 3925	660 9936
	10	+0·978 080 753	−0·202 669 197	−0·087 813 206	+ 361 3238	+1530 6533	+ 663 7180
	11	·981 552 546	·187 333 029	·081 163 143	333 0132	1536 5133	666 2650
	12	·984 740 584	·171 940 286	·074 488 506	304 5728	1541 9670	668 6321
	13	·987 643 571	·156 495 067	·067 791 109	276 0034	1547 0074	670 8165
	14	·990 260 232	·141 001 541	·061 072 796	247 3080	1551 6269	672 8150
	15	+0·992 589 327	−0·125 463 958	−0·054 335 439	+ 218 4913	+1555 8176	+ 674 6247
	16	·994 629 672	·109 886 643	·047 580 941	189 5591	1559 5721	676 2427
	17	·996 380 148	·094 273 993	·040 811 232	160 5186	1562 8833	677 6665
	18	·997 839 707	·078 630 477	·034 028 267	131 3772	1565 7443	678 8935
	19	·999 007 382	·062 960 630	·027 234 026	102 1431	1568 1484	679 9212
	20	+0·999 882 290	−0·047 269 054	−0·020 430 514	+ 72 8253	+1570 0889	+ 680 7474
	21	1·000 463 640	·031 560 421	·013 619 759	43 4332	1571 5588	681 3695
	22	1·000 750 742	·015 839 471	− ·006 803 813	+ 13 9776	1572 5510	681 7851
	23	1·000 743 022	− ·000 111 016	+ ·000 015 248	− 15 5291	1573 0586	681 9920
	24	1·000 440 036	+ ·015 620 063	·006 835 325	45 0729	1573 0750	681 9882
	25	+0·999 841 495	+0·031 348 828	+0·013 654 304	− 74 6375	+1572 5948	+ 681 7720
	26	·998 947 277	·047 070 293	·020 470 055	104 2050	1571 6148	681 3427
	27	·997 757 447	·062 779 454	·027 280 447	133 7566	1570 1342	680 7004
	28	·996 272 262	·078 471 317	·034 083 358	163 2731	1568 1557	679 8466
	29	·994 492 163	·094 140 926	·040 876 681	192 7365	1565 6847	678 7834
	30	+0·992 417 763	+0·109 783 396	+0·047 658 338	− 222 1308	+1562 7295	+ 677 5139
Oct.	1	+0·990 049 820	+0·125 393 935	+0·054 426 284	− 251 4431	+1559 3001	+ 676 0418

$\dot{X}$, $\dot{Y}$, $\dot{Z}$ are in units of 10^{-9} au / d.

MATRIX ELEMENTS FOR CONVERSION FROM MEAN EQUINOX OF J2000·0 TO TRUE EQUINOX OF DATE

Julian Date	$R_{11}-1$	R_{12}	R_{13}	R_{21}	$R_{22}-1$	R_{23}	R_{31}	R_{32}	$R_{33}-1$
244									
9945·5	− 52	+ 93 579	+ 40 670	− 93 581	− 44	+3789	− 40 666	−3827	− 8
9946·5	52	93 542	40 654	93 544	44	3798	40 650	3836	8
9947·5	52	93 492	40 632	93 494	44	3807	40 628	3845	8
9948·5	52	93 430	40 605	93 431	44	3813	40 601	3850	8
9949·5	52	93 359	40 574	93 361	44	3814	40 571	3852	8
9950·5	− 52	+ 93 285	+ 40 542	− 93 287	− 44	+3809	− 40 538	−3847	− 8
9951·5	52	93 212	40 510	93 214	44	3798	40 507	3836	8
9952·5	52	93 146	40 481	93 147	43	3781	40 478	3819	8
9953·5	52	93 090	40 457	93 091	43	3761	40 453	3798	8
9954·5	51	93 048	40 439	93 050	43	3738	40 435	3776	8
9955·5	− 51	+ 93 022	+ 40 427	− 93 024	− 43	+3717	− 40 424	−3755	− 8
9956·5	51	93 009	40 422	93 011	43	3700	40 418	3738	8
9957·5	51	93 005	40 420	93 006	43	3690	40 416	3728	8
9958·5	51	93 002	40 419	93 004	43	3689	40 415	3727	8
9959·5	51	92 992	40 414	92 993	43	3696	40 411	3733	8
9960·5	− 51	+ 92 967	+ 40 403	− 92 969	− 43	+3708	− 40 400	−3746	− 8
9961·5	51	92 922	40 384	92 924	43	3723	40 380	3761	8
9962·5	51	92 857	40 355	92 858	43	3736	40 352	3774	8
9963·5	51	92 775	40 320	92 777	43	3743	40 317	3780	8
9964·5	51	92 687	40 282	92 688	43	3740	40 278	3777	8
9965·5	− 51	+ 92 603	+ 40 245	− 92 604	− 43	+3727	− 40 241	−3765	− 8
9966·5	51	92 533	40 215	92 534	43	3707	40 211	3745	8
9967·5	51	92 485	40 194	92 486	43	3684	40 190	3721	8
9968·5	51	92 459	40 183	92 461	43	3663	40 179	3700	8
9969·5	51	92 452	40 179	92 453	43	3648	40 176	3685	8
9970·5	− 51	+ 92 454	+ 40 180	− 92 455	− 43	+3642	− 40 177	−3679	− 8
9971·5	51	92 455	40 181	92 457	43	3644	40 177	3682	8
9972·5	51	92 449	40 178	92 451	43	3654	40 175	3691	8
9973·5	51	92 430	40 170	92 431	43	3668	40 166	3705	8
9974·5	51	92 396	40 155	92 398	43	3683	40 151	3720	8
9975·5	− 51	+ 92 349	+ 40 135	− 92 351	− 43	+3696	− 40 131	−3733	− 8
9976·5	51	92 293	40 110	92 294	43	3705	40 107	3742	8
9977·5	51	92 231	40 083	92 232	43	3708	40 080	3745	8
9978·5	50	92 168	40 056	92 169	43	3706	40 052	3743	8
9979·5	50	92 109	40 030	92 111	42	3698	40 027	3734	8
9980·5	− 50	+ 92 060	+ 40 009	− 92 061	− 42	+3685	− 40 005	−3722	− 8
9981·5	50	92 022	39 992	92 024	42	3670	39 989	3707	8
9982·5	50	92 000	39 983	92 001	42	3655	39 979	3692	8
9983·5	50	91 991	39 979	91 992	42	3644	39 975	3680	8
9984·5	50	91 992	39 979	91 994	42	3639	39 976	3675	8
9985·5	− 50	+ 91 997	+ 39 981	− 91 999	− 42	+3642	− 39 978	−3679	− 8
9986·5	50	91 997	39 981	91 998	42	3654	39 978	3691	8
9987·5	50	91 982	39 975	91 984	42	3674	39 971	3711	8
9988·5	50	91 948	39 960	91 949	42	3697	39 956	3734	8
9989·5	50	91 891	39 935	91 893	42	3719	39 932	3755	8
9990·5	− 50	+ 91 817	+ 39 903	− 91 819	− 42	+3735	− 39 899	−3772	− 8
9991·5	− 50	+ 91 734	+ 39 867	− 91 736	− 42	+3743	− 39 863	−3779	− 8

Values are in units of 10^{-8}.

ORIGIN AT SOLAR SYSTEM BARYCENTRE

MEAN EQUATOR AND EQUINOX J2000·0

Date 0h TDB		X	Y	Z	$\dot{X}$	$\dot{Y}$	$\dot{Z}$
Oct.	**1**	+0·990 049 820	+0·125 393 935	+0·054 426 284	− 251 4431	+1559 3001	+ 676 0418
	2	·987 389 209	·140 967 854	·061 178 511	280 6632	1555 4074	674 3708
	3	·984 436 887	·156 500 576	·067 913 049	309 7842	1551 0623	672 5046
	4	·981 193 868	·171 987 627	·074 627 963	338 8021	1546 2750	670 4464
	5	·977 661 195	·187 424 629	·081 321 346	367 7150	1541 0539	668 1989
	6	+0·973 839 917	+0·202 807 280	+0·087 991 315	− 396 5231	+1535 4056	+ 665 7639
	7	·969 731 079	·218 131 331	·094 636 003	425 2272	1529 3343	663 1426
	8	·965 335 714	·233 392 563	·101 253 548	453 8286	1522 8418	660 3353
	9	·960 654 848	·248 586 761	·107 842 087	482 3276	1515 9274	657 3413
	10	·955 689 505	·263 709 697	·114 399 748	510 7235	1508 5888	654 1597
	11	+0·950 440 731	+0·278 757 111	+0·120 924 651	− 539 0135	+1500 8225	+ 650 7892
	12	·944 909 602	·293 724 707	·127 414 897	567 1934	1492 6243	647 2282
	13	·939 097 249	·308 608 143	·133 868 576	595 2574	1483 9900	643 4755
	14	·933 004 865	·323 403 041	·140 283 764	623 1983	1474 9158	639 5298
	15	·926 633 721	·338 104 982	·146 658 525	651 0079	1465 3982	635 3901
	16	+0·919 985 173	+0·352 709 516	+0·152 990 916	− 678 6776	+1455 4339	+ 631 0555
	17	·913 060 666	·367 212 162	·159 278 983	706 1981	1445 0203	626 5253
	18	·905 861 742	·381 608 413	·165 520 768	733 5595	1434 1543	621 7989
	19	·898 390 040	·395 893 732	·171 714 305	760 7515	1422 8333	616 8756
	20	·890 647 314	·410 063 553	·177 857 622	787 7626	1411 0543	611 7548
	21	+0·882 635 435	+0·424 113 281	+0·183 948 742	− 814 5797	+1398 8143	+ 606 4360
	22	·874 356 415	·438 038 294	·189 985 682	841 1882	1386 1110	600 9190
	23	·865 812 423	·451 833 953	·195 966 461	867 5710	1372 9433	595 2039
	24	·857 005 809	·465 495 615	·201 889 104	893 7095	1359 3123	589 2921
	25	·847 939 114	·479 018 669	·207 751 655	919 5838	1345 2226	583 1859
	26	+0·838 615 079	+0·492 398 564	+0·213 552 185	− 945 1743	+1330 6824	+ 576 8888
	27	·829 036 632	·505 630 855	·219 288 811	970 4635	1315 7038	570 4057
	28	·819 206 861	·518 711 228	·224 959 699	995 4373	1300 3015	563 7423
	29	·809 128 972	·531 635 526	·230 563 076	1020 0856	1284 4915	556 9044
	30	·798 806 255	·544 399 752	·236 097 225	1044 4023	1268 2896	549 8977
	31	+0·788 242 041	+0·557 000 060	+0·241 560 485	−1068 3847	+1251 7103	+ 542 7273
Nov.	**1**	·777 439 678	·569 432 740	·246 951 239	1092 0323	1234 7658	535 3973
	2	·766 402 508	·581 694 192	·252 267 910	1115 3461	1217 4662	527 9113
	3	·755 133 864	·593 780 907	·257 508 953	1138 3274	1199 8194	520 2720
	4	·743 637 062	·605 689 442	·262 672 845	1160 9780	1181 8311	512 4813
	5	+0·731 915 404	+0·617 416 404	+0·267 758 080	−1183 2988	+1163 5053	+ 504 5408
	6	·719 972 185	·628 958 432	·272 763 165	1205 2899	1144 8444	496 4514
	7	·707 810 707	·640 312 180	·277 686 614	1226 9505	1125 8496	488 2138
	8	·695 434 284	·651 474 312	·282 526 948	1248 2783	1106 5213	479 8282
	9	·682 846 262	·662 441 493	·287 282 688	1269 2696	1086 8593	471 2952
	10	+0·670 050 029	+0·673 210 386	+0·291 952 362	−1289 9196	+1066 8636	+ 462 6152
	11	·657 049 028	·683 777 652	·296 534 502	1310 2221	1046 5342	453 7885
	12	·643 846 768	·694 139 959	·301 027 646	1330 1704	1025 8716	444 8160
	13	·630 446 827	·704 293 976	·305 430 340	1349 7567	1004 8765	435 6986
	14	·616 852 867	·714 236 384	·309 741 139	1368 9730	983 5501	426 4373
	15	+0·603 068 628	+0·723 963 878	+0·313 958 609	−1387 8109	+ 961 8938	+ 417 0331
	16	+0·589 097 942	+0·733 473 164	+0·318 081 329	−1406 2610	+ 939 9089	+ 407 4874

$\dot{X}$, $\dot{Y}$, $\dot{Z}$ are in units of 10^{-9} au / d.

MATRIX ELEMENTS FOR CONVERSION FROM MEAN EQUINOX OF J2000·0 TO TRUE EQUINOX OF DATE

Julian Date	$R_{11}-1$	R_{12}	R_{13}	R_{21}	$R_{22}-1$	R_{23}	R_{31}	R_{32}	$R_{33}-1$
244/5									
9991·5	− 50	+ 91 734	+ 39 867	− 91 736	− 42	+3743	− 39 863	−3779	− 8
9992·5	50	91 653	39 832	91 654	42	3741	39 828	3777	8
9993·5	50	91 584	39 801	91 585	42	3731	39 798	3767	8
9994·5	50	91 534	39 780	91 535	42	3717	39 776	3753	8
9995·5	50	91 504	39 767	91 506	42	3704	39 764	3740	8
9996·5	− 50	+ 91 493	+ 39 762	− 91 495	− 42	+3696	− 39 759	−3732	− 8
9997·5	50	91 493	39 762	91 495	42	3695	39 759	3731	8
9998·5	50	91 496	39 763	91 497	42	3703	39 760	3739	8
9999·5	50	91 492	39 762	91 494	42	3719	39 758	3755	8
0000·5	50	91 477	39 755	91 478	42	3740	39 751	3776	8
0001·5	− 50	+ 91 446	+ 39 741	− 91 448	− 42	+3763	− 39 738	−3800	− 8
0002·5	50	91 401	39 722	91 403	42	3786	39 718	3822	8
0003·5	50	91 344	39 697	91 345	42	3805	39 693	3841	8
0004·5	50	91 279	39 669	91 281	42	3819	39 665	3855	8
0005·5	49	91 212	39 640	91 213	42	3826	39 636	3863	8
0006·5	− 49	+ 91 147	+ 39 611	− 91 148	− 42	+3828	− 39 608	−3864	− 8
0007·5	49	91 088	39 586	91 090	42	3826	39 582	3862	8
0008·5	49	91 041	39 565	91 042	42	3820	39 562	3856	8
0009·5	49	91 006	39 550	91 008	41	3813	39 547	3849	8
0010·5	49	90 985	39 541	90 986	41	3808	39 537	3844	8
0011·5	− 49	+ 90 975	+ 39 536	− 90 976	− 41	+3808	− 39 533	−3844	− 8
0012·5	49	90 970	39 534	90 972	41	3815	39 531	3851	8
0013·5	49	90 964	39 531	90 965	41	3832	39 528	3868	8
0014·5	49	90 945	39 523	90 947	41	3857	39 520	3893	8
0015·5	49	90 907	39 507	90 909	41	3888	39 503	3924	8
0016·5	− 49	+ 90 845	+ 39 480	− 90 846	− 41	+3919	− 39 476	−3954	− 8
0017·5	49	90 760	39 443	90 762	41	3945	39 440	3980	8
0018·5	49	90 664	39 401	90 665	41	3962	39 397	3997	8
0019·5	49	90 566	39 359	90 567	41	3969	39 355	4004	8
0020·5	49	90 479	39 321	90 480	41	3967	39 317	4002	8
0021·5	− 49	+ 90 410	+ 39 291	− 90 412	− 41	+3959	− 39 287	−3995	− 8
0022·5	49	90 363	39 270	90 364	41	3952	39 267	3987	8
0023·5	49	90 334	39 258	90 335	41	3948	39 254	3983	8
0024·5	48	90 317	39 250	90 318	41	3951	39 247	3986	8
0025·5	48	90 304	39 245	90 306	41	3962	39 241	3998	8
0026·5	− 48	+ 90 287	+ 39 237	− 90 289	− 41	+3981	− 39 234	−4016	− 8
0027·5	48	90 260	39 225	90 261	41	4005	39 222	4041	8
0028·5	48	90 218	39 207	90 220	41	4033	39 204	4068	8
0029·5	48	90 161	39 182	90 163	41	4060	39 179	4095	8
0030·5	48	90 090	39 152	90 092	41	4084	39 148	4120	8
0031·5	− 48	+ 90 010	+ 39 117	− 90 012	− 41	+4104	− 39 113	−4139	− 8
0032·5	48	89 925	39 080	89 927	41	4117	39 076	4152	8
0033·5	48	89 841	39 044	89 843	40	4124	39 040	4159	8
0034·5	48	89 763	39 009	89 764	40	4126	39 006	4161	8
0035·5	48	89 693	38 979	89 695	40	4123	38 976	4158	8
0036·5	− 48	+ 89 636	+ 38 954	− 89 638	− 40	+4119	− 38 951	−4154	− 8
0037·5	− 48	+ 89 592	+ 38 935	− 89 593	− 40	+4115	− 38 931	−4150	− 8

Values are in units of 10^{-8}.

ORIGIN AT SOLAR SYSTEM BARYCENTRE
MEAN EQUATOR AND EQUINOX J2000·0

Date 0^h TDB	X	Y	Z	$\dot{X}$	$\dot{Y}$	$\dot{Z}$
Nov. 16	+0·589 097 942	+0·733 473 164	+0·318 081 329	−1406 2610	+ 939 9089	+ 407 4874
17	·574 944 733	·742 760 965	·322 107 890	1424 3135	917 5968	397 8014
18	·560 613 034	·751 824 016	·326 036 894	1441 9572	894 9593	387 9764
19	·546 106 995	·760 659 072	·329 866 961	1459 1792	871 9983	378 0142
20	·531 430 904	·769 262 914	·333 596 727	1475 9648	848 7172	367 9168
21	+0·516 589 208	+0·777 632 368	+0·337 224 856	−1492 2974	+ 825 1217	+ 357 6873
22	·501 586 525	·785 764 329	·340 750 046	1508 1593	801 2207	347 3299
23	·486 427 649	·793 655 808	·344 171 045	1523 5333	777 0277	336 8503
24	·471 117 533	·801 303 967	·347 486 667	1538 4050	752 5600	326 2555
25	·455 661 258	·808 706 160	·350 695 796	1552 7640	727 8380	315 5532
26	+0·440 063 978	+0·815 859 950	+0·353 797 400	−1566 6056	+ 702 8829	+ 304 7515
27	·424 330 871	·822 763 108	·356 790 520	1579 9297	677 7147	293 8576
28	·408 467 097	·829 413 592	·359 674 266	1592 7398	652 3507	282 8777
29	·392 477 770	·835 809 516	·362 447 805	1605 0413	626 8048	271 8169
30	·376 367 948	·841 949 120	·365 110 348	1616 8398	601 0882	260 6793
Dec. 1	+0·360 142 632	+0·847 830 739	+0·367 661 145	−1628 1409	+ 575 2093	+ 249 4680
2	·343 806 773	·853 452 787	·370 099 472	1638 9489	549 1748	238 1859
3	·327 365 285	·858 813 736	·372 424 634	1649 2674	522 9902	226 8351
4	·310 823 050	·863 912 105	·374 635 952	1659 0986	496 6597	215 4177
5	·294 184 933	·868 746 457	·376 732 772	1668 4440	470 1873	203 9356
6	+0·277 455 788	+0·873 315 389	+0·378 714 455	−1677 3039	+ 443 5762	+ 192 3905
7	·260 640 475	·877 617 528	·380 580 379	1685 6777	416 8293	180 7842
8	·243 743 860	·881 651 533	·382 329 940	1693 5637	389 9498	169 1184
9	·226 770 834	·885 416 091	·383 962 554	1700 9594	362 9404	157 3948
10	·209 726 317	·888 909 920	·385 477 651	1707 8616	335 8045	145 6156
11	+0·192 615 262	+0·892 131 771	+0·386 874 686	−1714 2661	+ 308 5456	+ 133 7826
12	·175 442 669	·895 080 434	·388 153 133	1720 1684	281 1674	121 8983
13	·158 213 586	·897 754 736	·389 312 488	1725 5634	253 6742	109 9648
14	·140 933 111	·900 153 548	·390 352 273	1730 4455	226 0702	97 9846
15	·123 606 406	·902 275 785	·391 272 034	1734 8083	198 3600	85 9604
16	+0·106 238 699	+0·904 120 410	+0·392 071 344	−1738 6446	+ 170 5485	+ 73 8949
17	·088 835 298	·905 686 436	·392 749 804	1741 9456	142 6412	61 7910
18	·071 401 604	·906 972 938	·393 307 048	1744 7014	114 6449	49 6522
19	·053 943 127	·907 979 067	·393 742 746	1746 9002	86 5684	37 4828
20	·036 465 497	·908 704 077	·394 056 619	1748 5299	58 4235	25 2881
21	+0·018 974 466	+0·909 147 363	+0·394 248 445	−1749 5785	+ 30 2265	+ 13 0748
22	+ ·001 475 895	·909 308 499	·394 318 079	1750 0370	+ 1 9972	+ 8509
23	− ·016 024 292	·909 187 277	·394 265 458	1749 9011	− 26 2412	− 11 3747
24	·033 520 151	·908 783 724	·394 090 609	1749 1724	54 4650	23 5932
25	·051 005 787	·908 098 098	·393 793 643	1747 8580	82 6525	35 7967
26	−0·068 475 395	+0·907 130 857	+0·393 374 747	−1745 9687	− 110 7854	− 47 9784
27	·085 923 286	·905 882 620	·392 834 164	1743 5169	138 8497	60 1333
28	·103 343 899	·904 354 125	·392 172 183	1740 5149	166 8355	72 2575
29	·120 731 787	·902 546 197	·391 389 126	1736 9735	194 7352	84 3481
30	·138 081 603	·900 459 726	·390 485 342	1732 9019	222 5434	96 4025
31	−0·155 388 084	+0·898 095 650	+0·389 461 203	−1728 3077	− 250 2553	− 108 4186
32	−0·172 646 036	+0·895 454 955	+0·388 317 104	−1723 1971	− 277 8667	− 120 3943

$\dot{X}$, $\dot{Y}$, $\dot{Z}$ are in units of 10^{-9} au / d.

MATRIX ELEMENTS FOR CONVERSION FROM MEAN EQUINOX OF J2000·0 TO TRUE EQUINOX OF DATE

Julian Date	$R_{11}-1$	R_{12}	R_{13}	R_{21}	$R_{22}-1$	R_{23}	R_{31}	R_{32}	$R_{33}-1$
245									
0037·5	− 48	+ 89 592	+ 38 935	− 89 593	− 40	+4115	− 38 931	−4150	− 8
0038·5	48	89 559	38 921	89 560	40	4115	38 917	4150	8
0039·5	48	89 533	38 910	89 535	40	4121	38 906	4156	8
0040·5	48	89 509	38 899	89 511	40	4135	38 896	4170	8
0041·5	48	89 478	38 886	89 480	40	4157	38 882	4192	8
0042·5	− 48	+ 89 430	+ 38 865	− 89 431	− 40	+4186	− 38 861	−4221	− 8
0043·5	47	89 358	38 833	89 359	40	4218	38 830	4253	8
0044·5	47	89 260	38 791	89 262	40	4248	38 787	4282	8
0045·5	47	89 144	38 741	89 146	40	4269	38 737	4303	8
0046·5	47	89 021	38 687	89 022	40	4279	38 683	4313	8
0047·5	− 47	+ 88 905	+ 38 637	− 88 907	− 40	+4278	− 38 633	−4312	− 8
0048·5	47	88 808	38 595	88 809	40	4269	38 591	4304	8
0049·5	47	88 734	38 562	88 735	39	4259	38 559	4293	8
0050·5	47	88 681	38 539	88 682	39	4251	38 536	4285	8
0051·5	47	88 643	38 523	88 644	39	4250	38 519	4284	8
0052·5	− 47	+ 88 611	+ 38 509	− 88 613	− 39	+4256	− 38 505	−4290	− 8
0053·5	47	88 577	38 494	88 579	39	4270	38 491	4304	8
0054·5	47	88 535	38 476	88 536	39	4290	38 472	4324	7
0055·5	47	88 479	38 452	88 481	39	4313	38 448	4347	7
0056·5	46	88 409	38 421	88 410	39	4336	38 417	4370	7
0057·5	− 46	+ 88 324	+ 38 384	− 88 326	− 39	+4357	− 38 381	−4391	− 7
0058·5	46	88 230	38 343	88 231	39	4374	38 339	4407	7
0059·5	46	88 129	38 300	88 131	39	4384	38 296	4418	7
0060·5	46	88 027	38 256	88 029	39	4388	38 252	4421	7
0061·5	46	87 931	38 214	87 932	39	4385	38 210	4419	7
0062·5	− 46	+ 87 843	+ 38 175	− 87 844	− 39	+4378	− 38 171	−4412	− 7
0063·5	46	87 767	38 142	87 768	39	4368	38 138	4402	7
0064·5	46	87 704	38 115	87 706	39	4358	38 111	4392	7
0065·5	46	87 653	38 093	87 655	39	4351	38 089	4384	7
0066·5	46	87 612	38 075	87 614	38	4348	38 071	4381	7
0067·5	− 46	+ 87 575	+ 38 059	− 87 577	− 38	+4351	− 38 055	−4384	− 7
0068·5	46	87 535	38 041	87 536	38	4362	38 038	4396	7
0069·5	45	87 483	38 019	87 484	38	4381	38 015	4414	7
0070·5	45	87 411	37 988	87 413	38	4404	37 984	4437	7
0071·5	45	87 315	37 946	87 317	38	4427	37 942	4460	7
0072·5	− 45	+ 87 196	+ 37 894	− 87 197	− 38	+4445	− 37 890	−4478	− 7
0073·5	45	87 062	37 836	87 064	38	4452	37 832	4485	7
0074·5	45	86 929	37 778	86 930	38	4447	37 774	4480	7
0075·5	45	86 810	37 727	86 811	38	4433	37 723	4465	7
0076·5	45	86 715	37 686	86 717	38	4413	37 682	4445	7
0077·5	− 45	+ 86 646	+ 37 655	− 86 648	− 38	+4394	− 37 652	−4426	− 7
0078·5	45	86 597	37 634	86 598	38	4380	37 630	4413	7
0079·5	45	86 558	37 617	86 559	38	4375	37 613	4407	7
0080·5	45	86 520	37 601	86 521	38	4378	37 597	4410	7
0081·5	44	86 475	37 581	86 477	37	4387	37 577	4420	7
0082·5	− 44	+ 86 419	+ 37 557	− 86 420	− 37	+4400	− 37 553	−4433	− 7
0083·5	− 44	+ 86 349	+ 37 526	− 86 350	− 37	+4415	− 37 522	−4447	− 7

Values are in units of 10^{-8}.

Reduction for polar motion

The rotation of the Earth is represented by a diurnal rotation around a reference axis whose motion with respect to the inertial reference frame is represented by the theories of precession and nutation. This reference axis does not coincide with the axis of figure (maximum moment of inertia) of the Earth, but moves slowly (in a terrestrial reference frame) in a quasi-circular path around it. The reference axis is the celestial ephemeris pole (normal to the true equator) and its motion with respect to the terrestrial reference frame is known as polar motion. The maximum amplitude of the polar motion is typically about 0.″3 (corresponding to a displacement of about 9 m on the surface of the Earth) and the principal periods are about 365 and 428 days. The motion is affected by unpredictable geophysical forces and is determined from observations of stars, of radio sources and of appropriate satellites of the Earth.

The pole and zero (Greenwich) meridian of the terrestrial reference frame are defined implicitly by the adoption of a set of coordinates for the instruments that are used to determine UT and polar motion from astronomical and satellite observations. (This frame is known as the IERS Terrestrial Reference Frame (ITRF), and is a continuation of the BIH Terrestrial System (BTS), and before that the Conventional International Origin (CIO)). The position of the terrestrial reference frame with respect to the true equator and equinox of date is defined by successive rotations through two small angles x, y and the Greenwich apparent sidereal time θ. The angles x, y correspond to the coordinates of the celestial ephemeris pole with respect to the terrestrial pole measured along the meridians at longitudes 0° and 270° (90° west). Current values of the coordinates of the pole for use in the reduction of observations are published by the Central Bureau of IERS. Previous values from 1970 January 1 onwards are given on page K10 at 3-monthly intervals. For precise work the values at 5-day intervals from the BIH tables should be used. Values before 1988 were published by the International Polar Motion Service. The coordinates x and y are usually measured in seconds of arc.

Polar motion causes variations in the zenith distance and azimuth of the celestial ephemeris pole and hence in the values of terrestrial latitude (ϕ) and longitude (λ) that are determined from direct astronomical observations of latitude and time. To first order, the departures from the mean values ϕ_m, λ_m are given by:

$$\Delta\phi = x\cos\lambda_m - y\sin\lambda_m \quad \text{and} \quad \Delta\lambda = (x\sin\lambda_m + y\cos\lambda_m)\tan\phi_m$$

The variation in longitude must be taken into account in the determination of GMST, and hence of UT, from observations.

The rigorous transformation of a vector $\mathbf{p}_3$ with respect to the celestial frame of the true equator and equinox of date to the corresponding vector $\mathbf{p}_4$ with respect to the terrestrial frame is given by the formula:

$$\mathbf{p}_4 = \mathbf{R}_2(-x)\,\mathbf{R}_1(-y)\,\mathbf{R}_3(\theta)\,\mathbf{p}_3$$

and conversely,

$$\mathbf{p}_3 = \mathbf{R}_3(-\theta)\,\mathbf{R}_1(y)\,\mathbf{R}_2(x)\,\mathbf{p}_4$$

where $\mathbf{R}_1(\alpha)$, $\mathbf{R}_2(\alpha)$, $\mathbf{R}_3(\alpha)$ are, respectively, the matrices:

$$\begin{bmatrix} 1 & 0 & 0 \\ 0 & \cos\alpha & \sin\alpha \\ 0 & -\sin\alpha & \cos\alpha \end{bmatrix} \qquad \begin{bmatrix} \cos\alpha & 0 & -\sin\alpha \\ 0 & 1 & 0 \\ \sin\alpha & 0 & \cos\alpha \end{bmatrix} \qquad \begin{bmatrix} \cos\alpha & \sin\alpha & 0 \\ -\sin\alpha & \cos\alpha & 0 \\ 0 & 0 & 1 \end{bmatrix}$$

corresponding to rotations α about the x, y and z axes. The vector $\mathbf{p}$ could represent, for example, the coordinates of a point on the Earth's surface or of a satellite in orbit around the Earth.

Reduction for diurnal parallax and diurnal aberration

The computation of diurnal parallax and aberration due to the displacement of the observer from the centre of the Earth requires a knowledge of the geocentric coordinates (ρ, geocentric distance in units of the Earth's equatorial radius, and ϕ', geocentric latitude, see page K5) of the place of observation and the local sidereal time (θ_0) of the observation (see page B6).

For bodies whose equatorial horizontal parallax (π) normally amounts to only a few seconds of arc the corrections for diurnal parallax in right ascension and declination (in the sense geocentric place *minus* topocentric place) are given by:

$$\Delta\alpha = \pi(\rho \cos\phi' \sin h \sec\delta)$$
$$\Delta\delta = \pi(\rho \sin\phi' \cos\delta - \rho \cos\phi' \cos h \sin\delta)$$

where h is the local hour angle ($\theta_0 - \alpha$) and π may be calculated from $8''\!.794$ divided by the geocentric distance of the body (in au). For the Moon (and other very close bodies) more precise formulae are required (see page D3).

The corrections for diurnal aberration in right ascension and declination (in the sense apparent place *minus* mean place) are given by:

$$\Delta\alpha = 0^{s}\!.0213\,\rho \cos\phi' \cos h \sec\delta \qquad \Delta\delta = 0''\!.319\,\rho \cos\phi' \sin h \sin\delta$$

For a body at transit the local hour angle (h) is zero and so $\Delta\delta$ is zero, but

$$\Delta\alpha = \pm 0^{s}\!.0213\,\rho \cos\phi' \sec\delta$$

where the plus and minus signs are used for the upper and lower transits, respectively; this may be regarded as a correction to the time of transit.

Alternatively, the effects may be computed in rectangular coordinates using the following expressions for the geocentric coordinates and velocity components of the observer with respect to the celestial equatorial reference frame:

$$\text{position:} \quad (a\rho\cos\phi'\cos\theta_0,\ a\rho\cos\phi'\sin\theta_0,\ a\rho\sin\phi')$$
$$\text{velocity:} \quad (-a\omega\rho\cos\phi'\sin\theta_0,\ a\omega\rho\cos\phi'\cos\theta_0,\ 0)$$

where θ_0 is the local sidereal time (mean or apparent as appropriate), a is the equatorial radius of the Earth and ω the angular velocity of the Earth.

$$\theta_0 = \text{Greenwich sidereal time} + \text{east longitude}$$
$$a\omega = 0{\cdot}464\,\text{km/s} = 0{\cdot}268 \times 10^{-3}\,\text{au/d} \qquad c = 2{\cdot}998 \times 10^{5}\,\text{km/s} = 173{\cdot}14\,\text{au/d}$$
$$a\omega/c = 1{\cdot}55 \times 10^{-6}\,\text{rad} = 0''\!.319 = 0^{s}\!.0213$$

These geocentric position and velocity vectors of the observer are added to the barycentric position and velocity of the Earth's centre, respectively, to obtain the corresponding barycentric vectors of the observer.

Conversion to altitude and azimuth

It is convenient to use the local hour angle (h) as an intermediary in the conversion from the apparent right ascension (α) and declination (δ) to the azimuth (A) and altitude (a). The local apparent sidereal time (θ_0) corresponding to the UT of the observation must be determined first (see page B6). The formulae are:

$$\theta_0 = \text{GMST} + \lambda + \text{equation of equinoxes}$$
$$h = \theta_0 - \alpha$$
$$\cos a \sin A = -\cos\delta \sin h$$
$$\cos a \cos A = \sin\delta\cos\phi - \cos\delta\cos h\sin\phi$$
$$\sin a = \sin\delta\sin\phi + \cos\delta\cos h\cos\phi$$

where azimuth (A) is measured from the north through east in the plane of the horizon, altitude (a) is measured perpendicular to the horizon, and λ, ϕ are the astronomical values of the east longitude and latitude of the place of observation. The plane of the

Conversion to altitude and azimuth (continued)

horizon is defined to be perpendicular to the apparent direction of gravity. Zenith distance is given by $z = 90° - a$.

For most purposes the values of the geodetic longitude and latitude may be used but in some cases the effects of local gravity anomalies and polar motion must be included. For full precision, the values of α, δ must be corrected for diurnal parallax and diurnal aberration. The inverse formulae are:

$$\begin{aligned}\cos\delta\sin h &= -\cos a\sin A\\ \cos\delta\cos h &= \sin a\cos\phi - \cos a\cos A\sin\phi\\ \sin\delta &= \sin a\sin\phi + \cos a\cos A\cos\phi\end{aligned}$$

Correction for refraction

For most astronomical purposes the effect of refraction in the Earth's atmosphere is to decrease the zenith distance (computed by the formulae of the previous section) by an amount R that depends on the zenith distance and on the meteorological conditions at the site. A simple expression for R for zenith distances less than 75° (altitudes greater than 15°) is:

$$\begin{aligned}R &= 0^{\circ}\!.004\,52\,P\tan z/(273+T)\\ &= 0^{\circ}\!.004\,52\,P/((273+T)\tan a)\end{aligned}$$

where T is the temperature (°C) and P is the barometric pressure (millibars). This formula is usually accurate to about 0ʹ.1 for altitudes above 15°, but the error increases rapidly at lower altitudes, especially in abnormal meteorological conditions. For observed apparent altitudes below 15° use the approximate formula:

$$R = P(0{\cdot}1594 + 0{\cdot}0196a + 0{\cdot}000\,02a^2)/[(273+T)(1+0{\cdot}505a+0{\cdot}0845a^2)]$$

where the altitude a is in degrees.

DETERMINATION OF LATITUDE AND AZIMUTH

Use of the Polaris Table

The table on pages B64–B67 gives data for obtaining latitude from an observed altitude of Polaris (suitably corrected for instrumental errors and refraction) and the azimuth of this star (measured from north, positive to the east and negative to the west), for all hour angles and northern latitudes. The six tabulated quantities, each given to a precision of 0ʹ.1, are a_0, a_1, a_2, referring to the correction to altitude, and b_0, b_1, b_2, to the azimuth.

$$\begin{aligned}\text{latitude} &= \text{corrected observed altitude } + a_0 + a_1 + a_2\\ \text{azimuth} &= (b_0 + b_1 + b_2)/\cos(\text{latitude})\end{aligned}$$

The table is to be entered with the local sidereal time of observation (LST), and gives the values of a_0, b_0 directly; interpolation, with maximum differences of 0ʹ.7, can be done mentally. In the same vertical column, the values of a_1, b_1 are found with the latitude, and those of a_2, b_2 with the date, as argument. Thus all six quantities can, if desired, be extracted together. The errors due to the adoption of a mean value of the local sidereal time for each of the subsidiary tables have been reduced to a minimum, and the total error is not likely to exceed 0ʹ.2. Interpolation between columns should not be attempted.

The observed altitude must be corrected for refraction before being used to determine the astronomical latitude of the place of observation. Both the latitude and the azimuth so obtained are affected by local gravity anomalies.

Pole Star formulae

The formulae below provide a method for obtaining latitude from the observed altitude of one of the pole stars, *Polaris* or σ Octantis, and an assumed *east* longitude of the observer λ. In addition, the azimuth of a pole star may be calculated from an assumed *east* longitude λ and the observed altitude a, or from λ and an assumed latitude ϕ. An error of 0°002 in a or 0°1 in λ will produce an error of about 0°002 in the calculated latitude. Likewise an error of 0°03 in λ, a or ϕ will produce an error of about 0°002 in the calculated azimuth for latitudes below 70°.

Step 1. Calculate the Greenwich hour angle GHA and polar distance p, in degrees, from expressions of the form:

$$GHA = a_0 + a_1 L + a_2 \sin L + a_3 \cos L + 15\,t$$

$$p = a_0 + a_1 L + a_2 \sin L + a_3 \cos L$$

where

$$L = 0^\circ\!.985\,65\,d$$

$$d = \text{day of year (from pages B2–B3)} + t/24$$

and where the coefficients a_0, a_1, a_2, a_3 are given in the table below, t is the universal time in hours, d is the interval in days from 1995 January 0 at 0^h UT to the time of observation, and the quantity L is in degrees. In the above formulae d is required to two decimals of a day, L to two decimals of a degree and t to three decimals of an hour.

Step 2. Calculate the local hour angle LHA from:

$$LHA = GHA + \lambda \quad \text{(add or subtract multiples of 360°)}$$

where λ is the assumed longitude measured east from the Greenwich meridian.

Form the quantities: $S = p \sin(LHA)$ $C = p \cos(LHA)$

Step 3. The latitude of the place of observation, in degrees, is given by:

$$\text{latitude} = a - C + 0{\cdot}0087\,S^2 \tan a$$

where a is the observed altitude of the pole star after correction for instrument error and atmospheric refraction.

Step 4. The azimuth of the pole star, in degrees, is given by:

$$\text{azimuth of } \textit{Polaris} = -S/\cos a$$

$$\text{azimuth of } \sigma \text{ Octantis} = 180^\circ + S/\cos a$$

where azimuth is measured eastwards around the horizon from north.

In step 4, if a has not been observed, use the quantity:

$$a = \phi + C - 0{\cdot}0087\,S^2 \tan\phi$$

where ϕ is an assumed latitude, taken to be positive in either hemisphere.

POLE STAR COEFFICIENTS FOR 1995

	Polaris		σ Octantis	
	GHA	*p*	*GHA*	*p*
	°	°	°	°
a_0	62·42	0·7580	143·15	1·0256
a_1	0·999 22	−0·0000 090	0·999 50	0·0000 100
a_2	0·35	−0·0022	0·17	0·0041
a_3	−0·20	−0·0050	0·25	−0·0035

POLARIS TABLE, 1995

LST	0h		1h		2h		3h		4h		5h	
	a_0	b_0	a_0	b_0	a_0	b_0	a_0	b_0	a_0	b_0	a_0	b_0
m	′	′	′	′	′	′	′	′	′	′	′	′
0	−36·1	+27·6	−42·0	+17·2	−45·0	+ 5·5	−44·8	− 6·5	−41·6	−18·0	−35·5	−28·3
3	36·4	27·1	42·2	16·6	45·0	4·9	44·8	7·1	41·4	18·6	35·2	28·7
6	36·8	26·6	42·4	16·0	45·1	4·3	44·7	7·7	41·1	19·1	34·8	29·2
9	37·1	26·1	42·6	15·5	45·1	3·7	44·6	8·2	40·9	19·7	34·4	29·7
12	37·5	25·6	42·8	14·9	45·2	3·1	44·4	8·8	40·6	20·2	34·0	30·1
15	−37·8	+25·1	−43·0	+14·3	−45·2	+ 2·5	−44·3	− 9·4	−40·4	−20·7	−33·6	−30·6
18	38·1	24·6	43·2	13·8	45·3	1·9	44·2	10·0	40·1	21·3	33·2	31·0
21	38·5	24·1	43·4	13·2	45·3	1·3	44·1	10·6	39·8	21·8	32·8	31·4
24	38·8	23·6	43·5	12·6	45·3	0·7	43·9	11·2	39·5	22·3	32·4	31·9
27	39·1	23·1	43·7	12·0	45·3	0·1	43·8	11·8	39·2	22·8	32·0	32·3
30	−39·4	+22·6	−43·9	+11·5	−45·3	− 0·5	−43·6	−12·3	−38·9	−23·4	−31·5	−32·7
33	39·7	22·0	44·0	10·9	45·3	1·1	43·4	12·9	38·6	23·9	31·1	33·1
36	39·9	21·5	44·1	10·3	45·3	1·7	43·3	13·5	38·3	24·4	30·7	33·5
39	40·2	21·0	44·3	9·7	45·2	2·3	43·1	14·1	38·0	24·9	30·2	33·9
42	40·5	20·4	44·4	9·1	45·2	2·9	42·9	14·6	37·6	25·4	29·8	34·3
45	−40·8	+19·9	−44·5	+ 8·5	−45·2	− 3·5	−42·7	−15·2	−37·3	−25·9	−29·3	−34·7
48	41·0	19·4	44·6	7·9	45·1	4·1	42·5	15·8	37·0	26·4	28·9	35·1
51	41·3	18·8	44·7	7·3	45·1	4·7	42·3	16·3	36·6	26·9	28·4	35·5
54	41·5	18·3	44·8	6·7	45·0	5·3	42·1	16·9	36·3	27·3	27·9	35·8
57	41·7	17·7	44·9	6·1	44·9	5·9	41·9	17·5	35·9	27·8	27·5	36·2
60	−42·0	+17·2	−45·0	+ 5·5	−44·8	− 6·5	−41·6	−18·0	−35·5	−28·3	−27·0	−36·6
Lat.	a_1	b_1	a_1	b_1	a_1	b_1	a_1	b_1	a_1	b_1	a_1	b_1
°												
0	−·1	−·3	·0	−·2	·0	·0	·0	+·2	−·1	+·3	−·2	+·4
10	−·1	−·3	·0	−·1	·0	·0	·0	+·2	−·1	+·3	−·2	+·3
20	−·1	−·2	·0	−·1	·0	·0	·0	+·1	−·1	+·2	−·1	+·2
30	·0	−·2	·0	−·1	·0	·0	·0	+·1	·0	+·2	−·1	+·2
40	·0	−·1	·0	−·1	·0	·0	·0	+·1	·0	+·1	−·1	+·1
45	·0	·0	·0	·0	·0	·0	·0	·0	·0	+·1	·0	+·1
50	·0	·0	·0	·0	·0	·0	·0	·0	·0	·0	·0	·0
55	·0	+·1	·0	·0	·0	·0	·0	·0	·0	−·1	·0	−·1
60	·0	+·1	·0	+·1	·0	·0	·0	−·1	·0	−·1	+·1	−·2
62	·0	+·2	·0	+·1	·0	·0	·0	−·1	+·1	−·2	+·1	−·2
64	+·1	+·2	·0	+·1	·0	·0	·0	−·1	+·1	−·2	+·1	−·3
66	+·1	+·3	·0	+·2	·0	·0	·0	−·2	+·1	−·3	+·2	−·3
Month	a_2	b_2	a_2	b_2	a_2	b_2	a_2	b_2	a_2	b_2	a_2	b_2
Jan.	+·1	−·1	+·1	−·1	+·1	·0	+·1	·0	+·1	·0	+·1	+·1
Feb.	·0	−·2	+·1	−·2	+·2	−·2	+·2	−·1	+·2	−·1	+·2	·0
Mar.	−·1	−·3	·0	−·3	+·1	−·3	+·1	−·3	+·2	−·2	+·3	−·2
Apr.	−·2	−·3	−·2	−·3	−·1	−·4	·0	−·4	+·1	−·4	+·2	−·3
May	−·4	−·2	−·3	−·3	−·2	−·3	−·1	−·4	·0	−·4	+·1	−·4
June	−·4	·0	−·4	−·1	−·3	−·2	−·3	−·3	−·2	−·4	−·1	−·4
July	−·4	+·1	−·4	·0	−·4	−·1	−·3	−·2	−·3	−·3	−·2	−·3
Aug.	−·3	+·2	−·3	+·2	−·3	+·1	−·4	·0	−·3	−·1	−·3	−·2
Sept.	−·1	+·3	−·2	+·3	−·2	+·2	−·3	+·2	−·3	+·1	−·3	·0
Oct.	+·1	+·3	·0	+·3	−·1	+·3	−·2	+·3	−·2	+·3	−·3	+·2
Nov.	+·3	+·3	+·2	+·3	+·1	+·4	·0	+·4	−·1	+·4	−·2	+·3
Dec.	+·4	+·1	+·3	+·2	+·3	+·3	+·2	+·4	+·1	+·4	·0	+·4

Latitude = Corrected observed altitude of *Polaris* + $a_0 + a_1 + a_2$

Azimuth of *Polaris* = $(b_0 + b_1 + b_2)$ / cos (latitude)

LST	6ʰ a_0	6ʰ b_0	7ʰ a_0	7ʰ b_0	8ʰ a_0	8ʰ b_0	9ʰ a_0	9ʰ b_0	10ʰ a_0	10ʰ b_0	11ʰ a_0	11ʰ b_0
m	′	′	′	′	′	′	′	′	′	′	′	′
0	−27·0	−36·6	−16·6	−42·3	− 5·1	−45·1	+ 6·7	−44·8	+18·1	−41·4	+28·2	−35·3
3	26·5	36·9	16·1	42·5	4·5	45·1	7·3	44·7	18·6	41·2	28·6	34·9
6	26·0	37·3	15·5	42·7	3·9	45·2	7·9	44·6	19·1	40·9	29·1	34·6
9	25·5	37·6	14·9	42·9	3·3	45·2	8·5	44·4	19·7	40·7	29·5	34·2
12	25·0	37·9	14·4	43·1	2·7	45·2	9·0	44·3	20·2	40·4	30·0	33·8
15	−24·5	−38·2	−13·8	−43·3	− 2·2	−45·3	+ 9·6	−44·2	+20·7	−40·1	+30·4	−33·4
18	24·0	38·6	13·2	43·4	1·6	45·3	10·2	44·1	21·3	39·9	30·8	33·0
21	23·5	38·9	12·7	43·6	1·0	45·3	10·8	43·9	21·8	39·6	31·3	32·6
24	23·0	39·2	12·1	43·7	− 0·4	45·3	11·4	43·8	22·3	39·3	31·7	32·2
27	22·5	39·5	11·5	43·9	+ 0·2	45·3	11·9	43·6	22·8	39·0	32·1	31·8
30	−22·0	−39·8	−10·9	−44·0	+ 0·8	−45·3	+12·5	−43·5	+23·3	−38·7	+32·5	−31·4
33	21·5	40·0	10·4	44·2	1·4	45·3	13·1	43·3	23·8	38·4	32·9	30·9
36	20·9	40·3	9·8	44·3	2·0	45·2	13·6	43·1	24·3	38·1	33·3	30·5
39	20·4	40·6	9·2	44·4	2·6	45·2	14·2	42·9	24·8	37·7	33·7	30·1
42	19·9	40·9	8·6	44·5	3·2	45·2	14·8	42·7	25·3	37·4	34·1	29·6
45	−19·3	−41·1	− 8·0	−44·6	+ 3·8	−45·1	+15·3	−42·5	+25·8	−37·1	+34·5	−29·2
48	18·8	41·4	7·5	44·7	4·4	45·1	15·9	42·3	26·3	36·7	34·9	28·7
51	18·3	41·6	6·9	44·8	5·0	45·0	16·4	42·1	26·8	36·4	35·3	28·3
54	17·7	41·8	6·3	44·9	5·5	44·9	17·0	41·9	27·2	36·0	35·6	27·8
57	17·2	42·1	5·7	45·0	6·1	44·8	17·5	41·7	27·7	35·7	36·0	27·3
60	−16·6	−42·3	− 5·1	−45·1	+ 6·7	−44·8	+18·1	−41·4	+28·2	−35·3	+36·3	−26·9
Lat.	a_1	b_1	a_1	b_1	a_1	b_1	a_1	b_1	a_1	b_1	a_1	b_1
°												
0	−·3	+·3	−·3	+·2	−·4	·0	−·3	−·2	−·3	−·3	−·2	−·4
10	−·2	+·3	−·3	+·1	−·3	·0	−·3	−·2	−·2	−·3	−·1	−·3
20	−·2	+·2	−·2	+·1	−·2	·0	−·2	−·1	−·2	−·2	−·1	−·2
30	−·1	+·2	−·2	+·1	−·2	·0	−·2	−·1	−·1	−·2	−·1	−·2
40	−·1	+·1	−·1	+·1	−·1	·0	−·1	−·1	−·1	−·1	−·1	−·1
45	·0	·0	−·1	·0	−·1	·0	−·1	·0	·0	−·1	·0	−·1
50	·0	·0	·0	·0	·0	·0	·0	·0	·0	·0	·0	·0
55	+·1	−·1	+·1	·0	+·1	·0	+·1	·0	+·1	+·1	·0	+·1
60	+·1	−·1	+·2	−·1	+·2	·0	+·1	+·1	+·1	+·1	+·1	+·2
62	+·2	−·2	+·2	−·1	+·2	·0	+·2	+·1	+·2	+·2	+·1	+·2
64	+·2	−·2	+·2	−·1	+·3	·0	+·2	+·1	+·2	+·2	+·1	+·3
66	+·2	−·3	+·3	−·2	+·3	·0	+·3	+·2	+·2	+·3	+·2	+·3
Month	a_2	b_2	a_2	b_2	a_2	b_2	a_2	b_2	a_2	b_2	a_2	b_2
Jan.	+·1	+·1	+·1	+·1	·0	+·1	·0	+·1	·0	+·1	−·1	+·1
Feb.	+·2	·0	+·2	+·1	+·2	+·2	+·1	+·2	+·1	+·2	·0	+·2
Mar.	+·3	−·1	+·3	·0	+·3	+·1	+·3	+·1	+·2	+·2	+·2	+·3
Apr.	+·3	−·2	+·3	−·2	+·4	−·1	+·4	·0	+·4	+·1	+·3	+·2
May	+·2	−·4	+·3	−·3	+·3	−·2	+·4	−·1	+·4	·0	+·4	+·1
June	·0	−·4	+·1	−·4	+·2	−·3	+·3	−·3	+·4	−·2	+·4	−·1
July	−·1	−·4	·0	−·4	+·1	−·4	+·2	−·3	+·3	−·3	+·3	−·2
Aug.	−·2	−·3	−·2	−·3	−·1	−·3	·0	−·4	+·1	−·3	+·2	−·3
Sept.	−·3	−·1	−·3	−·2	−·2	−·2	−·2	−·3	−·1	−·3	·0	−·3
Oct.	−·3	+·1	−·3	·0	−·3	−·1	−·3	−·2	−·3	−·2	−·2	−·3
Nov.	−·3	+·3	−·3	+·2	−·4	+·1	−·4	·0	−·4	−·1	−·3	−·2
Dec.	−·1	+·4	−·2	+·3	−·3	+·3	−·4	+·2	−·4	+·1	−·4	·0

Latitude = Corrected observed altitude of *Polaris* + $a_0 + a_1 + a_2$

Azimuth of *Polaris* = $(b_0 + b_1 + b_2)$ / cos (latitude)

POLARIS TABLE, 1995

LST	12^h a_0	12^h b_0	13^h a_0	13^h b_0	14^h a_0	14^h b_0	15^h a_0	15^h b_0	16^h a_0	16^h b_0	17^h a_0	17^h b_0
m	′	′	′	′	′	′	′	′	′	′	′	′
0	+36·3	−26·9	+42·1	−16·7	+45·0	− 5·4	+44·9	+ 6·3	+41·7	+17·5	+35·8	+27·6
3	36·7	26·4	42·3	16·1	45·0	4·8	44·8	6·8	41·5	18·0	35·4	28·1
6	37·0	25·9	42·5	15·6	45·1	4·2	44·7	7·4	41·3	18·6	35·1	28·5
9	37·4	25·4	42·7	15·0	45·2	3·6	44·6	8·0	41·0	19·1	34·7	29·0
12	37·7	25·0	42·9	14·5	45·2	3·1	44·5	8·6	40·8	19·6	34·3	29·4
15	+38·0	−24·5	+43·1	−13·9	+45·2	− 2·5	+44·4	+ 9·1	+40·5	+20·2	+33·9	+29·9
18	38·3	24·0	43·3	13·4	45·3	1·9	44·2	9·7	40·2	20·7	33·5	30·3
21	38·7	23·5	43·4	12·8	45·3	1·3	44·1	10·3	40·0	21·2	33·1	30·7
24	39·0	23·0	43·6	12·2	45·3	0·7	44·0	10·9	39·7	21·7	32·7	31·2
27	39·3	22·5	43·7	11·7	45·3	0·1	43·8	11·4	39·4	22·2	32·3	31·6
30	+39·5	−21·9	+43·9	−11·1	+45·3	+ 0·4	+43·7	+12·0	+39·1	+22·7	+31·9	+32·0
33	39·8	21·4	44·0	10·5	45·3	1·0	43·5	12·5	38·8	23·2	31·5	32·4
36	40·1	20·9	44·2	10·0	45·3	1·6	43·3	13·1	38·5	23·7	31·0	32·8
39	40·4	20·4	44·3	9·4	45·2	2·2	43·2	13·7	38·2	24·2	30·6	33·2
42	40·6	19·9	44·4	8·8	45·2	2·8	43·0	14·2	37·8	24·7	30·2	33·6
45	+40·9	−19·3	+44·5	− 8·3	+45·2	+ 3·4	+42·8	+14·8	+37·5	+25·2	+29·7	+34·0
48	41·1	18·8	44·6	7·7	45·1	3·9	42·6	15·3	37·2	25·7	29·3	34·4
51	41·4	18·3	44·7	7·1	45·1	4·5	42·4	15·9	36·9	26·2	28·8	34·8
54	41·6	17·7	44·8	6·5	45·0	5·1	42·2	16·4	36·5	26·7	28·4	35·1
57	41·9	17·2	44·9	6·0	44·9	5·7	42·0	17·0	36·2	27·1	27·9	35·5
60	+42·1	−16·7	+45·0	− 5·4	+44·9	+ 6·3	+41·7	+17·5	+35·8	+27·6	+27·4	+35·9

Lat.	a_1	b_1	a_1	b_1	a_1	b_1	a_1	b_1	a_1	b_1	a_1	b_1
°												
0	−·1	−·3	·0	−·2	·0	·0	·0	+·2	−·1	+·3	−·2	+·4
10	−·1	−·3	·0	−·1	·0	·0	·0	+·2	−·1	+·3	−·2	+·3
20	−·1	−·2	·0	−·1	·0	·0	·0	+·1	−·1	+·2	−·1	+·2
30	·0	−·2	·0	−·1	·0	·0	·0	+·1	·0	+·2	−·1	+·2
40	·0	−·1	·0	−·1	·0	·0	·0	+·1	·0	+·1	−·1	+·1
45	·0	·0	·0	·0	·0	·0	·0	·0	·0	+·1	·0	+·1
50	·0	·0	·0	·0	·0	·0	·0	·0	·0	·0	·0	·0
55	·0	+·1	·0	·0	·0	·0	·0	·0	·0	−·1	·0	−·1
60	·0	+·1	·0	+·1	·0	·0	·0	−·1	·0	−·1	+·1	−·2
62	·0	+·2	·0	+·1	·0	·0	·0	−·1	+·1	−·2	+·1	−·2
64	+·1	+·2	·0	+·1	·0	·0	·0	−·1	+·1	−·2	+·1	−·3
66	+·1	+·3	·0	+·2	·0	·0	·0	−·2	+·1	−·3	+·2	−·3

Month	a_2	b_2	a_2	b_2	a_2	b_2	a_2	b_2	a_2	b_2	a_2	b_2
Jan.	−·1	+·1	−·1	+·1	−·1	·0	−·1	·0	−·1	·0	−·1	−·1
Feb.	·0	+·2	−·1	+·2	−·2	+·2	−·2	+·1	−·2	+·1	−·2	·0
Mar.	+·1	+·3	·0	+·3	−·1	+·3	−·1	+·3	−·2	+·2	−·3	+·2
Apr.	+·2	+·3	+·2	+·3	+·1	+·4	·0	+·4	−·1	+·4	−·2	+·3
May	+·4	+·2	+·3	+·3	+·2	+·3	+·1	+·4	·0	+·4	−·1	+·4
June	+·4	·0	+·4	+·1	+·3	+·2	+·3	+·3	+·2	+·4	+·1	+·4
July	+·4	−·1	+·4	·0	+·4	+·1	+·3	+·2	+·3	+·3	+·2	+·3
Aug.	+·3	−·2	+·3	−·2	+·3	−·1	+·4	·0	+·3	+·1	+·3	+·2
Sept.	+·1	−·3	+·2	−·3	+·2	−·2	+·3	−·2	+·3	−·1	+·3	·0
Oct.	−·1	−·3	·0	−·3	+·1	−·3	+·2	−·3	+·2	−·3	+·3	−·2
Nov.	−·3	−·3	−·2	−·3	−·1	−·4	·0	−·4	+·1	−·4	+·2	−·3
Dec.	−·4	−·1	−·3	−·2	−·3	−·3	−·2	−·4	−·1	−·4	·0	−·4

Latitude = Corrected observed altitude of *Polaris* + a_0 + a_1 + a_2

Azimuth of *Polaris* = $(b_0 + b_1 + b_2)$ / cos (latitude)

LST	18h		19h		20h		21h		22h		23h	
	a_0	b_0	a_0	b_0	a_0	b_0	a_0	b_0	a_0	b_0	a_0	b_0
m	′	′	′	′	′	′	′	′	′	′	′	′
0	+27·4	+35·9	+17·2	+41·8	+ 5·8	+44·9	− 6·0	+44·9	−17·5	+41·9	−27·7	+36·0
3	27·0	36·2	16·7	42·0	5·2	45·0	6·6	44·9	18·0	41·7	28·2	35·6
6	26·5	36·6	16·1	42·2	4·6	45·0	7·2	44·8	18·5	41·5	28·7	35·3
9	26·0	36·9	15·6	42·4	4·0	45·1	7·8	44·7	19·1	41·2	29·1	34·9
12	25·5	37·3	15·0	42·6	3·5	45·1	8·4	44·6	19·6	41·0	29·6	34·5
15	+25·0	+37·6	+14·4	+42·8	+ 2·9	+45·2	− 8·9	+44·5	−20·2	+40·7	−30·0	+34·1
18	24·5	37·9	13·9	43·0	2·3	45·2	9·5	44·4	20·7	40·4	30·5	33·7
21	24·0	38·2	13·3	43·2	1·7	45·3	10·1	44·2	21·2	40·2	30·9	33·3
24	23·5	38·5	12·8	43·4	1·1	45·3	10·7	44·1	21·7	39·9	31·3	32·9
27	23·0	38·9	12·2	43·5	0·5	45·3	11·3	44·0	22·3	39·6	31·8	32·5
30	+22·5	+39·2	+11·6	+43·7	− 0·1	+45·3	−11·8	+43·8	−22·8	+39·3	−32·2	+32·1
33	22·0	39·4	11·0	43·9	0·7	45·3	12·4	43·7	23·3	39·0	32·6	31·6
36	21·5	39·7	10·5	44·0	1·3	45·3	13·0	43·5	23·8	38·7	33·0	31·2
39	21·0	40·0	9·9	44·1	1·9	45·3	13·5	43·3	24·3	38·4	33·4	30·8
42	20·4	40·3	9·3	44·3	2·5	45·3	14·1	43·2	24·8	38·1	33·8	30·3
45	+19·9	+40·6	+ 8·7	+44·4	− 3·1	+45·2	−14·7	+43·0	−25·3	+37·7	−34·2	+29·9
48	19·4	40·8	8·2	44·5	3·7	45·2	15·2	42·8	25·8	37·4	34·6	29·4
51	18·8	41·1	7·6	44·6	4·2	45·1	15·8	42·6	26·3	37·1	35·0	29·0
54	18·3	41·3	7·0	44·7	4·8	45·1	16·4	42·4	26·8	36·7	35·4	28·5
57	17·8	41·5	6·4	44·8	5·4	45·0	16·9	42·2	27·2	36·4	35·7	28·0
60	+17·2	+41·8	+ 5·8	+44·9	− 6·0	+44·9	−17·5	+41·9	−27·7	+36·0	−36·1	+27·6

Lat.	a_1	b_1	a_1	b_1	a_1	b_1	a_1	b_1	a_1	b_1	a_1	b_1
°												
0	−·3	+·3	−·3	+·2	−·4	·0	−·3	−·2	−·3	−·3	−·2	−·4
10	−·2	+·3	−·3	+·1	−·3	·0	−·3	−·2	−·2	−·3	−·1	−·3
20	−·2	+·2	−·2	+·1	−·2	·0	−·2	−·1	−·2	−·2	−·1	−·2
30	−·1	+·2	−·2	+·1	−·2	·0	−·2	−·1	−·1	−·2	−·1	−·2
40	−·1	+·1	−·1	+·1	−·1	·0	−·1	−·1	−·1	−·1	−·1	−·1
45	·0	·0	−·1	·0	−·1	·0	−·1	·0	·0	−·1	·0	−·1
50	·0	·0	·0	·0	·0	·0	·0	·0	·0	·0	·0	·0
55	+·1	−·1	+·1	·0	+·1	·0	+·1	·0	+·1	+·1	·0	+·1
60	+·1	−·1	+·2	−·1	+·2	·0	+·1	+·1	+·1	+·1	+·1	+·2
62	+·2	−·2	+·2	−·1	+·2	·0	+·2	+·1	+·2	+·2	+·1	+·2
64	+·2	−·2	+·2	−·1	+·3	·0	+·2	+·1	+·2	+·2	+·1	+·3
66	+·2	−·3	+·3	−·2	+·3	·0	+·3	+·2	+·2	+·3	+·2	+·3

Month	a_2	b_2	a_2	b_2	a_2	b_2	a_2	b_2	a_2	b_2	a_2	b_2
Jan.	−·1	−·1	−·1	−·1	·0	−·1	·0	−·1	·0	−·1	+·1	−·1
Feb.	−·2	·0	−·2	−·1	−·2	−·2	−·1	−·2	−·1	−·2	·0	−·2
Mar.	−·3	+·1	−·3	·0	−·3	−·1	−·3	−·1	−·2	−·2	−·2	−·3
Apr.	−·3	+·2	−·3	+·2	−·4	+·1	−·4	·0	−·4	−·1	−·3	−·2
May	−·2	+·4	−·3	+·3	−·3	+·2	−·4	+·1	−·4	·0	−·4	−·1
June	·0	+·4	−·1	+·4	−·2	+·3	−·3	+·3	−·4	+·2	−·4	+·1
July	+·1	+·4	·0	+·4	−·1	+·4	−·2	+·3	−·3	+·3	−·3	+·2
Aug.	+·2	+·3	+·2	+·3	+·1	+·3	·0	+·4	−·1	+·3	−·2	+·3
Sept.	+·3	+·1	+·3	+·2	+·2	+·2	+·2	+·3	+·1	+·3	·0	+·3
Oct.	+·3	−·1	+·3	·0	+·3	+·1	+·3	+·2	+·3	+·2	+·2	+·3
Nov.	+·3	−·3	+·3	−·2	+·4	−·1	+·4	·0	+·4	+·1	+·3	+·2
Dec.	+·1	−·4	+·2	−·3	+·3	−·3	+·4	−·2	+·4	−·1	+·4	·0

Latitude = Corrected observed altitude of *Polaris* + $a_0 + a_1 + a_2$

Azimuth of *Polaris* = $(b_0 + b_1 + b_2)$ / cos (latitude)

CONTENTS OF SECTION C

NOTES AND FORMULAS

Mean orbital elements of the Sun

Mean elements of the orbit of the Sun, referred to the mean equinox and ecliptic of date, are given by the following expressions. The time argument d is the interval in days from 1995 January 0, 0^h TDT. These expressions are intended for use only during the year of this volume.

d = JD – 244 9717.5 = day of year (from B2–B3) + fraction of day from 0^h TDT.

Geometric mean longitude: 279°.195 521 + 0.985 647 36 d

Mean longitude of perigee: 282°.852 316 + 0.000 047 07 d

Mean anomaly: 356°.343 206 + 0.985 600 28 d

Eccentricity: 0.016 710 43 – 0.000 000 0012 d

Mean obliquity of the ecliptic with respect to the mean equator of date:

23°.439 942 – 0.000 000 36 d

The position of the ecliptic of date with respect to the ecliptic of the standard epoch is given by formulas on page B18.

Accurate osculating elements of the Earth/Moon barycenter are given on pages E3 and E4.

Lengths of principal years

The lengths of the principal years at 1995.0 as derived from the Sun's mean motion are:

		d	d h m s
tropical year	(equinox to equinox)	365.242 190	365 05 48 45.2
sidereal year	(fixed star to fixed star)	365.256 363	365 06 09 09.8
anomalistic year	(perigee to perigee)	365.259 635	365 06 13 52.5
eclipse year	(node to node)	346.620 074	346 14 52 54.4

NOTES AND FORMULAS

Apparent ecliptic coordinates of the Sun

The apparent longitude may be computed from the geometric longitude tabulated on pages C4–C18 using:

$$\text{apparent longitude} = \text{tabulated longitude} + \text{nutation in longitude } (\Delta\psi) - 20''.496/R$$

where $\Delta\psi$ is tabulated on pages B24–B31 and R is the true distance; the tabulated longitude is the geometric longitude with respect to the mean equinox of date. The apparent latitude is equal to the geometric latitude to the precision of tabulation.

Time of transit of the Sun

The quantity tabulated as "Ephemeris Transit" on pages C5–C19 is the TDT of transit of the Sun over the ephemeris meridian, which is at the longitude 1.002 738 ΔT east of the prime (Greenwich) meridian; in this expression ΔT is the difference TDT – UT. The TDT of transit of the Sun over a local meridian is obtained by interpolation where the first differences are about 24 hours. The interpolation factor p is given by:

$$p = -\lambda + 1.002\,738\,\Delta T$$

where λ is the east longitude and the right-hand side is expressed in days. (Divide longitude in degrees by 360 and ΔT in seconds by 86 400). During 1995 it is expected that ΔT will be about 61 seconds, so that the second term is about +0.000 71 days.

The UT of transit is obtained by subtracting ΔT from the TDT of transit obtained by interpolation.

Equation of time

The equation of time is defined so that:

$$\text{local mean solar time} = \text{local apparent solar} - \text{equation of time.}$$

To obtain the equation of time to a precision of about 1 second it is sufficient to use:

$$\text{equation of time at } 12^h\text{ UT} = 12^h - \text{tabulated value of TDT of ephemeris transit.}$$

Alternatively it may be calculated for any instant during 1995 in seconds of time to a precision of about 3 seconds directly from the expression:

$$\begin{aligned}\text{equation of time} = &-106.6 \sin L + 596.1 \sin 2L + 4.4 \sin 3L - 12.7 \sin 4L\\ &- 428.8 \cos L - 2.1 \cos 2L + 19.3 \cos 3L\end{aligned}$$

where L is the mean longitude of the Sun, given by:

$$L = 279^\circ.196 + 0.985\,647\,d$$

and where d is the interval in days from 1995 January 0 at 0^h UT, given by:

$$d = \text{day of year (from B2–B3)} + \text{fraction of day from } 0^h\text{ UT}$$

Geocentric rectangular coordinates of the Sun

The geocentric equatorial rectangular coordinates of the Sun are given, in au, on pages C20–C23 and are referred to the mean equator and equinox of J2000.0. The x-axis is directed towards the equinox, the y-axis towards the point on the equator at right ascension 6^h, and the z-axis towards the north pole of the equator.

These geocentric rectangular coordinates (x, y, z) may be used to convert an object's heliocentric rectangular coordinates (x_0, y_0, z_0) to the corresponding geometric geocentric rectangular coordinates (ξ_0, η_0, ζ_0) by means of the formulas:

$$\xi_0 = x_0 + x \qquad \eta_0 = y_0 + y \qquad \zeta_0 = z_0 + z$$

See pages B36–B39 for a rigorous method of forming an apparent place of an object in the solar system.

NOTES AND FORMULAS

Elements of the rotation of Sun

The mean elements of the rotation of the Sun during 1995 are given by:

Longitude of the ascending node of the solar equator:

on the ecliptic of date, 75°.69 — on the mean equator of date, 16°.12

Inclination of the solar equator:

on the ecliptic of date, 7°.25 — on the mean equator of date, 26°.14

The mean position of the pole of the solar equator is at:

right ascension, 286°.12 — declination, 63°.86

Sidereal period of rotation of the prime meridian is 25.38 days.

Mean synodic period of rotation of the prime meridian is 27.2753 days.

These data are derived from elements given by R. C. Carrington (*Observations of the Spots on the Sun*, p. 244, 1863).

Heliographic coordinates

The values of P (position angle of the northern extremity of the axis of rotation, measured eastwards from the north point of the disk), B_0 and L_0 (the heliographic latitude and longitude of the central point of the disk) are for 0^h UT; they may be interpolated linearly. The horizontal parallax and semidiameter are given for 0^h TDT, but may be regarded as being for 0^h UT.

If ρ_1, θ are the observed angular distance and position angle of a sunspot from the center of the disk of the Sun as seen from the Earth, and ρ is the heliocentric angular distance of the spot on the solar surface from the center of the Sun's disk, then

$$\sin(\rho + \rho_1) = \rho_1 / S$$

where S is the semidiameter of the Sun. The position angle is measured from the north point of the disk towards the east.

The formulas for the computation of the heliographic coordinates (L, B) of a sunspot (or other feature on the surface of the Sun) from (ρ, θ) are as follows:

$$\begin{aligned}
\sin B &= \sin B_0 \cos \rho + \cos B_0 \sin \rho \cos (P - \theta) \\
\cos B \sin (L - L_0) &= \sin \rho \sin (P - \theta) \\
\cos B \cos (L - L_0) &= \cos \rho \cos B_0 - \sin B_0 \sin \rho \cos (P - \theta)
\end{aligned}$$

where B is measured positive to the north of the solar equator and L is measured from 0° to 360° in the direction of rotation of the Sun, i.e., westwards on the apparent disk as seen from the Earth.

SYNODIC ROTATION NUMBERS, 1995

Number	Date of Commencement	Number	Date of Commencement	Number	Date of Commencement
1891	1994 Dec. 31.17	1896	1995 May 16.69	1901	1995 Sept. 29.81
1892	1995 Jan. 27.51	1897	June 12.89	1902	Oct. 27.10
1893	Feb. 23.85	1898	July 10.09	1903	Nov. 23.40
1894	Mar. 23.17	1899	Aug. 6.30	1904	1995 Dec. 20.72
1895	Apr. 19.45	1900	Sept. 2.54	1905	1996 Jan. 17.06

At the date of commencement of each synodic rotation period the value of L_0 is zero; that is, the prime meridian passes through the central point of the disk.

FOR 0^h DYNAMICAL TIME

Date		Julian Date	Ecliptic Long.	Ecliptic Lat.	Apparent Right Ascension	Apparent Declination	True Geocentric Distance
			for Mean Equinox of Date				
		244	° ′ ″	″	h m s	° ′ ″	
Jan.	0	9717.5	279 04 18.90	+0.74	18 39 28.72	−23 07 38.9	0.983 3396
	1	9718.5	280 05 29.71	+0.85	18 43 54.07	23 03 14.6	.983 3250
	2	9719.5	281 06 40.65	+0.93	18 48 19.13	22 58 22.8	.983 3140
	3	9720.5	282 07 51.61	+0.97	18 52 43.86	22 53 03.5	.983 3065
	4	9721.5	283 09 02.48	+0.99	18 57 08.22	22 47 16.9	.983 3028
	5	9722.5	284 10 13.16	+0.97	19 01 32.17	−22 41 03.1	0.983 3029
	6	9723.5	285 11 23.56	+0.92	19 05 55.68	22 34 22.4	.983 3073
	7	9724.5	286 12 33.62	+0.84	19 10 18.73	22 27 15.0	.983 3160
	8	9725.5	287 13 43.28	+0.75	19 14 41.29	22 19 41.0	.983 3294
	9	9726.5	288 14 52.49	+0.64	19 19 03.33	22 11 40.7	.983 3478
	10	9727.5	289 16 01.23	+0.51	19 23 24.82	−22 03 14.4	0.983 3714
	11	9728.5	290 17 09.47	+0.39	19 27 45.75	21 54 22.2	.983 4004
	12	9729.5	291 18 17.19	+0.26	19 32 06.09	21 45 04.4	.983 4350
	13	9730.5	292 19 24.38	+0.14	19 36 25.82	21 35 21.3	.983 4754
	14	9731.5	293 20 31.04	+0.04	19 40 44.92	21 25 13.2	.983 5217
	15	9732.5	294 21 37.16	−0.05	19 45 03.38	−21 14 40.3	0.983 5742
	16	9733.5	295 22 42.75	−0.12	19 49 21.17	21 03 43.0	.983 6328
	17	9734.5	296 23 47.82	−0.16	19 53 38.27	20 52 21.5	.983 6977
	18	9735.5	297 24 52.40	−0.17	19 57 54.68	20 40 36.1	.983 7688
	19	9736.5	298 25 56.50	−0.16	20 02 10.39	20 28 27.2	.983 8462
	20	9737.5	299 27 00.15	−0.11	20 06 25.37	−20 15 55.1	0.983 9297
	21	9738.5	300 28 03.36	−0.04	20 10 39.62	20 03 00.0	.984 0192
	22	9739.5	301 29 06.15	+0.06	20 14 53.14	19 49 42.3	.984 1145
	23	9740.5	302 30 08.52	+0.17	20 19 05.91	19 36 02.4	.984 2153
	24	9741.5	303 31 10.47	+0.30	20 23 17.94	19 22 00.6	.984 3213
	25	9742.5	304 32 11.98	+0.43	20 27 29.20	−19 07 37.3	0.984 4322
	26	9743.5	305 33 13.01	+0.57	20 31 39.70	18 52 52.8	.984 5476
	27	9744.5	306 34 13.52	+0.69	20 35 49.42	18 37 47.6	.984 6670
	28	9745.5	307 35 13.42	+0.79	20 39 58.36	18 22 22.0	.984 7902
	29	9746.5	308 36 12.64	+0.87	20 44 06.50	18 06 36.4	.984 9169
	30	9747.5	309 37 11.08	+0.91	20 48 13.84	−17 50 31.4	0.985 0468
	31	9748.5	310 38 08.62	+0.93	20 52 20.36	17 34 07.2	.985 1797
Feb.	1	9749.5	311 39 05.16	+0.91	20 56 26.06	17 17 24.4	.985 3157
	2	9750.5	312 40 00.59	+0.87	21 00 30.94	17 00 23.2	.985 4547
	3	9751.5	313 40 54.82	+0.79	21 04 34.98	16 43 04.2	.985 5969
	4	9752.5	314 41 47.77	+0.69	21 08 38.20	−16 25 27.7	0.985 7424
	5	9753.5	315 42 39.38	+0.58	21 12 40.59	16 07 34.2	.985 8914
	6	9754.5	316 43 29.58	+0.46	21 16 42.16	15 49 24.0	.986 0441
	7	9755.5	317 44 18.33	+0.33	21 20 42.90	15 30 57.7	.986 2006
	8	9756.5	318 45 05.59	+0.20	21 24 42.83	15 12 15.5	.986 3611
	9	9757.5	319 45 51.34	+0.08	21 28 41.94	−14 53 18.0	0.986 5259
	10	9758.5	320 46 35.56	−0.03	21 32 40.26	14 34 05.5	.986 6951
	11	9759.5	321 47 18.22	−0.12	21 36 37.77	14 14 38.4	.986 8688
	12	9760.5	322 47 59.34	−0.19	21 40 34.50	13 54 57.2	.987 0473
	13	9761.5	323 48 38.91	−0.23	21 44 30.45	13 35 02.3	.987 2306
	14	9762.5	324 49 16.95	−0.25	21 48 25.64	−13 14 54.0	0.987 4189
	15	9763.5	325 49 53.49	−0.24	21 52 20.08	−12 54 32.9	0.987 6121

FOR 0^h DYNAMICAL TIME

Date		Position Angle of Axis P	Heliographic Latitude B_0	Heliographic Longitude L_0	H. P.	Semi-Diameter	Ephemeris Transit
		°	°	°	″	′ ″	h m s
Jan.	0	+ 2.75	−2.87	2.20	8.94	16 15.90	12 02 56.86
	1	2.26	2.99	349.03	8.94	16 15.92	12 03 25.52
	2	1.78	3.11	335.86	8.94	16 15.93	12 03 53.86
	3	1.29	3.22	322.69	8.94	16 15.94	12 04 21.85
	4	0.81	3.34	309.52	8.94	16 15.94	12 04 49.46
	5	+ 0.32	−3.45	296.35	8.94	16 15.94	12 05 16.65
	6	− 0.16	3.56	283.18	8.94	16 15.94	12 05 43.39
	7	0.65	3.67	270.01	8.94	16 15.93	12 06 09.65
	8	1.13	3.78	256.84	8.94	16 15.91	12 06 35.40
	9	1.61	3.89	243.68	8.94	16 15.90	12 07 00.62
	10	− 2.09	−4.00	230.51	8.94	16 15.87	12 07 25.29
	11	2.57	4.11	217.34	8.94	16 15.84	12 07 49.37
	12	3.05	4.21	204.17	8.94	16 15.81	12 08 12.86
	13	3.52	4.32	191.00	8.94	16 15.77	12 08 35.72
	14	3.99	4.42	177.83	8.94	16 15.72	12 08 57.94
	15	− 4.47	−4.52	164.67	8.94	16 15.67	12 09 19.50
	16	4.93	4.62	151.50	8.94	16 15.61	12 09 40.39
	17	5.40	4.72	138.33	8.94	16 15.55	12 10 00.59
	18	5.86	4.82	125.16	8.94	16 15.48	12 10 20.09
	19	6.32	4.91	111.99	8.94	16 15.40	12 10 38.88
	20	− 6.78	−5.01	98.83	8.94	16 15.32	12 10 56.95
	21	7.24	5.10	85.66	8.94	16 15.23	12 11 14.28
	22	7.69	5.19	72.49	8.94	16 15.14	12 11 30.87
	23	8.14	5.28	59.33	8.94	16 15.04	12 11 46.72
	24	8.58	5.37	46.16	8.93	16 14.93	12 12 01.81
	25	− 9.02	−5.45	32.99	8.93	16 14.82	12 12 16.13
	26	9.46	5.54	19.83	8.93	16 14.71	12 12 29.67
	27	9.89	5.62	6.66	8.93	16 14.59	12 12 42.44
	28	10.32	5.70	353.49	8.93	16 14.47	12 12 54.41
	29	10.75	5.78	340.33	8.93	16 14.34	12 13 05.58
	30	−11.17	−5.86	327.16	8.93	16 14.21	12 13 15.95
	31	11.59	5.93	314.00	8.93	16 14.08	12 13 25.50
Feb.	1	12.00	6.00	300.83	8.93	16 13.95	12 13 34.23
	2	12.41	6.07	287.67	8.92	16 13.81	12 13 42.13
	3	12.81	6.14	274.50	8.92	16 13.67	12 13 49.21
	4	−13.21	−6.21	261.33	8.92	16 13.53	12 13 55.45
	5	13.60	6.28	248.17	8.92	16 13.38	12 14 00.87
	6	13.99	6.34	235.00	8.92	16 13.23	12 14 05.47
	7	14.37	6.40	221.83	8.92	16 13.07	12 14 09.24
	8	14.75	6.46	208.67	8.92	16 12.91	12 14 12.20
	9	−15.13	−6.52	195.50	8.91	16 12.75	12 14 14.35
	10	15.50	6.57	182.33	8.91	16 12.59	12 14 15.70
	11	15.86	6.63	169.17	8.91	16 12.41	12 14 16.25
	12	16.22	6.68	156.00	8.91	16 12.24	12 14 16.02
	13	16.57	6.73	142.83	8.91	16 12.06	12 14 15.03
	14	−16.92	−6.77	129.66	8.91	16 11.87	12 14 13.28
	15	−17.26	−6.82	116.50	8.90	16 11.68	12 14 10.78

FOR 0^h DYNAMICAL TIME

Date		Julian Date	Ecliptic Long. (for Mean Equinox of Date)	Ecliptic Lat. (for Mean Equinox of Date)	Apparent Right Ascension	Apparent Declination	True Geocentric Distance
		244	° ′ ″	″	h m s	° ′ ″	
Feb.	15	9763.5	325 49 53.49	−0.24	21 52 20.08	−12 54 32.9	0.987 6121
	16	9764.5	326 50 28.54	−0.20	21 56 13.78	12 33 59.1	.987 8105
	17	9765.5	327 51 02.15	−0.13	22 00 06.76	12 13 13.3	.988 0139
	18	9766.5	328 51 34.36	−0.03	22 03 59.04	11 52 15.7	.988 2222
	19	9767.5	329 52 05.20	+0.08	22 07 50.63	11 31 06.7	.988 4353
	20	9768.5	330 52 34.72	+0.21	22 11 41.55	−11 09 46.7	0.988 6528
	21	9769.5	331 53 02.93	+0.34	22 15 31.83	10 48 16.2	.988 8746
	22	9770.5	332 53 29.84	+0.47	22 19 21.48	10 26 35.5	.989 1002
	23	9771.5	333 53 55.45	+0.59	22 23 10.51	10 04 45.0	.989 3293
	24	9772.5	334 54 19.75	+0.69	22 26 58.94	9 42 45.2	.989 5614
	25	9773.5	335 54 42.68	+0.77	22 30 46.79	− 9 20 36.5	0.989 7960
	26	9774.5	336 55 04.19	+0.82	22 34 34.06	8 58 19.3	.990 0329
	27	9775.5	337 55 24.22	+0.84	22 38 20.78	8 35 54.0	.990 2718
	28	9776.5	338 55 42.69	+0.82	22 42 06.94	8 13 21.1	.990 5122
Mar.	1	9777.5	339 55 59.51	+0.78	22 45 52.57	7 50 41.0	.990 7541
	2	9778.5	340 56 14.60	+0.70	22 49 37.68	− 7 27 54.0	0.990 9973
	3	9779.5	341 56 27.87	+0.61	22 53 22.29	7 05 00.7	.991 2418
	4	9780.5	342 56 39.25	+0.49	22 57 06.41	6 42 01.4	.991 4876
	5	9781.5	343 56 48.67	+0.37	23 00 50.05	6 18 56.5	.991 7348
	6	9782.5	344 56 56.08	+0.23	23 04 33.24	5 55 46.4	.991 9834
	7	9783.5	345 57 01.42	+0.10	23 08 15.99	− 5 32 31.5	0.992 2336
	8	9784.5	346 57 04.65	−0.02	23 11 58.32	5 09 12.3	.992 4856
	9	9785.5	347 57 05.75	−0.14	23 15 40.25	4 45 49.0	.992 7393
	10	9786.5	348 57 04.69	−0.23	23 19 21.79	4 22 22.1	.992 9951
	11	9787.5	349 57 01.47	−0.31	23 23 02.97	3 58 52.0	.993 2531
	12	9788.5	350 56 56.06	−0.36	23 26 43.80	− 3 35 19.0	0.993 5133
	13	9789.5	351 56 48.48	−0.38	23 30 24.31	3 11 43.6	.993 7761
	14	9790.5	352 56 38.75	−0.37	23 34 04.51	2 48 06.0	.994 0414
	15	9791.5	353 56 26.88	−0.34	23 37 44.43	2 24 26.7	.994 3096
	16	9792.5	354 56 12.92	−0.27	23 41 24.09	2 00 46.0	.994 5805
	17	9793.5	355 55 56.90	−0.18	23 45 03.52	− 1 37 04.2	0.994 8545
	18	9794.5	356 55 38.91	−0.07	23 48 42.74	1 13 21.8	.995 1313
	19	9795.5	357 55 18.98	+0.06	23 52 21.78	0 49 38.9	.995 4110
	20	9796.5	358 54 57.20	+0.19	23 56 00.67	0 25 56.0	.995 6933
	21	9797.5	359 54 33.61	+0.33	23 59 39.42	− 0 02 13.5	.995 9780
	22	9798.5	0 54 08.27	+0.45	0 03 18.07	+ 0 21 28.5	0.996 2648
	23	9799.5	1 53 41.21	+0.56	0 06 56.63	0 45 09.4	.996 5533
	24	9800.5	2 53 12.43	+0.64	0 10 35.13	1 08 48.9	.996 8430
	25	9801.5	3 52 41.94	+0.70	0 14 13.59	1 32 26.7	.997 1334
	26	9802.5	4 52 09.71	+0.72	0 17 52.02	1 56 02.3	.997 4243
	27	9803.5	5 51 35.72	+0.71	0 21 30.43	+ 2 19 35.4	0.997 7152
	28	9804.5	6 50 59.92	+0.67	0 25 08.86	2 43 05.7	.998 0057
	29	9805.5	7 50 22.24	+0.60	0 28 47.31	3 06 32.7	.998 2957
	30	9806.5	8 49 42.65	+0.51	0 32 25.81	3 29 56.1	.998 5848
	31	9807.5	9 49 01.07	+0.39	0 36 04.37	3 53 15.5	.998 8729
Apr.	1	9808.5	10 48 17.45	+0.27	0 39 43.00	+ 4 16 30.6	0.999 1600
	2	9809.5	11 47 31.73	+0.13	0 43 21.73	+ 4 39 41.0	0.999 4460

FOR 0^h DYNAMICAL TIME

Date		Position Angle of Axis P	Heliographic Latitude B_0	Heliographic Longitude L_0	H. P.	Semi-Diameter	Ephemeris Transit
		°	°	°	″	′ ″	h m s
Feb.	15	−17.26	−6.82	116.50	8.90	16 11.68	12 14 10.78
	16	17.59	6.86	103.33	8.90	16 11.49	12 14 07.56
	17	17.92	6.90	90.16	8.90	16 11.29	12 14 03.63
	18	18.25	6.94	76.99	8.90	16 11.08	12 13 59.01
	19	18.57	6.98	63.82	8.90	16 10.87	12 13 53.71
	20	−18.88	−7.01	50.65	8.90	16 10.66	12 13 47.76
	21	19.19	7.04	37.48	8.89	16 10.44	12 13 41.16
	22	19.49	7.07	24.31	8.89	16 10.22	12 13 33.94
	23	19.78	7.10	11.14	8.89	16 10.00	12 13 26.10
	24	20.07	7.12	357.97	8.89	16 09.77	12 13 17.68
	25	−20.35	−7.15	344.80	8.88	16 09.54	12 13 08.67
	26	20.63	7.17	331.63	8.88	16 09.31	12 12 59.10
	27	20.90	7.18	318.46	8.88	16 09.07	12 12 48.98
	28	21.17	7.20	305.29	8.88	16 08.84	12 12 38.32
Mar.	1	21.42	7.21	292.12	8.88	16 08.60	12 12 27.14
	2	−21.68	−7.23	278.94	8.87	16 08.36	12 12 15.44
	3	21.92	7.24	265.77	8.87	16 08.12	12 12 03.25
	4	22.16	7.24	252.60	8.87	16 07.88	12 11 50.58
	5	22.39	7.25	239.42	8.87	16 07.64	12 11 37.45
	6	22.62	7.25	226.25	8.87	16 07.40	12 11 23.86
	7	−22.84	−7.25	213.08	8.86	16 07.16	12 11 09.85
	8	23.05	7.25	199.90	8.86	16 06.91	12 10 55.42
	9	23.26	7.25	186.72	8.86	16 06.66	12 10 40.60
	10	23.46	7.24	173.55	8.86	16 06.41	12 10 25.40
	11	23.66	7.23	160.37	8.85	16 06.16	12 10 09.85
	12	−23.84	−7.22	147.19	8.85	16 05.91	12 09 53.96
	13	24.02	7.21	134.01	8.85	16 05.66	12 09 37.76
	14	24.20	7.19	120.83	8.85	16 05.40	12 09 21.27
	15	24.37	7.18	107.65	8.84	16 05.14	12 09 04.51
	16	24.53	7.16	94.47	8.84	16 04.87	12 08 47.50
	17	−24.68	−7.14	81.29	8.84	16 04.61	12 08 30.28
	18	24.83	7.11	68.11	8.84	16 04.34	12 08 12.86
	19	24.97	7.09	54.93	8.83	16 04.07	12 07 55.28
	20	25.10	7.06	41.74	8.83	16 03.80	12 07 37.55
	21	25.23	7.03	28.56	8.83	16 03.52	12 07 19.69
	22	−25.35	−7.00	15.38	8.83	16 03.24	12 07 01.74
	23	25.46	6.96	2.19	8.82	16 02.96	12 06 43.72
	24	25.56	6.93	349.00	8.82	16 02.68	12 06 25.64
	25	25.66	6.89	335.82	8.82	16 02.40	12 06 07.52
	26	25.75	6.85	322.63	8.82	16 02.12	12 05 49.39
	27	−25.84	−6.81	309.44	8.81	16 01.84	12 05 31.27
	28	25.92	6.76	296.25	8.81	16 01.56	12 05 13.16
	29	25.99	6.71	283.07	8.81	16 01.28	12 04 55.09
	30	26.05	6.67	269.88	8.81	16 01.00	12 04 37.07
	31	26.11	6.62	256.69	8.80	16 00.73	12 04 19.12
Apr.	1	−26.16	−6.56	243.49	8.80	16 00.45	12 04 01.26
	2	−26.20	−6.51	230.30	8.80	16 00.18	12 03 43.49

FOR 0^h DYNAMICAL TIME

Date		Julian Date	Ecliptic Long.	Ecliptic Lat.	Apparent Right Ascension	Apparent Declination	True Geocentric Distance
			for Mean Equinox of Date				
		244	° ′ ″	″	h m s	° ′ ″	
Apr.	1	9808.5	10 48 17.45	+0.27	0 39 43.00	+ 4 16 30.6	0.999 1600
	2	9809.5	11 47 31.73	+0.13	0 43 21.73	4 39 41.0	.999 4460
	3	9810.5	12 46 43.87	0.00	0 47 00.57	5 02 46.4	0.999 7308
	4	9811.5	13 45 53.81	−0.13	0 50 39.53	5 25 46.3	1.000 0147
	5	9812.5	14 45 01.54	−0.25	0 54 18.64	5 48 40.5	.000 2975
	6	9813.5	15 44 07.01	−0.36	0 57 57.90	+ 6 11 28.5	1.000 5794
	7	9814.5	16 43 10.21	−0.44	1 01 37.34	6 34 10.0	.000 8606
	8	9815.5	17 42 11.12	−0.50	1 05 16.97	6 56 44.8	.001 1412
	9	9816.5	18 41 09.73	−0.53	1 08 56.80	7 19 12.3	.001 4213
	10	9817.5	19 40 06.06	−0.53	1 12 36.86	7 41 32.3	.001 7010
	11	9818.5	20 39 00.11	−0.51	1 16 17.16	+ 8 03 44.5	1.001 9806
	12	9819.5	21 37 51.91	−0.45	1 19 57.72	8 25 48.5	.002 2603
	13	9820.5	22 36 41.48	−0.37	1 23 38.55	8 47 43.9	.002 5401
	14	9821.5	23 35 28.90	−0.26	1 27 19.68	9 09 30.5	.002 8204
	15	9822.5	24 34 14.21	−0.13	1 31 01.14	9 31 08.0	.003 1012
	16	9823.5	25 32 57.51	0.00	1 34 42.93	+ 9 52 35.9	1.003 3825
	17	9824.5	26 31 38.87	+0.14	1 38 25.08	10 13 54.2	.003 6643
	18	9825.5	27 30 18.40	+0.27	1 42 07.62	10 35 02.3	.003 9464
	19	9826.5	28 28 56.15	+0.39	1 45 50.56	10 56 00.0	.004 2286
	20	9827.5	29 27 32.22	+0.48	1 49 33.92	11 16 47.1	.004 5105
	21	9828.5	30 26 06.64	+0.54	1 53 17.71	+11 37 23.0	1.004 7917
	22	9829.5	31 24 39.45	+0.58	1 57 01.94	11 57 47.6	.005 0719
	23	9830.5	32 23 10.66	+0.58	2 00 46.63	12 18 00.4	.005 3505
	24	9831.5	33 21 40.28	+0.54	2 04 31.79	12 38 01.1	.005 6272
	25	9832.5	34 20 08.28	+0.48	2 08 17.43	12 57 49.4	.005 9017
	26	9833.5	35 18 34.66	+0.39	2 12 03.57	+13 17 24.9	1.006 1735
	27	9834.5	36 16 59.36	+0.28	2 15 50.20	13 36 47.4	.006 4425
	28	9835.5	37 15 22.38	+0.16	2 19 37.33	13 55 56.4	.006 7084
	29	9836.5	38 13 43.66	+0.03	2 23 24.99	14 14 51.7	.006 9710
	30	9837.5	39 12 03.17	−0.11	2 27 13.16	14 33 32.9	.007 2303
May	1	9838.5	40 10 20.87	−0.24	2 31 01.85	+14 51 59.7	1.007 4862
	2	9839.5	41 08 36.74	−0.36	2 34 51.08	15 10 11.7	.007 7386
	3	9840.5	42 06 50.75	−0.47	2 38 40.84	15 28 08.7	.007 9876
	4	9841.5	43 05 02.86	−0.56	2 42 31.13	15 45 50.3	.008 2332
	5	9842.5	44 03 13.06	−0.63	2 46 21.97	16 03 16.2	.008 4756
	6	9843.5	45 01 21.35	−0.67	2 50 13.34	+16 20 26.1	1.008 7147
	7	9844.5	45 59 27.70	−0.68	2 54 05.26	16 37 19.6	.008 9507
	8	9845.5	46 57 32.12	−0.66	2 57 57.72	16 53 56.5	.009 1839
	9	9846.5	47 55 34.63	−0.62	3 01 50.72	17 10 16.4	.009 4144
	10	9847.5	48 53 35.23	−0.55	3 05 44.28	17 26 19.0	.009 6423
	11	9848.5	49 51 33.96	−0.45	3 09 38.39	+17 42 04.1	1.009 8680
	12	9849.5	50 49 30.86	−0.33	3 13 33.05	17 57 31.4	.010 0917
	13	9850.5	51 47 26.00	−0.20	3 17 28.28	18 12 40.5	.010 3136
	14	9851.5	52 45 19.45	−0.06	3 21 24.07	18 27 31.2	.010 5338
	15	9852.5	53 43 11.32	+0.08	3 25 20.43	18 42 03.3	.010 7525
	16	9853.5	54 41 01.70	+0.20	3 29 17.36	+18 56 16.5	1.010 9697
	17	9854.5	55 38 50.71	+0.30	3 33 14.86	+19 10 10.4	1.011 1852

FOR 0h DYNAMICAL TIME

Date		Position Angle of Axis P	Heliographic Latitude B_0	Heliographic Longitude L_0	H. P.	Semi-Diameter	Ephemeris Transit
		°	°	°	″	′ ″	h m s
Apr.	1	−26.16	−6.56	243.49	8.80	16 00.45	12 04 01.26
	2	26.20	6.51	230.30	8.80	16 00.18	12 03 43.49
	3	26.23	6.45	217.11	8.80	15 59.90	12 03 25.84
	4	26.26	6.40	203.91	8.79	15 59.63	12 03 08.33
	5	26.28	6.34	190.72	8.79	15 59.36	12 02 50.96
	6	−26.29	−6.27	177.52	8.79	15 59.09	12 02 33.75
	7	26.30	6.21	164.33	8.79	15 58.82	12 02 16.73
	8	26.30	6.15	151.13	8.78	15 58.55	12 01 59.91
	9	26.29	6.08	137.93	8.78	15 58.28	12 01 43.30
	10	26.27	6.01	124.73	8.78	15 58.02	12 01 26.93
	11	−26.25	−5.94	111.53	8.78	15 57.75	12 01 10.81
	12	26.22	5.87	98.33	8.77	15 57.48	12 00 54.95
	13	26.18	5.79	85.13	8.77	15 57.21	12 00 39.39
	14	26.14	5.72	71.93	8.77	15 56.95	12 00 24.14
	15	26.08	5.64	58.73	8.77	15 56.68	12 00 09.21
	16	−26.02	−5.56	45.52	8.76	15 56.41	11 59 54.64
	17	25.96	5.48	32.32	8.76	15 56.14	11 59 40.43
	18	25.88	5.40	19.11	8.76	15 55.87	11 59 26.61
	19	25.80	5.32	5.90	8.76	15 55.60	11 59 13.20
	20	25.71	5.23	352.70	8.75	15 55.34	11 59 00.21
	21	−25.61	−5.15	339.49	8.75	15 55.07	11 58 47.66
	22	25.51	5.06	326.28	8.75	15 54.80	11 58 35.57
	23	25.40	4.97	313.07	8.75	15 54.54	11 58 23.94
	24	25.28	4.88	299.86	8.74	15 54.27	11 58 12.79
	25	25.15	4.79	286.65	8.74	15 54.01	11 58 02.12
	26	−25.02	−4.69	273.44	8.74	15 53.76	11 57 51.96
	27	24.88	4.60	260.23	8.74	15 53.50	11 57 42.29
	28	24.73	4.50	247.01	8.74	15 53.25	11 57 33.14
	29	24.57	4.40	233.80	8.73	15 53.00	11 57 24.50
	30	24.41	4.31	220.58	8.73	15 52.76	11 57 16.38
May	1	−24.24	−4.21	207.37	8.73	15 52.51	11 57 08.78
	2	24.06	4.11	194.15	8.73	15 52.28	11 57 01.72
	3	23.88	4.00	180.94	8.72	15 52.04	11 56 55.19
	4	23.69	3.90	167.72	8.72	15 51.81	11 56 49.19
	5	23.49	3.80	154.50	8.72	15 51.58	11 56 43.74
	6	−23.28	−3.69	141.28	8.72	15 51.35	11 56 38.82
	7	23.07	3.59	128.06	8.72	15 51.13	11 56 34.45
	8	22.85	3.48	114.84	8.71	15 50.91	11 56 30.63
	9	22.62	3.37	101.62	8.71	15 50.69	11 56 27.36
	10	22.39	3.26	88.40	8.71	15 50.48	11 56 24.64
	11	−22.15	−3.15	75.17	8.71	15 50.27	11 56 22.47
	12	21.90	3.04	61.95	8.71	15 50.06	11 56 20.87
	13	21.64	2.93	48.73	8.70	15 49.85	11 56 19.82
	14	21.38	2.82	35.50	8.70	15 49.64	11 56 19.34
	15	21.12	2.71	22.28	8.70	15 49.44	11 56 19.43
	16	−20.84	−2.60	9.05	8.70	15 49.23	11 56 20.08
	17	−20.56	−2.48	355.82	8.70	15 49.03	11 56 21.31

FOR 0h DYNAMICAL TIME

Date		Julian Date	Ecliptic Long. (for Mean Equinox of Date)	Ecliptic Lat. (for Mean Equinox of Date)	Apparent Right Ascension	Apparent Declination	True Geocentric Distance
		244	° ′ ″	″	h m s	° ′ ″	
May	17	9854.5	55 38 50.71	+0.30	3 33 14.86	+19 10 10.4	1.011 1852
	18	9855.5	56 36 38.44	+0.37	3 37 12.94	19 23 45.0	.011 3989
	19	9856.5	57 34 24.97	+0.42	3 41 11.59	19 36 59.8	.011 6103
	20	9857.5	58 32 10.37	+0.43	3 45 10.81	19 49 54.7	.011 8191
	21	9858.5	59 29 54.68	+0.41	3 49 10.59	20 02 29.3	.012 0250
	22	9859.5	60 27 37.94	+0.35	3 53 10.92	+20 14 43.4	1.012 2274
	23	9860.5	61 25 20.17	+0.27	3 57 11.81	20 26 36.7	.012 4262
	24	9861.5	62 23 01.36	+0.17	4 01 13.23	20 38 09.0	.012 6209
	25	9862.5	63 20 41.52	+0.05	4 05 15.19	20 49 20.1	.012 8113
	26	9863.5	64 18 20.62	−0.07	4 09 17.66	21 00 09.7	.012 9970
	27	9864.5	65 15 58.66	−0.21	4 13 20.64	+21 10 37.6	1.013 1780
	28	9865.5	66 13 35.62	−0.34	4 17 24.11	21 20 43.6	.013 3540
	29	9866.5	67 11 11.47	−0.46	4 21 28.05	21 30 27.4	.013 5250
	30	9867.5	68 08 46.19	−0.57	4 25 32.45	21 39 48.9	.013 6908
	31	9868.5	69 06 19.77	−0.66	4 29 37.29	21 48 47.8	.013 8515
June	1	9869.5	70 03 52.19	−0.73	4 33 42.54	+21 57 24.0	1.014 0069
	2	9870.5	71 01 23.42	−0.78	4 37 48.19	22 05 37.3	.014 1573
	3	9871.5	71 58 53.45	−0.79	4 41 54.23	22 13 27.4	.014 3025
	4	9872.5	72 56 22.27	−0.79	4 46 00.62	22 20 54.3	.014 4429
	5	9873.5	73 53 49.88	−0.75	4 50 07.35	22 27 57.7	.014 5784
	6	9874.5	74 51 16.28	−0.69	4 54 14.39	+22 34 37.5	1.014 7094
	7	9875.5	75 48 41.48	−0.60	4 58 21.74	22 40 53.6	.014 8360
	8	9876.5	76 46 05.50	−0.49	5 02 29.37	22 46 45.8	.014 9584
	9	9877.5	77 43 28.37	−0.36	5 06 37.25	22 52 13.9	.015 0771
	10	9878.5	78 40 50.14	−0.23	5 10 45.39	22 57 17.9	.015 1921
	11	9879.5	79 38 10.89	−0.10	5 14 53.75	+23 01 57.7	1.015 3040
	12	9880.5	80 35 30.69	+0.03	5 19 02.32	23 06 13.2	.015 4128
	13	9881.5	81 32 49.66	+0.13	5 23 11.08	23 10 04.3	.015 5187
	14	9882.5	82 30 07.90	+0.22	5 27 20.02	23 13 30.9	.015 6218
	15	9883.5	83 27 25.53	+0.27	5 31 29.11	23 16 32.9	.015 7220
	16	9884.5	84 24 42.66	+0.29	5 35 38.34	+23 19 10.3	1.015 8191
	17	9885.5	85 21 59.38	+0.28	5 39 47.69	23 21 23.0	.015 9128
	18	9886.5	86 19 15.76	+0.23	5 43 57.13	23 23 11.0	.016 0029
	19	9887.5	87 16 31.87	+0.16	5 48 06.66	23 24 34.2	.016 0890
	20	9888.5	88 13 47.74	+0.07	5 52 16.23	23 25 32.6	.016 1707
	21	9889.5	89 11 03.40	−0.05	5 56 25.85	+23 26 06.1	1.016 2477
	22	9890.5	90 08 18.86	−0.17	6 00 35.47	23 26 14.8	.016 3198
	23	9891.5	91 05 34.15	−0.29	6 04 45.07	23 25 58.7	.016 3867
	24	9892.5	92 02 49.24	−0.42	6 08 54.64	23 25 17.9	.016 4482
	25	9893.5	93 00 04.16	−0.54	6 13 04.13	23 24 12.2	.016 5040
	26	9894.5	93 57 18.87	−0.65	6 17 13.54	+23 22 41.9	1.016 5541
	27	9895.5	94 54 33.38	−0.74	6 21 22.82	23 20 46.8	.016 5983
	28	9896.5	95 51 47.67	−0.81	6 25 31.95	23 18 27.2	.016 6365
	29	9897.5	96 49 01.73	−0.86	6 29 40.91	23 15 43.0	.016 6688
	30	9898.5	97 46 15.52	−0.88	6 33 49.67	23 12 34.4	.016 6951
July	1	9899.5	98 43 29.05	−0.87	6 37 58.19	+23 09 01.4	1.016 7154
	2	9900.5	99 40 42.29	−0.84	6 42 06.47	+23 05 04.1	1.016 7298

FOR 0^h DYNAMICAL TIME

Date		Position Angle of Axis P	Heliographic Latitude B_0	Heliographic Longitude L_0	H. P.	Semi-Diameter	Ephemeris Transit
		°	°	°	″	′ ″	h m s
May	17	−20.56	−2.48	355.82	8.70	15 49.03	11 56 21.31
	18	20.27	2.37	342.60	8.70	15 48.83	11 56 23.11
	19	19.98	2.25	329.37	8.69	15 48.63	11 56 25.48
	20	19.68	2.14	316.14	8.69	15 48.44	11 56 28.42
	21	19.37	2.02	302.91	8.69	15 48.24	11 56 31.92
	22	−19.06	−1.90	289.68	8.69	15 48.05	11 56 35.98
	23	18.74	1.78	276.45	8.69	15 47.87	11 56 40.59
	24	18.42	1.67	263.22	8.68	15 47.68	11 56 45.73
	25	18.09	1.55	249.99	8.68	15 47.51	11 56 51.39
	26	17.75	1.43	236.76	8.68	15 47.33	11 56 57.57
	27	−17.41	−1.31	223.53	8.68	15 47.16	11 57 04.24
	28	17.07	1.19	210.30	8.68	15 47.00	11 57 11.39
	29	16.71	1.07	197.07	8.68	15 46.84	11 57 19.00
	30	16.36	0.95	183.84	8.68	15 46.68	11 57 27.06
	31	15.99	0.83	170.60	8.67	15 46.53	11 57 35.55
June	1	−15.62	−0.71	157.37	8.67	15 46.39	11 57 44.44
	2	15.25	0.59	144.14	8.67	15 46.25	11 57 53.73
	3	14.87	0.47	130.90	8.67	15 46.11	11 58 03.39
	4	14.49	0.35	117.67	8.67	15 45.98	11 58 13.39
	5	14.10	0.23	104.43	8.67	15 45.86	11 58 23.73
	6	−13.71	−0.11	91.20	8.67	15 45.73	11 58 34.38
	7	13.32	+0.01	77.97	8.67	15 45.62	11 58 45.32
	8	12.92	0.13	64.73	8.66	15 45.50	11 58 56.53
	9	12.51	0.25	51.49	8.66	15 45.39	11 59 07.99
	10	12.10	0.38	38.26	8.66	15 45.28	11 59 19.68
	11	−11.69	+0.50	25.02	8.66	15 45.18	11 59 31.59
	12	11.28	0.62	11.79	8.66	15 45.08	11 59 43.70
	13	10.86	0.74	358.55	8.66	15 44.98	11 59 55.99
	14	10.44	0.86	345.31	8.66	15 44.88	12 00 08.45
	15	10.01	0.98	332.07	8.66	15 44.79	12 00 21.05
	16	− 9.59	+1.09	318.84	8.66	15 44.70	12 00 33.78
	17	9.15	1.21	305.60	8.66	15 44.61	12 00 46.62
	18	8.72	1.33	292.36	8.66	15 44.53	12 00 59.56
	19	8.29	1.45	279.13	8.65	15 44.45	12 01 12.56
	20	7.85	1.57	265.89	8.65	15 44.37	12 01 25.61
	21	− 7.41	+1.69	252.65	8.65	15 44.30	12 01 38.68
	22	6.96	1.80	239.42	8.65	15 44.23	12 01 51.74
	23	6.52	1.92	226.18	8.65	15 44.17	12 02 04.78
	24	6.07	2.04	212.94	8.65	15 44.12	12 02 17.76
	25	5.63	2.15	199.71	8.65	15 44.06	12 02 30.66
	26	− 5.18	+2.27	186.47	8.65	15 44.02	12 02 43.45
	27	4.73	2.38	173.23	8.65	15 43.98	12 02 56.10
	28	4.27	2.49	160.00	8.65	15 43.94	12 03 08.59
	29	3.82	2.61	146.76	8.65	15 43.91	12 03 20.89
	30	3.37	2.72	133.52	8.65	15 43.89	12 03 32.98
July	1	− 2.92	+2.83	120.29	8.65	15 43.87	12 03 44.82
	2	− 2.46	+2.94	107.05	8.65	15 43.85	12 03 56.40

FOR 0h DYNAMICAL TIME

Date		Julian Date	Ecliptic Long.	Ecliptic Lat.	Apparent Right Ascension	Apparent Declination	True Geocentric Distance
			for Mean Equinox of Date				
		244	° ′ ″	″	h m s	° ′ ″	
July	1	9899.5	98 43 29.05	−0.87	6 37 58.19	+23 09 01.4	1.016 7154
	2	9900.5	99 40 42.29	−0.84	6 42 06.47	23 05 04.1	.016 7298
	3	9901.5	100 37 55.24	−0.78	6 46 14.46	23 00 42.6	.016 7386
	4	9902.5	101 35 07.87	−0.70	6 50 22.15	22 55 57.1	.016 7418
	5	9903.5	102 32 20.20	−0.60	6 54 29.51	22 50 47.6	.016 7397
	6	9904.5	103 29 32.23	−0.48	6 58 36.53	+22 45 14.3	1.016 7325
	7	9905.5	104 26 43.98	−0.35	7 02 43.18	22 39 17.3	.016 7206
	8	9906.5	105 23 55.48	−0.22	7 06 49.46	22 32 56.8	.016 7043
	9	9907.5	106 21 06.77	−0.10	7 10 55.33	22 26 12.8	.016 6839
	10	9908.5	107 18 17.94	+0.01	7 15 00.79	22 19 05.7	.016 6598
	11	9909.5	108 15 29.07	+0.10	7 19 05.81	+22 11 35.5	1.016 6322
	12	9910.5	109 12 40.26	+0.16	7 23 10.40	22 03 42.5	.016 6014
	13	9911.5	110 09 51.62	+0.19	7 27 14.53	21 55 26.7	.016 5674
	14	9912.5	111 07 03.28	+0.18	7 31 18.20	21 46 48.4	.016 5302
	15	9913.5	112 04 15.33	+0.14	7 35 21.38	21 37 47.7	.016 4898
	16	9914.5	113 01 27.87	+0.08	7 39 24.09	+21 28 24.9	1.016 4458
	17	9915.5	113 58 40.98	−0.01	7 43 26.30	21 18 40.1	.016 3981
	18	9916.5	114 55 54.72	−0.12	7 47 28.01	21 08 33.5	.016 3464
	19	9917.5	115 53 09.14	−0.24	7 51 29.21	20 58 05.4	.016 2904
	20	9918.5	116 50 24.27	−0.36	7 55 29.89	20 47 16.0	.016 2298
	21	9919.5	117 47 40.14	−0.49	7 59 30.04	+20 36 05.5	1.016 1644
	22	9920.5	118 44 56.76	−0.60	8 03 29.65	20 24 34.2	.016 0941
	23	9921.5	119 42 14.14	−0.71	8 07 28.71	20 12 42.3	.016 0185
	24	9922.5	120 39 32.28	−0.80	8 11 27.20	20 00 30.2	.015 9375
	25	9923.5	121 36 51.19	−0.87	8 15 25.13	19 47 57.9	.015 8510
	26	9924.5	122 34 10.84	−0.92	8 19 22.47	+19 35 06.0	1.015 7588
	27	9925.5	123 31 31.23	−0.94	8 23 19.23	19 21 54.5	.015 6610
	28	9926.5	124 28 52.34	−0.93	8 27 15.39	19 08 23.8	.015 5574
	29	9927.5	125 26 14.15	−0.90	8 31 10.94	18 54 34.2	.015 4480
	30	9928.5	126 23 36.64	−0.84	8 35 05.89	18 40 26.0	.015 3330
	31	9929.5	127 20 59.77	−0.76	8 39 00.21	+18 25 59.4	1.015 2124
Aug.	1	9930.5	128 18 23.54	−0.65	8 42 53.92	18 11 14.7	.015 0863
	2	9931.5	129 15 47.92	−0.54	8 46 47.00	17 56 12.3	.014 9550
	3	9932.5	130 13 12.91	−0.41	8 50 39.47	17 40 52.3	.014 8187
	4	9933.5	131 10 38.50	−0.28	8 54 31.30	17 25 15.2	.014 6778
	5	9934.5	132 08 04.71	−0.16	8 58 22.52	+17 09 21.2	1.014 5326
	6	9935.5	133 05 31.57	−0.04	9 02 13.12	16 53 10.6	.014 3835
	7	9936.5	134 02 59.11	+0.05	9 06 03.10	16 36 43.7	.014 2308
	8	9937.5	135 00 27.42	+0.11	9 09 52.47	16 20 00.8	.014 0750
	9	9938.5	135 57 56.56	+0.15	9 13 41.24	16 03 02.2	.013 9163
	10	9939.5	136 55 26.63	+0.15	9 17 29.41	+15 45 48.2	1.013 7551
	11	9940.5	137 52 57.74	+0.12	9 21 17.00	15 28 19.0	.013 5914
	12	9941.5	138 50 30.00	+0.06	9 25 04.01	15 10 35.0	.013 4252
	13	9942.5	139 48 03.50	−0.02	9 28 50.46	14 52 36.5	.013 2566
	14	9943.5	140 45 38.33	−0.13	9 32 36.37	14 34 23.6	.013 0854
	15	9944.5	141 43 14.56	−0.25	9 36 21.74	+14 15 56.7	1.012 9114
	16	9945.5	142 40 52.26	−0.37	9 40 06.59	+13 57 16.1	1.012 7345

FOR 0^h DYNAMICAL TIME

Date		Position Angle of Axis P	Heliographic Latitude B_0	Heliographic Longitude L_0	H. P.	Semi-Diameter	Ephemeris Transit
		°	°	°	″	′ ″	h m s
July	1	− 2.92	+2.83	120.29	8.65	15 43.87	12 03 44.82
	2	2.46	2.94	107.05	8.65	15 43.85	12 03 56.40
	3	2.01	3.05	93.82	8.65	15 43.85	12 04 07.69
	4	1.55	3.16	80.58	8.65	15 43.84	12 04 18.67
	5	1.10	3.27	67.34	8.65	15 43.85	12 04 29.31
	6	− 0.65	+3.37	54.11	8.65	15 43.85	12 04 39.60
	7	− 0.19	3.48	40.87	8.65	15 43.86	12 04 49.51
	8	+ 0.26	3.58	27.64	8.65	15 43.88	12 04 59.03
	9	0.71	3.69	14.40	8.65	15 43.90	12 05 08.14
	10	1.16	3.79	1.17	8.65	15 43.92	12 05 16.82
	11	+ 1.61	+3.89	347.93	8.65	15 43.94	12 05 25.06
	12	2.06	4.00	334.70	8.65	15 43.97	12 05 32.86
	13	2.51	4.10	321.46	8.65	15 44.01	12 05 40.19
	14	2.96	4.19	308.23	8.65	15 44.04	12 05 47.06
	15	3.40	4.29	295.00	8.65	15 44.08	12 05 53.45
	16	+ 3.85	+4.39	281.76	8.65	15 44.12	12 05 59.36
	17	4.29	4.48	268.53	8.65	15 44.16	12 06 04.77
	18	4.73	4.58	255.30	8.65	15 44.21	12 06 09.67
	19	5.17	4.67	242.07	8.65	15 44.26	12 06 14.06
	20	5.60	4.76	228.84	8.65	15 44.32	12 06 17.92
	21	+ 6.03	+4.85	215.60	8.65	15 44.38	12 06 21.24
	22	6.47	4.94	202.37	8.65	15 44.44	12 06 24.02
	23	6.89	5.03	189.14	8.66	15 44.52	12 06 26.23
	24	7.32	5.12	175.91	8.66	15 44.59	12 06 27.88
	25	7.74	5.20	162.69	8.66	15 44.67	12 06 28.96
	26	+ 8.16	+5.29	149.46	8.66	15 44.76	12 06 29.45
	27	8.58	5.37	136.23	8.66	15 44.85	12 06 29.35
	28	9.00	5.45	123.00	8.66	15 44.94	12 06 28.65
	29	9.41	5.53	109.77	8.66	15 45.05	12 06 27.34
	30	9.82	5.60	96.55	8.66	15 45.15	12 06 25.42
	31	+10.22	+5.68	83.32	8.66	15 45.27	12 06 22.88
Aug.	1	10.62	5.76	70.09	8.66	15 45.38	12 06 19.73
	2	11.02	5.83	56.87	8.66	15 45.50	12 06 15.95
	3	11.41	5.90	43.64	8.67	15 45.63	12 06 11.54
	4	11.81	5.97	30.42	8.67	15 45.76	12 06 06.51
	5	+12.19	+6.04	17.19	8.67	15 45.90	12 06 00.86
	6	12.57	6.10	3.97	8.67	15 46.04	12 05 54.59
	7	12.95	6.17	350.75	8.67	15 46.18	12 05 47.70
	8	13.33	6.23	337.52	8.67	15 46.33	12 05 40.21
	9	13.70	6.29	324.30	8.67	15 46.47	12 05 32.11
	10	+14.07	+6.35	311.08	8.67	15 46.62	12 05 23.43
	11	14.43	6.41	297.86	8.68	15 46.78	12 05 14.18
	12	14.79	6.47	284.64	8.68	15 46.93	12 05 04.35
	13	15.14	6.52	271.42	8.68	15 47.09	12 04 53.98
	14	15.49	6.57	258.20	8.68	15 47.25	12 04 43.07
	15	+15.83	+6.62	244.98	8.68	15 47.41	12 04 31.63
	16	+16.17	+6.67	231.76	8.68	15 47.58	12 04 19.68

FOR 0ʰ DYNAMICAL TIME

Date		Julian Date	Ecliptic Long. for Mean Equinox of Date	Ecliptic Lat. for Mean Equinox of Date	Apparent Right Ascension	Apparent Declination	True Geocentric Distance
		244	° ′ ″	″	h m s	° ′ ″	
Aug.	16	9945.5	142 40 52.26	−0.37	9 40 06.59	+13 57 16.1	1.012 7345
	17	9946.5	143 38 31.47	−0.50	9 43 50.93	13 38 22.2	.012 5544
	18	9947.5	144 36 12.23	−0.62	9 47 34.77	13 19 15.2	.012 3709
	19	9948.5	145 33 54.57	−0.72	9 51 18.13	12 59 55.4	.012 1837
	20	9949.5	146 31 38.50	−0.81	9 55 01.00	12 40 23.2	.011 9929
	21	9950.5	147 29 24.03	−0.89	9 58 43.41	+12 20 38.9	1.011 7980
	22	9951.5	148 27 11.17	−0.93	10 02 25.36	12 00 42.9	.011 5991
	23	9952.5	149 24 59.92	−0.95	10 06 06.87	11 40 35.4	.011 3960
	24	9953.5	150 22 50.26	−0.95	10 09 47.93	11 20 16.8	.011 1885
	25	9954.5	151 20 42.17	−0.91	10 13 28.57	10 59 47.4	.010 9765
	26	9955.5	152 18 35.62	−0.85	10 17 08.79	+10 39 07.6	1.010 7601
	27	9956.5	153 16 30.60	−0.77	10 20 48.61	10 18 17.7	.010 5391
	28	9957.5	154 14 27.05	−0.66	10 24 28.04	9 57 18.0	.010 3137
	29	9958.5	155 12 24.94	−0.54	10 28 07.08	9 36 08.9	.010 0840
	30	9959.5	156 10 24.24	−0.41	10 31 45.76	9 14 50.6	.009 8501
	31	9960.5	157 08 24.91	−0.27	10 35 24.08	+ 8 53 23.6	1.009 6124
Sept.	1	9961.5	158 06 26.94	−0.14	10 39 02.06	8 31 48.1	.009 3710
	2	9962.5	159 04 30.29	−0.03	10 42 39.72	8 10 04.5	.009 1263
	3	9963.5	160 02 34.99	+0.07	10 46 17.07	7 48 13.2	.008 8788
	4	9964.5	161 00 41.05	+0.14	10 49 54.12	7 26 14.3	.008 6289
	5	9965.5	161 58 48.50	+0.19	10 53 30.89	+ 7 04 08.4	1.008 3770
	6	9966.5	162 56 57.40	+0.20	10 57 07.41	6 41 55.6	.008 1234
	7	9967.5	163 55 07.82	+0.18	11 00 43.68	6 19 36.3	.007 8685
	8	9968.5	164 53 19.83	+0.12	11 04 19.74	5 57 10.8	.007 6126
	9	9969.5	165 51 33.53	+0.04	11 07 55.61	5 34 39.4	.007 3559
	10	9970.5	166 49 49.00	−0.06	11 11 31.31	+ 5 12 02.3	1.007 0984
	11	9971.5	167 48 06.33	−0.18	11 15 06.86	4 49 20.0	.006 8401
	12	9972.5	168 46 25.58	−0.31	11 18 42.29	4 26 32.6	.006 5810
	13	9973.5	169 44 46.83	−0.43	11 22 17.62	4 03 40.5	.006 3211
	14	9974.5	170 43 10.13	−0.56	11 25 52.88	3 40 44.1	.006 0601
	15	9975.5	171 41 35.52	−0.67	11 29 28.08	+ 3 17 43.6	1.005 7980
	16	9976.5	172 40 03.04	−0.77	11 33 03.25	2 54 39.3	.005 5345
	17	9977.5	173 38 32.70	−0.84	11 36 38.41	2 31 31.7	.005 2695
	18	9978.5	174 37 04.52	−0.90	11 40 13.57	2 08 21.0	.005 0029
	19	9979.5	175 35 38.51	−0.92	11 43 48.75	1 45 07.6	.004 7344
	20	9980.5	176 34 14.67	−0.92	11 47 23.98	+ 1 21 51.8	1.004 4641
	21	9981.5	177 32 52.99	−0.89	11 50 59.27	0 58 34.1	.004 1916
	22	9982.5	178 31 33.45	−0.83	11 54 34.64	0 35 14.6	.003 9169
	23	9983.5	179 30 16.02	−0.75	11 58 10.11	+ 0 11 53.8	.003 6398
	24	9984.5	180 29 00.67	−0.64	12 01 45.69	− 0 11 28.0	.003 3603
	25	9985.5	181 27 47.33	−0.51	12 05 21.41	− 0 34 50.4	1.003 0784
	26	9986.5	182 26 35.97	−0.37	12 08 57.28	0 58 13.0	.002 7941
	27	9987.5	183 25 26.52	−0.23	12 12 33.31	1 21 35.5	.002 5074
	28	9988.5	184 24 18.92	−0.09	12 16 09.54	1 44 57.6	.002 2186
	29	9989.5	185 23 13.11	+0.03	12 19 45.96	2 08 18.9	.001 9280
	30	9990.5	186 22 09.06	+0.14	12 23 22.61	− 2 31 39.0	1.001 6359
Oct.	1	9991.5	187 21 06.74	+0.22	12 26 59.49	− 2 54 57.6	1.001 3427

FOR 0^h DYNAMICAL TIME

Date		Position Angle of Axis P	Heliographic Latitude B_0	Heliographic Longitude L_0	H. P.	Semi-Diameter	Ephemeris Transit
		°	°	°	″	′ ″	h m s
Aug.	16	+16.17	+6.67	231.76	8.68	15 47.58	12 04 19.68
	17	16.51	6.72	218.54	8.69	15 47.75	12 04 07.21
	18	16.84	6.76	205.32	8.69	15 47.92	12 03 54.26
	19	17.17	6.81	192.11	8.69	15 48.09	12 03 40.82
	20	17.49	6.85	178.89	8.69	15 48.27	12 03 26.90
	21	+17.80	+6.89	165.67	8.69	15 48.45	12 03 12.52
	22	18.12	6.92	152.46	8.69	15 48.64	12 02 57.69
	23	18.42	6.96	139.25	8.70	15 48.83	12 02 42.42
	24	18.72	6.99	126.03	8.70	15 49.03	12 02 26.72
	25	19.02	7.02	112.82	8.70	15 49.23	12 02 10.60
	26	+19.31	+7.05	99.61	8.70	15 49.43	12 01 54.07
	27	19.60	7.08	86.39	8.70	15 49.64	12 01 37.15
	28	19.88	7.11	73.18	8.70	15 49.85	12 01 19.83
	29	20.15	7.13	59.97	8.71	15 50.06	12 01 02.15
	30	20.42	7.15	46.76	8.71	15 50.28	12 00 44.10
	31	+20.69	+7.17	33.55	8.71	15 50.51	12 00 25.71
Sept.	1	20.95	7.19	20.34	8.71	15 50.74	12 00 06.97
	2	21.20	7.20	7.13	8.71	15 50.97	11 59 47.92
	3	21.45	7.22	353.92	8.72	15 51.20	11 59 28.57
	4	21.69	7.23	340.71	8.72	15 51.43	11 59 08.92
	5	+21.93	+7.24	327.51	8.72	15 51.67	11 58 49.01
	6	22.16	7.24	314.30	8.72	15 51.91	11 58 28.85
	7	22.39	7.25	301.09	8.73	15 52.15	11 58 08.47
	8	22.61	7.25	287.88	8.73	15 52.39	11 57 47.88
	9	22.82	7.25	274.68	8.73	15 52.64	11 57 27.12
	10	+23.03	+7.25	261.47	8.73	15 52.88	11 57 06.20
	11	23.23	7.25	248.27	8.73	15 53.13	11 56 45.15
	12	23.43	7.24	235.06	8.74	15 53.37	11 56 23.98
	13	23.62	7.23	221.86	8.74	15 53.62	11 56 02.73
	14	23.80	7.22	208.65	8.74	15 53.86	11 55 41.41
	15	+23.98	+7.21	195.45	8.74	15 54.11	11 55 20.05
	16	24.15	7.20	182.25	8.75	15 54.36	11 54 58.66
	17	24.32	7.18	169.05	8.75	15 54.61	11 54 37.26
	18	24.47	7.16	155.85	8.75	15 54.87	11 54 15.88
	19	24.63	7.14	142.65	8.75	15 55.12	11 53 54.54
	20	+24.77	+7.12	129.44	8.76	15 55.38	11 53 33.25
	21	24.91	7.10	116.24	8.76	15 55.64	11 53 12.03
	22	25.05	7.07	103.05	8.76	15 55.90	11 52 50.90
	23	25.17	7.04	89.85	8.76	15 56.16	11 52 29.88
	24	25.30	7.01	76.65	8.76	15 56.43	11 52 08.98
	25	+25.41	+6.98	63.45	8.77	15 56.70	11 51 48.23
	26	25.52	6.94	50.25	8.77	15 56.97	11 51 27.64
	27	25.62	6.91	37.06	8.77	15 57.24	11 51 07.22
	28	25.71	6.87	23.86	8.77	15 57.52	11 50 47.00
	29	25.80	6.83	10.66	8.78	15 57.80	11 50 26.98
	30	+25.88	+6.78	357.47	8.78	15 58.08	11 50 07.19
Oct.	1	+25.95	+6.74	344.27	8.78	15 58.36	11 49 47.64

FOR 0ʰ DYNAMICAL TIME

Date	Julian Date	Ecliptic Long. (for Mean Equinox of Date)	Ecliptic Lat. (for Mean Equinox of Date)	Apparent Right Ascension	Apparent Declination	True Geocentric Distance
	244	° ′ ″	″	h m s	° ′ ″	
Oct. 1	9991.5	187 21 06.74	+0.22	12 26 59.49	− 2 54 57.6	1.001 3427
2	9992.5	188 20 06.13	+0.28	12 30 36.62	3 18 14.2	.001 0487
3	9993.5	189 19 07.24	+0.30	12 34 14.03	3 41 28.6	.000 7545
4	9994.5	190 18 10.09	+0.28	12 37 51.73	4 04 40.4	.000 4605
5	9995.5	191 17 14.71	+0.24	12 41 29.75	4 27 49.2	1.000 1670
6	9996.5	192 16 21.16	+0.16	12 45 08.10	− 4 50 54.7	0.999 8744
7	9997.5	193 15 29.49	+0.07	12 48 46.82	5 13 56.5	.999 5830
8	9998.5	194 14 39.76	−0.05	12 52 25.92	5 36 54.4	.999 2929
9	9999.5	195 13 52.05	−0.18	12 56 05.44	5 59 48.0	.999 0043
10	0000.5	196 13 06.40	−0.31	12 59 45.39	6 22 36.8	.998 7173
11	0001.5	197 12 22.88	−0.43	13 03 25.80	− 6 45 20.7	0.998 4318
12	0002.5	198 11 41.54	−0.55	13 07 06.69	7 07 59.2	.998 1479
13	0003.5	199 11 02.41	−0.66	13 10 48.09	7 30 32.0	.997 8654
14	0004.5	200 10 25.54	−0.74	13 14 30.01	7 52 58.7	.997 5843
15	0005.5	201 09 50.94	−0.80	13 18 12.48	8 15 18.9	.997 3044
16	0006.5	202 09 18.63	−0.84	13 21 55.51	− 8 37 32.2	0.997 0256
17	0007.5	203 08 48.61	−0.84	13 25 39.11	8 59 38.3	.996 7478
18	0008.5	204 08 20.90	−0.82	13 29 23.32	9 21 36.8	.996 4708
19	0009.5	205 07 55.48	−0.77	13 33 08.14	9 43 27.3	.996 1945
20	0010.5	206 07 32.32	−0.69	13 36 53.59	10 05 09.4	.995 9186
21	0011.5	207 07 11.41	−0.59	13 40 39.69	−10 26 42.6	0.995 6431
22	0012.5	208 06 52.71	−0.46	13 44 26.44	10 48 06.6	.995 3678
23	0013.5	209 06 36.15	−0.32	13 48 13.87	11 09 21.1	.995 0925
24	0014.5	210 06 21.67	−0.18	13 52 01.99	11 30 25.5	.994 8173
25	0015.5	211 06 09.19	−0.03	13 55 50.81	11 51 19.5	.994 5420
26	0016.5	212 05 58.63	+0.10	13 59 40.33	−12 12 02.6	0.994 2667
27	0017.5	213 05 49.90	+0.22	14 03 30.57	12 32 34.6	.993 9917
28	0018.5	214 05 42.92	+0.32	14 07 21.54	12 52 54.8	.993 7172
29	0019.5	215 05 37.64	+0.38	14 11 13.24	13 13 03.0	.993 4435
30	0020.5	216 05 33.99	+0.41	14 15 05.67	13 32 58.7	.993 1711
31	0021.5	217 05 31.95	+0.41	14 18 58.85	−13 52 41.5	0.992 9004
Nov. 1	0022.5	218 05 31.50	+0.38	14 22 52.79	14 12 11.0	.992 6318
2	0023.5	219 05 32.65	+0.31	14 26 47.50	14 31 26.8	.992 3657
3	0024.5	220 05 35.41	+0.22	14 30 42.99	14 50 28.4	.992 1024
4	0025.5	221 05 39.80	+0.11	14 34 39.27	15 09 15.5	.991 8424
5	0026.5	222 05 45.85	−0.01	14 38 36.36	−15 27 47.8	0.991 5858
6	0027.5	223 05 53.61	−0.14	14 42 34.27	15 46 04.7	.991 3329
7	0028.5	224 06 03.12	−0.27	14 46 33.00	16 04 06.0	.991 0839
8	0029.5	225 06 14.40	−0.39	14 50 32.57	16 21 51.2	.990 8387
9	0030.5	226 06 27.50	−0.50	14 54 32.99	16 39 19.9	.990 5975
10	0031.5	227 06 42.45	−0.59	14 58 34.26	−16 56 31.8	0.990 3603
11	0032.5	228 06 59.27	−0.66	15 02 36.38	17 13 26.5	.990 1269
12	0033.5	229 07 17.99	−0.70	15 06 39.37	17 30 03.5	.989 8975
13	0034.5	230 07 38.61	−0.72	15 10 43.22	17 46 22.5	.989 6717
14	0035.5	231 08 01.15	−0.70	15 14 47.93	18 02 23.1	.989 4497
15	0036.5	232 08 25.60	−0.66	15 18 53.51	−18 18 04.8	0.989 2311
16	0037.5	233 08 51.96	−0.59	15 22 59.95	−18 33 27.3	0.989 0158

FOR 0^h DYNAMICAL TIME

Date		Position Angle of Axis P	Heliographic Latitude B_0	Heliographic Longitude L_0	H. P.	Semi-Diameter	Ephemeris Transit
		°	°	°	″	′ ″	h m s
Oct.	1	+25.95	+6.74	344.27	8.78	15 58.36	11 49 47.64
	2	26.02	6.69	331.07	8.78	15 58.64	11 49 28.35
	3	26.08	6.64	317.88	8.79	15 58.92	11 49 09.35
	4	26.13	6.59	304.68	8.79	15 59.20	11 48 50.65
	5	26.18	6.54	291.49	8.79	15 59.48	11 48 32.28
	6	+26.21	+6.48	278.29	8.80	15 59.77	11 48 14.26
	7	26.25	6.43	265.10	8.80	16 00.05	11 47 56.62
	8	26.27	6.37	251.91	8.80	16 00.32	11 47 39.38
	9	26.29	6.31	238.71	8.80	16 00.60	11 47 22.57
	10	26.30	6.24	225.52	8.81	16 00.88	11 47 06.20
	11	+26.30	+6.18	212.33	8.81	16 01.15	11 46 50.29
	12	26.29	6.11	199.13	8.81	16 01.43	11 46 34.88
	13	26.28	6.04	185.94	8.81	16 01.70	11 46 19.98
	14	26.26	5.97	172.75	8.82	16 01.97	11 46 05.61
	15	26.23	5.90	159.56	8.82	16 02.24	11 45 51.80
	16	+26.20	+5.83	146.37	8.82	16 02.51	11 45 38.55
	17	26.16	5.75	133.18	8.82	16 02.78	11 45 25.90
	18	26.11	5.68	119.99	8.83	16 03.04	11 45 13.85
	19	26.05	5.60	106.80	8.83	16 03.31	11 45 02.43
	20	25.98	5.52	93.61	8.83	16 03.58	11 44 51.64
	21	+25.91	+5.43	80.42	8.83	16 03.84	11 44 41.51
	22	25.83	5.35	67.23	8.84	16 04.11	11 44 32.05
	23	25.74	5.26	54.04	8.84	16 04.38	11 44 23.27
	24	25.64	5.17	40.85	8.84	16 04.64	11 44 15.18
	25	25.54	5.09	27.67	8.84	16 04.91	11 44 07.79
	26	+25.43	+4.99	14.48	8.84	16 05.18	11 44 01.11
	27	25.31	4.90	1.29	8.85	16 05.45	11 43 55.15
	28	25.18	4.81	348.10	8.85	16 05.71	11 43 49.91
	29	25.05	4.71	334.92	8.85	16 05.98	11 43 45.40
	30	24.90	4.62	321.73	8.85	16 06.24	11 43 41.64
	31	+24.75	+4.52	308.54	8.86	16 06.51	11 43 38.64
Nov.	1	24.59	4.42	295.36	8.86	16 06.77	11 43 36.40
	2	24.43	4.32	282.17	8.86	16 07.03	11 43 34.94
	3	24.25	4.22	268.98	8.86	16 07.28	11 43 34.26
	4	24.07	4.11	255.80	8.87	16 07.54	11 43 34.39
	5	+23.88	+4.01	242.61	8.87	16 07.79	11 43 35.33
	6	23.68	3.90	229.43	8.87	16 08.03	11 43 37.09
	7	23.48	3.79	216.24	8.87	16 08.28	11 43 39.68
	8	23.26	3.69	203.06	8.88	16 08.52	11 43 43.10
	9	23.04	3.58	189.87	8.88	16 08.75	11 43 47.38
	10	+22.81	+3.46	176.69	8.88	16 08.99	11 43 52.51
	11	22.58	3.35	163.50	8.88	16 09.21	11 43 58.50
	12	22.33	3.24	150.32	8.88	16 09.44	11 44 05.35
	13	22.08	3.12	137.13	8.89	16 09.66	11 44 13.06
	14	21.82	3.01	123.95	8.89	16 09.88	11 44 21.64
	15	+21.55	+2.89	110.77	8.89	16 10.09	11 44 31.09
	16	+21.28	+2.78	97.59	8.89	16 10.30	11 44 41.40

FOR 0^h DYNAMICAL TIME

Date	Julian Date	Ecliptic Long. (for Mean Equinox of Date)	Ecliptic Lat. (for Mean Equinox of Date)	Apparent Right Ascension	Apparent Declination	True Geocentric Distance
	244	° ′ ″	″	h m s	° ′ ″	
Nov. 16	0037.5	233 08 51.96	−0.59	15 22 59.95	−18 33 27.3	0.989 0158
17	0038.5	234 09 20.20	−0.50	15 27 07.25	18 48 30.2	.988 8037
18	0039.5	235 09 50.31	−0.38	15 31 15.41	19 03 13.0	.988 5946
19	0040.5	236 10 22.25	−0.25	15 35 24.42	19 17 35.5	.988 3882
20	0041.5	237 10 55.96	−0.10	15 39 34.27	19 31 37.2	.988 1844
21	0042.5	238 11 31.38	+0.04	15 43 44.96	−19 45 17.8	0.987 9829
22	0043.5	239 12 08.41	+0.18	15 47 56.48	19 58 36.9	.987 7836
23	0044.5	240 12 46.97	+0.31	15 52 08.80	20 11 34.0	.987 5864
24	0045.5	241 13 26.94	+0.41	15 56 21.91	20 24 09.0	.987 3914
25	0046.5	242 14 08.21	+0.49	16 00 35.80	20 36 21.4	.987 1987
26	0047.5	243 14 50.69	+0.53	16 04 50.44	−20 48 10.8	0.987 0085
27	0048.5	244 15 34.28	+0.54	16 09 05.80	20 59 37.0	.986 8212
28	0049.5	245 16 18.91	+0.51	16 13 21.88	21 10 39.5	.986 6371
29	0050.5	246 17 04.54	+0.45	16 17 38.65	21 21 18.0	.986 4566
30	0051.5	247 17 51.13	+0.37	16 21 56.09	21 31 32.2	.986 2802
Dec. 1	0052.5	248 18 38.66	+0.26	16 26 14.19	−21 41 21.9	0.986 1081
2	0053.5	249 19 27.13	+0.14	16 30 32.94	21 50 46.7	.985 9408
3	0054.5	250 20 16.54	+0.02	16 34 52.31	21 59 46.4	.985 7784
4	0055.5	251 21 06.90	−0.11	16 39 12.28	22 08 20.6	.985 6213
5	0056.5	252 21 58.22	−0.23	16 43 32.85	22 16 29.2	.985 4696
6	0057.5	253 22 50.52	−0.34	16 47 53.97	−22 24 11.9	0.985 3235
7	0058.5	254 23 43.82	−0.43	16 52 15.64	22 31 28.4	.985 1830
8	0059.5	255 24 38.14	−0.50	16 56 37.83	22 38 18.6	.985 0483
9	0060.5	256 25 33.49	−0.55	17 01 00.51	22 44 42.1	.984 9194
10	0061.5	257 26 29.89	−0.57	17 05 23.67	22 50 38.9	.984 7961
11	0062.5	258 27 27.34	−0.56	17 09 47.27	−22 56 08.7	0.984 6785
12	0063.5	259 28 25.86	−0.53	17 14 11.29	23 01 11.3	.984 5665
13	0064.5	260 29 25.45	−0.47	17 18 35.69	23 05 46.6	.984 4599
14	0065.5	261 30 26.10	−0.38	17 23 00.46	23 09 54.3	.984 3586
15	0066.5	262 31 27.79	−0.27	17 27 25.56	23 13 34.4	.984 2624
16	0067.5	263 32 30.52	−0.15	17 31 50.96	−23 16 46.7	0.984 1711
17	0068.5	264 33 34.25	−0.01	17 36 16.63	23 19 31.1	.984 0844
18	0069.5	265 34 38.93	+0.13	17 40 42.54	23 21 47.5	.984 0020
19	0070.5	266 35 44.52	+0.26	17 45 08.65	23 23 35.8	.983 9238
20	0071.5	267 36 50.94	+0.39	17 49 34.93	23 24 56.0	.983 8493
21	0072.5	268 37 58.09	+0.50	17 54 01.35	−23 25 48.0	0.983 7785
22	0073.5	269 39 05.86	+0.58	17 58 27.85	23 26 11.8	.983 7110
23	0074.5	270 40 14.13	+0.63	18 02 54.40	23 26 07.4	.983 6470
24	0075.5	271 41 22.78	+0.64	18 07 20.96	23 25 34.8	.983 5863
25	0076.5	272 42 31.69	+0.62	18 11 47.48	23 24 34.0	.983 5293
26	0077.5	273 43 40.75	+0.57	18 16 13.92	−23 23 04.9	0.983 4762
27	0078.5	274 44 49.89	+0.49	18 20 40.25	23 21 07.6	.983 4272
28	0079.5	275 45 59.05	+0.39	18 25 06.43	23 18 42.2	.983 3828
29	0080.5	276 47 08.16	+0.27	18 29 32.44	23 15 48.8	.983 3433
30	0081.5	277 48 17.21	+0.14	18 33 58.23	23 12 27.3	.983 3089
31	0082.5	278 49 26.18	+0.02	18 38 23.77	−23 08 38.0	0.983 2800
32	0083.5	279 50 35.04	−0.10	18 42 49.05	−23 04 20.8	0.983 2568

FOR 0^h DYNAMICAL TIME

Date	Position Angle of Axis P	Heliographic Latitude B_0	Heliographic Longitude L_0	H. P.	Semi-Diameter	Ephemeris Transit
	°	°	°	″	′ ″	h m s
Nov. 16	+21.28	+2.78	97.59	8.89	16 10.30	11 44 41.40
17	20.99	2.66	84.40	8.89	16 10.51	11 44 52.57
18	20.70	2.54	71.22	8.90	16 10.72	11 45 04.60
19	20.41	2.42	58.04	8.90	16 10.92	11 45 17.47
20	20.10	2.30	44.86	8.90	16 11.12	11 45 31.19
21	+19.79	+2.18	31.68	8.90	16 11.32	11 45 45.73
22	19.47	2.06	18.50	8.90	16 11.51	11 46 01.09
23	19.14	1.93	5.32	8.90	16 11.71	11 46 17.25
24	18.81	1.81	352.14	8.91	16 11.90	11 46 34.18
25	18.47	1.69	338.96	8.91	16 12.09	11 46 51.88
26	+18.12	+1.56	325.78	8.91	16 12.28	11 47 10.32
27	17.77	1.44	312.60	8.91	16 12.46	11 47 29.48
28	17.41	1.31	299.42	8.91	16 12.64	11 47 49.34
29	17.04	1.18	286.24	8.91	16 12.82	11 48 09.90
30	16.67	1.06	273.06	8.92	16 12.99	11 48 31.12
Dec. 1	+16.29	+0.93	259.88	8.92	16 13.16	11 48 53.00
2	15.91	0.80	246.70	8.92	16 13.33	11 49 15.51
3	15.52	0.68	233.52	8.92	16 13.49	11 49 38.63
4	15.12	0.55	220.34	8.92	16 13.64	11 50 02.35
5	14.72	0.42	207.16	8.92	16 13.79	11 50 26.64
6	+14.31	+0.29	193.99	8.93	16 13.94	11 50 51.49
7	13.90	0.17	180.81	8.93	16 14.08	11 51 16.86
8	13.48	+0.04	167.63	8.93	16 14.21	11 51 42.75
9	13.06	−0.09	154.45	8.93	16 14.34	11 52 09.12
10	12.63	0.22	141.28	8.93	16 14.46	11 52 35.94
11	+12.20	−0.35	128.10	8.93	16 14.58	11 53 03.20
12	11.76	0.47	114.92	8.93	16 14.69	11 53 30.86
13	11.32	0.60	101.75	8.93	16 14.79	11 53 58.91
14	10.88	0.73	88.57	8.93	16 14.89	11 54 27.30
15	10.43	0.86	75.40	8.93	16 14.99	11 54 56.00
16	+ 9.98	−0.99	62.22	8.94	16 15.08	11 55 25.00
17	9.52	1.11	49.05	8.94	16 15.17	11 55 54.25
18	9.06	1.24	35.87	8.94	16 15.25	11 56 23.72
19	8.60	1.37	22.70	8.94	16 15.32	11 56 53.38
20	8.13	1.49	9.53	8.94	16 15.40	11 57 23.18
21	+ 7.66	−1.62	356.35	8.94	16 15.47	11 57 53.09
22	7.19	1.74	343.18	8.94	16 15.54	11 58 23.07
23	6.72	1.87	330.01	8.94	16 15.60	11 58 53.08
24	6.24	1.99	316.84	8.94	16 15.66	11 59 23.07
25	5.76	2.11	303.66	8.94	16 15.72	11 59 53.00
26	+ 5.28	−2.24	290.49	8.94	16 15.77	12 00 22.85
27	4.80	2.36	277.32	8.94	16 15.82	12 00 52.56
28	4.32	2.48	264.15	8.94	16 15.86	12 01 22.12
29	3.84	2.60	250.98	8.94	16 15.90	12 01 51.48
30	3.35	2.72	237.81	8.94	16 15.93	12 02 20.61
31	+ 2.87	−2.84	224.63	8.94	16 15.96	12 02 49.48
32	+ 2.38	−2.96	211.46	8.94	16 15.99	12 03 18.06

GEOCENTRIC RECTANGULAR COORDINATES
MEAN EQUATOR AND EQUINOX OF J2000.0

Date 0^hTDT	x	y	z	Date 0^hTDT	x	y	z
Jan. 0	+0.156 2316	−0.890 7340	−0.386 1884	Feb. 15	+0.817 7992	−0.508 0061	−0.220 2546
1	0.173 4805	0.888 0292	0.385 0152	16	0.827 5954	0.494 8049	0.214 5308
2	0.190 6753	0.885 0464	0.383 7215	17	0.837 1391	0.481 4526	0.208 7413
3	0.207 8102	0.881 7865	0.382 3078	18	0.846 4276	0.467 9529	0.202 8878
4	0.224 8794	0.878 2507	0.380 7747	19	0.855 4583	0.454 3098	0.196 9720
5	+0.241 8773	−0.874 4404	−0.379 1228	20	+0.864 2285	−0.440 5271	−0.190 9957
6	0.258 7985	0.870 3571	0.377 3526	21	0.872 7357	0.426 6088	0.184 9604
7	0.275 6376	0.866 0025	0.375 4650	22	0.880 9771	0.412 5589	0.178 8682
8	0.292 3892	0.861 3783	0.373 4606	23	0.888 9501	0.398 3815	0.172 7207
9	0.309 0484	0.856 4862	0.371 3401	24	0.896 6520	0.384 0807	0.166 5198
10	+0.325 6100	−0.851 3281	−0.369 1043	25	+0.904 0803	−0.369 6610	−0.160 2675
11	0.342 0689	0.845 9058	0.366 7540	26	0.911 2325	0.355 1269	0.153 9657
12	0.358 4205	0.840 2214	0.364 2901	27	0.918 1062	0.340 4829	0.147 6165
13	0.374 6597	0.834 2767	0.361 7132	28	0.924 6990	0.325 7338	0.141 2218
14	0.390 7818	0.828 0737	0.359 0244	Mar. 1	0.931 0090	0.310 8845	0.134 7839
15	+0.406 7822	−0.821 6146	−0.356 2244	2	+0.937 0342	−0.295 9398	−0.128 3048
16	0.422 6562	0.814 9015	0.353 3141	3	0.942 7730	0.280 9048	0.121 7866
17	0.438 3991	0.807 9363	0.350 2944	4	0.948 2236	0.265 7844	0.115 2315
18	0.454 0066	0.800 7213	0.347 1663	5	0.953 3849	0.250 5837	0.108 6416
19	0.469 4739	0.793 2586	0.343 9306	6	0.958 2555	0.235 3075	0.102 0191
20	+0.484 7967	−0.785 5504	−0.340 5883	7	+0.962 8344	−0.219 9608	−0.095 3660
21	0.499 9703	0.777 5987	0.337 1403	8	0.967 1207	0.204 5486	0.088 6844
22	0.514 9904	0.769 4059	0.333 5877	9	0.971 1136	0.189 0757	0.081 9765
23	0.529 8522	0.760 9742	0.329 9313	10	0.974 8123	0.173 5469	0.075 2442
24	0.544 5513	0.752 3058	0.326 1723	11	0.978 2163	0.157 9671	0.068 4898
25	+0.559 0829	−0.743 4032	−0.322 3117	12	+0.981 3251	−0.142 3411	−0.061 7151
26	0.573 4423	0.734 2688	0.318 3507	13	0.984 1383	0.126 6734	0.054 9222
27	0.587 6248	0.724 9054	0.314 2904	14	0.986 6557	0.110 9689	0.048 1133
28	0.601 6258	0.715 3156	0.310 1320	15	0.988 8769	0.095 2320	0.041 2901
29	0.615 4404	0.705 5025	0.305 8770	16	0.990 8018	0.079 4673	0.034 4547
30	+0.629 0639	−0.695 4692	−0.301 5266	17	+0.992 4304	−0.063 6793	−0.027 6091
31	0.642 4920	0.685 2191	0.297 0824	18	0.993 7624	0.047 8723	0.020 7551
Feb. 1	0.655 7200	0.674 7557	0.292 5459	19	0.994 7978	0.032 0507	0.013 8947
2	0.668 7438	0.664 0826	0.287 9186	20	0.995 5364	0.016 2188	0.007 0298
3	0.681 5592	0.653 2035	0.283 2022	21	0.995 9780	−0.000 3810	−0.000 1624
4	+0.694 1624	−0.642 1223	−0.278 3982	22	+0.996 1223	+0.015 4582	+0.006 7056
5	0.706 5495	0.630 8429	0.273 5084	23	0.995 9693	0.031 2943	0.013 5721
6	0.718 7170	0.619 3691	0.268 5344	24	0.995 5188	0.047 1227	0.020 4352
7	0.730 6613	0.607 7048	0.263 4778	25	0.994 7708	0.062 9387	0.027 2928
8	0.742 3791	0.595 8539	0.258 3403	26	0.993 7253	0.078 7375	0.034 1428
9	+0.753 8671	−0.583 8204	−0.253 1236	27	+0.992 3825	+0.094 5142	+0.040 9829
10	0.765 1221	0.571 6083	0.247 8294	28	0.990 7428	0.110 2639	0.047 8112
11	0.776 1411	0.559 2214	0.242 4593	29	0.988 8068	0.125 9815	0.054 6255
12	0.786 9211	0.546 6638	0.237 0151	30	0.986 5751	0.141 6622	0.061 4236
13	0.797 4593	0.533 9395	0.231 4985	31	0.984 0487	0.157 3009	0.068 2034
14	+0.807 7529	−0.521 0522	−0.225 9111	Apr. 1	+0.981 2285	+0.172 8927	+0.074 9628
15	+0.817 7992	−0.508 0061	−0.220 2546	2	+0.978 1158	+0.188 4327	+0.081 6997

GEOCENTRIC RECTANGULAR COORDINATES
MEAN EQUATOR AND EQUINOX OF J2000.0

Date 0^hTDT	x	y	z	Date 0^hTDT	x	y	z
Apr. 1	+0.981 2285	+0.172 8927	+0.074 9628	May 17	+0.569 6532	+0.766 5139	+0.332 3362
2	0.978 1158	0.188 4327	0.081 6997	18	0.555 6455	0.775 3551	0.336 1698
3	0.974 7119	0.203 9161	0.088 4121	19	0.541 4786	0.783 9763	0.339 9079
4	0.971 0183	0.219 3382	0.095 0978	20	0.527 1561	0.792 3750	0.343 5493
5	0.967 0365	0.234 6941	0.101 7550	21	0.512 6820	0.800 5487	0.347 0930
6	+0.962 7684	+0.249 9793	+0.108 3816	22	+0.498 0601	+0.808 4947	+0.350 5378
7	0.958 2156	0.265 1894	0.114 9757	23	0.483 2946	0.816 2108	0.353 8828
8	0.953 3801	0.280 3197	0.121 5354	24	0.468 3897	0.823 6944	0.357 1269
9	0.948 2639	0.295 3660	0.128 0588	25	0.453 3498	0.830 9433	0.360 2691
10	0.942 8690	0.310 3239	0.134 5440	26	0.438 1792	0.837 9552	0.363 3085
11	+0.937 1975	+0.325 1894	+0.140 9893	27	+0.422 8826	+0.844 7279	+0.366 2442
12	0.931 2515	0.339 9582	0.147 3928	28	0.407 4645	0.851 2594	0.369 0753
13	0.925 0335	0.354 6264	0.153 7529	29	0.391 9296	0.857 5478	0.371 8010
14	0.918 5454	0.369 1901	0.160 0678	30	0.376 2826	0.863 5912	0.374 4206
15	0.911 7897	0.383 6456	0.166 3359	31	0.360 5283	0.869 3879	0.376 9334
16	+0.904 7683	+0.397 9891	+0.172 5554	June 1	+0.344 6716	+0.874 9364	+0.379 3386
17	0.897 4835	0.412 2170	0.178 7249	2	0.328 7173	0.880 2352	0.381 6357
18	0.889 9372	0.426 3254	0.184 8425	3	0.312 6702	0.885 2830	0.383 8241
19	0.882 1316	0.440 3108	0.190 9066	4	0.296 5354	0.890 0785	0.385 9033
20	0.874 0687	0.454 1691	0.196 9156	5	0.280 3175	0.894 6207	0.387 8728
21	+0.865 7505	+0.467 8966	+0.202 8677	6	+0.264 0215	+0.898 9085	+0.389 7322
22	0.857 1793	0.481 4892	0.208 7612	7	0.247 6523	0.902 9412	0.391 4811
23	0.848 3575	0.494 9430	0.214 5942	8	0.231 2146	0.906 7181	0.393 1192
24	0.839 2874	0.508 2538	0.220 3652	9	0.214 7132	0.910 2385	0.394 6462
25	0.829 9718	0.521 4176	0.226 0722	10	0.198 1526	0.913 5019	0.396 0617
26	+0.820 4134	+0.534 4304	+0.231 7136	11	+0.181 5376	+0.916 5079	+0.397 3657
27	0.810 6150	0.547 2882	0.237 2877	12	0.164 8725	0.919 2561	0.398 5579
28	0.800 5798	0.559 9870	0.242 7928	13	0.148 1615	0.921 7461	0.399 6380
29	0.790 3109	0.572 5229	0.248 2273	14	0.131 4091	0.923 9774	0.400 6058
30	0.779 8117	0.584 8923	0.253 5895	15	0.114 6195	0.925 9495	0.401 4611
May 1	+0.769 0855	+0.597 0914	+0.258 8778	16	+0.097 7968	+0.927 6618	+0.402 2036
2	0.758 1360	0.609 1166	0.264 0909	17	0.080 9455	0.929 1137	0.402 8330
3	0.746 9666	0.620 9644	0.269 2271	18	0.064 0701	0.930 3045	0.403 3491
4	0.735 5811	0.632 6314	0.274 2850	19	0.047 1750	0.931 2336	0.403 7515
5	0.723 9832	0.644 1144	0.279 2633	20	0.030 2650	0.931 9005	0.404 0401
6	+0.712 1767	+0.655 4101	+0.284 1605	21	+0.013 3449	+0.932 3046	+0.404 2147
7	0.700 1655	0.666 5156	0.288 9753	22	−0.003 5805	0.932 4456	0.404 2751
8	0.687 9535	0.677 4279	0.293 7066	23	0.020 5063	0.932 3232	0.404 2214
9	0.675 5446	0.688 1441	0.298 3530	24	0.037 4275	0.931 9372	0.404 0533
10	0.662 9428	0.698 6616	0.302 9134	25	0.054 3392	0.931 2876	0.403 7710
11	+0.650 1520	+0.708 9777	+0.307 3866	26	−0.071 2363	+0.930 3745	+0.403 3745
12	0.637 1760	0.719 0900	0.311 7716	27	0.088 1138	0.929 1979	0.402 8639
13	0.624 0189	0.728 9962	0.316 0672	28	0.104 9667	0.927 7583	0.402 2393
14	0.610 6844	0.738 6939	0.320 2726	29	0.121 7898	0.926 0560	0.401 5009
15	0.597 1762	0.748 1809	0.324 3865	30	0.138 5782	0.924 0916	0.400 6491
16	+0.583 4979	+0.757 4550	+0.328 4081	July 1	−0.155 3269	+0.921 8657	+0.399 6841
17	+0.569 6532	+0.766 5139	+0.332 3362	2	−0.172 0307	+0.919 3792	+0.398 6061

GEOCENTRIC RECTANGULAR COORDINATES
MEAN EQUATOR AND EQUINOX OF J2000.0

Date 0^hTDT	x	y	z	Date 0^hTDT	x	y	z
July 1	−0.155 3269	+0.921 8657	+0.399 6841	Aug. 16	−0.806 0569	+0.562 5157	+0.243 8843
2	0.172 0307	0.919 3792	0.398 6061	17	0.816 0798	0.549 9374	0.238 4301
3	0.188 6849	0.916 6330	0.397 4158	18	0.825 8712	0.537 2015	0.232 9076
4	0.205 2846	0.913 6281	0.396 1134	19	0.835 4281	0.524 3113	0.227 3183
5	0.221 8248	0.910 3657	0.394 6994	20	0.844 7471	0.511 2701	0.221 6636
6	−0.238 3009	+0.906 8470	+0.393 1745	21	−0.853 8253	+0.498 0816	+0.215 9451
7	0.254 7083	0.903 0735	0.391 5390	22	0.862 6596	0.484 7495	0.210 1645
8	0.271 0425	0.899 0464	0.389 7937	23	0.871 2471	0.471 2773	0.204 3233
9	0.287 2990	0.894 7674	0.387 9391	24	0.879 5847	0.457 6691	0.198 4233
10	0.303 4737	0.890 2379	0.385 9759	25	0.887 6698	0.443 9286	0.192 4661
11	−0.319 5623	+0.885 4594	+0.383 9045	26	−0.895 4995	+0.430 0600	+0.186 4535
12	0.335 5609	0.880 4333	0.381 7257	27	0.903 0712	0.416 0675	0.180 3872
13	0.351 4654	0.875 1609	0.379 4399	28	0.910 3825	0.401 9551	0.174 2692
14	0.367 2717	0.869 6437	0.377 0478	29	0.917 4308	0.387 7273	0.168 1011
15	0.382 9758	0.863 8827	0.374 5498	30	0.924 2141	0.373 3883	0.161 8850
16	−0.398 5735	+0.857 8794	+0.371 9466	31	−0.930 7303	+0.358 9427	+0.155 6226
17	0.414 0605	0.851 6348	0.369 2387	Sept. 1	0.936 9774	0.344 3949	0.149 3158
18	0.429 4325	0.845 1504	0.366 4267	2	0.942 9539	0.329 7492	0.142 9666
19	0.444 6851	0.838 4276	0.363 5112	3	0.948 6580	0.315 0100	0.136 5767
20	0.459 8138	0.831 4680	0.360 4931	4	0.954 0884	0.300 1817	0.130 1481
21	−0.474 8141	+0.824 2732	+0.357 3730	5	−0.959 2438	+0.285 2685	+0.123 6825
22	0.489 6816	0.816 8449	0.354 1517	6	0.964 1228	0.270 2747	0.117 1817
23	0.504 4118	0.809 1851	0.350 8301	7	0.968 7244	0.255 2042	0.110 6476
24	0.519 0002	0.801 2957	0.347 4090	8	0.973 0472	0.240 0612	0.104 0818
25	0.533 4424	0.793 1788	0.343 8894	9	0.977 0900	0.224 8496	0.097 4861
26	−0.547 7339	+0.784 8365	+0.340 2722	10	−0.980 8517	+0.209 5734	+0.090 8624
27	0.561 8704	0.776 2714	0.336 5585	11	0.984 3309	0.194 2366	0.084 2122
28	0.575 8476	0.767 4857	0.332 7494	12	0.987 5264	0.178 8432	0.077 5375
29	0.589 6611	0.758 4820	0.328 8459	13	0.990 4369	0.163 3973	0.070 8400
30	0.603 3068	0.749 2630	0.324 8491	14	0.993 0610	0.147 9031	0.064 1217
31	−0.616 7805	+0.739 8316	+0.320 7604	15	−0.995 3975	+0.132 3648	+0.057 3842
Aug. 1	0.630 0782	0.730 1905	0.316 5809	16	0.997 4453	0.116 7868	0.050 6296
2	0.643 1960	0.720 3428	0.312 3119	17	0.999 2032	0.101 1735	0.043 8598
3	0.656 1302	0.710 2916	0.307 9547	18	1.000 6702	0.085 5292	0.037 0767
4	0.668 8770	0.700 0399	0.303 5106	19	1.001 8453	0.069 8587	0.030 2824
5	−0.681 4331	+0.689 5910	+0.298 9810	20	−1.002 7277	+0.054 1663	+0.023 4788
6	0.693 7950	0.678 9480	0.294 3671	21	1.003 3165	0.038 4570	0.016 6679
7	0.705 9595	0.668 1141	0.289 6704	22	1.003 6110	0.022 7353	0.009 8518
8	0.717 9235	0.657 0924	0.284 8921	23	1.003 6108	+0.007 0060	+0.003 0327
9	0.729 6841	0.645 8860	0.280 0336	24	1.003 3152	−0.008 7258	−0.003 7875
10	−0.741 2382	+0.634 4978	+0.275 0961	25	−1.002 7241	−0.024 4554	−0.010 6066
11	0.752 5828	0.622 9309	0.270 0809	26	1.001 8374	0.040 1776	0.017 4225
12	0.763 7150	0.611 1880	0.264 9893	27	1.000 6550	0.055 8876	0.024 2331
13	0.774 6316	0.599 2721	0.259 8225	28	0.999 1773	0.071 5803	0.031 0361
14	0.785 3296	0.587 1861	0.254 5818	29	0.997 4046	0.087 2507	0.037 8296
15	−0.795 8058	+0.574 9329	+0.249 2686	30	−0.995 3377	−0.102 8940	−0.044 6114
16	−0.806 0569	+0.562 5157	+0.243 8843	Oct. 1	−0.992 9772	−0.118 5054	−0.051 3795

GEOCENTRIC RECTANGULAR COORDINATES
MEAN EQUATOR AND EQUINOX OF J2000.0

Date 0hTDT	x	y	z	Date 0hTDT	x	y	z
Oct. 1	−0.992 9772	−0.118 5054	−0.051 3795	Nov. 16	−0.592 3689	−0.726 6342	−0.315 0462
2	0.990 3241	0.134 0802	0.058 1319	17	0.578 2231	0.735 9233	0.319 0731
3	0.987 3792	0.149 6138	0.064 8666	18	0.563 8989	0.744 9877	0.323 0025
4	0.984 1436	0.165 1017	0.071 5817	19	0.549 4003	0.753 8241	0.326 8329
5	0.980 6184	0.180 5396	0.078 2752	20	0.534 7317	0.762 4293	0.330 5630
6	−0.976 8046	−0.195 9231	−0.084 9454	21	−0.519 8975	−0.770 8001	−0.334 1915
7	0.972 7032	0.211 2481	0.091 5902	22	0.504 9022	0.778 9334	0.337 7171
8	0.968 3153	0.226 5102	0.098 2080	23	0.489 7508	0.786 8263	0.341 1385
9	0.963 6419	0.241 7054	0.104 7967	24	0.474 4482	0.794 4758	0.344 4545
10	0.958 6841	0.256 8292	0.111 3545	25	0.458 9994	0.801 8794	0.347 6640
11	−0.953 4428	−0.271 8776	−0.117 8796	26	−0.443 4095	−0.809 0346	−0.350 7660
12	0.947 9191	0.286 8461	0.124 3701	27	0.427 6839	0.815 9392	0.353 7595
13	0.942 1142	0.301 7305	0.130 8240	28	0.411 8276	0.822 5911	0.356 6437
14	0.936 0293	0.316 5264	0.137 2394	29	0.395 8457	0.828 9884	0.359 4176
15	0.929 6656	0.331 2293	0.143 6144	30	0.379 7433	0.835 1295	0.362 0806
16	−0.923 0245	−0.345 8349	−0.149 9470	Dec. 1	−0.363 5255	−0.841 0125	−0.364 6318
17	0.916 1075	0.360 3385	0.156 2352	2	0.347 1971	0.846 6360	0.367 0705
18	0.908 9160	0.374 7358	0.162 4773	3	0.330 7630	0.851 9985	0.369 3961
19	0.901 4518	0.389 0221	0.168 6710	4	0.314 2282	0.857 0983	0.371 6079
20	0.893 7165	0.403 1930	0.174 8146	5	0.297 5976	0.861 9342	0.373 7051
21	−0.885 7121	−0.417 2438	−0.180 9059	6	−0.280 8759	−0.866 5046	−0.375 6872
22	0.877 4406	0.431 1698	0.186 9431	7	0.264 0680	0.870 8082	0.377 5536
23	0.868 9040	0.444 9665	0.192 9241	8	0.247 1788	0.874 8438	0.379 3036
24	0.860 1049	0.458 6293	0.198 8470	9	0.230 2133	0.878 6099	0.380 9367
25	0.851 0457	0.472 1534	0.204 7098	10	0.213 1762	0.882 1052	0.382 4522
26	−0.841 7291	−0.485 5344	−0.210 5106	11	−0.196 0726	−0.885 3286	−0.383 8497
27	0.832 1581	0.498 7678	0.216 2475	12	0.178 9074	0.888 2788	0.385 1286
28	0.822 3358	0.511 8493	0.221 9187	13	0.161 6858	0.890 9547	0.386 2884
29	0.812 2654	0.524 7747	0.227 5223	14	0.144 4127	0.893 3551	0.387 3287
30	0.801 9502	0.537 5400	0.233 0568	15	0.127 0934	0.895 4789	0.388 2489
31	−0.791 3934	−0.550 1415	−0.238 5203	16	−0.109 7332	−0.897 3251	−0.389 0487
Nov. 1	0.780 5985	0.562 5753	0.243 9113	17	0.092 3372	0.898 8928	0.389 7277
2	0.769 5688	0.574 8379	0.249 2283	18	0.074 9109	0.900 1809	0.390 2854
3	0.758 3077	0.586 9258	0.254 4696	19	0.057 4599	0.901 1886	0.390 7216
4	0.746 8183	0.598 8355	0.259 6338	20	0.039 9897	0.901 9153	0.391 0360
5	−0.735 1041	−0.610 5637	−0.264 7194	21	−0.022 5061	−0.902 3602	−0.391 2283
6	0.723 1684	0.622 1069	0.269 7247	22	−0.005 0149	0.902 5230	0.391 2984
7	0.711 0144	0.633 4619	0.274 6485	23	+0.012 4779	0.902 4034	0.391 2463
8	0.698 6454	0.644 6252	0.279 4892	24	0.029 9663	0.902 0016	0.391 0720
9	0.686 0649	0.655 5937	0.284 2452	25	0.047 4445	0.901 3176	0.390 7755
10	−0.673 2761	−0.666 3638	−0.288 9152	26	+0.064 9067	−0.900 3520	−0.390 3571
11	0.660 2826	0.676 9323	0.293 4977	27	0.082 3472	0.899 1055	0.389 8171
12	0.647 0878	0.687 2959	0.297 9912	28	0.099 7604	0.897 5787	0.389 1556
13	0.633 6953	0.697 4512	0.302 3942	29	0.117 1409	0.895 7725	0.388 3731
14	0.620 1088	0.707 3949	0.306 7053	30	0.134 4833	0.893 6878	0.387 4698
15	−0.606 3321	−0.717 1236	−0.310 9231	31	+0.151 7824	−0.891 3254	−0.386 4462
16	−0.592 3689	−0.726 6342	−0.315 0462	32	+0.169 0329	−0.888 6865	−0.385 3027

NOTES AND FORMULAS

Low precision formulas for the Sun's coordinates and the equation of time

The following formulas give the apparent coordinates of the Sun to a precision of $0°.01$ and the equation of time to a precision of $0^{m}.1$ between 1950 and 2050; on this page the time argument n is the number of days from J2000.0.

n = JD − 2451545.0 = −1827.5 + day of year (B2–B3) + fraction of day from 0^h UT

Mean longitude of Sun, corrected for aberration: $L = 280°.466 + 0°.985\,6474\,n$

Mean anomaly: $g = 357°.528 + 0°.985\,6003\,n$

Put L and g in the range 0° to 360° by adding multiples of 360°.

Ecliptic longitude: $\lambda = L + 1°.915 \sin g + 0°.020 \sin 2g$

Ecliptic latitude: $\beta = 0°$

Obliquity of ecliptic: $\varepsilon = 23°.440 - 0°.000\,0004\,n$

Right ascension (in same quadrant as λ): $\alpha = \tan^{-1}(\cos \varepsilon \tan \lambda)$

Alternatively, α may be calculated directly from

$$\alpha = \lambda - f t \sin 2\lambda + (f/2)\, t^2 \sin 4\lambda$$

where $f = 180/\pi$ and $t = \tan^2 \varepsilon/2$

Declination: $\delta = \sin^{-1}(\sin \varepsilon \sin \lambda)$

Distance of Sun from Earth, in au: $R = 1.000\,14 - 0.016\,71 \cos g - 0.000\,14 \cos 2g$

Equatorial rectangular coordinates of the Sun, in au:

$$x = R \cos \lambda, \qquad y = R \cos \varepsilon \sin \lambda, \qquad z = R \sin \varepsilon \sin \lambda$$

Equation of time (apparent time minus mean time):

E, in minutes of time = $(L - \alpha)$, in degrees, multiplied by 4.

Horizontal parallax: $0°.0024$

Semidiameter: $0°.2666 / R$

Light time: $0^{d}.0058$

CONTENTS OF SECTION D

PHASES OF THE MOON

Lunation	New Moon				First Quarter				Full Moon				Last Quarter			
		d	h	m		d	h	m		d	h	m		d	h	m
891	Jan.	1	10	56	Jan.	8	15	46	Jan.	16	20	26	Jan.	24	04	58
892	Jan.	30	22	48	Feb.	7	12	54	Feb.	15	12	15	Feb.	22	13	04
893	Mar.	1	11	48	Mar.	9	10	14	Mar.	17	01	26	Mar.	23	20	10
894	Mar.	31	02	09	Apr.	8	05	35	Apr.	15	12	08	Apr.	22	03	18
895	Apr.	29	17	36	May	7	21	44	May	14	20	48	May	21	11	36
896	May	29	09	27	June	6	10	26	June	13	04	03	June	19	22	01
897	June	28	00	50	July	5	20	02	July	12	10	49	July	19	11	10
898	July	27	15	13	Aug.	4	03	16	Aug.	10	18	15	Aug.	18	03	04
899	Aug.	26	04	31	Sept.	2	09	03	Sept.	9	03	37	Sept.	16	21	09
900	Sept.	24	16	55	Oct.	1	14	36	Oct.	8	15	52	Oct.	16	16	26
901	Oct.	24	04	36	Oct.	30	21	17	Nov.	7	07	20	Nov.	15	11	40
902	Nov.	22	15	43	Nov.	29	06	28	Dec.	7	01	27	Dec.	15	05	31
903	Dec.	22	02	22	Dec.	28	19	06								

MOON AT PERIGEE

	d	h		d	h		d	h
Jan.	27	23	June	13	01	Oct.	26	21
Feb.	23	02	July	11	10	Nov.	23	23
Mar.	20	13	Aug.	8	14	Dec.	22	10
Apr.	17	08	Sept.	5	01			
May	15	15	Sept.	30	04			

MOON AT APOGEE

	d	h		d	h		d	h
Jan.	11	22	May	30	08	Oct.	15	02
Feb.	8	18	June	26	11	Nov.	11	21
Mar.	8	15	July	23	20	Dec.	9	10
Apr.	5	10	Aug.	20	12			
May	3	01	Sept.	17	06			

NOTES AND FORMULAE

Mean elements of the orbit of the Moon

The following expressions for the mean elements of the Moon are based on the fundamental arguments used in the IAU (1980) Theory of Nutation which are given in *The Astronomical Almanac 1984* on page S26. The angular elements are referred to the mean equinox and ecliptic of date. The time argument (d) is the interval in days from 1995 January 0 at 0^h TDT. These expressions are intended for use during 1995 only.

$$d = JD - 244\,9717{\cdot}5 = \text{day of year (from B2–B3)} + \text{fraction of day from } 0^h \text{ TDT}$$

Mean longitude of the Moon, measured in the ecliptic to the mean ascending node and then along the mean orbit:

$$L' = 258^\circ\!.451\,869 + 13{\cdot}176\,396\,48\,d$$

Mean longitude of the lunar perigee, measured as for L':

$$\Gamma' = 239^\circ\!.763\,477 + 0{\cdot}111\,403\,56\,d$$

Mean longitude of the mean ascending node of the lunar orbit on the ecliptic:

$$\Omega = 221^\circ\!.817\,533 - 0{\cdot}052\,953\,77\,d$$

Mean elongation of the Moon from the Sun:

$$D = L' - L = 339^\circ\!.256\,348 + 12{\cdot}190\,749\,12\,d$$

Mean inclination of the lunar orbit to the ecliptic: $5^\circ\!.145\,3964$.

Mean elements of the rotation of the Moon

The following expressions give the mean elements of the mean equator of the Moon, referred to the true equator of the Earth, during 1995 to a precision of about $0^\circ\!.001$; the time-argument d is as defined above for the orbital elements.

Inclination of the mean equator of the Moon to the true equator of the Earth:

$$i = 24^\circ\!.6075 + 0{\cdot}000\,914\,d - 0{\cdot}000\,000\,540\,d^2$$

Arc of the mean equator of the Moon from its ascending node on the true equator of the Earth to its ascending node on the ecliptic of date:

$$\Delta = 39^\circ\!.5636 - 0{\cdot}050\,514\,d + 0{\cdot}000\,000\,642\,d^2$$

Arc of the true equator of the Earth from the true equinox of date to the ascending node of the mean equator of the Moon:

$$\Omega' = +2^\circ\!.4713 - 0{\cdot}002\,669\,d - 0{\cdot}000\,000\,714\,d^2$$

The inclination (I) of the mean lunar equator to the ecliptic: $1^\circ\ 32'\ 32''\!.7$

The ascending node of the mean lunar equator on the ecliptic is at the descending node of the mean lunar orbit on the ecliptic, that is at longitude $\Omega + 180^\circ$.

Lengths of mean months

The lengths of the mean months at 1995·0, as derived from the mean orbital elements are:

		d	d h m s
synodic month	(new moon to new moon)	29·530 589	29 12 44 02·9
tropical month	(equinox to equinox)	27·321 582	27 07 43 04·7
sidereal month	(fixed star to fixed star)	27·321 662	27 07 43 11·6
anomalistic month	(perigee to perigee)	27·554 550	27 13 18 33·1
draconic month	(node to node)	27·212 221	27 05 05 35·9

NOTES AND FORMULAE

Geocentric coordinates

The apparent longitude (λ) and latitude (β) of the Moon given on pages D6–D20 are referred to the ecliptic of date: the apparent right ascension (α) and declination (δ) are referred to the true equator of date. These coordinates are primarily intended for planning purposes. The true distance (r) is expressed in Earth-radii and is derived, as is the semi-diameter (s), from the horizontal parallax (π).

The maximum errors which may result if Bessel's second-order interpolation formula is used are as follows:

λ	β	α	δ	r	π	s
$\pm 0\overset{\circ}{.}02$	$\pm 0\overset{\circ}{.}02$	$\pm 2\overset{s}{.}4$	$\pm 24''$	$\pm 0{\cdot}002$	$\pm 0\overset{''}{.}07$	$\pm 0\overset{''}{.}02$

More precise values of right ascension, declination and horizontal parallax may be obtained by using the polynomial coefficients given on pages D23–D45. Precise values of true distance and semi-diameter may be obtained from the parallax using:

$$r = 6\,378{\cdot}137/\sin\pi \text{ km} \qquad \sin s = 0{\cdot}272\,493 \sin\pi$$

The tabulated values are all referred to the centre of the Earth, and may differ from the topocentric values by up to about 1 degree in angle and 2 per cent in distance.

Time of transit of the Moon

The TDT of upper (or lower) transit of the Moon over a local meridian may be obtained by interpolation in the tabulation of the time of upper (or lower) transit over the ephemeris meridian given on pages D6–D20, where the first differences are about 25 hours. The interpolation factor p is given by:

$$p = -\lambda + 1{\cdot}002\,738\,\Delta T$$

where λ is the *east* longitude and the right-hand side is expressed in days. (Divide longitude in degrees by 360 and ΔT in seconds by 86 400). During 1995 it is expected that ΔT will be about 61 seconds, so that the second term is about $+0{\cdot}000\,71$ days. In general, second-order differences are sufficient to give times to a few seconds, but higher-order differences must be taken into account if a precision of better than 1 second is required. The UT of transit is obtained by subtracting ΔT from the TDT of transit, which is obtained by interpolation.

Topocentric coordinates

The topocentric equatorial rectangular coordinates of the Moon (x', y', z'), referred to the true equinox of date, are equal to the geocentric equatorial rectangular coordinates of the Moon *minus* the geocentric equatorial rectangular coordinates of the observer. Hence, the topocentric right ascension (α'), declination (δ') and distance (r') of the Moon may be calculated from the formulae:

$$\begin{aligned} x' &= r'\cos\delta'\cos\alpha' = r\cos\delta\cos\alpha - \rho\cos\phi'\cos\theta_0 \\ y' &= r'\cos\delta'\sin\alpha' = r\cos\delta\sin\alpha - \rho\cos\phi'\sin\theta_0 \\ z' &= r'\sin\delta' = r\sin\delta - \rho\sin\phi' \end{aligned}$$

where θ_0 is the local apparent sidereal time (see pages B6, B7) and ρ and ϕ' are the geocentric distance and latitude of the observer.

Then $$r'^2 = x'^2 + y'^2 + z'^2, \quad \alpha' = \tan^{-1}(y'/x'), \quad \delta' = \sin^{-1}(z'/r')$$

The topocentric hour angle (h') may be calculated from $h' = \theta_0 - \alpha'$.

Physical ephemeris

See page D4 for notes on the physical ephemeris of the Moon on pages D7–D21.

NOTES AND FORMULAE

Appearance of the Moon

The quantities tabulated in the ephemeris for physical observations of the Moon on odd pages D7–D21 represent the geocentric aspect and illumination of the Moon's disk. For most purposes it is sufficient to regard the instant of tabulation as 0^h universal time. The age is the number of days elapsed since the previous new Moon; the fraction illuminated (or phase) is the ratio of the illuminated area to the total area of the lunar disk; it is also the fraction of the diameter illuminated perpendicular to the line of cusps. These quantities indicate the general aspect of the Moon, while the precise times of the four principal phases are given on pages A1 and D1; they are the times when the apparent longitudes of the Moon and Sun differ by 0°, 90°, 180°and 270°.

The position angle of the bright limb is measured anticlockwise around the disk from the north point (of the hour circle through the centre of the apparent disk) to the midpoint of the bright limb. Before full moon the morning terminator is visible and the position angle of the northern cusp is 90° greater than the position angle of the bright limb; after full moon the evening terminator is visible and the position angle of the northern cusp is 90° less than the position angle of the bright limb.

The brightness of the Moon is determined largely by the fraction illuminated, but it also depends on the distance of the Moon, on the nature of the part of the lunar surface that is illuminated, and on other factors. The integrated visual magnitude of the full Moon at mean distance is about −12·7. The crescent Moon is not normally visible to the naked eye when the phase is less than 0·01, but much depends on the conditions of observation.

Selenographic coordinates

The positions of points on the Moon's surface are specified by a system of selenographic coordinates, in which latitude is measured positively to the north from the equator of the pole of rotation, and longitude is measured positively to the east on the selenocentric celestial sphere from the lunar meridian through the mean centre of the apparent disk. Selenographic longitudes are measured positive to the west (towards Mare Crisium) on the apparent disk; this sign convention implies that the longitudes of the Sun and of the terminators are decreasing functions of time, and so for some purposes it is convenient to use colongitude which is 90° (or 450°) minus longitude.

The tabulated values of the Earth's selenographic longitude and latitude specify the sub-terrestrial point on the Moon's surface (that is, the centre of the apparent disk). The position angle of the axis of rotation is measured anticlockwise from the north point, and specifies the orientation of the lunar meridian through the sub-terrestrial point, which is the pole of the great circle that corresponds to the limb of the Moon.

The tabulated values of the Sun's selenographic colongitude and latitude specify the sub-solar point of the Moon's surface (that is at the pole of the great circle that bounds the illuminated hemisphere). The following relations hold approximately:

longitude of morning terminator = 360° − colongitude of Sun
longitude of evening terminator = 180° (or 540°) − colongitude of Sun

The altitude (a) of the Sun above the lunar horizon at a point at selenographic longitude and latitude (l, b) may be calculated from:

$$\sin a = \sin b_0 \sin b + \cos b_0 \cos b \sin (c_0 + l)$$

where (c_0, b_0) are the Sun's colongitude and latitude at the time.

NOTES AND FORMULAE

Librations of the Moon

On average the same hemisphere of the Moon is always turned to the Earth but there is a periodic oscillation or libration of the apparent position of the lunar surface that allows about 59 per cent of the surface to be seen from the Earth. The libration is due partly to a physical libration, which is an oscillation of the actual rotational motion about its mean rotation, but mainly to the much larger geocentric optical libration, which results from the non-uniformity of the revolution of the Moon around the centre of the Earth. Both of these effects are taken into account in the computation of the Earth's selenographic longitude (l) and latitude (b) and of the position angle (C) of the axis of rotation. The contributions due to the physical libration are tabulated separately. There is a further contribution to the optical libration due to the difference between the viewpoints of the observer on the surface of the Earth and of the hypothetical observer at the centre of the Earth. These topocentric optical librations may be as much as 1° and have important effects on the apparent contour of the limb.

When the libration in longitude, that is the selenographic longitude of the Earth, is positive the mean centre of the disk is displaced eastwards on the celestial sphere, exposing to view a region on the west limb. When the libration in latitude, or selenographic latitude of the Earth, is positive the mean centre of the disk is displaced towards the south, and a region on the north limb is exposed to view. In a similar way the selenographic coordinates of the Sun show which regions of the lunar surface are illuminated.

Differential corrections to be applied to the tabular geocentric librations to form the topocentric librations may be computed from the following formulae:

$$\Delta l = -\pi' \sin(Q - C) \sec b$$

$$\Delta b = +\pi' \cos(Q - C)$$

$$\Delta C = +\sin(b + \Delta b)\,\Delta l - \pi' \sin Q \tan\delta$$

where Q is the geocentric parallactic angle of the Moon and π' is the topocentric horizontal parallax. The latter is obtained from the geocentric horizontal parallax (π), which is tabulated on even pages D6–D20 by using:

$$\pi' = \pi\,(\sin z + 0{\cdot}0084 \sin 2z)$$

where z is the geocentric zenith distance of the Moon. The values of z and Q may be calculated from the geocentric right ascension (α) and declination (δ) of the Moon by using:

$$\sin z \sin Q = \cos\phi \sin h$$

$$\sin z \cos Q = \cos\delta \sin\phi - \sin\delta \cos\phi \cos h$$

$$\cos z = \sin\delta \sin\phi + \cos\delta \cos\phi \cos h$$

where ϕ is the geocentric latitude of the observer and h is the local hour angle of the Moon, given by:

$$h = \text{local apparent sidereal time} - \alpha$$

Second differences must be taken into account in the interpolation of the tabular geocentric librations to the time of observation.

FOR 0^h DYNAMICAL TIME

Date 0^h TDT		Apparent Long.	Apparent Lat.	Apparent R.A.	Apparent Dec.	True Dist.	Horiz. Parallax	Semi-diameter	Ephemeris Transit for date Upper	Ephemeris Transit for date Lower
		°	°	h m s	° ′ ″		′ ″	′ ″	h	h
Jan.	**0**	258·78	+2·96	17 12 16·1	−20 00 50	56·520	60 49·63	16 34·45	11·0511	23·5685
	1	273·75	+3·93	18 15 53·4	−19 27 14	56·664	60 40·30	16 31·91	12·0787	. . .
	2	288·62	+4·63	19 17 58·8	−17 33 31	57·074	60 14·20	16 24·80	13·0643	00·5782
	3	303·22	+5·01	20 17 17·6	−14 33 38	57·717	59 33·93	16 13·83	13·9909	01·5354
	4	317·45	+5·06	21 13 18·3	−10 46 33	58·537	58 43·85	16 00·18	14·8563	02·4309
	5	331·23	+4·82	22 06 08·8	− 6 31 45	59·460	57 49·10	15 45·27	15·6687	03·2683
	6	344·53	+4·32	22 56 21·8	− 2 06 09	60·410	56 54·60	15 30·42	16·4417	04·0592
	7	357·39	+3·61	23 44 41·7	+ 2 16 39	61·310	56 04·43	15 16·75	17·1899	04·8179
	8	9·87	+2·75	0 31 55·1	+ 6 26 08	62·102	55 21·56	15 05·07	17·9275	05·5592
	9	22·03	+1·78	1 18 45·5	+10 13 57	62·738	54 47·85	14 55·88	18·6667	06·2962
	10	33·97	+0·75	2 05 50·2	+13 33 00	63·193	54 24·20	14 49·44	19·4173	07·0401
	11	45·78	−0·30	2 53 37·4	+16 16 50	63·455	54 10·72	14 45·76	20·1854	07·7989
	12	57·56	−1·33	3 42 24·2	+18 19 17	63·530	54 06·89	14 44·72	20·9728	08·5767
	13	69·37	−2·30	4 32 14·3	+19 34 45	63·434	54 11·76	14 46·05	21·7772	09·3732
	14	81·29	−3·18	5 22 57·9	+19 58 35	63·195	54 24·06	14 49·40	22·5924	10·1840
	15	93·36	−3·93	6 14 14·3	+19 28 02	62·844	54 42·33	14 54·38	23·4101	11·0014
	16	105·63	−4·51	7 05 37·6	+18 02 49	62·412	55 05·06	15 00·57	. . .	11·8175
	17	118·10	−4·88	7 56 44·2	+15 45 38	61·929	55 30·81	15 07·59	00·2229	12·6259
	18	130·78	−5·01	8 47 20·2	+12 42 03	61·420	55 58·41	15 15·11	01·0263	13·4242
	19	143·66	−4·90	9 37 24·6	+ 9 00 05	60·903	56 26·95	15 22·88	01·8201	14·2147
	20	156·74	−4·53	10 27 10·9	+ 4 49 38	60·386	56 55·91	15 30·77	02·6089	15·0040
	21	169·99	−3·91	11 17 05·0	+ 0 21 58	59·876	57 25·00	15 38·70	03·4012	15·8020
	22	183·43	−3·07	12 07 41·6	− 4 10 34	59·376	57 54·04	15 46·61	04·2081	16·6210
	23	197·04	−2·04	12 59 39·6	− 8 34 29	58·890	58 22·71	15 54·42	05·0421	17·4730
	24	210·84	−0·88	13 53 35·8	−12 35 08	58·430	58 50·29	16 01·94	05·9147	18·3678
	25	224·84	+0·35	14 49 55·5	−15 56 52	58·015	59 15·52	16 08·81	06·8327	19·3087
	26	239·03	+1·58	15 48 42·0	−18 23 54	57·676	59 36·46	16 14·52	07·7948	20·2890
	27	253·40	+2·72	16 49 26·4	−19 42 29	57·447	59 50·72	16 18·40	08·7887	21·2906
	28	267·91	+3·69	17 51 07·5	−19 43 49	57·366	59 55·79	16 19·78	09·7914	22·2878
	29	282·46	+4·43	18 52 25·7	−18 26 49	57·463	59 49·69	16 18·12	10·7768	23·2560
	30	296·96	+4·87	19 52 06·2	−15 58 57	57·755	59 31·53	16 13·17	11·7237	. . .
	31	311·29	+5·00	20 49 20·5	−12 34 31	58·238	59 01·93	16 05·11	12·6215	00·1789
Feb.	**1**	325·34	+4·83	21 43 52·8	− 8 31 23	58·885	58 23·04	15 54·51	13·4703	01·0517
	2	339·03	+4·37	22 35 55·2	− 4 07 36	59·649	57 38·16	15 42·28	14·2777	01·8786
	3	352·32	+3·69	23 25 56·9	+ 0 20 43	60·471	56 51·15	15 29·48	15·0547	02·6693
	4	5·20	+2·84	0 14 35·0	+ 4 40 19	61·285	56 05·83	15 17·13	15·8135	03·4357
	5	17·72	+1·87	1 02 27·3	+ 8 40 37	62·028	55 25·51	15 06·14	16·5655	04·1897
	6	29·92	+0·83	1 50 08·6	+12 13 15	62·645	54 52·75	14 57·22	17·3204	04·9421
	7	41·90	−0·22	2 38 07·4	+15 11 23	63·094	54 29·29	14 50·83	18·0854	05·7013
	8	53·74	−1·26	3 26 44·2	+17 29 10	63·349	54 16·12	14 47·24	18·8646	06·4731
	9	65·53	−2·24	4 16 09·3	+19 01 28	63·401	54 13·48	14 46·52	19·6589	07·2600
	10	77·38	−3·12	5 06 22·7	+19 44 03	63·254	54 21·02	14 48·57	20·4656	08·0610
	11	89·35	−3·87	5 57 14·3	+19 33 50	62·931	54 37·79	14 53·14	21·2799	08·8721
	12	101·52	−4·46	6 48 27·8	+18 29 30	62·463	55 02·32	14 59·83	22·0960	09·6880
	13	113·93	−4·86	7 39 45·5	+16 32 03	61·893	55 32·73	15 08·11	22·9095	10·5032
	14	126·63	−5·02	8 30 54·0	+13 45 07	61·267	56 06·78	15 17·39	23·7187	11·3146
	15	139·60	−4·93	9 21 48·4	+10 15 06	60·632	56 42·07	15 27·00	. . .	12·1222

EPHEMERIS FOR PHYSICAL OBSERVATIONS
FOR 0^h DYNAMICAL TIME

Date 0^h TDT		Age	The Earth's Selenographic Long.	The Earth's Selenographic Lat.	Physical Libration Lg.	Physical Libration Lt.	Physical Libration P.A.	The Sun's Selenographic Colong.	The Sun's Selenographic Lat.	Position Angle Axis	Position Angle Bright Limb	Fraction Illum.
		d	°	°	(0°001)			°	°	°	°	
Jan.	**0**	28·0	+0·256	−3·854	+ 3	+33	−25	249·34	+1·25	5·934	102·68	0·03
	1	29·0	2·051	5·113	4	34	23	261·53	1·27	359·348	120·12	0·00
	2	0·5	3·756	6·012	5	35	21	273·72	1·28	352·934	230·87	0·01
	3	1·5	5·217	6·498	5	36	19	285·91	1·30	347·198	244·24	0·04
	4	2·5	6·307	6·562	5	36	17	298·10	1·32	342·472	245·27	0·09
	5	3·5	+6·943	−6·235	+ 5	+37	−15	310·28	+1·34	338·920	244·99	0·16
	6	4·5	7·097	5·574	4	37	13	322·46	1·36	336·585	244·89	0·25
	7	5·5	6·788	4·646	3	37	12	334·63	1·38	335·444	245·34	0·34
	8	6·5	6·074	3·519	3	37	11	346·80	1·40	335·446	246·42	0·44
	9	7·5	5·038	2·255	+ 1	36	11	358·96	1·43	336·528	248·11	0·53
	10	8·5	+3·772	−0·914	0	+36	−11	11·11	+1·45	338·623	250·36	0·63
	11	9·5	2·376	+0·453	− 1	36	12	23·26	1·47	341·654	253·06	0·72
	12	10·5	+0·942	1·796	3	35	13	35·41	1·48	345·517	256·04	0·80
	13	11·5	−0·446	3·065	5	35	14	47·54	1·50	350·071	258·98	0·87
	14	12·5	1·718	4·211	6	35	16	59·68	1·51	355·129	261·26	0·92
	15	13·5	−2·820	+5·184	− 8	+34	−17	71·81	+1·53	0·455	261·29	0·97
	16	14·5	3·720	5·933	9	34	19	83·94	1·53	5·788	251·90	0·99
	17	15·5	4·400	6·414	11	34	21	96·07	1·54	10·860	171·93	1·00
	18	16·5	4·863	6·590	12	34	23	108·20	1·54	15·420	125·64	0·98
	19	17·5	5·122	6·437	13	34	24	120·33	1·54	19·251	119·20	0·95
	20	18·5	−5·196	+5·949	−13	+34	−25	132·46	+1·54	22·167	117·43	0·90
	21	19·5	5·102	5·137	13	34	26	144·60	1·53	24·015	116·39	0·82
	22	20·5	4·847	4·033	13	34	27	156·74	1·52	24·663	115·09	0·74
	23	21·5	4·429	2·688	12	34	27	168·89	1·52	24·007	113·18	0·63
	24	22·5	3·836	+1·170	11	34	27	181·04	1·51	21·976	110·52	0·52
	25	23·5	−3·050	−0·437	−10	+34	−27	193·20	+1·50	18·570	107·12	0·41
	26	24·5	2·066	2·037	9	35	26	205·37	1·50	13·894	103·14	0·30
	27	25·5	−0·892	3·524	8	35	24	217·55	1·49	8·202	98·97	0·20
	28	26·5	+0·428	4·794	7	36	23	229·73	1·49	1·906	95·32	0·12
	29	27·5	1·819	5·753	6	36	21	241·92	1·49	355·512	93·74	0·05
	30	28·5	+3·171	−6·336	− 6	+37	−19	254·11	+1·49	349·527	99·90	0·01
	31	0·0	4·360	6·508	6	37	17	266·30	1·49	344·355	171·85	0·00
Feb.	**1**	1·0	5·270	6·278	6	37	15	278·49	1·50	340·260	231·62	0·02
	2	2·0	5·811	5·686	6	38	13	290·68	1·50	337·375	239·39	0·05
	3	3·0	5·935	4·795	7	38	11	302·87	1·51	335·731	242·18	0·11
	4	4·0	+5·637	−3·679	− 7	+38	−11	315·06	+1·51	335·302	244·25	0·18
	5	5·0	4·955	2·412	8	38	10	327·24	1·52	336·023	246·47	0·27
	6	6·0	3·955	−1·059	9	37	10	339·41	1·53	337·815	249·09	0·36
	7	7·0	2·722	+0·318	10	37	11	351·58	1·54	340·582	252·16	0·45
	8	8·0	+1·353	1·668	12	37	12	3·75	1·54	344·210	255·61	0·54
	9	9·0	−0·053	+2·943	−13	+36	−13	15·91	+1·55	348·561	259·33	0·64
	10	10·0	1·402	4·097	14	36	15	28·06	1·55	353·463	263·14	0·72
	11	11·0	2·610	5·085	16	36	17	40·21	1·55	358·708	266·75	0·80
	12	12·0	3·606	5·860	17	36	19	52·35	1·55	4·056	269·74	0·88
	13	13·0	4·342	6·377	18	36	20	64·50	1·55	9·254	271·31	0·93
	14	14·0	−4·792	+6·595	−19	+36	−22	76·63	+1·54	14·043	269·23	0·97
	15	15·0	−4·957	+6·483	−20	+36	−24	88·77	+1·53	18·181	249·70	1·00

FOR 0^h DYNAMICAL TIME

Date 0ʰ TDT	Apparent Long.	Apparent Lat.	Apparent R.A.	Apparent Dec.	True Dist.	Horiz. Parallax	Semi-diameter	Ephemeris Transit for date Upper	Ephemeris Transit for date Lower
	°	°	h m s	° ′ ″		′ ″	′ ″	h	h
Feb. 15	139·60	−4·93	9 21 48·4	+10 15 06	60·632	56 42·07	15 27·00	. . .	12·1222
16	152·85	−4·58	10 12 34·9	+ 6 11 08	60·028	57 16·32	15 36·34	00·5256	12·9296
17	166·32	−3·96	11 03 30·4	+ 1 44 39	59·487	57 47·58	15 44·85	01·3353	13·7437
18	179·99	−3·11	11 55 00·0	− 2 51 00	59·029	58 14·45	15 52·17	02·1559	14·5733
19	193·80	−2·07	12 47 33·0	− 7 20 58	58·664	58 36·23	15 58·11	02·9969	15·4278
20	207·71	−0·89	13 41 37·0	−11 29 35	58·389	58 52·79	16 02·62	03·8669	16·3147
21	221·70	+0·34	14 37 30·9	−15 01 00	58·197	59 04·40	16 05·78	04·7714	17·2368
22	235·76	+1·57	15 35 16·6	−17 40 20	58·082	59 11·43	16 07·70	05·7099	18·1895
23	249·86	+2·70	16 34 32·2	−19 15 17	58·039	59 14·06	16 08·41	06·6736	19·1600
24	263·99	+3·67	17 34 32·1	−19 38 00	58·071	59 12·14	16 07·89	07·6463	20·1297
25	278·13	+4·42	18 34 16·7	−18 46 42	58·185	59 05·18	16 05·99	08·6080	21·0791
26	292·24	+4·89	19 32 47·9	−16 46 16	58·393	58 52·53	16 02·55	09·5416	21·9942
27	306·27	+5·07	20 29 25·0	−13 47 18	58·706	58 33·67	15 57·41	10·4367	22·8689
28	320·14	+4·95	21 23 51·2	−10 04 07	59·129	58 08·55	15 50·56	11·2914	23·7047
Mar. 1	333·80	+4·54	22 16 11·7	− 5 52 39	59·654	57 37·82	15 42·19	12·1099	. . .
2	347·19	+3·89	23 06 47·3	− 1 28 33	60·263	57 02·92	15 32·68	12·9006	00·5082
3	0·26	+3·05	23 56 06·7	+ 2 53 58	60·920	56 25·96	15 22·61	13·6730	01·2885
4	13·02	+2·06	0 44 40·6	+ 7 02 35	61·585	55 49·43	15 12·66	14·4366	02·0554
5	25·47	+1·00	1 32 57·4	+10 47 06	62·207	55 15·95	15 03·54	15·1996	02·8177
6	37·67	−0·08	2 21 20·6	+13 59 11	62·736	54 47·95	14 55·91	15·9679	03·5828
7	49·65	−1·15	3 10 07·1	+16 32 07	63·129	54 27·48	14 50·33	16·7455	04·3555
8	61·51	−2·16	3 59 25·7	+18 20 38	63·350	54 16·10	14 47·23	17·5333	05·1381
9	73·33	−3·08	4 49 17·3	+19 20 40	63·375	54 14·81	14 46·88	18·3301	05·9307
10	85·18	−3·86	5 39 36·1	+19 29 31	63·196	54 24·03	14 49·39	19·1329	06·7309
11	97·17	−4·49	6 30 12·4	+18 45 52	62·820	54 43·56	14 54·71	19·9386	07·5356
12	109·37	−4·92	7 20 56·0	+17 10 06	62·271	55 12·50	15 02·60	20·7448	08·3417
13	121·85	−5·13	8 11 40·2	+14 44 26	61·588	55 49·28	15 12·62	21·5510	09·1478
14	134·65	−5·10	9 02 25·1	+11 33 16	60·820	56 31·55	15 24·14	22·3596	09·9547
15	147·81	−4·80	9 53 19·2	+ 7 43 25	60·028	57 16·32	15 36·33	23·1758	10·7664
16	161·32	−4·22	10 44 39·2	+ 3 24 26	59·272	58 00·12	15 48·27	. . .	11·5890
17	175·15	−3·39	11 36 48·5	− 1 11 17	58·611	58 39·39	15 58·97	00·0069	12·4307
18	189·23	−2·34	12 30 13·3	− 5 48 35	58·090	59 10·98	16 07·58	00·8612	13·2995
19	203·49	−1·13	13 25 16·6	−10 10 13	57·736	59 32·70	16 13·49	01·7462	14·2017
20	217·85	+0·17	14 22 11·6	−13 58 05	57·560	59 43·63	16 16·47	02·6659	15·1384
21	232·24	+1·46	15 20 52·4	−16 55 05	57·551	59 44·19	16 16·62	03·6179	16·1030
22	246·58	+2·65	16 20 49·3	−18 47 31	57·686	59 35·83	16 14·34	04·5916	17·0812
23	260·84	+3·68	17 21 10·9	−19 27 12	57·934	59 20·53	16 10·18	05·5693	18·0535
24	274·97	+4·47	18 20 55·7	−18 52 52	58·265	59 00·31	16 04·67	06·5313	19·0009
25	288·95	+4·98	19 19 09·1	−17 09 47	58·654	58 36·83	15 58·27	07·4611	19·9109
26	302·76	+5·20	20 15 16·7	−14 28 18	59·084	58 11·22	15 51·29	08·3502	20·7790
27	316·39	+5·13	21 09 08·9	−11 01 35	59·546	57 44·12	15 43·91	09·1980	21·6081
28	329·82	+4·77	22 00 57·0	− 7 03 53	60·036	57 15·87	15 36·21	10·0103	22·4058
29	343·04	+4·16	22 51 05·6	− 2 49 13	60·549	56 46·72	15 28·27	10·7958	23·1818
30	356·02	+3·34	23 40 05·4	+ 1 29 13	61·080	56 17·09	15 20·20	11·5647	23·9460
31	8·77	+2·37	0 28 27·7	+ 5 39 21	61·617	55 47·67	15 12·18	12·3264	. . .
Apr. 1	21·28	+1·30	1 16 40·1	+ 9 30 23	62·139	55 19·53	15 04·51	13·0888	00·7071
2	33·57	+0·19	2 05 04·3	+12 52 54	62·620	54 54·06	14 57·57	13·8573	01·4720

EPHEMERIS FOR PHYSICAL OBSERVATIONS

FOR 0^h DYNAMICAL TIME

Date 0^h TDT		Age	The Earth's Selenographic Long.	The Earth's Selenographic Lat.	Physical Libration Lg.	Physical Libration Lt.	Physical Libration P.A.	The Sun's Selenographic Colong.	The Sun's Selenographic Lat.	Position Angle Axis	Position Angle Bright Limb	Fraction Illum.
		d	°	°		(0°001)		°	°	°	°	
Feb.	**15**	15·0	−4·957	+6·483	−20	+36	−24	88·77	+1·53	18·181	249·70	1·00
	16	16·0	4·861	6·025	20	36	25	100·90	1·52	21·448	148·01	1·00
	17	17·0	4·544	5·228	20	36	26	113·04	1·50	23·654	124·43	0·97
	18	18·0	4·055	4·123	19	37	26	125·18	1·48	24·640	118·60	0·93
	19	19·0	3·439	2·767	19	37	26	137·32	1·46	24·291	115·07	0·86
	20	20·0	−2·730	+1·235	−18	+37	−26	149·47	+1·43	22·546	111·64	0·77
	21	21·0	1·950	−0·378	16	38	26	161·62	1·41	19·421	107·78	0·67
	22	22·0	1·108	1·975	15	38	25	173·78	1·39	15·039	103·39	0·56
	23	23·0	−0·207	3·455	14	38	23	185·95	1·36	9·644	98·62	0·45
	24	24·0	+0·742	4·725	13	38	22	198·13	1·34	3·604	93·80	0·34
	25	25·0	+1·718	−5·705	−13	+38	−20	210·31	+1·32	357·364	89·37	0·24
	26	26·0	2·679	6·333	12	39	18	222·50	1·31	351·376	85·88	0·15
	27	27·0	3·564	6·573	12	39	16	234·69	1·29	346·030	84·14	0·08
	28	28·0	4·298	6·421	12	39	14	246·89	1·28	341·612	86·16	0·03
Mar.	**1**	29·0	4·809	5·899	12	39	12	259·10	1·27	338·304	105·37	0·00
	2	0·5	+5·033	−5·057	−13	+39	−11	271·30	+1·26	336·195	215·39	0·00
	3	1·5	4·932	3·962	13	39	10	283·50	1·25	335·307	237·41	0·03
	4	2·5	4·497	2·688	14	39	9	295·71	1·24	335·612	243·46	0·07
	5	3·5	3·746	−1·310	15	39	9	307·91	1·23	337·046	247·43	0·13
	6	4·5	2·727	+0·104	16	38	10	320·10	1·23	339·514	251·13	0·20
	7	5·5	+1·504	+1·494	−17	+38	−11	332·29	+1·22	342·894	254·99	0·28
	8	6·5	+0·159	2·808	18	38	12	344·48	1·21	347·039	259·07	0·37
	9	7·5	−1·222	4·000	19	37	14	356·66	1·21	351·774	263·30	0·46
	10	8·5	2·546	5·026	20	37	16	8·84	1·20	356·898	267·55	0·56
	11	9·5	3·726	5·845	22	37	18	21·01	1·19	2·191	271·62	0·65
	12	10·5	−4·682	+6·417	−23	+37	−20	33·18	+1·18	7·419	275·28	0·74
	13	11·5	5·349	6·703	24	37	22	45·34	1·17	12·346	278·26	0·82
	14	12·5	5·683	6·667	24	37	24	57·49	1·15	16·736	280·16	0·89
	15	13·5	5·667	6·284	24	37	25	69·65	1·13	20·363	280·18	0·95
	16	14·5	5·312	5·548	24	37	26	81·80	1·10	23·006	275·25	0·98
	17	15·5	−4·657	+4·476	−23	+38	−27	93·94	+1·08	24·465	216·32	1·00
	18	16·5	3·765	3·115	22	39	27	106·09	1·05	24·574	123·85	0·99
	19	17·5	2·707	+1·544	21	39	26	118·24	1·01	23·223	114·11	0·95
	20	18·5	1·559	−0·135	19	40	26	130·40	0·98	20·399	108·67	0·89
	21	19·5	−0·389	1·808	18	40	24	142·56	0·94	16·218	103·62	0·81
	22	20·5	+0·751	−3·361	−17	+41	−23	154·72	+0·91	10·940	98·41	0·71
	23	21·5	1·818	4·694	15	41	21	166·90	0·87	4·956	93·13	0·60
	24	22·5	2·781	5·726	14	41	19	179·08	0·84	358·728	88·08	0·48
	25	23·5	3·612	6·404	14	42	17	191·27	0·81	352·705	83·57	0·37
	26	24·5	4·287	6·699	14	42	15	203·46	0·78	347·264	79·90	0·27
	27	25·5	+4·780	−6·607	−14	+42	−13	215·66	+0·75	342·677	77·31	0·18
	28	26·5	5·066	6·149	14	42	11	227·87	0·72	339·119	76·02	0·10
	29	27·5	5·122	5·365	14	42	10	240·09	0·70	336·692	76·53	0·05
	30	28·5	4·931	4·314	15	42	9	252·30	0·68	335·439	81·00	0·01
	31	29·5	4·487	3·061	15	42	8	264·52	0·66	335·364	132·91	0·00
Apr.	**1**	0·9	+3·794	−1·679	−16	+41	− 8	276·74	+0·64	336·433	240·92	0·01
	2	1·9	+2·873	−0·239	−17	+41	− 8	288·96	+0·62	338·576	249·65	0·04

FOR 0^h DYNAMICAL TIME

Date 0^h TDT		Apparent Long.	Apparent Lat.	Apparent R.A.	Apparent Dec.	True Dist.	Horiz. Parallax	Semi-diameter	Ephemeris Transit for date Upper	Ephemeris Transit for date Lower
		°	°	h m s	° ′ ″		′ ″	′ ″	h	h
Apr.	1	21·28	+1·30	1 16 40·1	+ 9 30 23	62·139	55 19·53	15 04·51	13·0888	00·7071
	2	33·57	+0·19	2 05 04·3	+12 52 54	62·620	54 54·06	14 57·57	13·8573	01·4720
	3	45·66	−0·92	2 53 53·8	+15 38 56	63·026	54 32·83	14 51·79	14·6347	02·2448
	4	57·61	−1·97	3 43 13·4	+17 42 09	63·323	54 17·47	14 47·60	15·4209	03·0268
	5	69·46	−2·94	4 32 59·7	+18 57 54	63·478	54 09·51	14 45·44	16·2136	03·8166
	6	81·27	−3·77	5 23 03·3	+19 23 21	63·464	54 10·26	14 45·64	17·0091	04·6112
	7	93·13	−4·45	6 13 12·2	+18 57 22	63·261	54 20·67	14 48·48	17·8038	05·4067
	8	105·11	−4·94	7 03 16·1	+17 40 31	62·865	54 41·24	14 54·08	18·5959	06·2002
	9	117·29	−5·22	7 53 10·5	+15 34 54	62·283	55 11·85	15 02·42	19·3856	06·9909
	10	129·74	−5·26	8 42 59·3	+12 44 06	61·544	55 51·67	15 13·27	20·1768	07·7807
	11	142·54	−5·05	9 32 55·6	+ 9 13 16	60·688	56 38·95	15 26·15	20·9758	08·5748
	12	155·73	−4·57	10 23 21·8	+ 5 09 32	59·773	57 30·95	15 40·32	21·7917	09·3810
	13	169·33	−3·82	11 14 46·8	+ 0 42 32	58·870	58 23·90	15 54·75	22·6348	10·2092
	14	183·33	−2·82	12 07 43·5	− 3 54 55	58·052	59 13·29	16 08·20	23·5153	11·0698
	15	197·68	−1·63	13 02 42·6	− 8 26 37	57·388	59 54·38	16 19·40	. . .	11·9718
	16	212·31	−0·30	14 00 04·3	−12 33 29	56·935	60 22·99	16 27·19	00·4398	12·9189
	17	227·10	+1·06	14 59 47·0	−15 55 25	56·724	60 36·45	16 30·86	01·4082	13·9060
	18	241·93	+2·35	16 01 18·7	−18 14 23	56·761	60 34·13	16 30·23	02·4098	14·9167
	19	256·68	+3·48	17 03 36·2	−19 18 16	57·021	60 17·50	16 25·70	03·4233	15·9263
	20	271·26	+4·37	18 05 19·4	−19 03 27	57·464	59 49·62	16 18·10	04·4225	16·9092
	21	285·59	+4·98	19 05 14·8	−17 35 03	58·036	59 14·25	16 08·46	05·3845	17·8472
	22	299·63	+5·26	20 02 36·0	−15 04 36	58·683	58 35·04	15 57·78	06·2968	18·7334
	23	313·35	+5·25	20 57 09·6	−11 46 45	59·359	57 55·02	15 46·88	07·1577	19·5707
	24	326·77	+4·94	21 49 10·1	− 7 56 33	60·028	57 16·28	15 36·32	07·9739	20·3686
	25	339·90	+4·38	22 39 08·7	− 3 47 59	60·667	56 40·10	15 26·47	08·7565	21·1391
	26	352·76	+3·61	23 27 43·6	+ 0 26 26	61·262	56 07·07	15 17·47	09·5179	21·8944
	27	5·39	+2·67	0 15 33·2	+ 4 35 33	61·807	55 37·38	15 09·38	10·2699	22·6455
	28	17·81	+1·62	1 03 11·8	+ 8 29 15	62·298	55 11·07	15 02·21	11·0223	23·4010
	29	30·05	+0·51	1 51 06·0	+11 58 14	62·731	54 48·24	14 55·99	11·7822	. . .
	30	42·14	−0·60	2 39 33·1	+14 54 11	63·097	54 29·17	14 50·79	12·5536	00·1664
May	1	54·10	−1·68	3 28 39·3	+17 09 55	63·383	54 14·40	14 46·77	13·3364	00·9437
	2	65·98	−2·68	4 18 19·7	+18 39 47	63·572	54 04·71	14 44·13	14·1277	01·7313
	3	77·80	−3·56	5 08 20·8	+19 20 05	63·643	54 01·09	14 43·14	14·9222	02·5249
	4	89·62	−4·28	5 58 24·7	+19 09 14	63·575	54 04·58	14 44·09	15·7141	03·3188
	5	101·49	−4·83	6 48 14·5	+18 07 48	63·348	54 16·20	14 47·26	16·4994	04·1077
	6	113·48	−5·17	7 37 39·9	+16 18 08	62·951	54 36·76	14 52·86	17·2768	04·8890
	7	125·63	−5·28	8 26 40·9	+13 44 01	62·381	55 06·70	15 01·02	18·0491	05·6633
	8	138·04	−5·16	9 15 29·5	+10 30 25	61·650	55 45·91	15 11·70	18·8226	06·4352
	9	150·77	−4·78	10 04 28·7	+ 6 43 27	60·785	56 33·49	15 24·67	19·6070	07·2127
	10	163·87	−4·15	10 54 11·1	+ 2 30 42	59·833	57 27·51	15 39·38	20·4144	08·0070
	11	177·40	−3·27	11 45 16·4	− 1 58 00	58·854	58 24·83	15 55·00	21·2583	08·8310
	12	191·38	−2·17	12 38 26·1	− 6 29 47	57·925	59 21·08	16 10·33	22·1508	09·6978
	13	205·78	−0·90	13 34 17·0	−10 48 07	57·125	60 10·98	16 23·92	23·0993	10·6179
	14	220·56	+0·46	14 33 08·9	−14 33 13	56·529	60 49·03	16 34·29	. . .	11·5942
	15	235·59	+1·81	15 34 50·0	−17 24 07	56·196	61 10·66	16 40·18	00·1011	12·6172
	16	250·75	+3·04	16 38 27·2	−19 02 53	56·155	61 13·33	16 40·91	01·1392	13·6629
	17	265·86	+4·05	17 42 30·6	−19 19 23	56·402	60 57·25	16 36·53	02·1840	14·6984

EPHEMERIS FOR PHYSICAL OBSERVATIONS
FOR 0^h DYNAMICAL TIME

Date 0^h TDT		Age	The Earth's Selenographic Long.	The Earth's Selenographic Lat.	Physical Libration Lg.	Physical Libration Lt.	Physical Libration P.A.	The Sun's Selenographic Colong.	The Sun's Selenographic Lat.	Position Angle Axis	Position Angle Bright Limb	Fraction Illum.
		d	°	°	(0°001)			°	°	°	°	
Apr.	**1**	0·9	+3·794	−1·679	−16	+41	− 8	276·74	+0·64	336·433	240·92	0·01
	2	1·9	2·873	−0·239	17	41	8	288·96	0·62	338·576	249·65	0·04
	3	2·9	1·758	+1·194	18	40	9	301·18	0·61	341·687	254·64	0·08
	4	3·9	+0·497	2·559	19	40	11	313·39	0·59	345·621	259·13	0·14
	5	4·9	−0·852	3·806	20	39	12	325·60	0·58	350·199	263·59	0·21
	6	5·9	−2·220	+4·889	−22	+39	−14	337·81	+0·56	355·214	268·04	0·29
	7	6·9	3·533	5·769	23	38	17	350·01	0·55	0·443	272·39	0·38
	8	7·9	4·712	6·410	24	38	19	2·21	0·53	5·659	276·47	0·48
	9	8·9	5·680	6·776	25	38	21	14·40	0·52	10·641	280·12	0·58
	10	9·9	6·367	6·838	25	38	23	26·59	0·50	15·177	283·19	0·67
	11	10·9	−6·711	+6·568	−25	+38	−25	38·77	+0·48	19·059	285·52	0·76
	12	11·9	6·674	5·950	25	38	27	50·94	0·45	22·083	286·94	0·85
	13	12·9	6·239	4·986	24	39	28	63·11	0·43	24·038	287·22	0·92
	14	13·9	5·420	3·702	23	39	28	75·28	0·39	24·723	285·85	0·97
	15	14·9	4·266	2·158	22	40	28	87·44	0·36	23·962	279·29	1·00
	16	15·9	−2·853	+0·447	−20	+41	−27	99·61	+0·32	21·658	112·69	1·00
	17	16·9	−1·280	−1·310	18	42	25	111·77	0·28	17·843	103·53	0·97
	18	17·9	+0·343	2·982	16	43	24	123·94	0·24	12·732	97·94	0·91
	19	18·9	1·906	4·444	15	43	22	136·11	0·20	6·723	92·46	0·83
	20	19·9	3·313	5·597	13	44	19	148·29	0·17	0·333	87·13	0·74
	21	20·9	+4·489	−6·377	−12	+45	−17	160·48	+0·13	354·084	82·24	0·63
	22	21·9	5·385	6·753	12	45	15	172·67	0·09	348·405	78·09	0·52
	23	22·9	5·973	6·730	12	45	13	184·88	0·06	343·589	74·82	0·41
	24	23·9	6·249	6·333	12	45	11	197·08	+0·02	339·804	72·51	0·30
	25	24·9	6·223	5·608	12	45	9	209·30	−0·01	337·137	71·14	0·21
	26	25·9	+5·917	−4·609	−12	+45	− 8	221·52	−0·04	335·618	70·68	0·13
	27	26·9	5·358	3·400	13	45	7	233·75	0·07	335·251	71·04	0·07
	28	27·9	4·577	2·047	13	45	6	245·98	0·10	336·011	72·07	0·03
	29	28·9	3·607	−0·617	14	44	7	258·21	0·12	337·852	72·97	0·01
	30	0·3	2·483	+0·826	15	44	7	270·45	0·14	340·690	263·82	0·00
May	**1**	1·3	+1·239	+2·219	−16	+43	− 9	282·68	−0·16	344·401	262·62	0·01
	2	2·3	−0·086	3·508	17	43	10	294·92	0·18	348·819	265·93	0·05
	3	3·3	1·448	4·641	19	42	12	307·15	0·20	353·737	269·83	0·10
	4	4·3	2·801	5·578	20	42	14	319·38	0·21	358·925	273·89	0·16
	5	5·3	4·091	6·281	21	41	17	331·60	0·23	4·144	277·86	0·23
	6	6·3	−5·259	+6·719	−22	+41	−19	343·83	−0·24	9·169	281·54	0·32
	7	7·3	6·243	6·866	23	40	22	356·04	0·26	13·794	284·77	0·41
	8	8·3	6·978	6·702	23	40	24	8·25	0·28	17·833	287·41	0·51
	9	9·3	7·401	6·210	23	40	26	20·45	0·30	21·105	289·37	0·61
	10	10·3	7·456	5·388	23	40	27	32·65	0·32	23·433	290·56	0·71
	11	11·3	−7·101	+4·246	−22	+40	−28	44·84	−0·34	24·626	290·92	0·80
	12	12·3	6·318	2·823	20	41	28	57·03	0·37	24·496	290·47	0·89
	13	13·3	5·121	+1·183	18	42	28	69·21	0·40	22·880	289·54	0·95
	14	14·3	3·565	−0·572	16	43	27	81·39	0·43	19·701	290·31	0·99
	15	15·3	−1·742	2·313	14	44	25	93·57	0·46	15·041	59·71	1·00
	16	16·3	+0·214	−3·902	−12	+45	−23	105·75	−0·50	9·202	87·55	0·98
	17	17·3	+2·154	−5·209	−10	+46	−20	117·93	−0·54	2·690	84·83	0·93

FOR 0h DYNAMICAL TIME

Date 0h TDT		Apparent Long.	Apparent Lat.	Apparent R.A.	Apparent Dec.	True Dist.	Horiz. Parallax	Semi-diameter	Ephemeris Transit for date Upper	Ephemeris Transit for date Lower
		°	°	h m s	° ′ ″		′ ″	′ ″	h	h
May	**17**	265·86	+4·05	17 42 30·6	−19 19 23	56·402	60 57·25	16 36·53	02·1840	14·6984
	18	280·79	+4·78	18 45 19·1	−18 14 17	56·901	60 25·19	16 27·79	03·2026	15·6938
	19	295·41	+5·17	19 45 33·3	−15 58 03	57·592	59 41·69	16 15·94	04·1704	16·6316
	20	309·63	+5·24	20 42 34·5	−12 47 04	58·404	58 51·85	16 02·36	05·0775	17·5089
	21	323·43	+5·00	21 36 24·6	− 8 59 04	59·269	58 00·33	15 48·32	05·9269	18·3332
	22	336·82	+4·48	22 27 32·8	− 4 50 18	60·125	57 10·77	15 34·82	06·7295	19·1177
	23	349·82	+3·76	23 16 41·5	− 0 34 32	60·926	56 25·64	15 22·53	07·4995	19·8767
	24	2·49	+2·86	0 04 36·0	+ 3 36 51	61·642	55 46·30	15 11·81	08·2510	20·6239
	25	14·89	+1·85	0 51 58·8	+ 7 34 10	62·257	55 13·29	15 02·81	08·9968	21·3708
	26	27·08	+0·77	1 39 25·0	+11 08 50	62·762	54 46·59	14 55·54	09·7469	22·1259
	27	39·12	−0·33	2 27 20·4	+14 13 01	63·160	54 25·90	14 49·90	10·5081	22·8938
	28	51·04	−1·41	3 15 58·6	+16 39 33	63·452	54 10·84	14 45·80	11·2829	23·6752
	29	62·90	−2·41	4 05 20·7	+18 22 20	63·643	54 01·12	14 43·15	12·0700	. . .
	30	74·72	−3·30	4 55 15·5	+19 16 46	63·730	53 56·67	14 41·94	12·8642	00·4666
	31	86·54	−4·05	5 45 23·1	+19 20 20	63·710	53 57·67	14 42·21	13·6586	01·2619
June	**1**	98·40	−4·63	6 35 21·0	+18 32 53	63·576	54 04·52	14 44·08	14·4466	02·0538
	2	110·33	−5·01	7 24 50·8	+16 56 29	63·316	54 17·84	14 47·71	15·2240	02·8367
	3	122·37	−5·17	8 13 43·6	+14 35 11	62·921	54 38·29	14 53·28	15·9903	03·6084
	4	134·56	−5·11	9 02 03·4	+11 34 21	62·385	55 06·44	15 00·95	16·7497	04·3705
	5	146·97	−4·80	9 50 07·4	+ 8 00 19	61·711	55 42·57	15 10·79	17·5101	05·1291
	6	159·65	−4·26	10 38 24·4	+ 4 00 20	60·912	56 26·43	15 22·74	18·2828	05·8941
	7	172·66	−3·48	11 27 32·9	− 0 17 10	60·017	57 16·96	15 36·51	19·0816	06·6780
	8	186·06	−2·50	12 18 17·8	− 4 41 56	59·070	58 12·03	15 51·51	19·9213	07·4954
	9	199·89	−1·34	13 11 25·0	− 9 00 56	58·134	59 08·24	16 06·83	20·8152	08·3608
	10	214·16	−0·06	14 07 33·4	−12 57 50	57·283	60 00·97	16 21·19	21·7709	09·2853
	11	228·85	+1·25	15 07 01·0	−16 13 21	56·595	60 44·75	16 33·12	22·7842	10·2712
	12	243·88	+2·51	16 09 29·2	−18 27 31	56·142	61 14·20	16 41·15	23·8351	11·3068
	13	259·11	+3·60	17 13 52·6	−19 24 07	55·974	61 25·19	16 44·14	. . .	12·3645
	14	274·39	+4·44	18 18 29·6	−18 55 47	56·114	61 16·04	16 41·65	00·8905	13·4086
	15	289·52	+4·95	19 21 33·0	−17 06 44	56·545	60 48·02	16 34·01	01·9153	14·4080
	16	304·36	+5·13	20 21 45·6	−14 11 06	57·220	60 04·95	16 22·28	02·8853	15·3466
	17	318·79	+4·96	21 18 36·1	−10 28 08	58·070	59 12·18	16 07·90	03·7922	16·2232
	18	332·73	+4·51	22 12 14·3	− 6 17 22	59·015	58 15·28	15 52·40	04·6409	17·0471
	19	346·19	+3·82	23 03 14·7	− 1 55 46	59·979	57 19·10	15 37·09	05·4437	17·8325
	20	359·20	+2·94	23 52 22·8	+ 2 23 02	60·896	56 27·32	15 22·98	06·2154	18·5941
	21	11·82	+1·95	0 40 24·9	+ 6 28 21	61·716	55 42·30	15 10·72	06·9704	19·3456
	22	24·13	+0·90	1 28 02·7	+10 11 30	62·407	55 05·30	15 00·64	07·7212	20·0982
	23	36·21	−0·18	2 15 49·6	+13 25 06	62·952	54 36·70	14 52·84	08·4774	20·8595
	24	48·14	−1·24	3 04 08·4	+16 02 32	63·346	54 16·29	14 47·28	09·2449	21·6336
	25	59·97	−2·23	3 53 09·3	+17 57 57	63·596	54 03·49	14 43·80	10·0254	22·4199
	26	71·78	−3·12	4 42 49·6	+19 06 31	63·712	53 57·58	14 42·19	10·8164	23·2142
	27	83·60	−3·87	5 32 55·0	+19 24 59	63·707	53 57·84	14 42·26	11·6123	. . .
	28	95·47	−4·46	6 23 04·1	+18 52 10	63·592	54 03·68	14 43·85	12·4060	00·0099
	29	107·42	−4·85	7 12 54·7	+17 29 17	63·376	54 14·73	14 46·86	13·1911	00·7999
	30	119·47	−5·04	8 02 10·7	+15 19 51	63·064	54 30·86	14 51·25	13·9644	01·5793
July	**1**	131·65	−4·99	8 50 46·8	+12 29 16	62·656	54 52·17	14 57·06	14·7263	02·3465
	2	143·98	−4·72	9 38 50·5	+ 9 04 18	62·151	55 18·91	15 04·34	15·4817	03·1043

EPHEMERIS FOR PHYSICAL OBSERVATIONS
FOR 0^h DYNAMICAL TIME

Date 0^h TDT		Age	The Earth's Selenographic Long.	The Earth's Selenographic Lat.	Physical Libration Lg.	Physical Libration Lt.	Physical Libration P.A.	The Sun's Selenographic Colong.	The Sun's Selenographic Lat.	Position Angle Axis	Position Angle Bright Limb	Fraction Illum.
		d	°	°	(0°001)			°	°	°	°	
May	**17**	17·3	+2·154	−5·209	−10	+46	−20	117·93	−0·54	2·690	84·83	0·93
	18	18·3	3·926	6·142	9	46	18	130·11	0·57	356·109	80·61	0·86
	19	19·3	5·401	6·649	8	47	15	142·30	0·61	350·005	76·53	0·77
	20	20·3	6·491	6·726	7	48	12	154·50	0·64	344·766	73·13	0·66
	21	21·3	7·152	6·405	7	48	10	166·70	0·68	340·612	70·60	0·55
	22	22·3	+7·385	−5·736	− 7	+48	− 8	178·92	−0·71	337·631	68·97	0·45
	23	23·3	7·218	4·786	7	48	6	191·14	0·74	335·840	68·20	0·34
	24	24·3	6·706	3·620	7	48	5	203·36	0·77	335·216	68·19	0·25
	25	25·3	5·909	2·305	7	48	5	215·59	0·80	335·722	68·82	0·17
	26	26·3	4·891	−0·905	8	48	5	227·83	0·82	337·306	69·85	0·10
	27	27·3	+3·712	+0·518	− 9	+48	− 6	240·07	−0·85	339·895	70·76	0·05
	28	28·3	2·427	1·905	10	47	7	252·32	0·87	343·385	69·70	0·02
	29	29·3	+1·081	3·202	11	47	8	264·56	0·89	347·632	49·72	0·00
	30	0·6	−0·284	4·358	12	46	10	276·81	0·90	352·444	290·18	0·00
	31	1·6	1·636	5·327	13	45	12	289·06	0·92	357·594	281·23	0·02
June	**1**	2·6	−2·940	+6·071	−14	+45	−14	301·30	−0·93	2·836	282·03	0·06
	2	3·6	4·164	6·556	15	44	17	313·54	0·94	7·930	284·40	0·12
	3	4·6	5·271	6·760	16	44	19	325·78	0·95	12·657	286·98	0·18
	4	5·6	6·218	6·664	17	43	22	338·02	0·96	16·826	289·30	0·26
	5	6·6	6·959	6·258	17	43	24	350·25	0·97	20·272	291·14	0·36
	6	7·6	−7·438	+5·544	−17	+43	−25	2·47	−0·98	22·841	292·34	0·46
	7	8·6	7·598	4·531	16	43	27	14·68	1·00	24·379	292·82	0·56
	8	9·6	7·386	3·247	15	43	27	26·89	1·01	24·727	292·51	0·67
	9	10·6	6·760	1·739	14	43	27	39·10	1·03	23·727	291·41	0·77
	10	11·6	5·700	+0·081	12	44	26	51·30	1·05	21·254	289·68	0·86
	11	12·6	−4·226	−1·623	− 9	+45	−25	63·49	−1·07	17·279	287·92	0·93
	12	13·6	2·405	3·250	7	45	23	75·68	1·09	11·945	288·93	0·98
	13	14·6	−0·356	4·663	5	46	21	87·86	1·11	5·624	330·48	1·00
	14	15·6	+1·756	5·743	4	47	18	100·05	1·14	358·883	67·98	0·99
	15	16·6	3·749	6·406	2	48	15	112·24	1·16	352·353	71·99	0·95
	16	17·6	+5·452	−6·619	− 1	+49	−12	124·43	−1·19	346·561	70·52	0·88
	17	18·6	6·738	6·398	0	50	10	136·62	1·21	341·852	68·61	0·80
	18	19·6	7·535	5·796	0	50	7	148·83	1·24	338·385	67·20	0·70
	19	20·6	7·831	4·886	+ 1	50	5	161·04	1·26	336·196	66·52	0·60
	20	21·6	7·659	3·746	1	50	4	173·25	1·29	335·251	66·59	0·49
	21	22·6	+7·085	−2·452	+ 1	+51	− 3	185·48	−1·31	335·487	67·37	0·39
	22	23·6	6·190	−1·073	+ 1	50	3	197·71	1·33	336·829	68·76	0·30
	23	24·6	5·060	+0·330	0	50	4	209·94	1·35	339·193	70·61	0·21
	24	25·6	3·776	1·701	0	50	5	222·18	1·37	342·476	72·68	0·14
	25	26·6	2·411	2·988	− 1	50	6	234·43	1·38	346·547	74·50	0·08
	26	27·6	+1·026	+4·143	− 2	+49	− 8	246·68	−1·40	351·234	74·84	0·04
	27	28·6	−0·331	5·121	3	49	10	258·93	1·41	356·326	68·65	0·01
	28	29·6	1·624	5·882	4	48	12	271·18	1·42	1·585	7·27	0·00
	29	1·0	2·828	6·392	5	48	14	283·43	1·42	6·761	301·48	0·01
	30	2·0	3·923	6·624	6	47	17	295·68	1·43	11·617	294·14	0·04
July	**1**	3·0	−4·891	+6·561	− 7	+47	−19	307·93	−1·43	15·945	293·36	0·08
	2	4·0	−5·711	+6·196	− 7	+47	−21	320·18	−1·43	19·568	293·83	0·14

FOR 0^h DYNAMICAL TIME

Date 0^h TDT		Apparent Long.	Apparent Lat.	Apparent R.A.	Apparent Dec.	True Dist.	Horiz. Parallax	Semi-diameter	Ephemeris Transit for date Upper	Ephemeris Transit for date Lower
		°	°	h m s	° ′ ″		′ ″	′ ″	h	h
July	**1**	131·65	−4·99	8 50 46·8	+12 29 16	62·656	54 52·17	14 57·06	14·7263	02·3465
	2	143·98	−4·72	9 38 50·5	+ 9 04 18	62·151	55 18·91	15 04·34	15·4817	03·1043
	3	156·49	−4·21	10 26 42·3	+ 5 12 43	61·551	55 51·28	15 13·17	16·2394	03·8596
	4	169·22	−3·49	11 14 53·4	+ 1 03 05	60·860	56 29·32	15 23·53	17·0108	04·6225
	5	182·22	−2·58	12 04 03·3	− 3 14 59	60·094	57 12·54	15 35·30	17·8098	05·4060
	6	195·55	−1·50	12 54 56·2	− 7 30 17	59·278	57 59·76	15 48·17	18·6505	06·2241
	7	209·23	−0·31	13 48 15·5	−11 29 29	58·455	58 48·78	16 01·53	19·5449	07·0904
	8	223·31	+0·93	14 44 34·5	−14 56 43	57·678	59 36·31	16 14·47	20·4984	08·0143
	9	237·77	+2·14	15 44 03·5	−17 34 22	57·013	60 18·05	16 25·85	21·5049	08·9960
	10	252·58	+3·24	16 46 15·4	−19 05 19	56·526	60 49·23	16 34·34	22·5438	10·0222
	11	267·64	+4·13	17 50 01·3	−19 17 11	56·275	61 05·47	16 38·77	23·5837	11·0657
	12	282·80	+4·74	18 53 44·3	−18 06 25	56·299	61 03·92	16 38·35	. . .	12·0939
	13	297·90	+5·01	19 55 49·4	−15 40 12	56·606	60 44·05	16 32·93	00·5933	13·0797
	14	312·76	+4·93	20 55 12·9	−12 14 25	57·172	60 07·98	16 23·10	01·5520	14·0098
	15	327·25	+4·54	21 51 32·8	− 8 09 06	57·945	59 19·86	16 09·99	02·4536	14·8843
	16	341·29	+3·89	22 45 01·7	− 3 44 07	58·853	58 24·91	15 55·02	03·3032	15·7119
	17	354·83	+3·03	23 36 12·8	+ 0 43 28	59·818	57 28·35	15 39·61	04·1121	16·5055
	18	7·90	+2·03	0 25 47·7	+ 5 00 10	60·765	56 34·60	15 24·97	04·8937	17·2784
	19	20·55	+0·97	1 14 27·6	+ 8 55 36	61·630	55 46·95	15 11·98	05·6609	18·0427
	20	32·87	−0·11	2 02 48·7	+12 21 44	62·365	55 07·52	15 01·24	06·4247	18·8079
	21	44·94	−1·17	2 51 18·9	+15 12 03	62·938	54 37·40	14 53·04	07·1929	19·5803
	22	56·84	−2·16	3 40 15·8	+17 21 06	63·335	54 16·87	14 47·44	07·9702	20·3626
	23	68·66	−3·04	4 29 45·2	+18 44 21	63·555	54 05·60	14 44·37	08·7573	21·1538
	24	80·48	−3·80	5 19 42·1	+19 18 30	63·609	54 02·84	14 43·62	09·5514	21·9496
	25	92·34	−4·39	6 09 52·2	+19 01 45	63·516	54 07·60	14 44·92	10·3475	22·7443
	26	104·30	−4·79	6 59 57·2	+17 54 20	63·298	54 18·74	14 47·95	11·1395	23·5326
	27	116·38	−4·98	7 49 40·4	+15 58 41	62·981	54 35·18	14 52·43	11·9232	. . .
	28	128·62	−4·95	8 38 51·6	+13 19 25	62·585	54 55·91	14 58·08	12·6967	00·3112
	29	141·01	−4·68	9 27 31·0	+10 02 59	62·127	55 20·17	15 04·69	13·4619	01·0801
	30	153·57	−4·19	10 15 50·3	+ 6 17 25	61·622	55 47·43	15 12·12	14·2245	01·8431
	31	166·31	−3·48	11 04 11·6	+ 2 11 51	61·075	56 17·38	15 20·27	14·9930	02·6074
Aug.	**1**	179·24	−2·58	11 53 05·7	− 2 03 34	60·494	56 49·80	15 29·11	15·7783	03·3828
	2	192·38	−1·52	12 43 09·0	− 6 17 34	59·886	57 24·43	15 38·55	16·5926	04·1811
	3	205·76	−0·37	13 34 59·5	−10 17 42	59·262	58 00·71	15 48·43	17·4471	05·0142
	4	219·42	+0·84	14 29 10·0	−13 50 03	58·642	58 37·52	15 58·46	18·3498	05·8922
	5	233·36	+2·02	15 25 59·5	−16 39 38	58·056	59 13·05	16 08·14	19·3014	06·8198
	6	247·60	+3·09	16 25 22·4	−18 31 28	57·543	59 44·69	16 16·76	20·2922	07·7930
	7	262·12	+3·99	17 26 40·7	−19 13 06	57·152	60 09·25	16 23·45	21·3019	08·7963
	8	276·84	+4·64	18 28 47·6	−18 37 36	56·928	60 23·42	16 27·31	22·3047	09·8058
	9	291·67	+4·98	19 30 23·6	−16 46 16	56·912	60 24·47	16 27·60	23·2777	10·7960
	10	306·48	+4·99	20 30 20·4	−13 48 53	57·124	60 11·02	16 23·93	. . .	11·7484
	11	321·12	+4·67	21 27 58·0	−10 01 39	57·562	59 43·51	16 16·44	00·2075	12·6551
	12	335·47	+4·06	22 23 07·7	− 5 43 37	58·200	59 04·26	16 05·74	01·0915	13·5178
	13	349·43	+3·22	23 16 05·0	− 1 13 32	58·986	58 16·99	15 52·86	01·9350	14·3444
	14	2·95	+2·21	0 07 18·8	+ 3 12 19	59·858	57 26·09	15 39·00	02·7474	15·1454
	15	16·04	+1·12	0 57 22·6	+ 7 20 44	60·743	56 35·85	15 25·31	03·5396	15·9312
	16	28·73	0·00	1 46 48·2	+11 01 35	61·576	55 49·93	15 12·80	04·3213	16·7109

EPHEMERIS FOR PHYSICAL OBSERVATIONS
FOR 0^h DYNAMICAL TIME

Date 0^h TDT		Age	The Earth's Selenographic Long.	The Earth's Selenographic Lat.	Physical Libration Lg.	Physical Libration Lt.	Physical Libration P.A.	The Sun's Selenographic Colong.	The Sun's Selenographic Lat.	Position Angle Axis	Position Angle Bright Limb	Fraction Illum.
		d	°	°	(0°001)			°	°	°	°	
July	**1**	3·0	−4·891	+6·561	− 7	+47	−19	307·93	−1·43	15·945	293·36	0·08
	2	4·0	5·711	6·196	7	47	21	320·18	1·43	19·568	293·83	0·14
	3	5·0	6·359	5·532	7	46	23	332·42	1·43	22·337	294·34	0·22
	4	6·0	6·796	4·587	7	46	24	344·65	1·43	24·115	294·44	0·31
	5	7·0	6·978	3·389	6	46	25	356·88	1·43	24·775	293·93	0·41
	6	8·0	−6·856	+1·982	− 5	+46	−25	9·11	−1·43	24·193	292·68	0·52
	7	9·0	6·380	+0·428	4	46	25	21·32	1·43	22·260	290·66	0·63
	8	10·0	5·516	−1·191	− 2	46	24	33·53	1·44	18·919	287·92	0·73
	9	11·0	4·257	2·773	0	47	23	45·73	1·44	14·221	284·75	0·83
	10	12·0	2·638	4·202	+ 2	47	21	57·93	1·45	8·387	281·90	0·91
	11	13·0	−0·752	−5·361	+ 4	+48	−18	70·12	−1·46	1·843	281·83	0·97
	12	14·0	+1·261	6·147	5	49	15	82·31	1·47	355·164	301·01	1·00
	13	15·0	3·221	6·497	7	50	12	94·49	1·48	348·941	46·14	0·99
	14	16·0	4·949	6·397	8	50	9	106·68	1·49	343·645	61·73	0·96
	15	17·0	6·296	5·881	9	51	7	118·87	1·50	339·566	63·84	0·91
	16	18·0	+7·169	−5·017	+ 9	+51	− 4	131·07	−1·51	336·822	64·36	0·83
	17	19·0	7·533	3·893	10	51	3	143·27	1·52	335·416	64·97	0·74
	18	20·0	7·410	2·595	10	51	2	155·48	1·53	335·285	66·08	0·65
	19	21·0	6·860	−1·205	10	51	1	167·69	1·54	336·335	67·76	0·55
	20	22·0	5·968	+0·209	10	51	2	179·91	1·54	338·458	69·99	0·45
	21	23·0	+4·826	+1·586	+10	+51	− 3	192·14	−1·55	341·535	72·68	0·35
	22	24·0	3·527	2·877	10	51	4	204·37	1·56	345·430	75·67	0·27
	23	25·0	2·158	4·035	9	51	6	216·61	1·57	349·980	78·75	0·19
	24	26·0	+0·792	5·020	8	51	7	228·85	1·58	354·989	81·52	0·12
	25	27·0	−0·511	5·793	7	50	10	241·10	1·58	0·233	83·21	0·07
	26	28·0	−1·707	+6·319	+ 6	+50	−12	253·35	−1·58	5·471	81·73	0·03
	27	29·0	2·769	6·571	6	50	14	265·60	1·58	10·460	65·85	0·01
	28	0·4	3·680	6·528	5	49	17	277·85	1·57	14·975	334·81	0·00
	29	1·4	4·435	6·180	4	49	19	290·10	1·57	18·818	304·63	0·02
	30	2·4	5·031	5·532	4	49	20	302·34	1·56	21·819	299·09	0·06
	31	3·4	−5·463	+4·602	+ 4	+49	−22	314·59	−1·55	23·837	297·04	0·11
Aug.	**1**	4·4	5·718	3·425	5	49	23	326·83	1·54	24·749	295·54	0·19
	2	5·4	5·774	2·050	6	49	23	339·06	1·52	24·452	293·78	0·28
	3	6·4	5·600	+0·539	7	49	23	351·29	1·51	22·865	291·44	0·38
	4	7·4	5·158	−1·030	9	49	22	3·51	1·50	19·951	288·42	0·49
	5	8·4	−4·419	−2·569	+10	+49	−21	15·73	−1·49	15·745	284·75	0·60
	6	9·4	3·371	3·978	12	49	20	27·93	1·47	10·407	280·61	0·71
	7	10·4	2·031	5·155	13	50	17	40·13	1·46	4·250	276·43	0·81
	8	11·4	−0·463	6·006	15	50	15	52·32	1·45	357·733	273·01	0·89
	9	12·4	+1·228	6·458	16	50	12	64·51	1·45	351·391	272·07	0·95
	10	13·4	+2·900	−6·473	+17	+51	− 9	76·70	−1·44	345·723	281·18	0·99
	11	14·4	4·400	6·058	18	51	6	88·88	1·43	341·108	16·48	1·00
	12	15·4	5·591	5·263	18	51	4	101·06	1·42	337·771	55·34	0·98
	13	16·4	6·378	4·166	19	52	− 2	113·25	1·41	335·800	61·34	0·93
	14	17·4	6·713	2·859	20	52	0	125·44	1·41	335·179	64·12	0·87
	15	18·4	+6·600	−1·436	+20	+52	0	137·63	−1·40	335·831	66·52	0·79
	16	19·4	+6·080	+0·021	+20	+52	0	149·83	−1·40	337·644	69·18	0·70

FOR 0ʰ DYNAMICAL TIME

Date 0ʰ TDT	Apparent Long.	Apparent Lat.	Apparent R.A.	Apparent Dec.	True Dist.	Horiz. Parallax	Semi-diameter	Ephemeris Transit for date Upper	Ephemeris Transit for date Lower
	°	°	h m s	° ′ ″		′ ″	′ ″	h	h
Aug. 16	28·73	0·00	1 46 48·2	+11 01 35	61·576	55 49·93	15 12·80	04·3213	16·7109
17	41·09	−1·09	2 36 02·0	+14 07 09	62·297	55 11·11	15 02·22	05·1007	17·4913
18	53·18	−2·11	3 25 22·6	+16 31 38	62·865	54 41·23	14 54·08	05·8830	18·2761
19	65·11	−3·02	4 14 59·6	+18 10 40	63·249	54 21·29	14 48·65	06·6706	19·0663
20	76·96	−3·80	5 04 53·7	+19 01 10	63·439	54 11·54	14 45·99	07·4630	19·8602
21	88·81	−4·41	5 54 58·0	+19 01 23	63·437	54 11·62	14 46·01	08·2575	20·6545
22	100·73	−4·83	6 45 01·5	+18 11 08	63·261	54 20·69	14 48·48	09·0506	21·4455
23	112·78	−5·05	7 34 52·7	+16 31 56	62·936	54 37·49	14 53·06	09·8388	22·2305
24	125·00	−5·04	8 24 23·9	+14 07 14	62·498	55 00·47	14 59·32	10·6205	23·0092
25	137·43	−4·79	9 13 34·6	+11 02 22	61·983	55 27·90	15 06·80	11·3968	23·7839
26	150·08	−4·31	10 02 32·6	+ 7 24 33	61·427	55 58·02	15 15·00	12·1712	. . .
27	162·94	−3·60	10 51 34·6	+ 3 22 43	60·862	56 29·18	15 23·49	12·9504	00·5597
28	176·01	−2·68	11 41 04·4	− 0 52 34	60·313	57 00·04	15 31·90	13·7427	01·3443
29	189·27	−1·61	12 31 30·8	− 5 09 19	59·797	57 29·59	15 39·95	14·5576	02·1467
30	202·72	−0·43	13 23 23·5	− 9 14 20	59·322	57 57·21	15 47·48	15·4041	02·9764
31	216·34	+0·79	14 17 08·2	−12 53 27	58·893	58 22·55	15 54·38	16·2886	03·8414
Sept. 1	230·14	+1·98	15 12 59·6	−15 52 17	58·513	58 45·31	16 00·58	17·2124	04·7458
2	244·11	+3·07	16 10 53·9	−17 57 10	58·187	59 05·03	16 05·95	18·1690	05·6873
3	258·25	+3·98	17 10 23·4	−18 56 58	57·928	59 20·91	16 10·28	19·1442	06·6554
4	272·53	+4·66	18 10 38·8	−18 45 04	57·752	59 31·73	16 13·23	20·1188	07·6328
5	286·91	+5·06	19 10 40·3	−17 21 06	57·684	59 35·98	16 14·39	21·0744	08·5999
6	301·32	+5·13	20 09 33·1	−14 51 21	57·746	59 32·13	16 13·34	21·9985	09·5409
7	315·69	+4·88	21 06 41·5	−11 27 53	57·958	59 19·07	16 09·78	22·8866	10·4471
8	329·91	+4·33	22 01 53·4	− 7 26 22	58·327	58 56·52	16 03·63	23·7408	11·3176
9	343·91	+3·53	22 55 16·4	− 3 03 56	58·846	58 25·32	15 55·13	. . .	12·1572
10	357·61	+2·54	23 47 11·4	+ 1 22 52	59·490	57 47·40	15 44·80	00·5678	12·9736
11	10·96	+1·43	0 38 04·1	+ 5 39 14	60·216	57 05·56	15 33·40	01·3758	13·7753
12	23·96	+0·27	1 28 20·0	+ 9 32 49	60·974	56 22·98	15 21·80	02·1730	14·5696
13	36·62	−0·88	2 18 20·0	+12 53 48	61·706	55 42·87	15 10·87	02·9658	15·3619
14	48·98	−1·96	3 08 18·2	+15 34 51	62·355	55 08·05	15 01·39	03·7584	16·1553
15	61·09	−2·93	3 58 21·4	+17 30 44	62·873	54 40·80	14 53·96	04·5526	16·9502
16	73·05	−3·76	4 48 28·9	+18 38 09	63·221	54 22·72	14 49·04	05·3479	17·7454
17	84·92	−4·42	5 38 35·0	+18 55 29	63·376	54 14·78	14 46·87	06·1423	18·5383
18	96·79	−4·89	6 28 31·8	+18 22 40	63·327	54 17·28	14 47·55	06·9331	19·3266
19	108·74	−5·16	7 18 12·3	+17 01 04	63·082	54 29·92	14 51·00	07·7187	20·1092
20	120·84	−5·20	8 07 34·0	+14 53 26	62·663	54 51·81	14 56·96	08·4985	20·8869
21	133·16	−5·00	8 56 40·5	+12 03 59	62·104	55 21·44	15 05·03	09·2748	21·6627
22	145·73	−4·56	9 45 43·0	+ 8 38 30	61·450	55 56·77	15 14·66	10·0516	22·4422
23	158·58	−3·89	10 34 59·3	+ 4 44 32	60·753	56 35·29	15 25·16	10·8356	23·2328
24	171·73	−2·99	11 24 53·5	+ 0 31 39	60·064	57 14·22	15 35·76	11·6349	. . .
25	185·15	−1·92	12 15 52·6	− 3 48 22	59·431	57 50·80	15 45·73	12·4582	00·0430
26	198·82	−0·71	13 08 23·4	− 8 01 40	58·892	58 22·61	15 54·40	13·3135	00·8814
27	212·70	+0·56	14 02 47·3	−11 52 46	58·469	58 47·94	16 01·30	14·2057	01·7548
28	226·73	+1·82	14 59 12·8	−15 05 41	58·172	59 05·93	16 06·20	15·1346	02·6659
29	240·87	+2·97	15 57 29·2	−17 25 38	57·998	59 16·58	16 09·10	16·0922	03·6106
30	255·08	+3·94	16 57 02·9	−18 41 02	57·934	59 20·51	16 10·17	17·0636	04·5773
Oct. 1	269·30	+4·68	17 57 02·2	−18 45 34	57·965	59 18·62	16 09·66	18·0300	05·5486

EPHEMERIS FOR PHYSICAL OBSERVATIONS
FOR 0^h DYNAMICAL TIME

Date 0^h TDT		Age	The Earth's Selenographic Long.	The Earth's Selenographic Lat.	Physical Libration Lg.	Physical Libration Lt.	Physical Libration P.A.	The Sun's Selenographic Colong.	The Sun's Selenographic Lat.	Position Angle Axis	Position Angle Bright Limb	Fraction Illum.
		d	°	°	(0°001)			°	°	°	°	
Aug.	**16**	19·4	+6·080	+0·021	+20	+52	0	149·83	−1·40	337·644	69·18	0·70
	17	20·4	5·225	1·443	20	52	− 1	162·03	1·39	340·480	72·24	0·61
	18	21·4	4·119	2·774	20	51	2	174·24	1·39	344·187	75·66	0·51
	19	22·4	2·854	3·967	19	51	3	186·46	1·39	348·591	79·35	0·42
	20	23·4	1·521	4·983	19	51	5	198·68	1·39	353·500	83·14	0·33
	21	24·4	+0·200	+5·786	+18	+51	− 8	210·91	−1·38	358·700	86·82	0·24
	22	25·4	−1·037	6·345	17	51	10	223·14	1·38	3·961	90·09	0·17
	23	26·4	2·133	6·632	16	50	12	235·38	1·37	9·052	92·49	0·10
	24	27·4	3·051	6·624	16	50	15	247·62	1·36	13·746	93·12	0·05
	25	28·4	3·768	6·307	15	50	17	259·86	1·35	17·831	88·73	0·02
	26	29·4	−4·277	+5·681	+15	+50	−19	272·10	−1·33	21·119	47·76	0·00
	27	0·8	4·583	4·759	15	50	20	284·34	1·31	23·440	312·61	0·01
	28	1·8	4·699	3·576	16	50	21	296·58	1·29	24·654	300·07	0·04
	29	2·8	4·634	2·185	16	50	21	308·82	1·27	24·644	295·60	0·09
	30	3·8	4·396	+0·654	17	50	21	321·05	1·25	23·334	292·23	0·16
	31	4·8	−3·983	−0·933	+19	+51	−21	333·28	−1·22	20·698	288·72	0·24
Sept.	**1**	5·8	3·391	2·485	20	51	20	345·50	1·20	16·788	284·73	0·35
	2	6·8	2·614	3·906	21	51	18	357·71	1·17	11·762	280·25	0·46
	3	7·8	1·655	5·104	22	51	16	9·92	1·15	5·903	275·49	0·57
	4	8·8	−0·536	5·995	23	52	14	22·11	1·12	359·609	270·77	0·68
	5	9·8	+0·698	−6·513	+24	+52	−11	34·30	−1·10	353·345	266·56	0·79
	6	10·8	1·976	6·619	25	52	9	46·49	1·07	347·567	263·39	0·87
	7	11·8	3·204	6·304	26	52	6	58·67	1·05	342·656	262·13	0·94
	8	12·8	4·280	5·598	26	53	3	70·84	1·02	338·880	265·47	0·98
	9	13·8	5·110	4·562	27	53	− 1	83·02	1·00	336·394	308·64	1·00
	10	14·8	+5·623	−3·277	+27	+53	0	95·19	−0·98	335·250	53·47	0·99
	11	15·8	5·776	1·838	27	52	+ 1	107·37	0·96	335·425	63·56	0·96
	12	16·8	5·563	−0·334	27	52	2	119·54	0·94	336·836	67·99	0·91
	13	17·8	5·007	+1·152	27	52	+ 1	131·72	0·92	339·357	71·70	0·84
	14	18·8	4·158	2·553	27	52	0	143·91	0·90	342·831	75·48	0·76
	15	19·8	+3·081	+3·816	+27	+52	− 1	156·09	−0·89	347·071	79·47	0·68
	16	20·8	1·852	4·896	26	51	3	168·29	0·88	351·872	83·61	0·58
	17	21·8	+0·554	5·761	25	51	5	180·49	0·86	357·014	87·77	0·49
	18	22·8	−0·733	6·380	24	51	8	192·69	0·85	2·272	91·79	0·40
	19	23·8	1·931	6·730	23	51	11	204·90	0·84	7·422	95·48	0·31
	20	24·8	−2·973	+6·789	+22	+50	−13	217·12	−0·82	12·248	98·65	0·22
	21	25·8	3·804	6·540	22	50	16	229·34	0·81	16·547	101·06	0·14
	22	26·8	4·384	5·977	22	50	18	241·56	0·79	20·127	102·38	0·08
	23	27·8	4·693	5·106	22	50	19	253·79	0·77	22·805	101·75	0·03
	24	28·8	4·726	3·950	22	50	20	266·02	0·75	24·412	94·43	0·01
	25	0·3	−4·498	+2·556	+23	+51	−21	278·25	−0·72	24·798	320·77	0·00
	26	1·3	4·035	+0·992	23	51	21	290·47	0·70	23·850	294·75	0·02
	27	2·3	3·373	−0·651	25	51	20	302·70	0·67	21·517	289·00	0·06
	28	3·3	2·551	2·272	26	52	19	314·92	0·64	17·839	284·41	0·13
	29	4·3	1·610	3·765	27	52	17	327·13	0·60	12·980	279·67	0·22
	30	5·3	−0·589	−5·030	+28	+53	−15	339·34	−0·57	7·235	274·67	0·32
Oct.	**1**	6·3	+0·470	−5·985	+29	+53	−13	351·54	−0·54	1·011	269·63	0·43

FOR 0^h DYNAMICAL TIME

Date 0^h TDT	Apparent Long.	Apparent Lat.	Apparent R.A.	Apparent Dec.	True Dist.	Horiz. Parallax	Semi-diameter	Ephemeris Transit for date Upper	Ephemeris Transit for date Lower
	°	°	h m s	° ′ ″		′ ″	′ ″	h	h
Oct. 1	269·30	+4·68	17 57 02·2	−18 45 34	57·965	59 18·62	16 09·66	18·0300	05·5486
2	283·50	+5·12	18 56 29·2	−17 39 15	58·077	59 11·76	16 07·79	18·9745	06·5058
3	297·65	+5·26	19 54 35·5	−15 28 14	58·262	59 00·50	16 04·72	19·8864	07·4349
4	311·70	+5·08	20 50 53·0	−12 23 23	58·517	58 45·04	16 00·51	20·7628	08·3289
5	325·62	+4·60	21 45 16·5	− 8 38 25	58·845	58 25·38	15 55·15	21·6072	09·1886
6	339·38	+3·86	22 37 58·7	− 4 28 12	59·249	58 01·49	15 48·64	22·4270	10·0196
7	352·92	+2·92	23 29 23·6	− 0 07 39	59·727	57 33·59	15 41·04	23·2309	10·8304
8	6·23	+1·83	0 19 58·5	+ 4 09 10	60·272	57 02·37	15 32·53	. . .	11·6295
9	19·28	+0·66	1 10 09·2	+ 8 09 29	60·865	56 29·03	15 23·45	00·0271	12·4245
10	32·06	−0·52	2 00 15·6	+11 42 13	61·477	55 55·28	15 14·25	00·8220	13·2203
11	44·58	−1·65	2 50 29·4	+14 38 18	62·071	55 23·16	15 05·50	01·6193	14·0191
12	56·87	−2·68	3 40 53·1	+16 50 55	62·605	54 54·83	14 57·78	02·4195	14·8202
13	68·97	−3·58	4 31 21·2	+18 15 32	63·035	54 32·34	14 51·66	03·2208	15·6207
14	80·92	−4·30	5 21 42·5	+18 49 56	63·323	54 17·50	14 47·61	04·0194	16·4165
15	92·79	−4·84	6 11 44·5	+18 33 56	63·435	54 11·73	14 46·04	04·8116	17·2043
16	104·66	−5·18	7 01 17·7	+17 29 06	63·352	54 15·97	14 47·20	05·5946	17·9824
17	116·60	−5·29	7 50 19·3	+15 38 19	63·068	54 30·66	14 51·20	06·3681	18·7519
18	128·69	−5·17	8 38 54·8	+13 05 33	62·591	54 55·60	14 57·99	07·1346	19·5167
19	141·00	−4·82	9 27 18·8	+ 9 55 41	61·946	55 29·88	15 07·33	07·8994	20·2835
20	153·60	−4·22	10 15 54·1	+ 6 14 48	61·176	56 11·79	15 18·75	08·6704	21·0612
21	166·54	−3·40	11 05 09·9	+ 2 10 30	60·336	56 58·77	15 31·55	09·4574	21·8602
22	179·85	−2·38	11 55 39·6	− 2 07 22	59·489	57 47·43	15 44·81	10·2711	22·6913
23	193·53	−1·19	12 47 56·6	− 6 26 17	58·704	58 33·81	15 57·45	11·1219	23·5637
24	207·56	+0·10	13 42 28·9	−10 30 52	58·043	59 13·82	16 08·35	12·0172	. . .
25	221·87	+1·40	14 39 30·4	−14 03 35	57·556	59 43·90	16 16·54	12·9584	00·4823
26	236·38	+2·64	15 38 51·3	−16 46 40	57·272	60 01·70	16 21·39	13·9376	01·4442
27	250·99	+3·71	16 39 52·0	−18 25 05	57·195	60 06·50	16 22·70	14·9368	02·4361
28	265·60	+4·54	17 41 27·0	−18 49 51	57·311	59 59·23	16 20·72	15·9321	03·4365
29	280·10	+5·07	18 42 21·3	−17 59 56	57·585	59 42·07	16 16·05	16·9008	04·4209
30	294·44	+5·28	19 41 31·9	−16 01 56	57·978	59 17·79	16 09·43	17·8284	05·3702
31	308·55	+5·16	20 38 23·5	−13 07 55	58·449	58 49·12	16 01·62	18·7110	06·2752
Nov. 1	322·42	+4·75	21 32 51·2	− 9 32 26	58·965	58 18·27	15 53·21	19·5530	07·1366
2	336·03	+4·08	22 25 13·1	− 5 30 21	59·500	57 46·77	15 44·63	20·3641	07·9618
3	349·40	+3·19	23 16 00·6	− 1 15 44	60·041	57 15·53	15 36·12	21·1556	08·7616
4	2·52	+2·15	0 05 49·5	+ 2 58 31	60·580	56 44·99	15 27·80	21·9383	09·5474
5	15·42	+1·02	0 55 13·4	+ 7 00 39	61·112	56 15·35	15 19·72	22·7209	10·3292
6	28·11	−0·14	1 44 39·4	+10 40 01	61·632	55 46·87	15 11·96	23·5093	11·1142
7	40·61	−1·28	2 34 24·7	+13 47 09	62·131	55 20·01	15 04·64	. . .	11·9064
8	52·93	−2·34	3 24 35·0	+16 14 08	62·593	54 55·48	14 57·96	00·3053	12·7057
9	65·09	−3·28	4 15 04·3	+17 55 02	62·997	54 34·34	14 52·20	01·1071	13·5087
10	77·11	−4·06	5 05 37·5	+18 46 14	63·316	54 17·84	14 47·71	01·9098	14·3095
11	89·03	−4·66	5 55 55·0	+18 46 39	63·520	54 07·38	14 44·85	02·7072	15·1021
12	100·89	−5·05	6 45 39·0	+17 57 30	63·580	54 04·31	14 44·02	03·4939	15·8821
13	112·75	−5·23	7 34 38·6	+16 21 48	63·472	54 09·85	14 45·53	04·2668	16·6481
14	124·66	−5·18	8 22 53·8	+14 03 54	63·178	54 24·95	14 49·64	05·0264	17·4025
15	136·70	−4·90	9 10 35·8	+11 08 53	62·695	54 50·11	14 56·50	05·7772	18·1516
16	148·94	−4·41	9 58 07·2	+ 7 42 27	62·033	55 25·23	15 06·07	06·5269	18·9044

EPHEMERIS FOR PHYSICAL OBSERVATIONS
FOR 0^h DYNAMICAL TIME

Date 0^h TDT		Age	The Earth's Selenographic Long.	The Earth's Selenographic Lat.	Physical Libration Lg.	Physical Libration Lt.	Physical Libration P.A.	The Sun's Selenographic Colong.	The Sun's Selenographic Lat.	Position Angle Axis	Position Angle Bright Limb	Fraction Illum.
		d	°	°	(0°001)			°	°	°	°	
Oct.	**1**	6·3	+0·470	−5·985	+29	+53	−13	351·54	−0·54	1·011	269·63	0·43
	2	7·3	1·527	6·569	29	54	10	3·74	0·50	354·767	264·87	0·55
	3	8·3	2·538	6·748	30	54	8	15·92	0·47	348·940	260·70	0·66
	4	9·3	3·455	6·519	30	54	5	28·10	0·43	343·886	257·38	0·76
	5	10·3	4·231	5·903	30	54	3	40·28	0·39	339·863	255·09	0·85
	6	11·3	+4·820	−4·950	+31	+54	− 1	52·44	−0·36	337·031	254·02	0·92
	7	12·3	5·183	3·728	31	54	+ 1	64·61	0·32	335·472	254·58	0·97
	8	13·3	5·292	2·319	31	54	2	76·77	0·29	335·202	259·42	0·99
	9	14·3	5·131	−0·812	30	54	3	88·93	0·26	336·184	58·45	1·00
	10	15·3	4·700	+0·710	30	54	3	101·08	0·23	338·331	71·68	0·98
	11	16·3	+4·013	+2·171	+30	+53	+ 2	113·25	−0·20	341·507	76·15	0·94
	12	17·3	3·102	3·506	29	53	+ 1	125·41	0·18	345·537	80·21	0·89
	13	18·3	2·009	4·665	28	53	− 1	137·57	0·15	350·208	84·37	0·82
	14	19·3	+0·788	5·608	27	52	3	149·75	0·14	355·289	88·60	0·74
	15	20·3	−0·498	6·307	26	52	6	161·92	0·12	0·540	92·78	0·66
	16	21·3	−1·780	+6·737	+25	+51	− 8	174·10	−0·10	5·731	96·74	0·57
	17	22·3	2·985	6·882	24	51	11	186·29	0·08	10·650	100·34	0·47
	18	23·3	4·041	6·728	23	51	14	198·48	0·07	15·105	103·45	0·38
	19	24·3	4·879	6·268	22	51	16	210·67	0·05	18·919	105·96	0·28
	20	25·3	5·438	5·501	21	51	18	222·87	0·04	21·922	107·77	0·20
	21	26·3	−5·673	+4·439	+21	+51	−20	235·08	−0·02	23·945	108·81	0·12
	22	27·3	5·554	3·114	22	51	20	247·29	+0·01	24·818	109·04	0·06
	23	28·3	5·077	+1·579	23	51	20	259·50	0·03	24·388	108·63	0·02
	24	29·3	4·265	−0·084	24	52	20	271·71	0·06	22·539	113·17	0·00
	25	0·8	3·167	1·771	25	52	19	283·93	0·08	19·244	280·45	0·01
	26	1·8	−1·859	−3·364	+26	+53	−17	296·14	+0·11	14·613	277·48	0·04
	27	2·8	−0·435	4·745	27	53	15	308·34	0·15	8·926	273·10	0·11
	28	3·8	+1·005	5·813	28	54	12	320·54	0·18	2·618	268·25	0·19
	29	4·8	2·365	6·498	28	55	10	332·74	0·22	356·203	263·43	0·29
	30	5·8	3·563	6·764	29	55	7	344·93	0·26	350·170	259·05	0·40
	31	6·8	+4·541	−6·613	+29	+56	− 4	357·11	+0·29	344·904	255·38	0·51
Nov.	**1**	7·8	5·262	6·072	29	56	− 2	9·28	0·33	340·659	252·57	0·62
	2	8·8	5·713	5·193	29	56	+ 1	21·45	0·37	337·580	250·65	0·73
	3	9·8	5·896	4·043	29	56	2	33·61	0·41	335·734	249·59	0·82
	4	10·8	5·825	2·696	28	56	4	45·76	0·45	335·135	249·25	0·89
	5	11·8	+5·519	−1·231	+28	+56	+ 4	57·91	+0·49	335·759	249·30	0·95
	6	12·8	4·998	+0·274	27	56	4	70·06	0·52	337·548	248·54	0·98
	7	13·8	4·284	1·744	27	56	4	82·21	0·55	340·401	231·72	1·00
	8	14·8	3·399	3·112	26	55	3	94·35	0·58	344·173	92·10	0·99
	9	15·8	2·366	4·323	24	55	+ 1	106·49	0·61	348·671	89·30	0·97
	10	16·8	+1·212	+5·329	+23	+55	− 1	118·64	+0·64	353·666	91·61	0·93
	11	17·8	−0·030	6·095	22	54	3	130·79	0·66	358·907	94·94	0·88
	12	18·8	1·321	6·598	20	54	6	142·94	0·67	4·145	98·50	0·81
	13	19·8	2·611	6·819	19	53	9	155·10	0·69	9·153	101·92	0·73
	14	20·8	3·844	6·751	17	53	11	167·26	0·70	13·735	105·01	0·64
	15	21·8	−4·953	+6·389	+16	+52	−14	179·43	+0·71	17·721	107·63	0·55
	16	22·8	−5·868	+5·735	+15	+52	−16	191·60	+0·72	20·962	109·66	0·45

FOR 0^h DYNAMICAL TIME

Date 0^h TDT		Apparent Long.	Apparent Lat.	Apparent R.A.	Apparent Dec.	True Dist.	Horiz. Parallax	Semi-diameter	Ephemeris Transit for date Upper	Ephemeris Transit for date Lower
		°	°	h m s	° ′ ″		′ ″	′ ″	h	h
Nov.	**16**	148·94	−4·41	9 58 07·2	+ 7 42 27	62·033	55 25·23	15 06·07	06·5269	18·9044
	17	161·47	−3·69	10 45 59·4	+ 3 51 01	61·219	56 09·47	15 18·12	07·2858	19·6727
	18	174·34	−2·77	11 34 50·7	− 0 17 41	60·297	57 00·95	15 32·15	08·0668	20·4697
	19	187·63	−1·67	12 25 23·6	− 4 33 52	59·331	57 56·68	15 47·33	08·8832	21·3087
	20	201·37	−0·45	13 18 19·2	− 8 44 50	58·394	58 52·48	16 02·53	09·7477	22·2009
	21	215·55	+0·84	14 14 09·7	−12 34 33	57·566	59 43·31	16 16·38	10·6688	23·1510
	22	230·13	+2·11	15 13 06·4	−15 44 21	56·921	60 23·87	16 27·43	11·6462	. . .
	23	245·02	+3·26	16 14 46·0	−17 55 23	56·519	60 49·64	16 34·46	12·6666	00·1525
	24	260·07	+4·20	17 18 05·5	−18 52 46	56·391	60 57·94	16 36·71	13·7037	01·1851
	25	275·12	+4·84	18 21 32·5	−18 29 59	56·536	60 48·56	16 34·16	14·7258	02·2186
	26	290·04	+5·15	19 23 33·5	−16 50 42	56·923	60 23·75	16 27·40	15·7069	03·2226
	27	304·68	+5·12	20 23 02·3	−14 07 11	57·499	59 47·46	16 17·51	16·6338	04·1773
	28	318·97	+4·76	21 19 33·3	−10 36 16	58·200	59 04·27	16 05·74	17·5068	05·0766
	29	332·86	+4·14	22 13 16·4	− 6 35 25	58·962	58 18·44	15 53·26	18·3349	05·9257
	30	346·37	+3·29	23 04 44·0	− 2 20 27	59·732	57 33·35	15 40·97	19·1311	06·7361
Dec.	**1**	359·53	+2·30	23 54 37·7	+ 1 55 10	60·468	56 51·27	15 29·51	19·9089	07·5215
	2	12·38	+1·20	0 43 39·9	+ 6 00 04	61·146	56 13·47	15 19·21	20·6805	08·2948
	3	24·98	+0·08	1 32 27·5	+ 9 44 25	61·751	55 40·43	15 10·21	21·4552	09·0670
	4	37·37	−1·03	2 21 28·2	+12 59 32	62·277	55 12·18	15 02·51	22·2382	09·8455
	5	49·60	−2·08	3 10 57·6	+15 37 44	62·726	54 48·50	14 56·06	23·0309	10·6335
	6	61·71	−3·02	4 00 58·2	+17 32 38	63·096	54 29·19	14 50·80	23·8301	11·4300
	7	73·72	−3·81	4 51 19·6	+18 39 35	63·387	54 14·21	14 46·72	. . .	12·2303
	8	85·66	−4·43	5 41 41·9	+18 56 11	63·590	54 03·79	14 43·88	00·6297	13·0273
	9	97·55	−4·85	6 31 42·1	+18 22 31	63·695	53 58·46	14 42·42	01·4223	13·8139
	10	109·41	−5·07	7 21 00·4	+17 01 02	63·685	53 58·96	14 42·56	02·2018	14·5856
	11	121·28	−5·06	8 09 26·3	+14 56 02	63·543	54 06·21	14 44·54	02·9652	15·3411
	12	133·20	−4·83	8 57 01·7	+12 13 05	63·252	54 21·15	14 48·61	03·7136	16·0836
	13	145·22	−4·39	9 44 01·1	+ 8 58 21	62·800	54 44·62	14 55·00	04·4521	16·8202
	14	157·41	−3·75	10 30 50·7	+ 5 18 27	62·185	55 17·10	15 03·85	05·1894	17·5611
	15	169·84	−2·91	11 18 05·9	+ 1 20 31	61·417	55 58·56	15 15·15	05·9371	18·3192
	16	182·60	−1·91	12 06 29·3	− 2 47 21	60·524	56 48·15	15 28·66	06·7091	19·1089
	17	195·74	−0·79	12 56 47·3	− 6 55 16	59·549	57 43·96	15 43·87	07·5203	19·9450
	18	209·35	+0·42	13 49 45·3	−10 50 43	58·555	58 42·75	15 59·88	08·3845	20·8398
	19	223·44	+1·65	14 45 58·0	−14 18 00	57·620	59 39·92	16 15·46	09·3113	21·7986
	20	238·00	+2·80	15 45 36·0	−16 58 54	56·828	60 29·85	16 29·06	10·3003	22·8141
	21	252·97	+3·80	16 48 11·2	−18 35 12	56·257	61 06·67	16 39·09	11·3367	23·8639
	22	268·22	+4·54	17 52 30·4	−18 53 16	55·969	61 25·54	16 44·24	12·3912	. . .
	23	283·57	+4·96	18 56 50·5	−17 48 44	55·994	61 23·91	16 43·79	13·4288	00·9141
	24	298·82	+5·02	19 59 31·5	−15 28 31	56·324	61 02·32	16 37·91	14·4220	01·9321
	25	313·79	+4·74	20 59 26·8	−12 08 31	56·917	60 24·15	16 27·51	15·3578	02·8973
	26	328·35	+4·15	21 56 14·7	− 8 08 43	57·706	59 34·62	16 14·01	16·2373	03·8041
	27	342·45	+3·33	22 50 09·9	− 3 48 44	58·610	58 39·43	15 58·98	17·0707	04·6590
	28	356·05	+2·34	23 41 48·2	+ 0 34 41	59·553	57 43·68	15 43·79	17·8714	05·4742
	29	9·21	+1·25	0 31 53·1	+ 4 48 13	60·468	56 51·29	15 29·52	18·6533	06·2639
	30	21·99	+0·14	1 21 06·9	+ 8 41 26	61·303	56 04·80	15 16·85	19·4282	07·0410
	31	34·45	−0·96	2 10 05·1	+12 05 56	62·027	55 25·56	15 06·16	20·2049	07·8159
	32	46·68	−1·99	2 59 13·3	+14 54 45	62·621	54 54·01	14 57·56	20·9884	08·5957

EPHEMERIS FOR PHYSICAL OBSERVATIONS

FOR 0^h DYNAMICAL TIME

Date 0^h TDT		Age	The Earth's Selenographic Long.	The Earth's Selenographic Lat.	Physical Libration Lg.	Physical Libration Lt.	Physical Libration P.A.	The Sun's Selenographic Colong.	The Sun's Selenographic Lat.	Position Angle Axis	Position Angle Bright Limb	Fraction Illum.
		d	°	°	(0°001)			°	°	°	°	
Nov.	**16**	22·8	−5·868	+5·735	+15	+52	−16	191·60	+0·72	20·962	109·66	0·45
	17	23·8	6·514	4·798	15	52	18	203·77	0·74	23·315	111·06	0·35
	18	24·8	6·822	3·600	14	52	19	215·96	0·75	24·630	111·77	0·26
	19	25·8	6·732	2·176	15	52	20	228·15	0·76	24·751	111·82	0·17
	20	26·8	6·207	+0·586	15	52	20	240·34	0·78	23·529	111·39	0·09
	21	27·8	−5·240	−1·084	+16	+52	−19	252·53	+0·80	20·859	111·39	0·04
	22	28·8	3·869	2·724	17	53	18	264·73	0·82	16·736	118·37	0·01
	23	0·3	2·179	4·209	18	54	15	276·93	0·84	11·330	246·08	0·00
	24	1·3	−0·301	5·415	19	54	13	289·13	0·86	5·021	262·06	0·03
	25	2·3	+1·607	6·243	20	55	10	301·32	0·89	358·355	260·42	0·08
	26	3·3	+3·382	−6·633	+20	+56	− 6	313·51	+0·92	351·924	256·99	0·16
	27	4·3	4·889	6·578	20	56	− 3	325·70	0·95	346·221	253·61	0·26
	28	5·3	6·033	6·107	21	57	0	337·88	0·98	341·577	250·84	0·36
	29	6·3	6·771	5·282	21	57	+ 2	350·05	1·02	338·160	248·88	0·47
	30	7·3	7·106	4·179	20	57	4	2·21	1·05	336·021	247·77	0·58
Dec.	**1**	8·3	+7·069	−2·877	+20	+58	+ 5	14·37	+1·08	335·150	247·44	0·68
	2	9·3	6·715	−1·457	20	58	6	26·52	1·12	335·501	247·79	0·77
	3	10·3	6·100	+0·009	19	58	6	38·66	1·15	337·006	248·62	0·85
	4	11·3	5·283	1·451	18	58	6	50·81	1·18	339·576	249·54	0·91
	5	12·3	4·311	2·808	17	58	5	62·94	1·21	343·089	249·53	0·96
	6	13·3	+3·225	+4·023	+16	+57	+ 4	75·08	+1·24	347·382	244·29	0·99
	7	14·3	2·056	5·050	14	57	+ 2	87·21	1·26	352·248	183·20	1·00
	8	15·3	+0·826	5·849	13	56	0	99·34	1·28	357·447	111·31	0·99
	9	16·3	−0·443	6·392	11	56	− 3	111·48	1·29	2·722	105·51	0·96
	10	17·3	1·729	6·660	9	56	6	123·61	1·30	7·825	106·00	0·92
	11	18·3	−3·005	+6·643	+ 7	+55	− 8	135·75	+1·31	12·541	107·78	0·87
	12	19·3	4·234	6·339	6	55	11	147·90	1·32	16·687	109·71	0·80
	13	20·3	5·367	5·757	4	54	14	160·04	1·32	20·116	111·38	0·71
	14	21·3	6·344	4·909	3	54	16	172·19	1·32	22·703	112·58	0·62
	15	22·3	7·094	3·816	2	54	17	184·35	1·32	24·327	113·19	0·52
	16	23·3	−7·538	+2·512	+ 2	+53	−18	196·51	+1·32	24·867	113·14	0·42
	17	24·3	7·599	+1·040	2	53	19	208·68	1·32	24·194	112·38	0·32
	18	25·3	7·210	−0·535	3	53	19	220·86	1·32	22·187	110·95	0·22
	19	26·3	6·331	2·127	3	53	17	233·04	1·33	18·771	109·10	0·14
	20	27·3	4·964	3·630	4	54	16	245·22	1·33	13·982	107·65	0·07
	21	28·3	−3·172	−4·921	+ 5	+55	−13	257·41	+1·34	8·041	110·35	0·02
	22	29·3	−1·083	5·883	6	55	10	269·60	1·35	1·386	163·28	0·00
	23	0·9	+1·122	6·424	6	56	7	281·79	1·36	354·621	243·70	0·01
	24	1·9	3·235	6·501	7	56	− 3	293·98	1·38	348·362	248·83	0·06
	25	2·9	5·067	6·123	7	57	0	306·17	1·39	343·093	248·23	0·12
	26	3·9	+6·479	−5·350	+ 7	+57	+ 3	318·35	+1·41	339·099	247·05	0·21
	27	4·9	7·398	4·267	7	58	5	330·52	1·43	336·487	246·30	0·31
	28	5·9	7·817	2·970	7	58	7	342·69	1·45	335·246	246·22	0·42
	29	6·9	7·773	1·551	7	58	8	354·85	1·47	335·304	246·85	0·52
	30	7·9	7·338	−0·092	7	58	9	7·01	1·50	336·560	248·13	0·62
	31	8·9	+6·592	+1·339	+ 6	+58	+ 8	19·16	+1·52	338·901	249·94	0·72
	32	9·9	+5·617	+2·682	+ 5	+58	+ 8	31·30	+1·54	342·198	252·11	0·80

NOTES AND FORMULAE

Use of the polynomial coefficients for the lunar coordinates

On pages D23–D45 for each day of the year, the apparent right ascension (α) and declination (δ) of the Moon are represented by economised polynomials of the fifth degree, and the horizontal parallax (π) is represented by an economised polynomial of the fourth degree. The formulae to be evaluated are of the form:

$$a_0 + a_1 p + a_2 p^2 + a_3 p^3 + a_4 p^4 + a_5 p^5$$

where a_5 is zero for the parallax.

The time-interval from 0^h TDT is expressed as a fraction of a day to form the interpolation factor p, where $0 \leq p < 1$, and the polynomial is evaluated directly, or by re-expressing it in the nested form:

$$((((a_5 p + a_4)p + a_3)p + a_2)p + a_1)p + a_0$$

to avoid the separate formation of the powers of p. Alternatively this nested form for α and δ may be written as:

$$b_{n+1} = b_n p + a_{5-n}, \quad \text{for } n = 1 \text{ to } 5,$$

where $b_1 = a_5$ and b_6 is the required value. For the parallax a_5 is zero, so that:

$$b_{n+1} = b_n p + a_{4-n}, \quad \text{for } n = 1 \text{ to } 4,$$

where $b_1 = a_4$ and b_5 is the required value.

The polynomial coefficients are expressed in decimals of a degree, even for α, and the signs are given on the right-hand sides of the coefficients to facilitate their use with small calculators. Subtract 360° from α if it exceeds 360°. In order to obtain the full precision of the polynomial ephemeris the interpolating factor p must be evaluated to 8 decimal places (10^{-3} s); estimates of the precision of unrounded interpolated values are:

RA	Dec	HP
±0ˢ·0003	±0″·003	±0″·0003

Particular care must be taken to ensure that the coefficients are entered with the correct signs.

Example. To calculate the apparent right ascension (α) the declination (δ) and the horizontal parallax (π) for the Moon on 1995 January 21^d 13^h 23^m $48^s\!\cdot\!32$ UT, using an assumed value of $\Delta T = 61^s$.

$$\text{TDT} = 13^h\ 24^m\ 49^s\!\cdot\!32, \text{ hence } p = 0\cdot558\ 904\ 17$$

	right ascension	declination	horizontal parallax
	°	°	°
b_1	−0·000 2159	+0·000 0207	−0·000 003 07
b_2	+0·000 6954	+0·000 7614	−0·000 009 03
b_3	+0·026 8946	+0·036 2383	−0·000 011 26
b_4	+0·102 7998	−0·020 9901	+0·008 076 19
b_5	+12·594 9974	−4·549 2062	π = +0·961 459 00
b_6	α = 176·310 1083	δ = −2·176 4856	
	= 11ʰ 45ᵐ 14ˢ·426	= −2° 10′ 35″·35	= 57′ 41″·252

DAILY POLYNOMIAL COEFFICIENTS

	Apparent Right Ascension	Apparent Declination	Horizontal Parallax
	January 0		
	°	°	°
a_0	258·0670 804+	20·0139 415−	1·0137 8642+
a_1	15·9590 685+	0·1477 201−	0·0001 8331−
a_2	212 742+	7127 925+	23 8913−
a_3	750 129−	32 984+	4910−
a_4	10 295−	84 408−	2968+
a_5	13 192+	2 299+	
	January 1		
a_0	273·9727 000+	19·4537 817−	1·0111 9456+
a_1	15·7790 480+	1·2551 515+	0·0049 8998−
a_2	1967 180−	6743 664+	23 5950−
a_3	663 431−	278 988−	7247+
a_4	57 954+	71 194−	2584+
a_5	5 847+	7 012+	
	January 2		
a_0	289·4950 670+	17·5585 806−	1·0039 4339+
a_1	15·2126 789+	2·4952 166+	0·0093 8812−
a_2	3551 503−	5549 919+	19 9033−
a_3	377 818−	493 587−	1 7732+
a_4	85 669+	34 323−	1506+
a_5	2 400−	7 000+	
	January 3		
a_0	304·3231 406+	14·5604 631−	0·9927 5730+
a_1	14·4220 965+	3·4468 919+	0·0127 7662−
a_2	4195 286−	3933 290+	13 7191−
a_3	61 102−	562 522−	2 3724+
a_4	71 392+	1 175+	249+
a_5	5 653−	4 055+	
	January 4		
a_0	318·3261 722+	10·7759 713−	0·9788 4849+
a_1	13·5904 396+	4·0672 876+	0·0147 9884−
a_2	4006 934−	2293 269+	6 4829−
a_3	168 287+	518 982−	2 4581+
a_4	42 084+	21 053+	727−
a_5	4 920−	1 067+	
	January 5		
a_0	331·5364 635+	6·5290 430−	0·9636 3991+
a_1	12·8539 144+	4·3791 993+	0·0153 8712−
a_2	3298 793−	873 223+	4393+
a_3	288 453+	425 145−	2 1526+
a_4	17 412+	25 831+	1240−
a_5	3 096−	710−	
	January 6		
a_0	344·0907 756+	2·1025 237−	0·9484 9958+
a_1	12·2861 102+	4·4362 772+	0·0147 0312−
a_2	2359 897−	254 386−	6 1495+
a_3	327 951+	329 309−	1 6464+
a_4	2 162+	21 889+	1354−
a_5	1 705−	1 356−	
	January 7		
a_0	356·1737 368+	2·2774 372+	0·9345 6251+
a_1	11·9125 290+	4·2946 849+	0·0130 3352−
a_2	1380 107−	1124 572−	10 2795+
a_3	319 949+	255 295−	1 0996+
a_4	6 166−	14 896+	1232−
a_5	1 023−	1 316−	

	Apparent Right Ascension	Apparent Declination	Horizontal Parallax
	January 8		
	°	°	°
a_0	7·9795 312+	6·4354 935+	0·9226 5457+
a_1	11·7295 147+	3·9984 829+	0·0106 9704−
a_2	467 483−	1814 260−	12 8456+
a_3	285 165+	208 652−	6056+
a_4	11 198−	8 205+	1017−
a_5	845−	934−	
	January 9		
a_0	19·6896 098+	10·2324 123+	0·9132 9248+
a_1	11·7166 658+	3·5758 509+	0·0079 8694−
a_2	312 357+	2400 341−	14 0588+
a_3	231 920+	184 861−	1993+
a_4	15 470−	3 470+	797−
a_5	860−	389−	
	January 10		
a_0	31·4590 703+	13·5500 511+	0·9067 2338+
a_1	11·8420 955+	3·0415 185+	0·0051 4728−
a_2	906 664+	2938 003−	14 1843+
a_3	161 520+	174 519−	1186−
a_4	19 952−	1 498+	606−
a_5	737−	226+	
	January 11		
a_0	43·4059 154+	16·2804 898+	0·9029 7661+
a_1	12·0635 356+	2·4022 752+	0·0023 7023−
a_2	1264 090+	3450 307−	13 4699+
a_3	74 664+	165 938−	3604−
a_4	23 918−	2 664+	444−
a_5	183−	799+	
	January 12		
a_0	55·6009 164+	18·3214 868+	0·9019 1290+
a_1	12·3290 954+	1·6638 979+	0·0001 9790+
a_2	1342 698+	3924 129−	12 1273+
a_3	22 223−	147 091−	5378−
a_4	25 080−	6 782+	294−
a_5	881+	1 151+	
	January 13		
a_0	68·0596 394+	19·5790 560+	0·9032 6681+
a_1	12·5813 781+	0·8382 331+	0·0024 5025+
a_2	1134 351+	4313 174−	10 3422+
a_3	113 016−	108 486−	6558−
a_4	20 683−	12 721+	141−
a_5	2 114+	1 097+	
	January 14		
a_0	80·7412 941+	19·9765 048+	0·9066 8430+
a_1	12·7671 280+	0·0513 113−	0·0043 1632+
a_2	692 377+	4551 313−	8 2954+
a_3	174 183−	46 911−	7125−
a_4	9 832−	18 359+	24+
a_5	2 840+	608+	
	January 15		
a_0	93·5595 424+	19·4672 679+	0·9117 5916+
a_1	12·8508 354+	0·9680 004−	0·0057 6263+
a_2	139 279+	4575 809−	6 1775+
a_3	185 254−	32 199+	7026−
a_4	4 731+	21 421+	190+
a_5	2 568+	100−	

Formula: Quantity in degrees $= a_0 + a_1 p + a_2 p^2 + a_3 p^3 + a_4 p^4 + a_5 p^5$

where p is the fraction of a day from 0^h TDT.

DAILY POLYNOMIAL COEFFICIENTS

January 16

	Apparent Right Ascension	Apparent Declination	Horizontal Parallax
	°	°	°
a_0	106·4065 102+	18·0470 386+	0·9180 7119+
a_1	12·8262 905+	1·8649 845−	0·0067 9497+
a_2	362 400−	4351 695−	4 1882+
a_3	141 266−	116 555+	6251−
a_4	17 731+	20 816+	330+
a_5	1 479+	679−	

January 17

	Apparent Right Ascension	Apparent Declination	Horizontal Parallax
a_0	119·1843 551+	15·7605 537+	0·9252 2577+
a_1	12·7192 611+	2·6923 707−	0·0074 5830+
a_2	665 053−	3883 949−	2 5134+
a_3	56 285−	192 898+	4902−
a_4	24 990+	17 267+	406+
a_5	215+	896−	

January 18

	Apparent Right Ascension	Apparent Declination	Horizontal Parallax
a_0	131·8340 028+	12·7007 150+	0·9328 9045+
a_1	12·5794 674+	3·4048 324−	0·0078 3017+
a_2	681 863−	3210 629−	1 2853+
a_3	45 290+	253 091+	3243−
a_4	25 811+	12 676+	380+
a_5	705−	740−	

January 19

	Apparent Right Ascension	Apparent Declination	Horizontal Parallax
a_0	144·3523 237+	9·0013 224+	0·9408 2052+
a_1	12·4666 536+	3·9663 302−	0·0080 0514+
a_2	398 207−	2382 705−	5357+
a_3	141 182+	296 608+	1687−
a_4	22 102+	8 944+	237+
a_5	1 212−	363−	

January 20

	Apparent Right Ascension	Apparent Declination	Horizontal Parallax
a_0	156·7953 638+	4·8272 406+	0·9488 6473+
a_1	12·4376 012+	4·3504 922−	0·0080 7118+
a_2	145 815+	1442 835−	1645+
a_3	217 241+	328 978+	710−
a_4	15 993+	7 190+	7−
a_5	1 581−	29+	

January 21

	Apparent Right Ascension	Apparent Declination	Horizontal Parallax
a_0	169·2707 118+	0·3660 847+	0·9569 4518+
a_1	12·5375 422+	4·5374 747−	0·0080 8249+
a_2	877 683+	412 439−	622−
a_3	265 059+	358 128+	731−
a_4	8 161+	7 498+	307−
a_5	2 159−	207+	

January 22

	Apparent Right Ascension	Apparent Declination	Horizontal Parallax
a_0	181·9231 283+	4·1760 505−	0·9650 1107+
a_1	12·7947 799+	4·5094 215−	0·0080 3582+
a_2	1700 229+	709 052+	4746−
a_3	275 563+	390 007+	1980−
a_4	2 569−	8 812+	590−
a_5	3 108−	100−	

January 23

	Apparent Right Ascension	Apparent Declination	Horizontal Parallax
a_0	194·9149 197+	8·5746 948−	0·9729 7373+
a_1	13·2149 118+	4·2471 351−	0·0078 5789+
a_2	2480 377+	1931 004+	1 4277−
a_3	233 670+	423 646+	4390−
a_4	18 342−	8 667+	763−
a_5	4 079−	1 149−	

January 24

	Apparent Right Ascension	Apparent Declination	Horizontal Parallax
	°	°	°
a_0	208·3989 940+	12·5856 130−	0·9806 3732+
a_1	13·7717 122+	3·7309 498−	0·0074 1009+
a_2	3030 399+	3242 493+	3 2011−
a_3	119 696+	445 826+	7522−
a_4	39 656−	3 137+	727−
a_5	3 844−	2 903−	

January 25

	Apparent Right Ascension	Apparent Declination	Horizontal Parallax
a_0	222·4813 658+	15·9477 075−	0·9876 4482+
a_1	14·3959 203+	2·9489 017−	0·0065 1509+
a_2	3112 889+	4569 717+	5 8838−
a_3	75 538−	428 449+	1 0527−
a_4	60 354−	11 720−	407−
a_5	722−	4 521−	

January 26

	Apparent Right Ascension	Apparent Declination	Horizontal Parallax
a_0	237·1749 135+	18·3984 167−	0·9934 6220+
a_1	14·9713 402+	1·9133 717−	0·0050 0618+
a_2	2516 827+	5739 382+	9 2677−
a_3	320 899−	336 497+	1 2236−
a_4	64 580−	35 387−	197+
a_5	5 091+	4 340−	

January 27

	Apparent Right Ascension	Apparent Declination	Horizontal Parallax
a_0	252·3598 977+	19·7081 733−	0·9974 2123+
a_1	15·3551 544+	0·6808 679−	0·0027 9345+
a_2	1217 794+	6493 003+	12 7967−
a_3	525 899−	153 216+	1 1461−
a_4	37 444−	58 096−	957+
a_5	9 451+	1 407−	

January 28

	Apparent Right Ascension	Apparent Declination	Horizontal Parallax
a_0	267·7814 423+	19·7303 695−	0·9988 2997+
a_1	15·4306 897+	0·6397 604+	0·0000 7140−
a_2	489 711−	6590 025+	15 6405−
a_3	581 966−	90 918−	7551−
a_4	12 322+	64 999−	1616+
a_5	8 014+	2 708+	

January 29

	Apparent Right Ascension	Apparent Declination	Horizontal Parallax
a_0	283·1069 979+	18·4469 275−	0·9971 3517+
a_1	15·1670 870+	1·9058 472+	0·0033 6132−
a_2	2081 467−	5954 512+	16 9278−
a_3	455 727−	322 435−	932−
a_4	52 976+	50 364−	1895+
a_5	2 323+	5 156+	

January 30

	Apparent Right Ascension	Apparent Declination	Horizontal Parallax
a_0	298·0258 953+	15·9823 935−	0·9920 9071+
a_1	14·6364 221+	2·9824 510+	0·0066 9894−
a_2	3107 752−	4736 715+	16 0773−
a_3	223 357−	472 457−	6808+
a_4	63 326+	23 629−	1664+
a_5	2 476−	4 892+	

January 31

	Apparent Right Ascension	Apparent Declination	Horizontal Parallax
a_0	312·3352 915+	12·5753 903−	0·9838 6877+
a_1	13·9719 549+	3·7810 493+	0·0096 4352−
a_2	3422 835−	3226 528+	13 0555−
a_3	4 215+	519 097−	1 3557+
a_4	49 625+	1 113+	1031+
a_5	4 039−	3 047+	

Formula: Quantity in degrees $= a_0 + a_1 p + a_2 p^2 + a_3 p^3 + a_4 p^4 + a_5 p^5$

where p is the fraction of a day from 0^h TDT.

DAILY POLYNOMIAL COEFFICIENTS

	Apparent Right Ascension	Apparent Declination	Horizontal Parallax	Apparent Right Ascension	Apparent Declination	Horizontal Parallax
	February 1			**February 9**		
	°	°	°	°	°	°
a_0	325·9699 430+	8·5231 819−	0·9730 6558+	64·0388 198+	19·0245 736+	0·9037 4537+
a_1	13·3064 837+	4·2725 925+	0·0118 0665−	12·4589 983+	1·1344 912+	0·0007 1155+
a_2	3152 922−	1706 359+	8 3933−	1020 844+	4152 695−	14 1933+
a_3	162 633+	485 299−	1 7679+	38 400−	105 176−	3121−
a_4	28 852+	16 161+	262+	18 001−	8 076+	631−
a_5	3 417−	1 092+		1 149+	805+	
	February 2			**February 10**		
a_0	338·9799 413+	4·1267 582−	0·9605 9902+	76·5943 773+	19·7341 658+	0·9058 3874+
a_1	12·7345 228+	4·4752 834+	0·0129 4450−	12·6450 219+	0·2760 324+	0·0034 3137+
a_2	2526 100−	358 297+	2 9527−	809 125+	4411 699−	12 8808+
a_3	244 525+	410 515−	1 8657+	98 509−	64 826−	5649−
a_4	11 708+	21 296+	388−	12 188−	12 212+	567−
a_5	2 255−	246−		1 880+	798+	
	February 3			**February 11**		
a_0	351·4872 519+	0·3454 083+	0·9475 4194+	89·3094 299+	19·5638 467+	0·9104 9604+
a_1	12·3062 170+	4·4321 828+	0·0129 9087−	12·7733 589+	0·6204 717−	0·0058 1540+
a_2	1744 821−	747 980−	2 3993+	459 283+	4524 911−	10 8494+
a_3	269 319+	328 170−	1 7021+	128 347−	8 142−	7932−
a_4	548+	19 784+	789−	2 591−	16 288+	467−
a_5	1 373−	880−		2 098+	545+	
	February 4			**February 12**		
a_0	3·6458 360+	4·6718 665+	0·9349 5333+	102·1158 331+	18·4917 531+	0·9173 1239+
a_1	12·0375 815+	4·1916 093+	0·0120 3196−	12·8267 235+	1·5211 089−	0·0077 2863+
a_2	947 304−	1622 617−	7 0271+	79 693+	4446 149−	8 1947+
a_3	258 052+	257 900−	1 3797+	117 980−	62 244+	9827−
a_4	6 227−	15 190+	949−	8 077+	19 043+	301−
a_5	915−	983−		1 656+	165+	
	February 5			**February 13**		
a_0	15·6137 781+	8·6768 448+	0·9237 5256+	114·9397 011+	16·5341 745+	0·9257 5921+
a_1	11·9225 883+	3·7953 005+	0·0102 5059−	12·8113 256+	2·3839 663−	0·0090 6070+
a_2	219 667−	2315 032−	10 5970+	209 234−	4143 512−	5 0736+
a_3	224 106+	206 845−	9964+	69 609−	139 853+	1 1058−
a_4	10 794−	10 155+	945−	16 383+	19 848+	54−
a_5	736−	756−		783+	197−	
	February 6			**February 14**		
a_0	27·5356 574+	12·2208 975+	0·9146 5187+	127·7248 590+	13·7518 073+	0·9352 1616+
a_1	11·9412 014+	3·2739 252+	0·0078 7005−	12·7555 400+	3·1628 725−	0·0097 4153+
a_2	380 506+	2882 207−	13 0219+	311 955−	3606 839−	1 7335+
a_3	173 653+	173 548−	6173+	3 236+	217 121+	1 1284−
a_4	14 562−	6 311+	864−	20 184+	18 830+	254+
a_5	605−	347−		127−	456−	
	February 7			**February 15**		
a_0	39·5307 578+	15·1898 437+	0·9081 3709+	140·4515 329+	10·2518 005+	0·9450 2073+
a_1	12·0632 710+	2·6477 711+	0·0051 1507−	12·7021 293+	3·8118 000−	0·0097 5987+
a_2	808 001+	3368 457−	14 3579+	182 442−	2847 053−	1 4901−
a_3	109 530+	151 500−	2717+	82 287+	287 796+	1 0253−
a_4	17 760−	4 558+	770−	19 395+	16 531+	556+
a_5	301−	127+		846−	603−	
	February 8			**February 16**		
a_0	51·6839 758+	17·4860 876+	0·9044 7728+	153·1455 016+	6·1856 676+	0·9545 3463+
a_1	12·2504 765+	1·9305 169+	0·0021 9277−	12·6976 614+	4·2885 611−	0·0091 7655+
a_2	1026 984+	3794 335−	14 7135+	172 307+	1890 506−	4 2258−
a_3	35 834+	131 754−	357−	151 081+	347 844+	7980−
a_4	19 455−	5 228+	692−	15 066+	13 521+	761+
a_5	311+	552+		1 400−	679−	

Formula: Quantity in degrees $= a_0 + a_1 p + a_2 p^2 + a_3 p^3 + a_4 p^4 + a_5 p^5$

where p is the fraction of a day from 0^h TDT.

DAILY POLYNOMIAL COEFFICIENTS

	Apparent Right Ascension	Apparent Declination	Horizontal Parallax
	February 17		
	°	°	°
a_0	165·8768 685+	1·7441 244+	0·9632 1640+
a_1	12·7827 732+	4·5572 405−	0·0081 2245+
a_2	701 938+	772 630−	6 1626−
a_3	197 025+	395 087+	4871−
a_4	8 034+	10 175+	787+
a_5	1 952−	762−	
	February 18		
a_0	178·7501 462+	2·8499 292−	0·9706 8175+
a_1	12·9845 051+	4·5895 519−	0·0067 7531+
a_2	1321 679+	466 076+	7 1571−
a_3	209 280+	428 031+	1663−
a_4	1 781−	6 475+	612+
a_5	2 584−	982−	
	February 19		
a_0	191·8873 107+	7·3495 210−	0·9767 3084+
a_1	13·3096 202+	4·3658 288−	0·0053 1852+
a_2	1912 949+	1779 228+	7 2984−
a_3	176 076+	443 822+	819+
a_4	14 953−	1 718+	290+
a_5	3 036−	1 481−	
	February 20		
a_0	205·4040 345+	11·4930 211−	0·9813 3061+
a_1	13·7375 341+	3·8768 907−	0·0038 9502+
a_2	2320 994+	3106 208+	6 8895−
a_3	86 203+	435 456+	1973+
a_4	30 775−	5 609−	70−
a_5	2 563−	2 240−	
	February 21		
a_0	219·3789 544+	15·0165 304−	0·9845 5570+
a_1	14·2140 049+	3·1283 768−	0·0025 7349+
a_2	2369 185+	4356 492+	6 3480−
a_3	61 216−	390 289+	1650+
a_4	44 473−	17 004−	348−
a_5	309−	2 842−	
	February 22		
a_0	233·8192 780+	17·6722 136−	0·9865 0741+
a_1	14·6515 374+	2·1482 137−	0·0013 3945+
a_2	1915 547+	5396 844+	6 0647−
a_3	240 083−	294 056+	194+
a_4	46 364−	31 727−	451−
a_5	3 426+	2 521−	
	February 23		
a_0	248·6340 680+	19·2547 621−	0·9872 3783+
a_1	14·9457 926+	0·9945 775−	0·0001 1427+
a_2	951 496+	6063 374+	6 2736−
a_3	389 669−	142 885+	1678−
a_4	28 326−	44 815−	341−
a_5	6 305+	873−	
	February 24		
a_0	263·6338 412+	19·6332 825−	0·9867 0456+
a_1	15·0110 126+	0·2426 029+	0·0012 0446−
a_2	324 218−	6214 412+	6 9726−
a_3	440 182−	43 813−	3093−
a_4	4 674+	49 162−	43−
a_5	5 835+	1 399+	

	Apparent Right Ascension	Apparent Declination	Horizontal Parallax
	February 25		
	°	°	°
a_0	278·5694 647+	18·7783 960−	0·9847 7148+
a_1	14·8188 979+	1·4533 779+	0·0026 9349−
a_2	1558 291−	5802 062+	7 9139−
a_3	365 005−	225 557−	3277−
a_4	34 430+	41 676−	356+
a_5	2 474+	2 985+	
	February 26		
a_0	293·1997 234+	16·7712 368−	0·9812 5739+
a_1	14·4127 431+	2·5309 453+	0·0043 6033−
a_2	2422 083−	4905 251+	8 6722−
a_3	204 512−	362 244−	1820−
a_4	46 214+	26 251−	722+
a_5	984−	3 253+	
	February 27		
a_0	307·3543 298+	13·7882 906−	0·9760 1886+
a_1	13·8849 642+	3·3944 475+	0·0061 2045−
a_2	2768 315−	3693 572+	8 7786−
a_3	30 481−	435 096−	1138+
a_4	40 412+	9 759−	926+
a_5	2 664−	2 572+	
	February 28		
a_0	320·9631 894+	10·0687 142−	0·9690 4118+
a_1	13·3369 898+	4·0000 146+	0·0078 0497−
a_2	2644 014−	2355 451+	7 8827−
a_3	104 482+	448 966−	4919+
a_4	26 543+	3 096+	896+
a_5	2 712−	1 594+	
	March 1		
a_0	334·0486 090+	5·8775 822−	0·9605 0609+
a_1	12·8487 929+	4·3384 492+	0·0091 9808−
a_2	2198 474−	1043 047+	5 8769−
a_3	183 901+	421 148−	8558+
a_4	12 804+	10 957+	653+
a_5	2 063−	719+	
	March 2		
a_0	346·6970 186+	1·4757 755−	0·9508 1243+
a_1	12·4683 592+	4·4254 558+	0·0100 9058−
a_2	1590 587−	147 486−	2 9285−
a_3	214 885+	370 491−	1 1190+
a_4	2 491+	14 423+	294+
a_5	1 387−	90+	
	March 3		
a_0	359·0279 181+	2·8993 339+	0·9405 4385+
a_1	12·2150 108+	4·2906 253+	0·0103 2880−
a_2	944 859−	1171 536−	5941+
a_3	211 263+	312 104−	1 2353+
a_4	4 415−	14 751+	67−
a_5	918−	275−	
	March 4		
a_0	11·1690 361+	7·0430 428+	0·9303 9732+
a_1	12·0871 937+	3·9684 495+	0·0098 4209−
a_2	346 746−	2022 110−	4 2510+
a_3	184 606+	255 921−	1 2053+
a_4	9 016−	13 271+	350−
a_5	621−	401−	

Formula: Quantity in degrees $= a_0 + a_1 p + a_2 p^2 + a_3 p^3 + a_4 p^4 + a_5 p^5$

where p is the fraction of a day from 0^h TDT.

DAILY POLYNOMIAL COEFFICIENTS

	Apparent Right Ascension	Apparent Declination	Horizontal Parallax	Apparent Right Ascension	Apparent Declination	Horizontal Parallax
	March 5			**March 13**		
	°	°	°	°	°	°
a_0	23·2390 521+	10·7849 762+	0·9210 9736+	122·9174 638+	14·7405 877+	0·9303 5496+
a_1	12·0693 096+	3·4923 593+	0·0086 4431−	12·6827 830+	2·8224 078−	0·0111 0338+
a_2	146 743+	2714 268−	7 6514+	221−	3809 146−	7 7206+
a_3	142 482+	206 809−	1 0621+	28 080+	153 771+	1 2569−
a_4	12 198−	11 187+	529−	15 407+	16 983+	713−
a_5	371−	341−		12−	401+	
	March 6			**March 14**		
a_0	35·3360 272+	13·9863 125+	0·9133 1911+	135·6045 722+	11·5543 807+	0·9420 9758+
a_1	12·1363 385+	2·8917 677+	0·0068 1655−	12·6973 186+	3·5311 123−	0·0122 4185+
a_2	497 266+	3270 989−	10 5177+	176 318+	3241 911−	3 5323+
a_3	90 183+	165 368−	8485+	89 249+	225 616+	1 5491−
a_4	14 168−	9 439+	621−	15 267+	19 087+	380−
a_5	39−	168−		622−	257+	
	March 7			**March 15**		
a_0	47·5296 899+	16·5353 717+	0·9076 3297+	148·3299 120+	7·7235 732+	0·9545 3396+
a_1	12·2571 603+	2·1916 516+	0·0044 8331−	12·7651 516+	4·1040 471−	0·0124 6835+
a_2	682 391+	3712 138−	12 6891+	529 426+	2447 952−	1 3264−
a_3	33 395+	129 170−	5992+	143 748+	304 295+	1 7070−
a_4	14 475−	8 594+	665−	12 113+	20 506+	159+
a_5	427+	37+		1 240−	133−	
	March 8			**March 16**		
a_0	59·8570 240+	18·3437 556+	0·9044 7184+	161·1634 684+	3·4071 977+	0·9667 0055+
a_1	12·3980 811+	1·4139 291+	0·0017 9232−	12·9183 859+	4·4942 139−	0·0116 9731+
a_2	699 977+	4047 715−	14 0867+	1020 941+	1413 340−	6 3321−
a_3	19 932−	94 330−	3333+	179 404+	384 587+	1 6444−
a_4	12 396−	8 798+	698−	5 900+	19 973+	810+
a_5	955+	203+		1 947−	813−	
	March 9			**March 17**		
a_0	72·3219 655+	19·3443 803+	0·9041 1454+	174·2022 842+	1·1879 755−	0·9776 0833+
a_1	12·5276 165+	0·5797 082+	0·0010 9710+	13·1777 812+	4·6539 241−	0·0099 7004+
a_2	575 350+	4275 878−	14 6664+	1575 063+	147 854−	10 7615−
a_3	59 736−	57 048−	547+	183 107+	455 823+	1 3136−
a_4	7 589−	9 842+	744−	3 921−	15 996+	1375+
a_5	1 358+	299+		2 696−	1 725−	
	March 10			**March 18**		
a_0	84·9005 202+	19·4918 100+	0·9066 7631+	187·5552 208+	5·8096 755−	0·9863 8461+
a_1	12·6224 091+	0·2884 953−	0·0040 1705+	13·5448 093+	4·5412 129−	0·0074 7874+
a_2	364 192+	4384 975−	14 3824+	2073 836+	1298 349+	13 8693−
a_3	76 463−	14 664−	2425−	140 263+	502 004+	7507−
a_4	707−	11 352+	805−	17 774−	7 371+	1631+
a_5	1 446+	340+		3 074−	2 698−	
	March 11			**March 19**		
a_0	97·5517 761+	18·7645 200+	0·9120 9930+	201·3193 552+	10·1703 858−	0·9924 1766+
a_1	12·6727 484+	1·1651 786−	0·0067 8858+	13·9930 098+	4·1293 432−	0·0045 4498+
a_2	145 021+	4357 452−	13 1704+	2357 116+	2821 585+	15 1480−
a_3	64 999−	34 162+	5653−	38 948+	504 111+	849−
a_4	6 597+	13 055+	857−	33 920−	6 299−	1464+
a_5	1 161+	369+		2 223−	3 403−	
	March 12			**March 20**		
a_0	110·2333 025+	17·1683 548+	0·9201 3981+	215·5483 569+	13·9681 295−	0·9954 5400+
a_1	12·6854 715+	2·0210 138−	0·0092 1875+	14·4614 406+	3·4180 136−	0·0015 4853+
a_2	1 203+	4172 941−	10 9603+	2248 068+	4262 038+	14 5400−
a_3	27 320−	90 091+	9113−	117 355−	444 955+	5089+
a_4	12 400+	14 912+	851−	45 894−	23 742−	948+
a_5	616+	404+		567+	3 313−	

Formula: Quantity in degrees $= a_0 + a_1 p + a_2 p^2 + a_3 p^3 + a_4 p^4 + a_5 p^5$

where p is the fraction of a day from 0^h TDT.

DAILY POLYNOMIAL COEFFICIENTS

	Apparent Right Ascension	Apparent Declination	Horizontal Parallax
	March 21		
	°	°	°
a_0	230·2183 360+	16·9181 494−	0·9956 0890+
a_1	14·8577 777+	2·4432 715−	0·0011 6885−
a_2	1626 291+	5421 244+	12 4641−
a_3	293 084−	317 641+	8887+
a_4	43 102−	40 834−	299+
a_5	4 425+	1 959−	
	March 22		
a_0	245·2055 667+	18·7918 117−	0·9932 8550+
a_1	15·0800 849+	1·2810 411−	0·0033 8313−
a_2	532 844+	6109 542+	9 6359−
a_3	420 029−	136 041+	1 0023+
a_4	19 755−	50 823−	257−
a_5	6 596+	376+	
	March 23		
a_0	260·2956 172+	19·4533 393−	0·9890 3644+
a_1	15·0560 394+	0·0384 593−	0·0050 1994−
a_2	779 626−	6216 544+	6 7932−
a_3	433 903−	62 298−	8910+
a_4	14 602+	48 552−	580−
a_5	5 129+	2 469+	
	March 24		
a_0	275·2322 768+	18·8809 823−	0·9834 2048+
a_1	14·7783 446+	1·1679 745+	0·0061 3451−
a_2	1942 407−	5763 115+	4 4701−
a_3	326 290−	231 374−	6512+
a_4	40 467+	35 583−	643−
a_5	1 406+	3 221+	
	March 25		
a_0	289·7879 390+	17·1630 700−	0·9768 9766+
a_1	14·3088 626+	2·2385 618+	0·0068 5888−
a_2	2664 534−	4887 756+	2 8974−
a_3	152 135−	341 787−	3889+
a_4	46 726+	19 109−	497−
a_5	1 685−	2 681+	
	March 26		
a_0	303·8196 388+	14·4715 542−	0·9697 8296+
a_1	13·7481 617+	3·1072 725+	0·0073 4159−
a_2	2857 566−	3774 545+	2 0209−
a_3	17 216+	391 997−	1878+
a_4	37 470+	5 697−	232−
a_5	2 851−	1 659+	
	March 27		
a_0	317·2872 274+	11·0264 307−	0·9622 5574+
a_1	13·1953 760+	3·7431 320+	0·0076 9872−
a_2	2609 681−	2580 935+	1 5879−
a_3	138 702+	398 678−	955+
a_4	22 779+	2 432+	58+
a_5	2 619−	819+	
	March 28		
a_0	330·2375 214+	7·0647 479−	0·9544 0837+
a_1	12·7228 529+	4·1410 973+	0·0079 8531−
a_2	2083 121−	1407 656+	1 2594−
a_3	204 027+	381 028−	1215+
a_4	9 574+	6 361+	291+
a_5	1 928−	353+	

	Apparent Right Ascension	Apparent Declination	Horizontal Parallax
	March 29		
	°	°	°
a_0	342·7732 297+	2·8203 165−	0·9463 1217+
a_1	12·3703 035+	4·3110 403+	0·0081 8908−
a_2	1432 876−	306 243+	7163−
a_3	223 415+	352 162−	2420+
a_4	43−	8 018+	416+
a_5	1 314−	173+	
	March 30		
a_0	355·0224 513+	1·4869 510+	0·9380 7982+
a_1	12·1500 791+	4·2699 340+	0·0082 4308−
a_2	776 036−	700 415−	2594+
a_3	210 347+	318 379−	4123+
a_4	6 596−	8 829+	417+
a_5	906−	139+	
	March 31		
a_0	7·1152 113+	5·6559 024+	0·9299 0807+
a_1	12·0548 849+	4·0379 384+	0·0080 5086−
a_2	193 648−	1601 195−	1 7429+
a_3	175 077+	281 664−	5816+
a_4	11 174−	9 495+	314+
a_5	612−	156+	
	April 1		
a_0	19·1670 605+	9·5065 199+	0·9220 9279+
a_1	12·0639 031+	3·6370 760+	0·0075 1526−
a_2	258 392+	2387 663−	3 6707+
a_3	124 456+	242 113−	7082+
a_4	14 344−	10 261+	150+
a_5	290−	174+	
	April 2		
a_0	31·2677 851+	12·8816 617+	0·9150 1692+
a_1	12·1470 366+	3·0911 006+	0·0065 6263−
a_2	542 773+	3050 702−	5 8801+
a_3	64 456+	199 338−	7683+
a_4	15 913−	11 134+	29−
a_5	173+	164+	
	April 3		
a_0	43·4739 705+	15·6488 883+	0·9091 1884+
a_1	12·2686 499+	2·4256 946+	0·0051 5728−
a_2	642 372+	3580 270−	8 1625+
a_3	2 874+	153 200−	7560+
a_4	15 137−	11 966+	195−
a_5	764+	102+	
	April 4		
a_0	55·8057 077+	17·7024 427+	0·9048 5147+
a_1	12·3923 143+	1·6685 179+	0·0033 0577−
a_2	567 801+	3967 054−	10 3091+
a_3	49 724−	104 386−	6774+
a_4	11 317−	12 484+	339−
a_5	1 310+	17−	
	April 5		
a_0	68·2488 290+	18·9650 633+	0·9026 4097+
a_1	12·4870 857+	0·8487 766+	0·0010 5427−
a_2	363 829+	4205 475−	12 1339+
a_3	81 740−	54 691−	5417+
a_4	4 675−	12 387+	470−
a_5	1 580+	147−	

Formula: Quantity in degrees $= a_0 + a_1 p + a_2 p^2 + a_3 p^3 + a_4 p^4 + a_5 p^5$

where p is the fraction of a day from 0^h TDT.

DAILY POLYNOMIAL COEFFICIENTS

	Apparent Right Ascension	Apparent Declination	Horizontal Parallax	Apparent Right Ascension	Apparent Declination	Horizontal Parallax
		April 6			April 14	
	°	°	°	°	°	°
a_0	80·7638 140+	19·3890 473+	0·9028 4957+	181·9312 700+	3·9151 618−	0·9870 2634+
a_1	12·5342 493+	0·0038 446−	0·0015 1624+	13·4723 039+	4·6258 866−	0·0127 8042+
a_2	106 366+	4296 706−	13 4728+	2568 053+	457 741+	11 5931−
a_3	84 721−	6 650−	3542+	193 831+	497 097+	2 2164−
a_4	3 331+	11 603+	607−	17 173−	22 725+	1224+
a_5	1 439+	206−		4 013−	2 503−	
		April 7			April 15	
a_0	93·3007 048+	18·9560 068+	0·9057 4244+	195·6776 437+	8·4435 423−	0·9984 3806+
a_1	12·5321 578+	0·8606 424−	0·0042 9278+	14·0351 886+	4·3773 728−	0·0098 4591+
a_2	113 421−	4249 107−	14 1662+	3006 231+	2060 348+	17 4780−
a_3	57 277−	37 752+	1122+	85 196+	561 773+	1 7157−
a_4	10 560+	10 505+	766−	38 189−	10 121+	2194+
a_5	961+	116−		3 771−	4 620−	
		April 8			April 16	
a_0	105·8169 450+	17·6752 677+	0·9114 5540+	210·0177 789+	12·5581 530−	1·0063 8654+
a_1	12·4969 945+	1·6949 943−	0·0071 2905+	14·6448 361+	3·7950 341−	0·0059 2347+
a_2	212 296−	4073 994−	14 0377+	2994 750+	3760 087+	21 2959−
a_3	5 769−	78 756+	1936−	103 423−	555 485+	8151−
a_4	15 307+	9 868+	948−	58 518−	13 726−	2618+
a_5	363+	142+		598−	5 678−	
		April 9			April 17	
a_0	118·2937 000+	15·5817 506+	0·9199 5938+	224·9458 361+	15·9235 703−	1·0101 2510+
a_1	12·4591 082+	2·4821 479−	0·0098 4060+	15·1890 595+	2·8846 990−	0·0015 2464+
a_2	134 159−	3777 102−	12 8828+	2327 301+	5287 232+	22 1802−
a_3	58 770+	119 854+	5738−	340 218−	444 663+	2560+
a_4	17 015+	10 567+	1124−	62 077−	43 309−	2285+
a_5	174−	506+		5 201+	4 209−	
		April 10			April 18	
a_0	130·7469 533+	12·7349 852+	0·9310 1965+	240·3279 163+	18·2398 316−	1·0094 8016+
a_1	12·4566 257+	3·1971 319−	0·0122 0004+	15·5302 283+	1·7132 773−	0·0027 4314−
a_2	142 477+	3349 063−	10 4840+	986 427+	6319 187+	20 0693−
a_3	124 817+	167 375+	1 0278−	534 195−	231 571+	1 1824+
a_4	16 060+	13 166+	1222−	34 358−	64 995−	1369+
a_5	627−	840+		9 407+	266−	
		April 11			April 19	
a_0	143·2318 517+	9·2210 849+	0·9441 5309+	255·9008 727+	19·3045 592−	1·0048 6202+
a_1	12·5286 760+	3·8110 459−	0·0139 3959+	15·5582 136+	0·4060 954−	0·0063 4752−
a_2	607 008+	2759 520−	6 6711+	727 895−	6621 360+	15 7337−
a_3	182 490+	228 482+	1 5251−	578 433−	28 838−	1 7278+
a_4	12 921+	17 531+	1119−	15 139+	65 675−	295+
a_5	1 131−	935+		7 797+	3 690+	
		April 12			April 20	
a_0	155·8406 565+	5·1587 819+	0·9585 9608+	271·3307 472+	19·0576 009−	0·9971 1685+
a_1	12·7094 266+	4·2869 258−	0·0147 7144+	15·2490 527+	0·8851 018+	0·0089 6416−
a_2	1220 695+	1959 494−	1 4380+	2294 320−	6177 877+	10 3992−
a_3	222 421+	307 715+	1 9852−	443 079−	253 806−	1 8345+
a_4	7 343+	22 483+	683−	54 644+	45 970−	550−
a_5	1 886−	532+		2 080+	5 104+	
		April 13			April 21	
a_0	168·6949 404+	0·7089 797+	0·9733 0599+	286·3117 323+	17·5841 786−	0·9872 9071+
a_1	13·0222 850+	4·5772 523−	0·0144 3611+	14·6801 571+	2·0286 981+	0·0105 1574−
a_2	1913 155+	896 077−	4 9017−	3275 091−	5191 783+	5 2399−
a_3	232 301+	402 303+	2 2702−	206 405−	387 267−	1 6013+
a_4	2 037−	25 492+	143+	63 762+	19 729−	998−
a_5	2 974−	609−		2 634−	3 951+	

Formula: Quantity in degrees = $a_0 + a_1 p + a_2 p^2 + a_3 p^3 + a_4 p^4 + a_5 p^5$

where p is the fraction of a day from 0^h TDT.

DAILY POLYNOMIAL COEFFICIENTS

	Apparent Right Ascension	Apparent Declination	Horizontal Parallax
	April 22		
	°	°	°
a_0	300·6498 528+	15·0766 067−	0·9764 0114+
a_1	13·9874 040+	2·9449 565+	0·0111 2328−
a_2	3538 264−	3951 117+	1 0372−
a_3	21 404+	427 806−	1 1922+
a_4	49 298+	6+	1077−
a_5	4 120−	1 945+	
	April 23		
a_0	314·2900 887+	11·7791 241−	0·9652 8260+
a_1	13·3038 323+	3·6078 111+	0·0110 1616−
a_2	3219 554−	2687 132+	1 8982+
a_3	177 729+	409 220−	7556+
a_4	28 144+	9 391+	911−
a_5	3 481−	412+	
	April 24		
a_0	327·2922 048+	7·9425 414−	0·9545 2271+
a_1	12·7227 586+	4·0264 330+	0·0104 4629−
a_2	2552 328−	1519 886+	3 6271+
a_3	256 151+	367 972−	3890+
a_4	10 697+	11 129+	626−
a_5	2 331−	322−	
	April 25		
a_0	339·7861 822+	3·7998 363−	0·9444 7179+
a_1	12·2922 523+	4·2243 091+	0·0096 2918−
a_2	1743 002−	479 492+	4 4284+
a_3	276 127+	326 760−	1391+
a_4	849−	9 315+	315−
a_5	1 467−	455−	
	April 26		
a_0	351·9315 155+	0·4406 321+	0·9352 9622+
a_1	12·0254 176+	4·2256 783+	0·0087 1434−
a_2	934 379−	449 464−	4 6655+
a_3	258 339+	293 939−	151+
a_4	8 106−	6 935+	39−
a_5	1 003−	260−	
	April 27		
a_0	3·8884 182+	4·5926 376+	0·9270 4955+
a_1	11·9123 000+	4·0502 483+	0·0077 7826−
a_2	218 037−	1292 280−	4 6938+
a_3	216 037+	268 615−	22+
a_4	13 145−	5 590+	166+
a_5	766−	61+	
	April 28		
a_0	15·7991 271+	8·4873 615+	0·9197 4254+
a_1	11·9278 630+	3·7134 745+	0·0068 3219−
a_2	343 517+	2063 979−	4 8037+
a_3	155 963+	245 462−	716+
a_4	17 098−	5 899+	284+
a_5	512−	374+	
	April 29		
a_0	27·7751 770+	11·9705 192+	0·9134 0073+
a_1	12·0362 602+	3·2295 869+	0·0058 3859−
a_2	703 655+	2761 225−	5 1897+
a_3	82 739+	218 007−	1878+
a_4	19 836−	7 822+	313+
a_5	27−	575+	

	Apparent Right Ascension	Apparent Declination	Horizontal Parallax
	April 30		
	°	°	°
a_0	39·8880 904+	14·9030 226+	0·9081 0302+
a_1	12·1938 661+	2·6153 559+	0·0047 3177−
a_2	832 559+	3362 556−	5 9396+
a_3	3 574+	180 971−	3152+
a_4	20 123−	10 780+	267+
a_5	741+	575+	
	May 1		
a_0	52·1636 315+	17·1651 613+	0·9039 9940+
a_1	12·3537 721+	1·8931 525+	0·0034 3861−
a_2	729 936+	3835 032−	7 0420+
a_3	69 032−	132 242−	4233+
a_4	16 438−	13 734+	165+
a_5	1 579+	338+	
	May 2		
a_0	64·5820 082+	18·6629 936+	0·9013 0896+
a_1	12·4732 650+	1·0921 357+	0·0018 9662−
a_2	440 021+	4145 970−	8 4064+
a_3	118 698−	74 154−	4900+
a_4	8 386−	15 453+	27+
a_5	2 096+	59−	
	May 3		
a_0	77·0867 765+	19·3346 564+	0·9003 0225+
a_1	12·5233 535+	0·2468 471+	0·0000 6727−
a_2	54 595+	4276 305−	9 8874+
a_3	131 342−	13 142−	5013+
a_4	2 301+	15 107+	135−
a_5	1 995+	433−	
	May 4		
a_0	89·6028 850+	19·1540 262+	0·9012 7249+
a_1	12·4967 871+	0·6065 305−	0·0020 5520+
a_2	305 671−	4229 437−	11 3047+
a_3	102 566−	42 862+	4482+
a_4	12 372+	12 827+	317−
a_5	1 338+	593−	
	May 5		
a_0	102·0602 194+	18·1300 616+	0·9044 9982+
a_1	12·4104 998+	1·4347 248−	0·0044 3795+
a_2	525 779−	4029 835−	12 4527+
a_3	40 185−	88 322+	3226+
a_4	18 989+	9 745+	527−
a_5	493+	449−	
	May 6		
a_0	114·4160 709+	16·3021 151+	0·9102 1003+
a_1	12·3011 297+	2·2105 212−	0·0070 0419+
a_2	527 505−	3710 895−	13 0965+
a_3	40 305+	123 047+	1130+
a_4	21 283+	7 428+	774−
a_5	190−	44−	
	May 7		
a_0	126·6705 899+	13·7335 476+	0·9185 2742+
a_1	12·2161 376+	2·9128 359−	0·0096 2644+
a_2	280 828−	3297 619−	12 9627+
a_3	123 283+	152 636+	1958−
a_4	20 178+	7 199+	1052−
a_5	612−	498+	

Formula: Quantity in degrees $= a_0 + a_1 p + a_2 p^2 + a_3 p^3 + a_4 p^4 + a_5 p^5$

where p is the fraction of a day from 0^h TDT.

DAILY POLYNOMIAL COEFFICIENTS

	Apparent Right Ascension	Apparent Declination	Horizontal Parallax
	May 8		
	°	°	°
a_0	138·8729 296+	10·5069 831+	0·9294 2003+
a_1	12·2047 218+	3·5234 398−	0·0121 1815+
a_2	203 953+	2791 527−	11 7357+
a_3	197 682+	186 708+	6181−
a_4	17 066+	9 752+	1323−
a_5	928−	1 017+	
	May 9		
a_0	151·1194 288+	6·7241 383+	0·9426 3671+
a_1	12·3111 789+	4·0213 230−	0·0142 2690+
a_2	890 118+	2162 689−	9 0827+
a_3	256 360+	236 046+	1 1531−
a_4	12 507+	15 011+	1487−
a_5	1 439−	1 301+	
	May 10		
a_0	163·5463 623+	2·5117 821+	0·9576 4170+
a_1	12·5703 927+	4·3763 925−	0·0156 3796+
a_2	1719 871+	1351 421−	4 7348+
a_3	291 402+	308 924+	1 7600−
a_4	5 504+	21 854+	1376−
a_5	2 461−	1 018+	
	May 11		
a_0	176·3181 866+	1·9665 728−	0·9735 6338+
a_1	13·0027 566+	4·5447 502−	0·0160 0178+
a_2	2602 493+	283 259−	1 3527−
a_3	287 884+	405 760+	2 3279−
a_4	6 692−	27 468+	798−
a_5	4 067−	279−	
	May 12		
a_0	189·6089 049+	6·4963 539−	0·9891 8913+
a_1	13·6049 085+	4·4688 288−	0·0150 0087+
a_2	3385 242+	1096 123+	8 7803−
a_3	219 669+	511 352+	2 6632−
a_4	27 503−	26 595+	325+
a_5	5 506−	2 860−	
	May 13		
a_0	203·5710 036+	10·8020 617−	1·0030 4890+
a_1	14·3341 048+	4·0869 942−	0·0124 5882+
a_2	3823 920+	2761 141+	16 5305−
a_3	55 251+	587 317+	2 5364−
a_4	56 694−	12 230+	1774+
a_5	4 546−	6 063−	
	May 14		
a_0	218·2869 016+	14·5535 934−	1·0136 1879+
a_1	15·0905 204+	3·3567 119−	0·0084 6289+
a_2	3603 730+	4535 656+	23 0378−
a_3	213 603−	574 798+	1 8083−
a_4	81 613−	19 391−	2993+
a_5	1 272+	7 582−	
	May 15		
a_0	233·7084 006+	17·4019 572−	1·0196 2700+
a_1	15·7151 859+	2·2886 851−	0·0034 3272+
a_2	2485 985+	6067 606+	26 6557−
a_3	522 558−	423 049+	5773−
a_4	75 050−	59 293−	3369+
a_5	9 862+	4 765−	

	Apparent Right Ascension	Apparent Declination	Horizontal Parallax
	May 16		
	°	°	°
a_0	249·6134 103+	19·0479 826−	1·0203 7011+
a_1	16·0305 298+	0·9743 418−	0·0019 3669−
a_2	567 144+	6933 265+	26 3868−
a_3	722 349−	141 769+	8008+
a_4	22 035−	83 690−	2695+
a_5	13 164+	1 552+	
	May 17		
a_0	265·6275 325+	19·3230 348−	1·0159 0176+
a_1	15·9250 151+	0·4221 473+	0·0068 6595−
a_2	1600 079−	6872 180+	22 4087−
a_3	682 046−	174 695−	1 8902+
a_4	46 650+	74 325−	1345+
a_5	7 329+	6 462+	
	May 18		
a_0	281·3297 331+	18·2379 251−	1·0069 9740+
a_1	15·4227 006+	1·7176 767+	0·0107 2686−
a_2	3293 165−	5967 035+	15 9735−
a_3	426 883−	407 134−	2 4199+
a_4	82 399+	40 184−	38−
a_5	1 103−	6 767+	
	May 19		
a_0	296·3885 583+	15·9676 002−	0·9949 1479+
a_1	14·6684 054+	2·7762 500+	0·0131 9720−
a_2	4090 794−	4572 273+	8 7662−
a_3	110 796−	501 710−	2 3870+
a_4	74 623+	5 801−	990−
a_5	5 313−	4 047+	
	May 20		
a_0	310·6437 357+	12·7844 693−	0·9810 6976+
a_1	13·8442 005+	3·5398 914+	0·0142 7404−
a_2	4028 771−	3072 748+	2 2121−
a_3	134 558+	486 073−	1 9746+
a_4	46 790+	14 053+	1395−
a_5	5 187−	1 209+	
	May 21		
a_0	324·1026 752+	8·9843 842−	0·9667 5801+
a_1	13·0949 382+	4·0148 425+	0·0141 7996−
a_2	3396 268−	1710 849+	2 8747+
a_3	270 792+	418 748−	1 4060+
a_4	20 641+	19 554+	1380−
a_5	3 495−	449−	
	May 22		
a_0	336·8867 804+	4·8384 211−	0·9529 9232+
a_1	12·5034 327+	4·2389 844+	0·0132 3845−
a_2	2494 980−	567 382+	6 2722+
a_3	319 256+	345 358−	8493+
a_4	3 349+	16 933+	1134−
a_5	2 023−	1 008−	
	May 23		
a_0	349·1727 733+	0·5756 418−	0·9404 5468+
a_1	12·1005 428+	4·2551 228+	0·0117 7458−
a_2	1537 326−	377 206−	8 1500+
a_3	312 906+	287 660−	3949+
a_4	6 572−	11 692+	804−
a_5	1 211−	918−	

Formula: Quantity in degrees $= a_0 + a_1 p + a_2 p^2 + a_3 p^3 + a_4 p^4 + a_5 p^5$

where p is the fraction of a day from 0^h TDT.

DAILY POLYNOMIAL COEFFICIENTS

May 24

	Apparent Right Ascension	Apparent Declination	Horizontal Parallax
	°	°	°
a_0	1·1500 958+	3·6140 719+	0·9295 2655+
a_1	11·8837 155+	4·0976 020+	0·0100 5827−
a_2	650 147−	1179 229−	8 8623+
a_3	274 706+	249 843−	741+
a_4	12 552−	7 006+	478−
a_5	892−	522−	

May 25

	Apparent Right Ascension	Apparent Declination	Horizontal Parallax
a_0	12·9949 229+	7·5694 150+	0·9203 5715+
a_1	11·8306 314+	3·7893 450+	0·0082 8267−
a_2	89 722+	1891 954−	8 8070+
a_3	215 677+	226 749−	1152−
a_4	17 071−	4 360+	193−
a_5	746−	18−	

May 26

	Apparent Right Ascension	Apparent Declination	Horizontal Parallax
a_0	24·8543 124+	11·1473 239+	0·9129 4172+
a_1	11·9060 775+	3·3446 648+	0·0065 6356−
a_2	626 825+	2546 223−	8 3525+
a_3	140 108+	209 213−	1905−
a_4	20 980−	4 291+	33+
a_5	446−	463+	

May 27

	Apparent Right Ascension	Apparent Declination	Horizontal Parallax
a_0	36·8349 406+	14·2169 206+	0·9071 9470+
a_1	12·0648 606+	2·7746 050+	0·0049 4887−
a_2	916 763+	3143 470−	7 8059+
a_3	52 116+	187 234−	1751−
a_4	23 446−	6 690+	194+
a_5	226+	780+	

May 28

	Apparent Right Ascension	Apparent Declination	Horizontal Parallax
a_0	48·9943 672+	16·6592 022+	0·9030 1084+
a_1	12·2545 837+	2·0928 071+	0·0034 3247−
a_2	934 663+	3657 207−	7 3996+
a_3	38 833−	152 662−	954−
a_4	22 460−	10 727+	285+
a_5	1 231+	794+	

May 29

	Apparent Right Ascension	Apparent Declination	Horizontal Parallax
a_0	61·3364 110+	18·3721 745+	0·9003 1164+
a_1	12·4214 990+	1·3202 545+	0·0019 6975−
a_2	695 716+	4042 873−	7 2852+
a_3	115 822−	102 009−	209+
a_4	16 233−	14 822+	307+
a_5	2 178+	454+	

May 30

	Apparent Right Ascension	Apparent Declination	Horizontal Parallax
a_0	73·8144 938+	19·2794 683+	0·8990 7556+
a_1	12·5204 913+	0·4872 324+	0·0004 9418−
a_2	272 655+	4255 422−	7 5304+
a_3	158 775−	38 498−	1456+
a_4	5 080−	17 129+	262+
a_5	2 529+	106−	

May 31

	Apparent Right Ascension	Apparent Declination	Horizontal Parallax
a_0	86·3461 180+	19·3390 111+	0·8993 5160+
a_1	12·5266 216+	0·3686 032−	0·0010 6606+
a_2	208 836−	4269 211−	8 1209+
a_3	154 072−	28 674+	2520+
a_4	7 813+	16 518+	156+
a_5	2 061+	606−	

June 1

	Apparent Right Ascension	Apparent Declination	Horizontal Parallax
	°	°	°
a_0	98·8374 362+	18·5479 453+	0·9012 5651+
a_1	12·4427 876+	1·2075 396−	0·0027 7210+
a_2	603 565−	4090 168−	8 9658+
a_3	102 774−	88 569+	3161+
a_4	18 159+	13 336+	2−
a_5	1 073+	799−	

June 2

	Apparent Right Ascension	Apparent Declination	Horizontal Parallax
a_0	111·2115 132+	16·9414 995+	0·9049 5679+
a_1	12·2990 416+	1·9940 672−	0·0046 6004+
a_2	792 236−	3752 450−	9 9065+
a_3	19 977−	134 031+	3169+
a_4	23 361+	9 210+	209−
a_5	102+	614−	

June 3

	Apparent Right Ascension	Apparent Declination	Horizontal Parallax
a_0	123·4316 797+	14·5864 500+	0·9106 3707+
a_1	12·1439 960+	2·7009 706−	0·0067 2805+
a_2	711 023−	3301 248−	10 7236+
a_3	74 116+	164 995+	2347+
a_4	23 643+	6 072+	465−
a_5	515−	151−	

June 4

	Apparent Right Ascension	Apparent Declination	Horizontal Parallax
a_0	135·5142 979+	11·5724 463+	0·9184 5631+
a_1	12·0332 257+	3·3093 675−	0·0089 2462+
a_2	351 997−	2771 337−	11 1397+
a_3	163 360+	188 109+	503+
a_4	20 912+	5 318+	766−
a_5	806−	431+	

June 5

	Apparent Right Ascension	Apparent Declination	Horizontal Parallax
a_0	147·5306 705+	8·0053 308+	0·9284 9226+
a_1	12·0197 960+	3·8048 590−	0·0111 3700+
a_2	255 487+	2170 780−	10 8206+
a_3	238 803+	214 006+	2558−
a_4	16 871+	7 540+	1096−
a_5	1 045−	977+	

June 6

	Apparent Right Ascension	Apparent Declination	Horizontal Parallax
a_0	159·6014 781+	4·0056 460+	0·9406 7477+
a_1	12·1487 596+	4·1713 084−	0·0131 8053+
a_2	1062 686+	1473 724−	9 3864+
a_3	295 506+	254 115+	6966−
a_4	11 794+	12 590+	1396−
a_5	1 603−	1 295+	

June 7

	Apparent Right Ascension	Apparent Declination	Horizontal Parallax
a_0	171·8870 762+	0·2862 348−	0·9547 1032+
a_1	12·4538 635+	4·3841 358−	0·0147 9294+
a_2	2003 967+	622 840−	6 4545+
a_3	325 938+	317 272+	1 2628−
a_4	4 033+	19 403+	1544−
a_5	2 823−	1 057+	

June 8

	Apparent Right Ascension	Apparent Declination	Horizontal Parallax
a_0	184·5740 512+	4·6988 815−	0·9700 0700+
a_1	12·9526 377+	4·4052 342−	0·0156 4318+
a_2	2977 749+	456 048+	1 7465+
a_3	312 751+	404 681+	1 8949−
a_4	9 976−	25 255+	1344−
a_5	4 720−	245−	

Formula: Quantity in degrees $= a_0 + a_1 p + a_2 p^2 + a_3 p^3 + a_4 p^4 + a_5 p^5$

where p is the fraction of a day from 0^h TDT.

DAILY POLYNOMIAL COEFFICIENTS

	Apparent Right Ascension	Apparent Declination	Horizontal Parallax	Apparent Right Ascension	Apparent Declination	Horizontal Parallax
		June 9			June 17	
	°	°	°	°	°	°
a_0	197·8542 693+	9·0155 418−	0·9856 2191+	319·6505 335+	10·4688 337−	0·9867 1698+
a_1	13·6356 609+	4·1826 440−	0·0153 7018+	13·7920 963+	3·9994 441+	0·0154 8126−
a_2	3808 836+	1819 260+	4 7209−	4052 408−	2296 565+	5 6565−
a_3	224 846+	501 647+	2 4518−	183 425+	519 348−	2 5281+
a_4	34 250−	24 637+	601−	41 957+	21 886+	1265−
a_5	6 222−	3 009−		5 234−	812+	
		June 10			June 18	
a_0	211·8892 512+	12·9639 322−	1·0002 6882+	333·0594 038+	6·2893 980−	0·9709 1023+
a_1	14·4480 733+	3·6599 512−	0·0136 6633+	13·0508 103+	4·3121 114+	0·0159 0483−
a_2	4215 337+	3441 930+	12 3963−	3302 745−	877 869+	1 1595+
a_3	26 729+	568 115+	2 7076−	300 033+	424 665−	2 0062+
a_4	67 474−	9 532+	713+	15 762+	25 337+	1546−
a_5	4 478−	6 551−		3 252−	855−	
		June 11			June 19	
a_0	226·7543 358+	16·2225 808−	1·0124 3190+	345·8111 939+	1·9295 181−	0·9553 0651+
a_1	15·2699 391+	2·8005 950−	0·0104 0331+	12·4849 516+	4·3699 921+	0·0151 3296−
a_2	3845 547+	5137 731+	20 0437−	2340 569−	252 720−	6 2534+
a_3	283 652−	539 934+	2 4206−	331 400+	332 161−	1 3791+
a_4	92 230−	24 798−	2267+	246−	20 667+	1445−
a_5	3 049+	8 097−		1 807−	1 328−	
		June 12			June 20	
a_0	242·3715 464+	18·4586 988−	1·0206 1145+	358·0950 232+	2·3839 198+	0·9409 2236+
a_1	15·9185 961+	1·6250 324−	0·0057 5920+	12·1152 565+	4·2274 029+	0·0135 2635−
a_2	2471 851+	6527 442+	25 9110−	1365 900−	1138 513−	9 5325+
a_3	616 880−	361 835+	1 4884−	312 765+	262 671−	7981+
a_4	75 912−	67 587−	3395+	9 089−	13 828+	1164−
a_5	12 491+	4 511−		1 096−	1 137−	
		June 13			June 21	
a_0	258·4692 978+	19·4020 134−	1·0236 6467+	10·1039 478+	6·4724 733+	0·9284 1744+
a_1	16·2037 851+	0·2402 758−	0·0002 6651+	11·9317 229+	3·9258 619+	0·0114 2697−
a_2	291 310+	7162 259+	28 3360−	493 100−	1854 949−	11 2384+
a_3	794 753−	50 439+	922−	265 608+	218 456−	3325+
a_4	8 801−	90 523−	3493+	14 522−	8 052+	841−
a_5	14 058+	2 763+		839−	654−	
		June 14			June 22	
a_0	274·6232 643+	18·9297 953−	1·0211 2329+	22·0113 853+	10·1917 345+	0·9181 3916+
a_1	16·0271 207+	1·1724 857+	0·0052 8846−	11·9065 572+	3·4922 297+	0·0091 1316−
a_2	2004 840−	6798 363+	26 5466−	208 180+	2468 551−	11 7408+
a_3	693 860−	281 211−	1 3339+	199 237+	192 454−	26−
a_4	63 892+	74 647−	2505+	18 813−	4 756+	541−
a_5	5 853+	7 721+		671−	77−	
		June 15			June 23	
a_0	290·3874 894+	17·1122 870−	1·0133 3859+	33·9567 358+	13·4183 317+	0·9101 9441+
a_1	15·4464 679+	2·4217 961+	0·0100 9739−	12·0001 037+	2·9426 481+	0·0067 8743−
a_2	3644 807−	5584 335+	21 0889−	686 257+	3018 141−	11 4162+
a_3	384 755−	502 755−	2 3415+	117 507+	173 890−	2176−
a_4	91 356+	34 090−	970+	22 376−	4 403+	285−
a_5	2 979−	7 300+		272−	457+	
		June 16			June 24	
a_0	305·4398 388+	14·1850 120−	1·0013 7615+	46·0349 510+	16·0422 626+	0·9045 2400+
a_1	14·6371 291+	3·3778 468+	0·0135 7400−	12·1635 218+	2·2888 427+	0·0045 8086−
a_2	4281 090−	3944 586+	13 5255−	901 763+	3508 814−	10 5989+
a_3	51 061−	568 001−	2 7158+	25 741+	151 518−	3303−
a_4	74 012+	2 808+	420−	23 950−	6 786+	74−
a_5	6 204−	3 921+		526+	798+	

Formula: Quantity in degrees $= a_0 + a_1 p + a_2 p^2 + a_3 p^3 + a_4 p^4 + a_5 p^5$

where p is the fraction of a day from 0^h TDT.

DAILY POLYNOMIAL COEFFICIENTS

	Apparent Right Ascension	Apparent Declination	Horizontal Parallax
	June 25		
	°	°	°
a_0	58·2888 810+	17·9658 306+	0·9009 6926+
a_1	12·3422 812+	1·5447 382+	0·0025 6313−
a_2	840 526+	3914 647−	9 5687+
a_3	64 216−	116 391−	3586−
a_4	21 401−	10 926+	94+
a_5	1 572+	805+	
	June 26		
a_0	70·7068 104+	19·1086 381+	0·8993 2808+
a_1	12·4833 484+	0·7316 642+	0·0007 5323−
a_2	535 205+	4190 192−	8 5527+
a_3	133 652−	64 844−	3197−
a_4	13 397−	15 080+	216+
a_5	2 384+	443+	
	June 27		
a_0	83·2292 129+	19·4163 511+	0·8994 0031+
a_1	12·5461 277+	0·1195 744−	0·0008 7007+
a_2	77 746+	4289 809−	7 7256+
a_3	163 351−	422−	2314−
a_4	1 191−	17 323+	286+
a_5	2 472+	128−	
	June 28		
a_0	95·7669 082+	18·8694 731+	0·9010 2266+
a_1	12·5134 304+	0·9707 981−	0·0023 5721+
a_2	394 715−	4188 430−	7 2030+
a_3	143 792−	67 306+	1150−
a_4	11 358+	16 595+	293+
a_5	1 779+	619−	
	June 29		
a_0	108·2278 016+	17·4881 604+	0·9040 9161+
a_1	12·3967 812+	1·7819 635−	0·0037 7505+
a_2	740 170−	3893 145−	7 0317+
a_3	81 161−	127 394+	44+
a_4	20 205+	13 362+	229+
a_5	730+	798−	
	June 30		
a_0	120·5445 432+	15·3308 780+	0·9085 7255+
a_1	12·2328 448+	2·5174 286−	0·0051 9188+
a_2	855 161−	3438 791−	7 1781+
a_3	6 463+	172 953+	984+
a_4	23 652+	9 254+	93+
a_5	159−	624−	
	July 1		
a_0	132·6948 676+	12·4877 287+	0·9144 9302+
a_1	12·0731 321+	3·1499 106−	0·0066 6077+
a_2	695 491−	2870 651−	7 5228+
a_3	99 191+	203 970+	1378+
a_4	22 650+	6 081+	114−
a_5	661−	204−	
	July 2		
a_0	144·7105 686+	9·0717 377+	0·9219 1872+
a_1	11·9725 204+	3·6605 187−	0·0082 0213+
a_2	268 654−	2224 289−	7 8594+
a_3	183 039+	226 549+	940+
a_4	19 231+	5 073+	384−
a_5	893−	307+	

	Apparent Right Ascension	Apparent Declination	Horizontal Parallax
	July 3		
	°	°	°
a_0	156·6763 612+	5·2119 829+	0·9309 1234+
a_1	11·9809 469+	4·0352 288−	0·0097 8685+
a_2	386 915+	1511 123−	7 9011+
a_3	250 872+	250 166+	586−
a_4	14 788+	6 684+	699−
a_5	1 160−	757+	
	July 4		
a_0	168·7224 496+	1·0514 024+	0·9414 7644+
a_1	12·1389 260+	4·2593 515−	0·0113 2152+
a_2	1216 675+	712 928−	7 2959+
a_3	298 045+	284 579+	3390−
a_4	9 144+	10 638+	1021−
a_5	1 806−	961+	
	July 5		
a_0	181·0135 816+	3·2496 240−	0·9534 8344+
a_1	12·4744 279+	4·3118 279−	0·0126 3813+
a_2	2147 636+	214 301+	5 6586+
a_3	315 828+	336 530+	7515−
a_4	317+	15 769+	1272−
a_5	3 073−	616+	
	July 6		
a_0	193·7340 802+	7·5047 303−	0·9665 9955+
a_1	12·9972 917+	4·1613 949−	0·0134 9347+
a_2	3066 268+	1324 735+	2 6396+
a_3	285 413+	404 981+	1 2695−
a_4	15 107−	19 348+	1320−
a_5	4 753−	708−	
	July 7		
a_0	207·0645 541+	11·4912 895−	0·9802 1684+
a_1	13·6877 496+	3·7675 710−	0·0135 8768+
a_2	3784 194+	2648 760+	1 9502−
a_3	177 098+	473 842+	1 8120−
a_4	39 794−	16 268+	992−
a_5	5 493−	3 234−	
	July 8		
a_0	221·1439 040+	14·9452 969−	0·9934 1839+
a_1	14·4790 569+	3·0907 794−	0·0126 1428+
a_2	4021 481+	4135 516+	7 9555−
a_3	35 299−	504 962+	2 2253−
a_4	69 333−	149−	163−
a_5	2 652−	6 108−	
	July 9		
a_0	236·0143 806+	17·5726 542−	1·0050 1296+
a_1	15·2437 126+	2·1153 017−	0·0103 4900+
a_2	3472 836+	5588 212+	14 6907−
a_3	334 863−	442 971+	2 2999−
a_4	84 137−	32 208−	1092+
a_5	4 904+	6 777−	
	July 10		
a_0	251·5639 674+	19·0887 361−	1·0136 7383+
a_1	15·8066 264+	0·8810 356−	0·0067 6463+
a_2	2012 726+	6655 842+	20 8954−
a_3	618 382−	248 517+	1 8551−
a_4	57 758−	67 918−	2387+
a_5	12 148+	3 006−	

Formula: Quantity in degrees $= a_0 + a_1 p + a_2 p^2 + a_3 p^3 + a_4 p^4 + a_5 p^5$

where p is the fraction of a day from 0^h TDT.

DAILY POLYNOMIAL COEFFICIENTS

	Apparent Right Ascension	Apparent Declination	Horizontal Parallax
	July 11		
	°	°	°
a_0	267·5054 672+	19·2864 282−	1·0181 8728+
a_1	16·0066 267+	0·4960 249+	0·0021 2464+
a_2	66 942−	6963 822+	25 0058−
a_3	728 341−	49 693−	8741−
a_4	6 904+	82 972−	3135+
a_5	11 402+	3 282+	
	July 12		
a_0	283·4343 963+	18·1069 594−	1·0177 5528+
a_1	15·7831 900+	1·8423 379+	0·0030 1317−
a_2	2096 350−	6349 988+	25 7530−
a_3	591 028−	346 555−	4120+
a_4	65 150+	64 769−	2937+
a_5	3 553+	7 143+	
	July 13		
a_0	298·9557 188+	15·6700 408−	1·0122 3738+
a_1	15·2144 406+	2·9860 324+	0·0079 2258−
a_2	3443 270−	4993 363+	22 7866−
a_3	298 842−	534 477−	1 6068+
a_4	81 083+	27 496−	1897+
a_5	3 384−	6 549+	
	July 14		
a_0	313·8037 182+	12·2402 145−	1·0022 1578+
a_1	14·4668 729+	3·8166 348+	0·0119 2198−
a_2	3887 425−	3290 494+	16 8698−
a_3	9 628−	580 630−	2 3658+
a_4	62 242+	5 577+	539+
a_5	5 480−	3 584+	
	July 15		
a_0	327·8865 621+	8·1516 772−	0·9888 4878+
a_1	13·7086 577+	4·3045 642+	0·0145 6471−
a_2	3597 773−	1617 843+	9 4841−
a_3	185 080+	524 079−	2 5678+
a_4	34 105+	23 075+	593−
a_5	4 443−	809+	
	July 16		
a_0	341·2569 168+	3·7353 481−	0·9735 8650+
a_1	13·0560 497+	4·4805 419+	0·0157 1499−
a_2	2882 338−	192 065+	2 1564−
a_3	278 015+	424 619−	2 3142+
a_4	11 901+	26 587+	1235−
a_5	2 781−	771−	
	July 17		
a_0	354·0534 461+	0·7245 199+	0·9578 7495+
a_1	12·5663 580+	4·4018 179+	0·0155 0146−
a_2	2004 675−	930 036−	4 0394+
a_3	298 496+	326 286−	1 8079+
a_4	1 806−	22 360+	1418−
a_5	1 604−	1 276−	
	July 18		
a_0	6·4488 453+	5·0028 141+	0·9429 4405+
a_1	12·2534 482+	4·1262 313+	0·0142 0795−
a_2	1136 053−	1787 525−	8 6156+
a_3	275 586+	249 532−	1 2343+
a_4	9 697−	15 776+	1309−
a_5	1 005−	1 132−	

	Apparent Right Ascension	Apparent Declination	Horizontal Parallax
	July 19		
	°	°	°
a_0	18·6151 765+	8·9268 041+	0·9297 0800+
a_1	12·1045 324+	3·6996 119+	0·0121 6692−
a_2	377 538−	2452 797−	11 5402+
a_3	226 918+	197 490−	7087+
a_4	14 724−	10 025+	1073−
a_5	723−	683−	
	July 20		
a_0	30·7031 022+	12·3623 216+	0·9187 5524+
a_1	12·0908 495+	3·1534 748+	0·0096 8917−
a_2	207 617+	2991 948−	13 0308+
a_3	160 961+	163 905−	2800+
a_4	18 455−	6 592+	815−
a_5	445−	142−	
	July 21		
a_0	42·8289 196+	15·2008 561+	0·9103 8901+
a_1	12·1730 575+	2·5084 801+	0·0070 3158−
a_2	575 288+	3445 527−	13 3894+
a_3	82 991+	138 680−	447−
a_4	20 863−	5 921+	582−
a_5	64+	341+	
	July 22		
a_0	55·0657 251+	17·3515 417+	0·9046 8608+
a_1	12·3047 000+	1·7803 099+	0·0043 9040−
a_2	699 692+	3822 621−	12 9122+
a_3	635+	111 424−	2765−
a_4	20 695−	7 717+	384−
a_5	847+	631+	
	July 23		
a_0	67·4384 731+	18·7392 820+	0·9015 5540+
a_1	12·4369 756+	0·9857 609+	0·0019 0628−
a_2	585 891+	4104 263−	11 8577+
a_3	73 192−	74 247−	4294−
a_4	16 464−	10 994+	212−
a_5	1 673+	631+	
	July 24		
a_0	79·9252 394+	19·3083 543+	0·9007 8984+
a_1	12·5264 476+	0·1473 468+	0·0003 2797+
a_2	284 279+	4254 720−	10 4474+
a_3	122 042−	24 128−	5136−
a_4	7 933−	14 242+	56−
a_5	2 135+	346+	
	July 25		
a_0	92·4673 309+	19·0292 752+	0·9021 1063+
a_1	12·5445 846+	0·7049 661−	0·0022 6114+
a_2	108 078−	4238 187−	8 8775+
a_3	132 515−	36 056+	5354−
a_4	2 946+	15 992+	86+
a_5	1 957+	80−	
	July 26		
a_0	104·9883 465+	17·9056 873+	0·9052 0684+
a_1	12·4853 705+	1·5354 301−	0·0038 7948+
a_2	468 374−	4034 872−	7 3267+
a_3	101 549−	99 015+	5000−
a_4	12 813+	15 536+	204+
a_5	1 240+	440−	

Formula: Quantity in degrees = $a_0 + a_1 p + a_2 p^2 + a_3 p^3 + a_4 p^4 + a_5 p^5$
where p is the fraction of a day from 0^h TDT.

DAILY POLYNOMIAL COEFFICIENTS

	Apparent Right Ascension	Apparent Declination	Horizontal Parallax
	°	°	°
	July 27		
a_0	117·4181 299+	15·9781 812+	0·9097 7104+
a_1	12·3669 749+	2·3067 055−	0·0052 0301+
a_2	683 765−	3649 021−	5 9518+
a_3	38 374−	156 670+	4164−
a_4	18 930+	13 247+	280+
a_5	371+	586−	
	July 28		
a_0	129·7148 210+	13·3235 067+	0·9155 3039+
a_1	12·2264 663+	2·9845 028−	0·0062 7967+
a_2	681 630−	3105 399−	4 8709+
a_3	40 677+	203 843+	3019−
a_4	20 614+	10 242+	290+
a_5	308−	495−	
	July 29		
a_0	141·8792 226+	10·0498 229+	0·9222 6986+
a_1	12·1104 344+	3·5405 801−	0·0071 7490+
a_2	439 027−	2437 370−	4 1367+
a_3	119 821+	240 008+	1831−
a_4	18 921+	7 737+	214+
a_5	712−	235−	
	July 30		
a_0	153·9595 573+	6·2902 568+	0·9298 4226+
a_1	12·0657 872+	3·9530 742−	0·0079 5588+
a_2	26 821+	1673 270−	3 7105+
a_3	188 219+	268 786+	948−
a_4	15 297+	6 582+	47+
a_5	989−	83+	
	July 31		
a_0	166·0482 793+	2·1974 009+	0·9381 6018+
a_1	12·1332 408+	4·2044 172−	0·0086 7144+
a_2	673 364+	826 567−	3 4467+
a_3	239 277+	296 085+	739−
a_4	10 390+	7 084+	198−
a_5	1 388−	324+	
	August 1		
a_0	178·2736 843+	2·0593 238−	0·9471 6692+
a_1	12·3431 576+	4·2779 096−	0·0093 3069+
a_2	1439 658+	107 460+	3 0972+
a_3	266 525+	327 639+	1526−
a_4	3 550+	8 878+	486−
a_5	2 123−	299+	
	August 2		
a_0	190·7876 028+	6·2928 057−	0·9567 8721+
a_1	12·7114 040+	4·1544 258−	0·0098 8489+
a_2	2239 294+	1146 681+	2 3393+
a_3	258 883+	365 818+	3489−
a_4	7 057−	10 662+	758−
a_5	3 188−	247−	
	August 3		
a_0	203·7478 001+	10·2949 400−	0·9668 6355+
a_1	13·2325 102+	3·8112 043−	0·0102 1772+
a_2	2941 656+	2305 688+	8325+
a_3	198 331+	405 243+	6573−
a_4	23 388−	9 764+	926−
a_5	4 010−	1 540−	
	August 4		
a_0	217·2915 692+	13·8342 289−	0·9770 8954+
a_1	13·8689 820+	3·2253 603−	0·0101 4996+
a_2	3356 057+	3564 621+	1 6932−
a_3	65 208+	427 834+	1 0365−
a_4	44 532−	2 183+	878−
a_5	3 185−	3 413−	
	August 5		
a_0	231·4979 060+	16·6604 667−	0·9869 5774+
a_1	14·5403 550+	2·3849 205−	0·0094 6518+
a_2	3252 430+	4827 021+	5 3178−
a_3	142 540−	401 672+	1 3991−
a_4	61 835−	15 400−	508−
a_5	676+	4 811−	
	August 6		
a_0	246·3431 340+	18·5245 390−	0·9957 4616+
a_1	15·1236 888+	1·3075 791−	0·0079 6150+
a_2	2460 535+	5891 365+	9 7978−
a_3	379 921−	292 428+	1 6126−
a_4	58 518−	40 604−	210+
a_5	6 391+	4 054−	
	August 7		
a_0	261·6696 717+	19·2182 045−	1·0025 6872+
a_1	15·4816 116+	0·0598 423−	0·0055 2652+
a_2	1033 868+	6484 368+	14 4812−
a_3	548 451−	91 407+	1 5314−
a_4	24 489−	61 712−	1141+
a_5	9 336+	647−	
	August 8		
a_0	277·1983 097+	18·6267 054−	1·0065 0539+
a_1	15·5187 192+	1·2394 493+	0·0022 1653+
a_2	664 767−	6381 894+	18 3657−
a_3	554 609−	159 640−	1 0656−
a_4	24 289+	64 578−	1968+
a_5	6 490+	3 377+	
	August 9		
a_0	292·5981 691+	16·7711 507−	1·0067 9847+
a_1	15·2323 371+	2·4437 958+	0·0016 9747−
a_2	2117 975−	5549 441+	20 3709−
a_3	395 753−	383 024−	2588−
a_4	56 722+	46 561−	2326+
a_5	782+	5 374+	
	August 10		
a_0	307·5848 838+	13·8148 318−	1·0030 6130+
a_1	14·7130 915+	3·4228 389+	0·0057 5611−
a_2	2957 291−	4174 864+	19 7602−
a_3	163 308−	515 843−	6923+
a_4	59 262+	18 843−	2036+
a_5	3 126−	4 773+	
	August 11		
a_0	321·9915 289+	10·0274 978−	0·9954 1874+
a_1	14·0947 813+	4·0979 058+	0·0094 1897−
a_2	3123 080−	2562 030+	16 4862−
a_3	41 933+	544 582−	1 5180+
a_4	42 513+	5 219+	1236+
a_5	3 988−	2 837+	

Formula: Quantity in degrees $= a_0 + a_1 p + a_2 p^2 + a_3 p^3 + a_4 p^4 + a_5 p^5$

where p is the fraction of a day from 0^h TDT.

DAILY POLYNOMIAL COEFFICIENTS

	Apparent Right Ascension	Apparent Declination	Horizontal Parallax
	August 12		
	°	°	°
a_0	335·7820 480+	5·7270 417−	0·9845 1532+
a_1	13·4977 571+	4·4504 409+	0·0122 1134−
a_2	2782 157−	987 932+	11 2197−
a_3	172 548+	496 437−	2 0114+
a_4	22 169+	19 189+	279+
a_5	3 167−	923+	
	August 13		
a_0	349·0207 442+	1·2254 403−	0·9713 8593+
a_1	13·0003 751+	4·5072 316+	0·0138 4074−
a_2	2163 186−	377 069−	5 0421−
a_3	230 178+	411 183−	2 1139+
a_4	6 329+	23 471+	503−
a_5	2 064−	329−	
	August 14		
a_0	1·8282 450+	3·2052 802+	0·9572 4735+
a_1	12·6382 917+	4·3176 860+	0·0142 3516−
a_2	1455 317−	1473 128−	9835+
a_3	235 320+	320 910−	1 9017+
a_4	3 905−	21 543+	959−
a_5	1 259−	864−	
	August 15		
a_0	14·3440 206+	7·3456 304+	0·9432 9111+
a_1	12·4156 332+	3·9349 727+	0·0135 0636−
a_2	785 388−	2315 269−	6 1083+
a_3	207 391+	243 393−	1 5099+
a_4	10 172−	17 039+	1109−
a_5	768−	875−	
	August 16		
a_0	26·7007 602+	11·0263 532+	0·9305 3547+
a_1	12·3163 209+	3·4052 793+	0·0118 7614−
a_2	231 938−	2951 981−	9 9736+
a_3	159 241+	183 831−	1 0616+
a_4	14 064−	12 571+	1061−
a_5	409−	597−	
	August 17		
a_0	39·0083 641+	14·1192 488+	0·9197 5225+
a_1	12·3118 763+	2·7644 645+	0·0096 0539−
a_2	157 291+	3434 016−	12 5258+
a_3	99 140+	139 297−	6356+
a_4	16 217−	9 568+	924−
a_5	0−	221−	
	August 18		
a_0	51·3442 617+	16·5273 166+	0·9114 5375+
a_1	12·3665 900+	2·0395 891+	0·0069 4652−
a_2	357 380+	3796 710−	13 8828+
a_3	34 579+	103 050−	2662+
a_4	16 327−	8 493+	771−
a_5	533+	108+	
	August 19		
a_0	63·7484 681+	18·1777 897+	0·9059 1442+
a_1	12·4421 761+	1·2527 833+	0·0041 2095−
a_2	368 472+	4053 818−	14 2229+
a_3	25 066−	67 892−	415−
a_4	13 703−	9 094+	635−
a_5	1 105+	298+	

	Apparent Right Ascension	Apparent Declination	Horizontal Parallax
	August 20		
	°	°	°
a_0	76·2237 249+	19·0193 412+	0·9032 0527+
a_1	12·5034 224+	0·4254 387+	0·0013 1421−
a_2	222 105+	4199 941−	13 7211+
a_3	68 597−	28 525−	2950−
a_4	8 123−	10 649+	519−
a_5	1 501+	318+	
	August 21		
a_0	88·7418 359+	19·0230 301+	0·9032 2848+
a_1	12·5247 653+	0·4186 885−	0·0013 2072+
a_2	17 413−	4218 437−	12 5278+
a_3	86 064−	17 185+	5030−
a_4	512−	12 279+	410−
a_5	1 524+	206+	
	August 22		
a_0	101·2563 547+	18·1854 650+	0·9057 4758+
a_1	12·4960 203+	1·2522 058−	0·0036 5899+
a_2	263 436−	4091 145−	10 7769+
a_3	73 078−	68 267+	6677−
a_4	7 183+	13 317+	285−
a_5	1 156+	44+	
	August 23		
a_0	113·7195 576+	16·5323 073+	0·9104 1465+
a_1	12·4248 603+	2·0446 066−	0·0056 0266+
a_2	428 024−	3806 009−	8 6075+
a_3	33 124−	121 890+	7829−
a_4	12 943+	13 524+	131−
a_5	571+	94−	
	August 24		
a_0	126·0996 545+	14·1206 318+	0·9167 9845+
a_1	12·3347 805+	2·7638 791−	0·0070 8404+
a_2	444 049−	3360 138−	6 1859+
a_3	24 019+	174 996+	8360−
a_4	15 696+	13 043+	54+
a_5	10−	176−	
	August 25		
a_0	138·3940 006+	11·0395 252+	0·9244 1803+
a_1	12·2594 493+	3·3782 785−	0·0080 7258+
a_2	277 941−	2758 645−	3 7161+
a_3	86 433+	225 390+	8141−
a_4	15 528+	12 167+	245+
a_5	467−	211−	
	August 26		
a_0	150·6358 052+	7·4091 168+	0·9327 8326+
a_1	12·2357 683+	3·8576 291−	0·0085 8139+
a_2	69 838+	2011 575−	1 4255+
a_3	143 661+	271 940+	7140−
a_4	13 115+	11 132+	398+
a_5	834−	226−	
	August 27		
a_0	162·8941 516+	3·3786 148+	0·9414 3978+
a_1	12·2976 628+	4·1740 224−	0·0086 6822+
a_2	571 160+	1131 213−	4759−
a_3	187 544+	314 184+	5512−
a_4	8 928+	10 045+	461+
a_5	1 235−	266−	

Formula: Quantity in degrees $= a_0 + a_1 p + a_2 p^2 + a_3 p^3 + a_4 p^4 + a_5 p^5$
where p is the fraction of a day from 0^h TDT.

DAILY POLYNOMIAL COEFFICIENTS

	Apparent Right Ascension	Apparent Declination	Horizontal Parallax
	August 28		
	°	°	°
a_0	175·2684 541+	0·8761 326−	0·9500 0990+
a_1	12·4711 111+	4·3021 250−	0·0084 2615+
a_2	1175 002+	131 035−	1 8547−
a_3	210 587+	351 617+	3624−
a_4	2 756+	8 803+	399+
a_5	1 789−	408−	
	August 29		
a_0	187·8782 207+	5·1553 599−	0·9582 1832+
a_1	12·7694 946+	4·2195 301−	0·0079 6244+
a_2	1805 387+	972 576+	2 7086−
a_3	203 346+	382 526+	1995−
a_4	6 257−	6 902+	211+
a_5	2 453−	779−	
	August 30		
a_0	200·8477 176+	9·2387 675−	0·9658 9207+
a_1	13·1878 459+	3·9078 866−	0·0073 6934+
a_2	2353 293+	2153 803+	3 1884−
a_3	153 592+	401 936+	1135−
a_4	18 845−	3 166+	55−
a_5	2 826−	1 484−	
	August 31		
a_0	214·2840 848+	12·8909 119−	0·9729 3066+
a_1	13·6956 319+	3·3560 219−	0·0066 9540+
a_2	2672 621+	3363 773+	3 5701−
a_3	50 401+	399 227+	1370−
a_4	33 691−	4 216−	320−
a_5	2 089−	2 419−	
	September 1		
a_0	228·2484 409+	15·8712 973−	0·9792 5215+
a_1	14·2307 583+	2·5663 956−	0·0059 2744+
a_2	2600 659+	4511 934+	4 1786−
a_3	103 776−	357 827+	2698−
a_4	44 958−	16 580−	490−
a_5	460+	3 055−	
	September 2		
a_0	242·7244 377+	17·9526 802−	0·9847 2986+
a_1	14·7020 083+	1·5648 195−	0·0049 9116+
a_2	2024 161+	5455 307+	5 2814−
a_3	276 946−	261 235+	4726−
a_4	42 757−	32 422−	478−
a_5	4 107+	2 601−	
	September 3		
a_0	257·5973 025+	18·9493 479−	0·9891 4084+
a_1	15·0087 097+	0·4096 551−	0·0037 7395+
a_2	977 996+	6018 401+	6 9783−
a_3	405 675−	106 571+	6712−
a_4	21 128−	45 888−	237−
a_5	6 313+	787−	
	September 4		
a_0	272·6617 629+	18·7511 733−	0·9921 4749+
a_1	15·0773 106+	0·8072 503+	0·0021 6744+
a_2	302 482−	6054 923+	9 1200−
a_3	427 724−	83 534−	7712−
a_4	11 778+	49 754−	211+
a_5	5 104+	1 535+	

	Apparent Right Ascension	Apparent Declination	Horizontal Parallax
	September 5		
	°	°	°
a_0	287·6677 412+	17·3516 061−	0·9933 2793+
a_1	14·8957 564+	1·9740 421+	0·0001 2054+
a_2	1463 912−	5521 212+	11 2903−
a_3	331 552−	266 311−	6870−
a_4	37 599+	41 588−	751+
a_5	1 578+	3 087+	
	September 6		
a_0	302·3878 689+	14·8559 240−	0·9922 5825+
a_1	14·5193 334+	2·9832 999+	0·0023 1356−
a_2	2217 308−	4503 688+	12 8871−
a_3	167 164−	401 623−	3805−
a_4	44 790+	25 680−	1198+
a_5	1 527−	3 359+	
	September 7		
a_0	316·6730 814+	11·4646 496−	0·9886 2991+
a_1	14·0428 735+	3·7549 576+	0·0049 5715−
a_2	2465 462−	3178 361+	13 3043−
a_3	4 047−	471 108−	1095+
a_4	36 330+	8 663−	1374+
a_5	2 821−	2 721+	
	September 8		
a_0	330·4723 549+	7·4395 609−	0·9823 6702+
a_1	13·5616 888+	4·2471 918+	0·0075 3013−
a_2	2287 908−	1740 272+	12 1563−
a_3	113 118+	479 100−	6701+
a_4	21 766+	4 960+	1205+
a_5	2 689−	1 755+	
	September 9		
a_0	343·8184 725+	3·0655 803−	0·9737 0031+
a_1	13·1454 052+	4·4543 768+	0·0097 1213−
a_2	1844 879−	350 266+	9 4366−
a_3	173 679+	442 239−	1 1584+
a_4	8 176+	13 643+	763+
a_5	2 008−	840+	
	September 10		
a_0	356·7973 744+	1·3810 475+	0·9631 6799+
a_1	12·8308 000+	4·3976 348+	0·0112 2142−
a_2	1294 883−	886 213−	5 5204−
a_3	186 701+	379 661−	1 4639+
a_4	1 883−	17 712+	219+
a_5	1 323−	154+	
	September 11		
a_0	9·5170 356+	5·6538 814+	0·9515 4309+
a_1	12·6264 197+	4·1136 551+	0·0118 7762−
a_2	759 317−	1917 408−	1 0125−
a_3	166 267+	307 509−	1 5472+
a_4	8 508−	18 349+	260−
a_5	769−	248−	
	September 12		
a_0	22·0832 226+	9·5468 549+	0·9397 1635+
a_1	12·5206 497+	3·6451 363+	0·0116 2637−
a_2	319 264−	2732 337−	3 4632+
a_3	124 829+	236 682−	1 4376+
a_4	12 403−	17 003+	581−
a_5	290−	396−	

Formula: Quantity in degrees $= a_0 + a_1 p + a_2 p^2 + a_3 p^3 + a_4 p^4 + a_5 p^5$
where p is the fraction of a day from 0^h TDT.

DAILY POLYNOMIAL COEFFICIENTS

	Apparent Right Ascension	Apparent Declination	Horizontal Parallax
	September 13		
	°	°	°
a_0	34·5831 596+	12·8967 501+	0·9285 7425+
a_1	12·4891 402+	3·0342 676+	0·0105 2571−
a_2	22 111−	3344 338−	7 4225+
a_3	72 600+	172 626−	1 2005+
a_4	13 927−	14 958+	738−
a_5	193+	377−	
	September 14		
a_0	47·0759 753+	15·5807 795+	0·9189 0346+
a_1	12·5010 243+	2·3194 071+	0·0087 1058−
a_2	114 041+	3776 241−	10 5800+
a_3	19 104+	116 514−	9025+
a_4	13 014−	13 052+	776−
a_5	682+	288−	
	September 15		
a_0	59·5890 809+	17·5121 875+	0·9113 3337+
a_1	12·5246 996+	1·5342 816+	0·0063 5487−
a_2	100 078+	4050 354−	12 8225+
a_3	25 909−	67 139−	5910+
a_4	9 604−	11 612+	755−
a_5	1 080+	201−	
	September 16		
a_0	72·1203 450+	18·6358 608+	0·9063 1230+
a_1	12·5336 411+	0·7086 134+	0·0036 4327−
a_2	24 474−	4184 111−	14 1434+
a_3	53 427−	22 665−	2890+
a_4	4 154−	10 608+	722−
a_5	1 253+	135−	
	September 17		
a_0	84·6459 059+	18·9248 440+	0·9041 0505+
a_1	12·5116 830+	0·1308 322−	0·0007 5677−
a_2	197 152−	4189 804−	14 5778+
a_3	57 584−	18 460+	7+
a_4	2 161+	9 926+	701−
a_5	1 132+	66−	
	September 18		
a_0	97·1324 446+	18·3778 634+	0·9047 9911+
a_1	12·4564 074+	0·9593 172−	0·0021 3094+
a_2	345 626−	4075 523−	14 1594+
a_3	37 822−	57 569+	2796−
a_4	7 825+	9 586+	693−
a_5	776+	38+	
	September 19		
a_0	109·5513 674+	17·0177 132+	0·9083 1110+
a_1	12·3794 535+	1·7532 974−	0·0048 5121+
a_2	404 395−	3844 914−	12 9052+
a_3	984+	96 377+	5577−
a_4	11 650+	9 777+	677−
a_5	328+	179+	
	September 20		
a_0	121·8916 776+	14·8905 576+	0·9143 9029+
a_1	12·3036 930+	2·4893 666−	0·0072 3786+
a_2	328 287−	3495 323−	10 8281+
a_3	50 621+	137 353+	8307−
a_4	13 199+	10 701+	613−
a_5	88−	315+	

	Apparent Right Ascension	Apparent Declination	Horizontal Parallax
	September 21		
	°	°	°
a_0	134·1689 151+	12·0664 955+	0·9226 2176+
a_1	12·2584 571+	3·1427 878−	0·0091 2973+
a_2	98 132−	3015 903−	7 9732+
a_3	102 329+	183 331+	1 0795−
a_4	12 676+	12 339+	457−
a_5	439−	369+	
	September 22		
a_0	146·4290 155+	8·6417 212+	0·9324 3629+
a_1	12·2743 797+	3·6858 491−	0·0103 8220+
a_2	280 502+	2388 167−	4 4689+
a_3	148 433+	236 314+	1 2665−
a_4	10 436+	14 285+	179−
a_5	789−	261+	
	September 23		
a_0	158·7472 534+	4·7421 415+	0·9431 3694+
a_1	12·3787 896+	4·0867 440−	0·0108 8886+
a_2	780 522+	1590 881−	5741+
a_3	182 024+	295 871+	1 3408−
a_4	6 493+	15 711+	209+
a_5	1 238−	75−	
	September 24		
a_0	171·2228 231+	0·5274 601+	0·9539 5123+
a_1	12·5914 787+	4·3099 127−	0·0106 0982+
a_2	1353 160+	609 732−	3 3097−
a_3	195 264+	357 620+	1 2564−
a_4	288+	15 461+	630+
a_5	1 846−	664−	
	September 25		
a_0	183·9689 885+	3·8061 841−	0·9641 1075+
a_1	12·9198 818+	4·3187 218−	0·0095 9621+
a_2	1922 197+	549 268+	6 6906−
a_3	177 613+	412 348+	9990−
a_4	9 070−	12 237+	958+
a_5	2 474−	1 476−	
	September 26		
a_0	197·0976 968+	8·0276 681−	0·9729 4758+
a_1	13·3527 397+	4·0810 078−	0·0079 9675+
a_2	2375 801+	1844 982+	9 1096−
a_3	116 537+	446 015+	6075−
a_4	21 861−	4 870+	1068+
a_5	2 614−	2 384−	
	September 27		
a_0	210·6972 229+	11·8793 277−	0·9799 8330+
a_1	13·8528 111+	3·5774 518−	0·0060 3533+
a_2	2567 988+	3188 385+	10 2963−
a_3	3 650+	441 272+	1722−
a_4	35 685−	7 222−	911+
a_5	1 453−	3 066−	
	September 28		
a_0	224·8034 840+	15·0948 427−	0·9849 8089+
a_1	14·3525 064+	2·8118 152−	0·0039 6087+
a_2	2350 189+	4438 146+	10 2777−
a_3	151 991−	381 786+	1968+
a_4	43 612−	22 971−	545+
a_5	1 397+	2 980−	

Formula: Quantity in degrees = $a_0 + a_1 p + a_2 p^2 + a_3 p^3 + a_4 p^4 + a_5 p^5$
where p is the fraction of a day from 0^h TDT.

DAILY POLYNOMIAL COEFFICIENTS

September 29

	Apparent Right Ascension °	Apparent Declination °	Horizontal Parallax °
a_0	239·3715 887+	17·4272 599−	0·9879 3912+
a_1	14·7602 044+	1·8203 275−	0·0019 8618+
a_2	1646 534+	5415 806+	9 3736−
a_3	310 609−	260 834+	4145+
a_4	36 410−	38 349−	109+
a_5	4 723+	1 712−	

September 30

	Apparent Right Ascension °	Apparent Declination °	Horizontal Parallax °
a_0	254·2622 170+	18·6839 294−	0·9890 3047+
a_1	14·9841 278+	0·6751 092−	0·0002 4014+
a_2	543 644+	5951 077+	8 0757−
a_3	408 302−	91 511+	4535+
a_4	11 590−	47 041−	248−
a_5	6 014+	381+	

October 1

	Apparent Right Ascension °	Apparent Declination °	Horizontal Parallax °
a_0	269·2593 214+	18·7594 458−	0·9885 0591+
a_1	14·9687 350+	0·5239 356+	0·0012 4890−
a_2	690 517−	5947 226+	6 8692−
a_3	395 583−	91 819−	3477+
a_4	19 544+	44 773−	422−
a_5	4 104+	2 173+	

October 2

	Apparent Right Ascension °	Apparent Declination °	Horizontal Parallax °
a_0	284·1218 112+	17·6542 297−	0·9866 0065+
a_1	14·7218 225+	1·6690 126+	0·0025 3532−
a_2	1718 971−	5424 927+	6 0780−
a_3	278 300−	248 813−	1723+
a_4	40 054+	33 397−	383−
a_5	669+	2 799+	

October 3

	Apparent Right Ascension °	Apparent Declination °	Horizontal Parallax °
a_0	298·6479 789+	15·4706 653−	0·9834 7092+
a_1	14·3108 914+	2·6673 948+	0·0037 1460−
a_2	2306 977−	4506 141+	5 7845−
a_3	112 878−	354 625−	144+
a_4	42 660+	19 122−	167−
a_5	1 893−	2 393+	

October 4

	Apparent Right Ascension °	Apparent Declination °	Horizontal Parallax °
a_0	312·7209 616+	12·3897 919−	0·9791 7764+
a_1	13·8317 494+	3·4557 823+	0·0048 7390−
a_2	2408 688−	3351 460+	5 8324−
a_3	38 298+	407 617−	539−
a_4	32 503+	7 164−	142+
a_5	2 764−	1 636+	

October 5

	Apparent Right Ascension °	Apparent Declination °	Horizontal Parallax °
a_0	326·3186 460+	8·6401 781−	0·9737 1653+
a_1	13·3731 209+	4·0017 411+	0·0060 5087−
a_2	2126 476−	2101 967+	5 9000−
a_3	140 781+	420 266−	50+
a_4	18 337+	888+	437+
a_5	2 516−	1 031+	

October 6

	Apparent Right Ascension °	Apparent Declination °	Horizontal Parallax °
a_0	339·4947 795+	4·4700 750−	0·9670 8053+
a_1	12·9961 375+	4·2969 250+	0·0072 1189−
a_2	1619 299−	856 786+	5 6174−
a_3	189 294+	406 611−	1845+
a_4	5 656+	5 923+	621+
a_5	1 914−	693+	

October 7

	Apparent Right Ascension °	Apparent Declination °	Horizontal Parallax °
a_0	352·3482 906+	0·1274 708−	0·9593 3155+
a_1	12·7303 718+	4·3490 147+	0·0082 5517−
a_2	1036 640−	320 588−	4 6910−
a_3	193 095+	376 087−	4383+
a_4	3 947−	9 320+	640+
a_5	1 345−	532+	

October 8

	Apparent Right Ascension °	Apparent Declination °	Horizontal Parallax °
a_0	4·9937 787+	4·1528 616+	0·9506 5750+
a_1	12·5787 215+	4·1760 648+	0·0090 3628−
a_2	494 507−	1387 618−	2 9967−
a_3	164 148+	333 550−	6984+
a_4	10 733−	11 949+	502+
a_5	850−	430+	

October 9

	Apparent Right Ascension °	Apparent Declination °	Horizontal Parallax °
a_0	17·5383 059+	8·1580 474+	0·9413 9640+
a_1	12·5243 466+	3·8034 706+	0·0094 0602−
a_2	74 988−	2312 278−	6077−
a_3	113 032+	281 519−	9010+
a_4	15 084−	14 095+	265+
a_5	321−	316+	

October 10

	Apparent Right Ascension °	Apparent Declination °	Horizontal Parallax °
a_0	30·0649 163+	11·7035 794+	0·9320 2236+
a_1	12·5370 649+	3·2623 551+	0·0092 4664−
a_2	170 364+	3069 108−	2 2465+
a_3	49 857+	222 074−	1 0068+
a_4	16 796−	15 683+	5+
a_5	321+	156+	

October 11

	Apparent Right Ascension °	Apparent Declination °	Horizontal Parallax °
a_0	42·6223 558+	14·6384 002+	0·9231 0109+
a_1	12·5795 376+	2·5882 621+	0·0084 9513−
a_2	222 351+	3639 676−	5 2628+
a_3	13 725−	157 911−	1 0070+
a_4	15 240−	16 469+	220−
a_5	1 004+	61−	

October 12

	Apparent Right Ascension °	Apparent Declination °	Horizontal Parallax °
a_0	55·2213 323+	16·8485 443+	0·9152 3074+
a_1	12·6142 969+	1·8195 103+	0·0071 4927−
a_2	99 777+	4015 209−	8 1467+
a_3	64 350−	92 786−	9170+
a_4	10 159−	16 154+	386−
a_5	1 512+	305−	

October 13

	Apparent Right Ascension °	Apparent Declination °	Horizontal Parallax °
a_0	67·8383 072+	18·2588 399+	0·9089 8398+
a_1	12·6116 398+	0·9949 414+	0·0052 6027−
a_2	139 099−	4199 702−	10 6628+
a_3	89 805−	31 335−	7614+
a_4	2 472−	14 586+	497−
a_5	1 622+	503−	

October 14

	Apparent Right Ascension °	Apparent Declination °	Horizontal Parallax °
a_0	80·4269 717+	18·8320 859+	0·9048 6116+
a_1	12·5567 008+	0·1511 832+	0·0029 1918−
a_2	407 117−	4211 234−	12 6460+
a_3	83 661−	21 942+	5620+
a_4	5 730+	11 999+	580−
a_5	1 293+	564−	

Formula: Quantity in degrees $= a_0 + a_1 p + a_2 p^2 + a_3 p^3 + a_4 p^4 + a_5 p^5$

where p is the fraction of a day from 0^h TDT.

DAILY POLYNOMIAL COEFFICIENTS

	Apparent Right Ascension	Apparent Declination	Horizontal Parallax	Apparent Right Ascension	Apparent Declination	Horizontal Parallax
	October 15			**October 23**		
	°	°	°	°	°	°
a_0	92·9352 970+	18·5654 834+	0·9032 5697+	191·9857 386+	6·4381 452−	0·9760 5916+
a_1	12·4531 169+	0·6799 633−	0·0002 4461−	13·3368 600+	4·2423 208−	0·0121 8178+
a_2	610 803−	4079 064−	13 9811+	2842 883+	1178 776+	8 8962−
a_3	48 149−	64 371+	3302+	161 931+	465 358+	1 8890−
a_4	12 176+	9 104+	662−	23 743−	17 461+	1034+
a_5	705+	437−		3 644−	2 653−	
	October 16			**October 24**		
a_0	105·3238 067+	17·4849 175+	0·9044 3688+	205·6203 412+	10·5145 718−	0·9871 7276+
a_1	12·3217 338+	1·4730 415−	0·0026 2423+	13·9426 982+	3·8613 021−	0·0098 7725+
a_2	675 168−	3835 707−	14 5717+	3149 620+	2653 062+	13 9205−
a_3	7 274+	96 583+	663+	31 127+	507 675+	1 4663−
a_4	15 592+	6 868+	761−	43 009−	4 000+	1758+
a_5	122+	142−		2 660−	4 426−	
	October 17			**October 25**		
a_0	117·5803 226+	15·6386 362+	0·9085 1730+	219·8765 472+	14·0598 427−	0·9955 2891+
a_1	12·1951 800+	2·2085 315−	0·0055 2804+	14·5634 309+	3·1790 007−	0·0067 2367+
a_2	558 600−	3506 174−	14 3106+	2958 161+	4155 714+	17 2553−
a_3	70 622+	122 855+	2377−	165 358−	479 142+	7457−
a_4	16 064+	6 150+	878−	57 517−	18 912−	2060+
a_5	296−	248+		1 082+	4 951−	
	October 18			**October 26**		
a_0	129·7282 817+	13·0924 127+	0·9154 4385+	234·7136 147+	16·7777 442−	1·0004 7308+
a_1	12·1109 241+	2·8703 252−	0·0082 8374+	15·0829 951+	2·2141 537−	0·0031 3138+
a_2	253 331−	3098 220−	13 0677+	2127 801+	5430 009+	18 2647−
a_3	131 764+	150 155+	5899−	381 717−	355 040+	957+
a_4	14 482+	7 431+	984−	52 029−	44 684−	1797+
a_5	561−	631+		6 234+	3 112−	
	October 19			**October 27**		
a_0	141·8284 412+	9·9280 871+	0·9249 6553+	249·9666 388+	18·4181 726−	1·0018 0552+
a_1	12·1052 991+	3·4416 345−	0·0106 8090+	15·3763 484+	1·0410 650−	0·0004 2091−
a_2	223 230+	2596 841−	10 7064+	733 082+	6195 867+	16 9206−
a_3	183 931+	186 333+	9875−	526 176−	147 251+	8242+
a_4	11 650+	10 685+	1017−	18 933−	60 567−	1099+
a_5	811−	883+		8 618+	536+	
	October 20			**October 28**		
a_0	153·9755 403+	6·2465 586+	0·9366 0815+	265·3626 463+	18·8309 289−	0·9997 8596+
a_1	12·2093 782+	3·9003 874−	0·0124 8521+	15·3618 446+	0·2183 282+	0·0035 1381−
a_2	836 807+	1964 873−	7 1380+	872 618−	6279 681+	13 8141−
a_3	222 162+	237 878+	1 4014−	517 282−	87 906−	1 2627+
a_4	7 641+	15 276+	881−	25 963+	57 144−	269+
a_5	1 235−	844+		5 819+	3 627+	
	October 21			**October 29**		
a_0	166·2914 560+	2·1750 837+	0·9496 5821+	280·5886 792+	17·9987 750−	0·9950 1969+
a_1	12·4458 264+	4·2154 669−	0·0134 5709+	15·0454 254+	1·4268 491+	0·0058 8709−
a_2	1536 792+	1151 104−	2 4174+	2210 515−	5709 512+	9 8851−
a_3	239 937+	307 107+	1 7633−	358 161−	279 769−	1 3620+
a_4	1 543+	19 756+	485−	54 981+	37 986−	402−
a_5	1 982−	314+		609+	4 363+	
	October 22			**October 30**		
a_0	178·9149 114+	2·1227 758−	0·9631 7587+	295·3827 959+	16·0323 138−	0·9882 7627+
a_1	12·8247 909+	4·3454 975−	0·0133 9213+	14·5181 667+	2·4718 066+	0·0074 7164−
a_2	2246 027+	108 058−	3 1425−	2949 214−	4685 987+	6 0516−
a_3	225 717+	388 582+	1 9654−	134 201−	388 742−	1 1909+
a_4	8 396−	21 630+	195+	56 795+	15 694−	767−
a_5	2 985−	872−		2 942−	3 159+	

Formula: Quantity in degrees $= a_0 + a_1 p + a_2 p^2 + a_3 p^3 + a_4 p^4 + a_5 p^5$

where p is the fraction of a day from 0^h TDT.

DAILY POLYNOMIAL COEFFICIENTS

	Apparent Right Ascension	Apparent Declination	Horizontal Parallax
	October 31		
	°	°	°
a_0	309·5980 064+	13·1320 363−	0·9803 1089+
a_1	13·9093 095+	3·2876 815+	0·0083 5543−
a_2	3040 624−	3457 174+	2 9415−
a_3	63 033+	420 870−	8752+
a_4	41 086+	7+	829−
a_5	3 779−	1 495+	
	November 1		
a_0	323·2132 875+	9·5405 742−	0·9717 4054+
a_1	13·3346 402+	3·8536 042+	0·0087 1437−
a_2	2642 861−	2209 509+	8086−
a_3	189 951+	406 562−	5381+
a_4	21 820+	7 176+	670−
a_5	3 107−	338+	
	November 2		
a_0	336·3045 079+	5·5059 238−	0·9629 9242+
a_1	12·8702 285+	4·1765 766+	0·0087 4147−
a_2	1973 175−	1036 221+	4121+
a_3	246 684+	374 753−	2679+
a_4	6 272+	8 597+	395−
a_5	2 178−	130−	
	November 3		
a_0	349·0024 967+	1·2623 537−	0·9543 1499+
a_1	12·5510 195+	4·2747 688+	0·0085 9451−
a_2	1217 268−	37 783−	9877+
a_3	250 380+	341 658−	1103+
a_4	4 550−	7 781+	97−
a_5	1 507−	104−	
	November 4		
a_0	1·4562 217+	2·9752 386+	0·9458 2930+
a_1	12·3801 072+	4·1677 754+	0·0083 6776−
a_2	508 505−	1017 127−	1 2681+
a_3	217 358+	311 427−	739+
a_4	12 091−	7 185+	155+
a_5	1 080−	166+	
	November 5		
a_0	13·8058 971+	7·0108 938+	0·9375 9730+
a_1	12·3382 376+	3·8738 797+	0·0080 8575−
a_2	60 196+	1906 633−	1 5877+
a_3	158 435+	280 848−	1392+
a_4	17 605−	8 018+	315+
a_5	669−	473+	
	November 6		
a_0	26·1641 704+	10·6668 745+	0·9296 8738+
a_1	12·3904 318+	3·4117 426+	0·0077 1384−
a_2	423 150+	2696 330−	2 1959+
a_3	81 697+	243 944−	2686+
a_4	21 131−	10 447+	368+
a_5	39−	653+	
	November 7		
a_0	38·6029 699+	13·7856 997+	0·9222 2367+
a_1	12·4911 001+	2·8037 987+	0·0071 7934−
a_2	541 037+	3358 938−	3 2211+
a_3	2 696−	195 669−	4185+
a_4	21 473−	13 811+	323+
a_5	854+	584+	
	November 8		
	°	°	°
a_0	51·1458 422+	16·2354 772+	0·9154 1153+
a_1	12·5903 374+	2·0791 263+	0·0063 9662−
a_2	412 643+	3857 230−	4 6672+
a_3	79 529−	134 785−	5495+
a_4	17 182−	16 821+	210+
a_5	1 762+	239+	
	November 9		
a_0	63·7679 489+	17·9171 081+	0·9095 3867+
a_1	12·6430 157+	1·2740 924+	0·0052 8993−
a_2	88 596+	4158 263−	6 4372+
a_3	130 370−	65 396−	6342+
a_4	8 184−	18 036+	62+
a_5	2 245+	265−	
	November 10		
a_0	76·4061 934+	18·7706 117+	0·9049 5650+
a_1	12·6194 728+	0·4299 023+	0·0038 0972−
a_2	329 140−	4248 900−	8 3724+
a_3	140 779−	3 842+	6592+
a_4	3 272+	16 631+	95−
a_5	2 021+	705−	
	November 11		
a_0	88·9792 037+	18·7776 008+	0·9020 4899+
a_1	12·5137 298+	0·4124 254−	0·0019 4129−
a_2	711 628−	4144 657−	10 2882+
a_3	107 926−	63 216+	6212+
a_4	13 462+	12 972+	250−
a_5	1 240+	875−	
	November 12		
a_0	101·4124 484+	17·9582 410+	0·9011 9614+
a_1	12·3450 304+	1·2176 407−	0·0002 9272+
a_2	942 255−	3885 947−	11 9970+
a_3	42 191−	106 443+	5216+
a_4	19 550+	8 476+	407−
a_5	338+	713−	
	November 13		
a_0	113·6610 230+	16·3634 263+	0·9027 3665+
a_1	12·1519 102+	1·9598 627−	0·0028 3233+
a_2	948 188−	3522 901−	13 3121+
a_3	39 015+	133 452+	3595+
a_4	21 034+	4 845+	582−
a_5	314−	301−	
	November 14		
a_0	125·7240 879+	14·0650 730+	0·9069 3032+
a_1	11·9822 335+	2·6226 192−	0·0055 7934+
a_2	708 110−	3096 483−	14 0351+
a_3	119 834+	150 128+	1280+
a_4	19 286+	3 333+	788−
a_5	628−	227+	
	November 15		
a_0	137·6493 595+	11·1481 743+	0·9139 1809+
a_1	11·8839 618+	3·1954 301−	0·0083 9324+
a_2	239 197−	2623 822−	13 9388+
a_3	190 615+	166 036+	1865−
a_4	16 060+	4 508+	1026−
a_5	761−	752+	

Formula: Quantity in degrees $= a_0 + a_1 p + a_2 p^2 + a_3 p^3 + a_4 p^4 + a_5 p^5$

where p is the fraction of a day from 0^h TDT.

DAILY POLYNOMIAL COEFFICIENTS

	Apparent Right Ascension	Apparent Declination	Horizontal Parallax
	November 16		
	°	°	°
a_0	149·5299 931+	7·7074 917+	0·9236 7629+
a_1	11·8993 504+	3·6682 037−	0·0110 8399+
a_2	421 399+	2091 124−	12 7564+
a_3	247 121+	191 826+	5980−
a_4	12 288+	8 364+	1261−
a_5	974−	1 161+	
	November 17		
a_0	161·4973 269+	3·8503 107+	0·9359 6349+
a_1	12·0621 943+	4·0249 544−	0·0134 0536+
a_2	1226 768+	1453 819−	10 2011+
a_3	286 199+	236 951+	1 1077−
a_4	7 559+	14 362+	1405−
a_5	1 553−	1 275+	
	November 18		
a_0	173·7114 185+	0·2947 667−	0·9502 6415+
a_1	12·3956 532+	4·2382 509−	0·0150 5702+
a_2	2115 203+	643 985−	6 0384+
a_3	300 235+	306 850+	1 6805−
a_4	24−	21 090+	1305−
a_5	2 710−	780+	
	November 19		
a_0	186·3483 420+	4·5645 443−	0·9657 4391+
a_1	12·9073 977+	4·2661 692−	0·0157 0828+
a_2	2988 646+	410 974+	2304+
a_3	272 141+	398 115+	2 2181−
a_4	13 594−	25 490+	786−
a_5	4 289−	734−	
	November 20		
a_0	199·5800 300+	8·7473 290−	0·9812 4557+
a_1	13·5791 863+	4·0547 140−	0·0150 5742+
a_2	3680 492+	1750 979+	6 8639−
a_3	174 424+	491 207+	2 5473−
a_4	35 798−	22 223+	228+
a_5	5 154−	3 393−	
	November 21		
a_0	213·5406 127+	12·5759 415−	0·9953 6417+
a_1	14·3507 185+	3·5499 669−	0·0129 2955+
a_2	3937 158+	3323 960+	14 3283−
a_3	18 974−	544 578+	2 4598−
a_4	63 415−	4 946+	1554+
a_5	2 941−	6 235−	
	November 22		
a_0	228·2765 140+	15·7391 835−	1·0066 3045+
a_1	15·1056 291+	2·7229 414−	0·0093 8816+
a_2	3470 093+	4924 803+	20 7406−
a_3	298 237−	501 737+	1 8230−
a_4	79 758−	27 713−	2703+
a_5	3 756+	6 817−	
	November 23		
a_0	243·6917 284+	17·9229 240−	1·0137 8928+
a_1	15·6801 592+	1·6019 495−	0·0048 0143+
a_2	2134 565+	6195 320+	24 5751−
a_3	575 704−	324 793+	7116−
a_4	59 710−	63 494−	3119+
a_5	11 006+	3 171−	

	Apparent Right Ascension	Apparent Declination	Horizontal Parallax
	November 24		
	°	°	°
a_0	259·5229 034+	18·8795 286−	1·0160 9323+
a_1	15·9159 804+	0·2924 237−	0·0002 0216−
a_2	159 765+	6757 030+	24 8550−
a_3	704 223−	42 447+	5646+
a_4	1 026−	79 339−	2578+
a_5	11 451+	2 787+	
	November 25		
a_0	275·3854 806+	18·4996 597−	1·0134 8780+
a_1	15·7419 739+	1·0413 785+	0·0049 0058−
a_2	1844 321−	6436 450+	21 6508−
a_3	597 609−	244 973−	1 6083+
a_4	57 902+	63 704−	1378+
a_5	4 558+	6 410+	
	November 26		
a_0	290·8895 074+	16·8448 629−	1·0065 9674+
a_1	15·2192 589+	2·2328 995+	0·0086 9316−
a_2	3244 370−	5383 618+	16 0387−
a_3	324 446−	435 945−	2 1535+
a_4	79 247+	30 205−	89+
a_5	2 534−	5 851+	
	November 27		
a_0	305·7595 559+	14·1196 314−	0·9965 1594+
a_1	14·5034 795+	3·1696 803+	0·0112 5137−
a_2	3767 861−	3953 104+	9 5536−
a_3	34 431−	499 760−	2 1735+
a_4	64 641+	689−	840−
a_5	5 244−	3 155+	
	November 28		
a_0	319·8887 458+	10·6043 701−	0·9845 1816+
a_1	13·7628 128+	3·8116 723+	0·0125 4372−
a_2	3535 886−	2481 179+	3 5506−
a_3	172 002+	472 356−	1 8219+
a_4	37 546+	14 664+	1268−
a_5	4 610−	736+	
	November 29		
a_0	333·3184 638+	6·5902 755−	0·9717 8890+
a_1	13·1199 511+	4·1724 333+	0·0127 5802−
a_2	2840 728−	1159 380+	1 1539+
a_3	276 953+	407 093−	1 3044+
a_4	14 426+	17 858+	1284−
a_5	3 073−	543−	
	November 30		
a_0	346·1831 727+	2·3408 820−	0·9592 6385+
a_1	12·6391 267+	4·2890 527+	0·0121 8734−
a_2	1954 026−	39 767+	4 3033+
a_3	304 610+	341 290−	7855+
a_4	762−	14 817+	1058−
a_5	1 897−	862−	
	December 1		
a_0	358·6570 919+	1·9194 139+	0·9475 7481+
a_1	12·3384 521+	4·2001 152+	0·0111 3337−
a_2	1063 726−	903 848−	6 0350+
a_3	282 963+	290 511−	3609+
a_4	10 122−	10 333+	732−
a_5	1 272−	624−	

Formula: Quantity in degrees $= a_0 + a_1 p + a_2 p^2 + a_3 p^3 + a_4 p^4 + a_5 p^5$

where p is the fraction of a day from 0^h TDT.

DAILY POLYNOMIAL COEFFICIENTS

	Apparent Right Ascension	Apparent Declination	Horizontal Parallax
	December 2		
	°	°	°
a_0	10·9163 282+	6·0010 641+	0·9370 7373+
a_1	12·2059 112+	3·9360 142+	0·0098 4735−
a_2	288 304−	1719 636−	6 6892+
a_3	229 949+	255 145−	690+
a_4	16 496−	7 142+	397−
a_5	944−	141−	
	December 3		
a_0	23·1146 599+	9·7403 003+	0·9278 9823+
a_1	12·2101 653+	3·5183 301+	0·0085 0468−
a_2	293 098+	2443 636−	6 6672+
a_3	154 750+	227 702−	879−
a_4	21 364−	6 445+	103−
a_5	552−	372+	
	December 4		
a_0	35·3674 183+	12·9921 784+	0·9200 5046+
a_1	12·3063 889+	2·9640 571+	0·0072 0171−
a_2	623 597+	3084 335−	6 3488+
a_3	64 175+	197 998−	1267−
a_4	24 352−	8 393+	124+
a_5	167+	728+	
	December 5		
a_0	47·7401 659+	15·6289 144+	0·9134 7220+
a_1	12·4407 049+	2·2915 121+	0·0059 6497−
a_2	671 653+	3620 669−	6 0480+
a_3	30 973−	157 132−	743−
a_4	23 659−	12 178+	272+
a_5	1 209+	758+	
	December 6		
a_0	60·2426 937+	17·5439 400+	0·9081 0733+
a_1	12·5568 854+	1·5254 886+	0·0047 6674−
a_2	448 867+	4011 396−	5 9906+
a_3	112 974−	101 044−	373+
a_4	17 543−	16 106+	337+
a_5	2 195+	404+	
	December 7		
a_0	72·8316 337+	18·6598 356+	0·9039 4675+
a_1	12·6068 475+	0·6995 396+	0·0035 4392−
a_2	26 665+	4213 853−	6 3046+
a_3	160 989−	32 930−	1746+
a_4	6 305−	18 164+	325+
a_5	2 572+	196−	
	December 8		
a_0	85·4246 756+	18·9364 937+	0·9010 5400+
a_1	12·5626 477+	0·1459 433−	0·0022 1763−
a_2	468 378−	4205 637−	7 0208+
a_3	160 753−	37 447+	3063+
a_4	6 819+	17 096+	247+
a_5	2 103+	744−	
	December 9		
a_0	97·9253 022+	18·3753 665+	0·8995 7154+
a_1	12·4245 236+	0·9693 705−	0·0007 1169−
a_2	888 703−	3998 183−	8 0840+
a_3	113 030−	98 254+	4065+
a_4	17 369+	13 221+	119+
a_5	1 092+	976−	

	Apparent Right Ascension	Apparent Declination	Horizontal Parallax
	December 10		
	°	°	°
a_0	110·2514 986+	17·0172 276+	0·8997 1010+
a_1	12·2203 666+	1·7347 303−	0·0010 3184+
a_2	1112 691−	3633 875−	9 3699+
a_3	33 197−	141 458+	4553+
a_4	22 652+	8 205+	47−
a_5	97+	825−	
	December 11		
a_0	122·3595 512+	14·9339 936+	0·9017 2399+
a_1	11·9969 775+	2·4161 978−	0·0030 4055+
a_2	1075 448−	3168 526−	10 7016+
a_3	58 033+	166 275+	4378+
a_4	22 894+	4 015+	246−
a_5	511−	397−	
	December 12		
a_0	134·2570 255+	12·2179 325+	0·9058 7602+
a_1	11·8081 995+	2·9986 125−	0·0053 0237+
a_2	769 133−	2649 580−	11 8598+
a_3	144 371+	178 679+	3407+
a_4	20 157+	2 025+	484−
a_5	728−	148+	
	December 13		
a_0	146·0046 917+	8·9724 473+	0·9123 9359+
a_1	11·7053 826+	3·4740 399−	0·0077 5717+
a_2	222 382−	2099 901−	12 5825+
a_3	217 676+	188 576+	1485+
a_4	16 453+	2 804+	767−
a_5	784−	690+	
	December 14		
a_0	157·7111 704+	5·3076 243+	0·9214 1619+
a_1	11·7323 976+	3·8359 802−	0·0102 8754+
a_2	521 521+	1510 434−	12 5576+
a_3	275 517+	206 947+	1575−
a_4	12 598+	6 337+	1091−
a_5	989−	1 132+	
	December 15		
a_0	169·5244 327+	1·3420 424+	0·9329 3282+
a_1	11·9239 007+	4·0728 815−	0·0127 0815+
a_2	1413 787+	840 217−	11 4203+
a_3	315 620+	243 720+	5954−
a_4	7 841+	12 175+	1415−
a_5	1 662−	1 317+	
	December 16		
a_0	181·6218 920+	2·7891 396−	0·9467 0931+
a_1	12·3036 481+	4·1622 808−	0·0147 5698+
a_2	2391 102+	22 779−	8 7791+
a_3	329 567+	305 346+	1 1674−
a_4	231−	19 115+	1628−
a_5	3 042−	917+	
	December 17		
a_0	194·1972 797+	6·9211 605−	0·9622 1119+
a_1	12·8791 229+	4·0671 302−	0·0160 9740+
a_2	3347 980+	1017 203+	4 3036+
a_3	297 154+	390 091+	1 8319−
a_4	15 462−	24 269+	1537−
a_5	4 932−	578−	

Formula: Quantity in degrees $= a_0 + a_1 p + a_2 p^2 + a_3 p^3 + a_4 p^4 + a_5 p^5$
where p is the fraction of a day from 0^h TDT.

DAILY POLYNOMIAL COEFFICIENTS

December 18

	Apparent Right Ascension	Apparent Declination	Horizontal Parallax
	°	°	°
a_0	207·4388 766+	10·8451 922−	0·9785 4040+
a_1	13·6292 135+	3·7372 468−	0·0163 4697+
a_2	4097 202+	2327 393+	2 0945−
a_3	185 500+	479 722+	2 4668−
a_4	41 072−	21 919+	913−
a_5	5 908−	3 469−	

December 19

	Apparent Right Ascension	Apparent Declination	Horizontal Parallax
a_0	221·4916 623+	14·2998 826−	0·9944 2211+
a_1	14·4849 244+	3·1208 225−	0·0151 5140+
a_2	4347 845+	3863 340+	10 0035−
a_3	36 132−	530 840+	2 8511−
a_4	72 882−	4 301+	350+
a_5	3 028−	6 802−	

December 20

	Apparent Right Ascension	Apparent Declination	Horizontal Parallax
a_0	236·4001 669+	16·9815 371−	1·0082 9156+
a_1	15·3129 958+	2·1905 837−	0·0123 0935+
a_2	3771 606+	5413 395+	18 2960−
a_3	353 309−	479 648+	2 7149−
a_4	89 805−	31 472−	2003+
a_5	5 163+	7 601−	

December 21

	Apparent Right Ascension	Apparent Declination	Horizontal Parallax
a_0	252·0465 280+	18·5867 238−	1·0185 1986+
a_1	15·9279 921+	0·9803 945−	0·0079 1590+
a_2	2224 753+	6587 202+	25 1970−
a_3	656 515−	280 215+	1 8920−
a_4	61 963−	71 557−	3383+
a_5	13 173+	3 277−	

December 22

	Apparent Right Ascension	Apparent Declination	Horizontal Parallax
a_0	268·1264 650+	18·8878 600−	1·0237 6070+
a_1	16·1577 885+	0·3908 570+	0·0024 4443+
a_2	15 773+	6965 747+	28 8318−
a_3	773 116−	34 842−	4988−
a_4	8 291+	87 850−	3761+
a_5	12 299+	3 775+	

December 23

	Apparent Right Ascension	Apparent Declination	Horizontal Parallax
a_0	284·2105 782+	17·8123 199−	1·0233 0966+
a_1	15·9384 644+	1·7403 061+	0·0033 2095−
a_2	2130 663−	6372 180+	28 0971−
a_3	621 763−	346 202−	1 0407+
a_4	71 093+	66 845−	2919+
a_5	3 584+	7 774+	

December 24

	Apparent Right Ascension	Apparent Declination	Horizontal Parallax
a_0	299·8812 676+	15·4753 231−	1·0173 1226+
a_1	15·3560 236+	2·8880 292+	0·0085 1133−
a_2	3533 865−	5010 481+	23 2718−
a_3	305 832−	536 374−	2 2195+
a_4	86 920+	26 303−	1338+
a_5	3 911−	6 719+	

December 25

	Apparent Right Ascension	Apparent Declination	Horizontal Parallax
a_0	314·8616 224+	12·1418 415−	1·0067 0907+
a_1	14·5903 111+	3·7220 481+	0·0124 4636−
a_2	3969 262−	3310 765+	15 8579−
a_3	1 441+	576 296−	2 7432+
a_4	65 281+	7 501+	212−
a_5	5 992−	3 332+	

December 26

	Apparent Right Ascension	Apparent Declination	Horizontal Parallax
	°	°	°
a_0	329·0610 804+	8·1452 633−	0·9929 4911+
a_1	13·8200 091+	4·2159 752+	0·0148 0359−
a_2	3633 290−	1660 118+	7 7872−
a_3	203 286+	514 625−	2 6373+
a_4	34 574+	23 603+	1220−
a_5	4 756−	475+	

December 27

	Apparent Right Ascension	Apparent Declination	Horizontal Parallax
a_0	342·5410 709+	3·8123 311−	0·9776 1832+
a_1	13·1657 906+	4·4032 882+	0·0156 1876−
a_2	2863 552−	262 520+	6199−
a_3	295 037+	416 310−	2 1310+
a_4	10 843+	25 393+	1602−
a_5	2 961−	954−	

December 28

	Apparent Right Ascension	Apparent Declination	Horizontal Parallax
a_0	355·4507 981+	0·5780 221+	0·9621 3466+
a_1	12·6844 491+	4·3405 792+	0·0151 6757−
a_2	1942 975−	843 646−	4 8137+
a_3	309 509+	324 464−	1 4796+
a_4	3 745−	20 255+	1535−
a_5	1 738−	1 255−	

December 29

	Apparent Right Ascension	Apparent Declination	Horizontal Parallax
a_0	7·9713 524+	4·8036 904+	0·9475 8107+
a_1	12·3863 407+	4·0819 861+	0·0138 2238−
a_2	1054 289−	1708 080−	8 3402+
a_3	277 521+	255 815−	8614+
a_4	12 311−	13 803+	1244−
a_5	1 115−	942−	

December 30

	Apparent Right Ascension	Apparent Declination	Horizontal Parallax
a_0	20·2786 737+	8·6905 732+	0·9346 6641+
a_1	12·2532 577+	3·6686 764+	0·0119 4570−
a_2	306 757−	2402 141−	10 1887+
a_3	217 336+	209 710−	3633+
a_4	17 915−	9 029+	890−
a_5	759−	387−	

December 31

	Apparent Right Ascension	Apparent Declination	Horizontal Parallax
a_0	32·5211 219+	12·0989 288+	0·9237 6701+
a_1	12·2495 624+	3·1287 544+	0·0098 3457−
a_2	230 142+	2980 959−	10 7551+
a_3	138 345+	177 136−	86+
a_4	21 867−	7 115+	553−
a_5	312−	180+	

December 32

	Apparent Right Ascension	Apparent Declination	Horizontal Parallax
a_0	44·8053 152+	14·9126 031+	0·9150 0328+
a_1	12·3281 925+	2·4823 579+	0·0077 0309−
a_2	510 818+	3467 872−	10 4581+
a_3	48 184+	146 657−	2109−
a_4	23 626−	8 101+	263−
a_5	432+	575+	

Formula: Quantity in degrees $= a_0 + a_1 p + a_2 p^2 + a_3 p^3 + a_4 p^4 + a_5 p^5$

where p is the fraction of a day from 0^h TDT.

NOTES AND FORMULAE

Low-precision formulae for geocentric coordinates of the Moon

The following formulae give approximate geocentric coordinates of the Moon. The errors will rarely exceed 0°3 in ecliptic longitude (λ), 0°2 in ecliptic latitude (β), 0°003 in horizontal parallax (π), 0°001 in semidiameter (SD), 0·2 Earth radii in distance (r), 0°3 in right ascension (α) and 0°2 in declination (δ).

On this page the time argument T is the number of Julian centuries from J2000·0.

$$T = (\mathrm{JD} - 245\,1545{\cdot}0)/36\,525 = (-1827{\cdot}5 + \text{day of year} + \mathrm{UT}/24)/36\,525$$

where day of year is given on pages B2–B3 and UT is the universal time in hours.

$$\begin{aligned}
\lambda = {} & 218^\circ\!.32 + 481\,267^\circ\!.883\,T \\
& + 6^\circ\!.29 \sin(134^\circ\!.9 + 477\,198^\circ\!.85\,T) - 1^\circ\!.27 \sin(259^\circ\!.2 - 413\,335^\circ\!.38\,T) \\
& + 0^\circ\!.66 \sin(235^\circ\!.7 + 890\,534^\circ\!.23\,T) + 0^\circ\!.21 \sin(269^\circ\!.9 + 954\,397^\circ\!.70\,T) \\
& - 0^\circ\!.19 \sin(357^\circ\!.5 + 35\,999^\circ\!.05\,T) - 0^\circ\!.11 \sin(186^\circ\!.6 + 966\,404^\circ\!.05\,T) \\
\beta = {} & + 5^\circ\!.13 \sin(93^\circ\!.3 + 483\,202^\circ\!.03\,T) + 0^\circ\!.28 \sin(228^\circ\!.2 + 960\,400^\circ\!.87\,T) \\
& - 0^\circ\!.28 \sin(318^\circ\!.3 + 6\,003^\circ\!.18\,T) - 0^\circ\!.17 \sin(217^\circ\!.6 - 407\,332^\circ\!.20\,T) \\
\pi = {} & + 0^\circ\!.9508 \\
& + 0^\circ\!.0518 \cos(134^\circ\!.9 + 477\,198^\circ\!.85\,T) + 0^\circ\!.0095 \cos(259^\circ\!.2 - 413\,335^\circ\!.38\,T) \\
& + 0^\circ\!.0078 \cos(235^\circ\!.7 + 890\,534^\circ\!.23\,T) + 0^\circ\!.0028 \cos(269^\circ\!.9 + 954\,397^\circ\!.70\,T) \\
SD = {} & 0{\cdot}2725\,\pi \\
r = {} & 1/\sin\pi
\end{aligned}$$

Form the geocentric direction cosines (l, m, n) from:

$$\begin{aligned}
l &= \cos\beta\cos\lambda \\
m &= +0{\cdot}9175\cos\beta\sin\lambda - 0{\cdot}3978\sin\beta \\
n &= +0{\cdot}3978\cos\beta\sin\lambda + 0{\cdot}9175\sin\beta
\end{aligned}$$

where $l = \cos\delta\cos\alpha \quad m = \cos\delta\sin\alpha \quad n = \sin\delta$

Then $\alpha = \tan^{-1}(m/l)$ and $\delta = \sin^{-1}(n)$

where the quadrant of α is determined by the signs of l and m, and where α, δ are referred to the mean equator and equinox of date.

Low-precision formulae for topocentric coordinates of the Moon

The following formulae give approximate topocentric values of right ascension (α'), declination (δ'), distance (r'), parallax (π') and semi-diameter (SD′).

Form the geocentric rectangular coordinates (x, y, z) from:

$$\begin{aligned}
x &= rl = r\cos\delta\cos\alpha \\
y &= rm = r\cos\delta\sin\alpha \\
z &= rn = r\sin\delta
\end{aligned}$$

Form the topocentric rectangular coordinates (x', y', z') from:

$$\begin{aligned}
x' &= x - \cos\phi'\cos\theta_0 \\
y' &= y - \cos\phi'\sin\theta_0 \\
z' &= z - \sin\phi'
\end{aligned}$$

where ϕ' is the observer's geocentric latitude and θ_0 is the local sidereal time.

$$\theta_0 = 100^\circ\!.46 + 36\,000^\circ\!.77\,T + \lambda' + 15\,\mathrm{UT}$$

where λ' is the observer's east longitude.

Then $\quad r' = (x'^2 + y'^2 + z'^2)^{1/2} \qquad \alpha' = \tan^{-1}(y'/x') \quad \delta' = \sin^{-1}(z'/r')$

$\quad \pi' = \sin^{-1}(1/r') \qquad \mathrm{SD}' = 0{\cdot}2725\pi'$

CONTENTS OF SECTION E

NOTES

1. Other data, explanatory notes and formulas are given on the following pages:

2. Other data on the planets are given on the following pages:

NOTES AND FORMULAS

Orbital elements

The heliocentric osculating orbital elements for the Earth given on pages E3–E4 refer to the Earth/Moon barycenter. In ecliptic rectangular coordinates, the correction from the Earth/Moon barycenter to the Earth's center is given by:

(Earth's center) = (Earth/Moon barycenter) – (0.000 0312 cos L, 0.000 0312 sin L, 0.0)

where $L = 218° + 481\ 268°\ T$, with T in Julian centuries from JD 245 1545.0 to 5 decimal places; the coordinates are in au and are referred to the mean equinox and ecliptic of date.

Linear interpolation of the heliocentric osculating orbital elements usually leads to errors of about 1″ or 2″ in the geocentric positions of the Sun and planets: the errors may, however, reach about 7″ for Venus at inferior conjunction and about 3″ for Mars at opposition.

Heliocentric coordinates

The heliocentric ecliptic coordinates of the Earth may be obtained from the geocentric ecliptic coordinates of the Sun given on pages C4–C18 by adding ±180° to the longitude, and reversing the sign of the latitude.

Geocentric coordinates

Precise values of apparent semidiameter and horizontal parallax may be computed from the formulas and values given on page E43. Values of apparent diameter are tabulated in the ephemerides for physical observations on pages E52 onwards.

Times of transit, rising and setting

Formulas for obtaining the universal times of transit, rising and setting of the planets are given on page E43.

Ephemerides for physical observations

Full descriptions of the quantities tabulated in the ephemerides for physical observations of the planets are given in the Explanation (Section L).

Invariable plane of the solar system

Approximate coordinates of the north pole of the invariable plane for J2000.0 are:

$$\alpha_0 = 273°.85 \qquad \delta_0 = 66°.99$$

HELIOCENTRIC OSCULATING ORBITAL ELEMENTS REFERRED TO THE MEAN ECLIPTIC AND EQUINOX OF J2000.0

Julian Date 244	Inclin-ation i	Longitude Asc. Node Ω	Longitude Perihelion ϖ	Mean Distance a	Daily Motion n	Eccen-tricity e	Mean Longitude L
MERCURY	°	°	°		°		°
9720.5	7.005 32	48.3374	77.4462	0.387 0990	4.092 334	0.205 6299	345.778 12
9920.5	7.005 23	48.3368	77.4514	0.387 0983	4.092 345	0.205 6430	84.244 29
VENUS							
9720.5	3.394 82	76.6919	131.475	0.723 3258	1.602 152	0.006 7459	138.889 22
9920.5	3.394 82	76.6917	131.428	0.723 3318	1.602 132	0.006 7453	99.318 03
EARTH*							
9720.5	0.000 55	349.4	102.8922	1.000 0103	0.985 594 0	0.016 7326	102.223 03
9920.5	0.000 53	344.7	102.9920	0.999 9914	0.985 621 9	0.016 7428	299.342 31
MARS							
9720.5	1.850 19	49.5752	336.0897	1.523 6636	0.524 047 3	0.093 4183	119.346 75
9920.5	1.850 14	49.5748	336.0377	1.523 6795	0.524 039 1	0.093 4176	224.164 79
JUPITER							
9720.5	1.304 63	100.4703	15.7225	5.202 495	0.083 098 62	0.048 3806	242.776 48
9920.5	1.304 60	100.4711	15.7175	5.202 459	0.083 099 49	0.048 3985	259.398 39
SATURN							
9720.5	2.485 72	113.6539	91.9397	9.543 094	0.033 437 39	0.052 5191	348.858 55
9920.5	2.485 47	113.6463	91.2435	9.549 313	0.033 404 73	0.052 3590	355.541 35
URANUS							
9720.5	0.773 07	74.0690	175.9525	19.275 52	0.011 646 74	0.045 8531	291.717 95
9920.5	0.773 22	74.0798	176.4990	19.289 02	0.011 634 51	0.045 1264	294.094 93
NEPTUNE							
9720.5	1.770 90	131.7666	9.949	30.222 25	0.005 932 328	0.006 9162	293.819 34
9920.5	1.770 26	131.7734	4.412	30.249 36	0.005 924 354	0.007 6643	295.063 66
PLUTO							
9720.5	17.125 02	110.3657	224.4842	39.833 66	0.003 920 385	0.255 1959	231.740 50
9920.5	17.121 43	110.3817	224.6287	39.812 27	0.003 923 546	0.254 7023	232.594 97

HELIOCENTRIC COORDINATES AND VELOCITY COMPONENTS REFERRED TO THE MEAN EQUATOR AND EQUINOX OF J2000.0

	x	y	z	$\dot{x}$	$\dot{y}$	$\dot{z}$
MERCURY						
9720.5	+ 0.321 4036	− 0.202 2368	− 0.141 3642	+ 0.011 368 33	+ 0.021 471 65	+ 0.010 289 90
9920.5	+ 0.012 0398	+ 0.272 3152	+ 0.144 2088	− 0.033 755 94	+ 0.000 653 92	+ 0.003 850 69
VENUS						
9720.5	− 0.541 0794	+ 0.417 3425	+ 0.221 9973	− 0.013 358 66	− 0.014 313 22	− 0.005 593 58
9920.5	− 0.110 8571	+ 0.645 4034	+ 0.297 3650	− 0.020 053 03	− 0.003 405 12	− 0.000 262 63
EARTH*						
9720.5	− 0.207 7939	+ 0.881 7626	+ 0.382 3003	− 0.017 096 51	− 0.003 394 66	− 0.001 471 84
9920.5	+ 0.489 6995	− 0.816 8192	− 0.354 1419	+ 0.014 793 97	+ 0.007 548 09	+ 0.003 272 62
MARS						
9720.5	− 0.945 6561	+ 1.210 2396	+ 0.580 6735	− 0.010 907 47	− 0.006 354 89	− 0.002 619 74
9920.5	− 1.305 2051	− 0.834 3004	− 0.347 3618	+ 0.008 491 78	− 0.009 290 19	− 0.004 490 77
JUPITER						
9720.5	− 2.779 577	− 4.258 122	− 1.757 499	+ 0.006 366 773	− 0.003 208 492	− 0.001 530 433
9920.5	− 1.416 431	− 4.729 036	− 1.992 567	+ 0.007 180 990	− 0.001 461 021	− 0.000 801 222
SATURN						
9720.5	+ 9.256 207	− 2.458 907	− 1.413 732	+ 0.001 326 356	+ 0.004 943 205	+ 0.001 984 575
9920.5	+ 9.460 286	− 1.456 157	− 1.008 353	+ 0.000 710 180	+ 0.005 073 718	+ 0.002 065 027
URANUS						
9720.5	+ 8.732 81	− 16.120 99	− 7.184 05	+ 0.003 502 464	+ 0.001 447 395	+ 0.000 584 289
9920.5	+ 9.426 44	− 15.818 92	− 7.061 58	+ 0.003 432 798	+ 0.001 572 851	+ 0.000 640 205
NEPTUNE						
9720.5	+ 11.816 61	− 25.590 00	− 10.768 47	+ 0.002 874 654	+ 0.001 179 290	+ 0.000 411 075
9920.5	+ 12.389 03	− 25.348 47	− 10.683 87	+ 0.002 849 198	+ 0.001 236 047	+ 0.000 434 980
PLUTO						
9720.5	− 15.205 40	− 25.425 31	− 3.353 76	+ 0.002 788 339	− 0.001 672 212	− 0.001 360 318
9920.5	− 14.644 29	− 25.753 88	− 3.624 98	+ 0.002 822 357	− 0.001 613 299	− 0.001 351 785

*Values labelled for the Earth are actually for the Earth/Moon barycenter (see note on page E2).
The velocity components are expressed in astronomical units per day.

HELIOCENTRIC OSCULATING ORBITAL ELEMENTS REFERRED TO THE MEAN ECLIPTIC AND EQUINOX OF DATE

Date	Julian Date 244/5	Inclin- ation i	Longitude Asc. Node Ω	Longitude Perihelion ϖ	Mean Distance a	Daily Motion n	Eccen- tricity e	Mean Longitude L
MERCURY		°	°	°		°		
Jan. 3	9720.5	7.0049	48.272	77.376	0.387 099	4.092 33	0.205 630	345.7083
Feb. 12	9760.5	7.0049	48.273	77.378	0.387 099	4.092 33	0.205 630	149.4032
Mar. 24	9800.5	7.0049	48.274	77.383	0.387 099	4.092 34	0.205 637	313.0964
May 3	9840.5	7.0049	48.276	77.384	0.387 098	4.092 35	0.205 638	116.7918
June 12	9880.5	7.0049	48.277	77.387	0.387 099	4.092 34	0.205 639	280.4866
July 22	9920.5	7.0049	48.279	77.389	0.387 098	4.092 35	0.205 643	84.1821
Aug. 31	9960.5	7.0049	48.280	77.390	0.387 098	4.092 35	0.205 642	247.8777
Oct. 10	0000.5	7.0049	48.281	77.391	0.387 098	4.092 35	0.205 641	51.5732
Nov. 19	0040.5	7.0049	48.283	77.393	0.387 098	4.092 35	0.205 639	215.2687
Dec. 29	0080.5	7.0049	48.284	77.394	0.387 099	4.092 33	0.205 635	18.9635
VENUS								
Jan. 3	9720.5	3.3947	76.633	131.40	0.723 326	1.602 15	0.006 746	138.8194
Feb. 12	9760.5	3.3947	76.634	131.44	0.723 327	1.602 15	0.006 744	202.9074
Mar. 24	9800.5	3.3947	76.635	131.47	0.723 328	1.602 14	0.006 747	266.9944
May 3	9840.5	3.3947	76.637	131.46	0.723 324	1.602 16	0.006 753	331.0820
June 12	9880.5	3.3947	76.638	131.41	0.723 329	1.602 14	0.006 749	35.1695
July 22	9920.5	3.3947	76.639	131.37	0.723 332	1.602 13	0.006 745	99.2559
Aug. 31	9960.5	3.3947	76.640	131.36	0.723 328	1.602 15	0.006 739	163.3429
Oct. 10	0000.5	3.3947	76.642	131.39	0.723 330	1.602 14	0.006 741	227.4301
Nov. 19	0040.5	3.3947	76.643	131.44	0.723 330	1.602 14	0.006 747	291.5162
Dec. 29	0080.5	3.3947	76.644	131.44	0.723 324	1.602 16	0.006 756	355.6038
EARTH*								
Jan. 3	9720.5	0.0	—	102.822	1.000 010	0.985 594	0.016 733	102.1532
Feb. 12	9760.5	0.0	—	102.830	1.000 003	0.985 605	0.016 724	141.5793
Mar. 24	9800.5	0.0	—	102.833	0.999 999	0.985 610	0.016 717	181.0058
May 3	9840.5	0.0	—	102.867	1.000 008	0.985 597	0.016 717	220.4313
June 12	9880.5	0.0	—	102.901	1.000 009	0.985 596	0.016 724	259.8553
July 22	9920.5	0.0	—	102.930	0.999 991	0.985 622	0.016 743	299.2802
Aug. 31	9960.5	0.0	—	102.951	0.999 982	0.985 636	0.016 751	338.7068
Oct. 10	0000.5	0.0	—	102.927	0.999 989	0.985 625	0.016 750	18.1338
Nov. 19	0040.5	0.0	—	102.884	1.000 002	0.985 607	0.016 752	57.5595
Dec. 29	0080.5	0.0	—	102.850	1.000 010	0.985 594	0.016 756	96.9842
MARS								
Jan. 3	9720.5	1.8498	49.522	336.020	1.523 664	0.524 047	0.093 418	119.2770
Feb. 12	9760.5	1.8498	49.522	336.008	1.523 636	0.524 062	0.093 430	140.2425
Mar. 24	9800.5	1.8498	49.523	336.000	1.523 615	0.524 073	0.093 443	161.2086
May 3	9840.5	1.8498	49.524	335.995	1.523 614	0.524 073	0.093 447	182.1743
June 12	9880.5	1.8498	49.526	335.989	1.523 635	0.524 062	0.093 438	203.1393
July 22	9920.5	1.8498	49.527	335.976	1.523 679	0.524 039	0.093 418	224.1026
Aug. 31	9960.5	1.8498	49.529	335.957	1.523 735	0.524 011	0.093 395	245.0639
Oct. 10	0000.5	1.8497	49.529	335.946	1.523 761	0.523 997	0.093 376	266.0233
Nov. 19	0040.5	1.8497	49.529	335.948	1.523 741	0.524 007	0.093 354	286.9827
Dec. 29	0080.5	1.8497	49.529	335.959	1.523 685	0.524 036	0.093 323	307.9440

***Values labelled for the Earth are actually for the Earth/Moon barycenter (see note on page E2).**

FORMULAS

Mean anomaly, $M = L - \varpi$

Argument of perihelion, measured from node, $\omega = \varpi - \Omega$

True anomaly, $v = M + (2e - e^3/4)\sin M + (5e^2/4)\sin 2M + (13e^3/12)\sin 3M + \ldots$ in radians.

True distance, $r = a(1 - e^2)/(1 + e\cos v)$

Heliocentric rectangular coordinates, referred to the ecliptic of date, may be computed from these elements by:

$$x = r\{\cos(v + \omega)\cos\Omega - \sin(v + \omega)\cos i\sin\Omega\}$$
$$y = r\{\cos(v + \omega)\sin\Omega + \sin(v + \omega)\cos i\cos\Omega\}$$
$$z = r\sin(v + \omega)\sin i$$

HELIOCENTRIC OSCULATING ORBITAL ELEMENTS REFERRED TO THE MEAN ECLIPTIC AND EQUINOX OF DATE

Date	Julian Date 244/5	Inclin-ation i	Longitude Asc. Node Ω	Longitude Perihelion ϖ	Mean Distance a	Daily Motion n	Eccen-tricity e	Mean Longitude L
JUPITER		°	°	°		°		
Jan. 3	9720.5	1.3048	100.428	15.653	5.202 49	0.083 098 6	0.048 381	242.7067
Feb. 12	9760.5	1.3048	100.429	15.639	5.202 59	0.083 096 5	0.048 368	246.0321
Mar. 24	9800.5	1.3048	100.430	15.626	5.202 63	0.083 095 4	0.048 371	249.3587
May 3	9840.5	1.3048	100.431	15.630	5.202 58	0.083 096 5	0.048 383	252.6850
June 12	9880.5	1.3048	100.433	15.642	5.202 52	0.083 098 1	0.048 394	256.0109
July 22	9920.5	1.3048	100.434	15.655	5.202 46	0.083 099 5	0.048 399	259.3363
Aug. 31	9960.5	1.3048	100.434	15.654	5.202 47	0.083 099 1	0.048 397	262.6618
Oct. 10	0000.5	1.3048	100.435	15.655	5.202 47	0.083 099 3	0.048 403	265.9879
Nov. 19	0040.5	1.3048	100.436	15.662	5.202 43	0.083 100 2	0.048 410	269.3140
Dec. 29	0080.5	1.3048	100.437	15.682	5.202 34	0.083 102 2	0.048 418	272.6399
SATURN								
Jan. 3	9720.5	2.4860	113.597	91.870	9.543 09	0.033 437 4	0.052 519	348.7888
Feb. 12	9760.5	2.4860	113.597	91.758	9.544 15	0.033 431 8	0.052 469	350.1254
Mar. 24	9800.5	2.4859	113.597	91.610	9.545 51	0.033 424 7	0.052 420	351.4626
May 3	9840.5	2.4858	113.596	91.457	9.546 88	0.033 417 5	0.052 389	352.8011
June 12	9880.5	2.4858	113.596	91.311	9.548 17	0.033 410 7	0.052 370	354.1402
July 22	9920.5	2.4857	113.596	91.181	9.549 31	0.033 404 7	0.052 359	355.4792
Aug. 31	9960.5	2.4857	113.597	91.049	9.550 48	0.033 398 6	0.052 344	356.8172
Oct. 10	0000.5	2.4857	113.597	90.901	9.551 79	0.033 391 7	0.052 336	358.1556
Nov. 19	0040.5	2.4857	113.597	90.751	9.553 11	0.033 384 8	0.052 337	359.4944
Dec. 29	0080.5	2.4856	113.597	90.609	9.554 36	0.033 378 3	0.052 353	0.8342
URANUS								
Jan. 3	9720.5	0.7729	74.047	175.883	19.275 5	0.011 646 7	0.045 853	291.6482
Feb. 12	9760.5	0.7730	74.052	176.036	19.278 7	0.011 643 9	0.045 722	292.1221
Mar. 24	9800.5	0.7731	74.055	176.190	19.282 1	0.011 640 8	0.045 563	292.5986
May 3	9840.5	0.7731	74.056	176.298	19.284 8	0.011 638 3	0.045 406	293.0768
June 12	9880.5	0.7731	74.058	176.377	19.287 1	0.011 636 2	0.045 259	293.5552
July 22	9920.5	0.7731	74.060	176.437	19.289 0	0.011 634 5	0.045 126	294.0328
Aug. 31	9960.5	0.7732	74.065	176.516	19.291 3	0.011 632 5	0.044 988	294.5100
Oct. 10	0000.5	0.7732	74.069	176.584	19.293 5	0.011 630 5	0.044 837	294.9887
Nov. 19	0040.5	0.7733	74.073	176.627	19.295 3	0.011 628 8	0.044 690	295.4681
Dec. 29	0080.5	0.7733	74.072	176.633	19.296 6	0.011 627 6	0.044 555	295.9480
NEPTUNE								
Jan. 3	9720.5	1.7714	131.711	9.88	30.222 2	0.005 932 33	0.006 916	293.7496
Feb. 12	9760.5	1.7713	131.713	8.35	30.228 6	0.005 930 45	0.007 034	293.9961
Mar. 24	9800.5	1.7712	131.716	6.83	30.235 5	0.005 928 44	0.007 191	294.2461
May 3	9840.5	1.7710	131.719	5.75	30.241 0	0.005 926 83	0.007 357	294.4981
June 12	9880.5	1.7708	131.722	4.95	30.245 5	0.005 925 47	0.007 518	294.7503
July 22	9920.5	1.7707	131.724	4.35	30.249 4	0.005 924 35	0.007 664	295.0015
Aug. 31	9960.5	1.7706	131.726	3.62	30.253 8	0.005 923 04	0.007 817	295.2523
Oct. 10	0000.5	1.7705	131.728	3.00	30.258 1	0.005 921 78	0.007 985	295.5051
Nov. 19	0040.5	1.7704	131.730	2.59	30.261 8	0.005 920 72	0.008 152	295.7586
Dec. 29	0080.5	1.7702	131.733	2.46	30.264 2	0.005 920 01	0.008 309	296.0126
PLUTO								
Jan. 3	9720.5	17.1253	110.298	224.414	39.833 7	0.003 920 38	0.255 196	231.6706
Feb. 12	9760.5	17.1245	110.303	224.447	39.833 8	0.003 920 36	0.255 180	231.8425
Mar. 24	9800.5	17.1235	110.309	224.483	39.831 3	0.003 920 73	0.255 112	232.0167
May 3	9840.5	17.1228	110.313	224.515	39.825 7	0.003 921 57	0.254 987	232.1900
June 12	9880.5	17.1222	110.318	224.542	39.819 0	0.003 922 56	0.254 843	232.3622
July 22	9920.5	17.1217	110.321	224.566	39.812 3	0.003 923 55	0.254 702	232.5328
Aug. 31	9960.5	17.1211	110.325	224.593	39.806 6	0.003 924 38	0.254 578	232.7042
Oct. 10	0000.5	17.1206	110.329	224.619	39.799 0	0.003 925 51	0.254 418	232.8763
Nov. 19	0040.5	17.1201	110.332	224.643	39.790 0	0.003 926 85	0.254 231	233.0479
Dec. 29	0080.5	17.1199	110.335	224.662	39.779 4	0.003 928 41	0.254 018	233.2180

HELIOCENTRIC POSITIONS FOR 0^h DYNAMICAL TIME
MEAN EQUINOX AND ECLIPTIC OF DATE

Date	Longitude	Latitude	Radius Vector	Date	Longitude	Latitude	Radius Vector
	° ′ ″	° ′ ″			° ′ ″	° ′ ″	
Jan. 0	312 20 01.5	− 6 58 03.8	0.420 3014	Feb. 15	185 17 10.7	+ 4 47 20.2	0.395 4456
1	315 47 45.3	6 59 54.4	.415 4458	16	189 04 03.5	4 26 28.1	.400 9177
2	319 20 30.6	7 00 13.4	.410 4057	17	192 44 41.4	4 05 02.8	.406 2513
3	322 58 38.5	6 58 53.6	.405 1960	18	196 19 29.4	3 43 12.2	.411 4283
4	326 42 30.4	6 55 47.5	.399 8332	19	199 48 51.9	3 21 03.5	.416 4326
5	330 32 28.4	− 6 50 47.3	0.394 3358	20	203 13 12.1	+ 2 58 42.7	0.421 2497
6	334 28 54.8	6 43 44.6	.388 7248	21	206 32 52.5	2 36 15.0	.425 8670
7	338 32 12.3	6 34 30.9	.383 0233	22	209 48 14.7	2 13 45.0	.430 2732
8	342 42 43.1	6 22 57.7	.377 2573	23	212 59 39.2	1 51 16.5	.434 4582
9	347 00 49.4	6 08 56.3	.371 4556	24	216 07 25.6	1 28 53.0	.438 4135
10	351 26 52.3	− 5 52 18.6	0.365 6499	25	219 11 52.8	+ 1 06 37.3	0.442 1311
11	356 01 11.3	5 32 57.3	.359 8753	26	222 13 18.7	0 44 31.9	.445 6044
12	0 44 04.3	5 10 46.0	.354 1699	27	225 12 00.3	0 22 38.9	.448 8273
13	5 35 46.1	4 45 40.0	.348 5750	28	228 08 14.2	+ 0 01 00.4	.451 7947
14	10 36 28.0	4 17 37.2	.343 1352	Mar. 1	231 02 16.0	− 0 20 22.1	.454 5021
15	15 46 16.5	− 3 46 38.1	0.337 8977	2	233 54 20.8	− 0 41 27.1	0.456 9455
16	21 05 12.6	3 12 46.9	.332 9122	3	236 44 43.2	1 02 13.2	.459 1215
17	26 33 10.3	2 36 12.5	.328 2301	4	239 33 37.4	1 22 39.2	.461 0274
18	32 09 55.7	1 57 08.5	.323 9036	5	242 21 16.8	1 42 44.1	.462 6606
19	37 55 06.0	1 15 54.4	.319 9848	6	245 07 54.9	2 02 26.7	.464 0192
20	43 48 08.3	− 0 32 55.3	0.316 5240	7	247 53 44.4	− 2 21 45.9	0.465 1015
21	49 48 19.4	+ 0 11 18.0	.313 5687	8	250 38 58.3	2 40 40.8	.465 9063
22	55 54 45.4	0 56 09.2	.311 1614	9	253 23 48.8	2 59 10.3	.466 4327
23	62 06 22.0	1 40 58.1	.309 3386	10	256 08 28.5	3 17 13.4	.466 6800
24	68 21 55.5	2 25 01.6	.308 1288	11	258 53 09.4	3 34 48.9	.466 6480
25	74 40 04.2	+ 3 07 35.8	0.307 5513	12	261 38 03.9	− 3 51 55.6	0.466 3367
26	80 59 20.7	3 47 58.0	.307 6157	13	264 23 24.1	4 08 32.2	.465 7466
27	87 18 14.4	4 25 28.6	.308 3208	14	267 09 22.3	4 24 37.5	.464 8781
28	93 35 14.6	4 59 33.5	.309 6551	15	269 56 10.8	4 40 09.8	.463 7324
29	99 48 53.0	5 29 45.2	.311 5974	16	272 44 02.2	4 55 07.5	.462 3107
30	105 57 47.1	+ 5 55 43.6	0.314 1175	17	275 33 09.2	− 5 09 28.8	0.460 6149
31	112 00 42.5	6 17 17.0	.317 1775	18	278 23 44.8	5 23 11.8	.458 6469
Feb. 1	117 56 34.4	6 34 21.1	.320 7339	19	281 16 02.3	5 36 14.2	.456 4093
2	123 44 29.3	6 46 58.7	.324 7384	20	284 10 15.4	5 48 33.6	.453 9051
3	129 23 45.2	6 55 18.6	.329 1402	21	287 06 38.0	6 00 07.3	.451 1377
4	134 53 51.5	+ 6 59 34.5	0.333 8872	22	290 05 24.9	− 6 10 52.3	0.448 1112
5	140 14 28.6	7 00 03.0	.338 9272	23	293 06 50.9	6 20 45.5	.444 8304
6	145 25 26.6	6 57 03.5	.344 2091	24	296 11 11.7	6 29 43.3	.441 3005
7	150 26 44.3	6 50 56.2	.349 6836	25	299 18 43.4	6 37 41.6	.437 5276
8	155 18 28.0	6 42 01.7	.355 3040	26	302 29 42.9	6 44 36.2	.433 5189
9	160 00 49.6	+ 6 30 40.0	0.361 0265	27	305 44 27.6	− 6 50 22.4	0.429 2822
10	164 34 06.0	6 17 10.4	.366 8103	28	309 03 15.7	6 54 55.0	.424 8266
11	168 58 37.4	6 01 50.8	.372 6178	29	312 26 26.1	6 58 08.3	.420 1623
12	173 14 46.6	5 44 57.8	.378 4148	30	315 54 18.3	6 59 56.3	.415 3009
13	177 22 58.2	5 26 46.3	.384 1701	31	319 27 12.8	7 00 12.3	.410 2555
14	181 23 37.6	+ 5 07 29.8	0.389 8555	Apr. 1	323 05 30.4	− 6 58 49.4	0.405 0409
15	185 17 10.7	+ 4 47 20.2	0.395 4456	2	326 49 32.7	− 6 55 40.0	0.399 6737

HELIOCENTRIC POSITIONS FOR 0^h DYNAMICAL TIME
MEAN EQUINOX AND ECLIPTIC OF DATE

Date	Longitude	Latitude	Radius Vector
	° ′ ″	° ′ ″	
Apr. 1	323 05 30.4	− 6 58 49.4	0.405 0409
2	326 49 32.7	6 55 40.0	.399 6737
3	330 39 41.7	6 50 36.2	.394 1725
4	334 36 19.8	6 43 29.7	.388 5582
5	338 39 49.7	6 34 12.0	.382 8542
6	342 50 33.6	− 6 22 34.4	0.377 0865
7	347 08 53.6	6 08 28.4	.371 2839
8	351 35 10.8	5 51 46.0	.365 4784
9	356 09 44.8	5 32 19.6	.359 7051
10	0 52 53.2	5 10 03.1	.354 0020
11	5 44 50.8	− 4 44 51.9	0.348 4108
12	10 45 48.8	4 16 43.8	.342 9760
13	15 55 53.7	3 45 39.4	.337 7449
14	21 15 06.0	3 11 43.2	.332 7674
15	26 43 19.7	2 35 04.1	.328 0947
16	32 20 20.7	− 1 55 56.0	0.323 7792
17	38 05 45.7	1 14 38.3	.319 8729
18	43 59 01.7	− 0 31 36.4	.316 4262
19	49 59 25.1	+ 0 12 38.5	.313 4862
20	56 06 01.6	0 57 30.3	.311 0956
21	62 17 46.8	+ 1 42 18.4	0.309 2903
22	68 33 26.5	2 26 19.9	.308 0988
23	74 51 39.0	3 08 50.8	.307 5402
24	81 10 56.7	3 49 08.4	.307 6235
25	87 29 48.9	4 26 33.4	.308 3473
26	93 46 44.9	+ 5 00 31.7	0.309 7001
27	100 00 16.5	5 30 36.0	.311 6600
28	106 09 01.6	5 56 26.6	.314 1967
29	112 11 45.8	6 17 51.8	.317 2722
30	118 07 24.8	6 34 47.8	.320 8427
May 1	123 55 05.2	+ 6 47 17.5	0.324 8600
2	129 34 05.6	6 55 29.8	.329 2730
3	135 03 55.6	6 59 38.4	.334 0296
4	140 24 15.8	7 00 00.4	.339 0778
5	145 34 56.8	6 56 54.9	.344 3663
6	150 35 57.7	+ 6 50 42.1	0.349 8461
7	155 27 24.6	6 41 42.8	.355 4704
8	160 09 30.0	6 30 16.9	.361 1955
9	164 42 30.5	6 16 43.6	.366 9808
10	169 06 46.8	6 01 20.9	.372 7887
11	173 22 41.5	+ 5 44 25.2	0.378 5852
12	177 30 39.3	5 26 11.5	.384 3390
13	181 31 05.7	5 06 53.2	.390 0222
14	185 24 26.5	4 46 42.1	.395 6093
15	189 11 07.8	4 25 48.8	.401 0778
16	192 51 34.9	+ 4 04 22.5	0.406 4072
17	196 26 12.9	+ 3 42 31.3	0.411 5795
May 17	196 26 12.9	+ 3 42 31.3	0.411 5795
18	199 55 26.0	3 20 22.1	.416 5786
19	203 19 37.5	2 58 01.0	.421 3901
20	206 39 09.8	2 35 33.1	.426 0015
21	209 54 24.6	2 13 03.1	.430 4013
22	213 05 42.2	+ 1 50 34.7	0.434 5798
23	216 13 22.4	1 28 11.4	.438 5282
24	219 17 43.9	1 05 55.9	.442 2388
25	222 19 04.5	0 43 50.8	.445 7047
26	225 17 41.4	0 21 58.3	.448 9202
27	228 13 51.1	+ 0 00 20.3	0.451 8800
28	231 07 49.1	− 0 21 01.7	.454 5796
29	233 59 50.6	0 42 06.1	.457 0151
30	236 50 10.1	1 02 51.6	.459 1831
31	239 39 01.7	1 23 17.0	.461 0809
June 1	242 26 39.1	− 1 43 21.2	0.462 7059
2	245 13 15.4	2 03 03.1	.464 0562
3	247 59 03.7	2 22 21.6	.465 1303
4	250 44 16.6	2 41 15.7	.465 9267
5	253 29 06.6	2 59 44.4	.466 4447
6	256 13 46.1	− 3 17 46.6	0.466 6836
7	258 58 27.2	3 35 21.2	.466 6432
8	261 43 22.2	3 52 27.0	.466 3235
9	264 28 43.3	4 09 02.7	.465 7249
10	267 14 42.8	4 25 06.9	.464 8481
11	270 01 33.0	− 4 40 38.2	0.463 6940
12	272 49 26.5	4 55 34.8	.462 2640
13	275 38 35.9	5 09 54.9	.460 5598
14	278 29 14.4	5 23 36.7	.458 5836
15	281 21 35.1	5 36 37.7	.456 3379
16	284 15 51.9	− 5 48 55.7	0.453 8256
17	287 12 18.7	6 00 28.0	.451 0503
18	290 11 10.1	6 11 11.5	.448 0160
19	293 12 41.1	6 21 03.0	.444 7275
20	296 17 07.4	6 29 59.0	.441 1901
21	299 24 45.2	− 6 37 55.4	0.437 4100
22	302 35 51.2	6 44 48.0	.433 3942
23	305 50 42.9	6 50 31.9	.429 1506
24	309 09 38.7	6 55 02.1	.424 6885
25	312 32 57.3	6 58 12.9	.420 0180
26	316 00 58.4	− 6 59 58.1	0.415 1507
27	319 34 02.3	7 00 11.3	.410 0999
28	323 12 30.0	6 58 45.2	.404 8804
29	326 56 43.1	6 55 32.4	.399 5087
30	330 47 03.5	6 50 24.9	.394 0036
July 1	334 43 53.8	− 6 43 14.5	0.388 3862
2	338 47 36.5	− 6 33 52.6	0.382 6798

HELIOCENTRIC POSITIONS FOR 0^h DYNAMICAL TIME
MEAN EQUINOX AND ECLIPTIC OF DATE

Date	Longitude	Latitude	Radius Vector
	° ′ ″	° ′ ″	
July 1	334 43 53.8	− 6 43 14.5	0.388 3862
2	338 47 36.5	6 33 52.6	.382 6798
3	342 58 33.9	6 22 10.6	.376 9105
4	347 17 08.1	6 08 00.0	.371 1073
5	351 43 40.1	5 51 12.6	.365 3021
6	356 18 29.5	− 5 31 41.1	0.359 5302
7	1 01 53.8	5 09 19.3	.353 8298
8	5 54 07.7	4 44 02.7	.348 2425
9	10 55 22.3	4 15 49.2	.342 8131
10	16 05 43.8	3 44 39.5	.337 5888
11	21 25 12.8	− 3 10 38.1	0.332 6196
12	26 53 42.9	2 33 54.2	.327 9569
13	32 30 59.7	1 54 41.8	.323 6530
14	38 16 39.7	1 13 20.5	.319 7598
15	44 10 09.5	− 0 30 15.9	.316 3277
16	50 10 45.3	+ 0 14 00.7	0.313 4037
17	56 17 32.4	0 58 53.0	.311 0303
18	62 29 26.0	1 43 40.4	.309 2433
19	68 45 11.9	2 27 39.8	.308 0707
20	75 03 27.9	3 10 07.2	.307 5314
21	81 22 46.4	+ 3 50 20.1	0.307 6343
22	87 41 36.7	4 27 39.2	.308 3775
23	93 58 28.0	5 01 30.7	.309 7491
24	100 11 52.3	5 31 27.5	.311 7271
25	106 20 27.7	5 57 10.1	.314 2809
26	112 23 00.1	+ 6 18 27.1	0.317 3723
27	118 18 25.4	6 35 14.8	.320 9572
28	124 05 50.8	6 47 36.4	.324 9873
29	129 44 34.9	6 55 41.0	.329 4117
30	135 14 07.9	6 59 42.4	.334 1781
31	140 34 10.7	+ 6 59 57.6	0.339 2345
Aug. 1	145 44 34.1	6 56 46.0	.344 5297
2	150 45 17.4	6 50 27.8	.350 0147
3	155 36 27.1	6 41 23.6	.355 6429
4	160 18 15.6	6 29 53.5	.361 3706
5	164 50 59.9	+ 6 16 16.6	0.367 1572
6	169 15 00.4	6 00 50.7	.372 9654
7	173 30 40.3	5 43 52.4	.378 7612
8	177 38 23.9	5 25 36.5	.384 5134
9	181 38 36.9	5 06 16.3	.390 1941
10	185 31 45.1	+ 4 46 03.8	0.395 7781
11	189 18 14.5	4 25 09.3	.401 2426
12	192 58 30.6	4 03 42.1	.406 5676
13	196 32 58.3	3 41 50.2	.411 7350
14	200 02 01.7	3 19 40.5	.416 7286
15	203 26 04.3	+ 2 57 19.1	0.421 5343
16	206 45 28.5	+ 2 34 51.1	0.426 1394
Aug. 16	206 45 28.5	+ 2 34 51.1	0.426 1394
17	210 00 35.6	2 12 21.1	.430 5327
18	213 11 46.3	1 49 52.8	.434 7043
19	216 19 20.1	1 27 29.6	.438 6456
20	219 23 35.7	1 05 14.5	.442 3488
21	222 24 51.0	+ 0 43 09.8	0.445 8072
22	225 23 23.2	+ 0 21 17.7	.449 0149
23	228 19 28.5	− 0 00 19.9	.451 9668
24	231 13 22.7	0 21 41.4	.454 6584
25	234 05 20.8	0 42 45.2	.457 0857
26	236 55 37.4	− 1 03 30.1	0.459 2455
27	239 44 26.5	1 23 54.9	.461 1349
28	242 32 01.8	1 43 58.4	.462 7516
29	245 18 36.4	2 03 39.5	.464 0934
30	248 04 23.4	2 22 57.3	.465 1589
31	250 49 35.4	− 2 41 50.6	0.465 9468
Sept. 1	253 34 24.9	3 00 18.5	.466 4561
2	256 19 04.2	3 18 19.9	.466 6864
3	259 03 45.6	3 35 53.6	.466 6374
4	261 48 41.2	3 52 58.5	.466 3091
5	264 34 03.3	− 4 09 33.2	0.465 7018
6	267 20 04.2	4 25 36.4	.464 8163
7	270 06 56.1	4 41 06.6	.463 6537
8	272 54 51.7	4 56 02.1	.462 2151
9	275 44 03.7	5 10 21.1	.460 5025
10	278 34 45.1	− 5 24 01.6	0.458 5179
11	281 27 09.3	5 37 01.4	.456 2638
12	284 21 29.8	5 49 18.0	.453 7433
13	287 18 00.9	6 00 48.7	.450 9598
14	290 16 57.0	6 11 30.7	.447 9176
15	293 18 33.3	− 6 21 20.5	0.444 6212
16	296 23 05.3	6 30 14.7	.441 0761
17	299 30 49.2	6 38 09.2	.437 2885
18	302 42 02.0	6 44 59.7	.433 2655
19	305 57 01.1	6 50 41.5	.429 0150
20	309 16 04.7	− 6 55 09.3	0.424 5461
21	312 39 31.8	6 58 17.5	.419 8693
22	316 07 42.0	7 00 00.0	.414 9961
23	319 40 55.7	7 00 10.1	.409 9398
24	323 19 33.8	6 58 40.8	.404 7152
25	327 03 58.0	− 6 55 24.6	0.399 3391
26	330 54 30.3	6 50 13.4	.393 8302
27	334 51 33.1	6 42 59.1	.388 2096
28	338 55 29.0	6 33 32.9	.382 5008
29	343 06 40.4	6 21 46.4	.376 7300
30	347 25 29.1	− 6 07 31.0	0.370 9263
Oct. 1	351 52 16.3	− 5 50 38.6	0.365 1216

HELIOCENTRIC POSITIONS FOR 0^h DYNAMICAL TIME
MEAN EQUINOX AND ECLIPTIC OF DATE

Date	Longitude	Latitude	Radius Vector	Date	Longitude	Latitude	Radius Vector
	° ′ ″	° ′ ″			° ′ ″	° ′ ″	
Oct. 1	351 52 16.3	− 5 50 38.6	0.365 1216	Nov. 16	219 29 26.4	+ 1 04 33.2	0.442 4595
2	356 27 21.5	5 31 01.9	.359 3513	17	222 30 36.4	0 42 28.9	.445 9102
3	1 11 02.1	5 08 34.8	.353 6538	18	225 29 03.8	+ 0 20 37.2	.449 1100
4	6 03 32.8	4 43 12.7	.348 0709	19	228 25 04.9	− 0 00 59.9	.452 0539
5	11 05 04.3	4 14 53.6	.342 6471	20	231 18 55.3	0 22 20.9	.454 7372
6	16 15 42.9	− 3 43 38.5	0.337 4301	21	234 10 50.0	− 0 43 24.1	0.457 1563
7	21 35 28.9	3 09 31.9	.332 4697	22	237 01 03.8	1 04 08.4	.459 3077
8	27 04 15.7	2 32 43.1	.327 8174	23	239 49 50.4	1 24 32.5	.461 1887
9	32 41 48.5	1 53 26.3	.323 5256	24	242 37 23.6	1 44 35.4	.462 7968
10	38 27 43.7	1 12 01.4	.319 6461	25	245 23 56.6	2 04 15.8	.464 1301
11	44 21 27.4	− 0 28 54.1	0.316 2291	26	248 09 42.4	− 2 23 32.8	0.465 1869
12	50 22 15.6	+ 0 15 24.2	.313 3218	27	250 54 53.5	2 42 25.4	.465 9662
13	56 29 13.2	1 00 16.9	.310 9662	28	253 39 42.6	3 00 52.5	.466 4669
14	62 41 15.2	1 45 03.5	.309 1980	29	256 24 21.8	3 18 53.0	.466 6885
15	68 57 06.9	2 29 00.7	.308 0450	30	259 09 03.5	3 36 25.9	.466 6308
16	75 15 26.2	+ 3 11 24.6	0.307 5257	Dec. 1	261 53 59.8	− 3 53 29.8	0.466 2938
17	81 34 45.1	3 51 32.6	.307 6486	2	264 39 22.9	4 10 03.6	.465 6780
18	87 53 32.9	4 28 45.7	.308 4116	3	267 25 25.2	4 26 05.8	.464 7839
19	94 10 18.9	5 02 30.3	.309 8025	4	270 12 19.0	4 41 35.0	.463 6127
20	100 23 35.3	5 32 19.4	.311 7990	5	273 00 16.8	4 56 29.4	.462 1656
21	106 32 00.4	+ 5 57 53.8	0.314 3701	6	275 49 31.5	− 5 10 47.2	0.460 4446
22	112 34 20.2	6 19 02.5	.317 4775	7	278 40 15.9	5 24 26.5	.458 4516
23	118 29 31.2	6 35 41.8	.321 0769	8	281 32 43.5	5 37 24.9	.456 1892
24	124 16 40.9	6 47 55.3	.325 1201	9	284 27 07.9	5 49 40.2	.453 6606
25	129 55 08.1	6 55 52.1	.329 5559	10	287 23 43.3	6 01 09.5	.450 8691
26	135 24 23.5	+ 6 59 46.2	0.334 3320	11	290 22 44.2	− 6 11 49.8	0.447 8189
27	140 44 08.4	6 59 54.7	.339 3965	12	293 24 25.7	6 21 38.0	.444 5148
28	145 54 13.6	6 56 37.0	.344 6983	13	296 29 03.4	6 30 30.4	.440 9622
29	150 54 38.9	6 50 13.3	.350 1884	14	299 36 53.6	6 38 23.0	.437 1673
30	155 45 30.9	6 41 04.3	.355 8202	15	302 48 13.2	6 45 11.4	.433 1372
31	160 27 02.1	+ 6 29 30.0	0.361 5502	16	306 03 19.6	− 6 50 50.9	0.428 8799
Nov. 1	164 59 29.8	6 15 49.4	.367 3380	17	309 22 31.1	6 55 16.4	.424 4045
2	169 23 14.4	6 00 20.5	.373 1463	18	312 46 06.7	6 58 22.0	.419 7215
3	173 38 39.1	5 43 19.5	.378 9410	19	316 14 26.0	7 00 01.7	.414 8426
4	177 46 08.3	5 25 01.4	.384 6914	20	319 47 49.4	7 00 08.9	.409 7810
5	181 46 07.7	+ 5 05 39.5	0.390 3694	21	323 26 37.9	− 6 58 36.4	0.404 5516
6	185 39 03.1	4 45 25.5	.395 9499	22	327 11 13.2	6 55 16.7	.399 1712
7	189 25 20.6	4 24 29.9	.401 4103	23	331 01 57.2	6 50 01.8	.393 6587
8	193 05 25.4	4 03 01.8	.406 7306	24	334 59 12.4	6 42 43.5	.388 0352
9	196 39 42.7	3 41 09.2	.411 8927	25	339 03 21.4	6 33 13.1	.382 3242
10	200 08 36.5	+ 3 18 59.1	0.416 8807	26	343 14 46.5	− 6 21 22.1	0.376 5521
11	203 32 30.2	2 56 37.4	.421 6802	27	347 33 49.7	6 07 01.9	.370 7480
12	206 51 46.0	2 34 09.3	.426 2788	28	352 00 51.9	5 50 04.6	.364 9441
13	210 06 45.5	2 11 39.2	.430 6653	29	356 36 12.7	5 30 22.7	.359 1757
14	213 17 49.2	1 49 11.1	.434 8299	30	1 20 09.3	5 07 50.1	.353 4813
15	216 25 16.6	+ 1 26 48.1	0.438 7638	31	6 12 56.4	− 4 42 22.6	0.347 9027
16	219 29 26.4	+ 1 04 33.2	0.442 4595	32	11 14 44.6	− 4 13 58.1	0.342 4848

HELIOCENTRIC POSITIONS FOR 0^h DYNAMICAL TIME
MEAN EQUINOX AND ECLIPTIC OF DATE

Date	Longitude	Latitude	Radius Vector
	° ′ ″	° ′ ″	
Jan. −1	132 22 39.2	+ 2 48 24.9	0.718 4470
1	135 37 40.3	2 54 38.1	.718 4596
3	138 52 42.9	3 00 17.7	.718 4876
5	142 07 46.1	3 05 22.6	.718 5310
7	145 22 49.5	3 09 51.6	.718 5895
9	148 37 52.3	+ 3 13 44.0	0.718 6630
11	151 52 53.9	3 16 59.1	.718 7513
13	155 07 53.5	3 19 36.2	.718 8540
15	158 22 50.4	3 21 34.7	.718 9708
17	161 37 43.9	3 22 54.5	.719 1015
19	164 52 33.4	+ 3 23 35.3	0.719 2454
21	168 07 18.1	3 23 36.9	.719 4022
23	171 21 57.4	3 22 59.4	.719 5713
25	174 36 30.7	3 21 43.1	.719 7523
27	177 50 57.2	3 19 48.2	.719 9445
29	181 05 16.5	+ 3 17 15.1	0.720 1473
31	184 19 28.0	3 14 04.4	.720 3600
Feb. 2	187 33 31.1	3 10 16.7	.720 5820
4	190 47 25.3	3 05 53.0	.720 8126
6	194 01 10.3	3 00 54.1	.721 0511
8	197 14 45.5	+ 2 55 21.0	0.721 2966
10	200 28 10.8	2 49 14.9	.721 5484
12	203 41 25.8	2 42 37.1	.721 8056
14	206 54 30.2	2 35 28.7	.722 0676
16	210 07 23.9	2 27 51.3	.722 3334
18	213 20 06.8	+ 2 19 46.5	0.722 6023
20	216 32 38.8	2 11 15.7	.722 8733
22	219 44 59.9	2 02 20.6	.723 1456
24	222 57 10.1	1 53 03.0	.723 4184
26	226 09 09.5	1 43 24.7	.723 6909
28	229 20 58.3	+ 1 33 27.5	0.723 9621
Mar. 2	232 32 36.7	1 23 13.4	.724 2312
4	235 44 04.9	1 12 44.2	.724 4974
6	238 55 23.2	1 02 01.9	.724 7599
8	242 06 32.0	0 51 08.6	.725 0179
10	245 17 31.6	+ 0 40 06.3	0.725 2705
12	248 28 22.5	0 28 57.1	.725 5169
14	251 39 05.1	0 17 42.9	.725 7566
16	254 49 39.9	+ 0 06 25.9	.725 9886
18	258 00 07.3	− 0 04 51.8	.726 2122
20	261 10 28.0	− 0 16 08.3	0.726 4269
22	264 20 42.4	0 27 21.4	.726 6320
24	267 30 51.1	0 38 29.1	.726 8267
26	270 40 54.7	0 49 29.4	.727 0106
28	273 50 53.7	1 00 20.3	.727 1830
30	277 00 48.8	− 1 10 59.9	0.727 3434
Apr. 1	280 10 40.4	− 1 21 26.2	0.727 4915

Date	Longitude	Latitude	Radius Vector
	° ′ ″	° ′ ″	
Apr. 1	280 10 40.4	− 1 21 26.2	0.727 4915
3	283 20 29.3	1 31 37.4	.727 6266
5	286 30 15.9	1 41 31.6	.727 7484
7	289 40 00.8	1 51 07.1	.727 8565
9	292 49 44.6	2 00 22.1	.727 9507
11	295 59 27.7	− 2 09 15.1	0.728 0305
13	299 09 10.8	2 17 44.3	.728 0959
15	302 18 54.2	2 25 48.4	.728 1464
17	305 28 38.5	2 33 25.7	.728 1822
19	308 38 24.0	2 40 35.1	.728 2029
21	311 48 11.3	− 2 47 15.1	0.728 2086
23	314 58 00.7	2 53 24.6	.728 1992
25	318 07 52.6	2 59 02.4	.728 1747
27	321 17 47.4	3 04 07.5	.728 1353
29	324 27 45.3	3 08 39.1	.728 0810
May 1	327 37 46.7	− 3 12 36.2	0.728 0121
3	330 47 51.9	3 15 58.1	.727 9287
5	333 58 01.1	3 18 44.1	.727 8310
7	337 08 14.4	3 20 53.8	.727 7194
9	340 18 32.3	3 22 26.7	.727 5942
11	343 28 54.7	− 3 23 22.6	0.727 4558
13	346 39 22.0	3 23 41.0	.727 3046
15	349 49 54.1	3 23 22.1	.727 1410
17	353 00 31.4	3 22 25.7	.726 9656
19	356 11 13.9	3 20 52.1	.726 7788
21	359 22 01.7	− 3 18 41.3	0.726 5814
23	2 32 55.0	3 15 53.9	.726 3737
25	5 43 53.7	3 12 30.1	.726 1566
27	8 54 58.1	3 08 30.6	.725 9306
29	12 06 08.2	3 03 56.2	.725 6965
31	15 17 24.1	− 2 58 47.4	0.725 4549
June 2	18 28 45.9	2 53 05.3	.725 2066
4	21 40 13.6	2 46 50.7	.724 9524
6	24 51 47.3	2 40 04.9	.724 6931
8	28 03 27.2	2 32 49.1	.724 4294
10	31 15 13.2	− 2 25 04.4	0.724 1622
12	34 27 05.6	2 16 52.3	.723 8923
14	37 39 04.3	2 08 14.2	.723 6206
16	40 51 09.5	1 59 11.8	.723 3478
18	44 03 21.2	1 49 46.6	.723 0749
20	47 15 39.6	− 1 40 00.5	0.722 8027
22	50 28 04.7	1 29 55.1	.722 5321
24	53 40 36.7	1 19 32.3	.722 2638
26	56 53 15.5	1 08 54.1	.721 9989
28	60 06 01.3	0 58 02.5	.721 7380
30	63 18 54.2	− 0 46 59.5	0.721 4820
July 2	66 31 54.2	− 0 35 47.1	0.721 2318

HELIOCENTRIC POSITIONS FOR 0h DYNAMICAL TIME
MEAN EQUINOX AND ECLIPTIC OF DATE

Date	Longitude	Latitude	Radius Vector	Date	Longitude	Latitude	Radius Vector
	° ′ ″	° ′ ″			° ′ ″	° ′ ″	
July 2	66 31 54.2	− 0 35 47.1	0.721 2318	Oct. 2	215 25 49.2	+ 2 14 17.0	0.722 7870
4	69 45 01.3	0 24 27.4	.720 9881	4	218 38 13.8	2 05 30.2	.723 0588
6	72 58 15.6	0 13 02.7	.720 7517	6	221 50 27.5	1 56 20.3	.723 3314
8	76 11 37.0	− 0 01 35.1	.720 5234	8	225 02 30.4	1 46 49.1	.723 6038
10	79 25 05.7	+ 0 09 53.3	.720 3039	10	228 14 22.7	1 36 58.3	.723 8754
12	82 38 41.5	+ 0 21 20.2	0.720 0938	12	231 26 04.5	+ 1 26 49.9	0.724 1451
14	85 52 24.4	0 32 43.4	.719 8940	14	234 37 36.0	1 16 25.7	.724 4122
16	89 06 14.3	0 44 00.7	.719 7049	16	237 48 57.5	1 05 47.8	.724 6758
18	92 20 11.1	0 55 10.0	.719 5273	18	241 00 09.4	0 54 58.2	.724 9352
20	95 34 14.7	1 06 09.1	.719 3616	20	244 11 12.0	0 43 58.8	.725 1895
22	98 48 24.8	+ 1 16 55.8	0.719 2085	22	247 22 05.7	+ 0 32 51.7	0.725 4380
24	102 02 41.3	1 27 28.1	.719 0683	24	250 32 50.9	0 21 39.0	.725 6798
26	105 17 03.9	1 37 43.8	.718 9417	26	253 43 28.2	+ 0 10 22.8	.725 9143
28	108 31 32.4	1 47 41.0	.718 8289	28	256 53 58.0	− 0 00 54.9	.726 1407
30	111 46 06.4	1 57 17.7	.718 7304	30	260 04 20.8	0 12 12.0	.726 3583
Aug. 1	115 00 45.5	+ 2 06 32.0	0.718 6464	Nov. 1	263 14 37.2	− 0 23 26.5	0.726 5665
3	118 15 29.4	2 15 22.1	.718 5773	3	266 24 47.7	0 34 36.3	.726 7647
5	121 30 17.6	2 23 46.3	.718 5232	5	269 34 52.9	0 45 39.5	.726 9521
7	124 45 09.6	2 31 42.8	.718 4844	7	272 44 53.3	0 56 33.9	.727 1284
9	128 00 04.9	2 39 10.2	.718 4609	9	275 54 49.6	1 07 17.6	.727 2928
11	131 15 03.1	+ 2 46 07.0	0.718 4529	11	279 04 42.3	− 1 17 48.8	0.727 4450
13	134 30 03.4	2 52 31.7	.718 4603	13	282 14 32.0	1 28 05.4	.727 5845
15	137 45 05.3	2 58 23.2	.718 4831	15	285 24 19.3	1 38 05.8	.727 7108
17	141 00 08.2	3 03 40.2	.718 5213	17	288 34 04.7	1 47 48.0	.727 8235
19	144 15 11.4	3 08 21.9	.718 5748	19	291 43 48.7	1 57 10.4	.727 9224
21	147 30 14.3	+ 3 12 27.2	0.718 6433	21	294 53 31.9	− 2 06 11.3	0.728 0071
23	150 45 16.1	3 15 55.3	.718 7266	23	298 03 14.9	2 14 49.0	.728 0774
25	154 00 16.3	3 18 45.7	.718 8245	25	301 12 58.1	2 23 02.0	.728 1330
27	157 15 13.9	3 20 57.8	.718 9366	27	304 22 41.9	2 30 48.9	.728 1738
29	160 30 08.5	3 22 31.1	.719 0626	29	307 32 26.9	2 38 08.2	.728 1996
31	163 44 59.2	+ 3 23 25.5	0.719 2021	Dec. 1	310 42 13.5	− 2 44 58.6	0.728 2104
Sept. 2	166 59 45.4	3 23 40.8	.719 3546	3	313 52 02.1	2 51 18.9	.728 2062
4	170 14 26.5	3 23 17.0	.719 5196	5	317 01 53.1	2 57 07.9	.728 1869
6	173 29 01.7	3 22 14.2	.719 6966	7	320 11 46.8	3 02 24.6	.728 1526
8	176 43 30.4	3 20 32.7	.719 8850	9	323 21 43.5	3 07 08.0	.728 1034
10	179 57 52.0	+ 3 18 12.8	0.720 0842	11	326 31 43.7	− 3 11 17.2	0.728 0394
12	183 12 06.0	3 15 15.2	.720 2937	13	329 41 47.4	3 14 51.5	.727 9609
14	186 26 11.8	3 11 40.4	.720 5126	15	332 51 55.1	3 17 50.1	.727 8681
16	189 40 08.9	3 07 29.2	.720 7403	17	336 02 07.0	3 20 12.6	.727 7612
18	192 53 56.8	3 02 42.5	.720 9760	19	339 12 23.2	3 21 58.5	.727 6406
20	196 07 35.3	+ 2 57 21.2	0.721 2191	21	342 22 44.0	− 3 23 07.3	0.727 5067
22	199 21 03.8	2 51 26.5	.721 4688	23	345 33 09.5	3 23 38.8	.727 3598
24	202 34 22.1	2 44 59.6	.721 7242	25	348 43 39.9	3 23 33.0	.727 2003
26	205 47 30.0	2 38 01.7	.721 9845	27	351 54 15.3	3 22 49.7	.727 0288
28	209 00 27.2	2 30 34.4	.722 2490	29	355 04 56.0	3 21 29.1	.726 8458
30	212 13 13.6	+ 2 22 38.9	0.722 5168	31	358 15 41.9	− 3 19 31.2	0.726 6519
Oct. 2	215 25 49.2	+ 2 14 17.0	0.722 7870	33	1 26 33.2	− 3 16 56.6	0.726 4475

HELIOCENTRIC POSITIONS FOR 0^h DYNAMICAL TIME
MEAN EQUINOX AND ECLIPTIC OF DATE

Date	Longitude	Latitude	Radius Vector	Date	Longitude	Latitude	Radius Vector
	° ′ ″	° ′ ″			° ′ ″	° ′ ″	
Jan. −1	123 18 47.2	+ 1 46 34.8	1.639 2328	July 2	205 09 11.2	+ 0 45 49.0	1.608 6413
3	125 06 50.9	1 47 30.0	.641 9888	6	207 01 46.6	0 42 28.9	.604 6286
7	126 54 33.5	1 48 18.7	.644 6039	10	208 54 56.1	0 39 05.0	.600 5080
11	128 41 56.2	1 49 01.0	.647 0761	14	210 48 41.0	0 35 37.5	.596 2833
15	130 29 00.3	1 49 36.7	.649 4033	18	212 43 02.4	0 32 06.5	.591 9586
19	132 15 46.9	+ 1 50 06.0	1.651 5838	22	214 38 01.5	+ 0 28 32.2	1.587 5383
23	134 02 17.2	1 50 28.9	.653 6158	26	216 33 39.4	0 24 54.7	.583 0267
27	135 48 32.4	1 50 45.4	.655 4976	30	218 29 57.3	0 21 14.3	.578 4284
31	137 34 33.8	1 50 55.5	.657 2280	Aug. 3	220 26 56.2	0 17 31.1	.573 7483
Feb. 4	139 20 22.5	1 50 59.3	.658 8055	7	222 24 37.3	0 13 45.4	.568 9913
8	141 05 59.7	+ 1 50 56.8	1.660 2288	11	224 23 01.6	+ 0 09 57.3	1.564 1626
12	142 51 26.6	1 50 48.1	.661 4970	15	226 22 10.1	0 06 07.1	.559 2674
16	144 36 44.5	1 50 33.1	.662 6091	19	228 22 04.0	+ 0 02 14.9	.554 3113
20	146 21 54.4	1 50 12.0	.663 5643	23	230 22 44.2	− 0 01 38.9	.549 2999
24	148 06 57.7	1 49 44.6	.664 3617	27	232 24 11.5	0 05 34.1	.544 2392
28	149 51 55.4	+ 1 49 11.2	1.665 0010	31	234 26 27.1	− 0 09 30.4	1.539 1351
Mar. 4	151 36 48.8	1 48 31.7	.665 4814	Sept. 4	236 29 31.7	0 13 27.6	.533 9938
8	153 21 39.1	1 47 46.2	.665 8028	8	238 33 26.3	0 17 25.3	.528 8218
12	155 06 27.5	1 46 54.7	.665 9649	12	240 38 11.5	0 21 23.3	.523 6255
16	156 51 15.2	1 45 57.2	.665 9675	16	242 43 48.1	0 25 21.2	.518 4117
20	158 36 03.3	+ 1 44 53.8	1.665 8106	20	244 50 16.9	− 0 29 18.7	1.513 1872
24	160 20 53.1	1 43 44.6	.665 4945	24	246 57 38.4	0 33 15.5	.507 9592
28	162 05 45.8	1 42 29.5	.665 0192	28	249 05 53.3	0 37 11.1	.502 7347
Apr. 1	163 50 42.4	1 41 08.7	.664 3852	Oct. 2	251 15 02.0	0 41 05.2	.497 5212
5	165 35 44.4	1 39 42.1	.663 5929	6	253 25 05.0	0 44 57.4	.492 3261
9	167 20 52.8	+ 1 38 09.9	1.662 6429	10	255 36 02.6	− 0 48 47.4	1.487 1569
13	169 06 08.8	1 36 32.0	.661 5360	14	257 47 55.0	0 52 34.7	.482 0214
17	170 51 33.6	1 34 48.6	.660 2729	18	260 00 42.6	0 56 18.8	.476 9275
21	172 37 08.5	1 32 59.6	.658 8547	22	262 14 25.3	0 59 59.4	.471 8830
25	174 22 54.7	1 31 05.1	.657 2823	26	264 29 03.2	1 03 36.0	.466 8959
29	176 08 53.3	+ 1 29 05.3	1.655 5570	30	266 44 36.1	− 1 07 08.2	1.461 9743
May 3	177 55 05.5	1 27 00.1	.653 6801	Nov. 3	269 01 03.9	1 10 35.4	.457 1263
7	179 41 32.7	1 24 49.6	.651 6531	7	271 18 26.3	1 13 57.3	.452 3600
11	181 28 15.9	1 22 33.8	.649 4775	11	273 36 42.7	1 17 13.4	.447 6836
15	183 15 16.3	1 20 12.9	.647 1551	15	275 55 52.7	1 20 23.1	.443 1053
19	185 02 35.3	+ 1 17 46.9	1.644 6876	19	278 15 55.6	− 1 23 26.1	1.438 6332
23	186 50 14.0	1 15 15.9	.642 0772	23	280 36 50.5	1 26 21.8	.434 2754
27	188 38 13.6	1 12 40.0	.639 3258	27	282 58 36.7	1 29 09.8	.430 0399
31	190 26 35.3	1 09 59.2	.636 4357	Dec. 1	285 21 12.9	1 31 49.6	.425 9347
June 4	192 15 20.3	1 07 13.6	.633 4094	5	287 44 38.0	1 34 20.7	.421 9676
8	194 04 30.0	+ 1 04 23.3	1.630 2493	9	290 08 50.7	− 1 36 42.8	1.418 1462
12	195 54 05.4	1 01 28.5	.626 9582	13	292 33 49.6	1 38 55.3	.414 4780
16	197 44 07.8	0 58 29.1	.623 5389	17	294 59 33.0	1 40 57.9	.410 9704
20	199 34 38.3	0 55 25.4	.619 9943	21	297 25 59.2	1 42 50.1	.407 6305
24	201 25 38.3	0 52 17.4	.616 3276	25	299 53 06.4	1 44 31.5	.404 4651
28	203 17 08.9	+ 0 49 05.2	1.612 5421	29	302 20 52.5	− 1 46 01.9	1.401 4808
July 2	205 09 11.2	+ 0 45 49.0	1.608 6413	33	304 49 15.5	− 1 47 20.8	1.398 6839

HELIOCENTRIC POSITIONS FOR 0^h DYNAMICAL TIME
MEAN EQUINOX AND ECLIPTIC OF DATE

JUPITER

Date	Longitude	Latitude	Radius Vector
	° ′ ″	° ′ ″	
Jan. −7	238 02 36.9	+ 0 52 46.8	5.382 673
3	238 49 10.9	0 51 59.5	.380 191
13	239 35 47.4	0 51 11.6	.377 673
23	240 22 26.5	0 50 23.1	.375 119
Feb. 2	241 09 08.4	0 49 34.0	.372 531
12	241 55 52.9	+ 0 48 44.3	5.369 907
22	242 42 40.1	0 47 54.0	.367 249
Mar. 4	243 29 30.2	0 47 03.1	.364 557
14	244 16 23.0	0 46 11.7	.361 831
24	245 03 18.8	0 45 19.7	.359 072
Apr. 3	245 50 17.4	+ 0 44 27.1	5.356 281
13	246 37 18.9	0 43 34.0	.353 457
23	247 24 23.5	0 42 40.3	.350 602
May 3	248 11 31.0	0 41 46.1	.347 715
13	248 58 41.6	0 40 51.3	.344 798
23	249 45 55.2	+ 0 39 56.1	5.341 851
June 2	250 33 12.0	0 39 00.3	.338 875
12	251 20 32.0	0 38 04.0	.335 869
22	252 07 55.1	0 37 07.2	.332 835
July 2	252 55 21.5	0 36 09.9	.329 773
12	253 42 51.1	+ 0 35 12.2	5.326 684
22	254 30 24.0	0 34 14.0	.323 568
Aug. 1	255 18 00.3	0 33 15.3	.320 427
11	256 05 39.9	0 32 16.2	.317 259
21	256 53 22.9	0 31 16.6	.314 067
31	257 41 09.4	+ 0 30 16.6	5.310 850
Sept. 10	258 28 59.4	0 29 16.1	.307 609
20	259 16 52.8	0 28 15.3	.304 345
30	260 04 49.8	0 27 14.0	.301 058
Oct. 10	260 52 50.4	0 26 12.4	.297 749
20	261 40 54.5	+ 0 25 10.4	5.294 419
30	262 29 02.3	0 24 07.9	.291 067
Nov. 9	263 17 13.7	0 23 05.2	.287 696
19	264 05 28.8	0 22 02.0	.284 305
29	264 53 47.7	0 20 58.6	.280 894
Dec. 9	265 42 10.2	+ 0 19 54.8	5.277 466
19	266 30 36.6	0 18 50.7	.274 020
29	267 19 06.7	0 17 46.2	.270 557
39	268 07 40.6	+ 0 16 41.5	5.267 077

SATURN

Date	Longitude	Latitude	Radius Vector
	° ′ ″	° ′ ″	
Jan. −7	342 40 15.0	− 1 52 43.8	9.683 794
3	342 59 44.2	1 53 16.9	.681 025
13	343 19 14.2	1 53 49.8	.678 250
23	343 38 44.9	1 54 22.5	.675 471
Feb. 2	343 58 16.3	1 54 54.9	.672 686
12	344 17 48.3	− 1 55 27.2	9.669 897
22	344 37 21.1	1 55 59.3	.667 103
Mar. 4	344 56 54.6	1 56 31.1	.664 304
14	345 16 28.8	1 57 02.8	.661 501
24	345 36 03.7	1 57 34.2	.658 693
Apr. 3	345 55 39.4	− 1 58 05.5	9.655 881
13	346 15 15.7	1 58 36.5	.653 064
23	346 34 52.8	1 59 07.3	.650 243
May 3	346 54 30.6	1 59 37.9	.647 417
13	347 14 09.1	2 00 08.3	.644 587
23	347 33 48.4	− 2 00 38.4	9.641 753
June 2	347 53 28.4	2 01 08.4	.638 915
12	348 13 09.1	2 01 38.1	.636 073
22	348 32 50.5	2 02 07.6	.633 226
July 2	348 52 32.7	2 02 36.9	.630 376
12	349 12 15.5	− 2 03 05.9	9.627 523
22	349 31 59.2	2 03 34.8	.624 665
Aug. 1	349 51 43.5	2 04 03.4	.621 804
11	350 11 28.6	2 04 31.8	.618 940
21	350 31 14.4	2 04 59.9	.616 072
31	350 51 01.0	− 2 05 27.8	9.613 202
Sept. 10	351 10 48.3	2 05 55.5	.610 328
20	351 30 36.3	2 06 23.0	.607 452
30	351 50 25.1	2 06 50.2	.604 572
Oct. 10	352 10 14.6	2 07 17.2	.601 690
20	352 30 04.9	− 2 07 43.9	9.598 804
30	352 49 55.9	2 08 10.4	.595 917
Nov. 9	353 09 47.7	2 08 36.7	.593 026
19	353 29 40.2	2 09 02.7	.590 134
29	353 49 33.4	2 09 28.5	.587 238
Dec. 9	354 09 27.5	− 2 09 54.0	9.584 341
19	354 29 22.2	2 10 19.3	.581 441
29	354 49 17.8	2 10 44.4	.578 538
39	355 09 14.0	− 2 11 09.2	9.575 634

URANUS

Date	Longitude	Latitude	Radius Vector
Jan. −37	295 48 35.6	− 0 30 53.4	19.685 37
Jan. 3	296 15 26.9	0 31 09.6	19.691 59
Feb. 12	296 42 17.2	0 31 25.6	19.697 78
Mar. 24	297 09 06.8	0 31 41.5	19.703 93
May 3	297 35 55.4	0 31 57.3	19.710 04
June 12	298 02 43.2	− 0 32 12.9	19.716 10
July 22	298 29 30.1	0 32 28.5	19.722 12
Aug. 31	298 56 16.2	0 32 43.9	19.728 10
Oct. 10	299 23 01.3	0 32 59.2	19.734 03
Nov. 19	299 49 45.7	0 33 14.3	19.739 92
Dec. 29	300 16 29.1	− 0 33 29.3	19.745 76

NEPTUNE

Date	Longitude	Latitude	Radius Vector
Jan. −37	292 44 50.6	+ 0 34 32.8	30.174 35
Jan. 3	292 59 12.8	0 34 07.7	30.173 51
Feb. 12	293 13 35.0	0 33 42.5	30.172 66
Mar. 24	293 27 57.4	0 33 17.3	30.171 80
May 3	293 42 19.9	0 32 52.1	30.170 93
June 12	293 56 42.5	+ 0 32 26.9	30.170 05
July 22	294 11 05.3	0 32 01.6	30.169 16
Aug. 31	294 25 28.1	0 31 36.2	30.168 25
Oct. 10	294 39 51.1	0 31 10.9	30.167 33
Nov. 19	294 54 14.2	0 30 45.5	30.166 39
Dec. 29	295 08 37.3	+ 0 30 20.0	30.165 44

GEOCENTRIC COORDINATES FOR 0^h DYNAMICAL TIME

Date	Apparent Right Ascension	Apparent Declination	True Geocentric Distance	Date	Apparent Right Ascension	Apparent Declination	True Geocentric Distance
	h m s	° ′ ″			h m s	° ′ ″	
Jan. 0	19 22 46.595	−24 15 24.49	1.352 6581	Feb. 15	20 29 39.387	−16 19 22.48	0.728 5309
1	19 29 47.858	24 01 23.24	.340 9122	16	20 29 30.727	16 32 22.55	.742 7973
2	19 36 47.403	23 45 48.85	.328 3896	17	20 29 51.311	16 43 55.39	.757 6074
3	19 43 44.797	23 28 41.65	.315 0688	18	20 30 39.440	16 53 58.97	.772 8423
4	19 50 39.552	23 10 02.26	.300 9281	19	20 31 53.332	17 02 32.10	.788 3979
5	19 57 31.125	−22 49 51.68	1.285 9458	20	20 33 31.184	−17 09 34.20	0.804 1836
6	20 04 18.905	22 28 11.36	.270 1010	21	20 35 31.222	17 15 05.11	.820 1214
7	20 11 02.205	22 05 03.22	.253 3739	22	20 37 51.735	17 19 05.00	.836 1443
8	20 17 40.248	21 40 29.84	.235 7464	23	20 40 31.092	17 21 34.27	.852 1952
9	20 24 12.152	21 14 34.47	.217 2037	24	20 43 27.758	17 22 33.44	.868 2255
10	20 30 36.920	−20 47 21.20	1.197 7345	25	20 46 40.303	−17 22 03.16	0.884 1942
11	20 36 53.420	20 18 55.10	.177 3331	26	20 50 07.399	17 20 04.11	.900 0671
12	20 43 00.370	19 49 22.34	.156 0007	27	20 53 47.822	17 16 37.03	.915 8153
13	20 48 56.321	19 18 50.38	.133 7474	28	20 57 40.453	17 11 42.66	.931 4151
14	20 54 39.637	18 47 28.12	.110 5943	Mar. 1	21 01 44.264	17 05 21.76	.946 8469
15	21 00 08.485	−18 15 26.08	1.086 5760	2	21 05 58.323	−16 57 35.08	0.962 0946
16	21 05 20.819	17 42 56.60	.061 7429	3	21 10 21.781	16 48 23.35	.977 1451
17	21 10 14.374	17 10 13.95	.036 1645	4	21 14 53.867	16 37 47.31	0.991 9881
18	21 14 46.670	16 37 34.48	1.009 9316	5	21 19 33.885	16 25 47.69	1.006 6150
19	21 18 55.024	16 05 16.64	0.983 1590	6	21 24 21.204	16 12 25.21	.021 0193
20	21 22 36.581	−15 33 40.99	0.955 9875	7	21 29 15.256	−15 57 40.57	1.035 1958
21	21 25 48.362	15 03 10.03	.928 5852	8	21 34 15.527	15 41 34.47	.049 1402
22	21 28 27.342	14 34 07.95	.901 1480	9	21 39 21.559	15 24 07.58	.062 8495
23	21 30 30.551	14 07 00.11	.873 8984	10	21 44 32.940	15 05 20.58	.076 3209
24	21 31 55.207	13 42 12.46	.847 0830	11	21 49 49.302	14 45 14.13	.089 5525
25	21 32 38.886	−13 20 10.60	0.820 9687	12	21 55 10.320	−14 23 48.87	1.102 5424
26	21 32 39.710	13 01 18.74	.795 8361	13	22 00 35.706	14 01 05.46	.115 2890
27	21 31 56.567	12 45 58.45	.771 9723	14	22 06 05.210	13 37 04.51	.127 7905
28	21 30 29.322	12 34 27.29	.749 6616	15	22 11 38.613	13 11 46.64	.140 0451
29	21 28 19.024	12 26 57.47	.729 1754	16	22 17 15.731	12 45 12.47	.152 0505
30	21 25 28.062	−12 23 34.60	0.710 7615	17	22 22 56.407	−12 17 22.60	1.163 8040
31	21 22 00.241	12 24 16.83	.694 6336	18	22 28 40.515	11 48 17.63	.175 3023
Feb. 1	21 18 00.767	12 28 54.41	.680 9623	19	22 34 27.953	11 17 58.17	.186 5412
2	21 13 36.092	12 37 09.93	.669 8670	20	22 40 18.644	10 46 24.84	.197 5159
3	21 08 53.643	12 48 39.21	.661 4119	21	22 46 12.533	10 13 38.27	.208 2202
4	21 04 01.445	−13 02 52.82	0.655 6036	22	22 52 09.587	− 9 39 39.11	1.218 6470
5	20 59 07.680	13 19 18.03	.652 3939	23	22 58 09.790	9 04 28.04	.228 7879
6	20 54 20.238	13 37 20.87	.651 6848	24	23 04 13.148	8 28 05.75	.238 6330
7	20 49 46.315	13 56 28.10	.653 3365	25	23 10 19.684	7 50 33.00	.248 1709
8	20 45 32.116	14 16 08.83	.657 1771	26	23 16 29.441	7 11 50.54	.257 3886
9	20 41 42.659	−14 35 55.59	0.663 0128	27	23 22 42.479	− 6 31 59.20	1.266 2709
10	20 38 21.717	14 55 24.96	.670 6378	28	23 28 58.877	5 50 59.85	.274 8008
11	20 35 31.850	15 14 17.61	.679 8434	29	23 35 18.729	5 08 53.45	.282 9588
12	20 33 14.521	15 32 18.16	.690 4244	30	23 41 42.146	4 25 41.03	.290 7231
13	20 31 30.254	15 49 14.72	.702 1852	31	23 48 09.252	3 41 23.75	.298 0688
14	20 30 18.815	−16 04 58.33	0.714 9432	Apr. 1	23 54 40.183	− 2 56 02.89	1.304 9684
15	20 29 39.387	−16 19 22.48	0.728 5309	2	0 01 15.089	− 2 09 39.92	1.311 3910

GEOCENTRIC COORDINATES FOR 0^h DYNAMICAL TIME

Date	Apparent Right Ascension	Apparent Declination	True Geocentric Distance	Date	Apparent Right Ascension	Apparent Declination	True Geocentric Distance
	h m s	° ′ ″			h m s	° ′ ″	
Apr. 1	23 54 40.183	− 2 56 02.89	1.304 9684	May 17	4 59 03.873	+24 46 16.82	0.740 4747
2	0 01 15.089	2 09 39.92	.311 3910	18	5 01 32.366	24 41 35.44	.722 4107
3	0 07 54.124	1 22 16.48	.317 3021	19	5 03 40.072	24 35 17.41	.705 0667
4	0 14 37.449	− 0 33 54.48	.322 6638	20	5 05 26.820	24 27 26.37	.688 4749
5	0 21 25.230	+ 0 15 23.92	.327 4342	21	5 06 52.531	24 18 05.98	.672 6671
6	0 28 17.630	+ 1 05 36.19	1.331 5676	22	5 07 57.229	+24 07 20.03	0.657 6745
7	0 35 14.804	1 56 39.46	.335 0142	23	5 08 41.064	23 55 12.46	.643 5282
8	0 42 16.898	2 48 30.38	.337 7204	24	5 09 04.326	23 41 47.51	.630 2587
9	0 49 24.040	3 41 05.07	.339 6286	25	5 09 07.464	23 27 09.78	.617 8966
10	0 56 36.329	4 34 19.11	.340 6779	26	5 08 51.105	23 11 24.35	.606 4717
11	1 03 53.832	+ 5 28 07.37	1.340 8049	27	5 08 16.067	+22 54 36.88	0.596 0131
12	1 11 16.569	6 22 24.01	.339 9437	28	5 07 23.372	22 36 53.73	.586 5492
13	1 18 44.505	7 17 02.39	.338 0278	29	5 06 14.252	22 18 22.03	.578 1066
14	1 26 17.536	8 11 54.97	.334 9912	30	5 04 50.149	21 59 09.76	.570 7101
15	1 33 55.485	9 06 53.52	.330 7702	31	5 03 12.713	21 39 25.78	.564 3822
16	1 41 38.051	+10 01 48.68	1.325 3054	June 1	5 01 23.785	+21 19 19.83	0.559 1425
17	1 49 24.865	10 56 30.17	.318 5441	2	4 59 25.377	20 59 02.49	.555 0075
18	1 57 15.425	11 50 47.03	.310 4431	3	4 57 19.644	20 38 45.04	.551 9896
19	2 05 09.109	12 44 27.57	.300 9709	4	4 55 08.846	20 18 39.35	.550 0973
20	2 13 05.171	13 37 19.51	.290 1105	5	4 52 55.309	19 58 57.62	.549 3347
21	2 21 02.746	+14 29 10.25	1.277 8614	6	4 50 41.383	+19 39 52.17	0.549 7013
22	2 29 00.856	15 19 47.12	.264 2415	7	4 48 29.392	19 21 35.19	.551 1923
23	2 36 58.428	16 08 57.67	.249 2876	8	4 46 21.598	19 04 18.39	.553 7983
24	2 44 54.311	16 56 29.95	.233 0554	9	4 44 20.156	18 48 12.79	.557 5056
25	2 52 47.298	17 42 12.86	.215 6189	10	4 42 27.082	18 33 28.48	.562 2967
26	3 00 36.151	+18 25 56.34	1.197 0677	11	4 40 44.229	+18 20 14.35	0.568 1509
27	3 08 19.626	19 07 31.62	.177 5055	12	4 39 13.261	18 08 37.99	.575 0441
28	3 15 56.494	19 46 51.33	.157 0456	13	4 37 55.648	17 58 45.52	.582 9498
29	3 23 25.563	20 23 49.63	.135 8088	14	4 36 52.656	17 50 41.60	.591 8395
30	3 30 45.688	20 58 22.17	.113 9191	15	4 36 05.352	17 44 29.36	.601 6833
May 1	3 37 55.790	+21 30 26.03	1.091 5009	16	4 35 34.614	+17 40 10.50	0.612 4501
2	3 44 54.855	21 59 59.69	.068 6762	17	4 35 21.144	17 37 45.31	.624 1085
3	3 51 41.938	22 27 02.81	.045 5625	18	4 35 25.485	17 37 12.86	.636 6267
4	3 58 16.162	22 51 36.13	1.022 2711	19	4 35 48.037	17 38 31.03	.649 9733
5	4 04 36.716	23 13 41.27	0.998 9059	20	4 36 29.084	17 41 36.72	.664 1171
6	4 10 42.845	+23 33 20.60	0.975 5630	21	4 37 28.806	+17 46 25.94	0.679 0275
7	4 16 33.845	23 50 37.07	.952 3303	22	4 38 47.303	17 52 53.93	.694 6745
8	4 22 09.059	24 05 34.06	.929 2880	23	4 40 24.613	18 00 55.26	.711 0284
9	4 27 27.868	24 18 15.26	.906 5085	24	4 42 20.723	18 10 23.95	.728 0599
10	4 32 29.689	24 28 44.59	.884 0576	25	4 44 35.590	18 21 13.54	.745 7399
11	4 37 13.968	+24 37 06.08	0.861 9944	26	4 47 09.150	+18 33 17.17	0.764 0390
12	4 41 40.178	24 43 23.81	.840 3728	27	4 50 01.324	18 46 27.60	.782 9275
13	4 45 47.823	24 47 41.85	.819 2419	28	4 53 12.035	19 00 37.27	.802 3745
14	4 49 36.434	24 50 04.25	.798 6465	29	4 56 41.204	19 15 38.31	.822 3481
15	4 53 05.574	24 50 34.97	.778 6281	30	5 00 28.760	19 31 22.57	.842 8143
16	4 56 14.840	+24 49 17.90	0.759 2254	July 1	5 04 34.641	+19 47 41.59	0.863 7366
17	4 59 03.873	+24 46 16.82	0.740 4747	2	5 08 58.791	+20 04 26.62	0.885 0756

GEOCENTRIC COORDINATES FOR 0^h DYNAMICAL TIME

Date	Apparent Right Ascension	Apparent Declination	True Geocentric Distance	Date	Apparent Right Ascension	Apparent Declination	True Geocentric Distance
	h m s	° ′ ″			h m s	° ′ ″	
July 1	5 04 34.641	+19 47 41.59	0.863 7366	Aug. 16	10 48 54.362	+ 8 28 58.92	1.258 6406
2	5 08 58.791	20 04 26.62	.885 0756	17	10 54 53.014	7 45 07.54	.248 9471
3	5 13 41.160	20 21 28.59	.906 7880	18	11 00 44.633	7 01 18.45	.238 9321
4	5 18 41.700	20 38 38.08	.928 8260	19	11 06 29.416	6 17 34.82	.228 6114
5	5 24 00.353	20 55 45.33	.951 1366	20	11 12 07.548	5 33 59.64	.217 9985
6	5 29 37.049	+21 12 40.22	0.973 6610	21	11 17 39.194	+ 4 50 35.78	1.207 1053
7	5 35 31.688	21 29 12.23	0.996 3335	22	11 23 04.499	4 07 25.98	.195 9421
8	5 41 44.130	21 45 10.46	1.019 0815	23	11 28 23.590	3 24 32.90	.184 5175
9	5 48 14.174	22 00 23.68	.041 8246	24	11 33 36.571	2 41 59.14	.172 8392
10	5 55 01.544	22 14 40.32	.064 4742	25	11 38 43.523	1 59 47.24	.160 9137
11	6 02 05.868	+22 27 48.55	1.086 9341	26	11 43 44.507	+ 1 17 59.72	1.148 7465
12	6 09 26.654	22 39 36.41	.109 1003	27	11 48 39.555	+ 0 36 39.09	.136 3423
13	6 17 03.279	22 49 51.91	.130 8619	28	11 53 28.674	− 0 04 12.15	.123 7055
14	6 24 54.965	22 58 23.25	.152 1029	29	11 58 11.845	0 44 31.43	.110 8398
15	6 33 00.771	23 04 59.02	.172 7036	30	12 02 49.018	1 24 16.16	.097 7487
16	6 41 19.585	+23 09 28.47	1.192 5431	31	12 07 20.109	− 2 03 23.66	1.084 4356
17	6 49 50.121	23 11 41.77	.211 5027	Sept. 1	12 11 45.003	2 41 51.15	.070 9041
18	6 58 30.932	23 11 30.31	.229 4687	2	12 16 03.549	3 19 35.73	.057 1577
19	7 07 20.430	23 08 46.95	.246 3358	3	12 20 15.554	3 56 34.33	.043 2004
20	7 16 16.910	23 03 26.22	.262 0106	4	12 24 20.786	4 32 43.73	.029 0370
21	7 25 18.591	+22 55 24.56	1.276 4146	5	12 28 18.969	− 5 08 00.49	1.014 6727
22	7 34 23.660	22 44 40.32	.289 4862	6	12 32 09.778	5 42 20.91	1.000 1138
23	7 43 30.313	22 31 13.87	.301 1822	7	12 35 52.841	6 15 41.05	0.985 3677
24	7 52 36.806	22 15 07.43	.311 4786	8	12 39 27.729	6 47 56.64	.970 4432
25	8 01 41.489	21 56 24.99	.320 3699	9	12 42 53.959	7 19 03.04	.955 3510
26	8 10 42.844	+21 35 12.07	1.327 8683	10	12 46 10.982	− 7 48 55.22	0.940 1033
27	8 19 39.509	21 11 35.48	.334 0012	11	12 49 18.182	8 17 27.67	.924 7153
28	8 28 30.297	20 45 42.97	.338 8094	12	12 52 14.872	8 44 34.36	.909 2047
29	8 37 14.195	20 17 43.04	.342 3443	13	12 55 00.288	9 10 08.66	.893 5925
30	8 45 50.367	19 47 44.71	.344 6651	14	12 57 33.586	9 34 03.29	.877 9038
31	8 54 18.156	+19 15 57.20	1.345 8366	15	12 59 53.839	− 9 56 10.23	0.862 1683
Aug. 1	9 02 37.059	18 42 29.74	.345 9265	16	13 02 00.042	10 16 20.68	.846 4209
2	9 10 46.718	18 07 31.44	.345 0039	17	13 03 51.107	10 34 24.98	.830 7027
3	9 18 46.899	17 31 11.13	.343 1375	18	13 05 25.878	10 50 12.58	.815 0617
4	9 26 37.478	16 53 37.34	.340 3941	19	13 06 43.132	11 03 32.00	.799 5540
5	9 34 18.423	+16 14 58.16	1.336 8380	20	13 07 41.607	−11 14 10.85	0.784 2447
6	9 41 49.775	15 35 21.24	.332 5301	21	13 08 20.017	11 21 55.86	.769 2092
7	9 49 11.638	14 54 53.76	.327 5274	22	13 08 37.096	11 26 33.06	.754 5340
8	9 56 24.161	14 13 42.45	.321 8830	23	13 08 31.640	11 27 47.95	.740 3180
9	10 03 27.531	13 31 53.56	.315 6458	24	13 08 02.571	11 25 25.92	.726 6736
10	10 10 21.961	+12 49 32.92	1.308 8604	25	13 07 09.013	−11 19 12.75	0.713 7271
11	10 17 07.685	12 06 45.91	.301 5672	26	13 05 50.388	11 08 55.37	.701 6195
12	10 23 44.946	11 23 37.56	.293 8030	27	13 04 06.524	10 54 22.82	.690 5062
13	10 30 13.996	10 40 12.50	.285 6005	28	13 01 57.770	10 35 27.47	.680 5558
14	10 36 35.086	9 56 35.06	.276 9890	29	12 59 25.123	10 12 06.43	.671 9485
15	10 42 48.462	+ 9 12 49.28	1.267 9947	30	12 56 30.343	− 9 44 23.15	0.664 8729
16	10 48 54.362	+ 8 28 58.92	1.258 6406	Oct. 1	12 53 16.039	− 9 12 28.99	0.659 5211

GEOCENTRIC COORDINATES FOR 0^h DYNAMICAL TIME

Date	Apparent Right Ascension	Apparent Declination	True Geocentric Distance	Date	Apparent Right Ascension	Apparent Declination	True Geocentric Distance
	h m s	° ′ ″			h m s	° ′ ″	
Oct. 1	12 53 16.039	− 9 12 28.99	0.659 5211	Nov. 16	15 06 16.089	−17 07 32.96	1.422 7531
2	12 49 45.726	8 36 44.52	.656 0829	17	15 12 37.207	17 40 03.54	.428 3507
3	12 46 03.808	7 57 40.49	.654 7385	18	15 18 59.603	18 11 42.83	.433 2959
4	12 42 15.502	7 15 57.93	.655 6503	19	15 25 23.319	18 42 29.08	.437 6024
5	12 38 26.669	6 32 27.37	.658 9536	20	15 31 48.400	19 12 20.59	.441 2829
6	12 34 43.582	− 5 48 07.06	0.664 7491	21	15 38 14.888	−19 41 15.77	1.444 3484
7	12 31 12.632	5 04 00.20	.673 0950	22	15 44 42.823	20 09 13.12	.446 8089
8	12 28 00.015	4 21 11.57	.684 0019	23	15 51 12.251	20 36 11.28	.448 6730
9	12 25 11.417	3 40 43.88	.697 4300	24	15 57 43.210	21 02 08.27	.449 9484
10	12 22 51.754	3 03 34.44	.713 2889	25	16 04 15.691	21 27 02.97	.450 6416
11	12 21 04.974	− 2 30 32.43	0.731 4403	26	16 10 49.731	−21 50 54.04	1.450 7578
12	12 19 53.941	2 02 17.01	.751 7026	27	16 17 25.344	22 13 40.01	.450 3015
13	12 19 20.402	1 39 16.48	.773 8581	28	16 24 02.536	22 35 19.48	.449 2757
14	12 19 25.037	1 21 48.26	.797 6606	29	16 30 41.309	22 55 51.06	.447 6827
15	12 20 07.554	1 09 59.60	.822 8448	30	16 37 21.652	23 15 13.37	.445 5234
16	12 21 26.834	− 1 03 48.76	0.849 1346	Dec. 1	16 44 03.550	−23 33 25.03	1.442 7978
17	12 23 21.099	1 03 06.47	.876 2523	2	16 50 46.974	23 50 24.69	.439 5045
18	12 25 48.072	1 07 37.50	.903 9263	3	16 57 31.884	24 06 10.97	.435 6414
19	12 28 45.149	1 17 02.14	.931 8982	4	17 04 18.227	24 20 42.52	.431 2051
20	12 32 09.540	1 30 57.66	.959 9283	5	17 11 05.934	24 33 57.99	.426 1909
21	12 35 58.398	− 1 48 59.48	0.987 7999	6	17 17 54.923	−24 45 56.04	1.420 5934
22	12 40 08.920	2 10 42.25	1.015 3219	7	17 24 45.093	24 56 35.34	.414 4059
23	12 44 38.421	2 35 40.68	.042 3303	8	17 31 36.328	25 05 54.57	.407 6206
24	12 49 24.398	3 03 30.17	.068 6879	9	17 38 28.489	25 13 52.44	.400 2288
25	12 54 24.555	3 33 47.30	.094 2834	10	17 45 21.420	25 20 27.68	.392 2205
26	12 59 36.825	− 4 06 10.13	1.119 0295	11	17 52 14.939	−25 25 39.06	1.383 5849
27	13 04 59.376	4 40 18.39	.142 8610	12	17 59 08.840	25 29 25.42	.374 3100
28	13 10 30.604	5 15 53.54	.165 7316	13	18 06 02.892	25 31 45.64	.364 3829
29	13 16 09.123	5 52 38.85	.187 6112	14	18 12 56.831	25 32 38.69	.353 7898
30	13 21 53.746	6 30 19.26	.208 4838	15	18 19 50.361	25 32 03.62	.342 5161
31	13 27 43.472	− 7 08 41.35	1.228 3444	16	18 26 43.149	−25 29 59.62	1.330 5461
Nov. 1	13 33 37.461	7 47 33.18	.247 1970	17	18 33 34.821	25 26 26.01	.317 8639
2	13 39 35.017	8 26 44.22	.265 0528	18	18 40 24.955	25 21 22.29	.304 4528
3	13 45 35.571	9 06 05.15	.281 9279	19	18 47 13.075	25 14 48.15	.290 2959
4	13 51 38.660	9 45 27.78	.297 8426	20	18 53 58.646	25 06 43.54	.275 3763
5	13 57 43.912	−10 24 44.86	1.312 8197	21	19 00 41.063	−24 57 08.72	1.259 6774
6	14 03 51.036	11 03 50.05	.326 8837	22	19 07 19.640	24 46 04.26	.243 1837
7	14 09 59.802	11 42 37.72	.340 0601	23	19 13 53.607	24 33 31.17	.225 8808
8	14 16 10.040	12 21 02.90	.352 3745	24	19 20 22.088	24 19 30.90	.207 7566
9	14 22 21.620	12 59 01.19	.363 8526	25	19 26 44.099	24 04 05.48	.188 8018
10	14 28 34.455	−13 36 28.68	1.374 5192	26	19 32 58.529	−23 47 17.60	1.169 0111
11	14 34 48.486	14 13 21.86	.384 3986	27	19 39 04.122	23 29 10.71	.148 3845
12	14 41 03.681	14 49 37.59	.393 5138	28	19 44 59.463	23 09 49.15	.126 9283
13	14 47 20.028	15 25 13.04	.401 8869	29	19 50 42.954	22 49 18.32	.104 6573
14	14 53 37.531	16 00 05.62	.409 5385	30	19 56 12.796	22 27 44.78	.081 5964
15	14 59 56.209	−16 34 12.98	1.416 4879	31	20 01 26.971	−22 05 16.45	1.057 7834
16	15 06 16.089	−17 07 32.96	1.422 7531	32	20 06 23.226	−21 42 02.70	1.033 2707

VENUS, 1995

GEOCENTRIC COORDINATES FOR 0h DYNAMICAL TIME

Date	Apparent Right Ascension	Apparent Declination	True Geocentric Distance	Date	Apparent Right Ascension	Apparent Declination	True Geocentric Distance
	h m s	° ′ ″			h m s	° ′ ″	
Jan. 0	15 25 58.025	−15 01 27.09	0.571 1054	Feb. 15	18 49 19.890	−20 57 26.57	0.918 1410
1	15 29 37.377	15 13 51.55	.578 6226	16	18 54 14.756	20 55 14.39	.925 4865
2	15 33 19.526	15 26 20.21	.586 1534	17	18 59 10.027	20 52 28.51	.932 8174
3	15 37 04.398	15 38 51.64	.593 6969	18	19 04 05.651	20 49 08.78	.940 1330
4	15 40 51.929	15 51 24.44	.601 2521	19	19 09 01.574	20 45 15.08	.947 4328
5	15 44 42.057	−16 03 57.24	0.608 8179	20	19 13 57.745	−20 40 47.30	0.954 7162
6	15 48 34.728	16 16 28.73	.616 3936	21	19 18 54.108	20 35 45.41	.961 9826
7	15 52 29.890	16 28 57.61	.623 9784	22	19 23 50.610	20 30 09.39	.969 2315
8	15 56 27.494	16 41 22.61	.631 5713	23	19 28 47.195	20 23 59.26	.976 4622
9	16 00 27.492	16 53 42.50	.639 1714	24	19 33 43.807	20 17 15.08	.983 6742
10	16 04 29.837	−17 05 56.07	0.646 7779	25	19 38 40.389	−20 09 56.93	0.990 8672
11	16 08 34.487	17 18 02.12	.654 3900	26	19 43 36.887	20 02 04.91	0.998 0407
12	16 12 41.394	17 29 59.49	.662 0068	27	19 48 33.246	19 53 39.18	1.005 1944
13	16 16 50.517	17 41 47.03	.669 6273	28	19 53 29.415	19 44 39.87	.012 3283
14	16 21 01.811	17 53 23.62	.677 2508	Mar. 1	19 58 25.345	19 35 07.18	.019 4420
15	16 25 15.232	−18 04 48.14	0.684 8763	2	20 03 20.992	−19 25 01.31	1.026 5357
16	16 29 30.738	18 15 59.52	.692 5030	3	20 08 16.311	19 14 22.49	.033 6092
17	16 33 48.285	18 26 56.70	.700 1299	4	20 13 11.265	19 03 10.98	.040 6627
18	16 38 07.829	18 37 38.63	.707 7562	5	20 18 05.814	18 51 27.05	.047 6960
19	16 42 29.326	18 48 04.29	.715 3810	6	20 22 59.923	18 39 11.02	.054 7093
20	16 46 52.732	−18 58 12.68	0.723 0032	7	20 27 53.559	−18 26 23.21	1.061 7025
21	16 51 18.001	19 08 02.84	.730 6219	8	20 32 46.692	18 13 03.95	.068 6757
22	16 55 45.088	19 17 33.82	.738 2362	9	20 37 39.290	17 59 13.63	.075 6287
23	17 00 13.944	19 26 44.70	.745 8451	10	20 42 31.327	17 44 52.60	.082 5617
24	17 04 44.520	19 35 34.60	.753 4478	11	20 47 22.779	17 30 01.29	.089 4745
25	17 09 16.765	−19 44 02.66	0.761 0433	12	20 52 13.622	−17 14 40.09	1.096 3670
26	17 13 50.625	19 52 08.05	.768 6309	13	20 57 03.836	16 58 49.44	.103 2392
27	17 18 26.044	19 59 49.99	.776 2099	14	21 01 53.402	16 42 29.79	.110 0909
28	17 23 02.963	20 07 07.68	.783 7796	15	21 06 42.307	16 25 41.58	.116 9220
29	17 27 41.323	20 14 00.40	.791 3395	16	21 11 30.535	16 08 25.28	.123 7322
30	17 32 21.065	−20 20 27.40	0.798 8893	17	21 16 18.079	−15 50 41.37	1.130 5212
31	17 37 02.129	20 26 28.01	.806 4285	18	21 21 04.930	15 32 30.35	.137 2887
Feb. 1	17 41 44.459	20 32 01.54	.813 9571	19	21 25 51.082	15 13 52.73	.144 0342
2	17 46 27.999	20 37 07.35	.821 4748	20	21 30 36.532	14 54 49.03	.150 7572
3	17 51 12.696	20 41 44.85	.828 9814	21	21 35 21.274	14 35 19.80	.157 4573
4	17 55 58.496	−20 45 53.45	0.836 4770	22	21 40 05.305	−14 15 25.61	1.164 1337
5	18 00 45.347	20 49 32.62	.843 9613	23	21 44 48.621	13 55 07.06	.170 7859
6	18 05 33.196	20 52 41.83	.851 4342	24	21 49 31.217	13 34 24.73	.177 4134
7	18 10 21.990	20 55 20.61	.858 8955	25	21 54 13.091	13 13 19.24	.184 0157
8	18 15 11.676	20 57 28.50	.866 3450	26	21 58 54.242	12 51 51.19	.190 5923
9	18 20 02.200	−20 59 05.07	0.873 7826	27	22 03 34.671	−12 30 01.22	1.197 1429
10	18 24 53.507	21 00 09.93	.881 2078	28	22 08 14.380	12 07 49.93	.203 6671
11	18 29 45.544	21 00 42.70	.888 6207	29	22 12 53.376	11 45 17.96	.210 1648
12	18 34 38.255	21 00 43.05	.896 0207	30	22 17 31.667	11 22 25.93	.216 6357
13	18 39 31.585	21 00 10.66	.903 4077	31	22 22 09.261	10 59 14.47	.223 0796
14	18 44 25.482	−20 59 05.25	0.910 7812	Apr. 1	22 26 46.172	−10 35 44.21	1.229 4966
15	18 49 19.890	−20 57 26.57	0.918 1410	2	22 31 22.411	−10 11 55.79	1.235 8865

GEOCENTRIC COORDINATES FOR 0^h DYNAMICAL TIME

Date	Apparent Right Ascension	Apparent Declination	True Geocentric Distance	Date	Apparent Right Ascension	Apparent Declination	True Geocentric Distance
	h m s	° ′ ″			h m s	° ′ ″	
Apr. 1	22 26 46.172	−10 35 44.21	1.229 4966	May 17	1 54 06.452	+ 9 56 35.02	1.491 8125
2	22 31 22.411	10 11 55.79	.235 8865	18	1 58 42.465	10 22 29.34	.496 6848
3	22 35 57.995	9 47 49.86	.242 2492	19	2 03 19.258	10 48 10.55	.501 5166
4	22 40 32.938	9 23 27.06	.248 5848	20	2 07 56.859	11 13 37.95	.506 3069
5	22 45 07.260	8 58 48.03	.254 8932	21	2 12 35.296	11 38 50.81	.511 0553
6	22 49 40.979	− 8 33 53.41	1.261 1743	22	2 17 14.594	+12 03 48.43	1.515 7610
7	22 54 14.115	8 08 43.86	.267 4281	23	2 21 54.781	12 28 30.09	.520 4233
8	22 58 46.691	7 43 20.02	.273 6546	24	2 26 35.880	12 52 55.08	.525 0419
9	23 03 18.730	7 17 42.53	.279 8536	25	2 31 17.914	13 17 02.70	.529 6161
10	23 07 50.256	6 51 52.05	.286 0252	26	2 36 00.905	13 40 52.22	.534 1455
11	23 12 21.296	− 6 25 49.21	1.292 1691	27	2 40 44.874	+14 04 22.95	1.538 6297
12	23 16 51.879	5 59 34.66	.298 2854	28	2 45 29.837	14 27 34.17	.543 0683
13	23 21 22.033	5 33 09.03	.304 3738	29	2 50 15.812	14 50 25.16	.547 4609
14	23 25 51.791	5 06 32.96	.310 4342	30	2 55 02.814	15 12 55.22	.551 8074
15	23 30 21.186	4 39 47.08	.316 4662	31	2 59 50.856	15 35 03.63	.556 1074
16	23 34 50.252	− 4 12 52.02	1.322 4694	June 1	3 04 39.950	+15 56 49.69	1.560 3608
17	23 39 19.024	3 45 48.43	.328 4435	2	3 09 30.106	16 18 12.68	.564 5672
18	23 43 47.534	3 18 36.95	.334 3879	3	3 14 21.334	16 39 11.90	.568 7266
19	23 48 15.815	2 51 18.25	.340 3018	4	3 19 13.641	16 59 46.65	.572 8388
20	23 52 43.899	2 23 53.00	.346 1848	5	3 24 07.035	17 19 56.22	.576 9036
21	23 57 11.815	− 1 56 21.88	1.352 0360	6	3 29 01.519	+17 39 39.93	1.580 9211
22	0 01 39.594	1 28 45.56	.357 8549	7	3 33 57.100	17 58 57.09	.584 8910
23	0 06 07.267	1 01 04.73	.363 6409	8	3 38 53.779	18 17 47.02	.588 8134
24	0 10 34.866	0 33 20.06	.369 3934	9	3 43 51.559	18 36 09.05	.592 6882
25	0 15 02.424	− 0 05 32.23	.375 1120	10	3 48 50.441	18 54 02.53	.596 5154
26	0 19 29.972	+ 0 22 18.09	1.380 7962	11	3 53 50.423	+19 11 26.81	1.600 2947
27	0 23 57.545	0 50 10.23	.386 4456	12	3 58 51.502	19 28 21.24	.604 0261
28	0 28 25.176	1 18 03.51	.392 0599	13	4 03 53.672	19 44 45.21	.607 7093
29	0 32 52.898	1 45 57.27	.397 6389	14	4 08 56.922	20 00 38.08	.611 3440
30	0 37 20.745	2 13 50.82	.403 1822	15	4 14 01.239	20 15 59.21	.614 9296
May 1	0 41 48.750	+ 2 41 43.49	1.408 6897	16	4 19 06.610	+20 30 48.00	1.618 4656
2	0 46 16.948	3 09 34.61	.414 1612	17	4 24 13.017	20 45 03.83	.621 9513
3	0 50 45.371	3 37 23.51	.419 5965	18	4 29 20.440	20 58 46.11	.625 3863
4	0 55 14.054	4 05 09.49	.424 9955	19	4 34 28.859	21 11 54.26	.628 7698
5	0 59 43.030	4 32 51.89	.430 3580	20	4 39 38.250	21 24 27.71	.632 1013
6	1 04 12.334	+ 5 00 30.03	1.435 6839	21	4 44 48.585	+21 36 25.94	1.635 3802
7	1 08 42.001	5 28 03.22	.440 9731	22	4 49 59.835	21 47 48.42	.638 6061
8	1 13 12.063	5 55 30.80	.446 2254	23	4 55 11.967	21 58 34.65	.641 7785
9	1 17 42.558	6 22 52.08	.451 4408	24	5 00 24.947	22 08 44.14	.644 8970
10	1 22 13.521	6 50 06.40	.456 6191	25	5 05 38.735	22 18 16.45	.647 9612
11	1 26 44.989	+ 7 17 13.06	1.461 7602	26	5 10 53.292	+22 27 11.11	1.650 9709
12	1 31 16.997	7 44 11.42	.466 8640	27	5 16 08.575	22 35 27.72	.653 9257
13	1 35 49.585	8 11 00.79	.471 9302	28	5 21 24.539	22 43 05.88	.656 8254
14	1 40 22.788	8 37 40.51	.476 9586	29	5 26 41.138	22 50 05.20	.659 6698
15	1 44 56.645	9 04 09.91	.481 9487	30	5 31 58.325	22 56 25.33	.662 4588
16	1 49 31.188	+ 9 30 28.31	1.486 9002	July 1	5 37 16.049	+23 02 05.96	1.665 1921
17	1 54 06.452	+ 9 56 35.02	1.491 8125	2	5 42 34.260	+23 07 06.77	1.667 8699

GEOCENTRIC COORDINATES FOR 0h DYNAMICAL TIME

Date	Apparent Right Ascension	Apparent Declination	True Geocentric Distance
	h m s	° ′ ″	
July 1	5 37 16.049	+23 02 05.96	1.665 1921
2	5 42 34.260	23 07 06.77	.667 8699
3	5 47 52.907	23 11 27.48	.670 4920
4	5 53 11.939	23 15 07.85	.673 0584
5	5 58 31.303	23 18 07.66	.675 5692
6	6 03 50.948	+23 20 26.71	1.678 0245
7	6 09 10.820	23 22 04.85	.680 4244
8	6 14 30.868	23 23 01.94	.682 7691
9	6 19 51.038	23 23 17.90	.685 0586
10	6 25 11.277	23 22 52.64	.687 2932
11	6 30 31.530	+23 21 46.13	1.689 4727
12	6 35 51.744	23 19 58.36	.691 5974
13	6 41 11.864	23 17 29.33	.693 6669
14	6 46 31.837	23 14 19.08	.695 6811
15	6 51 51.611	23 10 27.66	.697 6398
16	6 57 11.133	+23 05 55.17	1.699 5425
17	7 02 30.355	23 00 41.72	.701 3888
18	7 07 49.226	22 54 47.48	.703 1785
19	7 13 07.697	22 48 12.64	.704 9111
20	7 18 25.716	22 40 57.42	.706 5863
21	7 23 43.237	+22 33 02.08	1.708 2038
22	7 29 00.210	22 24 26.88	.709 7634
23	7 34 16.588	22 15 12.14	.711 2648
24	7 39 32.325	22 05 18.19	.712 7079
25	7 44 47.377	21 54 45.39	.714 0925
26	7 50 01.702	+21 43 34.12	1.715 4184
27	7 55 15.258	21 31 44.78	.716 6856
28	8 00 28.006	21 19 17.80	.717 8941
29	8 05 39.910	21 06 13.62	.719 0438
30	8 10 50.936	20 52 32.71	.720 1349
31	8 16 01.053	+20 38 15.55	1.721 1674
Aug. 1	8 21 10.231	20 23 22.65	.722 1416
2	8 26 18.447	20 07 54.53	.723 0576
3	8 31 25.676	19 51 51.72	.723 9157
4	8 36 31.899	19 35 14.79	.724 7162
5	8 41 37.098	+19 18 04.30	1.725 4596
6	8 46 41.258	19 00 20.86	.726 1462
7	8 51 44.365	18 42 05.05	.726 7764
8	8 56 46.409	18 23 17.50	.727 3506
9	9 01 47.381	18 03 58.82	.727 8692
10	9 06 47.275	+17 44 09.64	1.728 3324
11	9 11 46.090	17 23 50.59	.728 7403
12	9 16 43.826	17 03 02.31	.729 0932
13	9 21 40.487	16 41 45.44	.729 3910
14	9 26 36.081	16 20 00.63	.729 6337
15	9 31 30.613	+15 57 48.56	1.729 8212
16	9 36 24.094	+15 35 09.91	1.729 9534

Date	Apparent Right Ascension	Apparent Declination	True Geocentric Distance
	h m s	° ′ ″	
Aug. 16	9 36 24.094	+15 35 09.91	1.729 9534
17	9 41 16.533	15 12 05.37	.730 0303
18	9 46 07.941	14 48 35.64	.730 0517
19	9 50 58.331	14 24 41.42	.730 0176
20	9 55 47.717	14 00 23.43	.729 9280
21	10 00 36.112	+13 35 42.36	1.729 7828
22	10 05 23.533	13 10 38.96	.729 5821
23	10 10 09.997	12 45 13.94	.729 3258
24	10 14 55.524	12 19 28.05	.729 0140
25	10 19 40.133	11 53 22.01	.728 6468
26	10 24 23.848	+11 26 56.55	1.728 2242
27	10 29 06.692	11 00 12.41	.727 7465
28	10 33 48.690	10 33 10.31	.727 2139
29	10 38 29.869	10 05 50.99	.726 6265
30	10 43 10.258	9 38 15.17	.725 9848
31	10 47 49.887	+ 9 10 23.59	1.725 2891
Sept. 1	10 52 28.785	8 42 16.97	.724 5399
2	10 57 06.984	8 13 56.06	.723 7377
3	11 01 44.516	7 45 21.58	.722 8830
4	11 06 21.414	7 16 34.27	.721 9766
5	11 10 57.711	+ 6 47 34.86	1.721 0189
6	11 15 33.444	6 18 24.08	.720 0105
7	11 20 08.649	5 49 02.66	.718 9519
8	11 24 43.366	5 19 31.30	.717 8437
9	11 29 17.636	4 49 50.72	.716 6863
10	11 33 51.501	+ 4 20 01.62	1.715 4799
11	11 38 25.003	3 50 04.72	.714 2248
12	11 42 58.187	3 20 00.72	.712 9213
13	11 47 31.094	2 49 50.35	.711 5694
14	11 52 03.768	2 19 34.32	.710 1693
15	11 56 36.250	+ 1 49 13.36	1.708 7211
16	12 01 08.583	1 18 48.20	.707 2249
17	12 05 40.807	0 48 19.58	.705 6807
18	12 10 12.964	+ 0 17 48.22	.704 0887
19	12 14 45.096	− 0 12 45.13	.702 4489
20	12 19 17.245	− 0 43 19.73	1.700 7614
21	12 23 49.452	1 13 54.85	.699 0262
22	12 28 21.758	1 44 29.75	.697 2436
23	12 32 54.204	2 15 03.67	.695 4135
24	12 37 26.834	2 45 35.88	.693 5360
25	12 41 59.687	− 3 16 05.63	1.691 6115
26	12 46 32.806	3 46 32.17	.689 6399
27	12 51 06.232	4 16 54.76	.687 6217
28	12 55 40.005	4 47 12.64	.685 5572
29	13 00 14.164	5 17 25.07	.683 4467
30	13 04 48.749	− 5 47 31.29	1.681 2908
Oct. 1	13 09 23.797	− 6 17 30.52	1.679 0901

GEOCENTRIC COORDINATES FOR 0^h DYNAMICAL TIME

Date	Apparent Right Ascension	Apparent Declination	True Geocentric Distance	Date	Apparent Right Ascension	Apparent Declination	True Geocentric Distance
	h m s	° ′ ″			h m s	° ′ ″	
Oct. 1	13 09 23.797	− 6 17 30.52	1.679 0901	Nov. 16	16 57 13.689	−23 28 17.77	1.535 1987
2	13 13 59.347	6 47 22.01	.676 8450	17	17 02 36.357	23 38 23.36	.531 2329
3	13 18 35.436	7 17 04.99	.674 5564	18	17 07 59.807	23 47 46.97	.527 2343
4	13 23 12.105	7 46 38.69	.672 2247	19	17 13 23.990	23 56 28.17	.523 2028
5	13 27 49.392	8 16 02.36	.669 8506	20	17 18 48.852	24 04 26.55	.519 1383
6	13 32 27.338	− 8 45 15.22	1.667 4346	21	17 24 14.339	−24 11 41.72	1.515 0406
7	13 37 05.983	9 14 16.52	.664 9773	22	17 29 40.390	24 18 13.34	.510 9095
8	13 41 45.369	9 43 05.51	.662 4792	23	17 35 06.945	24 24 01.10	.506 7449
9	13 46 25.535	10 11 41.43	.659 9405	24	17 40 33.936	24 29 04.73	.502 5467
10	13 51 06.520	10 40 03.51	.657 3617	25	17 46 01.295	24 33 23.96	.498 3149
11	13 55 48.362	−11 08 10.98	1.654 7430	26	17 51 28.951	−24 36 58.58	1.494 0498
12	14 00 31.096	11 36 03.07	.652 0847	27	17 56 56.833	24 39 48.40	.489 7514
13	14 05 14.756	12 03 39.00	.649 3868	28	18 02 24.869	24 41 53.25	.485 4201
14	14 09 59.376	12 30 57.99	.646 6497	29	18 07 52.991	24 43 13.01	.481 0563
15	14 14 44.987	12 57 59.25	.643 8733	30	18 13 21.129	24 43 47.59	.476 6603
16	14 19 31.617	−13 24 41.97	1.641 0577	Dec. 1	18 18 49.214	−24 43 36.94	1.472 2326
17	14 24 19.296	13 51 05.38	.638 2031	2	18 24 17.181	24 42 41.06	.467 7733
18	14 29 08.050	14 17 08.66	.635 3096	3	18 29 44.960	24 40 59.96	.463 2830
19	14 33 57.903	14 42 51.01	.632 3771	4	18 35 12.485	24 38 33.71	.458 7619
20	14 38 48.881	15 08 11.64	.629 4056	5	18 40 39.689	24 35 22.42	.454 2103
21	14 43 41.004	−15 33 09.74	1.626 3952	6	18 46 06.507	−24 31 26.21	1.449 6285
22	14 48 34.293	15 57 44.50	.623 3459	7	18 51 32.873	24 26 45.25	.445 0167
23	14 53 28.765	16 21 55.15	.620 2576	8	18 56 58.722	24 21 19.75	.440 3750
24	14 58 24.436	16 45 40.86	.617 1305	9	19 02 23.992	24 15 09.94	.435 7036
25	15 03 21.320	17 09 00.86	.613 9644	10	19 07 48.622	24 08 16.08	.431 0026
26	15 08 19.424	−17 31 54.36	1.610 7597	11	19 13 12.551	−24 00 38.47	1.426 2721
27	15 13 18.757	17 54 20.56	.607 5164	12	19 18 35.722	23 52 17.43	.421 5120
28	15 18 19.320	18 16 18.67	.604 2349	13	19 23 58.079	23 43 13.32	.416 7224
29	15 23 21.114	18 37 47.91	.600 9157	14	19 29 19.569	23 33 26.53	.411 9032
30	15 28 24.137	18 58 47.49	.597 5590	15	19 34 40.141	23 22 57.46	.407 0543
31	15 33 28.387	−19 19 16.63	1.594 1656	16	19 39 59.746	−23 11 46.56	1.402 1757
Nov. 1	15 38 33.859	19 39 14.56	.590 7358	17	19 45 18.339	22 59 54.29	.397 2670
2	15 43 40.549	19 58 40.52	.587 2702	18	19 50 35.876	22 47 21.17	.392 3282
3	15 48 48.450	20 17 33.77	.583 7693	19	19 55 52.316	22 34 07.72	.387 3588
4	15 53 57.554	20 35 53.59	.580 2335	20	20 01 07.617	22 20 14.49	.382 3587
5	15 59 07.849	−20 53 39.26	1.576 6634	21	20 06 21.742	−22 05 42.09	1.377 3275
6	16 04 19.323	21 10 50.08	.573 0593	22	20 11 34.650	21 50 31.12	.372 2649
7	16 09 31.959	21 27 25.36	.569 4215	23	20 16 46.304	21 34 42.23	.367 1706
8	16 14 45.736	21 43 24.43	.565 7503	24	20 21 56.668	21 18 16.06	.362 0446
9	16 20 00.633	21 58 46.62	.562 0460	25	20 27 05.709	21 01 13.29	.356 8867
10	16 25 16.624	−22 13 31.31	1.558 3088	26	20 32 13.398	−20 43 34.57	1.351 6970
11	16 30 33.678	22 27 37.86	.554 5387	27	20 37 19.710	20 25 20.61	.346 4758
12	16 35 51.764	22 41 05.65	.550 7359	28	20 42 24.625	20 06 32.09	.341 2231
13	16 41 10.848	22 53 54.10	.546 9005	29	20 47 28.127	19 47 09.74	.335 9392
14	16 46 30.890	23 06 02.63	.543 0325	30	20 52 30.201	19 27 14.28	.330 6245
15	16 51 51.852	−23 17 30.70	1.539 1319	31	20 57 30.837	−19 06 46.44	1.325 2791
16	16 57 13.689	−23 28 17.77	1.535 1987	32	21 02 30.026	−18 45 46.98	1.319 9032

GEOCENTRIC COORDINATES FOR 0^h DYNAMICAL TIME

Date	Apparent Right Ascension	Apparent Declination	True Geocentric Distance
	h m s	° ′ ″	
Jan. 0	10 23 22.958	+13 44 06.29	0.852 8928
1	10 23 33.393	13 45 34.32	.845 7210
2	10 23 40.928	13 47 18.98	.838 6397
3	10 23 45.526	13 49 20.36	.831 6531
4	10 23 47.158	13 51 38.51	.824 7654
5	10 23 45.793	+13 54 13.46	0.817 9804
6	10 23 41.408	13 57 05.20	.811 3023
7	10 23 33.980	14 00 13.72	.804 7349
8	10 23 23.487	14 03 38.98	.798 2822
9	10 23 09.911	14 07 20.90	.791 9483
10	10 22 53.235	+14 11 19.39	0.785 7369
11	10 22 33.444	14 15 34.34	.779 6521
12	10 22 10.526	14 20 05.59	.773 6979
13	10 21 44.471	14 24 52.96	.767 8782
14	10 21 15.274	14 29 56.24	.762 1971
15	10 20 42.932	+14 35 15.19	0.756 6587
16	10 20 07.446	14 40 49.50	.751 2670
17	10 19 28.821	14 46 38.86	.746 0260
18	10 18 47.065	14 52 42.89	.740 9399
19	10 18 02.195	14 59 01.19	.736 0129
20	10 17 14.230	+15 05 33.28	0.731 2491
21	10 16 23.197	15 12 18.65	.726 6528
22	10 15 29.129	15 19 16.74	.722 2283
23	10 14 32.067	15 26 26.92	.717 9798
24	10 13 32.060	15 33 48.52	.713 9117
25	10 12 29.167	+15 41 20.81	0.710 0284
26	10 11 23.452	15 49 03.02	.706 3342
27	10 10 14.992	15 56 54.32	.702 8332
28	10 09 03.871	16 04 53.81	.699 5297
29	10 07 50.184	16 13 00.56	.696 4276
30	10 06 34.039	+16 21 13.59	0.693 5307
31	10 05 15.551	16 29 31.86	.690 8424
Feb. 1	10 03 54.848	16 37 54.31	.688 3660
2	10 02 32.065	16 46 19.84	.686 1043
3	10 01 07.349	16 54 47.35	.684 0599
4	9 59 40.848	+17 03 15.74	0.682 2350
5	9 58 12.722	17 11 43.89	.680 6315
6	9 56 43.131	17 20 10.69	.679 2512
7	9 55 12.241	17 28 35.08	.678 0953
8	9 53 40.222	17 36 55.96	.677 1650
9	9 52 07.247	+17 45 12.30	0.676 4612
10	9 50 33.492	17 53 23.05	.675 9843
11	9 48 59.135	18 01 27.23	.675 7348
12	9 47 24.354	18 09 23.87	.675 7126
13	9 45 49.328	18 17 12.03	.675 9176
14	9 44 14.237	+18 24 50.82	0.676 3493
15	9 42 39.260	+18 32 19.40	0.677 0072

Date	Apparent Right Ascension	Apparent Declination	True Geocentric Distance
	h m s	° ′ ″	
Feb. 15	9 42 39.260	+18 32 19.40	0.677 0072
16	9 41 04.574	18 39 36.94	.677 8903
17	9 39 30.355	18 46 42.69	.678 9976
18	9 37 56.778	18 53 35.92	.680 3280
19	9 36 24.017	19 00 15.96	.681 8801
20	9 34 52.243	+19 06 42.16	0.683 6525
21	9 33 21.624	19 12 53.95	.685 6435
22	9 31 52.326	19 18 50.80	.687 8512
23	9 30 24.510	19 24 32.22	.690 2736
24	9 28 58.333	19 29 57.78	.692 9086
25	9 27 33.949	+19 35 07.10	0.695 7535
26	9 26 11.504	19 39 59.84	.698 8057
27	9 24 51.140	19 44 35.71	.702 0621
28	9 23 32.994	19 48 54.48	.705 5195
Mar. 1	9 22 17.194	19 52 55.96	.709 1742
2	9 21 03.860	+19 56 40.03	0.713 0226
3	9 19 53.106	20 00 06.62	.717 0606
4	9 18 45.032	20 03 15.71	.721 2840
5	9 17 39.731	20 06 07.32	.725 6885
6	9 16 37.285	20 08 41.55	.730 2699
7	9 15 37.763	+20 10 58.51	0.735 0234
8	9 14 41.229	20 12 58.36	.739 9448
9	9 13 47.733	20 14 41.28	.745 0293
10	9 12 57.319	20 16 07.50	.750 2725
11	9 12 10.021	20 17 17.25	.755 6699
12	9 11 25.866	+20 18 10.78	0.761 2168
13	9 10 44.872	20 18 48.36	.766 9089
14	9 10 07.049	20 19 10.26	.772 7417
15	9 09 32.403	20 19 16.78	.778 7110
16	9 09 00.933	20 19 08.19	.784 8124
17	9 08 32.631	+20 18 44.79	0.791 0419
18	9 08 07.489	20 18 06.85	.797 3955
19	9 07 45.492	20 17 14.66	.803 8695
20	9 07 26.623	20 16 08.49	.810 4601
21	9 07 10.864	20 14 48.60	.817 1637
22	9 06 58.192	+20 13 15.26	0.823 9769
23	9 06 48.582	20 11 28.72	.830 8961
24	9 06 42.008	20 09 29.24	.837 9179
25	9 06 38.441	20 07 17.04	.845 0388
26	9 06 37.852	20 04 52.35	.852 2553
27	9 06 40.208	+20 02 15.40	0.859 5637
28	9 06 45.476	19 59 26.40	.866 9607
29	9 06 53.621	19 56 25.55	.874 4424
30	9 07 04.607	19 53 13.06	.882 0054
31	9 07 18.392	19 49 49.16	.889 6461
Apr. 1	9 07 34.937	+19 46 14.04	0.897 3609
2	9 07 54.196	+19 42 27.92	0.905 1462

GEOCENTRIC COORDINATES FOR 0^h DYNAMICAL TIME

Date	Apparent Right Ascension	Apparent Declination	True Geocentric Distance	Date	Apparent Right Ascension	Apparent Declination	True Geocentric Distance
	h m s	° ′ ″			h m s	° ′ ″	
Apr. 1	9 07 34.937	+19 46 14.04	0.897 3609	May 17	9 56 14.951	+14 21 16.13	1.288 3948
2	9 07 54.196	19 42 27.92	.905 1462	18	9 57 50.289	14 11 17.06	.297 0027
3	9 08 16.121	19 38 31.01	.912 9987	19	9 59 26.481	14 01 11.55	.305 5961
4	9 08 40.666	19 34 23.52	.920 9149	20	10 01 03.509	13 50 59.65	.314 1743
5	9 09 07.777	19 30 05.64	.928 8916	21	10 02 41.354	13 40 41.37	.322 7366
6	9 09 37.404	+19 25 37.59	0.936 9257	22	10 04 20.002	+13 30 16.76	1.331 2820
7	9 10 09.494	19 20 59.54	.945 0139	23	10 05 59.437	13 19 45.82	.339 8098
8	9 10 43.992	19 16 11.68	.953 1533	24	10 07 39.645	13 09 08.61	.348 3190
9	9 11 20.844	19 11 14.19	.961 3411	25	10 09 20.610	12 58 25.17	.356 8087
10	9 11 59.995	19 06 07.24	.969 5744	26	10 11 02.318	12 47 35.52	.365 2778
11	9 12 41.391	+19 00 50.99	0.977 8507	27	10 12 44.754	+12 36 39.73	1.373 7254
12	9 13 24.978	18 55 25.58	.986 1673	28	10 14 27.902	12 25 37.86	.382 1505
13	9 14 10.702	18 49 51.16	0.994 5218	29	10 16 11.747	12 14 29.95	.390 5522
14	9 14 58.511	18 44 07.86	1.002 9122	30	10 17 56.272	12 03 16.08	.398 9294
15	9 15 48.353	18 38 15.79	.011 3361	31	10 19 41.461	11 51 56.31	.407 2813
16	9 16 40.179	+18 32 15.08	1.019 7919	June 1	10 21 27.299	+11 40 30.71	1.415 6069
17	9 17 33.943	18 26 05.83	.028 2776	2	10 23 13.768	11 28 59.35	.423 9054
18	9 18 29.596	18 19 48.14	.036 7915	3	10 25 00.854	11 17 22.29	.432 1759
19	9 19 27.096	18 13 22.10	.045 3322	4	10 26 48.540	11 05 39.61	.440 4176
20	9 20 26.396	18 06 47.80	.053 8978	5	10 28 36.812	10 53 51.37	.448 6299
21	9 21 27.457	+18 00 05.32	1.062 4869	6	10 30 25.655	+10 41 57.65	1.456 8121
22	9 22 30.237	17 53 14.72	.071 0977	7	10 32 15.056	10 29 58.51	.464 9635
23	9 23 34.699	17 46 16.06	.079 7285	8	10 34 05.000	10 17 54.02	.473 0836
24	9 24 40.805	17 39 09.39	.088 3775	9	10 35 55.475	10 05 44.25	.481 1720
25	9 25 48.520	17 31 54.77	.097 0430	10	10 37 46.471	9 53 29.25	.489 2284
26	9 26 57.808	+17 24 32.25	1.105 7230	11	10 39 37.975	+ 9 41 09.10	1.497 2525
27	9 28 08.636	17 17 01.89	.114 4157	12	10 41 29.977	9 28 43.86	.505 2442
28	9 29 20.967	17 09 23.76	.123 1193	13	10 43 22.466	9 16 13.60	.513 2036
29	9 30 34.767	17 01 37.91	.131 8319	14	10 45 15.432	9 03 38.39	.521 1305
30	9 31 50.001	16 53 44.43	.140 5517	15	10 47 08.865	8 50 58.29	.529 0250
May 1	9 33 06.634	+16 45 43.37	1.149 2769	16	10 49 02.760	+ 8 38 13.36	1.536 8871
2	9 34 24.630	16 37 34.82	.158 0058	17	10 50 57.109	8 25 23.65	.544 7164
3	9 35 43.953	16 29 18.86	.166 7367	18	10 52 51.910	8 12 29.19	.552 5129
4	9 37 04.567	16 20 55.55	.175 4680	19	10 54 47.159	7 59 30.03	.560 2762
5	9 38 26.438	16 12 24.97	.184 1980	20	10 56 42.856	7 46 26.21	.568 0058
6	9 39 49.529	+16 03 47.20	1.192 9253	21	10 58 38.996	+ 7 33 17.78	1.575 7013
7	9 41 13.808	15 55 02.31	.201 6484	22	11 00 35.578	7 20 04.79	.583 3621
8	9 42 39.240	15 46 10.38	.210 3659	23	11 02 32.599	7 06 47.31	.590 9877
9	9 44 05.792	15 37 11.46	.219 0766	24	11 04 30.054	6 53 25.39	.598 5776
10	9 45 33.433	15 28 05.63	.227 7793	25	11 06 27.940	6 39 59.11	.606 1311
11	9 47 02.130	+15 18 52.94	1.236 4728	26	11 08 26.253	+ 6 26 28.53	1.613 6478
12	9 48 31.856	15 09 33.46	.245 1562	27	11 10 24.987	6 12 53.74	.621 1269
13	9 50 02.580	15 00 07.25	.253 8286	28	11 12 24.139	5 59 14.81	.628 5680
14	9 51 34.278	14 50 34.35	.262 4893	29	11 14 23.702	5 45 31.83	.635 9706
15	9 53 06.922	14 40 54.83	.271 1375	30	11 16 23.673	5 31 44.87	.643 3340
16	9 54 40.487	+14 31 08.74	1.279 7729	July 1	11 18 24.045	+ 5 17 54.03	1.650 6578
17	9 56 14.951	+14 21 16.13	1.288 3948	2	11 20 24.814	+ 5 03 59.38	1.657 9415

GEOCENTRIC COORDINATES FOR 0^h DYNAMICAL TIME

Date	Apparent Right Ascension	Apparent Declination	True Geocentric Distance	Date	Apparent Right Ascension	Apparent Declination	True Geocentric Distance
	h m s	° ′ ″			h m s	° ′ ″	
July 1	11 18 24.045	+ 5 17 54.03	1.650 6578	Aug. 16	12 57 38.724	− 6 05 00.08	1.942 3538
2	11 20 24.814	5 03 59.38	.657 9415	17	12 59 57.869	6 20 16.15	.947 6842
3	11 22 25.976	4 50 01.01	.665 1847	18	13 02 17.489	6 35 31.70	.952 9723
4	11 24 27.526	4 35 59.00	.672 3869	19	13 04 37.589	6 50 46.60	.958 2179
5	11 26 29.462	4 21 53.44	.679 5480	20	13 06 58.175	7 06 00.75	.963 4209
6	11 28 31.779	+ 4 07 44.40	1.686 6676	21	13 09 19.251	− 7 21 14.02	1.968 5812
7	11 30 34.474	3 53 31.97	.693 7457	22	13 11 40.822	7 36 26.29	.973 6985
8	11 32 37.545	3 39 16.23	.700 7820	23	13 14 02.893	7 51 37.44	.978 7726
9	11 34 40.989	3 24 57.27	.707 7767	24	13 16 25.468	8 06 47.34	.983 8034
10	11 36 44.803	3 10 35.18	.714 7298	25	13 18 48.552	8 21 55.87	.988 7906
11	11 38 48.984	+ 2 56 10.04	1.721 6417	26	13 21 12.148	− 8 37 02.88	1.993 7340
12	11 40 53.528	2 41 41.95	.728 5125	27	13 23 36.261	8 52 08.25	1.998 6334
13	11 42 58.435	2 27 10.99	.735 3424	28	13 26 00.896	9 07 11.84	2.003 4887
14	11 45 03.704	2 12 37.24	.742 1318	29	13 28 26.057	9 22 13.53	.008 2996
15	11 47 09.338	1 58 00.77	.748 8808	30	13 30 51.748	9 37 13.18	.013 0662
16	11 49 15.341	+ 1 43 21.64	1.755 5893	31	13 33 17.973	− 9 52 10.65	2.017 7884
17	11 51 21.715	1 28 39.92	.762 2574	Sept. 1	13 35 44.736	10 07 05.82	.022 4664
18	11 53 28.468	1 13 55.66	.768 8849	2	13 38 12.039	10 21 58.54	.027 1003
19	11 55 35.601	0 59 08.94	.775 4716	3	13 40 39.884	10 36 48.68	.031 6904
20	11 57 43.120	0 44 19.83	.782 0173	4	13 43 08.274	10 51 36.07	.036 2370
21	11 59 51.028	+ 0 29 28.40	1.788 5217	5	13 45 37.211	−11 06 20.57	2.040 7406
22	12 01 59.326	+ 0 14 34.75	.794 9844	6	13 48 06.696	11 21 02.04	.045 2016
23	12 04 08.018	− 0 00 21.04	.801 4052	7	13 50 36.736	11 35 40.31	.049 6206
24	12 06 17.106	0 15 18.88	.807 7836	8	13 53 07.334	11 50 15.25	.053 9980
25	12 08 26.589	0 30 18.68	.814 1195	9	13 55 38.498	12 04 46.72	.058 3343
26	12 10 36.472	− 0 45 20.33	1.820 4123	10	13 58 10.235	−12 19 14.58	2.062 6299
27	12 12 46.753	1 00 23.75	.826 6618	11	14 00 42.555	12 33 38.70	.066 8852
28	12 14 57.435	1 15 28.82	.832 8675	12	14 03 15.464	12 47 58.95	.071 1003
29	12 17 08.519	1 30 35.44	.839 0293	13	14 05 48.971	13 02 15.20	.075 2755
30	12 19 20.006	1 45 43.51	.845 1467	14	14 08 23.083	13 16 27.30	.079 4109
31	12 21 31.897	− 2 00 52.94	1.851 2196	15	14 10 57.806	−13 30 35.11	2.083 5065
Aug. 1	12 23 44.194	2 16 03.60	.857 2476	16	14 13 33.145	13 44 38.49	.087 5624
2	12 25 56.899	2 31 15.40	.863 2307	17	14 16 09.105	13 58 37.29	.091 5786
3	12 28 10.014	2 46 28.25	.869 1688	18	14 18 45.693	14 12 31.34	.095 5550
4	12 30 23.541	3 01 42.02	.875 0618	19	14 21 22.912	14 26 20.50	.099 4917
5	12 32 37.481	− 3 16 56.62	1.880 9098	20	14 24 00.767	−14 40 04.60	2.103 3884
6	12 34 51.836	3 32 11.94	.886 7131	21	14 26 39.261	14 53 43.48	.107 2452
7	12 37 06.606	3 47 27.86	.892 4718	22	14 29 18.400	15 07 16.97	.111 0619
8	12 39 21.792	4 02 44.27	.898 1863	23	14 31 58.187	15 20 44.91	.114 8384
9	12 41 37.397	4 18 01.05	.903 8570	24	14 34 38.626	15 34 07.13	.118 5746
10	12 43 53.421	− 4 33 18.08	1.909 4844	25	14 37 19.720	−15 47 23.47	2.122 2704
11	12 46 09.870	4 48 35.27	.915 0687	26	14 40 01.474	16 00 33.76	.125 9256
12	12 48 26.749	5 03 52.50	.920 6103	27	14 42 43.889	16 13 37.83	.129 5403
13	12 50 44.067	5 19 09.69	.926 1095	28	14 45 26.967	16 26 35.53	.133 1145
14	12 53 01.829	5 34 26.75	.931 5665	29	14 48 10.710	16 39 26.68	.136 6483
15	12 55 20.046	− 5 49 43.57	1.936 9812	30	14 50 55.118	−16 52 11.11	2.140 1421
16	12 57 38.724	− 6 05 00.08	1.942 3538	Oct. 1	14 53 40.188	−17 04 48.65	2.143 5961

GEOCENTRIC COORDINATES FOR 0h DYNAMICAL TIME

Date	Apparent Right Ascension	Apparent Declination	True Geocentric Distance
	h m s	° ′ ″	
Oct. 1	14 53 40.188	−17 04 48.65	2.143 5961
2	14 56 25.920	17 17 19.10	.147 0107
3	14 59 12.314	17 29 42.28	150 3865
4	15 01 59.369	17 41 58.01	.153 7239
5	15 04 47.087	17 54 06.11	.157 0236
6	15 07 35.471	−18 06 06.40	2.160 2861
7	15 10 24.523	18 17 58.71	.163 5119
8	15 13 14.248	18 29 42.85	.166 7016
9	15 16 04.649	18 41 18.68	.169 8556
10	15 18 55.729	18 52 46.02	.172 9744
11	15 21 47.492	−19 04 04.71	2.176 0581
12	15 24 39.939	19 15 14.57	.179 1071
13	15 27 33.071	19 26 15.44	.182 1217
14	15 30 26.890	19 37 07.15	.185 1019
15	15 33 21.395	19 47 49.50	.188 0480
16	15 36 16.587	−19 58 22.33	2.190 9599
17	15 39 12.463	20 08 45.46	.193 8378
18	15 42 09.025	20 18 58.70	.196 6818
19	15 45 06.269	20 29 01.88	.199 4918
20	15 48 04.194	20 38 54.81	.202 2677
21	15 51 02.800	−20 48 37.31	2.205 0097
22	15 54 02.083	20 58 09.20	.207 7175
23	15 57 02.041	21 07 30.30	.210 3912
24	16 00 02.670	21 16 40.45	.213 0307
25	16 03 03.967	21 25 39.46	.215 6359
26	16 06 05.926	−21 34 27.19	2.218 2070
27	16 09 08.538	21 43 03.44	.220 7440
28	16 12 11.795	21 51 28.06	.223 2472
29	16 15 15.686	21 59 40.87	.225 7170
30	16 18 20.203	22 07 41.67	.228 1538
31	16 21 25.335	−22 15 30.31	2.230 5582
Nov. 1	16 24 31.075	22 23 06.58	.232 9307
2	16 27 37.416	22 30 30.33	.235 2720
3	16 30 44.351	22 37 41.38	.237 5826
4	16 33 51.874	22 44 39.57	.239 8632
5	16 36 59.979	−22 51 24.75	2.242 1143
6	16 40 08.660	22 57 56.76	.244 3364
7	16 43 17.910	23 04 15.46	.246 5300
8	16 46 27.721	23 10 20.70	.248 6956
9	16 49 38.086	23 16 12.33	.250 8336
10	16 52 48.995	−23 21 50.21	2.252 9442
11	16 56 00.438	23 27 14.19	.255 0277
12	16 59 12.407	23 32 24.15	.257 0845
13	17 02 24.890	23 37 19.92	.259 1146
14	17 05 37.876	23 42 01.38	.261 1183
15	17 08 51.356	−23 46 28.39	2.263 0956
16	17 12 05.318	−23 50 40.82	2.265 0467

Date	Apparent Right Ascension	Apparent Declination	True Geocentric Distance
	h m s	° ′ ″	
Nov. 16	17 12 05.318	−23 50 40.82	2.265 0467
17	17 15 19.750	23 54 38.53	.266 9717
18	17 18 34.641	23 58 21.39	.268 8705
19	17 21 49.979	24 01 49.30	.270 7432
20	17 25 05.752	24 05 02.13	.272 5896
21	17 28 21.947	−24 07 59.78	2.274 4099
22	17 31 38.551	24 10 42.16	.276 2038
23	17 34 55.546	24 13 09.16	.277 9715
24	17 38 12.914	24 15 20.72	.279 7130
25	17 41 30.637	24 17 16.73	.281 4285
26	17 44 48.694	−24 18 57.11	2.283 1183
27	17 48 07.064	24 20 21.76	.284 7828
28	17 51 25.731	24 21 30.61	.286 4227
29	17 54 44.676	24 22 23.56	.288 0384
30	17 58 03.884	24 23 00.53	.289 6305
Dec. 1	18 01 23.339	−24 23 21.47	2.291 1997
2	18 04 43.027	24 23 26.30	.292 7466
3	18 08 02.933	24 23 14.98	.294 2718
4	18 11 23.041	24 22 47.47	.295 7758
5	18 14 43.337	24 22 03.71	.297 2591
6	18 18 03.804	−24 21 03.69	2.298 7223
7	18 21 24.427	24 19 47.36	.300 1657
8	18 24 45.190	24 18 14.70	.301 5897
9	18 28 06.076	24 16 25.69	.302 9948
10	18 31 27.070	24 14 20.31	.304 3811
11	18 34 48.155	−24 11 58.54	2.305 7489
12	18 38 09.317	24 09 20.37	.307 0986
13	18 41 30.538	24 06 25.80	.308 4301
14	18 44 51.805	24 03 14.83	.309 7438
15	18 48 13.101	23 59 47.46	.311 0396
16	18 51 34.413	−23 56 03.70	2.312 3176
17	18 54 55.725	23 52 03.58	.313 5778
18	18 58 17.023	23 47 47.11	.314 8202
19	19 01 38.292	23 43 14.34	.316 0448
20	19 04 59.517	23 38 25.32	.317 2514
21	19 08 20.680	−23 33 20.10	2.318 4399
22	19 11 41.762	23 27 58.76	.319 6104
23	19 15 02.744	23 22 21.35	.320 7629
24	19 18 23.604	23 16 27.94	.321 8976
25	19 21 44.324	23 10 18.61	.323 0148
26	19 25 04.886	−23 03 53.41	2.324 1150
27	19 28 25.275	22 57 12.41	.325 1985
28	19 31 45.476	22 50 15.70	.326 2661
29	19 35 05.477	22 43 03.34	.327 3182
30	19 38 25.265	22 35 35.44	.328 3553
31	19 41 44.828	−22 27 52.10	2.329 3782
32	19 45 04.153	−22 19 53.41	2.330 3871

GEOCENTRIC COORDINATES FOR 0^h DYNAMICAL TIME

Date	Apparent Right Ascension	Apparent Declination	True Geocentric Distance	Date	Apparent Right Ascension	Apparent Declination	True Geocentric Distance
	h m s	° ′ ″			h m s	° ′ ″	
Jan. 0	16 10 50.923	−20 17 50.85	6.161 9298	Feb. 15	16 43 49.349	−21 29 50.87	5.565 3023
1	16 11 41.555	20 20 02.49	.152 4102	16	16 44 21.671	21 30 46.81	.549 6613
2	16 12 31.955	20 22 12.48	.142 7046	17	16 44 53.417	21 31 41.24	.533 9553
3	16 13 22.111	20 24 20.79	.132 8149	18	16 45 24.580	21 32 34.16	.518 1874
4	16 14 12.016	20 26 27.41	.122 7433	19	16 45 55.154	21 33 25.59	.502 3608
5	16 15 01.664	−20 28 32.32	6.112 4920	20	16 46 25.133	−21 34 15.53	5.486 4787
6	16 15 51.047	20 30 35.52	.102 0630	21	16 46 54.510	21 35 04.01	.470 5444
7	16 16 40.160	20 32 37.01	.091 4586	22	16 47 23.277	21 35 51.04	.454 5614
8	16 17 28.998	20 34 36.78	.080 6810	23	16 47 51.425	21 36 36.65	.438 5330
9	16 18 17.554	20 36 34.85	.069 7323	24	16 48 18.944	21 37 20.84	.422 4630
10	16 19 05.823	−20 38 31.22	6.058 6148	25	16 48 45.823	−21 38 03.64	5.406 3551
11	16 19 53.799	20 40 25.89	.047 3306	26	16 49 12.054	21 38 45.03	.390 2134
12	16 20 41.473	20 42 18.86	.035 8819	27	16 49 37.626	21 39 25.03	.374 0418
13	16 21 28.840	20 44 10.15	.024 2708	28	16 50 02.532	21 40 03.62	.357 8446
14	16 22 15.892	20 45 59.75	.012 4995	Mar. 1	16 50 26.763	21 40 40.81	.341 6260
15	16 23 02.621	−20 47 47.67	6.000 5700	2	16 50 50.314	−21 41 16.62	5.325 3904
16	16 23 49.021	20 49 33.91	5.988 4846	3	16 51 13.180	21 41 51.03	.309 1420
17	16 24 35.082	20 51 18.45	.976 2453	4	16 51 35.354	21 42 24.07	.292 8853
18	16 25 20.798	20 53 01.31	.963 8542	5	16 51 56.832	21 42 55.75	.276 6245
19	16 26 06.161	20 54 42.48	.951 3134	6	16 52 17.609	21 43 26.08	.260 3641
20	16 26 51.164	−20 56 21.95	5.938 6248	7	16 52 37.679	−21 43 55.08	5.244 1082
21	16 27 35.800	20 57 59.72	.925 7907	8	16 52 57.036	21 44 22.77	.227 8611
22	16 28 20.064	20 59 35.79	.912 8131	9	16 53 15.674	21 44 49.16	.211 6271
23	16 29 03.948	21 01 10.18	.899 6940	10	16 53 33.589	21 45 14.25	.195 4104
24	16 29 47.446	21 02 42.88	.886 4357	11	16 53 50.773	21 45 38.06	.179 2152
25	16 30 30.551	−21 04 13.92	5.873 0406	12	16 54 07.221	−21 46 00.60	5.163 0456
26	16 31 13.254	21 05 43.30	.859 5108	13	16 54 22.928	21 46 21.86	.146 9057
27	16 31 55.546	21 07 11.04	.845 8491	14	16 54 37.889	21 46 41.86	.130 7996
28	16 32 37.417	21 08 37.15	.832 0579	15	16 54 52.098	21 47 00.59	.114 7313
29	16 33 18.856	21 10 01.63	.818 1403	16	16 55 05.552	21 47 18.06	.098 7049
30	16 33 59.852	−21 11 24.47	5.804 0990	17	16 55 18.247	−21 47 34.26	5.082 7243
31	16 34 40.395	21 12 45.67	.789 9374	18	16 55 30.180	21 47 49.21	.066 7935
Feb. 1	16 35 20.478	21 14 05.23	.775 6585	19	16 55 41.348	21 48 02.91	.050 9164
2	16 36 00.091	21 15 23.14	.761 2657	20	16 55 51.748	21 48 15.38	.035 0970
3	16 36 39.229	21 16 39.41	.746 7622	21	16 56 01.375	21 48 26.65	.019 3393
4	16 37 17.886	−21 17 54.05	5.732 1516	22	16 56 10.225	−21 48 36.71	5.003 6478
5	16 37 56.055	21 19 07.07	.717 4371	23	16 56 18.291	21 48 45.59	4.988 0265
6	16 38 33.729	21 20 18.48	.702 6219	24	16 56 25.568	21 48 53.29	.972 4801
7	16 39 10.903	21 21 28.29	.687 7096	25	16 56 32.048	21 48 59.82	.957 0130
8	16 39 47.568	21 22 36.53	.672 7032	26	16 56 37.728	21 49 05.16	.941 6301
9	16 40 23.717	−21 23 43.20	5.657 6062	27	16 56 42.603	−21 49 09.32	4.926 3359
10	16 40 59.343	21 24 48.32	.642 4218	28	16 56 46.671	21 49 12.28	.911 1355
11	16 41 34.438	21 25 51.89	.627 1533	29	16 56 49.930	21 49 14.05	.896 0336
12	16 42 08.994	21 26 53.92	.611 8038	30	16 56 52.380	21 49 14.63	.881 0352
13	16 42 43.003	21 27 54.43	.596 3767	31	16 56 54.021	21 49 14.03	.866 1451
14	16 43 16.457	−21 28 53.41	5.580 8751	Apr. 1	16 56 54.854	−21 49 12.24	4.851 3682
15	16 43 49.349	−21 29 50.87	5.565 3023	2	16 56 54.880	−21 49 09.28	4.836 7093

GEOCENTRIC COORDINATES FOR 0^h DYNAMICAL TIME

Date	Apparent Right Ascension	Apparent Declination	True Geocentric Distance	Date	Apparent Right Ascension	Apparent Declination	True Geocentric Distance
	h m s	° ′ ″			h m s	° ′ ″	
Apr. 1	16 56 54.854	−21 49 12.24	4.851 3682	May 17	16 44 17.844	−21 27 54.50	4.367 5828
2	16 56 54.880	21 49 09.28	.836 7093	18	16 43 47.894	21 27 03.53	.362 7183
3	16 56 54.099	21 49 05.16	.822 1731	19	16 43 17.615	21 26 11.84	.358 1387
4	16 56 52.512	21 48 59.89	.807 7643	20	16 42 47.028	21 25 19.44	.353 8460
5	16 56 50.121	21 48 53.48	.793 4875	21	16 42 16.150	21 24 26.35	.349 8421
6	16 56 46.927	−21 48 45.92	4.779 3473	22	16 41 45.006	−21 23 32.60	4.346 1288
7	16 56 42.932	21 48 37.23	.765 3482	23	16 41 13.616	21 22 38.20	.342 7080
8	16 56 38.136	21 48 27.40	.751 4946	24	16 40 42.005	21 21 43.19	.339 5811
9	16 56 32.543	21 48 16.45	.737 7908	25	16 40 10.196	21 20 47.61	.336 7495
10	16 56 26.156	21 48 04.35	.724 2411	26	16 39 38.212	21 19 51.50	.334 2146
11	16 56 18.978	−21 47 51.12	4.710 8498	27	16 39 06.079	−21 18 54.91	4.331 9773
12	16 56 11.012	21 47 36.75	.697 6208	28	16 38 33.818	21 17 57.88	.330 0385
13	16 56 02.265	21 47 21.23	.684 5584	29	16 38 01.453	21 17 00.44	.328 3989
14	16 55 52.741	21 47 04.56	.671 6664	30	16 37 29.009	21 16 02.66	.327 0590
15	16 55 42.448	21 46 46.76	.658 9487	31	16 36 56.507	21 15 04.56	.326 0192
16	16 55 31.392	−21 46 27.82	4.646 4092	June 1	16 36 23.971	−21 14 06.20	4.325 2795
17	16 55 19.578	21 46 07.77	.634 0517	2	16 35 51.424	21 13 07.61	.324 8399
18	16 55 07.013	21 45 46.61	.621 8803	3	16 35 18.888	21 12 08.84	.324 7001
19	16 54 53.700	21 45 24.36	.609 8990	4	16 34 46.388	21 11 09.93	.324 8596
20	16 54 39.642	21 45 01.02	.598 1118	5	16 34 13.945	21 10 10.92	.325 3180
21	16 54 24.845	−21 44 36.60	4.586 5230	6	16 33 41.584	−21 09 11.85	4.326 0744
22	16 54 09.314	21 44 11.09	.575 1368	7	16 33 09.328	21 08 12.77	.327 1278
23	16 53 53.054	21 43 44.47	.563 9576	8	16 32 37.200	21 07 13.73	.328 4771
24	16 53 36.076	21 43 16.75	.552 9897	9	16 32 05.225	21 06 14.77	.330 1211
25	16 53 18.389	21 42 47.92	.542 2373	10	16 31 33.423	21 05 15.96	.332 0584
26	16 53 00.005	−21 42 17.98	4.531 7047	11	16 31 01.819	−21 04 17.35	4.334 2877
27	16 52 40.935	21 41 46.95	.521 3961	12	16 30 30.431	21 03 19.01	.336 8072
28	16 52 21.192	21 41 14.83	.511 3155	13	16 29 59.279	21 02 20.99	.339 6157
29	16 52 00.789	21 40 41.62	.501 4669	14	16 29 28.380	21 01 23.35	.342 7117
30	16 51 39.740	21 40 07.36	.491 8541	15	16 28 57.751	21 00 26.13	.346 0937
May 1	16 51 18.058	−21 39 32.04	4.482 4808	16	16 28 27.409	−20 59 29.36	4.349 7603
2	16 50 55.758	21 38 55.68	.473 3507	17	16 27 57.372	20 58 33.09	.353 7101
3	16 50 32.854	21 38 18.30	.464 4671	18	16 27 27.661	20 57 37.36	.357 9416
4	16 50 09.360	21 37 39.91	.455 8334	19	16 26 58.296	20 56 42.21	.362 4533
5	16 49 45.291	21 37 00.52	.447 4528	20	16 26 29.298	20 55 47.70	.367 2433
6	16 49 20.663	−21 36 20.14	4.439 3282	21	16 26 00.688	−20 54 53.87	4.372 3097
7	16 48 55.491	21 35 38.78	.431 4626	22	16 25 32.485	20 54 00.79	.377 6506
8	16 48 29.793	21 34 56.45	.423 8587	23	16 25 04.710	20 53 08.52	.383 2637
9	16 48 03.586	21 34 13.16	.416 5191	24	16 24 37.381	20 52 17.10	.389 1465
10	16 47 36.887	21 33 28.93	.409 4462	25	16 24 10.515	20 51 26.61	.395 2967
11	16 47 09.715	−21 32 43.76	4.402 6423	26	16 23 44.131	−20 50 37.08	4.401 7115
12	16 46 42.091	21 31 57.67	.396 1096	27	16 23 18.245	20 49 48.57	.408 3880
13	16 46 14.033	21 31 10.69	.389 8501	28	16 22 52.874	20 49 01.13	.415 3234
14	16 45 45.561	21 30 22.85	.383 8657	29	16 22 28.031	20 48 14.81	.422 5143
15	16 45 16.694	21 29 34.18	.378 1584	30	16 22 03.734	20 47 29.64	.429 9577
16	16 44 47.450	−21 28 44.72	4.372 7301	July 1	16 21 39.996	−20 46 45.68	4.437 6501
17	16 44 17.844	−21 27 54.50	4.367 5828	2	16 21 16.831	−20 46 02.96	4.445 5880

GEOCENTRIC COORDINATES FOR 0^h DYNAMICAL TIME

Date	Apparent Right Ascension	Apparent Declination	True Geocentric Distance	Date	Apparent Right Ascension	Apparent Declination	True Geocentric Distance
	h m s	° ′ ″			h m s	° ′ ″	
July 1	16 21 39.996	−20 46 45.68	4.437 6501	Aug. 16	16 16 01.997	−20 43 00.91	4.993 5375
2	16 21 16.831	20 46 02.96	.445 5880	17	16 16 12.367	20 43 39.34	5.008 4607
3	16 20 54.254	20 45 21.51	.453 7677	18	16 16 23.485	20 44 19.53	.023 4388
4	16 20 32.279	20 44 41.39	.462 1856	19	16 16 35.347	20 45 01.46	.038 4679
5	16 20 10.919	20 44 02.62	.470 8378	20	16 16 47.949	20 45 45.11	.053 5439
6	16 19 50.186	−20 43 25.25	4.479 7204	21	16 17 01.288	−20 46 30.46	5.068 6626
7	16 19 30.094	20 42 49.32	.488 8294	22	16 17 15.360	20 47 17.49	.083 8201
8	16 19 10.654	20 42 14.88	.498 1610	23	16 17 30.160	20 48 06.18	.099 0121
9	16 18 51.875	20 41 41.98	.507 7110	24	16 17 45.685	20 48 56.49	.114 2345
10	16 18 33.766	20 41 10.65	.517 4757	25	16 18 01.929	20 49 48.39	.129 4831
11	16 18 16.333	−20 40 40.93	4.527 4511	26	16 18 18.889	−20 50 41.86	5.144 7536
12	16 17 59.581	20 40 12.85	.537 6336	27	16 18 36.560	20 51 36.87	.160 0419
13	16 17 43.517	20 39 46.42	.548 0193	28	16 18 54.939	20 52 33.38	.175 3438
14	16 17 28.144	20 39 21.67	.558 6049	29	16 19 14.022	20 53 31.36	.190 6550
15	16 17 13.471	20 38 58.60	.569 3867	30	16 19 33.804	20 54 30.80	.205 9713
16	16 16 59.505	−20 38 37.24	4.580 3611	31	16 19 54.281	−20 55 31.66	5.221 2887
17	16 16 46.255	20 38 17.60	.591 5245	Sept. 1	16 20 15.447	20 56 33.93	.236 6031
18	16 16 33.729	20 37 59.71	.602 8733	2	16 20 37.297	20 57 37.58	.251 9107
19	16 16 21.934	20 37 43.59	.614 4035	3	16 20 59.822	20 58 42.58	.267 2076
20	16 16 10.878	20 37 29.29	.626 1114	4	16 21 23.015	20 59 48.92	.282 4901
21	16 16 00.566	−20 37 16.81	4.637 9929	5	16 21 46.868	−21 00 56.54	5.297 7549
22	16 15 51.006	20 37 06.19	.650 0439	6	16 22 11.372	21 02 05.40	.312 9984
23	16 15 42.200	20 36 57.44	.662 2604	7	16 22 36.519	21 03 15.47	.328 2175
24	16 15 34.153	20 36 50.58	.674 6380	8	16 23 02.304	21 04 26.69	.343 4089
25	16 15 26.869	20 36 45.63	.687 1724	9	16 23 28.721	21 05 39.03	.358 5696
26	16 15 20.351	−20 36 42.58	4.699 8594	10	16 23 55.766	−21 06 52.46	5.373 6965
27	16 15 14.601	20 36 41.46	.712 6944	11	16 24 23.436	21 08 06.93	.388 7865
28	16 15 09.622	20 36 42.26	.725 6729	12	16 24 51.725	21 09 22.42	.403 8365
29	16 15 05.416	20 36 44.98	.738 7905	13	16 25 20.630	21 10 38.90	.418 8433
30	16 15 01.984	20 36 49.63	.752 0425	14	16 25 50.146	21 11 56.36	.433 8039
31	16 14 59.329	−20 36 56.20	4.765 4242	15	16 26 20.267	−21 13 14.75	5.448 7149
Aug. 1	16 14 57.452	20 37 04.69	.778 9311	16	16 26 50.987	21 14 34.05	.463 5731
2	16 14 56.355	20 37 15.11	.792 5584	17	16 27 22.301	21 15 54.22	.478 3751
3	16 14 56.038	20 37 27.45	.806 3016	18	16 27 54.202	21 17 15.22	.493 1178
4	16 14 56.503	20 37 41.72	.820 1559	19	16 28 26.684	21 18 37.03	.507 7978
5	16 14 57.747	−20 37 57.93	4.834 1170	20	16 28 59.742	−21 19 59.61	5.522 4117
6	16 14 59.770	20 38 16.07	.848 1803	21	16 29 33.368	21 21 22.90	.536 9562
7	16 15 02.568	20 38 36.15	.862 3414	22	16 30 07.558	21 22 46.88	.551 4279
8	16 15 06.136	20 38 58.15	.876 5963	23	16 30 42.305	21 24 11.49	.565 8235
9	16 15 10.470	20 39 22.06	.890 9407	24	16 31 17.604	21 25 36.71	.580 1394
10	16 15 15.565	−20 39 47.85	4.905 3708	25	16 31 53.449	−21 27 02.49	5.594 3725
11	16 15 21.418	20 40 15.50	.919 8828	26	16 32 29.837	21 28 28.81	.608 5192
12	16 15 28.027	20 40 44.98	.934 4727	27	16 33 06.761	21 29 55.62	.622 5763
13	16 15 35.390	20 41 16.27	.949 1370	28	16 33 44.215	21 31 22.91	.636 5406
14	16 15 43.507	20 41 49.37	.963 8717	29	16 34 22.193	21 32 50.64	.650 4089
15	16 15 52.376	−20 42 24.25	4.978 6732	30	16 35 00.687	−21 34 18.79	5.664 1783
16	16 16 01.997	−20 43 00.91	4.993 5375	Oct. 1	16 35 39.687	−21 35 47.32	5.677 8459

GEOCENTRIC COORDINATES FOR 0^h DYNAMICAL TIME

Date	Apparent Right Ascension	Apparent Declination	True Geocentric Distance	Date	Apparent Right Ascension	Apparent Declination	True Geocentric Distance
	h m s	° ′ ″			h m s	° ′ ″	
Oct. 1	16 35 39.687	−21 35 47.32	5.677 8459	Nov. 16	17 12 52.086	−22 40 28.22	6.156 4409
2	16 36 19.184	21 37 16.19	.691 4090	17	17 13 47.860	22 41 37.20	.162 8276
3	16 36 59.171	21 38 45.36	.704 8650	18	17 14 43.847	22 42 45.11	.169 0175
4	16 37 39.638	21 40 14.79	.718 2115	19	17 15 40.043	22 43 51.92	.175 0090
5	16 38 20.579	21 41 44.42	.731 4462	20	17 16 36.442	22 44 57.62	.180 8005
6	16 39 01.987	−21 43 14.22	5.744 5667	21	17 17 33.041	−22 46 02.19	6.186 3907
7	16 39 43.858	21 44 44.14	.757 5708	22	17 18 29.832	22 47 05.63	.191 7779
8	16 40 26.187	21 46 14.16	.770 4563	23	17 19 26.811	22 48 07.92	.196 9610
9	16 41 08.970	21 47 44.23	.783 2209	24	17 20 23.967	22 49 09.05	.201 9387
10	16 41 52.201	21 49 14.34	.795 8625	25	17 21 21.294	22 50 09.03	.206 7098
11	16 42 35.876	−21 50 44.45	5.808 3787	26	17 22 18.779	−22 51 07.82	6.211 2737
12	16 43 19.989	21 52 14.54	.820 7673	27	17 23 16.416	22 52 05.40	.215 6294
13	16 44 04.534	21 53 44.57	.833 0258	28	17 24 14.196	22 53 01.75	.219 7765
14	16 44 49.505	21 55 14.52	.845 1520	29	17 25 12.113	22 53 56.84	.223 7145
15	16 45 34.895	21 56 44.36	.857 1433	30	17 26 10.162	22 54 50.64	.227 4429
16	16 46 20.699	−21 58 14.04	5.868 9975	Dec. 1	17 27 08.338	−22 55 43.15	6.230 9613
17	16 47 06.911	21 59 43.54	.880 7121	2	17 28 06.635	22 56 34.34	.234 2695
18	16 47 53.523	22 01 12.82	.892 2846	3	17 29 05.051	22 57 24.22	.237 3670
19	16 48 40.530	22 02 41.84	.903 7125	4	17 30 03.578	22 58 12.76	.240 2534
20	16 49 27.927	22 04 10.56	.914 9935	5	17 31 02.213	22 58 59.98	.242 9284
21	16 50 15.707	−22 05 38.95	5.926 1249	6	17 32 00.949	−22 59 45.86	6.245 3916
22	16 51 03.866	22 07 06.97	.937 1044	7	17 32 59.780	23 00 30.39	.247 6426
23	16 51 52.399	22 08 34.60	.947 9295	8	17 33 58.700	23 01 13.57	.249 6809
24	16 52 41.301	22 10 01.80	.958 5976	9	17 34 57.703	23 01 55.38	.251 5061
25	16 53 30.566	22 11 28.56	.969 1064	10	17 35 56.783	23 02 35.83	.253 1177
26	16 54 20.188	−22 12 54.84	5.979 4537	11	17 36 55.933	−23 03 14.88	6.254 5153
27	16 55 10.160	22 14 20.64	.989 6371	12	17 37 55.148	23 03 52.55	.255 6983
28	16 56 00.472	22 15 45.93	5.999 6546	13	17 38 54.421	23 04 28.81	.256 6662
29	16 56 51.117	22 17 10.68	6.009 5045	14	17 39 53.748	23 05 03.64	.257 4187
30	16 57 42.084	22 18 34.85	.019 1849	15	17 40 53.123	23 05 37.05	.257 9550
31	16 58 33.366	−22 19 58.41	6.028 6943	16	17 41 52.541	−23 06 09.02	6.258 2748
Nov. 1	16 59 24.955	22 21 21.31	.038 0311	17	17 42 52.000	23 06 39.52	.258 3776
2	17 00 16.845	22 22 43.52	.047 1939	18	17 43 51.503	23 07 08.48	.258 2628
3	17 01 09.032	22 24 05.00	.056 1814	19	17 44 50.954	23 07 34.88	.257 9300
4	17 02 01.510	22 25 25.74	.064 9922	20	17 45 50.483	23 08 02.36	.257 3789
5	17 02 54.275	−22 26 45.70	6.073 6250	21	17 46 50.045	−23 08 27.24	6.256 6090
6	17 03 47.323	22 28 04.87	.082 0784	22	17 47 49.605	23 08 50.63	.255 6203
7	17 04 40.647	22 29 23.22	.090 3512	23	17 48 49.157	23 09 12.59	.254 4128
8	17 05 34.244	22 30 40.74	.098 4419	24	17 49 48.695	23 09 33.12	.252 9865
9	17 06 28.106	22 31 57.40	.106 3492	25	17 50 48.209	23 09 52.23	.251 3420
10	17 07 22.229	−22 33 13.19	6.114 0715	26	17 51 47.693	−23 10 09.88	6.249 4796
11	17 08 16.606	22 34 28.08	.121 6076	27	17 52 47.140	23 10 26.09	.247 4000
12	17 09 11.231	22 35 42.05	.128 9558	28	17 53 46.547	23 10 40.84	.245 1038
13	17 10 06.097	22 36 55.08	.136 1148	29	17 54 45.907	23 10 54.14	.242 5917
14	17 11 01.199	22 38 07.13	.143 0829	30	17 55 45.217	23 11 05.99	.239 8644
15	17 11 56.530	−22 39 18.18	6.149 8588	31	17 56 44.471	−23 11 16.40	6.236 9225
16	17 12 52.086	−22 40 28.22	6.156 4409	32	17 57 43.663	−23 11 25.38	6.233 7669

GEOCENTRIC COORDINATES FOR 0^h DYNAMICAL TIME

Date	Apparent Right Ascension	Apparent Declination	True Geocentric Distance	Date	Apparent Right Ascension	Apparent Declination	True Geocentric Distance
	h m s	° ′ ″			h m s	° ′ ″	
Jan. 0	22 41 01.300	−10 16 14.95	10.153 8011	Feb. 15	22 58 53.500	− 8 25 05.66	10.609 4673
1	22 41 19.796	10 14 18.10	.167 9355	16	22 59 20.246	8 22 20.56	.614 1369
2	22 41 38.570	10 12 19.65	.181 9247	17	22 59 47.067	8 19 35.03	.618 5598
3	22 41 57.617	10 10 19.62	.195 7650	18	23 00 13.958	8 16 49.10	.622 7352
4	22 42 16.931	10 08 18.04	.209 4524	19	23 00 40.917	8 14 02.77	.626 6623
5	22 42 36.507	−10 06 14.93	10.222 9834	20	23 01 07.943	− 8 11 16.06	10.630 3401
6	22 42 56.342	10 04 10.31	.236 3546	21	23 01 35.031	8 08 29.00	.633 7677
7	22 43 16.433	10 02 04.20	.249 5626	22	23 02 02.178	8 05 41.60	.636 9443
8	22 43 36.776	9 59 56.61	.262 6044	23	23 02 29.381	8 02 53.91	.639 8688
9	22 43 57.366	9 57 47.58	.275 4768	24	23 02 56.633	8 00 05.96	.642 5404
10	22 44 18.201	− 9 55 37.11	10.288 1768	25	23 03 23.930	− 7 57 17.78	10.644 9582
11	22 44 39.275	9 53 25.24	.300 7017	26	23 03 51.265	7 54 29.42	.647 1214
12	22 45 00.586	9 51 12.00	.313 0486	27	23 04 18.633	7 51 40.90	.649 0293
13	22 45 22.127	9 48 57.41	.325 2148	28	23 04 46.028	7 48 52.26	.650 6814
14	22 45 43.894	9 46 41.49	.337 1976	Mar. 1	23 05 13.446	7 46 03.53	.652 0772
15	22 46 05.882	− 9 44 24.29	10.348 9945	2	23 05 40.883	− 7 43 14.74	10.653 2166
16	22 46 28.086	9 42 05.82	.360 6028	3	23 06 08.336	7 40 25.90	.654 0994
17	22 46 50.500	9 39 46.12	.372 0203	4	23 06 35.800	7 37 37.05	.654 7256
18	22 47 13.121	9 37 25.21	.383 2442	5	23 07 03.272	7 34 48.23	.655 0955
19	22 47 35.943	9 35 03.12	.394 2724	6	23 07 30.743	7 31 59.45	.655 2093
20	22 47 58.962	− 9 32 39.86	10.405 1021	7	23 07 58.210	− 7 29 10.63	10.655 0673
21	22 48 22.175	9 30 15.45	.415 7312	8	23 08 25.677	7 26 21.84	.654 6701
22	22 48 45.579	9 27 49.91	.426 1570	9	23 08 53.138	7 23 33.17	.654 0181
23	22 49 09.171	9 25 23.26	.436 3770	10	23 09 20.585	7 20 44.65	.653 1119
24	22 49 32.948	9 22 55.51	.446 3888	11	23 09 48.015	7 17 56.32	.651 9522
25	22 49 56.908	− 9 20 26.68	10.456 1898	12	23 10 15.420	− 7 15 08.20	10.650 5396
26	22 50 21.047	9 17 56.79	.465 7773	13	23 10 42.798	7 12 20.31	.648 8749
27	22 50 45.359	9 15 25.89	.475 1489	14	23 11 10.142	7 09 32.69	.646 9589
28	22 51 09.841	9 12 54.01	.484 3019	15	23 11 37.450	7 06 45.36	.644 7923
29	22 51 34.485	9 10 21.18	.493 2338	16	23 12 04.717	7 03 58.34	.642 3761
30	22 51 59.285	− 9 07 47.44	10.501 9423	17	23 12 31.940	− 7 01 11.64	10.639 7108
31	22 52 24.234	9 05 12.83	.510 4250	18	23 12 59.117	6 58 25.29	.636 7974
Feb. 1	22 52 49.328	9 02 37.37	.518 6799	19	23 13 26.246	6 55 39.30	.633 6365
2	22 53 14.563	9 00 01.09	.526 7050	20	23 13 53.325	6 52 53.68	.630 2288
3	22 53 39.934	8 57 24.00	.534 4986	21	23 14 20.351	6 50 08.46	.626 5747
4	22 54 05.437	− 8 54 46.14	10.542 0589	22	23 14 47.320	− 6 47 23.68	10.622 6749
5	22 54 31.070	8 52 07.51	.549 3844	23	23 15 14.227	6 44 39.36	.618 5300
6	22 54 56.827	8 49 28.15	.556 4739	24	23 15 41.067	6 41 55.54	.614 1406
7	22 55 22.705	8 46 48.09	.563 3260	25	23 16 07.834	6 39 12.25	.609 5072
8	22 55 48.700	8 44 07.34	.569 9395	26	23 16 34.523	6 36 29.55	.604 6308
9	22 56 14.805	− 8 41 25.95	10.576 3132	27	23 17 01.128	− 6 33 47.44	10.599 5122
10	22 56 41.018	8 38 43.94	.582 4463	28	23 17 27.647	6 31 05.97	.594 1524
11	22 57 07.331	8 36 01.34	.588 3375	29	23 17 54.074	6 28 25.15	.588 5526
12	22 57 33.741	8 33 18.18	.593 9861	30	23 18 20.406	6 25 45.01	.582 7141
13	22 58 00.243	8 30 34.49	.599 3911	31	23 18 46.640	6 23 05.57	.576 6383
14	22 58 26.830	− 8 27 50.31	10.604 5518	Apr. 1	23 19 12.773	− 6 20 26.84	10.570 3267
15	22 58 53.500	− 8 25 05.66	10.609 4673	2	23 19 38.802	− 6 17 48.87	10.563 7810

GEOCENTRIC COORDINATES FOR 0ʰ DYNAMICAL TIME

Date	Apparent Right Ascension	Apparent Declination	True Geocentric Distance	Date	Apparent Right Ascension	Apparent Declination	True Geocentric Distance
	h m s	° ′ ″			h m s	° ′ ″	
Apr. 1	23 19 12.773	− 6 20 26.84	10.570 3267	May 17	23 36 19.559	− 4 39 08.82	10.061 3851
2	23 19 38.802	6 17 48.87	.563 7810	18	23 36 36.718	4 37 32.30	.046 5263
3	23 20 04.722	6 15 11.66	.557 0029	19	23 36 53.602	4 35 57.65	.031 5535
4	23 20 30.529	6 12 35.26	.549 9943	20	23 37 10.206	4 34 24.91	.016 4698
5	23 20 56.219	6 09 59.68	.542 7571	21	23 37 26.528	4 32 54.11	10.001 2785
6	23 21 21.787	− 6 07 24.97	10.535 2933	22	23 37 42.563	− 4 31 25.26	9.985 9829
7	23 21 47.229	6 04 51.14	.527 6048	23	23 37 58.310	4 29 58.37	.970 5865
8	23 22 12.541	6 02 18.23	.519 6937	24	23 38 13.765	4 28 33.47	.955 0929
9	23 22 37.717	5 59 46.27	.511 5622	25	23 38 28.927	4 27 10.56	.939 5058
10	23 23 02.754	5 57 15.29	.503 2123	26	23 38 43.793	4 25 49.66	.923 8291
11	23 23 27.648	− 5 54 45.31	10.494 6463	27	23 38 58.360	− 4 24 30.78	9.908 0665
12	23 23 52.395	5 52 16.35	.485 8663	28	23 39 12.624	4 23 13.96	.892 2221
13	23 24 16.991	5 49 48.44	.476 8745	29	23 39 26.584	4 21 59.20	.876 2999
14	23 24 41.435	5 47 21.59	.467 6730	30	23 39 40.234	4 20 46.53	.860 3040
15	23 25 05.725	5 44 55.81	.458 2640	31	23 39 53.572	4 19 35.96	.844 2385
16	23 25 29.859	− 5 42 31.11	10.448 6494	June 1	23 40 06.594	− 4 18 27.53	9.828 1076
17	23 25 53.835	5 40 07.52	.438 8311	2	23 40 19.297	4 17 21.24	.811 9156
18	23 26 17.649	5 37 45.06	.428 8112	3	23 40 31.677	4 16 17.12	.795 6665
19	23 26 41.299	5 35 23.76	.418 5913	4	23 40 43.732	4 15 15.19	.779 3648
20	23 27 04.777	5 33 03.66	.408 1734	5	23 40 55.459	4 14 15.46	.763 0145
21	23 27 28.079	− 5 30 44.79	10.397 5594	6	23 41 06.856	− 4 13 17.93	9.746 6200
22	23 27 51.200	5 28 27.19	.386 7513	7	23 41 17.921	4 12 22.62	.730 1854
23	23 28 14.135	5 26 10.89	.375 7511	8	23 41 28.653	4 11 29.53	.713 7149
24	23 28 36.880	5 23 55.92	.364 5612	9	23 41 39.052	4 10 38.67	.697 2126
25	23 28 59.431	5 21 42.29	.353 1838	10	23 41 49.117	4 09 50.03	.680 6826
26	23 29 21.786	− 5 19 30.02	10.341 6215	11	23 41 58.847	− 4 09 03.62	9.664 1288
27	23 29 43.940	5 17 19.15	.329 8769	12	23 42 08.242	4 08 19.45	.647 5551
28	23 30 05.892	5 15 09.68	.317 9527	13	23 42 17.299	4 07 37.54	.630 9653
29	23 30 27.637	5 13 01.63	.305 8518	14	23 42 26.014	4 06 57.90	.614 3630
30	23 30 49.173	5 10 55.04	.293 5770	15	23 42 34.382	4 06 20.57	.597 7520
May 1	23 31 10.496	− 5 08 49.93	10.281 1314	16	23 42 42.401	− 4 05 45.56	9.581 1362
2	23 31 31.601	5 06 46.32	.268 5180	17	23 42 50.067	4 05 12.89	.564 5194
3	23 31 52.484	5 04 44.24	.255 7400	18	23 42 57.378	4 04 42.57	.547 9057
4	23 32 13.142	5 02 43.72	.242 8006	19	23 43 04.333	4 04 14.60	.531 2992
5	23 32 33.570	5 00 44.78	.229 7030	20	23 43 10.932	4 03 48.99	.514 7042
6	23 32 53.764	− 4 58 47.45	10.216 4504	21	23 43 17.172	− 4 03 25.74	9.498 1251
7	23 33 13.720	4 56 51.76	.203 0462	22	23 43 23.053	4 03 04.85	.481 5664
8	23 33 33.434	4 54 57.73	.189 4936	23	23 43 28.574	4 02 46.32	.465 0326
9	23 33 52.902	4 53 05.38	.175 7961	24	23 43 33.734	4 02 30.17	.448 5283
10	23 34 12.123	4 51 14.73	.161 9568	25	23 43 38.530	4 02 16.39	.432 0582
11	23 34 31.093	− 4 49 25.80	10.147 9792	26	23 43 42.962	− 4 02 05.00	9.415 6271
12	23 34 49.811	4 47 38.58	.133 8664	27	23 43 47.027	4 01 55.99	.399 2395
13	23 35 08.275	4 45 53.10	.119 6218	28	23 43 50.723	4 01 49.39	.382 9003
14	23 35 26.485	4 44 09.37	.105 2483	29	23 43 54.050	4 01 45.19	.366 6142
15	23 35 44.438	4 42 27.39	.090 7491	30	23 43 57.006	4 01 43.40	.350 3861
16	23 36 02.131	− 4 40 47.20	10.076 1270	July 1	23 43 59.589	− 4 01 44.01	9.334 2206
17	23 36 19.559	− 4 39 08.82	10.061 3851	2	23 44 01.799	− 4 01 47.04	9.318 1225

GEOCENTRIC COORDINATES FOR 0^h DYNAMICAL TIME

Date	Apparent Right Ascension	Apparent Declination	True Geocentric Distance	Date	Apparent Right Ascension	Apparent Declination	True Geocentric Distance
	h m s	° ′ ″			h m s	° ′ ″	
July 1	23 43 59.589	− 4 01 44.01	9.334 2206	Aug. 16	23 39 35.059	− 4 42 09.12	8.733 9571
2	23 44 01.799	4 01 47.04	.318 1225	17	23 39 21.965	4 43 45.43	.725 5703
3	23 44 03.636	4 01 52.46	.302 0966	18	23 39 08.631	4 45 23.03	.717 4396
4	23 44 05.101	4 02 00.29	.286 1474	19	23 38 55.063	4 47 01.88	.709 5683
5	23 44 06.194	4 02 10.50	.270 2796	20	23 38 41.267	4 48 41.93	.701 9594
6	23 44 06.918	− 4 02 23.07	9.254 4978	21	23 38 27.248	− 4 50 23.14	8.694 6161
7	23 44 07.273	4 02 38.01	.238 8063	22	23 38 13.014	4 52 05.47	.687 5414
8	23 44 07.262	4 02 55.28	.223 2096	23	23 37 58.570	4 53 48.86	.680 7382
9	23 44 06.886	4 03 14.88	.207 7119	24	23 37 43.923	4 55 33.27	.674 2093
10	23 44 06.146	4 03 36.80	.192 3173	25	23 37 29.080	4 57 18.64	.667 9574
11	23 44 05.041	− 4 04 01.05	9.177 0298	26	23 37 14.049	− 4 59 04.93	8.661 9852
12	23 44 03.570	4 04 27.62	.161 8536	27	23 36 58.838	5 00 52.06	.656 2950
13	23 44 01.732	4 04 56.52	.146 7925	28	23 36 43.456	5 02 39.99	.650 8892
14	23 43 59.526	4 05 27.75	.131 8506	29	23 36 27.912	5 04 28.65	.645 7700
15	23 43 56.953	4 06 01.30	.117 0319	30	23 36 12.215	5 06 17.97	.640 9392
16	23 43 54.013	− 4 06 37.16	9.102 3408	31	23 35 56.376	− 5 08 07.88	8.636 3986
17	23 43 50.709	4 07 15.30	.087 7816	Sept. 1	23 35 40.404	5 09 58.33	.632 1498
18	23 43 47.043	4 07 55.70	.073 3586	2	23 35 24.307	5 11 49.26	.628 1941
19	23 43 43.017	4 08 38.36	.059 0763	3	23 35 08.094	5 13 40.61	.624 5328
20	23 43 38.633	4 09 23.24	.044 9393	4	23 34 51.772	5 15 32.33	.621 1668
21	23 43 33.893	− 4 10 10.33	9.030 9522	5	23 34 35.349	− 5 17 24.38	8.618 0972
22	23 43 28.798	4 10 59.61	.017 1194	6	23 34 18.830	5 19 16.71	.615 3247
23	23 43 23.350	4 11 51.07	9.003 4457	7	23 34 02.224	5 21 09.28	.612 8502
24	23 43 17.552	4 12 44.69	8.989 9355	8	23 33 45.538	5 23 02.01	.610 6744
25	23 43 11.403	4 13 40.45	.976 5934	9	23 33 28.781	5 24 54.86	.608 7980
26	23 43 04.908	− 4 14 38.33	8.963 4240	10	23 33 11.963	− 5 26 47.77	8.607 2218
27	23 42 58.067	4 15 38.32	.950 4317	11	23 32 55.093	5 28 40.65	.605 9466
28	23 42 50.883	4 16 40.38	.937 6211	12	23 32 38.180	5 30 33.46	.604 9731
29	23 42 43.359	4 17 44.50	.924 9965	13	23 32 21.234	5 32 26.13	.604 3020
30	23 42 35.498	4 18 50.63	.912 5622	14	23 32 04.264	5 34 18.61	.603 9339
31	23 42 27.306	− 4 19 58.76	8.900 3225	15	23 31 47.279	− 5 36 10.83	8.603 8694
Aug. 1	23 42 18.786	4 21 08.84	.888 2815	16	23 31 30.286	5 38 02.74	.604 1090
2	23 42 09.944	4 22 20.83	.876 4432	17	23 31 13.294	5 39 54.29	.604 6531
3	23 42 00.785	4 23 34.69	.864 8115	18	23 30 56.312	5 41 45.42	.605 5018
4	23 41 51.316	4 24 50.38	.853 3902	19	23 30 39.347	5 43 36.08	.606 6554
5	23 41 41.541	− 4 26 07.86	8.842 1828	20	23 30 22.410	− 5 45 26.21	8.608 1138
6	23 41 31.466	4 27 27.09	.831 1928	21	23 30 05.508	5 47 15.75	.609 8770
7	23 41 21.094	4 28 48.05	.820 4236	22	23 29 48.651	5 49 04.65	.611 9446
8	23 41 10.430	4 30 10.70	.809 8784	23	23 29 31.848	5 50 52.84	.614 3163
9	23 40 59.476	4 31 35.02	.799 5602	24	23 29 15.109	5 52 40.26	.616 9914
10	23 40 48.235	− 4 33 00.99	8.789 4723	25	23 28 58.445	− 5 54 26.84	8.619 9691
11	23 40 36.712	4 34 28.57	.779 6178	26	23 28 41.866	5 56 12.51	.623 2486
12	23 40 24.912	4 35 57.73	.769 9997	27	23 28 25.384	5 57 57.22	.626 8285
13	23 40 12.840	4 37 28.41	.760 6213	28	23 28 09.009	5 59 40.89	.630 7075
14	23 40 00.503	4 39 00.56	.751 4859	29	23 27 52.750	6 01 23.48	.634 8840
15	23 39 47.907	− 4 40 34.15	8.742 5967	30	23 27 36.616	− 6 03 04.92	8.639 3561
16	23 39 35.059	− 4 42 09.12	8.733 9571	Oct. 1	23 27 20.614	− 6 04 45.19	8.644 1218

GEOCENTRIC COORDINATES FOR 0^h DYNAMICAL TIME

Date	Apparent Right Ascension	Apparent Declination	True Geocentric Distance	Date	Apparent Right Ascension	Apparent Declination	True Geocentric Distance
	h m s	° ′ ″			h m s	° ′ ″	
Oct. 1	23 27 20.614	− 6 04 45.19	8.644 1218	Nov. 16	23 19 30.091	− 6 48 37.38	9.133 2195
2	23 27 04.753	6 06 24.23	.649 1792	17	23 19 27.696	6 48 40.66	.148 3318
3	23 26 49.038	6 08 02.00	.654 5260	18	23 19 25.690	6 48 41.41	.163 5650
4	23 26 33.478	6 09 38.47	.660 1601	19	23 19 24.073	6 48 39.59	.178 9143
5	23 26 18.078	6 11 13.58	.666 0792	20	23 19 22.850	6 48 35.20	.194 3745
6	23 26 02.849	− 6 12 47.29	8.672 2809	21	23 19 22.024	− 6 48 28.23	9.209 9407
7	23 25 47.798	6 14 19.54	.678 7631	22	23 19 21.596	6 48 18.67	.225 6075
8	23 25 32.934	6 15 50.28	.685 5235	23	23 19 21.568	6 48 06.53	.241 3696
9	23 25 18.265	6 17 19.46	.692 5597	24	23 19 21.941	6 47 51.80	.257 2216
10	23 25 03.800	6 18 47.03	.699 8696	25	23 19 22.714	6 47 34.52	.273 1579
11	23 24 49.546	− 6 20 12.95	8.707 4507	26	23 19 23.883	− 6 47 14.68	9.289 1730
12	23 24 35.512	6 21 37.18	.715 3007	27	23 19 25.448	6 46 52.31	.305 2615
13	23 24 21.703	6 22 59.67	.723 4171	28	23 19 27.408	6 46 27.43	.321 4179
14	23 24 08.126	6 24 20.39	.731 7974	29	23 19 29.762	6 46 00.02	.337 6371
15	23 23 54.788	6 25 39.30	.740 4389	30	23 19 32.509	6 45 30.11	.353 9138
16	23 23 41.696	− 6 26 56.36	8.749 3389	Dec. 1	23 19 35.651	− 6 44 57.68	9.370 2430
17	23 23 28.855	6 28 11.55	.758 4945	2	23 19 39.186	6 44 22.75	.386 6198
18	23 23 16.273	6 29 24.82	.767 9028	3	23 19 43.116	6 43 45.31	.403 0392
19	23 23 03.955	6 30 36.13	.777 5608	4	23 19 47.438	6 43 05.38	.419 4965
20	23 22 51.910	6 31 45.45	.787 4652	5	23 19 52.153	6 42 22.97	.435 9868
21	23 22 40.142	− 6 32 52.74	8.797 6127	6	23 19 57.259	− 6 41 38.09	9.452 5055
22	23 22 28.662	6 33 57.95	.807 9999	7	23 20 02.754	6 40 50.76	.469 0479
23	23 22 17.474	6 35 01.04	.818 6232	8	23 20 08.635	6 40 00.98	.485 6093
24	23 22 06.589	6 36 01.98	.829 4787	9	23 20 14.902	6 39 08.79	.502 1851
25	23 21 56.012	6 37 00.71	.840 5625	10	23 20 21.551	6 38 14.20	.518 7706
26	23 21 45.752	− 6 37 57.22	8.851 8705	11	23 20 28.580	− 6 37 17.22	9.535 3612
27	23 21 35.812	6 38 51.46	.863 3982	12	23 20 35.988	6 36 17.87	.551 9522
28	23 21 26.199	6 39 43.44	.875 1414	13	23 20 43.772	6 35 16.15	.568 5390
29	23 21 16.914	6 40 33.13	.887 0953	14	23 20 51.932	6 34 12.10	.585 1169
30	23 21 07.960	6 41 20.52	.899 2556	15	23 21 00.464	6 33 05.70	.601 6812
31	23 20 59.343	− 6 42 05.60	8.911 6175	16	23 21 09.370	− 6 31 56.98	9.618 2272
Nov. 1	23 20 51.063	6 42 48.35	.924 1766	17	23 21 18.647	6 30 45.94	.634 7500
2	23 20 43.127	6 43 28.74	.936 9284	18	23 21 28.296	6 29 32.58	.651 2449
3	23 20 35.538	6 44 06.76	.949 8683	19	23 21 38.314	6 28 16.93	.667 7070
4	23 20 28.301	6 44 42.38	.962 9921	20	23 21 48.702	6 26 58.99	.684 1312
5	23 20 21.419	− 6 45 15.58	8.976 2952	21	23 21 59.455	− 6 25 38.79	9.700 5127
6	23 20 14.898	6 45 46.34	8.989 7734	22	23 22 10.572	6 24 16.35	.716 8462
7	23 20 08.740	6 46 14.65	9.003 4223	23	23 22 22.047	6 22 51.70	.733 1268
8	23 20 02.950	6 46 40.48	.017 2375	24	23 22 33.874	6 21 24.89	.749 3493
9	23 19 57.528	6 47 03.84	.031 2148	25	23 22 46.049	6 19 55.94	.765 5089
10	23 19 52.478	− 6 47 24.71	9.045 3497	26	23 22 58.569	− 6 18 24.88	9.781 6008
11	23 19 47.802	6 47 43.09	.059 6378	27	23 23 11.431	6 16 51.72	.797 6204
12	23 19 43.502	6 47 58.97	.074 0747	28	23 23 24.631	6 15 16.48	.813 5633
13	23 19 39.578	6 48 12.34	.088 6560	29	23 23 38.167	6 13 39.17	.829 4251
14	23 19 36.034	6 48 23.21	.103 3769	30	23 23 52.037	6 11 59.83	.845 2017
15	23 19 32.871	− 6 48 31.56	9.118 2330	31	23 24 06.238	− 6 10 18.45	9.860 8889
16	23 19 30.091	− 6 48 37.38	9.133 2195	32	23 24 20.766	− 6 08 35.08	9.876 4829

GEOCENTRIC COORDINATES FOR 0^h DYNAMICAL TIME

Date	Apparent Right Ascension	Apparent Declination	True Geocentric Distance	Date	Apparent Right Ascension	Apparent Declination	True Geocentric Distance
	h m s	° ′ ″			h m s	° ′ ″	
Jan. 0	19 49 54.350	−21 32 30.11	20.632 736	Feb. 15	20 01 06.645	−21 02 15.91	20.566 822
1	19 50 08.920	21 31 52.09	.637 609	16	20 01 20.191	21 01 38.19	.559 008
2	19 50 23.539	21 31 13.90	.642 204	17	20 01 33.643	21 01 00.68	.550 947
3	19 50 38.201	21 30 35.55	.646 522	18	20 01 46.997	21 00 23.39	.542 640
4	19 50 52.901	21 29 57.06	.650 561	19	20 02 00.255	20 59 46.32	.534 090
5	19 51 07.637	−21 29 18.40	20.654 320	20	20 02 13.413	−20 59 09.47	20.525 298
6	19 51 22.407	21 28 39.59	.657 798	21	20 02 26.472	20 58 32.86	.516 268
7	19 51 37.207	21 28 00.62	.660 994	22	20 02 39.428	20 57 56.50	.507 000
8	19 51 52.036	21 27 21.50	.663 909	23	20 02 52.279	20 57 20.41	.497 498
9	19 52 06.893	21 26 42.23	.666 542	24	20 03 05.020	20 56 44.62	.487 764
10	19 52 21.773	−21 26 02.84	20.668 893	25	20 03 17.648	−20 56 09.13	20.477 800
11	19 52 36.676	21 25 23.33	.670 960	26	20 03 30.158	20 55 33.98	.467 608
12	19 52 51.597	21 24 43.70	.672 745	27	20 03 42.544	20 54 59.15	.457 192
13	19 53 06.534	21 24 03.99	.674 247	28	20 03 54.805	20 54 24.66	.446 555
14	19 53 21.484	21 23 24.19	.675 466	Mar. 1	20 04 06.936	20 53 50.50	.435 700
15	19 53 36.443	−21 22 44.34	20.676 401	2	20 04 18.937	−20 53 16.69	20.424 630
16	19 53 51.414	21 22 04.50	.677 054	3	20 04 30.805	20 52 43.21	.413 348
17	19 54 06.359	21 21 25.29	.677 423	4	20 04 42.540	20 52 10.08	.401 858
18	19 54 21.275	21 20 44.64	.677 509	5	20 04 54.139	20 51 37.31	.390 164
19	19 54 36.231	21 20 04.40	.677 313	6	20 05 05.602	20 51 04.90	.378 269
20	19 54 51.172	−21 19 24.25	20.676 833	7	20 05 16.926	−20 50 32.88	20.366 178
21	19 55 06.099	21 18 44.07	.676 071	8	20 05 28.108	20 50 01.24	.353 893
22	19 55 21.010	21 18 03.87	.675 025	9	20 05 39.146	20 49 30.02	.341 418
23	19 55 35.904	21 17 23.64	.673 697	10	20 05 50.038	20 48 59.21	.328 757
24	19 55 50.781	21 16 43.38	.672 087	11	20 06 00.780	20 48 28.83	.315 915
25	19 56 05.638	−21 16 03.11	20.670 194	12	20 06 11.370	−20 47 58.89	20.302 894
26	19 56 20.472	21 15 22.84	.668 018	13	20 06 21.804	20 47 29.39	.289 698
27	19 56 35.281	21 14 42.59	.665 561	14	20 06 32.081	20 47 00.35	.276 333
28	19 56 50.059	21 14 02.39	.662 822	15	20 06 42.197	20 46 31.76	.262 800
29	19 57 04.800	21 13 22.25	.659 803	16	20 06 52.150	20 46 03.63	.249 104
30	19 57 19.501	−21 12 42.19	20.656 503	17	20 07 01.941	−20 45 35.95	20.235 248
31	19 57 34.156	21 12 02.20	.652 924	18	20 07 11.568	20 45 08.72	.221 236
Feb. 1	19 57 48.761	21 11 22.29	.649 067	19	20 07 21.031	20 44 41.95	.207 073
2	19 58 03.314	21 10 42.47	.644 933	20	20 07 30.330	20 44 15.64	.192 760
3	19 58 17.811	21 10 02.73	.640 524	21	20 07 39.463	20 43 49.81	.178 302
4	19 58 32.253	−21 09 23.07	20.635 842	22	20 07 48.430	−20 43 24.48	20.163 703
5	19 58 46.636	21 08 43.51	.630 888	23	20 07 57.226	20 42 59.66	.148 966
6	19 59 00.958	21 08 04.06	.625 664	24	20 08 05.848	20 42 35.38	.134 096
7	19 59 15.218	21 07 24.72	.620 172	25	20 08 14.292	20 42 11.64	.119 095
8	19 59 29.411	21 06 45.52	.614 413	26	20 08 22.555	20 41 48.45	.103 969
9	19 59 43.536	−21 06 06.47	20.608 391	27	20 08 30.634	−20 41 25.81	20.088 721
10	19 59 57.589	21 05 27.57	.602 106	28	20 08 38.527	20 41 03.72	.073 356
11	20 00 11.566	21 04 48.85	.595 561	29	20 08 46.233	20 40 42.18	.057 879
12	20 00 25.463	21 04 10.31	.588 758	30	20 08 53.751	20 40 21.19	.042 294
13	20 00 39.278	21 03 31.97	.581 699	31	20 09 01.082	20 40 00.75	.026 605
14	20 00 53.007	−21 02 53.83	20.574 387	Apr. 1	20 09 08.223	−20 39 40.87	20.010 819
15	20 01 06.645	−21 02 15.91	20.566 822	2	20 09 15.175	−20 39 21.55	19.994 938

GEOCENTRIC COORDINATES FOR 0^h DYNAMICAL TIME

Date	Apparent Right Ascension	Apparent Declination	True Geocentric Distance	Date	Apparent Right Ascension	Apparent Declination	True Geocentric Distance
	h m s	° ′ ″			h m s	° ′ ″	
Apr. 1	20 09 08.223	−20 39 40.87	20.010 819	May 17	20 10 57.935	−20 35 37.28	19.259 889
2	20 09 15.175	20 39 21.55	19.994 938	18	20 10 55.495	20 35 46.82	.244 809
3	20 09 21.937	20 39 02.80	.978 969	19	20 10 52.856	20 35 56.98	.229 854
4	20 09 28.507	20 38 44.64	.962 915	20	20 10 50.017	20 36 07.75	.215 030
5	20 09 34.885	20 38 27.06	.946 783	21	20 10 46.979	20 36 19.13	.200 341
6	20 09 41.067	−20 38 10.09	19.930 576	22	20 10 43.744	−20 36 31.09	19.185 791
7	20 09 47.053	20 37 53.72	.914 300	23	20 10 40.313	20 36 43.63	.171 385
8	20 09 52.841	20 37 37.97	.897 959	24	20 10 36.690	20 36 56.74	.157 127
9	20 09 58.428	20 37 22.84	.881 558	25	20 10 32.877	20 37 10.39	.143 022
10	20 10 03.814	20 37 08.32	.865 102	26	20 10 28.877	20 37 24.60	.129 074
11	20 10 08.997	−20 36 54.43	19.848 595	27	20 10 24.691	−20 37 39.36	19.115 289
12	20 10 13.976	20 36 41.16	.832 042	28	20 10 20.323	20 37 54.65	.101 670
13	20 10 18.751	20 36 28.50	.815 449	29	20 10 15.773	20 38 10.49	.088 222
14	20 10 23.323	20 36 16.45	.798 818	30	20 10 11.043	20 38 26.86	.074 949
15	20 10 27.692	20 36 05.00	.782 155	31	20 10 06.136	20 38 43.76	.061 856
16	20 10 31.859	−20 35 54.15	19.765 464	June 1	20 10 01.051	−20 39 01.19	19.048 946
17	20 10 35.825	20 35 43.92	.748 749	2	20 09 55.791	20 39 19.14	.036 224
18	20 10 39.591	20 35 34.31	.732 015	3	20 09 50.358	20 39 37.60	.023 693
19	20 10 43.153	20 35 25.34	.715 265	4	20 09 44.753	20 39 56.56	19.011 358
20	20 10 46.510	20 35 17.03	.698 505	5	20 09 38.978	20 40 16.01	18.999 222
21	20 10 49.659	−20 35 09.38	19.681 740	6	20 09 33.036	−20 40 35.92	18.987 289
22	20 10 52.598	20 35 02.39	.664 972	7	20 09 26.931	20 40 56.29	.975 562
23	20 10 55.325	20 34 56.07	.648 208	8	20 09 20.665	20 41 17.10	.964 045
24	20 10 57.839	20 34 50.40	.631 453	9	20 09 14.244	20 41 38.34	.952 741
25	20 11 00.140	20 34 45.39	.614 710	10	20 09 07.671	20 41 59.98	.941 652
26	20 11 02.229	−20 34 41.02	19.597 986	11	20 09 00.951	−20 42 22.02	18.930 783
27	20 11 04.108	20 34 37.29	.581 286	12	20 08 54.087	20 42 44.48	.920 135
28	20 11 05.775	20 34 34.19	.564 614	13	20 08 47.080	20 43 07.34	.909 712
29	20 11 07.234	20 34 31.74	.547 975	14	20 08 39.931	20 43 30.61	.899 517
30	20 11 08.483	20 34 29.93	.531 376	15	20 08 32.640	20 43 54.30	.889 552
May 1	20 11 09.524	−20 34 28.77	19.514 820	16	20 08 25.209	−20 44 18.38	18.879 820
2	20 11 10.356	20 34 28.25	.498 314	17	20 08 17.638	20 44 42.85	.870 325
3	20 11 10.979	20 34 28.39	.481 862	18	20 08 09.930	20 45 07.67	.861 069
4	20 11 11.393	20 34 29.19	.465 468	19	20 08 02.090	20 45 32.84	.852 056
5	20 11 11.598	20 34 30.64	.449 139	20	20 07 54.122	20 45 58.34	.843 288
6	20 11 11.592	−20 34 32.74	19.432 879	21	20 07 46.030	−20 46 24.14	18.834 770
7	20 11 11.377	20 34 35.50	.416 693	22	20 07 37.818	20 46 50.25	.826 503
8	20 11 10.953	20 34 38.90	.400 585	23	20 07 29.491	20 47 16.64	.818 491
9	20 11 10.319	20 34 42.95	.384 560	24	20 07 21.051	20 47 43.32	.810 736
10	20 11 09.477	20 34 47.62	.368 623	25	20 07 12.503	20 48 10.27	.803 242
11	20 11 08.429	−20 34 52.91	19.352 779	26	20 07 03.850	−20 48 37.49	18.796 011
12	20 11 07.177	20 34 58.80	.337 031	27	20 06 55.094	20 49 04.97	.789 046
13	20 11 05.724	20 35 05.30	.321 384	28	20 06 46.239	20 49 32.70	.782 348
14	20 11 04.071	20 35 12.38	.305 842	29	20 06 37.287	20 50 00.67	.775 921
15	20 11 02.222	20 35 20.07	.290 410	30	20 06 28.242	20 50 28.86	.769 766
16	20 11 00.177	−20 35 28.37	19.275 091	July 1	20 06 19.107	−20 50 57.27	18.763 886
17	20 10 57.935	−20 35 37.28	19.259 889	2	20 06 09.885	−20 51 25.87	18.758 282

GEOCENTRIC COORDINATES FOR 0^h DYNAMICAL TIME

Date	Apparent Right Ascension	Apparent Declination	True Geocentric Distance	Date	Apparent Right Ascension	Apparent Declination	True Geocentric Distance
	h m s	° ′ ″			h m s	° ′ ″	
July 1	20 06 19.107	−20 50 57.27	18.763 886	Aug. 16	19 58 52.181	−21 12 48.76	18.804 566
2	20 06 09.885	20 51 25.87	.758 282	17	19 58 43.404	21 13 13.00	.812 146
3	20 06 00.580	20 51 54.65	.752 957	18	19 58 34.732	21 13 36.90	.819 991
4	20 05 51.198	20 52 23.59	.747 911	19	19 58 26.167	21 14 00.44	.828 099
5	20 05 41.742	20 52 52.67	.743 146	20	19 58 17.714	21 14 23.61	.836 469
6	20 05 32.218	−20 53 21.86	18.738 664	21	19 58 09.375	−21 14 46.43	18.845 098
7	20 05 22.631	20 53 51.16	.734 465	22	19 58 01.153	21 15 08.87	.853 984
8	20 05 12.987	20 54 20.56	.730 551	23	19 57 53.050	21 15 30.93	.863 124
9	20 05 03.291	20 54 50.04	.726 922	24	19 57 45.071	21 15 52.60	.872 515
10	20 04 53.546	20 55 19.61	.723 580	25	19 57 37.217	21 16 13.87	.882 155
11	20 04 43.754	−20 55 49.27	18.720 524	26	19 57 29.492	−21 16 34.73	18.892 040
12	20 04 33.918	20 56 19.01	.717 757	27	19 57 21.900	21 16 55.17	.902 169
13	20 04 24.038	20 56 48.83	.715 277	28	19 57 14.445	21 17 15.16	.912 537
14	20 04 14.117	20 57 18.72	.713 088	29	19 57 07.132	21 17 34.69	.923 141
15	20 04 04.159	20 57 48.64	.711 188	30	19 56 59.964	21 17 53.76	.933 978
16	20 03 54.166	−20 58 18.59	18.709 579	31	19 56 52.947	−21 18 12.36	18.945 044
17	20 03 44.146	20 58 48.53	.708 263	Sept. 1	19 56 46.084	21 18 30.48	.956 335
18	20 03 34.103	20 59 18.45	.707 239	2	19 56 39.378	21 18 48.13	.967 847
19	20 03 24.042	20 59 48.34	.706 509	3	19 56 32.832	21 19 05.32	.979 578
20	20 03 13.968	21 00 18.19	.706 073	4	19 56 26.447	21 19 22.04	18.991 523
21	20 03 03.886	−21 00 47.98	18.705 932	5	19 56 20.223	−21 19 38.30	19.003 677
22	20 02 53.801	21 01 17.72	.706 086	6	19 56 14.161	21 19 54.09	.016 038
23	20 02 43.715	21 01 47.39	.706 536	7	19 56 08.263	21 20 09.40	.028 602
24	20 02 33.634	21 02 16.98	.707 282	8	19 56 02.529	21 20 24.23	.041 365
25	20 02 23.560	21 02 46.49	.708 324	9	19 55 56.963	21 20 38.55	.054 323
26	20 02 13.497	−21 03 15.91	18.709 662	10	19 55 51.569	−21 20 52.36	19.067 474
27	20 02 03.449	21 03 45.22	.711 296	11	19 55 46.350	21 21 05.64	.080 812
28	20 01 53.418	21 04 14.41	.713 225	12	19 55 41.309	21 21 18.38	.094 336
29	20 01 43.411	21 04 43.47	.715 449	13	19 55 36.450	21 21 30.60	.108 041
30	20 01 33.429	21 05 12.37	.717 968	14	19 55 31.775	21 21 42.28	.121 923
31	20 01 23.479	−21 05 41.10	18.720 780	15	19 55 27.287	−21 21 53.43	19.135 978
Aug. 1	20 01 13.565	21 06 09.65	.723 884	16	19 55 22.986	21 22 04.05	.150 203
2	20 01 03.693	21 06 37.98	.727 280	17	19 55 18.874	21 22 14.14	.164 594
3	20 00 53.868	21 07 06.10	.730 966	18	19 55 14.954	21 22 23.70	.179 147
4	20 00 44.096	21 07 33.98	.734 941	19	19 55 11.225	21 22 32.72	.193 857
5	20 00 34.382	−21 08 01.63	18.739 203	20	19 55 07.689	−21 22 41.20	19.208 720
6	20 00 24.730	21 08 29.04	.743 751	21	19 55 04.347	21 22 49.14	.223 731
7	20 00 15.142	21 08 56.22	.748 582	22	19 55 01.202	21 22 56.52	.238 887
8	20 00 05.622	21 09 23.15	.753 696	23	19 54 58.254	21 23 03.34	.254 183
9	19 59 56.170	21 09 49.85	.759 090	24	19 54 55.506	21 23 09.59	.269 613
10	19 59 46.788	−21 10 16.30	18.764 763	25	19 54 52.961	−21 23 15.25	19.285 174
11	19 59 37.479	21 10 42.48	.770 713	26	19 54 50.621	21 23 20.33	.300 860
12	19 59 28.247	21 11 08.38	.776 939	27	19 54 48.489	21 23 24.81	.316 666
13	19 59 19.096	21 11 33.97	.783 438	28	19 54 46.568	21 23 28.70	.332 587
14	19 59 10.031	21 11 59.23	.790 211	29	19 54 44.859	21 23 32.01	.348 618
15	19 59 01.058	−21 12 24.17	18.797 254	30	19 54 43.362	−21 23 34.74	19.364 754
16	19 58 52.181	−21 12 48.76	18.804 566	Oct. 1	19 54 42.077	−21 23 36.90	19.380 990

GEOCENTRIC COORDINATES FOR 0^h DYNAMICAL TIME

Date	Apparent Right Ascension	Apparent Declination	True Geocentric Distance	Date	Apparent Right Ascension	Apparent Declination	True Geocentric Distance
	h m s	° ′ ″			h m s	° ′ ″	
Oct. 1	19 54 42.077	−21 23 36.90	19.380 990	Nov. 16	19 57 31.203	−21 14 50.97	20.151 949
2	19 54 41.003	21 23 38.50	.397 320	17	19 57 39.609	21 14 26.43	.167 406
3	19 54 40.138	21 23 39.55	.413 741	18	19 57 48.194	21 14 01.37	.182 734
4	19 54 39.482	21 23 40.02	.430 246	19	19 57 56.959	21 13 35.78	.197 928
5	19 54 39.035	21 23 39.93	.446 832	20	19 58 05.901	21 13 09.65	.212 982
6	19 54 38.798	−21 23 39.25	19.463 492	21	19 58 15.022	−21 12 43.00	20.227 894
7	19 54 38.771	21 23 37.98	.480 224	22	19 58 24.319	21 12 15.84	.242 657
8	19 54 38.957	21 23 36.12	.497 022	23	19 58 33.792	21 11 48.17	.257 268
9	19 54 39.357	21 23 33.65	.513 882	24	19 58 43.438	21 11 20.01	.271 721
10	19 54 39.972	21 23 30.59	.530 799	25	19 58 53.251	21 10 51.39	.286 013
11	19 54 40.804	−21 23 26.93	19.547 768	26	19 59 03.227	−21 10 22.31	20.300 139
12	19 54 41.853	21 23 22.68	.564 785	27	19 59 13.362	21 09 52.77	.314 096
13	19 54 43.118	21 23 17.85	.581 846	28	19 59 23.652	21 09 22.78	.327 879
14	19 54 44.599	21 23 12.43	.598 945	29	19 59 34.094	21 08 52.34	.341 484
15	19 54 46.295	21 23 06.44	.616 078	30	19 59 44.688	21 08 21.43	.354 908
16	19 54 48.207	−21 22 59.87	19.633 239	Dec. 1	19 59 55.432	−21 07 50.05	20.368 148
17	19 54 50.333	21 22 52.73	.650 425	2	20 00 06.323	21 07 18.22	.381 200
18	19 54 52.672	21 22 45.01	.667 629	3	20 00 17.362	21 06 45.93	394 061
19	19 54 55.224	21 22 36.70	.684 848	4	20 00 28.547	21 06 13.19	.406 728
20	19 54 57.990	21 22 27.81	.702 075	5	20 00 39.874	21 05 40.02	.419 197
21	19 55 00.968	−21 22 18.33	19.719 307	6	20 00 51.342	−21 05 06.42	20.431 466
22	19 55 04.160	21 22 08.25	.736 536	7	20 01 02.947	21 04 32.40	.443 531
23	19 55 07.566	21 21 57.57	.753 760	8	20 01 14.687	21 03 57.97	.455 389
24	19 55 11.189	21 21 46.28	.770 971	9	20 01 26.557	21 03 23.15	.467 037
25	19 55 15.027	21 21 34.39	.788 164	10	20 01 38.556	21 02 47.94	.478 472
26	19 55 19.082	−21 21 21.91	19.805 335	11	20 01 50.679	−21 02 12.34	20.489 691
27	19 55 23.352	21 21 08.84	.822 477	12	20 02 02.924	21 01 36.35	.500 691
28	19 55 27.836	21 20 55.21	.839 586	13	20 02 15.287	21 00 59.99	.511 468
29	19 55 32.530	21 20 41.03	.856 657	14	20 02 27.767	21 00 23.25	.522 020
30	19 55 37.430	21 20 26.29	.873 683	15	20 02 40.361	20 59 46.13	.532 344
31	19 55 42.535	−21 20 11.01	19.890 660	16	20 02 53.067	−20 59 08.63	20.542 437
Nov. 1	19 55 47.843	21 19 55.17	.907 584	17	20 03 05.883	20 58 30.75	.552 296
2	19 55 53.352	21 19 38.76	.924 450	18	20 03 18.809	20 57 52.51	.561 917
3	19 55 59.061	21 19 21.79	.941 253	19	20 03 31.843	20 57 13.89	.571 298
4	19 56 04.972	21 19 04.26	.957 988	20	20 03 44.982	20 56 34.93	.580 435
5	19 56 11.083	−21 18 46.15	19.974 652	21	20 03 58.224	−20 55 55.63	20.589 326
6	19 56 17.395	21 18 27.47	19.991 239	22	20 04 11.565	20 55 16.02	.597 969
7	19 56 23.906	21 18 08.23	20.007 746	23	20 04 24.998	20 54 36.12	.606 359
8	19 56 30.616	21 17 48.44	.024 167	24	20 04 38.519	20 53 55.93	.614 496
9	19 56 37.522	21 17 28.11	.040 499	25	20 04 52.122	20 53 15.47	.622 376
10	19 56 44.624	−21 17 07.24	20.056 738	26	20 05 05.804	−20 52 34.73	20.629 998
11	19 56 51.918	21 16 45.83	.072 878	27	20 05 19.562	20 51 53.70	.637 359
12	19 56 59.403	21 16 23.90	.088 915	28	20 05 33.394	20 51 12.40	.644 459
13	19 57 07.076	21 16 01.45	.104 845	29	20 05 47.298	20 50 30.81	.651 295
14	19 57 14.934	21 15 38.48	.120 664	30	20 06 01.274	20 49 48.95	.657 867
15	19 57 22.978	−21 15 14.98	20.136 367	31	20 06 15.317	−20 49 06.83	20.664 172
16	19 57 31.203	−21 14 50.97	20.151 949	32	20 06 29.427	−20 48 24.46	20.670 210

GEOCENTRIC COORDINATES FOR 0ʰ DYNAMICAL TIME

Date	Apparent Right Ascension	Apparent Declination	True Geocentric Distance	Date	Apparent Right Ascension	Apparent Declination	True Geocentric Distance
	h m s	° ′ ″			h m s	° ′ ″	
Jan. 0	19 36 55.984	−21 00 38.06	31.128 976	Feb. 15	19 44 05.058	−20 43 49.06	31.009 255
1	19 37 05.434	21 00 17.01	.132 846	16	19 44 13.474	20 43 28.21	31.000 209
2	19 37 14.912	20 59 55.87	.136 428	17	19 44 21.816	20 43 07.48	30.990 919
3	19 37 24.412	20 59 34.64	.139 720	18	19 44 30.083	20 42 46.88	.981 387
4	19 37 33.932	20 59 13.31	.142 724	19	19 44 38.276	20 42 26.41	.971 616
5	19 37 43.469	−20 58 51.88	31.145 437	20	19 44 46.394	−20 42 06.07	30.961 608
6	19 37 53.022	20 58 30.35	.147 859	21	19 44 54.436	20 41 45.86	.951 366
7	19 38 02.591	20 58 08.71	.149 989	22	19 45 02.401	20 41 25.81	.940 893
8	19 38 12.173	20 57 46.97	.151 828	23	19 45 10.287	20 41 05.92	.930 190
9	19 38 21.769	20 57 25.14	.153 376	24	19 45 18.091	20 40 46.22	.919 262
10	19 38 31.376	−20 57 03.21	31.154 632	25	19 45 25.809	−20 40 26.72	30.908 110
11	19 38 40.993	20 56 41.19	.155 596	26	19 45 33.438	20 40 07.42	.896 738
12	19 38 50.619	20 56 19.07	.156 268	27	19 45 40.974	20 39 48.34	.885 149
13	19 39 00.254	20 55 56.68	.156 648	28	19 45 48.415	20 39 29.45	.873 347
14	19 39 09.825	20 55 34.30	.156 737	Mar. 1	19 45 55.759	20 39 10.78	.861 335
15	19 39 19.461	−20 55 12.60	31.156 535	2	19 46 03.004	−20 38 52.30	30.849 118
16	19 39 29.092	20 54 50.42	.156 042	3	19 46 10.152	20 38 34.02	.836 698
17	19 39 38.712	20 54 28.17	.155 258	4	19 46 17.200	20 38 15.95	.824 080
18	19 39 48.319	20 54 05.88	.154 183	5	19 46 24.150	20 37 58.09	.811 268
19	19 39 57.914	20 53 43.56	.152 818	6	19 46 30.999	20 37 40.44	.798 266
20	19 40 07.492	−20 53 21.21	31.151 164	7	19 46 37.747	−20 37 23.02	30.785 078
21	19 40 17.054	20 52 58.84	.149 219	8	19 46 44.391	20 37 05.84	.771 708
22	19 40 26.599	20 52 36.43	.146 986	9	19 46 50.931	20 36 48.90	.758 160
23	19 40 36.126	20 52 14.00	.144 464	10	19 46 57.364	20 36 32.21	.744 439
24	19 40 45.633	20 51 51.54	.141 654	11	19 47 03.688	20 36 15.79	.730 549
25	19 40 55.121	−20 51 29.07	31.138 555	12	19 47 09.901	−20 35 59.63	30.716 494
26	19 41 04.587	20 51 06.60	.135 169	13	19 47 16.002	20 35 43.75	.702 278
27	19 41 14.029	20 50 44.14	.131 497	14	19 47 21.987	20 35 28.14	.687 904
28	19 41 23.443	20 50 21.73	.127 538	15	19 47 27.855	20 35 12.80	.673 379
29	19 41 32.825	20 49 59.35	.123 295	16	19 47 33.606	20 34 57.73	.658 704
30	19 41 42.170	−20 49 37.03	31.118 768	17	19 47 39.239	−20 34 42.93	30.643 886
31	19 41 51.475	20 49 14.77	.113 958	18	19 47 44.755	20 34 28.39	.628 926
Feb. 1	19 42 00.737	20 48 52.56	.108 867	19	19 47 50.153	20 34 14.10	.613 830
2	19 42 09.954	20 48 30.40	.103 497	20	19 47 55.435	20 34 00.09	.598 602
3	19 42 19.125	20 48 08.29	.097 849	21	19 48 00.600	20 33 46.35	.583 245
4	19 42 28.249	−20 47 46.22	31.091 927	22	19 48 05.646	−20 33 32.91	30.567 763
5	19 42 37.326	20 47 24.21	.085 731	23	19 48 10.572	20 33 19.78	.552 161
6	19 42 46.354	20 47 02.26	.079 264	24	19 48 15.375	20 33 06.96	.536 442
7	19 42 55.331	20 46 40.38	.072 529	25	19 48 20.051	20 32 54.48	.520 612
8	19 43 04.256	20 46 18.58	.065 527	26	19 48 24.598	20 32 42.32	.504 674
9	19 43 13.126	−20 45 56.88	31.058 260	27	19 48 29.015	−20 32 30.50	30.488 634
10	19 43 21.940	20 45 35.27	.050 733	28	19 48 33.300	20 32 18.99	.472 495
11	19 43 30.693	20 45 13.78	.042 946	29	19 48 37.453	20 32 07.80	.456 264
12	19 43 39.385	20 44 52.41	.034 902	30	19 48 41.473	20 31 56.93	.439 944
13	19 43 48.011	20 44 31.16	.026 604	31	19 48 45.362	20 31 46.38	.423 541
14	19 43 56.570	−20 44 10.05	31.018 054	Apr. 1	19 48 49.120	−20 31 36.14	30.407 061
15	19 44 05.058	−20 43 49.06	31.009 255	2	19 48 52.747	−20 31 26.23	30.390 507

GEOCENTRIC COORDINATES FOR 0h DYNAMICAL TIME

Date	Apparent Right Ascension	Apparent Declination	True Geocentric Distance	Date	Apparent Right Ascension	Apparent Declination	True Geocentric Distance
	h m s	° ′ ″			h m s	° ′ ″	
Apr. 1	19 48 49.120	−20 31 36.14	30.407 061	May 17	19 49 14.661	−20 30 07.28	29.649 374
2	19 48 52.747	20 31 26.23	.390 507	18	19 49 12.086	20 30 13.62	.634 713
3	19 48 56.242	20 31 16.64	.373 886	19	19 49 09.386	20 30 20.32	.620 201
4	19 48 59.604	20 31 07.39	.357 201	20	19 49 06.560	20 30 27.37	.605 842
5	19 49 02.834	20 30 58.48	.340 460	21	19 49 03.610	20 30 34.74	.591 640
6	19 49 05.930	−20 30 49.92	30.323 665	22	19 49 00.537	−20 30 42.44	29.577 599
7	19 49 08.890	20 30 41.72	.306 823	23	19 48 57.343	20 30 50.45	.563 724
8	19 49 11.714	20 30 33.88	.289 939	24	19 48 54.030	20 30 58.76	.550 019
9	19 49 14.401	20 30 26.40	.273 017	25	19 48 50.601	20 31 07.37	.536 489
10	19 49 16.949	20 30 19.28	.256 063	26	19 48 47.059	20 31 16.27	.523 137
11	19 49 19.357	−20 30 12.52	30.239 081	27	19 48 43.404	−20 31 25.46	29.509 968
12	19 49 21.626	20 30 06.12	.222 076	28	19 48 39.640	20 31 34.95	.496 986
13	19 49 23.755	20 30 00.06	.205 053	29	19 48 35.766	20 31 44.73	.484 196
14	19 49 25.746	20 29 54.34	.188 016	30	19 48 31.786	20 31 54.80	.471 600
15	19 49 27.599	20 29 48.96	.170 971	31	19 48 27.698	20 32 05.17	.459 204
16	19 49 29.318	−20 29 43.91	30.153 921	June 1	19 48 23.505	−20 32 15.84	29.447 010
17	19 49 30.902	20 29 39.20	.136 871	2	19 48 19.207	20 32 26.79	.435 023
18	19 49 32.351	20 29 34.85	.119 825	3	19 48 14.806	20 32 38.02	.423 245
19	19 49 33.666	20 29 30.87	.102 789	4	19 48 10.302	20 32 49.53	.411 682
20	19 49 34.843	20 29 27.26	.085 766	5	19 48 05.697	20 33 01.30	.400 335
21	19 49 35.881	−20 29 24.04	30.068 761	6	19 48 00.993	−20 33 13.33	29.389 208
22	19 49 36.778	20 29 21.21	.051 780	7	19 47 56.193	20 33 25.61	.378 305
23	19 49 37.532	20 29 18.75	.034 826	8	19 47 51.300	20 33 38.11	.367 628
24	19 49 38.144	20 29 16.67	.017 906	9	19 47 46.317	20 33 50.83	.357 179
25	19 49 38.614	20 29 14.95	30.001 023	10	19 47 41.248	20 34 03.77	.346 963
26	19 49 38.944	−20 29 13.59	29.984 184	11	19 47 36.095	−20 34 16.92	29.336 980
27	19 49 39.134	20 29 12.58	.967 393	12	19 47 30.862	20 34 30.29	.327 234
28	19 49 39.186	20 29 11.93	.950 656	13	19 47 25.548	20 34 43.89	.317 727
29	19 49 39.101	20 29 11.63	.933 977	14	19 47 20.155	20 34 57.72	.308 462
30	19 49 38.880	20 29 11.68	.917 363	15	19 47 14.682	20 35 11.79	.299 441
May 1	19 49 38.524	−20 29 12.10	29.900 817	16	19 47 09.128	−20 35 26.08	29.290 666
2	19 49 38.032	20 29 12.87	.884 345	17	19 47 03.494	20 35 40.59	.282 141
3	19 49 37.405	20 29 14.02	.867 952	18	19 46 57.783	20 35 55.29	.273 868
4	19 49 36.643	20 29 15.53	.851 644	19	19 46 51.997	20 36 10.18	.265 849
5	19 49 35.745	20 29 17.42	.835 424	20	19 46 46.140	20 36 25.24	.258 088
6	19 49 34.712	−20 29 19.68	29.819 297	21	19 46 40.216	−20 36 40.47	29.250 586
7	19 49 33.543	20 29 22.30	.803 269	22	19 46 34.228	20 36 55.85	.243 348
8	19 49 32.239	20 29 25.28	.787 345	23	19 46 28.177	20 37 11.39	.236 374
9	19 49 30.801	20 29 28.62	.771 527	24	19 46 22.068	20 37 27.08	.229 668
10	19 49 29.229	20 29 32.30	.755 822	25	19 46 15.903	20 37 42.92	.223 231
11	19 49 27.525	−20 29 36.32	29.740 233	26	19 46 09.683	−20 37 58.91	29.217 067
12	19 49 25.692	20 29 40.67	.724 765	27	19 46 03.410	20 38 15.05	.211 176
13	19 49 23.732	20 29 45.34	.709 421	28	19 45 57.086	20 38 31.34	.205 562
14	19 49 21.647	20 29 50.32	.694 207	29	19 45 50.713	20 38 47.76	.200 225
15	19 49 19.440	20 29 55.63	.679 124	30	19 45 44.293	20 39 04.32	.195 167
16	19 49 17.112	−20 30 01.28	29.664 179	July 1	19 45 37.826	−20 39 21.00	29.190 391
17	19 49 14.661	−20 30 07.28	29.649 374	2	19 45 31.316	−20 39 37.80	29.185 897

GEOCENTRIC COORDINATES FOR 0^h DYNAMICAL TIME

Date	Apparent Right Ascension	Apparent Declination	True Geocentric Distance	Date	Apparent Right Ascension	Apparent Declination	True Geocentric Distance
	h m s	° ′ ″			h m s	° ′ ″	
July 1	19 45 37.826	−20 39 21.00	29.190 391	Aug. 16	19 40 36.524	−20 52 20.34	29.281 278
2	19 45 31.316	20 39 37.80	.185 897	17	19 40 30.829	20 52 35.25	.289 793
3	19 45 24.766	20 39 54.69	.181 686	18	19 40 25.209	20 52 49.98	.298 562
4	19 45 18.177	20 40 11.67	.177 761	19	19 40 19.668	20 53 04.54	.307 583
5	19 45 11.554	20 40 28.73	.174 120	20	19 40 14.207	20 53 18.91	.316 853
6	19 45 04.901	−20 40 45.85	29.170 767	21	19 40 08.828	−20 53 33.11	29.326 369
7	19 44 58.221	20 41 03.02	.167 701	22	19 40 03.532	20 53 47.12	.336 130
8	19 44 51.518	20 41 20.25	.164 922	23	19 39 58.320	20 54 00.94	.346 132
9	19 44 44.796	20 41 37.53	.162 431	24	19 39 53.194	20 54 14.57	.356 372
10	19 44 38.057	20 41 54.86	.160 229	25	19 39 48.156	20 54 28.00	.366 847
11	19 44 31.302	−20 42 12.25	29.158 316	26	19 39 43.207	−20 54 41.22	29.377 555
12	19 44 24.531	20 42 29.72	.156 692	27	19 39 38.350	20 54 54.21	.388 492
13	19 44 17.745	20 42 47.24	.155 357	28	19 39 33.587	20 55 06.97	.399 654
14	19 44 10.943	20 43 04.81	.154 312	29	19 39 28.922	20 55 19.49	.411 039
15	19 44 04.128	20 43 22.42	.153 557	30	19 39 24.357	20 55 31.75	.422 641
16	19 43 57.303	−20 43 40.04	29.153 094	31	19 39 19.897	−20 55 43.76	29.434 459
17	19 43 50.472	20 43 57.67	.152 921	Sept. 1	19 39 15.544	20 55 55.52	.446 486
18	19 43 43.639	20 44 15.28	.153 041	2	19 39 11.299	20 56 07.03	.458 721
19	19 43 36.807	20 44 32.89	.153 452	3	19 39 07.163	20 56 18.30	.471 158
20	19 43 29.981	20 44 50.47	.154 156	4	19 39 03.138	20 56 29.34	.483 794
21	19 43 23.162	−20 45 08.04	29.155 153	5	19 38 59.221	−20 56 40.14	29.496 625
22	19 43 16.354	20 45 25.58	.156 442	6	19 38 55.414	20 56 50.70	.509 647
23	19 43 09.558	20 45 43.10	.158 023	7	19 38 51.717	20 57 01.02	.522 856
24	19 43 02.778	20 46 00.60	.159 898	8	19 38 48.129	20 57 11.08	.536 249
25	19 42 56.015	20 46 18.07	.162 064	9	19 38 44.654	20 57 20.87	.549 821
26	19 42 49.270	−20 46 35.50	29.164 521	10	19 38 41.294	−20 57 30.38	29.563 570
27	19 42 42.547	20 46 52.90	.167 270	11	19 38 38.051	20 57 39.59	.577 490
28	19 42 35.846	20 47 10.24	.170 309	12	19 38 34.929	20 57 48.52	.591 580
29	19 42 29.170	20 47 27.53	.173 637	13	19 38 31.929	20 57 57.16	.605 834
30	19 42 22.521	20 47 44.75	.177 254	14	19 38 29.053	20 58 05.51	.620 250
31	19 42 15.904	−20 48 01.89	29.181 158	15	19 38 26.303	−20 58 13.57	29.634 822
Aug. 1	19 42 09.320	20 48 18.93	.185 348	16	19 38 23.679	20 58 21.35	.649 548
2	19 42 02.774	20 48 35.87	.189 821	17	19 38 21.181	20 58 28.85	.664 422
3	19 41 56.270	20 48 52.69	.194 578	18	19 38 18.811	20 58 36.06	.679 442
4	19 41 49.811	20 49 09.39	.199 616	19	19 38 16.569	20 58 42.99	.694 602
5	19 41 43.401	−20 49 25.98	29.204 932	20	19 38 14.454	−20 58 49.63	29.709 897
6	19 41 37.042	20 49 42.44	.210 526	21	19 38 12.469	20 58 55.98	.725 325
7	19 41 30.736	20 49 58.81	.216 395	22	19 38 10.612	20 59 02.02	.740 879
8	19 41 24.483	20 50 15.06	.222 537	23	19 38 08.887	20 59 07.76	.756 556
9	19 41 18.284	20 50 31.21	.228 950	24	19 38 07.293	20 59 13.18	.772 350
10	19 41 12.139	−20 50 47.24	29.235 633	25	19 38 05.834	−20 59 18.28	29.788 256
11	19 41 06.049	20 51 03.15	.242 582	26	19 38 04.510	20 59 23.04	.804 270
12	19 41 00.016	20 51 18.92	.249 798	27	19 38 03.326	20 59 27.46	.820 386
13	19 40 54.043	20 51 34.53	.257 277	28	19 38 02.282	20 59 31.56	.836 599
14	19 40 48.134	20 51 49.98	.265 018	29	19 38 01.379	20 59 35.33	.852 905
15	19 40 42.294	−20 52 05.25	29.273 019	30	19 38 00.617	−20 59 38.78	29.869 297
16	19 40 36.524	−20 52 20.34	29.281 278	Oct. 1	19 37 59.996	−20 59 41.93	29.885 771

GEOCENTRIC COORDINATES FOR 0^h DYNAMICAL TIME

Date	Apparent Right Ascension	Apparent Declination	True Geocentric Distance	Date	Apparent Right Ascension	Apparent Declination	True Geocentric Distance
	h m s	° ′ ″			h m s	° ′ ″	
Oct. 1	19 37 59.996	−20 59 41.93	29.885 771	Nov. 16	19 40 01.454	−20 56 10.80	30.647 126
2	19 37 59.514	20 59 44.77	.902 321	17	19 40 07.191	20 55 58.61	.661 912
3	19 37 59.170	20 59 47.31	.918 943	18	19 40 13.045	20 55 46.10	.676 547
4	19 37 58.963	20 59 49.54	.935 632	19	19 40 19.014	20 55 33.28	.691 029
5	19 37 58.892	20 59 51.45	.952 382	20	19 40 25.100	20 55 20.13	.705 351
6	19 37 58.958	−20 59 53.03	29.969 190	21	19 40 31.302	−20 55 06.67	30.719 510
7	19 37 59.163	20 59 54.28	29.986 050	22	19 40 37.621	20 54 52.89	.733 501
8	19 37 59.508	20 59 55.18	30.002 957	23	19 40 44.054	20 54 38.82	.747 319
9	19 37 59.994	20 59 55.74	.019 908	24	19 40 50.600	20 54 24.46	.760 960
10	19 38 00.622	20 59 55.96	.036 898	25	19 40 57.255	20 54 09.84	.774 420
11	19 38 01.394	−20 59 55.84	30.053 921	26	19 41 04.015	−20 53 54.95	30.787 694
12	19 38 02.309	20 59 55.38	.070 974	27	19 41 10.876	20 53 39.80	.800 779
13	19 38 03.368	20 59 54.59	.088 051	28	19 41 17.836	20 53 24.39	.813 670
14	19 38 04.569	20 59 53.48	.105 148	29	19 41 24.893	20 53 08.71	.826 364
15	19 38 05.912	20 59 52.04	.122 259	30	19 41 32.046	20 52 52.75	.838 858
16	19 38 07.396	−20 59 50.28	30.139 380	Dec. 1	19 41 39.294	−20 52 36.52	30.851 147
17	19 38 09.021	20 59 48.19	.156 507	2	19 41 46.638	20 52 20.00	.863 230
18	19 38 10.786	20 59 45.78	.173 633	3	19 41 54.076	20 52 03.21	.875 102
19	19 38 12.690	20 59 43.04	.190 753	4	19 42 01.607	20 51 46.15	.886 761
20	19 38 14.734	20 59 39.96	.207 864	5	19 42 09.230	20 51 28.82	.898 204
21	19 38 16.917	−20 59 36.55	30.224 958	6	19 42 16.944	−20 51 11.25	30.909 426
22	19 38 19.240	20 59 32.78	.242 032	7	19 42 24.745	20 50 53.43	.920 426
23	19 38 21.704	20 59 28.66	.259 080	8	19 42 32.632	20 50 35.37	.931 201
24	19 38 24.310	20 59 24.18	.276 096	9	19 42 40.602	20 50 17.09	.941 747
25	19 38 27.059	20 59 19.34	.293 075	10	19 42 48.653	20 49 58.58	.952 061
26	19 38 29.951	−20 59 14.16	30.310 011	11	19 42 56.781	−20 49 39.84	30.962 140
27	19 38 32.986	20 59 08.65	.326 900	12	19 43 04.984	20 49 20.89	.971 982
28	19 38 36.162	20 59 02.82	.343 735	13	19 43 13.261	20 49 01.71	.981 584
29	19 38 39.476	20 58 56.67	.360 511	14	19 43 21.610	20 48 42.31	30.990 942
30	19 38 42.924	20 58 50.21	.377 224	15	19 43 30.029	20 48 22.68	31.000 054
31	19 38 46.506	−20 58 43.44	30.393 869	16	19 43 38.517	−20 48 02.82	31.008 917
Nov. 1	19 38 50.219	20 58 36.35	.410 440	17	19 43 47.073	20 47 42.74	.017 528
2	19 38 54.063	20 58 28.93	.426 933	18	19 43 55.697	20 47 22.43	.025 883
3	19 38 58.038	20 58 21.17	.443 343	19	19 44 04.389	20 47 01.90	.033 982
4	19 39 02.144	20 58 13.08	.459 666	20	19 44 13.146	20 46 41.16	.041 819
5	19 39 06.382	−20 58 04.65	30.475 898	21	19 44 21.966	−20 46 20.23	31.049 393
6	19 39 10.751	20 57 55.88	.492 033	22	19 44 30.847	20 45 59.12	.056 702
7	19 39 15.252	20 57 46.78	.508 068	23	19 44 39.784	20 45 37.85	.063 742
8	19 39 19.883	20 57 37.35	.523 997	24	19 44 48.771	20 45 16.42	.070 512
9	19 39 24.644	20 57 27.60	.539 818	25	19 44 57.805	20 44 54.85	.077 010
10	19 39 29.533	−20 57 17.54	30.555 524	26	19 45 06.884	−20 44 33.11	31.083 233
11	19 39 34.548	20 57 07.18	.571 113	27	19 45 16.005	20 44 11.20	.089 181
12	19 39 39.687	20 56 56.51	.586 579	28	19 45 25.168	20 43 49.13	.094 852
13	19 39 44.949	20 56 45.54	.601 918	29	19 45 34.372	20 43 26.89	.100 244
14	19 39 50.332	20 56 34.26	.617 125	30	19 45 43.616	20 43 04.48	.105 357
15	19 39 55.834	−20 56 22.69	30.632 196	31	19 45 52.898	−20 42 41.93	31.110 189
16	19 40 01.454	−20 56 10.80	30.647 126	32	19 46 02.218	−20 42 19.22	31.114 740

GEOCENTRIC POSITIONS FOR 0^h DYNAMICAL TIME

Date	Astrometric Right Ascension J2000.0	Astrometric Declination J2000.0	True Geocentric Distance	Date	Astrometric Right Ascension J2000.0	Astrometric Declination J2000.0	True Geocentric Distance
	h m s	° ′ ″			h m s	° ′ ″	
Jan. – 1	16 00 36.501	– 7 01 07.60	30.565140	July 7	15 55 49.977	– 6 19 38.22	29.153488
3	16 01 14.784	7 01 58.66	.511462	12	15 55 30.396	6 20 47.24	.215721
8	16 01 51.011	7 02 33.98	.452498	17	15 55 13.354	6 22 11.47	.282327
13	16 02 24.966	7 02 53.63	.388716	22	15 54 59.014	6 23 50.60	.352869
18	16 02 56.458	7 02 57.82	.320595	27	15 54 47.533	6 25 44.21	.426860
23	16 03 25.309	– 7 02 46.81	30.248618	Aug. 1	15 54 39.047	– 6 27 51.73	29.503755
28	16 03 51.347	7 02 20.91	.173281	6	15 54 33.655	6 30 12.43	.582974
Feb. 2	16 04 14.396	7 01 40.58	.095140	11	15 54 31.414	6 32 45.49	.663939
7	16 04 34.316	7 00 46.45	30.014822	16	15 54 32.362	6 35 30.09	.746115
12	16 04 51.008	6 59 39.29	29.932961	21	15 54 36.536	6 38 25.39	.828962
17	16 05 04.400	– 6 58 19.93	29.850170	26	15 54 43.961	– 6 41 30.42	29.911903
22	16 05 14.439	6 56 49.26	.767042	31	15 54 54.630	6 44 44.13	29.994331
27	16 05 21.074	6 55 08.19	.684181	Sept. 5	15 55 08.498	6 48 05.38	30.075639
Mar. 4	16 05 24.278	6 53 17.83	.602243	10	15 55 25.489	6 51 32.99	.155274
9	16 05 24.072	6 51 19.40	.521889	15	15 55 45.524	6 55 05.86	.232723
14	16 05 20.516	– 6 49 14.18	29.443745	20	15 56 08.521	– 6 58 42.84	30.307468
19	16 05 13.697	6 47 03.46	.368384	25	15 56 34.382	7 02 22.72	.378970
24	16 05 03.710	6 44 48.51	.296340	30	15 57 02.972	7 06 04.23	.446692
29	16 04 50.660	6 42 30.69	.228159	Oct. 5	15 57 34.126	7 09 46.09	.510145
Apr. 3	16 04 34.694	6 40 11.44	.164399	10	15 58 07.667	7 13 27.07	.568915
8	16 04 16.000	– 6 37 52.26	29.105566	15	15 58 43.423	– 7 17 06.03	30.622620
13	16 03 54.794	6 35 34.59	.052097	20	15 59 21.219	7 20 41.78	.670876
18	16 03 31.305	6 33 19.81	29.004356	25	16 00 00.856	7 24 13.12	.713303
23	16 03 05.757	6 31 09.25	28.962671	30	16 00 42.105	7 27 38.85	.749561
28	16 02 38.391	6 29 04.29	.927375	Nov. 4	16 01 24.719	7 30 57.83	.779396
May 3	16 02 09.487	– 6 27 06.29	28.898763	9	16 02 08.460	– 7 34 09.04	30.802624
8	16 01 39.347	6 25 16.58	.877047	14	16 02 53.097	7 37 11.52	.819083
13	16 01 08.279	6 23 36.31	.862353	19	16 03 38.389	7 40 04.30	.828623
18	16 00 36.579	6 22 06.53	.854740	24	16 04 24.079	7 42 46.46	.831123
23	16 00 04.533	6 20 48.23	.854252	29	16 05 09.884	7 45 17.10	.826537
28	15 59 32.442	– 6 19 42.38	28.860920	Dec. 4	16 05 55.527	– 7 47 35.51	30.814918
June 2	15 59 00.627	6 18 49.84	.874701	9	16 06 40.753	7 49 41.06	.796368
7	15 58 29.405	6 18 11.35	.895468	14	16 07 25.311	7 51 33.21	.771001
12	15 57 59.074	6 17 47.43	.923016	19	16 08 08.945	7 53 11.44	.738959
17	15 57 29.902	6 17 38.49	.957106	24	16 08 51.385	7 54 35.29	.700430
22	15 57 02.145	– 6 17 44.89	28.997506	29	16 09 32.358	– 7 55 44.44	30.655700
27	15 56 36.069	– 6 18 06.92	29.043944	Dec. 34	16 10 11.616	– 7 56 38.76	30.605130
July 2	15 56 11.935	– 6 18 44.71	29.096077				

HELIOCENTRIC POSITIONS FOR 0^h DYNAMICAL TIME

MEAN EQUINOX AND ECLIPTIC OF DATE

Date	Longitude	Latitude	Radius Vector	Date	Longitude	Latitude	Radius Vector
	° ′ ″	° ′ ″			° ′ ″	° ′ ″	
Jan. – 37	237 59 52.5	+ 13 42 03.1	29.80818	July 22	239 38 51.8	+ 13 24 11.9	29.84724
Jan. 3	238 16 24.5	13 39 07.0	.81440	Aug. 31	239 55 18.6	13 21 10.0	.85416
Feb. 12	238 32 55.6	13 36 09.9	.82074	Oct. 10	240 11 44.6	13 18 07.2	.86119
Mar. 24	238 49 26.0	13 33 11.9	.82719	Nov. 19	240 28 09.5	13 15 03.5	.86834
May 3	239 05 55.5	13 30 12.8	.83376	Dec. 29	240 44 33.5	13 11 58.8	.87560
June 12	239 22 24.1	+ 13 27 12.9	29.84044	Dec. 69	241 00 56.6	+ 13 08 53.2	29.88298

NOTES AND FORMULAS

Semidiameter and parallax

The apparent angular semidiameter of a planet is given by:

apparent S.D. = S.D. at unit distance / true distance

where the true distance is given in the daily geocentric ephemeris and the adopted semidiameter at unit distance is given by:

	″		″		″
Mercury	3.36	Jupiter: equatorial	98.44	Uranus	35.02
Venus	8.34	polar	92.06	Neptune	33.50
Mars	4.68	Saturn: equatorial	82.73	Pluto	2.07
		polar	73.82		

The difference in transit times of the limb and center of a planet in seconds of time is given approximately by:

difference in transit time = (apparent S.D. in seconds of arc) / 15 cos δ

where the sidereal motion of the planet is ignored.

The equatorial horizontal parallax of a planet is given by 8″.794 148 divided by its true geocentric distance; formulas for the corrections for diurnal parallax are given on page B61.

Time of transit of a planet

The transit times that are tabulated on pages E44–E51 are expressed in dynamical time (TDT) and refer to the transits over the ephemeris meridian; for most purposes this may be regarded as giving the universal time (UT) of transit over the Greenwich meridian.

The UT of transit over a local meridian is given by:

time of ephemeris transit − (λ/24) * first difference

with an error that is usually less than 1 second, where λ is the *east* longitude in hours and the first difference is about 24 hours.

Times of rising and setting

Approximate times of the rising and setting of a planet at a place with latitude φ may be obtained from the time of transit by applying the value of the hour angle h of the point on the horizon at the same declination as the planet; h is given by:

$$\cos h = -\tan\varphi \tan\delta$$

This ignores the sidereal motion of the planet during the interval between transit and rising or setting. Similarly, the time at which a planet reaches a zenith distance z may be obtained by determining the corresponding hour angle h from:

$$\cos h = -\tan\varphi \tan\delta + \sec\varphi \sec\delta \cos z$$

and applying h to the time of transit.

TIMES OF EPHEMERIS TRANSIT, 1995

Date	Mercury	Venus	Mars	Jupiter	Saturn	Uranus	Neptune	Pluto
	h m s	h m s	h m s	h m s	h m s	h m s	h m s	h m
Jan. 0	12 47 39	8 49 05	3 46 01	9 32 51	16 01 49	13 11 06	12 58 07	9 22
1	12 50 43	8 48 49	3 42 15	9 29 45	15 58 12	13 07 25	12 54 20	9 19
2	12 53 45	8 48 35	3 38 26	9 26 39	15 54 35	13 03 43	12 50 34	9 15
3	12 56 45	8 48 25	3 34 35	9 23 33	15 50 58	13 00 02	12 46 47	9 11
4	12 59 42	8 48 17	3 30 40	9 20 27	15 47 22	12 56 21	12 43 01	9 07
5	13 02 36	8 48 11	3 26 42	9 17 20	15 43 45	12 52 39	12 39 15	9 03
6	13 05 25	8 48 08	3 22 42	9 14 13	15 40 09	12 48 58	12 35 28	8 59
7	13 08 09	8 48 08	3 18 38	9 11 06	15 36 34	12 45 17	12 31 42	8 56
8	13 10 48	8 48 10	3 14 31	9 07 59	15 32 58	12 41 36	12 27 55	8 52
9	13 13 19	8 48 14	3 10 21	9 04 51	15 29 23	12 37 55	12 24 09	8 48
10	13 15 43	8 48 21	3 06 08	9 01 43	15 25 48	12 34 14	12 20 23	8 44
11	13 17 58	8 48 30	3 01 52	8 58 35	15 22 13	12 30 33	12 16 36	8 40
12	13 20 03	8 48 41	2 57 33	8 55 26	15 18 38	12 26 52	12 12 50	8 37
13	13 21 56	8 48 54	2 53 11	8 52 17	15 15 04	12 23 11	12 09 04	8 33
14	13 23 35	8 49 10	2 48 46	8 49 08	15 11 30	12 19 30	12 05 17	8 29
15	13 24 58	8 49 27	2 44 17	8 45 58	15 07 56	12 15 49	12 01 31	8 25
16	13 26 04	8 49 47	2 39 46	8 42 49	15 04 22	12 12 07	11 57 45	8 21
17	13 26 49	8 50 09	2 35 11	8 39 38	15 00 49	12 08 26	11 53 58	8 17
18	13 27 12	8 50 32	2 30 33	8 36 28	14 57 16	12 04 45	11 50 12	8 14
19	13 27 09	8 50 58	2 25 53	8 33 17	14 53 42	12 01 04	11 46 26	8 10
20	13 26 38	8 51 26	2 21 09	8 30 06	14 50 10	11 57 23	11 42 39	8 06
21	13 25 35	8 51 55	2 16 22	8 26 54	14 46 37	11 53 42	11 38 53	8 02
22	13 23 58	8 52 26	2 11 32	8 23 42	14 43 04	11 50 01	11 35 06	7 58
23	13 21 44	8 52 59	2 06 39	8 20 30	14 39 32	11 46 20	11 31 20	7 54
24	13 18 50	8 53 34	2 01 43	8 17 17	14 36 00	11 42 39	11 27 34	7 51
25	13 15 14	8 54 10	1 56 45	8 14 04	14 32 28	11 38 58	11 23 47	7 47
26	13 10 55	8 54 48	1 51 43	8 10 50	14 28 56	11 35 17	11 20 01	7 43
27	13 05 52	8 55 27	1 46 39	8 07 36	14 25 25	11 31 35	11 16 14	7 39
28	13 00 06	8 56 08	1 41 32	8 04 22	14 21 53	11 27 54	11 12 27	7 35
29	12 53 38	8 56 51	1 36 23	8 01 07	14 18 22	11 24 13	11 08 41	7 31
30	12 46 33	8 57 34	1 31 11	7 57 52	14 14 51	11 20 32	11 04 54	7 28
31	12 38 53	8 58 19	1 25 57	7 54 36	14 11 20	11 16 50	11 01 08	7 24
Feb. 1	12 30 46	8 59 06	1 20 41	7 51 20	14 07 49	11 13 09	10 57 21	7 20
2	12 22 18	8 59 53	1 15 23	7 48 03	14 04 18	11 09 27	10 53 34	7 16
3	12 13 36	9 00 42	1 10 02	7 44 46	14 00 47	11 05 46	10 49 47	7 12
4	12 04 48	9 01 31	1 04 40	7 41 29	13 57 17	11 02 04	10 46 00	7 08
5	11 56 04	9 02 22	0 59 17	7 38 10	13 53 47	10 58 23	10 42 13	7 04
6	11 47 28	9 03 14	0 53 52	7 34 52	13 50 16	10 54 41	10 38 27	7 00
7	11 39 10	9 04 06	0 48 26	7 31 33	13 46 46	10 50 59	10 34 40	6 57
8	11 31 13	9 05 00	0 42 58	7 28 13	13 43 16	10 47 17	10 30 52	6 53
9	11 23 43	9 05 54	0 37 30	7 24 53	13 39 46	10 43 36	10 27 05	6 49
10	11 16 42	9 06 49	0 32 01	7 21 32	13 36 17	10 39 54	10 23 18	6 45
11	11 10 12	9 07 45	0 26 31	7 18 11	13 32 47	10 36 11	10 19 31	6 41
12	11 04 15	9 08 42	0 21 01	7 14 50	13 29 17	10 32 29	10 15 44	6 37
13	10 58 50	9 09 39	0 15 31	7 11 27	13 25 48	10 28 47	10 11 56	6 33
14	10 53 58	9 10 36	0 10 01	7 08 05	13 22 19	10 25 05	10 08 09	6 29
15	10 49 37	9 11 34	0 04 30	7 04 41	13 18 49	10 21 22	10 04 21	6 26

Second transit: Mars, Feb. $15^{d}23^{h}59^{m}00^{s}$.

Date	Mercury	Venus	Mars	Jupiter	Saturn	Uranus	Neptune	Pluto
	h m s	h m s	h m s	h m s	h m s	h m s	h m s	h m
Feb. 15	10 49 37	9 11 34	0 04 30	7 04 41	13 18 49	10 21 22	10 04 21	6 26
16	10 45 46	9 12 33	23 53 31	7 01 17	13 15 20	10 17 40	10 00 34	6 22
17	10 42 23	9 13 32	23 48 02	6 57 53	13 11 51	10 13 57	9 56 46	6 18
18	10 39 27	9 14 31	23 42 34	6 54 28	13 08 22	10 10 15	9 52 58	6 14
19	10 36 55	9 15 30	23 37 07	6 51 02	13 04 53	10 06 32	9 49 11	6 10
20	10 34 47	9 16 30	23 31 41	6 47 36	13 01 24	10 02 49	9 45 23	6 06
21	10 32 59	9 17 30	23 26 16	6 44 09	12 57 55	9 59 06	9 41 35	6 02
22	10 31 32	9 18 30	23 20 53	6 40 42	12 54 26	9 55 23	9 37 47	5 58
23	10 30 22	9 19 30	23 15 31	6 37 13	12 50 57	9 51 40	9 33 59	5 54
24	10 29 30	9 20 30	23 10 12	6 33 45	12 47 28	9 47 57	9 30 11	5 50
25	10 28 52	9 21 30	23 04 54	6 30 15	12 43 59	9 44 13	9 26 22	5 47
26	10 28 29	9 22 30	22 59 38	6 26 45	12 40 31	9 40 30	9 22 34	5 43
27	10 28 18	9 23 30	22 54 24	6 23 15	12 37 02	9 36 46	9 18 46	5 39
28	10 28 19	9 24 30	22 49 13	6 19 43	12 33 33	9 33 02	9 14 57	5 35
Mar. 1	10 28 31	9 25 29	22 44 04	6 16 12	12 30 05	9 29 18	9 11 08	5 31
2	10 28 53	9 26 28	22 38 58	6 12 39	12 26 36	9 25 34	9 07 20	5 27
3	10 29 24	9 27 27	22 33 54	6 09 06	12 23 08	9 21 50	9 03 31	5 23
4	10 30 03	9 28 25	22 28 53	6 05 32	12 19 39	9 18 06	8 59 42	5 19
5	10 30 49	9 29 23	22 23 55	6 01 57	12 16 11	9 14 22	8 55 53	5 15
6	10 31 43	9 30 20	22 18 59	5 58 21	12 12 42	9 10 37	8 52 04	5 11
7	10 32 44	9 31 17	22 14 07	5 54 45	12 09 13	9 06 52	8 48 14	5 07
8	10 33 50	9 32 14	22 09 18	5 51 08	12 05 45	9 03 08	8 44 25	5 03
9	10 35 02	9 33 09	22 04 32	5 47 31	12 02 16	8 59 23	8 40 36	4 59
10	10 36 19	9 34 05	21 59 48	5 43 53	11 58 48	8 55 37	8 36 46	4 56
11	10 37 41	9 34 59	21 55 08	5 40 14	11 55 19	8 51 52	8 32 56	4 52
12	10 39 07	9 35 53	21 50 31	5 36 34	11 51 50	8 48 07	8 29 07	4 48
13	10 40 38	9 36 47	21 45 58	5 32 53	11 48 22	8 44 21	8 25 17	4 44
14	10 42 13	9 37 40	21 41 27	5 29 12	11 44 53	8 40 35	8 21 27	4 40
15	10 43 52	9 38 32	21 36 59	5 25 30	11 41 24	8 36 49	8 17 37	4 36
16	10 45 34	9 39 23	21 32 35	5 21 48	11 37 55	8 33 03	8 13 46	4 32
17	10 47 20	9 40 14	21 28 14	5 18 04	11 34 26	8 29 17	8 09 56	4 28
18	10 49 09	9 41 04	21 23 56	5 14 20	11 30 58	8 25 31	8 06 06	4 24
19	10 51 02	9 41 53	21 19 41	5 10 35	11 27 29	8 21 44	8 02 15	4 20
20	10 52 57	9 42 42	21 15 29	5 06 49	11 24 00	8 17 58	7 58 24	4 16
21	10 54 56	9 43 30	21 11 20	5 03 03	11 20 31	8 14 11	7 54 34	4 12
22	10 56 58	9 44 17	21 07 14	4 59 16	11 17 02	8 10 24	7 50 43	4 08
23	10 59 04	9 45 04	21 03 11	4 55 28	11 13 32	8 06 36	7 46 52	4 04
24	11 01 12	9 45 49	20 59 12	4 51 39	11 10 03	8 02 49	7 43 00	4 00
25	11 03 24	9 46 34	20 55 15	4 47 49	11 06 34	7 59 01	7 39 09	3 56
26	11 05 39	9 47 19	20 51 21	4 43 59	11 03 04	7 55 14	7 35 18	3 52
27	11 07 57	9 48 02	20 47 30	4 40 07	10 59 35	7 51 26	7 31 26	3 48
28	11 10 19	9 48 45	20 43 41	4 36 15	10 56 05	7 47 38	7 27 34	3 44
29	11 12 44	9 49 27	20 39 56	4 32 23	10 52 36	7 43 49	7 23 43	3 40
30	11 15 13	9 50 09	20 36 14	4 28 29	10 49 06	7 40 01	7 19 51	3 36
31	11 17 45	9 50 50	20 32 34	4 24 35	10 45 36	7 36 12	7 15 59	3 32
Apr. 1	11 20 22	9 51 30	20 28 57	4 20 39	10 42 06	7 32 23	7 12 06	3 28
2	11 23 02	9 52 09	20 25 22	4 16 43	10 38 36	7 28 34	7 08 14	3 24

Date	Mercury	Venus	Mars	Jupiter	Saturn	Uranus	Neptune	Pluto
	h m s	h m s	h m s	h m s	h m s	h m s	h m s	h m
Apr. 1	11 20 22	9 51 30	20 28 57	4 20 39	10 42 06	7 32 23	7 12 06	3 28
2	11 23 02	9 52 09	20 25 22	4 16 43	10 38 36	7 28 34	7 08 14	3 24
3	11 25 47	9 52 48	20 21 50	4 12 46	10 35 06	7 24 45	7 04 22	3 20
4	11 28 36	9 53 26	20 18 21	4 08 49	10 31 36	7 20 56	7 00 29	3 16
5	11 31 30	9 54 04	20 14 54	4 04 50	10 28 05	7 17 06	6 56 36	3 12
6	11 34 29	9 54 41	20 11 30	4 00 51	10 24 35	7 13 16	6 52 43	3 08
7	11 37 32	9 55 17	20 08 08	3 56 51	10 21 04	7 09 26	6 48 50	3 04
8	11 40 40	9 55 53	20 04 48	3 52 50	10 17 33	7 05 36	6 44 57	3 00
9	11 43 54	9 56 28	20 01 31	3 48 49	10 14 02	7 01 46	6 41 04	2 56
10	11 47 13	9 57 03	19 58 16	3 44 46	10 10 31	6 57 55	6 37 11	2 52
11	11 50 37	9 57 37	19 55 03	3 40 43	10 07 00	6 54 04	6 33 17	2 48
12	11 54 06	9 58 11	19 51 52	3 36 39	10 03 29	6 50 13	6 29 23	2 44
13	11 57 40	9 58 44	19 48 43	3 32 35	9 59 57	6 46 22	6 25 30	2 40
14	12 01 20	9 59 18	19 45 37	3 28 29	9 56 26	6 42 30	6 21 36	2 36
15	12 05 04	9 59 50	19 42 32	3 24 23	9 52 54	6 38 39	6 17 42	2 32
16	12 08 53	10 00 23	19 39 29	3 20 16	9 49 22	6 34 47	6 13 47	2 28
17	12 12 46	10 00 55	19 36 28	3 16 08	9 45 50	6 30 55	6 09 53	2 24
18	12 16 42	10 01 27	19 33 29	3 12 00	9 42 17	6 27 03	6 05 58	2 20
19	12 20 41	10 01 58	19 30 32	3 07 50	9 38 45	6 23 10	6 02 04	2 16
20	12 24 42	10 02 30	19 27 37	3 03 40	9 35 12	6 19 18	5 58 09	2 12
21	12 28 45	10 03 01	19 24 43	2 59 30	9 31 40	6 15 25	5 54 14	2 08
22	12 32 47	10 03 32	19 21 51	2 55 18	9 28 07	6 11 32	5 50 19	2 04
23	12 36 48	10 04 03	19 19 00	2 51 06	9 24 33	6 07 39	5 46 24	2 00
24	12 40 46	10 04 34	19 16 12	2 46 53	9 21 00	6 03 45	5 42 29	1 56
25	12 44 41	10 05 05	19 13 24	2 42 40	9 17 26	5 59 52	5 38 33	1 52
26	12 48 31	10 05 36	19 10 39	2 38 25	9 13 53	5 55 58	5 34 37	1 48
27	12 52 16	10 06 07	19 07 54	2 34 10	9 10 19	5 52 04	5 30 42	1 44
28	12 55 52	10 06 39	19 05 12	2 29 55	9 06 45	5 48 09	5 26 46	1 40
29	12 59 21	10 07 10	19 02 30	2 25 39	9 03 10	5 44 15	5 22 50	1 36
30	13 02 39	10 07 41	18 59 51	2 21 22	8 59 36	5 40 20	5 18 54	1 32
May 1	13 05 47	10 08 13	18 57 12	2 17 04	8 56 01	5 36 25	5 14 57	1 28
2	13 08 44	10 08 44	18 54 35	2 12 46	8 52 26	5 32 30	5 11 01	1 24
3	13 11 28	10 09 16	18 51 59	2 08 27	8 48 51	5 28 35	5 07 04	1 20
4	13 13 58	10 09 49	18 49 24	2 04 08	8 45 15	5 24 39	5 03 08	1 16
5	13 16 15	10 10 21	18 46 51	1 59 48	8 41 40	5 20 43	4 59 11	1 12
6	13 18 16	10 10 54	18 44 18	1 55 28	8 38 04	5 16 47	4 55 14	1 08
7	13 20 02	10 11 27	18 41 47	1 51 07	8 34 28	5 12 51	4 51 17	1 04
8	13 21 32	10 12 01	18 39 17	1 46 45	8 30 51	5 08 55	4 47 20	1 00
9	13 22 45	10 12 35	18 36 48	1 42 23	8 27 15	5 04 58	4 43 22	0 56
10	13 23 40	10 13 10	18 34 21	1 38 01	8 23 38	5 01 01	4 39 25	0 52
11	13 24 18	10 13 45	18 31 54	1 33 38	8 20 01	4 57 04	4 35 27	0 48
12	13 24 37	10 14 21	18 29 28	1 29 14	8 16 23	4 53 07	4 31 29	0 44
13	13 24 38	10 14 57	18 27 03	1 24 50	8 12 46	4 49 10	4 27 31	0 40
14	13 24 19	10 15 34	18 24 39	1 20 26	8 09 08	4 45 12	4 23 33	0 36
15	13 23 41	10 16 12	18 22 16	1 16 02	8 05 30	4 41 15	4 19 35	0 32
16	13 22 42	10 16 50	18 19 54	1 11 37	8 01 51	4 37 17	4 15 37	0 28
17	13 21 23	10 17 29	18 17 33	1 07 11	7 58 12	4 33 18	4 11 39	0 24

Date	Mercury	Venus	Mars	Jupiter	Saturn	Uranus	Neptune	Pluto
	h m s	h m s	h m s	h m s	h m s	h m s	h m s	h m
May 17	13 21 23	10 17 29	18 17 33	1 07 11	7 58 12	4 33 18	4 11 39	0 24
18	13 19 44	10 18 09	18 15 13	1 02 45	7 54 34	4 29 20	4 07 40	0 19
19	13 17 43	10 18 49	18 12 53	0 58 19	7 50 54	4 25 21	4 03 42	0 15
20	13 15 22	10 19 31	18 10 34	0 53 53	7 47 15	4 21 23	3 59 43	0 11
21	13 12 40	10 20 13	18 08 17	0 49 26	7 43 35	4 17 24	3 55 44	0 07
22	13 09 37	10 20 56	18 05 59	0 45 00	7 39 55	4 13 24	3 51 45	0 03
23	13 06 14	10 21 40	18 03 43	0 40 32	7 36 15	4 09 25	3 47 46	23 55
24	13 02 30	10 22 25	18 01 28	0 36 05	7 32 34	4 05 26	3 43 47	23 51
25	12 58 26	10 23 11	17 59 13	0 31 38	7 28 53	4 01 26	3 39 47	23 47
26	12 54 04	10 23 58	17 56 59	0 27 10	7 25 12	3 57 26	3 35 48	23 43
27	12 49 24	10 24 46	17 54 45	0 22 42	7 21 30	3 53 26	3 31 48	23 39
28	12 44 27	10 25 35	17 52 33	0 18 14	7 17 49	3 49 26	3 27 49	23 35
29	12 39 14	10 26 25	17 50 21	0 13 46	7 14 07	3 45 25	3 23 49	23 31
30	12 33 47	10 27 16	17 48 09	0 09 18	7 10 24	3 41 24	3 19 49	23 27
31	12 28 09	10 28 08	17 45 59	0 04 50	7 06 41	3 37 24	3 15 49	23 23
June 1	12 22 19	10 29 01	17 43 49	0 00 21	7 02 58	3 33 23	3 11 49	23 19
2	12 16 22	10 29 55	17 41 39	23 51 25	6 59 15	3 29 21	3 07 49	23 15
3	12 10 18	10 30 50	17 39 30	23 46 57	6 55 31	3 25 20	3 03 48	23 11
4	12 04 11	10 31 46	17 37 22	23 42 28	6 51 47	3 21 19	2 59 48	23 07
5	11 58 02	10 32 44	17 35 14	23 38 00	6 48 03	3 17 17	2 55 47	23 03
6	11 51 53	10 33 42	17 33 07	23 33 32	6 44 18	3 13 15	2 51 47	22 59
7	11 45 48	10 34 42	17 31 01	23 29 05	6 40 33	3 09 13	2 47 46	22 55
8	11 39 48	10 35 42	17 28 55	23 24 37	6 36 48	3 05 11	2 43 45	22 51
9	11 33 55	10 36 44	17 26 49	23 20 09	6 33 02	3 01 09	2 39 44	22 47
10	11 28 12	10 37 47	17 24 44	23 15 42	6 29 16	2 57 06	2 35 44	22 43
11	11 22 39	10 38 51	17 22 40	23 11 15	6 25 30	2 53 04	2 31 42	22 39
12	11 17 19	10 39 56	17 20 36	23 06 48	6 21 43	2 49 01	2 27 41	22 35
13	11 12 13	10 41 02	17 18 32	23 02 21	6 17 56	2 44 58	2 23 40	22 31
14	11 07 21	10 42 09	17 16 29	22 57 55	6 14 09	2 40 55	2 19 39	22 27
15	11 02 46	10 43 17	17 14 26	22 53 29	6 10 21	2 36 52	2 15 37	22 22
16	10 58 27	10 44 27	17 12 24	22 49 03	6 06 33	2 32 48	2 11 36	22 18
17	10 54 26	10 45 37	17 10 22	22 44 38	6 02 45	2 28 45	2 07 35	22 14
18	10 50 42	10 46 49	17 08 21	22 40 12	5 58 56	2 24 41	2 03 33	22 10
19	10 47 17	10 48 01	17 06 20	22 35 48	5 55 07	2 20 38	1 59 31	22 06
20	10 44 11	10 49 14	17 04 20	22 31 23	5 51 18	2 16 34	1 55 30	22 02
21	10 41 22	10 50 29	17 02 20	22 26 59	5 47 28	2 12 30	1 51 28	21 58
22	10 38 53	10 51 44	17 00 21	22 22 36	5 43 38	2 08 26	1 47 26	21 54
23	10 36 42	10 53 00	16 58 22	22 18 13	5 39 47	2 04 22	1 43 24	21 50
24	10 34 50	10 54 17	16 56 23	22 13 50	5 35 56	2 00 17	1 39 22	21 46
25	10 33 17	10 55 34	16 54 25	22 09 28	5 32 05	1 56 13	1 35 20	21 42
26	10 32 02	10 56 53	16 52 27	22 05 06	5 28 14	1 52 08	1 31 18	21 38
27	10 31 06	10 58 12	16 50 29	22 00 45	5 24 22	1 48 04	1 27 16	21 34
28	10 30 28	10 59 32	16 48 33	21 56 24	5 20 29	1 43 59	1 23 13	21 30
29	10 30 09	11 00 52	16 46 36	21 52 04	5 16 37	1 39 54	1 19 11	21 26
30	10 30 08	11 02 13	16 44 40	21 47 45	5 12 43	1 35 49	1 15 09	21 22
July 1	10 30 25	11 03 34	16 42 44	21 43 26	5 08 50	1 31 44	1 11 07	21 18
2	10 31 01	11 04 56	16 40 49	21 39 07	5 04 56	1 27 39	1 07 04	21 14

Second transits: Jupiter, June $1^{d}23^{h}55^{d}53^{s}$, Pluto, May $22^{d}23^{h}59^{d}$.

Date	Mercury	Venus	Mars	Jupiter	Saturn	Uranus	Neptune	Pluto
	h m s	h m s	h m s	h m s	h m s	h m s	h m s	h m
July 1	10 30 25	11 03 34	16 42 44	21 43 26	5 08 50	1 31 44	1 11 07	21 18
2	10 31 01	11 04 56	16 40 49	21 39 07	5 04 56	1 27 39	1 07 04	21 14
3	10 31 55	11 06 19	16 38 54	21 34 49	5 01 02	1 23 34	1 03 02	21 10
4	10 33 07	11 07 41	16 36 59	21 30 32	4 57 08	1 19 29	0 58 59	21 06
5	10 34 37	11 09 04	16 35 05	21 26 16	4 53 13	1 15 23	0 54 57	21 02
6	10 36 25	11 10 28	16 33 11	21 22 00	4 49 17	1 11 18	0 50 54	20 58
7	10 38 31	11 11 51	16 31 18	21 17 44	4 45 22	1 07 13	0 46 52	20 54
8	10 40 55	11 13 15	16 29 25	21 13 30	4 41 26	1 03 07	0 42 49	20 50
9	10 43 37	11 14 39	16 27 32	21 09 16	4 37 29	0 59 01	0 38 47	20 46
10	10 46 35	11 16 02	16 25 40	21 05 02	4 33 33	0 54 56	0 34 44	20 42
11	10 49 51	11 17 26	16 23 48	21 00 50	4 29 36	0 50 50	0 30 41	20 38
12	10 53 23	11 18 50	16 21 56	20 56 38	4 25 38	0 46 45	0 26 39	20 34
13	10 57 11	11 20 13	16 20 05	20 52 26	4 21 40	0 42 39	0 22 36	20 30
14	11 01 13	11 21 37	16 18 14	20 48 16	4 17 42	0 38 33	0 18 33	20 26
15	11 05 29	11 23 00	16 16 23	20 44 06	4 13 44	0 34 27	0 14 31	20 22
16	11 09 58	11 24 23	16 14 33	20 39 57	4 09 45	0 30 21	0 10 28	20 18
17	11 14 38	11 25 45	16 12 43	20 35 48	4 05 46	0 26 15	0 06 25	20 14
18	11 19 27	11 27 08	16 10 54	20 31 41	4 01 46	0 22 10	0 02 22	20 10
19	11 24 25	11 28 29	16 09 05	20 27 34	3 57 46	0 18 04	23 54 17	20 06
20	11 29 29	11 29 51	16 07 16	20 23 27	3 53 46	0 13 58	23 50 14	20 02
21	11 34 37	11 31 11	16 05 28	20 19 22	3 49 45	0 09 52	23 46 12	19 58
22	11 39 47	11 32 32	16 03 40	20 15 17	3 45 44	0 05 46	23 42 09	19 54
23	11 44 59	11 33 51	16 01 53	20 11 13	3 41 43	0 01 40	23 38 06	19 50
24	11 50 09	11 35 10	16 00 06	20 07 10	3 37 41	23 53 28	23 34 04	19 46
25	11 55 17	11 36 28	15 58 19	20 03 07	3 33 39	23 49 22	23 30 01	19 42
26	12 00 20	11 37 46	15 56 33	19 59 05	3 29 36	23 45 16	23 25 59	19 38
27	12 05 19	11 39 03	15 54 47	19 55 04	3 25 34	23 41 10	23 21 56	19 35
28	12 10 11	11 40 18	15 53 01	19 51 04	3 21 30	23 37 04	23 17 53	19 31
29	12 14 55	11 41 33	15 51 16	19 47 05	3 17 27	23 32 59	23 13 51	19 27
30	12 19 31	11 42 48	15 49 32	19 43 06	3 13 23	23 28 53	23 09 48	19 23
31	12 23 59	11 44 01	15 47 47	19 39 08	3 09 19	23 24 47	23 05 46	19 19
Aug. 1	12 28 17	11 45 13	15 46 03	19 35 11	3 05 15	23 20 41	23 01 44	19 15
2	12 32 26	11 46 24	15 44 20	19 31 15	3 01 10	23 16 36	22 57 41	19 11
3	12 36 25	11 47 34	15 42 37	19 27 19	2 57 05	23 12 30	22 53 39	19 07
4	12 40 15	11 48 44	15 40 54	19 23 24	2 53 00	23 08 24	22 49 37	19 03
5	12 43 55	11 49 52	15 39 12	19 19 30	2 48 54	23 04 19	22 45 34	18 59
6	12 47 25	11 50 59	15 37 30	19 15 37	2 44 48	23 00 14	22 41 32	18 55
7	12 50 46	11 52 05	15 35 49	19 11 44	2 40 42	22 56 08	22 37 30	18 51
8	12 53 57	11 53 10	15 34 08	19 07 53	2 36 35	22 52 03	22 33 28	18 47
9	12 57 00	11 54 14	15 32 27	19 04 02	2 32 28	22 47 58	22 29 26	18 43
10	12 59 53	11 55 17	15 30 47	19 00 11	2 28 21	22 43 52	22 25 24	18 39
11	13 02 38	11 56 19	15 29 07	18 56 22	2 24 14	22 39 47	22 21 22	18 35
12	13 05 14	11 57 19	15 27 28	18 52 33	2 20 06	22 35 42	22 17 20	18 31
13	13 07 43	11 58 19	15 25 49	18 48 45	2 15 58	22 31 37	22 13 18	18 27
14	13 10 03	11 59 17	15 24 11	18 44 58	2 11 50	22 27 33	22 09 17	18 23
15	13 12 16	12 00 15	15 22 33	18 41 11	2 07 42	22 23 28	22 05 15	18 20
16	13 14 22	12 01 11	15 20 56	18 37 26	2 03 33	22 19 23	22 01 13	18 16

Second transits: Uranus, July $23^{d}23^{h}57^{d}34^{s}$, Neptune, July $18^{d}23^{h}58^{d}20^{s}$.

Date	Mercury	Venus	Mars	Jupiter	Saturn	Uranus	Neptune	Pluto
	h m s	h m s	h m s	h m s	h m s	h m s	h m s	h m
Aug. 16	13 14 22	12 01 11	15 20 56	18 37 26	2 03 33	22 19 23	22 01 13	18 16
17	13 16 20	12 02 07	15 19 19	18 33 41	1 59 24	22 15 19	21 57 12	18 12
18	13 18 12	12 03 01	15 17 42	18 29 56	1 55 15	22 11 14	21 53 10	18 08
19	13 19 56	12 03 55	15 16 06	18 26 13	1 51 05	22 07 10	21 49 09	18 04
20	13 21 34	12 04 47	15 14 30	18 22 30	1 46 56	22 03 06	21 45 08	18 00
21	13 23 06	12 05 38	15 12 55	18 18 48	1 42 46	21 59 02	21 41 07	17 56
22	13 24 31	12 06 29	15 11 21	18 15 06	1 38 36	21 54 58	21 37 06	17 52
23	13 25 50	12 07 18	15 09 47	18 11 26	1 34 25	21 50 54	21 33 05	17 48
24	13 27 03	12 08 07	15 08 13	18 07 46	1 30 15	21 46 50	21 29 04	17 44
25	13 28 11	12 08 54	15 06 40	18 04 07	1 26 04	21 42 46	21 25 03	17 40
26	13 29 12	12 09 41	15 05 08	18 00 28	1 21 53	21 38 43	21 21 02	17 37
27	13 30 07	12 10 27	15 03 36	17 56 50	1 17 42	21 34 40	21 17 01	17 33
28	13 30 56	12 11 12	15 02 04	17 53 13	1 13 31	21 30 36	21 13 01	17 29
29	13 31 39	12 11 56	15 00 33	17 49 37	1 09 20	21 26 33	21 09 00	17 25
30	13 32 17	12 12 40	14 59 03	17 46 01	1 05 08	21 22 30	21 05 00	17 21
31	13 32 48	12 13 22	14 57 33	17 42 26	1 00 57	21 18 28	21 01 00	17 17
Sept. 1	13 33 13	12 14 04	14 56 03	17 38 52	0 56 45	21 14 25	20 57 00	17 13
2	13 33 31	12 14 46	14 54 35	17 35 18	0 52 33	21 10 23	20 53 00	17 09
3	13 33 43	12 15 26	14 53 06	17 31 45	0 48 21	21 06 20	20 49 00	17 05
4	13 33 47	12 16 06	14 51 39	17 28 13	0 44 09	21 02 18	20 45 00	17 02
5	13 33 45	12 16 46	14 50 11	17 24 41	0 39 56	20 58 16	20 41 00	16 58
6	13 33 35	12 17 25	14 48 45	17 21 10	0 35 44	20 54 15	20 37 01	16 54
7	13 33 17	12 18 03	14 47 19	17 17 40	0 31 32	20 50 13	20 33 01	16 50
8	13 32 50	12 18 41	14 45 53	17 14 10	0 27 19	20 46 11	20 29 02	16 46
9	13 32 15	12 19 19	14 44 28	17 10 41	0 23 07	20 42 10	20 25 02	16 42
10	13 31 30	12 19 56	14 43 04	17 07 12	0 18 54	20 38 09	20 21 03	16 38
11	13 30 35	12 20 33	14 41 40	17 03 44	0 14 41	20 34 08	20 17 04	16 34
12	13 29 29	12 21 09	14 40 17	17 00 17	0 10 29	20 30 07	20 13 05	16 31
13	13 28 11	12 21 45	14 38 54	16 56 50	0 06 16	20 26 07	20 09 07	16 27
14	13 26 40	12 22 21	14 37 32	16 53 24	0 02 03	20 22 06	20 05 08	16 23
15	13 24 57	12 22 57	14 36 11	16 49 58	23 53 37	20 18 06	20 01 09	16 19
16	13 22 58	12 23 33	14 34 50	16 46 33	23 49 25	20 14 06	19 57 11	16 15
17	13 20 44	12 24 09	14 33 30	16 43 09	23 45 12	20 10 06	19 53 13	16 11
18	13 18 13	12 24 44	14 32 10	16 39 45	23 40 59	20 06 07	19 49 15	16 07
19	13 15 24	12 25 20	14 30 52	16 36 22	23 36 46	20 02 07	19 45 16	16 04
20	13 12 15	12 25 56	14 29 33	16 33 00	23 32 34	19 58 08	19 41 19	16 00
21	13 08 46	12 26 31	14 28 16	16 29 37	23 28 21	19 54 09	19 37 21	15 56
22	13 04 55	12 27 07	14 26 59	16 26 16	23 24 08	19 50 10	19 33 23	15 52
23	13 00 41	12 27 43	14 25 43	16 22 55	23 19 56	19 46 11	19 29 26	15 48
24	12 56 03	12 28 19	14 24 27	16 19 35	23 15 43	19 42 13	19 25 28	15 44
25	12 51 00	12 28 56	14 23 12	16 16 15	23 11 31	19 38 15	19 21 31	15 40
26	12 45 33	12 29 32	14 21 58	16 12 55	23 07 19	19 34 16	19 17 34	15 37
27	12 39 41	12 30 10	14 20 44	16 09 37	23 03 06	19 30 19	19 13 37	15 33
28	12 33 24	12 30 47	14 19 31	16 06 18	22 58 54	19 26 21	19 09 40	15 29
29	12 26 45	12 31 25	14 18 18	16 03 01	22 54 42	19 22 24	19 05 43	15 25
30	12 19 46	12 32 03	14 17 07	15 59 43	22 50 31	19 18 26	19 01 47	15 21
Oct. 1	12 12 28	12 32 42	14 15 56	15 56 26	22 46 19	19 14 29	18 57 50	15 17

Second transit: Saturn, Sept. $14^{d}23^{h}57^{d}50^{s}$.

Date	Mercury	Venus	Mars	Jupiter	Saturn	Uranus	Neptune	Pluto
	h m s	h m s	h m s	h m s	h m s	h m s	h m s	h m
Oct. 1	12 12 28	12 32 42	14 15 56	15 56 26	22 46 19	19 14 29	18 57 50	15 17
2	12 04 57	12 33 21	14 14 45	15 53 10	22 42 07	19 10 32	18 53 54	15 14
3	11 57 17	12 34 01	14 13 36	15 49 54	22 37 56	19 06 36	18 49 58	15 10
4	11 49 34	12 34 41	14 12 27	15 46 39	22 33 45	19 02 39	18 46 02	15 06
5	11 41 53	12 35 23	14 11 18	15 43 24	22 29 34	18 58 43	18 42 06	15 02
6	11 34 21	12 36 04	14 10 11	15 40 10	22 25 23	18 54 47	18 38 10	14 58
7	11 27 04	12 36 47	14 09 03	15 36 56	22 21 12	18 50 52	18 34 15	14 54
8	11 20 07	12 37 30	14 07 57	15 33 42	22 17 02	18 46 56	18 30 19	14 51
9	11 13 37	12 38 14	14 06 51	15 30 29	22 12 51	18 43 01	18 26 24	14 47
10	11 07 37	12 38 59	14 05 46	15 27 17	22 08 41	18 39 06	18 22 29	14 43
11	11 02 11	12 39 45	14 04 42	15 24 05	22 04 31	18 35 11	18 18 34	14 39
12	10 57 22	12 40 32	14 03 38	15 20 53	22 00 22	18 31 16	18 14 39	14 35
13	10 53 10	12 41 19	14 02 35	15 17 42	21 56 12	18 27 21	18 10 44	14 32
14	10 49 35	12 42 08	14 01 33	15 14 31	21 52 03	18 23 27	18 06 50	14 28
15	10 46 39	12 42 57	14 00 32	15 11 20	21 47 54	18 19 33	18 02 55	14 24
16	10 44 17	12 43 48	13 59 31	15 08 10	21 43 45	18 15 39	17 59 01	14 20
17	10 42 30	12 44 40	13 58 30	15 05 00	21 39 37	18 11 46	17 55 07	14 16
18	10 41 14	12 45 33	13 57 31	15 01 51	21 35 29	18 07 52	17 51 13	14 13
19	10 40 27	12 46 27	13 56 32	14 58 42	21 31 21	18 03 59	17 47 19	14 09
20	10 40 07	12 47 22	13 55 34	14 55 34	21 27 13	18 00 06	17 43 25	14 05
21	10 40 09	12 48 18	13 54 36	14 52 26	21 23 06	17 56 13	17 39 31	14 01
22	10 40 32	12 49 15	13 53 39	14 49 18	21 18 59	17 52 21	17 35 38	13 57
23	10 41 12	12 50 14	13 52 43	14 46 10	21 14 52	17 48 28	17 31 44	13 54
24	10 42 08	12 51 14	13 51 48	14 43 03	21 10 46	17 44 36	17 27 51	13 50
25	10 43 18	12 52 15	13 50 53	14 39 57	21 06 39	17 40 44	17 23 58	13 46
26	10 44 38	12 53 17	13 49 59	14 36 50	21 02 34	17 36 53	17 20 05	13 42
27	10 46 08	12 54 20	13 49 05	14 33 45	20 58 28	17 33 01	17 16 12	13 38
28	10 47 46	12 55 25	13 48 12	14 30 39	20 54 23	17 29 10	17 12 20	13 35
29	10 49 31	12 56 31	13 47 20	14 27 34	20 50 18	17 25 19	17 08 27	13 31
30	10 51 22	12 57 38	13 46 28	14 24 29	20 46 13	17 21 28	17 04 35	13 27
31	10 53 17	12 58 47	13 45 37	14 21 24	20 42 09	17 17 37	17 00 43	13 23
Nov. 1	10 55 17	12 59 56	13 44 47	14 18 19	20 38 05	17 13 47	16 56 50	13 19
2	10 57 19	13 01 07	13 43 57	14 15 15	20 34 02	17 09 56	16 52 59	13 16
3	10 59 25	13 02 19	13 43 08	14 12 12	20 29 59	17 06 06	16 49 07	13 12
4	11 01 32	13 03 32	13 42 19	14 09 08	20 25 56	17 02 16	16 45 15	13 08
5	11 03 42	13 04 47	13 41 31	14 06 05	20 21 54	16 58 27	16 41 23	13 04
6	11 05 54	13 06 03	13 40 43	14 03 02	20 17 51	16 54 37	16 37 32	13 00
7	11 08 07	13 07 19	13 39 57	13 59 59	20 13 50	16 50 48	16 33 41	12 57
8	11 10 21	13 08 37	13 39 10	13 56 57	20 09 48	16 46 59	16 29 49	12 53
9	11 12 37	13 09 56	13 38 24	13 53 55	20 05 47	16 43 10	16 25 58	12 49
10	11 14 54	13 11 16	13 37 39	13 50 53	20 01 47	16 39 21	16 22 07	12 45
11	11 17 13	13 12 38	13 36 54	13 47 51	19 57 47	16 35 33	16 18 16	12 42
12	11 19 32	13 14 00	13 36 10	13 44 50	19 53 47	16 31 44	16 14 26	12 38
13	11 21 53	13 15 23	13 35 26	13 41 48	19 49 47	16 27 56	16 10 35	12 34
14	11 24 14	13 16 47	13 34 43	13 38 48	19 45 48	16 24 08	16 06 45	12 30
15	11 26 37	13 18 12	13 34 00	13 35 47	19 41 49	16 20 20	16 02 54	12 26
16	11 29 01	13 19 38	13 33 18	13 32 46	19 37 51	16 16 33	15 59 04	12 23

Date	Mercury	Venus	Mars	Jupiter	Saturn	Uranus	Neptune	Pluto
	h m s	h m s	h m s	h m s	h m s	h m s	h m s	h m
Nov. 16	11 29 01	13 19 38	13 33 18	13 32 46	19 37 51	16 16 33	15 59 04	12 23
17	11 31 27	13 21 04	13 32 36	13 29 46	19 33 53	16 12 45	15 55 14	12 19
18	11 33 54	13 22 32	13 31 55	13 26 46	19 29 55	16 08 58	15 51 24	12 15
19	11 36 22	13 24 00	13 31 14	13 23 46	19 25 58	16 05 11	15 47 34	12 11
20	11 38 51	13 25 29	13 30 33	13 20 46	19 22 01	16 01 24	15 43 44	12 07
21	11 41 22	13 26 58	13 29 53	13 17 47	19 18 05	15 57 37	15 39 55	12 04
22	11 43 54	13 28 28	13 29 13	13 14 48	19 14 09	15 53 51	15 36 05	12 00
23	11 46 28	13 29 58	13 28 34	13 11 49	19 10 13	15 50 04	15 32 16	11 56
24	11 49 04	13 31 29	13 27 55	13 08 50	19 06 18	15 46 18	15 28 26	11 52
25	11 51 41	13 33 00	13 27 16	13 05 51	19 02 23	15 42 32	15 24 37	11 49
26	11 54 19	13 34 31	13 26 38	13 02 52	18 58 29	15 38 46	15 20 48	11 45
27	11 56 59	13 36 03	13 26 00	12 59 54	18 54 35	15 35 01	15 16 59	11 41
28	11 59 41	13 37 34	13 25 22	12 56 55	18 50 41	15 31 15	15 13 10	11 37
29	12 02 24	13 39 06	13 24 45	12 53 57	18 46 48	15 27 30	15 09 21	11 33
30	12 05 09	13 40 38	13 24 08	12 50 59	18 42 55	15 23 44	15 05 32	11 30
Dec. 1	12 07 56	13 42 09	13 23 31	12 48 01	18 39 02	15 19 59	15 01 44	11 26
2	12 10 44	13 43 41	13 22 54	12 45 03	18 35 10	15 16 14	14 57 55	11 22
3	12 13 33	13 45 12	13 22 17	12 42 06	18 31 19	15 12 29	14 54 07	11 18
4	12 16 24	13 46 43	13 21 41	12 39 08	18 27 27	15 08 45	14 50 18	11 15
5	12 19 16	13 48 13	13 21 05	12 36 11	18 23 36	15 05 00	14 46 30	11 11
6	12 22 09	13 49 43	13 20 29	12 33 13	18 19 46	15 01 16	14 42 42	11 07
7	12 25 04	13 51 13	13 19 53	12 30 16	18 15 56	14 57 31	14 38 54	11 03
8	12 28 00	13 52 42	13 19 17	12 27 19	18 12 06	14 53 47	14 35 06	10 59
9	12 30 56	13 54 11	13 18 42	12 24 21	18 08 17	14 50 03	14 31 18	10 56
10	12 33 53	13 55 38	13 18 06	12 21 24	18 04 28	14 46 19	14 27 30	10 52
11	12 36 50	13 57 05	13 17 31	12 18 27	18 00 39	14 42 36	14 23 42	10 48
12	12 39 48	13 58 32	13 16 56	12 15 30	17 56 51	14 38 52	14 19 54	10 44
13	12 42 46	13 59 57	13 16 20	12 12 34	17 53 03	14 35 08	14 16 07	10 41
14	12 45 44	14 01 21	13 15 45	12 09 37	17 49 15	14 31 25	14 12 19	10 37
15	12 48 41	14 02 45	13 15 10	12 06 40	17 45 28	14 27 42	14 08 32	10 33
16	12 51 37	14 04 08	13 14 35	12 03 43	17 41 41	14 23 58	14 04 44	10 29
17	12 54 31	14 05 29	13 13 59	12 00 46	17 37 55	14 20 15	14 00 57	10 25
18	12 57 24	14 06 49	13 13 24	11 57 50	17 34 09	14 16 32	13 57 10	10 22
19	13 00 15	14 08 09	13 12 49	11 54 53	17 30 23	14 12 49	13 53 22	10 18
20	13 03 03	14 09 27	13 12 13	11 51 56	17 26 38	14 09 07	13 49 35	10 14
21	13 05 47	14 10 44	13 11 38	11 49 00	17 22 53	14 05 24	13 45 48	10 10
22	13 08 27	14 11 59	13 11 02	11 46 03	17 19 08	14 01 41	13 42 01	10 06
23	13 11 01	14 13 14	13 10 27	11 43 06	17 15 24	13 57 59	13 38 14	10 03
24	13 13 30	14 14 27	13 09 51	11 40 10	17 11 40	13 54 16	13 34 27	9 59
25	13 15 52	14 15 39	13 09 15	11 37 13	17 07 57	13 50 34	13 30 40	9 55
26	13 18 05	14 16 49	13 08 39	11 34 16	17 04 13	13 46 52	13 26 53	9 51
27	13 20 09	14 17 58	13 08 03	11 31 20	17 00 31	13 43 10	13 23 07	9 47
28	13 22 02	14 19 06	13 07 26	11 28 23	16 56 48	13 39 28	13 19 20	9 44
29	13 23 41	14 20 12	13 06 50	11 25 26	16 53 06	13 35 46	13 15 33	9 40
30	13 25 06	14 21 17	13 06 13	11 22 29	16 49 24	13 32 04	13 11 46	9 36
31	13 26 14	14 22 20	13 05 36	11 19 32	16 45 42	13 28 22	13 08 00	9 32
32	13 27 03	14 23 22	13 04 58	11 16 35	16 42 01	13 24 40	13 04 13	9 28

EPHEMERIS FOR PHYSICAL OBSERVATIONS FOR 0^h DYNAMICAL TIME

Date	Light-time	Magnitude	Surface Brightness	Diameter	Phase	Phase Angle	Defect of Illumination
	m			″		°	″
Jan. −1	11.34	− 0.9	+2.3	4.93	0.963	22.2	0.18
1	11.15	0.9	2.3	5.02	0.951	25.7	0.25
3	10.94	0.8	2.4	5.11	0.935	29.6	0.33
5	10.70	0.8	2.4	5.23	0.915	33.8	0.44
7	10.43	0.8	2.4	5.37	0.891	38.5	0.58
9	10.12	− 0.8	+2.5	5.52	0.861	43.8	0.77
11	9.79	0.8	2.5	5.71	0.824	49.6	1.01
13	9.43	0.8	2.5	5.93	0.778	56.2	1.31
15	9.04	0.8	2.6	6.19	0.723	63.5	1.71
17	8.62	0.7	2.6	6.49	0.657	71.7	2.22
19	8.18	− 0.6	+2.7	6.84	0.581	80.7	2.87
21	7.72	0.4	2.9	7.24	0.494	90.7	3.67
23	7.27	− 0.1	3.1	7.69	0.399	101.6	4.62
25	6.83	+ 0.3	3.3	8.19	0.302	113.4	5.72
27	6.42	0.9	3.6	8.71	0.208	125.8	6.90
29	6.07	+ 1.7	+4.0	9.22	0.125	138.6	8.07
31	5.78	2.7	4.4	9.68	0.060	151.5	9.10
Feb. 2	5.57	3.9	4.5	10.04	0.021	163.4	9.83
4	5.45	4.6	4.2	10.26	0.008	169.4	10.17
6	5.42	3.9	4.6	10.32	0.022	163.1	10.10
8	5.47	+ 3.0	+4.6	10.23	0.056	152.7	9.66
10	5.58	2.2	4.5	10.03	0.104	142.3	8.98
12	5.74	1.6	4.3	9.74	0.161	132.7	8.18
14	5.95	1.1	4.1	9.41	0.220	124.0	7.34
16	6.18	0.8	4.0	9.06	0.279	116.3	6.53
18	6.43	+ 0.6	+3.8	8.70	0.335	109.3	5.79
20	6.69	0.4	3.8	8.36	0.387	103.1	5.13
22	6.95	0.3	3.7	8.04	0.434	97.5	4.55
24	7.22	0.2	3.6	7.75	0.478	92.5	4.04
26	7.48	0.2	3.6	7.47	0.518	88.0	3.60
28	7.75	+ 0.1	+3.5	7.22	0.554	83.8	3.22
Mar. 2	8.00	0.1	3.5	6.99	0.587	80.0	2.89
4	8.25	0.1	3.5	6.78	0.617	76.5	2.60
6	8.49	0.1	3.4	6.59	0.644	73.2	2.34
8	8.72	0.0	3.4	6.41	0.670	70.1	2.12
10	8.95	+ 0.0	+3.3	6.25	0.694	67.2	1.91
12	9.17	− 0.0	3.3	6.10	0.717	64.3	1.73
14	9.38	0.1	3.2	5.96	0.738	61.5	1.56
16	9.58	0.1	3.2	5.84	0.759	58.8	1.41
18	9.77	0.1	3.1	5.72	0.779	56.1	1.27
20	9.96	− 0.2	+3.1	5.62	0.798	53.4	1.13
22	10.13	0.3	3.0	5.52	0.817	50.6	1.01
24	10.30	0.3	2.9	5.43	0.836	47.8	0.89
26	10.46	0.4	2.8	5.35	0.855	44.8	0.78
28	10.60	0.5	2.7	5.28	0.874	41.6	0.67
30	10.73	− 0.6	+2.6	5.21	0.892	38.3	0.56
Apr. 1	10.85	− 0.7	+2.5	5.15	0.911	34.8	0.46

EPHEMERIS FOR PHYSICAL OBSERVATIONS
FOR 0^h DYNAMICAL TIME

Date		Sub-Earth Point		Sub-Solar Point			North Pole	
		Long.	Lat.	Long.	Dist.	P.A.	Dist.	P.A.
		°	°	°	″	°	″	°
Jan.	−1	168.13	− 3.85	146.27	0.93	275.70	− 2.46	356.21
	1	177.17	4.03	151.76	1.09	272.95	2.50	354.54
	3	186.21	4.22	156.91	1.26	270.37	2.55	352.91
	5	195.25	4.43	161.68	1.46	267.93	2.61	351.31
	7	204.32	4.65	166.01	1.67	265.61	2.67	349.76
	9	213.42	− 4.90	169.85	1.91	263.39	− 2.75	348.28
	11	222.59	5.17	173.16	2.18	261.27	2.84	346.89
	13	231.87	5.46	175.86	2.46	259.24	2.95	345.59
	15	241.30	5.80	177.95	2.77	257.29	3.08	344.40
	17	250.95	6.17	179.40	3.08	255.40	3.23	343.36
	19	260.91	− 6.60	180.24	3.38	253.55	− 3.40	342.48
	21	271.28	7.07	180.55	−3.62	251.69	3.59	341.79
	23	282.17	7.60	180.43	−3.77	249.73	3.81	341.32
	25	293.70	8.17	180.08	−3.76	247.52	4.05	341.09
	27	305.95	8.77	179.68	−3.53	244.74	4.30	341.13
	29	318.98	− 9.35	179.45	−3.05	240.65	− 4.55	341.44
	31	332.73	9.88	179.57	−2.31	233.30	4.77	342.03
Feb.	2	347.06	10.29	180.18	−1.44	215.38	4.94	342.84
	4	1.73	10.55	181.38	−0.94	161.86	5.04	343.81
	6	16.48	10.64	183.20	−1.50	112.84	5.07	344.82
	8	31.02	−10.55	185.66	−2.35	96.87	− 5.03	345.77
	10	45.17	10.33	188.73	−3.07	90.19	4.93	346.56
	12	58.81	10.01	192.36	−3.58	86.50	4.80	347.14
	14	71.91	9.64	196.50	−3.90	84.04	4.64	347.48
	16	84.47	9.23	201.10	−4.06	82.16	4.47	347.58
	18	96.56	− 8.82	206.10	−4.11	80.57	− 4.30	347.47
	20	108.22	8.42	211.45	−4.07	79.12	4.14	347.16
	22	119.51	8.03	217.11	−3.99	77.75	3.98	346.70
	24	130.49	7.66	223.02	−3.87	76.43	3.84	346.11
	26	141.20	7.31	229.16	3.73	75.13	3.71	345.41
	28	151.68	− 6.98	235.47	3.59	73.85	− 3.58	344.62
Mar.	2	161.97	6.66	241.94	3.44	72.59	3.47	343.78
	4	172.09	6.37	248.52	3.30	71.34	3.37	342.89
	6	182.07	6.09	255.19	3.15	70.12	3.28	341.97
	8	191.91	5.82	261.91	3.01	68.91	3.19	341.04
	10	201.63	− 5.56	268.67	2.88	67.74	− 3.11	340.10
	12	211.25	5.32	275.44	2.75	66.60	3.04	339.17
	14	220.76	5.08	282.18	2.62	65.49	2.97	338.26
	16	230.18	4.86	288.87	2.50	64.43	2.91	337.38
	18	239.51	4.64	295.49	2.38	63.40	2.85	336.53
	20	248.75	− 4.43	302.01	2.25	62.42	− 2.80	335.72
	22	257.91	4.22	308.38	2.13	61.48	2.75	334.96
	24	266.97	4.02	314.59	2.01	60.59	2.71	334.25
	26	275.95	3.83	320.60	1.88	59.75	2.67	333.61
	28	284.85	3.64	326.36	1.75	58.94	2.63	333.03
	30	293.65	− 3.45	331.84	1.62	58.17	− 2.60	332.53
Apr.	1	302.36	− 3.27	336.99	1.47	57.41	− 2.57	332.12

EPHEMERIS FOR PHYSICAL OBSERVATIONS FOR 0^h DYNAMICAL TIME

Date	Light-time	Magnitude	Surface Brightness	Diameter	Phase	Phase Angle	Defect of Illumination
	m			″		°	″
Apr. 1	10.85	− 0.7	+2.5	5.15	0.911	34.8	0.46
3	10.96	0.9	2.3	5.11	0.929	30.9	0.36
5	11.04	1.0	2.2	5.07	0.947	26.7	0.27
7	11.10	1.2	2.0	5.04	0.963	22.1	0.19
9	11.14	1.4	1.8	5.02	0.978	17.1	0.11
11	11.15	− 1.7	+1.6	5.02	0.990	11.6	0.05
13	11.13	1.9	1.3	5.03	0.997	5.8	0.01
15	11.07	2.1	1.1	5.05	1.000	2.5	0.00
17	10.97	2.0	1.3	5.10	0.994	8.8	0.03
19	10.82	1.8	1.5	5.17	0.980	16.4	0.11
21	10.63	− 1.6	+1.7	5.26	0.955	24.5	0.24
23	10.39	1.5	1.8	5.38	0.920	32.9	0.43
25	10.11	1.3	2.0	5.53	0.874	41.5	0.70
27	9.79	1.1	2.2	5.71	0.821	50.1	1.02
29	9.45	0.9	2.4	5.92	0.762	58.5	1.41
May 1	9.08	− 0.8	+2.5	6.16	0.699	66.5	1.85
3	8.70	0.6	2.7	6.43	0.635	74.3	2.35
5	8.31	0.4	2.9	6.73	0.572	81.7	2.88
7	7.92	− 0.2	3.1	7.06	0.512	88.7	3.45
9	7.54	+ 0.1	3.3	7.42	0.453	95.4	4.06
11	7.17	+ 0.3	+3.5	7.80	0.398	101.8	4.70
13	6.81	0.5	3.7	8.21	0.346	108.0	5.37
15	6.48	0.8	3.9	8.64	0.296	114.0	6.08
17	6.16	1.1	4.1	9.08	0.250	120.0	6.81
19	5.86	1.4	4.3	9.54	0.207	125.9	7.57
21	5.60	+ 1.7	+4.5	10.00	0.166	131.9	8.33
23	5.35	2.1	4.7	10.45	0.129	137.9	9.10
25	5.14	2.6	4.9	10.88	0.096	143.9	9.84
27	4.96	3.0	5.1	11.28	0.066	150.1	10.53
29	4.81	3.6	5.2	11.63	0.042	156.4	11.15
31	4.69	+ 4.2	+5.2	11.92	0.023	162.6	11.64
June 2	4.62	4.9	5.0	12.12	0.010	168.7	12.00
4	4.58	5.5	4.4	12.23	0.003	173.6	12.19
6	4.57	5.4	4.4	12.24	0.003	173.4	12.19
8	4.61	4.9	5.0	12.15	0.010	168.4	12.02
10	4.68	+ 4.2	+5.3	11.96	0.023	162.4	11.68
12	4.78	3.6	5.3	11.70	0.042	156.3	11.20
14	4.92	3.1	5.1	11.37	0.066	150.2	10.61
16	5.09	2.6	5.0	10.98	0.094	144.2	9.95
18	5.29	2.2	4.8	10.57	0.126	138.4	9.23
20	5.52	+ 1.8	+4.6	10.13	0.161	132.6	8.50
22	5.78	1.5	4.4	9.68	0.199	127.0	7.76
24	6.05	1.2	4.2	9.24	0.239	121.5	7.03
26	6.35	0.9	4.0	8.80	0.281	115.9	6.33
28	6.67	0.7	3.8	8.38	0.326	110.4	5.65
30	7.01	+ 0.5	+3.6	7.98	0.373	104.7	5.00
July 2	7.36	+ 0.2	+3.5	7.60	0.423	98.8	4.38

EPHEMERIS FOR PHYSICAL OBSERVATIONS
FOR 0^h DYNAMICAL TIME

Date		Sub-Earth Point		Sub-Solar Point			North Pole	
		Long.	Lat.	Long.	Dist.	P.A.	Dist.	P.A.
		°	°	°	″	°	″	°
Apr.	1	302.36	− 3.27	336.99	1.47	57.41	− 2.57	332.12
	3	310.98	3.10	341.75	1.31	56.63	2.55	331.79
	5	319.50	2.93	346.08	1.14	55.76	2.53	331.56
	7	327.93	2.76	349.91	0.95	54.67	2.52	331.43
	9	336.27	2.60	353.20	0.74	53.01	2.51	331.42
	11	344.52	− 2.44	355.90	0.51	49.69	− 2.51	331.54
	13	352.68	2.28	357.98	0.25	38.67	2.51	331.78
	15	0.78	2.13	359.42	0.11	299.46	2.53	332.16
	17	8.83	1.99	0.25	0.39	255.54	2.55	332.68
	19	16.86	1.84	0.55	0.73	249.57	2.58	333.35
	21	24.90	− 1.70	0.44	1.09	247.85	− 2.63	334.15
	23	32.99	1.55	0.08	1.46	247.47	2.69	335.09
	25	41.18	1.41	359.68	1.83	247.71	2.77	336.13
	27	49.51	1.26	359.45	2.19	248.32	2.85	337.27
	29	58.02	1.09	359.57	2.52	249.14	2.96	338.47
May	1	66.74	− 0.92	0.19	2.83	250.11	− 3.08	339.70
	3	75.69	0.74	1.40	3.10	251.16	3.22	340.94
	5	84.90	0.53	3.24	3.33	252.25	3.37	342.16
	7	94.38	0.31	5.70	3.53	253.36	3.53	343.34
	9	104.15	− 0.06	8.78	−3.69	254.45	− 3.71	344.44
	11	114.20	+ 0.22	12.42	−3.82	255.52	+ 3.90	345.45
	13	124.54	0.52	16.57	−3.90	256.55	4.10	346.36
	15	135.20	0.85	21.17	−3.94	257.54	4.32	347.15
	17	146.17	1.21	26.18	−3.93	258.52	4.54	347.80
	19	157.46	1.61	31.54	−3.86	259.49	4.77	348.30
	21	169.08	+ 2.04	37.20	−3.72	260.50	+ 5.00	348.65
	23	181.03	2.49	43.12	−3.51	261.63	5.22	348.85
	25	193.30	2.97	49.26	−3.20	263.01	5.43	348.90
	27	205.88	3.46	55.58	−2.81	264.87	5.63	348.80
	29	218.73	3.96	62.05	−2.33	267.71	5.80	348.56
	31	231.83	+ 4.46	68.63	−1.78	272.70	+ 5.94	348.22
June	2	245.12	4.93	75.30	−1.19	283.43	6.04	347.79
	4	258.52	5.38	82.03	−0.68	314.17	6.09	347.32
	6	271.97	5.77	88.79	−0.70	15.71	6.09	346.82
	8	285.38	6.11	95.55	−1.22	44.75	6.04	346.34
	10	298.69	+ 6.39	102.29	−1.80	55.18	+ 5.94	345.92
	12	311.81	6.60	108.99	−2.35	60.28	5.81	345.57
	14	324.71	6.75	115.60	−2.82	63.39	5.64	345.31
	16	337.33	6.84	122.12	−3.21	65.59	5.45	345.17
	18	349.65	6.88	128.49	−3.51	67.36	5.24	345.16
	20	1.67	+ 6.87	134.70	−3.72	68.90	+ 5.03	345.27
	22	13.36	6.83	140.70	−3.86	70.34	4.81	345.51
	24	24.74	6.75	146.46	−3.94	71.74	4.59	345.89
	26	35.81	6.66	151.93	−3.96	73.17	4.37	346.41
	28	46.57	6.54	157.07	−3.93	74.65	4.16	347.07
	30	57.05	+ 6.41	161.82	−3.86	76.20	+ 3.97	347.88
July	2	67.24	+ 6.28	166.14	−3.75	77.86	+ 3.78	348.83

EPHEMERIS FOR PHYSICAL OBSERVATIONS
FOR 0^h DYNAMICAL TIME

Date		Light-time	Magnitude	Surface Brightness	Diameter	Phase	Phase Angle	Defect of Illumination
		m			″		°	″
July	2	7.36	+ 0.2	+3.5	7.60	0.423	98.8	4.38
	4	7.72	+ 0.0	3.3	7.24	0.476	92.8	3.80
	6	8.10	− 0.2	3.1	6.91	0.531	86.5	3.24
	8	8.47	0.4	2.9	6.60	0.589	79.8	2.72
	10	8.85	0.6	2.7	6.32	0.648	72.7	2.22
	12	9.22	− 0.7	+2.5	6.07	0.709	65.3	1.77
	14	9.58	0.9	2.4	5.84	0.769	57.5	1.35
	16	9.92	1.1	2.2	5.64	0.826	49.4	0.98
	18	10.22	1.3	2.0	5.47	0.877	41.0	0.67
	20	10.49	1.5	1.8	5.33	0.921	32.6	0.42
	22	10.72	− 1.6	+1.6	5.22	0.956	24.2	0.23
	24	10.91	1.8	1.5	5.13	0.980	16.3	0.10
	26	11.04	2.0	1.3	5.07	0.994	9.2	0.03
	28	11.13	2.0	1.2	5.02	0.998	5.2	0.01
	30	11.18	1.9	1.4	5.00	0.995	8.5	0.03
Aug.	1	11.19	− 1.6	+1.6	5.00	0.985	14.0	0.07
	3	11.17	1.4	1.8	5.01	0.971	19.5	0.14
	5	11.12	1.2	2.0	5.03	0.955	24.6	0.23
	7	11.04	1.0	2.2	5.07	0.936	29.3	0.32
	9	10.94	0.8	2.4	5.11	0.917	33.6	0.43
	11	10.83	− 0.7	+2.5	5.17	0.896	37.6	0.54
	13	10.69	0.6	2.6	5.23	0.876	41.3	0.65
	15	10.55	0.4	2.7	5.30	0.855	44.7	0.77
	17	10.39	0.4	2.8	5.38	0.835	48.0	0.89
	19	10.22	0.3	2.9	5.47	0.814	51.0	1.02
	21	10.04	− 0.2	+3.0	5.57	0.794	54.0	1.15
	23	9.85	0.1	3.1	5.68	0.773	56.9	1.29
	25	9.66	0.1	3.2	5.79	0.752	59.7	1.44
	27	9.45	− 0.0	3.2	5.92	0.730	62.6	1.60
	29	9.24	+ 0.0	3.3	6.05	0.708	65.4	1.77
	31	9.02	+ 0.1	+3.3	6.20	0.685	68.3	1.95
Sept.	2	8.79	0.1	3.4	6.36	0.661	71.2	2.16
	4	8.56	0.1	3.4	6.54	0.635	74.3	2.38
	6	8.32	0.2	3.5	6.72	0.608	77.6	2.64
	8	8.07	0.2	3.5	6.93	0.578	81.0	2.92
	10	7.82	+ 0.2	+3.6	7.15	0.546	84.7	3.24
	12	7.56	0.3	3.6	7.40	0.512	88.6	3.61
	14	7.30	0.3	3.7	7.66	0.474	93.0	4.03
	16	7.04	0.4	3.7	7.95	0.433	97.7	4.50
	18	6.78	0.5	3.8	8.25	0.388	102.9	5.05
	20	6.52	+ 0.7	+3.9	8.58	0.340	108.7	5.66
	22	6.28	0.9	4.0	8.91	0.288	115.1	6.35
	24	6.04	1.1	4.1	9.25	0.232	122.3	7.10
	26	5.84	1.5	4.3	9.59	0.176	130.4	7.90
	28	5.66	2.1	4.5	9.88	0.121	139.3	8.69
	30	5.53	+ 2.8	+4.7	10.12	0.071	149.2	9.40
Oct.	2	5.46	+ 3.7	+4.7	10.25	0.031	159.8	9.94

EPHEMERIS FOR PHYSICAL OBSERVATIONS FOR 0^h DYNAMICAL TIME

Date	Sub-Earth Point		Sub-Solar Point			North Pole	
	Long.	Lat.	Long.	Dist.	P.A.	Dist.	P.A.
	°	°	°	″	°	″	°
July 2	67.24	+ 6.28	166.14	−3.75	77.86	+ 3.78	348.83
4	77.16	6.14	169.97	−3.62	79.64	3.60	349.93
6	86.81	6.00	173.25	3.45	81.57	3.44	351.18
8	96.21	5.86	175.94	3.25	83.66	3.28	352.59
10	105.35	5.73	178.01	3.02	85.95	3.14	354.15
12	114.25	+ 5.60	179.44	2.76	88.46	+ 3.02	355.86
14	122.94	5.49	180.26	2.46	91.24	2.91	357.71
16	131.42	5.39	180.55	2.14	94.34	2.81	359.68
18	139.73	5.31	180.43	1.79	97.90	2.72	1.74
20	147.90	5.24	180.07	1.43	102.15	2.65	3.86
22	155.97	+ 5.20	179.67	1.07	107.68	+ 2.60	6.01
24	164.00	5.17	179.45	0.72	116.19	2.55	8.13
26	172.01	5.16	179.58	0.40	134.26	2.52	10.21
28	180.04	5.16	180.21	0.23	190.31	2.50	12.20
30	188.12	5.18	181.42	0.37	246.58	2.49	14.08
Aug. 1	196.27	+ 5.20	183.27	0.60	264.43	+ 2.49	15.83
3	204.51	5.24	185.74	0.83	272.44	2.49	17.46
5	212.85	5.29	188.83	1.05	277.30	2.50	18.95
7	221.28	5.34	192.47	1.24	280.73	2.52	20.30
9	229.82	5.40	196.62	1.41	283.38	2.54	21.53
11	238.46	+ 5.46	201.24	1.58	285.52	+ 2.57	22.63
13	247.20	5.53	206.25	1.72	287.31	2.60	23.62
15	256.04	5.59	211.61	1.87	288.84	2.64	24.49
17	264.98	5.66	217.28	2.00	290.16	2.68	25.27
19	274.02	5.73	223.20	2.13	291.31	2.72	25.94
21	283.15	+ 5.81	229.34	2.25	292.32	+ 2.77	26.53
23	292.37	5.88	235.66	2.38	293.21	2.82	27.04
25	301.69	5.95	242.13	2.50	293.99	2.88	27.46
27	311.11	6.03	248.72	2.63	294.69	2.94	27.82
29	320.64	6.11	255.39	2.75	295.31	3.01	28.11
31	330.26	+ 6.18	262.12	2.88	295.87	+ 3.08	28.33
Sept. 2	340.01	6.26	268.88	3.01	296.38	3.16	28.51
4	349.87	6.35	275.64	3.15	296.85	3.25	28.63
6	359.87	6.43	282.39	3.28	297.29	3.34	28.71
8	10.02	6.52	289.08	3.42	297.72	3.44	28.75
10	20.34	+ 6.61	295.70	3.56	298.14	+ 3.55	28.76
12	30.84	6.70	302.21	3.70	298.59	3.67	28.75
14	41.56	6.79	308.58	−3.82	299.07	3.80	28.72
16	52.53	6.88	314.79	−3.94	299.61	3.94	28.68
18	63.79	6.97	320.79	−4.02	300.25	4.09	28.65
20	75.39	+ 7.06	326.54	−4.06	301.02	+ 4.26	28.62
22	87.36	7.13	332.01	−4.03	301.97	4.42	28.61
24	99.78	7.18	337.14	−3.91	303.19	4.59	28.63
26	112.67	7.20	341.89	−3.65	304.81	4.75	28.66
28	126.05	7.17	346.21	−3.22	307.09	4.90	28.70
30	139.93	+ 7.07	350.03	−2.59	310.70	+ 5.02	28.74
Oct. 2	154.22	+ 6.88	353.30	−1.77	317.83	+ 5.09	28.77

EPHEMERIS FOR PHYSICAL OBSERVATIONS FOR 0^h DYNAMICAL TIME

Date		Light-time	Magnitude	Surface Brightness	Diameter	Phase	Phase Angle	Defect of Illumination
		m			″		°	″
Oct.	2	5.46	+ 3.7	+4.7	10.25	0.031	159.8	9.94
	4	5.45	4.8	4.2	10.26	0.007	170.3	10.18
	6	5.53	4.9	4.0	10.12	0.005	171.8	10.07
	8	5.69	3.7	4.5	9.83	0.028	160.7	9.56
	10	5.93	2.5	4.3	9.43	0.076	148.0	8.71
	12	6.25	+ 1.5	+3.9	8.95	0.146	135.0	7.64
	14	6.63	0.8	3.5	8.43	0.233	122.3	6.47
	16	7.06	+ 0.2	3.2	7.92	0.329	110.0	5.32
	18	7.52	− 0.2	3.0	7.44	0.427	98.4	4.26
	20	7.98	0.5	2.8	7.01	0.522	87.5	3.35
	22	8.44	− 0.6	+2.7	6.63	0.609	77.4	2.59
	24	8.89	0.8	2.6	6.29	0.685	68.2	1.98
	26	9.31	0.8	2.5	6.01	0.751	59.9	1.50
	28	9.69	0.9	2.4	5.77	0.805	52.4	1.13
	30	10.05	0.9	2.4	5.57	0.849	45.7	0.84
Nov.	1	10.37	− 0.9	+2.4	5.39	0.885	39.7	0.62
	3	10.66	0.9	2.3	5.25	0.913	34.3	0.46
	5	10.92	0.9	2.3	5.12	0.935	29.5	0.33
	7	11.14	1.0	2.2	5.02	0.953	25.1	0.24
	9	11.34	1.0	2.2	4.93	0.967	21.1	0.17
	11	11.51	− 1.0	+2.1	4.86	0.977	17.4	0.11
	13	11.66	1.0	2.1	4.80	0.985	14.1	0.07
	15	11.78	1.1	2.0	4.75	0.991	11.0	0.04
	17	11.88	1.1	2.0	4.71	0.995	8.1	0.02
	19	11.96	1.2	1.9	4.68	0.998	5.3	0.01
	21	12.01	− 1.2	+1.9	4.66	0.999	2.8	0.00
	23	12.05	1.3	1.8	4.64	1.000	1.0	0.00
	25	12.06	1.2	1.9	4.64	1.000	2.6	0.00
	27	12.06	1.1	2.0	4.64	0.998	4.9	0.01
	29	12.04	1.0	2.1	4.65	0.996	7.2	0.02
Dec.	1	12.00	− 0.9	+2.1	4.66	0.993	9.6	0.03
	3	11.94	0.9	2.2	4.68	0.989	12.0	0.05
	5	11.86	0.8	2.3	4.72	0.984	14.5	0.07
	7	11.76	0.8	2.3	4.75	0.978	17.0	0.10
	9	11.65	0.7	2.4	4.80	0.971	19.6	0.14
	11	11.51	− 0.7	+2.4	4.86	0.962	22.4	0.18
	13	11.35	0.7	2.4	4.93	0.952	25.4	0.24
	15	11.17	0.7	2.5	5.01	0.939	28.6	0.31
	17	10.96	0.7	2.5	5.10	0.924	32.0	0.39
	19	10.73	0.7	2.5	5.21	0.906	35.7	0.49
	21	10.48	− 0.7	+2.6	5.34	0.884	39.8	0.62
	23	10.20	0.7	2.6	5.49	0.858	44.3	0.78
	25	9.89	0.7	2.6	5.66	0.826	49.3	0.99
	27	9.55	0.7	2.6	5.86	0.787	54.9	1.25
	29	9.19	0.7	2.7	6.09	0.741	61.2	1.58
	31	8.80	− 0.6	+2.7	6.36	0.686	68.2	2.00
	33	8.39	− 0.6	+2.8	6.67	0.620	76.1	2.53

EPHEMERIS FOR PHYSICAL OBSERVATIONS FOR 0^h DYNAMICAL TIME

Date		Sub-Earth Point		Sub-Solar Point			North Pole	
		Long.	Lat.	Long.	Dist.	P.A.	Dist.	P.A.
		°	°	°	″	°	″	°
Oct.	2	154.22	+ 6.88	353.30	−1.77	317.83	+ 5.09	28.77
	4	168.79	6.59	355.98	−0.87	341.01	5.10	28.76
	6	183.43	6.21	358.03	−0.72	69.92	5.03	28.71
	8	197.88	5.74	359.46	−1.62	101.97	4.89	28.63
	10	211.91	5.22	0.27	−2.50	110.18	4.70	28.55
	12	225.33	+ 4.67	0.55	−3.16	113.81	+ 4.46	28.48
	14	238.03	4.14	0.42	−3.56	115.85	4.21	28.45
	16	250.00	3.63	0.06	−3.72	117.15	3.95	28.46
	18	261.29	3.17	359.67	−3.68	118.04	3.72	28.50
	20	271.98	2.75	359.45	3.50	118.67	3.50	28.55
	22	282.19	+ 2.38	359.58	3.23	119.10	+ 3.31	28.57
	24	292.01	2.05	0.22	2.92	119.38	3.15	28.56
	26	301.54	1.75	1.44	2.60	119.50	3.00	28.49
	28	310.88	1.48	3.30	2.29	119.48	2.88	28.35
	30	320.07	1.23	5.79	1.99	119.32	2.78	28.13
Nov.	1	329.17	+ 1.00	8.88	1.72	119.01	+ 2.70	27.83
	3	338.22	0.79	12.53	1.48	118.57	2.62	27.44
	5	347.24	0.59	16.69	1.26	117.97	2.56	26.97
	7	356.24	0.39	21.31	1.06	117.21	2.51	26.41
	9	5.25	0.21	26.33	0.89	116.26	2.47	25.76
	11	14.26	+ 0.03	31.69	0.73	115.08	+ 2.43	25.04
	13	23.28	− 0.14	37.36	0.58	113.59	− 2.40	24.23
	15	32.32	0.31	43.29	0.45	111.65	2.37	23.35
	17	41.38	0.48	49.43	0.33	108.89	2.35	22.39
	19	50.46	0.65	55.76	0.22	104.28	2.34	21.37
	21	59.55	− 0.81	62.23	0.11	93.20	− 2.33	20.27
	23	68.65	0.97	68.81	0.04	28.33	2.32	19.10
	25	77.77	1.13	75.49	0.10	314.48	2.32	17.87
	27	86.90	1.30	82.21	0.20	302.14	2.32	16.58
	29	96.04	1.46	88.97	0.29	296.93	2.32	15.23
Dec.	1	105.19	− 1.63	95.74	0.39	293.55	− 2.33	13.83
	3	114.34	1.79	102.48	0.49	290.88	2.34	12.37
	5	123.49	1.96	109.17	0.59	288.53	2.36	10.87
	7	132.65	2.13	115.79	0.69	286.35	2.38	9.33
	9	141.81	2.31	122.30	0.81	284.25	2.40	7.76
	11	150.97	− 2.49	128.67	0.93	282.21	− 2.43	6.15
	13	160.14	2.68	134.87	1.06	280.19	2.46	4.53
	15	169.31	2.88	140.87	1.20	278.18	2.50	2.89
	17	178.48	3.09	146.62	1.35	276.19	2.55	1.25
	19	187.68	3.30	152.08	1.52	274.21	2.60	359.62
	21	196.90	− 3.53	157.21	1.71	272.24	− 2.66	358.01
	23	206.15	3.78	161.96	1.92	270.30	2.74	356.43
	25	215.47	4.05	166.26	2.15	268.38	2.82	354.91
	27	224.88	4.34	170.07	2.40	266.49	2.92	353.45
	29	234.41	4.66	173.34	2.67	264.65	3.03	352.09
	31	244.12	− 5.02	176.01	2.95	262.85	− 3.17	350.85
	33	254.07	− 5.42	178.06	3.24	261.09	− 3.32	349.76

EPHEMERIS FOR PHYSICAL OBSERVATIONS
FOR 0^h DYNAMICAL TIME

Date		Light-time	Magnitude	Surface Brightness	Diameter	Phase	Phase Angle	Defect of Illumination
		m			″		°	″
Jan.	−1	4.69	− 4.5	+1.6	29.61	0.418	99.5	17.24
	3	4.94	4.5	1.6	28.11	0.442	96.6	15.67
	7	5.19	4.5	1.6	26.74	0.466	93.9	14.29
	11	5.44	4.5	1.5	25.50	0.488	91.4	13.05
	15	5.70	4.4	1.5	24.37	0.509	88.9	11.96
	19	5.95	− 4.4	+1.5	23.33	0.530	86.6	10.97
	23	6.20	4.4	1.5	22.37	0.549	84.4	10.09
	27	6.45	4.3	1.4	21.50	0.568	82.2	9.30
	31	6.71	4.3	1.4	20.69	0.585	80.2	8.58
Feb.	4	6.96	4.3	1.4	19.95	0.603	78.2	7.93
	8	7.20	− 4.3	+1.4	19.26	0.619	76.2	7.34
	12	7.45	4.2	1.4	18.62	0.635	74.3	6.80
	16	7.70	4.2	1.3	18.03	0.650	72.5	6.30
	20	7.94	4.2	1.3	17.48	0.665	70.7	5.85
	24	8.18	4.2	1.3	16.96	0.680	68.9	5.43
	28	8.42	− 4.1	+1.3	16.48	0.694	67.2	5.05
Mar.	4	8.65	4.1	1.3	16.04	0.707	65.5	4.70
	8	8.89	4.1	1.3	15.62	0.720	63.9	4.37
	12	9.12	4.1	1.2	15.22	0.733	62.2	4.06
	16	9.34	4.1	1.2	14.85	0.745	60.6	3.78
	20	9.57	− 4.0	+1.2	14.50	0.757	59.0	3.52
	24	9.79	4.0	1.2	14.17	0.769	57.5	3.27
	28	10.01	4.0	1.2	13.86	0.780	55.9	3.05
Apr.	1	10.22	4.0	1.2	13.57	0.791	54.4	2.83
	5	10.44	4.0	1.1	13.30	0.802	52.8	2.63
	9	10.64	− 4.0	+1.1	13.04	0.813	51.3	2.44
	13	10.85	4.0	1.1	12.79	0.823	49.8	2.27
	17	11.05	3.9	1.1	12.56	0.833	48.3	2.10
	21	11.24	3.9	1.1	12.34	0.842	46.8	1.95
	25	11.44	3.9	1.1	12.14	0.852	45.3	1.80
	29	11.62	− 3.9	+1.0	11.94	0.861	43.8	1.66
May	3	11.81	3.9	1.0	11.76	0.870	42.3	1.53
	7	11.98	3.9	1.0	11.58	0.879	40.8	1.41
	11	12.16	3.9	1.0	11.42	0.887	39.3	1.29
	15	12.32	3.9	1.0	11.26	0.895	37.8	1.18
	19	12.49	− 3.9	+1.0	11.11	0.903	36.3	1.08
	23	12.64	3.9	0.9	10.98	0.911	34.8	0.98
	27	12.80	3.9	0.9	10.85	0.918	33.3	0.89
	31	12.94	3.9	0.9	10.72	0.925	31.8	0.80
June	4	13.08	3.9	0.9	10.61	0.932	30.2	0.72
	8	13.21	− 3.9	+0.9	10.50	0.938	28.7	0.65
	12	13.34	3.9	0.9	10.40	0.945	27.2	0.57
	16	13.46	3.9	0.9	10.31	0.951	25.7	0.51
	20	13.57	3.9	0.8	10.22	0.956	24.1	0.45
	24	13.68	3.9	0.8	10.14	0.962	22.6	0.39
	28	13.78	− 3.9	+0.8	10.07	0.967	21.0	0.34
July	2	13.87	− 3.9	+0.8	10.00	0.971	19.5	0.29

EPHEMERIS FOR PHYSICAL OBSERVATIONS
FOR 0^h DYNAMICAL TIME

Date	L_s	Sub-Earth Point		Sub-Solar Point				North Pole	
		Long.	Lat.	Long.	Lat.	Dist.	P.A.	Dist.	P.A.
	°	°	°	°	°	″	°	″	°
Jan. −1	255.70	60.86	− 2.38	321.26	− 2.58	−14.60	108.10	−14.79	15.09
3	262.20	70.43	2.47	333.68	2.64	13.96	106.91	14.04	13.97
7	268.69	80.15	2.52	346.11	2.66	13.34	105.58	13.36	12.73
11	275.19	90.02	2.52	358.53	2.65	−12.75	104.11	12.74	11.39
15	281.67	99.99	2.49	10.95	2.61	12.18	102.51	12.17	9.95
19	288.16	110.07	− 2.43	23.37	− 2.53	11.64	100.80	−11.65	8.41
23	294.64	120.24	2.35	35.78	2.42	11.13	98.98	11.18	6.77
27	301.11	130.49	2.24	48.18	2.28	10.65	97.06	10.74	5.07
31	307.57	140.80	2.12	60.57	2.11	10.19	95.07	10.34	3.29
Feb. 4	314.03	151.17	1.98	72.96	1.91	9.76	93.01	9.97	1.47
8	320.48	161.59	− 1.82	85.33	− 1.69	9.35	90.90	− 9.63	359.60
12	326.92	172.05	1.67	97.69	1.45	8.97	88.77	9.31	357.72
16	333.35	182.55	1.50	110.05	1.19	8.60	86.62	9.01	355.84
20	339.77	193.09	1.33	122.39	0.92	8.25	84.49	8.74	353.98
24	346.18	203.66	1.16	134.72	0.64	7.92	82.38	8.48	352.15
28	352.58	214.26	− 0.99	147.04	− 0.34	7.60	80.32	− 8.24	350.37
Mar. 4	358.98	224.88	0.83	159.35	− 0.05	7.30	78.33	8.02	348.66
8	5.36	235.51	0.66	171.65	+ 0.25	7.01	76.43	7.81	347.03
12	11.73	246.17	0.51	183.94	0.54	6.73	74.62	7.61	345.50
16	18.10	256.84	0.36	196.23	0.83	6.47	72.92	7.43	344.08
20	24.45	267.52	− 0.23	208.51	+ 1.10	6.22	71.35	− 7.25	342.77
24	30.80	278.22	− 0.10	220.78	1.36	5.97	69.92	− 7.09	341.60
28	37.15	288.93	+ 0.02	233.04	1.61	5.74	68.62	+ 6.93	340.55
Apr. 1	43.49	299.65	0.12	245.31	1.83	5.52	67.48	6.79	339.64
5	49.82	310.37	0.21	257.57	2.03	5.30	66.49	6.65	338.88
9	56.15	321.11	+ 0.29	269.82	+ 2.21	5.09	65.65	+ 6.52	338.26
13	62.47	331.84	0.35	282.08	2.36	4.89	64.98	6.40	337.78
17	68.80	342.59	0.40	294.33	2.48	4.69	64.48	6.28	337.44
21	75.12	353.33	0.44	306.58	2.57	4.50	64.14	6.17	337.26
25	81.44	4.09	0.46	318.84	2.63	4.31	63.97	6.07	337.22
29	87.77	14.84	+ 0.47	331.09	+ 2.66	4.13	63.97	+ 5.97	337.32
May 3	94.09	25.60	0.47	343.35	2.66	3.95	64.14	5.88	337.57
7	100.42	36.37	0.46	355.61	2.62	3.78	64.49	5.79	337.97
11	106.76	47.13	0.43	7.88	2.55	3.61	65.01	5.71	338.51
15	113.09	57.90	0.39	20.15	2.45	3.45	65.70	5.63	339.19
19	119.44	68.67	+ 0.35	32.42	+ 2.32	3.29	66.57	+ 5.56	340.01
23	125.79	79.44	0.29	44.70	2.16	3.13	67.62	5.49	340.98
27	132.15	90.22	0.23	56.99	1.97	2.98	68.84	5.42	342.08
31	138.51	101.00	0.16	69.28	1.76	2.82	70.23	5.36	343.32
June 4	144.89	111.79	0.09	81.58	1.53	2.67	71.80	5.30	344.69
8	151.27	122.58	+ 0.01	93.88	+ 1.28	2.52	73.54	+ 5.25	346.19
12	157.67	133.37	− 0.08	106.20	1.01	2.38	75.44	− 5.20	347.80
16	164.07	144.16	0.16	118.52	0.73	2.23	77.50	5.16	349.53
20	170.48	154.96	0.25	130.85	0.44	2.09	79.72	5.11	351.34
24	176.90	165.77	0.33	143.20	0.14	1.95	82.08	5.07	353.25
28	183.34	176.57	− 0.41	155.55	− 0.15	1.81	84.58	− 5.04	355.22
July 2	189.78	187.39	− 0.49	167.91	− 0.45	1.67	87.21	− 5.00	357.24

EPHEMERIS FOR PHYSICAL OBSERVATIONS
FOR 0^h DYNAMICAL TIME

Date		Light-time	Magnitude	Surface Brightness	Diameter	Phase	Phase Angle	Defect of Illumination
		m			″		°	″
July	2	13.87	− 3.9	+0.8	10.00	0.971	19.5	0.29
	6	13.96	3.9	0.8	9.94	0.976	17.9	0.24
	10	14.03	3.9	0.8	9.89	0.980	16.4	0.20
	14	14.10	3.9	0.8	9.84	0.983	14.8	0.16
	18	14.16	3.9	0.8	9.80	0.987	13.3	0.13
	22	14.22	− 3.9	+0.8	9.76	0.990	11.7	0.10
	26	14.27	3.9	0.8	9.73	0.992	10.2	0.08
	30	14.31	3.9	0.8	9.70	0.994	8.7	0.06
Aug.	3	14.34	3.9	0.7	9.68	0.996	7.1	0.04
	7	14.36	3.9	0.7	9.66	0.998	5.6	0.02
	11	14.38	− 3.9	+0.7	9.65	0.999	4.2	0.01
	15	14.39	3.9	0.7	9.65	0.999	2.9	0.01
	19	14.39	3.9	0.7	9.65	1.000	2.0	0.00
	23	14.38	3.9	0.7	9.65	1.000	2.1	0.00
	27	14.37	3.9	0.7	9.66	0.999	3.0	0.01
	31	14.35	− 3.9	+0.7	9.67	0.999	4.3	0.01
Sept.	4	14.32	3.9	0.7	9.69	0.998	5.7	0.02
	8	14.29	3.9	0.8	9.71	0.996	7.2	0.04
	12	14.25	3.9	0.8	9.74	0.994	8.6	0.05
	16	14.20	3.9	0.8	9.77	0.992	10.1	0.08
	20	14.15	− 3.9	+0.8	9.81	0.990	11.5	0.10
	24	14.09	3.9	0.8	9.85	0.987	13.0	0.13
	28	14.02	3.9	0.8	9.90	0.984	14.4	0.16
Oct.	2	13.95	3.9	0.8	9.95	0.981	15.8	0.19
	6	13.87	3.9	0.8	10.01	0.978	17.2	0.22
	10	13.78	− 3.9	+0.8	10.07	0.974	18.6	0.26
	14	13.70	3.9	0.8	10.13	0.970	20.0	0.31
	18	13.60	3.9	0.8	10.20	0.965	21.4	0.35
	22	13.50	3.9	0.8	10.28	0.961	22.8	0.40
	26	13.40	3.9	0.9	10.36	0.956	24.2	0.46
	30	13.29	− 3.9	+0.9	10.44	0.951	25.6	0.51
Nov.	3	13.17	3.9	0.9	10.54	0.946	26.9	0.57
	7	13.05	3.9	0.9	10.63	0.940	28.3	0.63
	11	12.93	3.9	0.9	10.73	0.935	29.6	0.70
	15	12.80	3.9	0.9	10.84	0.929	31.0	0.77
	19	12.67	− 3.9	+0.9	10.95	0.922	32.4	0.85
	23	12.53	3.9	0.9	11.07	0.916	33.7	0.93
	27	12.39	3.9	1.0	11.20	0.909	35.1	1.02
Dec.	1	12.25	3.9	1.0	11.33	0.902	36.4	1.11
	5	12.10	3.9	1.0	11.47	0.895	37.8	1.20
	9	11.94	− 3.9	+1.0	11.62	0.888	39.1	1.30
	13	11.78	3.9	1.0	11.78	0.880	40.5	1.41
	17	11.62	4.0	1.0	11.94	0.872	41.9	1.53
	21	11.46	4.0	1.0	12.11	0.864	43.3	1.65
	25	11.29	4.0	1.0	12.30	0.855	44.7	1.78
	29	11.11	− 4.0	+1.1	12.49	0.847	46.1	1.92
	33	10.93	− 4.0	+1.1	12.69	0.837	47.5	2.06

EPHEMERIS FOR PHYSICAL OBSERVATIONS
FOR 0^h DYNAMICAL TIME

Date	L_s	Sub-Earth Point		Sub-Solar Point				North Pole	
		Long.	Lat.	Long.	Lat.	Dist.	P.A.	Dist.	P.A.
	°	°	°	°	°	″	°	″	°
July 2	189.78	187.39	− 0.49	167.91	− 0.45	1.67	87.21	− 5.00	357.24
6	196.23	198.21	0.57	180.28	0.74	1.53	89.97	4.97	359.30
10	202.69	209.03	0.63	192.65	1.03	1.39	92.85	4.94	1.36
14	209.15	219.86	0.70	205.04	1.30	1.26	95.86	4.92	3.42
18	215.63	230.69	0.75	217.44	1.55	1.12	99.02	4.90	5.44
22	222.10	241.53	− 0.80	229.84	− 1.78	0.99	102.38	− 4.88	7.42
26	228.59	252.37	0.83	242.25	2.00	0.86	106.01	4.86	9.33
30	235.08	263.22	0.86	254.67	2.18	0.73	110.06	4.85	11.14
Aug. 3	241.57	274.08	0.87	267.09	2.34	0.60	114.84	4.84	12.86
7	248.06	284.93	0.87	279.51	2.47	0.48	120.95	4.83	14.47
11	254.56	295.79	− 0.86	291.94	− 2.57	0.35	129.82	− 4.83	15.94
15	261.06	306.66	0.84	304.37	2.63	0.24	145.24	4.82	17.29
19	267.55	317.53	0.81	316.79	2.66	0.17	176.74	4.82	18.49
23	274.04	328.41	0.76	329.22	2.66	0.17	222.69	4.82	19.55
27	280.53	339.29	0.70	341.64	2.62	0.26	251.29	4.83	20.46
31	287.02	350.17	− 0.63	354.06	− 2.55	0.36	264.97	− 4.84	21.22
Sept. 4	293.50	1.06	0.55	6.47	2.44	0.48	272.52	4.84	21.84
8	299.97	11.94	0.46	18.87	2.31	0.61	277.30	4.86	22.30
12	306.43	22.83	0.36	31.26	2.14	0.73	280.58	4.87	22.60
16	312.89	33.73	0.24	43.65	1.95	0.85	282.94	4.89	22.76
20	319.34	44.62	− 0.12	56.03	− 1.73	0.98	284.67	− 4.91	22.77
24	325.79	55.52	+ 0.00	68.39	1.50	1.10	285.92	+ 4.93	22.63
28	332.22	66.42	0.14	80.75	1.24	1.23	286.80	4.95	22.33
Oct. 2	338.64	77.32	0.28	93.09	0.97	1.36	287.35	4.98	21.89
6	345.05	88.22	0.42	105.42	0.69	1.48	287.62	5.00	21.29
10	351.46	99.13	+ 0.56	117.75	− 0.40	1.61	287.64	+ 5.03	20.55
14	357.85	110.03	0.71	130.06	− 0.10	1.74	287.42	5.07	19.66
18	4.24	120.94	0.85	142.36	+ 0.20	1.86	286.97	5.10	18.61
22	10.61	131.84	1.00	154.66	0.49	1.99	286.32	5.14	17.42
26	16.98	142.75	1.14	166.95	0.78	2.12	285.46	5.18	16.09
30	23.34	153.65	+ 1.27	179.23	+ 1.05	2.25	284.42	+ 5.22	14.62
Nov. 3	29.69	164.56	1.39	191.50	1.32	2.39	283.19	5.27	13.02
7	36.04	175.46	1.51	203.77	1.57	2.52	281.80	5.31	11.30
11	42.37	186.37	1.62	216.03	1.79	2.65	280.26	5.36	9.47
15	48.71	197.27	1.71	228.29	2.00	2.79	278.58	5.42	7.54
19	55.04	208.17	+ 1.80	240.55	+ 2.18	2.93	276.78	+ 5.47	5.54
23	61.36	219.08	1.86	252.80	2.34	3.07	274.89	5.53	3.47
27	67.69	229.98	1.92	265.06	2.46	3.22	272.93	5.60	1.37
Dec. 1	74.01	240.87	1.95	277.31	2.56	3.36	270.92	5.66	359.25
5	80.33	251.76	1.97	289.57	2.62	3.51	268.88	5.73	357.14
9	86.66	262.65	+ 1.97	301.82	+ 2.66	3.67	266.85	+ 5.81	355.07
13	92.98	273.54	1.95	314.08	2.66	3.83	264.85	5.89	353.04
17	99.31	284.41	1.91	326.34	2.63	3.99	262.89	5.97	351.09
21	105.65	295.29	1.85	338.61	2.56	4.15	261.01	6.05	349.24
25	111.98	306.15	1.78	350.88	2.47	4.32	259.20	6.15	347.49
29	118.33	317.01	+ 1.68	3.15	+ 2.34	4.50	257.50	+ 6.24	345.86
33	124.68	327.86	+ 1.55	15.43	+ 2.19	4.68	255.91	+ 6.34	344.36

EPHEMERIS FOR PHYSICAL OBSERVATIONS
FOR 0^h DYNAMICAL TIME

Date	Light-time	Magnitude	Surface Brightness	Diameter Eq.	Diameter Pol.	Phase	Phase Angle	Defect of Illumination
	m			″	″		°	″
Jan. −1	7.15	− 0.3	+4.5	10.88	10.83	0.936	29.3	0.69
3	6.92	0.4	4.5	11.25	11.20	0.943	27.6	0.64
7	6.69	0.5	4.5	11.63	11.58	0.951	25.7	0.57
11	6.48	0.6	4.5	12.00	11.95	0.958	23.6	0.50
15	6.29	0.7	4.5	12.37	12.31	0.966	21.3	0.42
19	6.12	− 0.8	+4.4	12.71	12.66	0.973	18.8	0.34
23	5.97	0.9	4.4	13.03	12.97	0.980	16.1	0.26
27	5.85	1.0	4.4	13.31	13.25	0.987	13.3	0.18
31	5.75	1.1	4.3	13.55	13.48	0.992	10.3	0.11
Feb. 4	5.67	1.1	4.3	13.72	13.65	0.996	7.2	0.05
8	5.63	− 1.2	+4.2	13.82	13.75	0.999	4.4	0.02
12	5.62	1.2	4.2	13.85	13.78	0.999	2.7	0.01
16	5.64	1.2	4.2	13.80	13.74	0.999	4.2	0.02
20	5.69	1.1	4.3	13.69	13.62	0.996	7.1	0.05
24	5.76	1.0	4.3	13.50	13.44	0.992	10.1	0.10
28	5.87	− 1.0	+4.4	13.26	13.20	0.987	13.0	0.17
Mar. 4	6.00	0.9	4.4	12.97	12.91	0.981	15.9	0.25
8	6.15	0.8	4.4	12.65	12.59	0.974	18.5	0.33
12	6.33	0.7	4.5	12.29	12.23	0.967	21.0	0.41
16	6.53	0.6	4.5	11.92	11.87	0.959	23.3	0.48
20	6.74	− 0.5	+4.5	11.55	11.49	0.952	25.3	0.56
24	6.97	0.4	4.5	11.17	11.11	0.945	27.2	0.62
28	7.21	0.3	4.6	10.79	10.74	0.938	28.9	0.67
Apr. 1	7.46	0.2	4.6	10.43	10.38	0.931	30.4	0.72
5	7.73	− 0.1	4.6	10.07	10.03	0.925	31.7	0.75
9	8.00	+ 0.0	+4.6	9.73	9.69	0.920	32.8	0.78
13	8.27	0.1	4.6	9.41	9.36	0.915	33.9	0.80
17	8.55	0.2	4.6	9.10	9.06	0.911	34.7	0.81
21	8.84	0.3	4.6	8.81	8.77	0.907	35.5	0.82
25	9.12	0.4	4.6	8.53	8.49	0.904	36.1	0.82
29	9.41	+ 0.4	+4.6	8.27	8.23	0.901	36.6	0.82
May 3	9.70	0.5	4.6	8.02	7.98	0.899	37.0	0.81
7	9.99	0.6	4.6	7.79	7.75	0.897	37.4	0.80
11	10.28	0.6	4.6	7.57	7.53	0.896	37.6	0.79
15	10.57	0.7	4.6	7.36	7.33	0.895	37.8	0.77
19	10.86	+ 0.7	+4.6	7.17	7.14	0.894	38.0	0.76
23	11.14	0.8	4.6	6.98	6.95	0.894	38.0	0.74
27	11.43	0.9	4.6	6.81	6.78	0.894	38.0	0.72
31	11.70	0.9	4.6	6.65	6.62	0.894	38.0	0.70
June 4	11.98	0.9	4.6	6.50	6.47	0.895	37.9	0.68
8	12.25	+ 1.0	+4.6	6.35	6.32	0.895	37.8	0.66
12	12.52	1.0	4.6	6.22	6.19	0.896	37.6	0.64
16	12.78	1.1	4.6	6.09	6.06	0.897	37.4	0.62
20	13.04	1.1	4.6	5.97	5.94	0.899	37.1	0.60
24	13.30	1.1	4.6	5.85	5.83	0.900	36.9	0.58
28	13.55	+ 1.2	+4.6	5.75	5.72	0.902	36.6	0.57
July 2	13.79	+ 1.2	+4.6	5.64	5.62	0.903	36.2	0.55

EPHEMERIS FOR PHYSICAL OBSERVATIONS
FOR 0^h DYNAMICAL TIME

Date	L_s	Sub-Earth Point		Sub-Solar Point				North Pole	
		Long.	Lat.	Long.	Lat.	Dist.	P.A.	Dist.	P.A.
	°	°	°	°	°	″	°	″	°
Jan. −1	38.32	159.90	+21.81	190.09	+15.46	2.66	108.90	+ 5.03	11.66
3	40.12	123.40	21.68	151.96	16.08	2.60	108.43	5.21	11.74
7	41.92	87.11	21.51	113.82	16.68	2.52	107.82	5.39	11.70
11	43.71	51.04	21.30	75.67	17.27	2.40	107.03	5.57	11.52
15	45.49	15.20	21.07	37.52	17.84	2.24	106.01	5.75	11.22
19	47.27	339.57	+20.80	359.35	+18.40	2.05	104.67	+ 5.92	10.78
23	49.04	304.15	20.50	321.17	18.93	1.81	102.84	6.08	10.20
27	50.81	268.92	20.18	282.97	19.45	1.53	100.24	6.22	9.51
31	52.58	233.86	19.83	244.77	19.95	1.21	96.18	6.35	8.70
Feb. 4	54.34	198.93	19.46	206.55	20.43	0.86	88.88	6.44	7.81
8	56.10	164.09	+19.08	168.31	+20.89	0.52	71.84	+ 6.50	6.84
12	57.86	129.29	18.70	130.06	21.33	0.33	21.25	6.53	5.84
16	59.61	94.48	18.34	91.80	21.75	0.51	328.50	6.52	4.83
20	61.36	59.61	18.00	53.51	22.14	0.84	310.50	6.48	3.84
24	63.11	24.64	17.69	15.22	22.52	1.18	302.86	6.41	2.90
28	64.86	349.54	+17.43	336.91	+22.88	1.49	298.60	+ 6.30	2.04
Mar. 4	66.61	314.26	17.22	298.58	23.21	1.77	295.83	6.17	1.28
8	68.35	278.79	17.07	260.24	23.52	2.01	293.86	6.02	0.64
12	70.10	243.11	16.99	221.89	23.81	2.20	292.40	5.85	0.13
16	71.85	207.22	16.97	183.53	24.08	2.35	291.28	5.68	359.75
20	73.59	171.12	+17.02	145.15	+24.32	2.47	290.42	+ 5.50	359.50
24	75.34	134.82	17.13	106.76	24.54	2.55	289.76	5.31	359.38
28	77.09	98.32	17.30	68.37	24.74	2.60	289.27	5.13	359.39
Apr. 1	78.83	61.62	17.52	29.96	24.91	2.63	288.91	4.95	359.52
5	80.58	24.75	17.80	351.54	25.06	2.64	288.67	4.78	359.76
9	82.34	347.70	+18.12	313.12	+25.18	2.64	288.54	+ 4.61	0.12
13	84.09	310.49	18.47	274.69	25.28	2.62	288.48	4.44	0.57
17	85.85	273.14	18.86	236.25	25.35	2.59	288.50	4.29	1.11
21	87.60	235.65	19.27	197.80	25.40	2.55	288.58	4.14	1.73
25	89.37	198.03	19.71	159.36	25.42	2.51	288.71	4.00	2.43
29	91.13	160.30	+20.16	120.90	+25.42	2.46	288.88	+ 3.87	3.20
May 3	92.90	122.44	20.62	82.44	25.39	2.41	289.08	3.74	4.04
7	94.68	84.49	21.09	43.98	25.33	2.36	289.31	3.62	4.94
11	96.45	46.43	21.56	5.52	25.25	2.31	289.57	3.51	5.89
15	98.24	8.28	22.03	327.05	25.14	2.26	289.84	3.40	6.89
19	100.03	330.05	+22.50	288.59	+25.01	2.20	290.11	+ 3.30	7.93
23	101.82	291.74	22.95	250.12	24.85	2.15	290.40	3.20	9.01
27	103.62	253.34	23.39	211.65	24.66	2.10	290.68	3.11	10.13
31	105.43	214.88	23.81	173.18	24.45	2.04	290.96	3.03	11.28
June 4	107.24	176.34	24.21	134.71	24.21	1.99	291.24	2.95	12.45
8	109.06	137.74	+24.58	96.25	+23.94	1.94	291.51	+ 2.88	13.65
12	110.88	99.07	24.93	57.78	23.65	1.89	291.77	2.81	14.87
16	112.72	60.35	25.24	19.32	23.33	1.85	292.01	2.74	16.10
20	114.56	21.57	25.52	340.86	22.99	1.80	292.23	2.68	17.35
24	116.41	342.74	25.77	302.40	22.62	1.75	292.44	2.63	18.60
28	118.27	303.86	+25.98	263.94	+22.22	1.71	292.63	+ 2.57	19.85
July 2	120.14	264.94	+26.14	225.49	+21.80	1.67	292.79	+ 2.53	21.10

EPHEMERIS FOR PHYSICAL OBSERVATIONS
FOR 0^h DYNAMICAL TIME

Date	Light-time	Magnitude	Surface Brightness	Diameter Eq.	Diameter Pol.	Phase	Phase Angle	Defect of Illumination
	m			″	″		°	″
July 2	13.79	+ 1.2	+4.6	5.64	5.62	0.903	36.2	0.55
6	14.03	1.2	4.6	5.55	5.52	0.905	35.9	0.53
10	14.26	1.2	4.6	5.46	5.43	0.907	35.5	0.51
14	14.49	1.3	4.5	5.37	5.35	0.909	35.1	0.49
18	14.71	1.3	4.5	5.29	5.27	0.911	34.7	0.47
22	14.93	+ 1.3	+4.5	5.21	5.19	0.913	34.3	0.45
26	15.14	1.3	4.5	5.14	5.12	0.915	33.8	0.43
30	15.35	1.3	4.5	5.07	5.05	0.918	33.4	0.42
Aug. 3	15.55	1.3	4.5	5.01	4.98	0.920	32.9	0.40
7	15.74	1.4	4.5	4.94	4.92	0.922	32.4	0.38
11	15.93	+ 1.4	+4.5	4.89	4.87	0.925	31.9	0.37
15	16.11	1.4	4.5	4.83	4.81	0.927	31.4	0.35
19	16.29	1.4	4.4	4.78	4.76	0.929	30.8	0.34
23	16.46	1.4	4.4	4.73	4.71	0.932	30.3	0.32
27	16.62	1.4	4.4	4.68	4.66	0.934	29.8	0.31
31	16.78	+ 1.4	+4.4	4.64	4.62	0.936	29.2	0.29
Sept. 4	16.94	1.4	4.4	4.60	4.57	0.939	28.7	0.28
8	17.08	1.4	4.4	4.56	4.54	0.941	28.1	0.27
12	17.23	1.4	4.4	4.52	4.50	0.943	27.5	0.26
16	17.36	1.4	4.3	4.48	4.46	0.946	26.9	0.24
20	17.49	+ 1.4	+4.3	4.45	4.43	0.948	26.3	0.23
24	17.62	1.4	4.3	4.42	4.40	0.950	25.7	0.22
28	17.74	1.4	4.3	4.39	4.37	0.953	25.1	0.21
Oct. 2	17.86	1.4	4.3	4.36	4.34	0.955	24.5	0.20
6	17.97	1.4	4.3	4.33	4.31	0.957	23.9	0.19
10	18.07	+ 1.4	+4.3	4.31	4.29	0.959	23.3	0.18
14	18.17	1.4	4.2	4.28	4.26	0.961	22.7	0.17
18	18.27	1.4	4.2	4.26	4.24	0.963	22.1	0.16
22	18.36	1.4	4.2	4.24	4.22	0.965	21.4	0.15
26	18.45	1.4	4.2	4.22	4.20	0.967	20.8	0.14
30	18.53	+ 1.4	+4.2	4.20	4.18	0.969	20.2	0.13
Nov. 3	18.61	1.4	4.2	4.18	4.16	0.971	19.5	0.12
7	18.68	1.4	4.2	4.17	4.14	0.973	18.9	0.11
11	18.76	1.3	4.1	4.15	4.13	0.975	18.3	0.10
15	18.82	1.3	4.1	4.13	4.11	0.977	17.6	0.10
19	18.89	+ 1.3	+4.1	4.12	4.10	0.978	17.0	0.09
23	18.95	1.3	4.1	4.11	4.09	0.980	16.3	0.08
27	19.00	1.3	4.1	4.10	4.07	0.981	15.7	0.08
Dec. 1	19.06	1.3	4.1	4.08	4.06	0.983	15.0	0.07
5	19.11	1.3	4.0	4.07	4.05	0.984	14.4	0.06
9	19.15	+ 1.3	+4.0	4.06	4.04	0.986	13.7	0.06
13	19.20	1.3	4.0	4.05	4.03	0.987	13.1	0.05
17	19.24	1.2	4.0	4.04	4.02	0.988	12.5	0.05
21	19.28	1.2	4.0	4.04	4.02	0.989	11.8	0.04
25	19.32	1.2	4.0	4.03	4.01	0.991	11.2	0.04
29	19.36	+ 1.2	+4.0	4.02	4.00	0.992	10.5	0.03
33	19.39	+ 1.2	+3.9	4.01	3.99	0.993	9.9	0.03

EPHEMERIS FOR PHYSICAL OBSERVATIONS
FOR 0^h DYNAMICAL TIME

Date	L_s	Sub-Earth Point		Sub-Solar Point				North Pole	
		Long.	Lat.	Long.	Lat.	Dist.	P.A.	Dist.	P.A.
	°	°	°	°	°	″	°	″	°
July 2	120.14	264.94	+26.14	225.49	+21.80	1.67	292.79	+ 2.53	21.10
6	122.01	225.97	26.27	187.04	21.36	1.62	292.93	2.48	22.35
10	123.90	186.97	26.34	148.60	20.89	1.58	293.04	2.44	23.59
14	125.80	147.93	26.38	110.15	20.39	1.54	293.13	2.40	24.81
18	127.70	108.86	26.36	71.72	19.87	1.50	293.18	2.36	26.01
22	129.62	69.76	+26.29	33.28	+19.32	1.47	293.21	+ 2.33	27.19
26	131.55	30.64	26.17	354.85	18.76	1.43	293.20	2.30	28.33
30	133.49	351.50	25.99	316.42	18.16	1.39	293.17	2.27	29.44
Aug. 3	135.44	312.34	25.77	278.00	17.55	1.36	293.09	2.25	30.52
7	137.40	273.16	25.48	239.57	16.91	1.32	292.98	2.22	31.55
11	139.37	233.97	+25.15	201.15	+16.25	1.29	292.84	+ 2.20	32.53
15	141.36	194.78	24.76	162.74	15.57	1.26	292.66	2.19	33.45
19	143.36	155.58	24.31	124.32	14.86	1.22	292.44	2.17	34.32
23	145.37	116.37	23.81	85.91	14.14	1.19	292.18	2.16	35.12
27	147.40	77.17	23.26	47.50	13.39	1.16	291.87	2.14	35.85
31	149.43	37.96	+22.65	9.08	+12.63	1.13	291.53	+ 2.13	36.51
Sept. 4	151.49	358.76	21.98	330.67	11.84	1.10	291.14	2.12	37.10
8	153.55	319.57	21.27	292.26	11.04	1.07	290.72	2.11	37.61
12	155.63	280.38	20.51	253.85	10.22	1.04	290.24	2.11	38.03
16	157.73	241.20	19.69	215.43	9.38	1.01	289.72	2.10	38.36
20	159.84	202.03	+18.83	177.01	+ 8.52	0.99	289.16	+ 2.10	38.60
24	161.96	162.86	17.92	138.59	7.65	0.96	288.55	2.09	38.75
28	164.10	123.71	16.97	100.16	6.77	0.93	287.90	2.09	38.81
Oct. 2	166.25	84.56	15.97	61.73	5.87	0.90	287.20	2.09	38.77
6	168.42	45.42	14.94	23.29	4.95	0.88	286.45	2.08	38.62
10	170.60	6.30	+13.86	344.85	+ 4.03	0.85	285.66	+ 2.08	38.38
14	172.80	327.18	12.75	306.39	3.09	0.83	284.83	2.08	38.04
18	175.01	288.06	11.61	267.93	2.14	0.80	283.95	2.08	37.60
22	177.24	248.95	10.43	229.46	1.19	0.77	283.03	2.07	37.05
26	179.49	209.85	9.22	190.97	+ 0.22	0.75	282.07	2.07	36.40
30	181.75	170.74	+ 7.98	152.48	− 0.75	0.72	281.07	+ 2.07	35.66
Nov. 3	184.02	131.64	6.73	113.97	1.73	0.70	280.04	2.07	34.81
7	186.31	92.54	5.45	75.44	2.71	0.67	278.98	2.06	33.87
11	188.61	53.43	4.15	36.90	3.69	0.65	277.90	2.06	32.84
15	190.93	14.32	2.83	358.34	4.68	0.63	276.79	2.05	31.71
19	193.27	335.20	+ 1.51	319.77	− 5.66	0.60	275.66	+ 2.05	30.50
23	195.62	296.07	+ 0.17	281.17	6.65	0.58	274.51	+ 2.04	29.20
27	197.98	256.92	− 1.18	242.55	7.63	0.55	273.36	− 2.04	27.82
Dec. 1	200.35	217.76	2.52	203.92	8.60	0.53	272.21	2.03	26.36
5	202.74	178.59	3.87	165.25	9.57	0.51	271.07	2.02	24.83
9	205.15	139.39	− 5.21	126.57	−10.53	0.48	269.94	− 2.01	23.24
13	207.56	100.17	6.54	87.86	11.47	0.46	268.82	2.00	21.59
17	209.99	60.92	7.86	49.12	12.41	0.44	267.74	1.99	19.87
21	212.43	21.65	9.17	10.36	13.33	0.41	266.69	1.98	18.11
25	214.88	342.34	10.46	331.57	14.23	0.39	265.68	1.97	16.30
29	217.34	303.01	−11.72	292.75	−15.11	0.37	264.72	− 1.96	14.44
33	219.81	263.63	−12.96	253.91	−15.97	0.34	263.83	− 1.95	12.55

EPHEMERIS FOR PHYSICAL OBSERVATIONS
FOR 0^h DYNAMICAL TIME

Date	Light-time	Magnitude	Surface Brightness	Diameter Eq.	Diameter Pol.	Phase Angle	Defect of Illumination
	m			″	″	°	″
Jan. −1	51.32	− 1.8	5.4	31.90	29.84	5.8	0.08
3	51.00	1.8	5.4	32.10	30.03	6.3	0.10
7	50.66	1.8	5.4	32.32	30.23	6.8	0.11
11	50.29	1.8	5.4	32.56	30.45	7.2	0.13
15	49.91	1.8	5.4	32.81	30.69	7.7	0.15
19	49.50	− 1.8	5.4	33.08	30.94	8.1	0.16
23	49.07	1.9	5.4	33.37	31.22	8.5	0.18
27	48.62	1.9	5.4	33.68	31.50	8.8	0.20
31	48.15	1.9	5.4	34.01	31.81	9.2	0.22
Feb. 4	47.67	1.9	5.4	34.35	32.13	9.5	0.23
8	47.18	− 1.9	5.4	34.71	32.46	9.8	0.25
12	46.67	2.0	5.4	35.08	32.82	10.0	0.27
16	46.15	2.0	5.4	35.48	33.18	10.2	0.28
20	45.63	2.0	5.4	35.89	33.57	10.4	0.29
24	45.10	2.0	5.4	36.31	33.96	10.5	0.30
28	44.56	− 2.1	5.4	36.75	34.37	10.6	0.31
Mar. 4	44.02	2.1	5.4	37.20	34.79	10.6	0.32
8	43.48	2.1	5.4	37.66	35.23	10.7	0.32
12	42.94	2.1	5.4	38.13	35.67	10.6	0.33
16	42.40	2.2	5.4	38.62	36.12	10.5	0.32
20	41.88	− 2.2	5.4	39.10	36.58	10.4	0.32
24	41.35	2.2	5.4	39.60	37.04	10.2	0.31
28	40.84	2.2	5.4	40.09	37.50	10.0	0.30
Apr. 1	40.35	2.3	5.4	40.58	37.96	9.7	0.29
5	39.87	2.3	5.4	41.07	38.42	9.4	0.27
9	39.40	− 2.3	5.4	41.56	38.87	9.0	0.25
13	38.96	2.4	5.4	42.03	39.31	8.6	0.23
17	38.54	2.4	5.4	42.49	39.74	8.1	0.21
21	38.14	2.4	5.4	42.93	40.15	7.5	0.19
25	37.78	2.4	5.4	43.35	40.54	7.0	0.16
29	37.44	− 2.5	5.4	43.74	40.91	6.4	0.13
May 3	37.13	2.5	5.4	44.10	41.25	5.7	0.11
7	36.86	2.5	5.4	44.43	41.56	5.0	0.08
11	36.62	2.5	5.4	44.72	41.83	4.3	0.06
15	36.41	2.5	5.4	44.97	42.06	3.5	0.04
19	36.25	− 2.6	5.4	45.18	42.26	2.7	0.03
23	36.12	2.6	5.4	45.34	42.41	1.9	0.01
27	36.03	2.6	5.4	45.45	42.51	1.1	0.00
31	35.98	2.6	5.4	45.51	42.57	0.3	0.00
June 4	35.97	2.6	5.4	45.52	42.58	0.5	0.00
8	36.00	− 2.6	5.4	45.49	42.55	1.4	0.01
12	36.07	2.6	5.4	45.40	42.46	2.2	0.02
16	36.18	2.6	5.4	45.26	42.34	3.0	0.03
20	36.32	2.5	5.4	45.08	42.17	3.7	0.05
24	36.50	2.5	5.4	44.86	41.96	4.5	0.07
28	36.72	− 2.5	5.4	44.59	41.71	5.2	0.09
July 2	36.97	− 2.5	5.4	44.29	41.43	5.9	0.12

EPHEMERIS FOR PHYSICAL OBSERVATIONS FOR 0^h DYNAMICAL TIME

Date	L_s	Sub-Earth Point		Sub-Solar Point				North Pole	
		Long.	Lat.	Long.	Lat.	Dist.	P.A.	Dist.	P.A.
	°	°	°	°	°	″	°	″	°
Jan. −1	281.32	332.68	− 3.40	338.51	− 3.50	1.62	101.72	−14.90	10.71
3	281.64	214.21	3.40	220.53	3.50	1.77	101.29	14.99	10.38
7	281.95	95.78	3.41	102.57	3.49	1.91	100.88	15.09	10.05
11	282.26	337.37	3.41	344.63	3.49	2.05	100.49	15.20	9.73
15	282.57	219.01	3.41	226.70	3.48	2.19	100.11	15.32	9.41
19	282.88	100.67	− 3.41	108.78	− 3.48	2.33	99.75	−15.45	9.10
23	283.19	342.38	3.41	350.87	3.48	2.46	99.40	15.58	8.80
27	283.50	224.12	3.41	232.97	3.47	2.59	99.07	15.73	8.51
31	283.81	105.89	3.41	115.09	3.47	2.71	98.75	15.88	8.22
Feb. 4	284.12	347.71	3.42	357.21	3.46	2.83	98.45	16.04	7.95
8	284.43	229.57	− 3.42	239.34	− 3.46	2.94	98.16	−16.21	7.70
12	284.75	111.46	3.42	121.48	3.45	3.05	97.89	16.38	7.45
16	285.06	353.40	3.42	3.62	3.45	3.14	97.62	16.57	7.22
20	285.37	235.38	3.42	245.77	3.44	3.23	97.38	16.76	7.01
24	285.68	117.40	3.43	127.93	3.44	3.31	97.15	16.95	6.81
28	285.99	359.47	− 3.43	10.08	− 3.43	3.38	96.93	−17.16	6.63
Mar. 4	286.31	241.58	3.43	252.24	3.43	3.44	96.73	17.37	6.47
8	286.62	123.73	3.43	134.40	3.42	3.48	96.55	17.59	6.33
12	286.93	5.93	3.44	16.56	3.42	3.51	96.39	17.81	6.21
16	287.24	248.17	3.44	258.71	3.41	3.53	96.24	18.03	6.10
20	287.56	130.45	− 3.44	140.86	− 3.40	3.53	96.11	−18.26	6.02
24	287.87	12.78	3.45	23.01	3.40	3.51	96.00	18.49	5.96
28	288.18	255.15	3.45	265.14	3.39	3.47	95.90	18.72	5.93
Apr. 1	288.49	137.56	3.45	147.28	3.39	3.42	95.82	18.95	5.91
5	288.81	20.02	3.46	29.40	3.38	3.34	95.75	19.18	5.92
9	289.12	262.51	− 3.46	271.51	− 3.37	3.24	95.70	−19.40	5.95
13	289.43	145.04	3.46	153.61	3.37	3.12	95.66	19.62	6.01
17	289.75	27.61	3.47	35.69	3.36	2.98	95.62	19.84	6.08
21	290.06	270.20	3.47	277.76	3.35	2.82	95.60	20.04	6.18
25	290.38	152.83	3.47	159.81	3.35	2.63	95.57	20.24	6.29
29	290.69	35.48	− 3.47	41.85	− 3.34	2.42	95.53	−20.42	6.43
May 3	291.00	278.16	3.48	283.86	3.33	2.19	95.47	20.59	6.58
7	291.32	160.85	3.48	165.86	3.33	1.94	95.38	20.75	6.75
11	291.63	43.55	3.48	47.83	3.32	1.67	95.21	20.88	6.94
15	291.95	286.26	3.47	289.78	3.31	1.38	94.91	21.00	7.13
19	292.26	168.97	− 3.47	171.71	− 3.30	1.08	94.35	−21.09	7.34
23	292.58	51.68	3.47	53.62	3.30	0.77	93.20	21.17	7.55
27	292.89	294.37	3.46	295.50	3.29	0.45	90.14	21.22	7.77
31	293.21	177.06	3.46	177.36	3.28	0.13	71.24	21.25	8.00
June 4	293.52	59.72	3.45	59.19	3.27	0.22	294.47	21.26	8.22
8	293.84	302.35	− 3.44	301.00	− 3.27	0.54	284.84	−21.24	8.44
12	294.15	184.95	3.43	182.79	3.26	0.86	282.57	21.20	8.66
16	294.47	67.51	3.42	64.55	3.25	1.17	281.64	21.14	8.86
20	294.78	310.03	3.41	306.29	3.24	1.47	281.17	21.05	9.06
24	295.10	192.51	3.39	188.01	3.23	1.76	280.91	20.95	9.25
28	295.42	74.93	− 3.38	69.71	− 3.22	2.03	280.77	−20.82	9.43
July 2	295.73	317.30	− 3.36	311.38	− 3.22	2.28	280.69	−20.68	9.59

EPHEMERIS FOR PHYSICAL OBSERVATIONS
FOR 0^h DYNAMICAL TIME

Date		Light-time	Magnitude	Surface Brightness	Diameter Eq.	Diameter Pol.	Phase Angle	Defect of Illumination
		m			″	″	°	″
July	2	36.97	− 2.5	5.4	44.29	41.43	5.9	0.12
	6	37.26	2.5	5.4	43.95	41.11	6.6	0.14
	10	37.57	2.5	5.4	43.58	40.77	7.2	0.17
	14	37.91	2.4	5.4	43.19	40.40	7.8	0.20
	18	38.28	2.4	5.4	42.77	40.01	8.3	0.22
	22	38.67	− 2.4	5.4	42.34	39.60	8.8	0.25
	26	39.09	2.4	5.4	41.89	39.18	9.2	0.27
	30	39.52	2.3	5.4	41.43	38.75	9.6	0.29
Aug.	3	39.97	2.3	5.4	40.96	38.32	9.9	0.31
	7	40.44	2.3	5.4	40.49	37.87	10.2	0.32
	11	40.92	− 2.3	5.4	40.02	37.43	10.5	0.33
	15	41.41	2.2	5.4	39.55	36.99	10.7	0.34
	19	41.90	2.2	5.4	39.08	36.55	10.8	0.35
	23	42.41	2.2	5.4	38.61	36.12	10.9	0.35
	27	42.92	2.2	5.4	38.16	35.69	10.9	0.35
	31	43.42	− 2.1	5.4	37.71	35.27	11.0	0.34
Sept.	4	43.93	2.1	5.4	37.27	34.86	10.9	0.34
	8	44.44	2.1	5.4	36.85	34.46	10.8	0.33
	12	44.94	2.1	5.4	36.43	34.08	10.7	0.32
	16	45.44	2.0	5.4	36.04	33.71	10.6	0.31
	20	45.93	− 2.0	5.4	35.65	33.35	10.4	0.29
	24	46.41	2.0	5.4	35.28	33.00	10.2	0.28
	28	46.88	2.0	5.4	34.93	32.67	9.9	0.26
Oct.	2	47.33	2.0	5.4	34.59	32.36	9.6	0.24
	6	47.78	1.9	5.4	34.27	32.06	9.3	0.23
	10	48.20	− 1.9	5.4	33.97	31.77	9.0	0.21
	14	48.61	1.9	5.4	33.68	31.50	8.6	0.19
	18	49.01	1.9	5.4	33.41	31.25	8.2	0.17
	22	49.38	1.9	5.4	33.16	31.02	7.8	0.15
	26	49.73	1.9	5.4	32.93	30.80	7.3	0.13
	30	50.06	− 1.9	5.4	32.71	30.59	6.9	0.12
Nov.	3	50.37	1.8	5.4	32.51	30.41	6.4	0.10
	7	50.65	1.8	5.4	32.33	30.24	5.9	0.09
	11	50.91	1.8	5.4	32.16	30.08	5.4	0.07
	15	51.15	1.8	5.4	32.01	29.94	4.8	0.06
	19	51.36	− 1.8	5.4	31.88	29.82	4.3	0.04
	23	51.54	1.8	5.4	31.77	29.72	3.7	0.03
	27	51.69	1.8	5.4	31.68	29.63	3.2	0.02
Dec.	1	51.82	1.8	5.4	31.60	29.55	2.6	0.02
	5	51.92	1.8	5.4	31.54	29.50	2.0	0.01
	9	51.99	− 1.8	5.4	31.49	29.46	1.5	0.01
	13	52.04	1.8	5.4	31.47	29.43	0.9	0.00
	17	52.05	1.8	5.3	31.46	29.42	0.3	0.00
	21	52.03	1.8	5.3	31.47	29.43	0.3	0.00
	25	51.99	1.8	5.4	31.50	29.46	0.9	0.00
	29	51.92	− 1.8	5.4	31.54	29.50	1.5	0.01
	33	51.82	− 1.8	5.4	31.60	29.56	2.1	0.01

EPHEMERIS FOR PHYSICAL OBSERVATIONS FOR 0^h DYNAMICAL TIME

Date		L_s	Sub-Earth Point		Sub-Solar Point				North Pole	
			Long.	Lat.	Long.	Lat.	Dist.	P.A.	Dist.	P.A.
		°	°	°	°	°	″	°	″	°
July	2	295.73	317.30	− 3.36	311.38	− 3.22	2.28	280.69	−20.68	9.59
	6	296.05	199.61	3.35	193.04	3.21	2.51	280.64	20.52	9.74
	10	296.37	81.87	3.33	74.67	3.20	2.72	280.61	20.35	9.86
	14	296.68	324.06	3.32	316.29	3.19	2.91	280.59	20.17	9.97
	18	297.00	206.20	3.30	197.90	3.18	3.08	280.57	19.98	10.06
	22	297.32	88.27	− 3.28	79.49	− 3.17	3.23	280.55	−19.77	10.14
	26	297.63	330.28	3.27	321.06	3.16	3.35	280.52	19.56	10.19
	30	297.95	212.23	3.25	202.63	3.15	3.45	280.48	19.35	10.22
Aug.	3	298.27	94.12	3.23	84.18	3.14	3.53	280.43	19.13	10.23
	7	298.59	335.96	3.22	325.73	3.13	3.59	280.36	18.91	10.22
	11	298.90	217.74	− 3.20	207.26	− 3.13	3.63	280.29	−18.69	10.18
	15	299.22	99.46	3.18	88.79	3.12	3.65	280.20	18.47	10.13
	19	299.54	341.13	3.17	330.32	3.11	3.66	280.09	18.25	10.06
	23	299.86	222.75	3.15	211.84	3.10	3.65	279.97	18.03	9.97
	27	300.18	104.32	3.14	93.36	3.09	3.62	279.83	17.82	9.86
	31	300.50	345.85	− 3.12	334.88	− 3.08	3.58	279.68	−17.61	9.73
Sept.	4	300.81	227.33	3.11	216.39	3.07	3.53	279.52	17.41	9.58
	8	301.13	108.77	3.10	97.91	3.06	3.47	279.34	17.21	9.41
	12	301.45	350.18	3.08	339.43	3.05	3.39	279.14	17.02	9.23
	16	301.77	231.55	3.07	220.96	3.04	3.31	278.93	16.83	9.02
	20	302.09	112.89	− 3.05	102.49	− 3.02	3.22	278.70	−16.65	8.80
	24	302.41	354.20	3.04	344.02	3.01	3.11	278.46	16.48	8.57
	28	302.73	235.48	3.03	225.56	3.00	3.01	278.21	16.32	8.32
Oct.	2	303.05	116.74	3.01	107.11	2.99	2.89	277.94	16.16	8.05
	6	303.37	357.98	3.00	348.67	2.98	2.77	277.66	16.01	7.77
	10	303.69	239.20	− 2.99	230.23	− 2.97	2.65	277.37	−15.87	7.48
	14	304.01	120.40	2.97	111.81	2.96	2.51	277.06	15.73	7.17
	18	304.33	1.59	2.96	353.39	2.95	2.38	276.74	15.61	6.85
	22	304.65	242.77	2.95	234.99	2.94	2.24	276.41	15.49	6.52
	26	304.97	123.93	2.93	116.60	2.93	2.10	276.06	15.38	6.18
	30	305.29	5.09	− 2.92	358.23	− 2.91	1.95	275.70	−15.28	5.82
Nov.	3	305.61	246.25	2.90	239.86	2.90	1.81	275.33	15.19	5.46
	7	305.93	127.40	2.89	121.51	2.89	1.66	274.94	15.10	5.09
	11	306.26	8.55	2.87	3.18	2.88	1.50	274.53	15.02	4.71
	15	306.58	249.70	2.86	244.86	2.87	1.35	274.11	14.96	4.32
	19	306.90	130.86	− 2.84	126.55	− 2.85	1.19	273.66	−14.89	3.92
	23	307.22	12.01	2.82	8.27	2.84	1.04	273.19	14.84	3.52
	27	307.54	253.18	2.81	249.99	2.83	0.88	272.67	14.80	3.11
Dec.	1	307.86	134.35	2.79	131.74	2.82	0.72	272.09	14.76	2.69
	5	308.19	15.54	2.77	13.50	2.81	0.56	271.39	14.73	2.27
	9	308.51	256.73	− 2.75	255.28	− 2.79	0.40	270.44	−14.71	1.85
	13	308.83	137.94	2.73	137.07	2.78	0.24	268.74	14.70	1.43
	17	309.16	19.17	2.72	18.89	2.77	0.08	261.62	14.70	1.00
	21	309.48	260.41	2.70	260.72	2.76	0.09	100.29	14.70	0.58
	25	309.80	141.66	2.68	142.56	2.74	0.25	93.94	14.71	0.15
	29	310.12	22.94	− 2.65	24.43	− 2.73	0.41	92.30	−14.74	359.72
	33	310.45	264.24	− 2.63	266.31	− 2.72	0.57	91.37	−14.76	359.30

SATURN, 1995

EPHEMERIS FOR PHYSICAL OBSERVATIONS
FOR 0^h DYNAMICAL TIME

Date		Light-time	Magnitude	Surface Brightness	Diameter Eq.	Diameter Pol.	Phase Angle	Defect of Illumination
		m			″	″	°	″
Jan.	−1	84.33	+ 1.0	7.0	16.32	14.59	5.0	0.03
	3	84.80	1.0	7.0	16.23	14.51	4.8	0.03
	7	85.24	1.0	7.0	16.14	14.43	4.6	0.03
	11	85.67	1.0	6.9	16.06	14.36	4.4	0.02
	15	86.07	1.0	6.9	15.99	14.29	4.1	0.02
	19	86.45	+ 1.0	6.9	15.92	14.22	3.8	0.02
	23	86.80	1.0	6.9	15.85	14.17	3.6	0.01
	27	87.12	1.0	6.9	15.79	14.11	3.3	0.01
	31	87.41	1.0	6.9	15.74	14.06	3.0	0.01
Feb.	4	87.68	1.0	6.9	15.69	14.02	2.6	0.01
	8	87.91	+ 1.0	6.9	15.65	13.98	2.3	0.01
	12	88.11	1.0	6.8	15.62	13.95	2.0	0.00
	16	88.28	1.0	6.8	15.59	13.92	1.6	0.00
	20	88.41	1.0	6.8	15.56	13.90	1.3	0.00
	24	88.51	1.0	6.8	15.55	13.88	0.9	0.00
	28	88.58	+ 1.0	6.8	15.53	13.87	0.6	0.00
Mar.	4	88.61	1.0	6.8	15.53	13.86	0.3	0.00
	8	88.61	1.0	6.8	15.53	13.86	0.3	0.00
	12	88.58	1.1	6.8	15.53	13.87	0.6	0.00
	16	88.51	1.1	6.8	15.55	13.88	0.9	0.00
	20	88.41	+ 1.1	6.8	15.56	13.89	1.3	0.00
	24	88.28	1.1	6.8	15.59	13.91	1.6	0.00
	28	88.11	1.1	6.8	15.62	13.94	2.0	0.00
Apr.	1	87.91	1.2	6.8	15.65	13.97	2.3	0.01
	5	87.68	1.2	6.9	15.69	14.01	2.6	0.01
	9	87.42	+ 1.2	6.9	15.74	14.05	2.9	0.01
	13	87.13	1.2	6.9	15.79	14.09	3.3	0.01
	17	86.82	1.2	6.9	15.85	14.15	3.6	0.01
	21	86.47	1.2	6.9	15.91	14.20	3.8	0.02
	25	86.10	1.2	6.9	15.98	14.26	4.1	0.02
	29	85.71	+ 1.3	6.9	16.05	14.33	4.4	0.02
May	3	85.29	1.3	6.9	16.13	14.40	4.6	0.03
	7	84.86	1.3	7.0	16.22	14.47	4.9	0.03
	11	84.40	1.3	7.0	16.30	14.55	5.1	0.03
	15	83.92	1.3	7.0	16.40	14.63	5.3	0.03
	19	83.43	+ 1.3	7.0	16.49	14.72	5.4	0.04
	23	82.92	1.3	7.0	16.59	14.81	5.6	0.04
	27	82.40	1.3	7.0	16.70	14.90	5.7	0.04
	31	81.87	1.2	7.0	16.81	15.00	5.8	0.04
June	4	81.33	1.2	7.0	16.92	15.10	5.9	0.04
	8	80.79	+ 1.2	7.0	17.03	15.20	6.0	0.05
	12	80.24	1.2	7.0	17.15	15.30	6.0	0.05
	16	79.68	1.2	7.0	17.27	15.41	6.1	0.05
	20	79.13	1.2	7.0	17.39	15.52	6.0	0.05
	24	78.58	1.1	7.0	17.51	15.63	6.0	0.05
	28	78.04	+ 1.1	7.0	17.63	15.74	5.9	0.05
July	2	77.50	+ 1.1	7.0	17.76	15.85	5.9	0.05

EPHEMERIS FOR PHYSICAL OBSERVATIONS
FOR 0^h DYNAMICAL TIME

Date	L_s	Sub-Earth Point		Sub-Solar Point				North Pole	
		Long.	Lat.	Long.	Lat.	Dist.	P.A.	Dist.	P.A.
	°	°	°	°	°	″	°	″	°
Jan. −1	169.38	264.33	+ 8.81	259.82	+ 5.97	0.72	249.06	+ 7.23	5.68
3	169.51	266.95	8.61	262.61	5.90	0.68	249.18	7.19	5.66
7	169.64	269.56	8.40	265.42	5.82	0.65	249.30	7.15	5.64
11	169.77	272.17	8.18	268.24	5.75	0.61	249.44	7.12	5.62
15	169.90	274.78	7.95	271.07	5.68	0.57	249.61	7.09	5.60
19	170.03	277.39	+ 7.71	273.92	+ 5.61	0.53	249.79	+ 7.06	5.57
23	170.16	280.00	7.46	276.78	5.54	0.49	250.02	7.04	5.55
27	170.29	282.62	7.21	279.66	5.46	0.45	250.29	7.01	5.52
31	170.42	285.24	6.95	282.55	5.39	0.41	250.63	6.99	5.49
Feb. 4	170.55	287.86	6.68	285.46	5.32	0.36	251.06	6.97	5.47
8	170.68	290.50	+ 6.41	288.39	+ 5.25	0.31	251.62	+ 6.96	5.44
12	170.81	293.15	6.14	291.34	5.17	0.27	252.40	6.94	5.41
16	170.94	295.81	5.86	294.30	5.10	0.22	253.52	6.93	5.38
20	171.07	298.48	5.58	297.28	5.03	0.17	255.29	6.92	5.35
24	171.20	301.17	5.29	300.29	4.96	0.13	258.43	6.92	5.32
28	171.33	303.87	+ 5.01	303.31	+ 4.88	0.08	265.45	+ 6.91	5.28
Mar. 4	171.46	306.60	4.72	306.35	4.81	0.04	291.33	6.91	5.25
8	171.59	309.34	4.43	309.41	4.74	0.03	21.12	6.92	5.22
12	171.72	312.10	4.15	312.48	4.66	0.08	48.43	6.92	5.19
16	171.85	314.88	3.87	315.58	4.59	0.12	55.67	6.93	5.15
20	171.98	317.68	+ 3.58	318.70	+ 4.52	0.17	58.89	+ 6.94	5.12
24	172.11	320.50	3.31	321.83	4.45	0.22	60.69	6.95	5.09
28	172.24	323.35	3.03	324.98	4.37	0.27	61.84	6.96	5.06
Apr. 1	172.37	326.21	2.76	328.15	4.30	0.31	62.65	6.98	5.03
5	172.50	329.11	2.50	331.34	4.23	0.36	63.24	7.00	4.99
9	172.63	332.02	+ 2.24	334.54	+ 4.15	0.40	63.70	+ 7.02	4.96
13	172.76	334.97	1.99	337.77	4.08	0.45	64.06	7.04	4.93
17	172.89	337.94	1.74	341.00	4.01	0.49	64.36	7.07	4.90
21	173.02	340.93	1.51	344.25	3.93	0.53	64.61	7.10	4.87
25	173.15	343.95	1.28	347.52	3.86	0.57	64.83	7.13	4.84
29	173.28	346.99	+ 1.06	350.80	+ 3.79	0.61	65.02	+ 7.16	4.81
May 3	173.41	350.06	0.85	354.09	3.71	0.65	65.19	7.20	4.79
7	173.54	353.16	0.65	357.40	3.64	0.69	65.35	7.24	4.76
11	173.68	356.28	0.46	0.72	3.57	0.72	65.50	7.27	4.74
15	173.81	359.43	0.28	4.04	3.49	0.75	65.63	7.32	4.71
19	173.94	2.61	+ 0.12	7.38	+ 3.42	0.78	65.76	+ 7.36	4.69
23	174.07	5.81	− 0.03	10.72	3.35	0.81	65.89	− 7.40	4.67
27	174.20	9.04	0.17	14.07	3.27	0.83	66.01	7.45	4.65
31	174.33	12.29	0.30	17.43	3.20	0.86	66.13	7.50	4.63
June 4	174.46	15.57	0.41	20.79	3.13	0.87	66.25	7.55	4.61
8	174.59	18.87	− 0.51	24.16	+ 3.05	0.89	66.37	− 7.60	4.60
12	174.72	22.20	0.59	27.53	2.98	0.90	66.49	7.65	4.59
16	174.85	25.55	0.66	30.90	2.90	0.91	66.62	7.70	4.57
20	174.98	28.92	0.71	34.27	2.83	0.92	66.75	7.76	4.56
24	175.12	32.31	0.74	37.63	2.76	0.92	66.88	7.81	4.56
28	175.25	35.73	− 0.76	41.00	+ 2.68	0.91	67.02	− 7.87	4.55
July 2	175.38	39.16	− 0.77	44.36	+ 2.61	0.91	67.17	− 7.92	4.55

EPHEMERIS FOR PHYSICAL OBSERVATIONS
FOR 0^h DYNAMICAL TIME

Date		Light-time	Magnitude	Surface Brightness	Diameter Eq.	Diameter Pol.	Phase Angle	Defect of Illumination
		m			″	″	°	″
July	2	77.50	+ 1.1	7.0	17.76	15.85	5.9	0.05
	6	76.97	1.1	7.0	17.88	15.95	5.7	0.04
	10	76.45	1.1	7.0	18.00	16.06	5.6	0.04
	14	75.95	1.0	7.0	18.12	16.17	5.4	0.04
	18	75.46	1.0	7.0	18.24	16.27	5.2	0.04
	22	74.99	+ 1.0	7.0	18.35	16.37	5.0	0.03
	26	74.55	1.0	6.9	18.46	16.47	4.8	0.03
	30	74.12	1.0	6.9	18.56	16.57	4.5	0.03
Aug.	3	73.73	0.9	6.9	18.66	16.66	4.2	0.02
	7	73.36	0.9	6.9	18.76	16.74	3.9	0.02
	11	73.02	+ 0.9	6.9	18.85	16.82	3.5	0.02
	15	72.71	0.9	6.9	18.93	16.89	3.2	0.01
	19	72.44	0.8	6.9	19.00	16.95	2.8	0.01
	23	72.20	0.8	6.8	19.06	17.01	2.4	0.01
	27	71.99	0.8	6.8	19.11	17.06	2.0	0.01
	31	71.83	+ 0.8	6.8	19.16	17.10	1.6	0.00
Sept.	4	71.70	0.7	6.8	19.19	17.13	1.2	0.00
	8	71.61	0.7	6.8	19.22	17.15	0.8	0.00
	12	71.57	0.7	6.8	19.23	17.16	0.4	0.00
	16	71.56	0.7	6.8	19.23	17.16	0.3	0.00
	20	71.59	+ 0.7	6.8	19.22	17.15	0.6	0.00
	24	71.67	0.7	6.8	19.20	17.14	1.1	0.00
	28	71.78	0.7	6.8	19.17	17.11	1.5	0.00
Oct.	2	71.93	0.7	6.8	19.13	17.07	1.9	0.01
	6	72.13	0.7	6.8	19.08	17.03	2.3	0.01
	10	72.35	+ 0.8	6.9	19.02	16.97	2.7	0.01
	14	72.62	0.8	6.9	18.95	16.91	3.1	0.01
	18	72.92	0.8	6.9	18.87	16.84	3.4	0.02
	22	73.25	0.8	6.9	18.78	16.77	3.8	0.02
	26	73.62	0.8	6.9	18.69	16.68	4.1	0.02
	30	74.01	+ 0.9	6.9	18.59	16.59	4.4	0.03
Nov.	3	74.43	0.9	6.9	18.49	16.50	4.7	0.03
	7	74.88	0.9	6.9	18.38	16.40	4.9	0.03
	11	75.35	0.9	7.0	18.26	16.30	5.1	0.04
	15	75.83	0.9	7.0	18.15	16.20	5.3	0.04
	19	76.34	+ 1.0	7.0	18.03	16.09	5.5	0.04
	23	76.86	1.0	7.0	17.90	15.98	5.6	0.04
	27	77.39	1.0	7.0	17.78	15.87	5.7	0.04
Dec.	1	77.93	1.0	7.0	17.66	15.76	5.8	0.04
	5	78.48	1.0	7.0	17.53	15.65	5.9	0.04
	9	79.03	+ 1.1	7.0	17.41	15.54	5.9	0.04
	13	79.58	1.1	7.0	17.29	15.43	5.9	0.04
	17	80.13	1.1	7.0	17.17	15.33	5.9	0.04
	21	80.68	1.1	7.0	17.06	15.22	5.8	0.04
	25	81.22	1.1	7.0	16.94	15.12	5.7	0.04
	29	81.75	+ 1.1	7.0	16.83	15.02	5.6	0.04
	33	82.27	+ 1.2	7.0	16.73	14.93	5.5	0.04

EPHEMERIS FOR PHYSICAL OBSERVATIONS
FOR 0^h DYNAMICAL TIME

Date	L_s	Sub-Earth Point		Sub-Solar Point				North Pole	
		Long.	Lat.	Long.	Lat.	Dist.	P.A.	Dist.	P.A.
	°	°	°	°	°	″	°	″	°
July 2	175.38	39.16	− 0.77	44.36	+ 2.61	0.91	67.17	− 7.92	4.55
6	175.51	42.61	0.76	47.72	2.54	0.89	67.33	7.98	4.55
10	175.64	46.08	0.73	51.07	2.46	0.88	67.50	8.03	4.55
14	175.77	49.57	0.69	54.41	2.39	0.86	67.68	8.08	4.55
18	175.90	53.06	0.63	57.74	2.31	0.83	67.88	8.14	4.55
22	176.03	56.58	− 0.56	61.06	+ 2.24	0.80	68.10	− 8.19	4.56
26	176.17	60.10	0.48	64.37	2.17	0.77	68.35	8.24	4.57
30	176.30	63.63	0.38	67.67	2.09	0.73	68.63	8.28	4.58
Aug. 3	176.43	67.16	0.26	70.95	2.02	0.68	68.95	8.33	4.59
7	176.56	70.71	− 0.14	74.22	1.94	0.63	69.33	− 8.37	4.60
11	176.69	74.25	+ 0.00	77.46	+ 1.87	0.58	69.78	+ 8.41	4.62
15	176.82	77.79	0.15	80.70	1.79	0.53	70.32	8.44	4.63
19	176.96	81.33	0.31	83.91	1.72	0.47	71.02	8.48	4.65
23	177.09	84.87	0.47	87.10	1.65	0.40	71.93	8.50	4.67
27	177.22	88.40	0.64	90.27	1.57	0.34	73.21	8.53	4.69
31	177.35	91.91	+ 0.82	93.43	+ 1.50	0.27	75.13	+ 8.55	4.71
Sept. 4	177.48	95.42	1.00	96.55	1.42	0.20	78.39	8.56	4.73
8	177.61	98.91	1.19	99.66	1.35	0.13	85.23	8.57	4.75
12	177.75	102.38	1.38	102.75	1.27	0.06	107.05	8.58	4.77
16	177.88	105.83	1.56	105.81	1.20	0.05	188.29	8.58	4.80
20	178.01	109.25	+ 1.74	108.85	+ 1.13	0.11	224.24	+ 8.57	4.82
24	178.14	112.66	1.92	111.86	1.05	0.18	233.49	8.56	4.84
28	178.27	116.03	2.10	114.86	0.98	0.25	237.50	8.55	4.86
Oct. 2	178.40	119.37	2.27	117.83	0.90	0.32	239.74	8.53	4.88
6	178.54	122.69	2.43	120.78	0.83	0.38	241.18	8.51	4.90
10	178.67	125.97	+ 2.58	123.71	+ 0.75	0.45	242.19	+ 8.48	4.92
14	178.80	129.22	2.72	126.61	0.68	0.51	242.95	8.45	4.94
18	178.93	132.43	2.85	129.50	0.60	0.56	243.55	8.41	4.95
22	179.06	135.61	2.97	132.37	0.53	0.62	244.04	8.37	4.97
26	179.20	138.75	3.07	135.23	0.45	0.67	244.45	8.33	4.98
30	179.33	141.85	+ 3.16	138.06	+ 0.38	0.71	244.80	+ 8.29	4.99
Nov. 3	179.46	144.92	3.23	140.88	0.30	0.75	245.11	8.24	5.00
7	179.59	147.96	3.28	143.69	0.23	0.79	245.37	8.19	5.01
11	179.73	150.95	3.32	146.48	0.16	0.82	245.61	8.14	5.02
15	179.86	153.91	3.35	149.27	0.08	0.84	245.83	8.09	5.02
19	179.99	156.84	+ 3.35	152.04	+ 0.01	0.86	246.03	+ 8.03	5.02
23	180.12	159.73	3.34	154.80	− 0.07	0.88	246.22	7.98	5.03
27	180.25	162.60	3.32	157.56	0.14	0.89	246.39	7.93	5.02
Dec. 1	180.39	165.43	3.27	160.32	0.22	0.90	246.55	7.87	5.02
5	180.52	168.23	3.21	163.07	0.29	0.90	246.70	7.82	5.02
9	180.65	171.01	+ 3.13	165.81	− 0.37	0.89	246.85	+ 7.76	5.01
13	180.78	173.76	3.04	168.56	0.44	0.89	246.99	7.71	5.00
17	180.92	176.49	2.93	171.31	0.52	0.88	247.12	7.66	4.99
21	181.05	179.19	2.80	174.06	0.59	0.86	247.26	7.60	4.98
25	181.18	181.88	2.66	176.81	0.67	0.84	247.39	7.55	4.96
29	181.31	184.55	+ 2.51	179.57	− 0.74	0.82	247.53	+ 7.51	4.94
33	181.45	187.21	+ 2.34	182.33	− 0.82	0.80	247.67	+ 7.46	4.93

EPHEMERIS FOR PHYSICAL OBSERVATIONS
FOR 0h DYNAMICAL TIME

Date		Light-time	Magnitude	Equatorial Diameter	Phase Angle	L_s	Sub-Earth Lat.	North Pole Dist.	North Pole P.A.
		m		″	°	°	°	″	°
Jan.	−7	171.25	+ 5.9	3.40	1.1	308.56	−53.55	− 1.02	272.93
	3	171.71	5.9	3.39	0.7	308.68	53.00	1.03	272.54
	13	171.94	5.9	3.39	0.2	308.79	52.44	1.04	272.15
	23	171.94	5.9	3.39	0.3	308.90	51.87	1.05	271.77
Feb.	2	171.70	5.9	3.39	0.8	309.01	51.31	1.07	271.39
	12	171.23	+ 5.9	3.40	1.2	309.12	−50.77	− 1.08	271.04
	22	170.55	5.8	3.42	1.6	309.23	50.25	1.10	270.71
Mar.	4	169.68	5.8	3.43	2.0	309.34	49.78	1.11	270.42
	14	168.63	5.8	3.45	2.3	309.46	49.36	1.13	270.16
	24	167.45	5.8	3.48	2.6	309.57	49.00	1.14	269.94
Apr.	3	166.16	+ 5.8	3.51	2.8	309.68	−48.70	− 1.16	269.76
	13	164.80	5.8	3.53	2.9	309.79	48.48	1.17	269.64
	23	163.41	5.8	3.56	2.9	309.90	48.34	1.19	269.56
May	3	162.03	5.7	3.60	2.9	310.01	48.28	1.20	269.53
	13	160.69	5.7	3.63	2.7	310.12	48.31	1.21	269.55
	23	159.44	+ 5.7	3.65	2.5	310.23	−48.41	− 1.22	269.61
June	2	158.32	5.7	3.68	2.2	310.35	48.58	1.22	269.72
	12	157.35	5.7	3.70	1.9	310.46	48.82	1.22	269.88
	22	156.58	5.7	3.72	1.5	310.57	49.12	1.22	270.06
July	2	156.01	5.7	3.73	1.0	310.68	49.46	1.22	270.28
	12	155.67	+ 5.6	3.74	0.5	310.79	−49.83	− 1.21	270.51
	22	155.57	5.6	3.74	0.0	310.90	50.21	1.20	270.76
Aug.	1	155.72	5.6	3.74	0.5	311.01	50.60	1.19	271.01
	11	156.11	5.7	3.73	1.0	311.12	50.97	1.18	271.25
	21	156.73	5.7	3.72	1.5	311.24	51.30	1.17	271.47
	31	157.56	+ 5.7	3.70	1.9	311.35	−51.59	− 1.16	271.66
Sept.	10	158.58	5.7	3.67	2.2	311.46	51.83	1.14	271.82
	20	159.75	5.7	3.65	2.5	311.57	51.99	1.13	271.93
	30	161.05	5.7	3.62	2.7	311.68	52.09	1.12	271.99
Oct.	10	162.43	5.7	3.59	2.9	311.79	52.10	1.11	271.99
	20	163.86	+ 5.8	3.56	2.9	311.90	−52.03	− 1.10	271.94
	30	165.28	5.8	3.52	2.8	312.01	51.88	1.09	271.83
Nov.	9	166.67	5.8	3.50	2.7	312.12	51.65	1.09	271.67
	19	167.98	5.8	3.47	2.5	312.23	51.35	1.09	271.46
	29	169.17	5.8	3.44	2.2	312.35	50.97	1.09	271.22
Dec.	9	170.22	+ 5.8	3.42	1.9	312.46	−50.54	− 1.09	270.93
	19	171.09	5.9	3.40	1.5	312.57	50.06	1.10	270.62
	29	171.75	5.9	3.39	1.1	312.68	49.54	1.10	270.29
	39	172.20	+ 5.9	3.38	0.6	312.79	−48.99	− 1.11	269.95

EPHEMERIS FOR PHYSICAL OBSERVATIONS
FOR 0^h DYNAMICAL TIME

Date		Light-time	Magnitude	Equatorial Diameter	Phase Angle	L_s	Sub-Earth Lat.	North Pole Dist.	North Pole P.A.
		m		″	°	°	°	″	°
Jan.	−7	258.60	+ 8.0	2.16	0.6	254.85	−29.57	− 0.92	1.14
	3	258.98	8.0	2.15	0.3	254.91	29.64	0.92	0.81
	13	259.12	8.0	2.15	0.0	254.97	29.70	0.92	0.46
	23	259.02	8.0	2.15	0.3	255.03	29.77	0.92	0.12
Feb.	2	258.68	8.0	2.15	0.6	255.09	29.83	0.92	359.78
	12	258.11	+ 8.0	2.16	0.9	255.15	−29.89	− 0.92	359.46
	22	257.33	8.0	2.17	1.2	255.21	29.95	0.93	359.16
Mar.	4	256.36	8.0	2.17	1.4	255.27	30.00	0.93	358.89
	14	255.22	8.0	2.18	1.6	255.33	30.04	0.93	358.66
	24	253.96	8.0	2.19	1.8	255.39	30.07	0.94	358.47
Apr.	3	252.61	+ 7.9	2.21	1.9	255.45	−30.10	− 0.94	358.32
	13	251.21	7.9	2.22	1.9	255.51	30.12	0.95	358.22
	23	249.79	7.9	2.23	1.9	255.57	30.13	0.95	358.17
May	3	248.40	7.9	2.24	1.8	255.62	30.13	0.96	358.18
	13	247.09	7.9	2.26	1.7	255.68	30.12	0.96	358.23
	23	245.87	+ 7.9	2.27	1.6	255.74	−30.11	− 0.97	358.32
June	2	244.80	7.9	2.28	1.3	255.80	30.08	0.97	358.46
	12	243.91	7.9	2.28	1.1	255.86	30.05	0.98	358.64
	22	243.21	7.9	2.29	0.8	255.92	30.02	0.98	358.84
July	2	242.73	7.9	2.30	0.5	255.98	29.97	0.98	359.07
	12	242.49	+ 7.9	2.30	0.2	256.04	−29.93	− 0.98	359.31
	22	242.49	7.9	2.30	0.2	256.10	29.88	0.98	359.56
Aug.	1	242.73	7.9	2.30	0.5	256.16	29.83	0.98	359.80
	11	243.20	7.9	2.29	0.8	256.22	29.79	0.98	0.03
	21	243.90	7.9	2.28	1.1	256.28	29.74	0.98	0.23
	31	244.80	+ 7.9	2.28	1.3	256.34	−29.71	− 0.98	0.41
Sept.	10	245.87	7.9	2.27	1.5	256.40	29.67	0.97	0.55
	20	247.09	7.9	2.26	1.7	256.46	29.65	0.97	0.64
	30	248.42	7.9	2.24	1.8	256.52	29.64	0.96	0.69
Oct.	10	249.81	7.9	2.23	1.9	256.58	29.63	0.96	0.69
	20	251.23	+ 7.9	2.22	1.9	256.64	−29.64	− 0.95	0.64
	30	252.64	7.9	2.21	1.8	256.70	29.65	0.95	0.54
Nov.	9	253.99	8.0	2.19	1.7	256.76	29.68	0.94	0.39
	19	255.25	8.0	2.18	1.6	256.81	29.71	0.94	0.19
	29	256.38	8.0	2.17	1.4	256.87	29.75	0.93	359.95
Dec.	9	257.33	+ 8.0	2.17	1.1	256.93	−29.80	− 0.93	359.68
	19	258.10	8.0	2.16	0.9	256.99	29.85	0.92	359.38
	29	258.65	8.0	2.15	0.6	257.05	29.91	0.92	359.05
	39	258.97	+ 8.0	2.15	0.3	257.11	−29.97	− 0.92	358.71

EPHEMERIS FOR PHYSICAL OBSERVATIONS
FOR 0^h DYNAMICAL TIME

Date	Light-time	Magnitude	Phase Angle	L_s	Sub-Earth Point		North Pole
					Long.	Lat.	P.A.
	m		°	°	°	°	°
Jan. −7	254.60	+13.8	1.1	199.01	26.33	−17.63	83.35
3	253.76	13.8	1.3	199.08	230.08	17.95	83.29
13	252.73	13.8	1.5	199.14	73.81	18.24	83.24
23	251.57	13.8	1.7	199.21	277.52	18.48	83.20
Feb. 2	250.29	13.8	1.8	199.28	121.22	18.69	83.17
12	248.94	+13.8	1.9	199.35	324.90	−18.84	83.16
22	247.56	13.7	1.9	199.41	168.55	18.94	83.16
Mar. 4	246.19	13.7	1.9	199.48	12.19	18.99	83.17
14	244.88	13.7	1.8	199.55	215.81	18.98	83.20
24	243.65	13.7	1.6	199.62	59.41	18.92	83.23
Apr. 3	242.55	+13.7	1.5	199.68	263.00	−18.81	83.28
13	241.62	13.7	1.2	199.75	106.57	18.66	83.33
23	240.87	13.7	1.0	199.82	310.14	18.47	83.38
May 3	240.34	13.7	0.7	199.89	153.70	18.24	83.44
13	240.04	13.7	0.5	199.95	357.26	18.00	83.50
23	239.97	+13.7	0.5	200.02	200.82	−17.74	83.55
June 2	240.14	13.7	0.6	200.09	44.39	17.48	83.60
12	240.55	13.7	0.8	200.16	247.97	17.23	83.64
22	241.16	13.7	1.1	200.22	91.56	17.00	83.68
July 2	241.98	13.7	1.3	200.29	295.16	16.79	83.70
12	242.98	+13.7	1.5	200.36	138.77	−16.61	83.72
22	244.12	13.7	1.7	200.43	342.41	16.48	83.72
Aug. 1	245.38	13.7	1.8	200.49	186.06	16.39	83.71
11	246.71	13.7	1.9	200.56	29.73	16.35	83.69
21	248.08	13.7	1.9	200.63	233.41	16.36	83.66
31	249.46	+13.8	1.9	200.70	77.12	−16.42	83.62
Sept. 10	250.79	13.8	1.8	200.76	280.84	16.53	83.57
20	252.06	13.8	1.7	200.83	124.57	16.70	83.50
30	253.22	13.8	1.5	200.90	328.32	16.91	83.43
Oct. 10	254.23	13.8	1.3	200.97	172.08	17.16	83.35
20	255.08	+13.8	1.1	201.03	15.85	−17.45	83.26
30	255.74	13.8	0.9	201.10	219.63	17.77	83.17
Nov. 9	256.18	13.8	0.6	201.17	63.41	18.11	83.08
19	256.39	13.8	0.4	201.24	267.19	18.46	82.98
29	256.38	13.8	0.5	201.30	110.97	18.83	82.88
Dec. 9	256.13	+13.8	0.6	201.37	314.75	−19.19	82.79
19	255.65	13.8	0.9	201.44	158.52	19.54	82.70
29	254.96	13.8	1.1	201.51	2.28	19.88	82.62
39	254.07	+13.8	1.4	201.57	206.02	−20.19	82.56

FOR 0h DYNAMICAL TIME

Date		Mars	Jupiter System I	Jupiter System II	Jupiter System III	Saturn System I	Saturn System III
		°	°	°	°	°	°
Jan.	0	150.76	127.23	7.56	123.06	148.93	354.99
	1	141.63	284.98	157.67	273.44	273.09	85.64
	2	132.51	82.73	307.79	63.82	37.25	176.30
	3	123.40	240.48	97.91	214.21	161.41	266.95
	4	114.31	38.23	248.03	4.60	285.56	357.61
	5	105.23	195.99	38.16	154.99	49.72	88.26
	6	96.16	353.75	188.28	305.38	173.88	178.91
	7	87.11	151.50	338.41	95.78	298.03	269.56
	8	78.07	309.27	128.54	246.17	62.19	0.22
	9	69.05	107.03	278.68	36.57	186.34	90.87
	10	60.04	264.79	68.81	186.97	310.50	181.52
	11	51.04	62.56	218.95	337.37	74.66	272.17
	12	42.06	220.33	9.09	127.78	198.81	2.83
	13	33.09	18.10	159.23	278.19	322.97	93.48
	14	24.14	175.88	309.37	68.60	87.12	184.13
	15	15.20	333.65	99.52	219.01	211.28	274.78
	16	6.27	131.43	249.66	9.42	335.44	5.43
	17	357.35	289.21	39.81	159.84	99.59	96.09
	18	348.45	86.99	189.97	310.25	223.75	186.74
	19	339.57	244.78	340.12	100.67	347.90	277.39
	20	330.69	42.56	130.28	251.10	112.06	8.04
	21	321.83	200.35	280.43	41.52	236.22	98.70
	22	312.98	358.14	70.59	191.95	0.37	189.35
	23	304.15	155.94	220.76	342.38	124.53	280.00
	24	295.32	313.73	10.92	132.81	248.69	10.65
	25	286.51	111.53	161.09	283.24	12.85	101.31
	26	277.71	269.33	311.26	73.68	137.00	191.96
	27	268.92	67.14	101.43	224.12	261.16	282.62
	28	260.14	224.94	251.61	14.56	25.32	13.27
	29	251.37	22.75	41.79	165.00	149.48	103.93
	30	242.61	180.56	191.97	315.45	273.64	194.58
	31	233.86	338.37	342.15	105.89	37.80	285.24
Feb.	1	225.12	136.19	132.33	256.34	161.96	15.89
	2	216.38	294.00	282.52	46.80	286.12	106.55
	3	207.66	91.82	72.71	197.25	50.28	197.21
	4	198.93	249.65	222.90	347.71	174.45	287.86
	5	190.22	47.47	13.09	138.17	298.61	18.52
	6	181.51	205.30	163.29	288.63	62.77	109.18
	7	172.80	3.13	313.49	79.10	186.94	199.84
	8	164.09	160.96	103.69	229.57	311.10	290.50
	9	155.39	318.80	253.90	20.04	75.27	21.16
	10	146.69	116.63	44.10	170.51	199.43	111.82
	11	137.99	274.47	194.31	320.99	323.60	202.49
	12	129.29	72.32	344.52	111.46	87.77	293.15
	13	120.59	230.16	134.74	261.94	211.94	23.81
	14	111.89	28.01	284.96	52.43	336.11	114.48
	15	103.19	185.86	75.18	202.91	100.28	205.14

FOR 0h DYNAMICAL TIME

Date	Mars	Jupiter System I	Jupiter System II	Jupiter System III	Saturn System I	Saturn System III
	°	°	°	°	°	°
Feb. 15	103.19	185.86	75.18	202.91	100.28	205.14
16	94.48	343.71	225.40	353.40	224.45	295.81
17	85.77	141.57	15.62	143.89	348.62	26.48
18	77.06	299.43	165.85	294.39	112.80	117.14
19	68.34	97.29	316.08	84.88	236.97	207.81
20	59.61	255.15	106.31	235.38	1.14	298.48
21	50.88	53.02	256.55	25.88	125.32	29.15
22	42.14	210.89	46.79	176.39	249.50	119.82
23	33.40	8.76	197.03	326.89	13.68	210.50
24	24.64	166.63	347.27	117.40	137.85	301.17
25	15.88	324.51	137.52	267.91	262.03	31.84
26	7.11	122.39	287.77	58.43	26.22	122.52
27	358.33	280.27	78.02	208.95	150.40	213.20
28	349.54	78.16	228.27	359.47	274.58	303.87
Mar. 1	340.73	236.04	18.53	149.99	38.77	34.55
2	331.92	33.93	168.79	300.52	162.95	125.23
3	323.10	191.83	319.05	91.05	287.14	215.91
4	314.26	349.72	109.32	241.58	51.33	306.60
5	305.41	147.62	259.59	32.11	175.52	37.28
6	296.55	305.52	49.86	182.65	299.71	127.96
7	287.68	103.43	200.13	333.19	63.90	218.65
8	278.79	261.34	350.41	123.73	188.09	309.34
9	269.89	59.25	140.69	274.28	312.29	40.02
10	260.98	217.16	290.97	64.82	76.48	130.71
11	252.05	15.07	81.25	215.37	200.68	221.40
12	243.11	172.99	231.54	5.93	324.88	312.10
13	234.16	330.91	21.83	156.48	89.08	42.79
14	225.19	128.84	172.12	307.04	213.28	133.48
15	216.22	286.76	322.42	97.60	337.48	224.18
16	207.22	84.69	112.72	248.17	101.68	314.88
17	198.22	242.62	263.02	38.73	225.89	45.57
18	189.20	40.56	53.32	189.30	350.09	136.27
19	180.17	198.49	203.63	339.88	114.30	226.97
20	171.12	356.43	353.94	130.45	238.51	317.68
21	162.07	154.38	144.25	281.03	2.72	48.38
22	153.00	312.32	294.56	71.61	126.93	139.09
23	143.92	110.27	84.88	222.19	251.15	229.79
24	134.82	268.22	235.20	12.78	15.36	320.50
25	125.71	66.17	25.52	163.37	139.58	51.21
26	116.59	224.13	175.85	313.96	263.79	141.92
27	107.46	22.09	326.18	104.55	28.01	232.63
28	98.32	180.05	116.51	255.15	152.23	323.35
29	89.16	338.01	266.84	45.75	276.46	54.06
30	79.99	135.98	57.18	196.35	40.68	144.78
31	70.81	293.95	207.51	346.96	164.91	235.49
Apr. 1	61.62	91.92	357.86	137.56	289.13	326.21
2	52.42	249.90	148.20	288.17	53.36	56.94

FOR 0^h DYNAMICAL TIME

Date		Mars	Jupiter System I	Jupiter System II	Jupiter System III	Saturn System I	Saturn System III
		°	°	°	°	°	°
Apr.	1	61.62	91.92	357.86	137.56	289.13	326.21
	2	52.42	249.90	148.20	288.17	53.36	56.94
	3	43.21	47.87	298.55	78.79	177.59	147.66
	4	33.98	205.85	88.90	229.40	301.82	238.38
	5	24.75	3.84	239.25	20.02	66.06	329.11
	6	15.50	161.82	29.60	170.64	190.29	59.83
	7	6.24	319.81	179.96	321.26	314.53	150.56
	8	356.98	117.80	330.31	111.89	78.76	241.29
	9	347.70	275.79	120.68	262.51	203.00	332.02
	10	338.41	73.78	271.04	53.14	327.24	62.76
	11	329.11	231.78	61.40	203.77	91.49	153.49
	12	319.81	29.77	211.77	354.41	215.73	244.23
	13	310.49	187.78	2.14	145.04	339.98	334.97
	14	301.17	345.78	152.51	295.68	104.22	65.71
	15	291.83	143.78	302.89	86.32	228.47	156.45
	16	282.49	301.79	93.26	236.96	352.72	247.19
	17	273.14	99.80	243.64	27.61	116.98	337.94
	18	263.78	257.81	34.02	178.25	241.23	68.68
	19	254.41	55.82	184.41	328.90	5.49	159.43
	20	245.04	213.84	334.79	119.55	129.74	250.18
	21	235.65	11.85	125.18	270.20	254.00	340.93
	22	226.26	169.87	275.56	60.86	18.26	71.68
	23	216.86	327.89	65.95	211.51	142.52	162.43
	24	207.45	125.91	216.34	2.17	266.79	253.19
	25	198.03	283.94	6.74	152.83	31.05	343.95
	26	188.61	81.96	157.13	303.49	155.32	74.71
	27	179.18	239.99	307.53	94.15	279.59	165.47
	28	169.74	38.02	97.93	244.82	43.86	256.23
	29	160.30	196.05	248.33	35.48	168.13	346.99
	30	150.84	354.08	38.73	186.15	292.41	77.76
May	1	141.38	152.11	189.13	336.82	56.68	168.52
	2	131.92	310.14	339.53	127.49	180.96	259.29
	3	122.44	108.18	129.94	278.16	305.24	350.06
	4	112.97	266.21	280.34	68.83	69.52	80.84
	5	103.48	64.25	70.75	219.50	193.80	171.61
	6	93.99	222.29	221.15	10.17	318.08	262.38
	7	84.49	20.33	11.56	160.85	82.37	353.16
	8	74.98	178.37	161.97	311.52	206.66	83.94
	9	65.47	336.41	312.38	102.20	330.95	174.72
	10	55.95	134.45	102.79	252.87	95.24	265.50
	11	46.43	292.49	253.20	43.55	219.53	356.28
	12	36.90	90.53	43.61	194.23	343.82	87.07
	13	27.37	248.57	194.02	344.90	108.12	177.86
	14	17.83	46.61	344.43	135.58	232.42	268.64
	15	8.28	204.65	134.85	286.26	356.71	359.43
	16	358.73	2.69	285.26	76.94	121.01	90.23
	17	349.18	160.74	75.67	227.61	245.32	181.02

PLANETARY CENTRAL MERIDIANS, 1995

FOR 0^h DYNAMICAL TIME

Date		Mars	Jupiter			Saturn	
			System I	System II	System III	System I	System III
		°	°	°	°	°	°
May	17	349.18	160.74	75.67	227.61	245.32	181.02
	18	339.62	318.78	226.08	18.29	9.62	271.81
	19	330.05	116.82	16.49	168.97	133.93	2.61
	20	320.48	274.86	166.90	319.65	258.23	93.41
	21	310.90	72.90	317.32	110.32	22.54	184.21
	22	301.32	230.94	107.73	261.00	146.85	275.01
	23	291.74	28.98	258.14	51.68	271.16	5.81
	24	282.15	187.02	48.55	202.35	35.48	96.62
	25	272.55	345.06	198.95	353.03	159.79	187.42
	26	262.95	143.10	349.36	143.70	284.11	278.23
	27	253.34	301.14	139.77	294.37	48.43	9.04
	28	243.73	99.17	290.18	85.05	172.75	99.85
	29	234.12	257.21	80.58	235.72	297.07	190.66
	30	224.50	55.24	230.98	26.39	61.39	281.48
	31	214.88	213.28	21.39	177.06	185.72	12.29
June	1	205.25	11.31	171.79	327.72	310.04	103.11
	2	195.62	169.34	322.19	118.39	74.37	193.93
	3	185.98	327.37	112.59	269.05	198.70	284.75
	4	176.34	125.39	262.98	59.72	323.03	15.57
	5	166.69	283.42	53.38	210.38	87.36	106.39
	6	157.04	81.44	203.77	1.04	211.70	197.22
	7	147.39	239.46	354.16	151.69	336.03	288.05
	8	137.74	37.48	144.55	302.35	100.37	18.87
	9	128.07	195.50	294.94	93.00	224.71	109.70
	10	118.41	353.51	85.32	243.65	349.05	200.53
	11	108.74	151.53	235.71	34.30	113.39	291.37
	12	99.07	309.54	26.09	184.95	237.74	22.20
	13	89.39	107.55	176.47	335.59	2.08	113.03
	14	79.72	265.55	326.84	126.24	126.43	203.87
	15	70.03	63.55	117.22	276.88	250.77	294.71
	16	60.35	221.56	267.59	67.51	15.12	25.55
	17	50.66	19.55	57.95	218.15	139.47	116.39
	18	40.97	177.55	208.32	8.78	263.82	207.23
	19	31.27	335.54	358.68	159.41	28.18	298.08
	20	21.57	133.53	149.04	310.03	152.53	28.92
	21	11.87	291.52	299.40	100.66	276.89	119.77
	22	2.16	89.50	89.75	251.28	41.24	210.61
	23	352.45	247.48	240.10	41.89	165.60	301.46
	24	342.74	45.46	30.45	192.51	289.96	32.31
	25	333.03	203.43	180.80	343.12	54.32	123.16
	26	323.31	1.41	331.14	133.72	178.68	214.02
	27	313.59	159.37	121.48	284.33	303.05	304.87
	28	303.86	317.34	271.81	74.93	67.41	35.73
	29	294.14	115.30	62.14	225.53	191.78	126.58
	30	284.41	273.26	212.47	16.12	316.14	217.44
July	1	274.67	71.21	2.80	166.71	80.51	308.30
	2	264.94	229.16	153.12	317.30	204.88	39.16

FOR 0^h DYNAMICAL TIME

Date		Mars	Jupiter			Saturn	
			System I	System II	System III	System I	System III
		°	°	°	°	°	°
July	1	274.67	71.21	2.80	166.71	80.51	308.30
	2	264.94	229.16	153.12	317.30	204.88	39.16
	3	255.20	27.11	303.44	107.88	329.25	130.02
	4	245.46	185.05	93.75	258.46	93.62	220.88
	5	235.72	342.99	244.06	49.04	218.00	311.75
	6	225.97	140.93	34.37	199.61	342.37	42.61
	7	216.22	298.86	184.67	350.18	106.75	133.48
	8	206.47	96.79	334.97	140.75	231.12	224.35
	9	196.72	254.72	125.27	291.31	355.50	315.21
	10	186.97	52.64	275.56	81.87	119.88	46.08
	11	177.21	210.56	65.85	232.42	244.25	136.95
	12	167.45	8.47	216.13	22.97	8.63	227.82
	13	157.69	166.38	6.41	173.52	133.02	318.69
	14	147.93	324.29	156.69	324.06	257.40	49.57
	15	138.17	122.19	306.96	114.60	21.78	140.44
	16	128.40	280.09	97.23	265.14	146.16	231.31
	17	118.63	77.98	247.50	55.67	270.55	322.19
	18	108.86	235.88	37.76	206.20	34.93	53.06
	19	99.09	33.76	188.02	356.72	159.32	143.94
	20	89.32	191.65	338.27	147.24	283.70	234.82
	21	79.54	349.53	128.52	297.76	48.09	325.70
	22	69.76	147.40	278.77	88.27	172.48	56.58
	23	59.99	305.28	69.01	238.78	296.86	147.45
	24	50.21	103.14	219.25	29.28	61.25	238.33
	25	40.42	261.01	9.48	179.78	185.64	329.22
	26	30.64	58.87	159.72	330.28	310.03	60.10
	27	20.86	216.73	309.94	120.77	74.42	150.98
	28	11.07	14.58	100.17	271.26	198.81	241.86
	29	1.29	172.43	250.39	61.75	323.21	332.74
	30	351.50	330.27	40.60	212.23	87.60	63.63
	31	341.71	128.12	190.82	2.71	211.99	154.51
Aug.	1	331.92	285.95	341.03	153.19	336.38	245.40
	2	322.13	83.79	131.23	303.66	100.78	336.28
	3	312.34	241.62	281.43	94.12	225.17	67.16
	4	302.54	39.45	71.63	244.59	349.56	158.05
	5	292.75	197.27	221.82	35.05	113.96	248.93
	6	282.95	355.09	12.01	185.51	238.35	339.82
	7	273.16	152.91	162.20	335.96	2.74	70.71
	8	263.36	310.72	312.39	126.41	127.14	161.59
	9	253.57	108.53	102.57	276.85	251.53	252.48
	10	243.77	266.34	252.74	67.30	15.92	343.36
	11	233.97	64.14	42.92	217.74	140.32	74.25
	12	224.17	221.94	193.08	8.17	264.71	165.13
	13	214.37	19.73	343.25	158.60	29.11	256.02
	14	204.58	177.53	133.41	309.03	153.50	346.91
	15	194.78	335.31	283.57	99.46	277.89	77.79
	16	184.98	133.10	73.73	249.88	42.29	168.68

FOR 0h DYNAMICAL TIME

Date		Mars	Jupiter			Saturn	
			System I	System II	System III	System I	System III
		°	°	°	°	°	°
Aug.	16	184.98	133.10	73.73	249.88	42.29	168.68
	17	175.18	290.88	223.88	40.30	166.68	259.56
	18	165.38	88.66	14.03	190.72	291.07	350.45
	19	155.58	246.44	164.18	341.13	55.46	81.33
	20	145.77	44.21	314.32	131.54	179.86	172.22
	21	135.97	201.98	104.46	281.94	304.25	263.10
	22	126.17	359.75	254.60	72.35	68.64	353.98
	23	116.37	157.51	44.74	222.75	193.03	84.87
	24	106.57	315.27	194.87	13.15	317.42	175.75
	25	96.77	113.03	345.00	163.54	81.81	266.63
	26	86.97	270.79	135.12	313.93	206.20	357.51
	27	77.17	68.54	285.24	104.32	330.59	88.40
	28	67.36	226.29	75.36	254.71	94.97	179.28
	29	57.56	24.03	225.48	45.09	219.36	270.16
	30	47.76	181.78	15.60	195.47	343.75	1.03
	31	37.96	339.52	165.71	345.85	108.13	91.91
Sept.	1	28.16	137.25	315.82	136.22	232.52	182.79
	2	18.36	294.99	105.92	286.59	356.90	273.67
	3	8.56	92.72	256.03	76.96	121.28	4.54
	4	358.76	250.45	46.13	227.33	245.66	95.42
	5	348.96	48.18	196.22	17.69	10.04	186.29
	6	339.16	205.91	346.32	168.06	134.42	277.16
	7	329.36	3.63	136.41	318.42	258.80	8.04
	8	319.57	161.35	286.51	108.77	23.18	98.91
	9	309.77	319.07	76.59	259.13	147.55	189.78
	10	299.97	116.78	226.68	49.48	271.93	280.64
	11	290.17	274.50	16.77	199.83	36.30	11.51
	12	280.38	72.21	166.85	350.18	160.67	102.38
	13	270.58	229.92	316.93	140.53	285.05	193.24
	14	260.79	27.63	107.01	290.87	49.41	284.10
	15	250.99	185.33	257.08	81.21	173.78	14.97
	16	241.20	343.04	47.16	231.55	298.15	105.83
	17	231.40	140.74	197.23	21.89	62.51	196.69
	18	221.61	298.44	347.30	172.23	186.88	287.54
	19	211.82	96.13	137.37	322.56	311.24	18.40
	20	202.03	253.83	287.43	112.89	75.60	109.25
	21	192.23	51.52	77.50	263.22	199.96	200.11
	22	182.44	209.21	227.56	53.55	324.32	290.96
	23	172.65	6.90	17.62	203.88	88.67	21.81
	24	162.86	164.59	167.68	354.20	213.02	112.66
	25	153.07	322.28	317.74	144.52	337.38	203.50
	26	143.28	119.96	107.79	294.85	101.73	294.35
	27	133.49	277.65	257.84	85.17	226.07	25.19
	28	123.71	75.33	47.90	235.48	350.42	116.03
	29	113.92	233.01	197.95	25.80	114.76	206.87
	30	104.13	30.69	348.00	176.12	239.11	297.71
Oct.	1	94.35	188.37	138.05	326.43	3.45	28.54

FOR 0^h DYNAMICAL TIME

Date	Mars	Jupiter			Saturn	
		System I	System II	System III	System I	System III
	°	°	°	°	°	°
Oct. 1	94.35	188.37	138.05	326.43	3.45	28.54
2	84.56	346.04	288.09	116.74	127.79	119.37
3	74.78	143.72	78.14	267.05	252.12	210.21
4	64.99	301.39	228.18	57.36	16.46	301.04
5	55.21	99.06	18.22	207.67	140.79	31.86
6	45.42	256.73	168.27	357.98	265.12	122.69
7	35.64	54.40	318.31	148.29	29.45	213.51
8	25.86	212.07	108.35	298.59	153.77	304.33
9	16.08	9.74	258.38	88.90	278.10	35.15
10	6.30	167.41	48.42	239.20	42.42	125.97
11	356.52	325.07	198.46	29.50	166.74	216.79
12	346.74	122.74	348.49	179.80	291.06	307.60
13	336.96	280.40	138.53	330.10	55.37	38.41
14	327.18	78.06	288.56	120.40	179.69	129.22
15	317.40	235.72	78.59	270.70	304.00	220.02
16	307.62	33.38	228.62	61.00	68.31	310.83
17	297.84	191.05	18.65	211.30	192.61	41.63
18	288.06	348.70	168.68	1.59	316.92	132.43
19	278.29	146.36	318.71	151.89	81.22	223.23
20	268.51	304.02	108.74	302.18	205.52	314.02
21	258.73	101.68	258.77	92.47	329.82	44.82
22	248.95	259.33	48.80	242.77	94.11	135.61
23	239.18	56.99	198.82	33.06	218.40	226.40
24	229.40	214.65	348.85	183.35	342.70	317.18
25	219.62	12.30	138.87	333.64	106.98	47.97
26	209.85	169.96	288.90	123.93	231.27	138.75
27	200.07	327.61	78.92	274.22	355.55	229.53
28	190.30	125.26	228.95	64.51	119.83	320.31
29	180.52	282.92	18.97	214.80	244.11	51.08
30	170.74	80.57	168,99	5.09	8.39	141.85
31	160.97	238.22	319.02	155.38	132.66	232.63
Nov. 1	151.19	35.87	109.04	305.67	256.94	323.39
2	141.42	193.53	259.06	95.96	21.20	54.16
3	131.64	351.18	49.09	246.25	145.47	144.92
4	121.87	148.83	199.11	36.54	269.74	235.68
5	112.09	306.48	349.13	186.82	34.00	326.44
6	102.32	104.13	139.15	337.11	158.26	57.20
7	92.54	261.78	289.17	127.40	282.52	147.96
8	82.76	59.44	79.19	277.69	46.77	238.71
9	72.99	217.09	229.22	67.97	171.03	329.46
10	63.21	14.74	19.24	218.26	295.28	60.21
11	53.43	172.39	169.26	8.55	59.53	150.95
12	43.65	330.04	319.28	158.84	183.77	241.70
13	33.88	127.69	109.30	309.13	308.02	332.44
14	24.10	285.34	259.33	99.41	72.26	63.18
15	14.32	83.00	49.35	249.70	196.50	153.91
16	4.54	240.65	199.37	39.99	320.74	244.65

FOR 0^h DYNAMICAL TIME

Date	Mars	Jupiter			Saturn	
		System I	System II	System III	System I	System III
	°	°	°	°	°	°
Nov. 16	4.54	240.65	199.37	39.99	320.74	244.65
17	354.76	38.30	349.39	190.28	84.98	335.38
18	344.98	195.95	139.41	340.57	209.21	66.11
19	335.20	353.61	289.44	130.86	333.44	156.84
20	325.42	151.26	79.46	281.15	97.67	247.57
21	315.63	308.91	229.48	71.43	221.90	338.29
22	305.85	106.57	19.51	221.72	346.13	69.01
23	296.07	264.22	169.53	12.01	110.35	159.73
24	286.28	61.87	319.56	162.31	234.57	250.45
25	276.50	219.53	109.58	312.60	358.79	341.17
26	266.71	17.18	259.61	102.89	123.01	71.88
27	256.92	174.84	49.63	253.18	247.22	162.60
28	247.13	332.50	199.66	43.47	11.44	253.31
29	237.34	130.15	349.69	193.77	135.65	344.02
30	227.55	287.81	139.72	344.06	259.86	74.72
Dec. 1	217.76	85.47	289.74	134.35	24.07	165.43
2	207.97	243.13	79.77	284.65	148.27	256.13
3	198.18	40.79	229.80	74.95	272.48	346.83
4	188.38	198.45	19.83	225.24	36.68	77.53
5	178.59	356.11	169.86	15.54	160.88	168.23
6	168.79	153.77	319.90	165.84	285.08	258.93
7	158.99	311.43	109.93	316.14	49.28	349.62
8	149.19	109.10	259.96	106.43	173.47	80.32
9	139.39	266.76	50.00	256.73	297.67	171.01
10	129.59	64.43	200.03	47.04	61.86	261.70
11	119.78	222.09	350.07	197.34	186.05	352.39
12	109.98	19.76	140.10	347.64	310.24	83.07
13	100.17	177.43	290.14	137.94	74.43	173.76
14	90.36	335.09	80.18	288.25	198.62	264.44
15	80.55	132.76	230.22	78.55	322.80	355.13
16	70.74	290.43	20.26	228.86	86.99	85.81
17	60.92	88.11	170.30	19.17	211.17	176.49
18	51.11	245.78	320.34	169.48	335.35	267.17
19	41.29	43.45	110.39	319.78	99.53	357.84
20	31.47	201.13	260.43	110.10	223.71	88.52
21	21.65	358.80	50.48	260.41	347.89	179.19
22	11.82	156.48	200.52	50.72	112.07	269.87
23	2.00	314.16	350.57	201.03	236.24	0.54
24	352.17	111.83	140.62	351.35	0.42	91.21
25	342.34	269.51	290.67	141.66	124.59	181.88
26	332.51	67.20	80.72	291.98	248.76	272.55
27	322.68	224.88	230.77	82.30	12.93	3.22
28	312.84	22.56	20.83	232.62	137.10	93.88
29	303.01	180.25	170.88	22.94	261.27	184.55
30	293.17	337.93	320.94	173.26	25.44	275.22
31	283.32	135.62	111.00	323.59	149.61	5.88
32	273.48	293.31	261.06	113.91	273.77	96.54

ROTATION ELEMENTS FOR MEAN EQUINOX AND EQUATOR OF DATE
1995 JANUARY 0, 0^h TDT

	North Pole Right Ascension α_1	North Pole Declination δ_1	Argument of Prime Meridian at epoch W_0	Argument of Prime Meridian var./day $\dot{W}$	Longitude of Central Meridian λ_e	Inclination of Equator to Orbit
	°	°	°	°	°	°
Mercury	281.00	61.44	271.60	6.1385025	172.69	0.00
Venus	272.75	67.16	347.42	− 1.4813675	62.97	177.36
Mars	317.65	52.87	81.77	350.8919830	151.00	25.19
Jupiter I	268.04	64.49	309.85	887.900	211.94	3.13
II	268.04	64.49	104.88	870.270	7.60	3.13
III	268.04	64.49	220.41	870.536	123.12	3.13
Saturn III	40.29	85.52	73.04	810.7939024	354.90	25.33
Uranus	257.36	−15.09	233.88	−501.1600928	230.63	97.86
Neptune	299.26	42.94	61.49	536.3128492	240.28	28.31
Pluto	312.96	9.07	278.91	− 56.3623195	81.12	122.52

These data were derived from the "Report of the IAU/IAG/COSPAR Working Group on Cartographic Coordinates and Rotational Elements of the Planets and Satellites: 1991" (M. E. Davies *et al.*, *Celest. Mech.*, **53**, 377–397, 1992).

DEFINITIONS AND FORMULAS

α_1, δ_1 right ascension and declination of the north pole of the planet; variations during one year are negligible.

W_0 the angle measured from the planet's equator in the positive sense with respect to the planet's north pole from the ascending node of the planet's equator on the Earth's mean equator of date to the prime meridian of the planet.

$\dot{W}$ the daily rate of change of W_0. Sidereal periods of rotation are given on page E88.

α, δ, Δ apparent right ascension, declination and true distance of the planet at the time of observation (pages E14–E42).

W_1 argument of the prime meridian at the time of observation antedated by the light-time from the planet to the Earth.

$$W_1 = W_0 + \dot{W}(d - 0.005\,7755\,\Delta)$$

where d is the interval in days from Jan. 0 at 0^h TDT.

β_e planetocentric declination of the Earth, positive in the planet's northern hemisphere:

$$\sin\beta_e = -\sin\delta_1 \sin\delta - \cos\delta_1 \cos\delta \cos(\alpha_1 - \alpha), \text{ where } -90° < \beta_e < 90°.$$

p_n position angle of the central meridian, also called the position angle of the axis, measured eastwards from the north point:

$$\cos\beta_e \sin p_n = \cos\delta_1 \sin(\alpha_1 - \alpha)$$
$$\cos\beta_e \cos p_n = \sin\delta_1 \cos\delta - \cos\delta_1 \sin\delta \cos(\alpha_1 - \alpha), \text{ where } \cos\beta_e > 0.$$

λ_e planetographic longitude of the central meridian measured in the direction opposite to the direction of rotation:

$$\lambda_e = W_1 - K, \text{ if } \dot{W} \text{ is positive}$$
$$\lambda_e = K - W_1, \text{ if } \dot{W} \text{ is negative}$$

where K is given by

$$\cos\beta_e \sin K = -\cos\delta_1 \sin\delta + \sin\delta_1 \cos\delta \cos(\alpha_1 - \alpha)$$
$$\cos\beta_e \cos K = \cos\delta \sin(\alpha_1 - \alpha), \text{ where } \cos\beta_e > 0.$$

λ, φ planetographic longitude (measured in the direction opposite to the rotation) and latitude (measured positive to the planet's north) of a feature on the planet's surface.

s apparent semidiameter of the planet (see page E43).

$\Delta\alpha, \Delta\delta$ displacements in right ascension and declination of the feature (λ, φ) from the center of the planet:

$$\Delta\alpha \cos\delta = X \cos p_n + Y \sin p_n$$
$$\Delta\delta = -X \sin p_n + Y \cos p_n$$

where $X = s \cos\varphi \sin(\lambda - \lambda_e)$, if $\dot{W} > 0$; $X = -s \cos\varphi \sin(\lambda - \lambda_e)$, if $\dot{W} < 0$;

$$Y = s(\sin\varphi \cos\beta_e - \cos\varphi \sin\beta_e \cos(\lambda - \lambda_e)).$$

PHYSICAL AND PHOTOMETRIC DATA

Planet	Mass[1] ($\times 10^{24}$ kg)	Mean Equatorial Radius km	Maximum Angular Diameter[2] ″	Minimum Geocentric Distance[3] au	Flattening[4] (geometric)	Coefficients of the Potential $10^3 J_2$	$10^6 J_3$	$10^8 J_4$
Mercury	0.330 22	2 439.7	11.0	0.613	0	—	—	—
Venus	4.869 0	6 051.8	60.2	0.277	0	0.027	—	—
Earth	5.974 2	6 378.14	—	—	0.003 353 64	1.082 63	− 2.54	− 1.61
(Moon)	0.073 483	1 737.4	1 864.2	0.002 57	0	0.202 7	—	—
Mars	0.641 91	3 397	17.9	0.524	0.006 476	1.964	36	—
Jupiter	1 898.8	71 492	46.9	4.203	0.064 874	14.75	—	− 580
Saturn	568.50	60 268	19.5	8.539	0.097 962	16.45	—	− 1 000
Uranus	86.625	25 559	3.9	18.182	0.022 927	12	—	—
Neptune	102.78	24 764	2.3	29.06	0.017 081	4	—	—
Pluto	0.015	1 151	0.08	38.44	0	—	—	—

Planet	Sidereal Period of Rotation[5] d	Mean Density g/cm³	Geometric Albedo[6]	Visual Magnitude[7] $V(1,0)$	V_0	Color Indices $B-V$	$U-B$
Mercury	58.646 2	5.43	0.106	− 0.42	—	0.93	0.41
Venus	− 243.018 7	5.24	0.65	− 4.40	—	0.82	0.50
Earth	0.997 269 68	5.515	0.367	− 3.86	—	—	—
(Moon)	27.321 66	3.34	0.12	+ 0.21	− 12.74	0.92	0.46
Mars	1.025 956 75	3.94	0.150	− 1.52	− 2.01	1.36	0.58
Jupiter	0.413 54 (System III)	1.33	0.52	− 9.40	− 2.70	0.83	0.48
Saturn	0.444 01 (System III)	0.70	0.47	− 8.88	+ 0.67	1.04	0.58
Uranus	− 0.718 33	1.30	0.51	− 7.19	+ 5.52	0.56	0.28
Neptune	0.671 25	1.76	0.41	− 6.87	+ 7.84	0.41	0.21
Pluto	− 6.387 2	1.1	0.3:	− 1.0	+ 15.12	0.80	0.31

[1] Values for the masses include the atmospheres but exclude satellites.

[2] The tabulated Maximum Angular Diameter is based on the equatorial diameter when the planet is at the tabulated Minimum Geocentric Distance.

[3] For Mercury and Venus the tabulated Minimum Geocentric Distance is the mean distance of the planet at inferior conjunction; for the outer planets it is the mean distance at opposition.

[4] The Flattening is the ratio of the difference of the equatorial and polar radii to the equatorial radius.

[5] Sidereal Period of Rotation is the rotation at the equator with respect to a fixed frame of reference. A negative sign indicates that the rotation is retrograde with respect to the pole that lies north of the invariable plane of the solar system. The period is measured in days of 86 400 SI seconds. Rotation elements are tabulated on page E87.

[6] The Geometric Albedo is the ratio of the illumination of the planet at zero phase angle to the illumination produced by a plane, absolutely white Lambert surface of the same radius and position as the planet.

[7] $V(1,0)$ is the visual magnitude of the planet reduced to a distance of 1 au from both the Sun and Earth and with phase angle zero. V_0 is the mean opposition magnitude. For Saturn the photometric quantities refer to the disk only.

Data for the Mean Equatorial Radius, Flattening and Sidereal Period of Rotation are based on the "Report of the IAU/IAG/Cospar Working Group on Cartographic Coordinates and Rotational Elements of the Planets and Satellites: 1991" (M. E. Davies *et al.*, *Celest. Mech.*, **53**, 377–397, 1992). The data on this page are the best values available at the time of publication. They are not necessarily those used in preparing the ephemerides. The constants used in preparing the ephemerides are given on pages K6 and K7.

CONTENTS OF SECTION F

The satellite ephemerides were calculated using $\Delta T = 61$ seconds.

SATELLITES: ORBITAL DATA

Satellite			Orbital Period[1] (R = Retrograde)	Max. Elong. at Mean Opposition	Semimajor Axis	Orbital Eccentricity	Inclination of Orbit to Planet's Equator	Motion of Node on Fixed Plane[4]
			d	° ′ ″	×10^3 km		°	°/yr
Earth		Moon	27.321 661		384.400	0.054 900 489	18.28–28.58	19.34[6]
Mars	I	Phobos	0.318 910 23	25	9.378	0.015	1.0	158.8
	II	Deimos	1.262 440 7	1 02	23.459	0.000 5	0.9–2.7	6.614
Jupiter	I	Io	1.769 137 786	2 18	422	0.004	0.04	48.6
	II	Europa	3.551 181 041	3 40	671	0.009	0.47	12.0
	III	Ganymede	7.154 552 96	5 51	1 070	0.002	0.21	2.63
	IV	Callisto	16.689 018 4	10 18	1 883	0.007	0.51	0.643
	V	Amalthea	0.498 179 05	59	181	0.003	0.40	914.6
	VI	Himalia	250.566 2	1 02 46	11 480	0.157 98	27.63	
	VII	Elara	259.652 8	1 04 10	11 737	0.207 19	24.77	
	VIII	Pasiphae	735 R	2 08 26	23 500	0.378	145	
	IX	Sinope	758 R	2 09 31	23 700	0.275	153	
	X	Lysithea	259.22	1 04 04	11 720	0.107	29.02	
	XI	Carme	692 R	2 03 31	22 600	0.206 78	164	
	XII	Ananke	631 R	1 55 52	21 200	0.168 70	147	
	XIII	Leda	238.72	1 00 39	11 094	0.147 62	26.07	
	XIV	Thebe	0.674 5	1 13	222	0.015	0.8	
	XV	Adrastea	0.298 26	42	129			
	XVI	Metis	0.294 780	42	128			
Saturn	I	Mimas	0.942 421 813	30	185.52	0.020 2	1.53	365.0
	II	Enceladus	1.370 217 855	38	238.02	0.004 52	0.00	156.2[5]
	III	Tethys	1.887 802 160	48	294.66	0.000 00	1.86	72.25
	IV	Dione	2.736 914 742	1 01	377.40	0.002 230	0.02	30.85[5]
	V	Rhea	4.517 500 436	1 25	527.04	0.001 00	0.35	10.16
	VI	Titan	15.945 420 68	3 17	1 221.83	0.029 192	0.33	0.5213[5]
	VII	Hyperion	21.276 608 8	3 59	1 481.1	0.104	0.43	
	VIII	Iapetus	79.330 182 5	9 35	3 561.3	0.028 28	14.72	
	IX	Phoebe	550.48 R	34 51	12 952	0.163 26	177[2]	
	X	Janus	0.694 5	24	151.472	0.007	0.14	
	XI	Epimetheus	0.694 2	24	151.422	0.009	0.34	
	XII	Helene	2.736 9	1 01	377.40	0.005	0.0	
	XIII	Telesto	1.887 8	48	294.66			
	XIV	Calypso	1.887 8	48	294.66			
	XV	Atlas	0.601 9	22	137.670	0.000	0.3	
	XVI	Prometheus	0.613 0	23	139.353	0.003	0.0	
	XVII	Pandora	0.628 5	23	141.700	0.004	0.0	
	XVIII	Pan	0.575 0	21	133.583			
Uranus	I	Ariel	2.520 379 35	14	191.02	0.003 4	0.3	6.8
	II	Umbriel	4.144 177 2	20	266.30	0.005 0	0.36	3.6
	III	Titania	8.705 871 7	33	435.91	0.002 2	0.14	2.0
	IV	Oberon	13.463 238 9	44	583.52	0.000 8	0.10	1.4
	V	Miranda	1.413 479 25	10	129.39	0.002 7	4.2	19.8
	VI	Cordelia	0.335 033	4	49.77	<0.001	0.1	550
	VII	Ophelia	0.376 409	4	53.79	0.010	0.1	419
	VIII	Bianca	0.434 577	4	59.17	<0.001	0.2	229
	IX	Cressida	0.463 570	5	61.78	<0.001	0.0	257
	X	Desdemona	0.473 651	5	62.68	<0.001	0.2	245
	XI	Juliet	0.493 066	5	64.35	<0.001	0.1	223
	XII	Portia	0.513 196	5	66.09	<0.001	0.1	203
	XIII	Rosalind	0.558 459	5	69.94	<0.001	0.3	129
	XIV	Belinda	0.623 525	6	75.26	<0.001	0.0	167
	XV	Puck	0.761 832	7	86.01	<0.001	0.31	81
Neptune	I	Triton	5.876 854 1 R	17	354.76	0.000 016	157.345	0.5232
	II	Nereid	360.136 19	4 21	5 513.4	0.751 2	27.6[3]	0.039
	III	Naiad	0.294 396	2	48.23	<0.001	4.74	626
	IV	Thalassa	0.311 485	2	50.07	<0.001	0.21	551
	V	Despina	0.334 655	2	52.53	<0.001	0.07	466
	VI	Galatea	0.428 745	3	61.95	<0.001	0.05	261
	VII	Larissa	0.554 654	3	73.55	0.001 4	0.20	143
	VIII	Proteus	1.122 315	6	117.65	<0.001	0.55	0.5232
Pluto	I	Charon	6.387 25	<1	19.6	<0.001	99[3]	

[1] Sidereal periods, except that tropical periods are given for satellites of Saturn.
[2] Relative to ecliptic plane.
[3] Referred to equator of 1950.0.
[4] Rate of decrease (or increase) in the longitude of the ascending node.
[5] Rate of increase in the longitude of the apse.
[6] On the ecliptic plane.

	Satellite	Mass (1/Planet)	Radius	Sidereal Period of Rotation[7]	Geometric Albedo (V)[9]	$V(1,0)$	V_0	$B-V$	$U-B$
			km	d					
	Moon	0.01230002	1738	S	0.12	+ 0.21	− 12.74	0.92	0.46
	Phobos	1.5×10^{-8}	13.5 × 10.8 × 9.4	S	0.06	+11.8	11.3	0.6	
I	Deimos	3×10^{-9}	7.5 × 6.1 × 5.5	S	0.07	+12.89	12.40	0.65	0.18
	Io	4.68×10^{-5}	1815	S	0.61	− 1.68	5.02	1.17	1.30
I	Europa	2.52×10^{-5}	1569	S	0.64	− 1.41	5.29	0.87	0.52
II	Ganymede	7.80×10^{-5}	2631	S	0.42	− 2.09	4.61	0.83	0.50
V	Callisto	5.66×10^{-5}	2400	S	0.20	− 1.05	5.65	0.86	0.55
V	Amalthea	38×10^{-10}	135 × 83 × 75	S	0.05	+ 7.4	14.1	1.50	
VI	Himalia	50×10^{-10}	93	0.4	0.03	+ 8.14	14.84	0.67	0.30
VII	Elara	4×10^{-10}	38	0.5	0.03	+10.07	16.77	0.69	0.28
VIII	Pasiphae	1×10^{-10}	25			+10.33	17.03	0.63	0.34
IX	Sinope	0.4×10^{-10}	18			+11.6	18.3	0.7	
X	Lysithea	0.4×10^{-10}	18			+11.7	18.4	0.7	
XI	Carme	0.5×10^{-10}	20			+11.3	18.0	0.7	
XII	Ananke	0.2×10^{-10}	15			+12.2	18.9	0.7	
XIII	Leda	0.03×10^{-10}	8			+13.5	20.2	0.7	
XIV	Thebe	4×10^{-10}	55 × 45	S	0.05	+ 9.0	15.7	1.3	
XV	Adrastea	0.1×10^{-10}	12.5 × 10 × 7.5		0.05	+12.4	19.1		
XVI	Metis	0.5×10^{-10}	20		0.05	+10.8	17.5		
I	Mimas	8.0×10^{-8}	196	S	0.5	+ 3.3	12.9		
II	Enceladus	1.3×10^{-7}	250	S	1.0	+ 2.1	11.7	0.70	0.28
III	Tethys	1.3×10^{-6}	530	S	0.9	+ 0.6	10.2	0.73	0.30
IV	Dione	1.85×10^{-6}	560	S	0.7	+ 0.8	10.4	0.71	0.31
V	Rhea	4.4×10^{-6}	765	S	0.7	+ 0.1	9.7	0.78	0.38
VI	Titan	2.38×10^{-4}	2575	S	0.21	− 1.28	8.28	1.28	0.75
VII	Hyperion	3×10^{-8}	205 × 130 × 110		0.3	+ 4.63	14.19	0.78	0.33
VIII	Iapetus	3.3×10^{-6}	730	S	0.2[8]	+ 1.5	11.1	0.72	0.30
IX	Phoebe	7×10^{-10}	110	0.4	0.06	+ 6.89	16.45	0.70	0.34
X	Janus		110 × 100 × 80	S	0.8	+ 4.4 :	14 :		
XI	Epimetheus		70 × 60 × 50	S	0.8	+ 5.4 :	15 :		
XII	Helene		18 × 16 × 15		0.7	+ 8.4 :	18 :		
XIII	Telesto		17 × 14 × 13		0.5	+ 8.9 :	18.5 :		
XIV	Calypso		17 × 11 × 11		0.6	+ 9.1 :	18.7 :		
XV	Atlas		20 × 10		0.9	+ 8.4 :	18 :		
XVI	Prometheus		70 × 50 × 40		0.6	+ 6.4 :	16 :		
XVII	Pandora		55 × 45 × 35		0.9	+ 6.4 :	16 :		
XVIII	Pan		10		0.5				
I	Ariel	1.56×10^{-5}	579	S	0.34	+ 1.45	14.16	0.65	
II	Umbriel	1.35×10^{-5}	586	S	0.18	+ 2.10	14.81	0.68	
III	Titania	4.06×10^{-5}	790	S	0.27	+ 1.02	13.73	0.70	0.28
IV	Oberon	3.47×10^{-5}	762	S	0.24	+ 1.23	13.94	0.68	0.20
V	Miranda	0.08×10^{-5}	240	S	0.27	+ 3.6	16.3		
VI	Cordelia		13		0.07 :	+11.4	24.1		
VII	Ophelia		15		0.07 :	+11.1	23.8		
VIII	Bianca		21		0.07 :	+10.3	23.0		
IX	Cressida		31		0.07 :	+ 9.5	22.2		
X	Desdemona		27		0.07 :	+ 9.8	22.5		
XI	Juliet		42		0.07 :	+ 8.8	21.5		
XII	Portia		54		0.07 :	+ 8.3	21.0		
XIII	Rosalind		27		0.07 :	+ 9.8	22.5		
XIV	Belinda		33		0.07 :	+ 9.4	22.1		
XV	Puck		77		0.07 :	+ 7.5	20.2		
I	Triton	2.09×10^{-4}	1353	S	0.7	− 1.24	13.47	0.72	0.29
II	Nereid	2×10^{-7}	170		0.4	+ 4.0	18.7	0.65	
III	Naiad		29:		0.06 :	+10.0 :	24.7		
IV	Thalassa		40:		0.06 :	+ 9.1 :	23.8		
V	Despina		74		0.06	+ 7.9	22.6		
VI	Galatea		79		0.06	+ 7.6 :	22.3		
VII	Larissa		104 × 89		0.06	+ 7.3	22.0		
VIII	Proteus		218 × 208 × 201		0.06	+ 5.6	20.3		
I	Charon	0.22	593	S	0.5	+ 0.9	16.8		

[7] S = Synchronous, rotation period same as orbital period.
[8] Bright side, 0.5; faint side, 0.05.
[9] V(Sun) = −26.8

APPARENT ORBITS OF THE SATELLITES AT OPPOSITION, FEB. 12

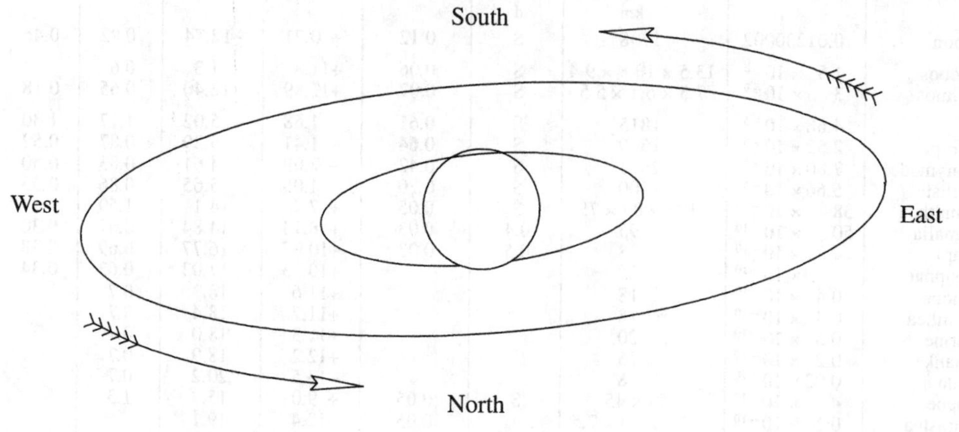

Name		Sidereal Period
		h m s
I	Phobos	7 39 13.85
II	Deimos	30 17 54.87

DEIMOS

UNIVERSAL TIME OF GREATEST EASTERN ELONGATION

Jan.	Feb.	Mar.	Apr.	May	June	July	Aug.	Sept.	Oct.	Nov.	Dec.
d h	d h	d h	d h	d h	d h	d h	d h	d h	d h	d h	d h
0 12.9	1 01.9	2 01.8	1 08.8	1 16.5	1 00.8	1 09.4	2 00.6	1 09.5	1 18.5	1 03.4	1 12.3
1 19.2	2 08.2	3 08.1	2 15.1	2 22.8	2 07.1	2 15.7	3 07.0	2 15.9	3 00.9	2 09.8	2 18.6
3 01.5	3 14.4	4 14.4	3 21.4	4 05.2	3 13.5	3 22.1	4 13.3	3 22.3	4 07.2	3 16.1	4 01.0
4 07.8	4 20.7	5 20.6	5 03.7	5 11.5	4 19.9	5 04.5	5 19.7	5 04.7	5 13.6	4 22.5	5 07.4
5 14.1	6 02.9	7 02.9	6 10.0	6 17.9	6 02.2	6 10.9	7 02.1	6 11.0	6 20.0	6 04.9	6 13.8
6 20.4	7 09.2	8 09.2	7 16.3	8 00.2	7 08.5	7 17.2	8 08.5	7 17.4	8 02.4	7 11.2	7 20.1
8 02.7	8 15.4	9 15.5	8 22.6	9 06.5	8 14.9	8 23.6	9 14.8	8 23.8	9 08.7	8 17.6	9 02.5
9 09.0	9 21.7	10 21.8	10 04.9	10 12.9	9 21.3	10 06.0	10 21.2	10 06.2	10 15.1	9 23.9	10 08.9
10 15.3	11 03.9	12 04.0	11 11.3	11 19.2	11 03.6	11 12.3	12 03.6	11 12.5	11 21.4	11 06.4	11 15.2
11 21.5	12 10.2	13 10.3	12 17.6	13 01.6	12 10.0	12 18.7	13 10.0	12 18.9	13 03.8	12 12.7.	12 21.6
13 03.8	13 16.4	14 16.6	13 23.9	14 07.9	13 16.3	14 01.1	14 16.3	14 01.3	14 10.2	13 19.1	14 04.0
14 10.1	14 22.7	15 22.9	15 06.2	15 14.2	14 22.7	15 07.4	15 22.7	15 07.7	15 16.6	15 01.4	15 10.4
15 16.4	16 05.0	17 05.2	16 12.5	16 20.6	16 05.1	16 13.8	17 05.1	16 14.0	16 22.9	16 07.8	16 16.7
16 22.7	17 11.2	18 11.5	17 18.9	18 02.9	17 11.4	17 20.2	18 11.4	17 20.4	18 05.3	17 14.2	17 23.1
18 04.9	18 17.5	19 17.8	19 01.2	19 09.3	18 17.8	19 02.5	19 17.8	19 02.8	19 11.7	18 20.5	19 05.5
19 11.2	19 23.7	21 00.0	20 07.5	20 15.6	20 00.1	20 08.9	21 00.2	20 09.1	20 18.0	20 03.0	20 11.9
20 17.5	21 06.0	22 06.3	21 13.8	21 22.0	21 06.5	21 15.3	22 06.6	21 15.5	22 00.4	21 09.3	21 18.2
21 23.8	22 12.3	23 12.6	22 20.2	23 04.3	22 12.8	22 21.7	23 12.9	22 21.9	23 06.8	22 15.7	23 00.6
23 06.0	23 18.5	24 18.9	24 02.5	24 10.7	23 19.2	24 04.0	24 19.3	24 04.3	24 13.2	23 22.0	24 07.0
24 12.3	25 00.8	26 01.2	25 08.8	25 17.0	25 01.6	25 10.4	26 01.7	25 10.6	25 19.5	25 04.4	25 13.4
25 18.6	26 07.0	27 07.5	26 15.2	26 23.4	26 07.9	26 16.7	27 08.1	26 17.0	27 01.9	26 10.8	26 19.7
27 00.8	27 13.3	28 13.8	27 21.5	28 05.7	27 14.3	27 23.1	28 14.4	27 23.4	28 08.3	27 17.1	28 02.1
28 07.1	28 19.6	29 20.1	29 03.8	29 12.1	28 20.7	29 05.5	29 20.8	29 05.8	29 14.6	28 23.5	29 08.5
29 13.4		31 02.4	30 10.2	30 18.4	30 03.0	30 11.9	31 03.2	30 12.1	30 21.0	30 05.9	30 14.9
30 19.6						31 18.2					31 21.2
											33 03.6

PHOBOS

UNIVERSAL TIME OF EVERY THIRD GREATEST EASTERN ELONGATION

Jan.	Feb.	Mar.	Apr.	May	June	July	Aug.	Sept.	Oct.	Nov.	Dec.
d h	d h	d h	d h	d h	d h	d h	d h	d h	d h	d h	d h
0 03.5	1 16.1	1 09.7	1 00.5	1 15.4	1 06.5	1 21.7	1 12.9	1 04.1	1 19.3	1 10.6	1 02.8
1 02.5	2 15.0	2 08.7	1 23.4	2 14.4	2 05.5	2 20.6	2 11.9	2 03.1	2 18.3	2 09.5	2 01.8
2 01.4	3 14.0	3 07.6	2 22.4	3 13.3	3 04.4	3 19.6	3 10.8	3 02.1	3 17.3	3 08.5	3 00.8
3 00.4	4 12.9	4 06.6	3 21.3	4 12.3	4 03.4	4 18.6	4 09.8	4 01.0	4 16.3	4 07.5	3 23.7
3 23.4	5 11.9	5 05.6	4 20.3	5 11.3	5 02.4	5 17.6	5 08.8	5 00.0	5 15.2	5 06.5	4 22.7
4 22.3	6 10.8	6 04.5	5 19.3	6 10.3	6 01.4	6 16.5	6 07.8	5 23.0	6 14.2	6 05.4	5 21.7
5 21.3	7 09.8	7 03.5	6 18.2	7 09.2	7 00.3	7 15.5	7 06.7	6 22.0	7 13.2	7 04.4	6 20.6
6 20.2	8 08.7	8 02.4	7 17.2	8 08.2	7 23.3	8 14.5	8 05.7	7 20.9	8 12.2	8 03.4	7 19.6
7 19.2	9 07.7	9 01.4	8 16.2	9 07.2	8 22.3	9 13.5	9 04.7	8 19.9	9 11.1	9 02.4	8 18.6
8 18.2	10 06.6	10 00.3	9 15.1	10 06.1	9 21.3	10 12.4	10 03.7	9 18.9	10 10.1	10 01.3	9 17.6
9 17.1	11 05.6	10 23.3	10 14.1	11 05.1	10 20.2	11 11.4	11 02.6	10 17.9	11 09.1	11 00.3	10 16.5
10 16.1	12 04.5	11 22.3	11 13.1	12 04.1	11 19.2	12 10.4	12 01.6	11 16.8	12 08.1	11 23.3	11 15.5
11 15.0	13 03.5	12 21.2	12 12.0	13 03.1	12 18.2	13 09.4	13 00.6	12 15.8	13 07.0	12 22.3	12 14.5
12 14.0	14 02.5	13 20.2	13 11.0	14 02.0	13 17.1	14 08.3	13 23.6	13 14.8	14 06.0	13 21.2	13 13.5
13 13.0	15 01.4	14 19.1	14 10.0	15 01.0	14 16.1	15 07.3	14 22.5	14 13.8	15 05.0	14 20.2	14 12.5
14 11.9	16 00.4	15 18.1	15 08.9	16 00.0	15 15.1	16 06.3	15 21.5	15 12.7	16 04.0	15 19.2	15 11.4
15 10.9	16 23.3	16 17.1	16 07.9	16 22.9	16 14.1	17 05.3	16 20.5	16 11.7	17 03.0	16 18.2	16 10.4
16 09.8	17 22.3	17 16.0	17 06.9	17 21.9	17 13.0	18 04.3	17 19.5	17 10.7	18 01.9	17 17.1	17 09.4
17 08.8	18 21.2	18 15.0	18 05.8	18 20.9	18 12.0	19 03.2	18 18.4	18 09.7	19 00.9	18 16.1	18 08.4
18 07.7	19 20.2	19 13.9	19 04.8	19 19.8	19 11.0	20 02.2	19 17.4	19 08.7	19 23.9	19 15.1	19 07.3
19 06.7	20 19.1	20 12.9	20 03.8	20 18.8	20 10.0	21 01.2	20 16.4	20 07.6	20 22.8	20 14.1	20 06.3
20 05.6	21 18.1	21 11.9	21 02.7	21 17.8	21 08.9	22 00.2	21 15.4	21 06.6	21 21.8	21 13.0	21 05.3
21 04.6	22 17.0	22 10.8	22 01.7	22 16.8	22 07.9	22 23.1	22 14.4	22 05.6	22 20.8	22 12.0	22 04.3
22 03.6	23 16.0	23 09.8	23 00.7	23 15.7	23 06.9	23 22.1	23 13.3	23 04.6	23 19.8	23 11.0	23 03.2
23 02.5	24 15.0	24 08.7	23 23.6	24 14.7	24 05.9	24 21.1	24 12.3	24 03.5	24 18.7	24 10.0	24 02.2
24 01.5	25 13.9	25 07.7	24 22.6	25 13.7	25 04.8	25 20.0	25 11.3	25 02.5	25 17.7	25 08.9	25 01.2
25 00.4	26 12.9	26 06.7	25 21.6	26 12.7	26 03.8	26 19.0	26 10.3	26 01.5	26 16.7	26 07.9	26 00.2
25 23.4	27 11.8	27 05.6	26 20.6	27 11.6	27 02.8	27 18.0	27 09.2	27 00.5	27 15.7	27 06.9	26 23.1
26 22.3	28 10.8	28 04.6	27 19.5	28 10.6	28 01.8	28 17.0	28 08.2	27 23.4	28 14.6	28 05.9	27 22.1
27 21.3		29 03.6	28 18.5	29 09.6	29 00.7	29 16.0	29 07.2	28 22.4	29 13.6	29 04.8	28 21.1
28 20.2		30 02.5	29 17.5	30 08.6	29 23.7	30 14.9	30 06.2	29 21.4	30 12.6	30 03.8	29 20.1
29 19.2		31 01.5	30 16.4	31 07.5	30 22.7	31 13.9	31 05.1	30 20.4	31 11.6		30 19.0
30 18.2											31 18.0
31 17.1											32 17.0

SATELLITES OF MARS, 1995

PHOBOS

APPARENT DISTANCE AND POSITION ANGLE

Day (0^h UT)	Jan. a/Δ	Jan. p_2	Feb. a/Δ	Feb. p_2	Mar. a/Δ	Mar. p_2	Apr. a/Δ	Apr. p_2	May a/Δ	May p_2	June a/Δ	June p_2
	″	°	″	°	″	°	″	°	″	°	″	°
1	15.30	+ 5.7	18.80	+ 2.6	18.24	− 4.0	14.42	− 6.2	11.26	− 1.8	9.14	+ 6.3
2	15.43	5.7	18.86	2.4	18.15	4.2	14.29	6.1	11.17	1.6	9.09	6.6
3	15.56	5.7	18.91	2.1	18.04	4.4	14.17	6.0	11.09	1.4	9.03	6.9
4	15.69	5.7	18.96	1.9	17.94	4.6	14.05	6.0	11.01	1.1	8.98	7.2
5	15.82	5.7	19.01	1.7	17.83	4.7	13.93	5.9	10.93	0.9	8.93	7.5
6	15.95	+ 5.7	19.05	+ 1.4	17.72	− 4.9	13.81	− 5.8	10.85	− 0.7	8.88	+ 7.8
7	16.08	5.7	19.08	1.2	17.60	5.0	13.69	5.7	10.77	0.4	8.83	8.1
8	16.21	5.7	19.11	0.9	17.49	5.2	13.57	5.6	10.69	− 0.2	8.78	8.4
9	16.34	5.6	19.13	0.7	17.37	5.3	13.46	5.5	10.61	0.0	8.73	8.7
10	16.47	5.6	19.14	0.5	17.24	5.4	13.34	5.4	10.54	+ 0.3	8.69	9.0
11	16.59	+ 5.5	19.15	+ 0.2	17.12	− 5.6	13.23	− 5.3	10.46	+ 0.5	8.64	+ 9.3
12	16.72	5.5	19.15	0.0	17.00	5.7	13.12	5.1	10.39	0.8	8.60	9.6
13	16.85	5.4	19.14	− 0.3	16.87	5.8	13.01	5.0	10.32	1.0	8.55	10.0
14	16.97	5.3	19.13	0.6	16.74	5.9	12.90	4.9	10.25	1.3	8.51	10.3
15	17.10	5.2	19.11	0.8	16.61	6.0	12.79	4.7	10.18	1.6	8.46	10.6
16	17.22	+ 5.2	19.09	− 1.1	16.49	− 6.0	12.69	− 4.6	10.11	+ 1.8	8.42	+10.9
17	17.34	5.1	19.05	1.3	16.36	6.1	12.58	4.4	10.04	2.1	8.38	11.2
18	17.46	4.9	19.02	1.5	16.23	6.2	12.48	4.3	9.98	2.4	8.33	11.5
19	17.58	4.8	18.97	1.8	16.09	6.2	12.38	4.1	9.91	2.6	8.29	11.8
20	17.69	4.7	18.92	2.0	15.96	6.3	12.28	4.0	9.84	2.9	8.25	12.1
21	17.80	+ 4.6	18.87	− 2.3	15.83	− 6.3	12.18	− 3.8	9.78	+ 3.2	8.21	+12.4
22	17.91	4.4	18.81	2.5	15.70	6.3	12.08	3.6	9.72	3.5	8.17	12.7
23	18.02	4.3	18.74	2.7	15.57	6.3	11.98	3.4	9.66	3.7	8.13	13.0
24	18.12	4.1	18.67	3.0	15.44	6.4	11.89	3.2	9.60	4.0	8.09	13.4
25	18.22	3.9	18.60	3.2	15.31	6.4	11.79	3.0	9.54	4.3	8.06	13.7
26	18.32	+ 3.8	18.51	− 3.4	15.18	− 6.3	11.70	− 2.9	9.48	+ 4.6	8.02	+14.0
27	18.41	3.6	18.43	3.6	15.05	6.3	11.61	2.7	9.42	4.9	7.98	14.3
28	18.50	3.4	18.34	− 3.8	14.92	6.3	11.52	2.5	9.36	5.2	7.94	14.6
29	18.58	3.2			14.80	6.3	11.43	2.2	9.30	5.4	7.91	14.9
30	18.66	3.0			14.67	6.3	11.34	− 2.0	9.25	5.7	7.87	+15.2
31	18.73	+ 2.8			14.54	− 6.2			9.19	+ 6.0		

Time from Eastern Elongation	F	p_1	Time from Eastern Elongation	F	p_1	Time from Eastern Elongation	F	p_1	Time from Eastern Elongation	F	p_1
h m		°	h m		°	h m		°	h m		°
0 00	1.000	96.0	2 00	0.337	198.2	4 00	0.991	278.7	6 00	0.386	39.3
0 10	0.992	98.6	2 10	0.383	218.6	4 10	0.966	281.4	6 10	0.462	53.9
0 20	0.967	101.3	2 20	0.459	233.4	4 20	0.924	284.3	6 20	0.551	64.1
0 30	0.926	104.2	2 30	0.548	243.7	4 30	0.869	287.5	6 30	0.642	71.4
0 40	0.871	107.4	2 40	0.639	251.1	4 40	0.800	291.2	6 40	0.729	76.9
0 50	0.803	111.1	2 50	0.726	256.7	4 50	0.720	295.7	6 50	0.808	81.3
1 00	0.723	115.5	3 00	0.805	261.1	5 00	0.632	301.4	7 00	0.876	84.9
1 10	0.635	121.1	3 10	0.873	264.8	5 10	0.541	308.9	7 10	0.930	88.1
1 20	0.544	128.6	3 20	0.928	267.9	5 20	0.452	319.5	7 20	0.969	90.9
1 30	0.456	139.0	3 30	0.968	270.8	5 30	0.378	334.8	7 30	0.993	93.6
1 40	0.381	154.1	3 40	0.992	273.5	5 40	0.335	355.6	7 40	1.000	96.2
1 50	0.336	174.7	3 50	1.000	276.1	5 50	0.338	19.1			

PHOBOS

APPARENT DISTANCE AND POSITION ANGLE

Day (0h UT)	July a/Δ	July p_2	Aug. a/Δ	Aug. p_2	Sept. a/Δ	Sept. p_2	Oct. a/Δ	Oct. p_2	Nov. a/Δ	Nov. p_2	Dec. a/Δ	Dec. p_2
	″	°	″	°	″	°	″	°	″	°	″	°
1	7.84	+15.5	6.97	+24.4	6.40	+30.5	6.04	+32.1	5.79	+28.3	5.65	+19.4
2	7.80	15.8	6.94	24.6	6.38	30.6	6.03	32.1	5.79	28.1	5.64	19.0
3	7.77	16.1	6.92	24.9	6.37	30.8	6.02	32.1	5.78	27.9	5.64	18.7
4	7.74	16.4	6.90	25.1	6.35	30.9	6.01	32.0	5.78	27.6	5.64	18.3
5	7.70	16.7	6.88	25.4	6.34	31.0	6.00	32.0	5.77	27.4	5.63	17.9
6	7.67	+17.0	6.86	+25.6	6.33	+31.1	5.99	+31.9	5.76	+27.2	5.63	+17.5
7	7.64	17.3	6.84	25.8	6.31	31.2	5.98	31.8	5.76	26.9	5.62	17.1
8	7.61	17.6	6.82	26.1	6.30	31.3	5.97	31.8	5.75	26.7	5.62	16.7
9	7.58	17.9	6.80	26.3	6.29	31.4	5.96	31.7	5.75	26.4	5.62	16.3
10	7.55	18.2	6.78	26.5	6.27	31.5	5.95	31.6	5.74	26.1	5.61	15.9
11	7.51	+18.5	6.76	+26.7	6.26	+31.6	5.95	+31.5	5.74	+25.9	5.61	+15.5
12	7.49	18.8	6.74	27.0	6.25	31.7	5.94	31.4	5.73	25.6	5.61	15.1
13	7.46	19.1	6.72	27.2	6.23	31.7	5.93	31.3	5.73	25.3	5.60	14.7
14	7.43	19.4	6.70	27.4	6.22	31.8	5.92	31.2	5.72	25.0	5.60	14.3
15	7.40	19.7	6.68	27.6	6.21	31.9	5.91	31.1	5.72	24.7	5.60	13.9
16	7.37	+20.0	6.66	+27.8	6.20	+31.9	5.91	+31.0	5.71	+24.4	5.60	+13.5
17	7.34	20.3	6.64	28.0	6.19	32.0	5.90	30.9	5.71	24.1	5.59	13.0
18	7.31	20.6	6.62	28.2	6.17	32.0	5.89	30.8	5.70	23.8	5.59	12.6
19	7.29	20.9	6.61	28.4	6.16	32.1	5.88	30.6	5.70	23.5	5.59	12.2
20	7.26	21.1	6.59	28.6	6.15	32.1	5.87	30.5	5.69	23.2	5.58	11.8
21	7.23	+21.4	6.57	+28.8	6.14	+32.1	5.87	+30.3	5.69	+22.9	5.58	+11.3
22	7.21	21.7	6.56	28.9	6.13	32.2	5.86	30.2	5.68	22.6	5.58	10.9
23	7.18	22.0	6.54	29.1	6.12	32.2	5.85	30.0	5.68	22.2	5.57	10.5
24	7.16	22.3	6.52	29.3	6.11	32.2	5.85	29.9	5.68	21.9	5.57	10.0
25	7.13	22.5	6.51	29.5	6.10	32.2	5.84	29.7	5.67	21.6	5.57	9.6
26	7.11	+22.8	6.49	+29.6	6.09	+32.2	5.83	+29.5	5.67	+21.2	5.57	+ 9.1
27	7.08	23.1	6.47	29.8	6.08	32.2	5.83	29.3	5.66	20.9	5.56	8.7
28	7.06	23.3	6.46	29.9	6.07	32.2	5.82	29.1	5.66	20.5	5.56	8.2
29	7.04	23.6	6.44	30.1	6.06	32.2	5.81	28.9	5.65	20.1	5.56	7.8
30	7.01	23.8	6.43	30.2	6.05	+32.2	5.81	28.7	5.65	+19.8	5.56	7.3
31	6.99	+24.1	6.41	+30.4			5.80	+28.5			5.55	+ 6.9

Apparent distance of satellite: $s = Fa/\Delta$

Position angle of satellite: $p = p_1 + p_2$

The differences of right ascension and declination, in the sense "satellite minus primary," are approximately

$$\Delta\alpha = s \sin p \sec(\delta + \Delta\delta)$$

$$\Delta\delta = s \cos p$$

DEIMOS

APPARENT DISTANCE AND POSITION ANGLE

Day (0ʰ UT)	Jan.		Feb.		Mar.		Apr.		May		June	
	a/Δ	p_2	a/Δ	p_2	a/Δ	p_2	a/Δ	p_2	a/Δ	p_2	a/Δ	p_2
	″	°	″	°	″	°	″	°	″	°	″	°
1	38.28	+ 6.0	47.03	+ 2.9	45.65	− 3.5	36.08	− 5.7	28.17	− 1.8	22.87	+ 5.8
2	38.60	6.0	47.18	2.7	45.40	3.7	35.77	5.7	27.96	1.6	22.74	6.1
3	38.93	6.1	47.32	2.5	45.15	3.8	35.46	5.6	27.75	1.4	22.60	6.4
4	39.25	6.1	47.45	2.3	44.88	4.0	35.15	5.5	27.54	1.2	22.47	6.7
5	39.58	6.0	47.56	2.0	44.61	4.2	34.85	5.5	27.34	1.0	22.35	7.0
6	39.90	+ 6.0	47.66	+ 1.8	44.33	− 4.3	34.55	− 5.4	27.14	− 0.7	22.22	+ 7.3
7	40.23	6.0	47.74	1.6	44.04	4.5	34.26	5.3	26.94	0.5	22.10	7.6
8	40.55	6.0	47.81	1.3	43.75	4.6	33.96	5.2	26.75	0.3	21.98	7.9
9	40.88	5.9	47.86	1.1	43.45	4.8	33.67	5.1	26.56	− 0.1	21.86	8.2
10	41.20	5.9	47.89	0.9	43.15	4.9	33.39	5.0	26.37	+ 0.2	21.74	8.5
11	41.52	+ 5.8	47.91	+ 0.6	42.84	− 5.0	33.11	− 4.9	26.18	+ 0.4	21.62	+ 8.8
12	41.84	5.8	47.91	0.4	42.53	5.1	32.83	4.8	26.00	0.6	21.51	9.0
13	42.16	5.7	47.89	+ 0.1	42.21	5.2	32.55	4.7	25.82	0.9	21.39	9.3
14	42.47	5.6	47.86	− 0.1	41.89	5.3	32.28	4.6	25.64	1.1	21.28	9.6
15	42.78	5.5	47.82	0.4	41.57	5.4	32.01	4.5	25.47	1.3	21.17	9.9
16	43.09	+ 5.5	47.76	− 0.6	41.25	− 5.5	31.74	− 4.3	25.30	+ 1.6	21.06	+10.2
17	43.39	5.4	47.68	0.8	40.92	5.6	31.48	4.2	25.13	1.8	20.96	10.5
18	43.69	5.2	47.58	1.1	40.60	5.6	31.22	4.1	24.96	2.1	20.85	10.9
19	43.98	5.1	47.48	1.3	40.27	5.7	30.97	3.9	24.80	2.3	20.75	11.2
20	44.27	5.0	47.35	1.5	39.94	5.7	30.72	3.8	24.63	2.6	20.65	11.5
21	44.55	+ 4.9	47.22	− 1.8	39.62	− 5.8	30.47	− 3.6	24.47	+ 2.9	20.55	+11.8
22	44.82	4.7	47.06	2.0	39.29	5.8	30.22	3.4	24.32	3.1	20.45	12.1
23	45.09	4.6	46.90	2.2	38.96	5.8	29.98	3.3	24.16	3.4	20.35	12.4
24	45.35	4.4	46.72	2.4	38.64	5.8	29.74	3.1	24.01	3.6	20.25	12.7
25	45.59	4.3	46.53	2.7	38.31	5.8	29.51	2.9	23.86	3.9	20.16	13.0
26	45.83	+ 4.1	46.33	− 2.9	37.99	− 5.8	29.28	− 2.7	23.71	+ 4.2	20.06	+13.3
27	46.06	3.9	46.11	3.1	37.66	5.8	29.05	2.6	23.57	4.5	19.97	13.6
28	46.28	3.7	45.89	− 3.3	37.34	5.8	28.82	2.4	23.42	4.7	19.88	13.9
29	46.48	3.5			37.02	5.8	28.60	2.2	23.28	5.0	19.79	14.2
30	46.68	3.3			36.70	5.8	28.38	− 2.0	23.14	5.3	19.70	+14.5
31	46.86	+ 3.1			36.39	− 5.7			23.00	+ 5.6		

Time from Eastern Elongation	F	p_1	Time from Eastern Elongation	F	p_1	Time from Eastern Elongation	F	p_1	Time from Eastern Elongation	F	p_1
h m		°	h m		°	h m		°	h m		°
0 00	1.000	94.0	8 00	0.309	200.5	16 00	0.986	277.0	24 00	0.388	46.3
0 40	0.991	96.4	8 40	0.367	221.7	16 40	0.955	279.5	24 40	0.478	59.1
1 20	0.965	98.8	9 20	0.452	236.1	17 20	0.909	282.2	25 20	0.575	67.7
2 00	0.923	101.5	10 00	0.548	245.6	18 00	0.847	285.3	26 00	0.670	73.8
2 40	0.865	104.4	10 40	0.644	252.3	18 40	0.771	288.9	26 40	0.757	78.4
3 20	0.793	107.8	11 20	0.734	257.2	19 20	0.685	293.3	27 20	0.835	82.1
4 00	0.710	112.0	12 00	0.815	261.2	20 00	0.591	299.2	28 00	0.899	85.3
4 40	0.618	117.4	12 40	0.883	264.4	20 40	0.495	307.2	28 40	0.948	88.0
5 20	0.521	124.7	13 20	0.936	267.3	21 20	0.403	319.1	29 20	0.982	90.5
6 00	0.427	135.3	14 00	0.974	269.9	22 00	0.330	337.1	30 00	0.998	92.9
6 40	0.347	151.4	14 40	0.995	272.3	22 40	0.298	1.7	30 40	0.997	95.3
7 20	0.301	174.4	15 20	0.999	274.7	23 20	0.321	27.1			

DEIMOS

APPARENT DISTANCE AND POSITION ANGLE

Day (0^h UT)	July		Aug.		Sept.		Oct.		Nov.		Dec.	
	a/Δ	p_2	a/Δ	p_2	a/Δ	p_2	a/Δ	p_2	a/Δ	p_2	a/Δ	p_2
	″	°	″	°	″	°	″	°	″	°	″	°
1	19.61	+14.8	17.43	+24.0	16.01	+31.0	15.10	+33.6	14.50	+30.7	14.13	+22.4
2	19.53	15.1	17.37	24.3	15.97	31.1	15.08	33.6	14.48	30.5	14.12	22.1
3	19.44	15.4	17.32	24.5	15.93	31.3	15.05	33.6	14.47	30.3	14.11	21.7
4	19.36	15.8	17.27	24.8	15.90	31.5	15.03	33.6	14.45	30.1	14.10	21.4
5	19.27	16.1	17.21	25.1	15.86	31.6	15.01	33.6	14.44	29.9	14.09	21.0
6	19.19	+16.4	17.16	+25.3	15.83	+31.7	14.99	+33.5	14.42	+29.7	14.08	+20.6
7	19.11	16.7	17.11	25.6	15.79	31.9	14.96	33.5	14.41	29.4	14.07	20.2
8	19.03	17.0	17.05	25.9	15.76	32.0	14.94	33.5	14.40	29.2	14.07	19.9
9	18.96	17.3	17.00	26.1	15.73	32.1	14.92	33.4	14.38	29.0	14.06	19.5
10	18.88	17.6	16.95	26.4	15.70	32.3	14.90	33.4	14.37	28.7	14.05	19.1
11	18.80	+17.9	16.90	+26.6	15.66	+32.4	14.88	+33.3	14.36	+28.5	14.04	+18.7
12	18.73	18.2	16.86	26.8	15.63	32.5	14.86	33.3	14.34	28.2	14.03	18.3
13	18.66	18.5	16.81	27.1	15.60	32.6	14.84	33.2	14.33	28.0	14.02	17.9
14	18.58	18.8	16.76	27.3	15.57	32.7	14.82	33.1	14.32	27.7	14.02	17.5
15	18.51	19.1	16.71	27.6	15.54	32.8	14.80	33.0	14.30	27.4	14.01	17.1
16	18.44	+19.4	16.67	+27.8	15.51	+32.9	14.78	+32.9	14.29	+27.2	14.00	+16.7
17	18.37	19.7	16.62	28.0	15.48	33.0	14.76	32.8	14.28	26.9	13.99	16.3
18	18.30	20.0	16.58	28.2	15.45	33.1	14.74	32.7	14.27	26.6	13.99	15.9
19	18.23	20.3	16.53	28.5	15.42	33.1	14.72	32.6	14.26	26.3	13.98	15.5
20	18.17	20.6	16.49	28.7	15.39	33.2	14.70	32.5	14.24	26.0	13.97	15.0
21	18.10	+20.9	16.44	+28.9	15.36	+33.3	14.68	+32.4	14.23	+25.7	13.96	+14.6
22	18.04	21.2	16.40	29.1	15.33	33.3	14.66	32.3	14.22	25.4	13.96	14.2
23	17.97	21.5	16.36	29.3	15.31	33.4	14.65	32.2	14.21	25.1	13.95	13.8
24	17.91	21.8	16.32	29.5	15.28	33.4	14.63	32.0	14.20	24.8	13.94	13.3
25	17.85	22.0	16.28	29.7	15.25	33.5	14.61	31.9	14.19	24.5	13.94	12.9
26	17.78	+22.3	16.24	+29.9	15.23	+33.5	14.59	+31.7	14.18	+24.1	13.93	+12.5
27	17.72	22.6	16.20	30.1	15.20	33.5	14.58	31.6	14.17	23.8	13.92	12.0
28	17.66	22.9	16.16	30.3	15.18	33.6	14.56	31.4	14.16	23.5	13.92	11.6
29	17.60	23.2	16.12	30.5	15.15	33.6	14.54	31.2	14.15	23.1	13.91	11.1
30	17.54	23.5	16.08	30.6	15.13	+33.6	14.53	31.1	14.14	+22.8	13.90	10.7
31	17.49	+23.7	16.04	+30.8			14.51	+30.9			13.90	+10.2

Apparent distance of satellite: $s = Fa/\Delta$

Position angle of satellite: $p = p_1 + p_2$

The differences of right ascension and declination, in the sense "satellite minus primary," are approximately

$$\Delta\alpha = s \sin p \sec (\delta + \Delta\delta)$$

$$\Delta\delta = s \cos p$$

APPARENT ORBITS OF SATELLITES I-V AT OPPOSITION, JUNE 1

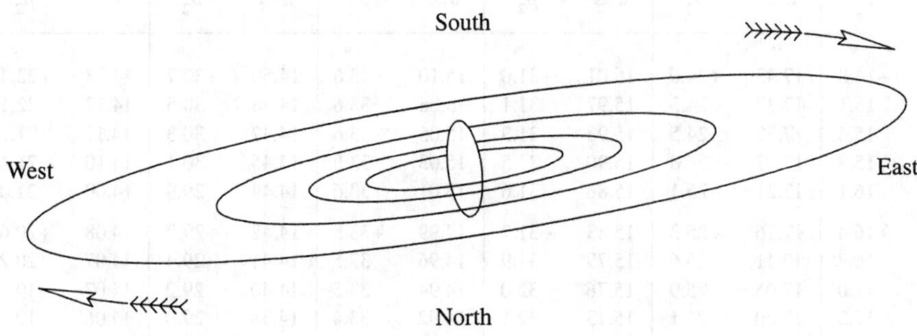

Orbits elongated in ratio of 3 to 1 in direction of minor axes.

	Name	Mean Synodic Period (d h m s)	(d)		Name	Sidereal Period (d)
V	Amalthea	0 11 57 27.619 =	0.498 236 33	XIII	Leda	238.72
I	Io	1 18 28 35.946 =	1.769 860 49	X	Lysithea	259.22
II	Europa	3 13 17 53.736 =	3.554 094 17	XII	Ananke	631
III	Ganymede	7 03 59 35.856 =	7.166 387 22	XI	Carme	692
IV	Callisto	16 18 05 06.916 =	16.753 552 27	VIII	Pasiphae	735
VI	Himalia		266.00	IX	Sinope	758
VII	Elara		276.67			

SATELLITE V

UNIVERSAL TIME OF EVERY TWENTIETH GREATEST EASTERN ELONGATION

	d h		d h		d h		d h		d h
Jan.	0 14.4	Mar.	21 07.6	June	9 00.4	Aug.	27 17.4	Nov.	15 10.9
	10 13.6		31 06.8		18 23.5	Sept.	6 16.6		25 10.1
	20 12.8	Apr.	10 05.9		28 22.6		16 15.7	Dec.	5 09.3
	30 11.9		20 05.0	July	8 21.7		26 14.9		15 08.5
Feb.	9 11.1		30 04.0		18 20.8	Oct.	6 14.1		25 07.7
	19 10.2	May	10 03.1		28 19.9		16 13.3		35 06.9
Mar.	1 09.4		20 02.2	Aug.	7 19.1		26 12.5		
	11 08.5		30 01.3		17 18.2	Nov.	5 11.7		

MULTIPLES OF THE MEAN SYNODIC PERIOD

	d	h		d	h		d	h		d	h
1...........	0	12.0	6...........	2	23.7	11...........	5	11.5	16...........	7	23.3
2...........	0	23.9	7...........	3	11.7	12...........	5	23.5	17...........	8	11.3
3...........	1	11.9	8...........	3	23.7	13...........	6	11.4	18...........	8	23.2
4...........	1	23.8	9...........	4	11.6	14...........	6	23.4	19...........	9	11.2
5...........	2	11.8	10...........	4	23.6	15...........	7	11.4	20...........	9	23.2

DIFFERENTIAL COORDINATES FOR 0^h U.T.

Date		Satellite VI Δα	Satellite VI Δδ	Satellite VII Δα	Satellite VII Δδ	Date		Satellite VI Δα	Satellite VI Δδ	Satellite VII Δα	Satellite VII Δδ
		m s	′	m s	′			m s	′	m s	′
Jan.	−1	+ 1 58	− 24.0	− 1 25	+ 20.0	July	2	+ 0 06	+ 0.7	− 2 39	− 8.1
	3	1 55	23.3	1 09	19.3		6	0 25	− 2.7	2 52	5.0
	7	1 50	22.1	0 53	18.3		10	0 43	6.0	3 04	− 2.0
	11	1 43	20.7	0 35	16.9		14	0 59	9.3	3 14	+ 1.0
	15	1 35	18.9	− 0 16	15.2		18	1 15	12.4	3 22	3.9
	19	+ 1 26	− 16.8	+ 0 04	+ 13.2		22	+ 1 30	− 15.3	− 3 28	+ 6.7
	23	1 15	14.4	0 24	10.9		26	1 43	18.0	3 32	9.3
	27	1 03	11.8	0 43	8.4		30	1 55	20.5	3 35	11.8
	31	0 49	8.9	1 03	5.7	Aug.	3	2 05	22.7	3 35	14.1
Feb.	4	0 35	5.9	1 22	+ 2.9		7	2 13	24.6	3 34	16.3
	8	+ 0 20	− 2.7	+ 1 40	− 0.0		11	+ 2 20	− 26.2	− 3 31	+ 18.2
	12	+ 0 03	+ 0.5	1 57	3.0		15	2 26	27.5	3 26	19.9
	16	− 0 14	3.8	2 13	6.0		19	2 29	28.4	3 20	21.3
	20	0 31	7.1	2 27	8.9		23	2 31	29.0	3 12	22.5
	24	0 48	10.4	2 41	11.8		27	2 31	29.1	3 02	23.4
	28	− 1 06	+ 13.5	+ 2 52	− 14.6		31	+ 2 30	− 28.9	− 2 50	+ 24.0
Mar.	4	1 23	16.6	3 03	17.4	Sept.	4	2 26	28.3	2 37	24.3
	8	1 40	19.6	3 11	20.0		8	2 21	27.3	2 23	24.3
	12	1 56	22.3	3 18	22.4		12	2 14	25.9	2 07	24.0
	16	2 12	24.9	3 24	24.8		16	2 06	24.3	1 50	23.3
	20	− 2 27	+ 27.3	+ 3 27	− 27.0		20	+ 1 57	− 22.2	− 1 31	+ 22.3
	24	2 41	29.5	3 30	29.0		24	1 46	19.9	1 12	21.0
	28	2 54	31.5	3 30	30.9		28	1 34	17.4	0 52	19.3
Apr.	1	3 06	33.3	3 29	32.5	Oct.	2	1 21	14.6	0 32	17.3
	5	3 16	34.8	3 26	34.0		6	1 07	11.7	− 0 12	15.1
	9	− 3 24	+ 36.0	+ 3 21	− 35.3		10	+ 0 52	− 8.7	+ 0 08	+ 12.6
	13	3 31	36.9	3 14	36.4		14	0 37	5.6	0 28	10.0
	17	3 37	37.6	3 05	37.3		18	0 22	− 2.6	0 47	7.2
	21	3 40	38.0	2 55	37.9		22	+ 0 07	+ 0.4	1 05	4.4
	25	3 41	38.1	2 43	38.3		26	− 0 08	3.4	1 21	+ 1.6
	29	− 3 41	+ 38.0	+ 2 29	− 38.5		30	− 0 23	+ 6.2	+ 1 36	− 1.1
May	3	3 38	37.5	2 14	38.3	Nov.	3	0 37	8.8	1 50	3.8
	7	3 33	36.7	1 57	38.0		7	0 51	11.3	2 02	6.3
	11	3 26	35.7	1 39	37.3		11	1 05	13.6	2 12	8.8
	15	3 18	34.3	1 20	36.4		15	1 18	15.6	2 22	11.0
	19	− 3 07	+ 32.6	+ 1 00	− 35.2		19	− 1 30	+ 17.5	+ 2 29	− 13.0
	23	2 54	30.7	0 39	33.7		23	1 41	19.1	2 36	14.9
	27	2 40	28.5	+ 0 17	32.0		27	1 52	20.4	2 42	16.6
	31	2 25	26.1	− 0 05	30.0	Dec.	1	2 03	21.6	2 46	18.2
June	4	2 08	23.4	0 27	27.8		5	2 12	22.5	2 49	19.5
	8	− 1 50	+ 20.5	− 0 48	− 25.4		9	− 2 21	+ 23.3	+ 2 52	− 20.7
	12	1 31	17.5	1 09	22.8		13	2 29	23.8	2 54	21.7
	16	1 12	14.3	1 29	20.0		17	2 36	24.1	2 55	22.5
	20	0 52	10.9	1 49	17.2		21	2 43	24.2	2 55	23.2
	24	0 33	7.6	2 07	14.2		25	2 49	24.1	2 54	23.7
	28	− 0 13	+ 4.1	− 2 23	− 11.1		29	− 2 54	+ 23.8	+ 2 53	− 24.1
July	2	+ 0 06	+ 0.7	− 2 39	− 8.1		33	− 2 59	+ 23.3	+ 2 52	− 24.4

Differential coordinates are given in the sense “satellite minus planet.”

DIFFERENTIAL COORDINATES FOR 0^h U.T.

Date		Satellite VIII Δα	Satellite VIII Δδ	Satellite IX Δα	Satellite IX Δδ	Satellite X Δα	Satellite X Δδ
		m s	′	m s	′	m s	′
Jan.	−7	+ 5 35	− 73.5	+ 2 53	− 2.9	+ 2 34	− 16.9
	3	6 07	73.5	2 24	+ 2.7	2 28	11.0
	13	6 39	73.2	1 50	8.3	2 12	− 4.3
	23	7 09	72.8	1 12	13.8	1 45	+ 2.8
Feb.	2	7 38	72.2	+ 0 32	19.1	1 08	9.8
	12	+ 8 05	− 71.5	− 0 11	+ 24.4	+ 0 23	+ 16.1
	22	8 31	70.8	0 54	29.4	− 0 28	21.1
Mar.	4	8 56	70.0	1 39	34.4	1 20	24.5
	14	9 20	69.2	2 23	39.3	2 11	26.1
	24	9 42	68.4	3 07	44.0	2 56	25.8
Apr.	3	+ 10 02	− 67.5	− 3 49	+ 48.7	− 3 33	+ 23.8
	13	10 20	66.5	4 29	53.3	3 57	20.2
	23	10 36	65.5	5 06	57.7	4 08	15.4
May	3	10 48	64.2	5 40	61.9	4 04	9.5
	13	10 57	62.6	6 10	65.7	3 45	+ 2.9
	23	+ 11 00	− 60.6	− 6 35	+ 69.1	− 3 12	− 4.0
June	2	10 59	58.1	6 56	71.8	2 28	11.1
	12	10 52	55.1	7 13	73.8	1 37	17.8
	22	10 39	51.5	7 27	75.1	− 0 42	23.7
July	2	10 22	47.3	7 37	75.6	+ 0 13	28.5
	12	+ 10 00	− 42.6	− 7 46	+ 75.3	+ 1 04	− 31.9
	22	9 35	37.5	7 52	74.3	1 48	33.7
Aug.	1	9 06	32.1	7 57	72.7	2 24	33.8
	11	8 35	26.5	8 00	70.5	2 50	32.0
	21	8 02	20.8	8 03	68.0	3 07	28.6
	31	+ 7 28	− 15.2	− 8 04	+ 65.0	+ 3 12	− 23.8
Sept.	10	6 52	9.6	8 04	61.8	3 08	17.7
	20	6 14	− 4.1	8 02	58.3	2 53	10.8
	30	5 36	+ 1.2	7 58	54.5	2 28	− 3.6
Oct.	10	4 56	6.2	7 52	50.6	1 55	+ 3.4
	20	+ 4 15	+ 11.0	− 7 44	+ 46.6	+ 1 14	+ 9.7
	30	3 33	15.4	7 34	42.5	+ 0 30	14.7
Nov.	9	2 50	19.5	7 21	38.3	− 0 16	18.0
	19	2 06	23.2	7 06	34.1	1 01	19.5
	29	1 22	26.4	6 48	30.0	1 41	19.2
Dec.	9	+ 0 38	+ 29.2	− 6 27	+ 26.0	− 2 15	+ 17.4
	19	− 0 06	31.4	6 03	22.1	2 43	14.2
	29	0 49	33.1	5 36	18.3	3 03	10.0
	39	− 1 30	+ 34.3	− 5 06	+ 14.7	− 3 16	+ 5.2

Differential coordinates are given in the sense "satellite minus planet."

DIFFERENTIAL COORDINATES FOR 0^h U.T.

Date		Satellite XI Δα	Satellite XI Δδ	Satellite XII Δα	Satellite XII Δδ	Satellite XIII Δα	Satellite XIII Δδ
		m s	′	m s	′	m s	′
Jan.	−7	+ 5 08	+ 8.4	+ 2 53	− 32.7	− 2 22	− 9.3
	3	5 40	8.6	3 28	29.8	2 27	8.2
	13	6 09	8.9	3 59	26.4	2 20	5.9
	23	6 34	9.3	4 26	22.3	2 03	− 2.9
Feb.	2	6 56	9.8	4 49	17.8	1 38	+ 0.7
	12	+ 7 15	+ 10.3	+ 5 05	− 12.7	− 1 07	+ 4.6
	22	7 32	10.7	5 14	7.2	− 0 30	8.7
Mar.	4	7 45	10.9	5 17	− 1.3	+ 0 11	12.7
	14	7 56	10.8	5 11	+ 4.7	0 55	16.3
	24	8 05	10.5	4 58	10.8	1 40	19.5
Apr.	3	+ 8 11	+ 9.8	+ 4 36	+ 16.9	+ 2 25	+ 22.0
	13	8 16	8.6	4 06	22.6	3 08	23.5
	23	8 18	7.1	3 28	27.7	3 45	23.9
May	3	8 17	5.1	2 44	32.2	4 13	23.0
	13	8 13	2.9	1 55	35.8	4 29	20.8
	23	+ 8 05	+ 0.4	+ 1 02	+ 38.3	+ 4 29	+ 17.4
June	2	7 54	− 2.2	+ 0 08	39.7	4 10	13.0
	12	7 37	4.7	− 0 46	40.0	3 32	8.0
	22	7 17	7.0	1 38	39.4	2 38	+ 2.6
July	2	6 52	8.9	2 27	37.8	1 32	− 2.6
	12	+ 6 23	− 10.5	− 3 13	+ 35.5	+ 0 20	− 7.1
	22	5 50	11.6	3 54	32.6	− 0 50	10.6
Aug.	1	5 15	12.4	4 30	29.2	1 49	12.6
	11	4 38	12.7	5 02	25.4	2 31	13.1
	21	3 58	12.8	5 29	21.4	2 51	12.0
	31	+ 3 18	− 12.6	− 5 51	+ 17.1	− 2 52	− 9.6
Sept.	10	2 37	12.3	6 08	12.6	2 37	6.4
	20	1 55	11.9	6 20	7.9	2 11	− 2.8
	30	1 13	11.6	6 28	+ 3.2	1 39	+ 1.1
Oct.	10	+ 0 31	11.3	6 30	− 1.6	1 05	4.8
	20	− 0 11	− 11.3	− 6 28	− 6.5	− 0 30	+ 8.4
	30	0 52	11.3	6 21	11.4	+ 0 04	11.6
Nov.	9	1 32	11.7	6 10	16.2	0 35	14.5
	19	2 11	12.3	5 55	20.9	1 04	16.8
	29	2 49	13.1	5 35	25.5	1 30	18.8
Dec.	9	− 3 25	− 14.3	− 5 11	− 29.9	+ 1 54	+ 20.1
	19	4 00	15.8	4 44	34.1	2 15	20.9
	29	4 32	17.4	4 13	38.0	2 32	21.1
	39	− 5 01	− 19.4	− 3 39	− 41.6	+ 2 47	+ 20.5

Differential coordinates are given in the sense "satellite minus planet."

DYNAMICAL TIME OF SUPERIOR GEOCENTRIC CONJUNCTION

SATELLITE I

	d h m		d h m		d h m		d h m
Jan.	1 03 11	Mar.	25 07 47	June	16 10 28	Sept.	7 14 02
	2 21 40		27 02 15		18 04 54		9 08 31
	4 16 10		28 20 42		19 23 20		11 03 00
	6 10 40		30 15 10		21 17 46		12 21 30
	8 05 10	Apr.	1 09 37		23 12 13		14 15 59
	9 23 40		3 04 04		25 06 39		16 10 28
	11 18 09		4 22 31		27 01 05		18 04 58
	13 12 39		6 16 59		28 19 32		19 23 27
	15 07 09		8 11 26		30 13 58		21 17 57
	17 01 38		10 05 53	July	2 08 25		23 12 26
	18 20 08		12 00 19		4 02 51		25 06 56
	20 14 37		13 18 46		5 21 18		27 01 25
	22 09 07		15 13 13		7 15 44		28 19 55
	24 03 36		17 07 40		9 10 11		30 14 25
	25 22 06		19 02 07		11 04 38	Oct.	2 08 55
	27 16 35		20 20 33		12 23 05		4 03 24
	29 11 04		22 15 00		14 17 32		5 21 54
	31 05 34		24 09 26		16 11 59		7 16 24
Feb.	2 00 03		26 03 53		18 06 26		9 10 54
	3 18 32		27 22 19		20 00 53		11 05 24
	5 13 01		29 16 45		21 19 20		12 23 54
	7 07 30	May	1 11 12		23 13 48		14 18 24
	9 01 59		3 05 38		25 08 15		16 12 54
	10 20 28		5 00 04		27 02 42		18 07 24
	12 14 57		6 18 30		28 21 10		20 01 54
	14 09 26		8 12 56		30 15 38		21 20 24
	16 03 55		10 07 23	Aug.	1 10 05		23 14 55
	17 22 24		12 01 49		3 04 33		25 09 25
	19 16 53		13 20 15		4 23 01		27 03 55
	21 11 21		15 14 41		6 17 29		28 22 25
	23 05 50		17 09 07		8 11 57		30 16 56
	25 00 19		19 03 33		10 06 25	Nov.	1 11 26
	26 18 47		20 21 59		12 00 53		3 05 56
	28 13 16		22 16 24		13 19 21		5 00 26
Mar.	2 07 44		24 10 50		15 13 49		6 18 57
	4 02 12		26 05 16		17 08 17		8 13 27
	5 20 41		27 23 42		19 02 46		10 07 58
	7 15 09		29 18 08		20 21 14		12 02 28
	9 09 37		31 12 34		22 15 43		13 20 59
	11 04 05	June	2 07 00		24 10 11		15 15 29
	12 22 33		4 01 26		26 04 40		17 09 59
	14 17 01		5 19 52		27 23 09		19 04 30
	16 11 29		7 14 18		29 17 37		20 23 00
	18 05 57		9 08 44		31 12 06		22 17 31
	20 00 24		11 03 10	Sept.	2 06 35		.. .. ..
	21 18 52		12 21 36		4 01 04		
	23 13 20		14 16 02		5 19 33		

DYNAMICAL TIME OF SUPERIOR GEOCENTRIC CONJUNCTION

SATELLITE II

	d h m		d h m		d h m		d h m
Jan.	2 12 55	Mar.	28 20 54	June	22 00 46	Sept.	15 06 28
	6 02 18	Apr.	1 10 08		25 13 54		18 19 48
	9 15 42		4 23 22		29 03 04		22 09 08
	13 05 05		8 12 35	July	2 16 13		25 22 29
	16 18 28		12 01 48		6 05 23		29 11 50
	20 07 51		15 14 59		9 18 34	Oct.	3 01 12
	23 21 14		19 04 11		13 07 45		6 14 33
	27 10 36		22 17 22		16 20 56		10 03 55
	30 23 58		26 06 33		20 10 08		13 17 17
Feb.	3 13 19		29 19 42		23 23 20		17 06 40
	7 02 41	May	3 08 52		27 12 33		20 20 02
	10 16 02		6 22 01		31 01 47		24 09 25
	14 05 23		10 11 10	Aug.	3 15 01		27 22 48
	17 18 42		14 00 18		7 04 15		31 12 11
	21 08 03		17 13 27		10 17 31	Nov.	4 01 35
	24 21 22		21 02 34		14 06 46		7 14 58
	28 10 41		24 15 43		17 20 02		11 04 22
Mar.	3 23 59		28 04 50		21 09 19		14 17 46
	7 13 17		31 17 58		24 22 36		18 07 10
	11 02 34	June	4 07 05		28 11 54		21 20 34
	14 15 52		7 20 13	Sept.	1 01 12		.. .. ..
	18 05 08		11 09 21		4 14 30		
	21 18 24		14 22 29		8 03 49		
	25 07 39		18 11 37		11 17 08		

SATELLITE III

	d h m		d h m		d h m		d h m
Jan.	3 15 06	Mar.	30 16 13	June	24 09 02	Sept.	18 06 07
	10 19 28	Apr.	6 19 54	July	1 12 24		25 10 18
	17 23 48		13 23 30		8 15 50	Oct.	2 14 32
	25 04 05		21 03 02		15 19 20		9 18 49
Feb.	1 08 19		28 06 30		22 22 55		16 23 08
	8 12 31	May	5 09 54		30 02 34		24 03 30
	15 16 40		12 13 14	Aug.	6 06 17		31 07 53
	22 20 46		19 16 33		13 10 05	Nov.	7 12 19
Mar.	2 00 48		26 19 50		20 13 57		14 16 46
	9 04 46	June	2 23 07		27 17 53		21 21 13
	16 08 40		10 02 24	Sept.	3 21 54		.. .. ..
	23 12 29		17 05 42		11 01 58		

SATELLITE IV

	d h m		d h m		d h m		d h m
Jan.	16 06 45	Apr.	10 01 45	July	2 03 10	Sept.	23 16 39
Feb.	2 02 26		26 17 18		18 18 27	Oct.	10 12 09
	18 21 30	May	13 08 04	Aug.	4 10 38		27 08 09
Mar.	7 15 49		29 22 21		21 03 47	Nov.	13 04 32
	24 09 16	June	15 12 34	Sept.	6 21 49		.. .. ..

DYNAMICAL TIME OF GEOCENTRIC PHENOMENA

JANUARY

d	h m	
0	1 51	III.Tr.E.
	4 02	I.Sh.I.
	4 44	I.Tr.I.
	6 12	I.Sh.E.
	6 54	I.Tr.E.
	16 04	II.Sh.I.
	17 28	II.Tr.I.
	18 29	II.Sh.E.
	19 56	II.Tr.E.
1	1 22	I.Ec.D.
	4 16	I.Oc.R.
	22 30	I.Sh.I.
	23 14	I.Tr.I.
2	0 40	I.Sh.E.
	1 24	I.Tr.E.
	10 12	II.Ec.D.
	14 10	II.Oc.R.
	19 51	I.Ec.D.
	22 46	I.Oc.R.
3	11 01	III.Ec.D.
	13 05	III.Ec.R.
	14 01	III.Oc.D.
	16 11	III.Oc.R.
	16 59	I.Sh.I.
	17 44	I.Tr.I.
	19 09	I.Sh.E.
	19 54	I.Tr.E.
4	5 21	II.Sh.I.
	6 51	II.Tr.I.
	7 47	II.Sh.E.
	9 19	II.Tr.E.
	14 19	I.Ec.D.
	17 16	I.Oc.R.
5	11 27	I.Sh.I.
	12 13	I.Tr.I.
	13 37	I.Sh.E.
	14 24	I.Tr.E.
	23 29	II.Ec.D.
6	3 33	II.Oc.R.
	8 47	I.Ec.D.
	11 45	I.Oc.R.
7	0 52	III.Sh.I.
	2 55	III.Sh.E.
	4 05	III.Tr.I.
	5 56	I.Sh.I.
	6 13	III.Tr.E.
	6 43	I.Tr.I.
	8 05	I.Sh.E.
	8 54	I.Tr.E.
	18 38	II.Sh.I.

d	h m	
7	20 14	II.Tr.I.
	21 04	II.Sh.E.
	22 42	II.Tr.E.
8	3 16	I.Ec.D.
	6 15	I.Oc.R.
9	0 24	I.Sh.I.
	1 13	I.Tr.I.
	2 34	I.Sh.E.
	3 24	I.Tr.E.
	12 47	II.Ec.D.
	16 57	II.Oc.R.
	21 44	I.Ec.D.
10	0 45	I.Oc.R.
	14 59	III.Ec.D.
	17 04	III.Ec.R.
	18 24	III.Oc.D.
	18 52	I.Sh.I.
	19 43	I.Tr.I.
	20 33	III.Oc.R.
	21 02	I.Sh.E.
	21 53	I.Tr.E.
11	7 55	II.Sh.I.
	9 36	II.Tr.I.
	10 21	II.Sh.E.
	12 04	II.Tr.E.
	16 13	I.Ec.D.
	19 15	I.Oc.R.
12	13 21	I.Sh.I.
	14 13	I.Tr.I.
	15 31	I.Sh.E.
	16 23	I.Tr.E.
13	2 04	II.Ec.D.
	6 20	II.Oc.R.
	10 41	I.Ec.D.
	13 44	I.Oc.R.
14	4 50	III.Sh.I.
	6 53	III.Sh.E.
	7 49	I.Sh.I.
	8 26	III.Tr.I.
	8 43	I.Tr.I.
	9 59	I.Sh.E.
	10 33	III.Tr.E.
	10 53	I.Tr.E.
	21 12	II.Sh.I.
	22 59	II.Tr.I.
	23 38	II.Sh.E.
15	1 27	II.Tr.E.
	5 09	I.Ec.D.
	8 14	I.Oc.R.

d	h m	
16	2 18	I.Sh.I.
	3 12	I.Tr.I.
	4 27	I.Sh.E.
	5 23	I.Tr.E.
	15 22	II.Ec.D.
	19 44	II.Oc.R.
	23 37	I.Ec.D.
17	2 44	I.Oc.R.
	18 57	III.Ec.D.
	20 46	I.Sh.I.
	21 02	III.Ec.R.
	21 42	I.Tr.I.
	22 44	III.Oc.D.
	22 56	I.Sh.E.
	23 52	I.Tr.E.
18	0 52	III.Oc.R.
	10 29	II.Sh.I.
	12 21	II.Tr.I.
	12 55	II.Sh.E.
	14 49	II.Tr.E.
	18 06	I.Ec.D.
	21 13	I.Oc.R.
19	15 14	I.Sh.I.
	16 12	I.Tr.I.
	17 24	I.Sh.E.
	18 22	I.Tr.E.
20	4 39	II.Ec.D.
	9 06	II.Oc.R.
	12 34	I.Ec.D.
	15 43	I.Oc.R.
21	8 48	III.Sh.I.
	9 43	I.Sh.I.
	10 41	I.Tr.I.
	10 51	III.Sh.E.
	11 53	I.Sh.E.
	12 46	III.Tr.I.
	12 51	I.Tr.E.
	14 52	III.Tr.E.
	23 46	II.Sh.I.
22	1 42	II.Tr.I.
	2 12	II.Sh.E.
	4 10	II.Tr.E.
	7 02	I.Ec.D.
	10 12	I.Oc.R.
23	4 11	I.Sh.I.
	5 11	I.Tr.I.
	6 21	I.Sh.E.
	7 21	I.Tr.E.
	17 57	II.Ec.D.
	22 29	II.Oc.R.

d	h m	
24	1 31	I.Ec.D.
	4 42	I.Oc.R.
	22 40	I.Sh.I.
	22 54	III.Ec.D.
	23 40	I.Tr.I.
25	0 49	I.Sh.E.
	0 59	III.Ec.R.
	1 51	I.Tr.E.
	3 01	III.Oc.D.
	5 09	III.Oc.R.
	13 03	II.Sh.I.
	15 04	II.Tr.I.
	15 29	II.Sh.E.
	17 32	II.Tr.E.
	19 59	I.Ec.D.
	23 11	I.Oc.R.
26	17 08	I.Sh.I.
	18 10	I.Tr.I.
	19 18	I.Sh.E.
	20 20	I.Tr.E.
27	7 14	II.Ec.D.
	11 51	II.Oc.R.
	14 27	I.Ec.D.
	17 40	I.Oc.R.
28	11 36	I.Sh.I.
	12 39	I.Tr.I.
	12 46	III.Sh.I.
	13 46	I.Sh.E.
	14 49	III.Sh.E.
	14 50	I.Tr.E.
	17 03	III.Tr.I.
	19 08	III.Tr.E.
29	2 20	II.Sh.I.
	4 25	II.Tr.I.
	4 45	II.Sh.E.
	6 53	II.Tr.E.
	8 56	I.Ec.D.
	12 10	I.Oc.R.
30	6 05	I.Sh.I.
	7 09	I.Tr.I.
	8 15	I.Sh.E.
	9 19	I.Tr.E.
	20 32	II.Ec.D.
31	1 13	II.Oc.R.
	3 24	I.Ec.D.
	6 39	I.Oc.R.

I. Jan. 15	II. Jan. 16	III. Jan. 17	IV. Jan.
$x_1 = -1.7,\ y_1 = -0.3$	$x_1 = -2.1,\ y_1 = -0.5$	$x_1 = -2.6,\ y_1 = -0.7$ $x_2 = -1.5,\ y_2 = -0.7$	No Eclipse

NOTE.—I. denotes ingress; E., egress; D., disappearance; R., reappearance; Ec., eclipse; Oc., occultation; Tr., transit of the satellite; Sh., transit of the shadow.

CONFIGURATIONS OF SATELLITES I–IV FOR JANUARY

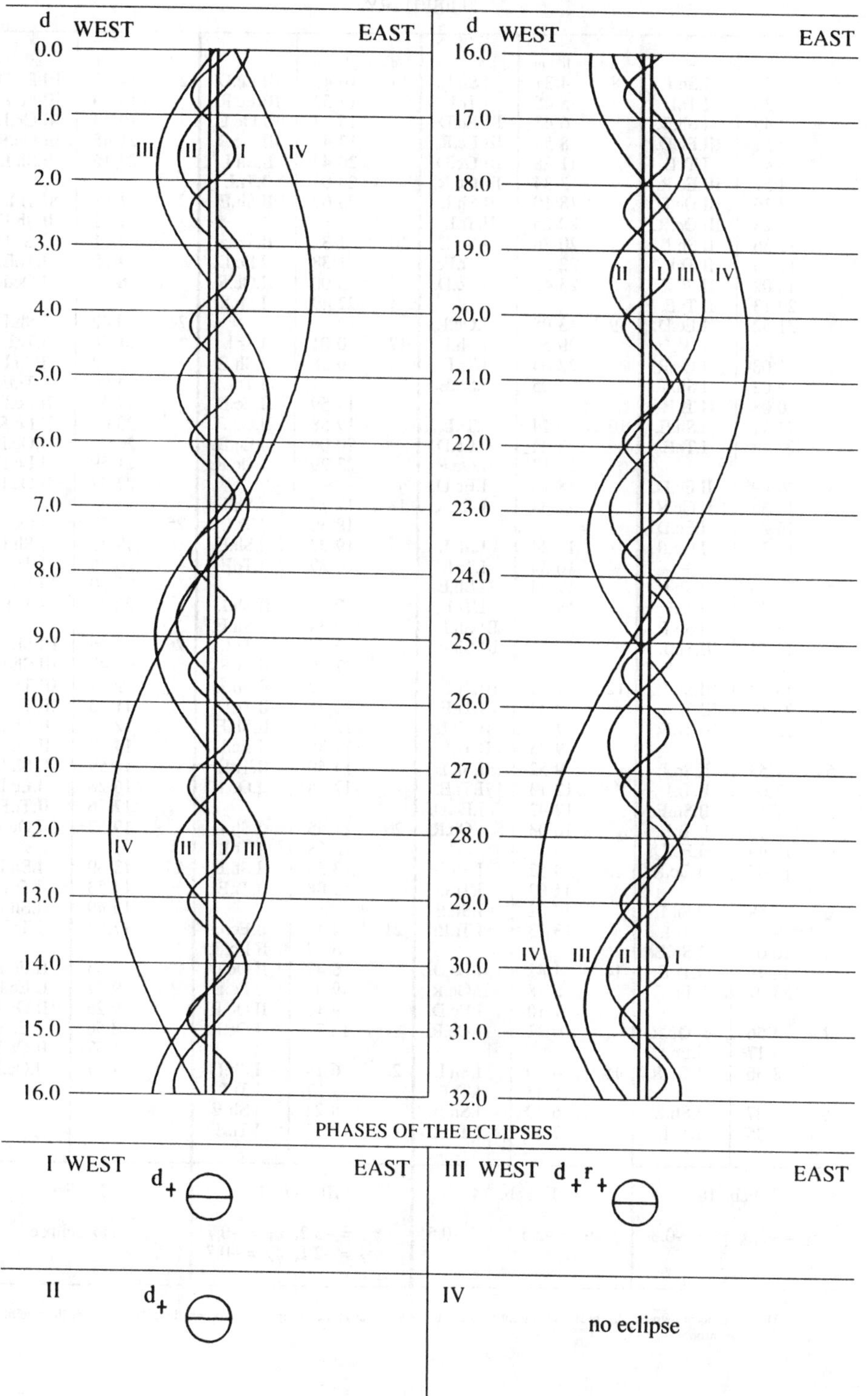

PHASES OF THE ECLIPSES

I WEST d_+ EAST	III WEST $d_+ r_+$ EAST
II d_+	IV no eclipse

DYNAMICAL TIME OF GEOCENTRIC PHENOMENA

FEBRUARY

d	h m	
1	0 33	I.Sh.I.
	1 38	I.Tr.I.
	2 43	I.Sh.E.
	2 51	III.Ec.D.
	3 48	I.Tr.E.
	4 57	III.Ec.R.
	7 16	III.Oc.D.
	9 23	III.Oc.R.
	15 36	II.Sh.I.
	17 45	II.Tr.I.
	18 02	II.Sh.E.
	20 13	II.Tr.E.
	21 52	I.Ec.D.
2	1 08	I.Oc.R.
	19 02	I.Sh.I.
	20 08	I.Tr.I.
	21 11	I.Sh.E.
	22 18	I.Tr.E.
3	9 49	II.Ec.D.
	14 35	II.Oc.R.
	16 20	I.Ec.D.
	19 37	I.Oc.R.
4	13 30	I.Sh.I.
	14 37	I.Tr.I.
	15 40	I.Sh.E.
	16 44	III.Sh.I.
	16 47	I.Tr.E.
	18 48	III.Sh.E.
	21 18	III.Tr.I.
	23 22	III.Tr.E.
5	4 53	II.Sh.I.
	7 06	II.Tr.I.
	7 19	II.Sh.E.
	9 33	II.Tr.E.
	10 49	I.Ec.D.
	14 07	I.Oc.R.
6	7 58	I.Sh.I.
	9 06	I.Tr.I.
	10 08	I.Sh.E.
	11 16	I.Tr.E.
	23 07	II.Ec.D.
7	3 56	II.Oc.R.
	5 17	I.Ec.D.
	8 36	I.Oc.R.
8	2 27	I.Sh.I.
	3 35	I.Tr.I.
8	4 37	I.Sh.E.
	5 45	I.Tr.E.
	6 48	III.Ec.D.
	8 54	III.Ec.R.
	11 28	III.Oc.D.
	13 34	III.Oc.R.
	18 10	II.Sh.I.
	20 25	II.Tr.I.
	20 36	II.Sh.E.
	22 53	II.Tr.E.
	23 45	I.Ec.D.
9	3 05	I.Oc.R.
	20 55	I.Sh.I.
	22 04	I.Tr.I.
	23 05	I.Sh.E.
10	0 14	I.Tr.E.
	12 24	II.Ec.D.
	17 17	II.Oc.R.
	18 13	I.Ec.D.
	21 34	I.Oc.R.
11	15 24	I.Sh.I.
	16 34	I.Tr.I.
	17 33	I.Sh.E.
	18 44	I.Tr.E.
	20 42	III.Sh.I.
	22 46	III.Sh.E.
12	1 29	III.Tr.I.
	3 33	III.Tr.E.
	7 26	II.Sh.I.
	9 45	II.Tr.I.
	9 52	II.Sh.E.
	12 13	II.Tr.E.
	12 42	I.Ec.D.
	16 03	I.Oc.R.
13	9 52	I.Sh.I.
	11 03	I.Tr.I.
	12 02	I.Sh.E.
	13 13	I.Tr.E.
14	1 42	II.Ec.D.
	6 38	II.Oc.R.
	7 10	I.Ec.D.
	10 32	I.Oc.R.
15	4 20	I.Sh.I.
	5 32	I.Tr.I.
	6 30	I.Sh.E.
	7 42	I.Tr.E.
15	10 45	III.Ec.D.
	12 52	III.Ec.R.
	15 37	III.Oc.D.
	17 43	III.Oc.R.
	20 43	II.Sh.I.
	23 04	II.Tr.I.
	23 09	II.Sh.E.
16	1 32	II.Tr.E.
	1 38	I.Ec.D.
	5 00	I.Oc.R.
	22 49	I.Sh.I.
17	0 01	I.Tr.I.
	0 58	I.Sh.E.
	2 11	I.Tr.E.
	14 59	II.Ec.D.
	19 58	II.Oc.R.
	20 06	I.Ec.D.
	23 29	I.Oc.R.
18	17 17	I.Sh.I.
	18 30	I.Tr.I.
	19 27	I.Sh.E.
	20 39	I.Tr.E.
19	0 39	III.Sh.I.
	2 44	III.Sh.E.
	5 37	III.Tr.I.
	7 40	III.Tr.E.
	9 59	II.Sh.I.
	12 23	II.Tr.I.
	12 26	II.Sh.E.
	14 35	I.Ec.D.
	14 50	II.Tr.E.
	17 58	I.Oc.R.
20	11 45	I.Sh.I.
	12 58	I.Tr.I.
	13 55	I.Sh.E.
	15 08	I.Tr.E.
21	4 18	II.Ec.D.
	6 47	II.Ec.R.
	6 47	II.Oc.D.
	9 03	I.Ec.D.
	9 18	II.Oc.R.
	12 27	I.Oc.R.
22	6 14	I.Sh.I.
	7 27	I.Tr.I.
	8 24	I.Sh.E.
	9 37	I.Tr.E.
22	14 42	III.Ec.D.
	16 50	III.Ec.R.
	19 43	III.Oc.D.
	21 48	III.Oc.R.
	23 16	II.Sh.I.
23	1 41	II.Tr.I.
	1 42	II.Sh.E.
	3 31	I.Ec.D.
	4 08	II.Tr.E.
	6 55	I.Oc.R.
24	0 42	I.Sh.I.
	1 56	I.Tr.I.
	2 52	I.Sh.E.
	4 06	I.Tr.E.
	17 35	II.Ec.D.
	20 04	II.Ec.R.
	20 06	II.Oc.D.
	21 59	I.Ec.D.
	22 37	II.Oc.R.
25	1 24	I.Oc.R.
	19 11	I.Sh.I.
	20 25	I.Tr.I.
	21 20	I.Sh.E.
	22 35	I.Tr.E.
26	4 36	III.Sh.I.
	6 42	III.Sh.E.
	9 41	III.Tr.I.
	11 43	III.Tr.E.
	12 32	II.Sh.I.
	14 58	II.Tr.I.
	14 59	II.Sh.E.
	16 28	I.Ec.D.
	17 26	II.Tr.E.
	19 52	I.Oc.R.
27	13 39	I.Sh.I.
	14 53	I.Tr.I.
	15 49	I.Sh.E.
	17 03	I.Tr.E.
28	6 53	II.Ec.D.
	9 22	II.Ec.R.
	9 26	II.Oc.D.
	10 56	I.Ec.D.
	11 57	II.Oc.R.
	14 21	I.Oc.R.

I. Feb. 16	II. Feb. 14	III. Feb. 15	IV. Feb.
$x_1 = -2.0,\ y_1 = -0.3$	$x_1 = -2.5,\ y_1 = -0.5$	$x_1 = -3.2,\ y_1 = -0.7$ $x_2 = -2.1,\ y_2 = -0.7$	No Eclipse

NOTE.—I. denotes ingress; E., egress; D., disappearance; R., reappearance; Ec., eclipse; Oc., occultation; Tr., transit of the satellite; Sh., transit of the shadow.

CONFIGURATIONS OF SATELLITES I–IV FOR FEBRUARY

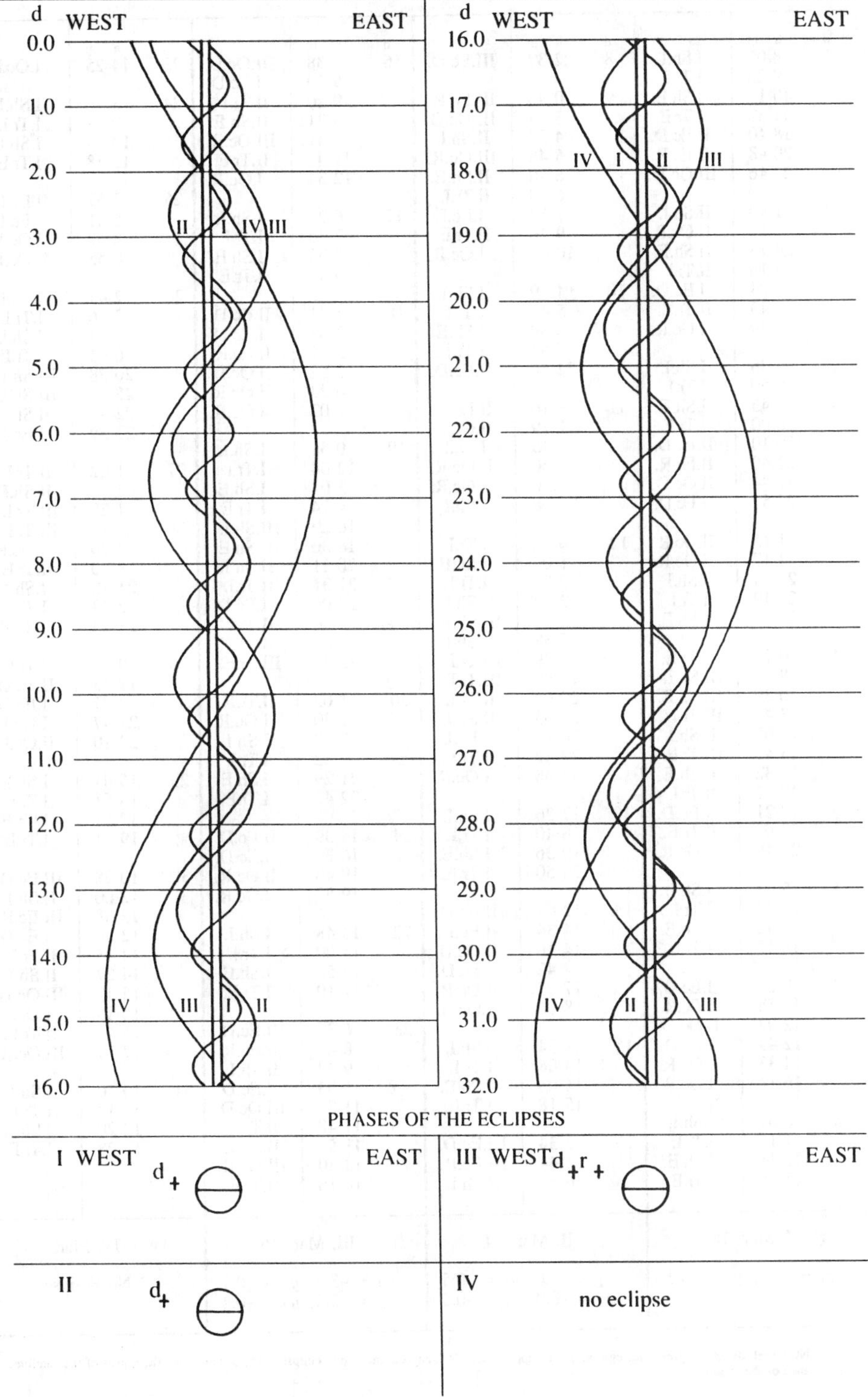

PHASES OF THE ECLIPSES

I WEST d_+ EAST

III WEST $d_+ r_+$ EAST

II d_+

IV no eclipse

DYNAMICAL TIME OF GEOCENTRIC PHENOMENA

MARCH

d	h m	Phenomenon
1	8 07	I.Sh.I.
	9 22	I.Tr.I.
	10 17	I.Sh.E.
	11 32	I.Tr.E.
	18 40	III.Ec.D.
	20 48	III.Ec.R.
	23 46	III.Oc.D.
2	1 49	II.Sh.I.
	1 51	III.Oc.R.
	4 15	II.Sh.E.
	4 16	II.Tr.I.
	5 24	I.Ec.D.
	6 43	II.Tr.E.
	8 49	I.Oc.R.
3	2 36	I.Sh.I.
	3 50	I.Tr.I.
	4 45	I.Sh.E.
	6 00	I.Tr.E.
	20 10	II.Ec.D.
	22 40	II.Ec.R.
	22 44	II.Oc.D.
	23 52	I.Ec.D.
4	1 15	II.Oc.R.
	3 17	I.Oc.R.
	21 04	I.Sh.I.
	22 19	I.Tr.I.
	23 14	I.Sh.E.
5	0 29	I.Tr.E.
	8 34	III.Sh.I.
	10 39	III.Sh.E.
	13 41	III.Tr.I.
	15 05	II.Sh.I.
	15 43	III.Tr.E.
	17 32	II.Sh.E.
	17 32	II.Tr.I.
	18 21	I.Ec.D.
	20 00	II.Tr.E.
	21 46	I.Oc.R.
6	15 32	I.Sh.I.
	16 47	I.Tr.I.
	17 42	I.Sh.E.
	18 57	I.Tr.E.
7	9 28	II.Ec.D.
	11 58	II.Ec.R.
	12 02	II.Oc.D.
	12 49	I.Ec.D.
	14 33	II.Oc.R.
	16 14	I.Oc.R.
8	10 01	I.Sh.I.
	11 16	I.Tr.I.
	12 11	I.Sh.E.
	13 25	I.Tr.E.
8	22 37	III.Ec.D.
9	0 46	III.Ec.R.
	3 44	III.Oc.D.
	4 22	II.Sh.I.
	5 48	III.Oc.R.
	6 48	II.Sh.E.
	6 49	II.Tr.I.
	7 17	I.Ec.D.
	9 16	II.Tr.E.
	10 42	I.Oc.R.
10	4 29	I.Sh.I.
	5 44	I.Tr.I.
	6 39	I.Sh.E.
	7 54	I.Tr.E.
	22 46	II.Ec.D.
11	1 16	II.Ec.R.
	1 19	II.Oc.D.
	1 45	I.Ec.D.
	3 50	II.Oc.R.
	5 10	I.Oc.R.
	22 58	I.Sh.I.
12	0 12	I.Tr.I.
	1 07	I.Sh.E.
	2 22	I.Tr.E.
	12 32	III.Sh.I.
	14 38	III.Sh.E.
	17 38	II.Sh.I.
	17 39	III.Tr.I.
	19 40	III.Tr.E.
	20 04	II.Tr.I.
	20 05	II.Sh.E.
	20 13	I.Ec.D.
	22 32	II.Tr.E.
	23 38	I.Oc.R.
13	17 26	I.Sh.I.
	18 40	I.Tr.I.
	19 36	I.Sh.E.
	20 50	I.Tr.E.
14	12 04	II.Ec.D.
	14 34	II.Ec.R.
	14 36	II.Oc.D.
	14 42	I.Ec.D.
	17 07	II.Oc.R.
	18 06	I.Oc.R.
15	11 54	I.Sh.I.
	13 08	I.Tr.I.
	14 04	I.Sh.E.
	15 18	I.Tr.E.
16	2 34	III.Ec.D.
	4 44	III.Ec.R.
	6 54	II.Sh.I.
16	7 38	III.Oc.D.
	9 10	I.Ec.D.
	9 20	II.Tr.I.
	9 21	II.Sh.E.
	9 41	III.Oc.R.
	11 47	II.Tr.E.
	12 34	I.Oc.R.
17	6 23	I.Sh.I.
	7 36	I.Tr.I.
	8 33	I.Sh.E.
	9 46	I.Tr.E.
18	1 21	II.Ec.D.
	3 38	I.Ec.D.
	3 51	II.Ec.R.
	3 52	II.Oc.D.
	6 23	II.Oc.R.
	7 02	I.Oc.R.
19	0 51	I.Sh.I.
	2 04	I.Tr.I.
	3 01	I.Sh.E.
	4 14	I.Tr.E.
	16 29	III.Sh.I.
	18 36	III.Sh.E.
	20 11	II.Sh.I.
	21 31	III.Tr.I.
	22 06	I.Ec.D.
	22 34	II.Tr.I.
	22 38	II.Sh.E.
	23 31	III.Tr.E.
20	1 02	II.Tr.E.
	1 30	I.Oc.R.
	19 19	I.Sh.I.
	20 32	I.Tr.I.
	21 29	I.Sh.E.
	22 42	I.Tr.E.
21	14 39	II.Ec.D.
	16 34	I.Ec.D.
	19 40	II.Oc.R.
	19 57	I.Oc.R.
22	13 48	I.Sh.I.
	15 00	I.Tr.I.
	15 58	I.Sh.E.
	17 10	I.Tr.E.
23	6 31	III.Ec.D.
	8 41	III.Ec.R.
	9 27	II.Sh.I.
	11 03	I.Ec.D.
	11 27	III.Oc.D.
	11 48	II.Tr.I.
	11 54	II.Sh.E.
	13 30	III.Oc.R.
	14 16	II.Tr.E.
23	14 25	I.Oc.R.
24	8 16	I.Sh.I.
	9 28	I.Tr.I.
	10 26	I.Sh.E.
	11 38	I.Tr.E.
25	3 57	II.Ec.D.
	5 31	I.Ec.D.
	8 52	I.Oc.R.
	8 55	II.Oc.R.
26	2 44	I.Sh.I.
	3 56	I.Tr.I.
	4 55	I.Sh.E.
	6 05	I.Tr.E.
	20 28	III.Sh.I.
	22 35	III.Sh.E.
	22 43	II.Sh.I.
	23 59	I.Ec.D.
27	1 02	II.Tr.I.
	1 11	II.Sh.E.
	1 20	III.Tr.I.
	3 19	III.Tr.E.
	3 20	I.Oc.R.
	3 30	II.Tr.E.
	21 13	I.Sh.I.
	22 23	I.Tr.I.
	23 23	I.Sh.E.
28	0 33	I.Tr.E.
	17 15	II.Ec.D.
	18 27	I.Ec.D.
	21 47	I.Oc.R.
	22 10	II.Oc.R.
29	15 41	I.Sh.I.
	16 51	I.Tr.I.
	17 51	I.Sh.E.
	19 01	I.Tr.E.
30	10 28	III.Ec.D.
	12 00	II.Sh.I.
	12 38	III.Ec.R.
	12 56	I.Ec.D.
	14 15	II.Tr.I.
	14 27	II.Sh.E.
	15 12	III.Oc.D.
	16 15	I.Oc.R.
	16 43	II.Tr.E.
	17 14	III.Oc.R.
31	10 10	I.Sh.I.
	11 18	I.Tr.I.
	12 20	I.Sh.E.
	13 28	I.Tr.E.

I. Mar. 16	II. Mar. 14	III. Mar. 16	IV. Mar.
$x_1 = -2.0,\ y_1 = -0.3$	$x_1 = -2.6,\ y_1 = -0.5$ $x_2 = -0.9,\ y_2 = -0.5$	$x_1 = -3.3,\ y_1 = -0.7$ $x_2 = -2.2,\ y_2 = -0.8$	No Eclipse

NOTE.—I. denotes ingress; E., egress; D., disappearance; R., reappearance; Ec., eclipse; Oc., occultation; Tr., transit of the satellite; Sh., transit of the shadow.

CONFIGURATIONS OF SATELLITES I–IV FOR MARCH

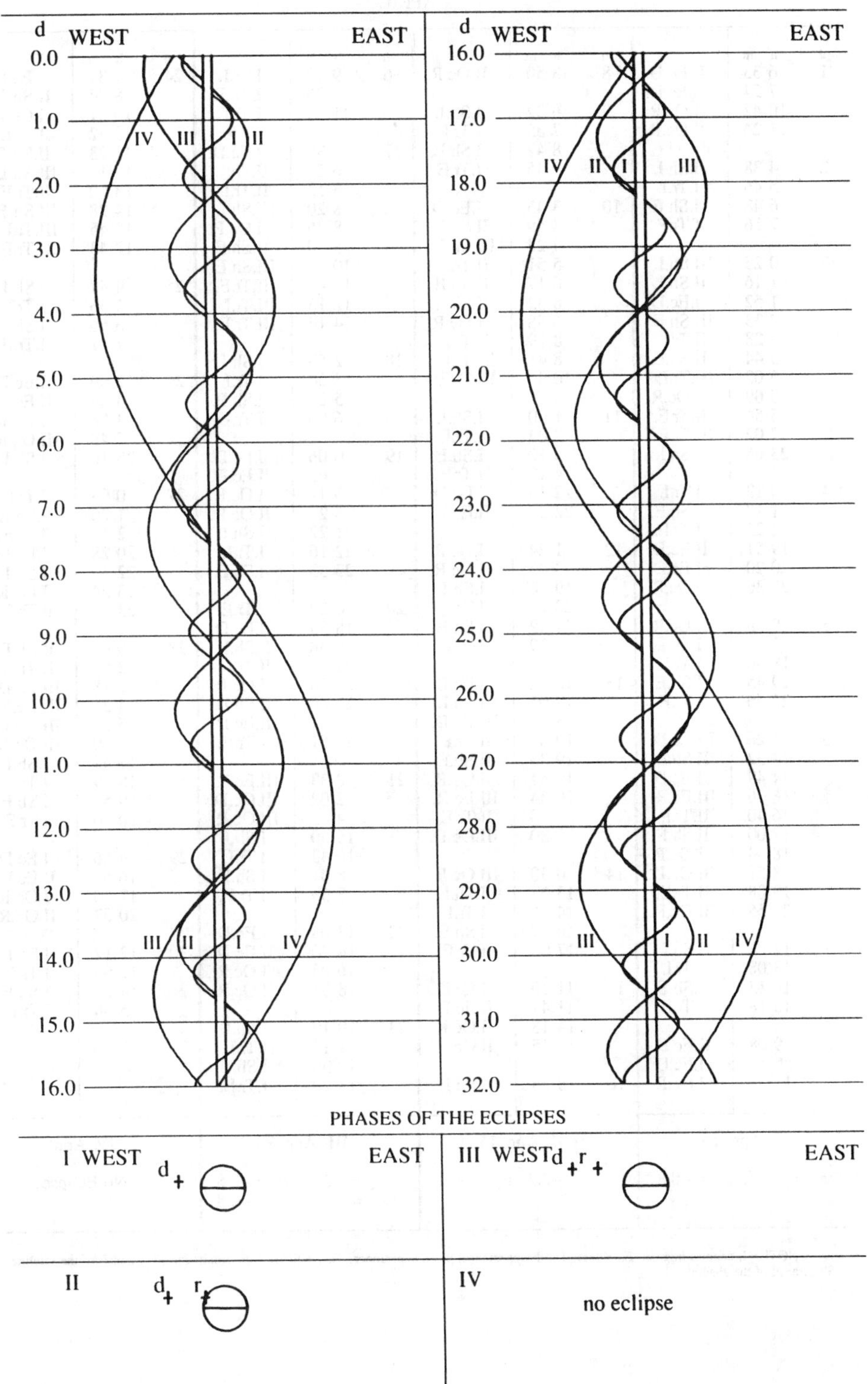

DYNAMICAL TIME OF GEOCENTRIC PHENOMENA

APRIL

d	h m	
1	6 33	II.Ec.D.
	7 24	I.Ec.D.
	10 42	I.Oc.R.
	11 24	II.Oc.R.
2	4 38	I.Sh.I.
	5 46	I.Tr.I.
	6 48	I.Sh.E.
	7 56	I.Tr.E.
3	0 25	III.Sh.I.
	1 16	II.Sh.I.
	1 52	I.Ec.D.
	2 33	III.Sh.E.
	3 28	II.Tr.I.
	3 44	II.Sh.E.
	5 03	III.Tr.I.
	5 09	I.Oc.R.
	5 56	II.Tr.E.
	7 02	III.Tr.E.
	23 06	I.Sh.I.
4	0 13	I.Tr.I.
	1 17	I.Sh.E.
	2 23	I.Tr.E.
	19 51	II.Ec.D.
	20 20	I.Ec.D.
	23 36	I.Oc.R.
5	0 38	II.Oc.R.
	17 35	I.Sh.I.
	18 40	I.Tr.I.
	19 45	I.Sh.E.
	20 50	I.Tr.E.
6	14 26	III.Ec.D.
	14 32	II.Sh.I.
	14 49	I.Ec.D.
	16 36	III.Ec.R.
	16 40	II.Tr.I.
	17 00	II.Sh.E.
	18 04	I.Oc.R.
	18 53	III.Oc.D.
	19 08	II.Tr.E.
	20 55	III.Oc.R.
7	12 03	I.Sh.I.
	13 08	I.Tr.I.
	14 13	I.Sh.E.
	15 18	I.Tr.E.
8	9 08	II.Ec.D.
	9 17	I.Ec.D.
	12 31	I.Oc.R.

d	h m	
8	13 50	II.Oc.R.
9	6 32	I.Sh.I.
	7 35	I.Tr.I.
	8 42	I.Sh.E.
	9 45	I.Tr.E.
10	3 45	I.Ec.D.
	3 49	II.Sh.I.
	4 23	III.Sh.I.
	5 51	II.Tr.I.
	6 17	II.Sh.E.
	6 32	III.Sh.E.
	6 58	I.Oc.R.
	8 19	II.Tr.E.
	8 41	III.Tr.I.
	10 40	III.Tr.E.
11	1 00	I.Sh.I.
	2 02	I.Tr.I.
	3 10	I.Sh.E.
	4 12	I.Tr.E.
	22 13	I.Ec.D.
	22 27	II.Ec.D.
12	1 24	I.Oc.R.
	3 03	II.Oc.R.
	19 28	I.Sh.I.
	20 29	I.Tr.I.
	21 39	I.Sh.E.
	22 39	I.Tr.E.
13	16 42	I.Ec.D.
	17 05	II.Sh.I.
	18 23	III.Ec.D.
	19 02	II.Tr.I.
	19 33	II.Sh.E.
	19 51	I.Oc.R.
	20 34	III.Ec.R.
	21 30	II.Tr.E.
	22 30	III.Oc.D.
14	0 30	III.Oc.R.
	13 57	I.Sh.I.
	14 56	I.Tr.I.
	16 07	I.Sh.E.
	17 06	I.Tr.E.
15	11 10	I.Ec.D.
	11 44	II.Ec.D.
	14 18	I.Oc.R.
	16 15	II.Oc.R.
16	8 25	I.Sh.I.

d	h m	
16	9 23	I.Tr.I.
	10 36	I.Sh.E.
	11 33	I.Tr.E.
17	5 38	I.Ec.D.
	6 21	II.Sh.I.
	8 13	II.Tr.I.
	8 20	III.Sh.I.
	8 45	I.Oc.R.
	8 50	II.Sh.E.
	10 30	III.Sh.E.
	10 41	II.Tr.E.
	12 15	III.Tr.I.
	14 14	III.Tr.E.
18	2 53	I.Sh.I.
	3 50	I.Tr.I.
	5 04	I.Sh.E.
	6 00	I.Tr.E.
19	0 06	I.Ec.D.
	1 03	II.Ec.D.
	3 11	I.Oc.R.
	5 27	II.Oc.R.
	21 22	I.Sh.I.
	22 16	I.Tr.I.
	23 33	I.Sh.E.
20	0 27	I.Tr.E.
	18 35	I.Ec.D.
	19 38	II.Sh.I.
	21 23	II.Tr.I.
	21 38	I.Oc.R.
	22 06	II.Sh.E.
	22 21	III.Ec.D.
	23 51	II.Tr.E.
21	0 33	III.Ec.R.
	2 02	III.Oc.D.
	4 03	III.Oc.R.
	15 50	I.Sh.I.
	16 43	I.Tr.I.
	18 01	I.Sh.E.
	18 53	I.Tr.E.
22	13 03	I.Ec.D.
	14 20	II.Ec.D.
	16 05	I.Oc.R.
	18 37	II.Oc.R.
23	10 19	I.Sh.I.
	11 10	I.Tr.I.
	12 30	I.Sh.E.
	13 20	I.Tr.E.

d	h m	
24	7 31	I.Ec.D.
	8 54	II.Sh.I.
	10 31	I.Oc.R.
	10 32	II.Tr.I.
	11 23	II.Sh.E.
	12 17	III.Sh.I.
	13 00	II.Tr.E.
	14 28	III.Sh.E.
	15 45	III.Tr.I.
	17 43	III.Tr.E.
25	4 47	I.Sh.I.
	5 36	I.Tr.I.
	6 58	I.Sh.E.
	7 47	I.Tr.E.
26	2 00	I.Ec.D.
	3 39	II.Ec.D.
	4 58	I.Oc.R.
	7 48	II.Oc.R.
	23 16	I.Sh.I.
27	0 03	I.Tr.I.
	1 26	I.Sh.E.
	2 13	I.Tr.E.
	20 28	I.Ec.D.
	22 10	II.Sh.I.
	23 24	I.Oc.R.
	23 42	II.Tr.I.
28	0 40	II.Sh.E.
	2 09	II.Tr.E.
	2 18	III.Ec.D.
	4 31	III.Ec.R.
	5 30	III.Oc.D.
	7 30	III.Oc.R.
	17 44	I.Sh.I.
	18 29	I.Tr.I.
	19 55	I.Sh.E.
	20 40	I.Tr.E.
29	14 56	I.Ec.D.
	16 56	II.Ec.D.
	17 50	I.Oc.R.
	20 57	II.Oc.R.
30	12 12	I.Sh.I.
	12 56	I.Tr.I.
	14 23	I.Sh.E.
	15 06	I.Tr.E.

I. Apr. 15	II. Apr. 15	III. Apr. 13	IV. Apr.
$x_1 = -1.8,\ y_1 = -0.3$	$x_1 = -2.2,\ y_1 = -0.5$	$x_1 = -2.8,\ y_1 = -0.8$ $x_2 = -1.6,\ y_2 = -0.8$	No Eclipse

NOTE.—I. denotes ingress; E., egress; D., disappearance; R., reappearance; Ec., eclipse; Oc., occultation; Tr., transit of the satellite; Sh., transit of the shadow.

CONFIGURATIONS OF SATELLITES I–IV FOR APRIL

UNIVERSAL TIME

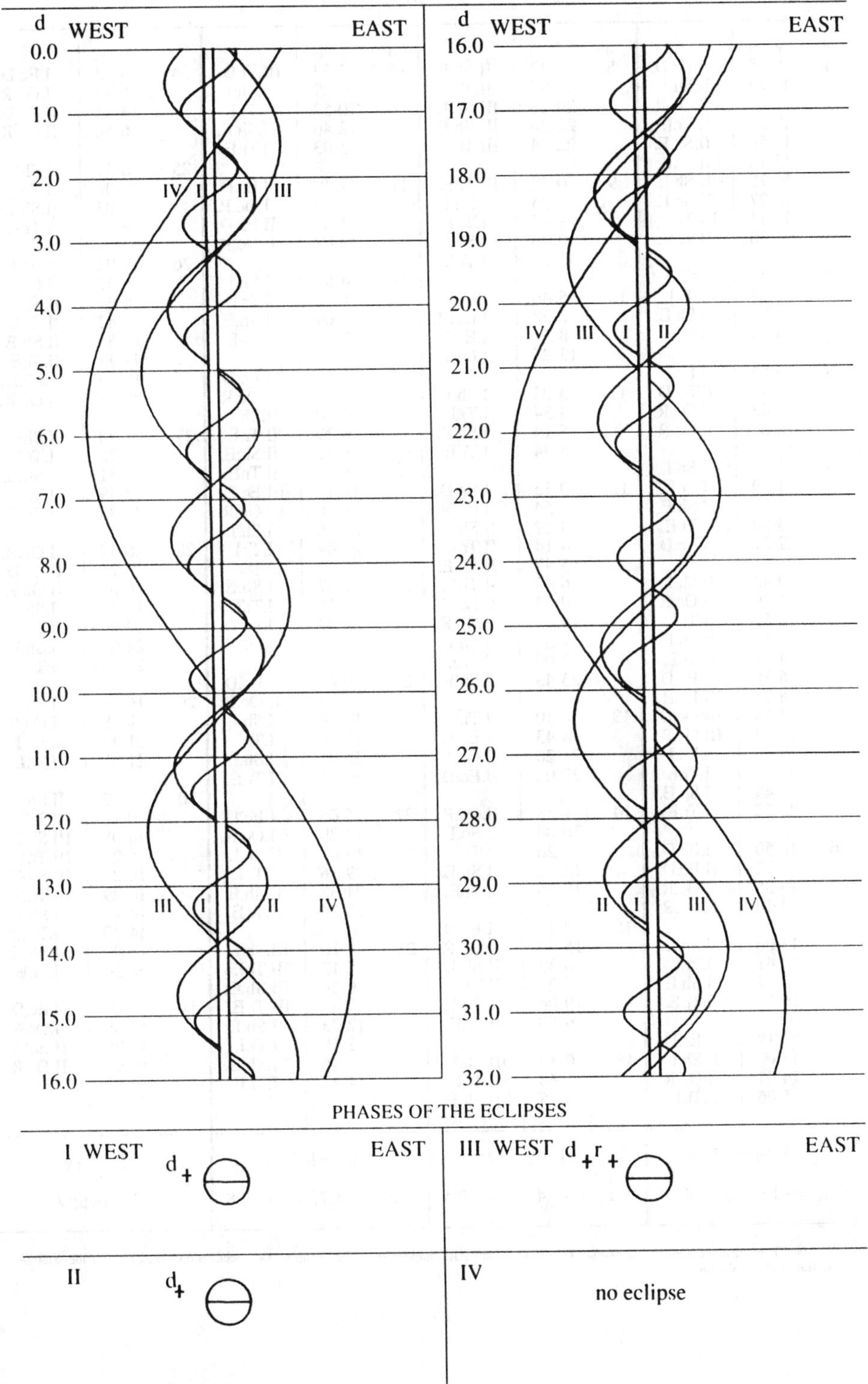

PHASES OF THE ECLIPSES

I WEST d_+	EAST	III WEST $d_+ r_+$	EAST
II d_+		IV no eclipse	

DYNAMICAL TIME OF GEOCENTRIC PHENOMENA

MAY

d	h m	
1	9 25	I.Ec.D.
	11 27	II.Sh.I.
	12 17	I.Oc.R.
	12 50	II.Tr.I.
	13 56	II.Sh.E.
	15 18	II.Tr.E.
	16 15	III.Sh.I.
	18 27	III.Sh.E.
	19 11	III.Tr.I.
	21 10	III.Tr.E.
2	6 41	I.Sh.I.
	7 22	I.Tr.I.
	8 52	I.Sh.E.
	9 33	I.Tr.E.
3	3 53	I.Ec.D.
	6 15	II.Ec.D.
	6 43	I.Oc.R.
	10 07	II.Oc.R.
4	1 09	I.Sh.I.
	1 49	I.Tr.I.
	3 20	I.Sh.E.
	3 59	I.Tr.E.
	22 21	I.Ec.D.
5	0 43	II.Sh.I.
	1 09	I.Oc.R.
	1 59	II.Tr.I.
	3 13	II.Sh.E.
	4 27	II.Tr.E.
	6 16	III.Ec.D.
	8 29	III.Ec.R.
	8 53	III.Oc.D.
	10 54	III.Oc.R.
	19 38	I.Sh.I.
	20 15	I.Tr.I.
	21 49	I.Sh.E.
	22 25	I.Tr.E.
6	16 50	I.Ec.D.
	19 32	II.Ec.D.
	19 35	I.Oc.R.
	23 16	II.Oc.R.
7	14 06	I.Sh.I.
	14 41	I.Tr.I.
	16 17	I.Sh.E.
	16 52	I.Tr.E.
8	11 18	I.Ec.D.
	14 00	II.Sh.I.
	14 01	I.Oc.R.
	15 06	II.Tr.I.

d	h m	
8	16 30	II.Sh.E.
	17 34	II.Tr.E.
	20 13	III.Sh.I.
	22 26	III.Sh.E.
	22 34	III.Tr.I.
9	0 32	III.Tr.E.
	8 35	I.Sh.I.
	9 07	I.Tr.I.
	10 46	I.Sh.E.
	11 18	I.Tr.E.
10	5 46	I.Ec.D.
	8 28	I.Oc.R.
	8 51	II.Ec.D.
	12 25	II.Oc.R.
11	3 03	I.Sh.I.
	3 34	I.Tr.I.
	5 14	I.Sh.E.
	5 44	I.Tr.E.
12	0 15	I.Ec.D.
	2 54	I.Oc.R.
	3 17	II.Sh.I.
	4 14	II.Tr.I.
	5 47	II.Sh.E.
	6 42	II.Tr.E.
	10 13	III.Ec.D.
	14 15	III.Oc.R.
	21 32	I.Sh.I.
	22 00	I.Tr.I.
	23 43	I.Sh.E.
13	0 10	I.Tr.E.
	18 43	I.Ec.D.
	21 20	I.Oc.R.
	22 08	II.Ec.D.
14	1 33	II.Oc.R.
	16 00	I.Sh.I.
	16 26	I.Tr.I.
	18 12	I.Sh.E.
	18 36	I.Tr.E.
15	13 11	I.Ec.D.
	15 46	I.Oc.R.
	16 33	II.Sh.I.
	17 21	II.Tr.I.
	19 04	II.Sh.E.
	19 50	II.Tr.E.
16	0 12	III.Sh.I.
	1 54	III.Tr.I.
	2 25	III.Sh.E.

d	h m	
16	3 53	III.Tr.E.
	10 29	I.Sh.I.
	10 52	I.Tr.I.
	12 40	I.Sh.E.
	13 03	I.Tr.E.
17	7 40	I.Ec.D.
	10 12	I.Oc.R.
	11 27	II.Ec.D.
	14 42	II.Oc.R.
18	4 57	I.Sh.I.
	5 18	I.Tr.I.
	7 09	I.Sh.E.
	7 29	I.Tr.E.
19	2 08	I.Ec.D.
	4 38	I.Oc.R.
	5 50	II.Sh.I.
	6 29	II.Tr.I.
	8 21	II.Sh.E.
	8 57	II.Tr.E.
	14 11	III.Ec.D.
	17 33	III.Oc.R.
	23 26	I.Sh.I.
	23 44	I.Tr.I.
20	1 37	I.Sh.E.
	1 55	I.Tr.E.
	20 37	I.Ec.D.
	23 03	I.Oc.R.
21	0 45	II.Ec.D.
	3 50	II.Oc.R.
	17 54	I.Sh.I.
	18 10	I.Tr.I.
	20 06	I.Sh.E.
	20 21	I.Tr.E.
22	15 05	I.Ec.D.
	17 29	I.Oc.R.
	19 07	II.Sh.I.
	19 36	II.Tr.I.
	21 38	II.Sh.E.
	22 04	II.Tr.E.
23	4 10	III.Sh.I.
	5 12	III.Tr.I.
	6 24	III.Sh.E.
	7 11	III.Tr.E.
	12 23	I.Sh.I.
	12 36	I.Tr.I.
	14 34	I.Sh.E.
	14 47	I.Tr.E.

d	h m	
24	9 33	I.Ec.D.
	11 55	I.Oc.R.
	14 03	II.Ec.D.
	16 58	II.Oc.R.
25	6 51	I.Sh.I.
	7 02	I.Tr.I.
	9 03	I.Sh.E.
	9 13	I.Tr.E.
26	4 02	I.Ec.D.
	6 21	I.Oc.R.
	8 24	II.Sh.I.
	8 42	II.Tr.I.
	10 55	II.Sh.E.
	11 11	II.Tr.E.
	18 09	III.Ec.D.
	20 51	III.Oc.R.
27	1 20	I.Sh.I.
	1 28	I.Tr.I.
	3 31	I.Sh.E.
	3 39	I.Tr.E.
	22 30	I.Ec.D.
28	0 47	I.Oc.R.
	3 21	II.Ec.D.
	6 05	II.Oc.R.
	19 49	I.Sh.I.
	19 54	I.Tr.I.
	22 00	I.Sh.E.
	22 05	I.Tr.E.
29	16 59	I.Ec.D.
	19 13	I.Oc.R.
	21 41	II.Sh.I.
	21 49	II.Tr.I.
30	0 12	II.Sh.E.
	0 18	II.Tr.E.
	8 08	III.Sh.I.
	8 27	III.Tr.I.
	10 23	III.Sh.E.
	10 29	III.Tr.E.
	14 17	I.Sh.I.
	14 20	I.Tr.I.
	16 29	I.Sh.E.
	16 31	I.Tr.E.
31	11 27	I.Ec.D.
	13 39	I.Oc.R.
	16 39	II.Ec.D.
	19 13	II.Oc.R.

I. May 15	II. May 17	III. May 12	IV. May
$x_1 = -1.3,\ y_1 = -0.3$	$x_1 = -1.4,\ y_1 = -0.5$	$x_1 = -1.7,\ y_1 = -0.8$	No Eclipse

NOTE.–I. denotes ingress; E., egress; D., disappearance; R., reappearance; Ec., eclipse; Oc., occultation; Tr., transit of the satellite; Sh., transit of the shadow.

CONFIGURATIONS OF SATELLITES I–IV FOR MAY

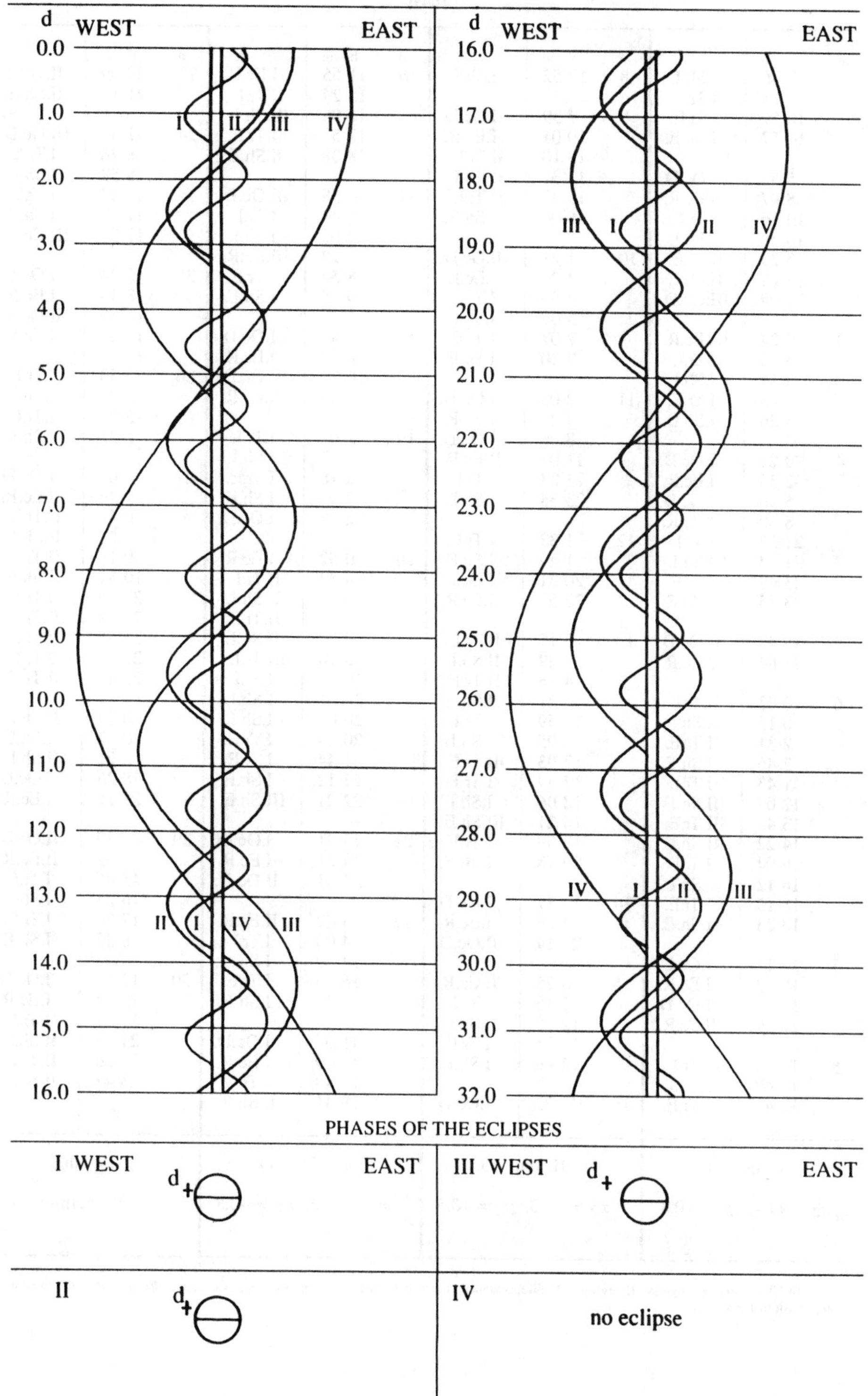

DYNAMICAL TIME OF GEOCENTRIC PHENOMENA

JUNE

d	h m	
1	8 46	I.Sh.I.
	8 46	I.Tr.I.
	10 57	I.Tr.E.
	10 57	I.Sh.E.
2	5 55	I.Oc.D.
	8 07	I.Ec.R.
	10 56	II.Tr.I.
	10 58	II.Sh.I.
	13 25	II.Tr.E.
	13 29	II.Sh.E.
	22 05	III.Oc.D.
3	0 24	III.Ec.R.
	3 12	I.Tr.I.
	3 14	I.Sh.I.
	5 23	I.Tr.E.
	5 26	I.Sh.E.
4	0 21	I.Oc.D.
	2 35	I.Ec.R.
	5 50	II.Oc.D.
	8 30	II.Ec.R.
	21 38	I.Tr.I.
	21 43	I.Sh.I.
	23 49	I.Tr.E.
	23 55	I.Sh.E.
5	18 47	I.Oc.D.
	21 04	I.Ec.R.
6	0 03	II.Tr.I.
	0 15	II.Sh.I.
	2 31	II.Tr.E.
	2 46	II.Sh.E.
	11 43	III.Tr.I.
	12 07	III.Sh.I.
	13 45	III.Tr.E.
	14 22	III.Sh.E.
	16 04	I.Tr.I.
	16 12	I.Sh.I.
	18 15	I.Tr.E.
	18 23	I.Sh.E.
7	13 13	I.Oc.D.
	15 32	I.Ec.R.
	18 58	II.Oc.D.
	21 49	II.Ec.R.
8	10 30	I.Tr.I.
	10 40	I.Sh.I.
	12 41	I.Tr.E.

d	h m	
8	12 52	I.Sh.E.
9	7 39	I.Oc.D.
	10 01	I.Ec.R.
	13 10	II.Tr.I.
	13 32	II.Sh.I.
	15 38	II.Tr.E.
	16 04	II.Sh.E.
10	1 21	III.Oc.D.
	4 23	III.Ec.R.
	4 56	I.Tr.I.
	5 09	I.Sh.I.
	7 07	I.Tr.E.
	7 20	I.Sh.E.
11	2 05	I.Oc.D.
	4 29	I.Ec.R.
	8 06	II.Oc.D.
	11 07	II.Ec.R.
	23 23	I.Tr.I.
	23 38	I.Sh.I.
12	1 33	I.Tr.E.
	1 49	I.Sh.E.
	20 31	I.Oc.D.
	22 58	I.Ec.R.
13	2 17	II.Tr.I.
	2 49	II.Sh.I.
	4 46	II.Tr.E.
	5 21	II.Sh.E.
	14 59	III.Tr.I.
	16 05	III.Sh.I.
	17 03	III.Tr.E.
	17 49	I.Tr.I.
	18 06	I.Sh.I.
	18 21	III.Sh.E.
	19 59	I.Tr.E.
	20 18	I.Sh.E.
14	14 57	I.Oc.D.
	17 26	I.Ec.R.
	21 14	II.Oc.D.
15	0 25	II.Ec.R.
	12 15	I.Tr.I.
	12 35	I.Sh.I.
	14 25	I.Tr.E.
	14 46	I.Sh.E.
16	9 23	I.Oc.D.

d	h m	
16	11 55	I.Ec.R.
	15 24	II.Tr.I.
	16 06	II.Sh.I.
	17 53	II.Tr.E.
	18 38	II.Sh.E.
17	4 38	III.Oc.D.
	6 41	I.Tr.I.
	7 03	I.Sh.I.
	8 22	III.Ec.R.
	8 52	I.Tr.E.
	9 15	I.Sh.E.
18	3 49	I.Oc.D.
	6 23	I.Ec.R.
	10 22	II.Oc.D.
	13 43	II.Ec.R.
19	1 07	I.Tr.I.
	1 32	I.Sh.I.
	3 18	I.Tr.E.
	3 44	I.Sh.E.
	22 15	I.Oc.D.
20	0 52	I.Ec.R.
	4 32	II.Tr.I.
	5 24	II.Sh.I.
	7 01	II.Tr.E.
	7 56	II.Sh.E.
	18 18	III.Tr.I.
	19 33	I.Tr.I.
	20 01	I.Sh.I.
	20 04	III.Sh.I.
	20 24	III.Tr.E.
	21 44	I.Tr.E.
	22 12	I.Sh.E.
	22 21	III.Sh.E.
21	16 41	I.Oc.D.
	19 21	I.Ec.R.
	23 31	II.Oc.D.
22	3 02	II.Ec.R.
	14 00	I.Tr.I.
	14 29	I.Sh.I.
	16 10	I.Tr.E.
	16 41	I.Sh.E.
23	11 07	I.Oc.D.
	13 49	I.Ec.R.
	17 40	II.Tr.I.
	18 41	II.Sh.I.

d	h m	
23	20 09	II.Tr.E.
	21 13	II.Sh.E.
24	7 57	III.Oc.D.
	8 26	I.Tr.I.
	8 58	I.Sh.I.
	10 37	I.Tr.E.
	11 09	I.Sh.E.
	12 21	III.Ec.R.
25	5 34	I.Oc.D.
	8 18	I.Ec.R.
	12 39	II.Oc.D.
	16 20	II.Ec.R.
26	2 53	I.Tr.I.
	3 27	I.Sh.I.
	5 03	I.Tr.E.
	5 38	I.Sh.E.
27	0 00	I.Oc.D.
	2 46	I.Ec.R.
	6 48	II.Tr.I.
	7 58	II.Sh.I.
	9 18	II.Tr.E.
	10 31	II.Sh.E.
	21 19	I.Tr.I.
	21 38	III.Tr.I.
	21 55	I.Sh.I.
	23 30	I.Tr.E.
	23 46	III.Tr.E.
28	0 03	III.Sh.I.
	0 07	I.Sh.E.
	2 21	III.Sh.E.
	18 26	I.Oc.D.
	21 15	I.Ec.R.
29	1 49	II.Oc.D.
	5 39	II.Ec.R.
	15 46	I.Tr.I.
	16 24	I.Sh.I.
	17 56	I.Tr.E.
	18 35	I.Sh.E.
30	12 53	I.Oc.D.
	15 44	I.Ec.R.
	19 57	II.Tr.I.
	21 16	II.Sh.I.
	22 26	II.Tr.E.
	23 48	II.Sh.E.

I. June 14	II. June 15	III. June 17	IV. June
$x_2 = +1.2,\ y_2 = -0.3$	$x_2 = +1.3,\ y_2 = -0.5$	$x_2 = +1.5,\ y_2 = -0.8$	No Eclipse

NOTE.—I. denotes ingress; E., egress; D., disappearance; R., reappearance; Ec., eclipse; Oc., occultation; Tr., transit of the satellite; Sh., transit of the shadow.

CONFIGURATIONS OF SATELLITES I–IV FOR JUNE

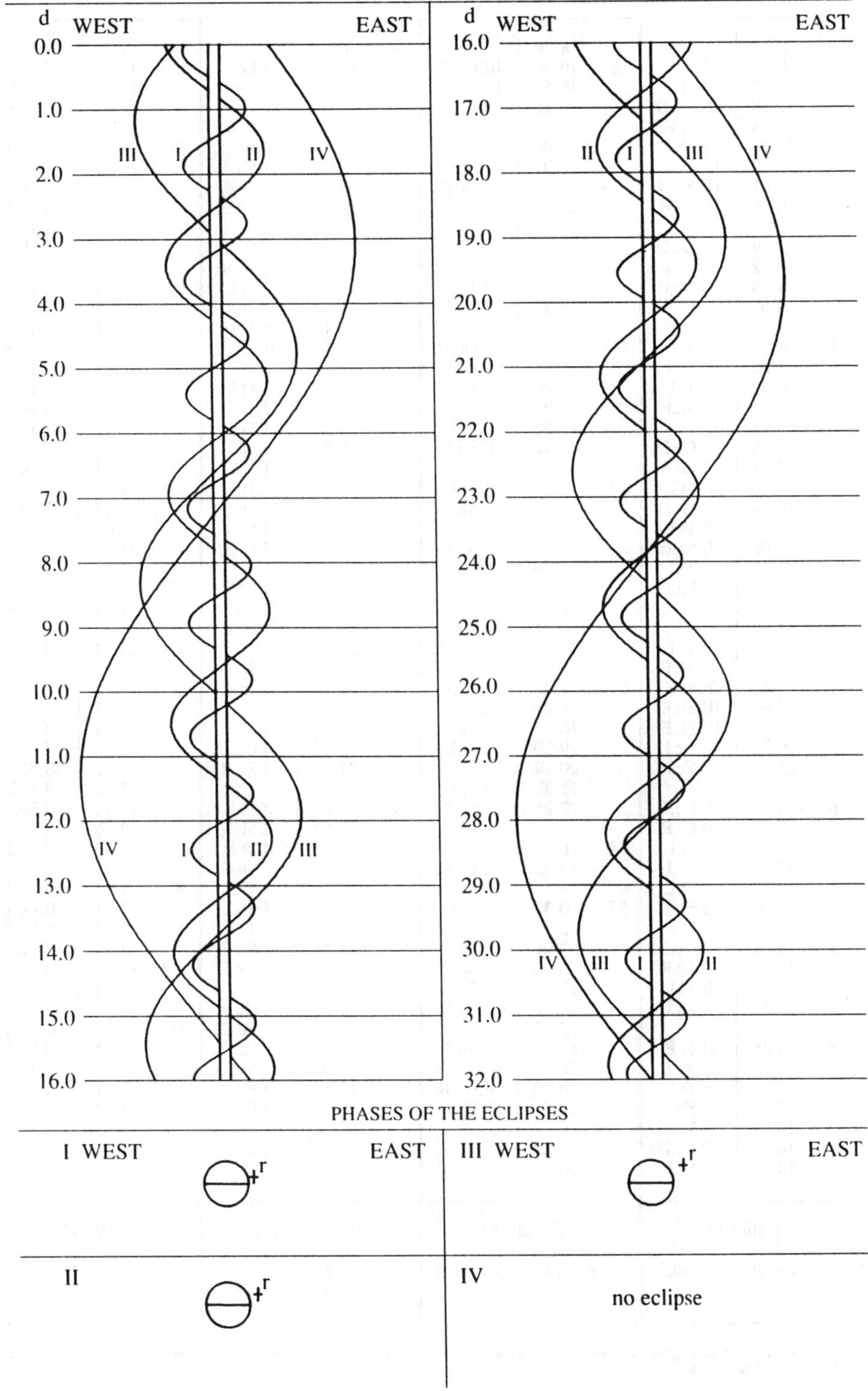

PHASES OF THE ECLIPSES

I WEST EAST

III WEST EAST

II

IV no eclipse

DYNAMICAL TIME OF GEOCENTRIC PHENOMENA

JULY

d	h m		d	h m		d	h m		d	h m	
1	10 12	I.Tr.I.	8	16 56	III.Oc.R.	16	14 02	I.Ec.R.	24	11 06	I.Sh.I.
	10 53	I.Sh.I.		17 59	III.Ec.D.		19 40	II.Oc.D.		12 13	I.Tr.E.
	11 18	III.Oc.D.		20 20	III.Ec.R.					13 17	I.Sh.E.
	12 23	I.Tr.E.				17	0 10	II.Ec.R.			
	13 04	I.Sh.E.	9	9 06	I.Oc.D.		8 14	I.Tr.I.	25	7 09	I.Oc.D.
	13 29	III.Oc.R.		12 07	I.Ec.R.		9 11	I.Sh.I.		10 25	I.Ec.R.
	14 01	III.Ec.D.		17 18	II.Oc.D.		10 24	I.Tr.E.		16 12	II.Tr.I.
	16 20	III.Ec.R.		21 33	II.Ec.R.		11 22	I.Sh.E.		18 20	II.Sh.I.
										18 43	II.Tr.E.
2	7 19	I.Oc.D.	10	6 26	I.Tr.I.	18	5 20	I.Oc.D.		20 54	II.Sh.E.
	10 12	I.Ec.R.		7 16	I.Sh.I.		8 31	I.Ec.R.			
	14 58	II.Oc.D.		8 36	I.Tr.E.		13 48	II.Tr.I.	26	4 30	I.Tr.I.
	18 57	II.Ec.R.		9 27	I.Sh.E.		15 44	II.Sh.I.		5 35	I.Sh.I.
							16 18	II.Tr.E.		6 41	I.Tr.E.
3	4 39	I.Tr.I.	11	3 33	I.Oc.D.		18 18	II.Sh.E.		7 46	I.Sh.E.
	5 22	I.Sh.I.		6 36	I.Ec.R.					11 36	III.Tr.I.
	6 49	I.Tr.E.		11 26	II.Tr.I.	19	2 41	I.Tr.I.		13 52	III.Tr.E.
	7 33	I.Sh.E.		13 09	II.Sh.I.		3 40	I.Sh.I.		15 59	III.Sh.I.
				13 56	II.Tr.E.		4 51	I.Tr.E.		18 19	III.Sh.E.
4	1 46	I.Oc.D.		15 42	II.Sh.E.		5 51	I.Sh.E.			
	4 41	I.Ec.R.					8 00	III.Tr.I.	27	1 37	I.Oc.D.
	9 06	II.Tr.I.	12	0 53	I.Tr.I.		10 15	III.Tr.E.		4 54	I.Ec.R.
	10 34	II.Sh.I.		1 45	I.Sh.I.		12 00	III.Sh.I.		11 17	II.Oc.D.
	11 36	II.Tr.E.		3 03	I.Tr.E.		14 20	III.Sh.E.		16 04	II.Ec.R.
	13 06	II.Sh.E.		3 56	I.Sh.E.		23 48	I.Oc.D.		22 58	I.Tr.I.
	23 05	I.Tr.I.		4 29	III.Tr.I.						
	23 50	I.Sh.I.		6 41	III.Tr.E.	20	2 59	I.Ec.R.	28	0 04	I.Sh.I.
				8 01	III.Sh.I.		8 52	II.Oc.D.		1 08	I.Tr.E.
5	1 02	III.Tr.I.		10 21	III.Sh.E.		13 28	II.Ec.R.		2 14	I.Sh.E.
	1 16	I.Tr.E.		21 59	I.Oc.D.		21 08	I.Tr.I.		20 04	I.Oc.D.
	2 01	I.Sh.E.					22 09	I.Sh.I.		23 23	I.Ec.R.
	3 12	III.Tr.E.	13	1 04	I.Ec.R.		23 19	I.Tr.E.			
	4 03	III.Sh.I.		6 29	II.Oc.D.				29	5 25	II.Tr.I.
	6 21	III.Sh.E.		10 52	II.Ec.R.	21	0 20	I.Sh.E.		7 38	II.Sh.I.
	20 12	I.Oc.D.		19 20	I.Tr.I.		18 15	I.Oc.D.		7 56	II.Tr.E.
	23 10	I.Ec.R.		20 14	I.Sh.I.		21 28	I.Ec.R.		10 12	II.Sh.E.
				21 30	I.Tr.E.					17 26	I.Tr.I.
6	4 08	II.Oc.D.		22 25	I.Sh.E.	22	3 00	II.Tr.I.		18 32	I.Sh.I.
	8 15	II.Ec.R.					5 02	II.Sh.I.		19 36	I.Tr.E.
	17 32	I.Tr.I.	14	16 26	I.Oc.D.		5 30	II.Tr.E.		20 43	I.Sh.E.
	18 19	I.Sh.I.		19 33	I.Ec.R.		7 36	II.Sh.E.			
	19 43	I.Tr.E.					15 36	I.Tr.I.	30	1 24	III.Oc.D.
	20 30	I.Sh.E.	15	0 37	II.Tr.I.		16 37	I.Sh.I.		3 44	III.Oc.R.
				2 27	II.Sh.I.		17 46	I.Tr.E.		5 58	III.Ec.D.
7	14 39	I.Oc.D.		3 07	II.Tr.E.		18 48	I.Sh.E.		8 20	III.Ec.R.
	17 38	I.Ec.R.		5 00	II.Sh.E.		21 46	III.Oc.D.		14 32	I.Oc.D.
	22 16	II.Tr.I.		13 47	I.Tr.I.					17 52	I.Ec.R.
	23 51	II.Sh.I.		14 42	I.Sh.I.	23	0 03	III.Oc.R.			
				15 57	I.Tr.E.		1 58	III.Ec.D.	31	0 31	II.Oc.D.
8	0 46	II.Tr.E.		16 53	I.Sh.E.		4 20	III.Ec.R.		5 22	II.Ec.R.
	2 24	II.Sh.E.		18 13	III.Oc.D.		12 42	I.Oc.D.		11 53	I.Tr.I.
	11 59	I.Tr.I.		20 28	III.Oc.R.		15 57	I.Ec.R.		13 01	I.Sh.I.
	12 48	I.Sh.I.		21 59	III.Ec.D.		22 04	II.Oc.D.		14 04	I.Tr.E.
	14 09	I.Tr.E.								15 12	I.Sh.E.
	14 43	III.Oc.D.	16	0 20	III.Ec.R.	24	2 46	II.Ec.R.			
	14 59	I.Sh.E.		10 53	I.Oc.D.		10 03	I.Tr.I.			

I. July 14	II. July 17	III. July 15–16	IV. July
$x_2 = +1.7,\ y_2 = -0.3$	$x_2 = +2.2,\ y_2 = -0.4$	$x_1 = +1.4,\ y_1 = -0.7$ $x_2 = +2.7,\ y_2 = -0.7$	No Eclipse

NOTE.—I. denotes ingress; E., egress; D., disappearance; R., reappearance; Ec., eclipse; Oc., occultation; Tr., transit of the satellite; Sh., transit of the shadow.

CONFIGURATIONS OF SATELLITES I–IV FOR JULY

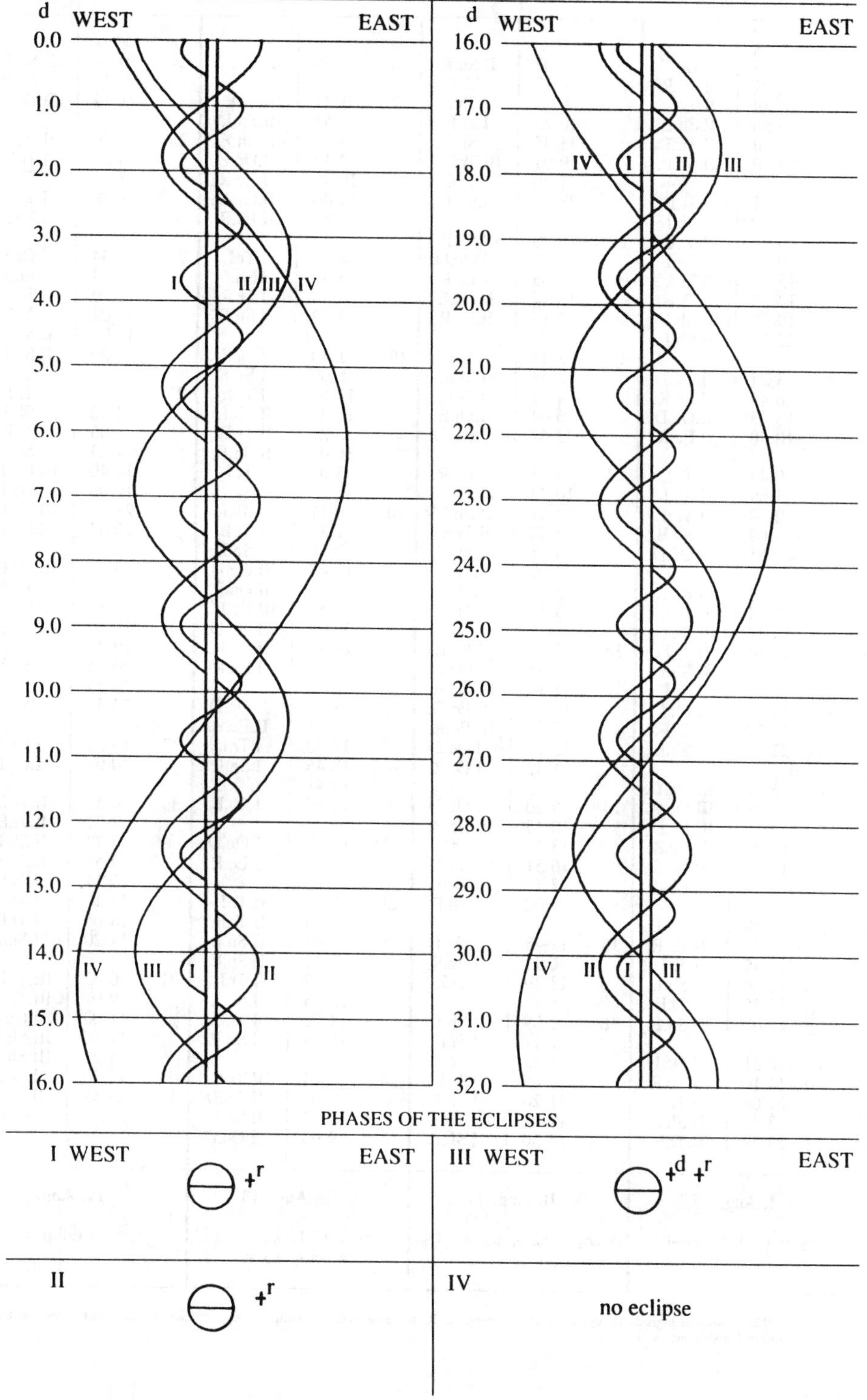

DYNAMICAL TIME OF GEOCENTRIC PHENOMENA

AUGUST

d	h m	
1	8 59	I.Oc.D.
	12 21	I.Ec.R.
	18 39	II.Tr.I.
	20 56	II.Sh.I.
	21 10	II.Tr.E.
	23 30	II.Sh.E.
2	6 21	I.Tr.I.
	7 30	I.Sh.I.
	8 31	I.Tr.E.
	9 40	I.Sh.E.
	15 15	III.Tr.I.
	17 33	III.Tr.E.
	19 58	III.Sh.I.
	22 19	III.Sh.E.
3	3 27	I.Oc.D.
	6 49	I.Ec.R.
	13 45	II.Oc.D.
	18 40	II.Ec.R.
4	0 49	I.Tr.I.
	1 59	I.Sh.I.
	2 59	I.Tr.E.
	4 09	I.Sh.E.
	21 55	I.Oc.D.
5	1 18	I.Ec.R.
	7 53	II.Tr.I.
	10 14	II.Sh.I.
	10 24	II.Tr.E.
	12 48	II.Sh.E.
	19 17	I.Tr.I.
	20 27	I.Sh.I.
	21 27	I.Tr.E.
	22 38	I.Sh.E.
6	5 07	III.Oc.D.
	7 28	III.Oc.R.
	9 57	III.Ec.D.
	12 20	III.Ec.R.
	16 23	I.Oc.D.
	19 47	I.Ec.R.
7	2 59	II.Oc.D.
	7 58	II.Ec.R.
	13 45	I.Tr.I.
	14 56	I.Sh.I.
	15 55	I.Tr.E.
	17 07	I.Sh.E.
8	10 51	I.Oc.D.
	14 16	I.Ec.R.
	21 08	II.Tr.I.
	23 33	II.Sh.I.
	23 39	II.Tr.E.

d	h m	
9	2 07	II.Sh.E.
	8 13	I.Tr.I.
	9 25	I.Sh.I.
	10 23	I.Tr.E.
	11 35	I.Sh.E.
	19 01	III.Tr.I.
	21 20	III.Tr.E.
	23 58	III.Sh.I.
10	2 20	III.Sh.E.
	5 19	I.Oc.D.
	8 45	I.Ec.R.
	16 14	II.Oc.D.
	21 17	II.Ec.R.
11	2 41	I.Tr.I.
	3 54	I.Sh.I.
	4 51	I.Tr.E.
	6 04	I.Sh.E.
	23 47	I.Oc.D.
12	3 13	I.Ec.R.
	10 23	II.Tr.I.
	12 51	II.Sh.I.
	12 54	II.Tr.E.
	15 25	II.Sh.E.
	21 09	I.Tr.I.
	22 22	I.Sh.I.
	23 19	I.Tr.E.
13	0 33	I.Sh.E.
	8 54	III.Oc.D.
	11 17	III.Oc.R.
	13 56	III.Ec.D.
	16 20	III.Ec.R.
	18 15	I.Oc.D.
	21 42	I.Ec.R.
14	5 30	II.Oc.D.
	10 35	II.Ec.R.
	15 37	I.Tr.I.
	16 51	I.Sh.I.
	17 47	I.Tr.E.
	19 02	I.Sh.E.
15	12 43	I.Oc.D.
	16 11	I.Ec.R.
	23 39	II.Tr.I.
16	2 09	II.Sh.I.
	2 11	II.Tr.E.
	4 43	II.Sh.E.
	10 05	I.Tr.I.
	11 20	I.Sh.I.
	12 16	I.Tr.E.
	13 30	I.Sh.E.

d	h m	
16	22 50	III.Tr.I.
17	1 11	III.Tr.E.
	3 57	III.Sh.I.
	6 20	III.Sh.E.
	7 12	I.Oc.D.
	10 40	I.Ec.R.
	18 46	II.Oc.D.
	23 53	II.Ec.R.
18	4 34	I.Tr.I.
	5 49	I.Sh.I.
	6 44	I.Tr.E.
	7 59	I.Sh.E.
19	1 40	I.Oc.D.
	5 09	I.Ec.R.
	12 55	II.Tr.I.
	15 27	II.Sh.I.
	15 27	II.Tr.E.
	18 02	II.Sh.E.
	23 02	I.Tr.I.
20	0 17	I.Sh.I.
	1 12	I.Tr.E.
	2 28	I.Sh.E.
	12 45	III.Oc.D.
	15 09	III.Oc.R.
	17 54	III.Ec.D.
	20 08	I.Oc.D.
	20 20	III.Ec.R.
	23 37	I.Ec.R.
21	8 02	II.Oc.D.
	13 11	II.Ec.R.
	17 30	I.Tr.I.
	18 46	I.Sh.I.
	19 41	I.Tr.E.
	20 57	I.Sh.E.
22	14 37	I.Oc.D.
	18 06	I.Ec.R.
23	2 12	II.Tr.I.
	4 45	II.Tr.E.
	4 46	II.Sh.I.
	7 21	II.Sh.E.
	11 59	I.Tr.I.
	13 15	I.Sh.I.
	14 09	I.Tr.E.
	15 25	I.Sh.E.
24	2 44	III.Tr.I.
	5 07	III.Tr.E.
	7 57	III.Sh.I.
	9 05	I.Oc.D.

d	h m	
24	10 21	III.Sh.E.
	12 35	I.Ec.R.
	21 19	II.Oc.D.
25	2 29	II.Ec.R.
	6 28	I.Tr.I.
	7 44	I.Sh.I.
	8 38	I.Tr.E.
	9 54	I.Sh.E.
26	3 34	I.Oc.D.
	7 04	I.Ec.R.
	15 30	II.Tr.I.
	18 02	II.Tr.E.
	18 04	II.Sh.I.
	20 39	II.Sh.E.
27	0 56	I.Tr.I.
	2 12	I.Sh.I.
	3 06	I.Tr.E.
	4 23	I.Sh.E.
	16 40	III.Oc.D.
	19 06	III.Oc.R.
	21 53	III.Ec.D.
	22 03	I.Oc.D.
28	0 20	III.Ec.R.
	1 33	I.Ec.R.
	10 37	II.Oc.D.
	15 46	II.Ec.R.
	19 25	I.Tr.I.
	20 41	I.Sh.I.
	21 35	I.Tr.E.
	22 52	I.Sh.E.
29	16 31	I.Oc.D.
	20 01	I.Ec.R.
30	4 48	II.Tr.I.
	7 21	II.Tr.E.
	7 23	II.Sh.I.
	9 58	II.Sh.E.
	13 54	I.Tr.I.
	15 10	I.Sh.I.
	16 04	I.Tr.E.
	17 20	I.Sh.E.
31	6 42	III.Tr.I.
	9 07	III.Tr.E.
	11 00	I.Oc.D.
	11 56	III.Sh.I.
	14 21	III.Sh.E.
	14 30	I.Ec.R.
	23 55	II.Oc.D.

I. Aug. 15	II. Aug. 17	III. Aug. 13	IV. Aug.
$x_2 = +2.0,\ y_2 = -0.3$	$x_2 = +2.6,\ y_2 = -0.4$	$x_1 = +2.1,\ y_1 = -0.7$ $x_2 = +3.4,\ y_2 = -0.7$	No Eclipse

NOTE.—I. denotes ingress; E., egress; D., disappearance; R., reappearance; Ec., eclipse; Oc., occultation; Tr., transit of the satellite; Sh., transit of the shadow.

CONFIGURATIONS OF SATELLITES I–IV FOR AUGUST

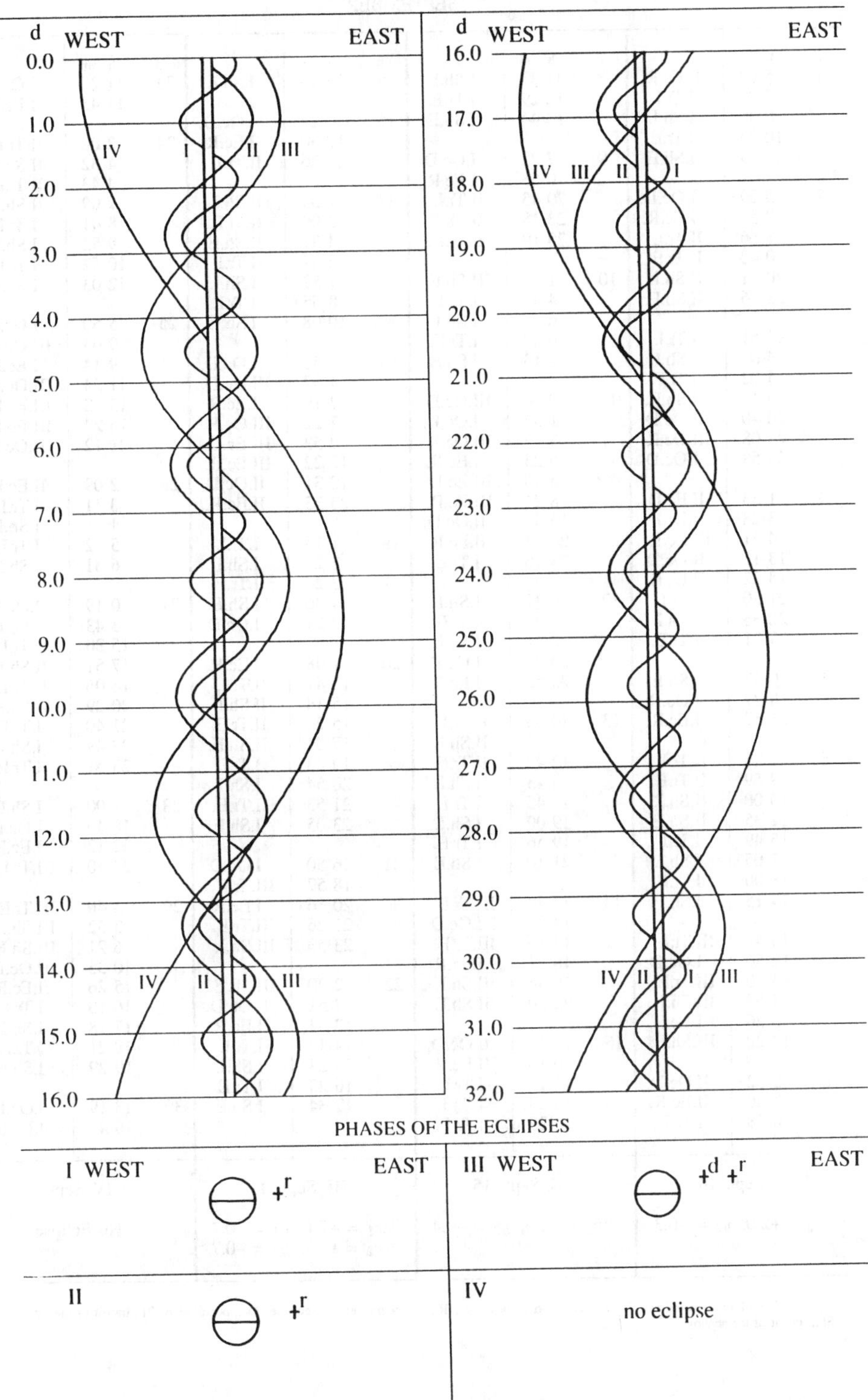

PHASES OF THE ECLIPSES

I WEST	EAST	III WEST	EAST
+r		+d +r	
II	+r	IV	no eclipse

DYNAMICAL TIME OF GEOCENTRIC PHENOMENA

SEPTEMBER

d	h m	
1	5 04	II.Ec.R.
	8 22	I.Tr.I.
	9 39	I.Sh.I.
	10 33	I.Tr.E.
	11 49	I.Sh.E.
2	5 29	I.Oc.D.
	8 59	I.Ec.R.
	18 06	II.Tr.I.
	20 40	II.Tr.E.
	20 41	II.Sh.I.
	23 16	II.Sh.E.
3	2 51	I.Tr.I.
	4 07	I.Sh.I.
	5 02	I.Tr.E.
	6 18	I.Sh.E.
	20 40	III.Oc.D.
	23 08	III.Oc.R.
	23 58	I.Oc.D.
4	1 53	III.Ec.D.
	3 28	I.Ec.R.
	4 21	III.Ec.R.
	13 13	II.Oc.D.
	18 22	II.Ec.R.
	21 20	I.Tr.I.
	22 36	I.Sh.I.
	23 31	I.Tr.E.
5	0 47	I.Sh.E.
	18 27	I.Oc.D.
	21 57	I.Ec.R.
6	7 26	II.Tr.I.
	9 59	II.Tr.E.
	10 00	II.Sh.I.
	12 35	II.Sh.E.
	15 49	I.Tr.I.
	17 05	I.Sh.I.
	18 00	I.Tr.E.
	19 15	I.Sh.E.
7	10 44	III.Tr.I.
	12 56	I.Oc.D.
	13 10	III.Tr.E.
	15 55	III.Sh.I.
	16 26	I.Ec.R.
	18 20	III.Sh.E.
8	2 32	II.Oc.D.
	7 40	II.Ec.R.
	10 18	I.Tr.I.

d	h m	
8	11 33	I.Sh.I.
	12 29	I.Tr.E.
	13 44	I.Sh.E.
9	7 25	I.Oc.D.
	10 55	I.Ec.R.
	20 45	II.Tr.I.
	23 18	II.Sh.I.
	23 19	II.Tr.E.
10	1 54	II.Sh.E.
	4 47	I.Tr.I.
	6 02	I.Sh.I.
	6 58	I.Tr.E.
	8 13	I.Sh.E.
11	0 44	III.Oc.D.
	1 54	I.Oc.D.
	3 13	III.Oc.R.
	5 23	I.Ec.R.
	5 53	III.Ec.D.
	8 21	III.Ec.R.
	15 51	II.Oc.D.
	20 58	II.Ec.R.
	23 16	I.Tr.I.
12	0 31	I.Sh.I.
	1 27	I.Tr.E.
	2 41	I.Sh.E.
	20 24	I.Oc.D.
	23 52	I.Ec.R.
13	10 05	II.Tr.I.
	12 37	II.Sh.I.
	12 40	II.Tr.E.
	15 13	II.Sh.E.
	17 45	I.Tr.I.
	19 00	I.Sh.I.
	19 56	I.Tr.E.
	21 10	I.Sh.E.
14	14 49	III.Tr.I.
	14 53	I.Oc.D.
	17 16	III.Tr.E.
	18 21	I.Ec.R.
	19 54	III.Sh.I.
	22 20	III.Sh.E.
15	5 11	II.Oc.D.
	10 16	II.Ec.R.
	12 15	I.Tr.I.
	13 28	I.Sh.I.
	14 25	I.Tr.E.

d	h m	
15	15 39	I.Sh.E.
16	9 22	I.Oc.D.
	12 50	I.Ec.R.
	23 26	II.Tr.I.
17	1 55	II.Sh.I.
	2 00	II.Tr.E.
	4 31	II.Sh.E.
	6 44	I.Tr.I.
	7 57	I.Sh.I.
	8 55	I.Tr.E.
	10 08	I.Sh.E.
18	3 52	I.Oc.D.
	4 52	III.Oc.D.
	7 19	I.Ec.R.
	7 22	III.Oc.R.
	9 53	III.Ec.D.
	12 22	III.Ec.R.
	18 31	II.Oc.D.
	23 33	II.Ec.R.
19	1 13	I.Tr.I.
	2 26	I.Sh.I.
	3 24	I.Tr.E.
	4 36	I.Sh.E.
	22 21	I.Oc.D.
20	1 48	I.Ec.R.
	12 47	II.Tr.I.
	15 14	II.Sh.I.
	15 22	II.Tr.E.
	17 51	II.Sh.E.
	19 43	I.Tr.I.
	20 54	I.Sh.I.
	21 53	I.Tr.E.
	23 05	I.Sh.E.
21	16 50	I.Oc.D.
	18 57	III.Tr.I.
	20 16	I.Ec.R.
	21 26	III.Tr.E.
	23 53	III.Sh.I.
22	2 20	III.Sh.E.
	7 51	II.Oc.D.
	12 51	II.Ec.R.
	14 12	I.Tr.I.
	15 23	I.Sh.I.
	16 23	I.Tr.E.
	17 34	I.Sh.E.

d	h m	
23	11 20	I.Oc.D.
	14 45	I.Ec.R.
24	2 08	II.Tr.I.
	4 32	II.Sh.I.
	4 43	II.Tr.E.
	7 09	II.Sh.E.
	8 41	I.Tr.I.
	9 52	I.Sh.I.
	10 52	I.Tr.E.
	12 03	I.Sh.E.
25	5 50	I.Oc.D.
	9 03	III.Oc.D.
	9 14	I.Ec.R.
	11 34	III.Oc.R.
	13 52	III.Ec.D.
	16 22	III.Ec.R.
	21 12	II.Oc.D.
26	2 09	II.Ec.R.
	3 11	I.Tr.I.
	4 21	I.Sh.I.
	5 22	I.Tr.E.
	6 31	I.Sh.E.
27	0 19	I.Oc.D.
	3 43	I.Ec.R.
	15 30	II.Tr.I.
	17 51	II.Sh.I.
	18 06	II.Tr.E.
	20 29	II.Sh.E.
	21 40	I.Tr.I.
	22 49	I.Sh.I.
	23 51	I.Tr.E.
28	1 00	I.Sh.E.
	18 49	I.Oc.D.
	22 12	I.Ec.R.
	23 10	III.Tr.I.
29	1 40	III.Tr.E.
	3 52	III.Sh.I.
	6 21	III.Sh.E.
	10 33	II.Oc.D.
	15 26	II.Ec.R.
	16 10	I.Tr.I.
	17 18	I.Sh.I.
	18 21	I.Tr.E.
	19 29	I.Sh.E.
30	13 19	I.Oc.D.
	16 41	I.Ec.R.

I. Sept. 14	II. Sept. 15	III. Sept. 11	IV. Sept.
x_2 = +2.0, y_2 = −0.3	x_2 = +2.6, y_2 = −0.4	x_1 = +2.1, y_1 = −0.7 x_2 = +3.5, y_2 = −0.7	No Eclipse

NOTE.—I. denotes ingress; E., egress; D., disappearance; R., reappearance; Ec., eclipse; Oc., occultation; Tr., transit of the satellite; Sh., transit of the shadow.

CONFIGURATIONS OF SATELLITES I–IV FOR SEPTEMBER

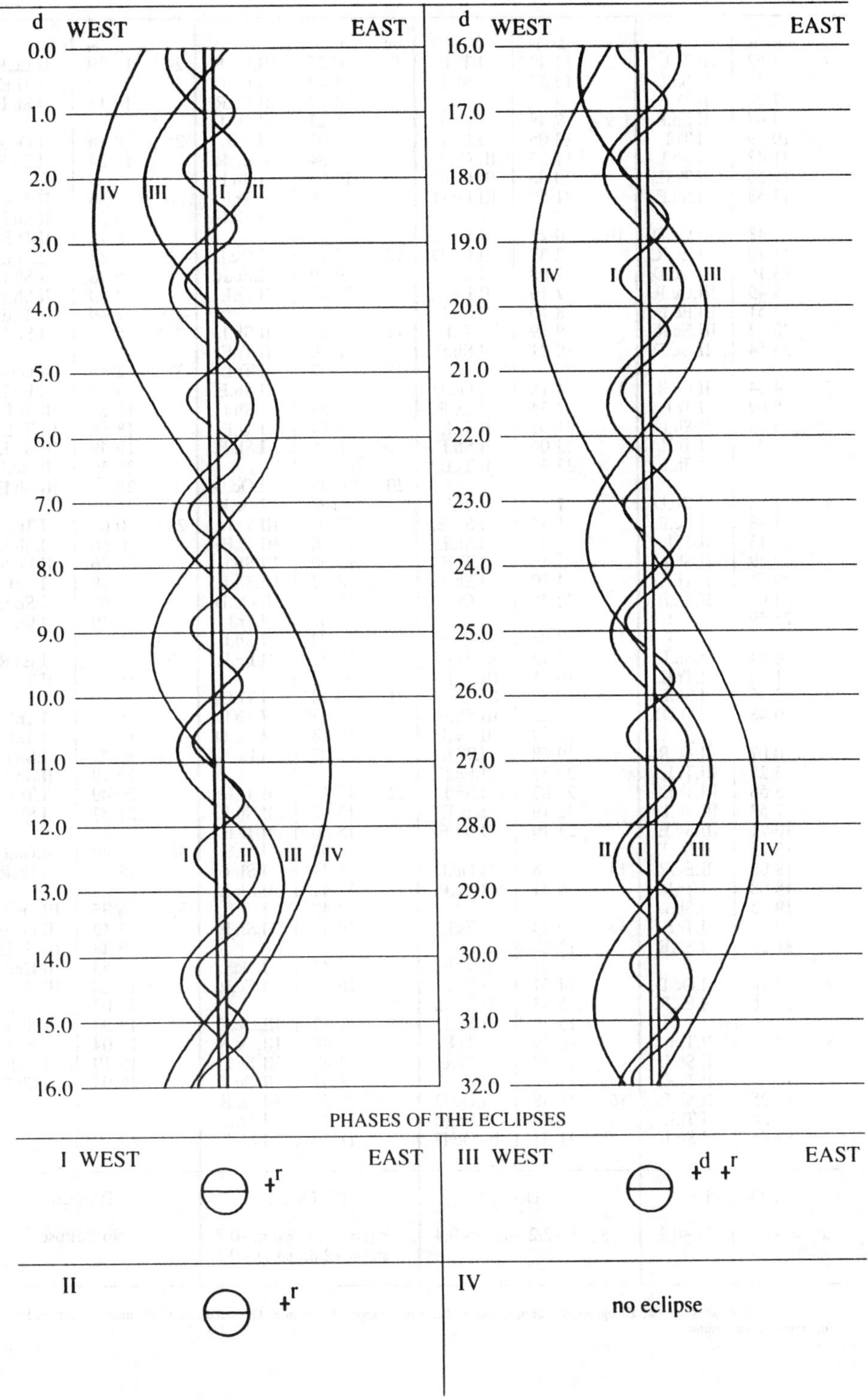

PHASES OF THE ECLIPSES

I WEST	EAST	III WEST	EAST
II		IV	no eclipse

DYNAMICAL TIME OF GEOCENTRIC PHENOMENA

OCTOBER

d	h m	
1	4 52	II.Tr.I.
	7 10	II.Sh.I.
	7 28	II.Tr.E.
	9 47	II.Sh.E.
	10 39	I.Tr.I.
	11 47	I.Sh.I.
	12 50	I.Tr.E.
	13 58	I.Sh.E.
2	7 48	I.Oc.D.
	11 10	I.Ec.R.
	13 16	III.Oc.D.
	15 49	III.Oc.R.
	17 51	III.Ec.D.
	20 22	III.Ec.R.
	23 54	II.Oc.D.
3	4 44	II.Ec.R.
	5 09	I.Tr.I.
	6 15	I.Sh.I.
	7 20	I.Tr.E.
	8 26	I.Sh.E.
4	2 18	I.Oc.D.
	5 38	I.Ec.R.
	18 15	II.Tr.I.
	20 29	II.Sh.I.
	20 51	II.Tr.E.
	23 06	II.Sh.E.
	23 39	I.Tr.I.
5	0 44	I.Sh.I.
	1 50	I.Tr.E.
	2 55	I.Sh.E.
	20 48	I.Oc.D.
6	0 07	I.Ec.R.
	3 25	III.Tr.I.
	5 56	III.Tr.E.
	7 52	III.Sh.I.
	10 21	III.Sh.E.
	13 15	II.Oc.D.
	18 02	II.Ec.R.
	18 08	I.Tr.I.
	19 13	I.Sh.I.
	20 20	I.Tr.E.
	21 24	I.Sh.E.
7	15 18	I.Oc.D.
	18 36	I.Ec.R.
8	7 37	II.Tr.I.
	9 47	II.Sh.I.
	10 14	II.Tr.E.
	12 25	II.Sh.E.
	12 38	I.Tr.I.
	13 41	I.Sh.I.

d	h m	
8	14 49	I.Tr.E.
	15 52	I.Sh.E.
9	9 48	I.Oc.D.
	13 05	I.Ec.R.
	17 32	III.Oc.D.
	20 06	III.Oc.R.
	21 50	III.Ec.D.
10	0 22	III.Ec.R.
	2 37	II.Oc.D.
	7 08	I.Tr.I.
	7 19	II.Ec.R.
	8 10	I.Sh.I.
	9 19	I.Tr.E.
	10 21	I.Sh.E.
11	4 18	I.Oc.D.
	7 34	I.Ec.R.
	21 01	II.Tr.I.
	23 06	II.Sh.I.
	23 38	II.Tr.E.
12	1 38	I.Tr.I.
	1 44	II.Sh.E.
	2 39	I.Sh.I.
	3 49	I.Tr.E.
	4 50	I.Sh.E.
	22 48	I.Oc.D.
13	2 03	I.Ec.R.
	7 43	III.Tr.I.
	10 15	III.Tr.E.
	11 51	III.Sh.I.
	14 22	III.Sh.E.
	15 59	II.Oc.D.
	20 08	I.Tr.I.
	20 37	II.Ec.R.
	21 07	I.Sh.I.
	22 19	I.Tr.E.
	23 19	I.Sh.E.
14	17 18	I.Oc.D.
	20 31	I.Ec.R.
15	10 24	II.Tr.I.
	12 25	II.Sh.I.
	13 01	II.Tr.E.
	14 37	I.Tr.I.
	15 03	II.Sh.E.
	15 36	I.Sh.I.
	16 49	I.Tr.E.
	17 47	I.Sh.E.
16	11 48	I.Oc.D.
	15 00	I.Ec.R.
	21 51	III.Oc.D.

d	h m	
17	0 25	III.Oc.R.
	1 49	III.Ec.D.
	4 22	III.Ec.R.
	5 22	II.Oc.D.
	9 07	I.Tr.I.
	9 54	II.Ec.R.
	10 05	I.Sh.I.
	11 19	I.Tr.E.
	12 16	I.Sh.E.
18	6 18	I.Oc.D.
	9 29	I.Ec.R.
	23 48	II.Tr.I.
19	1 44	II.Sh.I.
	2 26	II.Tr.E.
	3 37	I.Tr.I.
	4 22	II.Sh.E.
	4 33	I.Sh.I.
	5 49	I.Tr.E.
	6 45	I.Sh.E.
20	0 48	I.Oc.D.
	3 58	I.Ec.R.
	12 02	III.Tr.I.
	14 36	III.Tr.E.
	15 50	III.Sh.I.
	18 22	III.Sh.E.
	18 44	II.Oc.D.
	22 07	I.Tr.I.
	23 02	I.Sh.I.
	23 12	II.Ec.R.
21	0 18	I.Tr.E.
	1 13	I.Sh.E.
	19 18	I.Oc.D.
	22 27	I.Ec.R.
22	13 12	II.Tr.I.
	15 02	II.Sh.I.
	15 50	II.Tr.E.
	16 37	I.Tr.I.
	17 31	I.Sh.I.
	17 41	II.Sh.E.
	18 48	I.Tr.E.
	19 42	I.Sh.E.
23	13 48	I.Oc.D.
	16 55	I.Ec.R.
24	2 12	III.Oc.D.
	4 48	III.Oc.R.
	5 49	III.Ec.D.
	8 07	II.Oc.D.
	8 23	III.Ec.R.
	11 07	I.Tr.I.
	11 59	I.Sh.I.

d	h m	
24	12 29	II.Ec.R.
	13 19	I.Tr.E.
	14 11	I.Sh.E.
25	8 18	I.Oc.D.
	11 24	I.Ec.R.
26	2 36	II.Tr.I.
	4 21	II.Sh.I.
	5 15	II.Tr.E.
	5 37	I.Tr.I.
	6 28	I.Sh.I.
	7 00	II.Sh.E.
	7 49	I.Tr.E.
	8 39	I.Sh.E.
27	2 49	I.Oc.D.
	5 53	I.Ec.R.
	16 24	III.Tr.I.
	18 58	III.Tr.E.
	19 49	III.Sh.I.
	21 30	II.Oc.D.
	22 22	III.Sh.E.
28	0 07	I.Tr.I.
	0 56	I.Sh.I.
	1 46	II.Ec.R.
	2 19	I.Tr.E.
	3 08	I.Sh.E.
	21 19	I.Oc.D.
29	0 22	I.Ec.R.
	16 01	II.Tr.I.
	17 40	II.Sh.I.
	18 37	I.Tr.I.
	18 39	II.Tr.E.
	19 25	I.Sh.I.
	20 19	II.Sh.E.
	20 49	I.Tr.E.
	21 37	I.Sh.E.
30	15 49	I.Oc.D.
	18 51	I.Ec.R.
31	6 35	III.Oc.D.
	9 12	III.Oc.R.
	9 48	III.Ec.D.
	10 53	II.Oc.D.
	12 23	III.Ec.R.
	13 07	I.Tr.I.
	13 54	I.Sh.I.
	15 04	II.Ec.R.
	15 19	I.Tr.E.
	16 05	I.Sh.E.

I. Oct. 14	II. Oct. 17	III. Oct. 17	IV. Oct.
x_2 = +1.8, y_2 = −0.2	x_2 = +2.2, y_2 = −0.4	x_1 = +1.5, y_1 = −0.7 x_2 = +2.8, y_2 = −0.7	No Eclipse

NOTE.—I. denotes ingress; E., egress; D., disappearance; R., reappearance; Ec., eclipse; Oc., occultation; Tr., transit of the satellite; Sh., transit of the shadow.

CONFIGURATIONS OF SATELLITES I–IV FOR OCTOBER

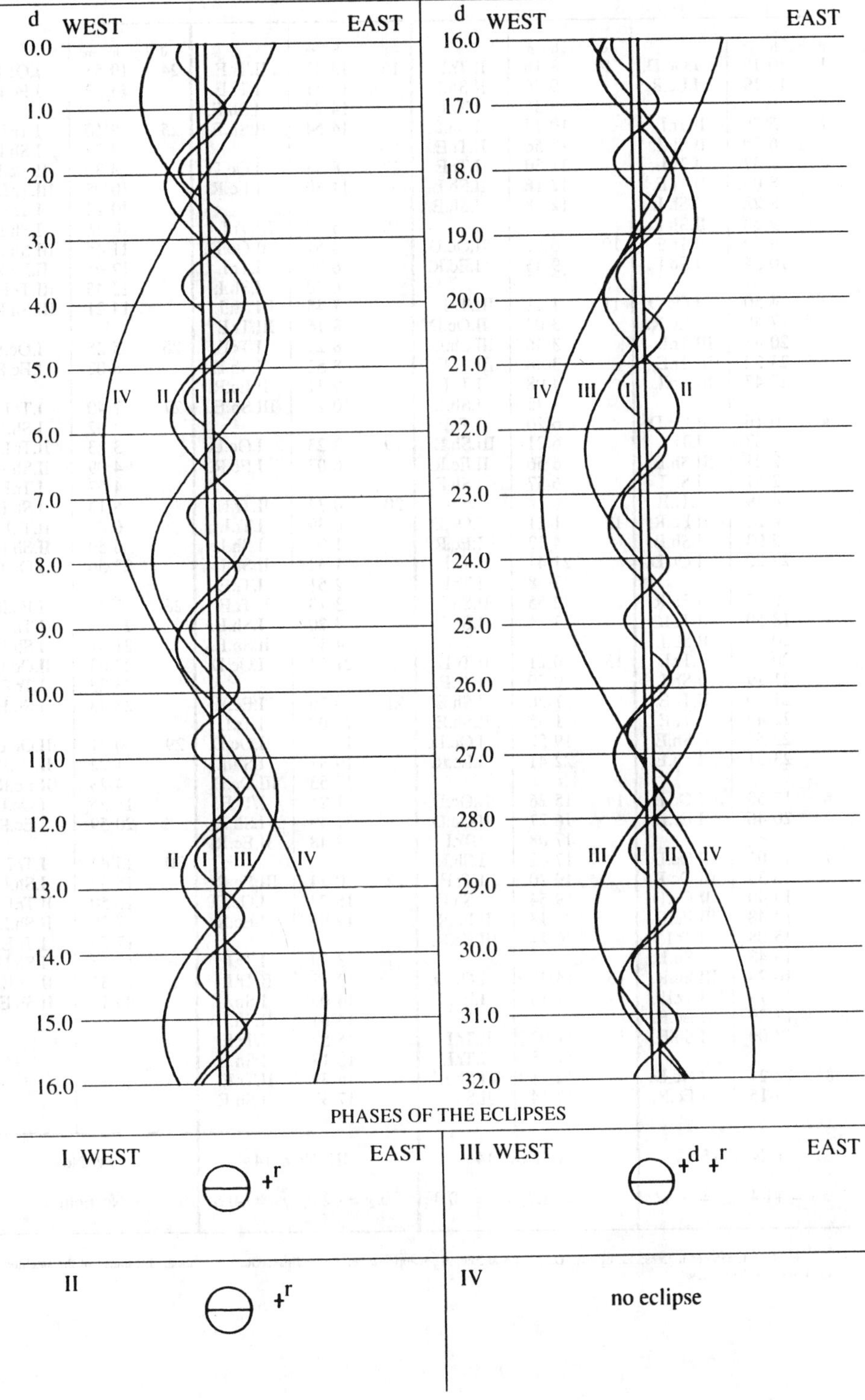

PHASES OF THE ECLIPSES

I WEST	EAST	III WEST	EAST
⊖ $+^r$		⊖ $+^d$ $+^r$	
II ⊖ $+^r$		IV no eclipse	

DYNAMICAL TIME OF GEOCENTRIC PHENOMENA

NOVEMBER

d	h m	
1	10 19	I.Oc.D.
	13 19	I.Ec.R.
2	5 26	II.Tr.I.
	6 59	II.Sh.I.
	7 37	I.Tr.I.
	8 05	II.Tr.E.
	8 22	I.Sh.I.
	9 38	II.Sh.E.
	9 49	I.Tr.E.
	10 34	I.Sh.E.
3	4 50	I.Oc.D.
	7 48	I.Ec.R.
	20 47	III.Tr.I.
	23 22	III.Tr.E.
	23 47	III.Sh.I.
4	0 16	II.Oc.D.
	2 07	I.Tr.I.
	2 21	III.Sh.E.
	2 51	I.Sh.I.
	4 19	I.Tr.E.
	4 21	II.Ec.R.
	5 03	I.Sh.E.
	23 20	I.Oc.D.
5	2 17	I.Ec.R.
	18 50	II.Tr.I.
	20 17	II.Sh.I.
	20 37	I.Tr.I.
	21 19	I.Sh.I.
	21 30	II.Tr.E.
	22 49	I.Tr.E.
	22 57	II.Sh.E.
	23 31	I.Sh.E.
6	17 50	I.Oc.D.
	20 46	I.Ec.R.
7	11 01	III.Oc.D.
	13 38	III.Oc.R.
	13 40	II.Oc.D.
	13 48	III.Ec.D.
	15 08	I.Tr.I.
	15 48	I.Sh.I.
	16 24	III.Ec.R.
	17 19	I.Tr.E.
	17 39	II.Ec.R.
	18 00	I.Sh.E.
8	12 21	I.Oc.D.
	15 15	I.Ec.R.

d	h m	
9	8 16	II.Tr.I.
	9 36	II.Sh.I.
	9 38	I.Tr.I.
	10 17	I.Sh.I.
	10 56	II.Tr.E.
	11 50	I.Tr.E.
	12 16	II.Sh.E.
	12 28	I.Sh.E.
10	6 51	I.Oc.D.
	9 43	I.Ec.R.
11	1 11	III.Tr.I.
	3 03	II.Oc.D.
	3 46	III.Sh.I.
	3 48	III.Tr.E.
	4 08	I.Tr.I.
	4 45	I.Sh.I.
	6 20	I.Tr.E.
	6 21	III.Sh.E.
	6 56	II.Ec.R.
	6 57	I.Sh.E.
12	1 21	I.Oc.D.
	4 12	I.Ec.R.
	21 41	II.Tr.I.
	22 38	I.Tr.I.
	22 55	II.Sh.I.
	23 14	I.Sh.I.
13	0 21	II.Tr.E.
	0 50	I.Tr.E.
	1 26	I.Sh.E.
	1 35	II.Sh.E.
	19 52	I.Oc.D.
	22 41	I.Ec.R.
14	15 26	III.Oc.D.
	16 27	II.Oc.D.
	17 08	I.Tr.I.
	17 42	I.Sh.I.
	19 20	I.Tr.E.
	19 54	I.Sh.E.
	20 13	II.Ec.R.
	20 24	III.Ec.R.
15	14 22	I.Oc.D.
	17 10	I.Ec.R.
16	11 07	II.Tr.I.
	11 38	I.Tr.I.
	12 11	I.Sh.I.
	12 14	II.Sh.I.

d	h m	
16	13 47	II.Tr.E.
	13 51	I.Tr.E.
	14 23	I.Sh.E.
	14 54	II.Sh.E.
17	8 53	I.Oc.D.
	11 38	I.Ec.R.
18	5 38	III.Tr.I.
	5 51	II.Oc.D.
	6 09	I.Tr.I.
	6 40	I.Sh.I.
	7 45	III.Sh.I.
	8 16	III.Tr.E.
	8 21	I.Tr.E.
	8 52	I.Sh.E.
	9 31	II.Ec.R.
	10 21	III.Sh.E.
19	3 23	I.Oc.D.
	6 07	I.Ec.R.
20	0 32	II.Tr.I.
	0 39	I.Tr.I.
	1 08	I.Sh.I.
	1 32	II.Sh.I.
	2 51	I.Tr.E.
	3 13	II.Tr.E.
	3 20	I.Sh.E.
	4 13	II.Sh.E.
	21 54	I.Oc.D.
21	0 36	I.Ec.R.
	19 09	I.Tr.I.
	19 15	II.Oc.D.
	19 37	I.Sh.I.
	19 53	III.Oc.D.
	21 21	I.Tr.E.
	21 49	I.Sh.E.
	22 48	II.Ec.R.
22	0 24	III.Ec.R.
	16 24	I.Oc.D.
	19 05	I.Ec.R.
23	13 39	I.Tr.I.
	13 58	II.Tr.I.
	14 05	I.Sh.I.
	14 51	II.Sh.I.
	15 52	I.Tr.E.
	16 17	I.Sh.E.
	16 39	II.Tr.E.
	17 32	II.Sh.E.

d	h m	
24	10 55	I.Oc.D.
	13 33	I.Ec.R.
25	8 10	I.Tr.I.
	8 34	I.Sh.I.
	8 39	II.Oc.D.
	10 05	III.Tr.I.
	10 22	I.Tr.E.
	10 46	I.Sh.E.
	11 44	III.Sh.I.
	12 05	II.Ec.R.
	12 45	III.Tr.E.
	14 21	III.Sh.E.
26	5 25	I.Oc.D.
	8 02	I.Ec.R.
27	2 40	I.Tr.I.
	3 02	I.Sh.I.
	3 23	II.Tr.I.
	4 09	II.Sh.I.
	4 52	I.Tr.E.
	5 14	I.Sh.E.
	6 05	II.Tr.E.
	6 50	II.Sh.E.
	23 56	I.Oc.D.
28	2 31	I.Ec.R.
	21 10	I.Tr.I.
	21 31	I.Sh.I.
	22 03	II.Oc.D.
	23 23	I.Tr.E.
	23 43	I.Sh.E.
29	0 21	III.Oc.D.
	1 22	II.Ec.R.
	4 23	III.Ec.R.
	18 26	I.Oc.D.
	20 59	I.Ec.R.
30	15 41	I.Tr.I.
	15 59	I.Sh.I.
	16 50	II.Tr.I.
	17 28	II.Sh.I.
	17 53	I.Tr.E.
	18 12	I.Sh.E.
	19 31	II.Tr.E.
	20 10	II.Sh.E.

I. Nov. 15	II. Nov. 14	III. Nov. 14	IV. Nov.
$x_2 = +1.4,\ y_2 = -0.2$	$x_2 = +1.7,\ y_2 = -0.3$	$x_2 = +2.0,\ y_2 = -0.6$	No Eclipse

NOTE.—I. denotes ingress; E., egress; D., disappearance; R., reappearance; Ec., eclipse; Oc., occultation; Tr., transit of the satellite; Sh., transit of the shadow.

CONFIGURATIONS OF SATELLITES I–IV FOR NOVEMBER

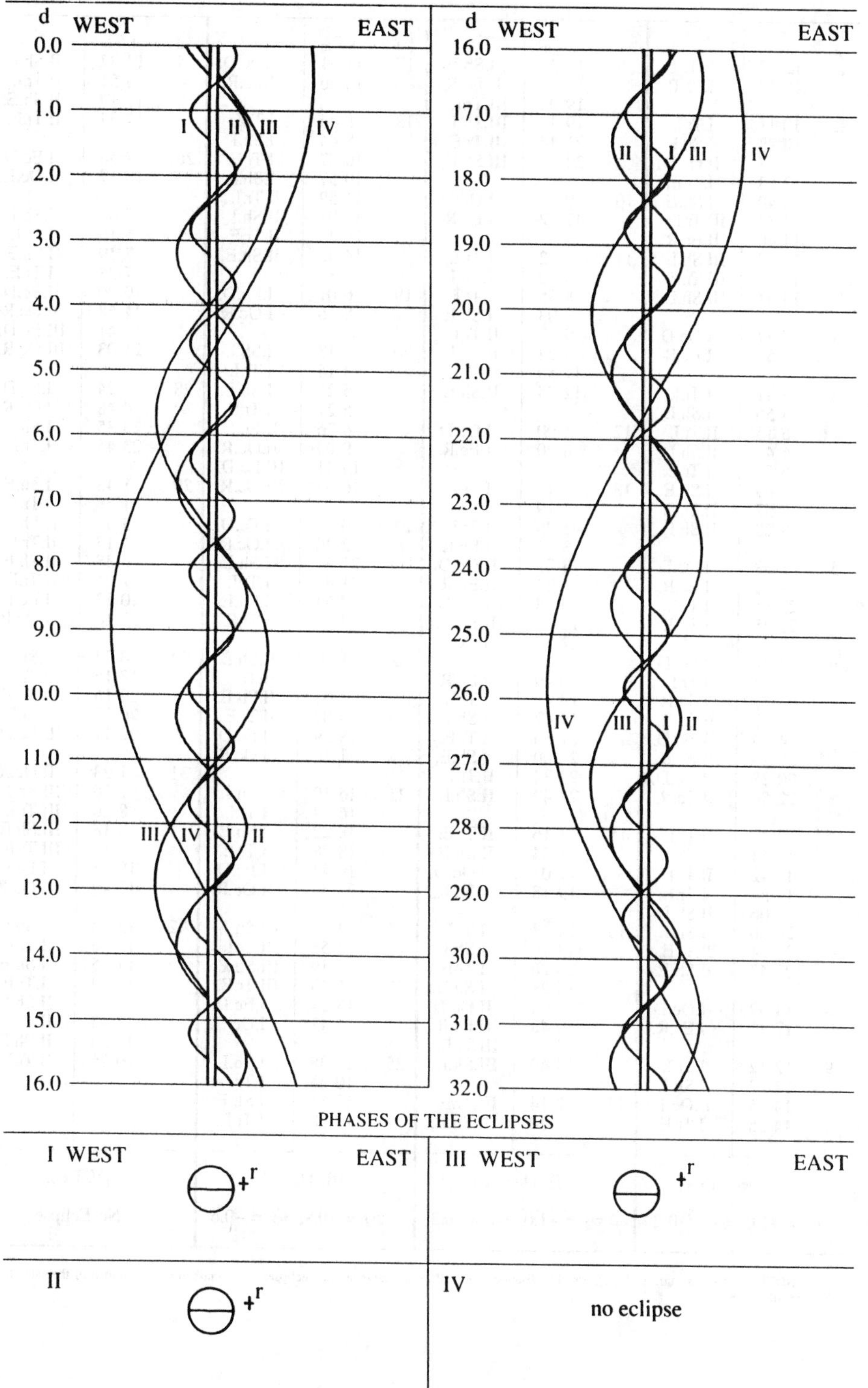

PHASES OF THE ECLIPSES

I WEST	EAST	III WEST	EAST
+r		+r	
II		IV	
+r		no eclipse	

DYNAMICAL TIME OF GEOCENTRIC PHENOMENA

DECEMBER

d	h m	
1	12 57	I.Oc.D.
	15 28	I.Ec.R.
2	10 11	I.Tr.I.
	10 28	I.Sh.I.
	11 27	II.Oc.D.
	12 23	I.Tr.E.
	12 40	I.Sh.E.
	14 33	III.Tr.I.
	14 40	II.Ec.R.
	15 43	III.Sh.I.
	17 14	III.Tr.E.
	18 21	III.Sh.E.
3	7 27	I.Oc.D.
	9 57	I.Ec.R.
4	4 41	I.Tr.I.
	4 56	I.Sh.I.
	6 15	II.Tr.I.
	6 47	II.Sh.I.
	6 54	I.Tr.E.
	7 09	I.Sh.E.
	8 57	II.Tr.E.
	9 28	II.Sh.E.
5	1 58	I.Oc.D.
	4 26	I.Ec.R.
	23 11	I.Tr.I.
	23 25	I.Sh.I.
6	0 51	II.Oc.D.
	1 24	I.Tr.E.
	1 37	I.Sh.E.
	3 57	II.Ec.R.
	4 49	III.Oc.D.
	8 23	III.Ec.R.
	20 28	I.Oc.D.
	22 54	I.Ec.R.
7	17 42	I.Tr.I.
	17 53	I.Sh.I.
	19 42	II.Tr.I.
	19 54	I.Tr.E.
	20 06	II.Sh.I.
	20 06	I.Sh.E.
	22 24	II.Tr.E.
	22 47	II.Sh.E.
8	14 59	I.Oc.D.
	17 23	I.Ec.R.
9	12 12	I.Tr.I.
	12 22	I.Sh.I.
	14 15	II.Oc.D.
	14 25	I.Tr.E.

d	h m	
9	14 34	I.Sh.E.
	17 14	II.Ec.R.
	19 02	III.Tr.I.
	19 41	III.Sh.I.
	21 44	III.Tr.E.
	22 21	III.Sh.E.
10	9 29	I.Oc.D.
	11 52	I.Ec.R.
11	6 42	I.Tr.I.
	6 50	I.Sh.I.
	8 55	I.Tr.E.
	9 03	I.Sh.E.
	9 07	II.Tr.I.
	9 24	II.Sh.I.
	11 50	II.Tr.E.
	12 05	II.Sh.E.
12	4 00	I.Oc.D.
	6 20	I.Ec.R.
13	1 13	I.Tr.I.
	1 19	I.Sh.I.
	3 25	I.Tr.E.
	3 31	I.Sh.E.
	3 39	II.Oc.D.
	6 31	II.Ec.R.
	9 18	III.Oc.D.
	12 23	III.Ec.R.
	22 30	I.Oc.D.
14	0 49	I.Ec.R.
	19 43	I.Tr.I.
	19 47	I.Sh.I.
	21 56	I.Tr.E.
	22 00	I.Sh.E.
	22 34	II.Tr.I.
	22 42	II.Sh.I.
15	1 16	II.Tr.E.
	1 24	II.Sh.E.
	17 01	I.Oc.D.
	19 18	I.Ec.R.
16	14 13	I.Tr.I.
	14 16	I.Sh.I.
	16 26	I.Tr.E.
	16 28	I.Sh.E.
	17 04	II.Oc.D.
	19 48	II.Ec.R.
	23 30	III.Tr.I.
	23 40	III.Sh.I.
17	2 14	III.Tr.E.
	2 20	III.Sh.E.

d	h m	
17	11 31	I.Oc.D.
	13 46	I.Ec.R.
18	8 44	I.Tr.I.
	8 44	I.Sh.I.
	10 57	I.Tr.E.
	10 57	I.Sh.E.
	11 59	II.Tr.I.
	12 01	II.Sh.I.
	14 42	II.Tr.E.
	14 42	II.Sh.E.
19	6 01	I.Ec.D.
	8 16	I.Oc.R.
20	3 13	I.Sh.I.
	3 14	I.Tr.I.
	5 25	I.Sh.E.
	5 27	I.Tr.E.
	6 26	II.Ec.D.
	9 09	II.Oc.R.
	13 41	III.Ec.D.
	16 32	III.Oc.R.
21	0 30	I.Ec.D.
	2 46	I.Oc.R.
	21 41	I.Sh.I.
	21 44	I.Tr.I.
	23 54	I.Sh.E.
	23 57	I.Tr.E.
22	1 19	II.Sh.I.
	1 26	II.Tr.I.
	4 01	II.Sh.E.
	4 09	II.Tr.E.
	18 59	I.Ec.D.
	21 16	I.Oc.R.
23	16 10	I.Sh.I.
	16 14	I.Tr.I.
	18 22	I.Sh.E.
	18 28	I.Tr.E.
	19 43	II.Ec.D.
	22 34	II.Oc.R.
24	3 38	III.Sh.I.
	3 58	III.Tr.I.
	6 19	III.Sh.E.
	6 43	III.Tr.E.
	13 27	I.Ec.D.
	15 47	I.Oc.R.
25	10 38	I.Sh.I.
	10 45	I.Tr.I.
	12 51	I.Sh.E.
	12 58	I.Tr.E.

d	h m	
25	14 37	II.Sh.I.
	14 51	II.Tr.I.
	17 19	II.Sh.E.
	17 34	II.Tr.E.
26	7 56	I.Ec.D.
	10 17	I.Oc.R.
27	5 07	I.Sh.I.
	5 15	I.Tr.I.
	7 19	I.Sh.E.
	7 28	I.Tr.E.
	9 00	II.Ec.D.
	11 58	II.Oc.R.
	17 41	III.Ec.D.
	21 03	III.Oc.R.
28	2 24	I.Ec.D.
	4 48	I.Oc.R.
	23 35	I.Sh.I.
	23 45	I.Tr.I.
29	1 48	I.Sh.E.
	1 58	I.Tr.E.
	3 56	II.Sh.I.
	4 17	II.Tr.I.
	6 38	II.Sh.E.
	7 01	II.Tr.E.
	20 53	I.Ec.D.
	23 18	I.Oc.R.
30	18 04	I.Sh.I.
	18 16	I.Tr.I.
	20 16	I.Sh.E.
	20 29	I.Tr.E.
	22 17	II.Ec.D.
31	1 23	II.Oc.R.
	7 36	III.Sh.I.
	8 26	III.Tr.I.
	10 18	III.Sh.E.
	11 13	III.Tr.E.
	15 21	I.Ec.D.
	17 49	I.Oc.R.
32	12 32	I.Sh.I.
	12 46	I.Tr.I.
	14 45	I.Sh.E.
	14 59	I.Tr.E.
	17 14	II.Sh.I.
	17 43	II.Tr.I.
	19 56	II.Sh.E.
	20 26	II.Tr.E.

I. Dec. 15	II. Dec. 16	III. Dec. 13	IV. Dec.
$x_2 = +1.0,\ y_2 = -0.2$	$x_2 = +1.0,\ y_2 = -0.3$	$x_2 = +0.9,\ y_2 = -0.6$	No Eclipse

NOTE.—I. denotes ingress; E., egress; D., disappearance; R., reappearance; Ec., eclipse; Oc., occultation; Tr., transit of the satellite; Sh., transit of the shadow.

CONFIGURATIONS OF SATELLITES I–IV FOR DECEMBER

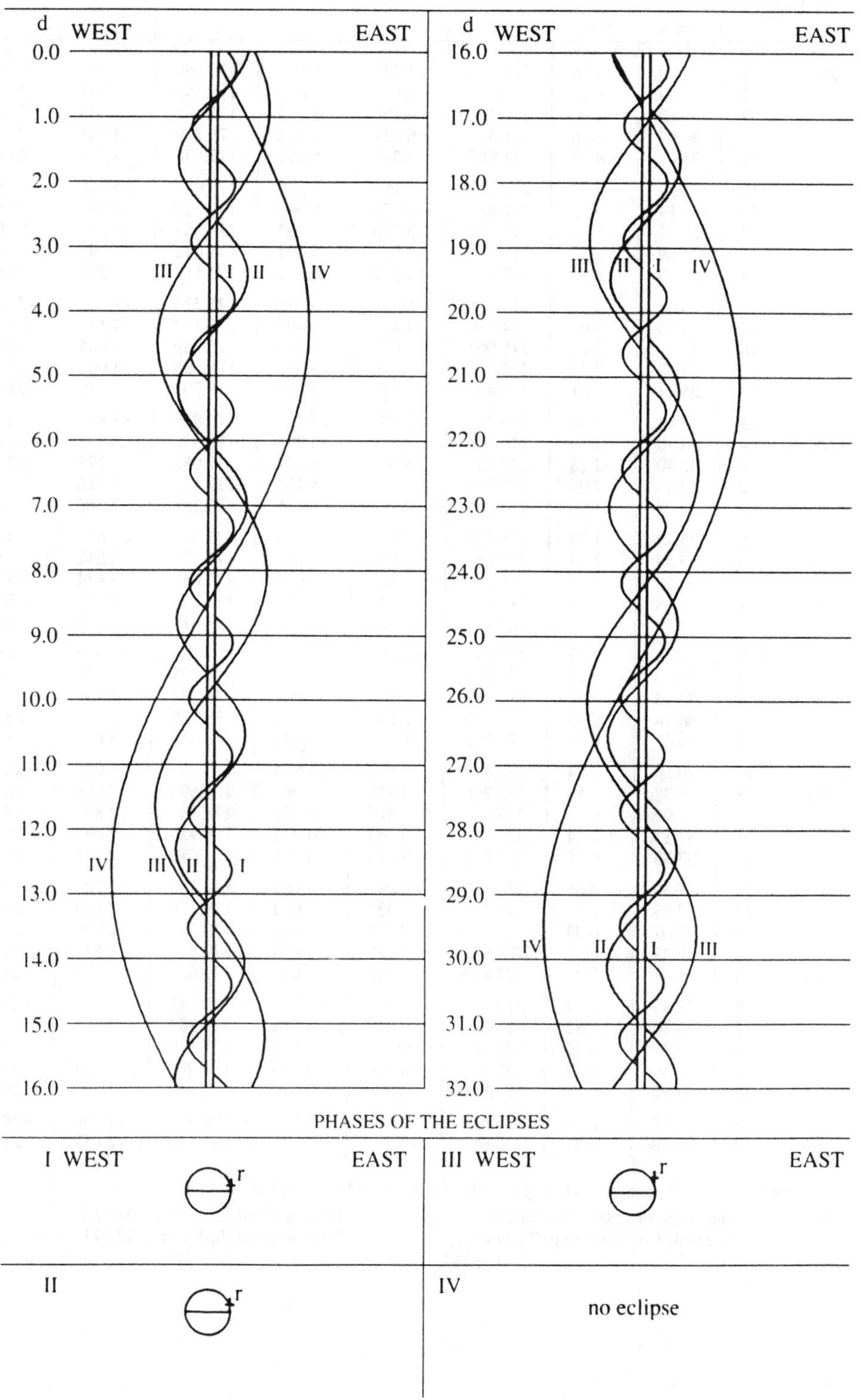

PHASES OF THE ECLIPSES

I WEST	EAST	III WEST	EAST
r		r	
II r		IV no eclipse	

FOR 0^h UNIVERSAL TIME

Date		Axes of outer edge of outer ring Major	Minor	*U*	*B*	*P*	*U′*	*B′*	*P′*
		″	″	°	°	°	°	°	°
Jan.	−1	37.20	4.56	210.598	+7.035	+5.685	175.069	+4.758	+27.974
	3	36.99	4.43	210.891	6.875	5.665	175.185	4.701	27.980
	7	36.80	4.30	211.201	6.706	5.644	175.302	4.643	27.985
	11	36.62	4.16	211.527	6.529	5.622	175.419	4.585	27.990
	15	36.45	4.03	211.867	6.345	5.599	175.535	4.528	27.995
	19	36.29	3.89	212.222	+6.154	+5.574	175.652	+4.470	+28.000
	23	36.14	3.75	212.589	5.956	5.549	175.769	4.412	28.005
	27	36.01	3.61	212.968	5.753	5.523	175.885	4.354	28.009
	31	35.89	3.47	213.358	5.545	5.495	176.002	4.297	28.014
Feb.	4	35.78	3.32	213.757	5.332	5.467	176.119	4.239	28.018
	8	35.68	3.18	214.165	+5.115	+5.438	176.236	+4.181	+28.022
	12	35.60	3.04	214.580	4.894	5.409	176.352	4.123	28.026
	16	35.54	2.89	215.001	4.671	5.379	176.469	4.065	28.030
	20	35.48	2.75	215.427	4.446	5.348	176.586	4.007	28.034
	24	35.44	2.61	215.856	4.219	5.317	176.703	3.949	28.038
	28	35.41	2.46	216.289	+3.991	+5.285	176.820	+3.891	+28.041
Mar.	4	35.40	2.32	216.724	3.763	5.253	176.936	3.833	28.045
	8	35.40	2.18	217.159	3.535	5.221	177.053	3.775	28.048
	12	35.41	2.04	217.594	3.307	5.188	177.170	3.716	28.051
	16	35.44	1.90	218.028	3.081	5.155	177.287	3.658	28.054
	20	35.48	1.77	218.459	+2.857	+5.123	177.404	+3.600	+28.057
	24	35.54	1.63	218.886	2.635	5.090	177.521	3.542	28.060
	28	35.60	1.50	219.310	2.417	5.058	177.638	3.484	28.063
Apr.	1	35.68	1.37	219.728	2.201	5.026	177.755	3.425	28.065
	5	35.78	1.24	220.139	1.991	4.994	177.871	3.367	28.068
	9	35.88	1.12	220.543	+1.784	+4.962	177.988	+3.309	+28.070
	13	36.00	0.99	220.939	1.583	4.931	178.105	3.250	28.072
	17	36.13	0.88	221.324	1.388	4.901	178.222	3.192	28.075
	21	36.28	0.76	221.700	1.199	4.871	178.339	3.133	28.076
	25	36.43	0.65	222.065	1.017	4.842	178.456	3.075	28.078
	29	36.60	0.54	222.417	+0.842	+4.814	178.573	+3.016	+28.080
May	3	36.78	0.43	222.756	0.675	4.787	178.690	2.958	28.081
	7	36.97	0.33	223.080	0.516	4.760	178.807	2.899	28.083
	11	37.17	0.24	223.390	0.366	4.735	178.925	2.841	28.084
	15	37.38	0.15	223.683	0.226	4.711	179.042	2.782	28.085
	19	37.60	0.06	223.960	+0.094	+4.689	179.159	+2.724	+28.086
	23	37.83	0.02	224.219	−0.027	4.668	179.276	2.665	28.087
	27	38.07	0.09	224.460	0.138	4.648	179.393	2.606	28.088
	31	38.32	0.16	224.681	0.238	4.630	179.510	2.548	28.089
June	4	38.57	0.22	224.883	0.327	4.613	179.627	2.489	28.089
	8	38.83	0.27	225.063	−0.404	+4.598	179.745	+2.430	+28.090
	12	39.10	0.32	225.223	0.470	4.585	179.862	2.371	28.090
	16	39.37	0.36	225.360	0.524	4.573	179.979	2.313	28.090
	20	39.64	0.39	225.475	0.566	4.564	180.096	2.254	28.090
	24	39.92	0.41	225.568	0.595	4.556	180.214	2.195	28.090
	28	40.20	0.43	225.636	−0.612	+4.551	180.331	+2.136	+28.090
July	2	40.48	0.44	225.682	−0.616	+4.547	180.448	+2.077	+28.089

Factor by which axes of outer edge of outer ring are to be multiplied to obtain axes of:

Inner edge of outer ring 0.8932
Outer edge of inner ring 0.8596
Inner edge of inner ring 0.6726
Inner edge of dusky ring 0.5447

FOR 0^h UNIVERSAL TIME

Date		Axes of outer edge of outer ring Major	Minor	U	B	P	U'	B'	P'
		"	"	°	°	°	°	°	°
July	2	40.48	0.44	225.682	−0.616	+4.547	180.448	+2.077	+28.089
	6	40.76	0.43	225.703	0.608	4.545	180.565	2.018	28.089
	10	41.03	0.42	225.701	0.587	4.545	180.683	1.959	28.088
	14	41.30	0.40	225.676	0.554	4.548	180.800	1.900	28.088
	18	41.57	0.37	225.627	0.509	4.552	180.918	1.841	28.087
	22	41.83	0.33	225.555	−0.452	+4.558	181.035	+1.782	+28.086
	26	42.08	0.28	225.460	0.383	4.566	181.152	1.723	28.085
	30	42.32	0.22	225.343	0.303	4.576	181.270	1.664	28.083
Aug.	3	42.55	0.16	225.206	0.213	4.587	181.387	1.605	28.082
	7	42.76	0.08	225.048	0.113	4.601	181.505	1.546	28.080
	11	42.96	0.00	224.871	−0.004	+4.615	181.622	+1.487	+28.079
	15	43.14	0.09	224.677	+0.114	4.632	181.740	1.428	28.077
	19	43.31	0.18	224.466	0.239	4.649	181.857	1.369	28.075
	23	43.45	0.28	224.241	0.371	4.668	181.975	1.310	28.073
	27	43.57	0.39	224.003	0.508	4.687	182.093	1.250	28.071
	31	43.67	0.50	223.754	+0.650	+4.708	182.210	+1.191	+28.069
Sept.	4	43.75	0.61	223.497	0.795	4.729	182.328	1.132	28.066
	8	43.80	0.72	223.233	0.942	4.751	182.446	1.073	28.064
	12	43.83	0.83	222.964	1.091	4.773	182.563	1.013	28.061
	16	43.84	0.95	222.694	1.238	4.795	182.681	0.954	28.058
	20	43.82	1.06	222.423	+1.385	+4.816	182.799	+0.895	+28.055
	24	43.77	1.17	222.155	1.528	4.838	182.917	0.836	28.052
	28	43.70	1.27	221.891	1.668	4.859	183.034	0.776	28.049
Oct.	2	43.61	1.37	221.635	1.802	4.880	183.152	0.717	28.045
	6	43.49	1.47	221.388	1.930	4.899	183.270	0.658	28.042
	10	43.36	1.55	221.152	+2.051	+4.918	183.388	+0.598	+28.038
	14	43.20	1.63	220.930	2.163	4.936	183.506	0.539	28.035
	18	43.02	1.70	220.723	2.266	4.952	183.624	0.479	28.031
	22	42.82	1.76	220.532	2.358	4.967	183.742	0.420	28.027
	26	42.61	1.81	220.361	2.440	4.980	183.860	0.360	28.023
	30	42.38	1.86	220.209	+2.510	+4.992	183.978	+0.301	+28.018
Nov.	3	42.14	1.89	220.079	2.568	5.002	184.096	0.241	28.014
	7	41.89	1.91	219.971	2.613	5.010	184.214	0.182	28.010
	11	41.63	1.92	219.886	2.645	5.017	184.332	0.122	28.005
	15	41.37	1.92	219.825	2.664	5.021	184.450	0.063	28.000
	19	41.09	1.91	219.789	+2.669	+5.024	184.568	+0.003	+27.995
	23	40.81	1.90	219.777	2.661	5.025	184.686	−0.056	27.990
	27	40.53	1.87	219.791	2.639	5.023	184.804	0.116	27.985
Dec.	1	40.25	1.83	219.830	2.604	5.020	184.923	0.175	27.980
	5	39.97	1.78	219.893	2.555	5.015	185.041	0.235	27.974
	9	39.69	1.73	219.982	+2.494	+5.008	185.159	−0.295	+27.969
	13	39.42	1.66	220.095	2.419	4.999	185.278	0.354	27.963
	17	39.15	1.59	220.232	2.332	4.988	185.396	0.414	27.957
	21	38.88	1.51	220.392	2.232	4.975	185.514	0.474	27.951
	25	38.62	1.43	220.576	2.121	4.961	185.633	0.533	27.945
	29	38.37	1.34	220.782	+1.998	+4.944	185.751	−0.593	+27.939
	33	38.13	1.24	221.009	+1.864	+4.926	185.870	−0.653	+27.933

Factor by which axes of outer edge of outer ring are to be multiplied to obtain axes of:

Inner edge of outer ring 0.8932
Outer edge of inner ring 0.8596
Inner edge of inner ring 0.6726
Inner edge of dusky ring 0.5447

Saturn is in opposition on 14 September. On this date, however, the Earth is very nea
orbital planes of the inner satellites, so that the apparent orbits approximate straight li
For this reason, the diagram of the apparent orbits is not given.

	Name	Mean Synodic Period		Name	Mean Synodic Period
		d h			d h
I	Mimas	0 22.6	VI	Titan	15 23.3
II	Enceladus	1 08.9	VII	Hyperion	21 07.6
III	Tethys	1 21.3	VIII	Iapetus	79 22.1
IV	Dione	2 17.7	IX	Phoebe	523 15.6
V	Rhea	4 12.5			

UNIVERSAL TIME OF GREATEST EASTERN ELONGATION

MIMAS

Jan.	Feb.	Mar.	Apr.	May	June	July	Aug.	Sept.	Oct.	Nov.	Dec.
d h	d h	d h	d h	d h	d h	d h	d h	d h	d h	d h	d h
0 11.3	1 12.6	1 19.3	1 22.0	1 03.3	1 05.7	1 09.5	1 11.8	1 14.1	1 17.8	1 20.1	1 01.3
1 10.0	2 11.2	2 18.0	2 20.6	2 01.9	2 04.4	2 08.1	2 10.4	2 12.7	2 16.4	2 18.7	1 24.0
2 08.6	3 09.8	3 16.6	3 19.2	3 00.5	3 03.0	3 06.7	3 09.1	3 11.3	3 15.0	3 17.4	2 22.6
3 07.2	4 08.5	4 15.2	4 17.8	3 23.1	4 01.6	4 05.4	4 07.7	4 09.9	4 13.6	4 16.0	3 21.2
4 05.8	5 07.1	5 13.8	5 16.4	4 21.7	5 00.2	5 04.0	5 06.3	5 08.6	5 12.2	5 14.6	4 19.8
5 04.5	6 05.7	6 12.5	6 15.1	5 20.4	5 22.8	6 02.6	6 04.9	6 07.2	6 10.8	6 13.2	5 18.4
6 03.1	7 04.3	7 11.1	7 13.7	6 19.0	6 21.4	7 01.2	7 03.5	7 05.8	7 09.5	7 11.8	6 17.1
7 01.7	8 03.0	8 09.7	8 12.3	7 17.6	7 20.1	7 23.8	8 02.1	8 04.4	8 08.1	8 10.4	7 15.7
8 00.3	9 01.6	9 08.3	9 10.9	8 16.2	8 18.7	8 22.4	9 00.7	9 03.0	9 06.7	9 09.1	8 14.3
8 23.0	10 00.2	10 07.0	10 09.6	9 14.8	9 17.3	9 21.1	9 23.4	10 01.6	10 05.3	10 07.7	9 12.9
9 21.6	10 22.8	11 05.6	11 08.2	10 13.5	10 15.9	10 19.7	10 22.0	11 00.2	11 03.9	11 06.3	10 11.5
10 20.2	11 21.5	12 04.2	12 06.8	11 12.1	11 14.5	11 18.3	11 20.6	11 22.9	12 02.5	12 04.9	11 10.2
11 18.8	12 20.1	13 02.8	13 05.4	12 10.7	12 13.2	12 16.9	12 19.2	12 21.5	13 01.2	13 03.5	12 08.8
12 17.5	13 18.7	14 01.5	14 04.1	13 09.3	13 11.8	13 15.5	13 17.8	13 20.1	13 23.8	14 02.2	13 07.4
13 16.1	14 17.3	15 00.1	15 02.7	14 08.0	14 10.4	14 14.1	14 16.4	14 18.7	14 22.4	15 00.8	14 06.0
14 14.7	15 16.0	15 22.7	16 01.3	15 06.6	15 09.0	15 12.8	15 15.1	15 17.3	15 21.0	15 23.4	15 04.7
15 13.3	16 14.6	16 21.3	16 23.9	16 05.2	16 07.6	16 11.4	16 13.7	16 15.9	16 19.6	16 22.0	16 03.3
16 12.0	17 13.2	17 20.0	17 22.5	17 03.8	17 06.3	17 10.0	17 12.3	17 14.5	17 18.2	17 20.6	17 01.9
17 10.6	18 11.8	18 18.6	18 21.2	18 02.4	18 04.9	18 08.6	18 10.9	18 13.2	18 16.9	18 19.3	18 00.5
18 09.2	19 10.5	19 17.2	19 19.8	19 01.1	19 03.5	19 07.2	19 09.5	19 11.8	19 15.5	19 17.9	18 23.2
19 07.8	20 09.1	20 15.8	20 18.4	19 23.7	20 02.1	20 05.8	20 08.1	20 10.4	20 14.1	20 16.5	19 21.8
20 06.5	21 07.7	21 14.5	21 17.0	20 22.3	21 00.7	21 04.5	21 06.7	21 09.0	21 12.7	21 15.1	20 20.4
21 05.1	22 06.3	22 13.1	22 15.7	21 20.9	21 23.3	22 03.1	22 05.3	22 07.6	22 11.3	22 13.7	21 19.0
22 03.7	23 05.0	23 11.7	23 14.3	22 19.5	22 22.0	23 01.7	23 04.0	23 06.2	23 09.9	23 12.4	22 17.6
23 02.3	24 03.6	24 10.3	24 12.9	23 18.2	23 20.6	24 00.3	24 02.6	24 04.8	24 08.6	24 11.0	23 16.3
24 01.0	25 02.2	25 09.0	25 11.5	24 16.8	24 19.2	24 22.9	25 01.2	25 03.5	25 07.2	25 09.6	24 14.9
24 23.6	26 00.8	26 07.6	26 10.1	25 15.4	25 17.8	25 21.5	25 23.8	26 02.1	26 05.8	26 08.2	25 13.5
25 22.2	26 23.5	27 06.2	27 08.8	26 14.0	26 16.4	26 20.1	26 22.4	27 00.7	27 04.4	27 06.8	26 12.1
26 20.8	27 22.1	28 04.8	28 07.4	27 12.6	27 15.0	27 18.8	27 21.0	27 23.3	28 03.0	28 05.5	27 10.8
27 19.5	28 20.7	29 03.5	29 06.0	28 11.3	28 13.7	28 17.4	28 19.6	28 21.9	29 01.6	29 04.1	28 09.4
28 18.1		30 02.1	30 04.6	29 09.9	29 12.3	29 16.0	29 18.3	29 20.5	30 00.3	30 02.7	29 08.0
29 16.7		31 00.7		30 08.5	30 10.9	30 14.6	30 16.9	30 19.2	30 22.9		30 06.6
30 15.3		31 23.3		31 07.1		31 13.2	31 15.5		31 21.5		31 05.3
31 14.0											32 03.9

ENCELADUS

Jan.	Feb.	Mar.	Apr.	May	June	July	Aug.	Sept.	Oct.	Nov.	Dec.
d h	d h	d h	d h	d h	d h	d h	d h	d h	d h	d h	d h
0 03.3	2 00.9	1 10.9	1 23.5	2 03.2	1 06.8	1 10.3	1 22.6	1 01.9	1 05.2	1 17.4	1 20.9
1 12.2	3 09.8	2 19.8	3 08.4	3 12.1	2 15.7	2 19.2	3 07.4	2 10.7	2 14.0	3 02.3	3 05.8
2 21.1	4 18.7	4 04.7	4 17.3	4 21.0	4 00.6	4 04.1	4 16.3	3 19.6	3 22.9	4 11.2	4 14.7
4 06.0	6 03.6	5 13.6	6 02.2	6 05.9	5 09.5	5 13.0	6 01.2	5 04.5	5 07.8	5 20.1	5 23.6
5 14.9	7 12.5	6 22.5	7 11.1	7 14.8	6 18.4	6 21.8	7 10.1	6 13.4	6 16.7	7 04.9	7 08.5
6 23.8	8 21.4	8 07.4	8 20.0	8 23.7	8 03.3	8 06.7	8 19.0	7 22.2	8 01.5	8 13.8	8 17.4
8 08.7	10 06.3	9 16.3	10 04.9	10 08.6	9 12.1	9 15.6	10 03.8	9 07.1	9 10.4	9 22.7	10 02.3
9 17.6	11 15.2	11 01.2	11 13.8	11 17.5	10 21.0	11 00.5	11 12.7	10 16.0	10 19.3	11 07.6	11 11.2
11 02.5	13 00.1	12 10.1	12 22.7	13 02.4	12 05.9	12 09.4	12 21.6	12 00.9	12 04.2	12 16.5	12 20.1
12 11.4	14 09.0	13 19.0	14 07.6	14 11.3	13 14.8	13 18.2	14 06.5	13 09.7	13 13.1	14 01.4	14 04.9
13 20.3	15 17.9	15 03.9	15 16.5	15 20.1	14 23.7	15 03.1	15 15.3	14 18.6	14 21.9	15 10.3	15 13.8
15 05.2	17 02.8	16 12.8	17 01.4	17 05.0	16 08.6	16 12.0	17 00.2	16 03.5	16 06.8	16 19.1	16 22.7
16 14.1	18 11.7	17 21.7	18 10.3	18 13.9	17 17.5	17 20.9	18 09.1	17 12.4	17 15.7	18 04.0	18 07.6
17 23.0	19 20.6	19 06.6	19 19.2	19 22.8	19 02.4	19 05.8	19 18.0	18 21.3	19 00.6	19 12.9	19 16.5
19 07.9	21 05.5	20 15.4	21 04.1	21 07.7	20 11.2	20 14.7	21 02.8	20 06.1	20 09.5	20 21.8	21 01.4
20 16.8	22 14.4	22 00.4	22 13.0	22 16.6	21 20.1	21 23.5	22 11.7	21 15.0	21 18.4	22 06.7	22 10.3
22 01.7	23 23.3	23 09.2	23 21.9	24 01.5	23 05.0	23 08.4	23 20.6	22 23.9	23 03.2	23 15.6	23 19.2
23 10.6	25 08.2	24 18.1	25 06.8	25 10.4	24 13.9	24 17.3	25 05.5	24 08.8	24 12.1	25 00.5	25 04.1
24 19.5	26 17.1	26 03.0	26 15.6	26 19.3	25 22.8	26 02.2	26 14.4	25 17.6	25 21.0	26 09.4	26 13.0
26 04.4	28 02.0	27 11.9	28 00.5	28 04.2	27 07.7	27 11.0	27 23.2	27 02.5	27 05.9	27 18.3	27 21.9
27 13.3		28 20.8	29 09.4	29 13.0	28 16.5	28 19.9	29 08.1	28 11.4	28 14.8	29 03.1	29 06.8
28 22.2		30 05.7	30 18.3	30 21.9	30 01.4	30 04.8	30 17.0	29 20.3	29 23.6	30 12.0	30 15.7
30 07.1		31 14.6				31 13.7			31 08.5		32 00.6
31 16.0											33 09.5

UNIVERSAL TIME OF GREATEST EASTERN ELONGATION

Jan.	Feb.	Mar.	Apr.	May	June	July	Aug.	Sept.	Oct.	Nov.	Dec.
TETHYS											
d h	d h	d h	d h	d h	d h	d h	d h	d h	d h	d h	d h
0 18.3	1 21.0	2 04.9	1 10.3	1 15.5	2 17.9	1 01.6	2 03.7	1 08.4	1 13.0	2 15.1	2 20.0
2 15.6	3 18.3	4 02.3	3 07.6	3 12.8	4 15.2	2 22.9	4 01.0	3 05.6	3 10.3	4 12.4	4 17.4
4 13.0	5 15.6	5 23.6	5 04.9	5 10.1	6 12.5	4 20.2	5 22.3	5 02.9	5 07.6	6 09.7	6 14.7
6 10.3	7 12.9	7 21.0	7 02.3	7 07.5	8 09.9	6 17.5	7 19.6	7 00.2	7 04.9	8 07.0	8 12.0
8 07.6	9 10.3	9 18.3	8 23.6	9 04.8	10 07.2	8 14.8	9 16.9	8 21.5	9 02.2	10 04.3	10 09.3
10 05.0	11 07.6	11 15.6	10 20.9	11 02.1	12 04.5	10 12.1	11 14.1	10 18.8	10 23.5	12 01.6	12 06.6
12 02.3	13 04.9	13 12.9	12 18.2	12 23.4	14 01.8	12 09.4	13 11.4	12 16.1	12 20.8	13 22.9	14 03.9
13 23.6	15 02.3	15 10.3	14 15.6	14 20.7	15 23.1	14 06.7	15 08.7	14 13.4	14 18.1	15 20.2	16 01.3
15 21.0	16 23.6	17 07.6	16 12.9	16 18.1	17 20.4	16 04.0	17 06.0	16 10.7	16 15.4	17 17.5	17 22.6
17 18.3	18 21.0	19 04.9	18 10.2	18 15.4	19 17.7	18 01.3	19 03.3	18 08.0	18 12.7	19 14.9	19 19.9
19 15.6	20 18.3	21 02.3	20 07.5	20 12.7	21 15.0	19 22.6	21 00.6	20 05.3	20 10.0	21 12.2	21 17.2
21 12.9	22 15.6	22 23.6	22 04.9	22 10.0	23 12.3	21 19.9	22 21.9	22 02.6	22 07.3	23 09.5	23 14.6
23 10.3	24 12.9	24 20.9	24 02.2	24 07.3	25 09.7	23 17.2	24 19.2	23 23.8	24 04.6	25 06.8	25 11.9
25 07.6	26 10.3	26 18.3	25 23.5	26 04.7	27 07.0	25 14.5	26 16.5	25 21.1	26 01.9	27 04.1	27 09.2
27 04.9	28 07.6	28 15.6	27 20.8	28 02.0	29 04.3	27 11.8	28 13.8	27 18.4	27 23.2	29 01.4	29 06.5
29 02.3		30 12.9	29 18.2	29 23.3		29 09.1	30 11.1	29 15.7	29 20.5	30 22.7	31 03.9
30 23.6				31 20.6		31 06.4			31 17.8		33 01.2
DIONE											
d h	d h	d h	d h	d h	d h	d h	d h	d h	d h	d h	d h
0 05.7	2 02.5	1 11.9	3 08.8	3 11.8	2 14.6	2 17.3	1 19.7	3 15.6	1 00.1	2 20.1	2 22.6
2 23.4	4 20.3	4 05.7	6 02.5	6 05.5	5 08.3	5 10.9	4 13.3	6 09.2	3 17.7	5 13.7	5 16.3
5 17.2	7 14.0	6 23.4	8 20.2	8 23.2	8 02.0	8 04.6	7 07.0	9 02.8	6 11.4	8 07.4	8 10.0
8 10.9	10 07.7	9 17.1	11 14.0	11 17.0	10 19.7	10 22.3	10 00.7	11 20.5	9 05.1	11 01.1	11 03.8
11 04.6	13 01.5	12 10.9	14 07.7	14 10.7	13 13.4	13 16.0	12 18.3	14 14.2	11 22.7	13 18.8	13 21.5
13 22.4	15 19.2	15 04.6	17 01.4	17 04.4	16 07.1	16 09.7	15 12.0	17 07.8	14 16.4	16 12.5	16 15.2
16 16.1	18 12.9	17 22.4	19 19.2	19 22.1	19 00.8	19 03.3	18 05.6	20 01.5	17 10.0	19 06.2	19 08.9
19 09.8	21 06.7	20 16.1	22 12.9	22 15.8	21 18.5	21 21.0	20 23.3	22 19.1	20 03.7	21 23.9	22 02.6
22 03.6	24 00.4	23 09.8	25 06.6	25 09.5	24 12.2	24 14.7	23 16.9	25 12.8	22 21.4	24 17.5	24 20.3
24 21.3	26 18.2	26 03.6	28 00.3	28 03.2	27 05.9	27 08.3	26 10.6	28 06.4	25 15.0	27 11.2	27 14.0
27 15.0		28 21.3	30 18.1	30 20.9	29 23.6	30 02.0	29 04.2		28 08.7	30 04.9	30 07.7
30 08.8		31 15.0					31 21.9		31 02.4		33 01.5
RHEA											
d h	d h	d h	d h	d h	d h	d h	d h	d h	d h	d h	d h
−4 13.6	1 17.9	5 09.9	1 13.3	3 05.1	3 20.6	5 11.7	1 14.0	2 04.4	3 18.7	4 09.3	1 11.8
1 02.1	6 06.5	9 22.5	6 01.8	7 17.6	8 09.0	10 00.1	6 02.3	6 16.7	8 07.1	8 21.6	6 00.2
5 14.6	10 19.0	14 11.0	10 14.4	12 06.1	12 21.5	14 12.5	10 14.7	11 05.0	12 19.4	13 10.1	10 12.7
10 03.1	15 07.6	18 23.6	15 02.9	16 18.6	17 09.9	19 00.9	15 03.0	15 17.4	17 07.8	17 22.5	15 01.2
14 15.7	19 20.2	23 12.2	19 15.5	21 07.1	21 22.4	23 13.2	19 15.4	20 05.7	21 20.1	22 10.9	19 13.7
19 04.2	24 08.7	28 00.7	24 04.0	25 19.6	26 10.8	28 01.6	24 03.7	24 18.0	26 08.5	26 23.3	24 02.2
23 16.8	28 21.3		28 16.5	30 08.1	30 23.2		28 16.0	29 06.4	30 20.9		28 14.7
28 05.3											33 03.2

UNIVERSAL TIME OF CONJUNCTIONS AND ELONGATIONS

TITAN

Eastern Elongation		Inferior Conjunction		Western Elongation		Superior Conjunction	
	d h		d h		d h		d h
				Jan.	– 2 23.4	Jan.	2 19.4
Jan.	6 16.5	Jan.	10 20.6		14 23.4		18 19.4
	22 16.7		26 20.9		30 23.7	Feb.	3 19.7
Feb.	7 17.1	Feb.	11 21.4	Feb.	16 00.2		19 20.1
	23 17.6		27 22.0	Mar.	4 00.7	Mar.	7 20.5
Mar.	11 18.2	Mar.	15 22.7		20 01.2		23 20.9
	27 18.7		31 23.3	Apr.	5 01.6	Apr.	8 21.3
Apr.	12 19.2	Apr.	16 23.8		21 01.9		24 21.5
	28 19.4	May	3 00.0	May	7 02.0	May	10 21.5
May	14 19.5		19 00.0		23 01.9		26 21.2
	30 19.2	June	3 23.7	June	8 01.4	June	11 20.7
June	15 18.6		19 23.0		24 00.6		27 19.8
July	1 17.6	July	5 22.0	July	9 23.4	July	13 18.5
	17 16.3		21 20.5		25 21.8		29 16.8
Aug.	2 14.5	Aug.	6 18.6	Aug.	10 19.8	Aug.	14 14.8
	18 12.4		22 16.3		26 17.6		30 12.6
Sept.	3 10.0	Sept.	7 13.9	Sept.	11 15.2	Sept.	15 10.2
	19 07.5		23 11.4		27 12.8	Oct.	1 07.8
Oct.	5 05.1	Oct.	9 09.0	Oct.	13 10.5		17 05.6
	21 02.8		25 06.8		29 08.4	Nov.	2 03.7
Nov.	6 00.9	Nov.	10 04.9	Nov.	14 06.8		18 02.1
	21 23.4		26 03.5		30 05.5	Dec.	4 00.9
Dec.	7 22.4	Dec.	12 02.6	Dec.	16 04.6		20 00.1
	23 21.7		28 02.1		32 04.1		

HYPERION

Eastern Elongation		Inferior Conjunction		Western Elongation		Superior Conjunction	
	d h		d h		d h		d h
Jan.	– 2 08.5	Jan.	2 22.8	Jan.	8 18.1	Jan.	14 22.5
	19 19.5		24 10.5		30 07.1	Feb.	5 10.9
Feb.	10 07.1	Feb.	14 22.6	Feb.	20 20.6		26 23.8
Mar.	3 18.9	Mar.	8 11.1	Mar.	14 10.2	Mar.	20 12.4
	25 06.6		29 23.3	Apr.	4 23.6	Apr.	11 00.7
Apr.	15 17.8	Apr.	20 11.3		26 12.3	May	2 12.0
May	7 04.4	May	11 22.3	May	17 24.0		23 22.5
	28 14.0	June	2 08.4	June	8 10.3	June	14 07.6
June	18 22.5		23 17.2		29 19.0	July	5 15.2
July	10 05.6	July	15 00.3	July	21 02.1		26 21.5
	31 11.5	Aug.	5 06.1	Aug.	11 07.5	Aug.	17 02.4
Aug.	21 16.1		26 10.6	Sept.	1 11.5	Sept.	7 06.1
Sept.	11 19.7	Sept.	16 14.1		22 14.7		28 09.2
Oct.	2 22.9	Oct.	7 17.2	Oct.	13 17.7	Oct.	19 12.2
	24 01.9		28 20.3	Nov.	3 21.1	Nov.	9 15.5
Nov.	14 05.3	Nov.	18 23.9		25 01.2		30 19.6
Dec.	5 09.2	Dec.	10 04.4	Dec.	16 06.3	Dec.	22 00.5
	26 13.8		31 09.8		37 12.5		

IAPETUS

Eastern Elongation		Inferior Conjunction		Western Elongation		Superior Conjunction	
	d h		d h		d h		d h
		Jan.	–11 04.7	Jan.	10 09.6	Jan.	30 09.3
Feb.	18 17.5	Mar.	11 10.5	Apr.	1 18.8	Apr.	21 15.6
May	10 23.2	May	31 14.1	June	21 12.1	July	10 20.8
July	29 17.8	Aug.	18 20.0	Sept.	8 05.9	Sept.	27 07.7
Oct.	15 23.7	Nov.	5 00.6	Nov.	25 17.8	Dec.	15 06.3
Dec.	34 09.7						

APPARENT DISTANCE AND POSITION ANGLE

Time from Eastern Elongation	MIMAS F	MIMAS p_1	Time from Eastern Elongation	ENCELADUS F	ENCELADUS p_1	TETHYS F	TETHYS p_1	Time from Eastern Elongation	DIONE F	DIONE p_1
h		°	d h		°		°	d h		°
0.0	1.000	94.0	0 00	1.000	95.0	1.000	94.0	0 00	1.000	95.0
0.5	0.990	94.0	0 01	0.982	95.2	0.990	94.2	0 02	0.982	95.2
1.0	0.962	93.9	0 02	0.928	95.5	0.962	94.4	0 04	0.928	95.5
1.5	0.914	93.9	0 03	0.840	95.7	0.915	94.6	0 06	0.840	95.7
2.0	0.850	93.9	0 04	0.722	96.1	0.850	94.9	0 08	0.721	96.1
2.5	0.768	93.8	0 05	0.578	96.6	0.769	95.2	0 10	0.577	96.6
3.0	0.672	93.8	0 06	0.412	97.6	0.674	95.5	0 12	0.411	97.6
3.5	0.563	93.7	0 07	0.232	99.9	0.565	96.1	0 14	0.230	99.9
4.0	0.444	93.6	0 08	0.047	120.6	0.446	96.8	0 16	0.045	121.5
4.5	0.315	93.4	0 09	0.150	267.3	0.318	98.2	0 18	0.152	267.5
5.0	0.181	92.9	0 10	0.334	271.7	0.185	101.5	0 20	0.336	271.8
5.5	0.043	89.2	0 11	0.507	273.0	0.052	122.5	0 22	0.509	273.1
6.0	0.096	276.1	0 12	0.661	273.7	0.096	259.3	1 00	0.663	273.7
6.5	0.233	274.9	0 13	0.791	274.1	0.231	268.1	1 02	0.793	274.1
7.0	0.365	274.5	0 14	0.893	274.4	0.363	270.4	1 04	0.895	274.4
7.5	0.491	274.4	0 15	0.962	274.7	0.488	271.5	1 06	0.963	274.7
8.0	0.606	274.3	0 16	0.996	274.9	0.604	272.1	1 08	0.997	274.9
8.5	0.711	274.2	0 17	0.994	275.1	0.708	272.6	1 10	0.994	275.1
9.0	0.801	274.2	0 18	0.956	275.4	0.799	272.9	1 12	0.955	275.4
9.5	0.876	274.1	0 19	0.883	275.6	0.874	273.2	1 14	0.881	275.6
10.0	0.935	274.1	0 20	0.778	275.9	0.933	273.5	1 16	0.775	275.9
10.5	0.975	274.0	0 21	0.644	276.4	0.974	273.7	1 18	0.640	276.4
11.0	0.996	274.0	0 22	0.488	277.1	0.996	273.9	1 20	0.483	277.1
11.5	0.999	274.0	0 23	0.313	278.5	0.999	274.1	1 22	0.308	278.6
12.0	0.982	274.0	1 00	0.128	284.0	0.983	274.3	2 00	0.122	284.4
12.5	0.946	273.9	1 01	0.067	77.5	0.948	274.5	2 02	0.073	79.1
13.0	0.892	273.9	1 02	0.253	90.6	0.894	274.7	2 04	0.259	90.7
13.5	0.820	273.9	1 03	0.432	92.6	0.824	275.0	2 06	0.438	92.6
14.0	0.733	273.8	1 04	0.595	93.4	0.738	275.3	2 08	0.601	93.5
14.5	0.632	273.7	1 05	0.737	93.9	0.637	275.7	2 10	0.742	94.0
15.0	0.519	273.7	1 06	0.852	94.3	0.525	276.3	2 12	0.856	94.3
15.5	0.395	273.5	1 07	0.936	94.6	0.402	277.2	2 14	0.939	94.6
16.0	0.265	273.2	1 08	0.986	94.8	0.272	279.0	2 16	0.987	94.8
16.5	0.128	272.4	1 09	1.000	95.0	0.138	284.2	2 18	1.000	95.0
17.0	0.011	113.7	1 10	0.977	95.3	0.025	10.3	2 20	0.976	95.3
17.5	0.149	95.4	1 11			0.143	84.2			
18.0	0.284	94.7	1 12			0.277	89.1			
18.5	0.414	94.5	1 13			0.407	90.8			
19.0	0.536	94.3	1 14			0.529	91.7			
19.5	0.648	94.2	1 15			0.642	92.3			
20.0	0.747	94.2	1 16			0.741	92.7			
20.5	0.832	94.1	1 17			0.827	93.0			
21.0	0.901	94.1	1 18			0.897	93.3			
21.5	0.952	94.1	1 19			0.949	93.5			
22.0	0.985	94.0	1 20			0.984	93.7			
22.5	0.999	94.0	1 21			0.999	93.9			
23.0	0.994	94.0	1 22			0.995	94.1			

Apparent distance of satellite is Fa/Δ
Position angle of satellite is $p_1 + p_2$

APPARENT DISTANCE AND POSITION ANGLE

Time from Eastern Elongation	RHEA F	RHEA p_1
d h		°
0 00	1.000	95.0
0 03	0.985	95.2
0 06	0.940	95.4
0 09	0.867	95.6
0 12	0.768	95.8
0 15	0.646	96.2
0 18	0.504	96.7
0 21	0.347	97.7
1 00	0.180	100.6
1 03	0.019	166.0
1 06	0.168	269.0
1 09	0.335	272.2
1 12	0.493	273.2
1 15	0.636	273.8
1 18	0.760	274.1
1 21	0.861	274.4
2 00	0.936	274.6
2 03	0.983	274.8
2 06	1.000	275.0
2 09	0.987	275.2
2 12	0.944	275.4
2 15	0.873	275.6
2 18	0.776	275.8
2 21	0.655	276.2
3 00	0.514	276.7
3 03	0.358	277.6
3 06	0.192	280.2
3 09	0.025	319.1
3 12	0.156	88.6
3 15	0.324	92.0
3 18	0.483	93.2
3 21	0.627	93.7
4 00	0.752	94.1
4 03	0.855	94.4
4 06	0.932	94.6
4 09	0.980	94.8
4 12	1.000	95.0
4 15	0.989	95.2

Time from Eastern Elongation	TITAN F	TITAN p_1	HYPERION F	HYPERION p_1
d h		°		°
0 00	1.008	94.0	0.908	94.0
0 10	0.999	94.2	0.900	94.1
0 20	0.965	94.4	0.875	94.2
1 06	0.906	94.6	0.832	94.3
1 16	0.823	94.8	0.773	94.5
2 02	0.720	95.1	0.700	94.6
2 12	0.600	95.5	0.613	94.8
2 22	0.464	96.1	0.516	95.1
3 08	0.317	97.3	0.410	95.5
3 18	0.162	100.7	0.296	96.2
4 04	0.019	177.3	0.179	97.8
4 14	0.158	267.2	0.059	106.0
5 00	0.313	270.7	0.066	263.2
5 10	0.460	271.9	0.186	270.2
5 20	0.595	272.5	0.304	271.7
6 06	0.716	272.9	0.417	272.4
6 16	0.818	273.2	0.526	272.8
7 02	0.898	273.5	0.628	273.0
7 12	0.954	273.7	0.722	273.2
7 22	0.985	273.9	0.807	273.4
8 08	0.989	274.0	0.882	273.5
8 18	0.965	274.2	0.946	273.6
9 04	0.915	274.4	1.000	273.7
9 14	0.838	274.6	1.042	273.8
10 00	0.737	274.9	1.071	273.9
10 10	0.615	275.3	1.088	273.9
10 20	0.475	275.9	1.093	274.0
11 06	0.321	277.0	1.085	274.1
11 16	0.158	280.5	1.063	274.1
12 02	0.021	36.2	1.030	274.2
12 12	0.180	88.3	0.984	274.3
12 22	0.342	91.2	0.925	274.4
13 08	0.495	92.2	0.856	274.5
13 18	0.633	92.7	0.775	274.6
14 04	0.754	93.1	0.685	274.8
14 14	0.854	93.4	0.585	275.0
15 00	0.930	93.6	0.477	275.3
15 10	0.981	93.8	0.362	275.8
15 20	1.006	94.0	0.242	276.8
16 06	1.004	94.1	0.119	279.7
16 16			0.014	37.2
17 02			0.134	89.0
17 12			0.257	91.5
17 22			0.376	92.4
18 08			0.487	92.9
18 18			0.590	93.2
19 04			0.682	93.4
19 14			0.760	93.5
20 00			0.823	93.7
20 10			0.869	93.8
20 20			0.898	93.9
21 06			0.908	94.0
21 16			0.899	94.1

Time from Eastern Elongation	IAPETUS F	IAPETUS p_1
d		°
0	0.990	82.0
2	0.982	80.9
4	0.949	79.8
6	0.893	78.5
8	0.815	77.0
10	0.718	75.2
12	0.604	72.7
14	0.478	69.0
16	0.344	62.5
18	0.212	47.6
20	0.123	1.9
22	0.179	304.3
24	0.307	284.4
26	0.442	276.5
28	0.571	272.3
30	0.690	269.6
32	0.793	267.6
34	0.878	266.1
36	0.944	264.8
38	0.987	263.6
40	1.007	262.5
42	1.003	261.5
44	0.975	260.4
46	0.923	259.2
48	0.848	257.8
50	0.751	256.1
52	0.637	253.9
54	0.507	250.6
56	0.366	244.8
58	0.224	231.6
60	0.120	187.5
62	0.173	123.2
64	0.309	102.8
66	0.452	95.1
68	0.586	91.1
70	0.707	88.5
72	0.809	86.6
74	0.890	85.2
76	0.948	83.9
78	0.982	82.7
80	0.990	81.6
82	0.974	80.5

Apparent distance of satellite is Fa/Δ
Position angle of satellite is $p_1 + p_2$

APPARENT DISTANCE AND POSITION ANGLE

Date (0^h UT)		MIMAS a/Δ	MIMAS p_2	ENCELADUS a/Δ	ENCELADUS p_2	TETHYS a/Δ	TETHYS p_2	DIONE a/Δ	DIONE p_2
		″	°	″	°	″	°	″	°
Jan.	−1	25.2	+0.3	32.4	+0.7	40.1	+1.0	51.3	+0.7
	3	25.1	0.3	32.2	0.7	39.9	0.9	51.1	0.7
	7	25.0	0.4	32.0	0.7	39.7	0.9	50.8	0.7
	11	24.8	0.4	31.9	0.6	39.5	0.9	50.5	0.6
	15	24.7	0.5	31.7	0.6	39.3	0.8	50.3	0.6
	19	24.6	+0.5	31.6	+0.6	39.1	+0.8	50.1	+0.6
	23	24.5	0.6	31.5	0.6	38.9	0.8	49.9	0.6
	27	24.4	0.7	31.3	0.5	38.8	0.7	49.7	0.5
	31	24.3	0.7	31.2	0.5	38.7	0.7	49.5	0.5
Feb.	4	24.3	0.8	31.1	0.5	38.6	0.6	49.4	0.5
	8	24.2	+0.9	31.1	+0.4	38.4	+0.6	49.2	+0.5
	12	24.2	1.0	31.0	0.4	38.4	0.5	49.1	0.4
	16	24.1	1.1	30.9	0.4	38.3	0.5	49.0	0.4
	20	24.1	1.1	30.9	0.4	38.2	0.5	49.0	0.4
	24	24.0	1.2	30.8	0.3	38.2	0.4	48.9	0.3
	28	24.0	+1.3	30.8	+0.3	38.2	+0.4	48.9	+0.3
Mar.	4	24.0	1.4	30.8	0.3	38.1	0.3	48.9	0.3
	8	24.0	1.5	30.8	0.2	38.1	0.3	48.9	0.2
	12	24.0	1.6	30.8	0.2	38.2	0.2	48.9	0.2
	16	24.0	1.6	30.8	0.2	38.2	0.2	48.9	0.2
	20	24.1	+1.7	30.9	+0.1	38.2	+0.1	49.0	+0.1
	24	24.1	1.8	30.9	0.1	38.3	0.1	49.0	0.1
	28	24.2	1.9	31.0	+0.1	38.4	+0.1	49.1	+0.1
Apr.	1	24.2	1.9	31.1	0.0	38.4	0.0	49.2	0.0
	5	24.3	2.0	31.1	0.0	38.5	0.0	49.4	0.0
	9	24.3	+2.0	31.2	0.0	38.7	−0.1	49.5	0.0
	13	24.4	2.1	31.3	−0.1	38.8	0.1	49.7	0.0
	17	24.5	2.1	31.4	0.1	38.9	0.1	49.9	−0.1
	21	24.6	2.2	31.6	0.1	39.1	0.2	50.1	0.1
	25	24.7	2.2	31.7	0.2	39.3	0.2	50.3	0.1
	29	24.8	+2.2	31.9	−0.2	39.4	−0.2	50.5	−0.2
May	3	25.0	2.2	32.0	0.2	39.6	0.3	50.8	0.2
	7	25.1	2.2	32.2	0.3	39.8	0.3	51.0	0.2
	11	25.2	2.2	32.4	0.3	40.0	0.3	51.3	0.2
	15	25.4	2.2	32.5	0.3	40.3	0.4	51.6	0.3
	19	25.5	+2.2	32.7	−0.3	40.5	−0.4	51.9	−0.3
	23	25.7	2.2	32.9	0.3	40.8	0.4	52.2	0.3
	27	25.8	2.2	33.1	0.4	41.0	0.4	52.5	0.3
	31	26.0	2.1	33.3	0.4	41.3	0.5	52.9	0.3
June	4	26.2	2.1	33.6	0.4	41.6	0.5	53.2	0.4
	8	26.3	+2.0	33.8	−0.4	41.8	−0.5	53.6	−0.4
	12	26.5	2.0	34.0	0.4	42.1	0.5	54.0	0.4
	16	26.7	1.9	34.3	0.4	42.4	0.5	54.3	0.4
	20	26.9	1.8	34.5	0.5	42.7	0.5	54.7	0.4
	24	27.1	1.8	34.7	0.5	43.0	0.5	55.1	0.4
	28	27.3	+1.7	35.0	−0.5	43.3	−0.5	55.5	−0.4
July	2	27.5	+1.6	35.2	−0.5	43.6	−0.5	55.9	−0.4

APPARENT DISTANCE AND POSITION ANGLE

Date (0^h UT)		MIMAS a/Δ	MIMAS p_2	ENCELADUS a/Δ	ENCELADUS p_2	TETHYS a/Δ	TETHYS p_2	DIONE a/Δ	DIONE p_2
		″	°	″	°	″	°	″	°
July	2	27.5	+1.6	35.2	−0.5	43.6	−0.5	55.9	−0.4
	6	27.7	1.6	35.5	0.5	43.9	0.5	56.2	0.4
	10	27.8	1.5	35.7	0.5	44.2	0.5	56.6	0.4
	14	28.0	1.4	35.9	0.5	44.5	0.5	57.0	0.4
	18	28.2	1.3	36.2	0.5	44.8	0.5	57.4	0.4
	22	28.4	+1.2	36.4	−0.5	45.1	−0.5	57.7	−0.4
	26	28.5	1.1	36.6	0.5	45.3	0.5	58.1	0.4
	30	28.7	1.0	36.8	0.4	45.6	0.5	58.4	0.4
Aug.	3	28.9	1.0	37.0	0.4	45.8	0.5	58.7	0.4
	7	29.0	0.9	37.2	0.4	46.1	0.5	59.0	0.4
	11	29.1	+0.8	37.4	−0.4	46.3	−0.5	59.3	−0.4
	15	29.3	0.7	37.6	0.4	46.5	0.4	59.5	0.3
	19	29.4	0.6	37.7	0.4	46.7	0.4	59.8	0.3
	23	29.5	0.5	37.8	0.4	46.8	0.4	60.0	0.3
	27	29.6	0.5	37.9	0.3	46.9	0.4	60.1	0.3
	31	29.6	+0.4	38.0	−0.3	47.1	−0.4	60.3	−0.3
Sept.	4	29.7	0.3	38.1	0.3	47.1	0.3	60.4	0.3
	8	29.7	0.2	38.1	0.3	47.2	0.3	60.4	0.2
	12	29.7	0.2	38.2	0.3	47.2	0.3	60.5	0.2
	16	29.7	+0.1	38.2	0.2	47.2	0.3	60.5	0.2
	20	29.7	0.0	38.1	−0.2	47.2	−0.2	60.5	−0.2
	24	29.7	0.0	38.1	0.2	47.2	0.2	60.4	0.1
	28	29.6	−0.1	38.0	0.2	47.1	0.2	60.3	0.1
Oct.	2	29.6	0.1	38.0	0.1	47.0	0.2	60.2	0.1
	6	29.5	0.2	37.9	0.1	46.9	0.2	60.0	0.1
	10	29.4	−0.2	37.7	−0.1	46.7	−0.1	59.8	−0.1
	14	29.3	0.3	37.6	0.1	46.5	0.1	59.6	0.0
	18	29.2	0.3	37.4	0.1	46.4	0.1	59.4	0.0
	22	29.1	0.4	37.3	−0.1	46.1	0.1	59.1	0.0
	26	28.9	0.4	37.1	0.0	45.9	−0.1	58.8	0.0
	30	28.8	−0.4	36.9	0.0	45.7	0.0	58.5	0.0
Nov.	3	28.6	0.4	36.7	0.0	45.4	0.0	58.2	0.0
	7	28.4	0.5	36.5	0.0	45.1	0.0	57.8	0.0
	11	28.2	0.5	36.2	0.0	44.9	0.0	57.5	0.0
	15	28.1	0.5	36.0	0.0	44.6	0.0	57.1	0.0
	19	27.9	−0.5	35.8	0.0	44.3	0.0	56.7	0.0
	23	27.7	0.5	35.5	0.0	44.0	0.0	56.3	0.0
	27	27.5	0.5	35.3	0.0	43.7	0.0	55.9	0.0
Dec.	1	27.3	0.5	35.0	0.0	43.4	0.0	55.5	0.0
	5	27.1	0.5	34.8	0.0	43.1	0.0	55.2	0.0
	9	26.9	−0.4	34.5	0.0	42.8	0.0	54.8	0.0
	13	26.7	0.4	34.3	0.0	42.5	0.0	54.4	0.0
	17	26.6	0.4	34.1	0.0	42.2	0.0	54.0	0.0
	21	26.4	0.3	33.8	0.0	41.9	0.0	53.7	0.0
	25	26.2	0.3	33.6	−0.1	41.6	0.0	53.3	0.0
	29	26.0	−0.2	33.4	−0.1	41.3	0.0	53.0	0.0
	33	25.9	−0.2	33.2	−0.1	41.1	0.0	52.6	−0.1

APPARENT DISTANCE AND POSITION ANGLE

Date (0^h UT)		RHEA a/Δ	RHEA p_2	TITAN a/Δ	TITAN p_2	HYPERION a/Δ	HYPERION p_2	IAPETUS a/Δ	IAPETUS p_2
		″	°	″	°	″	°	″	°
Jan.	−1	71.7	+1.0	166	+1.4	202	+1.0	484	+2.6
	3	71.3	1.0	165	1.4	201	0.9	481	2.5
	7	70.9	1.0	164	1.3	200	0.9	479	2.5
	11	70.6	0.9	164	1.3	199	0.9	477	2.4
	15	70.2	0.9	163	1.3	198	0.9	474	2.3
	19	69.9	+0.9	162	+1.3	197	+0.8	472	+2.2
	23	69.6	0.9	161	1.2	197	0.8	470	2.1
	27	69.4	0.8	161	1.2	196	0.8	469	2.0
	31	69.2	0.8	160	1.2	195	0.7	467	1.9
Feb.	4	69.0	0.8	160	1.1	195	0.7	466	1.8
	8	68.8	+0.7	159	+1.1	194	+0.7	464	+1.7
	12	68.6	0.7	159	1.1	194	0.6	463	1.6
	16	68.5	0.7	159	1.1	193	0.6	462	1.5
	20	68.4	0.7	158	1.0	193	0.6	462	1.4
	24	68.3	0.6	158	1.0	193	0.5	461	1.3
	28	68.2	+0.6	158	+1.0	193	+0.5	461	+1.2
Mar.	4	68.2	0.6	158	0.9	193	0.5	461	1.1
	8	68.2	0.5	158	0.9	193	0.4	461	1.0
	12	68.2	0.5	158	0.9	193	0.4	461	0.8
	16	68.3	0.5	158	0.8	193	0.4	461	0.7
	20	68.4	+0.4	158	+0.8	193	+0.3	462	+0.6
	24	68.5	0.4	159	0.8	193	0.3	462	0.5
	28	68.6	0.4	159	0.7	194	0.2	463	0.4
Apr.	1	68.8	0.3	159	0.7	194	0.2	464	0.3
	5	68.9	0.3	160	0.7	195	0.2	466	0.2
	9	69.2	+0.3	160	+0.6	195	+0.1	467	+0.1
	13	69.4	0.2	161	0.6	196	0.1	469	0.0
	17	69.6	0.2	161	0.6	196	+0.1	470	−0.1
	21	69.9	0.2	162	0.5	197	0.0	472	0.1
	25	70.2	0.1	163	0.5	198	0.0	474	0.2
	29	70.5	+0.1	163	+0.5	199	0.0	476	−0.3
May	3	70.9	+0.1	164	0.4	200	−0.1	479	0.4
	7	71.2	0.0	165	0.4	201	0.1	481	0.5
	11	71.6	0.0	166	0.4	202	0.1	484	0.5
	15	72.0	0.0	167	0.4	203	0.1	486	0.6
	19	72.5	0.0	168	+0.3	204	−0.2	489	−0.7
	23	72.9	0.0	169	0.3	205	0.2	492	0.7
	27	73.4	−0.1	170	0.3	207	0.2	495	0.8
	31	73.8	0.1	171	0.3	208	0.2	499	0.8
June	4	74.3	0.1	172	0.3	209	0.2	502	0.9
	8	74.8	−0.1	173	+0.3	211	−0.3	505	−0.9
	12	75.3	0.1	175	0.2	212	0.3	509	0.9
	16	75.9	0.1	176	0.2	214	0.3	512	1.0
	20	76.4	0.2	177	0.2	215	0.3	516	1.0
	24	76.9	0.2	178	0.2	217	0.3	520	1.0
	28	77.5	−0.2	180	+0.2	218	−0.3	523	−1.0
July	2	78.0	−0.2	181	+0.2	220	−0.3	527	−1.0

APPARENT DISTANCE AND POSITION ANGLE

Date (0^h UT)		RHEA a/Δ	RHEA p_2	TITAN a/Δ	TITAN p_2	HYPERION a/Δ	HYPERION p_2	IAPETUS a/Δ	IAPETUS p_2
		″	°	″	°	″	°	″	°
July	2	78.0	−0.2	181	+0.2	220	−0.3	527	−1.0
	6	78.5	0.2	182	0.2	221	0.3	530	1.1
	10	79.1	0.2	183	0.2	223	0.3	534	1.1
	14	79.6	0.2	184	0.2	224	0.3	538	1.0
	18	80.1	0.2	186	0.2	225	0.3	541	1.0
	22	80.6	−0.2	187	+0.2	227	−0.3	544	−1.0
	26	81.1	0.2	188	0.2	228	0.3	548	1.0
	30	81.6	0.1	189	0.2	229	0.3	551	1.0
Aug.	3	82.0	0.1	190	0.2	231	0.3	554	0.9
	7	82.4	0.1	191	0.3	232	0.3	557	0.9
	11	82.8	−0.1	192	+0.3	233	−0.2	559	−0.9
	15	83.1	0.1	193	0.3	234	0.2	561	0.8
	19	83.5	0.1	193	0.3	235	0.2	564	0.8
	23	83.7	−0.1	194	0.3	235	0.2	565	0.7
	27	84.0	0.0	195	0.3	236	0.2	567	0.7
	31	84.2	0.0	195	+0.4	236	−0.1	568	−0.6
Sept.	4	84.3	0.0	195	0.4	237	0.1	569	0.5
	8	84.4	0.0	196	0.4	237	0.1	570	0.5
	12	84.5	+0.1	196	0.4	237	0.1	570	0.4
	16	84.5	0.1	196	0.5	237	−0.1	570	0.4
	20	84.4	+0.1	196	+0.5	237	0.0	570	−0.3
	24	84.4	0.1	195	0.5	237	0.0	570	0.2
	28	84.2	0.1	195	0.5	236	0.0	569	0.2
Oct.	2	84.0	0.2	195	0.5	236	0.0	568	0.1
	6	83.8	0.2	194	0.6	235	+0.1	566	−0.1
	10	83.6	+0.2	194	+0.6	234	+0.1	564	0.0
	14	83.2	0.2	193	0.6	234	0.1	562	+0.1
	18	82.9	0.2	192	0.6	233	0.1	560	0.1
	22	82.5	0.3	191	0.6	231	0.1	557	0.1
	26	82.1	0.3	190	0.6	230	0.1	555	0.2
	30	81.7	+0.3	189	+0.7	229	+0.2	552	+0.2
Nov.	3	81.2	0.3	188	0.7	228	0.2	548	0.3
	7	80.7	0.3	187	0.7	226	0.2	545	0.3
	11	80.2	0.3	186	0.7	225	0.2	542	0.3
	15	79.7	0.3	185	0.7	224	0.2	538	0.3
	19	79.2	+0.3	184	+0.7	222	+0.2	535	+0.3
	23	78.7	0.3	182	0.7	221	0.2	531	0.3
	27	78.1	0.3	181	0.7	219	0.2	528	0.3
Dec.	1	77.6	0.3	180	0.7	217	0.2	524	0.3
	5	77.0	0.3	179	0.7	216	0.2	520	0.3
	9	76.5	+0.3	177	+0.7	214	+0.2	517	+0.3
	13	76.0	0.3	176	0.7	213	0.2	513	0.2
	17	75.4	0.3	175	0.7	211	0.2	509	0.2
	21	74.9	0.3	174	0.6	210	0.1	506	0.2
	25	74.4	0.2	172	0.6	209	0.1	503	0.1
	29	74.0	+0.2	171	+0.6	207	+0.1	499	+0.1
	33	73.5	+0.2	170	+0.6	206	+0.1	496	0.0

ORBITAL POSITIONS FOR 0h UNIVERSAL TIME

Date		MIMAS L	MIMAS M	MIMAS θ	ENCELADUS L	ENCELADUS M	TETHYS L	TETHYS θ	DIONE L	DIONE M
		°	°	°	°	°	°	°	°	°
Jan.	−1	120.397	4.4	185.4	16.866	105.8	335.611	260.9	145.613	90.0
	3	208.358	88.4	181.4	347.792	75.4	18.403	260.1	311.753	255.8
	7	296.319	172.3	177.4	318.717	44.9	61.196	259.3	117.892	61.6
	11	24.281	256.3	173.4	289.643	14.5	103.988	258.5	284.032	227.4
	15	112.242	340.3	169.4	260.569	344.1	146.780	257.7	90.171	33.2
	19	200.203	64.2	165.4	231.494	313.7	189.572	257.0	256.311	199.0
	23	288.164	148.2	161.4	202.420	283.2	232.364	256.2	62.450	4.8
	27	16.125	232.1	157.4	173.346	252.8	275.156	255.4	228.590	170.6
	31	104.086	316.1	153.4	144.272	222.4	317.948	254.6	34.729	336.4
Feb.	4	192.047	40.0	149.4	115.198	192.0	0.740	253.8	200.869	142.2
	8	280.008	124.0	145.4	86.124	161.5	43.532	253.0	7.008	308.0
	12	7.969	208.0	141.4	57.050	131.1	86.324	252.2	173.148	113.8
	16	95.930	291.9	137.4	27.977	100.7	129.116	251.4	339.287	279.6
	20	183.891	15.9	133.4	358.903	70.3	171.908	250.6	145.427	85.4
	24	271.852	99.8	129.4	329.829	39.8	214.700	249.8	311.566	251.2
	28	359.813	183.8	125.4	300.756	9.4	257.492	249.0	117.706	57.0
Mar.	4	87.774	267.7	121.4	271.682	339.0	300.284	248.2	283.845	222.8
	8	175.734	351.7	117.4	242.609	308.6	343.076	247.5	89.984	28.6
	12	263.695	75.7	113.4	213.536	278.1	25.868	246.7	256.124	194.4
	16	351.656	159.6	109.4	184.463	247.7	68.660	245.9	62.263	0.2
	20	79.616	243.6	105.4	155.390	217.3	111.453	245.1	228.403	166.0
	24	167.577	327.5	101.4	126.317	186.9	154.245	244.3	34.542	331.8
	28	255.538	51.5	97.4	97.244	156.4	197.037	243.5	200.681	137.6
Apr.	1	343.498	135.4	93.4	68.171	126.0	239.829	242.7	6.821	303.4
	5	71.459	219.4	89.4	39.098	95.6	282.621	241.9	172.960	109.2
	9	159.419	303.4	85.4	10.026	65.2	325.413	241.1	339.100	275.0
	13	247.380	27.3	81.4	340.953	34.7	8.205	240.3	145.239	80.8
	17	335.340	111.3	77.4	311.881	4.3	50.997	239.5	311.378	246.6
	21	63.300	195.2	73.4	282.808	333.9	93.789	238.7	117.518	52.4
	25	151.261	279.2	69.4	253.736	303.5	136.581	238.0	283.657	218.2
	29	239.221	3.1	65.4	224.664	273.0	179.373	237.2	89.796	24.1
May	3	327.181	87.1	61.4	195.592	242.6	222.165	236.4	255.936	189.9
	7	55.141	171.1	57.4	166.520	212.2	264.958	235.6	62.075	355.7
	11	143.101	255.0	53.4	137.448	181.8	307.750	234.8	228.215	161.5
	15	231.062	339.0	49.4	108.376	151.3	350.542	234.0	34.354	327.3
	19	319.022	62.9	45.4	79.304	120.9	33.334	233.2	200.493	133.1
	23	46.982	146.9	41.4	50.232	90.5	76.126	232.4	6.632	298.9
	27	134.942	230.8	37.4	21.161	60.1	118.918	231.6	172.772	104.7
	31	222.902	314.8	33.4	352.089	29.7	161.710	230.8	338.911	270.5
June	4	310.862	38.8	29.4	323.018	359.2	204.502	230.0	145.050	76.3
	8	38.822	122.7	25.4	293.946	328.8	247.294	229.2	311.190	242.1
	12	126.781	206.7	21.4	264.875	298.4	290.086	228.4	117.329	47.9
	16	214.741	290.6	17.4	235.804	268.0	332.879	227.7	283.468	213.7
	20	302.701	14.6	13.4	206.732	237.5	15.671	226.9	89.608	19.5
	24	30.661	98.5	9.4	177.661	207.1	58.463	226.1	255.747	185.3
	28	118.621	182.5	5.4	148.590	176.7	101.255	225.3	61.886	351.1
July	2	206.580	266.4	1.4	119.519	146.3	144.047	224.5	228.025	156.9
4^d motion		1527.960	1524.0	−4.0	1050.927	1049.6	762.792	−0.8	526.139	525.8

ORBITAL POSITIONS FOR 0^h UNIVERSAL TIME

Date	MIMAS			ENCELADUS		TETHYS		DIONE	
	L	M	θ	L	M	L	θ	L	M
	°	°	°	°	°	°	°	°	°
July 2	206.580	266.4	1.4	119.519	146.3	144.047	224.5	228.025	156.9
6	294.540	350.4	357.4	90.449	115.9	186.839	223.7	34.165	322.7
10	22.499	74.4	353.4	61.378	85.4	229.631	222.9	200.304	128.5
14	110.459	158.3	349.4	32.307	55.0	272.423	222.1	6.443	294.3
18	198.419	242.3	345.4	3.237	24.6	315.215	221.3	172.582	100.1
22	286.378	326.2	341.4	334.166	354.2	358.008	220.5	338.722	265.9
26	14.338	50.2	337.4	305.096	323.7	40.800	219.7	144.861	71.7
30	102.297	134.1	333.4	276.025	293.3	83.592	218.9	311.000	237.5
Aug. 3	190.256	218.1	329.4	246.955	262.9	126.384	218.2	117.139	43.3
7	278.216	302.1	325.4	217.885	232.5	169.176	217.4	283.279	209.1
11	6.175	26.0	321.4	188.814	202.1	211.968	216.6	89.418	14.9
15	94.134	110.0	317.4	159.744	171.6	254.760	215.8	255.557	180.7
19	182.094	193.9	313.4	130.674	141.2	297.552	215.0	61.696	346.5
23	270.053	277.9	309.4	101.604	110.8	340.345	214.2	227.836	152.3
27	358.012	1.8	305.4	72.534	80.4	23.137	213.4	33.975	318.1
31	85.971	85.8	301.4	43.465	50.0	65.929	212.6	200.114	123.9
Sept. 4	173.930	169.7	297.4	14.395	19.5	108.721	211.8	6.253	289.7
8	261.889	253.7	293.4	345.325	349.1	151.513	211.0	172.392	95.5
12	349.848	337.7	289.4	316.255	318.7	194.305	210.2	338.532	261.4
16	77.807	61.6	285.4	287.186	288.3	237.097	209.4	144.671	67.2
20	165.766	145.6	281.4	258.116	257.8	279.890	208.7	310.810	233.0
24	253.725	229.5	277.4	229.047	227.4	322.682	207.9	116.949	38.8
28	341.684	313.5	273.4	199.978	197.0	5.474	207.1	283.088	204.6
Oct. 2	69.643	37.4	269.4	170.908	166.6	48.266	206.3	89.227	10.4
6	157.602	121.4	265.4	141.839	136.2	91.058	205.5	255.367	176.2
10	245.561	205.3	261.4	112.770	105.7	133.850	204.7	61.506	342.0
14	333.519	289.3	257.4	83.701	75.3	176.642	203.9	227.645	147.8
18	61.478	13.3	253.4	54.632	44.9	219.435	203.1	33.784	313.6
22	149.437	97.2	249.4	25.563	14.5	262.227	202.3	199.923	119.4
26	237.395	181.2	245.4	356.494	344.1	305.019	201.5	6.062	285.2
30	325.354	265.1	241.4	327.425	313.6	347.811	200.7	172.201	91.0
Nov. 3	53.313	349.1	237.4	298.356	283.2	30.603	199.9	338.341	256.8
7	141.271	73.0	233.4	269.287	252.8	73.395	199.2	144.480	62.6
11	229.230	157.0	229.4	240.218	222.4	116.188	198.4	310.619	228.4
15	317.188	240.9	225.4	211.149	192.0	158.980	197.6	116.758	34.2
19	45.146	324.9	221.4	182.081	161.5	201.772	196.8	282.897	200.0
23	133.105	48.8	217.4	153.012	131.1	244.564	196.0	89.036	5.8
27	221.063	132.8	213.4	123.944	100.7	287.356	195.2	255.175	171.6
Dec. 1	309.021	216.8	209.4	94.875	70.3	330.149	194.4	61.314	337.4
5	36.980	300.7	205.4	65.807	39.9	12.941	193.6	227.454	143.2
9	124.938	24.7	201.4	36.738	9.4	55.733	192.8	33.593	309.0
13	212.896	108.6	197.4	7.670	339.0	98.525	192.0	199.732	114.8
17	300.854	192.6	193.4	338.601	308.6	141.317	191.2	5.871	280.6
21	28.812	276.5	189.4	309.533	278.2	184.109	190.4	172.010	86.4
25	116.771	0.5	185.4	280.465	247.8	226.902	189.7	338.149	252.2
29	204.729	84.4	181.4	251.396	217.3	269.694	188.9	144.288	58.0
33	292.687	168.4	177.4	222.328	186.9	312.486	188.1	310.427	223.8
4^d motion	1527.959	1524.0	−4.0	1050.931	1049.6	762.792	−0.8	526.139	525.8

ORBITAL POSITIONS FOR 0^h UNIVERSAL TIME

Date		RHEA *L*	RHEA *M*	RHEA *θ*	RHEA *γ*	TITAN *L*	TITAN *M*	TITAN *θ*	TITAN *γ*
		°	°	°	°	°	°	°	°
Jan.	−1	139.168	291.3	22.7	0.315	125.711	284.00	239.67	0.354
	3	97.928	250.0	22.5	0.315	216.018	14.30	239.66	0.354
	7	56.688	208.8	22.4	0.315	306.326	104.60	239.66	0.354
	11	15.447	167.5	22.3	0.315	36.633	194.90	239.65	0.354
	15	334.207	126.2	22.2	0.315	126.941	285.20	239.65	0.354
	19	292.967	84.9	22.1	0.315	217.248	15.50	239.64	0.354
	23	251.727	43.7	21.9	0.315	307.556	105.81	239.63	0.354
	27	210.487	2.4	21.8	0.315	37.863	196.11	239.63	0.354
	31	169.247	321.1	21.7	0.315	128.171	286.41	239.62	0.354
Feb.	4	128.007	279.8	21.6	0.315	218.478	16.71	239.62	0.354
	8	86.766	238.5	21.4	0.315	308.786	107.01	239.61	0.354
	12	45.526	197.3	21.3	0.315	39.093	197.31	239.60	0.354
	16	4.286	156.0	21.2	0.315	129.401	287.62	239.60	0.354
	20	323.046	114.7	21.1	0.315	219.708	17.92	239.59	0.354
	24	281.806	73.4	21.0	0.315	310.016	108.22	239.59	0.354
	28	240.566	32.2	20.8	0.315	40.323	198.52	239.58	0.354
Mar.	4	199.326	350.9	20.7	0.316	130.631	288.82	239.57	0.354
	8	158.085	309.6	20.6	0.316	220.938	19.12	239.57	0.354
	12	116.845	268.3	20.5	0.316	311.246	109.43	239.56	0.354
	16	75.605	227.1	20.3	0.316	41.553	199.73	239.55	0.354
	20	34.365	185.8	20.2	0.316	131.861	290.03	239.55	0.354
	24	353.125	144.5	20.1	0.316	222.168	20.33	239.54	0.354
	28	311.885	103.2	20.0	0.316	312.476	110.63	239.54	0.354
Apr.	1	270.644	62.0	19.8	0.316	42.783	200.94	239.53	0.354
	5	229.404	20.7	19.7	0.316	133.091	291.24	239.52	0.354
	9	188.164	339.4	19.6	0.316	223.398	21.54	239.52	0.354
	13	146.924	298.1	19.5	0.316	313.706	111.84	239.51	0.354
	17	105.684	256.9	19.4	0.316	44.013	202.14	239.50	0.354
	21	64.444	215.6	19.2	0.316	134.321	292.44	239.50	0.354
	25	23.204	174.3	19.1	0.316	224.628	22.75	239.49	0.354
	29	341.963	133.0	19.0	0.316	314.936	113.05	239.49	0.354
May	3	300.723	91.8	18.9	0.316	45.243	203.35	239.48	0.354
	7	259.483	50.5	18.7	0.316	135.551	293.65	239.47	0.354
	11	218.243	9.2	18.6	0.316	225.858	23.95	239.47	0.354
	15	177.003	327.9	18.5	0.316	316.166	114.25	239.46	0.354
	19	135.763	286.7	18.4	0.316	46.473	204.56	239.45	0.354
	23	94.523	245.4	18.3	0.316	136.781	294.86	239.45	0.354
	27	53.282	204.1	18.1	0.316	227.088	25.16	239.44	0.354
	31	12.042	162.8	18.0	0.316	317.396	115.46	239.44	0.354
June	4	330.802	121.6	17.9	0.316	47.704	205.76	239.43	0.354
	8	289.562	80.3	17.8	0.316	138.011	296.06	239.42	0.354
	12	248.322	39.0	17.6	0.316	228.319	26.37	239.42	0.354
	16	207.082	357.7	17.5	0.316	318.626	116.67	239.41	0.354
	20	165.841	316.4	17.4	0.317	48.934	206.97	239.40	0.354
	24	124.601	275.2	17.3	0.317	139.241	297.27	239.40	0.354
	28	83.361	233.9	17.2	0.317	229.549	27.57	239.39	0.354
July	2	42.121	192.6	17.0	0.317	319.856	117.87	239.38	0.354
4^d motion		318.760	318.7	. .	. . . .	90.307	90.30	. . . . .	. . . .

ORBITAL POSITIONS FOR 0^h UNIVERSAL TIME

Date		RHEA				TITAN			
		L	M	θ	γ	L	M	θ	γ
		°	°	°	°	°	°	°	°
July	2	42.121	192.6	17.0	0.317	319.856	117.87	239.38	0.354
	6	0.881	151.3	16.9	0.317	50.164	208.18	239.38	0.354
	10	319.641	110.1	16.8	0.317	140.471	298.48	239.37	0.354
	14	278.401	68.8	16.7	0.317	230.779	28.78	239.36	0.354
	18	237.160	27.5	16.6	0.317	321.086	119.08	239.36	0.354
	22	195.920	346.2	16.4	0.317	51.394	209.38	239.35	0.354
	26	154.680	305.0	16.3	0.317	141.701	299.69	239.34	0.354
	30	113.440	263.7	16.2	0.317	232.009	29.99	239.34	0.354
Aug.	3	72.200	222.4	16.1	0.317	322.316	120.29	239.33	0.354
	7	30.960	181.1	15.9	0.317	52.624	210.59	239.32	0.354
	11	349.720	139.9	15.8	0.317	142.931	300.89	239.32	0.354
	15	308.479	98.6	15.7	0.317	233.239	31.19	239.31	0.354
	19	267.239	57.3	15.6	0.317	323.546	121.50	239.31	0.354
	23	225.999	16.0	15.5	0.317	53.854	211.80	239.30	0.354
	27	184.759	334.8	15.3	0.317	144.161	302.10	239.29	0.354
	31	143.519	293.5	15.2	0.317	234.469	32.40	239.29	0.354
Sept.	4	102.279	252.2	15.1	0.317	324.776	122.70	239.28	0.354
	8	61.038	210.9	15.0	0.317	55.084	213.00	239.27	0.354
	12	19.798	169.7	14.8	0.317	145.391	303.31	239.27	0.354
	16	338.558	128.4	14.7	0.317	235.699	33.61	239.26	0.354
	20	297.318	87.1	14.6	0.317	326.006	123.91	239.25	0.354
	24	256.078	45.8	14.5	0.317	56.314	214.21	239.25	0.354
	28	214.838	4.6	14.4	0.318	146.621	304.51	239.24	0.354
Oct.	2	173.598	323.3	14.2	0.318	236.929	34.82	239.23	0.354
	6	132.357	282.0	14.1	0.318	327.236	125.12	239.23	0.354
	10	91.117	240.7	14.0	0.318	57.544	215.42	239.22	0.354
	14	49.877	199.5	13.9	0.318	147.851	305.72	239.21	0.354
	18	8.637	158.2	13.8	0.318	238.159	36.02	239.21	0.354
	22	327.397	116.9	13.6	0.318	328.466	126.32	239.20	0.354
	26	286.157	75.6	13.5	0.318	58.774	216.63	239.19	0.354
	30	244.916	34.4	13.4	0.318	149.081	306.93	239.19	0.354
Nov.	3	203.676	353.1	13.3	0.318	239.389	37.23	239.18	0.354
	7	162.436	311.8	13.1	0.318	329.696	127.53	239.17	0.354
	11	121.196	270.5	13.0	0.318	60.004	217.83	239.17	0.354
	15	79.956	229.3	12.9	0.318	150.311	308.14	239.16	0.354
	19	38.716	188.0	12.8	0.318	240.619	38.44	239.15	0.354
	23	357.476	146.7	12.7	0.318	330.926	128.74	239.15	0.354
	27	316.235	105.5	12.5	0.318	61.234	219.04	239.14	0.354
Dec.	1	274.995	64.2	12.4	0.318	151.541	309.34	239.13	0.354
	5	233.755	22.9	12.3	0.318	241.849	39.64	239.13	0.354
	9	192.515	341.6	12.2	0.318	332.156	129.95	239.12	0.354
	13	151.275	300.4	12.1	0.318	62.464	220.25	239.11	0.354
	17	110.035	259.1	11.9	0.318	152.771	310.55	239.11	0.354
	21	68.795	217.8	11.8	0.318	243.079	40.85	239.10	0.354
	25	27.554	176.5	11.7	0.318	333.386	131.15	239.09	0.354
	29	346.314	135.3	11.6	0.318	63.694	221.46	239.09	0.354
	33	305.074	94.0	11.5	0.319	154.001	311.76	239.08	0.354
4^d motion		318.760	318.7	. . .	. . . .	90.307	90.30	. . . . .	. . . .

ORBITAL POSITIONS FOR 0h UNIVERSAL TIME

Date		HYPERION						IAPETUS		
		L	M	θ	γ	e	a	L	M	γ
		°	°	°	°		″	°	°	°
Jan.	−1	315.091	358.67	252.58	0.963	0.09403	2050.8	72.565	190.64	15.363
	3	22.441	66.23	252.56	0.963	0.09418	2050.9	90.717	208.79	15.364
	7	89.786	133.79	252.55	0.963	0.09433	2051.0	108.868	226.94	15.364
	11	157.126	201.35	252.53	0.964	0.09447	2051.1	127.020	245.09	15.364
	15	224.462	268.90	252.52	0.964	0.09460	2051.2	145.171	263.24	15.364
	19	291.795	336.44	252.51	0.964	0.09473	2051.3	163.323	281.39	15.364
	23	359.124	43.99	252.49	0.964	0.09485	2051.3	181.474	299.54	15.364
	27	66.451	111.53	252.48	0.964	0.09497	2051.4	199.626	317.69	15.365
	31	133.775	179.06	252.46	0.964	0.09508	2051.4	217.777	335.84	15.365
Feb.	4	201.099	246.60	252.45	0.964	0.09518	2051.5	235.929	353.99	15.365
	8	268.421	314.13	252.44	0.964	0.09528	2051.5	254.080	12.14	15.365
	12	335.743	21.67	252.42	0.964	0.09538	2051.5	272.232	30.29	15.365
	16	43.065	89.20	252.41	0.964	0.09546	2051.5	290.383	48.44	15.365
	20	110.388	156.74	252.39	0.964	0.09554	2051.5	308.535	66.59	15.365
	24	177.712	224.27	252.38	0.964	0.09562	2051.5	326.686	84.75	15.366
	28	245.038	291.81	252.37	0.965	0.09569	2051.4	344.838	102.90	15.366
Mar.	4	312.366	359.35	252.35	0.965	0.09575	2051.4	2.989	121.05	15.366
	8	19.697	66.89	252.34	0.965	0.09580	2051.3	21.141	139.20	15.366
	12	87.032	134.44	252.32	0.965	0.09585	2051.3	39.292	157.35	15.366
	16	154.371	201.99	252.31	0.965	0.09590	2051.2	57.444	175.50	15.366
	20	221.714	269.54	252.30	0.965	0.09594	2051.1	75.595	193.65	15.367
	24	289.062	337.10	252.28	0.965	0.09597	2051.0	93.747	211.80	15.367
	28	356.416	44.66	252.27	0.965	0.09600	2050.9	111.898	229.95	15.367
Apr.	1	63.776	112.24	252.26	0.965	0.09602	2050.8	130.050	248.10	15.367
	5	131.142	179.81	252.24	0.965	0.09604	2050.7	148.201	266.25	15.367
	9	198.516	247.40	252.23	0.965	0.09605	2050.5	166.353	284.40	15.367
	13	265.897	314.99	252.21	0.966	0.09606	2050.4	184.504	302.55	15.367
	17	333.286	22.59	252.20	0.966	0.09606	2050.2	202.656	320.70	15.368
	21	40.683	90.20	252.19	0.966	0.09605	2050.1	220.807	338.85	15.368
	25	108.089	157.82	252.17	0.966	0.09604	2049.9	238.959	357.00	15.368
	29	175.505	225.45	252.16	0.966	0.09603	2049.7	257.110	15.15	15.368
May	3	242.930	293.09	252.14	0.966	0.09601	2049.5	275.262	33.30	15.368
	7	310.365	0.73	252.13	0.966	0.09599	2049.3	293.413	51.45	15.368
	11	17.811	68.39	252.12	0.966	0.09596	2049.1	311.565	69.60	15.369
	15	85.267	136.06	252.10	0.966	0.09593	2048.9	329.716	87.76	15.369
	19	152.735	203.75	252.09	0.966	0.09590	2048.7	347.868	105.91	15.369
	23	220.214	271.44	252.07	0.966	0.09586	2048.5	6.019	124.06	15.369
	27	287.705	339.15	252.06	0.967	0.09582	2048.3	24.171	142.21	15.369
	31	355.208	46.86	252.05	0.967	0.09578	2048.0	42.322	160.36	15.369
June	4	62.723	114.59	252.03	0.967	0.09573	2047.8	60.474	178.51	15.369
	8	130.251	182.34	252.02	0.967	0.09568	2047.5	78.625	196.66	15.370
	12	197.792	250.10	252.00	0.967	0.09562	2047.3	96.777	214.81	15.370
	16	265.346	317.87	251.99	0.967	0.09557	2047.0	114.928	232.96	15.370
	20	332.913	25.65	251.98	0.967	0.09551	2046.8	133.080	251.11	15.370
	24	40.494	93.45	251.96	0.967	0.09545	2046.5	151.231	269.26	15.370
	28	108.088	161.26	251.95	0.967	0.09539	2046.2	169.382	287.41	15.370
July	2	175.695	229.09	251.94	0.967	0.09533	2046.0	187.534	305.56	15.370

ORBITAL POSITIONS FOR 0^h UNIVERSAL TIME

Date		HYPERION L	HYPERION M	HYPERION θ	HYPERION γ	HYPERION e	HYPERION a	IAPETUS L	IAPETUS M	IAPETUS γ
		°	°	°	°		″	°	°	°
July	2	175.695	229.09	251.94	0.967	0.09533	2046.0	187.534	305.56	15.370
	6	243.317	296.93	251.92	0.967	0.09526	2045.7	205.685	323.71	15.371
	10	310.953	4.79	251.91	0.968	0.09520	2045.4	223.837	341.86	15.371
	14	18.602	72.66	251.89	0.968	0.09513	2045.1	241.988	0.01	15.371
	18	86.266	140.54	251.88	0.968	0.09506	2044.9	260.140	18.16	15.371
	22	153.943	208.44	251.87	0.968	0.09500	2044.6	278.291	36.31	15.371
	26	221.635	276.35	251.85	0.968	0.09493	2044.3	296.443	54.46	15.371
	30	289.340	344.28	251.84	0.968	0.09486	2044.0	314.594	72.61	15.372
Aug.	3	357.060	52.22	251.82	0.968	0.09480	2043.7	332.746	90.77	15.372
	7	64.794	120.18	251.81	0.968	0.09473	2043.5	350.897	108.92	15.372
	11	132.541	188.15	251.80	0.968	0.09467	2043.2	9.049	127.07	15.372
	15	200.302	256.14	251.78	0.968	0.09460	2042.9	27.200	145.22	15.372
	19	268.077	324.14	251.77	0.968	0.09454	2042.6	45.352	163.37	15.372
	23	335.865	32.15	251.75	0.969	0.09448	2042.4	63.503	181.52	15.372
	27	43.666	100.18	251.74	0.969	0.09442	2042.1	81.655	199.67	15.373
	31	111.481	168.22	251.73	0.969	0.09436	2041.8	99.806	217.82	15.373
Sept.	4	179.308	236.28	251.71	0.969	0.09431	2041.6	117.958	235.97	15.373
	8	247.149	304.34	251.70	0.969	0.09426	2041.3	136.109	254.12	15.373
	12	315.001	12.42	251.69	0.969	0.09421	2041.1	154.261	272.27	15.373
	16	22.866	80.52	251.67	0.969	0.09416	2040.8	172.412	290.42	15.373
	20	90.742	148.62	251.66	0.969	0.09412	2040.6	190.564	308.57	15.374
	24	158.630	216.74	251.64	0.969	0.09408	2040.4	208.715	326.72	15.374
	28	226.530	284.87	251.63	0.969	0.09404	2040.1	226.867	344.87	15.374
Oct.	2	294.440	353.01	251.62	0.969	0.09401	2039.9	245.018	3.02	15.374
	6	2.361	61.16	251.60	0.969	0.09398	2039.7	263.170	21.17	15.374
	10	70.292	129.32	251.59	0.970	0.09395	2039.5	281.321	39.32	15.374
	14	138.232	197.49	251.57	0.970	0.09393	2039.3	299.473	57.47	15.374
	18	206.182	265.67	251.56	0.970	0.09392	2039.1	317.624	75.62	15.375
	22	274.141	333.87	251.55	0.970	0.09391	2038.9	335.776	93.78	15.375
	26	342.109	42.06	251.53	0.970	0.09390	2038.8	353.927	111.93	15.375
	30	50.084	110.27	251.52	0.970	0.09390	2038.6	12.079	130.08	15.375
Nov.	3	118.068	178.49	251.50	0.970	0.09390	2038.4	30.230	148.23	15.375
	7	186.058	246.71	251.49	0.970	0.09391	2038.3	48.382	166.38	15.375
	11	254.055	314.94	251.48	0.970	0.09393	2038.2	66.533	184.53	15.376
	15	322.058	23.18	251.46	0.970	0.09394	2038.0	84.685	202.68	15.376
	19	30.067	91.42	251.45	0.970	0.09397	2037.9	102.836	220.83	15.376
	23	98.081	159.67	251.44	0.971	0.09400	2037.8	120.988	238.98	15.376
	27	166.100	227.92	251.42	0.971	0.09404	2037.7	139.139	257.13	15.376
Dec.	1	234.122	296.17	251.41	0.971	0.09408	2037.6	157.291	275.28	15.376
	5	302.149	4.43	251.39	0.971	0.09413	2037.5	175.442	293.43	15.376
	9	10.178	72.69	251.38	0.971	0.09418	2037.5	193.594	311.58	15.377
	13	78.210	140.96	251.37	0.971	0.09424	2037.4	211.745	329.73	15.377
	17	146.244	209.23	251.35	0.971	0.09431	2037.4	229.897	347.88	15.377
	21	214.280	277.49	251.34	0.971	0.09438	2037.3	248.048	6.03	15.377
	25	282.316	345.76	251.32	0.971	0.09446	2037.3	266.200	24.18	15.377
	29	350.353	54.03	251.31	0.971	0.09455	2037.3	284.351	42.33	15.377
	33	58.389	122.30	251.30	0.971	0.09464	2037.3	302.503	60.48	15.377

DIFFERENTIAL COORDINATES OF HYPERION FOR 0^h U.T.

Date	Δα	Δδ	Date	Δα	Δδ	Date	Δα	Δδ
	s	′		s	′		s	′
Jan. −1	+ 12	− 0.3	May 1	− 6	+ 0.1	Sept. 2	− 17	+ 0.3
1	+ 7	− 0.4	3	+ 2	0.0	4	− 13	+ 0.2
3	− 1	− 0.3	5	+ 9	− 0.1	6	− 6	+ 0.1
5	− 8	− 0.1	7	+ 12	− 0.2	8	+ 4	0.0
7	− 13	+ 0.1	9	+ 10	− 0.2	10	+ 12	− 0.2
9	− 15	+ 0.3	11	+ 3	− 0.1	12	+ 14	− 0.2
11	− 12	+ 0.5	13	− 4	+ 0.1	14	+ 11	− 0.2
13	− 7	+ 0.5	15	− 11	+ 0.2	16	+ 2	− 0.1
15	+ 1	+ 0.3	17	− 14	+ 0.2	18	− 7	+ 0.1
17	+ 8	+ 0.1	19	− 14	+ 0.2	20	− 14	+ 0.2
19	+ 12	− 0.2	21	− 10	+ 0.2	22	− 17	+ 0.3
21	+ 11	− 0.3	23	− 4	0.0	24	− 16	+ 0.3
23	+ 5	− 0.4	25	+ 4	− 0.1	26	− 10	+ 0.2
25	− 3	− 0.2	27	+ 11	− 0.2	28	− 2	+ 0.1
27	− 9	0.0	29	+ 12	− 0.2	30	+ 8	− 0.1
29	− 14	+ 0.2	31	+ 9	− 0.1	Oct. 2	+ 14	− 0.2
31	− 14	+ 0.3	June 2	+ 1	0.0	4	+ 13	− 0.3
Feb. 2	− 11	+ 0.4	4	− 7	+ 0.2	6	+ 7	− 0.2
4	− 5	+ 0.4	6	− 13	+ 0.2	8	− 2	− 0.1
6	+ 2	+ 0.2	8	− 15	+ 0.3	10	− 10	+ 0.1
8	+ 9	0.0	10	− 14	+ 0.2	12	− 16	+ 0.2
10	+ 12	− 0.2	12	− 9	+ 0.1	14	− 17	+ 0.3
12	+ 10	− 0.3	14	− 1	0.0	16	− 14	+ 0.3
14	+ 3	− 0.3	16	+ 7	− 0.2	18	− 7	+ 0.2
16	− 4	− 0.1	18	+ 12	− 0.2	20	+ 3	+ 0.1
18	− 11	+ 0.1	20	+ 12	− 0.2	22	+ 11	− 0.1
20	− 14	+ 0.2	22	+ 7	− 0.1	24	+ 14	− 0.3
22	− 14	+ 0.3	24	− 1	+ 0.1	26	+ 11	− 0.3
24	− 10	+ 0.3	26	− 9	+ 0.2	28	+ 3	− 0.2
26	− 3	+ 0.3	28	− 14	+ 0.3	30	− 5	0.0
28	+ 4	+ 0.1	30	− 16	+ 0.3	Nov. 1	− 13	+ 0.1
Mar. 2	+ 10	− 0.1	July 2	− 13	+ 0.2	3	− 16	+ 0.3
4	+ 12	− 0.2	4	− 7	0.0	5	− 16	+ 0.3
6	+ 8	− 0.3	6	+ 2	− 0.1	7	− 11	+ 0.3
8	+ 1	− 0.2	8	+ 10	− 0.2	9	− 3	+ 0.2
10	− 6	0.0	10	+ 13	− 0.2	11	+ 6	0.0
12	− 12	+ 0.1	12	+ 11	− 0.1	13	+ 12	− 0.2
14	− 14	+ 0.3	14	+ 4	0.0	15	+ 13	− 0.3
16	− 13	+ 0.3	16	− 4	+ 0.1	17	+ 8	− 0.3
18	− 9	+ 0.3	18	− 12	+ 0.2	19	0	− 0.1
20	− 2	+ 0.2	20	− 16	+ 0.3	21	− 8	0.0
22	+ 6	0.0	22	− 16	+ 0.2	23	− 14	+ 0.2
24	+ 11	− 0.2	24	− 12	+ 0.1	25	− 16	+ 0.3
26	+ 11	− 0.2	26	− 4	0.0	27	− 14	+ 0.3
28	+ 7	− 0.2	28	+ 5	− 0.1	29	− 7	+ 0.3
30	0	− 0.1	30	+ 12	− 0.2	Dec. 1	+ 1	+ 0.1
Apr. 1	− 8	+ 0.1	Aug. 1	+ 14	− 0.2	3	+ 9	− 0.1
3	− 13	+ 0.2	3	+ 9	− 0.1	5	+ 13	− 0.2
5	− 14	+ 0.3	5	+ 1	0.0	7	+ 11	− 0.3
7	− 12	+ 0.3	7	− 8	+ 0.2	9	+ 5	− 0.2
9	− 7	+ 0.2	9	− 14	+ 0.3	11	− 4	− 0.1
11	0	+ 0.1	11	− 17	+ 0.3	13	− 11	+ 0.1
13	+ 7	− 0.1	13	− 15	+ 0.2	15	− 15	+ 0.2
15	+ 12	− 0.2	15	− 9	+ 0.1	17	− 15	+ 0.3
17	+ 11	− 0.2	17	0	0.0	19	− 11	+ 0.3
19	+ 5	− 0.1	19	+ 9	− 0.2	21	− 4	+ 0.2
21	− 2	0.0	21	+ 14	− 0.2	23	+ 4	0.0
23	− 9	+ 0.1	23	+ 13	− 0.2	25	+ 11	− 0.1
25	− 14	+ 0.2	25	+ 6	− 0.1	27	+ 13	− 0.2
27	− 14	+ 0.3	27	− 3	0.0	29	+ 9	− 0.2
29	− 12	+ 0.2	29	− 11	+ 0.2	31	+ 1	− 0.1
May 1	− 6	+ 0.1	31	− 16	+ 0.3	33	− 6	0.0

Differential coordinates are given in the sense “satellite minus planet.”

DIFFERENTIAL COORDINATES OF IAPETUS FOR 0^h U.T.

Date	Δα	Δδ	Date	Δα	Δδ	Date	Δα	Δδ
	s	′		s	′		s	′
Jan. −1	−23	−0.1	May 1	+22	+0.1	Sept. 2	−34	−0.7
1	26	0.3	3	25	0.3	4	37	1.0
3	29	0.4	5	28	0.6	6	38	1.2
5	31	0.5	7	30	0.8	8	38	1.4
7	32	0.6	9	31	1.0	10	37	1.5
9	33	0.7	11	32	1.2	12	36	1.7
11	−32	−0.8	13	+31	+1.4	14	−33	−1.7
13	32	0.9	15	30	1.5	16	30	1.7
15	30	0.9	17	29	1.6	18	26	1.7
17	28	1.0	19	26	1.6	20	21	1.7
19	25	1.0	21	23	1.7	22	15	1.5
21	21	1.0	23	19	1.6	24	9	1.4
23	−17	−0.9	25	+15	+1.6	26	−3	−1.2
25	13	0.9	27	10	1.5	28	+3	1.0
27	8	0.8	29	6	1.4	30	9	0.7
29	−3	0.7	31	+1	1.2	Oct. 2	15	0.4
31	+2	0.6	June 2	−4	1.0	4	20	−0.2
Feb. 2	7	0.4	4	9	0.8	6	25	+0.1
4	+12	−0.3	6	−14	+0.5	8	+29	+0.4
6	16	−0.1	8	19	+0.3	10	33	0.7
8	20	+0.1	10	23	0.0	12	35	0.9
10	23	0.2	12	26	−0.2	14	36	1.1
12	26	0.4	14	29	0.5	16	37	1.3
14	28	0.6	16	32	0.8	18	36	1.4
16	+30	+0.7	18	−33	−1.0	20	+35	+1.5
18	30	0.8	20	34	1.2	22	33	1.6
20	30	0.9	22	34	1.4	24	29	1.6
22	30	1.0	24	33	1.6	26	26	1.6
24	28	1.1	26	32	1.7	28	21	1.5
26	26	1.2	28	29	1.8	30	16	1.4
28	+23	+1.2	30	−26	−1.8	Nov. 1	+11	+1.3
Mar. 2	20	1.2	July 2	22	1.8	3	+5	1.2
4	16	1.1	4	18	1.7	5	−1	1.0
6	12	1.1	6	13	1.6	7	6	0.8
8	7	1.0	8	7	1.4	9	12	0.6
10	+3	0.9	10	−2	1.3	11	17	0.3
12	−2	+0.8	12	+4	−1.0	13	−21	+0.1
14	6	0.6	14	10	0.8	15	26	−0.1
16	11	0.4	16	15	0.5	17	29	0.4
18	15	0.3	18	20	−0.2	19	32	0.6
20	19	+0.1	20	25	+0.1	21	34	0.8
22	22	−0.1	22	29	0.4	23	35	1.0
24	−25	−0.3	24	+32	+0.7	25	−36	−1.1
26	28	0.5	26	34	1.0	27	35	1.3
28	30	0.7	28	36	1.2	29	34	1.4
30	31	0.8	30	36	1.5	Dec. 1	32	1.4
Apr. 1	31	1.0	Aug. 1	36	1.6	3	29	1.5
3	31	1.1	3	34	1.8	5	25	1.5
5	−30	−1.2	5	+32	+1.9	7	−21	−1.4
7	28	1.3	7	29	1.9	9	16	1.3
9	26	1.4	9	25	1.9	11	11	1.2
11	23	1.4	11	21	1.8	13	−6	1.1
13	19	1.4	13	16	1.7	15	0	0.9
15	15	1.3	15	10	1.6	17	+5	0.7
17	−11	−1.2	17	+4	+1.4	19	+11	−0.5
19	6	1.1	19	−1	1.2	21	16	−0.3
21	−1	1.0	21	7	1.0	23	20	0.0
23	+4	0.8	23	13	0.7	25	24	+0.2
25	9	0.6	25	18	0.4	27	27	0.4
27	14	0.4	27	23	+0.1	29	30	0.6
29	+18	−0.1	29	−28	−0.2	31	+31	+0.8
May 1	+22	+0.1	31	−31	−0.5	33	+32	+1.0

Differential coordinates are given in the sense “satellite minus planet.”

DIFFERENTIAL COORDINATES OF PHOEBE FOR 0^h U.T.

Date	Δα	Δδ	Date	Δα	Δδ	Date	Δα	Δδ
	m s	′		m s	′		m s	′
Jan. −1	+ 0 30	+ 0.2	May 1	− 1 27	− 8.5	Sept. 2	+ 0 44	+ 7.5
1	0 27	0.0	3	1 27	8.4	4	0 46	7.8
3	0 24	− 0.3	5	1 26	8.2	6	0 49	8.0
5	0 21	0.6	7	1 26	8.1	8	0 51	8.3
7	0 18	0.8	9	1 25	8.0	10	0 54	8.5
9	0 15	1.1	11	1 24	7.8	12	0 56	8.7
11	+ 0 12	− 1.4	13	− 1 23	− 7.7	14	+ 0 59	+ 8.9
13	0 09	1.6	15	1 22	7.5	16	1 01	9.2
15	0 06	1.9	17	1 21	7.3	18	1 03	9.4
17	+ 0 03	2.2	19	1 20	7.1	20	1 06	9.6
19	0 00	2.4	21	1 19	6.9	22	1 08	9.8
21	− 0 03	2.7	23	1 18	6.7	24	1 10	10.0
23	− 0 06	− 2.9	25	− 1 16	− 6.5	26	+ 1 12	+10.2
25	0 09	3.2	27	1 15	6.3	28	1 14	10.3
27	0 12	3.5	29	1 13	6.1	30	1 17	10.5
29	0 15	3.7	31	1 12	5.9	Oct. 2	1 19	10.7
31	0 18	4.0	June 2	1 10	5.6	4	1 21	10.9
Feb. 2	0 21	4.2	4	1 08	5.4	6	1 23	11.0
4	− 0 24	− 4.4	6	− 1 07	− 5.2	8	+ 1 25	+11.2
6	0 27	4.7	8	1 05	4.9	10	1 27	11.4
8	0 29	4.9	10	1 03	4.6	12	1 29	11.5
10	0 32	5.2	12	1 01	4.4	14	1 30	11.7
12	0 35	5.4	14	0 59	4.1	16	1 32	11.8
14	0 37	5.6	16	0 57	3.8	18	1 34	11.9
16	− 0 40	− 5.8	18	− 0 55	− 3.6	20	+ 1 36	+12.1
18	0 43	6.0	20	0 53	3.3	22	1 38	12.2
20	0 45	6.3	22	0 50	3.0	24	1 39	12.3
22	0 48	6.5	24	0 48	2.7	26	1 41	12.4
24	0 50	6.7	26	0 46	2.4	28	1 42	12.5
26	0 52	6.8	28	0 43	2.1	30	1 44	12.7
28	− 0 55	− 7.0	30	− 0 41	− 1.8	Nov. 1	+ 1 45	+12.8
Mar. 2	0 57	7.2	July 2	0 38	1.5	3	1 47	12.9
4	0 59	7.4	4	0 36	1.2	5	1 48	13.0
6	1 01	7.5	6	0 33	0.9	7	1 50	13.0
8	1 03	7.7	8	0 31	0.6	9	1 51	13.1
10	1 05	7.8	10	0 28	− 0.3	11	1 52	13.2
12	− 1 07	− 8.0	12	− 0 26	0.0	13	+ 1 53	+13.3
14	1 09	8.1	14	0 23	+ 0.3	15	1 55	13.4
16	1 11	8.2	16	0 21	0.6	17	1 56	13.4
18	1 12	8.4	18	0 18	0.9	19	1 57	13.5
20	1 14	8.5	20	0 15	1.3	21	1 58	13.5
22	1 16	8.6	22	0 12	1.6	23	1 59	13.6
24	− 1 17	− 8.7	24	− 0 10	+ 1.9	25	+ 2 00	+13.6
26	1 18	8.7	26	0 07	2.2	27	2 01	13.7
28	1 20	8.8	28	0 04	2.5	29	2 02	13.7
30	1 21	8.9	30	− 0 02	2.8	Dec. 1	2 03	13.8
Apr. 1	1 22	8.9	Aug. 1	+ 0 01	3.1	3	2 03	13.8
3	1 23	9.0	3	0 04	3.4	5	2 04	13.8
5	− 1 24	− 9.0	5	+ 0 07	+ 3.7	7	+ 2 05	+13.9
7	1 25	9.0	7	0 09	4.0	9	2 05	13.9
9	1 25	9.0	9	0 12	4.3	11	2 06	13.9
11	1 26	9.0	11	0 15	4.6	13	2 07	13.9
13	1 26	9.0	13	0 17	4.9	15	2 07	13.9
15	1 27	9.0	15	0 20	5.1	17	2 08	13.9
17	− 1 27	− 9.0	17	+ 0 23	+ 5.4	19	+ 2 08	+13.9
19	1 28	8.9	19	0 25	5.7	21	2 08	13.9
21	1 28	8.9	21	0 28	6.0	23	2 09	13.9
23	1 28	8.8	23	0 31	6.2	25	2 09	13.9
25	1 28	8.7	25	0 33	6.5	27	2 09	13.9
27	1 28	8.7	27	0 36	6.8	29	2 09	13.8
29	− 1 27	− 8.6	29	+ 0 39	+ 7.0	31	+ 2 09	+13.8
May 1	− 1 27	− 8.5	31	+ 0 41	+ 7.3	33	+ 2 10	+13.8

Differential coordinates are given in the sense "satellite minus planet."

TRUE ORBITAL LONGITUDE AND RADIUS VECTOR

The formulae and constants for obtaining the true orbital longitude u and the radius vector r of Satellites I–VIII (where γ is the inclination) follow. Quantities that change during the year are tabulated separately.

Mimas

$r/a = 1.0002 - 0.0201 \cos M - 0.0002 \cos 2M$ $a = 255''.9$ $\gamma = 1°31'.0$

$u = L + 2°.303 \sin M + 0°.029 \sin 2M$

Enceladus

$r/a = 1 - 0.0044 \cos M$ $a = 328''.3$ $\gamma = 1'.4$

$u = L + 0°.509 \sin M$ $u - \theta = 36° + 263.15\ (\text{JD} - 243\ 6000.5)$

Tethys

$r/a = 1$ $u = L$ $a = 406''.4$ $\gamma = 1°05'.56$

Dione

$r/a = 1 - 0.0022 \cos M$ $a = 520''.5$ $\gamma = 1'.4$

$u = L + 0°.253 \sin M$ $u - \theta = 214° + 131.62\ (\text{JD} - 243\ 6000.5)$

Rhea, Titan, Hyperion

$r/a = 1 + e^2/2 - e \cos M - e^2/2 \cos 2M - \ldots$

$u = L + 2e \sin M + \ldots$

Rhea

$a = 726''.9$

e	=	0.00127	January 0 – March 8
	=	0.00126	March 9 – October 2
	=	0.00125	October 3 – December 32

Titan

$a = 1684''.4$

e	=	0.02887	January 0 – February 24
	=	0.02886	February 25 – July 18
	=	0.02885	July 19 – November 23
	=	0.02884	November 24 – December 32

Iapetus

$r/a = 1.0004 - 0.0283 \cos M - 0.0004 \cos 2M$ $a = 4908''.6$

$u = L + 3°.240 \sin M + 0°.057 \sin 2M + 0°.001 \sin 3M$

θ	=	254.25	January 0 – January 3
	=	254.24	January 4 – April 1
	=	254.23	April 2 – June 28
	=	254.22	June 29 – September 24
	=	254.21	September 25 – December 21
	=	254.20	December 22 – December 32

SATURNICENTRIC RECTANGULAR COORDINATES

Apparent rectangular coordinates, with the x-axis in the plane of the rings, positive toward the east, and the y-axis positive toward the north pole of Saturn, are given by

$$x = \xi / (1 + \zeta) \qquad\qquad y = \eta / (1 + \zeta)$$

$$\xi = (a/\Delta)\,(r/a)\,[\cos b \sin (l - U)]$$

$$\eta = (a/\Delta)\,(r/a)\,[\cos b \sin B \cos (l - U) + \sin b \cos B]$$

$$\zeta = (a/\Delta)\,(r/a)\,[\cos b \cos B \cos (l - U) - \sin b \sin B]$$

$$\sin b = \sin (u - \theta) \sin \gamma$$

$$\cos b \sin (l - \theta) = \sin (u - \theta) \cos \gamma$$

$$\cos b \cos (l - \theta) = \cos (u - \theta)$$

For Satellites I–V, apparent rectangular coordinates may be obtained with sufficient accuracy from

$$x = (a/\Delta)\,(r/a)\,[1/(1 + \zeta)] \sin (u - U) = s \sin (p - P)$$

$$y = (a/\Delta)\,(r/a)\,[1/(1 + \zeta)]\,[\sin B \cos (u - U) + \cos B \sin \gamma \sin (u - \theta)] = s \cos (p - P)$$

and the tables given below. In critical cases ascend.

Mimas

$u - U$	$\frac{1}{1+\zeta}$	$u - U$
°		°
0.0		360.0
	0.9999	
67.3		292.7
	1.0000	
112.6		247.4
	1.0001	
247.3		112.7

Tethys

$u - U$	$\frac{1}{1+\zeta}$	$u - U$
°		°
0.0		360.0
	0.9998	
43.4		316.6
	0.9999	
75.9		284.1
	1.0000	
104.0		256.0
	1.0001	
136.5		223.5
	1.0002	
223.4		136.6

Rhea

$u - U$	$\frac{1}{1+\zeta}$	$u - U$
°		°
0.0		360.0
	0.9996	
18.6		341.4
	0.9997	
47.4		312.6
	0.9998	
66.0		294.0
	0.9999	
82.2		277.8
	1.0000	
97.7		262.3
	1.0001	
113.9		246.1
	1.0002	
132.5		227.5
	1.0003	
161.3		198.7
	1.0004	
198.6		161.4

Enceladus

$u - U$	$\frac{1}{1+\zeta}$	$u - U$
°		°
0.0		360.0
	0.9998	
25.9		334.1
	0.9999	
72.5		287.5
	1.0000	
107.4		252.6
	1.0001	
154.0		206.0
	1.0002	
205.9		154.1

Dione

$u - U$	$\frac{1}{1+\zeta}$	$u - U$
°		°
0.0		360.0
	0.9997	
19.0		341.0
	0.9998	
55.4		304.6
	0.9999	
79.1		280.9
	1.0000	
100.8		259.2
	1.0001	
124.5		235.5
	1.0002	
160.9		199.1
	1.0003	
199.0		161.0

APPARENT ORBITS OF SATELLITES I–IV AT DATE OF OPPOSITION, JULY 21

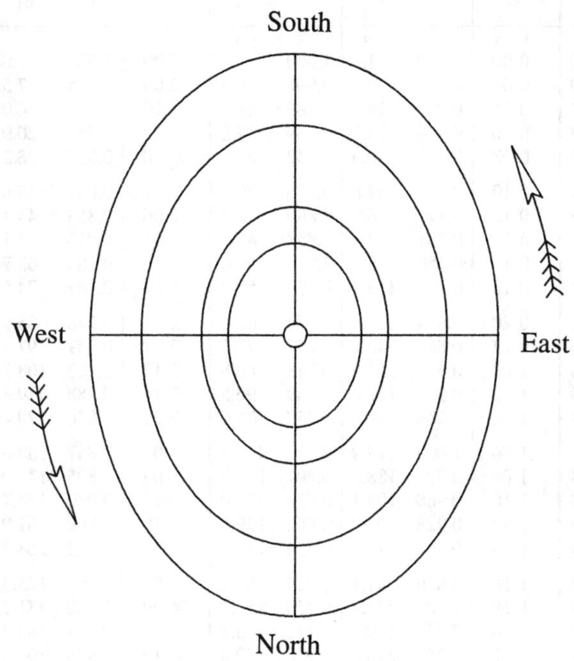

	Name	Sidereal Period	
		d	h
V	Miranda	1.4	
I	Ariel	2	12.489
II	Umbriel	4	03.460
III	Titania	8	16.941
IV	Oberon	13	11.118

RINGS OF URANUS

Ring	Semimajor Axis	Eccentricity	Azimuth of Periapse	Precession Rate
	km		°	°/d
6	41870	0.0014	236	2.77
5	42270	0.0018	182	2.66
4	42600	0.0012	120	2.60
α	44750	0.0007	331	2.18
β	45700	0.0005	231	2.03
η	47210	— —	—	—
γ	47660	— —	—	—
δ	48330	0.0005	140	—
ε	51180	0.0079	216	1.36

Epoch: 1977 March 10, 20^h UT (JD 244 3213.33)

APPARENT DISTANCE AND POSITION ANGLE

Time from Northern Elongation	Miranda F	Miranda p_1
d h		°
0 00	1.000	1.0
0 01	0.992	9.0
0 02	0.971	17.2
0 03	0.937	25.9
0 04	0.894	35.3
0 05	0.847	45.8
0 06	0.803	57.5
0 07	0.769	70.3
0 08	0.749	84.1
0 09	0.750	98.3
0 10	0.769	112.1
0 11	0.805	124.9
0 12	0.849	136.6
0 13	0.895	147.0
0 14	0.938	156.4
0 15	0.972	165.1
0 16	0.993	173.3
0 17	1.000	181.3
0 18	0.992	189.2
0 19	0.970	197.4
0 20	0.935	206.2
0 21	0.892	215.7
0 22	0.846	226.2
0 23	0.802	237.9
1 00	0.768	250.8
1 01	0.749	264.6
1 02	0.750	278.8
1 03	0.770	292.5
1 04	0.806	305.3
1 05	0.850	316.9
1 06	0.897	327.3
1 07	0.939	336.7
1 08	0.972	345.4
1 09	0.993	353.6
1 10	1.000	1.5
1 11	0.991	9.5

Time from Northern Elongation	Ariel F	Ariel p_1	Umbriel F	Umbriel p_1
d h		°		°
0 00	1.000	1.0	1.000	1.0
0 02	0.991	9.9	0.996	6.4
0 04	0.963	19.2	0.986	11.9
0 06	0.922	29.2	0.969	17.6
0 08	0.871	40.3	0.947	23.5
0 10	0.820	52.8	0.920	29.7
0 12	0.777	66.8	0.890	36.3
0 14	0.751	82.1	0.858	43.4
0 16	0.750	98.0	0.826	51.0
0 18	0.772	113.4	0.798	59.2
0 20	0.814	127.6	0.774	68.0
0 22	0.865	140.2	0.757	77.2
1 00	0.916	151.5	0.748	86.8
1 02	0.959	161.6	0.749	96.5
1 04	0.988	170.9	0.758	106.0
1 06	1.000	179.9	0.777	115.2
1 08	0.993	188.8	0.801	123.9
1 10	0.968	198.1	0.830	132.0
1 12	0.928	207.9	0.862	139.6
1 14	0.878	218.8	0.894	146.6
1 16	0.826	231.1	0.924	153.2
1 18	0.781	244.9	0.950	159.3
1 20	0.753	260.1	0.972	165.2
1 22	0.748	276.0	0.988	170.8
2 00	0.768	291.5	0.997	176.3
2 02	0.808	305.9	1.000	181.7
2 04	0.858	318.7	0.996	187.1
2 06	0.910	330.1	0.984	192.6
2 08	0.954	340.3	0.967	198.3
2 10	0.985	349.8	0.944	204.2
2 12	0.999	358.8	0.916	210.5
2 14	0.995	7.7	0.885	217.2
2 16			0.854	224.3
2 18			0.822	232.0
2 20			0.794	240.3
2 22			0.771	249.1
3 00			0.755	258.4
3 02			0.748	268.0
3 04			0.749	277.7
3 06			0.760	287.2
3 08			0.779	296.4
3 10			0.805	305.0
3 12			0.834	313.1
3 14			0.866	320.5
3 16			0.898	327.5
3 18			0.927	334.0
3 20			0.953	340.1
3 22			0.974	345.9
4 00			0.989	351.5
4 02			0.998	357.0
4 04			1.000	2.4

Time from Northern Elongation	Titania F	Titania p_1
d h		°
0 00	1.000	1.0
0 05	0.995	7.5
0 10	0.980	14.0
0 15	0.957	20.9
0 20	0.927	28.2
1 01	0.891	35.9
1 06	0.853	44.4
1 11	0.816	53.7
1 16	0.784	63.7
1 21	0.761	74.5
2 02	0.748	85.9
2 07	0.749	97.4
2 12	0.763	108.7
2 17	0.788	119.4
2 22	0.820	129.4
3 03	0.857	138.6
3 08	0.895	147.0
3 13	0.930	154.7
3 18	0.960	161.9
3 23	0.982	168.7
4 04	0.996	175.3
4 09	1.000	181.7
4 14	0.994	188.2
4 19	0.978	194.8
5 00	0.954	201.7
5 05	0.923	209.0
5 10	0.887	216.8
5 15	0.849	225.4
5 20	0.813	234.7
6 01	0.781	244.9
6 06	0.759	255.8
6 11	0.748	267.2
6 16	0.750	278.7
6 21	0.765	289.9
7 02	0.791	300.6
7 07	0.824	310.5
7 12	0.862	319.5
7 17	0.899	327.8
7 22	0.934	335.5
8 03	0.963	342.6
8 08	0.984	349.4
8 13	0.997	356.0
8 18	1.000	2.4

Time from Northern Elongation	Oberon F	Oberon p_1
d h		°
0 00	1.000	1.0
0 08	0.995	7.7
0 16	0.979	14.5
1 00	0.954	21.6
1 08	0.922	29.2
1 16	0.885	37.3
2 00	0.845	46.2
2 08	0.808	56.0
2 16	0.777	66.6
3 00	0.756	78.0
3 08	0.747	89.8
3 16	0.753	101.7
4 00	0.772	113.1
4 08	0.801	123.9
4 16	0.838	133.9
5 00	0.877	142.9
5 08	0.915	151.2
5 16	0.948	158.9
6 00	0.975	166.1
6 08	0.992	172.9
6 16	1.000	179.6
7 00	0.997	186.3
7 08	0.983	193.1
7 16	0.960	200.1
8 00	0.929	207.6
8 08	0.892	215.6
8 16	0.853	224.4
9 00	0.815	233.9
9 08	0.783	244.4
9 16	0.759	255.6
10 00	0.748	267.4
10 08	0.751	279.3
10 16	0.767	290.9
11 00	0.795	301.8
11 08	0.830	311.9
11 16	0.869	321.1
12 00	0.907	329.6
12 08	0.942	337.4
12 16	0.970	344.6
13 00	0.990	351.6
13 08	0.999	358.3
13 16	0.998	5.0

Apparent distance of satellite is Fa/Δ
Position angle of satellite is $p_1 + p_2$

APPARENT DISTANCE AND POSITION ANGLE

Date (0h UT)		a/Δ Miranda	Ariel	Umbriel	Titania	Oberon	P_2	Date (0h UT)		a/Δ Miranda	Ariel	Umbriel	Titania	Oberon	P_2
		″	″	″	″	″	°			″	″	″	″	″	°
Jan.	−7	8.7	12.8	17.8	29.2	39.1	+ 1.9	July	12	9.6	14.1	19.6	32.1	43.0	− 0.4
	3	8.7	12.8	17.8	29.1	39.0	1.6		22	9.6	14.1	19.6	32.2	43.0	− 0.1
	13	8.7	12.7	17.7	29.1	38.9	1.2	Aug.	1	9.6	14.1	19.6	32.1	43.0	+ 0.1
	23	8.7	12.7	17.7	29.1	38.9	0.9		11	9.5	14.0	19.5	32.0	42.9	0.4
Feb.	2	8.7	12.8	17.8	29.1	39.0	0.5		21	9.5	14.0	19.5	31.9	42.7	0.6
	12	8.7	12.8	17.8	29.2	39.1	+ 0.2		31	9.5	13.9	19.4	31.8	42.5	+ 0.8
	22	8.7	12.8	17.9	29.3	39.2	− 0.2	Sept.	10	9.4	13.8	19.2	31.6	42.2	0.9
Mar.	4	8.8	12.9	18.0	29.5	39.4	0.5		20	9.3	13.7	19.1	31.3	41.9	1.0
	14	8.8	13.0	18.1	29.7	39.7	0.8		30	9.2	13.6	18.9	31.1	41.6	1.1
	24	8.9	13.1	18.2	29.9	40.0	1.0	Oct.	10	9.2	13.5	18.8	30.8	41.2	1.0
Apr.	3	9.0	13.2	18.4	30.1	40.3	− 1.2		20	9.1	13.4	18.6	30.5	40.8	+ 1.0
	13	9.0	13.3	18.5	30.4	40.6	1.4		30	9.0	13.2	18.5	30.3	40.5	0.8
	23	9.1	13.4	18.7	30.6	41.0	1.5	Nov.	9	8.9	13.1	18.3	30.0	40.1	0.6
May	3	9.2	13.5	18.8	30.9	41.3	1.5		19	8.9	13.0	18.2	29.8	39.8	0.4
	13	9.3	13.6	19.0	31.1	41.6	1.5		29	8.8	12.9	18.0	29.6	39.6	+ 0.2
	23	9.3	13.7	19.1	31.4	42.0	− 1.4	Dec.	9	8.7	12.9	17.9	29.4	39.3	− 0.1
June	2	9.4	13.8	19.3	31.6	42.3	1.3		19	8.7	12.8	17.8	29.2	39.1	0.4
	12	9.5	13.9	19.4	31.8	42.5	1.1		29	8.7	12.7	17.8	29.1	39.0	0.7
	22	9.5	14.0	19.5	32.0	42.7	0.9		39	8.6	12.7	17.7	29.1	38.9	− 1.0
July	2	9.5	14.0	19.6	32.1	42.9	− 0.7								

UNIVERSAL TIME OF GREATEST NORTHERN ELONGATION

MIRANDA

Jan.	Feb.	Mar.	Apr.	May	June	July	Aug.	Sept.	Oct.	Nov.	Dec.
d h	d h	d h	d h	d h	d h	d h	d h	d h	d h	d h	d h
0 12.4	2 00.4	2 07.6	2 09.8	2 01.4	2 03.9	1 20.9	1 22.6	2 00.8	1 18.0	1 20.4	1 12.0
1 22.5	3 10.3	3 17.4	3 19.8	3 11.4	3 13.7	3 06.8	3 08.9	3 10.6	3 03.6	3 06.5	2 22.1
3 08.8	4 20.4	5 03.0	5 05.7	4 21.4	4 23.6	4 16.6	4 19.0	4 20.6	4 13.4	4 16.4	4 08.3
4 18.9	6 06.6	6 12.8	6 15.6	6 07.6	6 09.4	6 02.4	6 05.1	6 06.8	5 23.2	6 02.2	5 18.4
6 04.9	7 16.7	7 22.6	8 01.4	7 17.7	7 19.4	7 12.1	7 15.0	7 17.0	7 08.9	7 11.8	7 04.6
7 14.7	9 02.8	9 08.4	9 11.1	9 03.8	9 05.5	8 21.9	9 00.8	9 03.2	8 18.8	8 21.6	8 14.6
9 00.5	9 02.9	10 18.3	10 20.9	10 13.7	10 15.6	10 07.6	10 10.5	10 13.2	10 04.9	10 07.3	10 00.5
10 10.1	10 12.8	12 04.4	12 06.5	11 23.6	12 01.7	11 17.5	11 20.3	11 23.2	11 15.0	11 17.1	11 10.2
11 19.9	11 22.7	13 14.6	13 16.4	13 09.3	13 11.9	13 03.5	13 05.9	13 09.0	13 01.1	13 03.0	12 20.0
13 05.6	13 08.5	15 00.6	15 02.3	14 19.1	14 21.8	14 13.5	14 15.7	14 18.7	14 11.4	14 13.0	14 05.7
14 15.4	14 18.2	16 10.8	16 12.4	16 04.8	16 07.6	15 23.6	16 01.6	16 04.4	15 21.4	15 23.1	15 15.4
16 01.3	16 03.9	17 20.8	17 22.5	17 14.6	17 17.4	17 09.9	17 11.6	17 14.1	17 07.3	17 09.3	17 01.3
17 11.4	17 13.7	19 06.7	19 08.7	19 00.5	19 03.1	18 19.9	18 21.6	19 00.0	18 17.2	18 19.4	18 11.1
18 21.4	18 23.5	20 16.5	20 18.8	20 10.3	20 12.9	20 05.9	20 07.9	20 09.7	20 02.9	20 05.5	19 21.1
20 07.7	20 09.3	22 02.3	22 04.8	21 20.4	21 22.7	21 15.8	21 18.0	21 19.7	21 12.6	21 15.5	21 07.2
21 17.8	21 19.4	23 11.9	23 14.7	23 06.6	23 08.5	23 01.6	23 04.2	23 05.8	22 22.4	23 01.3	22 17.4
23 03.9	23 05.5	24 21.7	25 00.5	24 16.7	24 18.4	24 11.3	24 14.1	24 16.0	24 08.1	24 11.1	24 03.6
24 13.8	24 15.7	26 07.4	26 10.2	26 02.8	26 04.5	25 21.1	26 00.0	26 02.1	25 17.9	25 20.8	25 13.6
25 23.6	26 01.7	27 17.4	27 20.0	27 12.8	27 14.6	27 06.7	27 09.7	27 12.3	27 03.9	27 06.5	26 23.5
27 09.3	27 11.9	29 03.4	29 05.6	28 22.7	29 00.7	28 16.6	28 19.5	28 22.3	28 14.0	28 16.3	28 09.4
28 19.1	28 21.8	30 13.5	30 15.5	30 08.5	30 10.9	30 02.5	30 05.1	30 08.2	30 00.1	30 02.1	29 19.2
30 04.7		31 23.5		31 18.3		31 12.5	31 14.9		31 10.4		31 04.8
31 14.5											32 14.6

UNIVERSAL TIME OF GREATEST NORTHERN ELONGATION

ARIEL

Jan.	Feb.	Mar.	Apr.	May	June	July	Aug.	Sept.	Oct.	Nov.	Dec.
d h	d h	d h	d h	d h	d h	d h	d h	d h	d h	d h	d h
−1 15.9	1 10.1	1 03.4	2 21.7	3 03.5	2 09.3	2 15.1	1 21.1	1 03.0	1 09.0	3 03.4	3 09.3
2 04.4	3 22.6	3 15.9	5 10.1	5 15.9	4 21.8	5 03.6	4 09.6	3 15.5	3 21.5	5 15.8	5 21.8
4 16.9	6 11.1	6 04.4	7 22.7	8 04.4	7 10.3	7 16.1	6 22.1	6 04.0	6 10.0	8 04.4	8 10.3
7 05.4	8 23.6	8 16.8	10 11.1	10 16.9	9 22.7	10 04.6	9 10.6	8 16.5	8 22.5	10 16.8	10 22.8
9 17.8	11 12.1	11 05.3	12 23.6	13 05.4	12 11.2	12 17.1	11 23.1	11 05.0	11 11.0	13 05.3	13 11.2
12 06.3	14 00.6	13 17.8	15 12.1	15 17.8	14 23.7	15 05.6	14 11.6	13 17.5	13 23.5	15 17.8	15 23.7
14 18.8	16 13.0	16 06.3	18 00.6	18 06.3	17 12.2	17 18.1	17 00.1	16 06.0	16 12.0	18 06.3	18 12.2
17 07.3	19 01.5	18 18.7	20 13.1	20 18.8	20 00.7	20 06.6	19 12.6	18 18.5	19 00.4	20 18.8	21 00.7
19 19.7	21 14.0	21 07.2	23 01.5	23 07.3	22 13.2	22 19.1	22 01.0	21 07.0	21 12.9	23 07.3	23 13.2
22 08.2	24 02.5	23 19.7	25 14.0	25 19.8	25 01.7	25 07.5	24 13.5	23 19.5	24 01.4	25 19.8	26 01.6
24 20.7	26 15.0	26 08.2	28 02.5	28 08.3	27 14.1	27 20.1	27 02.0	26 08.0	26 13.9	28 08.3	28 14.1
27 09.2		28 20.7	30 15.0	30 20.8	30 02.7	30 08.6	29 14.5	28 20.5	29 02.4	30 20.8	31 02.6
29 21.7		31 09.1							31 14.9		33 15.1

UMBRIEL

Jan.	Feb.	Mar.	Apr.	May	June	July	Aug.	Sept.	Oct.	Nov.	Dec.
d h	d h	d h	d h	d h	d h	d h	d h	d h	d h	d h	d h
−2 08.7	4 15.6	1 12.1	3 15.7	2 15.9	4 19.5	3 19.6	1 20.1	4 00.0	3 00.1	1 00.4	4 04.0
2 12.1	8 19.0	5 15.5	7 19.1	6 19.4	8 22.9	7 23.1	5 23.6	8 03.4	7 03.8	5 03.9	8 07.5
6 15.6	12 22.4	9 19.0	11 22.6	10 22.8	13 02.3	12 02.6	10 02.9	12 06.9	11 07.2	9 07.3	12 10.9
10 19.0	17 01.8	13 22.5	16 02.1	15 02.2	17 05.9	16 06.1	14 06.4	16 10.4	15 10.6	13 10.8	16 14.4
14 22.4	21 05.3	18 01.9	20 05.5	19 05.8	21 09.3	20 09.5	18 10.0	20 13.9	19 14.0	17 14.2	20 17.9
19 01.8	25 08.7	22 05.3	24 09.0	23 09.2	25 12.7	24 13.0	22 13.5	24 17.3	23 17.5	21 17.7	24 21.4
23 05.4		26 08.7	28 12.4	27 12.6	29 16.2	28 16.5	26 17.0	28 20.7	27 20.9	25 21.2	29 00.9
27 08.8		30 12.2		31 16.1			30 20.5			30 00.7	33 04.3
31 12.2											

TITANIA

Jan.	Feb.	Mar.	Apr.	May	June	July	Aug.	Sept.	Oct.	Nov.	Dec.
d h	d h	d h	d h	d h	d h	d h	d h	d h	d h	d h	d h
−5 03.2	7 15.5	5 18.1	9 13.5	5 16.1	9 12.0	5 15.0	9 11.0	4 14.0	9 09.8	4 12.7	9 08.4
3 20.0	16 08.4	14 11.0	18 06.4	14 09.1	18 04.9	14 08.0	18 04.0	13 06.9	18 02.7	13 05.6	18 01.2
12 12.9	25 01.1	23 03.8	26 23.2	23 02.0	26 21.9	23 01.0	26 21.0	21 23.9	26 19.7	21 22.5	26 18.1
21 05.7		31 20.6		31 18.9		31 18.0		30 16.8		30 15.5	35 11.0
29 22.6											

OBERON

Jan.	Feb.	Mar.	Apr.	May	June	July	Aug.	Sept.	Oct.	Nov.	Dec.
d h	d h	d h	d h	d h	d h	d h	d h	d h	d h	d h	d h
0 20.5	10 05.0	9 02.7	5 00.6	1 23.0	11 08.3	8 06.6	4 05.2	13 15.0	10 13.6	6 11.5	3 09.3
14 07.3	23 16.0	9 02.8	18 11.7	15 10.1	24 19.4	21 18.0	17 16.4	27 02.4	24 00.6	19 22.5	16 20.4
27 18.2		22 13.6		28 21.1			31 03.8				30 07.3
											43 18.2

APPARENT ORBIT OF TRITON AT DATE OF OPPOSITION, JULY 17

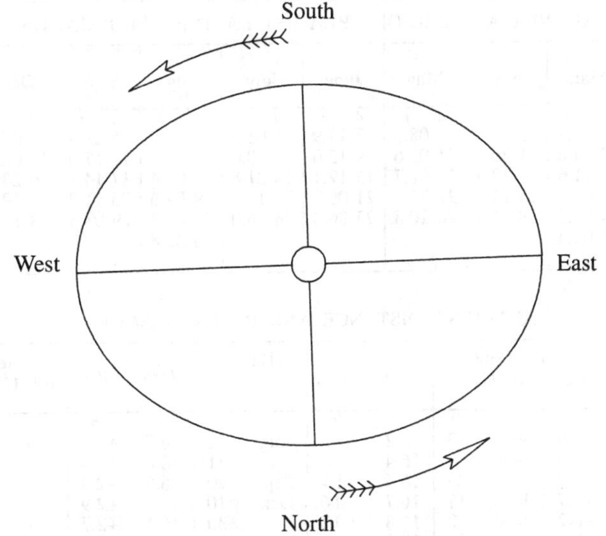

Name		Sidereal Period
I	Triton	$5^d\ 21^h.044$
II	Nereid	$360^d.2$

DIFFERENTIAL COORDINATES OF NEREID FOR 0^h U.T.

Date		Δα cosδ	Δδ	Date		Δα cosδ	Δδ	Date		Δα cosδ	Δδ
		′ ″	″			′ ″	″			′ ″	″
Jan.	−7	+4 03.2	+77.2	May	3	−0 07.5	+10.0	Sept.	10	+5 02.4	+83.9
	3	3 51.2	75.0		13	0 34.9	+00.8		20	5 07.0	86.1
	13	3 38.3	72.6		23	1 00.8	−08.4		30	5 08.5	87.6
	23	3 24.3	69.6	June	2	1 20.7	16.6	Oct.	10	5 07.4	88.5
Feb.	2	3 09.3	66.2		12	1 18.9	20.2		20	5 04.1	88.8
	12	+2 53.1	+62.4		22	−0 08.2	−05.5		30	+4 59.0	+88.6
	22	2 35.6	58.0	July	2	+1 27.5	+19.5	Nov.	9	4 52.3	88.0
Mar.	4	2 16.7	53.0		12	2 34.5	38.2		19	4 44.4	87.0
	14	1 56.4	47.4		22	3 22.0	51.9		29	4 35.3	85.7
	24	1 34.5	41.2	Aug.	1	3 56.8	62.3	Dec.	9	4 25.2	84.1
Apr.	3	+1 11.1	+34.3		11	+4 22.4	+70.1		19	+4 14.1	+82.1
	13	0 46.2	26.8		21	4 41.0	76.1		29	4 02.1	79.8
	23	+0 19.9	+18.7		31	+4 54.0	+80.6		39	+3 49.2	+77.1

TRITON

UNIVERSAL TIME OF GREATEST EASTERN ELONGATION

Jan.	Feb.	Mar.	Apr.	May	June	July	Aug.	Sept.	Oct.	Nov.	Dec.
d h	d h	d h	d h	d h	d h	d h	d h	d h	d h	d h	d h
−4 03.6	6 06.0	1 17.7	5 23.5	5 08.5	3 17.9	3 03.5	1 13.2	5 19.9	5 05.3	3 14.5	2 23.4
2 00.5	12 02.9	7 14.6	11 20.5	11 05.6	9 15.0	9 00.6	7 10.3	11 17.0	11 02.4	9 11.5	8 20.4
7 21.4	17 23.8	13 11.6	17 17.5	17 02.7	15 12.1	14 21.8	13 07.4	17 14.1	16 23.4	15 08.5	14 17.3
13 18.3	23 20.8	19 08.5	23 14.5	22 23.7	21 09.2	20 18.9	19 04.6	23 11.2	22 20.5	21 05.5	20 14.2
19 15.2		25 05.5	29 11.5	28 20.8	27 06.4	26 16.0	25 01.7	29 08.3	28 17.5	27 02.5	26 11.2
25 12.1		31 02.5					30 22.8				32 08.1
31 09.0											

APPARENT DISTANCE AND POSITION ANGLE

Date (0^h U.T.)	a/Δ	p_2	Date (0^h U.T.)	a/Δ	p_2	Date (0^h U.T.)	a/Δ	p_2	Date (0^h U.T.)	a/Δ	p_2
	″	°		″	°		″	°		″	°
Jan. −17	15.8	+3.9	Apr. 13	16.2	−1.3	Aug. 11	16.7	+1.8	Dec. 9	15.8	+1.3
3	15.7	+2.8	May 3	16.4	−1.4	31	16.6	+2.4	29	15.7	+0.3
23	15.7	+1.7	23	16.5	−1.1	Sept. 20	16.5	+2.8	49	15.7	−0.8
Feb. 12	15.8	+0.7	June 12	16.7	−0.6	Oct. 10	16.3	+2.9			
Mar. 4	15.9	−0.2	July 2	16.8	+0.2	30	16.1	+2.7			
24	16.0	−0.9	22	16.8	+1.0	Nov. 19	15.9	+2.1			

Time from Eastern Elongation	F	p_1	Time from Eastern Elongation	F	p_1	Time from Eastern Elongation	F	p_1	Time from Eastern Elongation	F	p_1
d h		°	d h		°	d h		°	d h		°
0 00	1.000	92.0	1 12	0.754	184.5	3 00	0.999	274.8	4 12	0.756	9.5
0 03	0.996	97.8	1 15	0.761	194.6	3 03	0.991	280.7	4 15	0.769	19.4
0 06	0.985	103.7	1 18	0.778	204.3	3 06	0.977	286.6	4 18	0.789	29.0
0 09	0.967	109.7	1 21	0.803	213.6	3 09	0.955	292.8	4 21	0.817	37.9
0 12	0.942	116.0	2 00	0.832	222.2	3 12	0.928	299.3	5 00	0.848	46.3
0 15	0.913	122.7	2 03	0.865	230.2	3 15	0.898	306.2	5 03	0.881	54.0
0 18	0.881	129.9	2 06	0.897	237.7	3 18	0.865	313.6	5 06	0.913	61.1
0 21	0.849	137.6	2 09	0.928	244.6	3 21	0.833	321.7	5 09	0.942	67.9
1 00	0.817	146.0	2 12	0.955	251.1	4 00	0.803	330.3	5 12	0.966	74.2
1 03	0.790	154.9	2 15	0.976	257.3	4 03	0.779	339.5	5 15	0.985	80.3
1 06	0.769	164.4	2 18	0.991	263.3	4 06	0.762	349.3	5 18	0.996	86.1
1 09	0.757	174.4	2 21	0.999	269.1	4 09	0.754	359.3	5 21	1.000	91.9

Apparent distance of satellite is Fa/Δ
Position angle of satellite is $p_1 + p_2$

APPARENT ORBIT OF CHARON AT DATE OF OPPOSITION, MAY 20

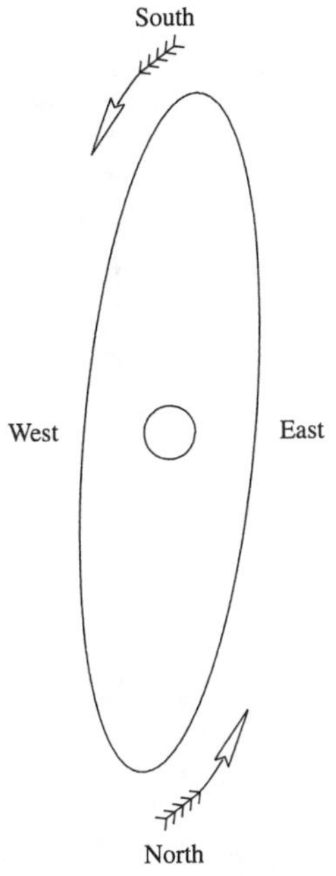

South

West East

North

Sidereal Period: $6^{d}09^{h}.29$

UNIVERSAL TIME OF NORTHERN ELONGATION

	d	h		d	h		d	h
Jan.	−3	00.2	May	4	18.0	Sept.	9	12.0
	3	09.4		11	03.3		15	21.2
	9	18.7		17	12.7		22	06.5
	16	04.0		23	22.0		28	15.8
	22	13.2		30	07.3	Oct.	5	01.0
	28	22.5	June	5	16.6		11	10.3
Feb.	4	07.8		12	01.9		17	19.6
	10	17.1		18	11.2		24	04.8
	17	02.4		24	20.5		30	14.1
	23	11.7	July	1	05.8	Nov.	5	23.3
Mar.	1	20.9		7	15.1		12	08.6
	8	06.2		14	00.4		18	17.8
	14	15.5		20	09.7		25	03.1
	21	00.8		26	19.0	Dec.	1	12.3
	27	10.2	Aug.	2	04.3		7	21.6
Apr.	2	19.5		8	13.6		14	06.9
	9	04.8		14	22.9		20	16.1
	15	14.1		21	08.1		27	01.4
	21	23.4		27	17.4		33	10.6
	28	08.7	Sept.	3	02.7			

APPARENT DISTANCE AND POSITION ANGLE

Date (0^h UT)	a/Δ	p_2	Date (0^h UT)	a/Δ	p_2	Date (0^h UT)	a/Δ	p_2	Date (0^h UT)	a/Δ	p_2
	″	°		″	°		″	°		″	°
Jan. −17	0.9	−0.3	Apr. 13	0.9	−0.4	Aug. 11	0.9	0.0	Dec. 9	0.9	−0.8
3	0.9	0.4	May 3	0.9	0.3	31	0.9	−0.1	29	0.9	1.0
23	0.9	0.5	23	0.9	0.2	Sept. 20	0.9	0.2	49	0.9	−1.1
Feb. 12	0.9	0.5	June 12	0.9	−0.1	Oct. 10	0.9	0.3			
Mar. 4	0.9	0.5	July 2	0.9	0.0	30	0.9	0.5			
24	0.9	−0.4	22	0.9	0.0	Nov. 19	0.9	−0.7			

Time from Northern Elongation	F	p_1	Time from Northern Elongation	F	p_1	Time from Northern Elongation	F	p_1	Time from Northern Elongation	F	p_1
d h		°	d h		°	d h		°	d h		°
0 00	1.000	354.0	1 16	0.269	98.8	3 08	0.991	176.1	5 00	0.327	302.7
0 04	0.988	356.5	1 20	0.343	126.3	3 12	0.958	178.6	5 04	0.436	320.1
0 08	0.950	359.1	2 00	0.455	142.1	3 16	0.901	181.5	5 08	0.556	330.2
0 12	0.890	2.0	2 04	0.576	151.4	3 20	0.823	184.7	5 12	0.673	336.7
0 16	0.808	5.3	2 08	0.691	157.6	4 00	0.726	188.8	5 16	0.778	341.4
0 20	0.709	9.6	2 12	0.793	162.0	4 04	0.614	194.3	5 20	0.866	345.0
1 00	0.595	15.4	2 16	0.878	165.5	4 08	0.494	202.4	6 00	0.933	348.0
1 04	0.474	24.1	2 20	0.942	168.5	4 12	0.377	215.6	6 04	0.978	350.7
1 08	0.359	38.5	3 00	0.983	171.1	4 16	0.286	238.9	6 08	0.999	353.2
1 12	0.276	63.9	3 04	1.000	173.6	4 20	0.264	273.2	6 12	0.994	355.7

Apparent distance of satellite is $F a/\Delta$.
Position angle of satellite is $p_1 + p_2$.

CONTENTS OF SECTION G

Notes

The osculating elements for periodic comets returning to perihelion in 1995 have been supplied by B.G. Marsden, Smithsonian Astrophysical Observatory, and are intended for use in the generation of ephemerides by numerical integration.

The geocentric ephemerides of the four principal minor planets (1 Ceres; 2 Pallas; 3 Juno; 4 Vesta) give, at an interval of 2 days, the astrometric right ascension and declination, referred to the mean equator and equinox of J2000.0, the geometric distance and the time of ephemeris transit. Linear interpolation is sufficient for the distance and ephemeris transit, but for the astrometric right ascension and declination second differences are significant. The tabulations are similar to those for Pluto, and the use of the data is similar to that for major planets.

Opposition dates (in right ascension) and visual magnitudes in 1995, and osculating elements for epoch 1995 October 10·0 TDT (JD 245 0000·5) and ecliptic and equinox J2000·0, for 154 of the larger minor planets are given on pages G10–G12; in these tabulations H is the absolute visual magnitude at zero phase angle and G is the slope parameter which depends on the albedo. The data were supplied by the Institute of Theoretical Astronomy, St. Petersburg.

PERIODIC COMETS, 1995

OSCULATING ELEMENTS FOR ECLIPTIC AND EQUINOX OF J2000·0

Name	Perihelion Time T	Perihelion Distance q	Eccen-tricity e	Period P	Arg. of Perihelion ω	Long. of Asc. Node Ω	Inclin-ation i	Osc. Epoch
		au		years	°	°	°	
de Vico-Swift	Apr. 9·466 02	2·145 4496	0·430 6808	7·32	1·928 95	359·017 52	6·096 06	Mar. 24
Finlay	May 5·041 80	1·035 5636	0·710 3059	6·76	323·540 16	42·048 01	3·673 92	May 3
Clark	May 31·244 86	1·552 5026	0·502 0687	5·51	208·844 73	59·721 30	9·503 46	June 12
d'Arrest	July 27·361 97	1·345 8686	0·614 0404	6·51	178·050 38	138·987 43	19·523 21	July 22
Tuttle-Giacobini-Kresák	July 28·646 87	1·065 2223	0·656 4085	5·46	61·701 44	141·496 44	9·224 75	July 22
Reinmuth 1	Sept. 3·316 65	1·873 6009	0·502 4910	7·31	13·287 87	119·741 22	8·129 15	Aug. 31
Schwassmann-Wachmann 3	Sept. 22·757 15	0·932 7753	0·694 8374	5·34	198·774 46	69·946 44	11·423 02	Oct. 10
Jackson-Neujmin	Oct. 6·618 76	1·381 1252	0·661 4285	8·24	200·346 97	160·717 68	13·477 85	Oct. 10
Longmore	Oct. 9·320 15	2·398 9695	0·343 0595	6·98	195·797 35	15·655 88	24·409 89	Oct. 10
Perrine-Mrkos	Dec. 6·048 14	1·292 9296	0·638 5838	6·77	166·541 82	240·629 33	17·832 27	Nov. 19
Honda-Mrkos-Pajdušáková	Dec. 25·929 69	0·531 9294	0·824 3020	5·27	326·060 51	89·166 86	4·250 50	Dec. 29

CERES, 1995

GEOCENTRIC POSITIONS FOR 0^{h} DYNAMICAL TIME

Date	Astrometric J2000·0 R.A.	Astrometric J2000·0 Dec.	True Distance	Ephemeris Transit
	h m s	° ′ ″		h m
Jan. −1	9 44 37·8	+25 08 34	1·768	3 11·0
1	9 44 15·2	25 23 20	1·750	3 02·8
3	9 43 45·4	25 38 33	1·734	2 54·4
5	9 43 08·5	25 54 11	1·718	2 45·9
7	9 42 24·5	26 10 11	1·703	2 37·3
9	9 41 33·6	+26 26 29	1·689	2 28·6
11	9 40 36·0	26 43 01	1·676	2 19·8
13	9 39 31·8	26 59 44	1·663	2 10·8
15	9 38 21·3	27 16 35	1·652	2 01·8
17	9 37 04·7	27 33 28	1·642	1 52·7
19	9 35 42·4	+27 50 20	1·633	1 43·4
21	9 34 14·6	28 07 06	1·624	1 34·1
23	9 32 41·8	28 23 42	1·617	1 24·7
25	9 31 04·4	28 40 03	1·611	1 15·2
27	9 29 22·8	28 56 04	1·606	1 05·7
29	9 27 37·6	+29 11 42	1·602	0 56·1
31	9 25 49·4	29 26 50	1·599	0 46·4
Feb. 2	9 23 58·7	29 41 26	1·598	0 36·7
4	9 22 06·3	29 55 24	1·597	0 27·0
6	9 20 12·8	30 08 41	1·598	0 17·3
8	9 18 18·9	+30 21 14	1·599	0 07·5
10	9 16 25·1	30 33 00	1·602	23 52·9
12	9 14 32·3	30 43 56	1·606	23 43·2
14	9 12 40·9	30 54 01	1·611	23 33·5
16	9 10 51·7	31 03 13	1·617	23 23·8
18	9 09 05·2	+31 11 30	1·624	23 14·2
20	9 07 21·9	31 18 53	1·632	23 04·7
22	9 05 42·5	31 25 19	1·641	22 55·2
24	9 04 07·4	31 30 50	1·651	22 45·8
26	9 02 37·1	31 35 24	1·662	22 36·5
28	9 01 12·2	+31 39 02	1·674	22 27·2
Mar. 2	8 59 53·0	31 41 46	1·686	22 18·1
4	8 58 39·9	31 43 35	1·700	22 09·1
6	8 57 33·3	31 44 31	1·714	22 00·2
8	8 56 33·4	31 44 36	1·729	21 51·4
10	8 55 40·5	+31 43 51	1·745	21 42·7
12	8 54 54·7	31 42 19	1·762	21 34·1
14	8 54 16·1	31 40 00	1·779	21 25·7
16	8 53 44·8	31 36 57	1·797	21 17·3
18	8 53 20·9	31 33 11	1·815	21 09·1
20	8 53 04·2	+31 28 45	1·835	21 01·0
22	8 52 54·9	31 23 40	1·854	20 53·1
24	8 52 52·9	31 17 57	1·874	20 45·2
26	8 52 58·1	31 11 38	1·895	20 37·5
28	8 53 10·5	31 04 45	1·916	20 29·9
30	8 53 29·9	+30 57 18	1·938	20 22·4
Apr. 1	8 53 56·4	+30 49 20	1·960	20 15·0

Date	Astrometric J2000·0 R.A.	Astrometric J2000·0 Dec.	True Distance	Ephemeris Transit
	h m s	° ′ ″		h m
Apr. 1	8 53 56·4	+30 49 20	1·960	20 15·0
3	8 54 29·7	30 40 52	1·982	20 07·8
5	8 55 09·8	30 31 55	2·004	20 00·6
7	8 55 56·3	30 22 31	2·027	19 53·6
9	8 56 49·3	30 12 40	2·051	19 46·6
11	8 57 48·3	+30 02 24	2·074	19 39·8
13	8 58 53·4	29 51 44	2·098	19 33·0
15	9 00 04·2	29 40 41	2·122	19 26·4
17	9 01 20·5	29 29 16	2·146	19 19·8
19	9 02 42·2	29 17 29	2·170	19 13·3
21	9 04 09·0	+29 05 21	2·194	19 06·9
23	9 05 40·9	28 52 52	2·219	19 00·6
25	9 07 17·5	28 40 03	2·243	18 54·4
27	9 08 58·9	28 26 55	2·268	18 48·3
29	9 10 44·7	28 13 28	2·293	18 42·2
May 1	9 12 34·9	+27 59 42	2·318	18 36·2
3	9 14 29·1	27 45 39	2·343	18 30·2
5	9 16 27·4	27 31 17	2·368	18 24·3
7	9 18 29·4	27 16 39	2·392	18 18·5
9	9 20 35·1	27 01 45	2·417	18 12·8
11	9 22 44·2	+26 46 34	2·442	18 07·1
13	9 24 56·6	26 31 07	2·467	18 01·4
15	9 27 12·0	26 15 25	2·491	17 55·8
17	9 29 30·4	25 59 27	2·516	17 50·3
19	9 31 51·7	25 43 15	2·541	17 44·8
21	9 34 15·7	+25 26 47	2·565	17 39·3
23	9 36 42·3	25 10 04	2·589	17 33·9
25	9 39 11·3	24 53 07	2·614	17 28·5
27	9 41 42·8	24 35 56	2·638	17 23·2
29	9 44 16·5	24 18 30	2·662	17 17·9
31	9 46 52·4	+24 00 51	2·685	17 12·6
June 2	9 49 30·3	23 42 58	2·709	17 07·4
4	9 52 10·2	23 24 51	2·733	17 02·2
6	9 54 51·9	23 06 32	2·756	16 57·0
8	9 57 35·4	22 48 01	2·779	16 51·9
10	10 00 20·4	+22 29 16	2·802	16 46·8
12	10 03 07·1	22 10 20	2·825	16 41·7
14	10 05 55·1	21 51 12	2·847	16 36·6
16	10 08 44·6	21 31 52	2·869	16 31·6
18	10 11 35·4	21 12 21	2·891	16 26·5
20	10 14 27·4	+20 52 38	2·913	16 21·5
22	10 17 20·7	20 32 43	2·935	16 16·6
24	10 20 15·1	20 12 38	2·956	16 11·6
26	10 23 10·6	19 52 22	2·977	16 06·7
28	10 26 07·2	19 31 56	2·998	16 01·7
30	10 29 04·7	+19 11 20	3·018	15 56·8
July 2	10 32 03·2	+18 50 34	3·039	15 51·9

Second Transit: February $9^{d}\ 23^{h}\ 57^{m}\!\cdot\!8$

GEOCENTRIC POSITIONS FOR 0^h DYNAMICAL TIME

Date		Astrometric J2000·0 R.A.	Astrometric J2000·0 Dec.	True Distance	Ephemeris Transit	Date		Astrometric J2000·0 R.A.	Astrometric J2000·0 Dec.	True Distance	Ephemeris Transit
		h m s	° ′ ″		h m			h m s	° ′ ″		h m
July	**2**	10 32 03·2	+18 50 34	3·039	15 51·9	**Oct.**	**2**	12 57 30·1	+ 1 29 11	3·590	12 15·1
	4	10 35 02·6	18 29 38	3·059	15 47·0		**4**	13 00 46·1	1 06 49	3·592	12 10·5
	6	10 38 02·8	18 08 33	3·078	15 42·2		**6**	13 04 02·1	0 44 34	3·594	12 05·9
	8	10 41 03·8	17 47 20	3·098	15 37·3		**8**	13 07 18·3	0 22 26	3·595	12 01·3
	10	10 44 05·4	17 25 58	3·117	15 32·5		**10**	13 10 34·6	+ 0 00 24	3·596	11 56·7
	12	10 47 07·8	+17 04 28	3·136	15 27·6		**12**	13 13 51·1	− 0 21 30	3·597	11 52·1
	14	10 50 10·8	16 42 50	3·154	15 22·8		**14**	13 17 07·7	0 43 15	3·597	11 47·5
	16	10 53 14·4	16 21 04	3·172	15 18·0		**16**	13 20 24·4	1 04 53	3·596	11 42·9
	18	10 56 18·6	15 59 10	3·190	15 13·2		**18**	13 23 41·2	1 26 22	3·595	11 38·3
	20	10 59 23·4	15 37 09	3·208	15 08·4		**20**	13 26 58·2	1 47 42	3·593	11 33·7
	22	11 02 28·8	+15 15 02	3·225	15 03·6		**22**	13 30 15·3	− 2 08 53	3·591	11 29·1
	24	11 05 34·7	14 52 47	3·242	14 58·8		**24**	13 33 32·4	2 29 54	3·589	11 24·5
	26	11 08 41·1	14 30 26	3·258	14 54·1		**26**	13 36 49·6	2 50 45	3·586	11 19·9
	28	11 11 48·0	14 08 00	3·275	14 49·3		**28**	13 40 06·9	3 11 25	3·582	11 15·3
	30	11 14 55·4	13 45 27	3·290	14 44·6		**30**	13 43 24·1	3 31 54	3·578	11 10·7
Aug.	**1**	11 18 03·2	+13 22 50	3·306	14 39·8	**Nov.**	**1**	13 46 41·4	− 3 52 12	3·574	11 06·1
	3	11 21 11·4	13 00 07	3·321	14 35·1		**3**	13 49 58·6	4 12 18	3·569	11 01·5
	5	11 24 20·0	12 37 20	3·336	14 30·4		**5**	13 53 15·8	4 32 13	3·564	10 57·0
	7	11 27 28·9	12 14 29	3·350	14 25·6		**7**	13 56 32·9	4 51 55	3·558	10 52·4
	9	11 30 38·2	11 51 34	3·364	14 20·9		**9**	13 59 50·0	5 11 25	3·551	10 47·8
	11	11 33 47·8	+11 28 36	3·378	14 16·2		**11**	14 03 07·1	− 5 30 42	3·545	10 43·2
	13	11 36 57·7	11 05 34	3·391	14 11·5		**13**	14 06 24·0	5 49 46	3·537	10 38·6
	15	11 40 07·9	10 42 30	3·404	14 06·8		**15**	14 09 40·9	6 08 37	3·529	10 34·0
	17	11 43 18·5	10 19 22	3·417	14 02·1		**17**	14 12 57·6	6 27 13	3·521	10 29·4
	19	11 46 29·3	9 56 13	3·429	13 57·4		**19**	14 16 14·2	6 45 36	3·512	10 24·8
	21	11 49 40·5	+ 9 33 01	3·441	13 52·7		**21**	14 19 30·6	− 7 03 45	3·503	10 20·2
	23	11 52 52·0	9 09 47	3·452	13 48·0		**23**	14 22 46·8	7 21 38	3·493	10 15·6
	25	11 56 03·7	8 46 33	3·463	13 43·3		**25**	14 26 02·7	7 39 17	3·483	10 11·0
	27	11 59 15·7	8 23 17	3·474	13 38·6		**27**	14 29 18·3	7 56 40	3·473	10 06·3
	29	12 02 28·1	8 00 01	3·484	13 34·0		**29**	14 32 33·6	8 13 48	3·461	10 01·7
	31	12 05 40·6	+ 7 36 45	3·493	13 29·3	**Dec.**	**1**	14 35 48·5	− 8 30 40	3·450	9 57·1
Sept.	**2**	12 08 53·4	7 13 30	3·503	13 24·6		**3**	14 39 03·0	8 47 16	3·438	9 52·4
	4	12 12 06·4	6 50 15	3·512	13 20·0		**5**	14 42 17·1	9 03 36	3·425	9 47·8
	6	12 15 19·6	6 27 01	3·520	13 15·3		**7**	14 45 30·7	9 19 39	3·412	9 43·1
	8	12 18 33·0	6 03 48	3·528	13 10·7		**9**	14 48 43·8	9 35 26	3·399	9 38·5
	10	12 21 46·6	+ 5 40 37	3·536	13 06·0		**11**	14 51 56·4	− 9 50 56	3·385	9 33·8
	12	12 25 00·4	5 17 29	3·543	13 01·4		**13**	14 55 08·5	10 06 09	3·370	9 29·1
	14	12 28 14·4	4 54 22	3·550	12 56·7		**15**	14 58 19·9	10 21 05	3·356	9 24·5
	16	12 31 28·7	4 31 18	3·556	12 52·1		**17**	15 01 30·6	10 35 43	3·340	9 19·8
	18	12 34 43·2	4 08 18	3·562	12 47·5		**19**	15 04 40·7	10 50 04	3·325	9 15·0
	20	12 37 57·9	+ 3 45 20	3·567	12 42·8		**21**	15 07 50·0	−11 04 08	3·309	9 10·3
	22	12 41 12·8	3 22 27	3·572	12 38·2		**23**	15 10 58·4	11 17 53	3·292	9 05·6
	24	12 44 27·9	2 59 38	3·577	12 33·6		**25**	15 14 05·9	11 31 21	3·275	9 00·8
	26	12 47 43·2	2 36 53	3·581	12 29·0		**27**	15 17 12·5	11 44 30	3·258	8 56·0
	28	12 50 58·7	2 14 14	3·584	12 24·3		**29**	15 20 18·0	11 57 21	3·240	8 51·3
	30	12 54 14·3	+ 1 51 40	3·588	12 19·7		**31**	15 23 22·4	−12 09 54	3·222	8 46·5
Oct.	**2**	12 57 30·1	+ 1 29 11	3·590	12 15·1		**33**	15 26 25·7	−12 22 09	3·203	8 41·6

GEOCENTRIC POSITIONS FOR 0^h DYNAMICAL TIME

Date		Astrometric J2000·0 R.A.	Astrometric J2000·0 Dec.	True Distance	Ephemeris Transit
		h m s	° ′ ″		h m
Jan.	−1	3 15 49·9	−28 31 15	1·804	20 39·3
	1	3 15 39·9	28 12 58	1·817	20 31·4
	3	3 15 37·2	27 53 36	1·829	20 23·5
	5	3 15 41·7	27 33 15	1·841	20 15·8
	7	3 15 53·3	27 11 58	1·854	20 08·1
	9	3 16 12·2	−26 49 49	1·867	20 00·6
	11	3 16 38·2	26 26 51	1·880	19 53·2
	13	3 17 11·1	26 03 09	1·893	19 46·0
	15	3 17 51·0	25 38 44	1·907	19 38·8
	17	3 18 37·6	25 13 41	1·920	19 31·8
	19	3 19 30·9	−24 48 03	1·934	19 24·8
	21	3 20 30·8	24 21 51	1·947	19 18·0
	23	3 21 37·1	23 55 09	1·961	19 11·3
	25	3 22 49·7	23 27 59	1·975	19 04·7
	27	3 24 08·5	23 00 24	1·989	18 58·1
	29	3 25 33·5	−22 32 25	2·003	18 51·7
	31	3 27 04·5	22 04 07	2·017	18 45·4
Feb.	2	3 28 41·3	21 35 31	2·031	18 39·2
	4	3 30 23·8	21 06 39	2·045	18 33·1
	6	3 32 12·0	20 37 34	2·059	18 27·0
	8	3 34 05·5	−20 08 17	2·073	18 21·1
	10	3 36 04·4	19 38 52	2·087	18 15·2
	12	3 38 08·4	19 09 19	2·101	18 09·4
	14	3 40 17·3	18 39 41	2·116	18 03·8
	16	3 42 31·2	18 09 58	2·130	17 58·1
	18	3 44 49·7	−17 40 14	2·144	17 52·6
	20	3 47 12·8	17 10 27	2·158	17 47·1
	22	3 49 40·5	16 40 42	2·172	17 41·8
	24	3 52 12·5	16 10 57	2·186	17 36·4
	26	3 54 48·9	15 41 16	2·200	17 31·2
	28	3 57 29·4	−15 11 39	2·214	17 26·0
Mar.	2	4 00 14·1	14 42 09	2·228	17 20·9
	4	4 03 02·7	14 12 45	2·241	17 15·9
	6	4 05 55·2	13 43 31	2·255	17 10·9
	8	4 08 51·5	13 14 26	2·269	17 06·0
	10	4 11 51·4	−12 45 33	2·283	17 01·1
	12	4 14 54·9	12 16 52	2·296	16 56·3
	14	4 18 01·7	11 48 24	2·310	16 51·6
	16	4 21 12·0	11 20 11	2·324	16 46·9
	18	4 24 25·4	10 52 13	2·337	16 42·2
	20	4 27 42·0	−10 24 31	2·351	16 37·7
	22	4 31 01·7	9 57 05	2·364	16 33·1
	24	4 34 24·3	9 29 58	2·378	16 28·6
	26	4 37 49·9	9 03 10	2·391	16 24·2
	28	4 41 18·4	8 36 41	2·404	16 19·8
	30	4 44 49·7	− 8 10 33	2·418	16 15·5
Apr.	1	4 48 23·7	− 7 44 46	2·431	16 11·2

Date		Astrometric J2000·0 R.A.	Astrometric J2000·0 Dec.	True Distance	Ephemeris Transit
		h m s	° ′ ″		h m
Apr.	1	4 48 23·7	− 7 44 46	2·431	16 11·2
	3	4 52 00·3	7 19 22	2·444	16 06·9
	5	4 55 39·5	6 54 22	2·457	16 02·7
	7	4 59 21·1	6 29 46	2·471	15 58·5
	9	5 03 05·1	6 05 34	2·484	15 54·4
	11	5 06 51·4	− 5 41 48	2·497	15 50·3
	13	5 10 39·9	5 18 28	2·510	15 46·2
	15	5 14 30·5	4 55 35	2·522	15 42·2
	17	5 18 23·1	4 33 09	2·535	15 38·2
	19	5 22 17·8	4 11 11	2·548	15 34·3
	21	5 26 14·3	− 3 49 41	2·561	15 30·3
	23	5 30 12·8	3 28 40	2·574	15 26·4
	25	5 34 13·1	3 08 08	2·586	15 22·6
	27	5 38 15·2	2 48 07	2·599	15 18·7
	29	5 42 19·0	2 28 35	2·612	15 14·9
May	1	5 46 24·4	− 2 09 35	2·624	15 11·1
	3	5 50 31·3	1 51 06	2·637	15 07·4
	5	5 54 39·7	1 33 09	2·649	15 03·7
	7	5 58 49·6	1 15 45	2·662	14 59·9
	9	6 03 00·7	0 58 52	2·674	14 56·3
	11	6 07 13·1	− 0 42 32	2·686	14 52·6
	13	6 11 26·6	0 26 45	2·698	14 48·9
	15	6 15 41·3	− 0 11 31	2·710	14 45·3
	17	6 19 57·0	+ 0 03 10	2·723	14 41·7
	19	6 24 13·7	0 17 17	2·735	14 38·1
	21	6 28 31·3	+ 0 30 52	2·746	14 34·5
	23	6 32 49·9	0 43 52	2·758	14 30·9
	25	6 37 09·4	0 56 20	2·770	14 27·4
	27	6 41 29·6	1 08 13	2·782	14 23·9
	29	6 45 50·5	1 19 32	2·793	14 20·3
	31	6 50 12·2	+ 1 30 18	2·805	14 16·8
June	2	6 54 34·4	1 40 30	2·816	14 13·3
	4	6 58 57·1	1 50 08	2·828	14 09·8
	6	7 03 20·3	1 59 13	2·839	14 06·3
	8	7 07 43·9	2 07 44	2·850	14 02·8
	10	7 12 07·8	+ 2 15 42	2·861	13 59·3
	12	7 16 32·0	2 23 07	2·872	13 55·9
	14	7 20 56·4	2 30 00	2·883	13 52·4
	16	7 25 21·0	2 36 20	2·893	13 48·9
	18	7 29 45·8	2 42 09	2·904	13 45·5
	20	7 34 10·7	+ 2 47 25	2·914	13 42·0
	22	7 38 35·7	2 52 10	2·925	13 38·5
	24	7 43 00·8	2 56 23	2·935	13 35·1
	26	7 47 25·8	3 00 05	2·945	13 31·6
	28	7 51 50·8	3 03 17	2·954	13 28·1
	30	7 56 15·6	+ 3 05 58	2·964	13 24·7
July	2	8 00 40·3	+ 3 08 10	2·974	13 21·2

GEOCENTRIC POSITIONS FOR 0^h DYNAMICAL TIME

Date		Astrometric J2000·0 R.A.	Astrometric J2000·0 Dec.	True Distance	Ephemeris Transit
		h m s	° ′ ″		h m
July	**2**	8 00 40·3	+ 3 08 10	2·974	13 21·2
	4	8 05 04·8	3 09 52	2·983	13 17·7
	6	8 09 29·0	3 11 06	2·992	13 14·2
	8	8 13 52·9	3 11 51	3·001	13 10·8
	10	8 18 16·5	3 12 09	3·010	13 07·3
	12	8 22 39·8	+ 3 11 59	3·018	13 03·8
	14	8 27 02·6	3 11 24	3·027	13 00·3
	16	8 31 25·0	3 10 21	3·035	12 56·8
	18	8 35 47·1	3 08 54	3·043	12 53·2
	20	8 40 08·7	3 07 01	3·050	12 49·7
	22	8 44 29·8	+ 3 04 44	3·058	12 46·2
	24	8 48 50·4	3 02 02	3·065	12 42·7
	26	8 53 10·5	2 58 58	3·072	12 39·1
	28	8 57 30·1	2 55 30	3·079	12 35·6
	30	9 01 49·1	2 51 41	3·085	12 32·0
Aug.	**1**	9 06 07·5	+ 2 47 30	3·091	12 28·4
	3	9 10 25·3	2 42 59	3·097	12 24·8
	5	9 14 42·4	2 38 08	3·103	12 21·2
	7	9 18 58·8	2 32 57	3·108	12 17·6
	9	9 23 14·6	2 27 28	3·114	12 14·0
	11	9 27 29·6	+ 2 21 41	3·118	12 10·4
	13	9 31 44·0	2 15 37	3·123	12 06·7
	15	9 35 57·7	2 09 16	3·127	12 03·1
	17	9 40 10·7	2 02 40	3·131	11 59·4
	19	9 44 23·0	1 55 48	3·135	11 55·7
	21	9 48 34·7	+ 1 48 41	3·138	11 52·0
	23	9 52 45·6	1 41 21	3·141	11 48·3
	25	9 56 55·8	1 33 48	3·143	11 44·6
	27	10 01 05·2	1 26 02	3·146	11 40·9
	29	10 05 13·9	1 18 04	3·148	11 37·2
	31	10 09 21·8	+ 1 09 56	3·149	11 33·4
Sept.	**2**	10 13 29·0	1 01 38	3·150	11 29·6
	4	10 17 35·4	0 53 10	3·151	11 25·9
	6	10 21 40·9	0 44 34	3·152	11 22·1
	8	10 25 45·7	0 35 51	3·152	11 18·3
	10	10 29 49·8	+ 0 27 00	3·151	11 14·5
	12	10 33 53·1	0 18 03	3·151	11 10·6
	14	10 37 55·6	+ 0 09 00	3·150	11 06·8
	16	10 41 57·4	− 0 00 07	3·148	11 02·9
	18	10 45 58·4	0 09 19	3·146	10 59·1
	20	10 49 58·7	− 0 18 34	3·144	10 55·2
	22	10 53 58·2	0 27 52	3·142	10 51·3
	24	10 57 57·0	0 37 12	3·138	10 47·4
	26	11 01 54·9	0 46 32	3·135	10 43·5
	28	11 05 52·1	0 55 53	3·131	10 39·6
	30	11 09 48·5	− 1 05 13	3·127	10 35·6
Oct.	**2**	11 13 44·1	− 1 14 31	3·122	10 31·7

Date		Astrometric J2000·0 R.A.	Astrometric J2000·0 Dec.	True Distance	Ephemeris Transit
		h m s	° ′ ″		h m
Oct.	**2**	11 13 44·1	− 1 14 31	3·122	10 31·7
	4	11 17 38·8	1 23 47	3·117	10 27·7
	6	11 21 32·8	1 33 00	3·111	10 23·7
	8	11 25 25·9	1 42 09	3·105	10 19·7
	10	11 29 18·3	1 51 14	3·099	10 15·7
	12	11 33 09·9	− 2 00 13	3·092	10 11·7
	14	11 37 00·6	2 09 06	3·085	10 07·6
	16	11 40 50·6	2 17 52	3·077	10 03·6
	18	11 44 39·8	2 26 30	3·069	9 59·5
	20	11 48 28·2	2 34 59	3·061	9 55·5
	22	11 52 15·7	− 2 43 19	3·052	9 51·4
	24	11 56 02·4	2 51 28	3·042	9 47·3
	26	11 59 48·2	2 59 26	3·033	9 43·1
	28	12 03 33·1	3 07 12	3·022	9 39·0
	30	12 07 17·1	3 14 44	3·012	9 34·9
Nov.	**1**	12 11 00·1	− 3 22 03	3·001	9 30·7
	3	12 14 42·1	3 29 06	2·989	9 26·5
	5	12 18 23·3	3 35 54	2·977	9 22·3
	7	12 22 03·4	3 42 25	2·965	9 18·1
	9	12 25 42·6	3 48 38	2·952	9 13·9
	11	12 29 20·7	− 3 54 34	2·939	9 09·6
	13	12 32 57·9	4 00 09	2·925	9 05·4
	15	12 36 34·0	4 05 25	2·911	9 01·1
	17	12 40 09·0	4 10 20	2·897	8 56·8
	19	12 43 42·8	4 14 52	2·882	8 52·5
	21	12 47 15·6	− 4 19 02	2·867	8 48·1
	23	12 50 47·0	4 22 47	2·851	8 43·8
	25	12 54 17·2	4 26 07	2·836	8 39·4
	27	12 57 46·1	4 29 00	2·819	8 35·0
	29	13 01 13·6	4 31 26	2·803	8 30·6
Dec.	**1**	13 04 39·8	− 4 33 25	2·786	8 26·1
	3	13 08 04·4	4 34 54	2·768	8 21·7
	5	13 11 27·6	4 35 53	2·751	8 17·2
	7	13 14 49·3	4 36 21	2·733	8 12·6
	9	13 18 09·3	4 36 17	2·714	8 08·1
	11	13 21 27·8	− 4 35 39	2·696	8 03·5
	13	13 24 44·5	4 34 28	2·677	7 58·9
	15	13 27 59·5	4 32 42	2·658	7 54·3
	17	13 31 12·6	4 30 19	2·638	7 49·6
	19	13 34 23·8	4 27 19	2·618	7 44·9
	21	13 37 33·0	− 4 23 40	2·598	7 40·2
	23	13 40 40·0	4 19 21	2·578	7 35·4
	25	13 43 44·9	4 14 22	2·558	7 30·6
	27	13 46 47·4	4 08 41	2·537	7 25·8
	29	13 49 47·6	4 02 16	2·516	7 20·9
	31	13 52 45·3	− 3 55 09	2·495	7 16·0
	33	13 55 40·5	− 3 47 16	2·474	7 11·0

GEOCENTRIC POSITIONS FOR 0^h DYNAMICAL TIME

Date	Astrometric J2000·0 R.A.	Astrometric J2000·0 Dec.	True Dist-ance	Ephem-eris Transit	Date	Astrometric J2000·0 R.A.	Astrometric J2000·0 Dec.	True Dist-ance	Ephem-eris Transit
	h m s	° ′ ″		h m		h m s	° ′ ″		h m
Jan. −1	16 39 46·6	−12 11 26	4·175	10 05·6	**Apr. 1**	18 12 07·9	− 9 15 54	3·023	5 35·5
1	16 42 24·7	12 13 45	4·160	10 00·3	**3**	18 13 00·6	9 07 04	2·993	5 28·5
3	16 45 02·1	12 15 46	4·145	9 55·1	**5**	18 13 49·0	8 58 07	2·963	5 21·5
5	16 47 38·7	12 17 29	4·129	9 49·8	**7**	18 14 33·0	8 49 06	2·934	5 14·3
7	16 50 14·5	12 18 55	4·112	9 44·5	**9**	18 15 12·5	8 40 00	2·905	5 07·1
9	16 52 49·4	−12 20 04	4·095	9 39·2	**11**	18 15 47·5	− 8 30 50	2·876	4 59·8
11	16 55 23·4	12 20 55	4·077	9 33·9	**13**	18 16 17·7	8 21 38	2·847	4 52·4
13	16 57 56·4	12 21 29	4·058	9 28·6	**15**	18 16 43·3	8 12 23	2·818	4 45·0
15	17 00 28·3	12 21 45	4·039	9 23·2	**17**	18 17 04·1	8 03 07	2·790	4 37·5
17	17 02 59·2	12 21 43	4·020	9 17·9	**19**	18 17 20·0	7 53 51	2·762	4 29·9
19	17 05 28·9	−12 21 24	4·000	9 12·5	**21**	18 17 31·0	− 7 44 35	2·735	4 22·2
21	17 07 57·4	12 20 48	3·979	9 07·1	**23**	18 17 37·0	7 35 20	2·708	4 14·4
23	17 10 24·6	12 19 54	3·958	9 01·7	**25**	18 17 37·9	7 26 08	2·681	4 06·6
25	17 12 50·5	12 18 42	3·936	8 56·2	**27**	18 17 33·7	7 16 59	2·655	3 58·6
27	17 15 15·0	12 17 14	3·914	8 50·7	**29**	18 17 24·3	7 07 55	2·630	3 50·6
29	17 17 38·0	−12 15 27	3·891	8 45·2	**May 1**	18 17 09·7	− 6 58 57	2·605	3 42·5
31	17 19 59·4	12 13 24	3·868	8 39·7	**3**	18 16 49·9	6 50 05	2·580	3 34·3
Feb. 2	17 22 19·2	12 11 04	3·844	8 34·2	**5**	18 16 25·0	6 41 22	2·556	3 26·0
4	17 24 37·2	12 08 26	3·820	8 28·6	**7**	18 15 54·9	6 32 48	2·533	3 17·6
6	17 26 53·5	12 05 32	3·795	8 23·0	**9**	18 15 19·7	6 24 25	2·510	3 09·2
8	17 29 07·9	−12 02 21	3·770	8 17·3	**11**	18 14 39·4	− 6 16 13	2·488	3 00·6
10	17 31 20·3	11 58 54	3·744	8 11·7	**13**	18 13 54·2	6 08 14	2·467	2 52·0
12	17 33 30·8	11 55 10	3·718	8 06·0	**15**	18 13 04·0	6 00 29	2·447	2 43·3
14	17 35 39·2	11 51 11	3·692	8 00·2	**17**	18 12 09·1	5 53 00	2·427	2 34·6
16	17 37 45·5	11 46 55	3·666	7 54·5	**19**	18 11 09·4	5 45 47	2·408	2 25·7
18	17 39 49·5	−11 42 24	3·639	7 48·6	**21**	18 10 05·0	− 5 38 52	2·390	2 16·8
20	17 41 51·3	11 37 37	3·611	7 42·8	**23**	18 08 56·2	5 32 16	2·373	2 07·8
22	17 43 50·7	11 32 35	3·584	7 36·9	**25**	18 07 43·1	5 26 01	2·357	1 58·7
24	17 45 47·7	11 27 18	3·556	7 31·0	**27**	18 06 25·9	5 20 08	2·342	1 49·5
26	17 47 42·1	11 21 45	3·527	7 25·0	**29**	18 05 04·7	5 14 37	2·328	1 40·3
28	17 49 33·8	−11 15 59	3·499	7 19·0	**31**	18 03 39·9	− 5 09 31	2·314	1 31·1
Mar. 2	17 51 22·8	11 09 58	3·470	7 12·9	**June 2**	18 02 11·7	5 04 51	2·302	1 21·7
4	17 53 08·9	11 03 44	3·441	7 06·8	**4**	18 00 40·3	5 00 36	2·291	1 12·4
6	17 54 52·2	10 57 16	3·412	7 00·7	**6**	17 59 06·2	4 56 50	2·280	1 02·9
8	17 56 32·4	10 50 35	3·382	6 54·5	**8**	17 57 29·6	4 53 31	2·271	0 53·5
10	17 58 09·5	−10 43 41	3·353	6 48·2	**10**	17 55 50·8	− 4 50 41	2·263	0 44·0
12	17 59 43·4	10 36 35	3·323	6 41·9	**12**	17 54 10·1	4 48 21	2·256	0 34·4
14	18 01 14·1	10 29 17	3·293	6 35·5	**14**	17 52 28·0	4 46 31	2·250	0 24·9
16	18 02 41·4	10 21 47	3·263	6 29·1	**16**	17 50 44·7	4 45 12	2·245	0 15·3
18	18 04 05·3	10 14 07	3·233	6 22·6	**18**	17 49 00·6	4 44 24	2·242	0 05·7
20	18 05 25·6	−10 06 16	3·203	6 16·1	**20**	17 47 16·0	− 4 44 07	2·239	23 51·3
22	18 06 42·4	9 58 14	3·173	6 09·5	**22**	17 45 31·3	4 44 23	2·237	23 41·7
24	18 07 55·4	9 50 03	3·143	6 02·8	**24**	17 43 46·9	4 45 10	2·237	23 32·1
26	18 09 04·5	9 41 43	3·113	5 56·1	**26**	17 42 03·2	4 46 29	2·237	23 22·6
28	18 10 09·7	9 33 15	3·083	5 49·3	**28**	17 40 20·5	4 48 20	2·239	23 13·0
30	18 11 10·9	− 9 24 38	3·053	5 42·5	**30**	17 38 39·3	− 4 50 43	2·242	23 03·5
Apr. 1	18 12 07·9	− 9 15 54	3·023	5 35·5	**July 2**	17 36 59·8	− 4 53 36	2·246	22 54·0

Second Transit: June 19^d 23^h $56^m.1$

GEOCENTRIC POSITIONS FOR 0^h DYNAMICAL TIME

Date		Astrometric J2000·0 R.A.	Astrometric J2000·0 Dec.	True Distance	Ephemeris Transit
		h m s	° ′ ″		h m
July	**2**	17 36 59·8	− 4 53 36	2·246	22 54·0
	4	17 35 22·6	4 57 00	2·251	22 44·5
	6	17 33 47·8	5 00 54	2·257	22 35·1
	8	17 32 15·9	5 05 17	2·263	22 25·8
	10	17 30 47·0	5 10 09	2·271	22 16·4
	12	17 29 21·6	− 5 15 27	2·280	22 07·2
	14	17 27 59·7	5 21 12	2·290	21 58·0
	16	17 26 41·7	5 27 23	2·301	21 48·9
	18	17 25 27·7	5 33 58	2·312	21 39·8
	20	17 24 18·1	5 40 57	2·325	21 30·8
	22	17 23 12·9	− 5 48 17	2·338	21 21·9
	24	17 22 12·3	5 55 59	2·352	21 13·1
	26	17 21 16·6	6 04 02	2·367	21 04·3
	28	17 20 25·8	6 12 22	2·383	20 55·7
	30	17 19 40·1	6 21 01	2·399	20 47·1
Aug.	**1**	17 18 59·6	− 6 29 55	2·416	20 38·6
	3	17 18 24·4	6 39 05	2·434	20 30·2
	5	17 17 54·4	6 48 28	2·452	20 21·9
	7	17 17 29·8	6 58 04	2·471	20 13·6
	9	17 17 10·6	7 07 51	2·491	20 05·5
	11	17 16 56·6	− 7 17 49	2·510	19 57·4
	13	17 16 48·0	7 27 55	2·531	19 49·4
	15	17 16 44·7	7 38 09	2·552	19 41·6
	17	17 16 46·7	7 48 30	2·573	19 33·8
	19	17 16 54·0	7 58 57	2·594	19 26·1
	21	17 17 06·6	− 8 09 29	2·616	19 18·4
	23	17 17 24·3	8 20 05	2·639	19 10·9
	25	17 17 47·3	8 30 44	2·661	19 03·4
	27	17 18 15·4	8 41 24	2·684	18 56·1
	29	17 18 48·5	8 52 06	2·707	18 48·8
	31	17 19 26·6	− 9 02 47	2·731	18 41·6
Sept.	**2**	17 20 09·7	9 13 27	2·754	18 34·5
	4	17 20 57·6	9 24 06	2·778	18 27·4
	6	17 21 50·2	9 34 42	2·801	18 20·5
	8	17 22 47·4	9 45 15	2·825	18 13·6
	10	17 23 49·1	− 9 55 44	2·849	18 06·8
	12	17 24 55·4	10 06 07	2·873	18 00·0
	14	17 26 05·9	10 16 26	2·897	17 53·4
	16	17 27 20·8	10 26 38	2·921	17 46·8
	18	17 28 39·9	10 36 44	2·945	17 40·3
	20	17 30 03·1	−10 46 42	2·969	17 33·8
	22	17 31 30·4	10 56 32	2·993	17 27·4
	24	17 33 01·7	11 06 14	3·017	17 21·1
	26	17 34 36·8	11 15 46	3·040	17 14·8
	28	17 36 15·8	11 25 08	3·064	17 08·6
	30	17 37 58·4	−11 34 20	3·087	17 02·5
Oct.	**2**	17 39 44·7	−11 43 21	3·110	16 56·4

Date		Astrometric J2000·0 R.A.	Astrometric J2000·0 Dec.	True Distance	Ephemeris Transit
		h m s	° ′ ″		h m
Oct.	**2**	17 39 44·7	−11 43 21	3·110	16 56·4
	4	17 41 34·5	11 52 11	3·133	16 50·4
	6	17 43 27·7	12 00 49	3·156	16 44·4
	8	17 45 24·2	12 09 14	3·179	16 38·5
	10	17 47 24·0	12 17 27	3·201	16 32·6
	12	17 49 26·9	−12 25 26	3·223	16 26·8
	14	17 51 32·9	12 33 12	3·245	16 21·1
	16	17 53 42·0	12 40 43	3·266	16 15·4
	18	17 55 54·0	12 48 00	3·288	16 09·7
	20	17 58 08·9	12 55 03	3·309	16 04·1
	22	18 00 26·6	−13 01 49	3·329	15 58·5
	24	18 02 47·0	13 08 21	3·350	15 53·0
	26	18 05 10·2	13 14 36	3·369	15 47·5
	28	18 07 35·9	13 20 35	3·389	15 42·1
	30	18 10 04·2	13 26 17	3·408	15 36·7
Nov.	**1**	18 12 34·8	−13 31 42	3·427	15 31·4
	3	18 15 07·8	13 36 50	3·445	15 26·0
	5	18 17 43·1	13 41 40	3·463	15 20·8
	7	18 20 20·6	13 46 13	3·481	15 15·5
	9	18 23 00·2	13 50 28	3·498	15 10·3
	11	18 25 42·0	−13 54 24	3·514	15 05·1
	13	18 28 25·7	13 58 01	3·531	15 00·0
	15	18 31 11·4	14 01 20	3·546	14 54·9
	17	18 33 59·1	14 04 20	3·562	14 49·8
	19	18 36 48·6	14 07 01	3·576	14 44·8
	21	18 39 39·9	−14 09 22	3·591	14 39·8
	23	18 42 32·9	14 11 24	3·604	14 34·8
	25	18 45 27·6	14 13 06	3·618	14 29·8
	27	18 48 24·0	14 14 28	3·630	14 24·9
	29	18 51 21·8	14 15 30	3·642	14 20·0
Dec.	**1**	18 54 21·1	−14 16 12	3·654	14 15·1
	3	18 57 21·9	14 16 33	3·665	14 10·3
	5	19 00 23·9	14 16 35	3·676	14 05·4
	7	19 03 27·3	14 16 16	3·686	14 00·6
	9	19 06 31·9	14 15 37	3·695	13 55·8
	11	19 09 37·8	−14 14 37	3·704	13 51·0
	13	19 12 44·8	14 13 16	3·713	13 46·3
	15	19 15 52·9	14 11 36	3·721	13 41·6
	17	19 19 02·1	14 09 34	3·728	13 36·8
	19	19 22 12·3	14 07 12	3·735	13 32·1
	21	19 25 23·5	−14 04 29	3·741	13 27·4
	23	19 28 35·6	14 01 25	3·746	13 22·8
	25	19 31 48·5	13 58 01	3·751	13 18·1
	27	19 35 02·3	13 54 17	3·756	13 13·5
	29	19 38 16·8	13 50 12	3·759	13 08·8
	31	19 41 32·0	−13 45 47	3·762	13 04·2
	33	19 44 47·9	−13 41 02	3·765	12 59·6

VESTA, 1995

GEOCENTRIC POSITIONS FOR 0^h DYNAMICAL TIME

Date	Astrometric J2000·0 R.A.	Astrometric J2000·0 Dec.	True Dist-ance	Ephem-eris Transit	Date	Astrometric J2000·0 R.A.	Astrometric J2000·0 Dec.	True Dist-ance	Ephem-eris Transit
	h m s	° ′ ″		h m		h m s	° ′ ″		h m
Jan. −1	6 07 43·6	+21 27 35	1·579	23 29·7	**Apr. 1**	6 10 44·9	+24 53 54	2·455	17 32·9
1	6 05 30·0	21 33 40	1·582	23 19·6	**3**	6 13 09·5	24 55 49	2·479	17 27·5
3	6 03 18·5	21 39 42	1·586	23 09·6	**5**	6 15 38·0	24 57 32	2·504	17 22·1
5	6 01 09·8	21 45 40	1·591	22 59·6	**7**	6 18 10·2	24 59 01	2·528	17 16·8
7	5 59 04·4	21 51 33	1·597	22 49·7	**9**	6 20 46·0	25 00 17	2·552	17 11·5
9	5 57 03·1	+21 57 22	1·605	22 39·9	**11**	6 23 25·2	+25 01 18	2·576	17 06·3
11	5 55 06·3	22 03 05	1·613	22 30·1	**13**	6 26 07·8	25 02 05	2·600	17 01·2
13	5 53 14·5	22 08 44	1·623	22 20·4	**15**	6 28 53·4	25 02 37	2·624	16 56·1
15	5 51 28·2	22 14 17	1·633	22 10·9	**17**	6 31 42·1	25 02 54	2·647	16 51·0
17	5 49 47·9	22 19 46	1·645	22 01·4	**19**	6 34 33·8	25 02 55	2·670	16 46·0
19	5 48 13·9	+22 25 10	1·658	21 52·0	**21**	6 37 28·2	+25 02 40	2·693	16 41·1
21	5 46 46·5	22 30 29	1·671	21 42·8	**23**	6 40 25·4	25 02 08	2·716	16 36·2
23	5 45 26·0	22 35 44	1·686	21 33·6	**25**	6 43 25·3	25 01 19	2·738	16 31·3
25	5 44 12·6	22 40 55	1·701	21 24·6	**27**	6 46 27·6	25 00 12	2·760	16 26·5
27	5 43 06·6	22 46 02	1·717	21 15·7	**29**	6 49 32·4	24 58 49	2·782	16 21·7
29	5 42 08·3	+22 51 05	1·734	21 06·9	**May 1**	6 52 39·6	+24 57 07	2·804	16 16·9
31	5 41 17·7	22 56 05	1·751	20 58·3	**3**	6 55 48·9	24 55 07	2·825	16 12·2
Feb. 2	5 40 34·9	23 01 02	1·770	20 49·7	**5**	6 59 00·4	24 52 49	2·846	16 07·6
4	5 40 00·1	23 05 56	1·789	20 41·4	**7**	7 02 14·0	24 50 12	2·866	16 02·9
6	5 39 33·2	23 10 47	1·808	20 33·1	**9**	7 05 29·4	24 47 16	2·887	15 58·3
8	5 39 14·3	+23 15 35	1·829	20 25·0	**11**	7 08 46·7	+24 44 01	2·907	15 53·7
10	5 39 03·2	23 20 20	1·849	20 17·0	**13**	7 12 05·6	24 40 28	2·926	15 49·2
12	5 38 59·9	23 25 03	1·871	20 09·1	**15**	7 15 26·3	24 36 34	2·946	15 44·6
14	5 39 04·4	23 29 44	1·892	20 01·4	**17**	7 18 48·5	24 32 21	2·964	15 40·1
16	5 39 16·4	23 34 21	1·915	19 53·8	**19**	7 22 12·2	24 27 49	2·983	15 35·7
18	5 39 35·9	+23 38 56	1·937	19 46·3	**21**	7 25 37·3	+24 22 56	3·001	15 31·2
20	5 40 02·8	23 43 28	1·960	19 38·9	**23**	7 29 03·9	24 17 43	3·019	15 26·8
22	5 40 36·8	23 47 56	1·984	19 31·7	**25**	7 32 31·7	24 12 10	3·037	15 22·4
24	5 41 18·0	23 52 21	2·007	19 24·5	**27**	7 36 00·8	24 06 17	3·054	15 18·0
26	5 42 06·0	23 56 41	2·031	19 17·5	**29**	7 39 31·1	24 00 04	3·071	15 13·6
28	5 43 00·9	+24 00 58	2·055	19 10·6	**31**	7 43 02·5	+23 53 30	3·087	15 09·3
Mar. 2	5 44 02·5	24 05 10	2·080	19 03·8	**June 2**	7 46 35·0	23 46 36	3·103	15 05·0
4	5 45 10·6	24 09 17	2·104	18 57·1	**4**	7 50 08·4	23 39 21	3·119	15 00·6
6	5 46 24·9	24 13 18	2·129	18 50·5	**6**	7 53 42·7	23 31 47	3·134	14 56·3
8	5 47 45·4	24 17 14	2·154	18 44·0	**8**	7 57 17·8	23 23 52	3·149	14 52·0
10	5 49 11·9	+24 21 04	2·179	18 37·6	**10**	8 00 53·8	+23 15 37	3·163	14 47·8
12	5 50 44·1	24 24 47	2·204	18 31·3	**12**	8 04 30·4	23 07 01	3·177	14 43·5
14	5 52 21·9	24 28 22	2·229	18 25·1	**14**	8 08 07·7	22 58 06	3·190	14 39·3
16	5 54 05·1	24 31 50	2·254	18 19·0	**16**	8 11 45·6	22 48 50	3·204	14 35·0
18	5 55 53·5	24 35 10	2·280	18 13·0	**18**	8 15 24·1	22 39 14	3·216	14 30·8
20	5 57 46·9	+24 38 21	2·305	18 07·0	**20**	8 19 03·2	+22 29 19	3·229	14 26·6
22	5 59 45·2	24 41 23	2·330	18 01·2	**22**	8 22 42·8	22 19 03	3·241	14 22·3
24	6 01 48·2	24 44 15	2·355	17 55·4	**24**	8 26 22·9	22 08 28	3·252	14 18·1
26	6 03 55·8	24 46 56	2·380	17 49·6	**26**	8 30 03·4	21 57 33	3·263	14 13·9
28	6 06 07·9	24 49 27	2·405	17 44·0	**28**	8 33 44·3	21 46 18	3·274	14 09·7
30	6 08 24·3	+24 51 47	2·430	17 38·4	**30**	8 37 25·6	+21 34 44	3·284	14 05·5
Apr. 1	6 10 44·9	+24 53 54	2·455	17 32·9	**July 2**	8 41 07·2	+21 22 52	3·294	14 01·4

GEOCENTRIC POSITIONS FOR 0^h DYNAMICAL TIME

Date		Astrometric J2000·0 R.A.	Dec.	True Distance	Ephemeris Transit	Date		Astrometric J2000·0 R.A.	Dec.	True Distance	Ephemeris Transit
		h m s	° ′ ″		h m			h m s	° ′ ″		h m
July	**2**	8 41 07·2	+21 22 52	3·294	14 01·4	**Oct.**	**2**	11 30 32·7	+ 7 55 42	3·274	10 48·4
	4	8 44 49·0	21 10 40	3·304	13 57·2		**4**	11 34 09·8	7 34 51	3·263	10 44·1
	6	8 48 31·1	20 58 10	3·312	13 53·0		**6**	11 37 46·7	7 13 57	3·252	10 39·8
	8	8 52 13·3	20 45 21	3·321	13 48·8		**8**	11 41 23·4	6 53 03	3·241	10 35·6
	10	8 55 55·7	20 32 15	3·329	13 44·7		**10**	11 44 59·9	6 32 09	3·229	10 31·3
	12	8 59 38·2	+20 18 50	3·337	13 40·5		**12**	11 48 36·3	+ 6 11 15	3·217	10 27·0
	14	9 03 20·8	20 05 07	3·344	13 36·3		**14**	11 52 12·4	5 50 21	3·205	10 22·8
	16	9 07 03·5	19 51 07	3·351	13 32·2		**16**	11 55 48·4	5 29 28	3·192	10 18·5
	18	9 10 46·3	19 36 50	3·357	13 28·0		**18**	11 59 24·2	5 08 37	3·178	10 14·2
	20	9 14 29·1	19 22 15	3·363	13 23·8		**20**	12 02 59·8	4 47 48	3·165	10 09·9
	22	9 18 12·0	+19 07 24	3·369	13 19·7		**22**	12 06 35·2	+ 4 27 02	3·151	10 05·6
	24	9 21 54·9	18 52 16	3·374	13 15·5		**24**	12 10 10·3	4 06 19	3·136	10 01·3
	26	9 25 37·8	18 36 52	3·378	13 11·3		**26**	12 13 45·3	3 45 40	3·121	9 57·0
	28	9 29 20·7	18 21 12	3·382	13 07·2		**28**	12 17 20·0	3 25 06	3·106	9 52·7
	30	9 33 03·6	18 05 16	3·386	13 03·0		**30**	12 20 54·4	3 04 37	3·090	9 48·4
Aug.	**1**	9 36 46·3	+17 49 06	3·389	12 58·8	**Nov.**	**1**	12 24 28·6	+ 2 44 13	3·075	9 44·1
	3	9 40 29·0	17 32 40	3·392	12 54·7		**3**	12 28 02·5	2 23 55	3·058	9 39·8
	5	9 44 11·6	17 16 00	3·395	12 50·5		**5**	12 31 36·1	2 03 44	3·042	9 35·5
	7	9 47 54·0	16 59 06	3·396	12 46·3		**7**	12 35 09·5	1 43 40	3·025	9 31·2
	9	9 51 36·3	16 41 58	3·398	12 42·2		**9**	12 38 42·6	1 23 44	3·007	9 26·8
	11	9 55 18·4	+16 24 37	3·399	12 38·0		**11**	12 42 15·4	+ 1 03 56	2·989	9 22·5
	13	9 59 00·4	16 07 02	3·400	12 33·8		**13**	12 45 47·9	0 44 16	2·971	9 18·2
	15	10 02 42·2	15 49 15	3·400	12 29·6		**15**	12 49 20·1	0 24 45	2·953	9 13·8
	17	10 06 23·9	15 31 15	3·400	12 25·4		**17**	12 52 51·9	+ 0 05 25	2·934	9 09·5
	19	10 10 05·5	15 13 02	3·399	12 21·3		**19**	12 56 23·4	− 0 13 45	2·915	9 05·1
	21	10 13 46·9	+14 54 38	3·398	12 17·1		**21**	12 59 54·6	− 0 32 44	2·896	9 00·8
	23	10 17 28·2	14 36 03	3·396	12 12·9		**23**	13 03 25·3	0 51 32	2·876	8 56·4
	25	10 21 09·3	14 17 17	3·394	12 08·7		**25**	13 06 55·5	1 10 07	2·856	8 52·0
	27	10 24 50·2	13 58 20	3·392	12 04·5		**27**	13 10 25·3	1 28 29	2·836	8 47·6
	29	10 28 30·9	13 39 13	3·389	12 00·3		**29**	13 13 54·5	1 46 38	2·816	8 43·2
	31	10 32 11·5	+13 19 57	3·386	11 56·1	**Dec.**	**1**	13 17 23·1	− 2 04 34	2·795	8 38·8
Sept.	**2**	10 35 51·8	13 00 32	3·382	11 51·9		**3**	13 20 51·2	2 22 14	2·774	8 34·4
	4	10 39 31·9	12 40 57	3·378	11 47·7		**5**	13 24 18·8	2 39 40	2·752	8 30·0
	6	10 43 11·8	12 21 15	3·373	11 43·4		**7**	13 27 45·7	2 56 51	2·731	8 25·6
	8	10 46 51·4	12 01 25	3·368	11 39·2		**9**	13 31 11·9	3 13 46	2·709	8 21·1
	10	10 50 30·9	+11 41 27	3·362	11 35·0		**11**	13 34 37·5	− 3 30 24	2·687	8 16·7
	12	10 54 10·2	11 21 22	3·356	11 30·8		**13**	13 38 02·3	3 46 46	2·664	8 12·2
	14	10 57 49·2	11 01 10	3·350	11 26·6		**15**	13 41 26·3	4 02 50	2·642	8 07·7
	16	11 01 28·1	10 40 52	3·343	11 22·3		**17**	13 44 49·6	4 18 36	2·619	8 03·2
	18	11 05 06·9	10 20 29	3·336	11 18·1		**19**	13 48 11·9	4 34 03	2·596	7 58·7
	20	11 08 45·4	+10 00 00	3·328	11 13·9		**21**	13 51 33·2	− 4 49 11	2·572	7 54·2
	22	11 12 23·8	9 39 26	3·320	11 09·6		**23**	13 54 53·6	5 04 00	2·549	7 49·7
	24	11 16 02·0	9 18 48	3·312	11 05·4		**25**	13 58 12·8	5 18 28	2·525	7 45·1
	26	11 19 40·0	8 58 06	3·303	11 01·1		**27**	14 01 30·8	5 32 35	2·501	7 40·5
	28	11 23 17·8	8 37 20	3·294	10 56·9		**29**	14 04 47·6	5 46 21	2·477	7 35·9
	30	11 26 55·3	+ 8 16 33	3·284	10 52·6		**31**	14 08 03·1	− 5 59 46	2·453	7 31·3
Oct.	**2**	11 30 32·7	+ 7 55 42	3·274	10 48·4		**33**	14 11 17·2	− 6 12 48	2·428	7 26·7

OPPOSITION DATES, MAGNITUDES AND OSCULATING ELEMENTS FOR EPOCH 1995 OCTOBER 10·0 TDT, ECLIPTIC AND EQUINOX J2000·0

Name	No.	Magnitude Parameters		Opposition Date	Mag.	Diameter	Inclination	Long. of Asc. Node	Argument of Perihelion	Mean Distance	Daily Motion	Eccentricity	Mean Anomaly
		H	*G*				*i*	*Ω*	*ω*	*a*	*n*	*e*	*M*
						km	°	°	°		°		°
Ceres	1	3·34	0·12	Feb. 6	6·9	1003	10·601	80·659	71·530	2·7669	0·21415	0·0760	37·924
Juno	3	5·33	0·32	June 18	10·0	247	12·961	170·213	247·806	2·6703	0·22588	0·2573	251·392
Hebe	6	5·71	0·24	Oct. 27	7·8	201	14·769	138·894	239·073	2·4253	0·26095	0·2013	2·878
Iris	7	5·51	0·15	Nov. 29	6·8	209	5·523	259·930	145·297	2·3858	0·26745	0·2302	359·971
Metis	9	6·28	0·17	Mar. 14	9·3	151	5·584	69·065	4·999	2·3867	0·26731	0·1220	139·343
Hygiea	10	5·43	0·15	July 24	9·3	450	3·845	283·690	314·742	3·1351	0·17755	0·1206	64·733
Parthenope	11	6·55	0·15	Jan. 31	10·2	150	4·621	125·679	194·731	2·4519	0·25672	0·1001	233·282
Victoria	12	7·24	0·22	Feb. 11	11·3	126	8·371	235·669	69·370	2·3341	0·27639	0·2195	276·864
Egeria	13	6·74	0·15	Nov. 25	10·0	224	16·530	43·391	80·813	2·5759	0·23840	0·0873	297·655
Psyche	16	5·90	0·20	Dec. 6	9·5	250	3·092	150·470	229·004	2·9226	0·19727	0·1369	30·873
Thetis	17	7·76	0·15	Jan. 5	11·4	109	5·586	125·657	136·130	2·4691	0·25404	0·1359	280·228
Melpomene	18	6·51	0·25	Sept. 18	7·8	150	10·129	150·595	227·781	2·2957	0·28336	0·2174	350·473
Fortuna	19	7·13	0·10	Jan. 19	10·0	215	1·572	211·631	181·873	2·4411	0·25843	0·1595	136·200
Lutetia	21	7·35	0·11	Mar. 25	11·0	115	3·067	80·966	249·967	2·4357	0·25928	0·1627	274·225
Kalliope	22	6·45	0·21	Aug. 30	10·7	177	13·721	66·345	357·288	2·9089	0·19866	0·1001	287·424
Thalia	23	6·95	0·15	June 17	11·1	111	10·151	67·311	59·457	2·6301	0·23108	0·2313	145·856
Themis	24	7·08	0·19	Oct. 31	11·4	234	0·762	36·089	109·675	3·1287	0·17810	0·1346	263·025
Phocaea	25	7·83	0·15	Oct. 22	10·2	72	21·572	214·342	90·309	2·4004	0·26502	0·2555	52·907
Euterpe	27	7·0	0·15	Apr. 9	9·9	108	1·584	94·819	356·169	2·3482	0·27391	0·1710	138·265
Bellona	28	7·09	0·15	Sept. 17	11·4	126	9·399	144·619	343·312	2·7770	0·21298	0·1500	242·935
Amphitrite	29	5·85	0·20	Dec. 22	8·9	195	6·107	356·600	63·477	2·5546	0·24139	0·0731	8·286
Urania	30	7·57	0·15	Apr. 18	11·1	91	2·096	308·046	85·965	2·3667	0·27070	0·1269	220·679
Pomona	32	7·56	0·15	Sept. 15	11·4	93	5·531	220·664	338·228	2·5857	0·23704	0·0850	156·443
Atalante	36	8·46	0·15	May 18	13·8	118	18·410	358·665	46·886	2·7514	0·21596	0·3021	240·153
Fides	37	7·29	0·24	Apr. 23	11·3	95	3·073	7·764	61·808	2·6436	0·22931	0·1763	169·036
Laetitia	39	6·1	0·15	May 10	10·4	163	10·362	157·317	207·686	2·7710	0·21368	0·1126	263·311
Daphne	41	7·12	0·10	Aug. 26	11·1	204	15·775	178·363	46·156	2·7604	0·21491	0·2755	87·740
Ariadne	43	7·93	0·11	Sept. 22	10·1	85	3·468	265·124	15·724	2·2032	0·30138	0·1679	66·645
Eugenia	45	7·46	0·07	Jan. 19	11·4	226	6·605	148·012	87·573	2·7205	0·21965	0·0808	310·181
Europa	52	6·31	0·18	Apr. 30	10·9	289	7·440	129·192	338·671	3·1055	0·18010	0·0989	127·843
Alexandra	54	7·66	0·15	Feb. 19	12·2	180	11·830	313·567	345·245	2·7082	0·22115	0·2004	278·603
Melete	56	8·31	0·15	July 27	10·4	146	8·076	193·824	102·692	2·5971	0·23549	0·2347	23·098
Concordia	58	8·86	0·15	Oct. 15	12·7	110	5·060	161·499	30·878	2·6993	0·22225	0·0460	187·837
Echo	60	8·21	0·27	Jan. 15	10·0	51	3·597	192·092	269·466	2·3935	0·26617	0·1826	80·931
Ausonia	63	7·55	0·25	May 24	9·8	91	5·788	338·172	294·829	2·3958	0·26579	0·1256	14·305
Angelina	64	7·67	0·48	Oct. 17	11·3	56	1·309	309·757	179·325	2·6812	0·22450	0·1262	267·908
Cybele	65	6·62	0·01	May 22	11·1	309	3·542	155·906	107·827	3·4400	0·15448	0·1056	2·748
Maja	66	9·36	0·15	May 8	13·7	85	3·047	7·942	43·164	2·6486	0·22865	0·1723	210·664
Leto	68	6·78	0·05	Mar. 20	11·5	126	7·963	44·526	303·851	2·7805	0·21258	0·1875	235·675
Panopaea	70	8·11	0·14	Jan. 13	12·6	151	11·581	48·019	255·635	2·6140	0·23321	0·1839	225·832
Niobe	71	7·30	0·40	Dec. 6	12·0	115	23·282	316·438	266·069	2·7558	0·21544	0·1743	211·657
Feronia	72	8·94	0·15	Sept. 18	11·1	96	5·411	208·241	102·352	2·2661	0·28893	0·1204	42·694
Frigga	77	8·52	0·16	Mar. 10	12·2	67	2·433	1·564	60·514	2·6677	0·22620	0·1333	140·839
Eurynome	79	7·96	0·25	Mar. 25	11·5	76	4·625	207·014	200·091	2·4444	0·25789	0·1932	172·567
Sappho	80	7·98	0·15	Jan. 24	11·4	83	8·668	218·948	139·179	2·2952	0·28344	0·2007	181·136
Alkmene	82	8·40	0·28	June 14	12·5	65	2·832	25·801	110·565	2·7638	0·21451	0·2218	129·671
Beatrix	83	8·66	0·15	Sept. 13	12·0	123	4·973	27·867	166·200	2·4313	0·25999	0·0829	157·462
Klio	84	9·32	0·15	Apr. 11	13·2	90	9·338	327·848	14·521	2·3626	0·27141	0·2372	292·895
Io	85	7·61	0·15	Nov. 21	11·0	147	11·966	203·521	122·649	2·6549	0·22784	0·1906	60·195
Thisbe	88	7·04	0·14	July 26	9·8	210	5·223	276·930	34·734	2·7680	0·21402	0·1620	10·437

OPPOSITION DATES, MAGNITUDES AND OSCULATING ELEMENTS FOR EPOCH 1995 OCTOBER 10·0 TDT, ECLIPTIC AND EQUINOX J2000·0

Name	No.	Magnitude Parameters H	G	Opposition Date	Mag.	Dia-meter	Inclin-ation i	Long. of Asc. Node Ω	Argument of Peri-helion ω	Mean Distance a	Daily Motion n	Eccen-tricity e	Mean Anomaly M
						km	°	°	°		°		°
Julia	89	6·60	0·15	Mar. 1	11·0	155	16·137	311·742	44·692	2·5499	0·24205	0·1828	217·701
Aegina	91	8·84	0·15	Sept. 27	12·1	104	2·117	10·978	73·467	2·5899	0·23647	0·1056	294·152
Minerva	93	7·7	0·15	Sept. 17	11·1	168	8·563	4·595	273·153	2·7538	0·21567	0·1410	65·000
Aurora	94	7·57	0·15	July 3	12·4	188	7·981	2·896	56·107	3·1623	0·17527	0·0821	244·832
Arethusa	95	7·84	0·15	July 23	12·3	230	12·985	243·479	154·023	3·0704	0·18320	0·1440	296·721
Klotho	97	7·63	0·15	May 1	12·3	95	11·749	160·100	268·042	2·6701	0·22589	0·2576	168·179
Hera	103	7·66	0·15	Mar. 1	11·7	96	5·420	136·369	189·104	2·7009	0·22204	0·0823	246·286
Artemis	105	8·57	0·10	Mar. 24	10·7	126	21·482	188·531	56·079	2·3732	0·26959	0·1773	9·608
Dione	106	7·41	0·15	Mar. 17	12·4	139	4·623	62·600	330·289	3·1614	0·17534	0·1795	163·956
Camilla	107	7·08	0·08	Apr. 18	12·1	211	9·919	174·115	297·831	3·4848	0·15151	0·0833	111·540
Felicitas	109	8·75	0·04	Mar. 27	12·8	75	7·884	3·500	56·348	2·6945	0·22284	0·2986	139·316
Kassandra	114	8·26	0·15	Dec. 16	11·6	136	4·940	164·507	351·623	2·6756	0·22520	0·1398	287·400
Thyra	115	7·51	0·12	May 8	11·7	93	11·589	309·218	96·072	2·3816	0·26817	0·1915	228·912
Sirona	116	7·82	0·15	Aug. 27	12·2	80	3·573	64·091	93·980	2·7675	0·21408	0·1397	182·356
Lachesis	120	7·75	0·15	Sept. 12	12·2	173	6·957	341·611	234·892	3·1137	0·17939	0·0638	132·428
Brunhild	123	8·89	0·15	May 30	13·2	47	6·422	308·034	124·871	2·6974	0·22247	0·1195	204·883
Alkeste	124	8·11	0·19	May 27	11·0	67	2·948	188·420	61·918	2·6301	0·23107	0·0794	26·911
Antigone	129	7·00	0·37	Mar. 26	10·2	115	12·221	136·500	109·072	2·8670	0·20303	0·2147	357·100
Elektra	130	7·12	0·15	Apr. 16	12·8	173	22·867	145·931	234·483	3·1151	0·17926	0·2164	212·122
Vala	131	10·03	0·15	Sept. 3	13·2	35	4·956	65·840	157·760	2·4314	0·25996	0·0674	117·293
Hertha	135	8·23	0·15	Feb. 26	12·2	78	2·303	344·117	339·595	2·4286	0·26042	0·2051	259·139
Meliboea	137	8·05	0·15	Mar. 30	12·8	150	13·434	202·573	107·578	3·1115	0·17958	0·2236	298·475
Juewa	139	7·78	0·15	Oct. 31	12·1	163	10·940	2·225	165·649	2·7796	0·21268	0·1771	245·893
Siwa	140	8·34	0·15	May 13	11·3	103	3·190	107·384	195·551	2·7318	0·21829	0·2172	343·688
Lumen	141	8·2	0·15	Nov. 1	10·9	133	11·883	318·868	57·915	2·6662	0·22639	0·2144	11·682
Vibilia	144	7·91	0·17	Mar. 22	12·6	130	4·815	76·727	293·121	2·6541	0·22794	0·2342	209·757
Adeona	145	8·13	0·15	Dec. 21	10·9	195	12·623	77·673	44·585	2·6722	0·22564	0·1466	319·065
Lucina	146	8·20	0·11	Feb. 9	12·1	141	13·088	84·343	146·131	2·7185	0·21990	0·0640	328·068
Aemilia	159	8·12	0·15	Oct. 13	12·5	140	6·122	134·399	337·751	3·1010	0·18049	0·1103	277·793
Baucis	172	8·79	0·15	Apr. 13	12·2	67	10·031	332·274	359·038	2·3806	0·26833	0·1143	295·123
Elsa	182	9·12	0·15	Apr. 21	13·0	39	2·002	107·318	309·451	2·4179	0·26215	0·1858	187·523
Celuta	186	8·91	0·15	Aug. 29	11·1	49	13·178	14·932	315·093	2·3616	0·27157	0·1502	12·123
Phthia	189	9·33	0·15	Feb. 3	12·6	41	5·177	203·835	166·076	2·4499	0·25703	0·0372	186·065
Nausikaa	192	7·13	0·03	Apr. 11	11·5	94	6·823	343·601	29·681	2·4032	0·26456	0·2474	243·403
Prokne	194	7·68	0·15	Dec. 11	11·8	191	18·495	159·624	163·204	2·6183	0·23264	0·2355	72·984
Philomela	196	6·54	0·15	May 14	10·7	161	7·260	72·723	211·540	3·1171	0·17909	0·0275	337·190
Kallisto	204	8·89	0·15	Feb. 9	13·0	50	8·267	205·418	56·208	2·6706	0·22583	0·1747	314·162
Lacrimosa	208	8·96	0·15	Apr. 16	12·8	42	1·753	4·815	122·558	2·8948	0·20011	0·0100	113·018
Isolda	211	7·89	0·12	Aug. 31	12·1	166	3·883	263·892	175·634	3·0421	0·18575	0·1596	285·376
Thusnelda	219	9·32	0·15	May 27	12·2	39	10·840	201·026	142·082	2·3542	0·27285	0·2240	324·814
Oceana	224	8·59	0·15	Aug. 26	11·9	71	5·842	353·264	279·705	2·6444	0·22920	0·0451	64·868
Athamantis	230	7·35	0·27	Apr. 19	10·7	121	9·439	240·049	138·786	2·3834	0·26786	0·0610	239·497
Germania	241	7·58	0·15	June 26	11·6	200	5·519	271·109	74·035	3·0508	0·18496	0·0980	319·280
Eukrate	247	8·04	0·15	May 17	13·3	142	24·964	0·385	54·840	2·7437	0·21686	0·2427	225·591
Anahita	270	8·75	0·15	Dec. 27	11·6	51	2·367	254·746	80·035	2·1985	0·30235	0·1501	81·392
Polyxo	308	8·17	0·21	Jan. 6	12·1	138	4·355	182·048	115·663	2·7489	0·21625	0·0386	227·324
Bamberga	324	6·82	0·09	June 23	10·3	246	11·100	328·132	44·101	2·6851	0·22400	0·3371	322·386
Tamara	326	9·36	0·15	Sept. 22	12·3	80	23·722	32·399	238·429	2·3177	0·27932	0·1895	63·095
Tercidina	345	8·71	0·10	Dec. 7	11·4	99	9·740	212·919	230·030	2·3254	0·27795	0·0621	336·389
Dembowska	349	5·93	0·37	May 13	10·2	144	8·249	32·770	343·385	2·9285	0·19667	0·0872	252·459

OPPOSITION DATES, MAGNITUDES AND OSCULATING ELEMENTS FOR EPOCH 1995 OCTOBER 10·0 TDT, ECLIPTIC AND EQUINOX J2000·0

Name	No.	Magnitude Parameters		Opposition		Dia-meter	Inclin-ation	Long. of Asc. Node	Argument of Peri-helion	Mean Distance	Daily Motion	Eccen-tricity	Mean Anomaly
		H	G	Date	Mag.		i	Ω	ω	a	n	e	M
						km	°	°	°		°		°
Liguria	356	8·22	0·15	May 21	13·2	150	8·213	355·208	78·047	2·7622	0·21469	0·2377	192·995
Carlova	360	8·48	0·15	Nov. 20	11·9	130	11·703	132·743	289·455	3·0001	0·18967	0·1807	346·871
Amicitia	367	10·7	0·15	Feb. 20	12·7	20	2·944	83·585	55·203	2·2196	0·29804	0·0952	78·721
Myrrha	381	8·25	0·15	Nov. 21	13·4	126	12·524	125·511	134·484	3·2157	0·17092	0·1031	143·205
Siegena	386	7·43	0·16	Sept. 28	10·5	191	20·236	167·065	220·532	2·8966	0·19992	0·1704	345·252
Aquitania	387	7·41	0·15	Aug. 11	9·6	112	18·075	128·537	155·982	2·7379	0·21756	0·2378	33·247
Industria	389	7·88	0·15	Feb. 2	11·1	81	8·144	282·684	264·740	2·6085	0·23395	0·0633	11·013
Lampetia	393	8·39	0·15	May 20	10·9	129	14·879	213·404	89·169	2·7763	0·21306	0·3323	356·804
Vienna	397	9·31	0·15	Apr. 17	13·9	50	12·842	228·494	139·096	2·6369	0·23018	0·2452	252·848
Arsinoe	404	9·01	0·15	May 18	11·4	102	14·125	92·729	121·484	2·5934	0·23600	0·2007	47·046
Chloris	410	8·30	0·15	Jan. 5	12·9	134	10·931	97·323	172·632	2·7277	0·21878	0·2376	263·179
Palatia	415	9·21	0·15	May 15	14·4	93	8·139	127·287	296·682	2·7967	0·21073	0·3016	190·149
Vaticana	416	7·89	0·20	Oct. 19	12·2	76	12·927	58·473	196·789	2·7872	0·21181	0·2211	102·581
Eros	433	11·16	0·46	Sept. 20	11·6	23	10·831	304·441	178·567	1·4583	0·55970	0·2230	273·349
Hungaria	434	11·21	0·15	Apr. 18	13·3	11	22·503	175·459	123·659	1·9444	0·36351	0·0738	338·202
Bathilde	441	8·51	0·15	June 19	12·8	66	8·147	254·004	202·186	2·8074	0·20953	0·0800	193·993
Gyptis	444	7·83	0·22	Feb. 4	12·4	165	10·266	195·989	154·429	2·7686	0·21396	0·1766	188·335
Patientia	451	6·65	0·19	Oct. 23	10·9	276	15·232	89·489	343·265	3·0613	0·18401	0·0741	314·189
Bruchsalia	455	8·86	0·15	Apr. 29	13·2	105	12·037	76·790	272·018	2·6589	0·22732	0·2915	291·640
Papagena	471	6·73	0·37	Aug. 20	10·3	143	14·985	84·162	314·827	2·8880	0·20082	0·2312	318·858
Hedwig	476	8·55	0·15	Apr. 30	12·2	113	10·950	286·597	359·766	2·6503	0·22843	0·0761	341·221
Iva	497	10·02	0·11	Jan. 21	14·1	31	4·840	6·829	2·880	2·8498	0·20487	0·3012	128·936
Tokio	498	8·95	0·15	Mar. 12	13·6	71	9·528	97·737	240·201	2·6488	0·22863	0·2249	243·511
Davida	511	6·22	0·16	Aug. 23	11·1	323	15·940	107·799	339·031	3·1696	0·17466	0·1818	268·325
Amherstia	516	8·27	0·15	Sept. 25	12·8	63	12·956	329·405	257·385	2·6754	0·22523	0·2777	118·736
Pauly	537	8·8	0·15	May 30	12·3	136	9·917	120·721	183·592	3·0630	0·18386	0·2376	347·993
Senta	550	9·37	0·15	Aug. 19	11·7	53	10·100	270·925	44·530	2·5907	0·23636	0·2179	21·176
Peraga	554	8·97	0·15	Oct. 14	11·2	101	2·942	295·753	127·525	2·3742	0·26942	0·1538	328·277
Carmen	558	9·09	0·15	Apr. 26	13·3	64	8·353	144·081	312·510	2·9106	0·19848	0·0387	145·381
Suleika	563	8·50	0·15	June 6	13·2	51	10·251	85·525	336·454	2·7159	0·22021	0·2347	228·549
Semiramis	584	8·71	0·24	May 1	12·7	55	10·716	282·507	84·392	2·3747	0·26934	0·2340	278·673
Marianna	602	8·31	0·15	June 23	12·9	137	15·136	331·996	43·777	3·0968	0·18086	0·2386	301·623
Patroclus	617	8·19	0·15	Apr. 3	15·8	147	22·039	44·408	306·742	5·2334	0·08232	0·1380	213·685
Hektor	624	7·49	0·15	Sept. 7	14·5	179	18·224	342·806	183·595	5·1979	0·08317	0·0229	180·931
Zelinda	654	8·52	0·15	Jan. 1	10·0	128	18·125	278·662	213·700	2·2975	0·28302	0·2300	60·296
Crescentia	660	9·14	0·15	Nov. 13	13·2	51	15·231	157·317	104·568	2·5342	0·24431	0·1046	129·714
Rachele	674	7·42	0·15	Mar. 17	11·2	102	13·538	58·805	40·275	2·9224	0·19729	0·1946	91·692
Ekard	694	9·17	0·15	Apr. 4	13·9	101	15·847	230·820	110·280	2·6716	0·22571	0·3223	285·533
Interamnia	704	5·94	−0·02	July 25	10·0	350	17·326	280·701	94·074	3·0627	0·18389	0·1455	319·210
Arequipa	737	8·81	0·15	Sept. 25	10·9	46	12·361	185·134	133·740	2·5930	0·23605	0·2405	30·334
Montefiore	782	11·5	0·15	July 1	14·1	15	5·262	80·622	81·438	2·1797	0·30628	0·0394	143·861
Zwetana	785	9·45	0·15	Dec. 20	13·0	49	12·708	72·529	128·957	2·5724	0·23889	0·2074	253·032
Pretoria	790	8·00	0·15	May 9	12·6	176	20·561	252·241	41·393	3·4122	0·15637	0·1530	334·601
Petropolitana	830	9·10	0·15	May 24	13·9	51	3·819	341·634	72·515	3·2196	0·17060	0·0605	214·784
Benkoela	863	9·02	0·15	Nov. 14	14·2	33	25·409	117·169	96·006	3·1991	0·17225	0·0424	184·475
Alinda	887	13·76	−0·12	June 25	19·2	4	9·289	110·721	349·894	2·4908	0·25072	0·5608	186·317
Laodamia	1011	12·74	0·15	May 29	16·1	7	5·478	132·718	353·345	2·3969	0·26561	0·3472	117·761
Belgica	1052	11·97	0·15	Oct. 7	13·8	12	4·697	99·753	297·583	2·2360	0·29479	0·1433	341·467
Aneas	1172	8·33	0·15	Mar. 19	15·5	130	16·709	247·491	47·524	5·1702	0·08384	0·1028	277·609
Anchises	1173	8·89	0·15	Mar. 19	16·4	92	6·905	283·954	38·871	5·3287	0·08012	0·1360	245·846
Irmela	1178	11·81	0·15	Nov. 16	15·8	20	6·964	170·433	356·776	2·6766	0·22507	0·1876	257·288
Icarus	1566	16·4	0·15	July 6	17·4	20	22·882	88·156	31·217	1·0780	0·88058	0·8268	186·172
Alikoski	1567	9·47	0·15	Oct. 3	14·6	72	17·281	51·789	116·680	3·2105	0·17134	0·0856	198·566
Aten	2062	16·80	0·15	Jan. 4	13·6	1	18·932	108·668	147·841	0·9667	1·03705	0·1826	146·530

CONTENTS OF SECTION H

Except for the tables of radio sources and pulsars, positions tabulated in Section H are referred to the mean equator and equinox of J1995.5 = 1995 July 2.875 = JD 244 9901.375. Positions of radio sources are referred to J2000.0 = JD 245 1545.0.

BRIGHT STARS, J1995.5

Name	H.R.	Right Ascension	Declination	Notes	V	$U-B$	$B-V$	Spectral Type
		h m s	° ′ ″					
θ Oct	9084	0 01 22.1	−77 05 26	fv	4.78	+1.41	+1.27	K2 III
30 YY Psc	9089	0 01 43.8	− 6 02 21	fv	4.41	+1.83	+1.63	M3 III
2 Cet	9098	0 03 30.6	−17 21 40	fv	4.55	−0.12	−0.05	B9 IV
33 BC Psc	3	0 05 06.3	− 5 43 58	fvd6	4.61	+0.89	+1.04	K0 III−IV
21 α And	15	0 08 09.3	+29 03 56	fvd6	2.06	−0.46	−0.11	B9p Hg Mn
11 β Cas	21	0 08 56.2	+59 07 30	fsvd6	2.27	+0.11	+0.34	F2 III
ε Phe	25	0 09 11.0	−45 46 20	f	3.88	+0.84	+1.03	K0 III
22 And	27	0 10 05.1	+46 02 50	f	5.03	+0.25	+0.40	F0 II
θ Scl	35	0 11 30.3	−35 09 30	f	5.25		+0.44	F3/5 V
88 γ Peg	39	0 13 00.2	+15 09 31	fsvd6	2.83	−0.87	−0.23	B2 IV
89 χ Peg	45	0 14 22.2	+20 10 54	fsv	4.80	+1.93	+1.57	M2$^+$ III
7 AE Cet	48	0 14 24.7	−18 57 27	v	4.44	+1.99	+1.66	M1 III
25 σ And	68	0 18 05.5	+36 45 37	fv6	4.52	+0.07	+0.05	A2 Va
8 ι Cet	74	0 19 11.9	− 8 50 56	fvd	3.56	+1.25	+1.22	K1 IIIb
ζ Tuc	77	0 19 50.3	−64 54 04	f	4.23	+0.02	+0.58	F9 V
41 Psc	80	0 20 22.0	+ 8 09 55	fv	5.37	+1.55	+1.34	K3$^-$ III Ca 1 CN 0.5
27 ρ And	82	0 20 53.0	+37 56 37	f	5.18	+0.05	+0.42	F6 IV
R And	90	0 23 47.7	+38 33 09	svd	7.39	+1.25	+1.97	S5/4.5e
β Hyi	98	0 25 31.2	−77 16 46	fv	2.80	+0.11	+0.62	G1 IV
κ Phe	100	0 25 59.0	−43 42 17		3.94	+0.11	+0.17	A5 Vn
α Phe	99	0 26 03.7	−42 19 50	fd67	2.39	+0.88	+1.09	K0 IIIb
	118	0 30 09.2	−23 48 45	f6	5.19		+0.12	A5 Vn
λ^1 Phe	125	0 31 12.0	−48 49 42	fd6	4.77	+0.04	+0.02	A1 Va
β^1 Tuc	126	0 31 20.5	−62 58 58	d6	4.37	−0.17	−0.07	B9 V
15 κ Cas	130	0 32 44.5	+62 54 25	fsv6	4.16	−0.80	+0.14	B0.7 Ia
29 π And	154	0 36 38.4	+33 41 41	fvd6	4.36	−0.55	−0.14	B5 V
17 ζ Cas	153	0 36 43.1	+53 52 20	fv6	3.66	−0.87	−0.20	B2 IV
	157	0 37 06.6	+35 22 29	s	5.48	+0.48	+0.88	G2 Ib−II
30 ε And	163	0 38 19.0	+29 17 15	f	4.37	+0.47	+0.87	G6 III Fe−3 CH 1
31 δ And	165	0 39 05.2	+30 50 11	fsd6	3.27	+1.48	+1.28	K3 III
18 α Cas	168	0 40 15.0	+56 30 46	fvd	2.23	+1.13	+1.17	K0$^-$ IIIa
μ Phe	180	0 41 06.9	−46 06 35	f	4.59	+0.72	+0.97	G8 III
η Phe	191	0 43 09.2	−57 29 16	fd	4.36	−0.02	0.00	A0.5 IV
16 β Cet	188	0 43 21.8	−18 00 41	fv	2.04	+0.87	+1.02	G9 III CH−1 CN 0.5 Ca 1
22 ο Cas	193	0 44 28.4	+48 15 35	fvd6	4.54	−0.51	−0.07	B5 III
34 ζ And	215	0 47 06.0	+24 14 34	fvd6	4.06	+0.90	+1.12	K0 III
λ Hyi	236	0 48 26.1	−74 56 52	f	5.07	+1.68	+1.37	K5 III
63 δ Psc	224	0 48 26.9	+ 7 33 38	fd	4.43	+1.86	+1.50	K4.5 IIIb
64 Psc	225	0 48 44.5	+16 54 59	fd6	5.07		+0.51	F7 V
24 η Cas	219	0 48 49.6	+57 47 32	sd6	3.44	+0.03	+0.57	F9 V
35 ν And	226	0 49 33.9	+41 03 16	f6	4.53	−0.58	−0.15	B5 V
19 ϕ^2 Cet	235	0 49 54.1	−10 40 07	fv	5.19	−0.02	+0.50	F8 V
	233	0 50 27.0	+64 13 23	fcv6	5.39		+0.49	G0 III−IV + B9.5 V
20 Cet	248	0 52 46.7	− 1 10 07	f	4.77	+1.93	+1.57	M0$^-$ IIIa
λ^2 Tuc	270	0 54 50.3	−69 33 05	f	5.45	+1.00	+1.09	K2 III
27 γ Cas	264	0 56 26.1	+60 41 33	fvd6	2.47	−1.08	−0.15	B0 IVnpe (shell)
37 μ And	269	0 56 30.2	+38 28 30	fd	3.87	+0.15	+0.13	A5 IV−V
38 η And	271	0 56 58.0	+23 23 37	d6	4.42	+0.69	+0.94	G8$^-$ IIIb
α Scl	280	0 58 23.4	−29 22 54	fsv6	4.31	−0.56	−0.16	B4 Vp
71 ε Psc	294	1 02 42.6	+ 7 51 57	fd	4.28	+0.70	+0.96	G9 III Fe−2

Name			H.R.	Right Ascension	Declination	Notes	V	U−B	B−V	Spectral Type
				h m s	° ′ ″					
	β	Phe	322	1 05 53.0	−46 44 34	vd7	3.31	+0.57	+0.89	G8 III
	ι	Tuc	332	1 07 08.0	−61 47 57	f	5.37		+0.88	G5 III
	υ	Phe	331	1 07 35.6	−41 30 39	fd	5.21	+0.09	+0.16	A3 IV/V
30	μ	Cas	321	1 07 58.3	+54 53 54	fvd6	5.17	+0.09	+0.69	G5 Vb
			285	1 08 03.6	+86 13 59	f	4.25	+1.33	+1.21	K2 III
	ζ	Phe	338	1 08 11.8	−55 16 11	vd6	3.92	−0.41	−0.08	B7 V
31	η	Cet	334	1 08 21.8	−10 12 22	fd	3.45	+1.19	+1.16	K2⁻ III CN 0.5
42	φ	And	335	1 09 14.4	+47 13 04	d7	4.25	−0.34	−0.07	B7 III
43	β	And	337	1 09 28.7	+35 35 48	fvd	2.06	+1.96	+1.58	M0⁺ IIIa
33	θ	Cas	343	1 10 49.6	+55 07 34	vd6	4.33	+0.12	+0.17	A7m
84	χ	Psc	351	1 11 12.7	+21 00 39	f	4.66	+0.82	+1.03	G8.5 III
83	τ	Psc	352	1 11 24.7	+30 03 57	f6	4.51	+1.01	+1.09	K0.5 IIIb
86	ζ	Psc	361	1 13 29.8	+ 7 33 06	fd67	4.86	+0.09	+0.32	F0 Vn
	κ	Tuc	377	1 15 37.1	−68 54 00	vd7	4.86	+0.03	+0.47	F6 IV
89		Psc	378	1 17 34.0	+ 3 35 27	f6	5.16	+0.08	+0.07	A3 V
90	υ	Psc	383	1 19 13.1	+27 14 26	f6	4.76	+0.10	+0.03	A2 IV
34	φ	Cas	382	1 19 47.8	+58 12 29	smd6	4.98		+0.68	F0 Ia
46	ξ	And	390	1 22 04.4	+45 30 19	f6	4.88	+0.99	+1.08	K0⁻ IIIb
45	θ	Cet	402	1 23 47.9	− 8 12 23	fd	3.60	+0.93	+1.06	K0 IIIb
37	δ	Cas	403	1 25 31.1	+60 12 43	fsvd6	2.68	+0.12	+0.13	A5 IV
36	ψ	Cas	399	1 25 36.7	+68 06 24	fd	4.74	+0.94	+1.05	K0 III CN 0.5
94		Psc	414	1 26 27.0	+19 13 02	f	5.50	+1.05	+1.11	gK1
48	ω	And	417	1 27 23.1	+45 23 01	fd	4.83	0.00	+0.42	F5 V
	γ	Phe	429	1 28 10.2	−43 20 28	fv6	3.41	+1.85	+1.57	M0⁻ IIIa
48		Cet	433	1 29 23.2	−21 39 09	fd7	5.12	+0.04	+0.02	A1 Va
	δ	Phe	440	1 31 03.9	−49 05 46	f	3.95	+0.70	+0.99	G9 III
99	η	Psc	437	1 31 14.5	+15 19 22	fvd	3.62	+0.75	+0.97	G7 IIIa
50	υ	And	458	1 36 31.9	+41 22 59	fd6	4.09	+0.06	+0.54	F8 V
	α	Eri	472	1 37 32.8	−57 15 34	fv	0.46	−0.66	−0.16	B3 Vnp (shell)
51		And	464	1 37 42.9	+48 36 20	f	3.57	+1.45	+1.28	K3⁻ III
40		Cas	456	1 38 08.9	+73 01 02	fvd	5.28		+0.96	G7 III
106	ν	Psc	489	1 41 11.8	+ 5 27 54	f	4.44	+1.57	+1.36	K3 IIIb
			490	1 41 47.8	+35 13 23	f	5.40	−0.20	−0.09	B9 IV−V
	π	Scl	497	1 41 56.4	−32 20 58	fm	5.26		+1.04	K1 II/III
			500	1 42 29.9	− 3 42 46	f	4.99	+1.58	+1.38	K3 II−III
	φ	Per	496	1 43 22.6	+50 39 58	fv6	4.07	−0.93	−0.04	B2 Vep
52	τ	Cet	509	1 43 51.5	−15 57 40	fd	3.50	+0.21	+0.72	G8 V
110	ο	Psc	510	1 45 09.3	+ 9 08 07	fsv	4.26	+0.71	+0.96	G8 III
	ε	Scl	514	1 45 26.1	−25 04 30	fd7	5.31	+0.02	+0.39	F0 V
			513	1 45 45.7	− 5 45 21	s	5.34	+1.88	+1.52	K4 III
53	χ	Cet	531	1 49 21.8	−10 42 31	fd	4.67	+0.03	+0.33	F2 IV−V
55	ζ	Cet	539	1 51 14.3	−10 21 26	fvd6	3.73	+1.07	+1.14	K0 III
2	α	Tri	544	1 52 49.5	+29 33 25	fd6	3.41	+0.06	+0.49	F6 IV
111	ξ	Psc	549	1 53 19.3	+ 3 09 56	fv6	4.62	+0.72	+0.94	G9 IIIb Fe−0.5
	ψ	Phe	555	1 53 28.0	−46 19 28	fv6	4.41	+1.70	+1.59	M4 III
45	ε	Cas	542	1 54 04.1	+63 38 53	fv	3.38	−0.60	−0.15	B3 IV:p (shell)
	φ	Phe	558	1 54 10.9	−42 31 08	f6	5.11	−0.15	−0.06	Ap Hg
6	β	Ari	553	1 54 23.4	+20 47 10	fv6	2.64	+0.10	+0.13	A4 V
	η^2	Hyi	570	1 54 49.3	−67 40 10	f	4.69	+0.64	+0.95	G8.5 III
	χ	Eri	566	1 55 47.0	−51 37 52	fvd7	3.70	+0.46	+0.85	G8 III−IV CN−0.5 Hδ 0.5

Name	H.R.	Right Ascension	Declination	Notes	*V*	*U–B*	*B–V*	Spectral Type
		h m s	° ′ ″					
α Hyi	591	1 58 37.7	−61 35 30	f	2.86	+0.14	+0.28	F0n III–IV
59 υ Cet	585	1 59 47.6	−21 05 58	f	4.00	+1.91	+1.57	M0 IIIb
113 α Psc	596	2 01 48.8	+ 2 44 31	vmd68	3.79	−0.05	+0.03	A0p Si Sr
4 Per	590	2 02 00.0	+54 27 58	f6	5.04	−0.32	−0.08	B8 III
50 Cas	580	2 03 02.6	+72 23 59	f6	3.98	+0.03	−0.01	A1 Va
57 γ^1 And	603	2 03 37.3	+42 18 30	fd6	2.26	+1.58	+1.37	$K3^-$ IIb
ν For	612	2 04 17.3	−29 19 06	fv	4.69	−0.51	−0.17	B9.5p Si
13 α Ari	617	2 06 55.1	+23 26 29	fv6	2.00	+1.12	+1.15	$K2^-$ IIIab Ca−1
4 β Tri	622	2 09 16.5	+34 57 58	f6	3.00	+0.10	+0.14	A5 IV
μ For	652	2 12 42.6	−30 44 41	f	5.28	−0.06	−0.02	A0 Va^+nn
65 ξ^1 Cet	649	2 12 45.7	+ 8 49 33	fvd6	4.37	+0.60	+0.89	G7 II–III Fe−1
	645	2 13 18.3	+51 02 43	fvd6	5.31	+0.62	+0.93	G8 III CN 1 CH 0.5 Fe−1
	641	2 13 22.3	+58 32 25	s	6.44	+0.23	+0.60	A3 Iab
φ Eri	674	2 16 21.0	−51 31 59	fd	3.56	−0.39	−0.12	B8 V
67 Cet	666	2 16 45.6	− 6 26 34	f	5.51	+0.76	+0.96	G8.5 III
9 γ Tri	664	2 17 02.7	+33 49 36	f	4.01	+0.02	+0.02	A0 IV–Vn
62 And	670	2 18 59.3	+47 21 34	f	5.30		−0.01	A1 V
68 ο Cet	681	2 19 07.1	− 2 59 52	vd	2–10	+1.09	+1.42	M5.5–9e III + pec
δ Hyi	705	2 21 40.1	−68 40 47	f	4.09	+0.05	+0.03	A1 Va
κ For	695	2 22 20.2	−23 50 12	f	5.20		+0.60	G0 Va
κ Hyi	715	2 22 50.5	−73 39 58	f	5.01	+1.04	+1.09	K1 III
λ Hor	714	2 24 46.4	−60 19 55	f	5.35		+0.39	F2 IV–V
72 ρ Cet	708	2 25 44.0	−12 18 38	f	4.89	−0.07	−0.03	A0 III–IVn
κ Eri	721	2 26 49.2	−47 43 26	f6	4.25	−0.50	−0.14	B5 IV
1 α UMi	424	2 26 53.9	+89 14 39	fvd6	2.02	+0.38	+0.60	F5–8 Ib
12 Tri	717	2 27 54.1	+29 38 58	fm	5.28			F0 III
73 ξ^2 Cet	718	2 27 55.2	+ 8 26 24	f6	4.28	−0.12	−0.06	A0 III^-
ι Cas	707	2 28 41.4	+67 22 57	vd	4.52	+0.06	+0.12	A5p Sr
μ Hyi	776	2 31 45.7	−79 07 45	f	5.28	+0.73	+0.98	G8 III
14 Tri	736	2 31 49.6	+36 07 39	f	5.15	+1.78	+1.47	K5 III
76 σ Cet	740	2 31 52.4	−15 15 51	f	4.75	−0.02	+0.45	F4 IV
78 ν Cet	754	2 35 38.3	+ 5 34 26	fd67	4.86	+0.53	+0.87	G8 III
	753	2 35 50.1	+ 6 51 56	fsd6	5.82	+0.81	+0.98	$K3^-$ V
	743	2 37 35.9	+72 47 56	f	5.16	+0.58	+0.88	G8 III
32 ν Ari	773	2 38 33.6	+21 56 32	f6	5.30	+0.18	+0.16	A7 V
82 δ Cet	779	2 39 15.1	+ 0 18 33	fv6	4.07	−0.87	−0.22	B2 IV
ε Hyi	806	2 39 31.1	−68 17 10	f	4.11	−0.14	−0.06	B9 V
ι Eri	794	2 40 29.4	−39 52 28	f	4.11	+0.74	+1.02	K0.5 IIIb Fe−0.5
ζ Hor	802	2 40 31.2	−54 34 09	f6	5.21	−0.01	+0.40	F4 IV
86 γ Cet	804	2 43 04.0	+ 3 13 01	d7	3.47	+0.07	+0.09	A2 Va
35 Ari	801	2 43 11.2	+27 41 18	f6	4.66	−0.62	−0.13	B3 V
14 Per	800	2 43 47.5	+44 16 41	f	5.43	+0.65	+0.90	G0 Ib Ca 1
13 θ Per	799	2 43 53.4	+49 12 35	fvd	4.12	0.00	+0.49	F7 V
89 π Cet	811	2 43 54.5	−13 52 39	f6	4.25	−0.45	−0.14	B7 V
87 μ Cet	813	2 44 41.9	+10 05 43	fvd6	4.27	+0.08	+0.31	F0m F2 V^+
1 τ^1 Eri	818	2 44 53.5	−18 35 29	6	4.47	0.00	+0.48	F5 V
β For	841	2 48 54.1	−32 25 29	fd	4.46	+0.69	+0.99	G8.5 III Fe−0.5
41 Ari	838	2 49 43.1	+27 14 32	fvd6	3.63	−0.37	−0.10	B8 Vn
16 Per	840	2 50 17.9	+38 18 01	vd	4.23	+0.08	+0.34	F1 V^+
15 η Per	834	2 50 22.0	+55 52 38	fd6	3.76	+1.89	+1.68	$K3^-$ Ib–IIa

Name	H.R.	Right Ascension	Declination	Notes	V	$U-B$	$B-V$	Spectral Type
		h m s	° ′ ″					
2 τ^2 Eri	850	2 50 50.1	−21 01 21	fd	4.75	+0.63	+0.91	K0 III
43 σ Ari	847	2 51 14.6	+15 03 49	f	5.49	−0.43	−0.09	B7 V
R Hor	868	2 53 43.9	−49 54 31	vm	4.00			gM6.5e:
18 τ Per	854	2 53 56.2	+52 44 40	fcvd6	3.95	+0.46	+0.74	G5 III + A4 V
3 η Eri	874	2 56 12.4	− 8 54 57	fv	3.89	+1.00	+1.11	K1 IIIb
	875	2 56 23.9	− 3 43 49	f6	5.17	+0.05	+0.08	A3 Vn
θ^1 Eri	897	2 58 05.5	−40 19 21	fvmd68	3.42	+0.12	+0.12	A5 IV
θ^2 Eri	898	2 58 06.1	−40 19 21	vmd8	4.42	+0.12	+0.12	A1 Va
24 Per	882	2 58 46.9	+35 09 55	f	4.93	+1.29	+1.23	K2 III
91 λ Cet	896	2 59 28.4	+ 8 53 23	f	4.70	−0.45	−0.12	B6 III
92 α Cet	911	3 02 02.6	+ 4 04 20	fv	2.53	+1.94	+1.64	M1.5 IIIa
11 τ^3 Eri	919	3 02 11.6	−23 38 31	f	4.09	+0.08	+0.16	A4 V
θ Hyi	939	3 02 14.7	−71 55 12	fd7	5.53	−0.51	−0.14	B9 IVp
μ Hor	934	3 03 30.4	−59 45 18	f	5.11		+0.34	F0 IV−V
23 γ Per	915	3 04 28.1	+53 29 21	fcd6	2.93	+0.45	+0.70	G5 III + A2 V
25 ρ Per	921	3 04 53.2	+38 49 23	fv	3.39	+1.79	+1.65	M4 II
	881	3 05 30.7	+79 24 05	fd6	5.49		+1.57	M2 IIIab
26 β Per	936	3 07 52.5	+40 56 19	fvd6	2.12	−0.37	−0.05	B8 V + F:
ι Per	937	3 08 44.4	+49 35 47	fd	4.05	+0.10	+0.61	G0 V
27 κ Per	941	3 09 11.5	+44 50 26	vd6	3.80	+0.83	+0.98	K0 III
57 δ Ari	951	3 11 22.3	+19 42 36	fv	4.35	+0.87	+1.03	K0 III
α For	963	3 11 52.8	−29 00 17	vd7	3.87	+0.02	+0.52	F6 V
TW Hor	977	3 12 26.3	−57 20 18	fsv	5.74	+2.83	+2.28	C6:,2.5 Ba2 Y4
94 Cet	962	3 12 32.6	− 1 12 46	fd7	5.06	+0.12	+0.57	G0 IV
58 ζ Ari	972	3 14 38.5	+21 01 41	f	4.89	−0.01	−0.01	A0.5 Va$^+$
13 ζ Eri	984	3 15 36.9	− 8 50 10	fv6	4.80	+0.09	+0.23	A5m:
29 Per	987	3 18 18.5	+50 12 21	sm6	5.15		−0.05	B3 V
96 κ Cet	996	3 19 07.5	+ 3 21 14	fsvd	4.83	+0.19	+0.68	G5 V
16 τ^4 Eri	1003	3 19 19.0	−21 46 27	vd	3.69	+1.81	+1.62	M3$^+$ IIIa Ca−1
	961	3 19 44.7	+77 43 08	fvd	5.45	+0.11	+0.19	A5 III:
	1008	3 19 44.9	−43 05 13	f	4.27	+0.22	+0.71	G8 V
	999	3 20 04.0	+29 01 57		4.47	+1.79	+1.55	K3 IIIa Ba 0.5
61 τ Ari	1005	3 20 58.0	+21 07 52	fd	5.28	−0.52	−0.07	B5 IV
33 α Per	1017	3 24 00.0	+49 50 44	fsvmd	1.80		+0.48	F5 Ib
	1009	3 24 16.9	+64 34 13	fv	5.23		+2.08	M0 II
1 o Tau	1030	3 24 34.2	+ 9 00 48	fv6	3.60	+0.61	+0.89	G6 IIIa Fe−1
	1029	3 25 38.2	+49 06 19	sm	6.07		−0.08	B7 V
2 ξ Tau	1038	3 26 55.5	+ 9 43 02	f6	3.74	−0.33	−0.09	B9 Vn
	1035	3 28 42.1	+59 55 30	fvd	4.21	−0.24	+0.41	B9 Ia
κ Ret	1083	3 29 17.9	−62 57 12	fd	4.72	−0.04	+0.40	F5 IV−V
	1040	3 29 33.1	+58 51 49	s6	4.54	−0.11	+0.56	A0 Ia
35 σ Per	1052	3 30 15.3	+47 58 48	fvm	4.35		+1.37	K3 III
17 Eri	1070	3 30 23.6	− 5 05 25	f	4.73	−0.27	−0.09	B9 Vs
5 Tau	1066	3 30 37.4	+12 55 17	fd6	4.11	+1.02	+1.12	K0$^-$ II−III Fe−0.5
18 ε Eri	1084	3 32 43.1	− 9 28 24	fsd	3.73	+0.59	+0.88	K2 V
19 τ^5 Eri	1088	3 33 35.3	−21 38 52	fm6	4.26		−0.10	B8 V
20 EG Eri	1100	3 36 05.1	−17 28 54	fv	5.23		−0.13	B9p Si
37 ψ Per	1087	3 36 10.1	+48 10 41	m	4.23		−0.06	B5 Ve
10 Tau	1101	3 36 38.6	+ 0 23 15	f	4.28	+0.07	+0.58	F9 IV−V
	1106	3 36 56.0	−40 17 21	f	4.58	+0.77	+1.04	K1 III

Name			H.R.	Right Ascension	Declination	Notes	V	U–B	B–V	Spectral Type
				h m s	° ′ ″					
	BD	Cam	1105	3 41 45.7	+63 12 09	fv6	5.10		+1.63	S3.5/2
	δ	For	1134	3 42 04.2	−31 57 09	f6	5.00	−0.60	−0.16	B5 IV
39	δ	Per	1122	3 42 36.2	+47 46 25	fvd6	3.01	−0.51	−0.13	B5 III
23	δ	Eri	1136	3 43 02.0	− 9 46 42	fv	3.54	+0.69	+0.92	K0⁺ IV
38	ο	Per	1131	3 44 02.2	+32 16 27	vd6	3.83	−0.75	+0.05	B1 III
	β	Ret	1175	3 44 08.5	−64 49 16	fd6	3.85	+1.10	+1.13	K2 III
24		Eri	1146	3 44 16.8	− 1 10 38	f6	5.25	−0.39	−0.10	B7 V
17		Tau	1142	3 44 36.5	+24 05 58	fmd6	3.70		−0.11	B6 III
41	ν	Per	1135	3 44 53.2	+42 33 53	fvd	3.77	+0.31	+0.42	F5 II
19		Tau	1145	3 44 56.4	+24 27 12	vmd6	4.30		−0.11	B6 IV
29		Tau	1153	3 45 26.1	+ 6 02 10	fd6	5.35	−0.61	−0.12	B3 V
20		Tau	1149	3 45 33.5	+24 21 14	svmd6	3.88		−0.07	B7 IIIp
26	π	Eri	1162	3 45 55.7	−12 06 56	v	4.42	+2.01	+1.63	M2⁻ IIIab
23	v971	Tau	1156	3 46 03.5	+23 56 05	vmd	4.18		−0.06	B6 IV
27	τ^6	Eri	1173	3 46 39.3	−23 15 46	f	4.23	0.00	+0.42	F3 III
25	η	Tau	1165	3 47 13.0	+24 05 29	fmd	2.87		−0.09	B7 IIIn
	γ	Hyi	1208	3 47 18.3	−74 15 10	f	3.24	+1.99	+1.62	M2 III
27		Tau	1178	3 48 53.6	+24 02 24	fvmd6	3.63		−0.08	B8 III
	BE	Cam	1155	3 49 06.3	+65 30 45	v	4.47	+2.13	+1.88	M2⁺ IIab
			1195	3 49 17.1	−36 12 49	f	4.17	+0.69	+0.95	G7 IIIa
	γ	Cam	1148	3 49 52.6	+71 19 08	fd	4.63	+0.07	+0.03	A1 IIIn
44	ζ	Per	1203	3 53 50.9	+31 52 14	fsvd67	2.85	−0.77	+0.12	B1 Ib
45	ε	Per	1220	3 57 33.0	+39 59 51	fsvd67	2.89	−0.99	−0.18	B0.5 IV
34	γ	Eri	1231	3 57 49.2	−13 31 16	fvd	2.95	+1.96	+1.59	M0.5 IIIb Ca−1
46	ξ	Per	1228	3 58 40.3	+35 46 42	fv6	4.04	−0.92	+0.01	O7.5 IIIf
	δ	Ret	1247	3 58 40.4	−61 24 46	f	4.56	+1.96	+1.62	M1 III
35	λ	Tau	1239	4 00 25.8	+12 28 40	fv6	3.47	−0.62	−0.12	B3 V
35		Eri	1244	4 01 18.3	− 1 33 43	f	5.28	−0.55	−0.15	B5 V
38	ν	Tau	1251	4 02 55.0	+ 5 58 37	f	3.91	+0.07	+0.03	A1 Va
37		Tau	1256	4 04 25.7	+22 04 12	fd	4.36	+0.95	+1.07	K0 III
47	λ	Per	1261	4 06 14.8	+50 20 22	f	4.29	−0.04	−0.01	A0 IIIn
			1279	4 07 26.7	+15 09 03	svmd6	6.01		+0.40	F3 V
48	MX	Per	1273	4 08 20.0	+47 42 03	fv	4.04	−0.55	−0.03	B3 Ve
43		Tau	1283	4 08 54.2	+19 35 51	f	5.50		+1.07	K1 III
			1270	4 09 04.6	+59 53 47	s	6.28	+0.92	+1.14	G8 IIa
44	IM	Tau	1287	4 10 33.4	+26 28 10	fv	5.41	+0.06	+0.34	F2 IV–V
38	o^1	Eri	1298	4 11 38.7	− 6 50 57	fv	4.04	+0.13	+0.33	F1 IV
	α	Hor	1326	4 13 51.2	−42 18 19	f	3.86	+1.00	+1.10	K2 III
	α	Ret	1336	4 14 22.0	−62 29 06	fd6	3.35	+0.63	+0.91	G8 II–III
51	μ	Per	1303	4 14 33.9	+48 23 54	fvd67	4.14	+0.64	+0.95	G0 Ib
40	o^2	Eri	1325	4 15 03.9	− 7 39 35	vd	4.43	+0.45	+0.82	K0.5 V
49	μ	Tau	1320	4 15 17.4	+ 8 52 53	fm6	4.29		−0.05	B3 IV
48		Tau	1319	4 15 30.9	+15 23 22	svmd	6.32		+0.40	F3 V
	γ	Dor	1338	4 15 54.5	−51 29 52	fv	4.25	+0.03	+0.30	F1 V⁺
	ε	Ret	1355	4 16 24.3	−59 18 46	d	4.44	+1.07	+1.08	K2 IV
41		Eri	1347	4 17 43.4	−33 48 33	vd67	3.56	−0.37	−0.12	B9p Mn
54	γ	Tau	1346	4 19 32.2	+15 37 01	fvm6	3.63		+0.99	G9.5 IIIab CN 0.5
57	v483	Tau	1351	4 19 42.5	+14 01 29	svmd6	5.59		+0.28	F0 IV
54		Per	1343	4 20 07.1	+34 33 22	fd	4.93	+0.69	+0.94	G8 III Fe 0.5
			1327	4 20 14.7	+65 07 48	s	5.27	+0.47	+0.81	G5 IIb

Name			H.R.	Right Ascension	Declination	Notes	V	U–B	B–V	Spectral Type
				h m s	° ′ ″					
			1367	4 20 27.2	−20 39 01	fm	5.38		−0.02	A1 V
	η	Ret	1395	4 21 50.4	−63 23 49	fm	5.23		+0.95	G8 III
61	δ	Tau	1373	4 22 40.5	+17 31 56	fvmd6	3.76		+0.98	G9.5 III CN 0.5
63		Tau	1376	4 23 09.5	+16 46 01	csmd6	5.63		+0.30	F0m
42	ξ	Eri	1383	4 23 27.4	− 3 45 20	fv6	5.17	+0.08	+0.08	A2 V
43		Eri	1393	4 23 52.1	−34 01 38	fm	3.95		+1.49	K3.5$^-$ IIIb
65	κ^1	Tau	1387	4 25 06.0	+22 17 02	vmd6	4.22		+0.14	A5 IV–V
68	v776	Tau	1389	4 25 13.7	+17 55 05	vmd6	4.30		+0.05	A2 IV–Vs
69	υ	Tau	1392	4 26 02.3	+22 48 13	vmd6	4.29		+0.26	A9 IV$^-$n
71	v777	Tau	1394	4 26 05.4	+15 36 30	vmd6	4.49		+0.25	F0n IV–V
77	θ^1	Tau	1411	4 28 19.0	+15 57 09	d6	3.85	+0.76	+0.96	G9 III Fe–0.5
74	ε	Tau	1409	4 28 21.2	+19 10 15	fd	3.54	+0.88	+1.02	G9.5 III CN 0.5
78	θ^2	Tau	1412	4 28 24.3	+15 51 40	svd6	3.42	+0.15	+0.18	A7 III
	δ	Cae	1443	4 30 41.8	−44 57 48	fv	5.07		−0.19	B2 IV–V
1		Cam	1417	4 31 40.4	+53 54 05	fd6	5.77	−0.73	+0.18	B0 IIIn
50	υ^1	Eri	1453	4 33 20.0	−29 46 32	v	4.51	+0.72	+0.98	K0$^+$ III Fe–0.5
86	ρ	Tau	1444	4 33 35.6	+14 50 07	fvm6	4.65		+0.24	A9 V
	α	Dor	1465	4 33 53.9	−55 03 15	fvd7	3.27	−0.35	−0.10	A0p Si
52	υ^2	Eri	1464	4 35 22.5	−30 34 17	f	3.82	+0.72	+0.98	G8.5 IIIa
88		Tau	1458	4 35 24.4	+10 09 07	vd6	4.25	+0.11	+0.18	A5m
87	α	Tau	1457	4 35 39.7	+16 30 02	fsvd6	0.85	+1.90	+1.54	K5$^+$ III
48	ν	Eri	1463	4 36 05.6	− 3 21 41	fvd6	3.93	−0.89	−0.21	B2 III
58		Per	1454	4 36 22.6	+41 15 21	cd6	4.25	+0.82	+1.22	K0 II–III + B9 V
	R	Dor	1492	4 36 42.5	−62 05 10	svd	5.40	+0.86	+1.58	M8e III:
90		Tau	1473	4 37 54.3	+12 30 08	md6	4.27		+0.13	A5 IV–V
53		Eri	1481	4 37 58.4	−14 18 45	fd67	3.87	+1.01	+1.09	K1.5 IIIb
54	DM	Eri	1496	4 40 14.7	−19 40 48	vd	4.32	+1.81	+1.61	M3 II–III
	α	Cae	1502	4 40 25.0	−41 52 20	fvd	4.45	+0.01	+0.34	F1 V
	β	Cae	1503	4 41 53.9	−37 09 11	f	5.05	+0.04	+0.37	F2 V
94	τ	Tau	1497	4 41 58.5	+22 56 55	fd67	4.28	−0.57	−0.13	B3 V
57	μ	Eri	1520	4 45 16.6	− 3 15 46	f6	4.02	−0.60	−0.15	B4 IV
4		Cam	1511	4 47 37.7	+56 44 59	fmd	5.26		+0.25	Am
1	π^3	Ori	1543	4 49 35.7	+ 6 57 13	fvd6	3.19	−0.01	+0.45	F6 V
			1533	4 49 36.4	+37 28 50	f	4.88	+1.70	+1.44	K3.5 III
2	π^2	Ori	1544	4 50 22.0	+ 8 53 34	6	4.36	0.00	+0.01	A0.5 IVn
3	π^4	Ori	1552	4 50 58.0	+ 5 35 52	fsv6	3.69	−0.81	−0.17	B2 III
97	v480	Tau	1547	4 51 06.6	+18 49 57	fvd	5.13	+0.12	+0.21	A9 V$^+$
4	o^1	Ori	1556	4 52 16.7	+14 14 36	fcv	4.74		+1.84	S3.5/1$^-$
61	ω	Eri	1560	4 52 40.4	− 5 27 36	6	4.39	+0.16	+0.25	A9 IV
9	α	Cam	1542	4 53 36.0	+66 20 08	f	4.29	−0.88	+0.03	O9.5 Ia
8	π^5	Ori	1567	4 54 01.0	+ 2 26 01	fv6	3.72	−0.83	−0.18	B2 III
	η	Men	1629	4 55 18.8	−74 56 38	f	5.47	+1.83	+1.52	K4 III
9	o^2	Ori	1580	4 56 07.1	+13 30 27	d	4.07	+1.11	+1.15	K2$^-$ III Fe–1
3	ι	Aur	1577	4 56 42.0	+33 09 33	fv	2.69	+1.78	+1.53	K3 II
7		Cam	1568	4 56 55.5	+53 44 43	d67	4.47	−0.01	−0.02	A0m A1 III
10	π^6	Ori	1601	4 58 18.9	+ 1 42 27	v	4.47	+1.55	+1.40	K2$^-$ II
7	ε	Aur	1605	5 01 38.7	+43 49 01	fvd6	2.99	+0.33	+0.54	A9 Ia
8	ζ	Aur	1612	5 02 09.8	+41 04 11	fcv6	3.75	+0.38	+1.22	K5 II + B5 V
102	ι	Tau	1620	5 02 49.6	+21 35 02	fmd	4.64		+0.15	A7 IV
10	β	Cam	1603	5 03 01.0	+60 26 10	fd	4.03	+0.63	+0.92	G1 Ib–IIa

Name	H.R.	Right Ascension	Declination	Notes	V	U−B	B−V	Spectral Type
		h m s	° ′ ″					
11 v1032 Ori	1638	5 04 18.7	+15 23 53	fv	4.68	−0.09	−0.06	A0p Si
η^2 Pic	1663	5 04 51.0	−49 35 02	fv	5.03	+1.88	+1.49	K5 III
2 ε Lep	1654	5 05 16.2	−22 22 37	fv	3.19	+1.78	+1.46	K4 III
ζ Dor	1674	5 05 26.0	−57 28 44	f	4.72	−0.04	+0.52	F7 V
10 η Aur	1641	5 06 11.9	+41 13 44	fv	3.17	−0.67	−0.18	B3 V
67 β Eri	1666	5 07 37.7	− 5 05 31	fvd	2.79	+0.10	+0.13	A3 IVn
69 λ Eri	1679	5 08 55.9	− 8 45 35	fv	4.27	−0.90	−0.19	B2 IVn
16 Ori	1672	5 09 04.8	+ 9 49 27	fvmd6	5.43		+0.24	A9m
3 ι Lep	1696	5 12 05.3	−11 52 27	d	4.45	−0.40	−0.10	B9 V:
5 μ Lep	1702	5 12 43.8	−16 12 38	fsv	3.31	−0.39	−0.11	B9p Hg Mn
4 κ Lep	1705	5 13 01.4	−12 56 48	d7	4.36	−0.37	−0.10	B7 V
17 ρ Ori	1698	5 13 03.3	+ 2 51 22	vd67	4.46	+1.16	+1.19	K1 III CN 0.5
11 μ Aur	1689	5 13 07.2	+38 28 46	f	4.86	+0.09	+0.18	A7m
θ Dor	1744	5 13 45.6	−67 11 25	f	4.83	+1.39	+1.28	K2.5 IIIa
19 β Ori	1713	5 14 19.3	− 8 12 24	fsvd6	0.12	−0.66	−0.03	B8 Ia
13 α Aur	1708	5 16 21.4	+45 59 38	fcvd67	0.08	+0.44	+0.80	G6 III + G2 III
ο Col	1743	5 17 19.3	−34 53 58	f	4.83	+0.80	+1.00	K0/1 III/IV
20 τ Ori	1735	5 17 23.3	− 6 50 56	fsd6	3.60	−0.47	−0.11	B5 III
15 λ Aur	1729	5 18 49.5	+40 05 44	fd	4.71	+0.12	+0.63	G1.5 IV−V Fe−1
ζ Pic	1767	5 19 15.5	−50 36 39	f	5.45	+0.01	+0.51	F7 III−IV
6 λ Lep	1756	5 19 22.1	−13 10 52	f	4.29	−1.03	−0.26	B0.5 IV
22 Ori	1765	5 21 31.9	− 0 23 12	f6	4.73	−0.79	−0.17	B2 IV−V
	1686	5 21 48.6	+79 13 37	fd	5.05		+0.47	F7 Vs
29 Ori	1784	5 23 43.8	− 7 48 43	fd	4.14	+0.69	+0.96	G8 III Fe−0.5
28 η Ori	1788	5 24 15.0	− 2 24 03	vd6	3.36	−0.92	−0.17	B1 IV + B
24 γ Ori	1790	5 24 53.4	+ 6 20 45	fvd6	1.64	−0.87	−0.22	B2 III
112 β Tau	1791	5 26 00.4	+28 36 14	fsd	1.65	−0.49	−0.13	B7 III
115 Tau	1808	5 26 54.3	+17 57 31	fd	5.42	−0.53	−0.10	B5 V
9 β Lep	1829	5 28 03.1	−20 45 46	fvd	2.84	+0.46	+0.82	G5 II
	1856	5 30 02.1	−47 04 51	fd7	5.46	+0.21	+0.62	G3 IV
32 Ori	1839	5 30 32.6	+ 5 56 42	d7	4.20	−0.55	−0.14	B5 V
ε Col	1862	5 31 03.2	−35 28 26	f	3.87	+1.08	+1.14	K1 II/III
34 δ Ori	1851	5 31 46.6	− 0 17 15	sd	6.85	−0.71	−0.16	B2 Vh
34 δ Ori	1852	5 31 46.6	− 0 18 08	fvd6	2.23	−1.05	−0.22	O9.5 II
119 CE Tau	1845	5 31 56.9	+18 35 28	v	4.38	+2.21	+2.07	M2 Iab−Ib
γ Men	1953	5 32 03.5	−76 20 40	fd	5.19	+1.19	+1.13	K2 III
25 χ Aur	1843	5 32 26.1	+32 11 21	fv6	4.76	−0.46	+0.34	B5 Iab
11 α Lep	1865	5 32 31.9	−17 49 31	fsvd	2.58	+0.23	+0.21	F0 Ib
β Dor	1922	5 33 35.1	−62 29 34	fvm	3.40		+0.80	F7−G2 Ib
37 ϕ^1 Ori	1876	5 34 34.4	+ 9 29 12	f6	4.41	−0.97	−0.16	B0.5 IV−V
39 λ Ori	1879	5 34 53.4	+ 9 55 53	vd8	3.66	−1.03	−0.18	O8 IIIf
v1046 Ori	1890	5 35 08.4	− 4 29 46	svm6	6.55		−0.14	B2 Vh
	1891	5 35 09.1	− 4 25 40	smd	6.25		−0.16	B2.5 V
44 ι Ori	1899	5 35 12.8	− 5 54 45	fsmd6	2.76		−0.23	O9 III
46 ε Ori	1903	5 35 59.1	− 1 12 16	fsvd6	1.70	−1.04	−0.19	B0 Ia
40 ϕ^2 Ori	1907	5 36 39.5	+ 9 17 19	s	4.09	+0.64	+0.95	K0 IIIb Fe−2
123 ζ Tau	1910	5 37 22.5	+21 08 24	fsvd6	3.00	−0.67	−0.19	B2 IIIpe (shell)
48 σ Ori	1931	5 38 31.2	− 2 36 09	d6	3.81	−1.01	−0.24	O9.5 V
α Col	1956	5 39 29.2	−34 04 35	fvd	2.64	−0.46	−0.12	B7 IV
50 ζ Ori	1948	5 40 31.9	− 1 56 40	vmd68	2.05	−1.07	−0.21	O9.5 Ib

Name			H.R.	Right Ascension	Declination	Notes	V	$U-B$	$B-V$	Spectral Type
				h m s	° ′ ″					
50	ζ	Ori	1949	5 40 31.9	− 1 56 42	vmd68	4.21	−1.07	−0.21	B0 III
13	γ	Lep	1983	5 44 16.5	−22 26 59	fd	3.60	0.00	+0.47	F7 V
	δ	Dor	2015	5 44 45.9	−65 44 14	f	4.35	+0.12	+0.21	A7 V^{+}n
27	o	Aur	1971	5 45 33.1	+49 49 29	f	5.47	+0.07	+0.03	A0p Cr
14	ζ	Lep	1998	5 46 45.1	−14 49 24	f6	3.55	+0.07	+0.10	A2 Van
130		Tau	1990	5 47 10.4	+17 43 40	f	5.49	+0.27	+0.30	F0 III
	β	Pic	2020	5 47 10.7	−51 04 05		3.85	+0.10	+0.17	A6 V
53	κ	Ori	2004	5 47 32.6	− 9 40 16	fv	2.06	−1.03	−0.17	B0.5 Ia
	γ	Pic	2042	5 49 44.7	−56 10 04	f	4.51	+0.98	+1.10	K1 III
			2049	5 50 47.1	−52 06 35	f	5.17	+0.72	+0.99	G8 III
	β	Col	2040	5 50 48.1	−35 46 12	f	3.12	+1.21	+1.16	K1.5 III
15	δ	Lep	2035	5 51 07.7	−20 52 45	f	3.81	+0.68	+0.99	K0 III Fe−1.5 CH 0.5
32	ν	Aur	2012	5 51 10.7	+39 08 51	fd	3.97	+1.09	+1.13	K0 III CN 0.5
136		Tau	2034	5 53 02.7	+27 36 41	fvd6	4.58	+0.03	−0.02	A0 IV
54	χ^1	Ori	2047	5 54 06.9	+20 16 32	d6	4.41	+0.07	+0.59	G0^{-} V Ca 0.5
30	ξ	Aur	2029	5 54 28.1	+55 42 23	f	4.99	+0.12	+0.05	A1 Va
58	α	Ori	2061	5 54 55.7	+ 7 24 23	fvd6	0.50	+2.06	+1.85	M1−M2 Ia−Iab
16	η	Lep	2085	5 56 12.0	−14 10 06	f	3.71	+0.01	+0.33	F1 V
	γ	Col	2106	5 57 22.6	−35 17 01	fd	4.36	−0.66	−0.18	B2.5 IV
60		Ori	2103	5 58 35.7	+ 0 33 10	fd6	5.22	+0.01	+0.01	A1 Vs
	η	Col	2120	5 59 00.5	−42 48 55	f	3.96	+1.08	+1.14	G8/K1 II
33	δ	Aur	2077	5 59 09.4	+54 17 05	fd	3.72	+0.87	+1.00	K0^{-} III
34	β	Aur	2088	5 59 11.9	+44 56 51	fvd6	1.90	+0.05	+0.03	A1 IV
37	θ	Aur	2095	5 59 24.9	+37 12 45	vd67	2.62	−0.18	−0.08	A0p Si
35	π	Aur	2091	5 59 36.1	+45 56 13	v	4.26	+1.83	+1.72	M3 II
61	μ	Ori	2124	6 02 08.2	+ 9 38 52	vmd6	4.12		+0.15	A5m:
62	χ^2	Ori	2135	6 03 39.2	+20 08 19	svd	4.63	−0.68	+0.28	B2 Ia
1		Gem	2134	6 03 50.8	+23 15 50	fd67	4.16	+0.52	+0.82	G5 III−IV
17	SS	Lep	2148	6 04 47.0	−16 29 02	sv6	4.93	+0.12	+0.24	Ap (shell)
67	ν	Ori	2159	6 07 18.9	+14 46 09	f6	4.42	−0.66	−0.17	B3 IV
	ν	Dor	2221	6 08 46.0	−68 50 33	f	5.06	−0.21	−0.08	B8 V
			2180	6 08 46.5	−22 25 35	f	5.50		−0.01	A0 V
	δ	Pic	2212	6 10 12.6	−54 58 03	fv6	4.81	−1.03	−0.23	B0.5 IV
	α	Men	2261	6 10 22.5	−74 45 06	f	5.09	+0.33	+0.72	G5 V
70	ξ	Ori	2199	6 11 41.1	+14 12 36	d6	4.48	−0.65	−0.18	B3 IV
36		Cam	2165	6 12 23.9	+65 43 11	f6	5.32	+1.44	+1.34	K2 II−III
7	η	Gem	2216	6 14 36.4	+22 30 30	vd6	3.28	+1.66	+1.60	M2.5 III
5	γ	Mon	2227	6 14 38.2	− 6 16 23	d	3.98	+1.41	+1.32	K1 III Ba 0.5
44	κ	Aur	2219	6 15 05.5	+29 30 00	fv	4.35	+0.80	+1.02	G9 IIIb
74		Ori	2241	6 16 11.5	+12 16 25	fd	5.04	−0.02	+0.42	F4 IV
	κ	Col	2256	6 16 23.5	−35 08 20	fv	4.37	+0.83	+1.00	K0.5 IIIa
			2209	6 18 21.1	+69 19 19	f6	4.80	0.00	+0.03	A0 IV^{+}nn
2	UZ	Lyn	2238	6 19 13.6	+59 00 47	fv	4.48	+0.03	+0.01	A1 Va
7		Mon	2273	6 19 29.8	− 7 49 15	f6	5.27	−0.75	−0.19	B2.5 V
1	ζ	CMa	2282	6 20 08.4	−30 03 40	fd6	3.02	−0.72	−0.19	B2.5 V
	δ	Col	2296	6 21 56.9	−33 26 02	6	3.85	+0.52	+0.88	G7 II
2	β	CMa	2294	6 22 30.1	−17 57 12	fsvd6	1.98	−0.98	−0.23	B1 II−III
13	μ	Gem	2286	6 22 41.3	+22 30 58	fsvd	2.88	+1.85	+1.64	M3 IIIab
8		Mon	2298	6 23 31.8	+ 4 35 43	fmd68	4.44	+0.12	+0.20	A6 IV
	α	Car	2326	6 23 51.1	−52 41 35	f	−0.72	+0.10	+0.15	A9 II

Name	H.R.	Right Ascension	Declination	Notes	V	$U-B$	$B-V$	Spectral Type
		h m s	° ′ ″					
	2305	6 23 57.7	−11 31 39	f	5.22		+1.24	K3 III
46 ψ^1 Aur	2289	6 24 33.1	+49 17 26	fv6	4.91	+2.29	+1.97	K5–M0 Iab–Ib
10 Mon	2344	6 27 44.2	− 4 45 33	fmd	5.05		−0.18	B2 V
λ CMa	2361	6 28 00.1	−32 34 38		4.48	−0.61	−0.17	B4 V
18 ν Gem	2343	6 28 41.8	+20 12 55	fd6	4.15	−0.48	−0.13	B6 III
4 ξ^1 CMa	2387	6 31 40.1	−23 24 54	vmd6	4.34		−0.25	B1 III
	2392	6 32 34.3	−11 09 47	sv	6.24	+0.78	+1.11	G9.5 III: Ba 3
13 Mon	2385	6 32 39.6	+ 7 20 11	f	4.50	−0.18	0.00	A0 Ib–II
	2395	6 33 24.2	− 1 13 00	f	5.10	−0.56	−0.14	B5 Vn
5 ξ^2 CMa	2414	6 34 52.1	−22 57 40	f	4.54	−0.03	−0.05	A0 III
	2435	6 34 52.6	−52 58 18		4.39	−0.15	−0.02	A0 II
7 ν^2 CMa	2429	6 36 29.2	−19 15 07	v	3.95	+1.01	+1.06	K1.5 III–IV Fe 1
24 γ Gem	2421	6 37 27.1	+16 24 12	fd6	1.93	+0.04	0.00	A1 IVs
ν Pup	2451	6 37 37.4	−43 11 31	fv6	3.17	−0.41	−0.11	B8 IIIn
8 ν^3 CMa	2443	6 37 41.5	−18 14 00		4.43	+1.04	+1.15	K0.5 III
15 S Mon	2456	6 40 43.8	+ 9 54 00	svmd6	4.65		−0.25	O7 Vf
27 ϵ Gem	2473	6 43 39.3	+25 08 09	fsvd6	2.98	+1.46	+1.40	G8 Ib
30 Gem	2478	6 43 44.1	+13 13 58	d	4.49	+1.16	+1.16	K0.5 III CN 0.5
9 α CMa	2491	6 44 57.0	−16 42 34	fd6	−1.46	−0.06	0.00	A0m A1 Va
31 ξ Gem	2484	6 45 02.2	+12 54 03	fv	3.36	+0.06	+0.43	F5 IV
	2513	6 45 19.8	−52 11 46	sm	6.32			G5 Iab
	2401	6 45 28.4	+79 34 14	f6	5.45	−0.02	+0.50	F8 V
56 ψ^5 Aur	2483	6 46 24.9	+43 34 56	fd	5.25	+0.05	+0.56	G0 V
	2518	6 47 12.1	−37 55 29	fd	5.26	−0.25	−0.08	B8/9 V
57 ψ^6 Aur	2487	6 47 19.0	+48 47 41	f	5.22	+1.04	+1.12	K0 III
18 Mon	2506	6 47 37.6	+ 2 25 02	f6	4.47	+1.04	+1.11	K0$^+$ IIIa
α Pic	2550	6 48 08.7	−61 56 11	f	3.27	+0.13	+0.21	A6 Vn
13 κ CMa	2538	6 49 40.4	−32 30 11	fv	3.96	−0.92	−0.23	B1.5 IVne
v415 Car	2554	6 49 45.5	−53 37 00	6	4.40	+0.61	+0.92	G4 II
τ Pup	2553	6 49 49.5	−50 36 33	f6	2.93	+1.21	+1.20	K1 III
v592 Mon	2534	6 50 29.3	− 8 02 08	sv	6.29	+0.02	0.00	A2p Sr Cr Eu
ι Vol	2602	6 51 30.1	−70 57 28	f	5.40	−0.38	−0.11	B7 IV
34 θ Gem	2540	6 52 29.6	+33 58 01	fd6	3.60	+0.14	+0.10	A3 III–IV
43 Cam	2511	6 53 13.3	+68 53 39	f	5.12	−0.43	−0.13	B7 III
16 o^1 CMa	2580	6 53 56.7	−24 10 41	svm	3.86		+1.73	K2 Iab
14 θ CMa	2574	6 53 58.9	−12 01 58	f	4.07	+1.70	+1.43	K4 III
NP Pup	2591	6 54 18.2	−42 21 34	sv	6.32	+2.79	+2.24	C5,2.5
20 ι CMa	2596	6 55 56.2	−17 02 53	vm	4.38		−0.07	B3 II
15 Lyn	2560	6 56 53.2	+58 25 44	d7	4.35	+0.52	+0.85	G5 III–IV
21 ϵ CMa	2618	6 58 26.9	−28 57 57	fd	1.50	−0.93	−0.21	B2 II
	2527	6 59 25.0	+76 59 02	f6	4.55	+1.66	+1.36	K4 III
22 σ CMa	2646	7 01 32.4	−27 55 42	fvmd	3.46		+1.73	K7 Ib
42 ω Gem	2630	7 02 08.3	+24 13 20	fsv	5.18	+0.68	+0.94	G5 IIa
24 o^2 CMa	2653	7 02 50.2	−23 49 36	fsm6	3.03		−0.09	B3 Ia
23 γ CMa	2657	7 03 33.3	−15 37 35	f	4.11	−0.49	−0.12	B8 II
43 ζ Gem	2650	7 03 50.5	+20 34 38	fvd6	3.79		+0.79	F9 Ib (var)
	2666	7 03 54.2	−42 19 50	fv6	5.20	+0.15	+0.20	A9m
v386 Car	2683	7 04 13.3	−56 44 34	fm	5.17		−0.04	Ap Si
25 δ CMa	2693	7 08 12.5	−26 23 09	fsv6	1.86	+0.57	+0.65	F8 Ia
β^1 Vol	2735	7 08 44.6	−70 29 24	vmd68	5.67	+0.60	+0.91	F0/3

Name			H.R.	Right Ascension	Declination	Notes	V	$U-B$	$B-V$	Spectral Type
				h m s	° ′ ″					
	β^2	Vol	2736	7 08 47.2	−70 29 30	fmd8	3.78	+0.60	+0.91	G9 III
20		Mon	2701	7 10 00.3	− 4 13 48	fd	4.92	+0.78	+1.03	K0 III
46	τ	Gem	2697	7 10 51.2	+30 15 11	vd7	4.41	+1.41	+1.26	K2 III
63		Aur	2696	7 11 20.8	+39 19 42	f6	4.90	+1.74	+1.45	K3.5 III
22	δ	Mon	2714	7 11 38.1	− 0 29 06	fd	4.15	+0.02	−0.01	A1 III+
48		Gem	2706	7 12 10.0	+24 08 11	s	5.85	+0.09	+0.36	F5 III−IV
	QW	Pup	2740	7 12 25.9	−46 45 06	f	4.49	−0.01	+0.32	F0 IVs
51	BQ	Gem	2717	7 13 06.8	+16 10 01	fvd	5.00	+1.82	+1.66	M4 IIIab
	L_2	Pup	2748	7 13 24.1	−44 37 56	vd	5.10		+1.56	M5 IIIe
27	EW	CMa	2745	7 14 04.2	−26 20 40	vd6	4.66	−0.71	−0.19	B3 IIIep
28	ω	CMa	2749	7 14 37.7	−26 45 53	v	3.85	−0.73	−0.17	B2 IV−Ve
	δ	Vol	2803	7 16 50.0	−67 56 56	f	3.98	+0.45	+0.79	F9 Ib
	π	Pup	2773	7 16 59.0	−37 05 21	fvd	2.70	+1.24	+1.62	K3 Ib
54	λ	Gem	2763	7 17 50.1	+16 32 56	fvd67	3.58	+0.10	+0.11	A4 IV
30	τ	CMa	2782	7 18 31.2	−24 56 45	vmd6	4.39		−0.15	O9 II
55	δ	Gem	2777	7 19 51.3	+21 59 27	fd67	3.53	+0.04	+0.34	F0 V+
66		Aur	2805	7 23 49.8	+40 40 53	f6	5.19	+1.24	+1.23	K1 IIIa Fe 1
31	η	CMa	2827	7 23 55.0	−29 17 39	fsmd	2.44		−0.07	B5 Ia
60	ι	Gem	2821	7 25 26.9	+27 48 26	f	3.79	+0.85	+1.03	G9 IIIb
3	β	CMi	2845	7 26 54.4	+ 8 17 55	fvd6	2.90	−0.28	−0.09	B8 V
4	γ	CMi	2854	7 27 55.1	+ 8 56 06	d6	4.32	+1.54	+1.43	K3 III Fe−1
62	ρ	Gem	2852	7 28 49.4	+31 47 37	fd6	4.18	−0.03	+0.32	F0 V+
	σ	Pup	2878	7 29 05.3	−43 17 32	fd6	3.25	+1.78	+1.51	K5 III
6		CMi	2864	7 29 32.8	+12 00 58	fv	4.54	+1.37	+1.28	K1 III
			2906	7 33 51.6	−22 17 10	f	4.45	+0.06	+0.51	F6 IV
66	α	Gem	2891	7 34 18.7	+31 53 54	fvmd68	1.99	+0.01	+0.04	A1m A2 Va
66	α	Gem	2890	7 34 18.9	+31 53 56	fmd68	2.85	+0.01	+0.04	A2m A5 V:
			2934	7 35 33.0	−52 31 25	fv6	4.94	+1.63	+1.40	K3 III
69	υ	Gem	2905	7 35 38.7	+26 54 22	fvd	4.06	+1.94	+1.54	M0 III−IIIb
25		Mon	2927	7 37 03.3	− 4 06 03	fvd	5.13	+0.12	+0.44	F6 III
			2937	7 37 12.1	−34 57 30	fd7	4.53	−0.31	−0.09	B8 V
	OV	Cep	2609	7 38 32.0	+87 01 51	fv	5.07	+1.97	+1.63	M2− IIIab
			2948	7 38 38.3	−26 47 29	vmd8	4.50	−0.57	−0.17	B6 V
10	α	CMi	2943	7 39 03.9	+ 5 14 12	fsvd67	0.38	+0.02	+0.42	F5 IV−V
	R	Pup	2974	7 40 42.2	−31 39 01	sv	6.65	+0.85	+1.20	G2 0−Ia
26	α	Mon	2970	7 41 01.9	− 9 32 26	f	3.93	+0.88	+1.02	G9 III Fe−1
	ζ	Vol	3024	7 41 52.7	−72 35 43	fd7	3.95	+0.83	+1.04	G9 III
24		Lyn	2946	7 42 37.7	+58 43 17	fd	4.99	+0.08	+0.08	A2 IVn
75	σ	Gem	2973	7 43 01.9	+28 53 41	vd6	4.28	+0.97	+1.12	K1 III
3		Pup	2996	7 43 37.6	−28 56 39	6	3.96	−0.09	+0.18	A2 Ib
77	κ	Gem	2985	7 44 10.6	+24 24 33	fd7	3.57	+0.69	+0.93	G8 III
78	β	Gem	2990	7 45 02.5	+28 02 14	fvd	1.14	+0.85	+1.00	K0 IIIb
			3017	7 45 05.7	−37 57 27	vm	3.59		+1.72	K5 IIa
4		Pup	3015	7 45 44.4	−14 33 10	f	5.04	+0.09	+0.33	F2 V
81		Gem	3003	7 45 51.8	+18 31 17	fd6	4.88	+1.75	+1.45	K4 III
11		CMi	3008	7 46 01.4	+10 46 46	fv6	5.30	−0.02	+0.01	A0.5 IV− nn
			2999	7 46 21.3	+37 31 43	fvm	5.18		+1.58	M2+ IIIb
80	π	Gem	3013	7 47 13.0	+33 25 37	fvd7	5.14	+1.95	+1.60	M1+ IIIa
			3037	7 47 23.4	−46 35 50	fm6	5.23		−0.14	B1.5 IV
	ο	Pup	3034	7 47 53.9	−25 55 33	vd	4.50	−1.02	−0.05	B1 IV:nne

Name	H.R.	Right Ascension	Declination	Notes	V	U–B	B–V	Spectral Type
		h m s	° ′ ″					
	3055	7 49 06.1	−46 21 42	d	4.11	−1.01	−0.18	B0 III
7 ξ Pup	3045	7 49 06.3	−24 50 54	fd6	3.34	+1.16	+1.24	G6 Iab–Ib
13 ζ CMi	3059	7 51 28.0	+ 1 46 43	f	5.14	−0.49	−0.12	B8 II
	3080	7 52 03.8	−40 33 51	fc6	3.73	+0.78	+1.04	K1/2 II + A
QZ Pup	3084	7 52 29.1	−38 51 04	vd	4.49	−0.69	−0.19	B2.5 V
	3090	7 53 10.3	−48 05 28		4.24	−1.00	−0.14	B0.5 Ib
83 ϕ Gem	3067	7 53 13.3	+26 46 40	f6	4.97	+0.10	+0.09	A3 IV–V
χ Car	3117	7 56 39.8	−52 58 13	fv	3.47	−0.67	−0.18	B3p Si
11 Pup	3102	7 56 39.9	−22 52 05		4.20	+0.42	+0.72	F8 II
	3113	7 57 29.3	−30 19 20	fv	4.79	+0.18	+0.15	A6 II
V Pup	3129	7 58 06.6	−49 13 57	cvd6	4.41	−0.96	−0.17	B1 Vp + B2:
27 Mon	3122	7 59 30.7	− 3 40 02	f	4.93	+1.21	+1.21	K2 III
	3153	7 59 33.1	−60 34 29	sm	5.16		+1.72	M1.5 II
	3075	7 59 39.8	+73 55 50	f	5.41	+1.64	+1.42	K3 III
	3131	7 59 39.9	−18 23 12	fm	4.62		+0.08	A2 IVn
	3145	8 02 01.9	+ 2 20 50	d	4.39	+1.28	+1.25	K2 IIIb Fe−0.5
χ Gem	3149	8 03 14.5	+27 48 26	fd6	4.94	+1.09	+1.12	K1 III
ζ Pup	3165	8 03 25.6	−39 59 25	fs	2.25	−1.11	−0.26	O5 Iafn
15 ρ Pup	3185	8 07 21.1	−24 17 28	fvd6	2.81	+0.19	+0.43	F5 (Ib–II)p
ε Vol	3223	8 07 55.1	−68 36 14	d67	4.35	−0.46	−0.11	B6 IV
27 Lyn	3173	8 08 07.2	+51 31 12	fd	4.84	0.00	+0.05	A1 Va
29 ζ Mon	3188	8 08 22.1	− 2 58 14	d	4.38	+0.69	+0.97	G2 Ib
16 Pup	3192	8 08 49.5	−19 13 54	6	4.40	−0.60	−0.15	B5 IV
γ^1 Vel	3206	8 09 21.0	−47 19 56	vd6	4.27	−0.92	−0.23	B1 IV
γ^2 Vel	3207	8 09 23.6	−47 19 24	fcvmd68	1.82	−0.99	−0.22	WC8 + O9I:
NS Pup	3225	8 11 11.9	−39 36 18	v6	4.45	+1.86	+1.62	K4.5 Ib
	3182	8 12 22.2	+68 29 16	f	5.32	+0.81	+1.04	G7 II
20 Pup	3229	8 13 07.6	−15 46 28	f	4.99		+1.07	G5 IIa
	3243	8 13 53.3	−40 20 03	d6	4.44	+1.09	+1.17	K1 II/III
17 β Cnc	3249	8 16 16.3	+ 9 11 59	fvd	3.52	+1.77	+1.48	K4 III Ba 0.5
	3270	8 18 23.2	−36 38 43	f	4.45	+0.11	+0.22	A7 IV
α Cha	3318	8 18 39.1	−76 54 20		4.07	−0.02	+0.39	F4 IV
18 χ Cnc	3262	8 19 47.5	+27 13 57	f	5.14	−0.06	+0.47	F6 V
θ Cha	3340	8 20 47.0	−77 28 12	fd	4.35	+1.20	+1.16	K2 III CN 0.5
	3282	8 21 12.4	−33 02 24	f	4.83	+1.60	+1.45	K2.5 II–III
ε Car	3307	8 22 25.3	−59 29 42	fcv	1.86	+0.19	+1.28	K3: III + B2: V
31 Lyn	3275	8 22 31.7	+43 12 10	fv	4.25	+1.90	+1.55	K4.5 III
	3315	8 24 52.1	−24 01 53	fmd6	5.28		+1.48	K4.5 III CN 1
	3314	8 25 26.1	− 3 53 30	f	3.90	−0.02	−0.02	A0 Va
β Vol	3347	8 25 41.3	−66 07 19	fv	3.77	+1.14	+1.13	K2 III
1 ο UMa	3323	8 29 53.6	+60 44 01	fsvd	3.36	+0.52	+0.84	G5 III
33 η Cnc	3366	8 32 26.9	+20 27 24	f	5.33	+1.39	+1.25	K3 III
4 δ Hya	3410	8 37 25.1	+ 5 43 11	fd6	4.16	+0.01	0.00	A1 IVnn
	3426	8 37 29.1	−42 58 24	f	4.14	+0.16	+0.11	A6 II
5 σ Hya	3418	8 38 31.3	+ 3 21 27	f	4.44	+1.28	+1.21	K1 III
6 Hya	3431	8 39 48.7	−12 27 34	f	4.98		+1.42	K4 III
β Pyx	3438	8 39 55.6	−35 17 31	d6	3.97	+0.65	+0.94	G4 III
ο Vel	3447	8 40 09.9	−52 54 21	fvm6	3.62		−0.18	B3 IV
	3445	8 40 28.6	−46 37 57	fvd	3.84	+0.30	+0.71	F0 Ia
v343 Car	3457	8 40 31.1	−59 44 42	vd6	4.33	−0.80	−0.11	B1.5 III

Name			H.R.	Right Ascension	Declination	Notes	V	$U-B$	$B-V$	Spectral Type
				h m s	° ′ ″					
34		Lyn	3422	8 40 42.5	+45 51 00	f	5.37	+0.75	+0.99	G8 IV
	η	Cha	3502	8 41 29.2	−78 56 50	f	5.47	−0.35	−0.10	B8 V
7	η	Hya	3454	8 42 59.4	+ 3 24 54	v6	4.30	−0.74	−0.20	B4 V
43	γ	Cnc	3449	8 43 01.6	+21 29 06	fmd6	4.67		+0.01	A1 Va
	α	Pyx	3468	8 43 24.7	−33 10 12	fv	3.68	−0.88	−0.18	B1.5 III
			3477	8 44 14.3	−42 37 58	md	4.05		+0.87	G6 II−III
47	δ	Cnc	3461	8 44 25.8	+18 10 16	fd	3.94	+0.99	+1.08	K0 IIIb
	δ	Vel	3485	8 44 34.8	−54 41 30	d7	1.96	+0.07	+0.04	A1 Va
			3487	8 45 52.5	−46 01 30		3.91	−0.05	0.00	A1 II
12		Hya	3484	8 46 09.8	−13 31 52	d6	4.32	+0.62	+0.90	G8 III Fe−1
48	ι	Cnc	3475	8 46 25.5	+28 46 36	fvd	4.02	+0.78	+1.01	G8 II−III
11	ε	Hya	3482	8 46 32.3	+ 6 26 08	cvd67	3.38	+0.36	+0.68	G5: III + A:
	v344	Car	3498	8 46 35.7	−56 45 11	v	4.49	−0.73	−0.17	B3 Vne
13	ρ	Hya	3492	8 48 11.7	+ 5 51 16	d6	4.36	−0.04	−0.04	A0 Vn
14	KX	Hya	3500	8 49 08.2	− 3 25 34	fv	5.31	−0.35	−0.09	B9p Hg Mn
	γ	Pyx	3518	8 50 20.5	−27 41 35	f	4.01	+1.40	+1.27	K2.5 III
			3571	8 54 56.7	−60 37 39	fd	3.84	−0.45	−0.10	B7 II−III
16	ζ	Hya	3547	8 55 09.4	+ 5 57 46	f	3.11	+0.80	+1.00	G9 IIIa
	v376	Car	3582	8 56 51.8	−59 12 43	fvmd8	5.08	−0.77	−0.19	B2 IV−V
	ζ	Oct	3678	8 57 24.4	−85 38 44	f	5.42	+0.07	+0.31	F0 III
65	α	Cnc	3572	8 58 14.5	+11 52 31	fvd6	4.25	+0.15	+0.14	A5m
9	ι	UMa	3569	8 58 54.1	+48 03 35	fvd6	3.14	+0.07	+0.19	A7 IVn
64	σ^3	Cnc	3575	8 59 16.1	+32 26 10	fd	5.20		+0.93	G8 III
			3591	8 59 55.3	−41 14 10	fcv6	4.45	+0.38	+0.65	G8/K1 III + A
			3579	9 00 20.9	+41 48 03	fd67	3.97	+0.05	+0.44	F7 V
8	ρ	UMa	3576	9 02 08.7	+67 38 51	fv	4.76	+1.88	+1.53	M3 IIIb Ca 1
	α	Vol	3615	9 02 22.6	−66 22 41	f6	4.00	+0.13	+0.14	A5m
12	κ	UMa	3594	9 03 19.2	+47 10 29	fvd7	3.60	+0.01	0.00	A0 IIIn
			3614	9 04 00.0	−47 04 47	f	3.75	+1.22	+1.20	K2 III
			3643	9 05 08.7	−72 35 05		4.48	+0.22	+0.61	F8 II
			3612	9 06 14.7	+38 28 13	f	4.56	+0.82	+1.04	G7 Ib−II
76	κ	Cnc	3623	9 07 30.2	+10 41 11	fvd6	5.24	−0.43	−0.11	B8p Hg Mn
	λ	Vel	3634	9 07 49.8	−43 24 52	fvd	2.21	+1.81	+1.66	K4.5 Ib
15		UMa	3619	9 08 33.3	+51 37 23		4.48	+0.12	+0.27	F0m
77	ξ	Cnc	3627	9 09 06.0	+22 03 50	fd6	5.14	+0.80	+0.97	G9 IIIa Fe−0.5 CH−1
13	σ^2	UMa	3616	9 09 59.7	+67 09 11	vd7	4.80	+0.02	+0.49	F7 IV−V
	v357	Car	3659	9 10 50.9	−58 56 55	v6	3.44	−0.70	−0.19	B2 IV−V
			3663	9 11 10.6	−62 17 55		3.97	−0.67	−0.18	B3 III
	β	Car	3685	9 13 09.1	−69 41 55	f	1.68	+0.03	0.00	A1 III
36		Lyn	3652	9 13 30.6	+43 14 12	f	5.32	−0.45	−0.14	B8p Mn
22	θ	Hya	3665	9 14 07.8	+ 2 20 00	fvd6	3.88	−0.12	−0.06	B9.5 IV (C II)
			3696	9 16 04.6	−57 31 20	v	4.34	+1.98	+1.63	M0.5 III Ba 0.3
	ι	Car	3699	9 16 58.2	−59 15 23	fv	2.25	+0.16	+0.18	A7 Ib
38		Lyn	3690	9 18 33.9	+36 49 19	d67	3.82	+0.06	+0.06	A2 IV−
40	α	Lyn	3705	9 20 46.9	+34 24 42	fv	3.13	+1.94	+1.55	K7 IIIab
	θ	Pyx	3718	9 21 17.6	−25 56 46	f	4.72	+2.02	+1.63	M0.5 III
	κ	Vel	3734	9 21 58.5	−54 59 29	f6	2.50	−0.75	−0.18	B2 IV−V
1	κ	Leo	3731	9 24 23.6	+26 12 07	fvd7	4.46	+1.31	+1.23	K2 III
30	α	Hya	3748	9 27 22.0	− 8 38 20	fvd	1.98	+1.72	+1.44	K3 II−III
	ε	Ant	3765	9 29 03.6	−35 55 54	f6	4.51	+1.68	+1.44	K3 III

Name			H.R.	Right Ascension	Declination	Notes	V	$U-B$	$B-V$	Spectral Type
				h m s	° ′ ″					
	ψ	Vel	3786	9 30 31.3	−40 26 49	vd7	3.60	−0.03	+0.36	F0 V$^+$
			3803	9 31 05.1	−57 00 52	fv	3.13	+1.89	+1.55	K5 III
23		UMa	3757	9 31 10.7	+63 04 54	fvd	3.67	+0.10	+0.33	F0 IV
4	λ	Leo	3773	9 31 27.8	+22 59 17	v	4.31	+1.89	+1.54	K4.5 IIIb
			3821	9 31 34.4	−73 03 40	f	5.47	+1.75	+1.56	K4 III
5	ξ	Leo	3782	9 31 42.2	+11 19 12	fvd	4.97	+0.86	+1.05	G9.5 III
	R	Car	3816	9 32 07.9	−62 46 08	vmd	4.00			gM5e
25	θ	UMa	3775	9 32 33.5	+51 41 53	fdv6	3.17	+0.02	+0.46	F6 IV
			3808	9 33 00.0	−21 05 45	f	5.01		+1.02	K0 III
10	SU	LMi	3800	9 33 56.9	+36 25 04	f	4.55	+0.62	+0.92	G7.5 III Fe−0.5
24	DK	UMa	3771	9 34 05.4	+69 51 01	fv	4.56	+0.34	+0.77	G5 III−IV
			3825	9 34 18.9	−59 12 34		4.08	−0.56	+0.01	B5 II
26		UMa	3799	9 34 31.1	+52 04 18		4.50	+0.04	+0.01	A1 Va
			3751	9 36 28.4	+81 20 48	f	4.29	+1.72	+1.48	K3 IIIa
			3836	9 36 40.0	−49 20 06	d	4.35	+0.13	+0.17	A5 IV−V
			3834	9 38 13.2	+ 4 40 11	f	4.68	+1.46	+1.32	K3 III
35	ι	Hya	3845	9 39 37.6	− 1 07 20	fv	3.91	+1.46	+1.32	K2.5 III
38	κ	Hya	3849	9 40 05.4	−14 18 42	fv	5.06	−0.57	−0.15	B5 V
14	ο	Leo	3852	9 40 54.7	+ 9 54 47	fcd6	3.52	+0.21	+0.49	F5 II + A5?
16	ψ	Leo	3866	9 43 29.2	+14 02 33	fvd	5.35		+1.63	M2$^+$ IIIab
	θ	Ant	3871	9 44 00.1	−27 44 56	fcd7	4.79	+0.35	+0.51	F7 II−III + A8 V
	λ	Car	3884	9 45 07.4	−62 29 14	fvm	3.40		+1.20	F9−G5 Ib
17	ε	Leo	3873	9 45 35.8	+23 47 42	fv	2.98	+0.47	+0.80	G1 II
	υ	Car	3890	9 46 59.4	−65 03 03	md8	3.15	+0.13	+0.27	A6 II
	R	Leo	3882	9 47 19.0	+11 26 59	vm	4.40			gM7e
			3881	9 48 18.1	+46 02 32	f	5.09	+0.10	+0.62	G0.5 Va
29	υ	UMa	3888	9 50 40.3	+59 03 36	fvd	3.80	+0.10	+0.29	F0 IV
39	υ^1	Hya	3903	9 51 15.7	−14 49 31		4.12	+0.65	+0.92	G8.5 IIIa
24	μ	Leo	3905	9 52 30.5	+26 01 42	fs	3.88	+1.39	+1.22	K2 III CN 1 Ca 1
			3923	9 54 39.5	−18 59 17	f6	4.94	+1.93	+1.57	K5 III
	φ	Vel	3940	9 56 42.3	−54 32 47	fd	3.54	−0.62	−0.08	B5 Ib
19		LMi	3928	9 57 24.6	+41 04 38	f6	5.14	0.00	+0.46	F5 V
	η	Ant	3947	9 58 40.7	−35 52 10	fd	5.23	+0.08	+0.31	F1 III−IV
29	π	Leo	3950	9 59 58.6	+ 8 03 57	fv	4.70	+1.93	+1.60	M2$^-$ IIIab
20		LMi	3951	10 00 45.2	+31 56 45	fd	5.36	+0.27	+0.66	G3 Va Hδ 1
40	υ^2	Hya	3970	10 04 54.3	−13 02 34	fv6	4.60	−0.27	−0.09	B8 V
30	η	Leo	3975	10 07 05.3	+16 47 05	fsvd	3.52	−0.21	−0.03	A0 Ib
21		LMi	3974	10 07 09.9	+35 16 01	v	4.48	+0.08	+0.18	A7 V
31		Leo	3980	10 07 40.0	+10 01 11	d	4.37	+1.75	+1.45	K3.5 IIIb Fe−1:
15	α	Sex	3981	10 07 42.5	− 0 20 58		4.49	−0.07	−0.04	A0 III
32	α	Leo	3982	10 08 08.0	+11 59 22	fvd6	1.35	−0.36	−0.11	B7 Vn
41	λ	Hya	3994	10 10 22.1	−12 19 54	fd6	3.61	+0.92	+1.01	K0 III CN 0.5
	ω	Car	4037	10 13 37.8	−70 00 56	f	3.32	−0.33	−0.08	B8 IIIn
			4023	10 14 32.8	−42 05 59	f6	3.85	+0.06	+0.05	A2 Va
36	ζ	Leo	4031	10 16 26.4	+23 26 23	fsvd6	3.44	+0.20	+0.31	F0 IIIa
33	λ	UMa	4033	10 16 49.6	+42 56 13	fsm	3.45		+0.03	A1 IV
	v337	Car	4050	10 16 55.9	−61 18 35	fvd	3.40	+1.72	+1.54	K2.5 II
22	ε	Sex	4042	10 17 24.4	− 8 02 47	f	5.24	+0.13	+0.31	F1 IV$^-$
	AG	Ant	4049	10 17 55.2	−28 58 10	fm	5.34		+0.24	A0p Ib−II
41	γ^1	Leo	4057	10 19 43.5	+19 51 52	vmd68	2.61	+1.00	+1.15	K1$^-$ IIIb Fe−0.5

Name			H.R.	Right Ascension	Declination	Notes	V	$U-B$	$B-V$	Spectral Type
				h m s	° ′ ″					
41	γ^2	Leo	4058	10 19 43.8	+19 51 48	md8	3.80	+1.00	+1.15	G7 III Fe−1.5
			4074	10 20 44.8	−56 01 13	d7	4.50	−0.58	−0.12	B3 III
34	μ	UMa	4069	10 22 03.7	+41 31 20	fv6	3.05	+1.89	+1.59	M0 III
			4080	10 22 08.0	−41 37 38	fv	4.83	+1.08	+1.12	K1 III
			4086	10 23 17.4	−37 59 13	f	5.33		+0.25	A8 V
			4072	10 23 48.6	+65 35 21	fv6	4.97	−0.13	−0.06	A0p Hg
			4102	10 24 18.4	−74 00 31	fv6	4.00	−0.01	+0.35	F2 V
42	μ	Hya	4094	10 25 52.4	−16 48 48	fm	3.81		+1.48	$K4^+$ III
	α	Ant	4104	10 26 56.7	−31 02 41	fv6	4.25	+1.63	+1.45	K4.5 III
31	β	LMi	4100	10 27 37.5	+36 43 49	fd67	4.21	+0.64	+0.90	G9 IIIab
			4114	10 27 42.8	−58 42 59	fv	3.82	+0.24	+0.31	F0 Ib
29	δ	Sex	4116	10 29 15.0	− 2 42 58	f	5.21	−0.12	−0.06	B9.5 V
36		UMa	4112	10 30 20.5	+56 00 14	f	4.84	−0.01	+0.52	F8 V
			4084	10 30 33.4	+82 34 54	fv	5.26	−0.05	+0.37	F4 V
	PP	Car	4140	10 31 51.8	−61 39 44	fv	3.32	−0.72	−0.09	B4 Vne
47	ρ	Leo	4133	10 32 34.5	+ 9 19 47	fvd6	3.85	−0.96	−0.14	B1 Iab
			4143	10 32 45.5	−46 58 49	fd7	5.02	+0.59	+1.04	K1/2 III
44		Hya	4145	10 33 48.0	−23 43 19	fd	5.08		+1.60	K5 III
			4126	10 34 43.2	+75 44 11	f	4.84		+0.96	G8 III
37		UMa	4141	10 34 52.5	+57 06 21	f	5.16	−0.02	+0.34	F1 V
			4159	10 35 24.9	−57 32 03	v6	4.45	+1.79	+1.62	K5 II
	γ	Cha	4174	10 35 25.0	−78 35 04	fv	4.11	+1.95	+1.58	M0 III
			4167	10 37 06.7	−48 12 08	d67	3.84	+0.07	+0.30	F0m
37		LMi	4166	10 38 28.1	+31 59 59	f	4.71	+0.54	+0.81	G2.5 IIa
			4180	10 39 07.6	−55 34 47	fd	4.28	+0.75	+1.04	G2 II
			4181	10 42 45.0	+69 06 00	f	5.00		+1.38	K3 III
	θ	Car	4199	10 42 47.7	−64 22 15	fm6	2.76		−0.23	B0.5 Vp
41		LMi	4192	10 43 10.3	+23 12 43	f	5.08	+0.05	+0.04	A2 IV
			4191	10 43 17.1	+46 13 39	fd6	5.18	+0.01	+0.33	F5 III
	η	Car	4210	10 44 53.1	−59 39 38	vmd	6.22		+0.62	pec.
42		LMi	4203	10 45 36.9	+30 42 22	fd6	5.24	−0.14	−0.06	A1 Vn
	δ^2	Cha	4234	10 45 44.5	−80 30 59	f	4.45	−0.70	−0.19	B2.5 IV
51		Leo	4208	10 46 10.0	+18 54 55	f	5.49		+1.12	gK3
	μ	Vel	4216	10 46 34.5	−49 23 46	d67	2.69	+0.57	+0.90	G5 III + F8: V
53		Leo	4227	10 49 01.3	+10 34 09	f6	5.25	+0.05	+0.01	A2 V
	ν	Hya	4232	10 49 24.2	−16 10 12	f	3.11	+1.30	+1.25	K1.5 IIIb Hδ−0.5
46		LMi	4247	10 53 03.7	+34 14 21	fv	3.83	+0.91	+1.04	$K0^+$ III−IV
			4257	10 53 18.6	−58 49 46	vd6	3.78	+0.65	+0.95	K0 IIIb
54		Leo	4259	10 55 22.2	+24 46 26	md8	4.51	+0.01	+0.02	A1 IIIn + A1 IVn
	ι	Ant	4273	10 56 30.4	−37 06 49	f	4.60	+0.84	+1.03	K0 III
47		UMa	4277	10 59 12.9	+40 27 16	f	5.05	+0.13	+0.61	$G1^-$ V Fe−0.5
7	α	Crt	4287	10 59 33.3	−18 16 29	f	4.08	+1.00	+1.09	$K0^+$ III
			4293	10 59 56.8	−42 12 06	f	4.39	+0.12	+0.11	A3 IV
58		Leo	4291	11 00 19.7	+ 3 38 30	fd	4.84	+1.12	+1.16	K0.5 III Fe−0.5
48	β	UMa	4295	11 01 34.3	+56 24 24	fv6	2.37	+0.01	−0.02	A0m A1 IV−V
60		Leo	4300	11 02 05.4	+20 12 14		4.42	+0.05	+0.05	A0.5m A3 V
50	α	UMa	4301	11 03 27.2	+61 46 31	fvd6	1.79	+0.92	+1.07	$K0^-$ IIIa
63	χ	Leo	4310	11 04 47.1	+ 7 21 37	fvd7	4.63	+0.08	+0.33	F1 IV
	χ^1	Hya	4314	11 05 06.9	−27 16 09	fd7	4.94	+0.04	+0.36	F3 IV
	v382	Car	4337	11 08 23.8	−58 57 02	fcv6	3.91	+0.94	+1.23	G4 0−Ia

Name			H.R.	Right Ascension	Declination	Notes	V	$U-B$	$B-V$	Spectral Type
				h m s	° ′ ″					
52	ψ	UMa	4335	11 09 24.7	+44 31 23	f	3.01	+1.11	+1.14	K1 III
11	β	Crt	4343	11 11 26.2	−22 48 04	f6	4.48	+0.06	+0.03	A2 IV
			4350	11 12 20.7	−49 04 36	fd6	5.36		+0.18	A3 IV/V
68	δ	Leo	4357	11 13 52.2	+20 32 54	fvd	2.56	+0.12	+0.12	A4 IV
70	θ	Leo	4359	11 14 00.3	+15 27 15	fv	3.34	+0.06	−0.01	A2 IV (Kvar)
74	φ	Leo	4368	11 16 26.0	− 3 37 37	fd	4.47	+0.14	+0.21	A7 V^{+}n
	SV	Crt	4369	11 16 44.5	− 7 06 38	svd67	6.14	+0.15	+0.20	A8p Sr Cr
53	ξ	UMa	4375	11 17 56.6	+31 33 17	cvmd68	4.41	+0.04	+0.59	F8.5 V + G2 V
54	ν	UMa	4377	11 18 14.2	+33 07 08	fd6	3.48	+1.55	+1.40	$K3^{-}$ III
55		UMa	4380	11 18 53.3	+38 12 37	f6	4.78	+0.03	+0.12	A1 Va
12	δ	Crt	4382	11 19 06.9	−14 45 15	f6	3.56	+0.97	+1.12	G9 IIIb CH 0.2
	π	Cen	4390	11 20 48.0	−54 27 59	fd7	3.89	−0.59	−0.15	B5 Vn
77	σ	Leo	4386	11 20 54.3	+ 6 03 14	f6	4.05	−0.12	−0.06	A0 III^{+}
78	ι	Leo	4399	11 23 41.4	+10 33 14	vd67	3.94	+0.07	+0.41	F2 IV
15	γ	Crt	4405	11 24 39.4	−17 39 33	fd	4.08	+0.11	+0.21	A7 V
84	τ	Leo	4418	11 27 42.4	+ 2 52 52	fd	4.95	+0.79	+1.00	G7.5 IIIa
1	λ	Dra	4434	11 31 08.5	+69 21 21	fv	3.84	+1.97	+1.62	M0 III Ca−1
	ξ	Hya	4450	11 32 46.8	−31 49 58	fd	3.54	+0.71	+0.94	G7 III
	λ	Cen	4467	11 35 34.3	−62 59 42	fd	3.13	−0.17	−0.04	B9.5 IIn
			4466	11 35 42.4	−47 37 00	f	5.25	+0.12	+0.25	A7m
21	θ	Crt	4468	11 36 27.2	− 9 46 39	f6	4.70	−0.18	−0.08	B9.5 Vn
91	υ	Leo	4471	11 36 43.1	− 0 47 56	fd	4.30	+0.75	+1.00	$G8^{+}$ IIIb
	ο	Hya	4494	11 39 59.3	−34 43 11	f	4.70	−0.22	−0.07	B9 V
61		UMa	4496	11 40 48.9	+34 13 37	fsvd	5.33	+0.25	+0.72	G8 V
3		Dra	4504	11 42 13.5	+66 46 11	f	5.30		+1.28	K3 III
	v810	Cen	4511	11 43 18.2	−62 27 52	sv	5.05	+0.35	+0.80	G0 0−Ia Fe 1
27	ζ	Crt	4514	11 44 32.1	−18 19 33	f	4.73	+0.74	+0.97	G8 IIIa
	λ	Mus	4520	11 45 23.5	−66 42 14	fd	3.64	+0.15	+0.16	A7 IV
3	ν	Vir	4517	11 45 37.7	+ 6 33 16	fv	4.03	+1.79	+1.51	M1 III
63	χ	UMa	4518	11 45 48.8	+47 48 16	fv	3.71	+1.16	+1.18	K0.5 IIIb
			4522	11 46 17.6	−61 09 12	fvd	4.11	+0.58	+0.90	G3 II
93	DQ	Leo	4527	11 47 45.2	+20 14 38	fcvd6	4.53	+0.28	+0.55	G4 III−IV + A7 V
	II	Hya	4532	11 48 31.4	−26 43 29	fv	5.11	+1.67	+1.60	$M4^{+}$ III
94	β	Leo	4534	11 48 49.8	+14 35 50	fvd	2.14	+0.07	+0.09	A3 Va
			4537	11 49 27.8	−63 45 49	v	4.32	−0.59	−0.15	B3 V
5	β	Vir	4540	11 50 27.7	+ 1 47 24	fd	3.61	+0.11	+0.55	F9 V
			4546	11 50 55.1	−45 08 55	f	4.46	+1.46	+1.30	K3 III
	β	Hya	4552	11 52 40.9	−33 52 58	vd7	4.28	−0.33	−0.10	Ap Si
64	γ	UMa	4554	11 53 35.7	+53 43 11	fv6	2.44	+0.02	0.00	A0 Van
95		Leo	4564	11 55 26.7	+15 40 19	fd6	5.53	+0.12	+0.11	A3 V
30	η	Crt	4567	11 55 47.2	−17 07 33	fv	5.18	0.00	−0.02	A0 Va
8	π	Vir	4589	12 00 38.6	+ 6 38 22	fd6	4.66	+0.11	+0.13	A5 IV
	$θ^{1}$	Cru	4599	12 02 47.7	−63 17 16	d6	4.33	+0.04	+0.27	A8m
			4600	12 03 25.5	−42 24 32	f	5.15	−0.03	+0.41	F6 V
9	ο	Vir	4608	12 04 58.8	+ 8 45 29	fs	4.12	+0.63	+0.98	G8 IIIa CN−1 Ba 1 CH 1
	η	Cru	4616	12 06 38.7	−64 35 19	d6	4.15	+0.03	+0.34	F2 V^{+}
			4618	12 07 51.1	−50 38 10	d	4.47	−0.67	−0.15	B2 IIIne
	δ	Cen	4621	12 08 07.4	−50 41 51	fvd	2.60	−0.90	−0.12	B2 IVne
1	α	Crv	4623	12 08 10.8	−24 42 14	f	4.02	−0.02	+0.32	F0 IV−V
2	ε	Crv	4630	12 09 53.6	−22 35 41	fv	3.00	+1.47	+1.33	K2.5 IIIa

Name			H.R.	Right Ascension	Declination	Notes	V	$U-B$	$B-V$	Spectral Type
				h m s	° ′ ″					
	ρ	Cen	4638	12 11 24.9	−52 20 37		3.96	−0.62	−0.15	B3 V
			4646	12 11 59.5	+77 38 28	f6	5.14		+0.33	F2m
	δ	Cru	4656	12 14 54.2	−58 43 26	fv	2.80	−0.91	−0.23	B2 IV
69	δ	UMa	4660	12 15 12.3	+57 03 27	fvd	3.31	+0.07	+0.08	A2 Van
4	γ	Crv	4662	12 15 34.5	−17 31 01	fv6	2.59	−0.34	−0.11	B8p Hg Mn
	ε	Mus	4671	12 17 19.5	−67 56 09	v6	4.11	+1.55	+1.58	M5 III
	β	Cha	4674	12 18 04.4	−79 17 14	fv	4.26	−0.51	−0.12	B5 Vn
	ζ	Cru	4679	12 18 11.4	−63 58 41	d	4.04	−0.69	−0.17	B2.5 V
3		CVn	4690	12 19 35.5	+49 00 33	f	5.29	+1.97	+1.66	M1$^+$ IIIab
15	η	Vir	4689	12 19 40.5	− 0 38 31	fvd6	3.89	+0.06	+0.02	A1 IV$^+$
16		Vir	4695	12 20 07.3	+ 3 20 15	fvd	4.96	+1.15	+1.16	K0.5 IIIb Fe−0.5
	ε	Cru	4700	12 21 06.9	−60 22 35	v	3.59	+1.63	+1.42	K3 III
12		Com	4707	12 22 16.8	+25 52 16	fcvd6	4.79	+0.26	+0.49	G5 III + A5
6		CVn	4728	12 25 37.7	+39 02 37	f	5.02	+0.73	+0.96	G9 III
	α^1	Cru	4730	12 26 20.7	−63 04 27	fcmd68	1.58	−0.96	−0.26	B0.5 IV
	α^2	Cru	4731	12 26 21.4	−63 04 29	cmd8	2.09	−0.96	−0.26	B1 Vn
15	γ	Com	4737	12 26 42.8	+28 17 36	m	4.35		+1.13	K1 III Fe 0.5
	σ	Cen	4743	12 27 47.7	−50 12 21	f	3.91	−0.78	−0.19	B2 V
			4748	12 28 08.0	−39 00 59	fm	5.44		−0.08	B8/9 V
7	δ	Crv	4757	12 29 37.9	−16 29 26	fvd7	2.95	−0.09	−0.05	B9.5 IV$^-$n
74		UMa	4760	12 29 44.8	+58 25 50	fm	5.32		+0.20	δ Del
	γ	Cru	4763	12 30 54.8	−57 05 17	fvd	1.63	+1.78	+1.59	M3.5 III
8	η	Crv	4775	12 31 50.3	−16 10 17	v6	4.31	+0.01	+0.38	F2 V
	γ	Mus	4773	12 32 11.6	−72 06 29	f	3.87	−0.62	−0.15	B5 V
5	κ	Dra	4787	12 33 17.5	+69 48 47	fv6	3.87	−0.57	−0.13	B6 IIIpe
			4783	12 33 25.6	+33 16 21	f	5.42	+0.83	+1.00	K0 III CN−1
8	β	CVn	4785	12 33 31.8	+41 22 55	fsv6	4.26	+0.05	+0.59	G0 V
9	β	Crv	4786	12 34 09.0	−23 22 19	fv	2.65	+0.60	+0.89	G5 IIb
23		Com	4789	12 34 37.6	+22 39 14	fd6	4.81	−0.01	0.00	A0m A1 IV
24		Com	4792	12 34 54.2	+18 24 06	fvd	5.02	+1.11	+1.15	K2 III
	α	Mus	4798	12 36 54.6	−69 06 39	fvd	2.69	−0.83	−0.20	B2 IV−V
	τ	Cen	4802	12 37 27.3	−48 30 59		3.86	+0.03	+0.05	A1 IVnn
26	χ	Vir	4813	12 39 00.8	− 7 58 15	fd	4.66	+1.39	+1.23	K2 III CN 1.5
	γ	Cen	4819	12 41 16.0	−48 56 06	d67	2.17	−0.01	−0.01	A1 IV
29	γ	Vir	4826	12 41 25.8	− 1 25 29	cvmd8	3.68	−0.03	+0.36	F0m F2 V
29	γ	Vir	4825	12 41 26.0	− 1 25 29	cvmd68	3.65	−0.03	+0.36	F1 V
30	ρ	Vir	4828	12 41 39.4	+10 15 37	fv6	4.88	+0.03	+0.09	A0 Va (λ Boo)
			4839	12 43 46.1	−28 17 58	fm	5.48		+1.34	K3 III
	Y	CVn	4846	12 44 55.2	+45 27 53	fv	4.99	+6.33	+2.54	C5,5
32	FM	Vir	4847	12 45 23.4	+ 7 41 52	fv6	5.22	+0.15	+0.33	F2m
	β	Mus	4844	12 46 00.2	−68 05 01	d7	3.05	−0.74	−0.18	B2 V + B2.5 V
	β	Cru	4853	12 47 27.3	−59 39 51	fvd6	1.25	−1.00	−0.23	B0.5 III
			4874	12 50 26.5	−33 58 30	fd	4.91	−0.11	−0.04	A0 IV
31		Com	4883	12 51 28.8	+27 33 54	fs	4.94	+0.20	+0.67	G0 IIIp
			4888	12 52 51.5	−48 55 08	6	4.33	+1.58	+1.37	K3/4 III
			4889	12 53 11.2	−40 09 16	f	4.27	+0.12	+0.21	A7 V
77	ε	UMa	4905	12 53 49.9	+55 59 03	fv6	1.77	+0.02	−0.02	A0p Cr
40	ψ	Vir	4902	12 54 07.1	− 9 30 53	fvd	4.79	+1.53	+1.60	M3$^-$ III Ca−1
	μ^1	Cru	4898	12 54 19.6	−57 09 12	d	4.03	−0.76	−0.17	B2 IV−V
	ι	Oct	4870	12 54 27.9	−85 05 57	fd	5.46	+0.79	+1.02	K0 III

Name			H.R.	Right Ascension	Declination	Notes	V	U–B	B–V	Spectral Type
				h m s	° ′ ″					
8		Dra	4916	12 55 17.9	+65 27 46	f	5.24	+0.02	+0.28	F0 IV–V
43	δ	Vir	4910	12 55 22.6	+ 3 25 19	fvd	3.38	+1.78	+1.58	M3⁺ III
12	α^2	CVn	4915	12 55 49.1	+38 20 33	fvd	2.90	–0.32	–0.12	A0p Si Eu
78		UMa	4931	13 00 32.3	+56 23 26	svd7	4.93	+0.01	+0.36	F2 V
47	ε	Vir	4932	13 01 57.2	+10 59 00	fsvd	2.83	+0.73	+0.94	G8 IIIab
	δ	Mus	4923	13 01 57.3	–71 31 29	f6	3.62	+1.26	+1.18	K2 III
14		CVn	4943	13 05 31.9	+35 49 22	fv	5.25	–0.20	–0.08	B9 V
	ξ^2	Cen	4942	13 06 38.8	–49 52 56	fd6	4.27	–0.79	–0.19	B1.5 V
51	θ	Vir	4963	13 09 43.0	– 5 30 54	fd6	4.38	–0.01	–0.01	A1 IV
43	β	Com	4983	13 11 39.8	+27 54 03	fd6	4.26	+0.07	+0.57	F9.5 V
	η	Mus	4993	13 14 56.3	–67 52 15	fvd6	4.80	–0.35	–0.08	B7 V
			5006	13 16 38.1	–31 28 57	fm	5.10		+0.96	K0 III
20	AO	CVn	5017	13 17 20.5	+40 35 46	fsv	4.73	+0.21	+0.30	F2 III (str. met.)
60	σ	Vir	5015	13 17 22.6	+ 5 29 36	fv	4.80	+1.95	+1.67	M1 III
61		Vir	5019	13 18 10.2	–18 17 11	fd	4.74	+0.26	+0.71	G6.5 V
46	γ	Hya	5020	13 18 40.6	–23 08 53	fvd	3.00	+0.66	+0.92	G8 IIIa
	ι	Cen	5028	13 20 20.6	–36 41 19	f	2.75	+0.03	+0.04	A2 Va
			5035	13 22 20.3	–60 57 54	fd	4.53	–0.60	–0.13	B3 V
79	ζ	UMa	5054	13 23 44.7	+54 56 56	fvmd68	2.27	+0.03	+0.02	A1 Va⁺ (Si)
79	ζ	UMa	5055	13 23 45.6	+54 56 42	vmd6	3.95	+0.09	+0.13	A1m A7 IV–V
67	α	Vir	5056	13 24 57.3	–11 08 17	fvmd6	0.97	–0.93	–0.24	B1 V
80		UMa	5062	13 25 02.7	+55 00 41	v6	4.01	+0.08	+0.16	A5 Vn
68		Vir	5064	13 26 28.9	–12 41 04	fv	5.25	+1.75	+1.52	M0 III
70		Vir	5072	13 28 12.6	+13 48 10	fd	4.98	+0.26	+0.71	G4 V
			5085	13 28 17.2	+59 58 08	fmd	5.40	–0.02	–0.01	A1 Vn
			5089	13 30 46.9	–39 23 03	vd67	3.88	+1.03	+1.17	G8 III
78	CW	Vir	5105	13 33 54.2	+ 3 40 55	fv6	4.94	0.00	+0.03	A1p Cr Eu
79	ζ	Vir	5107	13 34 27.8	– 0 34 23	f	3.37	+0.10	+0.11	A2 IV⁻
	BH	CVn	5110	13 34 35.8	+37 12 19	fv6	4.98	+0.06	+0.40	F1 V⁺
	ε	Cen	5132	13 39 36.0	–53 26 37	fvd	2.30	–0.92	–0.22	B1 III
	v744	Cen	5134	13 39 42.9	–49 55 39	svm	6.00	+1.15	+1.50	M6 III
82		Vir	5150	13 41 22.6	– 8 40 50	fv	5.01	+1.95	+1.63	M1.5 III
1		Cen	5168	13 45 25.8	–33 01 16	fv6	4.23	0.00	+0.38	F2 V⁺
	v766	Cen	5171	13 46 51.7	–62 34 04	svd	6.51	+1.19	+1.98	K0 0–Ia
4	τ	Boo	5185	13 47 02.9	+17 28 45	fvd7	4.50	+0.04	+0.48	F7 V
85	η	UMa	5191	13 47 21.8	+49 20 08	fv6	1.86	–0.67	–0.19	B3 V
2	v806	Cen	5192	13 49 11.0	–34 25 42	v	4.19	+1.45	+1.50	M4.5 III
	ν	Cen	5190	13 49 14.0	–41 39 56	v6	3.41	–0.84	–0.22	B2 IV
5	υ	Boo	5200	13 49 15.6	+15 49 12	v	4.06	+1.89	+1.52	K5.5 III
	μ	Cen	5193	13 49 20.6	–42 27 05	fsvd6	3.04	–0.72	–0.17	B2 IV–Vpne (shell)
89		Vir	5196	13 49 37.6	–18 06 43	f	4.97	+0.92	+1.06	K0.5 III
10	CU	Dra	5226	13 51 18.0	+64 44 43	fvd	4.65	+1.89	+1.58	M3.5 III
8	η	Boo	5235	13 54 28.2	+18 25 12	fsd6	2.68	+0.20	+0.58	G0 IV
	ζ	Cen	5231	13 55 15.4	–47 15 59	f6	2.55	–0.92	–0.22	B2.5 IV
			5241	13 57 19.1	–63 39 53	f	4.71	+1.04	+1.11	K1.5 III
	φ	Cen	5248	13 57 59.8	–42 04 44	v	3.83	–0.83	–0.21	B2 IV
47		Hya	5250	13 58 16.0	–24 57 02	f6	5.15	–0.39	–0.10	B8 V
	υ^1	Cen	5249	13 58 24.0	–44 46 54		3.87	–0.80	–0.20	B2 IV–V
93	ρ	Vir	5264	14 01 25.0	+ 1 33 58	fd6	4.26	+0.12	+0.10	A3 IV
	υ^2	Cen	5260	14 01 26.5	–45 34 55	6	4.34	+0.27	+0.60	F6 II

Name			H.R.	Right Ascension	Declination	Notes	V	$U-B$	$B-V$	Spectral Type
				h m s	° ′ ″					
			5270	14 02 18.6	+ 9 42 29	sv	6.20	+0.38	+0.90	G8: II: Fe−5
	β	Cen	5267	14 03 30.2	−60 21 05	fvmd6	0.61	−0.98	−0.23	B1 III
11	α	Dra	5291	14 04 16.0	+64 23 50	fsv6	3.65	−0.08	−0.05	A0 III
	θ	Aps	5261	14 04 52.8	−76 46 31	fsvm	5.50	+1.05	+1.55	M6.5 III:
	χ	Cen	5285	14 05 46.2	−41 09 30	v	4.36	−0.77	−0.19	B2 V
49	π	Hya	5287	14 06 06.9	−26 39 39	f	3.27	+1.04	+1.12	K2$^-$ III Fe−0.5
5	θ	Cen	5288	14 06 25.0	−36 20 53	fd	2.06	+0.87	+1.01	K0$^-$ IIIb
	BY	Boo	5299	14 07 45.0	+43 52 33	fv	5.27	+1.66	+1.59	M4.5 III
4		UMi	5321	14 08 51.6	+77 34 07	f6	4.82		+1.36	K3$^-$ IIIb Fe−0.5
12		Boo	5304	14 10 11.6	+25 06 46	f6	4.83	+0.07	+0.54	F8 IV
98	κ	Vir	5315	14 12 39.3	−10 15 11	f	4.19	+1.47	+1.33	K2.5 III Fe−0.5
16	α	Boo	5340	14 15 27.4	+19 12 21	fv	0.04	+1.27	+1.23	K1.5 III Fe−0.5
99	ι	Vir	5338	14 15 46.7	− 5 58 45	fv	4.08	+0.04	+0.52	F7 III–IV
21	ι	Boo	5350	14 16 00.4	+51 23 16	fvd6	4.75	+0.06	+0.20	A7 IV
19	λ	Boo	5351	14 16 12.8	+46 06 32	fv	4.18	+0.05	+0.08	A0 Va (λ Boo)
			5361	14 17 48.4	+35 31 49	f6	4.81	+0.92	+1.06	K0 III
100	λ	Vir	5359	14 18 52.0	−13 21 02	fvd6	4.52	+0.12	+0.13	A5m:
18		Boo	5365	14 19 03.2	+13 01 30	fd	5.41	−0.03	+0.38	F3 V
	ι	Lup	5354	14 19 06.8	−46 02 14	v	3.55	−0.72	−0.18	B2.5 IVn
			5358	14 20 00.5	−56 21 58	f	4.33	−0.43	+0.12	B6 Ib
	ψ	Cen	5367	14 20 16.9	−37 51 53	fd	4.05	−0.11	−0.03	A0 III
	v761	Cen	5378	14 22 45.5	−39 29 30	v	4.42	−0.75	−0.18	B7 IIIp (var)
			5392	14 23 57.9	+ 5 50 25	f6	5.10	+0.10	+0.12	A5 V
			5390	14 24 33.2	−24 47 10	fm	5.32		+0.96	K0 III
23	θ	Boo	5404	14 25 02.6	+51 52 17	fvd	4.05	+0.01	+0.50	F7 V
	τ^1	Lup	5395	14 25 50.8	−45 12 05	fvd	4.56	−0.79	−0.15	B2 IV
	τ^2	Lup	5396	14 25 53.3	−45 21 33	cd67	4.35	+0.19	+0.43	F4 IV + A7:
	δ	Oct	5339	14 26 09.2	−83 38 52	v	4.32	+1.45	+1.31	K2 III
22		Boo	5405	14 26 14.8	+19 14 49	f	5.39	+0.23	+0.23	F0m
5		UMi	5430	14 27 31.8	+75 42 58	fvd	4.25	+1.70	+1.44	K4$^-$ III
52		Hya	5407	14 27 54.6	−29 28 18	fvd	4.97	−0.41	−0.07	B8 IV
105	φ	Vir	5409	14 27 58.2	− 2 12 29	fsvd67	4.81	+0.21	+0.70	G2 IV
25	ρ	Boo	5429	14 31 38.2	+30 23 28	fvd	3.58	+1.44	+1.30	K3$^-$ III
27	γ	Boo	5435	14 31 53.8	+38 19 40	fvd	3.03	+0.12	+0.19	A7 IV$^+$
	σ	Lup	5425	14 32 18.6	−50 26 14		4.42	−0.84	−0.19	B2 III
28	σ	Boo	5447	14 34 29.1	+29 45 52	fvd	4.46	−0.08	+0.36	F2 V
	η	Cen	5440	14 35 13.2	−42 08 18	fvd67	2.31	−0.83	−0.19	B1.5 IVpne (shell)
	ρ	Lup	5453	14 37 34.9	−49 24 22	v	4.05	−0.56	−0.15	B5 V
33		Boo	5468	14 38 40.2	+44 25 26	fm6	5.39	−0.04	0.00	A1 V
	α^2	Cen	5460	14 39 16.6	−60 49 09	fmd	1.33	+0.63	+0.88	K1 V
	α^1	Cen	5459	14 39 18.0	−60 48 55	fmd6	0.01	+0.33	+0.71	G2 V
30	ζ	Boo	5478	14 40 56.0	+13 44 51	cvmd68	4.43	+0.05	+0.05	A2 Va
30	ζ	Boo	5477	14 40 56.1	+13 44 51	cvmd8	4.83	+0.05	+0.05	A2 Va
	α	Lup	5469	14 41 37.7	−47 22 09	fvd6	2.30	−0.89	−0.20	B1.5 III
			5471	14 41 40.8	−37 46 28		4.00	−0.70	−0.17	B3 V
	α	Cir	5463	14 42 08.3	−64 57 21	fvd6	3.19	+0.12	+0.24	A7p Sr Eu
107	μ	Vir	5487	14 42 49.4	− 5 38 20	f6	3.88	−0.02	+0.38	F2 V
34	W	Boo	5490	14 43 13.5	+26 32 48	fv	4.81	+1.94	+1.66	M3$^-$ III
			5485	14 43 22.9	−35 09 16	f	4.05	+1.53	+1.35	K3 IIIb
36	ε	Boo	5506	14 44 47.4	+27 05 35	md	2.40		+0.96	K0$^-$ II–III

Name	H.R.	Right Ascension	Declination	Notes	V	U–B	B–V	Spectral Type
		h m s	° ′ ″					
109 Vir	5511	14 46 01.3	+ 1 54 42	fv	3.72	−0.03	−0.01	A0 IVnn
	5495	14 46 42.3	−52 21 53	fmd	5.21		+0.98	G8 III
α Aps	5470	14 47 17.1	−79 01 34	f	3.83	+1.68	+1.43	K3 III CN 0.5
56 Hya	5516	14 47 29.0	−26 04 08	f	5.24	+0.65	+0.94	G8/K0 III
58 Hya	5526	14 50 01.4	−27 56 31		4.41	+1.49	+1.40	K2.5 IIIb Fe−1:
8 α^1 Lib	5530	14 50 26.2	−15 58 44	fd	5.15	−0.03	+0.41	F3 V
9 α^2 Lib	5531	14 50 37.7	−16 01 24	fvd6	2.75	+0.09	+0.15	A3 III–IV
7 β UMi	5563	14 50 42.9	+74 10 26	fvd	2.08	+1.78	+1.47	K4$^-$ III
	5552	14 51 19.5	+59 18 44	f	5.46	+1.60	+1.36	K4 III
ο Lup	5528	14 51 20.7	−43 33 25	d67	4.32	−0.61	−0.15	B5 IV
	5558	14 55 28.1	−33 50 16	fmd6	5.34			A0 V
15 ξ^2 Lib	5564	14 56 31.4	−11 23 30	fm	5.46		+1.49	gK4
16 Lib	5570	14 56 56.8	− 4 19 42		4.49	+0.05	+0.32	F0 IV$^-$
RR UMi	5589	14 57 30.6	+65 57 01	fv6	4.60	+1.59	+1.59	M4.5 III
β Lup	5571	14 58 14.2	−43 06 58	f6	2.68	−0.87	−0.22	B2 IV
κ Cen	5576	14 58 52.0	−42 05 11	fvd6	3.13	−0.79	−0.20	B2 V
19 δ Lib	5586	15 00 43.9	− 8 30 05	fvd6	4.92	−0.10	0.00	B9.5 V
42 β Boo	5602	15 01 46.6	+40 24 29	fv	3.50	+0.72	+0.97	G8 IIIa Fe−0.5
110 Vir	5601	15 02 40.4	+ 2 06 31		4.40	+0.88	+1.04	K0$^+$ IIIb Fe−0.5
20 σ Lib	5603	15 03 48.4	−25 15 52	fv	3.29	+1.94	+1.70	M2.5 III
43 ψ Boo	5616	15 04 15.2	+26 57 54	f	4.54	+1.33	+1.24	K2 III
	5635	15 06 09.0	+54 34 25	f	5.25	+0.64	+0.96	G8 III Fe−1
45 Boo	5634	15 07 06.2	+24 53 11	fvd	4.93	−0.02	+0.43	F5 V
λ Lup	5626	15 08 32.3	−45 15 46	d67	4.05	−0.68	−0.18	B3 V
κ^1 Lup	5646	15 11 37.2	−48 43 16	fd	3.87	−0.13	−0.05	B9.5 IVnn
ζ Lup	5649	15 11 57.6	−52 04 57	fd	3.41	+0.66	+0.92	G8 III
24 ι Lib	5652	15 11 57.9	−19 46 30	fvd6	4.54	−0.35	−0.08	B9p Si
1 Lup	5660	15 14 20.7	−31 30 09	f	4.91	+0.28	+0.37	F0 Ib–II
	5691	15 14 35.1	+67 21 50	f	5.13	+0.08	+0.53	F8 V
3 Ser	5675	15 14 57.9	+ 4 57 21	f	5.33	+0.91	+1.09	gK0
49 δ Boo	5681	15 15 19.3	+33 19 53	fvd6	3.49	+0.68	+0.95	G8 III Fe−1
27 β Lib	5685	15 16 45.9	− 9 22 00	fv6	2.61	−0.36	−0.11	B8 IIIn
β Cir	5670	15 17 09.5	−58 47 05	f	4.07	+0.09	+0.09	A3 Vb
2 Lup	5686	15 17 33.3	−30 07 57	v	4.34	+1.07	+1.10	K0$^-$ IIIa CH−1
μ Lup	5683	15 18 13.1	−47 51 32	d7	4.27	−0.37	−0.08	B8 V
γ TrA	5671	15 18 29.0	−68 39 48	fv	2.89	−0.02	0.00	A1 III
13 γ UMi	5735	15 20 44.0	+71 51 00	fv	3.05	+0.12	+0.05	A3 III
δ Lup	5695	15 21 04.5	−40 37 54	fv	3.22	−0.89	−0.22	B1.5 IVn
ϕ^1 Lup	5705	15 21 31.2	−36 14 43	fd	3.56	+1.88	+1.54	K4 III
ε Lup	5708	15 22 22.4	−44 40 25	d67	3.37	−0.75	−0.18	B2 IV–V
ϕ^2 Lup	5712	15 22 52.0	−36 50 34	f	4.54	−0.63	−0.15	B4 V
γ Cir	5704	15 23 01.1	−59 18 18	c7d	4.51	−0.35	+0.19	B5 IV
51 μ^1 Boo	5733	15 24 19.2	+37 23 34	fvd6	4.31	+0.07	+0.31	F0 IV
12 ι Dra	5744	15 24 49.7	+58 58 54	fvd	3.29	+1.22	+1.16	K2 III
9 τ^1 Ser	5739	15 25 34.9	+15 26 37	fv	5.17	+1.95	+1.66	M1 IIIa
3 β CrB	5747	15 27 38.6	+29 07 16	fvd6	3.68	+0.11	+0.28	F0p Cr Eu
52 ν^1 Boo	5763	15 30 46.1	+40 50 54	f	5.02	+1.90	+1.59	K4.5 IIIb Ba 0.5
κ^1 Aps	5730	15 31 00.9	−73 22 28	fvd	5.49	−0.77	−0.12	B1pne
4 θ CrB	5778	15 32 44.9	+31 22 27	fvd	4.14	−0.54	−0.13	B6 Vnn
37 Lib	5777	15 33 55.9	−10 02 58	f	4.62	+0.86	+1.01	K1 III–IV

Name	H.R.	Right Ascension	Declination	Notes	V	U−B	B−V	Spectral Type
		h m s	° ′ ″					
5 α CrB	5793	15 34 29.8	+26 43 47	fv6	2.23	−0.02	−0.02	A0 IV
13 δ Ser	5789	15 34 35.2	+10 33 14	vmd	4.23			F0 III–IV + F0 IIIb
γ Lup	5776	15 34 50.4	−41 09 07	d7	2.78	−0.82	−0.20	B2 IVn
38 γ Lib	5787	15 35 16.4	−14 46 29	fd	3.91	+0.74	+1.01	G8.5 III
	5784	15 35 53.5	−44 22 55	f	5.43		+1.50	K4/5 III
ε TrA	5771	15 36 18.3	−66 18 08	fd	4.11	+1.16	+1.17	K1/2 III
39 υ Lib	5794	15 36 45.0	−28 07 13	fd	3.58	+1.58	+1.38	K3.5 III
54 φ Boo	5823	15 37 39.9	+40 22 05	f	5.24	+0.53	+0.88	G7 III–IV Fe−2
ω Lup	5797	15 37 45.0	−42 33 10	d6	4.33	+1.72	+1.42	K4.5 III
40 τ Lib	5812	15 38 22.8	−29 45 48	6	3.66	−0.70	−0.17	B2.5 V
	5798	15 38 29.3	−52 21 30	fd	5.44		0.00	B9 V
43 κ Lib	5838	15 41 41.2	−19 39 52	fvd6	4.74	+1.95	+1.57	M0$^-$ IIIb
8 γ CrB	5849	15 42 33.2	+26 18 35	vd67	3.84	−0.04	0.00	A0 IV comp.?
24 α Ser	5854	15 44 02.8	+ 6 26 22	fd	2.65	+1.24	+1.17	K2 IIIb CN 1
16 ζ UMi	5903	15 44 12.7	+77 48 30	fv	4.32	+0.05	+0.04	A2 III–IVn
28 β Ser	5867	15 45 58.8	+15 26 09	fd	3.67	+0.08	+0.06	A2 IV
27 λ Ser	5868	15 46 13.5	+ 7 22 01	v6	4.43	+0.11	+0.60	G0$^-$ V
	5886	15 46 35.8	+62 36 48	f	5.19		+0.04	A2 IV
35 κ Ser	5879	15 48 32.2	+18 09 19	fv	4.09	+1.95	+1.62	M0.5 IIIab
32 μ Ser	5881	15 49 23.1	− 3 25 00	f6	3.54	−0.11	−0.04	A0 III
10 δ CrB	5889	15 49 24.3	+26 04 55	s	4.63	+0.37	+0.80	G5 III–IV Fe−1
37 ε Ser	5892	15 50 35.5	+ 4 29 28	f	3.71	+0.11	+0.15	A5m
5 χ Lup	5883	15 50 40.3	−33 36 50	f6	3.95	−0.13	−0.04	B9p Hg
11 κ CrB	5901	15 51 03.8	+35 40 16	fsd	4.82	+0.87	+1.00	K1 IVa
1 χ Her	5914	15 52 31.2	+42 27 50	f	4.62	0.00	+0.56	F8 V Fe−2 Hd−1
45 λ Lib	5902	15 53 04.4	−20 09 14	fd6	5.03	−0.56	−0.01	B2.5 V
46 θ Lib	5908	15 53 34.1	−16 42 59		4.15	+0.81	+1.02	G9 IIIb
β TrA	5897	15 54 44.6	−63 25 02	fd	2.85	+0.05	+0.29	F0 IV
41 γ Ser	5933	15 56 14.7	+15 40 34	fvd	3.85	−0.03	+0.48	F6 V
5 ρ Sco	5928	15 56 36.4	−29 12 04	d	3.88	−0.82	−0.20	B2 IV–V
13 ε CrB	5947	15 57 24.1	+26 53 27	fsd	4.15	+1.28	+1.23	K2 IIIab
CL Dra	5960	15 57 41.0	+54 45 45	fv6	4.95	+0.05	+0.26	F0 IV
48 FX Lib	5941	15 57 56.2	−14 16 00	fv6	4.88	−0.20	−0.10	B5 IIIpe (shell)
6 π Sco	5944	15 58 34.7	−26 06 05	fvd6	2.89	−0.91	−0.19	B1 V + B2 V
	5943	15 59 11.8	−41 43 55	f	4.99		+1.00	K0 II/III
T CrB	5958	15 59 18.9	+25 55 58	vmd6	2–11			gM3: + Bep
η Lup	5948	15 59 49.3	−38 23 03	d8	3.43	−0.83	−0.22	B2.5 IVn
7 δ Sco	5953	16 00 04.0	−22 36 33	fd6	2.32	−0.91	−0.12	B0.3 IV
49 Lib	5954	16 00 04.4	−16 31 13	fd6	5.47	+0.03	+0.52	F8 V
13 θ Dra	5986	16 01 48.2	+58 34 38	f6	4.01	+0.10	+0.52	F8 IV–V
ξ Sco	5977	16 04 07.2	−11 21 40	cd7	4.16	+0.03	+0.45	F6 IV
8 β^1 Sco	5984	16 05 10.5	−19 47 36	fvd6	2.62	−0.87	−0.07	B0.5 V
8 β^2 Sco	5985	16 05 10.8	−19 47 24	svd	4.92	−0.70	−0.02	B2 V
δ Nor	5980	16 06 10.3	−45 09 41	f	4.72	+0.15	+0.23	A7m
θ Lup	5987	16 06 17.8	−36 47 25	f	4.23	−0.70	−0.17	B2.5 Vn
9 ω^1 Sco	5993	16 06 32.6	−20 39 26	s	3.96	−0.81	−0.04	B1 V
10 ω^2 Sco	5997	16 07 08.5	−20 51 24	v	4.32	+0.50	+0.84	G4 II–III
7 κ Her	6008	16 07 52.3	+17 03 31	fvd	5.00	+0.61	+0.95	G5 III
11 φ Her	6023	16 08 37.7	+44 56 48	fv6	4.26	−0.28	−0.07	B9p Hg Mn
16 τ CrB	6018	16 08 48.4	+36 30 08	fvd6	4.76	+0.86	+1.01	K1$^-$ III–IV

Name	H.R.	Right Ascension	Declination	Notes	V	$U-B$	$B-V$	Spectral Type
		h m s	° ′ ″					
19 UMi	6079	16 10 56.9	+75 53 20	f	5.48	−0.45	−0.15	B8 V
14 ν Sco	6027	16 11 44.0	−19 26 57	d6	4.01	−0.65	+0.04	B2 IVp
κ Nor	6024	16 13 07.3	−54 37 09	fd	4.94	+0.78	+1.04	G8 III
1 δ Oph	6056	16 14 06.6	− 3 40 59	fvd	2.74	+1.96	+1.58	M0.5 III
δ TrA	6030	16 15 01.5	−63 40 28	fd	3.85	+0.86	+1.11	G2 Ib−IIa
21 η UMi	6116	16 17 38.0	+75 45 57	fd	4.95	+0.08	+0.37	F5 V
2 ε Oph	6075	16 18 05.0	− 4 40 54	fd	3.24	+0.75	+0.96	G9.5 IIIb Fe−0.5
	6077	16 19 15.6	−30 53 46	fd6	5.49	−0.01	+0.47	F6 III
γ^2 Nor	6072	16 19 30.2	−50 08 42	fd	4.02	+1.16	+1.08	K1$^+$ III
22 τ Her	6092	16 19 36.3	+46 19 26	fvd	3.89	−0.56	−0.15	B5 IV
δ^1 Aps	6020	16 19 39.7	−78 41 06	fvd	4.68	+1.69	+1.69	M4 IIIa
20 σ Sco	6084	16 20 54.9	−25 34 56	fvd6	2.89	−0.70	+0.13	B1 III
20 γ Her	6095	16 21 43.3	+19 09 48	fvd6	3.75	+0.18	+0.27	A9 IIIbn
50 σ Ser	6093	16 21 50.7	+ 1 02 22	f	4.82	+0.04	+0.34	F1 IV−V
4 ψ Oph	6104	16 23 50.4	−20 01 38		4.50	+0.82	+1.01	K0$^-$ II−III
14 η Dra	6132	16 23 55.8	+61 31 28	vd67	2.74	+0.70	+0.91	G8$^-$ IIIab
24 ω Her	6117	16 25 12.5	+14 02 36	fvd	4.57	−0.04	0.00	B9p Cr
7 χ Oph	6118	16 26 45.7	−18 26 47	v6	4.42	−0.75	+0.28	B1.5 Ve
ε Nor	6115	16 26 51.2	−47 32 42	d67	4.47	−0.54	−0.07	B4 V
ζ TrA	6098	16 27 58.8	−70 04 29	f6	4.91	+0.04	+0.55	F9 V
15 Dra	6161	16 27 59.4	+68 46 40	f	5.00	−0.12	−0.06	B9.5 III
21 α Sco	6134	16 29 07.9	−26 25 20	fvd6	0.96	+1.34	+1.83	M1.5 Iab−Ib
27 β Her	6148	16 30 01.6	+21 29 57	fvd6	2.77	+0.69	+0.94	G7 IIIa Fe−0.5
10 λ Oph	6149	16 30 41.2	+ 1 59 37	vd67	3.82	+0.01	+0.01	A1 IV
8 φ Oph	6147	16 30 52.8	−16 36 11	d	4.28	+0.72	+0.92	G8$^+$ IIIa
	6143	16 31 05.3	−34 41 41	f6	4.23	−0.80	−0.16	B2 III−IV
9 ω Oph	6153	16 31 52.1	−21 27 25	v	4.45	+0.13	+0.13	Ap Sr Cr
γ Aps	6102	16 32 45.0	−78 53 16	f6	3.89	+0.62	+0.91	G8/K0 III
35 σ Her	6168	16 33 57.5	+42 26 46	fvd	4.20	−0.10	−0.01	A0 IIIn
23 τ Sco	6165	16 35 36.1	−28 12 25	fs	2.82	−1.03	−0.25	B0 V
	6166	16 36 04.7	−35 14 48	v	4.16	+1.94	+1.57	K7 III
13 ζ Oph	6175	16 36 54.7	−10 33 30	fv	2.56	−0.86	+0.02	O9.5 Vn
42 Her	6200	16 38 37.5	+48 56 13	fvd	4.90		+1.55	M3$^-$ IIIab
40 ζ Her	6212	16 41 07.0	+31 36 39	vd67	2.81	+0.21	+0.65	G0 IV
	6196	16 41 18.8	−17 44 02	f	4.96	+0.87	+1.11	G7.5 II−III CN 1 Ba 0.5
β Aps	6163	16 42 25.8	−77 30 31	d	4.24	+0.95	+1.06	K0 III
44 η Her	6220	16 42 44.5	+38 55 50	fvd	3.53	+0.60	+0.92	G7 III Fe−1
	6237	16 45 12.7	+56 47 23	f6	4.85	−0.06	+0.38	F2 V$^+$
22 ε UMi	6322	16 46 25.1	+82 02 43	fvd6	4.23	+0.55	+0.89	G5 III
α TrA	6217	16 48 11.1	−69 01 12	f	1.92	+1.56	+1.44	K2 IIb−IIIa
η Ara	6229	16 49 23.7	−59 02 02	fd	3.76	+1.94	+1.57	K5 III
20 Oph	6243	16 49 35.1	−10 46 31	f6	4.65	+0.07	+0.47	F7 III
26 ε Sco	6241	16 49 52.3	−34 17 07	fv	2.29	+1.27	+1.15	K2 III
μ^1 Sco	6247	16 51 33.9	−38 02 24	fv6	3.08	−0.87	−0.20	B1.5 IVn
51 Her	6270	16 51 34.1	+24 39 50	f	5.04	+1.29	+1.25	K0.5 IIIa Ca 0.5
μ^2 Sco	6252	16 52 01.8	−38 00 37	d	3.57	−0.85	−0.21	B2 IV
53 Her	6279	16 52 47.8	+31 42 32	fd	5.32	−0.02	+0.29	F2 V
25 ι Oph	6281	16 53 47.7	+10 10 21	fv6	4.38	−0.32	−0.08	B8 V
ζ^2 Sco	6271	16 54 16.0	−42 21 15	v	3.62	+1.65	+1.37	K3.5 IIIb
27 κ Oph	6299	16 57 27.3	+ 9 22 54	fsv	3.20	+1.18	+1.15	K2 III

Name			H.R.	Right Ascension	Declination	Notes	V	$U-B$	$B-V$	Spectral Type
				h m s	° ′ ″					
	ζ	Ara	6285	16 58 14.8	−55 59 00	f	3.13	+1.97	+1.60	K4 III
	ε^1	Ara	6295	16 59 13.5	−53 09 14	f	4.06	+1.71	+1.45	K4 IIIab
58	ε	Her	6324	17 00 07.0	+30 55 58	f6	3.92	−0.10	−0.01	A0 IV$^+$
30		Oph	6318	17 00 49.3	− 4 12 58	fvd	4.82	+1.83	+1.48	K4 III
59		Her	6332	17 01 26.4	+33 34 29	f	5.25	+0.02	+0.02	A3 IV−Vs
60		Her	6355	17 05 10.2	+12 44 48	fd	4.91	+0.05	+0.12	A4 IV
22	ζ	Dra	6396	17 08 46.4	+65 43 13	f	3.17	−0.43	−0.12	B6 III
35	η	Oph	6378	17 10 07.2	−15 43 11	d67	2.43	+0.09	+0.06	A2 Va$^+$ (Sr)
	η	Sco	6380	17 11 49.8	−43 14 01	f	3.33	+0.09	+0.41	F2 V:p (Cr)
64	α^1	Her	6406	17 14 26.6	+14 23 43	svd	3.08	+1.01	+1.44	M5 Ib−II
65	δ	Her	6410	17 14 50.8	+24 50 39	fvd6	3.14	+0.08	+0.08	A1 Vann
67	π	Her	6418	17 14 53.4	+36 48 51	fv	3.16	+1.66	+1.44	K3 II
	v656	Her	6452	17 20 07.0	+18 03 41	fv	5.00		+1.62	M1$^+$ IIIab
72		Her	6458	17 20 29.5	+32 28 24	fvd	5.39	+0.07	+0.62	G0 V
53	ν	Ser	6446	17 20 34.5	−12 50 33	d7	4.33	+0.05	+0.03	A1.5 IV
40	ξ	Oph	6445	17 20 44.0	−21 06 30	d7	4.39	−0.05	+0.39	F2 V
	ι	Aps	6411	17 21 35.6	−70 07 09	fvd7	5.41	−0.23	−0.04	B8/9 Vn
42	θ	Oph	6453	17 21 44.0	−24 59 43	fvd6	3.27	−0.86	−0.22	B2 IV
	β	Ara	6461	17 24 55.5	−55 31 34	f	2.85	+1.56	+1.46	K3 Ib−IIa
	γ	Ara	6462	17 25 00.9	−56 22 26	d	3.34	−0.96	−0.13	B1 Ib
44		Oph	6486	17 26 05.7	−24 10 17	fv	4.17	+0.12	+0.28	A9m:
49	σ	Oph	6498	17 26 17.5	+ 4 08 38	fsv	4.34	+1.62	+1.50	K2 II
			6493	17 26 23.5	− 5 04 58	fv6	4.54	−0.03	+0.39	F2 V
45		Oph	6492	17 27 04.0	−29 51 48	f	4.29	+0.09	+0.40	δ Del
23	β	Dra	6536	17 30 19.8	+52 18 17	fsd	2.79	+0.64	+0.98	G2 Ib−IIa
34	υ	Sco	6508	17 30 27.5	−37 17 33	f6	2.69	−0.82	−0.22	B2 IV
76	λ	Her	6526	17 30 33.4	+26 06 50	fv	4.41	+1.68	+1.44	K3.5 III
	δ	Ara	6500	17 30 41.5	−60 40 50	fd	3.62	−0.31	−0.10	B8 Vn
	α	Ara	6510	17 31 29.6	−49 52 23	fvd6	2.95	−0.69	−0.17	B2 Vne
27		Dra	6566	17 31 58.9	+68 08 17	fd6	5.05	+0.92	+1.08	G9 IIIb
24	ν^1	Dra	6554	17 32 05.2	+55 11 14	fvd6	4.88	+0.04	+0.26	A7m
25	ν^2	Dra	6555	17 32 10.7	+55 10 33	fvd6	4.87	+0.06	+0.28	A7m
35	λ	Sco	6527	17 33 18.2	−37 06 03	fvd6	1.63	−0.89	−0.22	B1.5 IV
23	δ	UMi	6789	17 33 39.1	+86 35 22	f	4.36	+0.03	+0.02	A1 Van
55	α	Oph	6556	17 34 43.5	+12 33 47	fvd6	2.08	+0.10	+0.15	A5 Vnn
			6546	17 36 14.2	−38 37 57	v	4.29	+0.90	+1.09	G8/K0 III/IV
28	ω	Dra	6596	17 36 58.6	+68 45 36	fd6	4.80	−0.01	+0.43	F4 V
	θ	Sco	6553	17 36 59.7	−42 59 43	fv	1.87	+0.22	+0.40	F1 III
55	ξ	Ser	6561	17 37 19.7	−15 23 46	fd6	3.54	+0.14	+0.26	F0 IIIb
85	ι	Her	6588	17 39 20.3	+46 00 31	fsvd6	3.80	−0.69	−0.18	B3 IV
56	ο	Ser	6581	17 41 09.7	−12 52 23	v6	4.26	+0.10	+0.08	A2 Va
31	ψ	Dra	6636	17 42 01.1	+72 09 04	fd	4.58	+0.01	+0.42	F5 V
	κ	Sco	6580	17 42 10.6	−39 01 41	fv6	2.41	−0.89	−0.22	B1.5 III
58		Oph	6595	17 43 09.6	−21 40 53	fd	4.87	−0.03	+0.47	F7 V:
84		Her	6608	17 43 10.5	+24 19 46	s	5.71	+0.27	+0.65	G2 IIIb
60	β	Oph	6603	17 43 15.0	+ 4 34 08	f	2.77	+1.24	+1.16	K2 III CN 0.5
	μ	Ara	6585	17 43 47.2	−51 49 56	f	5.15		+0.70	G5 V
	η	Pav	6582	17 45 17.4	−64 43 20	f	3.62	+1.17	+1.19	K1 IIIa CN 1
86	μ	Her	6623	17 46 16.9	+27 43 23	fsd	3.42	+0.39	+0.75	G5 IV
	ι^1	Sco	6615	17 47 16.2	−40 07 32	fsd6	3.03	+0.27	+0.51	F2 Ia

Name	H.R.	Right Ascension	Declination	Notes	V	$U-B$	$B-V$	Spectral Type
		h m s	° ′ ″					
3 X Sgr	6616	17 47 16.6	−27 49 46	fvm	4.20		+0.70	F3 II
62 γ Oph	6629	17 47 40.0	+ 2 42 31	f6	3.75	+0.04	+0.04	A0 Van
	6630	17 49 33.1	−37 02 32	fd	3.21	+1.19	+1.17	K2 III
35 Dra	6701	17 49 39.1	+76 57 49	f	5.04	+0.08	+0.49	F7 IV
32 ξ Dra	6688	17 53 27.0	+56 52 24	fd	3.75	+1.21	+1.18	K2 III
89 v441 Her	6685	17 55 14.3	+26 03 02	fsv6	5.46	+0.27	+0.34	F2 Ibp
91 θ Her	6695	17 56 05.9	+37 15 03	fv	3.86	+1.46	+1.35	K1 IIa CN 2
33 γ Dra	6705	17 56 30.1	+51 29 22	fsd	2.23	+1.87	+1.52	K5 III
92 ξ Her	6703	17 57 35.4	+29 14 53	fv	3.70	+0.70	+0.94	G8.5 III
94 ν Her	6707	17 58 19.8	+30 11 23	v	4.41	+0.15	+0.39	F2m
64 ν Oph	6698	17 58 46.7	− 9 46 24	f	3.34	+0.88	+0.99	G9 IIIa
93 Her	6713	17 59 51.4	+16 45 03	f	4.67	+1.22	+1.26	K0.5 IIb
67 Oph	6714	18 00 25.2	+ 2 55 53	fsd	3.97	−0.62	+0.02	B5 Ib
68 Oph	6723	18 01 31.5	+ 1 18 18	vd67	4.45	0.00	+0.02	A0.5 Van
W Sgr	6742	18 04 44.0	−29 34 50	vmd6	4.30		+0.80	G0 Ib/II
70 Oph	6752	18 05 13.7	+ 2 30 01	d67	4.03	+0.54	+0.86	K0$^-$ V
10 γ Sgr	6746	18 05 31.1	−30 25 28	fv6	2.99	+0.77	+1.00	K0$^+$ III
θ Ara	6743	18 06 16.9	−50 05 32	f	3.66	−0.85	−0.08	B2 Ib
72 Oph	6771	18 07 08.2	+ 9 33 47	fd6	3.73	+0.10	+0.12	A5 IV−V
	6791	18 07 20.6	+43 27 40	s6	5.00	+0.71	+0.91	G8 III CN−1 CH−3
103 ο Her	6779	18 07 22.0	+28 45 42	fv6	3.83	−0.07	−0.03	A0 II−III
π Pav	6745	18 08 08.9	−63 40 08	v6	4.35	+0.18	+0.22	A7p Sr
102 Her	6787	18 08 34.0	+20 48 49	d	4.36	−0.81	−0.16	B2 IV
ε Tel	6783	18 10 53.7	−45 57 20	fd	4.53	+0.78	+1.01	K0 III
13 μ Sgr	6812	18 13 29.7	−21 03 37	fvd6	3.86	−0.49	+0.23	B9 Ia
36 Dra	6850	18 13 52.2	+64 23 45	f	5.03	−0.04	+0.38	F5 V
	6819	18 16 44.8	−56 01 31	f6	5.33	−0.69	−0.05	B3 IIIpe
η Sgr	6832	18 17 19.4	−36 45 48	fvd7	3.11	+1.71	+1.56	M3.5 IIIab
1 κ Lyr	6872	18 19 42.2	+36 03 44	fv	4.33	+1.19	+1.17	K2$^-$ IIIab CN 0.5
74 Oph	6866	18 20 38.6	+ 3 22 30	fd	4.86	+0.62	+0.91	G8 III
19 δ Sgr	6859	18 20 42.4	−29 49 49	fd	2.70	+1.55	+1.38	K2.5 IIIa CN 0.5
43 φ Dra	6920	18 20 49.3	+71 20 08	vd67	4.22	−0.33	−0.10	A0p Si
58 η Ser	6869	18 21 04.6	− 2 54 01	fvd	3.26	+0.66	+0.94	K0 III−IV
44 χ Dra	6927	18 21 08.3	+72 43 52	fvd6	3.57	−0.06	+0.49	F7 V
ξ Pav	6855	18 22 48.8	−61 29 47	fvd67	4.36	+1.55	+1.48	K4 III
109 Her	6895	18 23 30.4	+21 46 03	fsvd	3.84	+1.17	+1.18	K2 IIIab
39 Dra	6923	18 23 50.6	+58 47 53	d6	4.98	+0.04	+0.08	A2 Va
20 ε Sgr	6879	18 23 52.4	−34 23 14	fd	1.85	−0.13	−0.03	A0 II$^-$n (shell)
α Tel	6897	18 26 38.4	−45 58 17	f	3.51	−0.64	−0.17	B3 IV
22 λ Sgr	6913	18 27 41.6	−25 25 28	f	2.81	+0.89	+1.04	K1 IIIb
ζ Tel	6905	18 28 29.1	−49 04 25		4.13	+0.82	+1.02	G8/K0 III
γ Sct	6930	18 28 56.5	−14 34 08	f	4.70	+0.06	+0.06	A2 III$^-$
60 Ser	6935	18 29 26.9	− 1 59 19	f6	5.39	+0.76	+0.96	K0 III
θ Cra	6951	18 33 10.9	−42 18 58	f	4.64	+0.76	+1.01	G8 III
α Sct	6973	18 34 57.7	− 8 14 51	fv	3.85	+1.54	+1.33	K3 III
	6985	18 36 15.0	+ 9 07 07	f	5.39	−0.02	+0.37	F5 IIIs
3 α Lyr	7001	18 36 47.2	+38 46 45	fsvd	0.03	−0.01	0.00	A0 Va
δ Sct	7020	18 42 01.7	− 9 03 26	fvd6	4.72	+0.14	+0.35	F2 III (str. met.)
ζ Pav	6982	18 42 30.7	−71 25 57	fd	4.01	+1.02	+1.14	K0 III
ε Sct	7032	18 43 16.6	− 8 16 48	fd	4.90	+0.87	+1.12	G8 IIb

Name	H.R.	Right Ascension	Declination	Notes	V	$U-B$	$B-V$	Spectral Type
		h m s	° ′ ″					
6 ζ^1 Lyr	7056	18 44 37.1	+37 36 01	vd6	4.36	+0.16	+0.19	A5m
27 φ Sgr	7039	18 45 22.5	−26 59 45	fd6	3.17	−0.36	−0.11	B8 III
110 Her	7061	18 45 28.1	+20 32 30	fvd	4.19	+0.01	+0.46	F6 V
	7064	18 45 53.6	+26 39 26	f	4.83	+1.23	+1.20	K2 III
50 Dra	7124	18 46 31.0	+75 25 44	fm6	5.35		+0.05	A1 Vn
111 Her	7069	18 46 49.3	+18 10 35	fd6	4.36	+0.07	+0.13	A3 Va$^+$
β Sct	7063	18 46 56.2	− 4 45 11	f6	4.22	+0.81	+1.10	G4 IIa
R Sct	7066	18 47 14.5	− 5 42 37	sv	5.20	+1.64	+1.47	K0 Ib:p Ca−1
η^1 CrA	7062	18 48 31.0	−43 41 07	f	5.49		+0.13	A2 Vn
10 β Lyr	7106	18 49 54.8	+33 21 26	fcvd6	3.45	−0.56	0.00	B7 Vpe (shell)
47 ο Dra	7125	18 51 08.1	+59 22 58	fd6	4.66	+1.04	+1.19	G9 III Fe−0.5
λ Pav	7074	18 51 48.1	−62 11 36	fvd	4.22	−0.89	−0.14	B2 II−III
χ Oct	6721	18 52 13.3	−87 36 41	f	5.28	+1.60	+1.28	K3 III
12 δ^2 Lyr	7139	18 54 20.8	+36 53 35	vd	4.30	+1.65	+1.68	M4 II
52 υ Dra	7180	18 54 27.2	+71 17 29	f6	4.82	+1.10	+1.15	K0 III CN 0.5
34 σ Sgr	7121	18 54 59.2	−26 18 09	fd	2.02	−0.75	−0.22	B3 IV
13 R Lyr	7157	18 55 11.9	+43 56 24	fsv6	4.04	+1.41	+1.59	M5 III (var)
63 θ^1 Ser	7141	18 55 59.8	+ 4 11 51	fvd	4.61	+0.10	+0.16	A5 V
κ Pav	7107	18 56 29.4	−67 14 23	vm	3.90		+0.60	F5 I−II
37 ξ^2 Sgr	7150	18 57 27.7	−21 06 46	f	3.51	+1.13	+1.18	K1 III
λ Tel	7134	18 58 06.2	−52 56 42	fm6	5.03			A0 III$^+$
14 γ Lyr	7178	18 58 46.5	+32 41 00	fvd	3.24	−0.09	−0.05	B9 II
13 ε Aql	7176	18 59 25.1	+15 03 43	fd6	4.02	+1.04	+1.08	K1$^-$ III CN 0.5
12 Aql	7193	19 01 26.4	− 5 44 44	v	4.02	+1.04	+1.09	K1 III
38 ζ Sgr	7194	19 02 19.6	−29 53 13	d67	2.60	+0.06	+0.08	A2 IV−V
39 ο Sgr	7217	19 04 24.8	−21 44 55	vd	3.77	+0.85	+1.01	G9 IIIb
17 ζ Aql	7235	19 05 12.2	+13 51 24	fvd6	2.99	−0.01	+0.01	A0 Vann
16 λ Aql	7236	19 06 00.6	− 4 53 22	f	3.44	−0.27	−0.09	A0 IVp (wk 4481)
γ CrA	7226	19 06 06.9	−37 04 12	md68	5.01	+0.02	+0.52	F7 IV−V
40 τ Sgr	7234	19 06 39.6	−27 40 38	f6	3.32	+1.15	+1.19	K1.5 IIIb
18 ι Lyr	7262	19 07 08.5	+36 05 35	f	5.28	−0.51	−0.11	B6 IV
α CrA	7254	19 09 10.0	−37 54 43	f	4.11	+0.08	+0.04	A2 IVn
41 π Sgr	7264	19 09 29.8	−21 01 52	fvd7	2.89	+0.22	+0.35	F2 II−III
β CrA	7259	19 09 43.2	−39 20 54	f	4.11	+1.07	+1.20	K0 II
20 Aql	7279	19 12 26.1	− 7 56 50	fv	5.34	−0.44	+0.13	B3 V
57 δ Dra	7310	19 12 33.3	+67 39 13	fd	3.07	+0.78	+1.00	G9 III
20 η Lyr	7298	19 13 36.3	+39 08 17	vd6	4.39	−0.65	−0.15	B2.5 IV
60 τ Dra	7352	19 15 38.3	+73 20 50	fv6	4.45	+1.45	+1.25	K2$^+$ IIIb CN 1
21 θ Lyr	7314	19 16 12.7	+38 07 32	fvd	4.36	+1.23	+1.26	K0 II
1 κ Cyg	7328	19 16 59.9	+53 21 36	fv6	3.77	+0.74	+0.96	G9 III
43 Sgr	7304	19 17 22.3	−18 57 41	fmd	4.96		+1.02	G8 II−III
25 ω^1 Aql	7315	19 17 36.3	+11 35 13	f	5.28	+0.22	+0.20	F0 IV
44 ρ^1 Sgr	7340	19 21 24.7	−17 51 21	vd	3.93	+0.13	+0.22	F0 III−IV
46 υ Sgr	7342	19 21 28.2	−15 57 49	fvd6	4.61	−0.53	+0.10	Apep
β^1 Sgr	7337	19 22 18.9	−44 28 04	fd	4.01	−0.39	−0.10	B8 V
β^2 Sgr	7343	19 22 53.7	−44 48 31		4.29	+0.07	+0.34	F0 IV
α Sgr	7348	19 23 34.5	−40 37 29	f6	3.97	−0.33	−0.10	B8 V
31 Aql	7373	19 24 45.3	+11 56 04	fvd	5.16	+0.42	+0.77	G7 IV Hd 1
30 δ Aql	7377	19 25 16.3	+ 3 06 20	fvd6	3.36	+0.04	+0.32	F2 IV−V
6 α Vul	7405	19 28 31.1	+24 39 20	fvd	4.44	+1.81	+1.50	M0.5 IIIb

Name			H.R.	Right Ascension	Declination	Notes	V	$U-B$	$B-V$	Spectral Type
				h m s	° ′ ″					
10	ι^2	Cyg	7420	19 29 35.5	+51 43 12	f	3.79	+0.11	+0.14	A4 V
36		Aql	7414	19 30 25.7	− 2 47 55	fv	5.03	+2.05	+1.75	M1 IIIab
6	β	Cyg	7417	19 30 32.4	+27 57 00	fcvmd8	3.24	+0.62	+1.13	K3 II + B9.5 V
8		Cyg	7426	19 31 36.3	+34 26 36	f	4.74	−0.65	−0.14	B3 IV
61	σ	Dra	7462	19 32 22.2	+69 39 13	svd	4.68	+0.38	+0.79	K0 V
38	μ	Aql	7429	19 33 52.2	+ 7 22 09	fvd	4.45	+1.26	+1.17	K3$^-$ IIIb Fe 0.5
	ι	Tel	7424	19 34 53.0	−48 06 33	f	4.90		+1.09	K0 III
13	θ	Cyg	7469	19 36 19.3	+50 12 38	fd	4.48	−0.03	+0.38	F4 V
52		Sgr	7440	19 36 26.0	−24 53 38	fvd	4.60	−0.15	−0.07	B8/9 V
41	ι	Aql	7447	19 36 29.3	− 1 17 48	vd	4.36	−0.44	−0.08	B5 III
39	κ	Aql	7446	19 36 38.9	− 7 02 16	fv	4.95	−0.87	0.00	B0.5 IIIn
5	α	Sge	7479	19 39 53.7	+18 00 12	d	4.37	+0.43	+0.78	G1 II
54		Sgr	7476	19 40 27.9	−16 18 14	fvd	5.30	+1.06	+1.13	K2 III
			7495	19 40 41.9	+45 30 50	svd	5.06	+0.15	+0.40	F5 II–III
6	β	Sge	7488	19 40 50.8	+17 27 55	f	4.37	+0.89	+1.05	G8 IIIa CN 0.5
16		Cyg	7503	19 41 41.8	+50 30 53	sd	5.96	+0.19	+0.64	G1.5 Vb
16		Cyg	7504	19 41 44.8	+50 30 25	sd	6.20	+0.20	+0.66	G3 V
55		Sgr	7489	19 42 15.7	−16 08 05	fd6	5.06	+0.09	+0.33	F0 IVn:
10		Vul	7506	19 43 31.7	+25 45 39	f	5.49	+0.67	+0.93	G8 III
15		Cyg	7517	19 44 06.9	+37 20 36	f	4.89	+0.69	+0.95	G8 III
18	δ	Cyg	7528	19 44 50.1	+45 07 11	vd67	2.87	−0.10	−0.03	B9.5 III
50	γ	Aql	7525	19 46 02.8	+10 36 07	fd	2.72	+1.68	+1.52	K3 II
56		Sgr	7515	19 46 06.0	−19 46 20	fm	4.86		+0.93	K0$^+$ III
7	δ	Sge	7536	19 47 11.2	+18 31 23	fcvd6	3.82	+0.96	+1.41	M2 II + A0 V
	ν	Tel	7510	19 47 39.2	−56 22 26	f	5.35		+0.20	A9 Vn
63	ε	Dra	7582	19 48 11.4	+70 15 23	vd67	3.83	+0.52	+0.89	G7 IIIb Fe−1
	χ	Cyg	7564	19 50 23.5	+32 54 09	vd	4.23	+0.96	+1.82	S6$^+$/1e
53	α	Aql	7557	19 50 33.8	+ 8 51 22	fd	0.77	+0.08	+0.22	A7 Vnn
	v3961	Sgr	7552	19 51 32.4	−39 53 10	sv6	5.33	−0.22	−0.06	A0p Si Cr Eu
			7589	19 51 50.9	+47 00 56	sv	5.62	−0.97	−0.07	O9.5 Iab
9		Sge	7574	19 52 09.7	+18 39 37	sv6	6.23	−0.92	+0.01	O8 If
55	η	Aql	7570	19 52 14.6	+ 0 59 38	fv6	3.90	+0.51	+0.89	F6–G1 Ib
	v1291	Aql	7575	19 53 04.6	− 3 07 35	fsv	5.65	+0.10	+0.20	A5p Sr Cr Eu
	ι	Sgr	7581	19 54 57.1	−41 52 50	f	4.13	+0.90	+1.08	G8 III
60	β	Aql	7602	19 55 05.5	+ 6 23 43	fvd	3.71	+0.48	+0.86	G8 IV
21	η	Cyg	7615	19 56 08.2	+35 04 17	fvd	3.89	+0.89	+1.02	K0 III
61		Sgr	7614	19 57 41.7	−15 30 13	fm	5.02		+0.05	A3 Va
12	γ	Sge	7635	19 58 33.4	+19 28 47	fsv	3.47	+1.93	+1.57	M0$^-$ III
	θ^1	Sgr	7623	19 59 26.7	−35 17 20	f6	4.37	−0.67	−0.15	B2.5 IV
	ε	Pav	7590	20 00 04.7	−72 55 22	fv	3.96	−0.05	−0.03	A0 Va
15	NT	Vul	7653	20 00 54.9	+27 44 27	fv6	4.64	+0.16	+0.18	A7m
62	v3872	Sgr	7650	20 02 22.9	−27 43 21	fv	4.58	+1.80	+1.65	M4.5 III
	ξ	Tel	7673	20 07 02.6	−52 53 38	fv6	4.94	+1.84	+1.62	M1 IIab
	δ	Pav	7665	20 08 17.3	−66 11 38	fv	3.56	+0.45	+0.76	G6/8 IV
1	κ	Cep	7750	20 09 02.8	+77 41 53	fd7	4.39	−0.11	−0.05	B9 III
28	v1624	Cyg	7708	20 09 15.6	+36 49 34	fv6	4.93	−0.77	−0.13	B2.5 V
65	θ	Aql	7710	20 11 04.4	− 0 50 06	fd6	3.23	−0.14	−0.07	B9.5 III$^+$
33		Cyg	7740	20 13 17.6	+56 33 14	fv6	4.30	+0.08	+0.11	A3 IVn
31	o^1	Cyg	7735	20 13 29.4	+46 43 39	fcvd6	3.79	+0.42	+1.28	K2 II + B4 V
67	ρ	Aql	7724	20 14 04.1	+15 11 01	f6	4.95	+0.01	+0.08	A1 Va

Name			H.R.	Right Ascension	Declination	Notes	V	$U-B$	$B-V$	Spectral Type
				h m s	° ′ ″					
32	o^2	Cyg	7751	20 15 20.0	+47 42 01	cvd6	3.98	+1.03	+1.52	K3 II + B9: V
24		Vul	7753	20 16 35.5	+24 39 25	fm	5.32		+0.95	G8 III
5	α^1	Cap	7747	20 17 23.9	−12 31 20	fd6	4.24	+0.78	+1.07	G3 Ib
34	P	Cyg	7763	20 17 37.2	+38 01 08	sv	4.81	−0.58	+0.42	B1pe
6	α^2	Cap	7754	20 17 48.3	−12 33 32	fmd6	3.56		+0.94	G9 III
9	β	Cap	7776	20 20 45.5	−14 47 45	fcd67	3.08	+0.28	+0.79	K0 II: + A5n: V:
37	γ	Cyg	7796	20 22 04.0	+40 14 32	fsvd	2.20	+0.53	+0.68	F8 Ib
			7794	20 22 57.3	+ 5 19 42	f	5.31	+0.77	+0.97	G8 III–IV
39		Cyg	7806	20 23 40.8	+32 10 32	s	4.43	+1.50	+1.33	K2.5 III Fe−0.5
	α	Pav	7790	20 25 17.6	−56 44 59	fvd6	1.94	−0.71	−0.20	B2.5 V
41		Cyg	7834	20 29 12.7	+30 21 12	fv	4.01	+0.27	+0.40	F5 II
69		Aql	7831	20 29 24.9	− 2 54 03	f	4.91	+1.22	+1.15	K2 III
2	θ	Cep	7850	20 29 30.4	+62 58 44	f6	4.22	+0.16	+0.20	A7m
73	AF	Dra	7879	20 31 34.2	+74 56 21	fv6	5.20	+0.11	+0.07	A0p Sr Cr Eu
2	ε	Del	7852	20 32 59.9	+11 17 16	fv	4.03	−0.47	−0.13	B6 III
	α	Ind	7869	20 37 15.2	−47 18 27	fd	3.11	+0.79	+1.00	K0 III CN−1
6	β	Del	7882	20 37 20.3	+14 34 46	d6	3.63	+0.08	+0.44	F5 IV
71		Aql	7884	20 38 06.3	− 1 07 16	vd6	4.32	+0.69	+0.95	G7.5 IIIa
29		Vul	7891	20 38 19.3	+21 11 07	f	4.82	−0.08	−0.02	A0 Va (shell)
7	κ	Del	7896	20 38 54.7	+10 04 13	fd	5.05	+0.24	+0.71	G2 IV
9	α	Del	7906	20 39 25.8	+15 53 45	fvd6	3.77	−0.21	−0.06	B9 IV
15	υ	Cap	7900	20 39 47.6	−18 09 17	f	5.10	+1.99	+1.66	M1 III
49		Cyg	7921	20 40 51.6	+32 17 28	sd6	5.51		+0.88	G8 IIb
50	α	Cyg	7924	20 41 16.7	+45 15 51	fsvd	1.25	−0.24	+0.09	A2 Ia
11	δ	Del	7928	20 43 14.9	+15 03 30	fv6	4.43	+0.10	+0.32	F0m
	η	Ind	7920	20 43 42.6	−51 56 15	f	4.51	+0.09	+0.27	A9 IV
	β	Pav	7913	20 44 33.4	−66 13 11	f	3.42	+0.12	+0.16	A6 IV$^-$
3	η	Cep	7957	20 45 11.9	+61 49 16	fd	3.43	+0.62	+0.92	K0 IV
			7955	20 45 14.4	+57 33 49	fd6	4.51	+0.10	+0.54	F8 IV–V
52		Cyg	7942	20 45 28.6	+30 42 12	d	4.22	+0.89	+1.05	K0 IIIa
16	ψ	Cap	7936	20 45 49.8	−25 17 14	f	4.14	+0.02	+0.43	F4 V
53	ε	Cyg	7949	20 46 01.8	+33 57 12	fd6	2.46	+0.87	+1.03	K0 III
12	γ^2	Del	7948	20 46 27.0	+16 06 28	fd	4.27	+0.97	+1.04	K1 IV
54	λ	Cyg	7963	20 47 14.0	+36 28 27	d67	4.53	−0.49	−0.11	B6 IV
2	ε	Aqr	7950	20 47 26.0	− 9 30 45	f	3.77	+0.02	0.00	A1 III$^-$
3	EN	Aqr	7951	20 47 30.0	− 5 02 40	fv	4.42	+1.92	+1.65	M3 III
	ι	Mic	7943	20 48 10.9	−44 00 19	fd7	5.11	+0.06	+0.35	F1 IV
55	v1661	Cyg	7977	20 48 47.1	+46 05 51	svd	4.84	−0.45	+0.41	B2.5 Ia
18	ω	Cap	7980	20 51 33.2	−26 56 10	fv	4.11	+1.93	+1.64	M0 III Ba 0.5
6	μ	Aqr	7990	20 52 24.7	− 9 00 01	f6	4.73	+0.11	+0.32	F2m
32		Vul	8008	20 54 22.1	+28 02 25	fv	5.01	+1.79	+1.48	K4 III
	β	Ind	7986	20 54 27.7	−58 28 17	fd	3.65	+1.23	+1.25	K1 II
			8023	20 56 25.2	+44 54 27	s6	5.96	−0.85	+0.05	O6 V
58	ν	Cyg	8028	20 57 00.3	+41 08 59	f6	3.94	0.00	+0.02	A0.5 IIIn
33		Vul	8032	20 58 04.3	+22 18 30	f	5.31		+1.40	K3.5 III
20	AO	Cap	8033	20 59 20.8	−19 03 10	svm	6.23			B9psi
59	v832	Cyg	8047	20 59 40.4	+47 30 12	fvd6	4.74	−0.94	−0.05	B1.5 Vnne
	γ	Mic	8039	21 01 01.0	−32 16 32	fd	4.67	+0.54	+0.89	G8 III
	ζ	Mic	8048	21 02 40.8	−38 38 58	fm	5.35			F3 V
	α	Oct	8021	21 04 11.0	−77 02 29	fc6	5.15	+0.13	+0.49	G2 III + A7 III

Name			H.R.	Right Ascension	Declination	Notes	V	$U-B$	$B-V$	Spectral Type
				h m s	° ′ ″					
	σ	Oct	7228	21 04 43.6	−88 58 29	fv	5.47	+0.13	+0.27	F0 III
62	ξ	Cyg	8079	21 04 46.0	+43 54 35	fsv6	3.72	+1.83	+1.65	K4.5 Ib–II
23	θ	Cap	8075	21 05 41.7	−17 15 03	f6	4.07	+0.01	−0.01	A1 Va$^+$
61	v1803	Cyg	8085	21 06 41.8	+38 43 38	fsvd	5.21	+1.11	+1.18	K5 V
61		Cyg	8086	21 06 43.1	+38 43 12	svd	6.03	+1.23	+1.37	K7 V
24		Cap	8080	21 06 51.9	−25 01 27	fd	4.50	+1.93	+1.61	M1$^-$ III
13	ν	Aqr	8093	21 09 21.0	−11 23 24	f	4.51	+0.70	+0.94	G8$^+$ III
5	γ	Equ	8097	21 10 07.4	+10 06 48	fvd	4.69	+0.10	+0.26	F0p Sr Eu
64	ζ	Cyg	8115	21 12 44.7	+30 12 30	fsd6	3.20	+0.76	+0.99	G8$^+$ III–IIIa Ba 0.5
	ο	Pav	8092	21 12 55.5	−70 08 42	f6	5.02	+1.56	+1.58	M1/2 III
			8110	21 13 01.4	−27 38 16	f	5.42		+1.42	K5 III
7	δ	Equ	8123	21 14 15.7	+ 9 59 19	d67	4.49	−0.01	+0.50	F8 V
65	τ	Cyg	8130	21 14 36.7	+38 01 34	vd67	3.72	+0.02	+0.39	F2 V
8	α	Equ	8131	21 15 36.0	+ 5 13 45	fcd6	3.92	+0.29	+0.53	G2 II–III + A4 V
67	σ	Cyg	8143	21 17 14.3	+39 22 32	fv6	4.23	−0.39	+0.12	B9 Iab
	ε	Mic	8135	21 17 40.0	−32 11 30	f	4.71	+0.02	+0.06	A1m A2 Va$^+$
66	υ	Cyg	8146	21 17 44.0	+34 52 40	fvd6	4.43	−0.82	−0.11	B2 Ve
5	α	Cep	8162	21 18 28.3	+62 33 59	fvd	2.44	+0.11	+0.22	A7 V$^+$n
	θ	Ind	8140	21 19 32.9	−53 28 07	d7	4.39	+0.12	+0.19	A5 IV–V
	θ^1	Mic	8151	21 20 28.4	−40 49 44	fv	4.82	−0.07	+0.02	Ap Cr Eu
1		Peg	8173	21 21 52.7	+19 47 06	fd6	4.08	+1.06	+1.11	K1 III
32	ι	Cap	8167	21 21 59.8	−16 51 14	f	4.28	+0.58	+0.90	G7 III Fe−1.5
18		Aqr	8187	21 23 56.8	−12 53 51	fvd	5.49		+0.29	F0 V$^+$
69		Cyg	8209	21 25 36.0	+36 38 53	sd	5.94	−0.94	−0.08	B0 Ib
	γ	Pav	8181	21 26 04.6	−65 23 13	fv	4.22	−0.12	+0.49	F6 Vp
34	ζ	Cap	8204	21 26 24.7	−22 25 52	fd6	3.74	+0.59	+1.00	G4 Ib: Ba 2
36		Cap	8213	21 28 28.1	−21 49 37		4.51	+0.60	+0.91	G7 IIIb Fe−1
8	β	Cep	8238	21 28 36.2	+70 32 27	fvd6	3.23	−0.95	−0.22	B1 III
71		Cyg	8228	21 29 17.0	+46 31 14	f	5.24	+0.80	+0.97	K0$^-$ III
2		Peg	8225	21 29 44.7	+23 37 08	fd	4.57	+1.93	+1.62	M1$^+$ III
22	β	Aqr	8232	21 31 19.3	− 5 35 28	fsd	2.91	+0.56	+0.83	G0 Ib
73	ρ	Cyg	8252	21 33 48.7	+45 34 19	fv	4.02	+0.56	+0.89	G8 III Fe−0.5
74		Cyg	8266	21 36 46.1	+40 23 36	f	5.01		+0.18	A5 V
23	ξ	Aqr	8264	21 37 30.8	− 7 52 28	fd6	4.69	+0.13	+0.17	A5 Vn
5		Peg	8267	21 37 32.8	+19 17 54	f	5.45	+0.14	+0.30	F0 V$^+$
9	v337	Cep	8279	21 37 48.0	+62 03 42	sv	4.73	−0.53	+0.30	B2 Ib
40	γ	Cap	8278	21 39 50.5	−16 40 58	f6	3.68	+0.20	+0.32	A7m:
75		Cyg	8284	21 40 00.5	+43 15 12	svd	5.11	+1.90	+1.60	M1 IIIab
	ν	Oct	8254	21 40 59.3	−77 24 37	fd6	3.76	+0.89	+1.00	K0 III
11		Cep	8317	21 41 51.4	+71 17 27	f	4.56	+1.10	+1.10	K0.5 III
	μ	Cep	8316	21 43 22.2	+58 45 34	svd	4.08	+2.42	+2.35	M2$^-$ Ia
8	ε	Peg	8308	21 43 57.9	+ 9 51 15	fsvd	2.39	+1.70	+1.53	K2 Ib–II
9		Peg	8313	21 44 17.9	+17 19 45	sv	4.34	+1.00	+1.17	G5 Ib
10	κ	Peg	8315	21 44 26.5	+25 37 27	d67	4.13	+0.03	+0.43	F5 IV
9	ι	PsA	8305	21 44 40.8	−33 02 47	fd6	4.34	−0.11	−0.05	A0 IV
10	ν	Cep	8334	21 45 19.1	+61 06 00	fv	4.29	+0.13	+0.52	A2 Ia
81	π^2	Cyg	8335	21 46 37.6	+49 17 19	f6	4.23	−0.71	−0.12	B2.5 III
49	δ	Cap	8322	21 46 47.6	−16 08 52	fvd6	2.87	+0.09	+0.29	F2m
14		Peg	8343	21 49 38.7	+30 09 11	f6	5.04	+0.03	−0.03	A1 Vs
	ο	Ind	8333	21 50 24.7	−69 39 02	f	5.53	+1.63	+1.37	K2/3 III

Name			H.R.	Right Ascension	Declination	Notes	V	$U-B$	$B-V$	Spectral Type
				h m s	° ′ ″					
16		Peg	8356	21 52 51.5	+25 54 14	f6	5.08	−0.67	−0.17	B3 V
51	μ	Cap	8351	21 53 03.1	−13 34 23	f	5.08	−0.01	+0.37	F2 V
	γ	Gru	8353	21 53 39.5	−37 23 10	f	3.01	−0.37	−0.12	B8 IV−Vs
13		Cep	8371	21 54 44.0	+56 35 23	sv	5.80	−0.02	+0.73	B8 Ib
	δ	Ind	8368	21 57 36.9	−55 00 51	fd7	4.40	+0.10	+0.28	F0 III−IVn
	ε	Ind	8387	22 03 01.2	−56 48 17	f	4.69	+0.99	+1.06	K4/5 V
17	ξ	Cep	8417	22 03 39.6	+64 36 21	d6	4.29	+0.09	+0.34	A7m:
20		Cep	8426	22 04 52.3	+62 45 49	fv	5.27	+1.78	+1.41	K4 III
19		Cep	8428	22 05 00.6	+62 15 29	sd	5.11	−0.84	+0.08	O9.5 Ib
34	α	Aqr	8414	22 05 33.2	− 0 20 31	fsd	2.96	+0.74	+0.98	G2 Ib
	λ	Gru	8411	22 05 50.7	−39 33 55	f	4.46	+1.66	+1.37	K3 III
33	ι	Aqr	8418	22 06 11.7	−13 53 30	f6	4.27	−0.29	−0.07	B9 IV−V
24	ι	Peg	8430	22 06 48.1	+25 19 23	fvd6	3.76	−0.04	+0.44	F5 V
	α	Gru	8425	22 07 57.1	−46 58 59	fvd	1.74	−0.47	−0.13	B7 Vn
14	μ	PsA	8431	22 08 07.3	−33 00 38	f	4.50	+0.05	+0.05	A1 IVnn
24		Cep	8468	22 09 43.3	+72 19 08	f	4.79	+0.61	+0.92	G7 II−III
29	π	Peg	8454	22 09 47.2	+33 09 22	f	4.29	+0.18	+0.46	F3 III
26	θ	Peg	8450	22 09 58.4	+ 6 10 32	fv6	3.53	+0.10	+0.08	A2m A1 IV−V
21	ζ	Cep	8465	22 10 41.9	+58 10 44	fv6	3.35	+1.71	+1.57	K1.5 Ib
22	λ	Cep	8469	22 11 21.5	+59 23 32	sv	5.04	−0.74	+0.25	O6 If
			8546	22 13 36.0	+86 05 08	f6	5.27	−0.11	−0.03	B9.5 Vn
			8485	22 13 41.1	+39 41 33	fvd6	4.49	+1.45	+1.39	K2.5 III
16	λ	PsA	8478	22 14 03.5	−27 47 22	f	5.43	−0.55	−0.16	B8 III
23	ε	Cep	8494	22 14 52.0	+57 01 16	vd6	4.19	+0.04	+0.28	A9 IV
1		Lac	8498	22 15 46.4	+37 43 35		4.13	+1.63	+1.46	$K3^-$ II−III
43	θ	Aqr	8499	22 16 35.8	− 7 48 21	f	4.16	+0.81	+0.98	G9 III
	α	Tuc	8502	22 18 11.8	−60 16 56	fd6	2.86	+1.54	+1.39	K3 III
	ε	Oct	8481	22 19 32.5	−80 27 45	fv	5.10	+1.09	+1.47	M6 III
31	IN	Peg	8520	22 21 17.8	+12 10 57	fv	5.01	−0.81	−0.13	B2 IV−V
47		Aqr	8516	22 21 20.8	−21 37 15	fm	5.13		+1.07	K0 III
48	γ	Aqr	8518	22 21 25.4	− 1 24 36	fvd6	3.84	−0.12	−0.05	B9.5 III−IV
3	β	Lac	8538	22 23 23.0	+52 12 23	f	4.43	+0.77	+1.02	G9 IIIb Ca 1
52	π	Aqr	8539	22 25 02.8	+ 1 21 16	fv	4.66	−0.98	−0.03	B1 Ve
	δ	Tuc	8540	22 27 01.1	−64 59 22	vd7	4.48	−0.07	−0.03	B9.5 IVn
	ν	Gru	8552	22 28 23.5	−39 09 17	fd	5.47		+0.95	G8 III
55	ζ^1	Aqr	8558	22 28 35.8	− 0 02 36	cmd8	4.59	−0.01	+0.40	$F2\ V^+$
55	ζ^2	Aqr	8559	22 28 36.2	− 0 02 35	cmd8	4.42	−0.01	+0.40	F2.5 IV−V
	δ^1	Gru	8556	22 29 00.1	−43 31 07	fvd	3.97	+0.80	+1.03	G6/8 III
27	δ	Cep	8571	22 29 00.2	+58 23 31	fvd6	3.75		+0.60	F5−G2 Ib
5		Lac	8572	22 29 20.6	+47 41 01	cv6	4.36	+1.11	+1.68	M0 II + B8 V
	δ^2	Gru	8560	22 29 29.4	−43 46 21	vd	4.11	+1.71	+1.57	M4.5 IIIa
38		Peg	8574	22 29 49.4	+32 32 58	f	5.47	−0.25	−0.10	B9.5 V
6		Lac	8579	22 30 17.6	+43 06 01	6	4.51	−0.74	−0.09	B2 IV
57	σ	Aqr	8573	22 30 24.6	−10 42 04	f6	4.82	−0.11	−0.06	A0 IV
7	α	Lac	8585	22 31 06.3	+50 15 33	fd	3.77	0.00	+0.01	A1 Va
17	β	PsA	8576	22 31 15.1	−32 22 09	fd7	4.29	+0.02	+0.01	A1 Va
59	υ	Aqr	8592	22 34 26.9	−20 43 53	f	5.20	0.00	+0.44	F5 V
62	η	Aqr	8597	22 35 07.5	− 0 08 27	f	4.02	−0.26	−0.09	B9 IV−V:n
31		Cep	8615	22 35 39.5	+73 37 11	f	5.08	+0.16	+0.39	F3 III−IV
63	κ	Aqr	8610	22 37 31.4	− 4 15 05	fd	5.03	+1.16	+1.14	K1.5 IIIb CN 0.5

Name	H.R.	Right Ascension	Declination	Notes	*V*	*U–B*	*B–V*	Spectral Type
		h m s	° ′ ″					
30 Cep	8627	22 38 29.4	+63 33 40	f6	5.19		+0.06	A3 IV
10 Lac	8622	22 39 03.5	+39 01 36	fd	4.88	–1.04	–0.20	O9 V
	8626	22 39 22.0	+37 34 09	sd	6.03		+0.86	G3 Ib–II: CN–1 CH 2 Fe–1
11 Lac	8632	22 40 19.0	+44 15 10		4.46	+1.36	+1.33	K2.5 III
18 ε PsA	8628	22 40 24.5	–27 04 02	fv	4.17	–0.37	–0.11	B8 Ve
42 ζ Peg	8634	22 41 14.3	+10 48 28	fd	3.40	–0.25	–0.09	B8.5 III
β Gru	8636	22 42 24.0	–46 54 30	fv	2.11	+1.60	+1.62	M4.5 III
44 η Peg	8650	22 42 47.5	+30 11 52	fcvd6	2.94	+0.55	+0.86	G8 II + F0 V
13 Lac	8656	22 43 53.4	+41 47 44	fd	5.08		+0.96	K0 III
β Oct	8630	22 45 37.0	–81 24 19	f6	4.15	+0.11	+0.20	A7 III–IV
47 λ Peg	8667	22 46 18.9	+23 32 31	f	3.95	+0.91	+1.07	G8 IIIa CN 0.5
46 ξ Peg	8665	22 46 28.1	+12 08 59	d	4.19	–0.03	+0.50	F6 V
68 Aqr	8670	22 47 18.7	–19 38 13	fm	5.26		+0.94	G8 III
ε Gru	8675	22 48 17.1	–51 20 26	fv	3.49	+0.10	+0.08	A2 Va
71 τ Aqr	8679	22 49 21.2	–13 36 59	fvd	4.01	+1.95	+1.57	M0 III
32 ι Cep	8694	22 49 31.2	+66 10 36	fs	3.52	+0.90	+1.05	K0^{-} III
48 μ Peg	8684	22 49 47.1	+24 34 40	fs	3.48	+0.68	+0.93	G8^{+} III
	8685	22 50 46.9	–39 10 51	fm	5.42		+1.43	K3 III
22 γ PsA	8695	22 52 16.6	–32 53 58	vd7	4.46	–0.14	–0.04	A0m A1 III–IV
73 λ Aqr	8698	22 52 22.8	– 7 36 13	fv	3.74	+1.74	+1.64	M2.5 III Fe–0.5
76 δ Aqr	8709	22 54 24.7	–15 50 41	fv	3.27	+0.08	+0.05	A3 IV–V
	8748	22 54 27.7	+84 19 20	f	4.71	+1.69	+1.43	K4 III
23 δ PsA	8720	22 55 42.0	–32 33 50	d	4.21	+0.69	+0.97	G8 III
	8726	22 56 14.1	+49 42 34	sv	4.95	+1.96	+1.78	K5 Ib
24 α PsA	8728	22 57 24.2	–29 38 46	fv	1.16	+0.08	+0.09	A3 Va
	8732	22 58 20.0	–35 32 50	s	6.13		+0.58	F8 III–IV
v509 Cas	8752	22 59 53.7	+56 55 17	sv	5.00	+1.16	+1.42	G4v 0
ζ Gru	8747	23 00 37.0	–52 46 42	f6	4.12	+0.70	+0.98	G8/K0 III
1 o And	8762	23 01 42.8	+42 18 06	fvd6	3.62	–0.53	–0.09	B6pe (shell)
π PsA	8767	23 03 14.9	–34 46 26	fv6	5.11	+0.02	+0.29	F0 V:
53 β Peg	8775	23 03 33.3	+28 03 30	fvd	2.42	+1.96	+1.67	M2.5 II–III
4 β Psc	8773	23 03 38.9	+ 3 47 45	fv	4.53	–0.49	–0.12	B6 Ve
54 α Peg	8781	23 04 32.2	+15 10 52	fv6	2.49	–0.05	–0.04	A0 III–IV
86 Aqr	8789	23 06 26.4	–23 46 03	d	4.47	+0.58	+0.90	G6 IIIb
θ Gru	8787	23 06 37.7	–43 32 42	d7	4.28	+0.16	+0.42	F5 (II–III)m
55 Peg	8795	23 06 46.7	+ 9 23 06	fv	4.52	+1.90	+1.57	M1 IIIab
33 π Cep	8819	23 07 45.3	+75 21 48	d67	4.41	+0.46	+0.80	G2 III
88 Aqr	8812	23 09 12.4	–21 11 49	f	3.66	+1.24	+1.22	K1.5 III
ι Gru	8820	23 10 06.4	–45 16 16	f6	3.90	+0.86	+1.02	K1 III
59 Peg	8826	23 11 30.6	+ 8 41 44	f	5.16	+0.08	+0.13	A3 Van
90 φ Aqr	8834	23 14 05.4	– 6 04 24	f	4.22	+1.90	+1.56	M1.5 III
91 ψ^1 Aqr	8841	23 15 39.4	– 9 06 44	fd	4.21	+0.99	+1.11	K1^{-} III Fe–0.5
6 γ Psc	8852	23 16 55.9	+ 3 15 28	fs	3.69	+0.58	+0.92	G9 III: Fe–2
γ Tuc	8848	23 17 10.2	–58 15 38	f	3.99	–0.02	+0.40	F2 V
93 ψ^2 Aqr	8858	23 17 40.2	– 9 12 26	d	4.39	–0.56	–0.15	B5 Vn
g Scl	8863	23 18 34.9	–32 33 24	f	4.41	+1.06	+1.13	K1 III
95 ψ^3 Aqr	8865	23 18 43.7	– 9 38 07	fvd	4.98		–0.02	A0 Va
62 τ Peg	8880	23 20 24.9	+23 42 56	fv	4.60	+0.10	+0.17	A5 V
98 Aqr	8892	23 22 44.1	–20 07 31	f	3.97	+0.95	+1.10	K1 III
4 Cas	8904	23 24 38.2	+62 15 29	fvmd	4.97		+1.68	M2^{-} IIIab

Name	H.R.	Right Ascension	Declination	Notes	*V*	*U–B*	*B–V*	Spectral Type
		h m s	° ′ ″					
68 υ Peg	8905	23 25 09.3	+23 22 46	fsm	4.41		+0.61	F8 III
99 Aqr	8906	23 25 48.6	−20 40 00	vm	4.39		+1.48	K4.5 III
8 κ Psc	8911	23 26 42.1	+ 1 13 51	fvd	4.94	−0.02	+0.03	A0p Cr Sr
τ Oct	8862	23 27 30.5	−87 30 26	f	5.49	+1.43	+1.27	K2 III
10 θ Psc	8916	23 27 44.4	+ 6 21 15	f	4.28	+1.01	+1.07	K0.5 III
70 Peg	8923	23 28 55.6	+12 44 09	f	4.55	+0.73	+0.94	G8 IIIa
	8924	23 29 18.1	− 4 33 26	sv	6.25	+1.16	+1.09	K3$^-$ IIIb Fe 2
β Scl	8937	23 32 43.8	−37 50 36	fv	4.37	−0.36	−0.09	B9.5p Hg Mn
	8952	23 34 47.3	+71 37 02	s	5.84	+1.73	+1.80	G9 Ib
ι Phe	8949	23 34 50.1	−42 38 24	fvd	4.71	+0.07	+0.08	Ap Sr
16 λ And	8961	23 37 20.6	+46 26 02	fvd6	3.82	+0.69	+1.01	G8 III–IV
	8959	23 37 36.5	−45 31 02	f6	4.74	+0.09	+0.08	A1/2 V
17 ι And	8965	23 37 54.9	+43 14 35	fv6	4.29	−0.29	−0.10	B8 V
35 γ Cep	8974	23 39 09.6	+77 36 26	fsv	3.21	+0.94	+1.03	K1 III–IV CN 1
17 ι Psc	8969	23 39 43.1	+ 5 36 07	fvd	4.13	0.00	+0.51	F7 V
19 κ And	8976	23 40 11.2	+44 18 32	fd	4.14	−0.26	−0.08	B8 IVn
μ Scl	8975	23 40 24.0	−32 05 53	fv	5.31	+0.66	+0.97	K0 III
18 λ Psc	8984	23 41 49.0	+ 1 45 19	f6	4.50	+0.08	+0.20	A6 IV$^-$
105 ω^2 Aqr	8988	23 42 29.4	−14 34 11	fd6	4.49	−0.12	−0.04	B9.5 IV
106 Aqr	8998	23 43 58.1	−18 18 07	f	5.24	−0.27	−0.08	B9 Vn
20 ψ And	9003	23 45 48.6	+46 23 43	fd	4.95	+0.82	+1.11	G3 Ib–II
	9013	23 47 41.7	+67 46 55	f6	5.04		−0.01	A1 Vn
20 Psc	9012	23 47 42.7	− 2 47 12	fd	5.49	+0.70	+0.94	gG8
δ Scl	9016	23 48 41.5	−28 09 19	fd	4.57	−0.03	+0.01	A0 Va$^+$n
81 φ Peg	9036	23 52 15.5	+19 05 43	fv	5.08	+1.86	+1.60	M3$^-$ IIIb
82 HT Peg	9039	23 52 23.3	+10 55 20	fvm	5.29			A4 Vn
71 ρ Cas	9045	23 54 09.4	+57 28 28	fv	4.54	+1.12	+1.22	G2 0 (var)
84 ψ Peg	9064	23 57 31.7	+25 06 59	fv	4.66	+1.68	+1.59	M3 III
27 Psc	9067	23 58 26.6	− 3 34 51	fvd6	4.86	+0.70	+0.93	G9 III
π Phe	9069	23 58 41.9	−52 46 15	fv	5.13	+1.03	+1.13	K0 III
28 ω Psc	9072	23 59 04.8	+ 6 50 18	fv6	4.01	+0.06	+0.42	F3 V
ε Tuc	9076	23 59 41.1	−65 36 08	fv	4.50	−0.28	−0.08	B9 IV

Notes

- f FK4 position and proper motion
- s MK standard
- c composite or combined spectrum
- v variable star
- m magnitude and color from Yale Bright Star Catalogue 3rd ed.
- d double star data given in Yale Bright Star Catalogue 3rd ed.
- 1 companion is optical
- 2 visual binary
- 3 common proper motion components
- 4 fixed–seperation companion
- 5 two spectra are indicated
- 6 spectroscopic binary
- 7 magnitude and colors refer to combined light of two or more stars
- 8 colors but not magnitudes refer to combined light of two or more stars

BS=HR No.	Name			Right Ascension	Declination	Stand-ards Code	V	$U-B$	$B-V$	$V-R$	$V-I$	Spectral Type
				h m s	° ′ ″							
21	11	β	Cas	0 08 56.2	+59 07 30		2.27	+0.12	+0.34	+0.31	+0.51	F2 III
39	88	γ	Peg	0 13 00.2	+15 09 31	1	2.84	−0.86	−0.23	−0.10	−0.29	B2 IV
45	89	χ	Peg	0 14 22.2	+20 10 54	1	4.80	+1.93	+1.57	+1.34	+2.47	$M2^+$ III
63	24	θ	And	0 16 51.3	+38 39 24		4.61	+0.05	+0.06	+0.08	+0.09	A2 V
113				0 30 04.7	+59 57 09		5.94	−0.36	+0.01			B9 IIIn
130	15	κ	Cas	0 32 44.5	+62 54 25		4.16	−0.80	+0.14	+0.14	+0.20	B0.7 Ia
321	30	μ	Cas	1 07 58.3	+54 53 54		5.18	+0.09	+0.69	+0.63	+1.04	G5 Vb
437	99	η	Psc	1 31 14.5	+15 19 22		3.62	+0.74	+0.97	+0.72	+1.22	G7 IIIa
493	107		Psc	1 42 15.1	+20 14 49	1	5.24	+0.49	+0.84	+0.69	+1.12	K1 V
553	6	β	Ari	1 54 23.4	+20 47 10		2.65	+0.10	+0.13	+0.14	+0.22	A5 V
617	13	α	Ari	2 06 55.1	+23 26 29	2	2.00	+1.13	+1.15	+0.84	+1.46	$K2^-$ IIIab Ca−1
718	73	ξ^2	Cet	2 27 55.2	+ 8 26 24	1	4.29	−0.11	−0.06	+0.02	−0.03	A0 III^-
753				2 35 50.1	+ 6 51 56	1	5.82	+0.79	+0.97	+0.83	+1.36	$K3^-$ V
875				2 56 23.9	− 3 43 49	2	5.17	+0.05	+0.08	+0.11	+0.16	A3 Vn
996	96	κ	Cet	3 19 07.5	+ 3 21 14		4.84	+0.19	+0.68	+0.57	+0.93	G5 V
1034				3 27 43.8	+49 02 51		4.98	−0.55	−0.10	+0.01	−0.09	B3 V
1046				3 29 39.5	+55 26 12		5.10	+0.05	+0.04	+0.09	+0.08	A1 V
1084	18	ε	Eri	3 32 43.1	− 9 28 24	1	3.73	+0.58	+0.88	+0.72	+1.19	K2 V
1131	38	o	Per	3 44 02.2	+32 16 27		3.83	−0.75	+0.05	+0.12	+0.12	B1 III
1144	18		Tau	3 44 53.6	+24 49 31	1	5.65	−0.36	−0.07	+0.03	−0.04	B8 V
1165	25	η	Tau	3 47 13.0	+24 05 29	1	2.87	−0.35	−0.09	+0.03	−0.01	B7 IIIn
1172				3 48 04.8	+23 24 27		5.45	−0.32	−0.07	+0.05	−0.01	B8 V
1228	46	ξ	Per	3 58 40.3	+35 46 42		4.04	−0.93	+0.02	+0.16	+0.15	07.5 IIIf
1346	54	γ	Tau	4 19 32.2	+15 37 01		3.65	+0.81	+0.99	+0.73	+1.20	G9.5 IIIab CN 0.5
1373	61	δ	Tau	4 22 40.5	+17 31 56		3.76	+0.82	+0.99	+0.73	+1.20	G9.5 III CN 0.5
1411	77	θ^1	Tau	4 28 19.0	+15 57 09	1	3.83	+0.72	+0.95	+0.71	+1.18	G9 III Fe−0.5
1409	74	ε	Tau	4 28 21.2	+19 10 15	1	3.54	+0.87	+1.01	+0.73	+1.23	G9.5 III CN 0.5
1412	78	θ^2	Tau	4 28 24.3	+15 51 40	1	3.39	+0.12	+0.18	+0.18	+0.27	A7 III
1543	1	π^3	Ori	4 49 35.7	+ 6 57 13	1	3.19	−0.01	+0.46	+0.42	+0.68	F6 V
1552	3	π^4	Ori	4 50 58.0	+ 5 35 52		3.68	−0.81	−0.16	−0.05	−0.21	B2 III
1641	10	η	Aur	5 06 11.9	+41 13 44	1	3.18	−0.67	−0.18	−0.05	−0.22	B3 V
1666	67	β	Eri	5 07 37.7	− 5 05 31		2.79	+0.10	+0.13	+0.14	+0.22	A3 IVn
1781				5 23 28.4	− 0 09 49	1	5.70	−0.88	−0.21	−0.08	−0.27	B2 V
1791	112	β	Tau	5 26 00.4	+28 36 14		1.65	−0.49	−0.13	−0.01	−0.11	B7 III
1855	36	υ	Ori	5 31 42.8	− 7 18 16	1	4.62	−1.07	−0.26	−0.12	−0.38	B0 V
1861				5 32 27.7	− 1 35 42	1	5.35	−0.93	−0.19	−0.05	−0.24	B1 V
1938				5 40 18.6	+31 21 22	1	6.04	−0.21	+0.05	+0.11	+0.16	B7 V
2010	134		Tau	5 49 17.8	+12 39 00		4.91	−0.16	−0.07	+0.02	−0.06	B9 IV
2047	54	χ^1	Ori	5 54 06.9	+20 16 32		4.41	+0.08	+0.59	+0.51	+0.82	$G0^-$ V Ca 0.5
2382	12		Mon	6 32 04.9	+ 4 51 33		5.83	+0.78	+1.00	+0.72	+1.25	K0 III
2421	24	γ	Gem	6 37 27.1	+16 24 12		1.92	+0.05	0.00	+0.06	+0.05	A1 IVs
2693	25	δ	CMa	7 08 12.5	−26 23 09		1.84	+0.54	+0.67	+0.51	+0.84	F8 Ia
2763	54	λ	Gem	7 17 50.1	+16 32 56		3.58	+0.09	+0.12	+0.12	+0.17	A4 IV
2787				7 18 08.8	−36 43 32		4.67	−0.79	−0.10	+0.10	+0.05	B3 Ve
2782	30	τ	CMa	7 18 31.2	−24 56 45		4.40	−0.99	−0.15	−0.04	−0.22	O9 II

BS=HR No.	Name	Right Ascension	Declination	Standards Code	V	$U-B$	$B-V$	$V-R$	$V-I$	Spectral Type
		h m s	° ′ ″							
2852	62 ρ Gem	7 28 49.4	+31 47 37	1	4.18	−0.02	+0.32	+0.32	+0.51	F0 V$^+$
2990	78 β Gem	7 45 02.5	+28 02 14		1.14	+0.86	+1.00	+0.75	+1.25	K0 IIIb
3249	17 β Cnc	8 16 16.3	+ 9 11 59	2	3.53	+1.77	+1.48	+1.12	+1.90	K4 III Ba o.5
3314		8 25 26.1	− 3 53 30		3.90	−0.03	−0.02	+0.03	−0.02	A0 Va
3427	39 Cnc	8 39 50.9	+20 01 26	1	6.39	+0.83	+0.98	+0.72	+1.19	K0 III
3454	7 η Hya	8 42 59.4	+ 3 24 54	2	4.30	−0.74	−0.20	−0.07	−0.26	B4 V
3569	9 ι UMa	8 58 54.1	+48 03 35		3.14	+0.07	+0.19	+0.22	+0.29	A7 IVn
3579		9 00 20.9	+41 48 03		3.97	+0.06	+0.43	+0.40	+0.62	F7 V
3815	11 LMi	9 35 23.5	+35 49 51	1	5.41	+0.44	+0.77	+0.62	+0.99	G8 IV−V
3974	21 LMi	10 07 09.9	+35 16 01	1	4.49	+0.07	+0.18	+0.18	+0.25	A7 V
3982	32 α Leo	10 08 08.0	+11 59 22	1	1.35	−0.36	−0.11	−0.02	−0.12	B7 Vn
4031	36 ζ Leo	10 16 26.4	+23 26 23		3.44	+0.19	+0.31	+0.31	+0.50	F0 IIIa
4033	33 λ UMa	10 16 49.6	+42 56 13		3.45	+0.06	+0.03	+0.08	+0.07	A1 IV
4054	40 Leo	10 19 29.5	+19 29 38		4.80	+0.01	+0.45	+0.45	+0.68	F6 IV
4112	36 UMa	10 30 20.5	+56 00 14		4.84	−0.01	+0.52	+0.48	+0.76	F8 V
4133	47 ρ Leo	10 32 34.5	+ 9 19 47		3.85	−0.95	−0.14	−0.05	−0.21	B1 Iab
4456	90 Leo	11 34 28.4	+16 49 19	1	5.95	−0.65	−0.16	−0.06	−0.24	B3 V
4534	94 β Leo	11 48 49.8	+14 35 50		2.14	+0.08	+0.08	+0.06	+0.08	A3 Va
4550		11 52 43.3	+37 45 04	1	6.45	+0.17	+0.75	+0.66	+1.11	G8 V P
4554	64 γ UMa	11 53 35.7	+53 43 11		2.44	+0.03	0.00	0.00	−0.03	A0 Van
4623	1 α Crv	12 08 10.8	−24 42 14		4.02	−0.02	+0.32	+0.30	+0.48	F0 IV−V
4660	69 δ UMa	12 15 12.3	+57 03 27		3.31	+0.07	+0.08	+0.06	+0.06	A2 Van
4662	4 γ Crv	12 15 34.5	−17 31 01	1	2.58	−0.35	−0.11	−0.04	−0.13	B8p Hg Mn
4707	12 Com	12 22 16.8	+25 52 16	1	4.81	+0.27	+0.49	+0.47	+0.80	G5 III + A5
4751		12 28 31.1	+25 55 27	1	6.65	+0.08	+0.22	+0.15	+0.23	A0p
4752	17 Com	12 28 41.2	+25 56 16	1	5.29	−0.10	−0.06	+0.02	−0.06	A0p (Si)
4785	8 β CVn	12 33 31.8	+41 22 55		4.27	+0.05	+0.59	+0.54	+0.85	G0 V
4983	43 β Com	13 11 39.8	+27 54 03	1	4.26	+0.08	+0.58	+0.49	+0.79	F9.5 V
5019	61 Vir	13 18 10.2	−18 17 11	1	4.74	+0.26	+0.71	+0.58	+0.94	G6.5 V
5062	80 UMa	13 25 02.7	+55 00 41		4.02	+0.08	+0.16	+0.17	+0.24	A5 Vn
5185	4 τ Boo	13 47 02.9	+17 28 45		4.50	+0.05	+0.48	+0.41	+0.65	F7 V
5235	8 η Boo	13 54 28.2	+18 25 12		2.68	+0.20	+0.58	+0.44	+0.73	G0 IV
5264	93 τ Vir	14 01 25.0	+ 1 33 58		4.26	+0.13	+0.10	+0.15	+0.21	A3 IV
5340	16 α Boo	14 15 27.4	+19 12 21		−0.05	+1.28	+1.23	+0.97	+1.62	K1.5 III Fe−0.5
5359	100 λ Vir	14 18 52.0	−13 21 02		4.52	+0.09	+0.13	+0.10	+0.14	A5m:
5447	28 σ Boo	14 34 29.1	+29 45 52		4.47	−0.08	+0.37	+0.34	+0.53	F2 V
5511	109 Vir	14 46 01.3	+ 1 54 42		3.73	−0.03	−0.01	+0.07	+0.05	A0 IVnn
5570	16 Lib	14 56 56.8	− 4 19 42		4.49	+0.04	+0.32	+0.32	+0.49	F0 IV$^-$
5634	45 Boo	15 07 06.2	+24 53 11		4.93	−0.02	+0.43	+0.40	+0.61	F5 V
5685	27 β Lib	15 16 45.9	− 9 22 00	2	2.61	−0.37	−0.11	−0.04	−0.14	B8 IIIn
5854	24 α Ser	15 44 02.8	+ 6 26 22	2	2.64	+1.25	+1.17	+0.81	+1.37	K2 IIIb CN 1
5868	27 λ Ser	15 46 13.5	+ 7 22 01		4.43	+0.10	+0.60	+0.51	+0.83	G0$^-$ V
5933	41 γ Ser	15 56 14.7	+15 40 34		3.86	−0.03	+0.48	+0.49	+0.73	F6 V
5947	13 ε CrB	15 57 24.1	+26 53 27	2	4.15	+1.28	+1.23	+0.89	+1.51	K2 IIIab
6092	22 τ Her	16 19 36.3	+46 19 26	2	3.90	−0.57	−0.15	−0.09	−0.26	B5 IV

BS=HR No.	Name			Right Ascension	Declination	Standards Code	*V*	*U–B*	*B–V*	*V–R*	*V–I*	Spectral Type
				h m s	° ′ ″							
6175	13	ζ	Oph	16 36 54.7	−10 33 30		2.56	−0.85	+0.02	+0.10	+0.06	O9.5 Vn
6603	60	β	Oph	17 43 15.0	+ 4 34 08	1	2.77	+1.24	+1.17	+0.82	+1.39	K2 III CN 0.5
6629	62	γ	Oph	17 47 40.0	+ 2 42 31	1	3.75	+0.04	+0.04	+0.04	+0.04	A0 Van
6705	33	γ	Dra	17 56 30.1	+51 29 22		2.22	+1.88	+1.52	+1.14	+1.99	K5 III
7178	14	γ	Lyr	18 58 46.5	+32 41 00		3.24	−0.08	−0.05	−0.03	−0.04	B9 II
7235	17	ζ	Aql	19 05 12.2	+13 51 24		2.99	−0.01	+0.01	+0.01	+0.01	A0 Vann
7377	30	δ	Aql	19 25 16.3	+ 3 06 20		3.36	+0.04	+0.32	+0.25	+0.41	F2 IV−V
7446	39	κ	Aql	19 36 38.9	− 7 02 16	1	4.96	−0.87	0.00	+0.06	+0.02	B0.5 IIIn
7602	60	β	Aql	19 55 05.5	+ 6 23 43	1	3.72	+0.49	+0.86	+0.66	+1.15	G8 IV
7906	9	α	Del	20 39 25.8	+15 53 45	1	3.77	−0.21	−0.06	0.00	−0.04	B9 IV
7950	2	ε	Aqr	20 47 26.0	− 9 30 45		3.77	+0.02	0.00	+0.07	+0.07	A1 III⁻
8085†	61	v1803	Cyg A	21 06 42.5	+38 43 25		5.22	+1.11	+1.17	+1.03	+1.68	K5 V
8086†	61		Cyg B	21 06 42.5	+38 43 25		6.03	+1.23	+1.37	+1.17	+2.00	K7 V
8469	22	λ	Cep	22 11 21.5	+59 23 32		5.05	−0.74	+0.24	+0.28	+0.43	O6 If
8622	10		Lac	22 39 03.5	+39 01 36	2	4.88	−1.05	−0.20	−0.09	−0.30	O9 V
8781	54	α	Peg	23 04 32.2	+15 10 52		2.48	−0.06	−0.04	+0.01	−0.02	A0 III−IV
8832				23 13 03.9	+57 08 37	2	5.57	+0.89	+1.00	+0.83	+1.36	K3 V

†Center of gravity position; see Bright Stars list for orbital position.

BS=HR No.	Name	Right Ascension	Declination	Spectral Type	*V*	*b−y*	m_1	c_1	β	Type
		h m s	° ′ ″							
9088	85 Peg	0 01 56.1	+27 03 30	G2 V	5.75	+0.430	0.187	0.214	2.558	AF
9091	ζ Scl	0 02 06.1	−29 44 45	B5 V	5.04	−0.063	0.106	0.450	2.712	
9107		0 04 39.5	+34 38 05	G2 V	6.10	+0.412	0.169	0.312		
15	21 α And	0 08 09.3	+29 03 56	B9p Hg Mn	2.06*	−0.046	0.120	0.520	2.743	
21	11 β Cas	0 08 56.2	+59 07 30	F2 III	2.27*	+0.216	0.177	0.785		
27	22 And	0 10 05.1	+46 02 50	F0 II	5.04	+0.273	0.123	1.082	2.666	AF
63	24 θ And	0 16 51.3	+38 39 24	A2 V	4.62	+0.026	0.180	1.049	2.880	AF
100	κ Phe	0 25 59.0	−43 42 17	A5 Vn	3.95	+0.098	0.194	0.918	2.846	
114	28 And	0 29 53.0	+29 43 37	Am	5.23*	+0.169	0.165	0.869		
184	20 π Cas	0 43 13.3	+47 00 00	A5 V	4.96	+0.086	0.226	0.901		
193	22 o Cas	0 44 28.4	+48 15 35	B5 III	4.62*	+0.007	0.076	0.479	2.667	
233		0 50 27.0	+64 13 23	G0 III−IV + B9.5 V	5.39	+0.355	0.127	0.696		
269	37 μ And	0 56 30.2	+38 28 30	A5 IV−V	3.87	+0.068	0.194	1.056	2.865	AF
343	33 θ Cas	1 10 49.6	+55 07 34	A7m	4.34*	+0.087	0.213	0.997		
373	39 Cet	1 16 22.5	− 2 31 26	gG5	5.41*	+0.554	0.285	0.335		
413	93 ρ Psc	1 26 00.7	+19 08 56	F2 V:	5.35	+0.259	0.146	0.481		
458	50 υ And	1 36 31.9	+41 22 59	F8 V	4.10	+0.344	0.179	0.409	2.629	AF
493	107 Psc	1 42 15.1	+20 14 49	K1 V	5.24	+0.493	0.364	0.298		
531	53 χ Cet	1 49 21.8	−10 42 31	F2 IV−V	4.66	+0.209	0.188	0.649	2.737	
617	13 α Ari	2 06 55.1	+23 26 29	K2$^-$ IIIab Ca−1	2.00	+0.696	0.526	0.395		
623	14 Ari	2 09 09.9	+25 55 07	F2 III	4.98	+0.210	0.185	0.874	2.723	AF
635	64 Cet	2 11 06.8	+ 8 32 56	G0 IV	5.64	+0.361	0.180	0.469	2.627	
660	8 δ Tri	2 16 46.7	+34 12 14	G0 V	4.86	+0.390	0.187	0.259		
672		2 17 47.4	+ 1 44 12	G0.5 IVb	5.60	+0.370	0.188	0.405	2.619	
675	10 Tri	2 18 41.3	+28 37 19	A2 V	5.03	+0.011	0.161	1.145		
685	9 Per	2 22 02.4	+55 49 31	A2 IA	5.17*	+0.321	−0.038	0.753		
717	12 Tri	2 27 54.1	+29 38 58	F0 III	5.29	+0.178	0.211	0.780		
773	32 ν Ari	2 38 33.6	+21 56 32	A7 V	5.30	+0.092	0.182	1.095	2.829	
784		2 39 59.2	− 9 28 20	F6 V	5.79	+0.330	0.168	0.362	2.627	
801	35 Ari	2 43 11.2	+27 41 18	B3 V	4.65	−0.052	0.097	0.333	2.684	B
811	89 π Cet	2 43 54.5	−13 52 39	B7 V	4.25	−0.052	0.105	0.599	2.718	
813	87 μ Cet	2 44 41.9	+10 05 43	F0 IV	4.27*	+0.189	0.188	0.756	2.751	
812	38 Ari	2 44 42.8	+12 25 37	A7 IV	5.18*	+0.136	0.186	0.842	2.798	AF
870		2 55 59.3	+ 8 21 49	F0m F2 V$^+$	5.97	+0.306	0.175	0.505	2.662	
913		3 01 55.9	− 6 30 44	G0 IV−V	6.20	+0.373	0.205	0.394	2.621	
937	ι Per	3 08 44.4	+49 35 47	G0 V	4.05	+0.376	0.201	0.376		
962	94 Cet	3 12 32.6	− 1 12 46	G0 IV	5.06	+0.363	0.186	0.425		
1006	ζ^1 Ret	3 17 40.3	−62 35 33	G3−5 V	5.51	+0.403	0.204	0.284		
1010	ζ^2 Ret	3 18 07.0	−62 31 24	G2 V	5.23	+0.381	0.183	0.297		
1024		3 23 04.6	− 7 48 35	G2 V	6.20	+0.449	0.198	0.295		
1017	33 α Per	3 24 00.0	+49 50 44	F5 Ib	1.79	+0.302	0.195	1.074	2.677	AF
1030	1 o Tau	3 24 34.2	+ 9 00 48	G6 IIIa Fe−1	3.61	+0.547	0.333	0.426		
1089		3 34 34.8	+ 6 24 10	G0	6.49	+0.408	0.183	0.452	2.613	
1140	16 Tau	3 44 32.1	+24 16 32	B7 IV	5.46	+0.005	0.097	0.650	2.750	
1144	18 Tau	3 44 53.6	+24 49 31	B8 V	5.67	−0.021	0.107	0.638	2.750	B

* *V* magnitude may be or is variable.

BS=HR No.	Name			Right Ascension	Declination	Spectral Type	V	$b-y$	m_1	c_1	β	Type
				h m s	° ′ ″							
1178	27		Tau	3 48 53.6	+24 02 24	B8 III	3.62	−0.019	0.092	0.708	2.696	B
1201				3 52 54.6	+17 18 50	F4 V	5.97	+0.221	0.166	0.610	2.712	
1269	42	ψ	Tau	4 06 43.7	+28 59 22	F1 V	5.23	+0.226	0.159	0.588		
1292	45		Tau	4 11 05.9	+ 5 30 42	F1 IV−V	5.71	+0.231	0.164	0.597	2.710	
1303	51	μ	Per	4 14 33.9	+48 23 54	G0 Ib	4.15*	+0.614	0.268	0.551		
1321				4 15 11.4	+ 6 11 20	G5 IV	6.94	+0.425	0.240	0.297	2.580	
1322				4 15 14.8	+ 6 10 33	G0 IV	6.32	+0.369	0.185	0.331	2.606	
1329	50	ω	Tau	4 16 59.8	+20 34 04	A3m	4.94	+0.146	0.235	0.745		
1331	51		Tau	4 18 07.2	+21 34 07	A8 V	5.64	+0.171	0.191	0.784		
1341	56		Tau	4 19 20.7	+21 45 47	A0p	5.38	−0.094	0.197	0.536	2.768	
1346	54	γ	Tau	4 19 32.2	+15 37 01	G9.5 IIIab CN 0.5	3.64*	+0.596	0.422	0.385		
1327				4 20 14.7	+65 07 48	G5 IIb	5.26	+0.513	0.286	0.402		
1373	61	δ	Tau	4 22 40.5	+17 31 56	G9.5 III CN 0.5	3.76*	+0.597	0.424	0.405		
1376	63		Tau	4 23 09.5	+16 46 01	F0m	5.63	+0.179	0.244	0.731	2.785	
1387	65	κ	Tau	4 25 06.0	+22 17 02	A5 IV−V	4.22*	+0.070	0.200	1.054	2.864	
1388	67		Tau	4 25 08.9	+22 11 23	A5 N	5.28*	+0.149	0.193	0.840		
1394	71	v777	Tau	4 26 05.4	+15 36 30	F0n IV−V	4.49	+0.153	0.183	0.933		
1411	77	θ^1	Tau	4 28 19.0	+15 57 09	G9 III Fe−0.5	3.85	+0.584	0.394	0.393		
1409	74	ε	Tau	4 28 21.2	+19 10 15	G9.5 III CN 0.5	3.53	+0.616	0.449	0.417		
1412	78	θ^2	Tau	4 28 24.3	+15 51 40	A7 III	3.41*	+0.101	0.199	1.014	2.831	AF
1414	79		Tau	4 28 35.1	+13 02 17	A5m	5.02	+0.116	0.225	0.907	2.836	
1430	83		Tau	4 30 22.1	+13 42 53	F0 V N	5.40	+0.154	0.200	0.813		
1444	86	ρ	Tau	4 33 35.6	+14 50 07	A8 Vn	4.65	+0.146	0.199	0.829	2.797	
1457	87	α	Tau	4 35 39.7	+16 30 02	$K5^+$ III	0.86*	+0.955	0.814	0.373		
1543	1	π^3	Ori	4 49 35.7	+ 6 57 13	F6 V	3.18*	+0.299	0.162	0.416	2.652	AF
1552	3	π^4	Ori	4 50 58.0	+ 5 35 52	B2 III	3.68	−0.056	0.073	0.135	2.606	B
1577	3	ι	Aur	4 56 42.0	+33 09 33	K3 II	2.69*	+0.937	0.775	0.307		
1620	102	ι	Tau	5 02 49.6	+21 35 02	A7 IV	4.63	+0.078	0.203	1.034	2.847	
1641	10	η	Aur	5 06 11.9	+41 13 44	B3 V	3.16*	−0.085	0.104	0.318	2.685	B
1656	104		Tau	5 07 11.0	+18 38 21	G4 V	4.91	+0.410	0.201	0.328		
1662	13		Ori	5 07 23.5	+ 9 28 00	G1 IV	6.17	+0.398	0.185	0.350	2.590	
1672	16		Ori	5 09 04.8	+ 9 49 27	A9m	5.42	+0.136	0.251	0.835	2.828	
1729	15	λ	Aur	5 18 49.5	+40 05 44	G1.5 IV−V Fe−1	4.71	+0.389	0.206	0.363	2.598	
1861				5 32 27.7	− 1 35 42	B1 V	5.34*	−0.074	0.073	0.002	2.615	B
1865	11	α	Lep	5 32 31.9	−17 49 31	F0 Ib	2.57	+0.142	0.150	1.496		
1905	122		Tau	5 36 48.1	+17 02 16	F0 V	5.53	+0.132	0.203	0.856		
2056	1		Col	5 52 57.1	−33 48 08	B5 V	4.89*	−0.070	0.115	0.413	2.718	
2034	136		Tau	5 53 02.7	+27 36 41	A0 I	4.56	+0.001	0.133	1.152		
2047	54	χ^1	Ori	5 54 06.9	+20 16 32	$G0^-$ V Ca 0.5	4.41	+0.378	0.194	0.307	2.599	AF
2106		γ	Col	5 57 22.6	−35 17 01	B2.5 IV	4.36	−0.073	0.093	0.362	2.644	
2143	40		Aur	6 06 16.5	+38 29 00	A4m	5.35*	+0.139	0.222	0.923		
2233				6 15 20.5	− 0 30 37	F6 V	5.62	+0.325	0.154	0.446	2.633	
2236				6 15 40.0	+ 1 10 15	F5 IV:	6.36	+0.299	0.148	0.476	2.645	
2264	45		Aur	6 21 24.3	+53 27 16	F5 III	5.33	+0.285	0.170	0.627		
2313				6 25 02.6	− 0 56 35	F8 V	5.88	+0.361	0.170	0.395	2.613	

* V magnitude may be or is variable.

BS=HR No.	Name	Right Ascension	Declination	Spectral Type	V	$b-y$	m_1	c_1	β	Type
		h m s	° ′ ″							
2473	27 ε Gem	6 43 39.3	+25 08 09	G8 Ib	3.00	+0.868	0.656	0.282		
2484	31 ξ Gem	6 45 02.2	+12 54 03	F5 IV	3.36*	+0.288	0.167	0.552		
2483	56 ψ^5 Aur	6 46 24.9	+43 34 56	G0 V	5.25	+0.359	0.184	0.376		
2585	16 Lyn	6 57 17.4	+45 06 02	A2 V	4.91	+0.014	0.159	1.109		
2622		7 00 04.8	− 5 21 38	G0 III−IV	6.29	+0.359	0.192	0.402		
2657	23 γ CMa	7 03 33.3	−15 37 35	B8 II	4.11	−0.046	0.099	0.556	2.689	
2707	21 Mon	7 11 09.8	− 0 17 39	A8n	5.44*	+0.185	0.184	0.875		
2763	54 λ Gem	7 17 50.1	+16 32 56	A4 V	3.58*	+0.048	0.198	1.055		
2779		7 19 33.2	+ 7 09 06	F8 V	5.92	+0.339	0.169	0.469	2.628	
2777	55 δ Gem	7 19 51.3	+21 59 27	F0 V$^+$	3.53	+0.221	0.156	0.696	2.712	
2798		7 21 03.9	− 8 52 10	F5	6.55	+0.343	0.174	0.390		
2807		7 22 05.0	− 2 58 13	F5	6.24	+0.432	0.216	0.588		
2845	3 β CMi	7 26 54.4	+ 8 17 55	B8 V	2.89*	−0.038	0.113	0.799	2.731	B
2852	62 ρ Gem	7 28 49.4	+31 47 37	F0 V$^+$	4.18	+0.214	0.155	0.613	2.713	AF
2857	64 Gem	7 29 03.6	+28 07 40	A6 V	5.05	+0.062	0.202	1.013		
2866		7 29 12.5	− 7 32 30	F8 V	5.86	+0.311	0.155	0.392		
2880	7 δ^1 CMi	7 31 51.9	+ 1 55 27	F0 III	5.25	+0.128	0.173	1.198		
2883		7 31 52.8	− 8 52 16	F5 V	5.93	+0.355	0.124	0.335	2.595	
2886	68 Gem	7 33 21.1	+15 50 12	A1 V	5.28	+0.037	0.143	1.178		
2918		7 36 20.3	+ 5 52 19	G0 V	5.90	+0.375	0.188	0.387	2.610	
2927	25 Mon	7 37 03.3	− 4 06 03	F6 III	5.14	+0.283	0.180	0.643		
2948/9		7 38 38.3	−26 47 29	B6 V	3.83	−0.076	0.121	0.400		
2930	71 o Gem	7 38 52.4	+34 35 42	F3 III	4.89	+0.270	0.173	0.654		
2961		7 39 17.8	−38 17 52	B2.5 V	4.84	−0.084	0.103	0.303		
2985	77 κ Gem	7 44 10.6	+24 24 33	G8 III	3.57	+0.573	0.379	0.398		
3003	81 Gem	7 45 51.8	+18 31 17	K4 III	4.85	+0.895	0.735	0.451		
3084	QZ Pup	7 52 29.1	−38 51 04	B2.5 V	4.50*	−0.083	0.104	0.244		
3131		7 59 39.9	−18 23 12	A2 IVn	4.61	+0.048	0.161	1.122	2.837	
3173	27 Lyn	8 08 07.2	+51 31 12	A1 Va	4.81	+0.017	0.151	1.105		
3249	17 β Cnc	8 16 16.3	+ 9 11 59	K4 III Ba 0.5	3.52	+0.914	0.758	0.371		
3262	18 χ Cnc	8 19 47.5	+27 13 57	F6 V	5.14	+0.314	0.146	0.384		
3271		8 19 59.4	− 0 53 42	F9 V	6.17	+0.385	0.193	0.414	2.612	
3297	1 Hya	8 24 21.6	− 3 44 11	F3 V	5.60	+0.311	0.138	0.400	2.631	
3314		8 25 26.1	− 3 53 30	A0 Va	3.90	−0.006	0.156	1.024	2.898	B
3410	4 δ Hya	8 37 25.1	+ 5 43 11	A1 IVnn	4.15	+0.009	0.152	1.091	2.855	B
3454	7 η Hya	8 42 59.4	+ 3 24 54	B4 V	4.30*	−0.087	0.093	0.241	2.653	B
3459		8 43 27.2	− 7 13 02	G2 IB	4.63	+0.517	0.294	0.472		
3538		8 54 04.6	− 5 25 02	G3 V	6.01	+0.410	0.239	0.325	2.597	
3555	59 σ^2 Cnc	8 56 40.0	+32 55 40	A7 IV	5.45	+0.084	0.205	0.972		
3619	15 UMa	9 08 33.3	+51 37 23	F0m	4.46	+0.165	0.248	0.762		
3624	14 τ UMa	9 10 33.0	+63 31 56	Am	4.65	+0.214	0.253	0.711		
3657		9 13 21.9	+21 18 07	A2 V	6.48	+0.017	0.164	1.094		
3665	22 θ Hya	9 14 07.8	+ 2 20 00	B9.5 IV (C II)	3.88	−0.028	0.145	0.944		
3662	18 UMa	9 15 52.1	+54 02 26	A5 V	4.84*	+0.113	0.196	0.892		
3759	31 τ^1 Hya	9 28 55.2	− 2 44 57	F6 V	4.60	+0.295	0.164	0.453		

* *V* magnitude may be or is variable.

BS=HR No.	Name	Right Ascension	Declination	Spectral Type	V	$b-y$	m_1	c_1	β	Type
		h m s	° ′ ″							
3757	23 UMa	9 31 10.7	+63 04 54	F0 IV	3.67*	+0.211	0.180	0.752		
3775	25 θ UMa	9 32 33.5	+51 41 53	F6 IV	3.18	+0.314	0.153	0.463		
3800	10 SU LMi	9 33 56.9	+36 25 04	G7.5 III Fe−0.5	4.55	+0.561	0.349	0.375		
3815	11 LMi	9 35 23.5	+35 49 51	G8 IV−V	5.41	+0.473	0.304	0.372		
3856		9 39 13.5	−61 18 27	B9 V	4.51*	−0.034	0.140	0.821		
3849	38 κ Hya	9 40 05.4	−14 18 42	B5 V	5.07	−0.070	0.110	0.407	2.704	B
3852	14 ο Leo	9 40 54.7	+ 9 54 47	F5 II + A5?	3.52	+0.306	0.234	0.615		
3881		9 48 18.1	+46 02 32	G0.5 Va	5.10	+0.390	0.203	0.382		
3893	4 Sex	9 50 16.0	+ 4 21 53	F7 Vn	6.24	+0.306	0.161	0.419	2.646	
3901		9 51 08.2	− 6 09 38	F8 V	6.43	+0.363	0.185	0.412		
3906	7 Sex	9 51 58.3	+ 2 28 31	A0 Vs	6.03	−0.015	0.136	1.040		
3928	19 LMi	9 57 24.6	+41 04 38	F5 V	5.14	+0.300	0.165	0.457		
3951	20 LMi	10 00 45.2	+31 56 45	G3 Va Hδ 1	5.35	+0.416	0.234	0.388	2.599	
3975	30 η Leo	10 07 05.3	+16 47 05	A0 Ib	3.53	+0.030	0.068	0.966		
3974	21 LMi	10 07 09.9	+35 16 01	A7 V	4.49*	+0.106	0.201	0.876	2.837	AF
4031	36 ζ Leo	10 16 26.4	+23 26 23	F0 IIIa	3.44	+0.196	0.169	0.986	2.722	AF
4054	40 Leo	10 19 29.5	+19 29 38	F6 IV	4.79*	+0.299	0.166	0.462		
4057/8	41 γ^1 Leo	10 19 43.5	+19 51 52	K1$^-$ IIIb Fe−0.5	1.98*	+0.689	0.457	0.373		
4090	30 LMi	10 25 39.4	+33 49 09	F0 V	4.73	+0.150	0.196	0.959		
4101	45 Leo	10 27 24.7	+ 9 47 08	A0p	6.04	−0.036	0.180	0.956		
4119	30 β Sex	10 30 03.7	− 0 36 50	B6 V	5.08	−0.061	0.113	0.479	2.730	B
4133	47 ρ Leo	10 32 34.5	+ 9 19 47	B1 Iab	3.86*	−0.027	0.040	−0.040	2.552	B
4166	37 LMi	10 38 28.1	+31 59 59	G2.5 IIa	4.72	+0.512	0.297	0.477	2.595	AF
4277	47 UMa	10 59 12.9	+40 27 16	G1$^-$ V Fe−0.5	5.05	+0.392	0.203	0.337		
4293		10 59 56.8	−42 12 06	A3 IV	4.38	+0.059	0.179	1.116		
4288	49 UMa	11 00 35.3	+39 14 11	F0 M	5.07	+0.142	0.198	1.012		
4300	60 Leo	11 02 05.4	+20 12 14	A0.5m A3 V	4.42	+0.022	0.194	1.019		
4343	11 β Crt	11 11 26.2	−22 48 04	A2 IV	4.47	+0.011	0.164	1.190	2.877	
4378		11 18 06.9	+12 00 34	A2 V	6.66	+0.024	0.190	1.052		
4386	77 σ Leo	11 20 54.3	+ 6 03 14	A0 III$^+$	4.05	−0.020	0.127	1.014		
4392	56 UMa	11 22 34.9	+43 30 27	G8 II	4.99	+0.610	0.416	0.396		
4405	15 γ Crt	11 24 39.4	−17 39 33	A7 V	4.07	+0.118	0.195	0.895	2.823	AF
4456	90 Leo	11 34 28.4	+16 49 19	B3 V	5.95	−0.066	0.095	0.323	2.687	B
4501	62 UMa	11 41 20.3	+31 46 15	F4 V	5.74	+0.312	0.118	0.401		
4515	2 ξ Vir	11 45 03.2	+ 8 17 00	A4 V	4.85	+0.090	0.196	0.928	2.855	
4527	93 DQ Leo	11 47 45.2	+20 14 38	G4 III−IV + A7 V	4.53*	+0.352	0.186	0.725		
4534	94 β Leo	11 48 49.8	+14 35 50	A3 Va	2.14*	+0.044	0.210	0.975	2.900	AF
4540	5 β Vir	11 50 27.7	+ 1 47 24	F9 V	3.60	+0.354	0.186	0.415	2.629	AF
4550		11 52 43.3	+37 45 04	G8 V P	6.43	+0.483	0.225	0.153		
4554	64 γ UMa	11 53 35.7	+53 43 11	A0 Van	2.44	+0.006	0.153	1.113	2.884	B
4618		12 07 51.1	−50 38 10	B2 IIIne	4.47	−0.076	0.108	0.254	2.682	
4689	15 η Vir	12 19 40.5	− 0 38 31	A1 IV$^+$	3.90*	+0.017	0.163	1.130		
4695	16 Vir	12 20 07.3	+ 3 20 15	K0.5 IIIb Fe−0.5	4.97	+0.717	0.485	0.516		
4705		12 21 57.2	+24 47 55	A0 V	6.20	−0.002	0.169	1.034		
4707	12 Com	12 22 16.8	+25 52 16	G5 III + A5	4.81	+0.322	0.175	0.779	2.701	

* V magnitude may be or is variable.

BS=HR No.	Name			Right Ascension	Declination	Spectral Type	V	$b-y$	m_1	c_1	β	Type
				h m s	° ′ ″							
4753	18		Com	12 29 13.5	+24 08 01	F5 III	5.48	+0.289	0.170	0.609		
4775	8	η	Crv	12 31 50.3	−16 10 17	F2 V	4.30*	+0.245	0.167	0.543	2.700	
4789	23		Com	12 34 37.6	+22 39 14	A0m A1 IV	4.81	+0.008	0.144	1.090		
4802		τ	Cen	12 37 27.3	−48 30 59	A1 IVnn	3.86	+0.026	0.159	1.086	2.870	
4861	28		Com	12 48 00.8	+13 34 39	A1 V	6.56	+0.012	0.167	1.052		
4865	29		Com	12 48 40.7	+14 08 49	A1 V	5.70	+0.020	0.156	1.130		
4869	30		Com	12 49 04.3	+27 34 36	A2 V	5.78	+0.025	0.169	1.074		
4883	31		Com	12 51 28.8	+27 33 54	G0 IIIp	4.93	+0.437	0.186	0.416	2.592	AF
4889				12 53 11.2	−40 09 16	A7 V	4.26	+0.125	0.185	0.971	2.816	
4914	12	α^1	CVn	12 55 47.8	+38 20 21	F0 V	5.60	+0.230	0.152	0.578		
4931	78		UMa	13 00 32.3	+56 23 26	F2 V	4.92*	+0.244	0.170	0.575	2.707	AF
4983	43	β	Com	13 11 39.8	+27 54 03	F9.5 V	4.26	+0.370	0.191	0.337	2.608	AF
5011	59		Vir	13 16 33.1	+ 9 26 51	F8 V	5.19	+0.372	0.191	0.385	2.614	
5017	20	AO	CVn	13 17 20.5	+40 35 46	F3 III (str. met.)	4.72*	+0.174	0.238	0.915		
5062	80		UMa	13 25 02.7	+55 00 41	A5 Vn	4.02*	+0.097	0.192	0.928	2.847	AF
5072	70		Vir	13 28 12.6	+13 48 07	G4 V	4.97	+0.446	0.232	0.350		
5163				13 43 40.2	− 5 28 35	A1 V	6.53	+0.028	0.172	0.980		
5168	1		Cen	13 45 25.8	−33 01 16	F2 V^+	4.23*	+0.247	0.164	0.548	2.700	
5235	8	η	Boo	13 54 28.2	+18 25 12	G0 IV	2.68	+0.376	0.203	0.476	2.627	AF
5270				14 02 18.6	+ 9 42 29	G8: II: Fe−5	6.21	+0.638	0.087	0.541	2.533	AF
5280				14 02 49.7	+50 59 36	A2 V	6.15	+0.020	0.181	1.016		
5285		χ	Cen	14 05 46.2	−41 09 30	B2 V	4.36*	−0.094	0.102	0.161	2.661	
5304	12		Boo	14 10 11.6	+25 06 46	F8 IV	4.82	+0.347	0.172	0.443		
5414				14 28 19.6	+28 18 33	A1 V	7.62	+0.014	0.168	1.018		
5415				14 28 21.4	+28 18 39	A1 V	7.12	+0.008	0.146	1.020		
5447	28	σ	Boo	14 34 29.1	+29 45 52	F2 V	4.47*	+0.253	0.135	0.484	2.675	AF
5511	109		Vir	14 46 01.3	+ 1 54 42	A0 IVnn	3.74	+0.006	0.137	1.078	2.846	B
5522				14 48 40.2	− 0 49 45	B9 Vp:v	6.16	−0.007	0.132	0.996		
5530	8	α^1	Lib	14 50 26.2	−15 58 44	F3 V	5.16	+0.265	0.156	0.494	2.681	AF
5531	9	α^2	Lib	14 50 37.7	−16 01 24	A3 III−IV	2.75	+0.074	0.192	0.996	2.860	AF
5634	45		Boo	15 07 06.2	+24 53 11	F5 V	4.93	+0.287	0.161	0.448		
5633				15 07 08.0	+18 27 32	A3 V	6.02	+0.032	0.190	1.017		
5626		λ	Lup	15 08 32.3	−45 15 46	B3 V	4.06	−0.077	0.105	0.265	2.687	
5660	1		Lup	15 14 20.7	−31 30 09	F0 Ib−II	4.92	+0.246	0.132	1.367	2.741	
5681	49	δ	Boo	15 15 19.3	+33 19 53	G8 III Fe−1	3.49	+0.587	0.346	0.410		
5685	27	β	Lib	15 16 45.9	− 9 22 00	B8 IIIn	2.61	−0.040	0.100	0.750	2.706	B
5717	7		Ser	15 22 10.5	+12 35 00	A0 V	6.28	+0.008	0.136	1.044		
5754				15 27 36.0	+62 17 28	A5 IV	6.40	+0.062	0.210	0.982		
5752				15 28 35.8	+47 13 00	Am	6.15	+0.046	0.194	1.142		
5793	5	α	CrB	15 34 29.8	+26 43 47	A0 IV	2.24*	+0.000	0.144	1.060		
5825				15 40 52.7	−44 38 48	F5 IV−V	4.64	+0.270	0.152	0.458	2.678	
5854	24	α	Ser	15 44 02.8	+ 6 26 22	K2 IIIb CN 1	2.64	+0.715	0.572	0.445		
5868	27	λ	Ser	15 46 13.5	+ 7 22 01	$G0^-$ V	4.43	+0.383	0.193	0.366	2.605	
5885	1		Sco	15 50 42.4	−25 44 16	B1.5 V N	4.65	+0.006	0.070	0.122	2.639	
5936	12	λ	CrB	15 55 37.8	+37 57 35	F2	5.44	+0.230	0.161	0.654		

* *V* magnitude may be or is variable.

BS=HR No.	Name	Right Ascension	Declination	Spectral Type	V	$b-y$	m_1	c_1	β	Type
		h m s	° ′ ″							
5933	41 γ Ser	15 56 14.7	+15 40 34	F6 V	3.86	+0.319	0.151	0.401	2.632	AF
5947	13 ε CrB	15 57 24.1	+26 53 27	K2 IIIab	4.15	+0.751	0.570	0.414		
5968	15 ρ CrB	16 00 52.4	+33 19 01	G2 V	5.40	+0.396	0.176	0.331		
5993	9 ω^1 Sco	16 06 32.6	−20 39 26	B1 V	3.94	+0.037	0.042	0.009	2.617	B
5997	10 ω^2 Sco	16 07 08.5	−20 51 24	G4 II–III	4.32	+0.522	0.285	0.448	2.577	AF
6027	14 ν Sco	16 11 44.0	−19 26 57	B2 IVp	3.99	+0.080	0.051	0.137	2.663	
6092	22 τ Her	16 19 36.3	+46 19 26	B5 IV	3.88*	−0.056	0.089	0.440	2.702	B
6141	22 Sco	16 29 56.0	−25 06 20	B2 V	4.79	−0.047	0.092	0.191	2.665	B
6175	13 ζ Oph	16 36 54.7	−10 33 30	O9.5 Vn	2.56	+0.088	0.014	−0.069	2.583	
6243	20 Oph	16 49 35.1	−10 46 31	F7 III	4.64	+0.311	0.164	0.532	2.647	
6332	59 Her	17 01 26.4	+33 34 29	A3 IV–Vs	5.28	+0.001	0.172	1.102	2.885	
6355	60 Her	17 05 10.2	+12 44 48	A4 IV	4.90	+0.064	0.207	0.992	2.877	AF
6378	35 η Oph	17 10 07.2	−15 43 11	A2 Va$^+$ (Sr)	2.42	+0.029	0.186	1.076	2.894	
6458	72 Her	17 20 29.5	+32 28 24	G0 V	5.39*	+0.405	0.178	0.312	2.588	
6536	23 β Dra	17 30 19.8	+52 18 17	G2 Ib–IIa	2.78	+0.610	0.323	0.423	2.599	
6588	85 ι Her	17 39 20.3	+46 00 31	B3 IV	3.80	−0.064	0.078	0.294	2.661	B
6581	56 ο Ser	17 41 09.7	−12 52 23	A2 Va	4.25*	+0.049	0.168	1.108	2.87	4
6595	58 Oph	17 43 09.6	−21 40 53	F7 V:	4.87	+0.304	0.150	0.408	2.645	
6603	60 β Oph	17 43 15.0	+ 4 34 08	K2 III CN 0.5	2.76	+0.719	0.553	0.451		
6629	62 γ Oph	17 47 40.0	+ 2 42 31	A0 Van	3.75	+0.024	0.165	1.055	2.905	B
6714	67 Oph	18 00 25.2	+ 2 55 53	B5 Ib	3.97	+0.081	0.020	0.302	2.585	B
6723	68 Oph	18 01 31.5	+ 1 18 18	A0.5 Van	4.44*	+0.029	0.137	1.087	2.842	
6743	θ Ara	18 06 16.9	−50 05 32	B2 Ib	3.67	+0.007	0.037	0.006	2.582	
6775	99 Her	18 06 51.3	+30 33 40	F7 V	5.06	+0.356	0.136	0.321		
6930	γ Sct	18 28 56.5	−14 34 08	A2 III$^-$	4.69	+0.045	0.147	1.208	2.84	6
7069	111 Her	18 46 49.3	+18 10 35	A3 Va$^+$	4.36	+0.061	0.216	0.942	2.895	AF
7119		18 54 27.6	−15 36 32	B5 II	5.09	+0.175	0.026	0.468	2.626	
7152	ε CrA	18 58 25.2	−37 06 48	F0 V	4.85*	+0.253	0.161	0.617		
7178	14 γ Lyr	18 58 46.5	+32 41 00	B9 II	3.24	+0.001	0.093	1.219	2.751	B
7235	17 ζ Aql	19 05 12.2	+13 51 24	A0 Vann	2.99	+0.012	0.147	1.080	2.873	B
7253		19 06 27.0	+28 37 17	F0 III	5.53	+0.176	0.189	0.747	2.756	
7254	α CrA	19 09 10.0	−37 54 43	A2 IVn	4.11	+0.024	0.181	1.057	2.890	
7328	1 κ Cyg	19 16 59.9	+53 21 36	G9 III	3.76	+0.579	0.390	0.430		
7340	44 ρ^1 Sgr	19 21 24.7	−17 51 21	F0 III–IV	3.93*	+0.130	0.194	0.950	2.809	
7377	30 δ Aql	19 25 16.3	+ 3 06 20	F2 IV–V	3.37*	+0.203	0.170	0.711	2.733	AF
7462	61 σ Dra	19 32 22.2	+69 39 13	K0 V	4.67	+0.472	0.324	0.266		
7469	13 θ Cyg	19 36 19.3	+50 12 38	F4 V	4.49	+0.262	0.157	0.502	2.689	
7447	41 ι Aql	19 36 29.3	− 1 17 48	B5 III	4.36	−0.017	0.087	0.574	2.704	B
7446	39 κ Aql	19 36 38.9	− 7 02 16	B0.5 IIIn	4.95	+0.085	−0.024	−0.031	2.563	B
7479	5 α Sge	19 39 53.7	+18 00 12	G1 II	4.39	+0.489	0.259	0.471		
7503	16 Cyg	19 41 41.8	+50 30 53	G1.5 Vb	5.98	+0.410	0.212	0.368		
7504		19 41 44.8	+50 30 25	G3 V	6.23	+0.417	0.223	0.349		
7525	50 γ Aql	19 46 02.8	+10 36 07	K3 II	2.71	+0.936	0.762	0.292		
7534	17 Cyg	19 46 15.3	+33 43 01	F5 V	5.01	+0.312	0.155	0.436		
7557	53 α Aql	19 50 33.8	+ 8 51 22	A7 Vnn	0.76	+0.137	0.178	0.880		

* *V* magnitude may be or is variable.

BS=HR No.	Name			Right Ascension	Declination	Spectral Type	V	$b-y$	m_1	c_1	β	Type
				h m s	° ′ ″							
7560	54	ο	Aql	19 50 48.7	+10 24 15	F8 V	5.13	+0.356	0.182	0.415		
7602	60	β	Aql	19 55 05.5	+ 6 23 43	G8 IV	3.72*	+0.522	0.303	0.345		
7610	61	φ	Aql	19 56 01.5	+11 24 42	A1 V	5.29	−0.006	0.178	1.021		
7773	8	ν	Cap	20 20 24.9	−12 46 25	B9 V	4.76	−0.020	0.135	1.011	2.853	
7796	37	γ	Cyg	20 22 04.0	+40 14 32	F8 Ib	2.23	+0.396	0.296	0.885	2.641	AF
7858	3	η	Del	20 33 44.3	+13 00 42	A2 V	5.40	+0.023	0.207	0.983	2.918	
7906	9	α	Del	20 39 25.8	+15 53 45	B9 IV	3.77	−0.019	0.125	0.893	2.799	B
7936	16	ψ	Cap	20 45 49.8	−25 17 14	F4 V	4.14	+0.278	0.161	0.465	2.673	
7949	53	ε	Cyg	20 46 01.8	+33 57 12	K0−III	2.46	+0.627	0.415	0.425		
7977	55	v1661	Cyg	20 48 47.1	+46 05 51	B2.5 Ia	4.86*	+0.356	−0.067	0.153	2.530	B
7984	56		Cyg	20 49 55.3	+44 02 32	A4m	5.04	+0.108	0.209	0.897	2.844	
8060	22	η	Cap	21 04 09.0	−19 52 23	A5 V	4.86	+0.090	0.191	0.946	2.861	
8085†	61	v1803	Cyg A	21 06 42.5	+38 43 25	K5 V	5.21	+0.656	0.677	0.136		
8086†	61		Cyg B	21 06 42.5	+38 43 25	K7 V	6.04	+0.792	0.673	0.063		
8143	67	σ	Cyg	21 17 14.3	+39 22 32	B9 Iab	4.23	+0.138	0.027	0.571	2.583	B
8162	5	α	Cep	21 18 28.3	+62 33 59	A7 V$^+$n	2.45*	+0.125	0.190	0.936	2.808	
8181		γ	Pav	21 26 04.6	−65 23 13	F6 Vp	4.23	+0.333	0.118	0.315	2.613	
8267	5		Peg	21 37 32.8	+19 17 54	F0 V$^+$	5.47*	+0.199	0.172	0.890	2.734	
8279	9	v337	Cep	21 37 48.0	+62 03 42	B2 Ib	4.73*	+0.275	−0.051	0.135	2.558	B
8313	9		Peg	21 44 17.9	+17 19 45	G5 Ib	4.34	+0.706	0.479	0.346		
8344	13		Peg	21 49 55.9	+17 15 53	F2 III−IV	5.29*	+0.263	0.156	0.545	2.688	
8353		γ	Gru	21 53 39.5	−37 23 10	B8 III	3.01	−0.045	0.106	0.726		
8425		α	Gru	22 07 57.1	−46 58 59	B7 Vn	1.74	−0.058	0.107	0.568	2.729	
8431	14	μ	PsA	22 08 07.3	−33 00 38	A1 IVnn	4.50	+0.032	0.167	1.070	2.872	
8454	29	π	Peg	22 09 47.2	+33 09 22	F3 III	4.29	+0.304	0.177	0.778		
8494	23	ε	Cep	22 14 52.0	+57 01 16	A9 IV	4.19*	+0.169	0.192	0.787	2.758	AF
8551	35		Peg	22 27 37.9	+ 4 40 22	K0 III−IV	4.79	+0.640	0.420	0.418		
8585	7	α	Lac	22 31 06.3	+50 15 33	A1 Va	3.77	+0.001	0.173	1.030	2.906	B
8613	9		Lac	22 37 11.3	+51 31 19	A7 IV	4.65	+0.149	0.172	0.935	2.784	
8622	10		Lac	22 39 03.5	+39 01 36	O9 V	4.89	−0.066	0.037	−0.117	2.587	B
8634	42	ζ	Peg	22 41 14.3	+10 48 28	B8.5 III	3.40	−0.035	0.114	0.867	2.768	B
8630		β	Oct	22 45 37.0	−81 24 19	A7 III−IV	4.14	+0.124	0.191	0.915	2.817	
8665	46	ξ	Peg	22 46 28.1	+12 08 59	F6 V	4.19	+0.330	0.147	0.407		
8675		ε	Gru	22 48 17.1	−51 20 26	A2 Va	3.49	+0.051	0.161	1.143	2.856	
8709	76	δ	Aqr	22 54 24.7	−15 50 41	A3 IV−V	3.28	+0.036	0.167	1.157	2.890	
8729	51		Peg	22 57 14.7	+20 44 40	G5 V	5.45	+0.415	0.233	0.372		
8728	24	α	PsA	22 57 24.2	−29 38 46	A3 Va	1.16	+0.039	0.208	0.985	2.906	
8781	54	α	Peg	23 04 32.2	+15 10 52	A0 III−IV	2.48	−0.012	0.130	1.128	2.840	B
8826	59		Peg	23 11 30.6	+ 8 41 44	A5 Van	5.16	+0.076	0.164	1.091	2.820	
8830	7		And	23 12 20.6	+49 22 54	F0 V	4.53	+0.188	0.169	0.713		
8848		γ	Tuc	23 17 10.2	−58 15 38	F2 V	3.99	+0.271	0.143	0.564	2.665	
8880	62	τ	Peg	23 20 24.9	+23 42 56	A5 V	4.60*	+0.105	0.166	1.009		
8899				23 23 34.2	+32 30 24	F4 Vw	6.69	+0.321	0.121	0.404		
8954	16		PsC	23 36 09.5	+ 2 04 38	F6 Vbvw	5.69	+0.306	0.122	0.386		
8965	17	ι	And	23 37 54.9	+43 14 35	B8 V	4.29	−0.031	0.100	0.784	2.728	B
8969	17	ι	Psc	23 39 43.1	+ 5 36 07	F7 V	4.13	+0.331	0.161	0.398	2.621	AF
8976	19	κ	And	23 40 11.2	+44 18 32	B8 IVn	4.14	−0.035	0.131	0.831	2.833	B
9072	28	ω	Psc	23 59 04.8	+ 6 50 18	F3 V	4.03	+0.271	0.154	0.631	2.667	
9076		ε	Tuc	23 59 41.1	−65 36 08	B9 IV	4.50	−0.023	0.098	0.881	2.722	

* V magnitude may be or is variable.

†Center of gravity position; see Bright Stars list for orbital position

HD No.	BS=HR No.	Name			Right Ascension	Declination	Vis. Mag.	Spectral Type	Radial Velocity
					h m s	° ′ ″			km/sec
693‡	33	6		Cet	0 11 02.1	−15 29 34	4.89	F6 V	+ 14.7 ±0.2
3712	168	18	α	Cas	0 40 15.0	+56 30 46	2.23	K0⁻ IIIa	− 3.9 0.1
3765					0 40 34.3	+40 09 48	7.36	dK5	− 63.0 0.2
4128‡	188	16	β	Cet	0 43 21.8	−18 00 41	2.04	G9 III CH−1 CN 0.5 Ca 1	+ 13.1 0.1
4388					0 46 12.5	+30 55 38	7.51	K3 III	− 28.3 0.6
8779‡	416				1 26 13.5	− 0 25 19	6.41	gK0	− 5.0 ±0.6
9138	434	98	μ	Psc	1 29 57.0	+ 6 07 15	4.84	K4 III	+ 35.4 0.5
12029					1 58 26.4	+29 21 29	7.80	K2 III	+ 38.6 0.5
12929	617	13	α	Ari	2 06 55.1	+23 26 29	2.00	K2⁻ IIIab Ca−1	− 14.3 0.2
18884‡	911	92	α	Cet	3 02 02.6	+ 4 04 20	2.53	M1.5 IIIa	− 25.8 0.1
22484‡	1101	10		Tau	3 36 38.6	+ 0 23 15	4.28	F9 IV−V	+ 27.9 ±0.1
23169					3 43 36.7	+25 42 41	8.75	G2 V	+ 13.3 0.2
26162‡	1283	43		Tau	4 08 54.2	+19 35 51	5.50	K1 III	+ 23.9 0.6
29139‡	1457	87	α	Tau	4 35 39.7	+16 30 02	0.85	K5⁺ III	+ 54.1 0.1
29587					4 41 17.2	+42 06 38	7.29	dG2	+112.4 0.2
32963					5 07 39.0	+26 19 22	7.72	G2 V	− 63.1 ±0.4
36079‡	1829	9	β	Lep	5 28 03.1	−20 45 46	2.84	G5 II	− 13.5 0.1
42397					6 11 18.1	+25 00 40	8.03	G0 IV	+ 37.4 0.4
51250	2593	18	μ	CMa	6 55 54.3	−14 02 15	5.00	K2 III + B9 V:	+ 19.6 0.5
62509	2990	78	β	Gem	7 45 02.5	+28 02 14	1.14	K0 IIIb	+ 3.3 0.1
65583					8 00 15.5	+29 13 35	7.00	dG7	+ 12.5 ±0.4
65934					8 01 54.7	+26 39 03	7.94	G8 III	+ 35.0 0.3
66141‡	3145				8 02 01.9	+ 2 20 50	4.39	K2 IIIb F2−0.5	+ 70.9 0.3
75935					8 53 34.0	+26 55 50	8.63	G8 V	− 18.9 0.3
80170	3694				9 16 46.6	−39 22 57	5.33	K5 III−IV	0.0 0.2
81797‡	3748	30	α	Hya	9 27 22.0	− 8 38 20	1.98	K3 II−III	− 4.4 ±0.2
84441	3873	17	ε	Leo	9 45 35.8	+23 47 42	2.98	G1 II	+ 4.8 0.1
86801					10 01 18.8	+28 35 18	8.88	G0 V	− 14.5 0.4
89449‡	4054	40		Leo	10 19 29.5	+19 29 38	4.79	F6 IV	+ 6.5 0.5
90861					10 29 38.6	+28 36 16	7.20	K2 III	+ 36.3 0.4
92588‡	4182	33		Sex	10 41 10.5	− 1 43 04	6.26	sgK1	+ 42.8 ±0.1
102494					11 47 42.5	+27 21 55	7.44	G8 IV	− 22.9 0.3
102870	4540	5	β	Vir	11 50 27.7	+ 1 47 24	3.61	F9 V	+ 5.0 0.2
103095	4550				11 52 43.3	+37 45 04	6.45	G8 Vp	− 99.1 0.3
107328‡	4695	16		Vir	12 20 07.3	+ 3 20 15	4.96	K0.5 IIIb Fe−0.5	+ 35.7 0.3
108903	4763		γ	Cru	12 30 54.8	−57 05 17	1.63	M3.5 III	+ 21.3 ±0.1
109379	4786	9	β	Crv	12 34 09.0	−23 22 19	2.65	G5 IIb	− 7.0 0.0
112299					12 55 15.3	+25 45 45	8.66	F8 V	+ 3.4 0.5
114762‡					13 12 06.7	+17 32 26	7.31	dF7	+ 49.9 0.5
122693					14 02 39.6	+24 35 00	8.21	F8 V	− 6.3 0.2
123782	5300	13		Boo	14 08 07.2	+49 28 46	5.25	M2 IIIab	− 13.4 ±0.3
124897‡	5340	16	α	Boo	14 15 27.4	+19 12 21	−0.04	K1.5 III Fe−0.5	− 5.3 0.1
126053	5384				14 23 01.5	+ 1 15 45	6.27	G1 V	− 18.5 0.4
132737					14 59 40.9	+27 10 41	8.02	K0 III	− 24.1 0.3
136202‡	5694	5		Ser	15 19 05.0	+ 1 46 56	5.06	F8 IV−V	+ 53.5 0.2

‡Candidate for inclusion in revised list of primary standard stars currently in preparation by IAU Commission 30; recommended for intensive observation.

HD No.	BS=HR No.	Name			Right Ascension	Declination	Vis. Mag.	Spectral Type	Radial Velocity
					h m s	° ′ ″			km/sec
140913					15 44 56.4	+28 29 03	8.21	G0 V	− 20.8±0.4
144579					16 04 47.5	+39 10 07	6.66	dG8	− 60.0 0.3
145001	6008	7	κ	Her	16 07 52.3	+17 03 31	5.00	G5 III	− 9.5 0.2
146051‡	6056	1	δ	Oph	16 14 06.6	− 3 40 59	2.74	M0.5 III	− 19.8 0.0
149803					16 35 43.7	+29 45 15	8.40	F7 V	− 7.6 0.4
150798	6217		α	TrA	16 48 11.1	−69 01 12	1.92	K2 IIb−IIIa	− 3.7±0.2
154417	6349				17 05 03.1	+ 0 42 32	6.01	G0 V	− 17.4 0.3
157457	6468		κ	Ara	17 25 38.9	−50 37 48	5.23	G8 III	+ 17.4 0.2
161096‡	6603	60	β	Oph	17 43 15.0	+ 4 34 08	2.77	K2 III CN 0.5	− 12.0 0.1
168454	6859	19	δ	Sgr	18 20 42.4	−29 49 49	2.70	K2.5 IIIa CN 0.5	− 20.0 0.0
171232					18 32 25.0	+25 29 08	7.73	G8 III	− 35.9±0.5
171391‡	6970				18 34 47.4	−10 58 52	5.14	G8 III	+ 6.9 0.2
182572‡	7373	31		Aql	19 24 45.3	+11 56 04	5.16	G7 IV Hd 1	−100.5 0.4
†					19 34 49.6	+29 04 36	9.05	F7 V	− 36.6 0.5
186791	7525	50	γ	Aql	19 46 02.8	+10 36 07	2.72	K3 II	− 2.1 0.2
187691‡	7560	54	ο	Aql	19 50 48.7	+10 24 15	5.11	F8 V	+ 0.1±0.3
194071					20 22 26.4	+28 13 55	8.13	G8 III	− 9.8 0.1
203638‡	8183	33		Cap	21 23 54.4	−20 52 17	5.77	K0 III	+ 21.9 0.1
204867‡	8232	22	β	Aqr	21 31 19.3	− 5 35 28	2.91	G0 Ib	+ 6.7 0.1
206778	8308	8	ε	Peg	21 43 57.9	+ 9 51 15	2.39	K2 Ib−II	+ 5.2 0.2
212943‡	8551	35		Peg	22 27 37.9	+ 4 40 22	4.79	K0 III−IV	+ 54.3±0.3
213014‡					22 27 58.4	+17 14 25	7.70	dG8	− 39.7 0.0
213947					22 34 23.9	+26 34 29	7.53	K4 III	+ 16.7 0.3
222368	8969	17	ι	Psc	23 39 43.1	+ 5 36 07	4.13	F7 V	+ 5.3 0.2
223094					23 46 11.8	+28 40 42	7.45	K5 III	+ 19.6 0.3
223311	9014				23 48 18.6	− 6 24 20	6.07	gK4	− 20.4±0.1
223647	9032		γ^1	Oct	23 51 51.7	−82 02 38	5.11	G5 III	+ 13.8 0.4

†BD 28°3402

‡Candidate for inclusion in revised list of primary standard stars currently in preparation by IAU Commission 30; recommended for intensive observation.

NGC or IC	Right Ascension	Declination	Revised Morphological Type	T	L	Log D_{25}	Log R_{25}	B_T^w	$B-V$	$U-B$	V	V_0
	h m	° ′									km/sec	km/sec
W–L–M	0 01.73	−15 29.4	IB(s)m	+10.0	9.0	2.06	0.46	11.03	0.44	−0.21	− 118	− 447
NGC 7814	0 03.02	+16 07.2	SA(s)ab: sp	+ 2.0		1.74	0.38	11.56	0.99	−0.51	+1053	+ 706
NGC 0045	0 13.84	−23 12.4	SA(s)dm	+ 8.0	7.3	1.93	0.16	11.32	0.71	−0.05	+ 468	+ 163
NGC 0055	0 14.68	−39 12.8	SB(s)m: sp	+ 9.0	5.6	2.51	0.76	8.42	.55	.12	+ 124	− 120
NGC 0134	0 30.10	−33 17.0	SAB(s)bc	+ 4.0	3.7	1.93	0.62	11.23	0.84	+0.23	+1579	+1315
NGC 0147	0 32.95	+48 28.8	E5 pec	− 5.0		2.12	0.23	10.47	0.95		− 160	− 412
NGC 0185	0 38.71	+48 18.7	E3 pec	− 5.0		2.07	0.07	10.10	0.92	+0.39	− 251	− 502
NGC 0205	0 40.12	+41 39.9	E5 pec	− 5.0		2.34	0.30	8.92	0.85	+0.22	− 239	− 514
NGC 0221	0 42.46	+40 50.4	cE2	− 6.0		1.94	0.13	9.03	0.95	+0.48	− 205	− 481
NGC 0224	0 42.49	+41 14.6	SA(s)b	+ 3.0	2.2	3.28	0.49	4.36	0.92	+0.50	− 298	− 574
NGC 0247	0 46.92	−20 47.1	SAB(s)d	+ 7.0	6.8	2.33	0.49	9.67	0.56	−0.09	+ 159	− 136
NGC 0253	0 47.37	−25 18.8	SAB(s)c	+ 5.0	3.3	2.44	0.61	8.04	0.85	+0.38	+ 250	− 32
SMC	0 52.60	−72 51.0	SB(s)m pec	+ 9.0	7.0	3.50	0.23	2.70	0.45	−0.20	+ 175	+ 114
NGC 0300	0 54.67	−37 42.6	SA(s)d	+ 7.0	6.2	2.34	0.15	8.72	0.59	+0.11	+ 141	− 93
IC 1613	1 04.56	+ 2 05.6	IB(s)m	+10.0	9.5	2.21	0.05	9.88	0.67		− 230	− 551
NGC 0488	1 21.54	+ 5 14.1	SA(r)b	+ 3.0	1.1	1.72	0.13	11.15	0.87	+0.35	+2267	+1959
NGC 0578	1 30.26	−22 41.4	SAB(rs)c	+ 5.0	2.4	1.69	0.20	11.44	0.51		+1630	+1368
NGC 0598	1 33.62	+30 37.9	SA(s)cd	+ 6.0	4.3	2.85	0.23	6.27	0.55	−0.10	− 179	− 454
NGC 0613	1 34.09	−29 26.3	SB(rs)bc	+ 4.0	3.0	1.74	0.12	10.73	0.68	+0.06	+1478	+1239
NGC 0628	1 36.46	+15 45.5	SA(s)c	+ 5.0	1.1	2.02	0.04	9.95	0.56		+ 655	+ 363
NGC 0672	1 47.66	+27 24.7	SB(s)cd	+ 6.0	5.4	1.86	0.45	11.47	0.58	−0.10	+ 420	+ 152
NGC 0772	1 59.09	+18 59.2	SA(s)b	+ 3.0	1.2	1.86	0.23	11.09	0.78	+0.26	+2457	+2188
NGC 0891	2 22.27	+42 19.6	SA(s)b? sp	+ 3.0	4.5	2.13	0.73	10.81	0.88	+0.27	+ 528	+ 320
NGC 0908	2 22.87	−21 15.3	SA(s)c	+ 5.0	1.5	1.78	0.36	10.83	0.65	0.00	+1499	+1282
NGC 0925	2 27.01	+33 33.6	SAB(s)d	+ 7.0	4.3	2.02	0.25	10.69	0.57		+ 553	+ 331
NGC 0936	2 27.40	− 1 10.5	SB(rs)0$^+$	− 1.0		1.67	0.06	11.12	0.97	+0.56	+1355	+1115
FORNX	2 39.72	−34 32.7	dE4	− 5.0		2.23:	0.13	9.04			+ 47	− 118
NGC 1023	2 40.12	+39 02.6	SB(rs)0$^-$	− 3.0		1.94	0.47	10.35	1.00	+0.56	+ 632	+ 433
NGC 1055	2 41.53	+ 0 25.3	SBb: sp	+ 3.0	3.9	1.88	0.45	11.40	0.81	+0.19	+ 995	+ 770
NGC 1068	2 42.45	− 0 01.9	(R)SA(rs)b	+ 3.0	2.3	1.85	0.07	9.61	0.74	+0.09	+1135	+ 911
NGC 1073	2 43.44	+ 1 21.4	SB(rs)c	+ 5.0	3.7	1.69	0.04	11.47	0.50	−0.10	+1211	+ 988
NGC 1097	2 46.13	−30 17.7	SB(s)b	+ 3.0	2.2	1.97	0.17	10.23	0.75	+0.23	+1274	+1103
NGC 1232	3 09.55	−20 35.9	SAB(rs)c	+ 5.0	2.0	1.87	0.06	10.52	0.63	0.00	+1683	+1519
NGC 1291	3 17.14	−41 08.5	(R)SB(s)0/a	0.0		1.99	0.08	9.39	0.93	+0.46	+ 836	+ 726
NGC 1313	3 18.20	−66 30.8	SB(s)d	+ 7.0	7.0	1.96	0.12	9.20	0.49	−0.24	+ 456	+ 419
NGC 1300	3 19.48	−19 25.7	SB(rs)bc	+ 4.0	1.1	1.79	0.18	11.11	0.68	+0.11	+1568	+1415
NGC 1316	3 22.52	−37 13.4	SAB(s)0^0 pec	− 2.0		2.08	0.15	9.42	0.89	+0.39	+1793	+1678
NGC 1332	3 26.08	−21 21.0	S(s:)0$^-$ sp	− 3.0		1.67	0.51	11.25	0.96	+0.59	+1524	+1384
NGC 1365	3 33.44	−36 09.2	SB(s)b	+ 3.0	1.3	2.05	0.26	10.32	0.69	+0.16	+1663	+1558
NGC 1380	3 36.28	−34 59.4	SA0	− 2.0		1.68	0.32	10.87	0.94	+0.45	+1841	+1737
NGC 1398	3 38.67	−26 21.1	(R′)SB(r)ab	+ 2.0	1.1	1.85	0.12	10.57	0.90	+0.43	+1407	+1290
NGC 1433	3 41.88	−47 14.1	(R′)SB(r)ab	+ 2.0	2.7	1.81	0.04	10.70	0.79	+0.21	+1067	+ 997
NGC 1448	3 44.38	−44 39.5	SAcd: sp	+ 6.0	4.4	1.88	0.65	11.40	0.72	+0.01	+1165	+1091
IC 0342	3 46.37	+68 04.9	SAB(rs)cd	+ 6.0	2.0	2.33	0.01	9.10			+ 32	− 53
IC 0356	4 07.31	+69 48.0	SA(s)ab pec	+ 2.0		1.72	0.13	11.39	1.32	+0.76	+ 888	+ 817

NGC or IC	Right Ascen-sion	Declina-tion	Revised Morphological Type	T	L	Log D_{25}	Log R_{25}	B_T^w	$B-V$	$U-B$	V	V_0
	h m	° ′									km/sec	km/sec
NGC 1566	4 19.90	−54 56.9	SAB(s)bc	+ 4.0	1.7	1.92	0.10	10.33	0.60	−0.04	+1492	+1472
NGC 1617	4 31.56	−54 36.6	SB(s)a	+ 1.0		1.63	0.31	11.38	0.94	+0.50	+1000	+1052
NGC 1672	4 45.64	−59 15.3	SB(s)b	+ 3.0	3.1	1.82	0.08	10.28	0.60	+0.01	+1339	+1346
NGC 1808	5 07.55	−37 31.2	(R)SAB(s)a	+ 1.0		1.81	0.22	10.76	0.82	+0.29	+1006	+1017
LMC	5 23.60	−69 46	SB(s)m	+ 9.0	5.8	3.81	0.07	0.91	0.51	0.00	+ 313	+ 351
NGC 2146	6 17.99	+78 21.5	SB(s)ab pec	+ 2.0	3.4	1.78	0.25	11.38	0.79	+0.29	+ 890	+ 874
NGC 2217	6 21.48	−27 13.9	(R)SB(rs)0^+	− 1.0		1.68	0.03	11.71	1.00	+0.54	+1619	+1723
NGC 2336	7 26.30	+80 11.3	SAB(r)bc	+ 4.0	1.1	1.85	0.26	11.05	0.62	+0.06	+2200	+2196
NGC 2366	7 28.44	+69 13.5	IB(s)m	+10.0	8.7	1.91	0.39	11.43	0.58		+ 99	+ 134
NGC 2442	7 36.41	−69 31.2	SAB(s)bc pec	+ 3.7	2.5	1.74	0.05	11.24	0.82	+0.23	+1448	+1554
NGC 2403	7 36.43	+65 36.6	SAB(s)cd	+ 6.0	5.4	2.34	0.25	8.93	0.47		+ 130	+ 181
HLMII	8 18.46	+70 43.8	Im	+10.0	8.0	1.90	0.10	11.10	0.44		+ 157	+ 207
NGC 2613	8 33.18	−22 57.4	SA(s)b	+ 3.0	3.0	1.86	0.61	11.16	0.91	+0.38	+1677	+1940
NGC 2683	8 52.40	+33 26.2	SA(rs)b	+ 3.0	4.0	1.97	0.63	10.64	0.89	+0.27	+ 405	+ 626
NGC 2655	8 55.06	+78 14.4	SAB(s)0/a	0.0		1.69	0.08	10.96	0.86	+0.43	+1404	+1427
NGC 2775	9 10.10	+ 7 03.3	SA(r)ab	+ 2.0		1.63	0.11	11.03	0.90	+0.38	+1354	+1650
NGC 2768	9 11.28	+60 03.3	E6:	− 5.0		1.91	0.28	10.84	0.97	+0.46	+1335	+1455
NGC 2784	9 12.13	−24 09.2	SA(s)0^0:	− 2.0		1.74	0.39	11.30	1.14	+0.72	+ 691	+ 985
NGC 2841	9 21.72	+50 59.7	SA(r)b:	+ 3.0	0.5	1.91	0.36	10.09	0.87	+0.34	+ 637	+ 807
NGC 2903	9 31.92	+21 31.1	SAB(rs)bc	+ 4.0	2.3	2.10	0.32	9.68	0.67	+0.06	+ 556	+ 841
NGC 2997	9 45.45	−31 10.2	SAB(rs)c	+ 5.0	1.6	1.95	0.12	10.06	0.70	+0.30	+1087	+1388
NGC 2976	9 46.90	+67 56.3	SAc pec	+ 5.0	6.8	1.77	0.34	10.82	0.66	0.00	+ 3	+ 93
NGC 3031	9 55.23	+69 05.4	SA(s)ab	+ 2.0	2.2	2.43	0.28	7.89	0.95	+0.48	− 36	+ 48
NGC 3034	9 55.46	+69 42.0	I0			2.05	0.42	9.30	0.89	+0.31	+ 216	+ 296
NGC 3079	10 01.66	+55 42.2	SB(s)c	+ 7.0	3.0	1.90	0.74	11.54	0.68	+0.03	+1124	+1285
NGC 3077	10 02.99	+68 45.3	I0 pec			1.73	0.08	10.61	0.76	+0.14	+ 13	+ 102
NGC 3115	10 05.01	− 7 41.8	$S0^-$	− 3.0		1.86	0.47	9.87	0.97	+0.54	+ 661	+1005
LEO I	10 08.21	+12 19.8	dE3	− 5.0		[1.99]	0.12	11.18			+ 168	+ 494
NGC 3166	10 13.52	+ 3 26.9	SAB(rs)0/a	0.0		1.68	0.31	11.32	0.93	+0.40	+1345	+1686
NGC 3169	10 13.99	+ 3 29.6	SA(s)a pec	+ 1.0		1.64	0.20	11.08	0.85	+0.26	+1233	+1575
NGC 3184	10 18.00	+41 26.3	SAB(rs)cd	+ 6.0	3.5	1.87	0.03	10.36	0.58	−0.03	+ 591	+ 826
NGC 3198	10 19.65	+45 34.3	SB(rs)c	+ 5.0	2.6	1.93	0.41	10.87	0.54	−0.04	+ 663	+ 880
IC 2574	10 28.03	+68 26.2	SAB(s)m	+ 9.0	8.0	2.12	0.39	10.80	0.44		+ 46	+ 141
NGC 3338	10 41.90	+13 46.3	SA(s)c	+ 5.0	2.3	1.77	0.21	11.64	0.59	−0.01	+1300	+1636
NGC 3344	10 43.27	+24 56.8	(R)SAB(r)bc	+ 4.0	1.9	1.85	0.04	10.45	0.59	−0.07	+ 585	+ 891
NGC 3351	10 43.72	+11 43.8	SB(r)b	+ 3.0	3.3	1.87	0.17	10.53	0.80	+0.18	+ 777	+1117
NGC 3359	10 46.33	+63 14.8	SB(rs)c	+ 5.0	3.0	1.86	0.22	11.03	0.46	−0.20	+1012	+1140
NGC 3368	10 46.53	+11 50.7	SAB(rs)ab	+ 2.0	3.4	1.88	0.16	10.11	0.86	+0.31	+ 897	+1238
NGC 3379	10 47.59	+12 36.4	E1	− 5.0		1.73	0.05	10.24	0.96	+0.53	+ 889	+1228
NGC 3384	10 48.04	+12 39.3	SB(s)0^-:	− 3.0		1.74	0.34	10.85	0.93	+0.44	+ 735	+1074
NGC 3486	11 00.18	+28 59.9	SAB(r)c	+ 5.0	2.6	1.85	0.13	11.05	0.52	−0.16	+ 681	+ 976
NGC 3521	11 05.59	− 0 00.6	SAB(rs)bc	+ 4.0	3.6	2.04	0.33	9.83	0.81	+0.23	+ 804	+1162
NGC 3556	11 11.27	+55 41.9	SB(s)cd	+ 6.0	5.7	1.94	0.59	10.69	0.66	+0.07	+ 694	+ 866
NGC 3623	11 18.69	+13 07.0	SAB(rs)a	+ 1.0	3.3	1.99	0.53	10.25	0.92	+0.45	+ 806	+1147
NGC 3627	11 20.01	+13 00.8	SAB(s)b	+ 3.0	3.0	1.96	0.34	9.65	0.73	+0.20	+ 726	+1067

NGC or IC	Right Ascension	Declination	Revised Morphological Type	T	L	Log D_{25}	Log R_{25}	B^w_T	$B-V$	$U-B$	V	V_0
	h m	° ′									km/sec	km/sec
NGC 3628	11 20.04	+13 37.1	Sb pec sp	+ 3.0	4.5	2.17	0.70	10.28	0.80		+ 846	+1186
NGC 3631	11 20.79	+53 11.7	SA(s)c	+ 5.0	1.8	1.70	0.02	11.01	0.58		+1157	+1343
NGC 3675	11 25.89	+43 36.7	SA(s)b	+ 3.0	3.3	1.77	0.28	11.00			+ 766	+1000
NGC 3718	11 32.33	+53 05.6	SB(s)a pec	+ 1.0		1.91	0.31	11.59	0.81	+0.29	+ 994	+1108
NGC 3726	11 33.10	+47 03.3	SAB(r)c	+ 5.0	2.2	1.79	0.16	10.91	0.49		+ 849	+1066
NGC 3938	11 52.59	+44 08.8	SA(s)c	+ 5.0	1.1	1.73	0.04	10.90	0.52	−0.10	+ 808	+1036
NGC 3945	11 53.00	+60 42.1	(R)SB(rs)0$^+$	− 1.0		1.72	0.18	11.80	0.95	+0.55	+1220	+1361
NGC 3953	11 53.60	+52 21.3	SB(r)bc	+ 4.0	1.8	1.84	0.30	10.84	0.77	+0.20	+1053	+1241
NGC 3992	11 57.36	+53 24.1	SB(rs)bc	+ 4.0	1.1	1.88	0.21	10.60	0.77	+0.20	+1048	+1229
NGC 4036	12 01.22	+61 55.3	S0$^-$	− 3.0		1.63	0.40	11.57	0.91	+0.55	+1382	+1530
NGC 4051	12 02.93	+44 33.5	SAB(rs)bc	+ 4.0	3.3	1.72	0.13	10.83	0.65	−0.04	+ 720	+ 945
NGC 4088	12 05.36	+50 34.0	SAB(rs)bc	+ 4.0	3.9	1.76	0.41	11.15	0.59	−0.05	+ 758	+ 953
NGC 4096	12 05.80	+47 30.2	SAB(rs)c	+ 5.0	4.2	1.82	0.57	11.48	0.63	+0.01	+ 564	+ 774
NGC 4125	12 07.85	+65 12.1	E6 pec	− 5.0		1.76	0.26	10.65	0.93	+0.49	+1356	+1469
NGC 4151	12 10.30	+39 25.7	(R′)SAB(rs)ab:	+ 2.0		1.80	0.15	11.28	0.73	−0.17	+ 992	+1238
NGC 4192	12 13.58	+14 55.6	SAB(s)ab	+ 2.0	2.9	1.99	0.55	10.95	0.81	+0.30	− 141	+ 183
NGC 4214	12 15.43	+36 21.3	IAB(s)m	+10.0	5.8	1.93	0.11	10.24	0.46	−0.31	+ 291	+ 549
NGC 4216	12 15.67	+13 10.2	SAB(s)b:	+ 3.0	3.0	1.91	0.66	10.99	0.98	+0.52	+ 129	+ 458
NGC 4236	12 16.47	+69 29.8	SB(s)dm	+ 8.0	7.6	2.34	0.48	10.05	0.42		0	+ 87
NGC 4244	12 17.27	+37 50.0	SA(s)cd: sp	+ 6.0	7.0	2.22	0.94	10.88	0.50		+ 242	+ 494
NGC 4254	12 18.60	+14 26.5	SA(s)c	+ 5.0	1.5	1.73	0.06	10.44	0.57	+0.01	+2407	+2732
NGC 4258	12 18.74	+47 19.9	SAB(s)bc	+ 4.0	3.5	2.27	0.41	9.10	0.69		+ 449	+ 657
NGC 4274	12 19.62	+29 38.2	(R)SB(r)ab	+ 2.0	4.0	1.83	0.43	11.34	0.93	+0.44	+ 929	+1211
NGC 4293	12 20.99	+18 24.6	(R)SB(s)0/a	0.0		1.75	0.34	11.26	0.90		+ 943	+1258
NGC 4303	12 21.68	+ 4 30.0	SAB(rs)bc	+ 4.0	2.0	1.81	0.05	10.18	0.53	−0.11	+1569	+1909
NGC 4314	12 22.33	+29 55.0	SB(rs)a	+ 1.0		1.62	0.05	11.43	0.85	+0.29	+ 883	+1243
NGC 4321	12 22.68	+15 50.9	SAB(s)bc	+ 4.0	1.1	1.87	0.07	10.05	0.70	−0.01	+1585	+1906
NGC 4365	12 24.25	+ 7 20.6	E3	− 5.0		1.84	0.14	10.52	0.96	+0.50	+1227	+1562
NGC 4374	12 24.83	+12 54.7	E1	− 5.0		1.81	0.06	10.09	0.98	+0.53	+ 951	+1282
NGC 4382	12 25.18	+18 12.9	SA(s)0$^+$ pec	− 1.0		1.85	0.11	10.00	0.89	+0.42	+ 722	+1036
NGC 4395	12 25.59	+33 34.4	SA(s)m:	+ 9.0	7.3	2.12	0.08	10.64	0.46		+ 319	+ 585
NGC 4406	12 25.97	+12 58.3	E3	− 5.0		1.95	0.19	9.83	0.93	+0.49	− 248	+ 76
NGC 4429	12 27.21	+11 08.0	SA(r)0$^+$	− 1.0		1.75	0.34	11.02	0.98	+0.55	+1137	+1465
NGC 4438	12 27.53	+13 02.0	SA(s)0/a pec:	0.0		1.93	0.43	11.02	0.85	+0.35	+ 64	+ 389
NGC 4442	12 27.84	+ 9 49.6	SB(s)0^0	− 2.0		1.66	0.34	11.38	0.94	+0.58	+ 580	+ 860
NGC 4449	12 28.00	+44 07.2	IBm	+10.0	6.7	1.79	0.15	9.99	0.41	−0.35	+ 202	+ 421
NGC 4450	12 28.27	+17 06.6	SA(s)ab	+ 2.0	1.5	1.72	0.13	10.90	0.82		+1956	+2272
NGC 4472	12 29.55	+ 8 01.6	E2	− 5.0		2.01	0.09	9.37	0.96	+0.55	+ 912	+1246
NGC 4473	12 29.58	+13 27.3	E5	− 5.0		1.65	0.25	11.16	0.96	+0.43	+2279	+2560
NGC 4490	12 30.38	+41 39.8	SB(s)d pec	+ 7.0	5.4	1.80	0.31	10.22	0.43	−0.19	+ 578	+ 809
NGC 4486	12 30.59	+12 25.0	E+0−1 pec	− 4.0		1.92	0.10	9.59	0.96	+0.57	+1282	+1606
NGC 4494	12 31.18	+25 48.0	E1−2	− 5.0		1.68	0.13	10.71	0.88	+0.45	+1324	+1614
NGC 4501	12 31.76	+14 26.6	SA(rs)b	+ 3.0	2.4	1.84	0.27	10.36	0.73	+0.24	+2279	+2598
NGC 4517	12 32.53	+ 0 08.2	SA(s)cd: sp	+ 6.0	5.6	2.02	0.83	11.10	0.71		+1121	+1460
NGC 4526	12 33.82	+ 7 43.5	SAB(s)0^0:	− 2.0		1.86	0.48	10.66	0.96	+0.53	+ 460	+ 793

NGC or IC	Right Ascension	Declination	Revised Morphological Type	T	L	Log D_{25}	Log R_{25}	B_T^w	$B-V$	$U-B$	V	V_0
	h m	° ′									km/sec	km/sec
NGC 4527	12 33.92	+ 2 40.7	SAB(s)bc	+ 4.0	3.3	1.79	0.47	11.38	0.86	+0.21	+1733	+2070
NGC 4535	12 34.11	+ 8 13.6	SAB(s)c	+ 5.0	1.6	1.85	0.15	10.59	0.63	−0.01	+1957	+2287
NGC 4536	12 34.23	+ 2 12.7	SAB(rs)bc	+ 4.0	2.0	1.88	0.37	11.16	0.61	−0.02	+1804	+2141
NGC 4548	12 35.21	+14 31.4	SB(rs)b	+ 3.0	2.3	1.73	0.10	10.96	0.81	+0.29	+ 486	+ 803
NGC 4559	12 35.74	+27 59.1	SAB(rs)cd	+ 6.0	4.3	2.03	0.39	10.46	0.45		+ 814	+1095
NGC 4565	12 36.12	+26 00.6	SA(s)b? sp	+ 3.0	1.0	2.20	0.87	10.42	0.84		+1225	+1513
NGC 4569	12 36.61	+13 11.4	SAB(rs)ab	+ 2.0	2.4	1.98	0.34	10.26	0.72	+0.30	− 236	+ 82
NGC 4579	12 37.50	+11 50.6	SAB(rs)b	+ 3.0	3.1	1.77	0.10	10.48	0.82	+0.32	+1521	+1843
NGC 4594	12 39.75	−11 36.0	SA(s)a sp	+ 1.0		1.94	0.39	8.98	0.98	+0.53	+1089	+1425
NGC 4605	12 39.79	+61 38.1	SB(s)c pec	+ 5.0	5.7	1.76	0.42	10.89	0.56	−0.08	+ 143	+ 271
NGC 4621	12 41.81	+11 40.2	E5	− 5.0		1.73	0.16	10.57	0.94	+0.48	+ 430	+ 750
NGC 4631	12 41.90	+32 33.8	SB(s)d	+ 7.0	5.0	2.19	0.76	9.75	0.56		+ 608	+ 871
NGC 4636	12 42.61	+ 2 42.8	E0−1	− 5.0		1.78	0.11	10.43	0.94	+0.44	+1017	+1349
NGC 4649	12 43.44	+11 34.6	E2	− 5.0		1.87	0.09	9.81	0.97	+0.60	+1114	+1433
NGC 4654	12 43.73	+13 09.1	SAB(rs)cd	+ 6.0	3.3	1.69	0.24	11.10	0.60	−0.08	+1035	+1351
NGC 4656	12 43.74	+32 11.6	SB(s)m pec	+ 9.0	7.0	2.18	0.71	10.96	0.44		+ 640	+ 903
NGC 4697	12 48.36	− 5 46.6	E6	− 5.0		1.86	0.19	10.14	0.91	+0.39	+1236	+1568
NGC 4725	12 50.23	+25 31.7	SAB(r)ab pec	+ 2.0	2.4	2.03	0.15	10.11	0.72	+0.34	+1205	+1487
NGC 4736	12 50.67	+41 08.8	(R)SA(r)ab	+ 2.0	3.0	2.05	0.09	8.99	0.75	+0.16	+ 308	+ 531
NGC 4754	12 52.07	+11 20.3	SB(r:)0^-	− 3.0		1.66	0.27	11.52	0.92	+0.47	+1461	+1710
NGC 4753	12 52.14	− 1 10.5	I0			1.78	0.33	10.85	0.90	+0.41	+1237	+1566
NGC 4762	12 52.71	+11 15.3	SB(r)0^0? sp	− 2.0		1.94	0.72	11.12	0.86	+0.40	+ 979	+1294
NGC 4826	12 56.52	+21 42.3	(R)SA(rs)ab	+ 2.0	3.5	2.00	0.27	9.36	0.84	+0.32	+ 411	+ 700
NGC 4856	12 59.10	−15 01.0	SB(s)0/a	0.0		1.63	0.56	11.49	0.99		+1353	+1674
NGC 4945	13 05.19	−49 26.6	SB(s)cd: sp	+ 6.0	6.7	2.30	0.72	9.30			+ 560	+ 796
NGC 5005	13 10.72	+37 04.9	SAB(rs)bc	+ 4.0	3.3	1.76	0.32	10.61	0.80	+0.31	+ 948	+1177
NGC 5033	13 13.24	+36 37.4	SA(s)c	+ 5.0	2.2	2.03	0.33	10.75	0.55		+ 877	+1107
NGC 5055	13 15.63	+42 03.4	SA(rs)bc	+ 4.0	3.9	2.10	0.24	9.31	0.72		+ 504	+ 711
NGC 5102	13 21.71	−36 36.4	SA0^-	− 3.0		1.94	0.49	10.35	0.72	+0.23	+ 468	+ 737
NGC 5128	13 25.20	−42 59.7	E1/S0 + S pec			2.41	0.11	7.84	1.00		+ 559	+ 806
NGC 5194	13 29.68	+47 13.2	SA(s)bc pec	+ 4.0	1.8	2.05	0.21	0.96	0.60	−0.06	+ 463	+ 640?
NGC 5195	13 29.79	+47 17.7	I0 pec			1.76	0.10	10.45	0.90	+0.31	+ 484	+ 662
NGC 5236	13 36.74	−29 50.7	SAB(s)c	+ 5.0	2.8	2.11	0.05	8.20	0.66	+0.03	+ 514	+ 788
NGC 5248	13 37.32	+ 8 54.6	SAB(rs)bc	+ 4.0	1.8	1.79	0.14	10.97	0.65	+0.05	+1153	+1437
NGC 5247	13 37.81	−17 51.7	SA(s)bc	+ 4.0	1.8	1.75	0.06	10.50	0.54	−0.11	+1357	+1647
NGC 5322	13 49.11	+60 12.9	E3−4	− 5.0		1.77	0.18	11.14	0.91	+0.47	+1915	+2024
NGC 5364	13 55.98	+ 5 02.3	SA(rs)bc pec	+ 4.0	1.1	1.83	0.19	11.17	0.64	+0.07	+1241	+1512
NGC 5457	14 03.07	+54 22.5	SAB(rs)cd	+ 6.0	1.1	2.46	0.03	8.31	0.45		+ 240	+ 367
NGC 5474	14 04.88	+53 41.1	SA(s)cd pec	+ 6.0	8.0	1.68	0.05	11.28	0.49		+ 277	+ 405
NGC 5585	14 19.65	+56 45.0	SAB(s)d	+ 7.0	7.6	1.76	0.19	11.20	0.46	−0.22	+ 304	+ 412
NGC 5566	14 20.11	+ 3 57.2	SB(r)ab	+ 2.0	3.6	1.82	0.48	11.46	0.91	+0.45	+1505	+1753
NGC 5643	14 32.40	−44 09.2	SAB(rs)c	+ 5.0	4.6	1.66	0.06	10.74	0.74	+0.15	+1197	+1392
NGC 5866	15 06.37	+55 46.8	SA0^+	− 1.0		1.67	0.38	10.74	0.85	+0.38	+ 769	+ 848
NGC 5907	15 15.79	+56 20.4	SA(s)c: sp	+ 5.0	3.0	2.10	0.96	11.12	0.78	+0.15	+ 666	+ 735
NGC 5921	15 21.72	+ 5 05.2	SB(r)bc	+ 4.0	2.2	1.69	0.09	11.49	0.66	+0.04	+1480	+1648

NGC or IC	Right Ascension	Declination	Revised Morphological Type	T	L	Log D_{25}	Log R_{25}	B_T^w	$B-V$	$U-B$	V	V_0
	h m	° ′									km/sec	km/sec
NGC 6300	17 16.54	−62 48.9	SB(rs)b	+ 3.0	3.1	1.65	0.18	10.98	0.78	+0.13	+1109	+1142
NGC 6384	17 32.19	+ 7 03.9	SAB(r)bc	+ 4.0	1.1	1.79	0.18	11.14	0.72	+0.23	+1667	+1640
NGC 6503	17 49.49	+70 08.8	SA(s)cd	+ 6.0	5.2	1.85	0.47	10.91	0.68	+0.03	+ 43	− 8
NGC 6744	19 09.34	−63 51.9	SAB(r)bc	+ 4.0	3.3	2.30	0.19	9.14			+ 838	+ 797
NGC 6822	19 44.69	−14 49.1	IB(s)m	+10.0	8.5	2.19	0.06	9.31			− 54	− 253
NGC 6946	20 34.76	+60 08.5	SAB(rs)cd	+ 6.0	2.3	2.06	0.07	9.61	0.80		+ 50	− 116
NGC 7331	22 36.87	+34 23.7	SA(s)b	+ 3.0	2.2	2.02	0.45	10.35	0.87	+0.30	+ 821	+ 510
NGC 7410	22 54.75	−39 41.1	SB(s)a	+ 1.0		1.72	0.51	11.24	0.93	+0.45	+1751	+1500
IC 5267	22 56.97	−43 25.3	SA(rs)0/a	0.0		1.72	0.13	11.43	0.89	+0.37	+1713	+1480
NGC 7424	22 57.05	−41 05.8	SAB(rs)cd	+ 6.0	4.0	1.98	0.07	10.96	0.48	−0.15	+ 941	+ 696
NGC 7582	23 18.15	−42 23.8	(R′)SB(s)ab	+ 2.0		1.70	0.38	11.37	0.75	+0.25	+1573	+1334
NGC 7640	23 21.90	+40 49.2	SB(c)c	+ 5.0	3.3	2.02	0.72	11.86	0.54	−0.04	+ 369	+ 74
IC 5332	23 34.22	−36 07.5	SA(s)d	+ 7.0	3.9	1.89	0.10	11.09			+ 706	+ 439
NGC 7793	23 57.60	−32 36.9	SA(s)d	+ 7.0	6.9	1.97	0.17	9.63	0.54	−0.09	+ 228	− 48

W–L–M = A2359–15 = Wolf–Lundmark–Melotte neb. = DDO 221
SMC = A0051–73 = Small Magellanic Cloud
FORNX = A0237–34 = Fornax System
LMC = A0524–69 = Large Magellanic Cloud
HLMII = A0813+70 = Holmberg II = DDO 50
LEO I = A1005+12 = Regulus System = DDO 74

NGC 224 = M31 = Andromeda Nebula
NGC 221 = M32
NGC 598 = M33 = Triangulum Nebula
NGC 5194 = M51 = Whirlpool Nebula
NGC 5457 = M101 = Pinwheel Nebula
NGC 4594 = M104 = Sombrero Nebula
NGC 5128 = Centaurus A

IAU Desig.	Name	R.A.	Dec.	Ang. Diam.	Dist.	Trumpler Class	Tot. Mag.	Spectrum	Mag.*	Log age	Log Fe / H	A_V
		h m	° ′	′	pc							
C0001−302	Blanco 1	0 04.0	−29 58	89	240	IV 3 m			8	7.69	−0.17	0.1
C0022+610	NGC 103	0 25.0	+61 19	5	2900	II 1 m	5.8	B3	11	7.46		1.6
C0027+599	NGC 129	0 29.6	+60 12	21	1670	III 2 m	9.8	B3	11	7.67		1.5
C0029+628	King 14	0 31.6	+63 08	7	2800	III 1 p		B2	10	7.61		1.6
C0030+630	NGC 146	0 32.8	+63 16	6	3200	II 2 p	9.6	B3		7.61		2.1
C0036+608	NGC 189	0 39.3	+61 03	3	750	III 1 p	11.1	A0		7.00		1.6
C0040+615	NGC 225	0 43.2	+61 46	12	610	III 1 pn	8.9	A2		8.11		0.8
C0039+850	NGC 188	0 43.9	+85 19	13	1500	I 2 r	9.3	F2	10	9.81	−0.06	0.1
C0048+579	King 2	0 50.8	+58 10	4	5700	II 2 m			17	9.78	0.00	0.9
C0112+598	NGC 433	1 15.0	+60 06	4	2100	III 2 p		OB	9	8.04		2.4
C0112+585	NGC 436	1 15.4	+58 47	5	2100	I 2 m	9.3	B5	10	8.15		0.4
C0115+580	NGC 457	1 18.8	+58 18	13	3100	II 3 r	5.1	B2	6	7.00		1.4
C0126+630	NGC 559	1 29.2	+63 17	4	1100	I 1 m	7.4		9	8.66	−0.76	2.7
C0129+604	NGC 581	1 32.9	+60 41	6	2500	II 2 m	6.9	B2	9	7.46		1.1
C0132+610	Trump 1	1 35.4	+61 16	4	2300	II 2 p	8.9	B2	10	7.61		1.3
C0139+637	NGC 637	1 42.6	+63 59	3	2400	I 2 m	7.3	B0	8	8.34		1.2
C0140+616	NGC 654	1 43.7	+61 52	4	2000	II 2 r	8.2		10			2.6
C0140+604	NGC 659	1 43.9	+60 41	4	2500	I 2 m	7.2		10	7.89		1.7
C0142+610	NGC 663	1 45.7	+61 14	16	2500	II 3 r	6.4	B1	9	6.95		2.0
C0144+717	Coll 463	1 48.0	+71 56	36	660	III 2 m	5.8			7.89		0.6
C0149+615	IC 166	1 52.2	+61 48	4	3100	II 1 r			17	9.38		2.3
C0154+374	NGC 752	1 57.5	+37 39	50	360	II 2 r	6.6	F0	8	9.38	−0.21	0.1
C0155+552	NGC 744	1 58.1	+55 27	11	1400	III 1 p	7.8	B7	10	8.30		1.1
C0211+590	Stock 2	2 14.7	+59 15	60	300	I 2 m		B8		8.23		1.3
C0215+569	NGC 869	2 18.7	+57 08	29	2200	I 3 r	4.3	B1	7	7.26		1.6
C0218+568	NGC 884	2 22.1	+57 05	29	2200	I 3 r	4.4	B1	7			1.6
C0225+604	Mark 6	2 29.3	+60 38	4	510	III 1 p			8			1.6
C0228+612	IC 1805	2 32.4	+61 26	21	2200	II 3 mn	4.8	O6	9	7.00		2.5
C0233+557	Trump 2	2 37.0	+55 58	20	560	II 2 p	9.0	B9		8.30		0.9
C0238+425	NGC 1039	2 41.7	+42 46	35	450	II 3 r	5.8	B8	9	8.03	−0.26	0.1
C0238+613	NGC 1027	2 42.3	+61 32	20	1200	II 3 mn	7.4	B3	9	7.89		1.0
C0247+602	IC 1848	2 50.8	+60 25	12	2300	I 3 pn	7.0	O7		7.00		1.9
C0302+441	NGC 1193	3 05.5	+44 22	3	5800	I 2 m	12.6		14	9.90		0.7
C0311+470	NGC 1245	3 14.3	+47 14	10	2200	II 2 r	7.7		12	9.03	+0.14	0.8
C0318+484	Mel 20	3 21.7	+48 36	185	160	III 3 m	2.3	B1	3	7.61	+0.10	0.3
C0328+371	NGC 1342	3 31.3	+37 19	14	540	III 2 m	7.2	A1	8	8.80	−0.13	0.8
C0344+239	Pleiades	3 46.7	+24 06	110	130	I 3 rn	1.5	B5	3	8.11	+0.12	0.2
C0400+524	NGC 1496	4 04.1	+52 36	3	1230	III 2 p	9.6		12	8.80		
C0403+622	NGC 1502	4 07.3	+62 19	7	930	I 3 m	4.1	B0	7	6.70		1.8
C0406+493	NGC 1513	4 09.7	+49 30	12	1320	II 1 m	8.4		11	8.18		1.6
C0411+511	NGC 1528	4 15.1	+51 14	23	750	II 2 m	6.4	B8	10	8.34	−0.10	0.9
C0417+448	Berk 11	4 20.2	+44 55	5	2200	II 2 m			15	7.00		
C0417+501	NGC 1545	4 20.5	+50 14	18	760	IV 2 p	4.6		9	8.30		1.0
C0424+157	Hyades	4 26.6	+15 51	330	43		0.8	A2	4	8.85	+0.12	0.0
C0443+189	NGC 1647	4 45.8	+19 04	45	540	II 2 r	6.2	B7	9	8.28		0.9
C0445+108	NGC 1662	4 48.2	+10 56	20	380	II 3 m	8.0	A0	9	8.11	−0.20	1.0
C0447+436	NGC 1664	4 50.8	+43 42	18	1100		7.2	A0	10	8.38		0.7
C0504+369	NGC 1778	5 07.8	+37 03	6	1500	III 2 p	8.5			8.11		0.9
C0509+166	NGC 1817	5 11.8	+16 41	15	1800	IV 2 r	7.8		9	8.90	−0.26	1.0
C0518−685	NGC 1901	5 17.8	−68 27	40	420	III 3 m				8.92		0.2

* Magnitude of brightest cluster member

SELECTED OPEN CLUSTERS, J1995.5

IAU Desig.	Name	R.A.	Dec.	Ang. Diam.	Dist.	Trumpler Class	Tot. Mag.	Spectrum	Mag.*	Log age	Log Fe / H	A_V
		h m	° ′	′	pc							
C0519+333	NGC 1893	5 22.4	+33 24	11	4300	II 3 rn	7.8			6.60		1.7
C0520+295	Berk 19	5 23.8	+29 35	6	4800	II 1 m			15	9.49	−0.50	
C0524+352	NGC 1907	5 27.7	+35 19	6	1300	I 1 mn	10.2		11	8.11	−0.10	1.4
C0525+358	NGC 1912	5 28.4	+35 50	21	1200	II 2 r	6.8	B5	8	8.19	−0.11	0.7
C0532−054	Trapezium	5 35.1	− 5 23	47	460					6.00		
C0532+341	NGC 1960	5 35.8	+34 08	12	1200	I 3 r	6.5	B3	9	7.61		0.6
C0546+336	King 8	5 49.1	+33 38	7	3400	II 2 m			15	8.26	−0.50	2.5
C0548+217	Berk 21	5 51.4	+21 47	6	3600	I 2			6	7.00		
C0549+325	NGC 2099	5 52.1	+32 33	23	1300	I 2 r	6.2	B9	11	8.30	+0.01	1.0
C0600+104	NGC 2141	6 02.8	+10 26	10	4200	I 2 r	10.8		15	9.60	−0.46	
C0601+240	IC 2157	6 04.7	+24 00	6	1900	II 1 p	9.1		12	7.85		1.6
C0604+241	NGC 2158	6 07.2	+24 06	4	3900	II 3 r	12.1		15	9.27	−0.60	1.2
C0605+139	NGC 2169	6 08.2	+13 58	6	920	III 3 m	7.0	B1		7.46		0.4
C0605+243	NGC 2168	6 08.6	+24 21	28	850	III 3 r	5.6	B4	8	8.07		0.7
C0606+203	NGC 2175	6 09.5	+20 19	18	2700	III 3 rn	6.8		8	7.00		1.1
C0609+054	NGC 2186	6 11.9	+ 5 27	4	1800	II 2 m	9.2		12	8.30		0.9
C0611+128	NGC 2194	6 13.6	+12 48	10	2700	II 2 r	10.0		13	8.57		
C0613−186	NGC 2204	6 15.5	−18 39	12	4300	II 2 r	9.3		13	9.27	−0.58	
C0618−072	NGC 2215	6 20.8	− 7 17	11	980	II 2 m	8.6		11	8.80		0.9
C0624−047	NGC 2232	6 26.3	− 4 45	29	360	III 2 p	4.2			7.61	−0.20	
C0627−312	NGC 2243	6 29.6	−31 17	4	4070	I 2 r	10.5			9.70	−0.47	0.2
C0629+049	NGC 2244	6 32.1	+ 4 52	23	1500	II 3 rn	5.2	O5	7	7.00		1.4
C0632+084	NGC 2251	6 34.5	+ 8 22	10	1600	III 2 m	8.8			8.66		0.7
C0634+094	Trump 5	6 36.5	+ 9 27	7	980	III 1 rn	10.9		17	9.86		2.0
C0638+099	NGC 2264	6 40.8	+ 9 53	20	790	III 3 mn	4.1	O8	5	7.00	−0.15	0.2
C0640+270	NGC 2266	6 42.9	+26 58	5	3400	II 2 m	9.5		11	8.85	−0.26	0.3
C0644−206	NGC 2287	6 46.9	−20 44	38	640	I 3 r	5.0	B5	8	8.30	+0.09	0.0
C0645+411	NGC 2281	6 49.0	+41 04	14	460	I 3 m	7.2	A0	8	8.48	−0.04	0.3
C0649+005	NGC 2301	6 51.5	+ 0 29	12	760	I 3 r	6.3		8	8.11	+0.04	0.1
C0649−070	NGC 2302	6 51.7	− 7 03	2	1100	III 2 m			12	7.89		0.7
C0649+030	Biur 10	6 52.0	+ 2 57	4	6200	I 1 p			15	7.46		
C0652−245	Coll 121	6 54.0	−24 37	50	630	IV 3 p	5.8			7.61		0.0
C0655+065	Biur 8	6 57.8	+ 6 26	5	3100	II 2 r		B8	14	9.78	−0.37	0.5
C0700−082	NGC 2323	7 03.0	− 8 20	16	1000	II 3 r	7.2	B8	9	7.89		0.8
C0701+011	NGC 2324	7 03.9	+ 1 04	7	3200	II 2 r	7.9		12	7.00	−0.13	0.2
C0704−100	NGC 2335	7 06.4	−10 04	12	1000	III 2 mn	9.3		10	8.03	+0.20	1.1
C0705−105	NGC 2343	7 08.0	−10 38	6	870	II 2 pn	7.5		8	7.89	−0.20	0.5
C0706−130	NGC 2345	7 08.1	−13 09	12	1800	II 3 r	8.1		9	7.89		1.7
C0712−256	NGC 2354	7 14.1	−25 44	20	1800	III 2 r	8.9			8.92		0.4
C0712−310	Coll 132	7 14.3	−31 10	95	410	III 3 p	3.8			7.89		
C0712−102	NGC 2353	7 14.4	−10 18	10	1200	III 3 p	5.2	B0	9	7.88		0.3
C0714+138	NGC 2355	7 16.7	+13 47	7	2200	II 2 m	9.7		13	8.92	+0.13	0.5
C0715−155	NGC 2360	7 17.6	−15 37	12	1100	I 3 r	9.1	B8		9.27	−0.13	0.2
C0716−248	NGC 2362	7 18.6	−24 56	8	1600	I 3 r	3.8	O8	8	7.00		0.3
C0717−130	Haff 6	7 19.9	−13 07	4	1100	IV 2 rn			16	9.03		0.0
C0722−321	Coll 140	7 23.7	−32 11	42	380	III 3 m	4.2			7.73	+0.05	0.1
C0721−131	NGC 2374	7 23.8	−13 15	19	1200	IV 2 p	7.3			8.34		
C0722−209	NGC 2384	7 24.9	−21 01	2	3300	IV 3 p	8.2			7.00		0.9
C0724−476	Mel 66	7 26.2	−47 44	10	2900	II 1 r	10.7			9.69	−0.36	0.5
C0731−153	NGC 2414	7 33.1	−15 26	4	4200	I 3 m	8.2			7.08		1.6

* Magnitude of brightest cluster member

IAU Desig.	Name	R.A.	Dec.	Ang. Diam.	Dist.	Trumpler Class	Tot. Mag.	Spectrum	Mag.*	Log age	Log Fe / H	A_V
		h m	° ′	′	pc							
C0734−205	NGC 2421	7 36.1	−20 36	10	1900	I 2 r	9.0		11	7.61		1.4
C0734−143	NGC 2422	7 36.4	−14 29	29	470	I 3 m	4.3	B3	5	7.89		0.2
C0734−137	NGC 2423	7 36.9	−13 51	19	750	II 2 m	7.0			8.60	−0.04	0.4
C0735−119	Mel 71	7 37.3	−12 03	9	2380	II 2 r	9.0			8.97	−0.29	0.3
C0735+216	NGC 2420	7 38.2	+21 35	20	2290	I 1 r	10.0		11	9.53	−0.40	0.2
C0738−334	Boch 15	7 39.9	−33 32	3	3800	IV 2 pn				7.00		
C0738−315	NGC 2439	7 40.7	−31 38	10	3600	II 3 r	7.1	B1	9	7.61		0.7
C0739−147	NGC 2437	7 41.6	−14 48	27	1600	II 2 r	6.6	B9	10	8.50		0.2
C0742−237	NGC 2447	7 44.4	−23 52	22	1100	I 3 r	6.5	B9	9	8.50	0.00	0.2
C0743−378	NGC 2451	7 45.2	−37 58	45	320	II 2 m	3.7		6	7.61	−0.45	0.1
C0744−044	Berk 39	7 46.5	− 4 36	7	4000	II 2 r			16	9.90	−0.18	0.4
C0745−271	NGC 2453	7 47.6	−27 14	4	2100	I 3 m	9.0			7.00		1.4
C0746−261	Rup 36	7 48.3	−26 17	4	2100	IV 1 m			12	8.30		
C0750−384	NGC 2477	7 52.1	−38 32	27	1200	I 2 r	5.7		12	9.10	+0.04	0.9
C0752−241	NGC 2482	7 54.7	−24 17	12	750	IV 1 m	8.8			8.66	+0.12	0.1
C0754−299	NGC 2489	7 56.0	−30 03	8	1200	I 2 m	9.3		11	8.50		1.0
C0757−607	NGC 2516	7 58.3	−60 51	29	410	I 3 r	3.3	B3	7	7.85	−0.23	0.3
C0757−284	Rup 44	7 58.9	−28 34	4	4200	IV 2 m			12	7.00		2.0
C0757−106	NGC 2506	8 00.0	−10 47	6	2700	I 2 r	8.9		11	9.53	−0.41	0.2
C0803−280	NGC 2527	8 05.1	−28 09	22	570	II 2 m	8.3			8.77	0.00	0.3
C0805−297	NGC 2533	8 06.8	−29 53	3	1300	II 2 r	10.0			7.89		0.8
C0808−126	NGC 2539	8 10.5	−12 49	21	910	III 2 m	8.0	A0	9	8.81	−0.20	0.2
C0809−491	NGC 2547	8 10.5	−49 15	20	420	I 3 m	5.0		7	7.61	−0.13	0.2
C0810−374	NGC 2546	8 12.3	−37 37	40	990	III 2 m	5.2	B0	7	8.11	+0.30	0.3
C0811−056	NGC 2548	8 13.5	− 5 47	54	630	I 3 r	5.5	A0	8	8.50	+0.10	0.2
C0816−304	NGC 2567	8 18.4	−30 38	10	1620	II 2 m	8.4		11	8.46	+0.00	0.4
C0816−295	NGC 2571	8 18.8	−29 44	13	1200	II 3 m	7.4			7.08	+0.08	0.9
C0837−460	Pisms 6	8 39.1	−46 12	1	1700	II 3 p			9	7.08		1.1
C0837+201	Praesepe	8 39.8	+20 00	95	160	II 3 m	3.9	A0	6	8.92	+0.07	0.1
C0838−528	IC 2391	8 40.1	−53 03	50	150	II 3 m	2.6	B5	4	7.73	−0.04	0.1
C0838−459	Wtrloo 6	8 40.2	−46 08	2	1800	II 3 p				7.61		
C0839−480	IC 2395	8 41.0	−48 11	7	950	II 3 m	4.6	B5		7.00		0.4
C0839−461	Pisms 8	8 41.3	−46 16	2	1500	II 2 p			10	7.61		2.1
C0840−469	NGC 2660	8 42.1	−47 08	4	2680	I 1 r	10.8		13	9.22	−0.40	1.1
C0843−527	NGC 2669	8 44.7	−52 57	12	1000	III 3 m	6.0			7.61		0.5
C0843−486	NGC 2670	8 45.4	−48 46	6	1400	III 2 m	7.8	B5	13	8.90		0.8
C0846−423	Trump 10	8 47.6	−42 28	14	420	II 3 m	5.0	B3		7.61	−0.08	0.1
C0847+120	NGC 2682	8 50.2	+11 50	29	790	II 3 r	7.4	B8	9	9.60	−0.04	0.1
C0914−364	NGC 2818	9 15.8	−36 35	7	2300	III 1 m	8.2			8.80		0.5
C0922−515	Rup 76	9 24.0	−51 43	5	1300	IV 2 p			13	8.30		
C0925−549	Rup 77	9 26.9	−55 06	2	4900	II 1 m			14	7.54		
C0926−567	IC 2488	9 27.5	−56 58	18	1450	II 3 r	7.4	B8	10	8.00		0.8
C0927−534	Rup 78	9 29.1	−53 39	0	3300	II 2 m			15	7.67		
C0939−536	Rup 79	9 40.8	−53 48	11	3240	III 2 p			11	7.54		2.4
C1001−598	NGC 3114	10 02.6	−60 05	35	940		4.5	B9	9	8.10	+0.01	0.1
C1022−575	Wester 2	10 23.8	−57 44	1	5000	IV 1 pn	11.3			7.00		4.9
C1024−576	NGC 3247	10 25.8	−57 55	6	1400	III 2 p	10.3			8.19		0.9
C1025−573	IC 2581	10 27.2	−57 37	7	2300	II 2 pn	5.3	B0		7.08		1.2
C1036−589	vdB−H	10 27.7	−59 10	20	460	III 3 m				8.00		0.2
C1028−595	Coll 223	10 30.4	−59 48	7	2900	II 2 m	9.4			7.56		0.3

* Magnitude of brightest cluster member

SELECTED OPEN CLUSTERS, J1995.5

IAU Desig.	Name	R.A.	Dec.	Ang. Diam.	Dist.	Trumpler Class	Tot. Mag.	Spec-trum	Mag.*	Log age	Log Fe/H	A_V
		h m	° ′	′	pc							
C1033−579	NGC 3293	10 35.6	−58 12	5	2500		6.2		8	7.00		0.8
C1035−583	NGC 3324	10 37.1	−58 36	5	3100					7.00		1.3
C1036−538	NGC 3330	10 38.4	−54 07	6	1400	III 2 m	8.4			7.89		0.5
C1040−588	Boch 10	10 42.1	−59 07	20	3200	II 3 mn				7.00		
C1041−597	Coll 228	10 42.8	−59 59	14	2300		4.9			7.00		1.4
C1041−641	IC 2602	10 43.0	−64 22	50	150	I 3 r	1.6	B0	3	7.46	−0.20	0.1
C1041−593	Trump 14	10 43.8	−59 32	4	2900		6.8			7.00		1.5
C1042−591	Trump 15	10 44.6	−59 20	3	2000	III 2 pn	9.0			7.00		1.5
C1043−594	Trump 16	10 45.0	−59 41	10	2600		6.7	O5		7.00		1.4
C1045−598	Boch 11	10 47.1	−60 04	21	3600	IV 3 pn				7.00		
C1055−614	Boch 12	10 57.2	−61 43	10	2200	III 3 p				7.61		0.7
C1057−600	NGC 3496	10 59.7	−60 19	9	1000	II 1 r	9.2			8.50		1.5
C1059−595	Pisms 17	11 00.9	−59 48	0	4100				9	7.00		1.5
C1104−584	NGC 3532	11 06.2	−58 39	55	480	II 3 r	3.4	B5	8	8.46		0.1
C1108−599	NGC 3572	11 10.2	−60 13	6	2800	II 3 mn	4.5		7	7.00		1.4
C1108−601	Hogg 10	11 10.5	−60 21	3	2600					7.26		1.3
C1109−600	Coll 240	11 11.0	−60 16	25	2600	III 2 mn				7.00		
C1109−604	Trump 18	11 11.2	−60 39	12	1550	II 3 m	8.2			7.95		0.9
C1110−605	NGC 3590	11 12.8	−60 46	4	2100	I 2 p	6.8			7.54		1.1
C1110−586	Stock 13	11 12.9	−58 54	3	2700	I 3 pn			10	7.00		0.7
C1112−609	NGC 3603	11 14.9	−61 14	2	5200	II 3 mn	9.2			7.00		4.0
C1115−624	IC 2714	11 17.7	−62 41	12	1100	II 2 r	8.2		10	8.30		1.3
C1117−632	Mel 105	11 19.3	−63 29	4	2000	I 2 r	9.4			8.50		1.1
C1123−429	NGC 3680	11 25.5	−43 13	12	1070	I 2 m	8.6		10	9.65	+0.10	0.2
C1133−613	NGC 3766	11 35.9	−61 35	12	1930	I 3 r	4.6	B0	8	7.08		0.4
C1134−627	IC 2944	11 36.4	−63 00	14	1900	III 3 mn	2.8	O6		7.00		1.0
C1141−622	Stock 14	11 43.8	−62 28	4	2680	III 3 p			10	7.30		0.8
C1148−554	NGC 3960	11 50.7	−55 40	6	1700	I 2 m	8.8			9.03	−0.30	
C1154−623	Rup 97	11 57.1	−62 37	3	3100	IV 1 p			12	8.72		0.6
C1204−609	NGC 4103	12 06.5	−61 13	6	1500	I 2 m	7.4		10	7.61		0.8
C1221−616	NGC 4349	12 24.2	−61 52	15	860	II 2 m	8.0	B8	11	8.50	−0.23	0.7
C1222+263	Coma Ber	12 24.9	+26 08	275	80	III 3 r	2.9	A0	5	8.66	−0.03	0.0
C1225−598	NGC 4439	12 28.1	−60 04	4	1400		8.7			7.79		0.9
C1226−604	Harvd 5	12 28.7	−60 44	5	1000		8.8			7.79		
C1232+365	Upgren 1	12 34.8	+36 20	18	140	IV 2 p		F3				0.2
C1239−627	NGC 4609	12 42.1	−62 57	4	1300	II 2 m	4.5		10	7.61		0.9
C1250−600	κ Cru	12 53.3	−60 19	10	1500		5.2	B3	7	7.38		0.9
C1315−623	Stock 16	13 18.8	−62 32	3	1900	III 3 pn			10	7.00		1.5
C1317−646	Rup 107	13 20.3	−64 55	5	2000	III 2 p			12	8.11		
C1324−587	NGC 5138	13 27.0	−58 59	7	1400	II 2 m	9.8			7.89		0.8
C1326−609	Hogg 16	13 29.0	−61 11	4	2130	II 2 p	8.4			7.41		1.3
C1327−606	NGC 5168	13 30.9	−60 55	4	1300	I 2 m	11.5			7.89		1.0
C1328−625	Trump 21	13 31.9	−62 46	4	1270	I 2 p	9.6			7.48		0.8
C1343−626	NGC 5281	13 46.3	−62 53	4	1300	I 3 m	8.2		10	7.61		0.8
C1350−616	NGC 5316	13 53.6	−61 50	13	1170	II 2 r	8.8	B8	11	8.08	+0.19	1.0
C1356−619	Lynga 1	13 59.9	−62 10	3	1980	II 2 p		B		7.90		1.4
C1404−480	NGC 5460	14 07.3	−48 18	25	770	I 3 m	6.1		9	8.11		0.4
C1420−611	Lynga 2	14 23.7	−61 22	12	1100	II 3 m				7.61		0.5
C1424−594	NGC 5606	14 27.5	−59 37	3	2090	I 3 p	10.0			6.81		1.5
C1426−605	NGC 5617	14 29.4	−60 42	10	1600	I 3 r	8.5	B3	10	7.98	−0.51	1.5

* Magnitude of brightest cluster member

IAU Desig.	Name	R.A.	Dec.	Ang. Diam.	Dist.	Trumpler Class	Tot. Mag.	Spec-trum	Mag.*	Log age	Log Fe/H	A_V
		h m	° ′	′	pc							
C1427−609	Trump 22	14 30.8	−61 09	6	1600	III 2 m	9.9	B4	12	7.61		1.6
C1431−563	NGC 5662	14 34.9	−56 32	12	720	II 3 r	7.7		10	7.90	−0.03	0.9
C1440+697	Ursa Maj	14 40.9	+69 35		30				2	8.30		0.0
C1445−543	NGC 5749	14 48.6	−54 30	7	840	II 2 m	8.8			7.89		1.2
C1501−541	NGC 5822	15 04.8	−54 20	39	730	II 2 r	6.5	B9	10	9.08	−0.07	0.4
C1502−554	NGC 5823	15 05.4	−55 35	10	1100	II 2 r	8.6		13	8.80	−0.13	0.8
C1511−588	Pisms 20	15 15.1	−59 03	4	2560					7.30		3.5
C1559−603	NGC 6025	16 03.3	−60 30	12	770	II 3 r	6.0		7	7.85	+0.23	0.5
C1601−517	Lynga 6	16 04.5	−51 54	4	1600					7.46		2.9
C1603−539	NGC 6031	16 07.3	−54 03	2	1600	I 3 p	12.2			8.07		1.2
C1609−540	NGC 6067	16 12.9	−54 12	12	1700	I 3 r	6.5		10	8.11	−0.05	1.0
C1614−577	NGC 6087	16 18.5	−57 54	12	900	II 2 m	6.0	B5	8	7.85		0.6
C1622−405	NGC 6124	16 25.3	−40 39	29	560	I 3 r	6.3	B8	9	8.00		2.4
C1623−261	Antares	16 25.8	−26 13	505		III 3 p	1.0					
C1624−490	NGC 6134	16 27.4	−49 08	6	650		8.8		11	8.50	+0.25	1.3
C1632−455	NGC 6178	16 35.4	−45 38	4	900	III 3 p	7.2			7.08		
C1637−486	NGC 6193	16 40.9	−48 45	14	1300		5.4	O7		7.00		1.5
C1642−469	NGC 6204	16 46.2	−47 01	4	890	I 3 m	8.4	O6		7.73		1.5
C1645−537	NGC 6208	16 49.1	−53 49	15	990	III 2 r	9.5			9.16		0.5
C1650−417	NGC 6231	16 53.7	−41 47	14	2000		3.4	O9	6	6.90		1.3
C1652−394	NGC 6242	16 55.3	−39 29	9	1100		8.2	B5		7.73		1.1
C1653−405	Trump 24	16 56.7	−40 39	60	2000		8.6			6.90		1.3
C1654−447	NGC 6249	16 57.3	−44 46	6	1000	II 2 m	9.3			7.61		
C1654−457	NGC 6250	16 57.6	−45 56	7	1000	II 3 r	8.0			7.38		
C1657−446	NGC 6259	17 00.4	−44 40	10	2000	II 2 r	8.6		11	8.30	+0.29	2.0
C1714−355	Boch 13	17 17.0	−35 33	14	1600	III 3 m				7.08		
C1714−429	NGC 6322	17 18.2	−42 57	10	1200	I 3 m	6.5	B0		7.00		1.5
C1720−499	IC 4651	17 24.3	−49 56	12	920	II 2 r	8.0		10	9.38	+0.23	0.2
C1731−325	NGC 6383	17 34.5	−32 34	4	1300	II 3 mn	5.4			7.54		0.8
C1732−334	Trump 27	17 35.9	−33 29	6	1400	III 3 m	9.1			7.89		4.0
C1733−324	Trump 28	17 36.5	−32 29	7	1400	III 2 mn	9.4			8.30		2.1
C1734−362	Rup 127	17 37.4	−36 16	8	1500	II 2 p			11	7.08		3.0
C1736−321	NGC 6405	17 39.8	−32 12	14	490	II 3 r	4.6	B5	7	7.89	+0.10	0.5
C1741−323	NGC 6416	17 44.1	−32 21	18	770	III 2 m	8.7			8.50		0.9
C1743+057	IC 4665	17 46.0	+ 5 43	40	340	III 2 m	5.3	B4	6	7.89		0.5
C1747−302	NGC 6451	17 50.4	−30 13	7	560	I 2 m	8.2		12	9.62		0.2
C1750−348	NGC 6475	17 53.6	−34 49	80	240	I 3 r	3.3	B5	7	8.11		0.1
C1753−190	NGC 6494	17 56.6	−19 01	27	640	II 2 r	5.9	B9	10	8.30	−0.14	0.8
C1758−237	Boch 14	18 01.7	−23 42	2	1100	III 1 pn				7.00		
C1800−279	NGC 6520	18 03.1	−27 54	6	1600	I 2 m	7.6		9	8.66		0.9
C1801−225	NGC 6531	18 04.4	−22 30	13	1200	I 3 r	7.2	B0	8	7.61		0.7
C1801−243	NGC 6530	18 04.5	−24 20	14	1500		5.1	O5	6	7.00		0.9
C1804−233	NGC 6546	18 07.0	−23 20	13	1200	II 1 r	8.2			7.08		
C1815−122	NGC 6604	18 17.9	−12 14	2	2100	I 3 mn	7.5			7.00		2.9
C1816−138	NGC 6611	18 18.6	−13 47	6	2600		6.5	O7	11	7.00		2.5
C1817−171	NGC 6613	18 19.6	−17 08	9	1200	II 3 pn	7.5			7.61		1.3
C1825+065	NGC 6633	18 27.5	+ 6 34	27	310	III 2 m	5.6	B6	8	8.80	−0.11	0.5
C1828−192	IC 4725	18 31.4	−19 15	32	710	I 3 m	6.2	B4	8	7.61	−0.06	1.4
C1830−104	NGC 6649	18 33.2	−10 24	5	1580	I 3 m	10.0		13	8.03		3.5
C1834−082	NGC 6664	18 36.5	− 8 14	16	1400	III 2 m	8.5	B3	9	8.11		1.8

* Magnitude of brightest cluster member

SELECTED OPEN CLUSTERS, J1995.5

IAU Desig.	Name	R.A.	Dec.	Ang. Diam.	Dist.	Trumpler Class	Tot. Mag.	Spectrum	Mag.*	Log age	Log Fe/H	A_V
		h m	° ′	′	pc							
C1836+054	IC 4756	18 38.7	+ 5 26	52	390	II 3 r	5.4		8	8.92	+0.04	0.6
C1840−041	Trump 35	18 42.7	− 4 08	9	1800	I 2 m	10.0			7.89		3.4
C1842−094	NGC 6694	18 45.0	− 9 24	14	1500	II 3 m	9.0	B8	11	7.94		2.1
C1848−052	NGC 6704	18 50.6	− 5 13	5	1900	I 2 m	9.3		12	7.54		3.1
C1848−063	NGC 6705	18 50.8	− 6 17	13	2000		6.1	B8	11	8.18	+0.10	1.3
C1850−204	Coll 394	18 53.2	−20 24	22	640		6.3			7.89		
C1851+368	Steph 1	18 53.4	+36 54	20	320	IV 3 p				7.61	−0.10	
C1851−199	NGC 6716	18 54.3	−19 54	6	550	IV 1 p	7.5			8.00	−0.28	0.5
C1902+018	Berk 42	19 04.9	+ 1 52	5	1150	I 3 p			18	9.78	0.00	1.9
C1905+041	NGC 6755	19 07.6	+ 4 13	14	1700	II 2 r	8.6		11	7.08		3.4
C1906+046	NGC 6756	19 08.5	+ 4 40	4	1500	I 1 m	10.6		13	7.79		4.3
C1919+377	NGC 6791	19 20.6	+37 50	15	4900	I 2 r			15	9.88	0.00	0.7
C1936+464	NGC 6811	19 38.1	+46 33	12	1100	III 1 r	9.0	A3	11	8.92		0.4
C1939+400	NGC 6819	19 41.2	+40 10	5	2100		9.5	A0	11	9.36	−0.11	1.4
C1941+231	NGC 6823	19 42.9	+23 18	12	2100	I 3 mn		O7		6.30		2.7
C1948+229	NGC 6830	19 50.8	+23 03	12	1700	II 2 p	8.9		10	7.73		1.7
C1950+292	NGC 6834	19 52.0	+29 24	4	2200	II 2 m	9.7		11	7.61		1.8
C1950+182	Harvd 20	19 52.9	+18 19	6	2700	IV 2 p	9.6			8.11		
C2002+438	NGC 6866	20 03.6	+43 59	6	1300	II 2 r	9.1	A2	10	8.75		0.4
C2002+290	Roslnd 4	20 04.7	+29 12	5	2700	II 3 mn				7.08		
C2004+356	NGC 6871	20 05.7	+35 46	20	2440	II 2 pn	5.8	O9		7.08		1.4
C2007+353	Biur 2	20 09.0	+35 28	12	1500	III 2 p			16	7.00		
C2008+410	IC 1311	20 10.2	+41 32	5	8800	I 1 r	13.1			9.30	−0.48	1.9
C2009+263	NGC 6885	20 11.8	+26 28	7	600	III 2 m	5.7	B8	6	9.16	−0.16	0.2
C2014+374	IC 4996	20 16.3	+37 37	5	1600	II 3 pn	7.1	B0	8	7.00		2.1
C2018+385	Berk 86	20 20.3	+38 41	7	1100	IV 2 mn			13	7.61		
C2019+372	Berk 87	20 21.5	+37 21	12	840	III 2 m			13	7.00		
C2021+406	NGC 6910	20 22.9	+40 46	7	1500	I 3 mn	7.3	B0		7.00		2.8
C2022+383	NGC 6913	20 23.8	+38 31	6	1300	II 3 mn	7.5	B0	9	7.00		2.8
C2030+604	NGC 6939	20 31.3	+60 37	7	1200	II 1 r	10.1			9.20	−0.11	1.4
C2032+281	NGC 6940	20 34.4	+28 17	31	810	III 2 r	7.2	A2	11	9.27	+0.04	0.7
C2054+444	NGC 6996	20 56.3	+44 37	7	620	III 2 m	10.0			8.00		1.7
C2109+454	NGC 7039	21 11.0	+45 38	25	680	IV 2 m	6.8			7.54		0.2
C2121+461	NGC 7062	21 23.1	+46 22	6	1700	II 2 m	8.3			8.69		1.3
C2122+478	NGC 7067	21 24.0	+48 00	3	3700	II 1 p	8.3			7.61		2.5
C2122+362	NGC 7063	21 24.3	+36 29	7	640	III 1 p	8.9			8.11		0.3
C2127+468	NGC 7082	21 29.3	+47 04	25	1300					7.89	+0.03	0.8
C2130+482	NGC 7092	21 32.0	+48 25	31	290	III 2 m	5.3	A0	7	8.30		0.2
C2137+572	Trump 37	21 38.9	+57 28	90	1000	IV 3 m	3.5			6.83		1.6
C2144+655	NGC 7142	21 45.8	+65 47	4	1910	I 2 r	10.0		11	9.49	−0.11	0.5
C2151+470	IC 5146	21 53.3	+47 15	9	960	III 2 pn	8.3	B1		8.30		2.0
C2152+623	NGC 7160	21 53.6	+62 35	7	810	I 3 p	6.4	B2		7.61		1.6
C2203+462	NGC 7209	22 05.0	+46 28	25	900	III 1 m	7.8	A0	9	8.50		0.6
C2208+551	NGC 7226	22 10.4	+55 23	1	2100	I 2 m	13.3			8.34		1.8
C2210+570	NGC 7235	22 12.4	+57 16	4	3200	II 3 m	9.2			7.00		2.8
C2213+496	NGC 7243	22 15.1	+49 52	21	760	II 2 m	6.7	B6	8	8.03		0.5
C2213+540	NGC 7245	22 15.1	+54 19	4	1800	II 2 m				8.19		1.8
C2218+578	NGC 7261	22 20.2	+58 04	5	2100	II 3 m	9.8			7.46	−0.46	2.9
C2227+551	Berk 96	22 29.3	+55 23	2	4900	I 2 p			13	7.00		
C2245+578	NGC 7380	22 46.8	+58 04	12	3000	III 2 mn	8.8	O9	10	7.00		1.9

* Magnitude of brightest cluster member

IAU Desig.	Name	R.A.	Dec.	Ang. Diam.	Dist.	Trumpler Class	Tot. Mag.	Spec-trum	Mag.*	Log age	Log Fe/H	A_V
		h m	° ′	′	pc							
C2306+602	King 19	23 08.1	+60 30	6	1200	III 2 p			12	7.61		2.4
C2309+603	NGC 7510	23 11.3	+60 33	4	3160	II 3 rn	9.3	B2	10	7.00		3.2
C2313+602	Mark 50	23 15.1	+60 27	4	3400	III 1 pn				7.00		2.5
C2322+613	NGC 7654	23 24.0	+61 34	12	1600	II 2 r	8.2	B7	11	8.23		1.8
C2345+683	King 11	23 47.6	+68 36	5	2190	I 2 m			17	9.70	0.00	3.1
C2350+616	King 12	23 52.8	+61 56	2	2500	II 1 p			10	7.00		
C2354+611	NGC 7788	23 56.5	+61 22	9	2300	I 2 p	9.4	B1		7.89		0.8
C2354+564	NGC 7789	23 56.8	+56 42	15	2000	II 2 r	7.5	B9	10	9.30	−0.10	0.6
C2355+609	NGC 7790	23 58.2	+61 11	17	3400	II 2 m	7.2		10	7.70	0.00	1.6

* Magnitude of brightest cluster member

C0001−302 = ζ Scl Cluster
C0129+604 = M103
C0215+569 = h Per
C0218+568 = χ Per
C0238+425 = M34
C0344+239 = M45
C0525+358 = M38
C0532+341 = M36
C0549+325 = M37
C0605+243 = M35
C0629+049 = Rosette Cluster
C0638+099 = S Mon Cluster
C0644−206 = M41

C0700−082 = M50
C0716−248 = τ CMa Cluster
C0734−143 = M47
C0739−147 = M46
C0742−237 = M93
C0811−056 = M48
C0837+201 = M44 = NGC 2632
C0838−528 = o Vel Cluster
C0847+120 = M67
C1041−641 = θ Car Cluster
C1043−594 = η Car Cluster
C1239−627 = Coal-Sack Cluster
C1250−600 = NGC 4755 = the Jewel Box Cluster

C1736−321 = M6
C1750−348 = M7
C1753−190 = M23
C1801−225 = M21
C1816−138 = M16
C1817−171 = M18
C1828−192 = M25
C1842−094 = M26
C1848−063 = M11
C2022+383 = M29
C2130+482 = M39
C2322+613 = M52

Berk = Berkeley; Biur = Biurakan; Boch = Bochum; Coll = Collinder; Haff= Haffner; Harvd = Harvard; Mark = Markarian; Mel = Melotte; Pisms = Pismis; Roslnd = Roslund; Rup = Ruprecht; Trump = Trumpler; Steph = Stephenson; vdB−H = van den Bergh−Hagen; Wtrloo = Waterloo; Wester = Westerlund

IAU Desig.	Name	Right Ascen-sion	Decli-nation	V	$B-V$	$U-B$	$V-I$	Type	m/H	$E_{(B-V)}$	$(m-M)_V$	D_o	R	Remarks
		h m	° ′										kpc	
C0021−723	NGC 104	00 23.9	−72 06	4.04	0.86	0.34	1.42	G4	−0.75	0.04	13.46	4.6	7.8	47 Tuc (X-ray
C0050−268	NGC 288	00 52.6	−26 37	8.56	0.66	0.11		((F6))	−1.39	0.00	14.70	8.7	12.2	
C0100−711	NGC 362	01 03.1	−70 52	6.42	0.76	0.13	1.31	F9	−1.39	0.04	14.90	8.9	9.8	D 62
C0310−554	NGC 1261	03 12.1	−55 14	8.64	0.70	0.12		F7	−1.17	0.02	15.70	13.4	15.8	
C0325+794	Pal 1	03 32.7	+79 34						−1.01	0.12	18.7	45.8	51.4	
C0344−718	NGC 1466	03 44.6	−71 41						−2.15	0.07	Wb	39.4	38.4	SL 1
C0354−498	AM 1	03 54.9	−49 37						−1.68	0.00	Wb	39.4	38.4	E 1, ESO 201-
C0422−213	Erid 1	04 24.6	−21 12						−1.22	0.00	Wb	84.7	90.2	
C0435−590	Reticulum	04 36.1	−58 51						−2.01	0.02	Wb	50.4	51.3	ESO 118−G 3
C0443+313	Pal 2	04 45.8	+31 22		1.5:				−1.68	1.45:	Wb	13.6	22.2	
C0444−840	NGC 1841	04 45.8	−84 00						−1.56	0.07	Wb	40.9	38.3	
C0512−400	NGC 1851	05 14.0	−40 03	6.70	0.77	0.14	1.35	F7	−1.25	0.07	15.40	10.8	15.9	D 508, MX 05
C0522−245	NGC 1904	05 24.0	−24 32	7.84	0.60	0.04	1.19	F5	−1.47	0.00	15.65	13.5	19.8	M 79
C0647−359	NGC 2298	06 48.8	−36 00	9.44	0.74	0.22	1.44	F5	−2.06	0.11	15.80	12.2	17.5	
C0734+390	NGC 2419	07 37.8	+38 53	10.80	0.68	0.11	1.20	(F5.5)	−1.98	0.03	19.94	92.9	100.7	
C0737−337	AM 2	07 39.2	−33 50							0.53	Wb	57.7	61.5	ESO 368−SC
C0911−646	NGC 2808	09 12.0	−64 51	6.13	0.91	0.27	1.69	F7	−1.47	0.21	15.52	9.2	11.2	
C0921−770	E 3	09 21.0	−77 16						−0.96	0.30	Wb	8.3	9.7	ESO 037−SC (
C0923−545	UKS 2	09 25.2	−54 42						−0.37	0.74	Wb	9.0	11.9	
C1003+003	Pal 3	10 05.3	+00 06	14.50	0.6:				−1.68	0.03	20.0	95.5	99.0	Sex C
C1015−461	NGC 3201	10 17.4	−46 23	7.10	0.97	0.38	1.64	F6	−1.60	0.28	14.15	4.4	9.1	D 445
C1117−649		11 19.5	−65 12							0.79	Wb	59.5	56.6	ESO 093−SC?
C1126+292	Pal 4	11 29.0	+29 00	14.50	0.6:				−1.30	0.00	19.85	93.3	96.1	
C1207+188	NGC 4147	12 09.9	+18 34	10.28	0.62	0.06	1.06	F2/3	−1.68	0.02	16.28	17.5	19.9	
C1223−724	NGC 4372	12 25.5	−72 38	8.00	0.87:	0.28:		F5	−1.77	0.45	14.90	4.8	7.3	
C1235−509	Rup 106	12 38.4	−51 08							0.24	Wb	26.7	5.4	
C1236−264	NGC 4590	12 39.2	−26 43	8.25	0.66	0.03	1.18	F2/3	−1.85	0.03	15.01	9.6	10.0	M 68
C1256−706	NGC 4833	12 59.3	−70 51	7.36	0.96	0.31	1.66	F3	−1.98	0.38	14.90	5.4	7.1	
C1310+184	NGC 5024	13 12.7	+18 12	7.71	0.65	0.06	1.11	F6	−1.89	0.05	16.34	17.2	17.9	M 53
C1313+179	NGC 5053	13 16.2	+17 43	9.98	0.63		1.16	((F3))	−2.02	0.03	16.00	15.1	16.0	
C1323−472	NGC 5139	13 26.5	−47 27	3.65	0.79	0.19	1.36	F5	−1.60	0.11	13.92	5.2	6.7	Omega Cen
C1339+286	NGC 5272	13 42.0	+28 24	6.41	0.69	0.10	1.15	F6	−1.30	0.00	15.00	10.0	12.2	M 3
C1343−511	NGC 5286	13 46.2	−51 21	7.48	0.90	0.29	1.51	F5	−1.60	0.27	15.61	8.8	7.2	D 388
C1353−269	AM 4	13 56.1	−27 09						−2.23	0.06	Wb	30.3	25.6	
C1403+287	NGC 5466	14 05.2	+28 33	9.35	0.75		1.05	((F5))	−1.85	0.05	15.96	14.4	15.1	
C1427−057	NGC 5634	14 29.4	−05 57	9.58	0.68	0.13	1.25	F3/4	−1.77	0.07	16.90	21.6	17.6	
C1436−263	NGC 5694	14 39.4	−26 31	10.17	0.72	0.07	1.27	F4	−1.89	0.08	17.60	29.3	23.5	
C1452−820	IC 4499	14 59.6	−82 12	10.70	0.8:				−1.77	0.24	17.12	18.4	15.3	
C1500−328	NGC 5824	15 03.7	−33 03	8.96	0.76	0.15	1.38	F4	−1.98	0.14	17.32	23.5	17.2	
C1513+000	Pal 5	15 15.9	−00 06	11.6:					−1.43	0.02	17.2	26.7	21.7	
C1514−208	NGC 5897	15 17.1	−21 00	8.59	0.75	0.05:	1.28	F7	−1.47	0.06	15.60	12.0	6.9	
C1516+022	NGC 5904	15 18.3	+02 06	6.03	0.71	0.12	1.19	F7	−1.60	0.07	14.51	7.2	6.4	M 5
C1524−505	NGC 5927	15 27.7	−50 39	7.95	1.31	0.83	2.09	G2	−0.67	0.55	16.10	7.2	4.7	
C1531−504	NGC 5946	15 35.2	−50 39	9.11	1.19	0.43		F7/8	−1.34	0.56	16.7	9.3	5.1	
C1535−499	BH 176	15 38.8	−50 02							0.73	Wb	85.7	78.3	
C1542−376	NGC 5986	15 45.8	−37 46	7.53	0.89	0.30	1.61	F5	−1.72	0.27	15.90	10.0	4.5	D 552
C1608+150	Pal 14	16 10.9	+14 58						−1.34	0.03	Wb	75.3	69.9	Arp 1, AvdB
C1614−228	NGC 6093	16 16.8	−22 58	7.31	0.84	0.20	1.44	F6	−2.15	0.21	15.28	8.3	3.0	M 80
C1620−264	NGC 6121	16 23.3	−26 31	5.96	1.04	0.44	1.84	F8	−1.09	0.31	12.90	2.4	6.3	M 4
C1620−720	NGC 6101	16 25.3	−72 11	8.9:	1.0:			F5:	−1.68	0.08	15.70	12.2	8.6	
C1624−259	NGC 6144	16 27.0	−26 01	9.07	0.94		1.42	F5/6	−1.81	0.36	15.6	7.6	2.6	
C1624−387	NGC 6139	16 27.4	−38 50	8.99	1.38	0.68	2.45	F6/7:	−1.60	0.68	17.0	8.9	2.9	
C1625−352	Ter 3	16 28.4	−35 20							0.32	Wb	27.2	19.0	
C1629−129	NGC 6171	16 32.3	−13 03	8.17	1.13	0.52	1.88	G0:	−0.88	0.37	15.03	5.8	3.9	M 107
C1636−283		16 39.1	−28 23						−1.01	0.31	Wb	10.3	2.8	ESO 452−SC

U sig.	Name	Right Ascen-sion	Decli-nation	V	$B-V$	$U-B$	$V-I$	Type	m/H	$E_{(B-V)}$	$(m-M)_V$	D_o	R	Remarks
		h m	° ′										kpc	
9+365	NGC 6205	16 41.5	+36 28	5.86	0.69	0.06	1.12	(F5.4)	−1.60	0.02	14.35	7.2	8.7	M 13
5+476	NGC 6229	16 46.8	+47 32	9.39	0.74	0.09	1.25	(F7.3)	−1.39	0.01	17.2	27.1	26.6	
4−018	NGC 6218	16 47.0	−01 56	6.88	0.86	0.20	1.46	F8	−1.89	0.19	14.30	5.4	4.7	M 12
0−220	NGC 6235	16 53.2	−22 10	10.23	0.88			F9:	−1.60	0.38	16.6	11.7	4.0	
4−040	NGC 6254	16 56.9	−04 06	6.63	0.92	0.24	1.60	F3	−1.51	0.26	14.05	4.4	5.1	M 10
6−370	NGC 6256	16 59.2	−37 07						−1.56	0.88:	Wb	9.1	2.0	
7−004	Pal 15	16 59.8	−00 33						−1.26	0.12	Wb	69.7	62.3	
8−300	NGC 6266	17 00.9	−30 06	6.53	1.14	0.52	2.10	F9	−1.26	0.46	15.38	5.9	2.8	M 62
9−262	NGC 6273	17 02.3	−26 16	6.83	1.00	0.35	1.73	F7	−2.40	0.38	16.35	10.5	2.5	M 19
1−246	NGC 6284	17 04.2	−24 46	9.03	0.97	0.36	1.72	F9	−1.34	0.27	16.0	10.5	2.6	
2−226	NGC 6287	17 04.9	−22 42	9.44	1.26		2.33	F5	−1.72	0.36	15.8	8.4	1.6	
7−265	NGC 6293	17 09.9	−26 35	8.39	0.97	0.27	1.68	F3	−1.85	0.34	15.5	7.5	1.5	
8−271	TJ 5	17 11.0	−27 11											
1−294	NGC 6304	17 14.3	−29 27	8.38	1.32	0.82	2.26	G3	−0.54	0.58	15.50	5.2	3.4	
3−280	NGC 6316	17 16.3	−28 08	9.00	1.30	0.57	2.42	G2	−0.62	0.48	16.7	10.6	2.3	
5+432	NGC 6341	17 17.0	+43 09	6.50	0.63	0.02	1.10	(F2.8)	−1.89	0.01	14.50	7.8	9.7	M 92
4−237	NGC 6325	17 17.7	−23 46	10.73	1.69		2.82	G0	−2.02	0.80	16.70	6.5	2.3	
5−262	TJ 15	17 18.2	−26 18											
5−277	TJ 16	17 18.2	−27 46											TBJ 2
5−278	TJ 17	17 18.4	−27 50						<−0.07					TBJ 1
6−184	NGC 6333	17 18.9	−18 31	7.75	0.96	0.30	1.75	F5/6	−1.77	0.36	15.7	8.0	1.8	M 9
8−195	NGC 6342	17 20.9	−19 35	10.10	1.36		1.95	G3/4	−0.75	0.49	17.5	15.0	6.9	
0−177	NGC 6356	17 23.3	−17 49	8.28	1.14	0.58	1.85	G3	−1.17	0.21	17.07	18.9	10.7	
0−263	NGC 6355	17 23.7	−26 21	9.76	1.58		2.36	G0	−1.34	0.76	16.6	6.6	2.0	
1−484	NGC 6352	17 25.1	−48 25	8.40	1.03	0.61		G4	−0.07	0.25	14.47	5.4	3.9	
4−307	Ter 2	17 27.2	−30 48						−0.54	1.31	Wb	10.0	1.4	HP 3 (X−ray)
5−050	NGC 6366	17 27.5	−05 04	10.09	1.60	0.99			−0.71	0.65	15.4	4.5	4.8	
7−315	Ter 4	17 30.3	−31 36						−0.29	1.55	Wb	16.1	7.4	HP 4
7−299	HP 1	17 30.8	−29 59		2.0:			((G5):)	−1.68	1.41	Wb	9.5	0.9	
6−670	NGC 6362	17 31.4	−67 03					G3	−0.71	0.12	14.65	7.1	5.3	D 225
8−338	Grindlay 1	17 31.7	−33 50							3.2:	Wb	11.8	3.2	4U/MXB 1728−34
0−333	Liller 1	17 33.1	−33 23						−0.29	2.91	Wb	7.9	1.2	(X−ray)
1−390	NGC 6380	17 34.1	−39 04						−1.30	1.38	Wb	4.0	5.0	PISMIS 25, TON 1
2−304	Ter 1	17 35.5	−30 29						+0.10	1.52	Wb	10.6	1.9	HP 2 (X−ray)
3−390	Pismis 26	17 35.8	−38 33							0.91	Wb	8.7	1.5	Ton 2
2−447	NGC 6388	17 36.0	−44 44	6.64	1.16	0.62		G2	−0.62	0.32	16.83	14.3	6.5	
5−032	NGC 6402	17 37.4	−03 15	7.49	1.24	0.60	2.10	F4	−2.19	0.58	16.90	9.9	4.3	M 14
5−238	NGC 6401	17 38.3	−23 54	9.44	1.32		2.52	F9	−1.01	0.79	16.6	6.3	2.3	
6−536	NGC 6397	17 40.3	−53 40	5.90	0.76	0.15		F4	−2.02	0.13	12.30	2.4	6.4	D 366
0−247		17 43.3	−24 43											ESO 520−SC?20
0−262	Pal 6	17 43.4	−26 13	13.6:	3.4:				+0.22	1.80	18.0	2.6	5.9	
2+031	NGC 6426	17 44.7	+03 10	11.48	0.99	0.32	1.66	G1::	−1.94	0.40	17.3	15.7	9.6	
1−328	TJ 23	17 44.9	−32 46											
5−247	Ter 5	17 47.9	−24 47	13.50	4.00		5.90		−0.71	2.14	Wb	7.1	1.8	XB 1745−25
6−203	NGC 6440	17 48.6	−20 22	9.39	1.97	0.97	3.23	G4:	−0.54	1.01	16.4	4.1	4.5	MX 1746−20
46−370	NGC 6441	17 49.9	−37 03	7.24	1.25	0.79	2.16	G2	−0.07	0.45	16.50	10.1	2.1	3U 1746−37
47−312	Ter 6	17 50.4	−31 17							1.46	Wb	12.8	4.0	HP 5
48−346	NGC 6453	17 50.6	−34 36	9.77	1.17		2.53	F8	−1.51	0.61	Wb	10.7	2.1	
51−241	UKS 1	17 54.2	−24 09						−1.22	3.07	Wb	10.4	1.8	
55−442	NGC 6496	17 58.7	−44 16	8.80	1.1:			G4	−0.71	0.07	14.3	6.5	2.8	
58−268	Ter 9	18 01.5	−26 51						−0.45	1.71	Wb	7.0	1.9	
59−089	NGC 6517	18 01.6	−08 58	10.29	1.81	0.99	3.04	F8	−1.47	1.14	18.1	7.4	3.0	
00−260	Ter 10	18 03.0	−26 04							1.71	Wb	14.6	5.9	
00−300	NGC 6522	18 03.3	−30 02	8.75	1.20	0.64	1.95	F7/8	−1.56	0.50	15.64	6.3	2.3	
01−003	NGC 6535	18 03.6	−00 18	10.62	0.96	0.34		G0	−1.56	0.36	16.1	9.6	4.7	

IAU Desig.	Name	Right Ascen-sion	Decli-nation	V	$B-V$	$U-B$	$V-I$	Type	m/H	$E_{(B-V)}$	$(m-M)_V$	D_o	R	Remarks
		h m	° ′										kpc	
C1801−300	NGC 6528	18 04.5	−30 03	9.67	1.43	0.95	2.28	G3	−0.96	0.63	16.4	7.3	1.3	
C1802−075	NGC 6539	18 04.6	−07 35	9.62	1.91	1.16	2.39	G4::	−1.05	1.22	15.7	2.2	6.5	
C1804−250	NGC 6544	18 07.1	−25 00	8.30	1.46	0.68	2.50	F9:	−2.15	0.63	15.2	4.2	4.3	
C1804−437	NGC 6541	18 07.7	−43 42	6.91	0.76	0.14		F6	−2.02	0.13	14.60	6.8	2.6	D 473
C1806−259	NGC 6553	18 09.0	−25 54	8.13	1.63	1.06	2.89	G4	−0.41	0.79	16.35	5.6	3.0	
C1807−317	NGC 6558	18 10.0	−31 46					F7	−1.51	0.40	16.1	9.0	1.1	
C1808−072	IC 1276	18 10.5	−07 12						−0.84	0.92	18.5	12.4	5.6	Pal 7
C1809−227	Ter 11	18 12.2	−22 45							1.57	Wb	23.7	15.1	
C1810−318	NGC 6569	18 13.4	−31 50	8.76	1.29	0.54	2.12	G1:	−1.01	0.63	16.5	7.7	1.3	
C1812−121	Kodaira 1	18 14.9	−12 03											
C1814−522	NGC 6584	18 18.3	−52 13	8.87	0.79	0.17		F6	−1.56	0.11	16.4	16.1	9.1	D 376
C1820−303	NGC 6624	18 23.4	−30 22	8.31	1.10	0.57	1.84	G4/5	−0.84	0.25	15.20	7.5	1.5	4U/MXB 1820−
C1821−249	NGC 6626	18 24.3	−24 52	6.99	1.09	0.45	1.82	F8	−1.81	0.33	14.9	5.8	3.0	M 28
C1827−255	NGC 6638	18 30.7	−25 30	9.03	1.12	0.54	1.92	G0	−0.92	0.36	16.8	13.3	5.2	
C1828−323	NGC 6637	18 31.1	−32 21	7.79	1.02	0.48	1.68	G2/3	−0.92	0.17	15.7	10.4	2.6	M 69
C1828−235	NGC 6642	18 31.6	−23 29	8.80	1.12	0.47	1.86	F8	−1.30	0.36	14.8	5.3	3.5	
C1832−330	NGC 6652	18 35.5	−33 00	8.93	0.89	0.36	1.44	G3	−0.92	0.11	17.0	21.3	13.0	
C1833−239	NGC 6656	18 36.1	−23 54	5.07	1.00	0.28	1.83	F5	−1.81	0.35	13.55	3.0	5.6	M 22
C1838−198	Pal 8	18 41.2	−19 50						−0.50	0.30	18.4	30.3	22.3	
C1840−323	NGC 6681	18 42.9	−32 18	8.18	0.72	0.14	1.31	F5	−0.92	0.07	15.40	10.8	3.2	M 70
C1850−087	NGC 6712	18 52.8	−08 43	8.13	1.14	0.53	2.00	F5	−1.26	0.35	15.51	7.4	3.7	A 1850−08 (X−
C1851−305	NGC 6715	18 54.8	−30 29	7.61	0.84	0.24	1.44	F7/8	−1.85	0.14	17.11	21.4	13.3	M 54
C1852−227	NGC 6717	18 54.8	−22 42					F6	−2.19	0.18	16.5	15.2	7.5	Pal 9
C1856−367	NGC 6723	18 59.2	−36 38	7.26	0.74	0.26	1.36	F9	−1.09	0.01	14.80	9.0	2.7	D 523
C1902+017	NGC 6749	19 05.0	+01 52	11.07	1.63			((F8))	−0.37	0.96:	Wb	12.8	7.7	
C1906−600	NGC 6752	19 10.5	−59 59	5.76	0.66	0.08		F4/5	−1.64	0.01	13.20	4.3	5.5	D 295
C1908+009	NGC 6760	19 11.0	+01 01	9.08	1.68	0.8:	2.80	G5	−0.84	0.91	15.9	3.8	5.6	
C1914+300	NGC 6779	19 16.4	+30 11	8.21	0.87	0.21	1.48	(F4.6)	−2.32	0.22	15.60	9.4	9.4	M 56
C1914−347	Ter 7	19 17.4	−34 40							0.06	Wb	36.4	28.4	ESO 397−SC14
C1916+184	Pal 10	19 17.9	+18 33							1.20	18.6	8.5	7.5	
C1925−304	Arp 2	19 28.4	−30 22						−1.85	0.11	Wb	28.3	20.4	ESO 460−SC06
C1936−310	NGC 6809	19 39.7	−30 58	6.33	0.69	0.12	1.27	F4	−1.56	0.07	14.00	5.7	4.1	M 55
C1938−341	Ter 8	19 41.5	−34 01							0.12	Wb	48.2	40.4	
C1942−081	Pal 11	19 45.0	−08 02						−0.92	0.15	17.6	26.4	20.0	
C1951+186	NGC 6838	19 53.6	+18 46	8.28	1.12	0.53	1.81	G1	−0.45	0.28	13.90	3.9	7.2	M 71
C2003−220	NGC 6864	20 05.8	−21 56	8.52	0.86	0.28	1.52	F9	−1.68	0.17	16.85	18.1	11.8	M 75
C2031+072	NGC 6934	20 34.0	+07 23	9.03	0.77	0.20	1.24	F7/8	−1.30	0.12	16.22	14.6	11.9	
C2050−127	NGC 6981	20 53.2	−12 33	9.35	0.74	0.11	1.28	F7	−1.56	0.03	16.29	17.3	13.0	M 72
C2059+160	NGC 7006	21 01.3	+16 10	10.67	0.74	0.15	1.22	F6	−1.72	0.13	18.12	34.5	31.9	
C2127+119	NGC 7078	21 29.7	+12 09	6.48	0.68	0.06	1.18	F3/4	−2.06	0.07	15.26	10.1	1.5	M 15, 3U 2131+
C2130−010	NGC 7089	21 33.3	−00 51	6.50	0.68	0.08	1.17	F4	−1.81	0.06	15.45	11.2	10.3	M 2
C2137−234	NGC 7099	21 40.1	−23 12	7.56	0.60	0.04	1.10	F3	−2.19	0.01	14.60	8.2	7.4	M 30
C2139−472		21 42.5	−47 03											ESO 287−?53
C2143−214	Pal 12	21 46.4	−21 16						−1.13	0.02	19.0	61.2	56.7	
C2304+124	Pal 13	23 06.5	+12 45	14.50	0.7:			((F6))	−0.96	0.05	17.10	24.4	25.5	
C2305−159	NGC 7492	23 08.2	−15 38	11.48	0.40	0.22		((F5))	−1.81	0.00	16.70	21.9	21.3	
C2346−732	AM 3	23 48.7	−72 58											

IAU Desig.	Name	Right Ascension J2000.0	Declination J2000.0	ID	m_v	Z	S 5GHz	Code
		h m s	° ′ ″				Jy	
0003–066		0 06 13.895	− 6 23 35.34	G	19.7		1.5	
0008–264		0 11 01.247	−26 12 33.38	Q	19.0			
0016+731		0 19 45.789	+73 27 30.07	Q	18.0		1.7	
0019–000	4C+00.02	0 22 25.428	+ 0 14 56.14	G	21.1		1.1	
0022–423		0 24 42.993	−42 02 03.58	?	22.0		1.5	
0026+346	OB 343	0 29 14.242	+34 56 32.22	G	20.2		1.2	
0056–001	4C–00.06	0 59 05.514	+ 0 06 51.66	Q	17.7	0.717	1.4	
0104–408		1 06 45.108	−40 34 19.96	Q	18.1			
0106+013	4C 01.02	1 08 38.771	+ 1 35 00.32	Q	18.5	2.107		
0111+021		1 13 43.144	+ 2 22 17.30	G	16.3	0.047		
0112–017	UM 310	1 15 17.095	− 1 27 04.59	Q	17.0	1.365	0.9	
0113–118		1 16 12.522	−11 36 15.44	G	18.5			
0116+319	4C 31.04	1 19 34.998	+32 10 50.04	G	15.7	0.059	1.5	
0119+041	OC 033	1 21 56.860	+ 4 22 24.7	Q	19.5	0.637	1.1	
0133+476	OC 457	1 36 58.595	+47 51 29.10	L	18.0	0.860	2.0	A
0135–247	OC–259	1 37 38.346	−24 30 53.83	Q	16.9	0.831	0.7	
0138–097		1 41 25.832	− 9 28 43.69	L	18.0		1.2	
0146+056	OC 079	1 49 22.374	+ 5 55 53.55	Q?	20.0	2.345	0.9	
0149+218		1 52 18.055	+22 07 07.69	Q	18.0		1.4	
0153+744		1 57 34.976	+74 42 43.26	Q	16.0		1.1	
0202+149	4C 15.05	2 04 50.414	+15 14 11.05	Q	21.9			
0202+319		2 05 04.925	+32 12 30.01	Q	18.0	1.466	1.2	
0202–172		2 04 57.676	−17 01 19.78	Q	18.5	1.740	1.2	
0208–512		2 10 46.199	−51 01 01.94	Q	17.5	1.003		
0212+735		2 17 30.820	+73 49 32.63	L	19.0		2.2	A
0224+671	4C 67.05	2 28 50.052	+67 21 03.03	Q	19.5			
0234+285	CTD20	2 37 52.406	+28 48 08.99	Q	18.5	1.207		A
0235+164	OD 160	2 38 38.930	+16 36 59.28	L	19.0		1.4	A, a
0237–233	PHL 8462	2 40 08.176	−23 09 15.75	Q	17.0	2.224	0.9	A
0256+075	OD 094.7	2 59 27.083	+ 7 47 39.6	Q?	18.0		0.8	
0300+470	4C 47.08	3 03 35.242	+47 16 16.28	L	18.0			A
0316+413	3C84	3 19 48.160	+41 30 42.11	G	15.1			A
0319+121	OE 131	3 21 53.104	+12 21 14.00	Q	19.0		1.1	
0332–403		3 34 13.654	−40 08 25.39	Q	18.5	1.445	1.5	A
0333+321	NRAO 140	3 36 30.108	+32 18 29.35	Q	17.0	1.253	2.4	A
0336–019	CTA26	3 39 30.938	− 1 46 35.80	Q	17.9	0.852	2.6	A
0355+508	NRAO 150	3 59 29.748	+50 57 50.17	EF				
0400+258	OF 200	4 03 05.580	+26 00 01.51	Q	18.0	2.109	1.2	
0402–362		4 03 53.750	−36 05 01.91	Q	16.0	1.417		
0406+121		4 09 22.009	+12 17 39.84	Q	22.0			A
0414–189		4 16 36.546	−18 51 08.3	Q	19.0	1.536	1.3	
0420–014	OF–035	4 23 15.801	− 1 20 33.06	Q	18.0	0.915	3.1	A
0420+417	VR41.04.01	4 23 56.010	+41 50 02.72	Q	19.0			
0428+205	OF 247	4 31 03.755	+20 37 34.25	G	20.0	0.219	2.3	
0434–188		4 37 01.483	−18 44 48.62	Q	20.0			
0438–436		4 40 17.180	−43 33 08.60	Q	19.8	2.852	3.9	
0440–003	NRA0 190	4 42 38.661	− 0 17 43.42	Q	18.5	0.844	1.5	A
0451–282		4 53 14.646	−28 07 37.32	Q	19.0			
0454+844		5 08 42.363	+84 32 04.56	L	16.5		1.6	A
0457+024	OF 097	4 59 52.049	+ 2 29 31.08	Q	18.0	2.370	1.2	

IAU Desig.	Name	Right Ascension J2000.0	Declination J2000.0	ID	m_v	Z	S 5GHz	Code
		h m s	° ′ ″				Jy	
0458–020	4C–02.19	5 01 12.805	– 1 59 13.8	Q	18.4	2.286	1.9	
0500+019		5 03 21.194	+ 2 03 04.55	?	20.0			
0528–250		5 30 07.964	–25 03 29.80	Q	17.0	2.765	0.8	
0528+134	OG 147	5 30 56.417	+13 31 55.15	Q	20.3			A
0529+075	OG 050	5 32 38.997	+ 7 32 43.30	Q	19.0			b
0537–441		5 38 50.361	–44 05 08.94	Q	15.5	0.894		A
0539–057		5 41 38.082	– 5 41 49.50	EF				
0552+398	DA 193	5 55 30.806	+39 48 49.17	Q	18.0	2.365	4.7	A
0605–085		6 07 59.700	– 8 34 49.99	Q	18.0			A, c
0607–157		6 09 40.950	–15 42 40.67	Q	17.0	0.324	2.4	A
0609+607		6 14 23.859	+60 46 21.81	Q	20.0		1.1	
0615+820		6 26 02.917	+82 02 25.64	Q	17.5		1.0	
0637–752		6 35 46.517	–75 16 16.86	Q	15.8	0.651		
0642+449	OH 471	6 46 32.017	+44 51 16.61	Q	19.0	3.400	0.7	
0710+439	OI 417	7 13 38.177	+43 49 17.01	G	19.8		1.6	
0711+356	OI 318	7 14 24.819	+35 34 39.77	Q	19.0	1.620	1.2	
0716+714		7 21 53.448	+71 20 36.44	L	13.2		1.1	
0723–008	OI–039	7 25 50.640	– 0 54 56.54	G	18.0	0.128		A
0727–115		7 30 19.113	–11 41 12.61	EF	(?)		3.0	A
0733–174		7 35 45.814	–17 35 48.39	EF	(?)		1.9	
0735+178	OI 158	7 38 07.394	+17 42 19.00	L	16.5	(0.424)	2.1	A
0736+017	OI 061	7 39 18.032	+ 1 37 04.64	Q	18.0	0.191	2.2	
0738+313	OI 363	7 41 10.704	+31 12 00.22	Q	17.5	0.630	1.6	A
0742+103	DW0742	7 45 33.060	+10 11 12.69	EF			3.6	A
0743–673		7 43 31.518	–67 26 25.96	Q	17.0	1.510		
0748+126	OI 280	7 50 52.046	+12 31 04.83	Q	18.0	0.889	1.5	A
0804+499	OJ 508	8 08 39.665	+49 50 36.55	G	18.4	0.351	1.1	
0814+425	OJ 425	8 18 16.000	+42 22 45.41	Q	18.5		1.6	A
0823+033		8 25 50.338	+ 3 09 24.51	Q	18.0		1.0	A, c
0826–373		8 28 04.785	–37 31 06.19	Q	16.0		1.8	
0827+243	OJ 248	8 30 52.087	+24 10 59.81	Q	17.5	2.046		
0828+493	OJ 448	8 32 23.214	+49 13 21.04	Q	17.5	1.046	1.5	
0831+557	4C 55.16	8 34 54.903	+55 34 21.09	G	18.5	0.242	5.5	d
0833+585		8 37 22.409	+58 25 01.86	Q	18.0	2.101	1.2	
0836+710	4C 71.01	8 41 24.368	+70 53 42.18	Q	16.5		2.5	A
0839+187		8 42 05.095	+18 35 40.98	Q	16.5	0.259	1.0	
0851+202	OJ 287	8 54 48.875	+20 06 30.63	L	14.5	(0.306)	2.8	A
0859–140	OJ–199	9 02 16.832	–14 15 30.90	Q	17.8	1.327	2.1	A
0859+470	OJ 499	9 03 03.991	+46 51 04.13	Q	18.7	1.462		
0906+015	4C 01.24	9 09 10.100	+ 1 21 35.4	Q	17.5	1.012	1.4	
0917+624	OK 630	9 21 36.236	+62 15 52.14	Q	19.5		1.2	
0919–260	OK–232	9 21 29.357	–26 18 43.36	Q	19.0	2.300	2.1	
0923+392	4C 39.25	9 27 03.014	+39 02 20.85	Q	17.8	0.699		A
0941–080		9 43 36.945	– 8 19 30.87	G	19.0		1.0	
0952+179	VR17.09.04	9 54 56.823	+17 43 31.22	Q	18.0	1.472		
0954+658		9 58 47.247	+65 33 54.81	Q	18.0		0.6	
1004+141	OL 108.1	10 07 41.498	+13 56 29.59	Q	18.0	2.707		
1015–314		10 18 09.278	–31 44 14.08	G	21.0		1.3	
1030+415	VR10.41.03	10 33 03.711	+41 16 06.16	Q	18.2	1.120	0.6	
1031+567	OL 553	10 35 07.047	+56 28 46.76	Q	20.3		1.2	

IAU Desig.	Name	Right Ascension J2000.0	Declination J2000.0	ID	m_V	Z	S 5GHz	Code
		h m s	° ′ ″				Jy	
1032−199		10 35 02.156	−20 11 34.35	Q	19.0	2.198	0.9	
1034−293	OL−259	10 37 16.080	−29 34 02.82	L	18.0		1.9	A
1038+064	OL 064.5	10 41 17.162	+ 6 10 16.94	Q	16.5	1.270		
1039+811		10 44 23.086	+80 54 39.45	Q	16.5			c
1040+123	4C 12.37	10 42 44.606	+12 03 31.25	Q	17.3	1.029		
1055+018	4C 01.28	10 58 29.605	+ 1 33 58.81	Q	18.0	0.888		
1104−445		11 07 08.695	−44 49 07.61	Q	18.0	1.598		A
1111+149	OM 118	11 13 58.695	+14 42 26.94	Q	18.0	0.869		
1116+128	4C 12.39	11 18 57.302	+12 34 41.71	Q	19.3	2.118		
1117+146	4C 14.41	11 20 27.803	+14 20 54.95	Q	20.0		1.1	
1123+264	PB2704	11 25 53.712	+26 10 19.97	Q	18.5	2.341		A
1127−145	OM−146	11 30 07.052	−14 49 27.39	Q	16.9	1.187	4.7	A
1128+385		11 30 53.283	+38 15 18.54	Q	19.0			
1130+009		11 33 20.056	+ 0 40 52.83	Q	18.5			
1143−245	OM−272	11 46 08.108	−24 47 32.95	Q	18.5	1.950		c
1144−379		11 47 01.370	−38 12 11.03	Q	16.2			
1145−071		11 47 51.559	− 7 24 41.18	Q	18.5		1.0	
1148−001	4C−00.47	11 50 43.870	− 0 23 54.21	Q	17.6	1.982	1.9	A
1150+812		11 53 12.514	+80 58 29.09	Q	18.6	1.250	1.2	
1155+251		11 58 25.790	+24 50 17.93	G	18.0		0.9	
1213+350	4C 35.28	12 15 55.600	+34 48 15.04	Q	20.0		0.9	
1216+487	ON 428	12 19 06.419	+48 29 56.09	Q	18.5	1.073	1.0	
1219+285	W COM	12 21 31.681	+28 13 58.44	L	15.0			
1222+037	4C 03.23	12 24 52.422	+ 3 30 50.28	Q	19.0	0.957		
1226+023	3C 273	12 29 06.69971*	+ 2 03 08.59	Q	12.86	0.1584	5.8	A
1228+126	3C 274	12 30 49.423	+12 23 28.04	G	9.6	0.004		e
1237−101	ON−162	12 39 43.065	−10 23 28.77	Q	18.2	0.753	1.0	
1243−072	ON−073	12 46 04.235	− 7 30 46.62	Q	18.5	(0.267)	1.4	
1244−255		12 46 46.802	−25 47 49.30	Q	18.0	0.633		
1245−197		12 48 23.900	−19 59 18.66	Q	20.5		2.3	
1252+119	ON 187	12 54 38.253	+11 41 05.83	Q	16.6	0.870	1.0	
1253−055	3C 279	12 56 11.167	− 5 47 21.53	Q	16.8	0.536		
1255−316		12 57 59.071	−31 55 16.90	Q	19.5		1.0	
1302−102	OP−106	13 05 33.016	−10 33 19.6	Q	15.2	0.286	1.0	
1308+326	OP 313	13 10 28.663	+32 20 43.78	L	19.0	0.996	2.5	A
1311+678	4C 67.22	13 13 27.984	+67 35 50.36	EF			0.9	
1313−333	OP−322	13 16 07.986	−33 38 59.18	Q	20.0	2.210		A
1323+321	4C 32.44	13 26 16.512	+31 54 09.40	G	19.0		2.3	A
1328+254	3C 287	13 30 37.691	+25 09 10.85	Q	18.0	1.055	3.2	c
1328+307	3C 286	13 31 08.284	+30 30 32.94	Q	17.0	0.846	7.4	
1334−127		13 37 39.783	−12 57 24.70	Q	18.5		1.9	A
1342+663		13 44 08.679	+66 06 11.64	Q	19.0			
1345+125	4C 12.50	13 47 33.359	+12 17 24.21	G	17.0	0.122	2.7	
1349−439		13 52 56.535	−44 12 40.40	L	18.5	0.053		
1354−152		13 57 11.240	−15 27 28.73	Q	18.5		1.5	
1354+195	4C 19.44	13 57 04.436	+19 19 07.37	Q	16.5	0.720	1.8	A
1404+286	OQ 208	14 07 00.394	+28 27 14.67	G	14.0	0.077	3.0	A
1418+546	OQ 530	14 19 46.598	+54 23 14.78	L	14.5		0.7	A
1430−178	OQ−151	14 32 57.690	−18 01 35.24	Q	19.0	2.331		
1435+638		14 36 45.800	+63 36 37.86	Q	15.0	2.060	0.9	

*Reference for origin of right ascension.

IAU Desig.	Name	Right Ascension J2000.0	Declination J2000.0	ID	m_V	Z	S 5GHz	Code
		h m s	° ′ ″				Jy	
1442+101	OQ 172	14 45 16.461	+ 9 58 36.05	Q	18.4	3.530	1.1	
1502+106	OR 103	15 04 24.980	+10 29 39.19	Q	18.9	1.833	2.1	A
1504–166		15 07 04.791	–16 52 30.16	Q	18.5	0.876		
1510–089		15 12 50.533	– 9 05 59.84	Q	16.5	0.361		
1511+238	4C 23.41	15 13 40.186	+23 38 35.18	?	20.0		0.8	
1519–273		15 22 37.676	–27 30 10.78	Q	19.0		2.0	A
1546+027	OR 078	15 49 29.435	+ 2 37 01.15	Q	18.0	0.412	1.3	
1547+507		15 49 17.468	+50 38 05.76	Q	18.5		0.7	
1555+001	DW 1555	15 57 51.434	– 0 01 50.42	Q	19.0	1.770	1.2	A, f
1607+268	CTD93	16 09 13.315	+26 41 28.98	Q	19.0		1.7	
1610–771		16 17 49.260	–77 17 18.47	Q	19.0	1.710		
1611+343	DA 406	16 13 41.064	+34 12 47.91	Q	17.5	1.404	2.2	A
1633+382	4C 38.41	16 35 15.493	+38 08 04.50	Q	18.0	1.810	1.9	A
1637+574	OS 562	16 38 13.462	+57 20 23.94	Q	17.0	(0.745)	1.6	
1638+398	NRAO 512	16 40 29.633	+39 46 46.03	L	18.5			A
1641+399	3C 345	16 42 58.810	+39 48 36.99	Q	16.3	0.595		A
1652+398	4C 39.49	16 53 52.227	+39 45 36.45	L	14.0	0.033	1.2	
1656+053	OS 094	16 58 33.447	+ 5 15 16.44	Q	16.5	0.879		
1717+178	OT 129	17 19 13.049	+17 45 06.44	Q	18.5			g
1730–130	NRAO 530	17 33 02.706	–13 04 49.55	Q	18.5	0.902		
1732+389		17 34 20.577	+38 57 51.41	G	19.5		1.3	
1738+476	OT 465	17 39 57.127	+47 37 58.37	Q	17.5			
1739+522	4C 51.37	17 40 36.980	+52 11 43.43	Q	18.5	1.375	1.9	
1741–038		17 43 58.857	– 3 50 04.62	Q	18.5		2.2	A
1748–253		17 51 51.265	–25 23 59.80	Q	18.4		0.5	
1749+701		17 48 32.839	+70 05 50.77	L	16.5	(0.760)	1.2	A
1749+096	OT 081	17 51 32.816	+ 9 39 00.68	L	16.5		1.6	
1751+288		17 53 42.474	+28 48 04.91	Q	20.0		0.8	
1803+784		18 00 45.669	+78 28 04.00	L	16.4		2.5	
1807+698	3C 371	18 06 50.680	+69 49 28.11	G	14.2	0.510		
1821+107		18 24 02.855	+10 44 23.77	Q	16.0	1.036	1.1	A
1908–202		19 11 09.654	–20 06 55.03	?	22.0			
1921–293	OV–236	19 24 51.056	–29 14 30.11	Q	17.0	0.352	6.8	A
1928+738	4C 73.18	19 27 48.490	+73 58 01.55	Q	15.5	0.360	3.0	
1933–400		19 37 16.208	–39 58 00.88	Q	19.0		0.7	A
1934–638		19 39 25.006	–63 42 45.68	G	18.4	0.183		e
1936–155		19 39 26.655	–15 25 43.06	Q	20.5			
1947+079	OV 080	19 50 05.536	+ 8 07 13.93	Q?	21.0		1.2	
1958–179	OV–198	20 00 57.090	–17 48 57.67	Q	18.5	0.650	1.2	A
2007+776		20 05 31.001	+77 52 43.22	L	16.5		1.0	
2008–068		20 11 14.214	– 6 44 03.65	EF				
2021+614	OW 637	20 22 06.681	+61 36 58.82	Q	19.0		2.3	A
2029+121		20 31 54.994	+12 19 41.34	Q	18.5			
2030+547	OW 551	20 31 47.959	+54 55 03.15	?	18.7			
2037+511	3C 418	20 38 37.030	+51 19 12.59	Q	21.0	1.686		
2106–413		21 09 33.184	–41 10 20.48	Q	18.4		2.2	
2113+293		21 15 29.414	+29 33 38.37	Q	19.5		0.8	A
2128+048	3CR 433	21 30 32.874	+ 5 02 17.45	EF			2.1	
2128–123		21 31 35.260	–12 07 04.81	Q	16.0	0.501	2.4	
2131–021	4C–02.81	21 34 10.313	– 1 53 17.28	L	19.0	0.556	1.9	

IAU Desig.	Name	Right Ascension J2000.0	Declination J2000.0	ID	m_v	Z	S 5GHz	Code
		h m s	° ′ ″				Jy	
2134+004	OX 057	21 36 38.586	+ 0 41 54.21	Q	18.0	1.936	10.3	A
2136+141	OX 161	21 39 01.303	+14 23 35.97	Q	18.5	2.427	1.2	
2144+092	OX 074	21 47 10.159	+ 9 29 46.65	Q	18.6	(1.609)	0.7	
2145+067	4C 06.69	21 48 05.459	+ 6 57 38.61	Q	17.5	0.990	2.5	A
2150+173		21 52 24.816	+17 34 37.8	G	21.0		0.7	
2155–152	OX–192	21 58 06.282	–15 01 09.32	L	18.0			
2200+420	BL LAC	22 02 43.291	+42 16 39.98	L	14.0	0.070	2.4	A
2201+315	4C 31.63	22 03 14.968	+31 45 38.29	Q	14.5	0.298		
2203–188	MSH 22–101	22 06 10.413	–18 35 38.77	Q	19.5	0.614	4.1	
2210–257		22 13 02.499	–25 29 30.17	Q	19.5		0.9	
2216–038	4C–03.79	22 18 52.036	– 3 35 36.91	Q	17.0	0.901	3.2	
2227–088		22 29 40.082	– 8 32 54.43	Q	18.0		1.2	
2227–399		22 30 40.276	–39 42 52.02	Q	18.0	0.323	0.6	
2230+114	CTA 102	22 32 36.409	+11 43 50.90	Q	17.3	1.037	3.6	A
2234+282	CTD 135	22 36 22.471	+28 28 57.42	Q	19.0	0.795	1.3	A
2243–123		22 46 18.232	–12 06 51.28	Q	17.0	0.630	2.4	A
2245–328		22 48 38.686	–32 35 52.17	Q	18.6	2.268	1.8	A
2251+158	3C 454.3	22 53 57.748	+16 08 53.56	L	16.1	0.859		A
2253+417	OY 489	22 55 36.708	+42 02 52.54	Q	18.8	1.476		
2254+074	OY 091	22 57 17.304	+ 7 43 12.27	L	16.4		0.5	
2255–282		22 58 05.862	–27 58 23.04	Q	17.0	0.926	1.6	
2318+049	OZ 031	23 20 44.854	+ 5 13 49.94	Q	19.0	0.623	0.8	
2319+272	4C 27.50	23 21 59.859	+27 32 46.42	Q	20.0	1.260	0.8	
2320–035		23 23 31.954	– 3 17 05.02	Q	18.0	1.411		
2326–477		23 29 17.707	–47 30 19.19	Q	17.0	1.299		
2328+107	4C 10.73	23 30 40.849	+11 00 18.68	Q	18.1	1.489	1.1	
2329–162		23 31 38.655	–15 56 56.99	Q	20.0		0.9	
2331–240	OZ–252	23 33 55.275	–23 43 40.74	G	16.5	0.048	1.0	
2337+264		23 40 29.029	+26 41 56.79	Q	20.0		0.8	
2344+092	4C 09.74	23 46 36.839	+ 9 30 45.49	Q	17.5	0.677	1.9	
2345–167	OZ–176	23 48 02.609	–16 31 12.02	Q	18.5	0.600	2.7	A
2351+456	4C 45.51	23 54 21.677	+45 53 04.16	G	19.9		1.2	
2352+495	DA 611	23 55 09.460	+49 50 08.33	G	19.0	0.237		A

Identification: Q=Quasar, G=Galaxy, L=BL Lac object, EF=Empty field, ?=uncertain.

Code: A—source observed by VLA and JPL
- a—nebulous extension
- b—extended HII
- c—optical double
- d—optical multiple
- e—optically diffuse
- f—nebulous (POSS—E)
- g—diffuse (POSS—O)

Source	Right Ascension	Declination	S_{400}	S_{750}	S_{1400}	S_{1665}	S_{2700}	S_{5000}
	h m s	° ′ ″	Jy	Jy	Jy	Jy	Jy	Jy
3C 48[e]	1 37 41.299	+33 09 35.41	39.4	25.6	15.90	13.90	9.20	5.24
3C 123	4 37 04.4	+29 40 15	119.2	77.7	48.70	42.40	28.50	16.5
3C 147[e, g]	5 42 36.127	+49 51 07.23	48.2	33.9	22.40	19.80	13.60	7.98
3C 161	6 27 10.0	− 5 53 07	41.2	28.9	19.00	16.80	11.40	6.62
3C 218	9 18 06.0	−12 05 45	134.6	76.0	43.10	36.80	23.70	13.5
3C 227	9 47 46.4	+ 7 25 12	20.3	12.1	7.21	6.25	4.19	2.52
3C 249.1	11 04 11.5	+76 59 01	6.1	4.0	2.48	2.14	1.40	0.77
3C 274[f]	12 30 49.6	+12 23 21	625.0	365.0	214.00	184.00	122.00	71.9
3C 286[e]	13 31 08.284	+30 30 32.94	25.1	19.7	14.80	13.60	10.50	7.30
3C 295	14 11 20.7	+52 12 09	54.1	36.3	22.30	19.20	12.20	6.36
3C 348	16 51 08.3	+ 4 59 26	168.1	86.8	45.00	37.50	22.60	11.8
3C 353	17 20 29.5	− 0 58 52	131.1	88.2	57.30	50.50	35.00	21.2
DR 21	20 39 01.2	+42 19 45	—	—	—	—	—	—
NGC 7027[d]	21 07 01.6	+42 14 10	—	—	1.35	1.65	3.50	5.7

Source	S_{8000}	S_{10700}	S_{15000}	S_{22235}	Spec.	Ident.	Polarization (at 5 GHz)	Angular Size (at 1.4 GHz)
	Jy	Jy	Jy	Jy			%	″
3C 48[e]	3.31	2.46	1.72	1.11	C−	QSS	5	< 1
3C 123	10.60	7.94	5.63	3.71	C−	GAL	2	20
3C 147[e, g]	5.10	3.80	2.65	1.71	C−	QSS	< 1	< 1
3C 161	4.18	3.09	2.14	—	C−	GAL	5	< 3
3C 218	8.81	6.77	—	—	S	GAL	1	core 25, halo 220
3C 227	1.71	1.34	1.02	0.73	S	GAL	7	180
3C 249.1	0.47	0.34	0.23	—	S	QSS	—	15
3C 274[f]	48.10	37.50	28.10	—	S	GAL	1	halo 400[a]
3C 286[e]	5.38	4.40	3.44	2.55	C−	QSS	11	< 5
3C 295	3.65	2.53	1.61	0.92	C−	GAL	0.1	4
3C 348	7.19	5.30	—	—	S	GAL	8	115[b]
3C 353	14.20	10.90	—	—	C−	GAL	5	150
DR 21	21.60	20.80	20.00	19.00	Th	HII	—	20[c]
NGC 7027[d]	—	6.43	6.16	5.86	Th	PN	< 1	10

a) Halo has steep spectral index, so for $\lambda \leq 6$ cm, more than 90% of the flux is in the core. Spectrum curves positively above 20 GHz.
b) Angular distance between the two components.
c) Angular size at 2 cm, but consists of 5 smaller components.
d) Data up to 5 GHz are the direct measurements, not calculated from fit.
e) Suitable for calibration of interferometers and synthesis telescopes.
f) Virgo A.
g) Indications of time variability above 5 GHz.

Designation Discovery	4U	Right Ascension	Declination	Flux[1]	Mag.[2]	IdentiÆedCounterpart	Type
		h m s	° ′ ″				
4U0005+20	0005+20	0 06 05.7	+20 10 42	5	14.0*	Mkn 335	G
Cep XR-1	0022+63	0 25 01	+64 07.0	16		Tycho's SNR	R
		0 28 59.7	+13 14 35		14.8	PG0026+129	Q
3U0026-09	0037-10	0 41 36.8	- 9 19.1	5	15.7	Abell 85	C
2U0022+42	0037+39	0 42 29	+41 14.6	4	4.8	M31=NGC 224	G
		0 48 32.6	+31 55 57		15.5*	Mkn 348	G
		0 53 20.8	+12 40 08		14.3*	I Zw 1	G
		0 59 38.2	+31 48 12		15.0*	Mkn 352	G
		1 02 59	+ 2 20.0		16.0	UMT301	Q
SMC X-1	0115-73	1 16 58.0	-73 28 00	66	13.2	Sanduleak 160	S
		1 21 46.0	- 1 03 49		15.1*	II Zw 1	G
2A0120-591	0106-59	1 23 35.5	-58 49 45	6	13.2	Fairall 9	G
		1 36 09.6	+20 56 05		18.1V	3CR47	Q
		2 14 19.3	- 0 47 23		14.5*	Mkn 590	G
		2 18	+62 38			HB3	R
4U0223+31	0223+31	2 27 59.3	+31 17 33	6	13.9*	NGC 931	G
4U0241+61	0241+61	2 44 36.2	+62 26 59	6	16.4		Q
GX146-15	0253+41	2 54.1	+41 34	9	14.5	NGC 1129	G+C
2U0528+13	0254+13	2 58.7	+13 34		15.6	Abell 401	C
2A0311-227		3 14 00.9	-22 36 42		14.8*V	EF Eri	S
Per XR-1	0316+41	3 19.5	+41 28	86	12.7	NGC 1275	G+C
H0324+28		3 26 18.7	+28 42 03		6.5V	UX Ari	S
4U0336+01	0336+01	3 36 33.5	+ 0 34 24	180	5.7	HR 1099	S
2A0335+096	0344+11	3 37.6	+10 05	3	12.2	Zw0335.1+0956	C
H0349+17		3 50 09	+17 14.6		9.2V	V471 Tau	S
2U0352+30	0352+30	3 55 06.0	+31 01 58	55	6.1V	X Per	S
2U0410+10	0410+10	4 13 10.3	+10 27 32	6	17.4	Abell 478	C
H0405-08		4 15 03.9	- 7 39 35		4.4	40 Eri	S
H0415+38	0407+37?	4 18 03.2	+38 00 57	5	18.0	3C111	G
	0432+05	4 32 56.7	+ 5 20 42	5	14.2	3C120	G
2A0431-136		4 33.4	-13 15		15.3	Abell 496	C
		4 36 09.4	-10 23 06		14.5*	Mkn 618	G
H0457+46		5 00	+46 34			HB 9	R
MX0513-40	0513-40	5 13 57.9	-40 03 02	33	8.1	NGC 1851	A
H0523-00		5 15 57.6	- 0 09 17		14.6*	Akn 120	G
LMC X-2	0520-72	5 20 33.6	-71 57 51	29	17.0		S
		5 25 05	-69 38 43			N132D	R
		5 25 25	-65 59 23			(N49)	R
		5 25 59	-66 05 32			N49	R
2A0526-328		5 29 15.5	-32 49 15		13.5V	TV Col	S
		5 32 03	-71 00 46			N206	R
LMC X-4	0532-66	5 32 49	-66 22 25	7	14.0		S
Tau XR-1	0531+21	5 34 15	+22 00 42	1730	8.4	Crab Nebula	R+P
		5 34 20	-70 33 27			DEM 238	R
		5 35 43	-66 02 17			N63A	R

Designation Discovery	4U	Right Ascension	Declination	Flux[1]	Mag.[2]	IdentiÆedCounterpart	Type
		h m s	° ′ ″				
A0538−66		5 35 44.8	−66 50 34		12.8V		S
		5 36 17.5	−70 39 04			DEM 249	R
		5 37 50	−69 10 08			N157B	R
A0535+26	0538+26?	5 38 37.8	+26 18 49	4	9.1	HDE 245770	S
LMC X−3	0538−64	5 38 54.9	−64 05 10	46	16.9		S
		5 40 14.4	−69 19 56			N158A	R
		5 45 49.8	−32 18 29		5.2	μ Col	S
		5 47 13	−69 42 29			N135	R
3U0545−32	0543−31	5 50 30.4	−32 16 26	7	16.1	PKS0548−322	G
2S0549−074		5 51 58.4	− 7 27 30		14.0	NGC 2110	G
MX0600+46	0558+46	5 54 33.7	+46 26 23	5	14.5	MCG 8−11−11	G
		6 15 28	+28 34.5		11.3V	KR Aur	S
2U0613+09	0614+09	6 16 52.4	+ 9 08 06	220	18.5V	V1055 Ori	S
2U0601+21	0617+23?	6 17.1	+22 33	6		IC 443	R
A0620−00		6 22 31	− 0 20 35		16.4V	V616 Mon	T
4U0720+55	0720+55	7 21 10	+55 46.8	5	13.6	Abell 576	C
		7 36 34.3	+58 46 57		14.5*	Mkn 9	G
		7 42 15.7	+65 11 20		15.0*	Mkn 78	G
		7 54 50	+22 01.0		8.8V	U Gem	S
		7 55 07.1	+39 11 56		15.5*	Mkn 382	G
	0821−42	8 22 52	−43 00.8	14		Puppis A	R
Vela XR−2	0833−45	8 35 11	−45 09 39	17	20.0	PSR0833−45	R+P
		8 50 37.3	+15 23 16		17.7V	LB8755	Q
Vela XR−1	0900−40	9 01 56	−40 32 13	450	6.7	HD 77581	S
3U0901−09	0900−09	9 08.6	− 9 38	9	15.2	Abell 754	C
		10 31 19.3	+28 48 25		16.6	Ton 524A	G
		10 44 53.1	−59 39 38		6.2V	η Car	S+H
A1044−59	1053−58	10 47	−59 37	5		G287.8−0.5	R
2A1052+606		10 55 26.6	+60 29 37		8.8	SAO 015338	S
		11 03.5	+28 54		15.2	IC 3510	G
A1103+38		11 04 12.4	+38 13 59		13.5*	Mkn 421	G
Cen XR−3	1118−60	11 21 04	−60 35 58	360	13.3V	V779 Cen	S
H1122−59		11 24.3	−59 25			MSH 11−54	R
		11 25 21.6	+54 24 29		16.0*	Mkn 40	G
A1136−37	1136−37	11 38 48.4	−37 42 49	5	12.8*	NGC 3783	G
2U1134−61	1137−65	11 39 16.8	−65 22 22	17	5.2	HD 101379	S
2U1144+19	1143+19	11 44 30	+19 46.5	5	13.5	Abell 1367	G+C
Cen X−5	1145−61	11 47 47	−62 10 54	130	9.2	HD 102567	S
		12 04 28.4	+27 55 42		15.5V	GQ Com	Q
2U1207+39	1206+39	12 10 18	+39 25.7	8	11.2*	NGC 4151	G
H1209−52		12 12.0	−52 57			PKS1209−52	R
		12 18 12.8	+29 50 18		14.0*	Mkn 766	G
		12 21 32.4	+75 20 07		14.5	Mkn 205	Q
		12 24 49	+12 54.7		9.3	M84=NGC 4374	G
		12 25.6	+12 41		12.7*	NGC 4388	G

Designation Discovery	4U	Right Ascension	Declination	Flux[1]	Mag.[2]	IdentiÆedCounterpart	Type
		h m s	° ′ ″				
		12 25 58	+12 58.3		9.7	M86=NGC 4406	G
GX301−2	1223−62	12 26 22	−62 44 43	73	10.0V	BP Cru	S
		12 26.9	+ 9 27		12.5	NGC 4424	G
		12 27 32	+13 02.0		11.3*	NGC 4438	G
		12 28 11.4	+31 30 07		15.9	B2 1225+317	Q
		12 28.8	+14 00		12.0	NGC 4459	G
	1226+02	12 28 52.8	+ 2 04 38	5	13.0	3C273	Q
1E1227.0+1403		12 29 20.1	+13 47 56		17.4		Q
		12 29 35	+13 27.3		11.6*	NGC 4473	G
		12 29.9	+13 40		11.5	NGC 4477	G
Vir XR−1	1228+12	12 30 35	+12 25.0	40	9.2	M87=NGC 4486	G+C
		12 34 02	+11 06		15.2	IC 3510	G
		12 35 21.9	−39 53 04		12.9	NGC 4507	G
4U1240−05	1240−05	12 39.3	− 5 19	4	12.0	NGC 4593	G
2U1247−41	1246−41	12 48.6	−41 17	9	12.4*	NGC 4696	G+C
2U1253−28	1249−28	12 52 09	−29 14 07	8	11.5V	EX Hya	S
Coma XR−1	1257+28	12 59.7	+27 56.7	27	10.7	Coma Cluster	C
GX304−1	1258−61	13 01 00.5	−61 34 39	100	14.7		S
MX1313+29		13 16.1	+29 08		12.5*	HZ 43	S
	1322−42	13 25 12	−42 59.7	15	7.2*	Cen A=NGC 5128	G
4U1326+11	1326+11	13 29.2	+11 46	4	14.2	NGC 5171	G+C
2U1348+24	1348+25	13 48 39.7	+26 36.8	8	16.0	Abell 1795	C
2A1347−300		13 49 03.9	−30 17 16		12.8*	IC 4329A	G+C
		13 53 07.8	+63 47 04		14.8	PG1351+640	Q
		14 11 30.7	+52 13 25		20.5	3C295	C
TWX−1	1410−03	14 13.1	− 3 11	3	13.6*	NGC 5506	G
2A1415+255	1414+25	14 17 47.5	+25 09 25	6	13.1*	NGC 5548	G
		14 29 25	−62 39.7		12.4V	Proxima Cen	S
		14 34 43.1	+48 40 56		16.5*	Mkn 474	G
Cen XR−4		14 58 05.6	−31 39 03		19.0		T
	1458−41	15 02 04	−41 42.8	4	19.9	SN 1006	R
GX9+50		15 10.8	+ 5 47		16.0	Abell 2029	C
Cir XR−1	1516−56	15 20 20.0	−57 09 02	1300	22.5*V	BR Cir	S
2A1519+082		15 21 38.3	+ 7 43 21		15.5	NGC 5920	G+C
		15 26 33.1	+10 00 03		18.0	4C10.43	Q
A1524−61		15 27 53.9	−61 52 03		19.0	Nova TrA 1974	T
		15 35 47.3	+57 55 05		15.0*	Mkn 290	G
2U1537−52	1538−52	15 42 03.1	−52 22 19	33	14.5V	QV Nor	S
		15 54 56.1	+19 12 26		15.0*	Mkn 291	G
		15 55 51	−37 55 19		12.0	The 12	S
3U1555+27	1556+27	15 58.1	+27 14		16.0	Abell 2142	C
3U1551+15	1601+15	16 02 01.6	+16 01 59	6	13.8	Abell 2147	G+C
		16 04 43.6	+23 55 49		15.0	NGC 6051	G+C
MX1608−52	1608−52	16 12 22.2	−52 24 43	73	21.0V	QX Nor	S
H1615−51		16 17 15.1	−51 01 47			RCW 103	R

Designation Discovery	4U	Right Ascension	Declination	Flux[1]	Mag.[2]	IdentiÆedCounterpart	Type
		h m s	° ′ ″				
Sco XR−1	1617−15	16 19 39.6	−15 37 44	31000	12.4V	V818 Sco	S
3U1639+40	1627+39	16 28.5	+39 32	7	13.9	Abell 2199	C
2U1626−67	1626−67	16 31 49.0	−67 27 07	33	18.5V	KZ TrA	S
2A1630+057		16 32.5	+ 5 35		17.1	Abell 2204	C
2U1637−53	1636−53	16 40 32.8	−53 24 32	460	17.5V	V801 Ara	S
Ara XR−1	1642−45	16 45 31	−45 37	820		G339.6−0.1	H
4U1651+39	1651+39	16 53 43.3	+39 46 03	4	13.5*	Mkn 501	G
Her X−1	1656+35	16 57 40	+35 20 55	180	13.0V	HZ Her	S
		17 00 57.4	+29 24 54		17.0*	Mkn 504	G
GX339−4	1658−48	17 02 28.9	−48 46 59	630	15.4V	V821 Ara	S
2U1700−37	1700−37	17 03 39	−37 50 17	180	6.7	HD 153919	S
2U1706+78	1707+78	17 04 09.7	+78 38.8	7	15.3	Abell 2256	C
H1705−25		17 07 58.0	−25 05 09		21.0*	Nova Oph 1977	T
		17 22 30.2	+24 36 34		16.4V	V396 Her	Q
		17 22 29.9	+30 53 01		15.5*	Mkn 506	G
4U1722−30	1722−30	17 27 15.6	−30 47 56	13	17.0	Terzan 2	A
		17 30.3	−21 28.9		19.0	Kepler's SNR	R
GX9+9	1728−16	17 31 28.4	−16 57 33	470	16.6		S
GX1+4	1728−24	17 31 45.6	−24 44 33	110	18.7V	V2116 Oph	S
MXB1730−335		17 33 07	−33 23 10		17.5	Liller 1	A
GX346−7	1735−44	17 38 38.3	−44 26 51	380	17.5V	V926 Sco	S
MX1746−20		17 48 36.7	−20 21 30		12.0	NGC 6440	A
		17 48 39.6	+68 42 06		16.0*	Mkn 507	G
L10	1746−37	17 49 54.4	−37 02 59	73	8.4*	NGC 6441	A
2U1808+50	1813+50	18 16 06.6	+49 51 57	10	12.3V	AM Her	S
Sgr XR−4	1820−30	18 23 23.0	−30 21 47	580	8.6*	NGC 6624	A
H1832+32		18 34 53.4	+32 41 33		14.7	3C382	G
Ser XR−1	1837+04	18 39 44.1	+ 5 02 02	510	15.1V	MM Ser	S
2U1828+81	1847+78	18 42 28	+79 45 57	5	15.0	3C390.3	G
A1850−08	1850−08	18 52 49.6	− 8 42 42	16	8.9	NGC 6712	A
4U1849−31	1849−31	18 54 46	−31 10.3	7	14.7V	V1223 Sgr	S
2U1907+02	1901+03?	18 55 55	+ 1 18.6	160		Westerhout 44	R
	1907+09	19 09 25.6	+ 9 49 21	36	16.4		S
Aql XR−1	1908+00	19 11 02.3	+ 0 34 39	360	16.0V	V1333 Aql	S
A1909+04	1908+05	19 11 36.2	+ 4 58 31	7	14.2V	SS433	S
2A1914−589	1924−59	19 20 51.2	−58 40 44	4	14.1	ESO 141−G55	G
2U1926+43	1919+44	19 21 05	+43 55.8	7	15.4	Abell 2319	C
		19 33	+31 16			G65.2+5.7	R
H1938+16		19 41 58	+17 05.2		14.7V	UU Sge	S
Cyg XR−1	1956+35	19 58 11.4	+35 11 21	2100	8.9	HDE 226868	S
3U1956+11	1957+11	19 59 11.3	+11 41 45	32	18.7		S
2U1957+40	1957+40	19 59 19	+40 44	7	16.2	Cyg A	C
1E2014.1+3702		20 15 53.5	+37 11 17			G74.9+1.2	R
Cyg X−3	2030+40	20 32 16	+40 56 33	700		V1521 Cyg	S
2A2040−115		20 43 55.1	−10 44 23		13.0*	Mkn 509	G

Designation Discovery	4U	Right Ascension	Declination	Flux[1]	Mag.[2]	Identified Counterpart	Type
		h m s	° ′ ″				
Vul XR−1?	2046+31?	20 51 38	+31 03	3		Cygnus Loop	R
2U2134+11	2129+12	21 29 45.4	+12 08 49	8	6.0	M15=NGC 7078	A
2U2130+47	2129+47	21 31 16.3	+47 16 12	36	16.2V	V1727 Cyg	S
		21 42 32	+43 33.8		8.2V	SS Cyg	S
Cyg XR−2	2142+38	21 44 30	+38 18 03	1000	15.5V	V1341 Cyg	S
2A2151−316		21 58 36.0	−30 14 50		17.0	PKS2155−304	G
H2208−47		22 09.0	−47 12		11.8	NGC 7213	G
		22 16 58.6	+14 13 09		15.5*	Mkn 304	G
2S2251−178		22 53 51.5	−17 36 21		17.0	MR2251−178	Q
GF2259+586		23 00 56.5	+58 51 19		15.0	G109.1−1.0	R+S
2A2259+085	2300+08	23 03 02.1	+ 8 51 01	5	13.0*	NGC 7469	G
		23 03 49.5	+22 35 56		15.0*	Mkn 315	G
2A2302−088	2305−07	23 04 29.5	− 8 42 35	4	13.9	MCG−2−58−22	G
2A2315−428		23 18 08	−42 23.8		11.8	NGC 7582	G
Cas XR−1	2321+58	23 23 14	+58 47	97	19.6	Cas A	R
3U2346+26	2345+27	23 50 48	+27 07.8	4	13.8	Abell 2666	C
4U2351+06	2351+06	23 55 48.2	+ 7 29 53	7	15.5*	Mkn 541	G

[1] (2–6) kev flux, units are 10^{-11} ergs $cm^{-2}s^{-1}$.
[2] *V* magnitude unless followed by *, then *B* magnitude. V designates variable magnitude.

Type Designation:
- A – Globular Cluster
- C – Cluster of Galaxies
- G – Galaxy
- H – HII Region
- P – Pulsar
- Q – Quasi–Stellar Object
- R – Supernova Remnant
- S – Stellar
- T – Transient (Nova-like optically).

ECLIPSING VARIABLES

Name		H.D.	Right Ascension	Declination	Type	Magnitude Max	Min	Mag. Type	Epoch (2400000+)	Period	Spectrum
			h m s	° ′						d	
U	Cep	5679	1 01 53	+81 51.1	EA	6.75	9.2	V	44541.603	2.493	B7Ve + G8III-IV
ζ	Phe	6882	1 08 12	−55 16.2	EA	3.92	4.4	V	41643.689	1.669	B6V + B9V
RZ	Cas	17138	2 48 31	+69 37.0	EA	6.18	7.7	V	43200.306	1.195	A3V
β	Per	19356	3 07 53	+40 56.3	EA	2.12	3.4	V	40953.465	2.867	B8V + G5IV + Am
λ	Tau	25204	4 00 26	+12 28.7	EA	3.3	3.8	p	35089.204	3.952	B3V + A4IV
HU	Tau	29365	4 38 00	+20 40.5	EA	5.92	6.7	V	42412.456	2.056	A8V
ε	Aur	31964	5 01 38	+43 49.0	EA	2.92	3.8	V	35629	9892	A8Ia−F2Iaep
AR	Aur	34364	5 18 01	+33 45.7	EA	6.15	6.8	V	38402.183	4.134	ApHgMn + B9V
TZ	Men	39780	5 31 07	−84 47.4	EA	6.2	6.9	p	38196.370	8.569	B9.5IV−V
WW	Aur	46052	6 32 10	+32 27.5	EA	5.79	6.5	V	41399.305	2.525	A3m: + A3m:
R	CMa	57167	7 19 15	−16 23.1	EA	5.70	6.3	V	44289.361	1.135	F1V
V	Pup	65818	7 58 07	−49 14.0	EB	4.7	5.2	p	28648.304	1.454	B1Vp + B3IV:
TY	Pyx	77137	8 59 33	−27 47.9	E	6.87	7.4	V	43187.230	3.198	G5 + G5
CV	Vel	77464	9 00 29	−51 32.3	EA	6.5	7.3	p	42048.668	6.889	B2V + B2V
S	Ant	82610	9 32 07	−28 36.5	EW	6.4	6.9	V	35139.929	0.648	A9Vn
W	UMa	83950	9 43 27	+55 58.4	EW	7.9	8.6	V	41004.397	0.333	dF8p + F8p
δ	Lib	132742	15 00 44	− 8 30.0	EA	4.92	5.9	V	42937.423	2.327	B9.5V
i	Boo	133640	15 03 40	+47 40.2	EW	6.5	7.1	v	39370.422	0.267	G2V + G2V
GG	Lup	135876	15 18 39	−40 46.5	EB	5.4	6.0	p	34532.325	2.164	B5 + A0
R	Ara	149730	16 39 22	−56 59.1	EA	6.0	6.9	p	25818.028	4.425	B9IV−V
V1010	Oph	151676	16 49 12	−15 39.7	EB	6.1	7.0	v	38937.771	0.661	A5V
V861	Sco	152667	16 56 17	−40 49.0	EB	6.07	6.6	V		7.848	B0.5Iae
U	Oph	156247	17 16 18	+ 1 12.9	EA	5.88	6.5	V	36727.424	1.677	B5Vnn + B5V
u	Her	156633	17 17 10	+33 06.3	EB	4.6	5.3	p	44069.386	2.051	B1.5Vp + B5III
V539	Ara	161783	17 50 06	−53 36.7	EA	5.66	6.1	V	39314.342	3.169	B2V + B3V
RS	Sgr	167647	18 17 18	−34 06.5	EA	6.0	6.9	p	20586.387	2.415	B3V + A
β	Lyr	174639	18 49 55	+33 21.5	EB	3.34	4.3	V	45342.39	12.935	B7Ve + A8p
RS	Vul	180939	19 17 29	+22 26.0	EA	6.9	7.6	p	32808.257	4.477	B5V + A2
U	Sge	181182	19 18 37	+19 36.2	EA	6.58	9.1	V	40774.463	3.380	B8III + K:
V505	Sgr	187949	19 52 51	−14 36.8	EA	6.48	7.5	V	40087.336	1.182	A0V + F8IV
EE	Peg	206155	21 39 49	+ 9 09.8	EA	6.9	7.6	v	40286.432	2.628	A3Vm + F4:
VV	Cep	208816	21 56 32	+63 36.3	EA	4.80	5.3	V	43360	7430	M2Ia−Iabep + B8:Ve
AR	Lac	210334	22 08 30	+45 43.2	E	6.11	6.7	V	39376.495	1.983	G2Iv + K0III

See page H74 for Type codes.

PULSATING VARIABLES

Name		H.D.	Right Ascension	Declination	Type	Magnitude Max	Magnitude Min	Mag. Type	Epoch (2400000+)	Period	Spectrum
			h m s	° ′						d	
S	Scl	1115	0 15 09	−32 04.2	M	5.5	13.6	v	42343	365.32	M3e–M8e
T	Cet	1760	0 21 33	−20 05.0	SRc	5.0	6.9	v	40562	158.9	M5–M6SIIe
R	And	1967	0 23 51	+38 33.2	M	5.8	14.9	v	43135	409.33	S3,5e–S8,8e(M7e)
TV	Psc	2411	0 27 48	+17 52.1	SR	4.65	5.4	V		70	M3IIIv
KK	Per	13136	2 09 57	+56 32.3	Lc	6.6	7.7	V			M1–M3.5 Iab–Ib
o	Cet	14386	2 19 07	− 2 59.7	M	2.0	10.1	v	44839	331.96	M5e–M9e
U	Cet	15971	2 33 31	−13 10.1	M	6.8	13.4	v	42137	234.76	M2e–M6e
R	Tri	16210	2 36 46	+34 14.7	M	5.4	12.6	v	42014	266.48	M4IIIe
R	Hor	18242	2 53 42	−49 54.6	M	4.7	14.3	v	41490	403.97	M7IIIe
ρ	Per	19058	3 04 52	+38 49.5	SRb	3.30	4.0	V		50:	M4II
R	Dor	29712	4 36 43	−62 05.1	SRb	4.8	6.6	v		338:	M8IIIq:e
R	Cae	29844	4 40 21	−38 14.7	M	6.7	13.7	v	40645	390.95	M6e
R	Pic	30551	4 46 02	−49 15.2	SRa	6.7	10.0	v	38091	164.2	M1IIe–M4IIe
R	Lep	31996	4 59 24	−14 48.8	M	5.5	11.7	v	40800	432.13	C6IIe
RX	Lep	33664	5 11 10	−11 51.4	Lb	5.0	7.0	v			M6III
β	Dor	37350	5 33 35	−62 29.6	δ Cep	3.46	4.0	V	35206.44	9.842	F4Ia–G4Iab
α	Ori	39801	5 54 56	+ 7 24.4	SRc	0.40	1.3	V		2110	M1–M2 Ia–Iab
U	Ori	39816	5 55 33	+20 10.5	M	4.8	12.6	v	42280	372.40	M6.5IIIe
η	Gem	42995	6 14 36	+22 30.5	SRb	3.2	3.9	v	37725	232.9	M3III
T	Mon	44990	6 24 58	+ 7 05.3	δ Cep	5.59	6.6	V	36137.090	27.020	F7Iab–K1Iab
RT	Aur	45412	6 28 16	+30 29.8	δ Cep	5.00	5.8	V	42361.155	3.728	F4Ib–G1Ib
IS	Gem	49380	6 49 24	+32 36.8	SRd	6.6	7.3	p		47:	K3II
ζ	Gem	52973	7 03 51	+20 34.6	δ Cep	3.66	4.1	V	36791.922	10.150	F7Ib–G3Ib
L_2	Pup	56096	7 13 24	−44 38.2	SRb	2.6	6.2	v	40813	140.42	M5IIIe
AK	Hya	73844	8 39 41	−17 17.1	SRb	6.33	6.9	V		112:	M4III
R	Car	82901	9 32 08	−62 46.2	M	3.9	10.5	v	42000	308.71	M4e–M8e
R	Leo	84748	9 47 19	+11 27.0	M	4.4	11.3	v	41688	312.43	M8IIIe
S	Car	88366	10 09 14	−61 31.6	M	4.5	9.9	v	42112	149.49	K5e–M6e
VY	UMa	92839	10 44 45	+67 26.1	Lb	5.89	6.5	V			C5II
VW	UMa	94902	10 58 43	+70 00.9	SR	6.85	7.7	V		125	M2
U	Car	95109	10 57 38	−59 42.5	δ Cep	5.72	7.0	V	37320.055	38.768	F6–G7Iab
S	Mus	106111	12 12 33	−70 07.6	δ Cep	5.90	6.4	V	35837.992	9.660	F6Ib
RY	UMa	107397	12 20 15	+61 20.1	SRb	6.68	8.5	V	40810	311	M2–M3IIIe
SS	Vir	108105	12 25 00	+ 0 47.7	M	6.0	9.6	v	40653	354.66	Ne(C5,3e)
BO	Mus	109372	12 34 38	−67 43.9	Lb	6.0	6.7	v			Mb
R	Vir	109914	12 38 16	+ 7 00.8	M	6.0	12.1	v	42512	145.64	M4.5IIIe
R	Mus	110311	12 41 48	−69 22.9	δ Cep	5.93	6.7	V	40896.13	7.476	F7Ib
SW	Vir	114961	13 13 50	− 2 47.0	SRb	6.85	7.8	V	40709	150:	M7III
FH	Vir	115322	13 16 11	+ 6 31.7	SRb	6.92	7.4	V	40740	70:	M6III
V	CVn	115898	13 19 16	+45 33.1	SRa	6.52	8.5	V	43929	191.89	M4e–M6eIIIa:
R	Hya	117287	13 29 29	−23 15.5	M	4.5	9.5	v	41676	389.61	M7IIIe
T	Cen	119090	13 41 31	−33 34.5	SRa	5.5	9.0	v	43242	90.44	K0:e–M4II:e
V412	Cen	121518	13 57 10	−57 41.3	Lb	7.1	9.6	B			M3Iab–Ib – M7
θ	Aps	122250	14 04 54	−76 46.4	SRb	6.4	8.6	p		119	M7III
R	Cen	124601	14 16 15	−59 53.6	M	5.3	11.8	v	41942	546.2	M4e–M8IIe

See page H74 for Type codes.

VARIABLE STARS, J1995.5

PULSATING VARIABLES

Name		H.D.	Right Ascension	Declination	Type	Magnitude Max	Magnitude Min	Mag. Type	Epoch (2400000+)	Period	Spectrum
			h m s	° ′						d	
τ^4	Ser	139216	15 36 15	+15 06.9	Lb	7.5	8.9	p			M5IIb–IIIa
R	Ser	141850	15 50 29	+15 08.9	M	5.16	14.4	v	42315	356.41	M7IIIe
AT	Dra	147232	16 17 11	+59 46.0	Lb	6.8	7.5	p			M4IIIa
α	Sco	148478	16 29 07	−26 25.3	SRc	0.88	1.8	V	08600	1733	M1.5Iab–Ib + B4Ve
g	Her	148783	16 28 30	+41 53.5	SRb	5.7	7.2	p		70:	M6III
RS	Sco	152476	16 55 18	−45 05.7	M	6.2	13.0	v	42134	320.06	M5e–M8e
α^1	Her	156014	17 14 26	+14 23.7	SRc	3	4	v			M5Ib–II
VW	Dra	156947	17 16 26	+60 40.5	SRd	6.0	6.5	v		170:	K1.5IIIb
BM	Sco	160371	17 40 40	−32 12.7	SRd	6.8	8.7	p		850:	K2.5Ib
X	Sgr	161592	17 47 17	−27 49.8	δ Cep	4.24	4.8	V	36968.852	7.012	F7II
OP	Her	163990	17 56 40	+45 21.0	Lb	7.7	8.3	p			M5IIb–IIIa
W	Sgr	164975	18 04 44	−29 34.9	δ Cep	4.30	5.0	V	37678.578	7.594	F4–G1Ib
VX	Sgr	165674	18 07 48	−22 13.4	SRc	6.5	12.5	v	36493	732	M4Iae–M9.5
Y	Sgr	168608	18 21 07	−18 51.8	δ Cep	5.40	6.1	V	36230.180	5.773	F8I
T	Lyr	——	18 32 10	+36 59.7	Lb	7.8	9.6	v			R6(C5,3)
X	Oph	172171	18 38 08	+ 8 49.8	M	5.9	9.2	v	41478	334.39	M6IIIe + K1III
XY	Lyr	172380	18 37 57	+39 39.8	Lc	7.3	7.8	p			M4–M5 Ib–II
κ	Pav	174694	18 56 29	−67 14.4	CWa	3.94	4.7	V	40858.53	9.088	F5I–II
R	Lyr	175865	18 55 12	+43 56.3	SRb	3.88	5.0	V	35920	46.0	M5III
FF	Aql	176155	18 58 03	+17 21.3	δ Cep	5.18	5.6	V	41576.428	4.470	F5Ia–F8Ia
MT	Tel	176387	19 01 54	−46 39.4	RRc	8.68	9.2	V	38479.332	0.316	A0
R	Aql	177940	19 06 09	+ 8 13.5	M	5.5	12.0	v	43458	284.2	M5e–M9e
RR	Lyr	182989	19 25 20	+42 46.7	RRab	7.06	8.1	V	42995.405	0.566	A8–F7
UX	Dra	183556	19 21 45	+76 33.1	SRa	5.94	7.1	V		168:	C7,3
χ	Cyg	187796	19 50 23	+32 54.2	M	3.3	14.2	v	42143	406.93	S6,2e–S10,4e
η	Aql	187929	19 52 15	+ 0 59.6	δ Cep	3.48	4.3	V	36084.656	7.176	F6Ib–G4Ib
V449	Cyg	188344	19 53 11	+33 56.2	Lb	7.4	9.0	p			M1–M4
RR	Sgr	188378	19 55 40	−29 12.1	M	5.6	14.0	v	41133	334.58	M5e–M7e
S	Sge	188727	19 55 49	+16 37.4	δ Cep	5.28	6.0	V	36082.168	8.382	F6Ib–G5Ibv
EU	Del	196610	20 37 42	+18 15.1	SRb	5.8	6.9	v	35794	59.5	M6IIIFe
X	Cyg	197572	20 43 13	+35 34.2	δ Cep	5.87	6.8	V	35915.918	16.386	F7Ib–G8Ibv
T	Vul	198726	20 51 16	+28 14.0	δ Cep	5.44	6.0	V	35934.758	4.435	F5Ib–G0Ib
T	Cep	202012	21 09 29	+68 28.4	M	5.2	11.3	v	44177	388.14	M5.5e–M8.8e
W	Cyg	205730	21 35 52	+45 21.2	SRb	6.8	8.9	p	38659.73	126.26	M5IIIae
V460	Cyg	206570	21 41 50	+35 29.3	Lb	5.6	7.0	v			N1(C6,5)
μ	Cep	206936	21 43 22	+58 45.6	SRc	3.43	5.1	V		730	M2Iae
π^1	Gru	212087	22 22 27	−45 58.2	SRb	5.41	6.7	V		150:	S5
δ	Cep	213306	22 29 00	+58 23.5	δ Cep	3.48	4.3	V	36075.445	5.366	F5Ib–G1Ib
ER	Aqr	218074	23 05 11	−22 30.7	Lb	7.14	7.8	V			M3
R	Aqr	222800	23 43 35	−15 18.5	M	5.8	12.4	v	42398	386.96	M5e–M8.5e + P
TX	Psc	223075	23 46 10	+ 3 27.7	Lb	6.9	7.7	p			N0(C6,2)

See page H74 for Type codes.

ERUPTIVE VARIABLES

Name		H.D.	Right Ascension	Declination	Type	Magnitude Max	Magnitude Min	Mag. Type	Epoch (2400000+)	Period	Spectrum
			h m s	° ′						d	
WW	Cet	——	0 11 11	−11 30.3	Z Cam	9.3	16.8	p		31.2:	P(UG)
RX	And	——	1 04 20	+41 16.6	Z Cam	10.3	14.0	v		14.3:	
KT	Per	——	1 36 48	+54 49.3	Z Cam	10.7	15.0	p		12:	
WX	Hyi	——	2 09 43	−63 20.3	UG	9.6	14.7	v			
VW	Hyi	——	4 09 10	−71 18.3	UG	8.4	14.4	v		27.8:	
SS	Aur	——	6 13 02	+47 44.6	UG	10.5	15.0	v		55.8	
IR	Gem	——	6 47 22	+28 05.1	UG	10.7	14.5			75:	
U	Gem	64511	7 54 49	+22 00.9	UG	8.2	14.9	v		103:	M4.5 + WD
Z	Cam	——	8 24 44	+73 07.6	Z Cam	10.2	14.5	v		22:	
SW	UMa	——	8 36 23	+53 29.6	UG	10.8	16.0	v		459:	
BZ	UMa	——	8 53 34	+59 28.5	UG	10.5	16.0	p		110:	
CU	Vel	——	8 58 18	−41 47.0	UG	10.7	15.5	p		150:	
SY	Cnc	——	9 00 47	+17 55.3	Z Cam	10.6	13.7	p		27.3	
T	Pyx	——	9 04 29	−32 21.5	Nr	6.3	14.0	v	39501	7000:	P
CH	UMa	——	10 07 04	+68 32.1	UG	10.7	15.9	p		204:	
T	Leo	——	11 38 13	+ 3 23.8	UG	10.0	15.4	p			
BC	UMa	——	11 52 06	+56 18.1	UG	10.9	17.5	p			
BV	Cen	——	13 31 03	−54 57.1	UG	10.7	13.6	v		149.4:	
Z	Aps	——	14 06 32	−71 21.0	Z Cam	10.7	12.7	v		19:	
T	CrB	143454	15 59 19	+25 55.9	Nr	2.0	10.8	v	31860	9000:	M3III + P(Q)
U	Sco	——	16 22 15	−17 52.0	Nr	8.8	19.0	p	44048	3400:	
AH	Her	——	16 43 59	+25 15.6	Z Cam	10.2	14.7	v		19.8:	
RS	Oph	162214	17 49 58	− 6 42.5	Nr	5.3	12.3	p	39791		0cp + M2ep
MV	Lyr	——	19 07 09	+44 00.7	NL	10.5	14.0	p			
WZ	Sge	——	20 07 23	+17 41.5	Nr(E)	7.0	15.5	p	32001	1900:	P(Q)
P	Cyg	193237	20 17 37	+38 01.1	S Dor	3.0	6.0	v			B2pe
V	Sge	——	20 20 03	+21 05.4	NL	9.5	13.9	v			
AE	Aqr	——	20 39 54	− 0 53.3	UG?	10.4	12.0	B			
VY	Aqr	——	21 11 55	− 8 50.8	UG	8.0	16.6	p	45667		
SS	Cyg	206697	21 42 32	+43 33.9	UG	8.2	12.4	v		50.1:	A1−dGep
RU	Peg	——	22 13 50	+12 40.8	UG	9.0	13.1	v		67.8	sdBe + G8IVn

See Page H74 for Type codes.

OTHER VARIABLES

Name	H.D.	Right Ascension	Declination	Type	Magnitude Max	Magnitude Min	Mag. Type	Epoch (2400000+)	Period	Spectrum
		h m s	° ′						d	
EG And	4174	0 44 22	+40 39.3	Z And	7.08	7.8	V			M2IIIep
SU Tau	247925	5 48 49	+19 03.9	RCB	9.1	16.0	v			G0ep(C1,0)
U Mon	59693	7 30 34	− 9 46.1	RVb	6.1	8.1	p	37395	92.26	F8e–K0Ib:p
AR Pup	——	8 02 51	−36 35.0	RVb	8.7	10.9	p		75	cF0–cF8
AI Vel	69213	8 13 56	−44 33.7	δ Sct	6.4	7.1	v		0.111	A2p–F2p
VZ Cnc	73857	8 40 38	+ 9 50.5	δ Sct	7.18	7.9	V	41304.364	0.178	A7III–F2III
WY Vel	81137	9 21 50	−52 32.7	Z And	8.8	10.2	p			M3Ib:ep + B
IW Car	82085	9 26 47	−63 36.6	RVb	7.9	9.6	p	29401	67.5	F7–F8
RU Cen	105578	12 09 10	−45 24.0	RV	8.7	10.7	p	28015.51	64.727	A7Ib–G2pe
UW Cen	——	12 43 02	−54 30.2	RCB	9.1	14.5	v			K
TX CVn	——	12 44 29	+36 47.3	Z And	9.2	11.8	p			B1–B9Veq + K0III–M4
S Aps	——	15 08 56	−72 02.4	RCB	9.6	15.2	v			R3
R CrB	141527	15 48 23	+28 10.2	RCB	5.71	14.8	V			C0,0(F8pep)
AG Dra	——	16 01 40	+66 48.9	Z And	8.8	11.8	p			Gep
RY Ara	——	17 20 44	−51 07.0	RV	9.2	12.1	p	30220	143.5	G5–K0
V703 Sco	160589	17 41 59	−32 31.3	δ Sct	7.82	8.5	B	37186.365	0.115	F0–F5
RS Tel	——	18 18 31	−46 32.9	RCB	9.3	13.0	p			R8
AC Her	170756	18 30 05	+21 51.8	RVa	7.43	9.7	B	35052	75.461	F2Ibp–K4e
V CrA	173539	18 47 14	−38 09.7	RCB	8.3	16.5	v			C(r0)
R Sct	173819	18 47 14	− 5 42.6	RVa	4.45	8.2	V	32078.3	140.05	G0Iae–K0Ibpv
FN Sgr	——	18 53 38	−19 00.1	Z And	9.0	13.9	p			P
RY Sgr	180093	19 16 15	−33 31.8	RCB	6.0	15.0	v			G0Ipe(C1,0)
BF Cyg	——	19 23 43	+29 39.9	Z And	9.3	13.4	p			Bep + M5III
CH Cyg	182917	19 24 26	+50 13.9	Z And	6.4	8.7	V		97	M7IIIab + B
CI Cyg	——	19 50 02	+35 40.4	Z And	9.0	11.6	v			
RR Tel	——	20 03 54	−55 44.0	Z And	6.5	16.5	p			F5ep
RS Gru	206379	21 42 47	−48 12.6	δ Sct	7.93	8.4	V	41599.999	0.147	A6–F0
AG Peg	207757	21 50 49	+12 36.3	Z And	6.0	9.4	v		830.14	WN6 + M1–M3II–III
Z And	221650	23 33 26	+48 47.6	Z And	8.0	12.4	p			M2III + B1eq
SX Phe	223065	23 46 18	−41 35.7	δ Sct	6.78	7.5	V	38636.617	0.054	A2V

TYPE OF VARIATION

E	eclipsing	EA	eclipsing, Algol type
EB	eclipsing, β Lyr type	EW	eclipsing, W UMa type
δ Cep	cepheid, classical type	CWa	cepheid, W Vir type
Lb	slow irregular type	Lc	irregular supergiants of late spectral type
RV	RV Tauri type	RVa	RV Tauri type with constant mean brightness
M	Mira, long period variable	RVb	RV Tauri type with varying mean brightness
Nr	recurrent novae	δ Sct	δ Sct type, pulsating stars of spectral class A and F
Nr(E)	recurrent novae and eclipsing variable	NL	nova like stars
UG	U Gem, SS Cyg type, outbursts	Z Cam	Z Cam type, UG type variations with standstills
SR	semi-regular	Z And	Z And type (symbiotic stars)

SRa	semi-regular, late spectral class, strong periodicities
SRb	semi-regular, late spectral class, weak periodicities
SRc	semi-regular, late spectral class, disk component stars
SRd	semi-regular, spectrum F, G, or K
RRab	RR Lyr with sharp asymmetric light curves
RRc	RR Lyr with symmetric sinusoidal light curves
RCB	R CrB type, high luminosity stars with non-periodic drops in brightness
S Dor	high luminosity stars of spectral classes Bpeq–Fpeq, irregular variations

TYPE OF MAGNITUDE

p	photographic magnitudes	V	photoelectric visual magnitudes
v	visual magnitudes	B	photoelectric blue magnitudes

Name	Right Ascension	Declination	Flux 6 cm	Flux 11 cm	V	$B-V$	z	M(abs)	Code
	h m s	° ′ ″	Jy	Jy					
UM 18	0 05 06.4	+ 5 22 40	0.257	0.17	16.00		1.890	−30.3	R
S5 0014+81	0 16 51.6	+81 33 39	0.551	0.61	16.50		3.410	−30.8	R
PG 0026+12	0 28 59.7	+13 14 35	0.002		14.78	0.26	0.142	−24.8	O
UM 281	0 50 48.6	− 1 04 11			16.00		1.870	−30.2	
PG 0052+251	0 54 37.6	+25 24 11			15.42		0.155		
DHM0054−284	0 56 12.2	−27 45 14			19.55		3.610	−28.1	
UM 294	0 58 10.8	+ 0 39 47			16.00		1.920	−30.3	
PHL 957	1 02 57.1	+13 14 50			16.57	0.40	2.690	−30.5	O
PKS 0106+01	1 08 24.8	+ 1 33 34	3.730	2.04	18.39	0.15	2.107	−28.2	O
UM 100	1 22 42.2	+ 2 56 08			18.00		3.272	−29.3	
Q 0122−380	1 24 05.2	−37 45 48			16.50		2.190	−30.2	
Q 0130−403	1 32 50.1	−40 07 51			17.02	0.66	3.015	−30.5	
UM 673	1 45 03.9	− 9 46 33			17.00		2.720	−30.2	
UM 141	1 49 04.8	+ 1 56 03			17.00		2.909	−30.5	
UM 148	1 56 21.9	+ 4 44 18			17.00		2.990	−30.6	
UM 154	2 01 45.7	+ 3 49 24		0.01	16.00		2.440	−30.7	
NAB 0205+02	2 07 35.8	+ 2 41 39	0.002		15.41	0.26	0.155		O
Q 0207−398	2 09 17.0	−39 40 07			17.15	0.20	2.805	−30.2	
UM 402	2 09 37.1	+ 0 31 59			16.00		2.840	−31.4	
UM 678	2 51 28.6	−22 01 26			18.40		3.200	−28.8	
UM 679	2 51 36.1	−18 15 10			18.60		3.210	−28.6	
Q 0254−334	2 56 36.9	−33 16 27			16.00		1.849	−30.2	
Q 0347−383	3 49 33.2	−38 11 16			17.30		3.230	−29.9	
Q 0401−350B	4 03 01.2	−34 57 41			19.50		3.250	−27.7	
PKS 0405−12	4 07 35.8	−12 12 19	1.990	2.36	14.57	0.18	0.574	−28.4	O
Q 0420−388	4 22 05.4	−38 45 29	0.107	0.14	16.90		3.120	−30.4	O
PKS 0438−43	4 40 08.6	−43 33 38	7.580	6.17	18.80		2.852	−28.6	O
3C 138.0	5 20 54.2	+16 38 07	4.160	5.99	18.84	0.53	0.759	−24.9	O
PKS0537−441	5 38 42.2	−44 05 18	3.960	3.84	16.48	0.52	0.894	−27.5	O
3C 147.0	5 42 15.2	+49 51 01	8.180	12.98	17.80	0.65	0.545	−25.1	O
B2 0552+39A	5 55 11.9	+39 48 47	4.814	3.53	18.00		2.365	−28.6	O
PKS 0637−75	6 35 55.2	−75 16 04	6.190	4.51	15.75	0.33	0.651	−27.6	O
OH 471	6 46 12.3	+44 51 35	0.778	1.27	18.49	1.08	3.400	−28.8	O
MARK 380	7 19 16.8	+74 28 27			17.00		2.737	−30.2	O
1E0754+3928	7 57 41.7	+39 21 11			14.36	0.38	0.096	−24.5	
PG 0804+761	8 10 24.4	+76 03 30			15.15		0.100	−23.7	
3C 196.0	8 13 16.6	+48 13 52	4.360	7.66	17.79	0.57	0.871	−26.2	O
PG 0844+349	8 47 25.5	+34 46 04			14.00		0.064	−23.9	
0846+51W1	8 49 38.7	+51 09 29	0.258	0.25	15.72	0.56	1.860	−30.5	O
PG 0906+48	9 09 51.7	+48 14 48			16.06	0.40	0.118		O
B2 0923+39	9 26 46.1	+39 03 31	7.570	4.54	17.86	0.06	0.698	−25.7	O
PG 0953+415	9 56 36.0	+41 16 58			14.50		0.239	−26.3	
PKS 1004+13	10 07 11.7	+12 50 16	0.420	0.64	15.15	0.13	0.240		O
TON 34	10 19 39.7	+27 47 16			15.69	0.37	1.924	−30.6	
EX 1059+730	11 02 18.9	+72 48 12			14.70	1.70	0.089	−24.0	
Q 1101−264	11 03 12.1	−26 43 48			16.02	0.06	2.145	−30.6	O
PG 1114+445	11 16 51.8	+44 15 06			16.05		0.144		
PG 1115+080	11 18 02.9	+ 7 47 28			15.80		1.722	−30.2	
PG 1116+215	11 18 54.3	+21 20 46			15.17		0.177		
PKS 1127−14	11 29 53.3	−14 47 57	7.310	6.43	16.90	0.27	1.187	−28.0	O

Code: O=Optical position, R=Radio position with an accuracy better than one arc second.

SELECTED QUASARS, J1995.5

Name	Right Ascension	Declination	Flux 6 cm	Flux 11 cm	V	$B-V$	z	M(abs)	Code
	h m s	° ′ ″	Jy	Jy					
PG 1138+040	11 41 02.6	+ 3 48 29			16.05		1.876	−30.2	
Q 1159+124	12 01 19.9	+12 08 48					3.510		
PG 1211+143	12 14 03.8	+14 04 42			14.63		0.085	−23.9	
B2 1225+31	12 28 11.4	+31 30 08	0.330	0.33	15.87	0.28	2.200	−30.7	O
PG 1241+176	12 43 57.4	+17 22 33			15.38		1.273		
PG 1247+268	12 49 52.5	+26 32 08			15.80		2.038	−30.7	
3C 279	12 55 57.1	− 5 45 54	5.340	11.96	17.75	0.26	0.536	−25.1	O
PKS1302−102	13 05 18.8	−10 31 53	1.280	1.23	15.23	−0.05	0.286		O
PG 1307+085	13 09 33.4	+ 8 21 15			15.28		0.155		
3C 286.0	13 30 55.9	+30 31 56	7.480	10.26	17.25	0.26	0.846	−26.6	O
Q 1346+001	13 49 03.9	+ 0 02 45					3.268		O
PG 1351+64	13 53 07.7	+63 47 04	0.032		14.84	0.34	0.088	−23.8	O
PKS1402+044	14 04 47.5	+ 4 16 52	0.710	0.58	18.50		3.202	−28.7	O
PG 1404+226	14 06 09.6	+22 25 00			15.82		0.098	−23.1	
PG 1411+442	14 13 37.7	+44 01 28			14.99		0.089	−23.7	
PG 1415+451	14 16 50.1	+44 57 21			15.74		0.114		
PG 1416−129	14 18 49.2	−13 09 30			15.40		0.129		
S4 1435+63	14 36 39.5	+63 37 47	1.240	1.41	15.00		2.060	−31.5	O
PG 1435−067	14 38 02.0	− 6 57 08			15.54		0.129	−23.8	
OQ 172	14 45 03.4	+ 9 59 44	1.150	1.77	17.78	0.80	3.530	−29.7	O
3C 309.1	14 59 06.4	+71 41 23	3.760	5.30	16.78	0.46	0.905	−27.3	O
PG 1519+226	15 21 02.6	+22 28 36			16.09		0.137		
PG 1552+085	15 54 31.4	+ 8 23 08			16.02		0.119		
1601+182	16 03 06.7	+18 09 48					3.280		
TON 256	16 14 01.9	+26 04 56		0.02	15.41	0.65	0.131		O
PKS1614+051	16 16 24.1	+ 5 00 11	0.850	0.67	19.50		3.208	−27.7	R
PKS 1610−77	16 17 11.5	−77 16 39	5.550	3.80	19.00		1.710	−26.9	O
1623.7+268B	16 25 37.2	+26 47 46			16.00		2.518	−30.8	
PG 1626+554	16 27 50.3	+55 23 06			16.17		0.133		
PG 1634+706	16 34 31.0	+70 32 05			14.90		1.334	−30.4	
B2 1633+38	16 35 06.0	+38 08 36	4.080	2.57	18.00		1.814	−28.1	O
MC 1635+119	16 37 33.8	+11 50 21	0.080	0.11	16.57	0.49	0.146		O
3C 345.0	16 42 49.6	+39 49 07	5.650	6.01	15.96	0.29	0.594	−27.1	O
PG 1700+518	17 01 18.5	+51 49 44			15.43		0.292		
3C 351.0	17 04 38.0	+60 44 50	1.210	2.03	15.28	0.13	0.371		O
PG 1718+481	17 19 30.9	+48 04 28			15.33		1.084		
NRAO 530	17 32 47.3	−13 04 39	4.220	4.90	18.50		0.902	−25.6	O
PKS2000−330	20 03 06.8	−32 52 33	1.030	0.62	19.00		3.780	−28.8	O
20 05+40	20 07 35.4	+40 29 00	4.450	4.60	19.00		1.736	−27.0	O
3C 418.0	20 38 28.7	+51 18 15	3.790	4.71	21.00		1.687	−24.9	O
PKS 2126−15	21 28 57.2	−15 39 53	1.240	1.17	17.30		3.275	−30.0	O
PKS 2145+06	21 47 52.0	+ 6 56 23	4.410	3.46	16.47	0.38	0.990	−27.8	O
PKS 2203−18	22 05 55.6	−18 36 59	4.240	5.25	18.50		0.618	−24.7	
PKS2204−573	22 07 35.4	−57 08 54	0.360	0.43	16.60		2.725	−30.6	
3C 446	22 25 33.1	− 4 58 23	4.070	4.28	18.39	0.44	1.404	−27.1	O
	22 30 17.2	−39 14 32			18.80		3.450	−28.5	
CTA 102	22 32 23.0	+11 42 28	3.650	4.93	17.33	0.42	1.037	−27.2	O
Q 2313−423	23 15 52.5	−42 06 25			19.50		3.360	−27.7	

Code: O=Optical position, R=Radio position with an accuracy better than one arc second.

PSR	Right Ascension	Declination	Period	$\dot{P}$	Epoch	DM	S_{400}
	h m s	° ′ ″	s	10^{-15} ss^{-1}	24	cm^{-3}pc	Jy
0031–07	0 34 08.9	– 7 22 01	0.94295078486	0.40	40690	10.8	25
0136+57	1 39 19.9	+ 58 14 32.0	0.27244563408	10.68	43890	72.2	50
0138+59	1 41 40.0	+ 60 09 29.8	1.22294826723	0.39	41794	34.8	55
0329+54	3 32 59.2	+ 54 34 42.9	0.71451866398	2.04	40621	26.7	1400
0355+54	3 58 53.6	+ 54 13 14.5	0.15638005591	4.38	41593	57.0	60
0450+55	4 54 07.6	+ 55 43 39.5	0.34072820672	2.36	43890	15.6	40
0450–18	4 52 34.4	– 17 59 25.5	0.5489353684	5.74	41536	39.9	55
0525+21	5 28 52.1	+ 22 00 22.8	3.74549702902	40.05	41994	50.9	93
0531+21	5 34 31.9	+ 22 00 52.0	0.03313404075	422.43	41351	56.7	800
0538–75	5 36 30.8	– 75 43 59.3	1.2458554349	0.57	43555	18.3	75
0611+22	6 14 16.2	+ 22 25 10.4	0.33492505401	59.63	42881	96.7	25
0628–28	6 30 49.5	– 28 34 43.8	1.2444170726	7.10	44124	34.3	90
0655+64*	7 00 37.6	+ 64 18 11.0	0.19567094486	0.00	43987	8.7	40
0736–40	7 38 32.4	– 40 42 39.4	0.37491871098	1.61	42554	160.8	190
0740–28	7 42 48.9	– 28 22 52	0.16675244661	16.83	42554	73.7	195
0808–47	8 09 43.9	– 47 53 55.4	0.54719837196	3.08	43556	228.3	46
0809+74	8 14 59.4	+ 74 29 06.7	1.29224132384	0.16	40689	5.7	50
0818–13	8 20 26.3	– 13 50 54.9	1.23812810723	2.10	41006	40.9	90
0818–41	8 20 15.5	– 41 14 36.6	0.5454455279	0.02	43557	111.0	65
0820+02*	8 23 09.7	+ 1 59 12.9	0.86487275	< 0.5	43419	22.2	22
0823+26	8 26 51.2	+ 26 37 25.2	0.53065995906	1.72	42717	19.4	70
0833–45	8 35 20.6	– 45 10 35.8	0.08924726825	124.68	43892	69.0	5000
0834+06	8 37 05.5	+ 6 10 13.7	1.27376417152	6.79	41708	12.8	65
0835–41	8 37 21.1	– 41 35 14.3	0.75162112843	3.54	43557	147.6	197
0919+06	9 22 13.8	+ 6 38 21.6	0.43061431165	13.72	43890	27.2	40
0940–55	9 42 15.6	– 55 52 55.4	0.66436112446	22.73	43555	180.2	55
0950+08	9 53 09.3	+ 7 55 35.7	0.25306506819	0.22	41501	2.9	900
0959–54	10 01 37.9	– 55 07 08.8	1.4365681929	51.66	43558	130.6	80
1054–62	10 56 25.5	– 62 58 47.6	0.42244618669	3.57	43556	323.4	45
1055–52	10 57 58.7	– 52 26 56.5	0.19710760818	5.83	43556	30.1	80
1112+50	11 15 38.3	+ 50 30 13.9	1.65643808033	2.49	41536	9.1	20
1133+16	11 36 03.3	+ 15 51 00.8	1.18791153608	3.73	41665	4.8	340
1154–62	11 57 15.2	– 62 24 50.6	0.40052094651	3.93	43556	325.2	145
1221–63	12 24 22.2	– 64 07 53.7	0.21647481429	4.95	43556	96.9	48
1237+25	12 39 40.5	+ 24 53 49.1	1.38244861210	0.95	40611	9.2	160
1240–64	12 43 17.2	– 64 23 23.4	0.38847933086	4.50	42710	297.4	110
1323–58	13 26 58.3	– 58 59 30.1	0.4779896901	3.21	43556	283.0	120
1323–62	13 27 17.2	– 62 22 43	0.5299062943	18.89	43556	318.4	135
1356–60	13 59 58.2	– 60 38 08.2	0.12750077685	6.33	43556	295.0	105
1426–66	14 30 40.9	– 66 23 04.5	0.78543998083	2.77	43556	65.3	130
1449–64	14 53 32.7	– 64 13 15.0	0.17948389392	2.74	43177	71.0	230
1451–68	14 56 00.2	– 68 43 38.9	0.26337677865	0.09	42554	8.6	350
1508+55	15 09 25.9	+ 55 31 35.2	0.73967789896	5.03	40625	19.5	125
1509–58	15 13 56	– 59 08 08	0.15021718	520.00	45042	235.0	2
1530–53	15 34 08.3	– 53 34 19.1	1.3688805090	1.42	43559	24.8	70
1540–06	15 43 30.1	– 6 20 44.0	0.70906364986	0.88	43890	18.6	50
1541+09	15 43 38.8	+ 9 29 16.9	0.74844817748	0.43	42304	34.9	100

*Member of a binary system

PSR	Right Ascension	Declination	Period	$\dot{P}$	Epoch	DM	S_{400}
	h m s	° ′ ″	s	10^{-15} ss^{-1}	24	$cm^{-3}pc$	Jy
1556–44	15 59 41.5	– 44 38 45.9	0.25705572352	1.01	42554	58.8	110
1558–50	16 02 18.9	– 51 00 04.4	0.8642020784	69.57	43559	169.5	45
1600–49	16 04 23.0	– 49 09 57.3	0.32741728797	1.01	43557	140.8	44
1604–00	16 07 12.1	+ 0 32 40.1	0.42181611020	0.30	42307	10.7	45
1641–45	16 44 49.3	– 45 59 09.2	0.45505464292	20.13	43634	475.0	375
1642–03	16 45 02.0	– 3 17 58.5	0.38768879135	1.78	40622	35.6	300
1706–16	17 09 26.4	– 16 40 57	0.65305047326	6.38	40622	24.8	60
1727–47	17 31 41.9	– 47 44 33.1	0.82972364148	163.67	43494	121.9	190
1737+13	17 40 07.4	+ 3 11 57.6	0.80304971623	1.45	43893	48.4	70
1738–08	17 41 22.5	– 8 40 33	2.0430815106	2.27	43891	74.0	40
1747–46	17 51 42.2	– 46 57 24.0	0.74235203333	1.29	43557	21.7	70
1749 28	17 52 58.6	– 28 06 37.8	0.56255316830	8.15	40128	50.8	1300
1804–08	18 07 38.0	– 8 47 42.8	0.16372736083	0.02	43891	112.8	55
1818–04	18 20 52.6	– 4 27 40	0.59807263930	6.33	40622	84.3	170
1821–19	18 24 00.4	– 19 45 51	0.18933213477	5.23	43557	226.0	52
1831–04	18 34 25.3	– 4 26 35	0.29010815629	0.19	44054	79.0	75
1844–04	18 47 23	– 4 02 12	0.5977390	51.9	42004	141.9	100
1845–01	18 48 24	– 1 24 05	0.65942849	5.2	42005	163.0	60
1857–26	19 00 48	– 26 00 38	0.61220908	0.16	42005	38.1	120
1859+03	19 01 31.8	+ 3 31 06.2	0.65544511516	7.48	42100	402.9	125
1900+01	19 03 29.9	+ 1 35 38.2	0.72930163274	4.03	42346	243.4	60
1907+10	19 09 48.7	+ 11 02 03.3	0.28363867083	2.63	42540	144.0	55
1911–04	19 13 54.1	– 4 40 47.6	0.82593368968	4.06	40624	89.4	120
1913+16*	19 15 28.0	+ 16 06 27.4	0.05902999526	0.00	42321	167.0	6
1914+13	19 16 58.7	+ 13 12 50.7	0.28184027865	3.61	42847	230.0	45
1919+21	19 21 44.8	+ 21 53 01.8	1.33730119226	1.34	40689	12.4	240
1920+21	19 22 53.5	+ 21 10 42.2	1.07791915514	8.18	42547	220.0	45
1929+10	19 32 13.8	+ 10 59 31.4	0.22651715301	1.15	41704	3.1	130
1929+20	19 32 08.1	+ 20 20 45.3	0.26821490434	4.17	43029	210.0	50
1933+16	19 35 47.8	+ 16 16 40.6	0.35873624827	6.00	42265	158.5	260
1937+21	19 39 38.5	+ 21 34 59.1	0.00155780649	0.00	45303	71.2	200
1944+17	19 46 53.0	+ 18 05 41.5	0.44061846173	0.02	41501	16.3	60
1946+35	19 48 25.0	+ 35 40 11.1	0.71730676525	7.05	42221	129.1	120
1952+29	19 54 22.6	+ 29 23 17.9	0.42667678559	0.00	42434	7.9	20
1953+29*	19 55 27.9	+ 29 08 41.9	0.00613317	< 0.04		104.5	15
2016+28	20 18 03.8	+ 28 39 54.2	0.55795340728	0.14	40689	14.1	150
2020+28	20 22 37.0	+ 28 54 23.5	0.34340079150	1.89	41348	24.6	250
2021+51	20 22 49.9	+ 51 54 49	0.52919532782	3.05	40625	22.5	60
2045–16	20 48 35.3	– 16 16 45	1.96156687985	10.96	40695	11.5	130
2111+46	21 13 24.3	+ 46 44 08.4	1.01468444504	0.71	41006	141.5	190
2217+47	22 19 48.1	+ 47 54 53.9	0.53846739454	2.76	40624	43.5	63
2255+58	22 57 57.7	+ 59 09 14.6	0.36824365392	5.75	42629	148.0	60
2303+30	23 05 58.2	+ 31 00 01.6	1.57588474427	2.89	42341	49.9	25
2310+42	23 13 08.5	+ 42 53 12.5	0.34943363975	0.11	43891	17.3	40
2319+60	23 21 55.3	+ 60 24 29.5	2.2564837049	7.03	41535	96.0	70

*Member of a binary system

CONTENTS OF SECTION J

Pages J6–J15 contain as complete a list as possible of observatories that are currently engaged in professional programs of astronomical observations. Entries are in alphabetical order according to geographical location. If only the formal name of an observatory is known, its location can be found in the Index List (pp. J2–J5). In the General List, observatories with radio instruments, infrared instruments or laser instruments are designated with an 'R', 'I' or 'L', respectively, in the Description column. The column labelled Ref. specifies the year in which an observatory appeared in the Instrumentation Lists of the 1981–1984 editions. East longitudes and north latitudes are considered to be positive.

INDEX LIST

INDEX LIST

INDEX LIST

Name	Place
Main	Pulkovo
Manastash Ridge	Ellensburg
Manila	Quezon City
Manora Peak	Naini Tal
Manuel de Barros, Prof.	Vila Nova de Gaia
Manuel Foster Astrophysical	Santiago
Maria Mitchell	Nantucket
Maryland Point	Riverside
Maryland, Univ. of	College Park
Mauna Kea	Hilo
Max Planck Institute	Effelsberg
McCormick, Leander	Charlottesville
McCormick, Leander (Branch)	Charlottesville
McDonald	Fort Davis
McGraw-Hill	Tucson
Mees, C.E. Kenneth	Bristol Springs
Mees Solar, C.E.K.	Kaeleku
Melton Memorial	Columbia
Metsähovi	Kirkkonummi
Metsähovi (Branch)	Kirkkonummi
Michigan State University	East Lansing
Michigan University, Central	Mount Pleasant
Michigan, Univ. of	Dexter
Millimeter Radio Ast. Institute	Gap
Millimeter Radio Ast. Institute	Granada
Millimeter Wave	Fort Davis
Mills	Dundee
Millstone Hill Atm. Sci. Fac.	Westford
Millstone Hill Radar	Westford
MIRA Oliver Observing Station	Monterey
Mitchell, Maria	Nantucket
MMT (Multiple-Mirror Tel.)	Amado
Molongo	Hoskinstown
Monte Mario	Rome
Mont Mégantic	Mégantic
Moore	Brownsboro
Moraes, Abrahão de	Valinhos
Morehead	Chapel Hill
Morrison	Fayette
Morro Santana	Porto Alegre
Mountain	Alma-Ata
Mountain Station	Piszkéstetö
Mount Aragatz	Yerevan
Mount Bigelow Station	Tucson
Mount Chikurin	Kurashiki
Mount Cuba	Greenville
Mount Ekar	Asiago
Mount Evans	Georgetown
Mount Hamilton	San Jose
Mount Hopkins	Amado
Mount John University	Lake Tekapo
Mount Kanobili	Abastumani
Mount Killini	Kiáton
Mount Lemmon Infrared	Tucson
Mount Lemmon Station	Tucson
Mount Locke	Fort Davis
Mount Stromlo	Canberra
Mount Wilson	Pasadena
Mount Zin	Ein Yahav
Mullard	Cambridge
Multiple-Mirror Telescope (MMT)	Amado
Nagoya University (Branch)	Kamiku Isshiki
Nagoya University (Branch)	Toyokawa
Nassau	Montville
National Central University	Chung-li
National Obs. of Athens (Branch)	Pentele
National Obs. of Brazil	Rio de Janeiro
National Obs. of Chile	Cerro Calán
National Obs. of Colombia	Bogotá
National Obs. of Cosmic Physics	San Miguel
National Obs. of Japan	Mitaka
National Obs. of Mexico (Branch)	San Felipe
National Obs. of Mexico	Tonantzintla
National Obs. of Spain	Madrid
National Obs. of Spain (Branch)	Yebes
National Obs. of Uruguay	Montevideo
National Radio	Green Bank
National Radio	Socorro
National Radio (Branch)	Tucson
National Radio, Australian	Parkes
National Solar	Sunspot
Naval	Buenos Aires
Naval	San Fernando
Naval Research Lab. (Branch)	Sugar Grove
Naval Research Laboratory (NRL)	Washington
Naval, U.S. (Branch)	Blenheim
Naval, U.S. (Branch)	Flagstaff
Naval, U.S. (Branch)	Miami
Naval, U.S.	Washington
New Mexico State Univ. (Branch)	Las Cruces
Nice	Mont Gros
Nicholas Copernicus	Brno
Nizamiah	Hyderabad
Norikura Solar	Matsumoto
Northern Arizona University	Flagstaff
North Gornergrat	Zermatt
NRL (Naval Rsch. Lab.) (Branch)	Sugar Grove
NRL (Naval Research Lab.)	Washington
Nuffield Radio Ast. Labs.	Macclesfield
Oak Ridge	Harvard
O'Brien	Marine-on-St. Croix
Ohio State	Delaware
Okayama Astrophysical	Kurashiki
Ole Rømer	Århus
Oliver Observing Station, MIRA	Monterey
Ontario, Univ. of Western	London
Ooty (Ootacamund)	Udhagamandalam
Owens Valley	Big Pine
Pagasa	Quezon City
Paris (Branch)	Nançay
Perkins	Delaware
Perth	Bickley
Pic du Midi	Bagnères-de-Bigorre
Pico dos Dias	Itajubá
Pico Veleta	Granada

INDEX LIST

Name	Place
Piedade	Belo Horizonte
Plateau de Bure	Gap
Prof. Manuel de Barros	Vila Nova de Gaia
Pulkovo (Branch)	Kislovodsk
Purple Mountain	Nanjing
Radio Astronomy Center	Udhagamandalam
Radio Astronomy, Institute of	Kharkov
Radio Astronomy Institute	Stanford
Radio Astronomy Inst., Argentine	Villa Elisa
Ramon Maria Aller	Santiago de Compostela
Remeis	Bamberg
Ritter	Toledo
Riverview College	Lane Cove
Rømer, Ole	Århus
Roque de los Muchachos	La Palma Island
Rosemary Hill	Bronson
Rothney Astrophysical	Priddis
Royal Greenwich	Cambridge
Royal Greenwich (Branch)	Herstmonceux
Royal Obs. Edinburgh (Branch)	Coonabarabran
Royal Obs. of Belgium (Branch)	Humain
Royal Obs. of Belgium	Uccle
Royal Obs. of Scotland	Edinburgh
Rutherfurd	New York
Sagamore Hill	Hamilton
Saint Michel	Forcalquier
San Vittore	Bologna
Satellite Laser Ranger Group	Herstmonceux
Schauinsland	Freiburg
Schwarzschild, Karl	Tautenburg
Serra la Nave Station	Catania
Shaanxi	Lintong
Shanghai (Branch)	Sheshan
Shanghai (Branch)	Xujiahui
Shattuck	Hanover
Siding Spring Station	Coonabarabran
Simon Stevin	Hoeven
Skalnaté Pleso	Poprad
Slovak Technical University	Bratislava
Sobaeksan	Daegang
Sommers-Bausch	Boulder
South African	Cape Town
South African (Branch)	Sutherland
South Carolina, Univ. of	Columbia
Southern Station	Hartebeespoort
South Gornergrat	Zermatt
Special Astrophysical	Zelenchukskaya
Sproul	Swarthmore
SRI (Stanford Research Institute)	Stanford
Stanford Center for Radar Ast.	Palo Alto
State	Heidelberg
Stellar Station	Catania
Sternberg State Ast. Institute	Moscow
Stevin, Simon	Hoeven
Steward	Tucson
Steward (Branch)	Tucson
Stockert	Eschweiler
Stockholm	Saltsjöbaden
Strawbridge	Haverford
Struve Astrophysical, Wilhelm	Tartu
Sugadaira Station	Toyokawa
Swiss Federal	Zürich
Table Mountain	Wrightwood
Tasmania, Univ. of	Hobart
Teide	Izaña
Thompson	Beloit
Three College	Saxapahaw
Tiara	South Park
Time Station	Miami
Tohoku University	Sendai
Tololo Inter-American, Cerro	La Serena
Tombaugh, Clyde W.	Lawrence
Tortugas Mountain Station	Las Cruces
Tumamoc Hill Station	Tucson
Turin	Pino Torinese
Turku University	Piikkiö
Uluk-Bek Latitude Sta.	Kitab
Urania	Budapest
Urania	Vienna
U.S. Air Force Academy	Colorado Springs
U.S. Naval (Branch)	Blenheim
U.S. Naval (Branch)	Flagstaff
U.S. Naval (Branch)	Miami
U.S. Naval	Washington
Uttar Pradesh State	Naini Tal
Vainu Bappu	Kavalur
Valongo	Rio de Janeiro
Van Vleck	Middletown
Vatican	Rome
Wallace Jr. Astrophys., George R.	Westford
Warner and Swasey (Branch)	Tucson
Warsaw University	Ostrowik
Washburn	Madison
Wendelstein Solar	Brannenburg
Western Connecticut State Univ.	Danbury
Western Ontario, Univ. of	London
Whipple, Fred L.	Amado
Whitin	Wellesley
Wilhelm-Foerster	Berlin
Wilhelm Struve Astrophysical	Tartu
Wise, Florence and George	Ein Yahav
W.M. Keck	Hilo
Wroclaw University (Branch)	Wasosz
Wuchang Time	Wuhan
Wyoming Infrared	Jelm
Yerkes	Williams Bay
Yunnan	Kunming
Zenas Crane	Topeka

Place	Description*		East Longitude	Latitude	Height (Sea Level)	Ref.
			° ′	° ′	m	
Abastumani/Mt. Kanobili, Georgia	Abastumani Astrophysical Obs.	R	+ 42 49.3	+41 45.3	1583	83
Abu, India	Gurushikhar Infrared Obs.	I	+ 72 46.8	+24 39.1	1700	
Albuquerque, New Mexico	Capilla Peak Obs.		−106 24.3	+34 41.8	2842	82
Alma-Ata, Kazakhstan	Mountain Obs.		+ 76 57.4	+43 11.3	1450	84
Amado/Mt. Hopkins, Arizona	Fred L. Whipple (MMT) Obs.		−110 53.1	+31 41.3	2608	84
Anacapri, Italy	Damecuta Obs.		+ 14 11.8	+40 33.5	137	82
Ankara, Turkey	Ankara Univ. Obs.	R	+ 32 46.8	+39 50.6	1266	82
Arcetri, Italy	Arcetri Astrophysical Obs.		+ 11 15.3	+43 45.2	184	82
Arecibo, Puerto Rico	Arecibo Obs.	R	− 66 45.2	+18 20.6	496	81
Århus, Denmark	Ole Rømer Obs.		+ 10 11.8	+56 07.7	50	82
Armagh, Northern Ireland	Armagh Obs.		− 6 38.9	+54 21.2	64	82
Arosa, Switzerland	Arosa Astrophysical Obs.		+ 9 40.1	+46 47.0	2050	82
Asiago, Italy	Asiago Astrophysical Obs.		+ 11 31.7	+45 51.7	1045	81
Asiago, Italy	Mount Ekar Obs.		+ 11 34.3	+45 50.6	1350	81
Athens, Greece	National Obs. of Athens		+ 23 43.2	+37 58.4	110	81
Atibaia, Brazil	Itapetinga Radio Obs.	R	− 46 33.5	−23 11.1	806	83
Atlanta, Georgia	Fernbank Obs.		− 84 19.1	+33 46.7	320	81
Auckland, New Zealand	Auckland Obs.		+174 46.7	−36 54.4	80	82
Bagnères-de-Bigorre, France	Pic du Midi Obs.		+ 0 08.7	+42 56.2	2861	82
Bailey/Dick Mtn., Colorado	Chamberlin Obs. Sta.		−105 26.2	+39 25.6	2675	83
Bamberg, Germany	Remeis Obs.		+ 10 53.4	+49 53.1	288	82
Beijing, China	Beijing Normal Univ. Obs.	R	+116 21.6	+39 57.4	70	
Belo Horizonte, Brazil	Piedade Obs.		− 43 30.7	−19 49.3	1746	82
Beloit, Wisconsin	Thompson Obs.		− 89 01.9	+42 30.3	255	82
Bergedorf, Germany	Hamburg Obs.		+ 10 14.5	+53 28.9	45	83
Berlin, Germany	Archenhold Obs.		+ 13 28.7	+52 29.2	41	81
Berlin, Germany	Wilhelm-Foerster Obs.		+ 13 21.2	+52 27.5	78	82
Besançon, France	Besançon Obs.		+ 5 59.2	+47 15.0	312	81
Bickley, Australia	Perth Obs.		+116 08.1	−32 00.5	391	83
Big Bear City, California	Big Bear Solar Obs.		−116 54.9	+34 15.2	2067	82
Big Pine, California	Owens Valley Radio Obs.	R	−118 16.9	+37 13.9	1236	81
Binningen, Switzerland	Univ. of Basle Ast. Inst.		+ 7 35.0	+47 32.5	318	82
Björnstorp, Sweden	Lund Obs. Jävan Sta.		+ 13 26.0	+55 37.4	145	82
Blenheim/Black Birch, New Zealand	Carter Obs. Sta.		+173 48.2	−41 44.9	1396	
Blenheim/Black Birch, New Zealand	U.S. Naval Obs. Sta.		+173 48.2	−41 44.7	1366	
Bochum, Germany	Bochum Obs.		+ 7 13.4	+51 27.9	132	82
Bogotá, Colombia	National Ast. Obs.		− 74 04.9	+ 4 35.9	2640	82
Bologna, Italy	San Vittore Obs.		+ 11 20.5	+44 28.1	280	83
Boone, Iowa	Erwin W. Fick Obs.		− 93 56.5	+42 00.3	332	82
Bornova, Turkey	Ege Univ. Obs.		+ 27 16.5	+38 23.9	795	82
Borowiec, Poland	Astronomical Latitude Obs.	L	+ 17 04.5	+52 16.6	80	84
Bosque Alegre, Argentina	Córdoba Obs. Astrophys. Sta.		− 64 32.8	−31 35.9	1250	81
Boulder, Colorado	Sommers-Bausch Obs.		−105 15.8	+40 00.2	1653	82
Bouzaréa, Algeria	Alger Obs.		+ 3 02.1	+36 48.1	345	82
Brannenburg, Germany	Wendelstein Solar Obs.		+ 12 00.8	+47 42.5	1838	82

* 'R' denotes an observatory with radio instruments; 'I' denotes an observatory with infrared instruments; 'L' denotes an observatory with laser instruments.

Place	Description*		East Longitude	Latitude	Height (Sea Level)	Ref.
			° ′	° ′	m	
Bratislava, Slovakia	Slovak Technical Univ. Obs.		+ 17 07.2	+48 09.3	171	82
Bristol Springs, New York	C.E. Kenneth Mees Obs.		− 77 24.5	+42 42.0	701	82
Brno, Czech Republic	Nicholas Copernicus Obs.		+ 16 35.3	+49 12.3	310	81
Bro, Sweden	Kvistaberg Obs.		+ 17 36.4	+59 30.1	—	81
Bronson, Florida	Rosemary Hill Obs.		− 82 35.2	+29 24.0	44	82
Brooklyn, Indiana	Goethe Link Obs.		− 86 23.7	+39 33.0	300	81
Brorfelde, Denmark	Copenhagen Univ. Obs.		+ 11 40.0	+55 37.5	90	82
Brownsboro, Kentucky	Moore Obs.		− 85 31.8	+38 20.1	216	82
Brussels, Belgium	Ast. and Astrophys. Inst.		+ 4 23.0	+50 48.8	147	81
Bucharest, Romania	Bucharest Ast. Obs.		+ 26 05.8	+44 24.8	81	82
Budapest, Hungary	Konkoly Obs.		+ 18 57.9	+47 30.0	474	82
Budapest, Hungary	Urania Obs.		+ 19 03.9	+47 29.1	166	82
Buenos Aires, Argentina	Naval Obs.		− 58 21.3	−34 37.3	6	82
Calern, France	Côte d'Azur Obs.	I,L	+ 6 55.6	+43 44.9	1270	84
Cambridge, England	Cambridge Univ. Observatories		+ 0 05.7	+52 12.8	30	
Cambridge, England	Mullard Radio Ast. Obs.	R	+ 0 02.6	+52 10.2	17	81
Cambridge, England	Royal Greenwich Obs.		+ 0 05.7	+52 12.8	30	83
Cambridge, Massachusetts	Harvard-Smith. Ctr. for Astrophys.	R	− 71 07.8	+42 22.8	24	82
Cananea, Mexico	Cananea Astrophysical Obs.		−110 23.0	+31 03.2	2480	
Canberra, Australia	Mount Stromlo Obs.		+149 00.5	−35 19.2	767	83
Cape Town, South Africa	South African Ast. Obs.		+ 18 28.7	−33 56.1	18	81
Capoterra, Italy	Cagliari Ast. Obs.	L	+ 8 58.6	+39 08.2	205	82
Caracas, Venezuela	Cagigal Obs.		− 66 55.7	+10 30.4	1026	82
Carloforte, Italy	International Latitude Obs.		+ 8 18.7	+39 08.2	22	82
Cassel, California	Hat Creek Radio Ast. Obs.	R	−121 28.4	+40 49.1	1043	81
Castleknock, Ireland	Dunsink Obs.		− 6 20.2	+53 23.3	85	82
Catania, Italy	Catania Astrophysical Obs.		+ 15 05.2	+37 30.2	47	82
Catania/Serra la Nave, Italy	Catania Obs. Stellar Sta.		+ 14 58.4	+37 41.5	1735	81
Cebreros, Spain	Deep Space Sta.	R	− 4 22.0	+40 27.3	789	84
Chapel Hill, North Carolina	Morehead Obs.		− 79 03.0	+35 54.8	161	
Charlottesville, Virginia	Leander McCormick Obs.		− 78 31.4	+38 02.0	264	82
Charlottesville/Fan Mtn., Virginia	Leander McCormick Obs. Sta.		− 78 41.6	+37 52.7	566	82
Chavannes-des-Bois, Switzerland	Univ. of Lausanne Obs.		+ 6 08.2	+46 18.4	465	83
Chilbolton, England	Chilbolton Obs.	R	− 1 26.2	+51 08.7	92	81
Chions, Italy	Chaonis Obs.		+ 12 42.7	+45 50.6	15	
Chung-li, Taiwan	National Central Univ. Obs.		+121 11.2	+24 58.2	152	82
Cincinnati, Ohio	Cincinnati Obs.	R	− 84 25.4	+39 08.3	247	82
Cluj-Napoca, Romania	Cluj-Napoca Ast. Obs.		+ 23 35.9	+46 42.8	750	82
Cocoa, Florida	Brevard Community College Obs.		− 80 45.7	+28 23.1	17	82
Coimbra, Portugal	Coimbra Ast. Obs.		− 8 25.8	+40 12.4	99	82
College Park, Maryland	Univ. of Maryland Obs.	R	− 76 57.4	+39 00.1	53	82
Colorado Springs, Colorado	U.S. Air Force Academy Obs.		−104 52.5	+39 00.4	2187	82
Columbia, South Carolina	Melton Memorial Obs.		− 81 01.6	+33 59.8	98	82
Columbia, South Carolina	Univ. of S.C. Radio Obs.	R	− 81 01.9	+33 59.8	127	
Coonabarabran/Siding Spg., Austl.	Anglo-Australian Obs.	R	+149 03.7	−31 16.4	1149	83

* 'R' denotes an observatory with radio instruments; 'I' denotes an observatory with infrared instruments; 'L' denotes an observatory with laser instruments.

Place	Description*		East Longitude	Latitude	Height (Sea Level)	Ref.
			° ′	° ′	m	
Coonabarabran/Siding Spg., Austl.	Royal Obs. Edinburgh Sta.		+149 04.2	−31 16.5	1145	
Copenhagen, Denmark	Copenhagen Univ. Obs.		+ 12 34.6	+55 41.2		82
Córdoba, Argentina	Córdoba Ast. Obs.		− 64 11.8	−31 25.3	434	82
Cracow, Poland	Jagellonian Obs. Ft. Skala Sta.	R	+ 19 49.6	+50 03.3	314	81
Cracow, Poland	Jagellonian Univ. Ast. Obs.		+ 19 57.6	+50 03.9	225	82
Culgoora, Australia	Australian Tel. Natl. Facility	R	+149 33.7	−30 18.9	217	81
Daegang, South Korea	Sobaeksan Ast. Obs.		+128 27.4	+36 56.0	1390	82
Daejeon, South Korea	Daeduk Radio Ast. Obs.	R	+127 22.3	+36 23.9	120	
Danbury, Connecticut	Western Conn. State Univ. Obs.		− 73 26.7	+41 24.0	128	82
Daun, Germany	Hoher List Obs.		+ 6 51.0	+50 09.8	533	81
Debrecen, Hungary	Heliophysical Obs.		+ 21 37.4	+47 33.6	132	84
Decatur, Georgia	Bradley Obs.		− 84 17.6	+33 45.9	316	82
Delaware, Ohio	Ohio State Radio Obs.	R	− 83 02.9	+40 15.1	282	81
Delaware, Ohio	Perkins Obs.		− 83 03.3	+40 15.1	280	81
Denver, Colorado	Chamberlin Obs.		−104 57.2	+39 40.6	1644	83
Devon, Alberta	Devon Ast. Obs.		−113 45.5	+53 23.4	708	82
Dexter, Michigan	Univ. of Mich. Radio Ast. Obs.	R	− 83 56.2	+42 23.9	345	81
Dresden, Germany	Lohrmann Obs.		+ 13 52.3	+51 03.0	324	83
Dundee, Scotland	Mills Obs.		− 3 00.7	+56 27.9	152	82
Dushanbe, Tadzhikistan	Inst. of Astrophysics		+ 68 46.9	+38 33.7	820	83
Dwingeloo, Netherlands	Dwingeloo Radio Obs.	R	+ 6 23.8	+52 48.8	25	81
East Lansing, Michigan	Michigan State Univ. Obs.		− 84 29.0	+42 42.4	274	82
Edinburgh, Scotland	City Obs.		− 3 10.8	+55 57.4	107	82
Edinburgh, Scotland	Royal Obs.		− 3 11.0	+55 55.5	146	81
Effelsberg, Germany	Max Planck Inst. for Radio Ast.	R	+ 6 53.1	+50 31.6	369	81
Ein Yahav/Mt. Zin, Israel	Florence and George Wise Obs.		+ 34 45.8	+30 35.8	874	81
Ellensburg, Washington	Manastash Ridge Obs.		−120 43.4	+46 57.1	1198	82
Eschweiler, Germany	Stockert Radio Obs.	R	+ 6 43.4	+50 34.2	435	81
Evanston, Illinois	Dearborn Obs.		− 87 40.5	+42 03.4	195	82
Evanston, Illinois	Lindheimer Ast. Research Center		− 87 40.3	+42 03.6	205	82
Fayette, Missouri	Morrison Obs.		− 92 41.8	+39 09.1	228	82
Flagstaff, Arizona	Lowell Obs.		−111 39.9	+35 12.2	2219	81
Flagstaff/Anderson Mesa, Arizona	Lowell Obs. Sta.		−111 32.2	+35 05.8	2200	
Flagstaff, Arizona	Northern Arizona Univ. Obs.		−111 39.2	+35 11.1	2110	82
Flagstaff, Arizona	U.S. Naval Obs. Sta.		−111 44.4	+35 11.0	2316	81
Floirac, France	Bordeaux Univ. Obs.	R	− 0 31.7	+44 50.1	73	82
Forcalquier/St. Michel, France	Obs. of Haute-Provence		+ 5 42.8	+43 55.9	665	81
Fort Davis, Texas	George R. Agassiz Sta.	R	−103 56.8	+30 38.1	1603	82
Fort Davis/Mt. Locke, Texas	McDonald Obs.	L	−104 01.3	+30 40.3	2075	84
Fort Davis/Mt. Locke, Texas	Millimeter Wave Obs.	R	−104 01.7	+30 40.3	2031	81
Fort Irwin, California	Goldstone Complex	R	−116 50.9	+35 23.4	1036	81
Freiburg, Germany	Schauinsland Obs.		+ 7 54.4	+47 54.9	1240	82
Gap/Plateau de Bure, France	Grenoble Obs.	R	+ 5 54.5	+44 38.0	2552	
Gap/Plateau de Bure, France	Millimeter Radio Ast. Inst.	R	+ 5 54.4	+44 38.0	2552	
Gauribidanur, India	Gauribidanur Radio Obs.	R	+ 77 26.1	+13 36.2	686	

* 'R' denotes an observatory with radio instruments; 'I' denotes an observatory with infrared instruments; 'L' denotes an observatory with laser instruments.

Place	Description*		East Longitude	Latitude	Height (Sea Level)	Ref.
			° ′	° ′	m	
Georgetown, Colorado	Mount Evans Obs.		−105 38.4	+39 35.2	4313	82
Gérgal/Calar Alto, Spain	German Spanish Ast. Center		− 2 32.2	+37 13.8	2168	81
Glasgow, Scotland	Glasgow Univ. Obs.		− 4 18.3	+55 54.1	53	81
Göttingen, Germany	Göttingen Univ. Obs.		+ 9 56.6	+51 31.8	159	
Granada/Pico Veleta, Spain	Millimeter Radio Ast. Inst.	R	− 3 24.0	+37 04.1	2870	
Graz, Austria	Lustbühel Obs.		+ 15 29.7	+47 03.9	480	82
Graz, Austria	Univ. of Graz Obs.		+ 15 26.9	+47 04.6	375	82
Green Bank, West Virginia	National Radio Ast. Obs.	R	− 79 50.5	+38 25.8	836	83
Greenbelt, Maryland	GSFC Optical Test Site	L	− 76 49.6	+39 01.3	53	81
Greenville, Delaware	Mount Cuba Ast. Obs.		− 75 38.0	+39 47.1	92	82
Grinnell, Iowa	Grant O. Gale Obs.		− 92 43.2	+41 45.4	318	
Gyula, Hungary	Heliophysical Obs. Sta.		+ 21 16.2	+46 39.2	135	84
Hamilton, Massachusetts	Sagamore Hill Radio Obs.	R	− 70 49.3	+42 37.9	53	81
Hannover, Germany	Inst. of Geodesy Ast. Obs.		+ 9 42.8	+52 23.3	71	82
Hanover, New Hampshire	Shattuck Obs.		− 72 17.0	+43 42.3	183	82
Hartebeeshoek, South Africa	Hartebeeshoek Radio Ast. Obs.	R	+ 27 41.1	−25 53.4	1391	
Hartebeespoort, South Africa	Leiden Obs. Southern Sta.		+ 27 52.6	−25 46.4	1220	81
Harvard, Massachusetts	Oak Ridge Obs.	R	− 71 33.5	+42 30.3	185	81
Haverford, Pennsylvania	Strawbridge Obs.	R	− 75 18.2	+40 00.7	116	82
Heidelberg/Königstúhl, Germany	State Obs.		+ 8 43.3	+49 23.9	570	82
Helsinki, Finland	Univ. of Helsinki Obs.		+ 24 57.3	+60 09.7	33	82
Helwân, Egypt	Helwân Obs.		+ 31 22.8	+29 51.5	116	82
Herstmonceux, England	Satellite Laser Ranger Group	L	+ 0 20.3	+50 52.0	31	83
Hilo/Mauna Kea, Hawaiian Islands	Caltech Submillimeter Obs.	R	−155 28.7	+19 49.5	4072	
Hilo/Mauna Kea, Hawaiian Islands	Canada-France-Hawaii Tel. Corp.		−155 28.3	+19 49.7	4204	
Hilo/Mauna Kea, Hawaiian Islands	Joint Astronomy Centre	R,I	−155 28.4	+19 49.5	4194	
Hilo/Mauna Kea, Hawaiian Islands	Mauna Kea Obs.	I	−155 28.3	+19 49.6	4215	81
Hilo/Mauna Kea, Hawaiian Islands	W.M. Keck Obs.		−155 28.7	+19 49.7	4160	
Hobart, Tasmania	Univ. of Tasmania Obs.	R	+147 32.0	−42 50.0	300	81
Hoeven, Netherlands	Simon Stevin Obs.	R	+ 4 33.8	+51 34.0	9	82
Holmdel, New Jersey	Crawford Hill Obs.	R	− 74 11.2	+40 23.5	114	81
Hoskinstown, Australia	Molongo Radio Obs.	R	+149 25.4	−35 22.3	732	84
Humain, Belgium	Royal Obs. Radio Ast. Sta.	R	+ 5 15.3	+50 11.5	293	84
Hvar, Croatia	Hvar Obs.		+ 16 26.9	+43 10.7	238	
Hyderabad, India	Nizamiah Obs.		+ 78 27.2	+17 25.9	554	82
Incline Village, Nevada	Maclean Obs.		−119 55.7	+39 17.7	2546	82
Irkutsk, Russia	Irkutsk Ast. Obs.		+104 20.7	+52 16.7	468	83
Istanbul, Turkey	Istanbul Univ. Obs.		+ 28 57.9	+41 00.7	65	82
Istanbul, Turkey	Kandilli Obs.		+ 29 03.7	+41 03.8	120	82
Itajubá, Brazil	Pico dos Dias Obs.		− 45 35.0	−22 32.1	1870	82
Ithaca, New York	Hartung-Boothroyd Obs.		− 76 23.1	+42 27.5	534	82
Izaña, Tenerife Is., Canaries	Teide Obs.	R,I	− 16 29.8	+28 17.5	2395	
Japal, India	Japal-Rangapur Obs.	R	+ 78 43.7	+17 05.9	695	83
Jelm, Wyoming	Wyoming Infrared Obs.	I	−105 58.6	+41 05.9	2943	
Jena, Germany	Friedrich-Schiller Univ. Obs.		+ 11 29.2	+50 55.8	356	82

* 'R' denotes an observatory with radio instruments; 'I' denotes an observatory with infrared instruments; 'L' denotes an observatory with laser instruments.

Place	Description*		East Longitude	Latitude	Height (Sea Level)	Ref.
			° ′	° ′	m	
Kaeleku/Haleakala, Hawaiian Is.	C.E.K. Mees Solar Obs.		−156 15.4	+20 42.4	3054	
Kaeleku/Haleakala, Hawaiian Is.	LURE Obs.	L	−156 15.5	+20 42.6	3048	82
Kaliningrad, Russia	Kaliningrad Univ. Obs.		+ 20 29.7	+54 42.8	24	83
Kamiku Isshiki, Japan	Nagoya Univ. Fujigane Sta.	R	+138 36.7	+35 25.6	1015	81
Kamitakara, Japan	Hida Obs.		+137 18.5	+36 14.9	1276	84
Kashima, Japan	Kashima Space Commun. Center	R	+140 39.8	+35 57.3	32	81
Kavalur, India	Vainu Bappu Obs.		+ 78 49.6	+12 34.6	725	
Kazan, Russia	Engelhardt Ast. Obs.		+ 48 48.9	+55 50.3	98	81
Kazan, Russia	Kazan University Obs.		+ 49 07.3	+55 47.4	79	83
Kemps Creek, Australia	Fleurs Radio Obs.	R	+150 46.5	−33 51.8	45	81
Kharkov, Ukraine	Inst. of Radio Ast.	R	+ 36 56.0	+49 38.0	150	
Kharkov, Ukraine	Kharkov Univ. Ast. Obs.		+ 36 13.9	+50 00.2	138	82
Kiáton/Mt. Killini, Greece	Kryonerion Ast. Obs.		+ 22 37.3	+37 58.4	905	82
Kiev, Ukraine	Kiev Univ. Obs.		+ 30 29.9	+50 27.2	184	83
Kiev, Ukraine	Main Ast. Obs.		+ 30 30.4	+50 21.9	188	83
Kirkkonummi, Finland	Metsähovi Obs.		+ 24 23.8	+60 13.2	60	81
Kirkkonummi, Finland	Metsähovi Obs. Radio Rsch. Sta.	R	+ 24 23.6	+60 13.1	61	81
Kiruna, Sweden	European Incoh. Scatter Facility	R	+ 20 26.1	+67 51.6	418	
Kislovodsk, Russia	Pulkovo Obs. Sta.		+ 42 31.8	+43 44.0	2130	84
Kiso, Japan	Kiso Obs.		+137 37.7	+35 47.6	1130	81
Kitab, Uzbekistan	Uluk-Bek Latitude Sta.		+ 66 52.9	+39 08.0	658	83
Klagenfurt, Austria	Kanzelhöhe Solar Obs.		+ 13 54.4	+46 40.7	1526	82
Kodaikanal, India	Kodaikanal Solar Obs.		+ 77 28.1	+10 13.8	2343	
Kottamia, Egypt	Kottamia Obs.		+ 31 49.5	+29 55.9	476	81
Kunming, China	Yunnan Obs.	R	+102 47.3	+25 01.5	1940	82
Kurashiki/Mt. Chikurin, Japan	Okayama Astrophysical Obs.		+133 35.8	+34 34.4	372	81
Kutztown, Pennsylvania	Kutztown Univ. Obs		− 75 47.1	+40 30.9	158	82
Kyoto, Japan	Kwasan Obs.		+135 47.6	+34 59.7	221	84
Kyoto, Japan	Kyoto Univ. Ast. Dept. Obs.		+135 47.2	+35 01.7	86	81
Kyoto, Japan	Kyoto Univ. Physics Dept. Obs.		+135 47.2	+35 01.7	80	
Lafayette, California	Leuschner Obs.		−122 09.4	+37 55.1	304	82
Lake Tekapo, New Zealand	Mount John Univ. Obs.		+170 27.9	−43 59.2	1027	83
Lake Traverse, Ontario	Algonquin Radio Obs.	R	− 78 04.4	+45 57.3	260	81
Lane Cove, Australia	Riverview College Obs.		+151 09.5	−33 49.8	25	82
La Palma Island, Canary Islands	Roque de los Muchachos Obs.	R	− 17 52.9	+28 45.6	2326	
La Plata, Argentina	La Plata Ast. Obs.		− 57 55.9	−34 54.5	17	81
Las Cruces, New Mexico	Corralitos Obs.		−107 02.6	+32 22.8	1453	82
Las Cruces/Blue Mesa, New Mexico	New Mexico State Univ. Obs. Sta.		−107 09.9	+32 29.5	2025	82
Las Cruces/Tortugas Mtn., New Mex.	New Mexico State Univ. Obs. Sta.		−106 41.8	+32 17.6	1505	82
La Serena, Chile	Cerro Tololo Inter-Amer. Obs.	R	− 70 48.9	−30 09.9	2215	82
La Serena, Chile	European Southern Obs.	R	− 70 43.8	−29 15.4	2347	81
Lawrence, Kansas	Clyde W. Tombaugh Obs.		− 95 15.0	+38 57.6	323	82
Leiden, Netherlands	Leiden Obs.		+ 4 29.1	+52 09.3	12	81
Lembang, (Java), Indonesia	Bosscha Obs.		+107 37.0	− 6 49.5	1300	84
Liège, Belgium	Cointe Obs.		+ 5 33.9	+50 37.1	127	81

* 'R' denotes an observatory with radio instruments; 'I' denotes an observatory with infrared instruments; 'L' denotes an observatory with laser instruments.

Place	Description*		East Longitude	Latitude	Height (Sea Level)	Ref.
			° ′	° ′	m	
Lintong, China	Shaanxi Ast. Obs.	R	+109 33.1	+34 56.7	468	
Lisbon, Portugal	Lisbon Ast. Obs.		− 9 11.2	+38 42.7	111	82
Loiano, Italy	Bologna Univ. Obs.		+ 11 20.2	+44 15.5	785	81
London, Ontario	Univ. of Western Ontario Obs.		− 81 18.9	+43 11.5	323	
Los Angeles, California	Griffith Obs.		−118 17.9	+34 07.1	357	82
Lund, Sweden	Lund Obs.		+ 13 11.2	+55 41.9	34	82
Lvov, Ukraine	Lvov Univ. Obs.		+ 24 01.8	+49 50.0	330	83
Macclesfield/Jodrell Bank, Eng.	Nuffield Radio Ast. Labs.	R	− 2 18.4	+53 14.2	78	81
Madison, Wisconsin	Washburn Obs.		− 89 24.5	+43 04.6	292	82
Madrid, Spain	National Ast. Obs.		− 3 41.1	+40 24.6	670	82
Maipu, Chile	Maipu Radio Ast. Obs.	R	− 70 51.5	−33 30.1	446	81
Malvern, Pennsylvania	Flower and Cook Obs.		− 75 29.6	+40 00.0	155	81
Manchester, England	Godlee Obs.		− 2 14.0	+53 28.6	77	82
Marine-on-St. Croix, Minnesota	O'Brien Obs.		− 92 46.6	+45 10.9	308	82
Matsumoto, Japan	Norikura Solar Obs.	I	+137 33.3	+36 06.8	2876	82
Mazelspoort, South Africa	Boyden Obs.		+ 26 24.3	−29 02.3	1387	81
Mead, Nebraska	Behlen Obs.		− 96 26.8	+41 10.3	362	82
Medicina, Italy	Medicina Radio Ast. Sta.	R	+ 11 38.7	+44 31.2	44	
Mégantic, Quebec	Mont Mégantic Ast. Obs.		− 71 09.2	+45 27.3	1114	81
Merate, Italy	Brera-Milan Ast. Obs.		+ 9 25.7	+45 42.0	340	81
Mérida, Venezuela	Llano del Hato Obs.		− 70 52.0	+ 8 47.4	3610	81
Meudon, France	Meudon Obs.		+ 2 13.9	+48 48.3	162	84
Miami, Florida	U.S. Naval Obs. Time Sta.	R	− 80 23.1	+25 36.8	7	81
Middletown, Connecticut	Van Vleck Obs.		− 72 39.6	+41 33.3	65	82
Milan, Italy	Brera-Milan Ast. Obs.		+ 9 11.5	+45 28.0	146	82
Mill Hill, England	Univ. of London Obs.		− 0 14.4	+51 36.8	81	82
Mitaka, Japan	National Ast. Obs.	R	+139 32.5	+35 40.3	58	81
Miyun, China	Beijing Obs. Sta.	R	+116 45.9	+40 33.4	160	84
Mizusawa, Japan	Mizusawa Astrogeodynamics Obs.		+141 07.9	+39 08.1	61	82
Monterey/Chews Ridge, California	MIRA Oliver Observing Sta.		−121 34.2	+36 18.3	1525	
Montevideo, Uruguay	National Obs.		− 56 12.8	−34 54.6	24	84
Mont Gros, France	Nice Obs.		+ 7 18.1	+43 43.4	372	81
Montville, Ohio	Nassau Ast. Obs.		− 81 04.5	+41 35.5	390	83
Moscow, Russia	Sternberg State Ast. Inst.		+ 37 32.7	+55 42.0	195	83
Mount Laguna, California	Mount Laguna Obs.		−116 25.6	+32 50.4	1859	82
Mount Pleasant, Michigan	Central Michigan Univ. Obs.		− 84 46.5	+43 35.3	258	82
Munich, Germany	Munich Univ. Obs.		+ 11 36.5	+48 08.7	529	82
Mürren/Jungfraujoch, Switzerland	High Alpine Research Obs.		+ 7 59.1	+46 32.9	3576	81
Nagoya, Japan	Nagoya Univ. Radio Ast. Lab.	R	+136 58.4	+35 08.9	75	81
Naini Tal/Manora Peak, India	Uttar Pradesh State Obs.		+ 79 27.4	+29 21.7	1927	82
Nakaminato, Japan	Hiraiso Solar Terr. Rsch. Center	R	+140 37.5	+36 22.0	27	82
Nançay, France	Paris Obs. Radio Ast. Sta.	R	+ 2 11.8	+47 22.8	150	81
Nanjing, China	Purple Mountain Obs.	R	+118 49.3	+32 04.0	367	83
Nantucket, Massachusetts	Maria Mitchell Obs.		− 70 06.3	+41 16.8	20	82
Naples, Italy	Capodimonte Ast. Obs.		+ 14 15.3	+40 51.8	150	81

* 'R' denotes an observatory with radio instruments; 'I' denotes an observatory with infrared instruments; 'L' denotes an observatory with laser instruments.

Place	Description*		East Longitude	Latitude	Height (Sea Level)	Ref.
			° ′	° ′	m	
Nashville, Tennessee	Arthur J. Dyer Obs.		− 86 48.3	+36 03.1	345	82
Neuchâtel, Switzerland	Cantonal Obs.		+ 6 57.5	+46 59.9	488	82
New Salem, Massachusetts	Five College Radio Ast. Obs.	R	− 72 20.7	+42 23.5	314	
New York, New York	Rutherfurd Obs.		− 73 57.5	+40 48.6	25	82
Nijmegen, Netherlands	Catholic Univ. Ast. Inst.		+ 5 52.1	+51 49.5	62	82
Nikolaev, Ukraine	Nikolaev Ast. Obs.		+ 31 58.5	+46 58.3	54	83
Nobeyama, Japan	Nobeyama Cosmic Radio Obs.	R	+138 29.0	+35 56.0	1350	
Nobeyama, Japan	Nobeyama Solar Radio Obs.	R	+138 28.8	+35 56.3	1350	81
North Liberty, Iowa	North Liberty Radio Obs.	R	− 91 34.5	+41 46.3	241	81
Oakland, California	Chabot Obs.		−122 10.6	+37 47.2	100	82
Odessa, Ukraine	Odessa Obs.		+ 30 45.5	+46 28.6	60	83
Old Town, Florida	Univ. of Florida Radio Obs.	R	− 83 02.1	+29 31.7	8	81
Ondřejov, Czech Republic	Ondřejov Obs.	R	+ 14 47.0	+49 54.6	533	
Onsala, Sweden	Onsala Space Obs.	R	+ 11 55.1	+57 23.6	24	81
Ostrowik, Poland	Warsaw Univ. Obs.		+ 21 25.2	+52 05.4	138	82
Ottawa, Ontario	Ottawa River Solar Obs.		− 75 53.6	+45 23.2	58	82
Padua, Italy	Padua Ast. Obs.		+ 11 52.3	+45 24.0	38	82
Palermo, Italy	Palermo Univ. Ast. Obs.		+ 13 21.5	+38 06.7	72	82
Palo Alto, California	Stanford Center for Radar Ast.	R	−122 10.7	+37 27.5	172	
Palomar Mtn., California	Palomar Obs.		−116 51.8	+33 21.4	1706	81
Paris, France	Paris Obs.		+ 2 20.2	+48 50.2	67	81
Parkes, Australia	Austral. Natl. Radio Ast. Obs.	R	+148 15.7	−33 00.0	392	81
Partizanskoye, Ukraine	Crimean Astrophysical Obs.		+ 34 01.0	+44 43.7	550	
Pasadena, California	Mount Wilson Obs.	R	−118 03.6	+34 13.0	1742	82
Pentele, Greece	National Obs. Sta.	R	+ 23 51.8	+38 02.9	509	82
Penticton, British Columbia	Dominion Radio Astrophys. Obs.	R	−119 37.2	+49 19.2	545	81
Philadelphia, Pennsylvania	The Franklin Inst. Obs.		− 75 10.4	+39 57.5	30	82
Piikkiö, Finland	Turku Univ. Obs.		+ 22 26.8	+60 25.0	40	83
Pine Bluff, Wisconsin	Pine Bluff Obs.		− 89 41.1	+43 04.7	366	82
Pino Torinese, Italy	Turin Ast. Obs.		+ 7 46.5	+45 02.3	622	83
Piszkéstetö, Hungary	Konkoly Obs. Mountain Sta.		+ 19 53.7	+47 55.1	958	81
Pittsburgh, Pennsylvania	Allegheny Obs.		− 80 01.3	+40 29.0	380	82
Piwnice, Poland	Piwnice Ast. Obs.	R	+ 18 33.4	+53 05.7	100	82
Poprad, Slovakia	Lomnický Štít Coronal Obs.		+ 20 13.2	+49 11.8	2632	82
Poprad, Slovakia	Skalnaté Pleso Obs.		+ 20 14.7	+49 11.3	1783	82
Porto Alegre, Brazil	Morro Santana Obs.		− 51 07.6	−30 03.2	300	
Potsdam, Germany	Central Inst. for Earth Physics		+ 13 04.0	+52 22.9	91	82
Potsdam, Germany	Einstein Tower Solar Obs.	R	+ 13 03.9	+52 22.8	100	83
Potsdam, Germany	Potsdam Astrophysical Obs.		+ 13 04.0	+52 22.9	107	
Poznań, Poland	Poznań Univ. Ast. Obs.	L	+ 16 52.7	+52 23.8	85	82
Prague, Czech Republic	Charles Univ. Ast. Inst.		+ 14 23.7	+50 04.6	267	82
Priddis, Alberta	Rothney Astrophysical Obs.	I	−114 17.3	+50 52.1	1272	82
Princeton, New Jersey	FitzRandolph Obs.		− 74 38.8	+40 20.7	43	81
Prostějov, Czech Republic	Prostějov Obs.		+ 17 09.8	+49 29.2	225	83
Providence, Rhode Island	Ladd Obs.		− 71 24.0	+41 50.3	69	82

* 'R' denotes an observatory with radio instruments; 'I' denotes an observatory with infrared instruments; 'L' denotes an observatory with laser instruments.

Place	Description*		East Longitude	Latitude	Height (Sea Level)	Ref.
			° ′	° ′	m	
Pulkovo, Russia	Main Ast. Obs.	R	+ 30 19.6	+59 46.4	75	83
Quezon City, Philippines	Manila Obs.	R	+121 04.6	+14 38.2	58	82
Quezon City, Philippines	Pagasa Ast. Obs.		+121 04.3	+14 39.2	70	82
Quito, Ecuador	Quito Ast. Obs.		− 78 29.9	− 0 13.0	2818	82
Richmond Hill, Ontario	David Dunlap Obs.		− 79 25.3	+43 51.8	244	81
Riga, Latvia	Latvian State Univ. Ast. Obs.	L	+ 24 07.0	+56 57.1	39	84
Riga, Latvia	Riga Radio-Astrophysical Obs.	R	+ 24 24.0	+56 47.0	75	
Rio de Janeiro, Brazil	National Obs.		− 43 13.4	−22 53.7	33	81
Rio de Janeiro, Brazil	Valongo Obs.		− 43 11.2	−22 53.9	52	82
Riverside, Iowa	Univ. Of Iowa Obs.		− 91 33.6	+41 30.9	221	82
Riverside, Maryland	Maryland Point Obs.	R	− 77 13.9	+38 22.4	20	81
Robledo, Spain	Deep Space Sta.	R	− 4 14.9	+40 25.8	774	
Roden, Netherlands	Kapteyn Obs.		+ 6 26.6	+53 07.7	12	82
Rome/Monte Mario, Italy	Rome Obs.		+ 12 27.1	+41 55.3	152	82
Rome/Castel Gandolfo, Italy	Vatican Obs.		+ 12 39.1	+41 44.8	450	82
Roquetas, Spain	Ebro Obs.	R	+ 0 29.6	+40 49.2	50	82
St. Andrews, Scotland	St. Andrews Univ. Obs.		− 2 48.9	+56 20.2	30	82
St. Corona at Schöpfl, Austria	L. Figl Astrophysical Obs.		+ 15 55.4	+48 05.0	890	82
St. Genis Laval, France	Lyon Univ. Obs.		+ 4 47.1	+45 41.7	299	82
St. Petersburg, Russia	St. Petersburg Univ. Obs.		+ 30 17.7	+59 56.5	3	83
Saltsjöbaden, Sweden	Stockholm Obs.		+ 18 18.5	+59 16.3	60	82
San Felipe, (Baja), Mexico	National Ast. Obs.		−115 27.8	+31 02.6	2830	81
San Fernando, California	San Fernando Obs.	R	−118 29.5	+34 18.5	371	81
San Fernando, Spain	Naval Obs.	L	− 6 12.2	+36 28.0	27	81
San Jose/Mt. Hamilton, Calif.	Lick Obs.		−121 38.2	+37 20.6	1290	84
San Juan/El Leoncito, Argentina	El Leoncito Ast. Complex		− 69 18.0	−31 48.0	2552	
San Juan, Argentina	Félix Aguilar Obs.		− 68 37.2	−31 30.6	700	82
San Juan/El Leoncito, Argentina	Dr. Carlos U. Cesco Sta.		− 69 19.8	−31 48.1	2348	
San Miguel, Argentina	National Obs. of Cosmic Physics		− 58 43.9	−34 33.4	37	82
Santiago, Chile	Cerro Calán National Ast. Obs.		− 70 32.8	−33 23.8	860	82
Santiago, Chile	Cerro El Roble Ast. Obs.		− 71 01.2	−32 58.9	2220	81
Santiago, Chile	Manuel Foster Astrophys. Obs.		− 70 37.8	−33 25.1	840	82
Santiago de Compostela, Spain	Ramon Maria Aller Obs.		− 8 33.6	+42 52.5	240	82
Sauverny, Switzerland	Geneva Obs.		+ 6 08.2	+46 18.4	465	81
Saxapahaw, North Carolina	Three College Obs.		− 79 24.4	+35 56.7	183	
Sendai, Japan	Sendai Ast. Obs.		+140 51.9	+38 15.4	45	82
Sendai, Japan	Tohoku Univ. Obs.		+140 50.6	+38 15.4	153	82
Shahe, China	Beijing Obs. Sta.	R,L	+116 19.7	+40 06.1	40	84
Sheshan, China	Shanghai Obs. Sta.	L	+121 11.2	+31 05.8	100	
Simeis, Ukraine	Crimean Astrophysical Obs.	R	+ 34 01.0	+44 32.1	676	84
Simosato, Japan	Simosato Hydrographic Obs.	R,L	+135 56.4	+33 34.5	63	
Sirahama, Japan	Sirahama Hydrographic Obs.		+138 59.3	+34 42.8	172	
Skibotn, Norway	Skibotn Obs.		+ 20 21.9	+69 20.9	157	82
Socorro, New Mexico	Joint Obs. for Cometary Rsch.		−107 11.3	+33 59.1	3235	82
Socorro, New Mexico	National Radio Ast. Obs.	R	−107 37.1	+34 04.7	2124	81

* 'R' denotes an observatory with radio instruments; 'I' denotes an observatory with infrared instruments; 'L' denotes an observatory with laser instruments.

Place	Description*		East Longitude	Latitude	Height (Sea Level)	Ref.
			° ′	° ′	m	
Sodankylä, Finland	European Incoh. Scatter Facility	R	+ 26 37.6	+67 21.8	197	
Søndre Strømfjord, Greenland	Incoherent Scatter Facility	R	− 50 57.0	+66 59.2	180	
Sonneberg, Germany	Sonneberg Obs.		+ 11 11.5	+50 22.7	640	81
South Park, Colorado	Tiara Obs.		−105 31.0	+38 58.2	2679	82
Stanford, California	Radio Ast. Inst.	R	−122 11.3	+37 23.9	80	81
Stanford, California	SRI Radio Ast. Obs.	R	−122 10.6	+37 24.3	168	
State College, Pennsylvania	Black Moshannon Obs.		− 78 00.3	+40 55.3	738	
Stephanion, Greece	Stephanion Obs.		+ 22 49.7	+37 45.3	800	
Strasbourg, France	Strasbourg Obs.		+ 7 46.2	+48 35.0	142	81
Sugar Grove, West Virginia	Naval Research Lab. Radio Sta.	R	− 79 16.4	+38 31.2	705	81
Sunspot, New Mexico	Apache Point Obs.		−105 49.2	+32 46.8	2781	
Sunspot, New Mexico	National Solar Obs.		−105 49.2	+32 47.2	2811	82
Sutherland, South Africa	South African Ast. Obs. Sta.		+ 20 48.7	−32 22.7	1771	81
Swarthmore, Pennsylvania	Sproul Obs.		− 75 21.4	+39 54.3	63	82
Syracuse, New York	Syracuse Univ. Obs.		− 76 08.3	+43 02.2	160	82
Taipei, Taiwan	Taipei Obs.		+121 31.6	+25 04.7	31	
Tartu, Estonia	Wilhelm Struve Astrophys. Obs.		+ 26 28.0	+58 16.0	—	83
Tashkent, Uzbekistan	Tashkent Obs.		+ 69 17.6	+41 19.5	477	83
Tautenburg, Germany	Karl Schwarzschild Obs.		+ 11 42.8	+50 58.9	331	83
Teramo, Italy	Collurania Ast. Obs.		+ 13 44.0	+42 39.5	388	82
Thessaloníki, Greece	Univ. of Thessaloníki Obs.		+ 22 57.5	+40 37.0	28	82
Tianjing, China	Beijing Obs. Latitude Sta.		+117 03.5	+39 08.0	5	84
Tidbinbilla, Australia	Deep Space Sta.	R	+148 58.8	−35 24.1	656	82
Tokyo, Japan	Dodaira Obs.	L	+139 11.8	+36 00.2	879	81
Tokyo, Japan	Tokyo Hydrographic Obs.		+139 46.2	+35 39.7	41	
Toledo, Ohio	Ritter Obs.		− 83 36.8	+41 39.7	201	81
Tomsk, Russia	Tomsk Univ. Obs.		+ 84 56.8	+56 28.1	130	84
Tonantzintla, Mexico	National Ast. Obs.	R	− 98 18.8	+19 02.0	2150	8[illegible]
Topeka, Kansas	Zenas Crane Obs.		− 95 41.8	+39 02.2	306	8[illegible]
Toulouse, France	Toulouse Univ. Obs.		+ 1 27.8	+43 36.7	195	8[illegible]
Toyokawa, Japan	Nagoya Univ. Sta.	R	+137 22.2	+34 50.1	25	81
Toyokawa, Japan	Nagoya Univ. Sugadaira Sta.	R	+138 19.3	+36 31.2	1280	81
Toyokawa, Japan	Toyokawa Obs.	R	+137 22.3	+34 50.2	18	
Tremsdorf, Germany	Tremsdorf Radio Ast. Obs.	R	+ 13 08.2	+52 17.1	35	83
Trieste, Italy	Trieste Ast. Obs.	R	+ 13 52.5	+45 38.5	400	81
Tromsø, Norway	European Incoh. Scatter Facility	R	+ 19 31.2	+69 35.2	85	
Tübingen, Germany	Tübingen Univ. Ast. Obs.	R	+ 9 03.5	+48 32.3	470	82
Tucson/Kitt Peak, Arizona	Kitt Peak National Obs.		− 111 36.0	+31 57.8	2120	81
Tucson/Kitt Peak, Arizona	McGraw-Hill Obs.		− 111 37.0	+31 57.0	1925	81
Tucson/Mt. Lemmon, Arizona	Mount Lemmon Infrared Obs.	I	−110 47.5	+32 26.5	2776	81
Tucson/Kitt Peak, Arizona	National Radio Ast. Obs.	R	− 111 36.9	+31 57.2	1938	81
Tucson, Arizona	Steward Obs.		−110 56.9	+32 14.0	757	81
Tucson/Kitt Peak, Arizona	Steward Obs. Sta.		− 111 36.0	+31 57.8	2071	81
Tucson/Mt. Bigelow, Arizona	Steward Obs. Catalina Sta.		−110 43.9	+32 25.0	2510	81
Tucson/Mt. Lemmon, Arizona	Steward Obs. Catalina Sta.		−110 47.3	+32 26.6	2790	81

* 'R' denotes an observatory with radio instruments; 'I' denotes an observatory with infrared instruments; 'L' denotes an observatory with laser instruments.

Place	Description*		East Longitude	Latitude	Height (Sea Level)	Ref.
			° ′	° ′	m	
Tucson/Tumamoc Hill, Arizona	Steward Obs. Catalina Sta.		−111 00.3	+32 12.8	950	81
Tucson/Kitt Peak, Arizona	Warner and Swasey Obs. Sta.		−111 35.9	+31 57.6	2084	83
Uccle, Belgium	Royal Obs. of Belgium	R	+ 4 21.5	+50 47.9	105	81
Uchinoura, Japan	Kagoshima Space Center	R	+131 04.0	+31 13.7	228	82
Udhagamandalam (Ooty), India	Radio Ast. Center	R	+ 76 40.0	+11 22.9	2150	81
University, Alabama	Univ. of Alabama Obs.		− 87 32.5	+33 12.6	87	82
Utrecht, Netherlands	Utrecht Univ. Ast. Inst.		+ 5 07.8	+52 05.2	14	82
Valašské Meziříčí, Czech Rep.	Valašské Meziříčí Obs.		+ 17 58.5	+49 27.8	338	82
Valinhos, Brazil	Abrahão de Moraes Obs.	R	− 46 58.0	−23 00.1	850	
Vallenar, Chile	Las Campanas Obs.		− 70 42.0	−29 00.5	2282	83
Victoria, British Columbia	Climenhaga Obs.		−123 18.5	+48 27.8	74	82
Victoria, British Columbia	Dominion Astrophysical Obs.		−123 25.0	+48 31.2	238	84
Vienna, Austria	Kuffner Obs.		+ 16 17.8	+48 12.8	302	82
Vienna, Austria	Urania Obs.		+ 16 23.1	+48 12.7	193	82
Vienna, Austria	Vienna Univ. Obs.		+ 16 20.2	+48 13.9	241	82
Vila Nova de Gaia, Portugal	Prof. Manuel de Barros Obs.	R	− 8 35.3	+41 06.5	232	82
Villa Elisa, Argentina	Argentine Radio Ast. Inst.	R	− 58 08.2	−34 52.1	11	81
Villanova, Pennsylvania	Villanova Univ. Obs.	R	− 75 20.5	+40 02.4	—	82
Vilnius, Lithuania	Vilnius Ast. Obs.		+ 25 17.2	+54 41.0	122	83
Washington, D.C.	NRL Radio Ast. Obs.	R	− 77 01.6	+38 49.3	30	81
Washington, D.C.	U.S. Naval Obs.		− 77 04.0	+38 55.3	92	81
Wasosz, Poland	Wroclaw Univ. Bialkow Sta.		+ 16 39.6	+51 28.5	140	
Wellesley, Massachusetts	Whitin Obs.		− 71 18.2	+42 17.7	32	82
Wellington, New Zealand	Carter Obs.		+174 46.0	−41 17.2	129	83
Westerbork, Netherlands	Westerbork Radio Ast. Obs.	R	+ 6 36.3	+52 55.0	16	81
Westford, Massachusetts	George R. Wallace Jr. Aph. Obs.		− 71 29.1	+42 36.6	107	82
Westford, Massachusetts	Haystack Obs.	R	− 71 29.3	+42 37.4	146	81
Westford, Massachusetts	Millstone Hill Atm. Sci. Fac.	R	− 71 29.7	+42 36.6	146	
Westford, Massachusetts	Millstone Hill Radar Obs.	R	− 71 29.5	+42 37.0	156	81
Westford, Massachusetts	Westford Antenna Facility	R	− 71 29.7	+42 36.8	115	
Williams Bay, Wisconsin	Yerkes Obs.		− 88 33.4	+42 34.2	334	81
Williamstown, Massachusetts	Hopkins Obs.	R	− 73 12.1	+42 42.7	215	82
Wrightwood, California	Table Mountain Obs.	R	−117 40.9	+34 22.9	2286	82
Wroclaw, Poland	Wroclaw Univ. Ast. Obs.		+ 17 05.3	+51 06.7	115	82
Wuhan, China	Wuchang Time Obs.	L	+114 20.7	+30 32.5	28	
Xinglong, China	Beijing Obs. Sta.	I	+117 34.5	+40 23.7	870	84
Xujiahui, China	Shanghai Obs. Sta.	R	+121 25.6	+31 11.4	5	
Yebes, Spain	National Obs. Ast. Center	R	− 3 06.0	+40 31.5	914	82
Yerevan/Mt. Aragatz, Armenia	Byurakan Astrophysical Obs.	R	+ 44 17.5	+40 20.1	1500	84
Zagreb, Croatia	Geodetical Faculty Obs.		+ 16 01.3	+45 49.5	146	82
Zelenchukskaya, Russia	Special Astrophysical Obs.	R	+ 41 26.5	+43 39.2	2100	81
Zermatt, Switzerland	Gornergrat North & South Obs.	R,I	+ 7 47.1	+45 59.1	3135	81
Zimmerwald, Switzerland	Zimmerwald Obs.		+ 7 27.9	+46 52.6	929	81
Zürich, Switzerland	Swiss Federal Obs.		+ 8 33.1	+47 22.6	469	81

* 'R' denotes an observatory with radio instruments; 'I' denotes an observatory with infrared instruments; 'L' denotes an observatory with laser instruments.

CONTENTS OF SECTION K

JULIAN DAY NUMBER, 1950–2000

OF DAY COMMENCING AT GREENWICH NOON ON:

Year	Jan. 0	Feb. 0	Mar. 0	Apr. 0	May 0	June 0	July 0	Aug. 0	Sept. 0	Oct. 0	Nov. 0	Dec. 0
1950	243 3282	3313	3341	3372	3402	3433	3463	3494	3525	3555	3586	3616
1951	3647	3678	3706	3737	3767	3798	3828	3859	3890	3920	3951	3981
1952	4012	4043	4072	4103	4133	4164	4194	4225	4256	4286	4317	4347
1953	4378	4409	4437	4468	4498	4529	4559	4590	4621	4651	4682	4712
1954	4743	4774	4802	4833	4863	4894	4924	4955	4986	5016	5047	5077
1955	243 5108	5139	5167	5198	5228	5259	5289	5320	5351	5381	5412	5442
1956	5473	5504	5533	5564	5594	5625	5655	5686	5717	5747	5778	5808
1957	5839	5870	5898	5929	5959	5990	6020	6051	6082	6112	6143	6173
1958	6204	6235	6263	6294	6324	6355	6385	6416	6447	6477	6508	6538
1959	6569	6600	6628	6659	6689	6720	6750	6781	6812	6842	6873	6903
1960	243 6934	6965	6994	7025	7055	7086	7116	7147	7178	7208	7239	7269
1961	7300	7331	7359	7390	7420	7451	7481	7512	7543	7573	7604	7634
1962	7665	7696	7724	7755	7785	7816	7846	7877	7908	7938	7969	7999
1963	8030	8061	8089	8120	8150	8181	8211	8242	8273	8303	8334	8364
1964	8395	8426	8455	8486	8516	8547	8577	8608	8639	8669	8700	8730
1965	243 8761	8792	8820	8851	8881	8912	8942	8973	9004	9034	9065	9095
1966	9126	9157	9185	9216	9246	9277	9307	9338	9369	9399	9430	9460
1967	9491	9522	9550	9581	9611	9642	9672	9703	9734	9764	9795	9825
1968	9856	9887	9916	9947	9977	*0008	*0038	*0069	*0100	*0130	*0161	*0191
1969	244 0222	0253	0281	0312	0342	0373	0403	0434	0465	0495	0526	0556
1970	244 0587	0618	0646	0677	0707	0738	0768	0799	0830	0860	0891	0921
1971	0952	0983	1011	1042	1072	1103	1133	1164	1195	1225	1256	1286
1972	1317	1348	1377	1408	1438	1469	1499	1530	1561	1591	1622	1652
1973	1683	1714	1742	1773	1803	1834	1864	1895	1926	1956	1987	2017
1974	2048	2079	2107	2138	2168	2199	2229	2260	2291	2321	2352	2382
1975	244 2413	2444	2472	2503	2533	2564	2594	2625	2656	2686	2717	2747
1976	2778	2809	2838	2869	2899	2930	2960	2991	3022	3052	3083	3113
1977	3144	3175	3203	3234	3264	3295	3325	3356	3387	3417	3448	3478
1978	3509	3540	3568	3599	3629	3660	3690	3721	3752	3782	3813	3843
1979	3874	3905	3933	3964	3994	4025	4055	4086	4117	4147	4178	4208
1980	244 4239	4270	4299	4330	4360	4391	4421	4452	4483	4513	4544	4574
1981	4605	4636	4664	4695	4725	4756	4786	4817	4848	4878	4909	4939
1982	4970	5001	5029	5060	5090	5121	5151	5182	5213	5243	5274	5304
1983	5335	5366	5394	5425	5455	5486	5516	5547	5578	5608	5639	5669
1984	5700	5731	5760	5791	5821	5852	5882	5913	5944	5974	6005	6035
1985	244 6066	6097	6125	6156	6186	6217	6247	6278	6309	6339	6370	6400
1986	6431	6462	6490	6521	6551	6582	6612	6643	6674	6704	6735	6765
1987	6796	6827	6855	6886	6916	6947	6977	7008	7039	7069	7100	7130
1988	7161	7192	7221	7252	7282	7313	7343	7374	7405	7435	7466	7496
1989	7527	7558	7586	7617	7647	7678	7708	7739	7770	7800	7831	7861
1990	244 7892	7923	7951	7982	8012	8043	8073	8104	8135	8165	8196	8226
1991	8257	8288	8316	8347	8377	8408	8438	8469	8500	8530	8561	8591
1992	8622	8653	8682	8713	8743	8774	8804	8835	8866	8896	8927	8957
1993	8988	9019	9047	9078	9108	9139	9169	9200	9231	9261	9292	9322
1994	9353	9384	9412	9443	9473	9504	9534	9565	9596	9626	9657	9687
1995	244 9718	9749	9777	9808	9838	9869	9899	9930	9961	9991	*0022	*0052
1996	245 0083	0114	0143	0174	0204	0235	0265	0296	0327	0357	0388	0418
1997	0449	0480	0508	0539	0569	0600	0630	0661	0692	0722	0753	0783
1998	0814	0845	0873	0904	0934	0965	0995	1026	1057	1087	1118	1148
1999	1179	1210	1238	1269	1299	1330	1360	1391	1422	1452	1483	1513
2000	245 1544	1575	1604	1635	1665	1696	1726	1757	1788	1818	1849	1879

JULIAN DAY NUMBER, 2000–2050

OF DAY COMMENCING AT GREENWICH NOON ON:

Year		Jan. 0	Feb. 0	Mar. 0	Apr. 0	May 0	June 0	July 0	Aug. 0	Sept. 0	Oct. 0	Nov. 0	Dec. 0
2000	245	1544	1575	1604	1635	1665	1696	1726	1757	1788	1818	1849	1879
2001		1910	1941	1969	2000	2030	2061	2091	2122	2153	2183	2214	2244
2002		2275	2306	2334	2365	2395	2426	2456	2487	2518	2548	2579	2609
2003		2640	2671	2699	2730	2760	2791	2821	2852	2883	2913	2944	2974
2004		3005	3036	3065	3096	3126	3157	3187	3218	3249	3279	3310	3340
2005	245	3371	3402	3430	3461	3491	3522	3552	3583	3614	3644	3675	3705
2006		3736	3767	3795	3826	3856	3887	3917	3948	3979	4009	4040	4070
2007		4101	4132	4160	4191	4221	4252	4282	4313	4344	4374	4405	4435
2008		4466	4497	4526	4557	4587	4618	4648	4679	4710	4740	4771	4801
2009		4832	4863	4891	4922	4952	4983	5013	5044	5075	5105	5136	5166
2010	245	5197	5228	5256	5287	5317	5348	5378	5409	5440	5470	5501	5531
2011		5562	5593	5621	5652	5682	5713	5743	5774	5805	5835	5866	5896
2012		5927	5958	5987	6018	6048	6079	6109	6140	6171	6201	6232	6262
2013		6293	6324	6352	6383	6413	6444	6474	6505	6536	6566	6597	6627
2014		6658	6689	6717	6748	6778	6809	6839	6870	6901	6931	6962	6992
2015	245	7023	7054	7082	7113	7143	7174	7204	7235	7266	7296	7327	7357
2016		7388	7419	7448	7479	7509	7540	7570	7601	7632	7662	7693	7723
2017		7754	7785	7813	7844	7874	7905	7935	7966	7997	8027	8058	8088
2018		8119	8150	8178	8209	8239	8270	8300	8331	8362	8392	8423	8453
2019		8484	8515	8543	8574	8604	8635	8665	8696	8727	8757	8788	8818
2020	245	8849	8880	8909	8940	8970	9001	9031	9062	9093	9123	9154	9184
2021		9215	9246	9274	9305	9335	9366	9396	9427	9458	9488	9519	9549
2022		9580	9611	9639	9670	9700	9731	9761	9792	9823	9853	9884	9914
2023		9945	9976	*0004	*0035	*0065	*0096	*0126	*0157	*0188	*0218	*0249	*0279
2024	246	0310	0341	0370	0401	0431	0462	0492	0523	0554	0584	0615	0645
2025	246	0676	0707	0735	0766	0796	0827	0857	0888	0919	0949	0980	1010
2026		1041	1072	1100	1131	1161	1192	1222	1253	1284	1314	1345	1375
2027		1406	1437	1465	1496	1526	1557	1587	1618	1649	1679	1710	1740
2028		1771	1802	1831	1862	1892	1923	1953	1984	2015	2045	2076	2106
2029		2137	2168	2196	2227	2257	2288	2318	2349	2380	2410	2441	2471
2030	246	2502	2533	2561	2592	2622	2653	2683	2714	2745	2775	2806	2836
2031		2867	2898	2926	2957	2987	3018	3048	3079	3110	3140	3171	3201
2032		3232	3263	3292	3323	3353	3384	3414	3445	3476	3506	3537	3567
2033		3598	3629	3657	3688	3718	3749	3779	3810	3841	3871	3902	3932
2034		3963	3994	4022	4053	4083	4114	4144	4175	4206	4236	4267	4297
2035	246	4328	4359	4387	4418	4448	4479	4509	4540	4571	4601	4632	4662
2036		4693	4724	4753	4784	4814	4845	4875	4906	4937	4967	4998	5028
2037		5059	5090	5118	5149	5179	5210	5240	5271	5302	5332	5363	5393
2038		5424	5455	5483	5514	5544	5575	5605	5636	5667	5697	5728	5758
2039		5789	5820	5848	5879	5909	5940	5970	6001	6032	6062	6093	6123
2040	246	6154	6185	6214	6245	6275	6306	6336	6367	6398	6428	6459	6489
2041		6520	6551	6579	6610	6640	6671	6701	6732	6763	6793	6824	6854
2042		6885	6916	6944	6975	7005	7036	7066	7097	7128	7158	7189	7219
2043		7250	7281	7309	7340	7370	7401	7431	7462	7493	7523	7554	7584
2044		7615	7646	7675	7706	7736	7767	7797	7828	7859	7889	7920	7950
2045	246	7981	8012	8040	8071	8101	8132	8162	8193	8224	8254	8285	8315
2046		8346	8377	8405	8436	8466	8497	8527	8558	8589	8619	8650	8680
2047		8711	8742	8770	8801	8831	8862	8892	8923	8954	8984	9015	9045
2048		9076	9107	9136	9167	9197	9228	9258	9289	9320	9350	9381	9411
2049		9442	9473	9501	9532	9562	9593	9623	9654	9685	9715	9746	9776
2050	246	9807	9838	9866	9897	9927	9958	9988	*0019	*0050	*0080	*0111	*0141

K4 JULIAN DATES OF GREGORIAN CALENDAR DATES

The Julian date (JD) corresponding to any instant is the interval in mean solar days elapsed since 4713 BC January 1 at Greenwich mean noon (12^h UT). To determine the JD at 0^h UT for a given Gregorian calendar date, sum the values from Table A for century, Table B for year and Table C for month; then add the day of the month. Julian dates for the current year are given on page B4.

A. Julian date at January 0^d 0^h UT of centurial year

Year	1600†	1700	1800	1900	2000†	2100
Julian date	230 5447·5	234 1971·5	237 8495·5	241 5019·5	245 1544·5	248 8068·5

† Centurial years that are exactly divisible by 400 are leap years in the Gregorian calendar. To determine the JD for any date in such a year, subtract 1 from the JD in Table A and use the leap year portion of Table C. (For 1600 and 2000 the JDs tabulated in Table A are actually for January 1^d 0^h.)

B. Addition to give Julian date for January 0^d 0^h UT of year

Year	Add	Year	Add	Year	Add	Year	Add
0	0	25	9131	50	18262	75	27393
1	365	26	9496	51	18627	76*	27758
2	730	27	9861	52*	18992	77	28124
3	1095	28*	10226	53	19358	78	28489
4*	1460	29	10592	54	19723	79	28854
5	1826	30	10957	55	20088	80*	29219
6	2191	31	11322	56*	20453	81	29585
7	2556	32*	11687	57	20819	82	29950
8*	2921	33	12053	58	21184	83	30315
9	3287	34	12418	59	21549	84*	30680
10	3652	35	12783	60*	21914	85	31046
11	4017	36*	13148	61	22280	86	31411
12*	4382	37	13514	62	22645	87	31776
13	4748	38	13879	63	23010	88*	32141
14	5113	39	14244	64*	23375	89	32507
15	5478	40*	14609	65	23741	90	32872
16*	5843	41	14975	66	24106	91	33237
17	6209	42	15340	67	24471	92*	33602
18	6574	43	15705	68*	24836	93	33968
19	6939	44*	16070	69	25202	94	34333
20*	7304	45	16436	70	25567	95	34698
21	7670	46	16801	71	25932	96*	35063
22	8035	47	17166	72*	26297	97	35429
23	8400	48*	17531	73	26663	98	35794
24*	8765	49	17897	74	27028	99	36159

* Leap years

Examples

a. 1981 November 14

Table A	
1900 Jan. 0	241 5019·5
+ Table B	+ 2 9585
1981 Jan. 0	244 4604·5
+ Table C (n.y.)	+ 304
1981 Nov. 0	244 4908·5
+ Day of Month	+ 14
1981 Nov. 14	244 4922·5

b. 2000 September 24

Table A	
2000 Jan. 1	245 1544·5
− 1 (for 2000)	− 1
2000 Jan. 0	245 1543·5
+ Table B	+ 0
2000 Jan. 0	245 1543·5
+ Table C (l.y.)	+ 244
2000 Sept. 0	245 1787·5
+ Day of Month	+ 24
2000 Sept. 24	245 1811·5

c. 2001 June 21

Table A	
2000 Jan. 1	245 1544·5
+ Table B	+ 365
2001 Jan. 0	245 1909·5
+ Table C (n.y.)	+ 151
2001 June 0	245 2060·5
+ Day of Month	+ 21
2001 June 21	245 2081·5

C. Addition to give Julian date for beginning of month (0^d 0^h UT)

	Jan.	Feb.	Mar.	Apr.	May	June	July	Aug.	Sept.	Oct.	Nov.	Dec.
Normal year	0	31	59	90	120	151	181	212	243	273	304	334
Leap year	0	31	60	91	121	152	182	213	244	274	305	335

WARNING: prior to 1925 Greenwich mean noon (i.e. 12^h UT) was usually denoted by 0^h GMT in astronomical publications.

IAU (1964) System of Astronomical Constants

This system of constants was replaced for the 1984 edition of the *Astronomical Almanac* by the IAU (1976) System of Astronomical Constants given on pages K6 to K7.

Defining constants

Number of ephemeris seconds in one tropical year (1900)	$s = 31\,556\,925{\cdot}974\,7$
Gaussian gravitational constant	$k = 0{\cdot}017\,202\,098\,950\,000$
	$= 3\,548''{\cdot}187\,606\,965\,1$

Primary constants

Astronomical unit	$149\,600 \times 10^6$ m
Velocity of light	$299\,792{\cdot}5 \times 10^3$ m / sec
Equatorial radius of the Earth	6 378 160 m
Dynamical form-factor for Earth	0·001 082 7
Geocentric gravitational constant	$398\,603 \times 10^9$ $m^3\,s^{-2}$
Mass ratio: Earth / Moon	81·30
General precession in longitude per tropical century (1900)	5025″·64
Constant of nutation (1900)	9″·210

Derived constants

Solar parallax	8″·794
Light-time for unit distance	499ˢ·012
Constant of aberration	20″·496
Flattening factor for Earth	1 / 298·25
	= 0·003 352 89
Heliocentric gravitational constant	$132\,718 \times 10^{15}$ $m^3\,s^{-2}$
Mass ratio: Sun / Earth	332 958
Mass ratio: Sun / (Earth + Moon)	328 912
Mean distance of the Moon	$384\,400 \times 10^3$ m
Constant of sine parallax for Moon	3 422″·451

Constants related to the Figure of the Earth

Equatorial radius (primary)	$a = 6\,378\,160$ m
Polar radius	$a\,(1 - f) = 6\,356\,774{\cdot}7$ m
Square of eccentricity	$e^2 = 0{\cdot}006\,694\,54$

Reduction from geodetic latitude ϕ to geocentric latitude ϕ'

$$\phi' - \phi = -11'\,32''{\cdot}743\,0 \sin 2\phi + 1''{\cdot}163\,3 \sin 4\phi - 0''{\cdot}002\,6 \sin 6\phi$$

Radius vector

$$\rho = a\,(0{\cdot}998\,327\,073 + 0{\cdot}001\,676\,438 \cos 2\phi - 0{\cdot}000\,003\,519 \cos 4\phi + 0{\cdot}000\,000\,008 \cos 6\phi)$$

One degree of latitude (m)

$$111\,133{\cdot}35 - 559{\cdot}84 \cos 2\phi + 1{\cdot}17 \cos 4\phi \quad (\phi = \text{mid-latitude of arc})$$

One degree of longitude (m)

$$111\,413{\cdot}28 \cos \phi - 93{\cdot}51 \cos 3\phi + 0{\cdot}12 \cos 5\phi$$

The complete system of astronomical constants is given in *Supplement to the A.E. 1968* (pages 4s–7s).

Old Constants

The IAU (1964) system was introduced into the planetary ephemerides in 1968 except that those for the Sun and inner planets continued to be based on the following values of the constants that were in use immediately prior to the introduction of the IAU (1964) System.

Solar parallax	8″·80
Light-time for unit distance	498ˢ·38
Constant of aberration	20″·47
Mass ratio	
Sun / (Earth + Moon)	329 390
Earth / Moon (planetary theory)	81·45

IAU (1976) System of Astronomical Constants

Units:

The units meter (m), kilogram (kg), and second (s) are the units of length, mass, and time in the International System of Units (SI).

The astronomical unit of time is a time interval of one day (D) of 86400 seconds. An interval of 36525 days is one Julian century.

The astronomical unit of mass is the mass of the Sun (S).

The astronomical unit of length is that length (A) for which the Gaussian gravitational constant (k) takes the value 0·017 202 098 95 when the units of measurement are the astronomical units of length, mass, and time. The dimensions of k^2 are those of the constant of gravitation (G), i.e., $L^3 M^{-1} T^{-2}$. The term "unit distance" is also used for the length A.

In the preparation of the ephemerides and the fitting of the ephemerides to all the observational data available, it was necessary to modify some of the constants and planetary masses. The modified values of the constants are indicated in brackets following the (1976) System values.

Defining constants:

1. Gaussian gravitational constant — $k = 0{\cdot}017\ 202\ 098\ 95$
2. Speed of light — $c = 299\ 792\ 458$ m s^{-1}

Primary constants:

3. Light-time for unit distance — $\tau_A = 499{\cdot}004\ 782$ s [499·004 7837 . . .]
4. Equatorial radius for Earth — $a_e = 6378\ 140$ m
   [IUGG value — $a_e = 6378\ 137$ m]
5. Dynamical form-factor for Earth — $J_2 = 0{\cdot}001\ 082\ 63$
6. Geocentric gravitational constant — $GE = 3{\cdot}986\ 005 \times 10^{14}$ m^3 s^{-2} [3·986 004 48 . . . $\times 10^{14}$]
7. Constant of gravitation — $G = 6{\cdot}672 \times 10^{-11}$ m^3 kg^{-1} s^{-2}
8. Ratio of mass of Moon to that of Earth — $\mu = 0{\cdot}012\ 300\ 02$ [0·012 300 034]
9. General precession in longitude, per Julian century, at standard epoch 2000 — $\rho = 5029''{\cdot}0966$
10. Obliquity of the ecliptic, at standard epoch 2000 — $\varepsilon = 23° 26' 21''{\cdot}448$ [23° 26′ 21″·4119]

Derived constants:

11. Constant of nutation, at standard epoch 2000 — $N = 9''{\cdot}2025$
12. Unit distance — $c\tau_A = A = 1{\cdot}495\ 978\ 70 \times 10^{11}$ m [1·495 978 706 6 $\times 10^{11}$]
13. Solar parallax — $\arcsin(a_e/A) = \pi_\odot = 8''{\cdot}794\ 148$
14. Constant of aberration, for standard epoch 2000 — $\kappa = 20''{\cdot}49\ 552$
15. Flattening factor for the Earth — $f = 0{\cdot}003\ 352\ 81 = 1/298{\cdot}257$
16. Heliocentric gravitational constant — $A^3k^2/D^2 = GS = 1{\cdot}327\ 124\ 38 \times 10^{20}$ m^3 s^{-2} [1·327 124 40 . . . $\times 10^{20}$]
17. Ratio of mass of Sun to that of the Earth — $(GS)/(GE) = S/E = 332\ 946{\cdot}0$ [332 946·038 . . .]
18. Ratio of mass of Sun to that of Earth + Moon — $(S/E)/(1+\mu) = 328\ 900{\cdot}5$ [328 900·55]
19. Mass of the Sun — $(GS)/G = S = 1{\cdot}9891 \times 10^{30}$ kg

IAU (1976) System of Astronomical Constants (continued)

20. System of planetary masses

Ratios of mass of Sun to masses of the planets

Mercury	6 023 600	Jupiter	1 047·355 [1 047·350]
Venus	408 523·5	Saturn	3 498·5 [3 498·0]
Earth + Moon	328 900·5	Uranus	22 869 [22 960]
Mars	3 098 710	Neptune	19 314
		Pluto	3 000 000 [130 000 000]

Other Quantities for Use in the Preparation of Ephemerides

It is recommended that the values given in the following list should normally be used in the preparation of new ephemerides.

21. Masses of minor planets

Minor planet	Mass in solar mass
(1) Ceres	$5{\cdot}9 \times 10^{-10}$
(2) Pallas	1.1×10^{-10} [$1{\cdot}081 \times 10^{-10}$]
(4) Vesta	$1{\cdot}2 \times 10^{-10}$ [$1{\cdot}379 \times 10^{-10}$]

22. Masses of satellites

Planet	Satellite	Satellite / Planet
Jupiter	Io	$4{\cdot}70 \times 10^{-5}$
	Europa	$2{\cdot}56 \times 10^{-5}$
	Ganymede	$7{\cdot}84 \times 10^{-5}$
	Callisto	$5{\cdot}6 \times 10^{-5}$
Saturn	Titan	$2{\cdot}41 \times 10^{-4}$
Neptune	Triton	2×10^{-3}

23. Equatorial radii in km

Mercury	2 439	Jupiter	71 398	Pluto	2 500
Venus	6 052	Saturn	60 000		
Earth	6 378·140	Uranus	25 400	Moon	1 738
Mars	3 397·2	Neptune	24 300	Sun	696 000

24. Gravity fields of planets

Planet	J_2	J_3	J_4
Earth	+0·001 082 63	$-0{\cdot}254 \times 10^{-5}$	$-0{\cdot}161 \times 10^{-5}$
Mars	+0·001 964	$+0{\cdot}36 \times 10^{-4}$	
Jupiter	+0·014 75		$-0{\cdot}58 \times 10^{-3}$
Saturn	+0·016 45		$-0{\cdot}10 \times 10^{-2}$
Uranus	+0·012		
Neptune	+0·004		

(Mars: $C_{22} = -0{\cdot}000\,055$, $S_{22} = +0{\cdot}000\,031$, $S_{31} = +0{\cdot}000\,026$)

25. Gravity field of the Moon

$\gamma = (B - A)/C = 0{\cdot}000\,2278$ $C/MR^2 = 0{\cdot}392$

$\beta = (C - A)/B = 0{\cdot}000\,6313$ $I = 5552''{\cdot}7 = 1^\circ\,32'\,32''{\cdot}7$

$C_{20} = -0{\cdot}000\,2027$ $C_{30} = -0{\cdot}000\,006$ $C_{32} = +0{\cdot}000\,0048$

$C_{22} = +0{\cdot}000\,0223$ $C_{31} = +0{\cdot}000\,029$ $S_{32} = +0{\cdot}000\,0017$

$S_{31} = +0{\cdot}000\,004$ $C_{33} = +0{\cdot}000\,0018$

$S_{33} = -0{\cdot}000\,001$

$\Delta T = \mathrm{ET} - \mathrm{UT}$

Year	ΔT	Year	ΔT	Year	ΔT	Year	ΔT	Year	ΔT
	s		s		s		s		s
1620·0	+124	1660·0	+37	1700·0	+ 9	1740·0	+12	1780·0	+17
1621	119	1661	36	1701	9	1741	12	1781	17
1622	115	1662	35	1702	9	1742	12	1782	17
1623	110	1663	34	1703	9	1743	12	1783	17
1624	106	1664	33	1704	9	1744	13	1784	17
1625·0	+102	1665·0	+32	1705·0	+ 9	1745·0	+13	1785·0	+17
1626	98	1666	31	1706	9	1746	13	1786	17
1627	95	1667	30	1707	9	1747	13	1787	17
1628	91	1668	28	1708	10	1748	13	1788	17
1629	88	1669	27	1709	10	1749	13	1789	17
1630·0	+ 85	1670·0	+26	1710·0	+10	1750·0	+13	1790·0	+17
1631	82	1671	25	1711	10	1751	14	1791	17
1632	79	1672	24	1712	10	1752	14	1792	16
1633	77	1673	23	1713	10	1753	14	1793	16
1634	74	1674	22	1714	10	1754	14	1794	16
1635·0	+ 72	1675·0	+21	1715·0	+10	1755·0	+14	1795·0	+16
1636	70	1676	20	1716	10	1756	14	1796	15
1637	67	1677	19	1717	11	1757	14	1797	15
1638	65	1678	18	1718	11	1758	15	1798	14
1639	63	1679	17	1719	11	1759	15	1799	14
1640·0	+ 62	1680·0	+16	1720·0	+11	1760·0	+15	1800·0	+13·7
1641	60	1681	15	1721	11	1761	15	1801	13·4
1642	58	1682	14	1722	11	1762	15	1802	13·1
1643	57	1683	14	1723	11	1763	15	1803	12·9
1644	55	1684	13	1724	11	1764	15	1804	12·7
1645·0	+ 54	1685·0	+12	1725·0	+11	1765·0	+16	1805·0	+12·6
1646	53	1686	12	1726	11	1766	16	1806	12·5
1647	51	1687	11	1727	11	1767	16	1807	12·5
1648	50	1688	11	1728	11	1768	16	1808	12·5
1649	49	1689	10	1729	11	1769	16	1809	12·5
1650·0	+ 48	1690·0	+10	1730·0	+11	1770·0	+16	1810·0	+12·5
1651	47	1691	10	1731	11	1771	16	1811	12·5
1652	46	1692	9	1732	11	1772	16	1812	12·5
1653	45	1693	9	1733	11	1773	16	1813	12·5
1654	44	1694	9	1734	12	1774	16	1814	12·5
1655·0	+ 43	1695·0	+ 9	1735·0	+12	1775·0	+17	1815·0	+12·5
1656	42	1696	9	1736	12	1776	17	1816	12·5
1657	41	1697	9	1737	12	1777	17	1817	12·4
1658	40	1698	9	1738	12	1778	17	1818	12·3
1659·0	+ 38	1699·0	+ 9	1739·0	+12	1779·0	+17	1819·0	+12·2

This table is based on an adopted value of $-26''/\mathrm{cy}^2$ for the tidal term ($\dot{n}$) in the mean motion of the Moon from the results of analyses of observations of lunar occultations of stars, eclipses of the Sun, and transits of Mercury. (See F. R. Stephenson and L. V. Morrison, 1984, *Phil. Trans. R. Soc. London,* Ser. A, **313**, 47–70).

To calculate the values of ΔT for a different value of the tidal term ($\dot{n}'$), add

$$-0{\cdot}000\,091\,(\dot{n}' + 26)\,(\text{year} - 1955)^2 \text{ seconds}$$

to the tabulated values of ΔT.

1820–1983, ΔT = ET − UT. FROM 1984, ΔT = TDT − UT.

Year	ΔT	Year	ΔT	Year	ΔT	Year	ΔT	Year	ΔT
	s		s		s		s		s
1820·0	+12·0	1860·0	+ 7·88	1900·0	− 2·72	1940·0	+24·33	1980·0	+50·54
1821	11·7	1861	7·82	1901	1·54	1941	24·83	1981	51·38
1822	11·4	1862	7·54	1902	− 0·02	1942	25·30	1982	52·17
1823	11·1	1863	6·97	1903	+ 1·24	1943	25·70	1983	52·96
1824	10·6	1864	6·40	1904	2·64	1944	26·24	1984	53·79
1825·0	+10·2	1865·0	+ 6·02	1905·0	+ 3·86	1945·0	+26·77	1985·0	+54·34
1826	9·6	1866	5·41	1906	5·37	1946	27·28	1986	54·87
1827	9·1	1867	4·10	1907	6·14	1947	27·78	1987	55·32
1828	8·6	1868	2·92	1908	7·75	1948	28·25	1988	55·82
1829	8·0	1869	1·82	1909	9·13	1949	28·71	1989	+56·30
1830·0	+ 7·5	1870·0	+ 1·61	1910·0	+10·46	1950·0	+29·15	1990·0	+56·86
1831	7·0	1871	+ 0·10	1911	11·53	1951	29·57	1991·0	57·57
1832	6·6	1872	− 1·02	1912	13·36	1952	29·97	1992·0	58·31
1833	6·3	1873	1·28	1913	14·65	1953	30·36	1993·0	+59·12
1834	6·0	1874	2·69	1914	16·01	1954	30·72		
1835·0	+ 5·8	1875·0	− 3·24	1915·0	+17·20	1955·0	+31·07		
1836	5·7	1876	3·64	1916	18·24	1956	31·35		
1837	5·6	1877	4·54	1917	19·06	1957	31·68		
1838	5·6	1878	4·71	1918	20·25	1958	32·18		
1839	5·6	1879	5·11	1919	20·95	1959	32·68		
1840·0	+ 5·7	1880·0	− 5·40	1920·0	+21·16	1960·0	+33·15		
1841	5·8	1881	5·42	1921	22·25	1961	33·59		
1842	5·9	1882	5·20	1922	22·41	1962	34·00		
1843	6·1	1883	5·46	1923	23·03	1963	34·47		
1844	6·2	1884	5·46	1924	23·49	1964	35·03		
1845·0	+ 6·3	1885·0	− 5·79	1925·0	+23·62	1965·0	+35·73		
1846	6·5	1886	5·63	1926	23·86	1966	36·54		
1847	6·6	1887	5·64	1927	24·49	1967	37·43		
1848	6·8	1888	5·80	1928	24·34	1968	38·29		
1849	6·9	1889	5·66	1929	24·08	1969	39·20		
1850·0	+ 7·1	1890·0	− 5·87	1930·0	+24·02	1970·0	+40·18		
1851	7·2	1891	6·01	1931	24·00	1971	41·17		
1852	7·3	1892	6·19	1932	23·87	1972	42·23		
1853	7·4	1893	6·64	1933	23·95	1973	43·37		
1854	7·5	1894	6·44	1934	23·86	1974	44·49		
1855·0	+ 7·6	1895·0	− 6·47	1935·0	+23·93	1975·0	+45·48		
1856	7·7	1896	6·09	1936	23·73	1976	46·46		
1857	7·7	1897	5·76	1937	23·92	1977	47·52		
1858	7·8	1898	4·66	1938	23·96	1978	48·53		
1859·0	+ 7·8	1899·0	− 3·74	1939·0	+24·02	1979·0	+49·59		

Extrapolated

Year	ΔT
1994	+60
1995	61
1996	+62

Date	Difference TAI–UTC ΔAT
	s
1972 Jan. 1	+10·00
1972 July 1	+11·00
1973 Jan. 1	+12·00
1974 Jan. 1	+13·00
1975 Jan. 1	+14·00
1976 Jan. 1	+15·00
1977 Jan. 1	+16·00
1978 Jan. 1	+17·00
1979 Jan. 1	+18·00
1980 Jan. 1	+19·00
1981 July 1	+20·00
1982 July 1	+21·00
1983 July 1	+22·00
1985 July 1	+23·00
1988 Jan. 1	+24·00
1990 Jan. 1	+25·00
1991 Jan. 1	+26·00
1992 July 1	+27·00
1993 July 1	+28·00

From 1990 onwards, ΔT is for Jan. 1 0^h UTC.

See page B4 for a summary of the notation for time-scales.

In critical cases descend

$$\frac{\Delta ET}{\Delta TT} = \Delta AT + 32^s\!.184$$

1979 BIH SYSTEM

Date	*x*	*y*	Date	*x*	*y*	Date	*x*	*y*
1970	″	″	1978	″	″	1986	″	″
Jan. 1	−0·140	+0·144	Jan. 1	+0·007	+0·015	Jan. 1	+0·187	+0·072
Apr. 1	−0·097	+0·397	Apr. 1	−0·231	+0·240	Apr. 1	−0·041	+0·139
July 1	+0·139	+0·405	July 1	−0·042	+0·483	July 1	−0·075	+0·324
Oct. 1	+0·174	+0·125	Oct. 1	+0·236	+0·353	Oct. 1	+0·062	+0·395
1971			1979			1987		
Jan. 1	−0·081	+0·026	Jan. 1	+0·140	+0·076	Jan. 1	+0·146	+0·315
Apr. 1	−0·199	+0·313	Apr. 1	−0·107	+0·133	Apr. 1	+0·096	+0·212
July 1	+0·050	+0·523	July 1	−0·117	+0·351	July 1	−0·003	+0·208
Oct. 1	+0·249	+0·263	Oct. 1	+0·092	+0·408	Oct. 1	−0·053	+0·295
1972			1980			1988		
Jan. 1	+0·045	+0·050	Jan. 1	+0·129	+0·251	Jan. 1	−0·023	+0·414
Apr. 1	−0·180	+0·174	Apr. 1	+0·014	+0·189	Apr. 1	+0·134	+0·407
July 1	−0·031	+0·409	July 1	−0·044	+0·280	July 1	+0·171	+0·253
Oct. 1	+0·142	+0·344	Oct. 1	−0·006	+0·338	Oct. 1	+0·011	+0·132
1973			1981			1989		
Jan. 1	+0·129	+0·139	Jan. 1	+0·056	+0·361	Jan. 1	−0·159	+0·316
Apr. 1	−0·035	+0·129	Apr. 1	+0·088	+0·285	Apr. 1	+0·028	+0·482
July 1	−0·075	+0·286	July 1	+0·075	+0·209	July 1	+0·238	+0·369
Oct. 1	+0·035	+0·347	Oct. 1	−0·045	+0·210	Oct. 1	+0·167	+0·106
1974			1982			1990		
Jan. 1	+0·115	+0·252	Jan. 1	−0·091	+0·378	Jan. 1	−0·132	+0·165
Apr. 1	+0·037	+0·185	Apr. 1	+0·093	+0·431	Apr. 1	−0·154	+0·469
July 1	+0·014	+0·216	July 1	+0·231	+0·239	July 1	+0·161	+0·542
Oct. 1	+0·002	+0·225	Oct. 1	+0·036	+0·060	Oct. 1	+0·297	+0·243
1975			1983			1991		
Jan. 1	−0·055	+0·281	Jan. 1	−0·211	+0·249	Jan. 1	+0·023	+0·069
Apr. 1	+0·027	+0·344	Apr. 1	−0·069	+0·538	Apr. 1	−0·217	+0·281
July 1	+0·151	+0·249	July 1	+0·269	+0·436	Jul. 1	−0·033	+0·560
Oct. 1	+0·063	+0·115	Oct. 1	+0·235	+0·069	Oct. 1	+0·250	+0·436
1976			1984			1992		
Jan. 1	−0·145	+0·204	Jan. 1	−0·125	+0·089	Jan. 1	+0·182	+0·168
Apr. 1	−0·091	+0·399	Apr. 1	−0·211	+0·410	Apr. 1	−0·083	+0·162
July 1	+0·159	+0·390	July 1	+0·119	+0·543	July 1	−0·142	+0·378
Oct. 1	+0·227	+0·158	Oct. 1	+0·313	+0·246	Oct. 1	+0·055	+0·503
1977			1985			1993		
Jan. 1	−0·065	+0·076	Jan. 1	+0·051	+0·025	Jan. 1	+0·208	+0·359
Apr. 1	−0·226	+0·362	Apr. 1	−0·196	+0·220			
July 1	+0·085	+0·500	July 1	−0·044	+0·482			
Oct. 1	+0·281	+0·230	Oct. 1	+0·214	+0·404			

The angles *x*, *y*, are defined on page B60. From 1988 the values of *x* and *y* have been taken from the IERS Bulletin B, published by the Bureau Central de L'IERS, Observatoire de Paris, 61 Avenue de l'Observatoire, F-75014 Paris, France.

Introduction

In the reduction of astrometric observations of high precision it is necessary to distinguish between several different systems of terrestrial coordinates that are used to specify the positions of points on or near the surface of the Earth. The formulae on page B60 for the reduction for polar motion give the relationships between the representations of a geocentric vector referred to the celestial reference frame of the true equator and equinox of date and to the current conventional terrestrial reference frame, which is the IERS Terrestrial Reference Frame (ITRF). The ITRF has been published annually since 1989 in the form of the geocentric rectangular coordinates of about 200 reference points around the world, mostly VLBI, SLR and GPS stations. The ITRF axes are consistent with the axes of the former BIH Terrestrial System (BTS) to within $\pm0\overset{''}{.}005$, and the BTS was consistent with the earlier Conventional International Origin (CIO) to within $\pm0\overset{''}{.}03$ The use of rectangular coordinates is precise and unambiguous, but for some purposes it is more convenient to represent the position by its longitude, latitude and height referred to a reference spheroid (the term "spheroid" is used here in the sense of an ellipsoid whose equatorial section is a circle and for which each meridional section is an ellipse). The precise transformation between these coordinate systems is given below. The spheroid is defined by two parameters, its equatorial radius and flattening (usually the reciprocal of the flattening is given). The values used should always be stated with any tabulation of spheroidal positions, but in case they should be omitted a list of the parameters of some commonly used spheroids is given in the table on page K13. For work such as mapping gravity anomalies it is convenient that the reference spheroid should also be an equipotential surface of a reference body that is in hydrostatic equilibrium, and has the equatorial radius, gravitational constant, dynamical form factor and angular velocity of the Earth. This is referred to as a Geodetic Reference System (rather than just a reference spheroid). It provides a suitable approximation to mean sea level (i.e. to the geoid), but may differ from it by up to 100m in some regions.

Reduction from geodetic to geocentric coordinates

The position of a point relative to a terrestrial reference frame may be expressed in three ways:

(i) geocentric equatorial rectangular coordinates, x, y, z;
(ii) geocentric longitude, latitude and radius, λ, ϕ', ρ;
(iii) geodetic longitude, latitude and height, λ, ϕ, h.

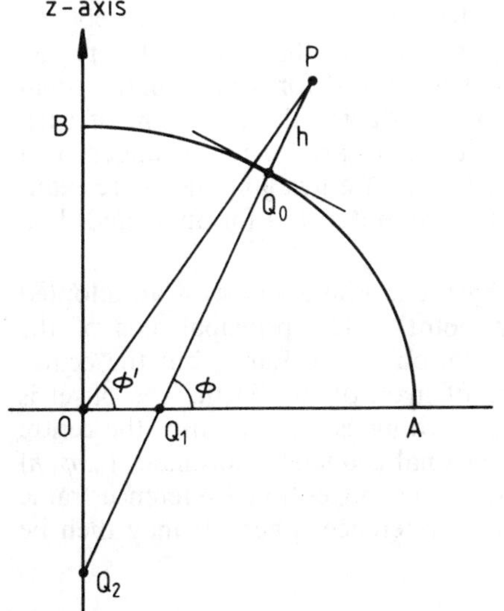

O is centre of Earth
OA = equatorial radius, a
OB = polar radius, b
$= a(1 - f)$
OP = geocentric radius, $a\rho$
PQ_0 is normal to the reference spheroid
$Q_0Q_1 = aS$
$Q_0Q_2 = aC$
ϕ = geodetic latitude
ϕ' = geocentric latitude

The geodetic and geocentric longitudes of a point are the same, while the relationship between the geodetic and geocentric latitudes of a point is illustrated in the figure on page K11, which represents a meridional section through the reference spheroid. The geocentric radius ρ is usually expressed in units of the equatorial radius of the reference spheroid. The following relationships hold between the geocentric and geodetic coordinates:

$$x = a\rho \cos\phi' \cos\lambda = (aC + h) \cos\phi \cos\lambda$$
$$y = a\rho \cos\phi' \sin\lambda = (aC + h) \cos\phi \sin\lambda$$
$$z = a\rho \sin\phi' = (aS + h) \sin\phi$$

where a is the equatorial radius of the spheroid and C and S are auxiliary functions that depend on the geodetic latitude and on the flattening f of the reference spheroid. The polar radius b and the eccentricity e of the ellipse are given by:

$$b = a(1 - f) \qquad e^2 = 2f - f^2 \quad \text{or} \quad 1 - e^2 = (1 - f)^2$$

It follows from the geometrical properties of the ellipse that:

$$C = \{\cos^2\phi + (1 - f)^2 \sin^2\phi\}^{-1/2} \qquad S = (1 - f)^2 C$$

Geocentric coordinates may be calculated directly from geodetic coordinates. The reverse calculation of geodetic coordinates from geocentric coordinates can be done in closed form (see for example, Borkowski, Bull. Geod. **63**, 50-56, 1989), but it is usually done using an iterative procedure. An iterative procedure for calculating λ, ϕ, h from x, y, z is as follows:

Calculate: $\lambda = \tan^{-1}(y/x)$ $\quad r = (x^2 + y^2)^{1/2}$ $\quad e^2 = 2f - f^2$

Calculate the first approximation to ϕ from: $\phi = \tan^{-1}(z/r)$

Then perform the following iteration until ϕ is unchanged to the required precision:

$$\phi_1 = \phi \qquad C = (1 - e^2 \sin^2\phi_1)^{-1/2} \qquad \phi = \tan^{-1}((z + aCe^2 \sin\phi_1)/r)$$

Then: $h = r/\cos\phi - aC$

Series expressions and tables are available for certain values of f for the calculation of C and S and also of ρ and $\phi - \phi'$ for points on the spheroid ($h = 0$). The quantity $\phi - \phi'$ is sometimes known as the "reduction of the latitude" or the "angle of the vertical", and it is of the order of 10′ in mid-latitudes. To a first approximation when h is small the geocentric radius is increased by h/a and the angle of the vertical is unchanged. The height h refers to a height above the reference spheroid and differs from the height above mean sea level (i.e. above the geoid) by the "undulation of the geoid" at the point.

Other geodetic reference systems

In practice most geodetic positions are referred either (a) to a regional geodetic datum that is represented by a spheroid that approximates to the geoid in the region considered or (b) to a global reference system that is defined for a particular system of measurement (e.g. a satellite navigation system). Data for the reduction of such geodetic coordinates to the conventional reference frame are currently undergoing revision, mostly using GPS surveying. Lists of such data are available in the relevant geodetic publications, but it is hoped that the following notes and formulae and data will be useful.

(a) Each regional geodetic datum is specified by the size and shape of an adopted spheroid and by the coordinates of an "origin point". The principal axis of the spheroid is generally close to the mean axis of rotation of the Earth, but the centre of the spheroid may not coincide with the centre of mass of the Earth, The offset is usually represented by the geocentric rectangular coordinates (x_0, y_0, z_0) of the centre of the regional spheroid. The reduction from the regional geodetic coordinates (λ, ϕ, h) to the geocentric rectangular coordinates referred to the conventional reference frame (and hence to the geodetic coordinates relative to a reference spheroid) may then be made by using the expressions:

$$x = x_0 + (aC + h)\cos\phi\cos\lambda$$
$$y = y_0 + (aC + h)\cos\phi\sin\lambda$$
$$z = z_0 + (aS + h)\sin\phi$$

(b) The global reference systems for the various space techniques of measurement differ slightly, although all give good approximations to the conventional reference frame. The transformations from one system to another involve translation, rotation and scaling (i.e. 7 parameters in all) and some of these are given in IERS Technical Note 13, Observatoire de Paris (IERS Standards (1992)).

The space technique GPS is now widely used for position determination. Since January 1987 the broadcast orbits of the GPS satellites have been referred to the WGS84 terrestrial frame, and so positions determined using these orbits will also be referred to this frame. The parameters of the spheroid used are listed below, and the frame is defined to agree with the BIH frame. However the realisation of the frame depends on how well the coordinates actually adopted for the monitor stations do actually agree with the BIH (and later ITRF) frame. The IERS Standards (1992) gives the transformation from WGS84 to ITRF, involving centre offsets of up to 0·5m, rotations about the axes of up to 0″·02, and a scale difference of $1{\cdot}1 \times 10^{-8}$.

GEODETIC REFERENCE SPHEROIDS

Name and Date	Equatorial Radius, a	Reciprocal of Flattening, $1/f$	Gravitational Constant, GM	Dynamical Form Factor, J_2	Ang. Velocity of earth, ω
	m		$10^{14}\mathrm{m^3s^{-2}}$		$10^{-5}\mathrm{rad\ s^{-1}}$
WGS 84	637 8137	298·257 223 563	3·986 005	0·001 082 63	7·292 115
MERIT 1983	8137	298·257	—	—	—
GRS 80 (IUGG, 1980)†	8137	298·257 222	3·986 005	0·001 082 63	7·292 115
IAU 1976	8140	298·257	3·986 005	0·001 082 63	—
South American 1969	8160	298·25	—	—	—
GRS 67 (IUGG, 1967)	8160	298·247 167	3·986 03	0·001 082 7	7·292 115 146 7
Australian National 1965	8160	298·25	—	—	—
IAU 1964	8160	298·25	3·986 03	0·001 082 7	7·292 1
Krassovski 1942	8245	298·3	—	—	—
International 1924 (Hayford)	8388	297	—	—	—
Clarke 1880 mod.	8249·145	293·466 3	—	—	—
Clarke 1866	8206·4	294·978 698	—	—	—
Bessel 1841	7397·155	299·152 813	—	—	—
Everest 1830	7276·345	300·801 7	—	—	—
Airy 1830	637 7563·396	299·324 964	—	—	—

†H. Moritz, Geodetic Reference System 1980, *Bull. Géodésique*, **58**(3), 388-398, 1984.

Astronomical coordinates

Many astrometric observations that are used in the determination of the terrestrial coordinates of the point of observation use the local vertical, which defines the zenith, as a principal reference axis; the coordinates so obtained are called "astronomical coordinates". The local vertical is in the direction of the vector sum of the acceleration due to the gravitational field of the Earth and of the apparent acceleration due to the rotation of the Earth on its axis. The vertical is normal to the equipotential (or level) surface at the point, but it is inclined to the normal to the geodetic reference spheroid; the angle of inclination is known as the "deflection of the vertical".

The astronomical coordinates of an observatory may differ significantly (e.g. by as much as 1′) from its geodetic coordinates, which are required for the determination of the geocentric coordinates of the observatory for use in computing, for example, parallax corrections for solar system observations. The size and direction of the deflection may be estimated by studying the gravity field in the region concerned. The deflection may affect both the latitude and longitude, and hence local time. Astronomical coordinates also vary with time because they are affected by polar motion (see page B60).

INTRODUCTION AND NOTATION

The interpolation methods described in this section, together with the accompanying tables, are usually sufficient to interpolate to full precision the ephemerides in this volume. Additional notes, formulae and tables are given in the booklets *Interpolation and Allied Tables* and *Subtabulation* (see p. ix) and in many textbooks on numerical analysis. It is recommended that interpolated values of the Moon's right ascension, declination and horizontal parallax are derived from the daily polynomial coefficients that are provided for this purpose on pages D23–D45.

f_p denotes the value of the function $f(t)$ at the time $t = t_0 + ph$, where h is the interval of tabulation, t_0 is a tabular argument, and $p = (t - t_0)/h$ is known as the interpolating factor. The notation for the differences of the tabular values is shown in the following table; it is derived from the use of the central-difference operator δ, which is defined by:

$$\delta f_p = f_{p+1/2} - f_{p-1/2}$$

The symbol for the function is usually omitted in the notation for the differences. Tables are given for use with Bessel's interpolation formula for p in the range 0 to +1. The differences may be expressed in terms of function values for convenience in the use of programmable calculators or computers.

Arg.	Function	Differences 1st	2nd	3rd	4th
t_{-2}	f_{-2}		δ^2_{-2}		
		$\delta_{-3/2}$		$\delta^3_{-3/2}$	
t_{-1}	f_{-1}		δ^2_{-1}		δ^4_{-1}
		$\delta_{-1/2}$		$\delta^3_{-1/2}$	
t_0	f_0		δ^2_0		δ^4_0
		$\delta_{1/2}$		$\delta^3_{1/2}$	
t_{+1}	f_{+1}		δ^2_1		δ^4_1
		$\delta_{3/2}$		$\delta^3_{3/2}$	
t_{+2}	f_{+2}		δ^2_2		

$$\delta_{1/2} = f_1 - f_0$$
$$\delta^2_0 = \delta_{1/2} - \delta_{-1/2} = f_1 - 2f_0 + f_{-1}$$
$$\delta^2_0 + \delta^2_1 = f_2 - f_1 - f_0 + f_{-1}$$
$$\delta^3_{1/2} = \delta^2_1 - \delta^2_0 = f_2 - 3f_1 + 3f_0 - f_{-1}$$
$$\delta^4_0 = \delta^3_{1/2} - \delta^3_{-1/2} = f_2 - 4f_1 + 6f_0 - 4f_{-1} + f_{-2}$$
$$\delta^4_0 + \delta^4_1 = f_3 - 3f_2 + 2f_1 + 2f_0 - 3f_{-1} + f_{-2}$$

$$p \equiv \text{the interpolating factor} = (t - t_0)/(t_1 - t_0) = (t - t_0)/h$$

BESSEL'S INTERPOLATION FORMULA

In this notation Bessel's interpolation formula is:

$$f_p = f_0 + p\,\delta_{1/2} + B_2\,(\delta^2_0 + \delta^2_1) + B_3\,\delta^3_{1/2} + B_4\,(\delta^4_0 + \delta^4_1) + \cdots$$

where $B_2 = p\,(p-1)/4 \qquad B_3 = p\,(p-1)\,(p-\tfrac{1}{2})/6$

$B_4 = (p+1)\,p\,(p-1)\,(p-2)/48$

The maximum contribution to the truncation error of f_p, for $0 < p < 1$, from neglecting each order of difference is less than 0·5 in the unit of the end figure of the tabular function if

$$\delta^2 < 4 \qquad \delta^3 < 60 \qquad \delta^4 < 20 \qquad \delta^5 < 500.$$

The critical table of B_2 opposite provides a rapid means of interpolating when δ^2 is less than 500 and higher-order differences are negligible or when full precision is not required. The interpolating factor p should be rounded to 4 decimals, and the required value of B_2 is then the tabular value opposite the interval in which p lies, or it is the value above and to the right of p if p exactly equals a tabular argument. B_2 is always negative. The effects of the third and fourth differences can be estimated from the values of B_3 and B_4 given in the last column.

INVERSE INTERPOLATION

Inverse interpolation to derive the interpolating factor p, and hence the time, for which the function takes a specified value f_p is carried out by successive approximations. The first estimate p_1 is obtained from:

$$p_1 = (f_p - f_0)/\delta_{1/2}$$

This value of p is used to obtain an estimate of B_2, from the critical table or otherwise, and hence an improved estimate of p from:

$$p = p_1 - B_2\,(\delta_0^2 + \delta_1^2)/\delta_{1/2}$$

This last step is repeated until there is no further change in B_2 or p; the effects of higher-order differences may be taken into account in this step.

CRITICAL TABLE FOR B_2

p	B_2	p	B_2	p	B_2	p	B_2	p	B_2
0·0000	—	0·1101	—	0·2719	—	0·7280	—	0·8898	—
	·000		·025		·050		·049		·024
0·0020		0·1152		0·2809		0·7366		0·8949	
	·001		·026		·051		·048		·023
0·0060		0·1205		0·2902		0·7449		0·9000	
	·002		·027		·052		·047		·022
0·0101		0·1258		0·3000		0·7529		0·9049	
	·003		·028		·053		·046		·021
0·0142		0·1312		0·3102		0·7607		0·9098	
	·004		·029		·054		·045		·020
0·0183		0·1366		0·3211		0·7683		0·9147	
	·005		·030		·055		·044		·019
0·0225		0·1422		0·3326		0·7756		0·9195	
	·006		·031		·056		·043		·018
0·0267		0·1478		0·3450		0·7828		0·9242	
	·007		·032		·057		·042		·017
0·0309		0·1535		0·3585		0·7898		0·9289	
	·008		·033		·058		·041		·016
0·0352		0·1594		0·3735		0·7966		0·9335	
	·009		·034		·059		·040		·015
0·0395		0·1653		0·3904		0·8033		0·9381	
	·010		·035		·060		·039		·014
0·0439		0·1713		0·4105		0·8098		0·9427	
	·011		·036		·061		·038		·013
0·0483		0·1775		0·4367		0·8162		0·9472	
	·012		·037		·062		·037		·012
0·0527		0·1837		0·5632		0·8224		0·9516	
	·013		·038		·061		·036		·011
0·0572		0·1901		0·5894		0·8286		0·9560	
	·014		·039		·060		·035		·010
0·0618		0·1966		0·6095		0·8346		0·9604	
	·015		·040		·059		·034		·009
0·0664		0·2033		0·6264		0·8405		0·9647	
	·016		·041		·058		·033		·008
0·0710		0·2101		0·6414		0·8464		0·9690	
	·017		·042		·057		·032		·007
0·0757		0·2171		0·6549		0·8521		0·9732	
	·018		·043		·056		·031		·006
0·0804		0·2243		0·6673		0·8577		0·9774	
	·019		·044		·055		·030		·005
0·0852		0·2316		0·6788		0·8633		0·9816	
	·020		·045		·054		·029		·004
0·0901		0·2392		0·6897		0·8687		0·9857	
	·021		·046		·053		·028		·003
0·0950		0·2470		0·7000		0·8741		0·9898	
	·022		·047		·052		·027		·002
0·1000		0·2550		0·7097		0·8794		0·9939	
	·023		·048		·051		·026		·001
0·1050		0·2633		0·7190		0·8847		0·9979	
	·024		·049		·050		·025		·000
0·1101		0·2719		0·7280		0·8898		1·0000	

p	B_3
0·0	0·000
0·1	+0·006
0·2	0·008
0·3	0·007
0·4	+0·004
0·5	0·000
0·6	−0·004
0·7	0·007
0·8	0·008
0·9	−0·006
1·0	0·000

p	B_4
0·0	0·000
0·1	+0·004
0·2	0·007
0·3	0·010
0·4	0·011
0·5	+0·012
0·6	0·011
0·7	0·010
0·8	0·007
0·9	+0·004
1·0	0·000

In critical cases ascend. B_2 is always negative.

POLYNOMIAL REPRESENTATIONS

It is sometimes convenient to construct a simple polynomial representation of the form

$$f_p = a_0 + a_1\,p + a_2\,p^2 + a_3\,p^3 + a_4\,p^4 + \cdots$$

which may be evaluated in the nested form

$$f_p = (((a_4\,p + a_3)\,p + a_2)\,p + a_1)\,p + a_0$$

Expressions for the coefficients $a_0, a_1, \ldots$ may be obtained from Stirling's interpolation formula, neglecting fifth-order differences:

$$a_4 = \delta_0^4/24 \qquad a_2 = \delta_0^2/2 - a_4 \qquad a_0 = f_0$$

$$a_3 = (\delta_{1/2}^3 + \delta_{-1/2}^3)/12 \qquad a_1 = (\delta_{1/2} + \delta_{-1/2})/2 - a_3$$

This is suitable for use in the range $-\frac{1}{2} \leqslant p \leqslant +\frac{1}{2}$, and it may be adequate in the range $-2 \leqslant p \leqslant 2$, but it should not normally be used outside this range. Techniques are available in the literature for obtaining polynomial representations which give smaller errors over similar or larger intervals. The coefficients may be expressed in terms of function values rather than differences.

EXAMPLES

To find (a) the declination of the Sun at $16^h\ 23^m\ 14^s{\cdot}8$ TDT on 1984 January 19, (b) the right ascension of Mercury at $17^h\ 21^m\ 16^s{\cdot}8$ TDT on 1984 January 8, and (c) the time on 1984 January 8 when Mercury's right ascension is exactly $18^h\ 04^m$.

Difference tables for the Sun and Mercury are constructed as shown below, where the differences are in units of the end figures of the function. Second-order differences are sufficient for the Sun, but fourth-order differences are required for Mercury.

1984 Jan	Sun Dec.	δ	δ^2
18	−20°44′ 48″.3		
		+7212	
19	−20 32 47·1		+233
		+7445	
20	−20 20 22·6		+230
		+7675	
21	−20 07 35·1		

1984 Jan	Mercury R.A.	δ	δ^2	δ^3	δ^4
6	$18^h\ 10^m$ 10·12				
		−18709			
7	18 07 03·03		+4299		
		−14410		−16	
8	18 04 38·93		+4283		−104
		−10127		−120	
9	18 02 57·66		+4163		−76
		−5964		−196	
10	18 01 58·02		+3967		
		−1997			
11	18 01 38·05				

(a) *Use of Bessel's formula*

The tabular interval is one day, hence the interpolating factor is 0·68281. From the critical table, $B_2 = -0{\cdot}054$, and

$$f_p = -20°\ 32'\ 47''{\cdot}1 + 0{\cdot}68281\ (+744''{\cdot}5) - 0{\cdot}054\ (+23''{\cdot}3 + 23''{\cdot}0)$$
$$= -20°\ 24'\ 21''{\cdot}2$$

(b) *Use of polynomial formula*

Using the polynomial method, the coefficients are:

$a_4 = -1^s{\cdot}04/24 = -0^s{\cdot}043$ $\qquad a_1 = (-101^s{\cdot}27 - 144^s{\cdot}10)/2 + 0^s{\cdot}113 = -122^s{\cdot}572$

$a_3 = (-1^s{\cdot}20 - 0^s{\cdot}16)/12 = -0^s{\cdot}113$ $\qquad a_0 = 18^h + 278^s{\cdot}93$

$a_2 = +42^s{\cdot}83/2 + 0^s{\cdot}043 = +21^s{\cdot}458$

where an extra decimal place has been kept as a guarding figure.

Then $f_p = 18^h + 278^s{\cdot}93 - 122^s{\cdot}572p + 21^s{\cdot}458p^2 - 0^s{\cdot}113p^3 - 0^s{\cdot}043p^4$

The interpolating factor $p = 0{\cdot}72311$, hence $f_p = 18^h\ 03^m\ 21^s{\cdot}46$

(c) *Inverse interpolation*

Since $f_p = 18^h\ 04^m$ the first estimate for p is:

$$p_1 = (18^h\ 04^m - 18^h\ 04^m\ 38^s{\cdot}93)/(-101^s{\cdot}27) = 0{\cdot}38442$$

From the critical table, with $p = 0{\cdot}3844$, $B_2 = -0{\cdot}059$. Also

$$(\delta_0^2 + \delta_1^2)/\delta_{1/2} = (+42{\cdot}83 + 41{\cdot}63)/(-101{\cdot}27) = -0{\cdot}834$$

The second approximation to p is:

$$p = 0{\cdot}38442 + 0{\cdot}059\ (-0{\cdot}834) = 0{\cdot}33521 \text{ which gives } t = 8^h\ 02^m\ 42^s;$$

as a check, using the polynomial found in (b) with $p = 0{\cdot}33521$ gives

$$f_p = 18^h\ 04^m\ 00^s{\cdot}25.$$

The next approximation is $B_2 = -0{\cdot}056$ and $p = 0{\cdot}38442 + 0{\cdot}056\ (-0{\cdot}834) = 0{\cdot}33772$ which gives $t = 8^h\ 06^m\ 19^s$; using the polynomial in (b) with $p = 0{\cdot}33772$ gives

$$f_p = 18^h\ 03^m\ 59^s{\cdot}98.$$

SUBTABULATION

Coefficients for use in the systematic interpolation of an ephemeris to a smaller interval are given in the following table for certain values of the ratio of the two intervals. The table is entered for each of the appropriate multiples of this ratio to give the corresponding decimal value of the interpolating factor p and the Bessel coefficients. The values of p are exact or recurring decimal numbers. The values of the coefficients may be rounded to suit the maximum number of figures in the differences.

BESSEL COEFFICIENTS FOR SUBTABULATION

Ratio of intervals												Bessel Coefficients		
$\frac{1}{2}$	$\frac{1}{3}$	$\frac{1}{4}$	$\frac{1}{5}$	$\frac{1}{6}$	$\frac{1}{8}$	$\frac{1}{10}$	$\frac{1}{12}$	$\frac{1}{20}$	$\frac{1}{24}$	$\frac{1}{40}$	p	B_2	B_3	B_4
										1	0·025	−0·006094	0·00193	0·0010
									1		0·0416	−0·009983	0·00305	0·0017
								1		2	0·050	−0·011875	0·00356	0·0020
										3	0·075	−0·017344	0·00491	0·0030
							1		2		0·0833	−0·019097	0·00530	0·0033
						1		2		4	0·100	−0·022500	0·00600	0·0039
					1				3	5	0·125	−0·027344	0·00684	0·0048
								3		6	0·150	−0·031875	0·00744	0·0057
				1			2		4		0·1666	−0·034722	0·00772	0·0062
										7	0·175	−0·036094	0·00782	0·0064
			1			2		4		8	0·200	−0·040000	0·00800	0·0072
									5		0·2083	−0·041233	0·00802	0·0074
										9	0·225	−0·043594	0·00799	0·0079
		1			2		3	5	6	10	0·250	−0·046875	0·00781	0·0085
										11	0·275	−0·049844	0·00748	0·0091
									7		0·2916	−0·051649	0·00717	0·0095
						3		6		12	0·300	−0·052500	0·00700	0·0097
										13	0·325	−0·054844	0·00640	0·0101
	1			2			4		8		0·3333	−0·055556	0·00617	0·0103
								7		14	0·350	−0·056875	0·00569	0·0106
					3				9	15	0·375	−0·058594	0·00488	0·0109
			2			4		8		16	0·400	−0·060000	0·00400	0·0112
							5		10		0·4166	−0·060764	0·00338	0·0114
										17	0·425	−0·061094	0·00305	0·0114
								9		18	0·450	−0·061875	0·00206	0·0116
									11		0·4583	−0·062066	0·00172	0·0116
										19	0·475	−0·062344	0·00104	0·0117
1		2		3	4	5	6	10	12	20	0·500	−0·062500	0·00000	0·0117
										21	0·525	−0·062344	−0·00104	0·0117
									13		0·5416	−0·062066	−0·00172	0·0116
								11		22	0·550	−0·061875	−0·00206	0·0116
										23	0·575	−0·061094	−0·00305	0·0114
							7		14		0·5833	−0·060764	−0·00338	0·0114
			3			6		12		24	0·600	−0·060000	−0·00400	0·0112
					5				15	25	0·625	−0·058594	−0·00488	0·0109
								13		26	0·650	−0·056875	−0·00569	0·0106
	2			4			8		16		0·6666	−0·055556	−0·00617	0·0103
										27	0·675	−0·054844	−0·00640	0·0101
						7		14		28	0·700	−0·052500	−0·00700	0·0097
									17		0·7083	−0·051649	−0·00717	0·0095
										29	0·725	−0·049844	−0·00748	0·0091
		3			6		9	15	18	30	0·750	−0·046875	−0·00781	0·0085
										31	0·775	−0·043594	−0·00799	0·0079
									19		0·7916	−0·041233	−0·00802	0·0074
			4			8		16		32	0·800	−0·040000	−0·00800	0·0072
										33	0·825	−0·036094	−0·00782	0·0064
				5			10		20		0·8333	−0·034722	−0·00772	0·0062
								17		34	0·850	−0·031875	−0·00744	0·0057
					7				21	35	0·875	−0·027344	−0·00684	0·0048
						9		18		36	0·900	−0·022500	−0·00600	0·0039
							11		22		0·9166	−0·019097	−0·00530	0·0033
										37	0·925	−0·017344	−0·00491	0·0030
								19		38	0·950	−0·011875	−0·00356	0·0020
									23		0·9583	−0·009983	−0·00305	0·0017
										39	0·975	−0·006094	−0·00193	0·0010

This explanation specifies the sources for the theories and data used in constructing the ephemerides in this volume, explains basic concepts required to use the ephemerides, and where appropriate states the precise meaning of tabulated quantities. Definitions of individual terms are given in the Glossary (Section M).

The IAU (1976) System of Astronomical Constants was adopted by the General Assembly of the IAU at Grenoble. These constants are given on page K6 of this volume. Additional resolutions concerning time scales and the astronomical reference system were adopted by the IAU in 1979 at Montreal and in 1982 at Patras. A complete list of these resolutions, with constants, formulae and explanatory notes, is given in the *Supplement to the Astronomical Almanac for 1984*, which is published in the 1984 *Astronomical Almanac*.

Fundamental ephemerides of the Sun, Moon and planets were calculated by a simultaneous numerical integration at the Jet Propulsion Laboratory. These ephemerides, designated DE200/LE200, cover the period 1800–2050. Optical, radar, laser, and spacecraft observations were analyzed to determine starting conditions for the numerical integration. In order to obtain the best fit of the ephemerides to the observational data, some modifications to the IAU (1976) System of Astronomical Constants were necessary. These modifications are listed on pages K6 and K7. A satisfactory ephemeris for Uranus for the 1980's could be computed only by excluding observations made before 1900. Additional information about the ephemerides is included in the *Explanatory Supplement to the Astronomical Almanac*. DE200/LE200 is available in machine readable form.

Reference Frame

Beginning in 1984 the standard epoch of the fundamental astronomical coordinate system is 2000 January 1, 12^h TDB (JD 245 1545.0), which is denoted J2000.0. The numerical integration used as the basis for ephemerides in this volume is in a reference frame defined by the mean equator and dynamical equinox of J2000.0. Rigorous reduction methods presented in Section B were used to construct the published tabular ephemerides.

In practice, the dynamical equinox, defined by the ascending node of the ecliptic on the mean equator at epoch J2000.0, differs from the origin of right ascension (the catalog equinox) of the FK5 star catalog. Although the exact value of the difference is uncertain, it is thought to be less than $0''.04$ at the current time. Likewise, the radio reference frame may differ from optical reference frames.

Time Scales

Terrestrial dynamical time (TDT) is the tabular argument of the fundamental geocentric ephemerides. For ephemerides referred to the barycenter of the solar system, the argument is barycentric dynamical time (TDB). In the terminology of the general theory of relativity, TDT corresponds to a proper time, while TDB corresponds to a coordinate time. These scales are defined so that the difference between them is purely periodic, with an amplitude less than $0^s.002$. Like their predecessor, ephemeris time (ET), TDT and TDB are independent of the Earth's rotation.

In the astronomical system of units, the unit of time is the day of 86400 seconds of barycentric dynamical time (TDB). For long periods, however, the Julian century of 36525 days is used. Use of the tropical year and Besselian epochs was discontinued in 1984.

International atomic time (TAI) is the most precisely determined time scale that is now available for astronomical use. This scale results from analyses by the Bureau International des Poids et Mesures in Paris of data from atomic time standards of many countries. Although TAI was not introduced until 1972 January 1, atomic time scales have been available since 1956. Therefore, TAI may be extrapolated backwards for the period 1956–1971. The fundamental unit of TAI is the unit of time in the international system of units, the SI second; it is defined as the duration of 9 192 631 770 periods of the radiation corresponding to the transition between two hyperfine levels of the ground state of the cesium 133 atom.

Universal time (UT), which serves as the basis of civil timekeeping, is formally defined by a mathematical formula which relates UT to Greenwich mean sidereal time. Thus UT is determined from observations of the diurnal motions of the stars. It implicitly contains nonuniformities due to variations in the rotation of the Earth. A UT scale determined directly from stellar observations is dependent on the place of observation; these scales are designated UT0. A time scale that is independent of the location of the observer is established by removing from UT0 the effect of the variation of the observer's meridian due to the observed motion of the geographic pole; this time scale is designated UT1. A tabulation of the quantity $\Delta T = \mathrm{TDT} - \mathrm{UT1}$ is given on page K9.

Since 1972 January 1, the time scale distributed by most broadcast time services has been based on the redefined coordinated universal time (UTC), which differs from TAI by an integral number of seconds. UTC is maintained within $0^s.90$ of UT1 by the introduction of one second steps (leap seconds) when necessary, normally at the end of June or December. DUT1, an approximation to the difference UT1 minus UTC, is transmitted in code on broadcast time signals. Beginning in 1962, an increasing number of broadcast time services cooperated to provide a consistent time standard, until most broadcast signals were synchronized to the redefined UTC in 1972. For a while prior to 1972, broadcast time signals were kept within $0^s.1$ of UT2 (UT1 corrected by an adopted formula for the seasonal variation) by the introduction of step adjustments, normally of $0^s.1$, and occasionally by changes in the duration of the second. Since the table on page K9 is based on the signals broadcast by WWV, special corrections may be required to derive UT1 times from other signals broadcast prior to 1972.

Universal time and UT are commonly used to mean UT0, UT1 or UTC, according to context. In this volume, UT1 is always implied where the differences are significant.

Greenwich mean sidereal time (GMST) is defined as the Greenwich hour angle of the mean equinox of date. The defining relation between sidereal and universal time is:

$$\text{GMST of } 0^h \text{ UT1} = 6^h41^m50^s.54841 + 8640\,184^s.812\,866\,T + 0^s.093\,104\,T^2 - 6^s.2\times10^{-6}\,T^3$$

where T is measured in Julian centuries of 36525 days of UT1 from 2000 January 1, 12^h UT1 (JD 245 1545.0 UT1). (S. Aoki *et al.*, *Astron. Astrophys.*, **105**, 359, 1982).

To provide continuity with pre-1984 practices, the difference between TDT and TAI was set to the current estimate of the difference between ET and TAI:

$$\mathrm{TDT} = \mathrm{TAI} + 32^s.184.$$

Thus procedures analogous to those used with ephemerides tabulated as functions of ET are generally applicable to ephemerides based on TDT. The tabulations for 0^h TDT may be converted to 0^h UT1 by interpolation to time ΔT.

Since TDT is independent of the Earth's rotation, calculations of hour angles and phenomena referred to a geographic meridian are provisionally referred to the ephemeris meridian, which is $1.002\,738\;\Delta T$ east of the Greenwich meridian. Only when ΔT is specified can quantities be referred to the Greenwich meridian.

In 1991, at the recommendation of the Working Group on Reference Systems, the IAU adopted new resolutions concerning time scales. Terrestrial Dynamical Time (TDT) was renamed Terrestrial Time (TT), and two new scales were defined to be consistent with the

SI second and the General Theory of Relativity. Geocentric Coordinate Time (TCG) and Barycentric Coordinate Time (TCB) are coordinate times in coordinate systems having their spatial origins at the center of mass of the Earth and at the solar system barycenter, respectively. These time scales will be introduced into *The Astronomical Almanac* when new fundamental theories and ephemerides based on these time scales are adopted by the IAU.

Section A: Summary of Principal Phenomena

The lunations given on page A1 are numbered in continuation of E. W. Brown's series, of which No. 1 commenced on 1923 January 16 (*Mon. Not. Roy. Astron. Soc.*, **93**, 603, 1933).

The list of occultations of planets and bright stars by the Moon on page A2 gives the approximate times and areas of visibility for the major planets, except Neptune and Pluto, and the bright stars Aldebaran, Antares, Pollux, Regulus and Spica. More detailed information about these events and of other occultations by the Moon may be obtained from the International Lunar Occultation Centre at the address given at the foot of page A2.

Times tabulated on page A3 for the stationary points of the planets are the instants at which the planet is stationary in apparent geocentric right ascension; but for elongations of the planets from the Sun, the tabular times are for the geometric configurations. From inferior conjunction to superior conjunction for Mercury or Venus, or from conjunction to opposition for a superior planet, the elongation from the Sun is west; from superior to inferior conjunction, or from opposition to conjunction, the elongation is east. Because planetary orbits do not lie exactly in the ecliptic plane, elongation passages from west to east or from east to west do not in general coincide with oppositions and conjunctions.

Dates of heliocentric phenomena are given on page A3. Since they are determined from the actual perturbed motion, these dates generally differ from dates obtained by using the elements of the mean orbit. The date on which the radius vector is a minimum may differ considerably from the date on which the heliocentric longitude of a planet is equal to the longitude of perihelion of the mean orbit. Similarly, when the heliocentric latitude of a planet is zero, the heliocentric longitude may not equal the longitude of the mean node.

Configurations of the Sun, Moon and Planets (pages A9–A11) is a chronological listing, with times to the nearest hour, of geocentric phenomena. Included are eclipses; lunar perigees, apogees and phases; phenomena in apparent geocentric longitude of the planets and of the minor planets Ceres, Pallas, Juno and Vesta; times when the planets and minor planets are stationary in right ascension and when the geocentric distance to Mars is a minimum; and geocentric conjunctions in apparent right ascension of the planets with the Moon, with each other, and with the bright stars Aldebaran, Pollux, Regulus, Spica and Antares, provided these conjunctions are considered to occur sufficiently far from the Sun to permit observation. Thus conjunctions in right ascension are excluded if they occur within 15° of the Sun for the Moon, Mars and Saturn; within 10° for Venus and Jupiter; and within approximately 10° for Mercury, depending on Mercury's brightness. The occurrence of occultations of planets and bright stars is indicated by "Occn."; the areas of visibility are given in the list on page A2. Geocentric phenomena differ from the actually observed configurations by the effects of the geocentric parallax at the place of observation, which for configurations with the Moon may be quite large.

The explanation for the tables of sunrise and sunset, twilight, moonrise and moonset is given on page A12; examples are given on page A13.

Eclipses

The elements and circumstances are computed according to Bessel's method from apparent right ascensions and declinations of the Sun and Moon. From 1986 onwards, positions of the Sun and Moon are derived from DE200/LE200. Semidiameters of the Sun and Moon used in the calculation of eclipses do not include irradiation. The adopted semidiameter of the Sun at unit distance is 15′59″.63 (A. Auwers, *Astronomische Nachrichten,* No. 3068, 367, 1891), the same as in the ephemeris of the Sun. The apparent semidiameter of the Moon is equal to arcsin ($k \sin \pi$), where π is the Moon's horizontal parallax and k is an adopted constant. In 1982, to be consistent with the System of Astronomical Constants (1976) and the ephemeris based on DE200/LE200, the IAU adopted $k = 0.272\,5076$, corresponding to the mean radius of Watts' datum as determined by observations of occultations and to the adopted radius of the Earth. This value is introduced for 1986 onwards. Corrections to the ephemerides, if any, are noted in the beginning of the eclipse section.

In calculating lunar eclipses the radius of the geocentric shadow of the Earth is increased by one-fiftieth part to allow for the effect of the atmosphere. Refraction is neglected in calculating solar and lunar eclipses. Because the circumstances of eclipses are calculated for the surface of the ellipsoid, refraction is not included in Besselian elements. For local predictions, corrections for refraction are unnecessary; they are required only in precise comparisons of theory with observation in which many other refinements are also necessary.

The solar eclipse maps show the path of the eclipse, beginning and ending times of the eclipse, and the region of visibility, including restrictions due to rising and setting of the Sun. The short-dash and long-dash lines show, respectively, the progress of the leading and trailing edge of the penumbra; thus, at a given location, times of first and last contact may be interpolated.

Besselian elements characterize the geometric position of the shadow of the Moon relative to the Earth. The exterior tangents to the surfaces of the Sun and Moon form the umbral cone; the interior tangents form the penumbral cone. The common axis of these two cones is the axis of the shadow. To form a system of geocentric rectangular coordinates, the geocentric plane perpendicular to the axis of the shadow is taken as the xy-plane. This is called the fundamental plane. The x-axis is the intersection of the fundamental plane with the plane of the equator; it is positive toward the east. The y-axis is positive toward the north. The z-axis is parallel to the axis of the shadow and is positive toward the Moon. The tabular values of x and y are the coordinates, in units of the Earth's equatorial radius, of the intersection of the axis of the shadow with the fundamental plane. The direction of the axis of the shadow is specified by the declination d and hour angle μ of the point on the celestial sphere toward which the axis is directed.

The radius of the umbral cone is regarded as positive for an annular eclipse and negative for a total eclipse. The angles f_1 and f_2 are the angles at which the tangents that form the penumbral and umbral cones, respectively, intersect the axis of the shadow.

To predict accurate local circumstances, calculate the geocentric coordinates $\rho \sin \phi'$ and $\rho \cos \phi'$ from the geodetic latitude ϕ and longitude λ, using the relationships given on page K11. Inclusion of the height h in this calculation is all that is necessary to obtain the local circumstances at high altitudes.

Obtain approximate times for the beginning, middle and end of the eclipse from the eclipse map. For each of these three times, take from the table of Besselian elements, or compute from the Besselian element polynomials, the values of x, y, $\sin d$, $\cos d$, μ and l_1 (the radius of the penumbra on the fundamental plane), except that at the approximate time of the middle of the eclipse l_2 (the radius of the umbra on the fundamental plane) is required instead of l_1 if the eclipse is central (i.e., total, annular or annular-total). The hourly variations x', y' of x and y are needed, and may be obtained with sufficient accuracy by multiplying the first differences of the tabular values by 6. Alternatively, these hourly variations may be obtained by evaluating the derivative of the polynomial expressions for x and y. Values of μ', d', $\tan f_1$ and $\tan f_2$ are nearly constant throughout the eclipse and are given at the bottom of the Besselian elements table.

For each of the three approximate times, calculate the coordinates ξ, η, ζ for the observer and the hourly variations ξ' and η' from

$$\begin{aligned}
\xi &= \rho \cos \phi' \sin \theta, \\
\eta &= \rho \sin \phi' \cos d - \rho \cos \phi' \sin d \cos \theta, \\
\zeta &= \rho \sin \phi' \sin d + \rho \cos \phi' \cos d \cos \theta, \\
\xi' &= \mu' \rho \cos \phi' \cos \theta, \\
\eta' &= \mu' \xi \sin d - \zeta d',
\end{aligned}$$

where

$$\theta = \mu + \lambda$$

for longitudes measured positive towards the east.

Next, calculate

$$\begin{aligned}
u &= x - \xi & \qquad u' &= x' - x' \\
v &= y - \eta & \qquad v' &= y' - \eta' \\
m^2 &= u^2 + v^2 & \qquad n^2 &= u'^2 + v'^2 \qquad (m, n > 0)
\end{aligned}$$

$$L_i = l_i - \zeta \tan f_i$$

$$D = uu' + vv'$$

$$\Delta = \frac{1}{n}(uv' - u'v)$$

$$\sin \psi = \frac{\Delta}{L_i}$$

where $i = 1, 2$. At the approximate times of the beginning and end of the eclipse, L_1 is required. At the approximate time of the middle of the eclipse, L_2 is required if the eclipse is central; L_1 is required if the eclipse is partial.

Neglecting the variation of L, the correction τ to be applied to the approximate time of the middle of the eclipse to obtain the *Universal Time of greatest phase* is

$$\tau = -\frac{D}{n^2}$$

which may be expressed in minutes by multiplying by 60.

The correction τ to be applied to the approximate times of the beginning and end of the eclipse to obtain the *Universal Times of the penumbral contacts* is

$$\tau = \frac{L_1}{n} \cos \psi - \frac{D}{n^2},$$

which may be expressed in minutes by multiplying by 60.

If the eclipse is central, use the approximate time for the middle of the eclipse as a first approximation to the times of umbral contact. The correction τ to be applied to obtain the *Universal Times of the umbral contacts* is

$$\tau = \frac{L_2}{n} \cos \psi - \frac{D}{n^2}$$

which may be expressed in minutes by multiplying by 60.

In the last two equations, the ambiguity in the quadrant of ψ is removed by noting that $\cos \psi$ must be *negative* for the beginning of the eclipse, for the beginning of the annular phase, or for the end of the total phase; cos ψ must be *positive* for the end of the eclipse, the end of the annular phase, or the beginning of the total phase.

For greater accuracy, the times resulting from the calculation outlined above should be used in place of the original approximate times, and the entire procedure repeated at least once. The calculations for each of the contact times and the time of greatest phase should be performed separately.

The *magnitude of greatest partial eclipse*, in units of the solar diameter is

$$M_1 = \frac{L_1 - m}{(2L_1 - 0.5459)},$$

where the value of m at the time of greatest phase is used. If the magnitude is negative at the time of greatest phase, no eclipse is visible from the location.

The *magnitude of the central phase*, in the same units is

$$M_2 = \frac{L_1 - L_2}{(L_1 + L_2)}.$$

The *position angle of a point of contact* measured eastward (counterclockwise) from the north point of the solar limb is given by

$$\tan P = \frac{u}{v},$$

where u and v are evaluated at the times of contacts computed in the final approximation. The quadrant of P is determined by noting that sin P has the algebraic sign of u, except for the contacts of the total phase, for which sin P has the opposite sign to u.

The position angle of the point of contact measured eastward from the vertex of the solar limb is given by

$$V = P - C,$$

where C , the parallactic angle, is obtained with sufficient accuracy from

$$\tan C = \frac{\xi}{\eta},$$

with sin C having the same algebraic sign as x, and the results of the final approximation again being used. The vertex point of the solar limb lies on a great circle arc drawn from the zenith to the center of the solar disk.

Section B: Time Scales and Coordinate Systems

Calendar

Over extended intervals, civil time is ordinarily reckoned according to conventional calendar years and adopted historical eras; in constructing and regulating civil calendars and fixing ecclesiastical calendars, a number of auxiliary cycles and periods are used.

To facilitate chronological reckoning, the system of Julian day (JD) numbers maintains a continuous count of astronomical days, beginning with JD 0 on 1 January 4713 B.C., Julian proleptic calendar. Julian day numbers for the current year are given on page B4 and in the Universal and Sidereal Times table, pages B8–B15. To determine JD numbers for other years on the Gregorian calendar, consult the Julian Day Number tables, pages K2–K4.

Note that the Julian day begins at noon, whereas the calendar day begins at the preceding midnight. Thus the Julian day system is consistent with astronomical practice before 1925, with the astronomical day being reckoned from noon. For critical applications, the Julian date should include a specification as to whether UT, TDT or TDB is used.

Universal and Sidereal Times

The tabulations of Greenwich mean sidereal time (GMST) at 0^h UT are calculated from the defining relation between sidereal time and universal time (see the introductory discussion of Time Scales in this Explanation). The tabulation of Greenwich apparent sidereal time (GAST) is calculated by adding the equation of the equinoxes (the total nutation in longitude, multiplied by the cosine of the true obliquity of the ecliptic) to GMST. Following the general practice of this volume, UT implies UT1 in critical applications. Useful formulae and examples are given on pages B6–B7.

Reduction of Astronomical Coordinates

Formulae and tables for a variety of methods of apparent place reduction are presented. Choice of a particular method should be made according to accuracy requirements.

Reduction to apparent place from mean place for standard epoch J2000.0 is most accurately accomplished by formulae given on pages B36–B41. These require the rectangular position and velocity components of the Earth with respect to the solar system barycenter (even pages B44–B58) and the precession and nutation matrix (odd pages B45–B59). The Earth's position and velocity components are derived from the simultaneous numerical integration DE200/LE200 described on page L1. In critical applications the tabular argument of the barycentric ephemeris is barycentric dynamical time (TDB).

Beginning in 1984 the standard epoch of the stellar data tabulations (Section H) is the middle of the Julian year, rather than the beginning of the Besselian year. Thus the Besselian and second-order day numbers are referred to the mean equator and equinox of the middle of the current Julian year. Formulae for precessing positions from the standard epoch J2000.0 to the current year are given on page B18. These formulae are based on expressions for annual rates of precession given by J. H. Lieske *et al.* (*Astron. Astrophys.*, **58**, 1–16, 1977), in conformance with the IAU (1976) value of the constant of precession.

Section C: The Sun

Apparent geocentric coordinates of the Sun are given on even pages C4–C18; geocentric rectangular coordinates referred to the mean equator and equinox of J2000.0 are given on pages C20–C23. These ephemerides are based on the simultaneous numerical integration DE200/LE200 described on page L1. The tabular argument of the solar ephemerides is terrestrial dynamical time (TDT). Although the apparent right ascension and declination are antedated for light-time, the true geocentric distance in astronomical units is the geometric distance at the tabular time.

The rotation elements listed on page C3, as well as the daily tabulations of rotational parameters (odd pages C5–C19), are due to R. C. Carrington (*Observations of the Spots on the Sun*, 1863). The synodic rotation numbers are in continuation of Carrington's Greenwich photoheliographic series, of which Number 1 commenced on 1853 November 9. The tabular values of the semidiameter are computed by taking the arc sine of the quantity formed by dividing the IAU solar radius (696 000 km) by the true distance in km.

Formulae for geocentric and heliographic coordinates are given on pages C1–C3.

Section D: The Moon

The geocentric ephemerides of the Moon are based on the numerical integration DE200/LE200 described on page L1. The tabular argument is terrestrial dynamical time (TDT).

For high precision calculations the polynomial ephemeris on pages D23–D45 should be used; procedures for evaluating the polynomials are given on page D22. A daily geocentric ephemeris to lower precision is given on the even numbered pages D6–D20. Although the tabular apparent right ascension and declination are antedated for light-time, the horizontal parallax is the geometric value for the tabular time. It is derived from arcsin($1/r$), where r is the true distance in units of the Earth's equatorial radius. The semidiameter s is computed from $s = \arcsin (k \sin \pi)$, where $k = 0.272\ 493$ is the ratio of the equatorial radius of the Moon to the equatorial radius of the Earth and π is the horizontal parallax. No correction is made for irradiation.

Beginning in 1985 the physical ephemeris (odd pages D7–D21) is based on the formulae and constants for physical librations given by D. Eckhardt (*The Moon and the Planets*, **25**, 3, 1981; *High Precision Earth Rotation and Earth-Moon Dynamics*, ed. O. Calame, pages 193–198, 1982), but with the IAU value of 1°32′32″.7 for the inclination of the mean lunar equator to the ecliptic. Although values of Eckhardt's constants differ slightly from those of the IAU, this is of no consequence to the precision of the tabulation. Optical librations are first calculated from rigorous formulae; then the total librations (optical and physical) are calculated from the rigorous formulae by replacing I with $I + \rho$, Ω with $\Omega + \sigma$ and ☾ with ☾ $+ \tau$. Included in the calculations are perturbations for all terms greater than 0°.0001 in solution 500 of the first Eckhardt reference and in Table I of the second reference. Since apparent coordinates of the Sun and Moon are used in the calculations, aberration is fully included, except for the inappreciable difference between the light-time from the Sun to the Moon and from the Sun to the Earth.

The selenographic coordinates of the Earth and Sun specify the point on the lunar surface where the Earth and Sun are in the selenographic zenith. The selenographic longitude and latitude of the Earth are the total geocentric, optical and physical librations in longitude and latitude, respectively. When the longitude is positive, the mean central point of the disk is displaced eastward on the celestial sphere, exposing to view a region on the west limb. When the latitude is positive, the mean central point is displaced toward the south, exposing to view the north limb. If the principal moment of inertia axis toward the Earth is used as the origin for measuring librations, rather than the traditional origin in the mean direction of the Earth from the Moon, there is a constant offset of 214″.2 in τ, or equivalently a correction of –0°.059 to the Earth's selenographic longitude.

The tabulated selenographic colongitude of the Sun is the east selenographic longitude of the morning terminator. It is calculated by subtracting the selenographic longitude of the Sun from 90° or 450°. Colongitudes of 270°, 0°, 90° and 180° correspond to New Moon, First Quarter, Full Moon and Last Quarter, respectively.

The position angles of the axis of rotation and the midpoint of the bright limb are measured counterclockwise around the disk from the north point. The position angle of the terminator may be obtained by adding 90° to the position angle of the bright limb before Full Moon and by subtracting 90° after Full Moon.

For precise reductions of observations, the tabular data should be reduced to topocentric values. Formulae for this purpose by R. d'E. Atkinson (*Mon. Not. Roy. Astron. Soc.*, **111**, 448, 1951) are given on page D5.

Additional formulae and data pertaining to the Moon are given on pages D2–D5, D46.

Section E: Major Planets

The heliocentric and geocentric ephemerides of the planets are based on the numerical integration DE200/LE200 described on page L1. Terrestrial dynamical time (TDT) is the tabular argument of the geocentric ephemerides. The argument of the heliocentric ephemerides is barycentric dynamical time (TDB).

Although the apparent right ascension and declination are antedated for light-time, the true geocentric distance in astronomical units is the geometric distance for the tabular time. For Pluto the astrometric ephemeris is comparable with observations referred to catalog mean places of comparison stars (corrected for proper motion and annual parallax, if significant, to the epoch of observation), provided the catalog is referred to the J2000.0 reference frame and the observations are corrected for geocentric parallax.

Ephemerides for Physical Observations of the Planets

The physical ephemerides of the planets have been calculated from the fundamental solar system ephemerides used elsewhere in this volume. Except where otherwise noted, physical data are based on the "Report of the IAU Working Group on Cartographic Coordinates and Rotational Elements of the Planets and Satellites" (M. E. Davies *et al.*, *Celest. Mech.*, **29**, 309–321, 1983; hereafter referred to as the IAU Report on Cartographic Coordinates).

All tabulated quantities are corrected for light-time, so the given values apply to the disk that is visible at the tabular time. Except for planetographic longitudes, all tabulated quantities vary so slowly that they remain unchanged if the time argument is considered to be universal time rather than dynamical time. Conversion from dynamical to universal time affects the tabulated planetographic longitudes by several tenths of a degree for all planets except Mercury, Venus and Pluto.

The tabulated light-time is the travel time for light arriving at the Earth at the tabular time. Expressions for the visual magnitudes of the planets are due to D. L. Harris (*Planets and Satellites,* ed. G. P. Kuiper and B. L. Middlehurst, page 272, 1961), except that values for $V(1,0)$, the visual magnitude at unit distance, are those given on page E88 of this volume. The tabulated surface brightness is the average visual magnitude of an area of one square arc-second of the illuminated portion of the apparent disk. For a few days around inferior and superior conjunctions, the tabulated magnitude and surface brightness of Mercury and Venus are only approximate; surface brightness is not tabulated near inferior conjunction. For Saturn the magnitude includes the contribution due to the rings, but the surface brightness applies only to the disk of the planet.

The apparent disk of an oblate planet is always an ellipse, with an oblateness less than or equal to the oblateness of the planet itself, depending on the apparent tilt of the planet's axis. For planets with significant oblateness, the apparent equatorial and polar diameters are separately tabulated.

The phase is the ratio of the apparent illuminated area of the disk to the total area of the disk, as seen from the Earth. The phase angle is the planetocentric elongation of the Earth from the Sun. In the accompanying diagram of the apparent disk of a planet, the defect of illumination is designated by q. It is the length of the unilluminated section of the diameter passing through the sub-Earth point e (the center of the disk) and the sub-solar point s. The position angle of the defect of illumination can be computed by adding 180° to the tabulated position angle of the sub-solar point. Calculations of phase and defect of illumination are based on the geometric terminator, which is defined by the plane crossing through the planet's center of mass, orthogonal to the direction of the Sun.

The tabulated quantity L_s is the planetocentric orbital longitude of the Sun, measured eastward in the planet's orbital plane from the planet's vernal equinox. Instantaneous orbital and equatorial planes are used in computing L_s. Values of L_s of 0°, 90°, 180° and 270° correspond to the beginning of spring, summer, autumn and winter, respectively, for the planet's northern hemisphere.

The orientation of the pole of a planet is specified by the right ascension α_0 and declination δ_0 of the north pole, with respect to the Earth's mean equator and equinox of J2000.0. According to the IAU definition, the north pole is the pole that lies on the north side of the invariable plane of the solar system. Because of precession of a planet's axis, α_0 and δ_0 may vary slowly with time; values for the current year are given on page E87.

The angle W of the prime meridian is measured counterclockwise (when viewed from

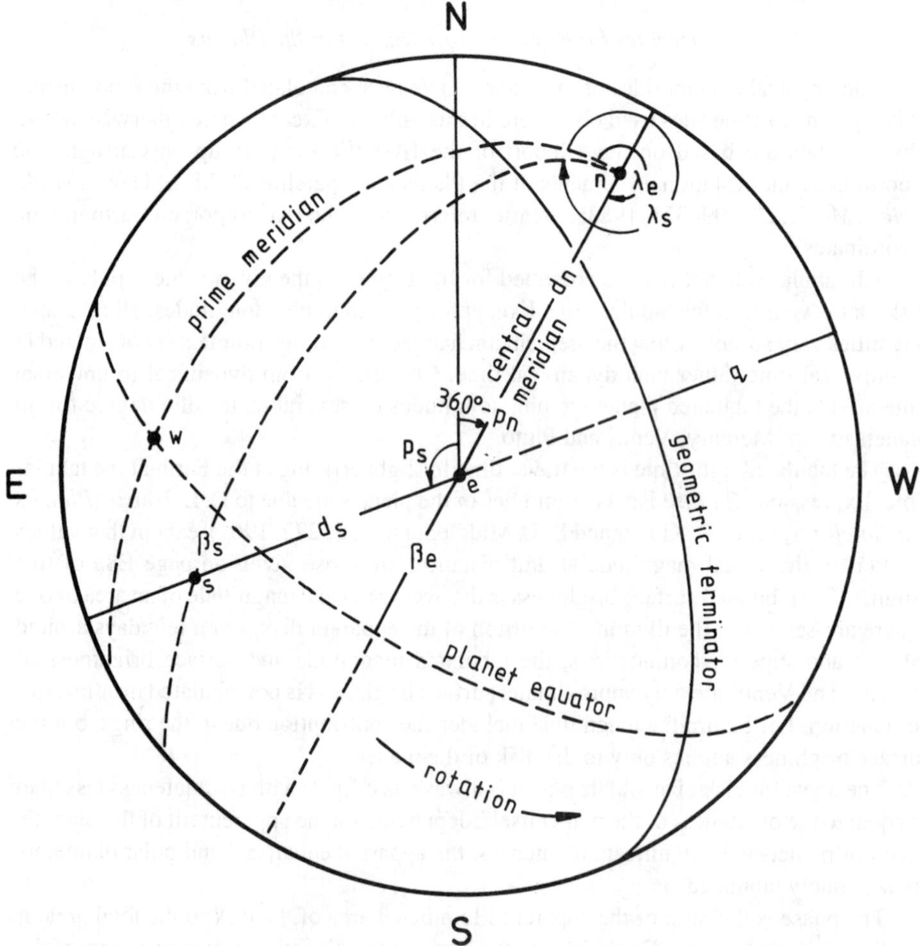

above the planet's north pole) along the planet's equator from the ascending node of the planet's equator on the Earth's mean equator of J2000.0. For a planet with direct rotation (counterclockwise as viewed from the planet's north pole), W increases with time. Values of W and its rate of change are given on page E87.

Except for Saturn and Pluto, expressions for the pole and prime meridian of each planet are based on the IAU Report on Cartographic Coordinates. The rotation of Saturn was provided by M. D. Desch and M. L. Kaiser. For Pluto the pole and rotation are due to R. S. Harrington and J. W. Christy (*Astron. Jour.*, **86**, 442, 1981), under the assumptions that the orbital motion of Pluto's satellite is synchronous with Pluto's rotation and that the satellite's orbital plane is coincident with Pluto's equatorial plane.

Tabulated longitudes and latitudes of the sub-Earth and sub-solar points are in planetographic coordinates. Planetographic longitude is reckoned from the prime meridian and increases from 0° to 360° in the direction opposite rotation. The planetographic latitude of a point is the angle between the planet's equator and the normal to the reference spheroid at the point. Latitudes north of the equator are positive. For Jupiter and Saturn multiple longitude systems are defined, each system corresponding to a different apparent rate of rotation. System I applies to the visible cloud layer in the equatorial region of each planet. System II applies to the visible cloud layer at higher latitudes of Jupiter; there is no System II for Saturn. System III applies to the origin of the radio emissions of both Jupiter and Saturn. Since rotational periods of Uranus and Neptune are not well known, no planetographic longitudes are given for these planets.

Planetographic coordinates are illustrated in the diagram. At the center of the apparent disk is the sub-Earth point *e*; other reference points are the sub-solar point *s* and the north pole *n*. For an oblate planet, the Earth and Sun are not at the zeniths of the sub-Earth and sub-solar points, respectively. Planetocentric longitudes of the sub-Earth and sub-solar points are λ_e and λ_s with corresponding latitudes β_e and β_s. Also indicated are the apparent distances *d* and position angles *p* of the north pole and sub-solar point with respect to the center of the disk *e*. Position angles are measured east from the north on the celestial sphere, with north defined in this case by the great circle on the celestial sphere passing through the center of the planet's apparent disk and the true celestial pole of date. Tabulated distances are positive for points on the visible hemisphere of the planet and negative for points on the far side. Thus, as point *n* or *s* passes from the visible hemisphere to the far side, or vice versa, the sign of the distance changes abruptly, but the position angle varies continuously. However, when the point passes close to the center of the disk, the sign of the distance remains unchanged, but both distance and position angle vary rapidly and may appear to be discontinuous in the fixed interval tabulations.

Useful data and formulae are given on pages E43, E87, E88.

Section F: Satellites of the Planets

The ephemerides of the satellites are intended only for search and identification, not for the exact comparison of theory with observation; they are calculated only to an accuracy sufficient for the purpose of facilitating observations. These ephemerides are corrected for light-time. The value of DT used in preparing the ephemerides is given on page F1. Orbital elements and constants are given on pages F2, F3. Reference planes for the satellite orbits are defined by the north poles of rotation given in the "Report of the IAU Working Group on Cartographic Coordinates and Rotational Elements of the Planets and Satellites" (M. E. Davies *et al., Celest. Mech.*, **29**, 309–321, 1983).

The apparent orbit of a satellite is an ellipse on the celestial sphere, with semimajor axis a/Δ, where a is the apparent semimajor axis at unit distance in seconds of arc and Δ is the geocentric distance of the primary. In calculating the tables for finding the position angle and apparent angular distance with respect to the primary, the value of the eccentricity of the apparent orbit at opposition is used. The apparent geocentric distance s is measured from the central point of the geometric disk of the primary, and the position angle p is measured eastward from the north celestial pole. Neglected in the calculations are the effect of the eccentricity of the actual orbit upon its projection onto the apparent orbit and the variation of the eccentricity of the apparent orbit. Approximately, therefore, $s = F(a/\Delta)$, where F is the ratio of s to the apparent distance at greatest elongation. At greatest elongations $p = P \pm 90°$, where P is the position angle of the extremity of the minor axis of the apparent orbit that is directed toward the pole of the orbit from which motion appears counterclockwise. With P_0 denoting an arbitrary fixed integral number of degrees, usually the approximate value of P at opposition, the value of p at any time is expressed in the form $p_1 + p_2$, where p_1 is the sum of $P_0 + 90°$ plus the amount of motion in position angle since elongation, and p_2 denotes the correction $P - P_0$. In the tables of p_1 the tabular entry for argument $0^h 00^m$ is the value of $P_0 + 90°$.

Approximate formulae for calculating differential coordinates of satellites are given with the relevant tables.

Satellites of Mars

The ephemerides of the satellites of Mars are computed from the orbital elements given by H. Struve (*Sitzungsberichte der Königlich Preuss. Akad. der Wiss.*, p. 1073, 1911).

Satellites of Jupiter

The ephemerides of Satellites I–IV are based on the theory of J. H. Lieske (*Astron. Astrophys.*, **56**, 333–352, 1977), with constants due to J.-E. Arlot (*Astron. Astrophys.*, **107**, 305–310, 1982).

Elongations of Satellite V are computed from circular orbital elements determined by A. J. J. Van Woerkom (*Astron. Pap. Amer. Ephem.*, Vol, XIII, Pt. I, pages 8, 14, 16, 1950). The differential coordinates of Satellites VI–XIII are computed from numerical integrations, using starting coordinates and velocities calculated at the U. S. Naval Observatory.

The actual geocentric phenomena of Satellites I–IV are not instantaneous. Since the tabulated times are for the middle of the phenomena, a satellite is usually observable after the tabulated time of eclipse disappearance (EcD) and before the time of eclipse reappearance (EcR). In the case of Satellite IV the difference is sometimes quite large. Light curves of eclipse phenomena are discussed by D. L. Harris (*Planets and Satellites,* ed. G. P. Kuiper and B. M. Middlehurst, pages 327–340, 1961).

To facilitate identification, approximate configurations of Satellites I–IV are shown in graphical form on pages facing the tabular ephemerides of the geocentric phenomena. Time is shown by the vertical scale, with horizontal lines denoting 0^h UT. For any time the curves specify the relative positions of the satellites in the equatorial plane of Jupiter. The width of the central band, which represents the disk of Jupiter, is scaled to the planet's equatorial diameter.

For eclipses the points *d* of immersion into the shadow and points *r* of emersion from the shadow are shown pictorially at the foot of the right-hand pages for the superior conjunctions nearest the middle of each month. At the foot of the left-hand pages, rectangular coordinates of these points are given in units of the equatorial radius of Jupiter. The *x*-axis lies in Jupiter's equatorial plane, positive toward the east; the *y*-axis is positive toward the north pole of Jupiter. The subscript 1 refers to the beginning of an eclipse, subscript 2 to the end of an eclipse.

Satellites and Rings of Saturn

Since the rings of Saturn lie in the equatorial plane of the planet, the inclination and ascending node of the ring plane are determined from the position of the north pole of Saturn, as defined by M. E. Davies *et al.* (*Celest. Mech.*, **29**, 309–321, 1983). The apparent dimensions of the outer ring and factors for computing relative dimensions of the rings are from L. W. Esposito *et al.* (*Saturn*, eds. T. Gehrels and M. S. Matthews, pages 468–478, 1984).

Since the appearance of the rings depends upon the Saturnicentric positions of the Earth and Sun, the following quantities are tabulated in the ephemeris:

U, the geocentric longitude of Saturn, measured in the plane of the rings eastward from its ascending node on the mean equator of the Earth; the Saturnicentric longitude of the Earth, measured in the same way, is $U + 180°$.

B, the Saturnicentric latitude of the Earth, referred to the plane of the rings, positive toward the north; when *B* is positive the visible surface of the rings is the northern surface.

P, the geocentric position angle of the northern semiminor axis of the apparent ellipse of the rings, measured eastward from north.

U', the heliocentric longitude of Saturn, measured in the plane of the rings eastward from its ascending node on the ecliptic; the Saturnicentric longitude of the Sun, measured in the same way, is $U' + 180°$.

B', the Saturnicentric latitude of the Sun, referred to the plane of the rings, positive toward the north; when B' is positive the northern surface of the rings is illuminated.

P', the heliocentric position angle of the northern semiminor axis of the rings on the heliocentric celestial sphere, measured eastward from the great circle that passes through Saturn and the poles of the ecliptic.

The ephemeris of the rings is corrected for light-time.

The ephemerides of Satellites I–VI and of Iapetus are computed from the orbital elements determined by G. Struve (*Veröff. der Universitätssternwarte zu Berlin-Babelsberg*, Vol. VI, Pt. 4, 1930, and Pt. 5, 1933). The ephemeris of Hyperion is computed from the elements given by J. Woltjer, Jr. (*Annalen van de Sterrewacht te Leiden*, Vol. XVI, Pt. 3, p. 64, 1928), and of Phoebe from the theory by F. E. Ross (*Annals of Harvard College Obs.*, Vol. LIII, No. VI, 1905).

For Satellites I–V times of eastern elongation are tabulated; for Satellites VI–VIII times of all elongations and conjunctions are tabulated. Tables for finding approximate distance s and position angle p are given for Satellites I–VIII. On the diagram of the orbits of Satellites I–VII, points of eastern elongation are marked "0". From the tabular times of these elongations the apparent position of a satellite at any other time can be marked on the diagram by setting off on the orbit the elapsed interval since last eastern elongation. For Hyperion and Iapetus ephemerides of differential coordinates are also included. An ephemeris of differential coordinates is given for Phoebe.

Solar perturbations are not included in calculating the tables of elongations and conjunctions, distances and position angles for Satellites I–VIII. For Satellites I–IV, the orbital eccentricity e is neglected. However, the 4-day tabulations of mean orbital longitude L and mean anomaly M for Satellites I–VIII are calculated from accurate values of the orbital elements; in the case of Titan, solar perturbations are included. Also tabulated are values of the elements that have large variations. The tabular values of the elements can thus be used to obtain perturbed orbital positions. Therefore, using the Saturnicentric position of the Earth, referred to the orbital plane of the satellite, one can calculate the perturbed apparent distance and position angle, and hence differential coordinates in right ascension and declination.

The ascending node of the ring-plane on the mean equator of the Earth serves as the origin for measuring mean orbital longitude L, true longitude u, and the longitude of the ascending node θ of the orbit on the plane of the rings. L and u are reckoned along the ring-plane to the node of the orbit, then along the orbit. Tabulated values of L and M are geometric values at the tabular times, not corrected for light-time.

Satellites and Rings of Uranus

Data for the Uranian Rings are from the analysis of J. L. Elliot *et al.* (*Astron. Jour.*, **86**, 444, 1981). Ephemerides of the satellites are calculated from orbital elements determined by J. Laskar and R. A. Jacobson (*Astron. Astrophys.*, **188**, 212–224, 1987).

Satellites of Neptune

The ephemerides of Triton and Nereid are calculated from elements by R. A. Jacobson (*Astron. Astrophys.*, **231**, 241–250, 1990).

Satellite of Pluto

The ephemeris of Charon is calculated from the elements of D. J. Tholen (*Astron. Jour.*, **90**, 2353, 1985).

Section G: Minor Planets

The ephemerides of Ceres, Pallas, Juno and Vesta give astrometric right ascensions and declinations, referred to the mean equator and equinox of J2000.0, geometric distances from the Earth, and times of ephemeris transit. Astrometric positions are obtained by adding planetary aberration to the geometric positions, referred to the origin of the FK5 system, and then subtracting stellar aberration. Thus these positions are comparable with observations that are referred to catalog mean places of reference stars on the FK5 system, provided the observations are corrected for geocentric parallax and the star positions are corrected for proper motion and annual parallax, if significant, to the epoch of observation. These ephemerides are based on the heliocentric ephemerides of R. L. Duncombe (*Astron. Pap. Amer. Ephem.*, Vol. XX, Pt. II, 1969).

Orbital elements and opposition dates for the larger minor planets are based on data from the Minor Planet Center and the Institute of Theoretical Astronomy. Data concerning physical characteristics are from D. Morrison (*Icarus*, **31**, 185, 1977).

Section H: Stellar Data

Except for the positions of radio sources and pulsars (pages H57–H62, H75, H76) all positions in this section are mean places for the middle of the current Julian year, referred to the origin of the FK5 system. The positions of radio sources and pulsars are mean places for J2000.0.

Bright Stars

Included in the list of bright stars are 1482 stars chosen according to the following criteria:

a. all stars of visual magnitude 4.5 or brighter, as listed in the third revised edition of the *Yale Bright Star Catalogue* (BSC);
b. all FK5 stars brighter than 5.5;
c. all MK atlas standards in the BSC (W. W. Morgan *et al., Revised MK Spectral Atlas for Stars Earlier Than the Sun,* 1978; and P. C. Keenan and R. C. McNeil, Atlas of Spectra of the Cooler Stars: Types G, K, M, S, and C, 1976).

Flamsteed and Bayer designations are given with the constellation name and the BSC number. For FK5 stars, positions referred to J2000.0 are taken directly from the "basic" FK5 and precessed to the equator and equinox of the middle of the current year. For the remainder of the stars, B1950.0 positions are taken from the SAO Catalog and converted to J2000.0 by precepts given on page B42, then precessed to the equator and equinox of the middle of the current year. Orbital positions are given for these binary stars: BS 1948/49, 2890/91, 4825/26, 5477/78, 8085/86, 2491, 3579, 5459/60, 6134. Orbital elements were taken from the *Third Catalog of Orbits of Visual Binary Stars* (W. S. Finsen and C. E. Worley, *Republic Obs. Circ.* 129, 1970). Whenever possible V magnitudes and color indices *U–B* and *B–V* are due to B. Nicolet (*Astron. Astrophys. Supp.*, **34**, 1, 1978); otherwise these data are taken from the BSC. Spectral types were provided by W. P. Bidelman. Codes in the Notes column are explained at the end of the table (page H31).

Photometric Standards

A selection of 107 stars to serve as standards of the *UBVRI* photometric system was supplied by H. L. Johnson. Photometric data for these stars are due to Johnson *et al.*

(*Comm. Lunar Planetary Lab*, Vol. 4, Pt. 3, Table 2, 1966). Primary standards of the *UBVRI* and *UBV* systems are specified by 1 and 2, respectively, in the Standards Code column. As given in the above reference, the filter bands have the following effective wavelengths: *U*, 3600 Å; *B*, 4400 Å; *V*, 5500 Å; *R*, 7000 Å; *I*, 9000 Å.

The selection and photometric data for standards on the Strömgren four-color and Hβ systems are those of C. L. Perry, E. H. Olsen and D. L. Crawford (*Pub. Astron. Soc. Pac.*, **99**, 1184, 1987). Only the 319 stars which have four-color data are included. The *u* band is centered at 3500 Å; *v* at 4100 Å; *b* at 4700 Å; and *y* at 5500 Å. Four indices are tabulated: $b\text{–}y$, $m_1 = (v–b) – (b–y)$, $c_1 = (u–v) – (v–b)$ and Hβ.

In both photometric tables, star names and numbers are taken from the *Yale Bright Star Catalogue*. Spectral types are taken from the Bright Stars list (pages H2–H31) or from the photometric references cited above. Positions are obtained by the procedures used for the Bright Stars list.

Radial Velocity Standards

The selection of radial velocity standard stars is based on a list of bright standards taken from the report of IAU Sub-Commission 30a On Standard Velocity Stars (*Trans. IAU*, **IX**, 442, 1957) and list of faint standards (*Trans. IAU*, **XVA**, 409, 1973). The combined list represents the IAU radial velocity standard sstars with late spectral types. Stars whose velocities were in error or which vary by more than ±1 km/sec have been removed. These stars have been extensively observed for more than a decade at the Center for Astrophysics, Geneva Observatory, and the Dominion Astrophysical Observatory. A discussion and preliminary mean velocities from these monitoring programs can be found in the report of IAU Commission 30, Reports on Astronomy (*Trans. IAU*, **XXIB**, 1992). In this report one can also find lists of candidate stars of early and solar spectral types.

Positions are obtained by the procedures used for the Bright Stars list. V magnitudes are due to B. Nicolet (*Astron. Astrophys. Supp.*, **34**, 1, 1978) when possible; otherwise they are estimated from the given photographic magnitudes and spectral types. The spectral types are taken from the Bright Stars list (pages H2–H31), the *Yale Bright Star Catalogue*, or the original IAU list, in that order of preference.

Bright Galaxies

The list of galaxies is comprised of the brightest ($B^w_T \leq 11.50$) and largest (log $D_{25} \leq 1.65$) galaxies from *The Third Reference Catalogue of Bright Galaxies* (G. de Vaucouleurs *et al.*, 1991), hereafter referred to as RC3. The data have been reviewed and corrected where necessary, or supplemented by G. de Vaucouleurs, H. G. Corwin, and R. J. Buta. The columns are as follows (see RC3 for further explanation and references).

Catalog designations are from the *New General Catalog* (NGC) or from the *Index Catalog* (IC). A few galaxies with no NGC or IC number are identified by common names. Cross-identifications for these, as well as other named galaxies, are given at the end of the table. Right ascension and declination are for the equinox B1950.0. In several cases, the RC3 position is replaced with a more accurate position, usually from the *Guide Star Catalogue* (Russell *et al.*, *Astron. Jour.*, **99**, 2059, 1990). Morphological types are based on the revised Hubble system (see G. de Vaucouleurs, *Handbuch der Physik*, **53**, 275, 1959; *Astrophys. Jour. Supp.*, **8**, 31, 1963).

The column headed T gives a numerical index to the stages of the Hubble sequence. The correspondence between the numerical code and the revised Hubble stage is as follows:

T	–6	–5	–4	–3	–2	–1	0	+1	+2	+3	+4	+5	+6	+7	+8	+9	+10	+11
type	cE	E	E^+	$S0^-$	$S0^0$	$S0^+$	S0/a	Sa	Sab	Sb	Sbc	Sc	Scd	Sd	Sdm	Sm	Im	cI

where E=elliptical, L=lenticular, S=spiral, I=irregular, c=compact.

Most of these large and bright galaxies have classifications from large scale reflector plates (G. de Vaucouleurs, 1963) which replaced the mean value originally calculated for RC3. Therefore, even though the mean numerical type code is given to an accuracy of one-tenth step, the high weight types are given in the original system only to whole steps, thus accounting for the preponderance of numerical types that have zero as a final digit.

The column headed L gives the mean numerical van den Bergh luminosity classification for spiral galaxies. The numerical scale adopted in RC3 corresponds to van den Bergh classes as follows:

L	1	2	3	4	5	6	7	8	9	(10)	(11)
class	I	I–II	II	II–III	III	III–IV	IV	IV–V	V	(V-VI)	(VI)

Classes V–VI and VI (10 and 11 in the numerical scale) are an extension of van den Bergh's original system which stopped at class V.

Column headed Log D_{25} gives the logarithm to base 10 of the diameter (in tenths of arcmin.) of the major axis at the 25.0 blue mag/arcsec^2 isophote. With the the exception of the Fornax System, the diameters for the highly resolved Local Group dwarf spheroidal galaxies do not apply to this isophote, but to one that is much fainter by unknown amounts. Similarly, the diameters for other very low surface brightness galaxies refer to an unknown isophote that is considerably fainter than 25.0 mag/arcsec^2. The diameter for the Fornax System is a mean of measured values given by de Vaucouleurs and Ables (*Astrophys. Jour.*, **188**, 19, 1974), and replaces the RC3 value.

The column headed Log R_{25} gives the logarithm to base 10 of the ratio of the major to the minor axis at the 25.0 blue mag/arcsec^2 isophote.

The column headed PA gives the position angle in degrees measured from north through east of the major axis for the equinox of 1950.0. The total blue magnitude is derived from surface or aperture photometry, or from photographic photometry reduced to the system of surface and aperture photometry. Because of very low surface brightnesses, the magnitudes for the Draco and Ursa Minor Systems (reduced from photgraphic photometry) are extremely uncertain.

Columns headed *B–V* and *U–B* give the total colors. RC3 gives total colors only when there are aperture photometry data at apertures larger than the effective (half-light) aperture. However, a few of these galaxies have a considerable amount of data at smaller apertures, and also have small color gradients with aperture. Thus total colors for these objects have been determined by further extrapolation along standard color curves.

Observed radial velocities *V* in km/s give weighted mean heliocentric velocities. The final column, V_0, gives the weighted mean velocities reduced to the reference frame defined by the 3 K microwave background radiation.

Star Clusters

The list of 288 open clusters was supplied by G. Lyngå. It is a selection from the 5th (1987) edition of the Lund-Strasbourg catalogue (original edition described by G. Lyngå, *Astron. Data Cen. Bul.*, 2, 1981). The latest edition is available from the NASA World Data Center A, Greenbelt, MD or from Centre de Données Stellaires, Strasbourg. For each cluster, two identifications are given. First is the designation adopted by the IAU, while the second is the traditional name (G. Alter *et al., Catalogue of Star Clusters and Associations,* 2nd ed., 1970).

Positions are referred to the mean equator and equinox of the middle of the Julian year. The tabulated angular diameter of a cluster pertains to the cluster's nucleus. Trumpler classification is defined by R. S. Trumpler (*Lick Obs. Bul.*, **XIV**, 154, 1930).

The total magnitude of the cluster usually refers to the integrated blue magnitude. The tabulated spectrum refers to the hottest member of the cluster. Under the heading Mag. is tabulated the magnitude of the brightest cluster member.

The logarithm to the base 10 of the cluster age is determined from the turnoff point on the main sequence. Log (Fe/H) is mostly determined from photometric narrow band or intermediate band studies.

Extinction in V is tabulated under A_V. This is determined using the assumption that $A_V = 3E_{(B-V)}$, where the color excess $E_{(B-V)}$ is derived from some of the brightest cluster members.

The table of 157 galactic globular clusters was supplied by R. E. White. It is based on a list circulated some years ago by IAU Commission 37. The entire table is sorted, first, according to the cluster's 1950.0 right ascension (first four digits) and second, according to its diminishing (north to south) declination. Both coordinates are folded into the IAU enumeration.

In keeping with IAU recommendations, at least two indentifications are provided, the IAU designation and the most common catalog name. Additional common aliases are given under Remarks. The positions are referred to the mean equator and equinox of the middle of the Julian year and are based on the 1950.0 coordinates of S. J. Shawl and R. E. White (*Astron. Jour.*, **91**, 312, 1986) or R. F. Webbink ("Coordinates of Reference Stars in the Fields of Globular Clusters", Univ. of Illinois preprint, 1982).

The integrated V magnitude and $(B-V)$, $(U-B)$ and $(V-I)$ color indicies are taken exclusively from Table F in the compilation of B. V. Kukarkin (*Globular Star Clusters*, 1974). Integrated spectral types are due to J. E. Hesser and S. J. Shawl (*Pub. Astron. Soc. Pac.*, **97**, 465, 1985) except for types enclosed in parentheses, which are from the Kukarkin compilation. The m/H values are from R. F. Webbink (*IAU Symposium No. 113, Dynamics of Star Clusters*, eds. J. Goodman and P. Hut, pages 541–577, Table IIa, 1985).

Values for $E_{(B-V)}$, $(m-M)_V$, distance from the Sun, D_0 and galactocentric distance, R (assuming $R_0 = 8.5$ kpc) are due to W. E. Harris (*Astron. Jour.*, **81**, 1095, Tables II and III, 1976) or to R. F. Webbink (denoted by Wb in column 11) from the previous reference. In addition to alternate names, the Remarks column also indicates which clusters have X-ray sources.

Radio Source Standards

The list of 233 radio source positions is that of Argue *et al.* (*Astron. Astrophys.* **130**, 191, 1984). This list was compiled by a working group under IAU Commission 24 as a first step in defining a catalog of extragalactic objects that have both radio and optical counterparts. Positions in the list were compiled from a number of previously published catalogs. The origin of right ascension is defined by the right ascension of 1226+023 (3C273B) at epoch J2000.0, $12^h 29^m 06^s.6997$, as computed by Kaplan *et al.* (*Astron. Jour.* **87**, 570, 1982), based on the B1950.0 position determined for the source by C. Hazard *et al.* (*Nature Phys. Sci.*, **233**, 89, 1971). An indication of the uncertainty of a position is given by the number of digits in the tabulated coordinates; the end figures may be subject to revision. The column headed S_{5GHz} gives the flux density in Janskys at 5 GHz. Fluxes of many of the sources vary, however, and the tabulated flux is meant to serve only as a rough guide.

Data for the list of flux standards are due to J. W. M. Baars *et al.* (*Astron. Astrophys.*, **61**, 99, 1977), as updated by the authors. Flux densities S. measured in Janskys, are given for ten frequencies ranging from 400 to 22235 MHz. Positions are referred to the mean equinox and equator of J2000.0. For flux calibration of interferometers, positions of three sources are given with increased precision. Positions of 3C 48 and 3C 147 are due to B. Elsmore and M. Ryle (*Mon. Not. Roy. Astron. Soc.*, **174**, 411, 1976); the position of 3C 286 is from the list of astrometric radio sources, pages H57–H61. Positions of the other sources are due to Baars *et al.*, as cited above.

Selected Identified X-Ray Sources

The X-ray sources were selected by J. F. Dolan from his unpublished survey file. Two common designations of X-ray sources are tabulated: the discovery designation, usually taken from the first published detection of the source, and the designation in the *Fourth Uhuru Catalog* (4U) of W. Forman *et al.* (*Astrophys. Jour. Supp.*, **38**, 357, 1978). When no discovery designation is listed, the source is consistently referred to by the common name of the identified counterpart. Although the listed counterparts are usually optical, the common designation of the radio or infrared counterpart is given in the absence of an optical counterpart. When no identified counterpart is listed, the counterpart has no common designation.

Tabulated positions are based on published positions of identified counterparts. The (2–6) kev flux, in units of 10^{-11} erg cm^{-2} s^{-1} (10^{-14} watts m^{-2}), is taken from the 4U catalog. For sources with variable X-ray intensities, the maximum observed flux from the 4U catalog is tabulated. The tabulated magnitude is the optical magnitude of the counterpart in the *V* filter, unless marked by an asterisk, in which case the *B* magnitude is given. Variable magnitude objects are denoted by V; for these objects the tabulated magnitude pertains to maximum brightness. Codes specifying the type of the identified counterpart are explained at the end of the table (page H69).

Variable Stars

The list containing 181 variable stars has been compiled by J. A. Mattei using as reference the Third Edition of the *General Catalogue of Variable Stars* and its three *Supplements*, the *Sky Catalog 2000.0, Volume 2*, and the data files of the American Association of Variable Star Observers. The brightest stars for each class with amplitude of 0.5 magnitude or more have been selected. The following magnitude criteria at maximum brightness have been used:

a. eclipsing variables brighter than magnitude 7.0;

b. pulsating variables:
  - RR Lyrae stars brighter than magnitude 9.0;
  - Cepheids brighter than 6.0;
  - Mira variables brighter than 7.0;
  - Semiregular variables brighter than 7.0;
  - Irregular variables brighter than 8.0;

c. eruptive variables:
  - U Geminorum, Z Camelopardalis, recurrent novae, and nova-like variables brighter than magnitude 11.0;

d. other types:
  - RV Tauri variables brighter than magnitude 9.0;
  - R Coronae Borealis variables brighter than 10.0;
  - Symbiotic stars (Z Andromedae) brighter than 10.0;
  - δ Scuti variables brighter than 9.0.

Selected Quasars

With the collaboration of T. M. Heckman, a set of 99 quasars was selected from the catalog of M.-P. Véron-Cetty and P. Véron (*A Catalogue of Quasars and Active Nuclei*, ESO Scientific Report No. 1, 1984). The following selection criteria were used:

- $V \leq 15.45$ (24 quasars);
- $M(abs) \leq -30.2$ (27 quasars);
- z (redshift) ≤ 0.150 (19 quasars) or $z \geq 3.200$ (18 quasars);
- 6 cm flux density ≥ 3.6 Janskys (23 quasars).

No objects classified as Seyfert, BL Lac or HII were included.

Positions are given for the equator and equinox of the middle of the current year. Flux densities are given for 6 cm and 7 cm. The authors of the catalog caution that many of the *V* magnitudes are inaccurate and, in any case, variable. However, the (*B–V*) color indices do not vary much and should be more accurate. Absolute magnitudes are computed assuming H_0=50 kms^{-1}Mpc^{-1}, q_0=0, and an optical spectral index of 0.7.

Selected Pulsars

A selection of 92 pulsars was provided by J. H. Taylor. The selection criterion is that S_{400}, the mean flux density at 400 MHz, be greater than 40 milli-Janskys. In addition about a dozen pulsars of special interest are included, such as the binary and millisecond pulsars.

Positions are referred to the equator and equinox of J2000.0. For each pulsar the period P in seconds and the time rate of change $\dot{P}$ in units of 10^{-15} ss^{-1} are given for the specified epoch. The dispersion measure DM is in pc cm^{-3}.

aberration: the apparent angular displacement of the observed position of a celestial object from its **geometric position**, caused by the finite velocity of light in combination with the motions of the observer and of the observed object. (See **aberration, planetary**.)

aberration, annual: the component of stellar aberration (see **aberration, stellar**) resulting from the motion of the Earth about the Sun.

aberration, diurnal: the component of stellar aberration (see **aberration, stellar**) resulting from the observer's diurnal motion about the center of the Earth.

aberration, E-terms of: terms of annual aberration (see **aberration, annual**) depending on the **eccentricity** and longitude of **perihelion** (see **longitude of pericenter**) of the Earth.

aberration, elliptic: see **aberration, E-terms of**.

aberration, planetary: the apparent angular displacement of the observed position of a celestial body produced by motion of the observer (see **aberration, stellar**) and the actual motion of the observed object.

aberration, secular: the component of stellar aberration (see **aberration, stellar**) resulting from the essentially uniform and rectilinear motion of the entire solar system in space. Secular aberration is usually disregarded.

aberration, stellar: the apparent angular displacement of the observed position of a celestial body resulting from the motion of the observer. Stellar aberration is divided into diurnal, annual, and secular components. (See **aberration, diurnal**; **aberration, annual**; **aberration, secular**.)

altitude: the angular distance of a celestial body above or below the horizon, measured along the great circle passing through the body and the **zenith**. Altitude is 90° minus **zenith distance.**

anomaly: angular measurement of a body in its **orbit** from its **perihelion**.

aphelion: the point in a planetary **orbit** that is at the greatest distance from the Sun.

apogee: the point at which a body in **orbit** around the Earth reaches its farthest distance from the Earth.

apparent place: the position on a **celestial sphere**, centered at the Earth, determined by removing from the directly observed position of a celestial body the effects that depend on the **topocentric** location of the observer; i.e., **refraction**, diurnal aberration (see **aberration, diurnal**) and geocentric (diurnal) **parallax**. Thus the position at which the object would actually be seen from the center of the Earth, displaced by planetary aberration (except the diurnal part – see **aberration, planetary**; **aberration, diurnal**) and referred to the **true equator and equinox**.

apparent solar time: the measure of time based on the diurnal motion of the true Sun. The rate of diurnal motion undergoes seasonal variation because of the **obliquity** of the **ecliptic** and because of the **eccentricity** of the Earth's **orbit**. Additional small variations result from irregularities in the rotation of the Earth on its axis.

aspect: the apparent position of any of the planets or the Moon relative to the Sun, as seen from Earth.

astrometric ephemeris: an **ephemeris** of a solar system body in which the tabulated positions are essentially comparable to catalog **mean places** of stars at a **standard epoch**. An astrometric position is obtained by adding to the **geometric position**, computed from gravitational theory, the correction for **light-time**. Prior to 1984, the E-terms of annual aberration (see **aberration, annual**; **aberration, E-terms of**) were also added to the geometric position.

astronomical coordinates: the longitude and latitude of a point on the Earth relative to the **geoid**. These coordinates are influenced by local gravity anomalies. (See **zenith**; **longitude, terrestrial; latitude, terrestrial.**)

astronomical unit (a.u.): the radius of a circular **orbit** in which a body of negligible mass, and free of **perturbations**, would revolve around the Sun in $2\pi/k$ days, where k is the **Gaussian gravitational constant**. This is slightly less than the **semimajor axis** of the Earth's orbit.

atomic second: see **second, Système International.**

augmentation: the amount by which the apparent **semidiameter** of a celestial body, as observed from the surface of the Earth, is greater than the semidiameter that would be observed from the center of the Earth.

azimuth: the angular distance measured clockwise along the **horizon** from a specified reference point (usually north) to the intersection with the great circle drawn from the **zenith** through a body on the **celestial sphere**.

barycenter: the center of mass of a system of bodies; e.g., the center of mass of the solar system or the Earth-Moon system.

Barycentric Dynamical Time (TDB): the independent argument of ephemerides and equations of motion that are referred to the **barycenter** of the solar system. A family of time scales results from the transformation by various theories and metrics of relativistic theories of **Terrestrial Dynamical Time (TDT)**. TDB differs from TDT only by periodic variations. In the terminology of the general theory of relativity, TDB may be considered to be a coordinate time. (See **dynamical time.**)

brilliancy: for Mercury and Venus the quantity ks^2/r^2, where $k = 0.5\,(1 + \cos i)$, i is the phase angle, s is the apparent **semidiameter**, and r is the heliocentric distance.

calendar: a system of reckoning time in which days are enumerated according to their position in cyclic patterns.

catalog equinox: the intersection of the **hour circle** of zero **right ascension** of a star catalog with the **celestial equator**. (See **dynamical equinox; equator.**)

celestial ephemeris pole: the reference pole for **nutation** and **polar motion**; the axis of figure for the mean surface of a model Earth in which the free motion has zero amplitude. This pole has no nearly-diurnal nutation with respect to a space-fixed or Earth-fixed coordinate system.

celestial equator: the plane perpendicular to the **celestial ephemeris pole**. Colloquially, the projection onto the **celestial sphere** of the Earth's **equator**. (See **mean equator and equinox; true equator and equinox.**)

celestial pole: either of the two points projected onto the **celestial sphere** by the extension of the Earth's axis of rotation to infinity.

celestial sphere: an imaginary sphere of arbitrary radius upon which celestial bodies may be considered to be located. As circumstances require, the celestial sphere may be centered at the observer, at the Earth's center, or at any other location.

conjunction: the phenomenon in which two bodies have the same apparent celestial longitude (see **longitude, celestial**) or **right ascension** as viewed from a third body. Conjunctions are usually tabulated as **geocentric** phenomena. For Mercury and Venus, geocentric inferior conjunction occurs when the planet is between the Earth and Sun, and superior conjunction occurs when the Sun is between the planet and Earth.

constellation: a grouping of stars, usually with pictorial or mythical associations, that serves to identify an area of the **celestial sphere**. Also one of the precisely defined areas of the celestial sphere, associated with a grouping of stars, that the International

Astronomical Union has designated as a constellation.

Coordinated Universal Time (UTC): the time scale available from broadcast time signals. UTC differs from TAI (see **International Atomic Time**) by an integral number of seconds; it is maintained within ±0.90 second of UT1 (see **Universal Time**) by the introduction of one second steps (leap seconds). (See **leap second**.)

culmination: passage of a celestial object across the observer's **meridian**; also called "meridian passage". More precisely, culmination is the passage through the point of greatest **altitude** in the diurnal path. Upper culmination (also called "culmination above pole" for circumpolar stars and the Moon) or transit is the crossing closer to the observer's **zenith**. Lower culmination (also called "culmination below pole" for circumpolar stars and the Moon) is the crossing farther from the zenith.

day: an interval of 86 400 SI seconds (see **second, Système International**), unless otherwise indicated.

day numbers: quantities that facilitate hand calculations of the reduction of **mean place** to **apparent place**. Besselian day numbers depend solely on the Earth's position and motion; second-order day numbers, used in higher precision reductions, depend on the positions of both the Earth and the star.

declination: angular distance on the **celestial sphere** north or south of the **celestial equator**. It is measured along the **hour circle** passing through the celestial object. Declination is usually given in combination with **right ascension** or **hour angle**.

defect of illumination: the angular amount of the observed lunar or planetary disk that is not illuminated to an observer on the Earth.

deflection of light: the angle by which the apparent path of a photon is altered from a straight line by the gravitational field of the Sun. The path is deflected radially away from the Sun by up to $1''.75$ at the Sun's limb. Correction for this effect, which is independent of wavelength, is included in the reduction from **mean place** to **apparent place**.

deflection of the vertical: the angle between the astronomical vertical and the geodetic vertical. (See **zenith; astronomical coordinates; geodetic coordinates**.)

Delta T (ΔT): the difference between **dynamical time** and **Universal Time**; specifically the difference between **Terrestrial Dynamical Time (TDT)** and UT1: ΔT = TDT − UT1.

direct motion: for orbital motion in the solar system, motion that is counterclockwise in the orbit as seen from the north pole of the **ecliptic**; for an object observed on the celestial sphere, motion that is from west to east, resulting from the relative motion of the object and the Earth.

diurnal motion: the apparent daily motion caused by the Earth's rotation, of celestial bodies across the sky from east to west.

ΔUT1: the predicted value of the difference between UT1 and UTC, transmitted in code on broadcast time signals: ΔUT1 = UT1 − UTC. (See **Universal Time; Coordinated Universal Time**.)

dynamical equinox: the ascending **node** of the Earth's mean **orbit** on the Earth's true **equator**; i.e., the intersection of the **ecliptic** with the celestial equator at which the Sun's **declination** is changing from south to north. (See **catalog equinox; equinox; true equator and equinox**.)

dynamical time: the family of time scales introduced in 1984 to replace **ephemeris time** as the independent argument of dynamical theories and ephemerides. (See **Barycentric Dynamical Time; Terrestrial Dynamical Time**.)

eccentric anomaly: in undisturbed elliptic motion, the angle measured at the center of the ellipse from **pericenter** to the point on the circumscribing auxiliary circle from which a perpendicular to the major axis would intersect the orbiting body. (See **mean anomaly**; **true anomaly**.)

eccentricity: a parameter that specifies the shape of a conic section; one of the standard elements used to describe an elliptic **orbit**. (See **elements, orbital**.)

eclipse: the obscuration of a celestial body caused by its passage through the shadow cast by another body.

eclipse, annular: a solar **eclipse** (see **eclipse, solar**) in which the solar disk is never completely covered but is seen as an annulus or ring at maximum eclipse. An annular eclipse occurs when the apparent disk of the Moon is smaller than that of the Sun.

eclipse, lunar: an **eclipse** in which the Moon passes through the shadow cast by the Earth. The eclipse may be total (the Moon passing completely through the Earth's **umbra**), partial (the Moon passing partially through the Earth's umbra at maximum eclipse), or penumbral (the Moon passing only through the Earth's **penumbra**).

eclipse, solar: an **eclipse** in which the Earth passes through the shadow cast by the Moon. It may be total (observer in the Moon's **umbra**), partial (observer in the Moon's **penumbra**), or annular. (See **eclipse, annular**.)

ecliptic: the mean plane of the Earth's **orbit** around the Sun.

elements, Besselian: quantities tabulated for the calculation of accurate predictions of an **eclipse** or **occultation** for any point on or above the surface of the Earth.

elements, orbital: parameters that specify the position and motion of a body in **orbit**. (See **osculating elements**; **mean elements**.)

elongation, greatest: the instants when the **geocentric** angular distances of Mercury and Venus from the Sun are at a maximum.

elongation (planetary): the **geocentric** angle between a planet and the Sun, measured in the plane of the planet, Earth and Sun. Planetary elongations are measured from 0° to 180°, east or west of the Sun.

elongation (satellite): the **geocentric** angle between a satellite and its primary, measured in the plane of the satellite, planet and Earth. Satellite elongations are measured from 0° east or west of the planet.

epact: the age of the Moon; the number of days since new moon, diminished by one day, on January 1 in the Gregorian ecclesiastical lunar cycle. (See **Gregorian calendar**; **lunar phases**.)

ephemeris: a tabulation of the positions of a celestial object in an orderly sequence for a number of dates.

ephemeris hour angle: an **hour angle** referred to the **ephemeris meridian**.

ephemeris longitude: longitude (see **longitude, terrestrial**) measured eastward from the **ephemeris meridian**.

ephemeris meridian: a fictitious **meridian** that rotates independently of the Earth at the uniform rate implicitly defined by **Terrestrial Dynamical Time (TDT)**. The ephemeris meridian is 1.002 738 ΔT east of the Greenwich meridian, where ΔT = TDT − UT1

ephemeris time (ET): the time scale used prior to 1984 as the independent variable in gravitational theories of the solar system. In 1984, ET was replaced by **dynamical time**.

ephemeris transit: the passage of a celestial body or point across the **ephemeris meridian**.

epoch: an arbitrary fixed instant of time or date used as a chronological reference datum for calendars (see **calendar**), celestial reference systems, star catalogs, or orbital motions (see **orbit**).

equation of center: in elliptic motion the **true anomaly** minus the **mean anomaly**. It is the difference between the actual angular position in the elliptic **orbit** and the position the body would have if its angular motion were uniform.

equation of the equinoxes: the **right ascension** of the mean **equinox** (see **mean equator and equinox**) referred to the **true equator and equinox**; apparent **sidereal time** minus mean sidereal time. (See **apparent place**; **mean place**.)

equation of time: the **hour angle** of the true Sun minus the hour angle of the **fictitious mean sun**; alternatively, **apparent solar time** minus **mean solar time**.

equator: the great circle on the surface of a body formed by the intersection of the surface with the plane passing through the center of the body perpendicular to the axis of rotation. (See **celestial equator**.)

equinox: either of the two points on the **celestial sphere** at which the **ecliptic** intersects the **celestial equator**; also the time at which the Sun passes through either of these intersection points; ie., when the apparent longitude (see **apparent place**; **longitude, celestial**) of the Sun is 0° or 180°. (See **catalog equinox**; **dynamical equinox** for precise usage.)

era: a system of chronological notation reckoned from a given date.

fictitious mean sun: an imaginary body introduced to define **mean solar time**; essentially the name of a mathematical formula that defined mean solar time. This concept is no longer used in high precision work.

flattening: a parameter that specifies the degree by which a planet's figure differs from that of a sphere; the ratio $f = (a - b)/a$, where a is the equatorial radius and b is the polar radius.

frequency: the number of cycles or complete alternations per unit time of a carrier wave, band, or oscillation.

frequency standard: a generator whose output is used as a precise frequency reference; a primary frequency standard is one whose frequency corresponds to the adopted definition of the second (see **second, Système International**), with its specified accuracy achieved without calibration of the device.

Gaussian gravitational constant (k = 0.017 202 098 95): the constant defining the astronomical system of units of length (**astronomical unit**), mass (solar mass) and time (day), by means of Kepler's third law. The dimensions of k^2 are those of Newton's constant of gravitation: $L^3M^{-1}\,T^{-2}$.

gegenshein: faint nebulous light about 20° across near the **ecliptic** and opposite the Sun, best seen in September and October. Also called counterglow.

geocentric: with reference to, or pertaining to, the center of the Earth.

geocentric coordinates: the latitude and longitude of a point on the Earth's surface relative to the center of the Earth; also celestial coordinates given with respect to the center of the Earth. (See **zenith**; **latitude, terrestrial**; **longitude, terrestrial**.)

geodetic coordinates: the latitude and longitude of a point on the Earth's surface determined from the geodetic vertical (normal to the specified spheroid). (See **zenith**; **latitude, terrestrial**; **longitude, terrestrial**.)

geoid: an equipotential surface that coincides with mean sea level in the open ocean. On land it is the level surface that would be assumed by water in an imaginary network of frictionless channels connected to the ocean.

geometric position: the **geocentric** position of an object on the **celestial sphere** referred to the **true equator and equinox**, but without the displacement due to planetary aberration. (See **apparent place**; **mean place**; **aberration, planetary**.)

Greenwich sidereal date (GSD): the number of **sidereal days** elapsed at Greenwich since the beginning of the Greenwich sidereal day that was in progress at **Julian date** 0.0.

Greenwich sidereal day number: the integral part of the **Greenwich sidereal date**.

Gregorian calendar: the calendar introduced by Pope Gregory XIII in 1582 to replace the **Julian calendar**; the calendar now used as the civil calendar in most countries. Every year that is exactly divisible by four is a leap year, except for centurial years, which must be exactly divisible by 400 to be leap years. Thus 2000 is a leap year, but 1900 and 2100 are not leap years.

height: elevation above ground or distance upwards from a given level (especially sea level) to a fixed point. (See **altitude**.)

heliocentric: with reference to, or pertaining to, the center of the Sun.

horizon: a plane perpendicular to the line from an observer to the zenith. The great circle formed by the intersection of the **celestial sphere** with a plane perpendicular to the line from an observer to the **zenith** is called the astronomical horizon.

horizontal parallax: the difference between the **topocentric** and **geocentric** positions of an object, when the object is on the astronomical **horizon**.

hour angle: angular distance on the **celestial sphere** measured westward along the **celestial equator** from the **meridian** to the **hour circle** that passes through a celestial object.

hour circle: a great circle on the **celestial sphere** that passes through the **celestial poles** and is therefore perpendicular to the **celestial equator**.

inclination: the angle between two planes or their poles; usually the angle between an orbital plane and a reference plane; one of the standard orbital elements (see **elements, orbital**) that specifies the orientation of an **orbit**.

International Atomic Time (TAI): the continuous scale resulting from analyses by the Bureau International des Poids et Mesures of atomic time standards in many countries. The fundamental unit of TAI is the SI second (see **second, Système International**), and the epoch is 1958 January 1.

invariable plane: the plane through the center of mass of the solar system perpendicular to the angular momentum vector of the solar system.

irradiation: an optical effect of contrast that makes bright objects viewed against a dark background appear to be larger than they really are.

Julian calendar: the calendar introduced by Julius Caesar in 46 B.C. to replace the Roman calendar. In the Julian calendar a common year is defined to comprise 365 days, and every fourth year is a leap year comprising 366 days. The Julian calendar was superseded by the **Gregorian calendar**.

Julian date (JD): the interval of time in days and fraction of a day since 4713 B.C. January 1, Greenwich noon, **Julian proleptic calendar**. In precise work the timescale, e.g., **dynamical time** or **universal time**, should be specified.

Julian date, modified (MJD): the Julian date minus 2400000.5.

Julian day number (JD): the integral part of the **Julian date**.

Julian proleptic calendar: the calendric system employing the rules of the **Julian calendar**, but extended and applied to dates preceding the introduction of the Julian calendar.

Julian year: a period of 365.25 days. This period served as the basis for the **Julian calendar**.

Laplacian plane: for planets see **invariable plane**; for a system of satellites, the fixed plane relative to which the vector sum of the disturbing forces has no orthogonal component.

latitude, celestial: angular distance on the **celestial sphere** measured north or south of the **ecliptic** along the great circle passing through the poles of the ecliptic and the celestial object.

latitude, terrestrial: angular distance on the Earth measured north or south of the **equator** along the **meridian** of a geographic location.

leap second: a second (see **second, Système International**) added between 60^s and 0^s at announced times to keep UTC within $0^s.90$ of UT1. Generally, leap seconds are added at the end of June or December.

librations: variations in the orientation of the Moon's surface with respect to an observer on the Earth. Physical librations are due to variations in the orientation of the Moon's rotational exis in inertial space. The much larger optical librations are due to variations in the rate of the Moon's orbital motion, the **obliquity** of the Moon's **equator** to its orbital plane, and the diurnal changes of geometric perspective of an observer on the Earth's surface.

light, deflection of: the bending of the beam of light due to gravity. It is observable when the light from a star or planet passes a massive object such as the Sun.

light-time: the interval of time required for light to travel from a celestial body to the Earth. During this interval the motion of the body in space causes an angular displacement of its **apparent place** from its geometric place (see **geometric position**). (See **aberration, planetary**.)

light-year: the distance that light traverses in a vacuum during one year.

limb: the apparent edge of the Sun, Moon, or a planet or any other celestial body with a detectable disc.

limb correction: correction that must be made to the distance between the center of mass of the Moon and its limb. These corrections are due to the irregular surface of the Moon and are a function of the **librations** in longitude (see **longitude, celestial**) and latitude (see **latitude, celestial**) and the position angle from the central **meridian**.

local sidereal time: the local **hour angle** of a **catalog equinox**.

longitude, celestial: angular distance on the **celestial sphere** measured eastward along the **ecliptic** from the **dynamical equinox** to the great circle passing through the poles of the ecliptic and the celestial object.

longitude, terrestrial: angular distance measured along the Earth's **equator** from the Greenwich **meridian** to the meridian of a geographic location.

luminosity class: distinctions among stars of the same spectral class. (See **Spectral types or classes.**)

lunar phases: cyclically recurring apparent forms of the Moon. New moon, first quarter, full moon and last quarter are defined as the times at which the excess of the apparent celestial longitude (see **longitude, celestial**) of the Moon over that of the Sun is 0°, 90°, 180° and 270°, respectively.

lunation: the period of time between two consecutive new moons.

magnitude, stellar: a measure on a logarithmic scale of the brightness of a celestial object considered as a point source.

magnitude of a lunar eclipse: the fraction of the lunar diameter obscured by the shadow of the Earth at the greatest phase of a lunar eclipse (see **eclipse, lunar**), measured along the common diameter.

magnitude of a solar eclipse: the fraction of the solar diameter obscured by the Moon at the greatest phase of a solar eclipse (see **eclipse, solar**), measured along the common diameter.

mean anomaly: in undisturbed elliptic motion, the product of the **mean motion** of an orbiting body and the interval of time since the body passed **pericenter**. Thus the mean anomaly is the angle from pericenter of a hypothetical body moving with a constant angular speed that is equal to the mean motion. (See **true anomaly**; **eccentric anomaly**.)

mean distance: **the semimajor axis** of an elliptic **orbit.**

mean elements: elements of an adopted reference **orbit** (see **elements, orbital**) that approximates the actual, perturbed orbit. Mean elements may serve as the basis for calculating **perturbations**.

mean equator and equinox: the celestial reference system determined by ignoring small variations of short period in the motions of the **celestial equator**. Thus the mean equator and equinox are affected only by **precession**. Positions in star catalogs are normally referred to the mean catalog equator and equinox (see **catalog equinox**) of a **standard epoch**.

mean motion: in undisturbed elliptic motion, the constant angular speed required for a body to complete one revolution in an **orbit** of a specifled **semimajor axis**.

mean place: the geocentric position, referred to the **mean equator and equinox** of a **standard epoch**, of an object on the **celestial sphere** centered at the Sun. A mean place is determined by removing from the directly observed position the effects of **refraction**, geocentric and stellar **parallax**, and stellar aberration (see **aberration, stellar**), and by referring the coordinates to the mean equator and equinox of a standard epoch. In compiling star catalogs it has been the practice not to remove the secular part of stellar aberration (see **aberration, secular**). Prior to 1984, it was additionally the practice not to remove the elliptic part of annual aberration (see **aberration, annual**; **aberration, E-terms of**).

mean solar time: a measure of time based conceptually on the diurnal motion of the **fictitious mean sun**, under the assumption that the Earth's rate of rotation is constant.

meridian: a great circle passing through the **celestial poles** and through the **zenith** of any location on Earth. For planetary observations a meridian is half the great circle passing through the planet's poles and through any location on the planet.

month: the period of one complete synodic or sidereal revolution of the Moon around the Earth; also a calendrical unit that approximates the period of revolution.

moonrise, moonset: the times at which the apparent upper **limb** of the Moon is on the astronomical **horizon**; i.e., when the true **zenith distance**, referred to the center of the Earth, of the central point of the disk is $90°34' + s - \pi$, where s is the Moon's **semidiameter**, π is the **horizontal parallax**, and $34'$ is the adopted value of horizontal **refraction**.

nadir: the point on the **celestial sphere** diametrically opposite to the **zenith**.

node: either of the points on the **celestial sphere** at which the plane of an **orbit** intersects a reference plane. The position of a node is one of the standard orbital elements (see **elements, orbital**) used to specify the orientation of an orbit.

nutation: the short-period oscillations in the motion of the pole of rotation of a freely rotating body that is undergoing torque from external gravitational forces. Nutation of the Earth's pole is discussed in terms of components in **obliquity** and longitude (see **longitude, celestial.**)

obliquity: in general the angle between the equatorial and orbital planes of a body or, equivalently, between the rotational and orbital poles. For the Earth the obliquity of the **ecliptic** is the angle between the planes of the **equator** and the ecliptic.

occultation: the obscuration of one celestial body by another of greater apparent diameter; especially the passage of the Moon in front of a star or planet, or the disappearance of a satellite behind the disk of its primary. If the primary source of illumination of a reflecting body is cut off by the occultation, the phenomenon is also called an **eclipse**. The occultation of the Sun by the Moon is a solar eclipse (see **eclipse, solar**.)

opposition: a configuration of the Sun, Earth and a planet in which the apparent **geocentric** longitude (see **longitude, celestial**) of the planet differs by 180° from the apparent geocentric longitude of the Sun.

orbit: the path in space followed by a celestial body.

osculating elements: a set of parameters (see **elements, orbital**) that specifies the instantaneous position and velocity of a celestial body in its perturbed orbit. Osculating elements describe the unperturbed (two-body) orbit that the body would follow if **perturbations** were to cease instantaneously.

parallax: the difference in apparent direction of an object as seen from two different locations; conversely, the angle at the object that is subtended by the line joining two designated points. Geocentric (diurnal) parallax is the difference in direction between a **topocentric** observation and a hypothetical **geocentric** observation. Heliocentric or annual parallax is the difference between hypothetical geocentric and heliocentric observations; it is the angle subtended at the observed object by the **semimajor axis** of the Earth's **orbit**. (See also **horizontal parallax**.)

parsec: the distance at which one **astronomical unit** subtends an angle of one second of arc; equivalently the distance to an object having an annual **parallax** of one second of arc.

penumbra: the portion of a shadow in which light from an extended source is partially but not completely cut off by an intervening body; the area of partial shadow surrounding the **umbra**.

pericenter: the point in an **orbit** that is nearest to the center of force. (See **perigee**; **perihelion**.)

perigee: the point at which a body in **orbit** around the Earth most closely approaches the Earth. Perigee is sometimes used with reference to the apparent orbit of the Sun around the Earth.

perihelion: the point at which a body in **orbit** around the Sun most closely approaches the Sun.

period: the interval of time required to complete one revolution in an **orbit** or one cycle of a periodic phenomenon, such as a cycle of phases. (See **phase**.)

perturbations: deviations between the actual **orbit** of a celestial body and an assumed reference orbit; also the forces that cause deviations between the actual and reference orbits. Perturbations, according to the first meaning, are usually calculated as quantities to be added to the coordinates of the reference orbit to obtain the precise coordinates.

phase: the ratio of the illuminated area of the apparent disk of a celestial body to the area of the entire apparent disk taken as a circle. For the Moon, phase designations (see **lunar phases**) are defined by specific configurations of the Sun, Earth and Moon. For eclipses, phase designations (total, partial, penumbral, etc.) provide general descriptions of the phenomena. (See **eclipse, solar**; **eclipse, annular**; **eclipse, lunar**.)

phase angle: the angle measured at the center of an illuminated body between the light source and the observer.

photometry: a measurement of the intensity of light usually specified for a specific frequency range.

planetocentric coordinates: coordinates for general use, where the z-axis is the mean axis of rotation, the x-axis is the intersection of the planetary **equator** (normal to the z-axis through the center of mass) and an arbitrary prime **meridian**, and the y-axis completes a right-hand coordinate system. Longitude (see **longitude, celestial**) of a point is measured positive to the prime meridian as defined by rotational elements. Latitude (see **latitude, celestial**) of a point is the angle between the planetary equator and a line to the center of mass. The radius is measured from the center of mass to the surface point.

planetographic coordinates: coordinates for cartographic purposes dependent on an equipotential surface as a reference surface. Longitude (see **longitude, celestial**) of a point is measured in the direction opposite to the rotation (positive to the west for direct rotation) from the cartographic position of the prime **meridian** defined by a clearly observable surface feature. Latitude (see **latitude, celestial**) of a point is the angle between the planetary **equator** (normal to the z-axis and through the center of mass) and normal to the reference surface at the point. The height of a point is specified as the distance above a point with the same longitude and latitude on the reference surface.

polar motion: the irregularly varying motion of the Earth's pole of rotation with respect to the Earth's crust. (See **celestial ephemeris pole**.)

precession: the uniformly progressing motion of the pole of rotation of a freely rotating body undergoing torque from external gravitational forces. In the case of the Earth, the component of precession caused by the Sun and Moon acting on the Earth's equatorial bulge is called lunisolar precession; the component caused by the action of the planets is called planetary precession. The sum of lunisolar and planetary precession is called general precession. (See **nutation**.)

proper motion: the projection onto the **celestial sphere** of the space motion of a star relative to the solar system; thus the transverse component of the space motion of a star with respect to the solar system. Proper motion is usually tabulated in star catalogs as changes in **right ascension** and **declination** per year or century.

quadrature: a configuration in which two celestial bodies have apparent longitudes (see **longitude, celestial**) that differ by 90° as viewed from a third body. Quadratures are usually tabulated with respect to the Sun as viewed from the center of the Earth.

radial velocity: the rate of change of the distance to an object.

refraction, astronomical: the change in direction of travel (bending) of a light ray as it passes obliquely through the atmosphere. As a result of refraction the observed **altitude** of a celestial object is greater than its geometric altitude. The amount of refraction depends on the altitude of the object and on atmospheric conditions.

retrograde motion: for orbital motion in the solar system, motion that is clockwise in the **orbit** as seen from the north pole of the **ecliptic**; for an object observed on the **celestial sphere**, motion that is from east to west, resulting from the relative motion of the object and the Earth. (See **direct motion**.)

right ascension: angular distance on the **celestial sphere** measured eastward along the **celestial equator** from the **equinox** to the **hour circle** passing through the celestial object. Right ascension is usually given in combination with **declination**.

satellite: natural body revolving around a planet.

satellite, artificial: device launched into a closed orbit around the Earth, another planet, the Sun, etc.

second, Système International (SI): the duration of 9 192 631 770 cycles of radiation corresponding to the transition between two hyperfine levels of the ground state of cesium 133.

selenocentric: with reference to, or pertaining to, the center of the Moon.

semidiameter: the angle at the observer subtended by the equatorial radius of the Sun, Moon or a planet.

semimajor axis: half the length of the major axis of an ellipse; a standard element used to describe an elliptical **orbit** (see **elements, orbital.**)

sidereal day: the interval of time between two consecutive **transits** of the **catalog equinox**. (See **sidereal time.**)

sidereal hour angle: angular distance on the **celestial sphere** measured westward along the **celestial equator** from the **catalog equinox** to the **hour circle** passing through the celestial object. It is equal to 360° minus **right ascension** in degrees.

sidereal time: the measure of time defined by the apparent diurnal motion of the **catalog equinox**; hence a measure of the rotation of the Earth with respect to the stars rather than the Sun.

solstice: either of the two points on the **ecliptic** at which the apparent longitude (see **longitude, celestial**) of the Sun is 90° or 270°; also the time at which the Sun is at either point.

spectral types or classes: catagorization of stars according to their spectra, primarily due to differing temperatures of the stellar atmosphere. From hottest to coolest, the spectral types are O, B, A, F, G, K and M.

standard epoch: a date and time that specifies the reference system to which celestial coordinates are referred. Prior to 1984 coordinates of star catalogs were commonly referred to the **mean equator and equinox** of the beginning of a Besselian year (see **year, Besselian**). Beginning with 1984 the **Julian year** has been used, as denoted by the prefix J, e.g., J2000.0.

stationary point (of a planet): the position at which the rate of change of the apparent **right ascension** (see **apparent place**) of a planet is momentarily zero.

sunrise, sunset: the times at which the apparent upper **limb** of the Sun is on the astronomical **horizon**; i.e., when the true **zenith distance**, referred to the center of the Earth, of the central point of the disk is 90° 50′, based on adopted values of 34′ for horizontal **refraction** and 16′ for the Sun's **semidiameter.**

surface brightness (of a planet): the visual magnitude of an average square arc-second area of the illuminated portion of the apparent disk.

synodic period: for planets, the mean interval of time between successive **conjunctions** of a pair of planets, as observed from the Sun; for satellites, the mean interval between successive conjunctions of a satellite with the Sun, as observed from the satellite's primary.

synodic time: pertaining to successive conjunctions; successive returns of a planet to the same **aspect** as determined by Earth.

Terrestrial Dynamical Time (TDT): the independent argument for apparent **geocentric** ephemerides. At 1977 January $1^{d}\,00^{h}\,00^{m}\,00^{s}$ TAI, the value of TDT was exactly 1977 January $1^{d}.0003725$. The unit of TDT is 86 400 SI seconds at mean sea level. For practical purposes TDT = TAI + $32^{s}.184$. (See **Barycentric Dynamical Time; dynamical time; International Atomic Time.**)

terminator: the boundary between the illuminated and dark areas of the apparent disk of the Moon, a planet or a planetary satellite.

topocentric: with reference to, or pertaining to, a point on the surface of the Earth.

transit: the passage of the apparent center of the disk of a celestial object across a **meridian**; also the passage of one celestial body in front of another of greater apparent diameter (e.g., the passage of Mercury or Venus across the Sun or Jupiter's satellites across its disk); however, the passage of the Moon in front of the larger apparent Sun is called an annular eclipse (see **eclipse, annular**). The passage of a body's shadow across another body is called a shadow transit; however, the passage of the Moon's shadow across the Earth is called a solar eclipse. (See **eclipse, solar**.)

true anomaly: the angle, measured at the focus nearest the **pericenter** of an elliptical orbit, between the pericenter and the radius vector from the focus to the orbiting body; one of the standard orbital elements (see **elements, orbital**). (See also **eccentric anomaly; mean anomaly**.)

true equator and equinox: the celestial coordinate system determined by the instantaneous positions of the **celestial equator** and **ecliptic**. The motion of this system is due to the progressive effect of **precession** and the short-term, periodic variations of **nutation**. (See **mean equator and equinox**.)

twilight: the interval of time preceding sunrise and following sunset (see **sunrise, sunset**) during which the sky is partially illuminated. Civil twilight comprises the interval when the **zenith distance**, referred to the center of the Earth, of the central point of the Sun's disk is between 90° 50′ and 96°, nautical twilight comprises the interval from 96° to 102°, astronomical twilight comprises the interval from 102° to 108°.

umbra: the portion of a shadow cone in which none of the light from an extended light source (ignoring **refraction**) can be observed.

Universal Time (UT): a measure of time that conforms, within a close approximation, to the mean diurnal motion of the Sun and serves as the basis of all civil timekeeping. UT is formally defined by a mathematical formula as a function of **sidereal time**. Thus UT is determined from observations of the diurnal motions of the stars. The time scale determined directly from such observations is designated UT0; it is slightly dependent on the place of observation. When UT0 is corrected for the shift in longitude (see **longitude, terrestrial**) of the observing station caused by **polar motion**, the time scale UT1 is obtained. Whenever the designation UT is used in this volume, UT1 is implied.

vernal equinox: the ascending **node** of the **ecliptic** on the **celestial equator**; also the time at which the apparent longitude (see **apparent place; longitude, celestial**) of the Sun is 0°. (See **equinox**.)

vertical: apparent direction of gravity at the point of observation (normal to the plane of a free level surface.)

week: an arbitrary period of days, usually seven days; approximately equal to the number of days counted between the four phases of the Moon. (See **lunar phases**.)

year: a period of time based on the revolution of the Earth around the Sun. The calendar year (see **Gregorian calendar**) is an approximation to the tropical year (see **year, tropical**). The anomalistic year is the mean interval between successive passages of the Earth through **perihelion**. The sidereal year is the mean period of revolution with respect to the background stars. (See **Julian year; year, Besselian**.)

year, Besselian: the period of one complete revolution in **right ascension** of the **fictitious mean sun**, as defined by Newcomb. The beginning of a Besselian year, traditionally used as as **standard epoch**, is denoted by the suffix ".0". Since 1984 standard epochs have been defined by the **Julian year** rather that the Besselian year. For distinction, the beginning of the Besselian year is now identified by the prefix B (e.g., B1950.0).

year, tropical: the period of one complete revolution of the mean longitude of the sun with respect to the **dynamical equinox**. The tropical year is longer than the Besselian year (see **year, Besselian**) by $0^s.148T$, where T is centuries from B1900.0.

zenith: in general, the point directly overhead on the **celestial sphere**. The astronomical zenith is the extension to infinity of a plumb line. The geocentric zenith is defined by the line from the center of the Earth through the observer. The geodetic zenith is the normal to the geodetic ellipsoid at the observer's location. (See **deflection of the vertical**.)

zenith distance: angular distance on the **celestial sphere** measured along the great circle from the **zenith** to the celestial object. Zenith distance is 90° minus **altitude**.

zodiacal light: a nebulous light seen in the east before twilight and in the west after twilight. It is triangular in shape along the **ecliptic** with the base on the horizon and its apex at varying altitudes. It is best seen in middle latitudes (see **latitude, terrestrial**) on spring evenings and autumn mornings.

Definitions of astronomical terms are provided in the Glossary, Section M. Entries in the Glossary are not cited in the Index.

Definitions of astronomical terms are provided in the Glossary, Section M. Entries in the Glossary are not cited in the Index.

Definitions of astronomical terms are provided in the Glossary, Section M. Entries in the Glossary are not cited in the Index.

Definitions of astronomical terms are provided in the Glossary, Section M. Entries in the Glossary are not cited in the Index.

Definitions of astronomical terms are provided in the Glossary, Section M. Entries in the Glossary are not cited in the Index.

Definitions of astronomical terms are provided in the Glossary, Section M. Entries in the Glossary are not cited in the Index.

Definitions of astronomical terms are provided in the Glossary, Section M. Entries in the Glossary are not cited in the Index.

ISBN 0-11-886949-3
9 780118 869492